KUNSTSTOFFE

Technische Daten von Handelsprodukten

Thermoplaste

Merkblätter 4001-4400

11

Herausgegeben vom
Deutschen Kunststoff-Institut

Bearbeitet von
B. Carlowitz und J. Wierer

Springer-Verlag
Berlin Heidelberg GmbH

Deutsches Kunststoff-Institut
Schloßgartenstraße 6R
6100 Darmstadt

Dr.-Ing. Bodo Carlowitz
Am Erdbeerstein 54
6240 Königstein im Taunus

Dipl.-Chem. Jutta Wierer
Deutsches Kunststoff-Institut
Schloßgartenstraße 6R
6100 Darmstadt

Die vorliegende Datensammlung stellt eine Auswahl
aus der Datenbank „Polymat" dar

ISBN 978-3-662-12471-0 ISBN 978-3-662-12470-3 (eBook)
DOI 10.1007/978-3-662-12470-3

Ursprünglich erschienen bei Springer-Verlag Berlin Heidelberg New York 1989

Herstellung der Plastikordner: Lux-Plastik oHG, Murnau
2151/3130-543210

Geleitwort

Die für den Forschungs- und Entwicklungsprozeß in Wissenschaft und Praxis benötigten Informationen werden in zunehmendem Maße über Datenbanken zur Verfügung gestellt, die den direkten Zugriff auf Literaturhinweise, auf Fakten oder auch auf den Volltext eines Dokumentes gestatten. Die Bundesregierung fördert den Aufbau derartiger Datenbanken, da sie der Überzeugung ist, hiermit einen Beitrag zur Schaffung optimaler Voraussetzungen für den wissenschaftlichen Fortschritt und den industriellen Innovationsprozeß zu erbringen. Die gerade in der Bundesrepublik auf einer anerkannten Tradition beruhenden gedruckten Informationsdienste verlieren gegenüber elektronischer Fachinformation aber keineswegs an Bedeutung, da sie als preiswerte Nachschlagewerke jederzeit verfügbar sind.
Mit den vorliegenden ersten Bänden der Datensammlung „Kunststoffe – Technische Daten von Handelsprodukten" liegt ein Werk vor, das auf der Datenbank POLYMAT aufbaut. Diese Datenbank des Deutschen Kunststoff-Instituts wird vom Fachinformationszentrum Chemie über das Fachinformationszentrum Karlsruhe im internationalen Verbundsystem Scientific and Technical Information Network (STN) im Online-Zugriff angeboten. Im vorliegenden Werk sehe ich einen wichtigen Beitrag zur Forschung und Entwicklung in einem immer bedeutender werdenden Werkstoffbereich und bin davon überzeugt, daß hiermit allen auf diesem Gebiet Tätigen ein nützliches und gerne genutztes Informationsmittel in die Hand gegeben wird.

Probst

Dr. Albert Probst
Parlamentarischer Staatssekretär im
Bundesministerium für Forschung und Technologie

Vorwort

Die vorliegende Sammlung technischer Daten soll Konstrukteuren, Verarbeitern und Anwendern von Kunststoffen den Überblick über das Werkstoffangebot erleichtern. Sie soll bei der Werkstoffauswahl unterstützen und den Zugriff auf die für moderne, rechner-gestützte Fertigungsverfahren erforderlichen Daten vereinfachen.

Wie jede Zusammenstellung von Werkstoffkennwerten auf Merkblättern kann auch diese Sammlung nur die gegenwärtige Situation widerspiegeln. Lücken bei der Verfügbarkeit von Meßwerten und Unzulänglichkeiten bei der Vereinheitlichung der Prüfverfahren werden auf diese Weise deutlicher sichtbar. Aufgabe der für die Kunststoffprüfung und die Normung zuständigen Gremien und der Rohstoff-Hersteller ist es, sich um weitere Verbesserungen zu bemühen. Auch der Fachmann, der die tabellierten Werte zur Lösung seiner konstruktiven Aufgaben verwendet, wird aus der Verantwortung für die Beurteilung und Interpretation der Daten nicht entlassen. Das vorliegende Werk kann und soll weder Fachwissen noch Erfahrung ersetzen, sondern nur von der unproduktiven Arbeit des Suchens entlasten und das bestehende Angebot an Werkstoffen und an Werkstoffdaten transparent machen.

Für das Sammeln, Beurteilen und Auswählen der Daten wie auch für ihre Präsentation auf den Merkblättern zeichnet Herr Dr. B. Carlowitz verantwortlich. Die dokumentarische und organisatorische Betreuung des Werkes oblag Frau Dipl.-Chem. J. Wierer, die dabei von weiteren Mitarbeitern des Deutschen Kunststoff-Instituts unterstützt wurde. Hier sind vor allem die Herren Dipl.-Ing. N. Herrlich und Dipl.-Ing. V. Mauler zu nennen. An der Harmonisierung und Korrektur der chemischen Bezeichnungen und der Datei Chemikalienbeständigkeit haben Frau Dipl.-Chem. G. Klump und Frau Dipl.-Ing. S. Zopf mitgewirkt. Die Fachinformationszentrum Chemie GmbH hat die Programmierung und Datenverarbeitung für die Selektion und Aufbereitung der Daten für den Druck übernommen und die Register erstellt; beteiligt hierbei waren insbesondere Herr Dr. F. Ehrhardt und Herr Dipl.-Chem. U. Klingebiel.

Schließlich sei nicht versäumt, auf die Bemühungen von Herrn Dr. A. Franck, Stuttgart, um die Veröffentlichung des Werkes hinzuweisen.

Die Datensammlung und die ihr zugrunde liegende Datenbank wurde vom Bundesminister für Forschung und Technologie gefördert.

Allen, die am Zustandekommen dieses Werkes mitgewirkt haben, sei an dieser Stelle für Ihren Einsatz, für zahlreiche Anregungen und für wertvolle ideelle und materielle Hilfe gedankt.

Prof. Dr. D. Braun
Leiter des Deutschen Kunststoff-Instituts
Darmstadt, April 1989

Gesamtinhaltsverzeichnis

Band: Erläuterungen und Register

Produkt	Acrylnitril-Butadien-Styrol-Polymerisat		**ABS**
Handelsname	**Ronfalin VE-19**		
Hersteller	DSM		
DIN-Bez 1	16772-ABS,MF,085-25		
DIN-Bez 2			
Zusätze	Brandschutzmittel	*Füllstoffe/ Verstärkung*	
Bevorzugte Verarbeitung	Spritzgiessen	*Lieferform*	Granulat
		Farben	Natur
Besondere Merkmale		*Bevorzugte Anwendungen*	Formteil fuer Bueromaschine, Computer, Nachrichtenuebermittlungsgeraet; Luftfahrt; Schiffahrt; Anwendung in oeffentlichen Gebaeuden, Schulen, Bibliotheken, Theatern, Krankenhaeusern

Dichte	g/cm^3	1.2	*Schmelzindex*	g/10 min	70:	220/10
Schüttdichte	g/cm^3		*Volumenfließindex*	cm^3/10 min	:	
Viskositätszahl	ml/g					

Verarbeitungsbedingungen für Spritzgießen

Massetemp.	°C	200–230	*Schwindung*	% lgs 0.4–0.7, quer 0.4–0.7
Werkzeugtemp.	°C	40–60	*Bemerkungen*	Vortrocknen empfohlen in Umluftoefen oder Trichtertrocknern 2 bis 4 h bei 70 bis 80 C
Spritzdruck	bar			

Zugversuch 23 °C DIN 53455; ISO R 527

Probekörper: *Form* — *Zustand* — *Herstellung* Spritzgiessen — *Vorbehandlung* 24h Normalklima

Streckspannung	N/mm^2		*Dehnung bei Streckspannung*	%	4.0
Zugfestigkeit	N/mm^2	40	*Reißdehnung*	%	
Reißfestigkeit	N/mm^2		*% Dehnspannung*	N/mm^2	
E-Modul	N/mm^2		*Dehnung bei % Dehnspg.*	%	

Kriechmoduln und Zeitstandwerte 23 °C

Probekörper: *Form* — *Zustand* — *Herstellung* — *Vorbehandlung*

Kriechmodul	*1 min*	N/mm^2	*Zeitstandzugfestigkeit*	h	N/mm^2
Kriechmodul	*1000 h*	N/mm^2	*Zeitdehnspg. %*	h	N/mm^2
bei Spannung		N/mm^2			

Biegeversuch 23 °C DIN 53457; DIN 53452

Probekörper: *Form* — *Zustand* — *Herstellung* Spritzgiessen — *Vorbehandlung* 24h Normalklima

Biegefestigkeit	N/mm^2	70	*E-Modul*	N/mm^2	2700
3,5% *Biegespannung*	N/mm^2				

Härte 23 °C

Probekörper: *Zustand* — *Herstellung* Spritzgiessen — *Vorbehandlung* 24h Normalklima

Kugeldruckhärte	N/mm^2 90	bei N, 30 s	*Shore-Härte*	A
Rockwellhärte	R 103		*Shore-Härte*	D

Schlagversuch

Probekörper: *(1)* U-Kerbe — *(2)* — *Zustand* — *Herstellung* Spritzgiessen — *Vorbehandlung* 24h Normalklima

		°C		°C		°C		*Probekörper-Form*
Schlagzähigkeit	kJ/m^2							
Kerbschlagzähigkeit (1)	kJ/m^2	23	9	-20	6			
IZOD-Kerbschlagzähigkeit (2)	J/m							
Kerbschlagzugzähigkeit	kJ/m^2							

Abrieb und Reibung

Taber-Abrieb (Reibradverfahren)	mm^3/100 U		
Abriebfaktor LNP (Thrust washer) Vergleichswert			
Statische Reibungszahl			
Dynamische Reibungszahl	(p · v = N/mm^2 ·		m/min)
Zulässiger p · v Wert	N/mm^2 · (m/min)	v =	m/min
		v =	m/min

Thermische Eigenschaften

Formbeständigkeit in der Wärme	*Verfahren*	A	82 °C	
	Verfahren		°C	
Vicat Erweichungstemperatur (VST)	*Verfahren*	B/50	85 °C	
	Verfahren		°C	
Kristallit-Schmelzpunkt	*Verfahren*			
Längenausdehnungskoeffizient	*Bereich*	°C		$\cdot 10^{-4}K^{-1}$
	Temperatur			$\cdot 10^{-4}K^{-1}$
Wärmeleitfähigkeit	*Verfahren*			W/(K · m)
Spezifische Wärmekapazität	*Verfahren*			J/(K · g)
Glasumwandlungstemperatur	*Torsionsschwingungsversuch*		°C	
	Differentialkalorimetrie		°C	

Brandverhalten

UL-Test vertikal — Dicke 1.5 mm, Wert V-0
Dicke mm, Wert

	Norm	*Bewertung*	*Abmessungen*
Sauerstoff-Index	ASTM D 2863		
Glühstab-Verfahren			
Brandverhalten	DIN 4102		
MVSS			
FAR			

Elektrische Eigenschaften

		Hz	°C	*Probekörper, Form*
Dielektrizitätszahl		50		
		10^3		
		10^6		
Dielektrischer Verlustfaktor tan δ		50		
		10^3		
		10^6		
Spezifischer Durchgangswiderstand	Ohm · cm			
Durchschlagfestigkeit	kV/mm			mm dick
Oberflächenwiderstand	Ohm			

Kriechstromfestigkeit	KC	KB	KA
Elektrolytische Korrosionswirkung			
Lichtbogenfestigkeit nach DIN			
nach ASTM	s		

Beständigkeit *(Chemische Beständigkeit siehe Anhang)*

Wasseraufnahme

Feuchtigkeitsaufnahme Normalklima %

Wetterbeständigkeit

Spannungskorrosion

Optische Eigenschaften

Brechungszahl n_D
Transmissionsgrad τ_c % mm dick
Lichtdurchlässigkeit

Produkt	Polyethylen niedriger Dichte		**PE**
Handelsname	**Stamylan LD 2602TH00**		
Hersteller	DSM		
DIN-Bez 1	16776-PE,F,25-D022		
DIN-Bez 2			
Zusätze		*Füllstoffe/ Verstärkung*	
Bevorzugte Verarbeitung	Extrudieren von Blasfolien	*Lieferform*	Granulat
		Farben	Natur
Besondere Merkmale	Spezialqualitaet mit hoeherer Dichte und Transparenz; Ausgezeichnete mechanische Eigenschaften; Antiblockmittelfrei; Gleitmittelfrei	*Bevorzugte Anwendungen*	Blasfolie; Grundtyp fuer Kombinationen mit LLDPE; Folie fuer Babywindel; Folie fuer Medizintechnik; Schrumpffolie; Sichtfolie; Wickelfolie; Haushaltsfolie

Dichte	g/cm^3	0.926	*Schmelzindex*	g/10 min	1.9:	190/2.16
Schüttdichte	g/cm^3		*Volumenfließindex*	cm^3/10 min	:	
Viskositätszahl	ml/g					

Verarbeitungsbedingungen für Spritzgießen

Massetemp.	°C	*Schwindung*	% lgs , quer
Werkzeugtemp.	°C	*Bemerkungen*	
Spritzdruck	bar		

Zugversuch 23 °C ASTM D 882(A);

Probekörper: *Form* Folienstreifen quer — *Herstellung* Blasfolienextrusion
Zustand — *Vorbehandlung* Normalklima

Streckspannung	N/mm^2	11	*Dehnung bei Streckspannung*	%	
Zugfestigkeit	N/mm^2		*Reißdehnung*	%	580
Reißfestigkeit	N/mm^2	20	*% Dehnspannung*	N/mm^2	
E-Modul	N/mm^2	205	*Dehnung bei % Dehnspg.*	%	

Kriechmoduln und Zeitstandwerte 23 °C

Probekörper: *Form* — *Herstellung*
Zustand — *Vorbehandlung*

Kriechmodul	*1 min* N/mm^2		*Zeitstandzugfestigkeit*	h	N/mm^2
Kriechmodul	*1000 h* N/mm^2		*Zeitdehnspg. %*	h	N/mm^2
bei Spannung	N/mm^2				

Biegeversuch 23 °C

Probekörper: *Form* — *Herstellung*
Zustand — *Vorbehandlung*

Biegefestigkeit	N/mm^2	*E-Modul*	N/mm^2
3,5% *Biegespannung*	N/mm^2		

Härte 23 °C *Probekörper:* *Zustand* — *Herstellung*
Vorbehandlung

Kugeldruckhärte	N/mm^2 bei N, s	*Shore-Härte*	A
Rockwellhärte		*Shore-Härte*	D

Schlagversuch *Probekörper:* *(1)*
(2) — *Herstellung*
Zustand — *Vorbehandlung*

	°C	°C	°C	*Probekörper-Form*
Schlagzähigkeit kJ/m^2				
Kerbschlagzähigkeit (1) kJ/m^2				
IZOD-Kerbschlagzähigkeit (2) J/m				
Kerbschlagzugzähigkeit kJ/m^2				

Abrieb und Reibung

Taber-Abrieb (Reibradverfahren)	mm^3/100 U			
Abriebfaktor LNP (Thrust washer) Vergleichswert				
Statische Reibungszahl	1.50			
Dynamische Reibungszahl	(p · v = N/mm^2 ·		m/min)	1.25
Zulässiger p · v Wert	N/mm^2 · (m/min)	v =	m/min	
		v =	m/min	

Thermische Eigenschaften

Formbeständigkeit in der Wärme	*Verfahren*		°C
	Verfahren		°C
Vicat Erweichungstemperatur (VST)	*Verfahren*		°C
	Verfahren		°C
Kristallit-Schmelzpunkt	*Verfahren*		
Längenausdehnungskoeffizient	*Bereich*	°C	$\cdot 10^{-4} K^{-1}$
	Temperatur		$\cdot 10^{-4} K^{-1}$
Wärmeleitfähigkeit	*Verfahren*		W/(K · m)
Spezifische Wärmekapazität	*Verfahren*		J/(K · g)
Glasumwandlungstemperatur	*Torsionsschwingungsversuch*	°C	
	Differentialkalorimetrie	°C	

Brandverhalten

UL-Test vertikal	Dicke	mm, Wert
	Dicke	mm, Wert

	Norm	*Bewertung*	*Abmessungen*
Sauerstoff-Index	ASTM D 2863		
Glühstab-Verfahren			
Brandverhalten	DIN 4102		
MVSS			
FAR			

Elektrische Eigenschaften

		Hz	°C	*Probekörper, Form*
Dielektrizitätszahl		50		
		10^3		
		10^6		
Dielektrischer Verlustfaktor tan δ		50		
		10^3		
		10^6		
Spezifischer Durchgangswiderstand	Ohm · cm			
Durchschlagfestigkeit	kV/mm			mm dick
Oberflächenwiderstand	Ohm			

Kriechstromfestigkeit	KC	KB	KA
Elektrolytische Korrosionswirkung			
Lichtbogenfestigkeit nach DIN			
nach ASTM	s		

Beständigkeit *(Chemische Beständigkeit siehe Anhang)*

Wasseraufnahme

Feuchtigkeitsaufnahme Normalklima %

Wetterbeständigkeit

Spannungskorrosion

Optische Eigenschaften

Brechungszahl n_D		
Transmissionsgrad τ_c	%	mm dick
Lichtdurchlässigkeit		

Produkt	Polyethylen niedriger Dichte		**PE**
Handelsname	**Stamylan LD 2201TV12**		
Hersteller	DSM		
DIN-Bez 1	16776-PE,FBS,25-D012		
DIN-Bez 2			
Zusätze	Antiblockmittel; Gleitmittel	*Füllstoffe/ Verstärkung*	
Bevorzugte Verarbeitung	Extrudieren von Blasfolien	*Lieferform*	Granulat
		Farben	Natur
Besondere Merkmale	Sehr hohe Transparenz; Gute mechanische Eigenschaften; Hervorragende Schrumpfeigenschaften	*Bevorzugte Anwendungen*	Blasfolie; Kaschierfolie; Schrumpffolie; Tragetasche; Verpackungsfolie; Gefrierbeutel; Folie fuer Qualitaetsbedruckung; Wickelfolie

Dichte	g/cm³	0.922	*Schmelzindex*	g/10 min	0.85:	190/2.16
Schüttdichte	g/cm³		*Volumenfließindex*	cm³/10 min	:	
Viskositätszahl	ml/g					

Verarbeitungsbedingungen für Spritzgießen

Massetemp.	°C	*Schwindung*	% lgs , quer
Werkzeugtemp.	°C	*Bemerkungen*	
Spritzdruck	bar		

Zugversuch 23 °C ASTM D 882(A);

Probekörper: *Form* Folienstreifen quer — *Herstellung* Blasfolienextrusion

Zustand — *Vorbehandlung* Normalklima

Streckspannung	N/mm²	10	*Dehnung bei Streckspannung*	%	
Zugfestigkeit	N/mm²		*Reißdehnung*	%	570
Reißfestigkeit	N/mm²	25	% *Dehnspannung*	N/mm²	
E-Modul	N/mm²	170	*Dehnung bei* % *Dehnspg.*	%	

Kriechmoduln und Zeitstandwerte 23 °C

Probekörper: *Form* — *Herstellung*

Zustand — *Vorbehandlung*

Kriechmodul	*1 min*	N/mm²	*Zeitstandzugfestigkeit*	h	N/mm²
Kriechmodul	*1000 h*	N/mm²	*Zeitdehnspg.* %	h	N/mm²
bei Spannung		N/mm²			

Biegeversuch 23 °C

Probekörper: *Form* — *Herstellung*

Zustand — *Vorbehandlung*

Biegefestigkeit	N/mm²	*E-Modul*	N/mm²
3,5% *Biegespannung*	N/mm²		

Härte 23 °C *Probekörper:* *Zustand* — *Herstellung*

Vorbehandlung

Kugeldruckhärte	N/mm² bei N, s	*Shore-Härte*	A
Rockwellhärte		*Shore-Härte*	D

Schlagversuch *Probekörper:* *(1)*

(2) — *Herstellung*

Zustand — *Vorbehandlung*

	°C	°C	°C	*Probekörper-Form*
Schlagzähigkeit kJ/m²				
Kerbschlagzähigkeit (1) kJ/m²				
IZOD-Kerbschlagzähigkeit (2) J/m				
Kerbschlagzugzähigkeit kJ/m²				

Abrieb und Reibung

Taber-Abrieb (Reibradverfahren)	mm^3/100 U			
Abriebfaktor LNP (Thrust washer) Vergleichswert				
Statische Reibungszahl	0.43			
Dynamische Reibungszahl	(p·v= N/mm²·		m/min)	0.17
Zulässiger p · v Wert	N/mm²·(m/min)	v=	m/min	
		v=	m/min	

Thermische Eigenschaften

Formbeständigkeit in der Wärme	*Verfahren*		°C
	Verfahren		°C
Vicat Erweichungstemperatur (VST)	*Verfahren*		°C
	Verfahren		°C
Kristallit-Schmelzpunkt	*Verfahren*		
Längenausdehnungskoeffizient	*Bereich*	°C	$\cdot 10^{-4}K^{-1}$
	Temperatur		$\cdot 10^{-4}K^{-1}$
Wärmeleitfähigkeit	*Verfahren*		W/(K · m)
Spezifische Wärmekapazität	*Verfahren*		J/(K · g)
Glasumwandlungstemperatur	*Torsionsschwingungsversuch*	°C	
	Differentialkalorimetrie	°C	

Brandverhalten

UL-Test vertikal		Dicke mm, Wert	
		Dicke mm, Wert	
	Norm	*Bewertung*	*Abmessungen*
Sauerstoff-Index	ASTM D 2863		
Glühstab-Verfahren			
Brandverhalten	DIN 4102		
MVSS			
FAR			

Elektrische Eigenschaften

		Hz	°C		*Probekörper, Form*
Dielektrizitätszahl		50			
		10^3			
		10^6			
Dielektrischer Verlustfaktor tan δ		50			
		10^3			
		10^6			
Spezifischer Durchgangs-widerstand	Ohm · cm				
Durchschlagfestigkeit	kV/mm				mm dick
Oberflächenwiderstand	Ohm				
Kriechstromfestigkeit		KC	KB	KA	
Elektrolytische Korrosionswirkung					
Lichtbogenfestigkeit nach DIN					
nach ASTM	s				

Beständigkeit *(Chemische Beständigkeit siehe Anhang)*

Wasseraufnahme

Feuchtigkeitsaufnahme Normalklima %

Wetterbeständigkeit

Spannungskorrosion

Optische Eigenschaften

Brechungszahl n_D		
Transmissionsgrad τ_c	%	mm dick
Lichtdurchlässigkeit		

Produkt	Polyethylen niedriger Dichte		**PE**
Handelsname	**Stamylan LD 2200TC12**		
Hersteller	DSM		
DIN-Bez 1	16776-PE,FBS,25-D003		
DIN-Bez 2			
Zusätze	Antiblockmittel; Gleitmittel	*Füllstoffe/ Verstärkung*	
Bevorzugte Verarbeitung	Extrudieren von Blasfolien	*Lieferform*	Granulat
		Farben	Natur
Besondere Merkmale	Ausgezeichnete Verarbeitbarkeit; Gute optische Eigenschaften	*Bevorzugte Anwendungen*	Blasfolie; Duenne Folie mit hoher Festigkeit; Schrumpffolie mit hoher Schrumpfkraft; Kaschierfolie; Coextrusionsfolie; Sichtfolie; Wickelfolie; Pharmazeutische Folie

Dichte	g/cm³	0.922	*Schmelzindex*	g/10 min	0.3:	190/2.16
Schüttdichte	g/cm³		*Volumenfließindex*	cm³/10 min	:	
Viskositätszahl	ml/g					

Verarbeitungsbedingungen für Spritzgießen

Massetemp.	°C	*Schwindung*	% lgs , quer
Werkzeugtemp.	°C	*Bemerkungen*	
Spritzdruck	bar		

Zugversuch 23 °C ASTM D 882(A);

Probekörper: *Form* Folienstreifen quer — *Herstellung* Blasfolienextrusion

Zustand — *Vorbehandlung* Normalklima

Streckspannung	N/mm²	10	*Dehnung bei Streckspannung*	%	
Zugfestigkeit	N/mm²		*Reißdehnung*	%	570
Reißfestigkeit	N/mm²	25	*% Dehnspannung*	N/mm²	
E-Modul	N/mm²	175	*Dehnung bei % Dehnspg.*	%	

Kriechmoduln und Zeitstandwerte 23 °C

Probekörper: *Form* — *Herstellung*

Zustand — *Vorbehandlung*

Kriechmodul	*1 min* N/mm²		*Zeitstandzugfestigkeit*	h	N/mm²
Kriechmodul	*1000 h* N/mm²		*Zeitdehnspg. %*	h	N/mm²
bei Spannung	N/mm²				

Biegeversuch 23 °C

Probekörper: *Form* — *Herstellung*

Zustand — *Vorbehandlung*

Biegefestigkeit	N/mm²	*E-Modul*	N/mm²
3,5% *Biegespannung*	N/mm²		

Härte 23 °C *Probekörper:* *Zustand* — *Herstellung*

Vorbehandlung

Kugeldruckhärte	N/mm² bei N, s	*Shore-Härte*	A
Rockwellhärte		*Shore-Härte*	D

Schlagversuch *Probekörper:* *(1)*

(2) — *Herstellung*

Zustand — *Vorbehandlung*

°C °C °C *Probekörper-Form*

Schlagzähigkeit	kJ/m²
Kerbschlagzähigkeit (1)	kJ/m²
IZOD-Kerbschlagzähigkeit (2)	J/m
Kerbschlagzugzähigkeit	kJ/m²

Abrieb und Reibung

Taber-Abrieb (Reibradverfahren)	mm^3/100 U			
Abriebfaktor LNP (Thrust washer) Vergleichswert				
Statische Reibungszahl	0.25			
Dynamische Reibungszahl	(p · v =	N/mm^2 ·	m/min)	0.14
Zulässiger p · v Wert	N/mm^2 · (m/min)	v =	m/min	
		v =	m/min	

Thermische Eigenschaften

Formbeständigkeit in der Wärme	*Verfahren*		°C
	Verfahren		°C
Vicat Erweichungstemperatur (VST)	*Verfahren*		°C
	Verfahren		°C
Kristallit-Schmelzpunkt	*Verfahren*		
Längenausdehnungskoeffizient	*Bereich*	°C	$\cdot 10^{-4} K^{-1}$
	Temperatur		$\cdot 10^{-4} K^{-1}$
Wärmeleitfähigkeit	*Verfahren*		W/(K · m)
Spezifische Wärmekapazität	*Verfahren*		J/(K · g)
Glasumwandlungstemperatur	*Torsionsschwingungsversuch*	°C	
	Differentialkalorimetrie	°C	

Brandverhalten

UL-Test vertikal	Dicke	mm, Wert	
	Dicke	mm, Wert	

	Norm	*Bewertung*	*Abmessungen*
Sauerstoff-Index	ASTM D 2863		
Glühstab-Verfahren			
Brandverhalten	DIN 4102		
MVSS			
FAR			

Elektrische Eigenschaften

		Hz	°C	*Probekörper, Form*
Dielektrizitätszahl		50		
		10^3		
		10^6		
Dielektrischer Verlustfaktor tan δ		50		
		10^3		
		10^6		
Spezifischer Durchgangs-widerstand	Ohm · cm			
Durchschlagfestigkeit	kV/mm			mm dick
Oberflächenwiderstand	Ohm			

Kriechstromfestigkeit	KC	KB	KA
Elektrolytische Korrosionswirkung			
Lichtbogenfestigkeit nach DIN			
nach ASTM s			

Beständigkeit *(Chemische Beständigkeit siehe Anhang)*

Wasseraufnahme

Feuchtigkeitsaufnahme Normalklima %

Wetterbeständigkeit

Spannungskorrosion

Optische Eigenschaften

Brechungszahl n_D		
Transmissionsgrad τ_c	%	mm dick
Lichtdurchlässigkeit		

Produkt	Polyarylat		**PAR**
Handelsname	**Arylon 101 NC-10**		
Hersteller	DU PONT		
DIN-Bez 1			
DIN-Bez 2			
Zusätze		*Füllstoffe/ Verstärkung*	
Bevorzugte Verarbeitung	Spritzgiessen; Extrudieren	*Lieferform*	Granulat
		Farben	Natur; Standard
Besondere Merkmale	Transparent	*Bevorzugte Anwendungen*	Technisches Formteil; Elektrotechnik; Haushaltsgeraet; Kfz-Industrie; Luftfahrt

Dichte	g/cm³	1.21	*Schmelzindex*	g/10 min	:
Schüttdichte	g/cm³		*Volumenfließindex*	cm³/10 min	:
Viskositätszahl	ml/g				

Verarbeitungsbedingungen für Spritzgießen

Massetemp.	°C	≦390	*Schwindung*	%	lgs 0.8, quer 0.8
Werkzeugtemp.	°C		*Bemerkungen*	Vortrocknen 12 bis 16 h bei 120 C	
Spritzdruck	bar	1400			

Zugversuch 23 °C ASTM D-638;
Probekörper: *Form* — *Herstellung* Spritzgiessen
Zustand — *Vorbehandlung* Normalklima

Streckspannung	N/mm²		*Dehnung bei Streckspannung*	%	
Zugfestigkeit	N/mm²	77	*Reißdehnung*	%	52
Reißfestigkeit	N/mm²		*% Dehnspannung*	N/mm²	
E-Modul	N/mm²	2300	*Dehnung bei % Dehnspg.*	%	

Kriechmoduln und Zeitstandwerte 23 °C
Probekörper: *Form* — *Herstellung*
Zustand — *Vorbehandlung*

Kriechmodul	*1 min*	N/mm²	*Zeitstandzugfestigkeit*	h	N/mm²
Kriechmodul	*1000 h*	N/mm²	*Zeitdehnspg. %*	h	N/mm²
bei Spannung		N/mm²			

Biegeversuch 23 °C ASTM D-790;
Probekörper: *Form* — *Herstellung* Spritzgiessen
Zustand — *Vorbehandlung* Normalklima

Biegefestigkeit	N/mm²	*E-Modul*	N/mm²	2400
3,5% *Biegespannung*	N/mm²			

Härte 23 °C *Probekörper:* *Zustand* — *Herstellung*
Vorbehandlung

Kugeldruckhärte	N/mm² bei N, s	*Shore-Härte*	A
Rockwellhärte		*Shore-Härte*	D

Schlagversuch *Probekörper:* *(1)*
(2) V-Kerbe — *Herstellung* Spritzgiessen
Zustand — *Vorbehandlung* Normalklima

		°C	°C	°C	*Probekörper-Form*
Schlagzähigkeit	kJ/m²				
Kerbschlagzähigkeit (1)	kJ/m²				
IZOD-Kerbschlagzähigkeit (2)	J/m	23 117			
Kerbschlagzugzähigkeit	kJ/m²				

Abrieb und Reibung

Taber-Abrieb (Reibradverfahren)	$mm^3/100$ U		
Abriebfaktor LNP (Thrust washer) Vergleichswert			
Statische Reibungszahl			
Dynamische Reibungszahl	(p · v =	N/mm^2 ·	m/min)
Zulässiger p · v Wert	N/mm^2 · (m/min)	v =	m/min
		v =	m/min

Thermische Eigenschaften

Formbeständigkeit in der Wärme	*Verfahren*	B		176 °C
	Verfahren	A		160 °C
Vicat Erweichungstemperatur (VST)	*Verfahren*			°C
	Verfahren			°C
Kristallit-Schmelzpunkt	*Verfahren*			
Längenausdehnungskoeffizient	*Bereich*	-40–120	°C	$0.52 \cdot 10^{-4}K^{-1}$
	Temperatur			$\cdot 10^{-4}K^{-1}$
Wärmeleitfähigkeit	*Verfahren*			W/(K · m)
Spezifische Wärmekapazität	*Verfahren*			J/(K · g)
Glasumwandlungstemperatur	*Torsionsschwingungsversuch*		°C	
	Differentialkalorimetrie		°C	

Brandverhalten

UL-Test vertikal	Dicke 1.6 mm, Wert V-2
	Dicke 3.2 mm, Wert V-0

	Norm	*Bewertung*	*Abmessungen*
Sauerstoff-Index	ASTM D 2863	37%	
Glühstab-Verfahren			
Brandverhalten	DIN 4102		
MVSS			
FAR			

Elektrische Eigenschaften

		Hz	°C		*Probekörper, Form*
Dielektrizitätszahl		50	23	3.11	
		10^3	23	3.12	
		10^6	23	3.11	
Dielektrischer Verlustfaktor tan δ		50	23	0.004	
		10^3	23	0.006	
		10^6	23	0.019	
Spezifischer Durchgangswiderstand	Ohm · cm				
Durchschlagfestigkeit	kV/mm		23	13	3.2 mm dick
Oberflächenwiderstand	Ohm				

Kriechstromfestigkeit	KC	KB	KA
Elektrolytische Korrosionswirkung			
Lichtbogenfestigkeit nach DIN			
nach ASTM s			

Beständigkeit *(Chemische Beständigkeit siehe Anhang)*

Wasseraufnahme	
Feuchtigkeitsaufnahme Normalklima	%
Wetterbeständigkeit	
Spannungskorrosion	

Optische Eigenschaften

Brechungszahl n_D		
Transmissionsgrad τ_c	%	mm dick
Lichtdurchlässigkeit		

Datenbank-Nr. **T01022** Merkblatt-Nr. **4006**

Produkt	Polypropylen		**PP**
Handelsname	**Procom T10C 559**		
Hersteller	ICI		
DIN-Bez 1	16774-PP,MG,XX-M045,T10		
DIN-Bez 2			
Zusätze		*Füllstoffe/ Verstärkung*	10% Talkum
Bevorzugte Verarbeitung	Spritzgiessen	*Lieferform*	Granulat
		Farben	Standard
Besondere Merkmale	Angehobene Schlagzaehigkeit; Hohe Oberflaechenqualitaet	*Bevorzugte Anwendungen*	Haushaltskleingeraet

Dichte	g/cm^3	0.970	*Schmelzindex*	g/10 min	4:	230/2.16
Schüttdichte	g/cm^3		*Volumenfließindex*	$cm^3/10$ min	:	
Viskositätszahl	ml/g					

Verarbeitungsbedingungen für Spritzgießen

Massetemp.	°C	*Schwindung*	%	lgs 1.2–1.9, quer 1.2–1.9
Werkzeugtemp.	°C	*Bemerkungen*		
Spritzdruck	bar			

Zugversuch 23 °C ISO 527;

Probekörper: *Form* / *Zustand*; *Herstellung* Spritzgiessen; *Vorbehandlung* Normalklima

Streckspannung	N/mm^2		*Dehnung bei Streckspannung*	%
Zugfestigkeit	N/mm^2	36	*Reißdehnung*	%
Reißfestigkeit	N/mm^2		*% Dehnspannung*	N/mm^2
E-Modul	N/mm^2		*Dehnung bei % Dehnspg.*	%

Kriechmoduln und Zeitstandwerte 23 °C

Probekörper: *Form* / *Zustand*; *Herstellung*; *Vorbehandlung*

Kriechmodul	*1 min*	N/mm^2	*Zeitstandzugfestigkeit*	h	N/mm^2
Kriechmodul	*1000 h*	N/mm^2	*Zeitdehnspg. %*	h	N/mm^2
bei Spannung		N/mm^2			

Biegeversuch 23 °C ISO 178;

Probekörper: *Form* / *Zustand*; *Herstellung* Spritzgiessen; *Vorbehandlung* Normalklima

Biegefestigkeit	N/mm^2	*E-Modul*	N/mm^2	1900
3,5% *Biegespannung*	N/mm^2			

Härte 23 °C *Probekörper:* *Zustand*; *Herstellung* Spritzgiessen; *Vorbehandlung* Normalklima

Kugeldruckhärte	N/mm^2	bei N, s	*Shore-Härte*	A
Rockwellhärte	R 95		*Shore-Härte*	D

Schlagversuch *Probekörper:* *(1)* *(2)* *Zustand*; *Herstellung*; *Vorbehandlung*

		°C	°C	°C	*Probekörper-Form*
Schlagzähigkeit	kJ/m^2				
Kerbschlagzähigkeit (1)	kJ/m^2				
IZOD-Kerbschlagzähigkeit (2)	J/m				
Kerbschlagzugzähigkeit	kJ/m^2				

Abrieb und Reibung

Taber-Abrieb (Reibradverfahren)	mm^3/100 U		
Abriebfaktor LNP (Thrust washer) Vergleichswert			
Statische Reibungszahl			
Dynamische Reibungszahl	(p · v = N/mm^2 ·		m/min)
Zulässiger p · v Wert	N/mm^2 · (m/min)	v =	m/min
		v =	m/min

Thermische Eigenschaften

Formbeständigkeit in der Wärme	*Verfahren* B		112 °C
	Verfahren A		60 °C
Vicat Erweichungstemperatur (VST)	*Verfahren* A/50		149 °C
	Verfahren		°C
Kristallit-Schmelzpunkt	*Verfahren*		
Längenausdehnungskoeffizient	*Bereich*	°C	$\cdot 10^{-4} K^{-1}$
	Temperatur 23 °C		$0.8 \cdot 10^{-4} K^{-1}$
Wärmeleitfähigkeit	*Verfahren*		W/(K · m)
Spezifische Wärmekapazität	*Verfahren*		J/(K · g)
Glasumwandlungstemperatur	*Torsionsschwingungsversuch*	°C	
	Differentialkalorimetrie	°C	

Brandverhalten

UL-Test vertikal	Dicke 3.0 mm, Wert HB	
	Dicke mm, Wert	

	Norm	*Bewertung*	*Abmessungen*
Sauerstoff-Index	ASTM D 2863		
Glühstab-Verfahren			
Brandverhalten	DIN 4102		
MVSS			
FAR			

Elektrische Eigenschaften

		Hz	°C	*Probekörper, Form*
Dielektrizitätszahl		50		
		10^3		
		10^6		
Dielektrischer Verlustfaktor tan δ		50		
		10^3		
		10^6		
Spezifischer Durchgangs-widerstand	Ohm · cm			
Durchschlagfestigkeit	kV/mm			mm dick
Oberflächenwiderstand	Ohm			

Kriechstromfestigkeit	KC	KB	KA
Elektrolytische Korrosionswirkung			
Lichtbogenfestigkeit nach DIN			
nach ASTM s			

Beständigkeit *(Chemische Beständigkeit siehe Anhang)*

Wasseraufnahme	
Feuchtigkeitsaufnahme Normalklima	%
Wetterbeständigkeit	
Spannungskorrosion	

Optische Eigenschaften

Brechungszahl n_D		
Transmissionsgrad τ_c	%	mm dick
Lichtdurchlässigkeit		

Datenbank-Nr.	**T01023**	*Merkblatt-Nr.*	**4007**

Produkt	Polypropylen		**PP**
Handelsname	**Procom T10H 562**		
Hersteller	ICI		
DIN-Bez 1	16774-PP,MG,XX-M200,T10		
DIN-Bez 2			
Zusätze		*Füllstoffe/ Verstärkung*	10% Talkum
Bevorzugte Verarbeitung	Spritzgiessen	*Lieferform*	Granulat
		Farben	Standard
Besondere Merkmale	Leichtfliessend; Hohe Oberflaechenqualitaet	*Bevorzugte Anwendungen*	Haushaltskleingeraet

Dichte	g/cm³	0.970	*Schmelzindex*	g/10 min	22:	230/2.16
Schüttdichte	g/cm³		*Volumenfließindex*	cm³/10 min	:	
Viskositätszahl	ml/g					

Verarbeitungsbedingungen für Spritzgießen

Massetemp.	°C	*Schwindung*	%	lgs 1.1–1.8, quer 1.1–1.8
Werkzeugtemp.	°C	*Bemerkungen*		
Spritzdruck	bar			

Zugversuch 23 °C ISO 527;

Probekörper: *Form* / *Zustand* — *Herstellung* Spritzgiessen / *Vorbehandlung* Normalklima

Streckspannung	N/mm²		*Dehnung bei Streckspannung*	%
Zugfestigkeit	N/mm²	36	*Reißdehnung*	%
Reißfestigkeit	N/mm²		*% Dehnspannung*	N/mm²
E-Modul	N/mm²		*Dehnung bei % Dehnspg.*	%

Kriechmoduln und Zeitstandwerte 23 °C

Probekörper: *Form* / *Zustand* — *Herstellung* / *Vorbehandlung*

Kriechmodul	*1 min*	N/mm²	*Zeitstandzugfestigkeit*	h	N/mm²
Kriechmodul	*1000 h*	N/mm²	*Zeitdehnspg. %*	h	N/mm²
bei Spannung		N/mm²			

Biegeversuch 23 °C ISO 178;

Probekörper: *Form* / *Zustand* — *Herstellung* Spritzgiessen / *Vorbehandlung* Normalklima

Biegefestigkeit	N/mm²	*E-Modul*	N/mm²	2000
3,5% *Biegespannung*	N/mm²			

Härte 23 °C *Probekörper:* *Zustand* — *Herstellung* Spritzgiessen / *Vorbehandlung* Normalklima

Kugeldruckhärte	N/mm²	bei N, s	*Shore-Härte*	A
Rockwellhärte	R 95		*Shore-Härte*	D

Schlagversuch *Probekörper:* *(1)* / *(2)* / *Zustand* — *Herstellung* / *Vorbehandlung*

		°C	°C	°C	*Probekörper-Form*
Schlagzähigkeit	kJ/m²				
Kerbschlagzähigkeit (1)	kJ/m²				
IZOD-Kerbschlagzähigkeit (2)	J/m				
Kerbschlagzugzähigkeit	kJ/m²				

Abrieb und Reibung

Taber-Abrieb (Reibradverfahren)	mm^3/100 U		
Abriebfaktor LNP (Thrust washer) Vergleichswert			
Statische Reibungszahl			
Dynamische Reibungszahl	(p · v =	N/mm^2 ·	m/min)
Zulässiger p · v Wert	N/mm^2 · (m/min)	v =	m/min
		v =	m/min

Thermische Eigenschaften

Formbeständigkeit in der Wärme	*Verfahren* B		119 °C
	Verfahren A		68 °C
Vicat Erweichungstemperatur (VST)	*Verfahren* A/50		150 °C
	Verfahren		°C
Kristallit-Schmelzpunkt	*Verfahren*		
Längenausdehnungskoeffizient	*Bereich*	°C	$\cdot 10^{-4} K^{-1}$
	Temperatur 23 °C		$0.9 \cdot 10^{-4} K^{-1}$
Wärmeleitfähigkeit	*Verfahren*		W/(K · m)
Spezifische Wärmekapazität	*Verfahren*		J/(K · g)
Glasumwandlungstemperatur	*Torsionsschwingungsversuch*	°C	
	Differentialkalorimetrie	°C	

Brandverhalten

UL-Test vertikal	Dicke 3.0 mm, Wert HB	
	Dicke mm, Wert	

	Norm	*Bewertung*	*Abmessungen*
Sauerstoff-Index	ASTM D 2863		
Glühstab-Verfahren			
Brandverhalten	DIN 4102		
MVSS			
FAR			

Elektrische Eigenschaften

		Hz	°C	*Probekörper, Form*
Dielektrizitätszahl		50		
		10^3		
		10^6		
Dielektrischer Verlustfaktor tan δ		50		
		10^3		
		10^6		
Spezifischer Durchgangswiderstand	Ohm · cm			
Durchschlagfestigkeit	kV/mm			mm dick
Oberflächenwiderstand	Ohm			

Kriechstromfestigkeit	KC	KB	KA
Elektrolytische Korrosionswirkung			
Lichtbogenfestigkeit nach DIN			
nach ASTM s			

Beständigkeit *(Chemische Beständigkeit siehe Anhang)*

Wasseraufnahme

Feuchtigkeitsaufnahme Normalklima %

Wetterbeständigkeit

Spannungskorrosion

Optische Eigenschaften

Brechungszahl n_D		
Transmissionsgrad τ_c	%	mm dick
Lichtdurchlässigkeit		

Datenbank-Nr. **T01024**		*Merkblatt-Nr.* **4008**

Produkt	Polypropylen		**PP**
Handelsname	**Procom C40H 457**		
Hersteller	ICI		
DIN-Bez 1	16774-PP,MGL,XX-M200,K40		
DIN-Bez 2			
Zusätze	UV-Stabilisator	*Füllstoffe/ Verstärkung*	40% Kreide
Bevorzugte Verarbeitung	Spritzgiessen	*Lieferform*	Granulat
		Farben	Weiss; Standard
Besondere Merkmale	Gute Witterungsbestaendigkeit	*Bevorzugte Anwendungen*	Gartenmoebel

Dichte	g/cm³	1.240	*Schmelzindex*	g/10 min	15:	230/2.16
Schüttdichte	g/cm³		*Volumenfließindex*	cm³/10 min	:	
Viskositätszahl	ml/g					

Verarbeitungsbedingungen für Spritzgießen

Massetemp.	°C	*Schwindung*	%	lgs 1.0–1.6, quer 1.0–1.6
Werkzeugtemp.	°C	*Bemerkungen*		
Spritzdruck	bar			

Zugversuch 23 °C ISO 527;

Probekörper: *Form* / *Zustand* — *Herstellung* Spritzgiessen, *Vorbehandlung* Normalklima

Streckspannung	N/mm²		*Dehnung bei Streckspannung*	%
Zugfestigkeit	N/mm²	25	*Reißdehnung*	%
Reißfestigkeit	N/mm²		*% Dehnspannung*	N/mm²
E-Modul	N/mm²		*Dehnung bei % Dehnspg.*	%

Kriechmoduln und Zeitstandwerte 23 °C

Probekörper: *Form* / *Zustand* — *Herstellung*, *Vorbehandlung*

Kriechmodul	*1 min*	N/mm²	*Zeitstandzugfestigkeit*	h	N/mm²
Kriechmodul	*1000 h*	N/mm²	*Zeitdehnspg. %*	h	N/mm²
bei Spannung		N/mm²			

Biegeversuch 23 °C ISO 178;

Probekörper: *Form* / *Zustand* — *Herstellung* Spritzgiessen, *Vorbehandlung* Normalklima

Biegefestigkeit	N/mm²	*E-Modul*	N/mm²	2700
3,5% *Biegespannung*	N/mm²			

Härte 23 °C *Probekörper:* *Zustand* — *Herstellung* Spritzgiessen, *Vorbehandlung* Normalklima

Kugeldruckhärte	N/mm²	bei N, s	*Shore-Härte* A	
Rockwellhärte	R 100		*Shore-Härte* D	

Schlagversuch *Probekörper:* *(1)* *(2)* *Zustand* — *Herstellung*, *Vorbehandlung*

		°C	°C	°C	*Probekörper-Form*
Schlagzähigkeit	kJ/m²				
Kerbschlagzähigkeit (1)	kJ/m²				
IZOD-Kerbschlagzähigkeit (2)	J/m				
Kerbschlagzugzähigkeit	kJ/m²				

Abrieb und Reibung

Taber-Abrieb (Reibradverfahren)	$mm^3/100$ U			
Abriebfaktor LNP (Thrust washer) Vergleichswert				
Statische Reibungszahl				
Dynamische Reibungszahl	(p · v =	N/mm² ·		m/min)
Zulässiger p · v Wert	N/mm² · (m/min)		v =	m/min
			v =	m/min

Thermische Eigenschaften

Formbeständigkeit in der Wärme	*Verfahren* B		125 °C
	Verfahren A		75 °C
Vicat Erweichungstemperatur (VST)	*Verfahren* A/50		150 °C
	Verfahren		°C
Kristallit-Schmelzpunkt	*Verfahren*		
Längenausdehnungskoeffizient	*Bereich*	°C	$\cdot 10^{-4}K^{-1}$
	Temperatur 23 °C		$0.55 \cdot 10^{-4}K^{-1}$
Wärmeleitfähigkeit	*Verfahren*		W/(K · m)
Spezifische Wärmekapazität	*Verfahren*		J/(K · g)
Glasumwandlungstemperatur	*Torsionsschwingungsversuch*	°C	
	Differentialkalorimetrie	°C	

Brandverhalten

UL-Test vertikal — Dicke 3.0 mm, Wert HB; Dicke mm, Wert

	Norm	*Bewertung*	*Abmessungen*
Sauerstoff-Index	ASTM D 2863		
Glühstab-Verfahren			
Brandverhalten	DIN 4102		
MVSS			
FAR			

Elektrische Eigenschaften

		Hz	°C	*Probekörper, Form*
Dielektrizitätszahl		50		
		10^3		
		10^6		
Dielektrischer Verlustfaktor tan δ		50		
		10^3		
		10^6		
Spezifischer Durchgangswiderstand	Ohm · cm			
Durchschlagfestigkeit	kV/mm			mm dick
Oberflächenwiderstand	Ohm			

Kriechstromfestigkeit	KC	KB	KA
Elektrolytische Korrosionswirkung			
Lichtbogenfestigkeit nach DIN			
nach ASTM s			

Beständigkeit *(Chemische Beständigkeit siehe Anhang)*

Wasseraufnahme

Feuchtigkeitsaufnahme Normalklima %

Wetterbeständigkeit

Spannungskorrosion

Optische Eigenschaften

Brechungszahl n_D		
Transmissionsgrad τ_c	%	mm dick
Lichtdurchlässigkeit		

Datenbank-Nr. **T01025** *Merkblatt-Nr.* **4009**

Produkt	Polyamid 66		**PA**
Handelsname	**Maranyl A 144**		
Hersteller	ICI		
DIN-Bez 1	16773-PA66,LG,XX-030		
DIN-Bez 2			
Zusätze		*Füllstoffe/ Verstärkung*	
Bevorzugte Verarbeitung	Extrudieren	*Lieferform*	Granulat
		Farben	
Besondere Merkmale	Mittelviskos	*Bevorzugte Anwendungen*	Monofilament

Dichte	g/cm³	1.14	*Schmelzindex*	g/10 min	:
Schüttdichte	g/cm³		*Volumenfließindex*	cm³/10 min	:
Viskositätszahl	ml/g				

Verarbeitungsbedingungen für Spritzgießen

Massetemp.	°C	*Schwindung*	% lgs , quer
Werkzeugtemp.	°C	*Bemerkungen*	
Spritzdruck	bar		

Zugversuch 23 °C DIN 53455; ISO 527;

Probekörper: *Form* — *Zustand* Spritzfrisch — *Herstellung* Spritzgiessen — *Vorbehandlung*

Streckspannung	N/mm²		*Dehnung bei Streckspannung*	%	
Zugfestigkeit	N/mm²	85	*Reißdehnung*	%	60–70
Reißfestigkeit	N/mm²		*% Dehnspannung*	N/mm²	
E-Modul	N/mm²		*Dehnung bei % Dehnspg.*	%	

Kriechmoduln und Zeitstandwerte 23 °C

Probekörper: *Form* — *Zustand* — *Herstellung* — *Vorbehandlung*

Kriechmodul	*1 min*	N/mm²	*Zeitstandzugfestigkeit*	h	N/mm²
Kriechmodul	*1000 h*	N/mm²	*Zeitdehnspg. %*	h	N/mm²
bei Spannung		N/mm²			

Biegeversuch 23 °C ISO 178;

Probekörper: *Form* — *Zustand* Spritzfrisch — *Herstellung* Spritzgiessen — *Vorbehandlung*

Biegefestigkeit	N/mm²	105	*E-Modul*	N/mm²	2800
3,5% *Biegespannung*	N/mm²				

Härte 23 °C *Probekörper:* *Zustand* Spritzfrisch — *Herstellung* Spritzgiessen — *Vorbehandlung*

Kugeldruckhärte	N/mm²	bei N, s	*Shore-Härte* A	
Rockwellhärte			*Shore-Härte* D	80

Schlagversuch *Probekörper:* *(1)* *(2)* *Zustand* — *Herstellung* — *Vorbehandlung*

		°C	°C	°C	*Probekörper-Form*
Schlagzähigkeit	kJ/m²				
Kerbschlagzähigkeit (1)	kJ/m²				
IZOD-Kerbschlagzähigkeit (2)	J/m				
Kerbschlagzugzähigkeit	kJ/m²				

Abrieb und Reibung

Taber-Abrieb (Reibradverfahren)	mm^3/100 U		
Abriebfaktor LNP (Thrust washer) Vergleichswert			
Statische Reibungszahl			
Dynamische Reibungszahl	(p · v =	N/mm^2 ·	m/min)
Zulässiger p · v Wert	N/mm^2 · (m/min)	v =	m/min
		v =	m/min

Thermische Eigenschaften

Formbeständigkeit in der Wärme	*Verfahren* A		100 °C
	Verfahren		°C
Vicat Erweichungstemperatur (VST)	*Verfahren*		°C
	Verfahren		°C
Kristallit-Schmelzpunkt	*Verfahren*		256 °C
Längenausdehnungskoeffizient	*Bereich*	°C	$\cdot 10^{-4} K^{-1}$
	Temperatur 23 °C		$0.9 \cdot 10^{-4} K^{-1}$
Wärmeleitfähigkeit	*Verfahren*		W/(K · m)
Spezifische Wärmekapazität	*Verfahren*		J/(K · g)
Glasumwandlungstemperatur	*Torsionsschwingungsversuch*	°C	
	Differentialkalorimetrie	°C	

Brandverhalten

UL-Test vertikal	Dicke 1.6 mm,	Wert V-2
	Dicke mm,	Wert

	Norm	*Bewertung*	*Abmessungen*
Sauerstoff-Index	ASTM D 2863		
Glühstab-Verfahren			
Brandverhalten	DIN 4102		
MVSS			
FAR			

Elektrische Eigenschaften

		Hz	°C			*Probekörper, Form*
Dielektrizitätszahl		50	23	3.9		
		10^3	23	3.7		
		10^6				
Dielektrischer Verlustfaktor tan δ		50	23	0.01		
		10^3	23	0.03		
		10^6				
Spezifischer Durchgangs-widerstand	Ohm · cm		23	1.0*10**15		
Durchschlagfestigkeit	kV/mm					mm dick
Oberflächenwiderstand	Ohm					
Kriechstromfestigkeit		KC >600		KB 550	KA	
Elektrolytische Korrosionswirkung						
Lichtbogenfestigkeit nach DIN						
nach ASTM	s					

Beständigkeit *(Chemische Beständigkeit siehe Anhang)*

Wasseraufnahme 23 C	1 d	1.3 %	
Feuchtigkeitsaufnahme Normalklima			%
Wetterbeständigkeit			
Spannungskorrosion			

Optische Eigenschaften

Brechungszahl n_D		
Transmissionsgrad τ_c	%	mm dick
Lichtdurchlässigkeit		

Datenbank-Nr.	**T01026**	*Merkblatt-Nr.*	**4010**

Produkt	Polyamid 66		**PA**
Handelsname	**Maranyl A 148**		
Hersteller	ICI		
DIN-Bez 1	16773-PA66,FG,XX-030		
DIN-Bez 2			
Zusätze		*Füllstoffe/ Verstärkung*	
Bevorzugte Verarbeitung	Extrudieren	*Lieferform*	Granulat
		Farben	
Besondere Merkmale	Mittelviskos bis hochviskos	*Bevorzugte Anwendungen*	Folie; Monofilament; Schlauch

Dichte	g/cm³	1.14	*Schmelzindex*	g/10 min	:
Schüttdichte	g/cm³		*Volumenfließindex*	cm³/10 min	:
Viskositätszahl	ml/g				

Verarbeitungsbedingungen für Spritzgießen

Massetemp.	°C	*Schwindung*	% lgs , quer
Werkzeugtemp.	°C	*Bemerkungen*	
Spritzdruck	bar		

Zugversuch 23 °C DIN 53455; ISO 527;

Probekörper: *Form* — *Herstellung* Spritzgiessen
Zustand Spritzfrisch — *Vorbehandlung*

Streckspannung	N/mm²		*Dehnung bei Streckspannung*	%	
Zugfestigkeit	N/mm²	85	*Reißdehnung*	%	60–100
Reißfestigkeit	N/mm²		*% Dehnspannung*	N/mm²	
E-Modul	N/mm²		*Dehnung bei % Dehnspg.*	%	

Kriechmoduln und Zeitstandwerte 23 °C

Probekörper: *Form* — *Herstellung*
Zustand — *Vorbehandlung*

Kriechmodul	*1 min* N/mm²		*Zeitstandzugfestigkeit*	h N/mm²
Kriechmodul	*1000 h* N/mm²		*Zeitdehnspg. %*	h N/mm²
bei Spannung	N/mm²			

Biegeversuch 23 °C ISO 178;

Probekörper: *Form* — *Herstellung* Spritzgiessen
Zustand Spritzfrisch — *Vorbehandlung*

Biegefestigkeit	N/mm²	105	*E-Modul*	N/mm²	2800
3,5% *Biegespannung*	N/mm²				

Härte 23 °C *Probekörper:* *Zustand* Spritzfrisch — *Herstellung* Spritzgiessen
Vorbehandlung

Kugeldruckhärte	N/mm²	bei N, s	*Shore-Härte* A	
Rockwellhärte			*Shore-Härte* D	80

Schlagversuch *Probekörper:* *(1)*
(2) — *Herstellung*
Zustand — *Vorbehandlung*

	°C	°C	°C	*Probekörper-Form*
Schlagzähigkeit kJ/m²				
Kerbschlagzähigkeit (1) kJ/m²				
IZOD-Kerbschlagzähigkeit (2) J/m				
Kerbschlagzugzähigkeit kJ/m²				

Abrieb und Reibung

Taber-Abrieb (Reibradverfahren)	mm^3/100 U		
Abriebfaktor LNP (Thrust washer) Vergleichswert			
Statische Reibungszahl			
Dynamische Reibungszahl	(p · v =	N/mm^2 ·	m/min)
Zulässiger p · v Wert	N/mm^2 · (m/min)	v =	m/min
		v =	m/min

Thermische Eigenschaften

Formbeständigkeit in der Wärme	*Verfahren* A		100 °C
	Verfahren		°C
Vicat Erweichungstemperatur (VST)	*Verfahren*		°C
	Verfahren		°C
Kristallit-Schmelzpunkt	*Verfahren*		256 °C
Längenausdehnungskoeffizient	*Bereich*	°C	$\cdot 10^{-4}K^{-1}$
	Temperatur 23 °C		$0.9 \cdot 10^{-4}K^{-1}$
Wärmeleitfähigkeit	*Verfahren*		W/(K · m)
Spezifische Wärmekapazität	*Verfahren*		J/(K · g)
Glasumwandlungstemperatur	*Torsionsschwingungsversuch*	°C	
	Differentialkalorimetrie	°C	

Brandverhalten

UL-Test vertikal	Dicke 1.6 mm, Wert V-2	
	Dicke mm, Wert	

	Norm	*Bewertung*	*Abmessungen*
Sauerstoff-Index	ASTM D 2863		
Glühstab-Verfahren			
Brandverhalten	DIN 4102		
MVSS			
FAR			

Elektrische Eigenschaften

		Hz	°C		*Probekörper, Form*
Dielektrizitätszahl		50	23	3.9	
		10^3	23	3.7	
		10^6			
Dielektrischer Verlustfaktor tan δ		50	23	0.01	
		10^3	23	0.03	
		10^6			
Spezifischer Durchgangswiderstand	Ohm · cm		23	1.0*10**15	
Durchschlagfestigkeit	kV/mm				mm dick
Oberflächenwiderstand	Ohm				

Kriechstromfestigkeit	KC > 600	KB 550	KA
Elektrolytische Korrosionswirkung			
Lichtbogenfestigkeit nach DIN			
nach ASTM s			

Beständigkeit *(Chemische Beständigkeit siehe Anhang)*

Wasseraufnahme 23 C	1 d	1.3 %	
Feuchtigkeitsaufnahme Normalklima			%
Wetterbeständigkeit			
Spannungskorrosion			

Optische Eigenschaften

Brechungszahl n_D		
Transmissionsgrad τ_c	%	mm dick
Lichtdurchlässigkeit		

Produkt	Polyamid 6		**PA**
Handelsname	**Maranyl B 300**		
Hersteller	ICI		
DIN-Bez 1	16773-PA6,KG,XX-020		
DIN-Bez 2			
Zusätze		*Füllstoffe/ Verstärkung*	
Bevorzugte Verarbeitung	Extrudieren	*Lieferform*	Granulat
		Farben	
Besondere Merkmale	Standardviskositaet	*Bevorzugte Anwendungen*	Drahtbeschichtung; Monofilament

Dichte	g/cm³	1.13	*Schmelzindex*	g/10 min	:
Schüttdichte	g/cm³		*Volumenfließindex*	cm³/10 min	:
Viskositätszahl	ml/g				

Verarbeitungsbedingungen für Spritzgießen

Massetemp.	°C	*Schwindung*	% lgs , quer
Werkzeugtemp.	°C	*Bemerkungen*	
Spritzdruck	bar		

Zugversuch 23 °C DIN 53455; ISO 527;

Probekörper: *Form* — *Herstellung* Spritzgiessen

Zustand Spritzfrisch — *Vorbehandlung*

Streckspannung	N/mm²		*Dehnung bei Streckspannung*	%	
Zugfestigkeit	N/mm²	76	*Reißdehnung*	%	50–100
Reißfestigkeit	N/mm²		*% Dehnspannung*	N/mm²	
E-Modul	N/mm²		*Dehnung bei % Dehnspg.*	%	

Kriechmoduln und Zeitstandwerte 23 °C

Probekörper: *Form* — *Herstellung*

Zustand — *Vorbehandlung*

Kriechmodul	*1 min* N/mm²	*Zeitstandzugfestigkeit*	h N/mm²
Kriechmodul	*1000 h* N/mm²	*Zeitdehnspg. %*	h N/mm²
bei Spannung	N/mm²		

Biegeversuch 23 °C ISO 178;

Probekörper: *Form* — *Herstellung* Spritzgiessen

Zustand Spritzfrisch — *Vorbehandlung*

Biegefestigkeit	N/mm²	95	*E-Modul*	N/mm²	2500
3,5% *Biegespannung*	N/mm²				

Härte 23 °C *Probekörper:* *Zustand* Spritzfrisch — *Herstellung* Spritzgiessen

Vorbehandlung

Kugeldruckhärte	N/mm² bei N, s	*Shore-Härte A*	
Rockwellhärte		*Shore-Härte D*	78

Schlagversuch *Probekörper:* *(1)*

(2) — *Herstellung*

Zustand — *Vorbehandlung*

	°C	°C	°C	*Probekörper-Form*
Schlagzähigkeit kJ/m²				
Kerbschlagzähigkeit (1) kJ/m²				
IZOD-Kerbschlagzähigkeit (2) J/m				
Kerbschlagzugzähigkeit kJ/m²				

Abrieb und Reibung

Taber-Abrieb (Reibradverfahren)	mm^3/100 U	
Abriebfaktor LNP (Thrust washer) Vergleichswert		
Statische Reibungszahl		
Dynamische Reibungszahl	(p·v= N/mm^2·	m/min)
Zulässiger p·v Wert	N/mm^2·(m/min) v=	m/min
	v=	m/min

Thermische Eigenschaften

Formbeständigkeit in der Wärme	*Verfahren* A		90 °C
	Verfahren		°C
Vicat Erweichungstemperatur (VST)	*Verfahren*		°C
	Verfahren		°C
Kristallit-Schmelzpunkt	*Verfahren*		218 °C
Längenausdehnungskoeffizient	*Bereich* °C		$\cdot 10^{-4}K^{-1}$
	Temperatur 23 °C		$1.0 \cdot 10^{-4}K^{-1}$
Wärmeleitfähigkeit	*Verfahren*		W/(K·m)
Spezifische Wärmekapazität	*Verfahren*		J/(K·g)
Glasumwandlungstemperatur	*Torsionsschwingungsversuch*	°C	
	Differentialkalorimetrie	°C	

Brandverhalten

UL-Test vertikal	Dicke 1.6 mm, Wert V-2	
	Dicke mm, Wert	

	Norm	*Bewertung*	*Abmessungen*
Sauerstoff-Index	ASTM D 2863		
Glühstab-Verfahren			
Brandverhalten	DIN 4102		
MVSS			
FAR			

Elektrische Eigenschaften

		Hz	°C		*Probekörper, Form*
Dielektrizitätszahl		50	23	4.2	
		10^3	23	4.0	
		10^6			
Dielektrischer Verlustfaktor tan δ		50	23	0.03	
		10^3	23	0.04	
		10^6			
Spezifischer Durchgangswiderstand	Ohm·cm		23	1.0*10**14	
Durchschlagfestigkeit	kV/mm				mm dick
Oberflächenwiderstand	Ohm				

Kriechstromfestigkeit	KC >600	KB 600	KA
Elektrolytische Korrosionswirkung			
Lichtbogenfestigkeit nach DIN			
nach ASTM s			

Beständigkeit *(Chemische Beständigkeit siehe Anhang)*

Wasseraufnahme 23 C	1 d	2.0 %	
Feuchtigkeitsaufnahme Normalklima			%
Wetterbeständigkeit			
Spannungskorrosion			

Optische Eigenschaften

Brechungszahl n_D		
Transmissionsgrad τ_c	%	mm dick
Lichtdurchlässigkeit		

Produkt	Polyamid 6		**PA**
Handelsname	**Maranyl B 400**		
Hersteller	ICI		
DIN-Bez 1	16773-PA6,HG,XX-020		
DIN-Bez 2			
Zusätze		*Füllstoffe/ Verstärkung*	
Bevorzugte Verarbeitung	Extrudieren	*Lieferform*	Granulat
		Farben	
Besondere Merkmale	Mittelviskos	*Bevorzugte Anwendungen*	Extrusionsbeschichtung; Monofilament; Angelschnur; Schlauch

Dichte	g/cm³	1.13	*Schmelzindex*	g/10 min		:
Schüttdichte	g/cm³		*Volumenfließindex*	cm³/10 min		:
Viskositätszahl	ml/g					

Verarbeitungsbedingungen für Spritzgießen

Massetemp.	°C	*Schwindung*	%	lgs , quer
Werkzeugtemp.	°C	*Bemerkungen*		
Spritzdruck	bar			

Zugversuch 23 °C DIN 53455; ISO 527;

Probekörper: *Form* — *Herstellung* Spritzgiessen
Zustand Spritzfrisch — *Vorbehandlung*

Streckspannung	N/mm²		*Dehnung bei Streckspannung*	%	
Zugfestigkeit	N/mm²	76	*Reißdehnung*	%	50–100
Reißfestigkeit	N/mm²		*% Dehnspannung*	N/mm²	
E-Modul	N/mm²		*Dehnung bei % Dehnspg.*	%	

Kriechmoduln und Zeitstandwerte 23 °C

Probekörper: *Form* — *Herstellung*
Zustand — *Vorbehandlung*

Kriechmodul	*1 min*	N/mm²	*Zeitstandzugfestigkeit*	h	N/mm²
Kriechmodul	*1000 h*	N/mm²	*Zeitdehnspg. %*	h	N/mm²
bei Spannung		N/mm²			

Biegeversuch 23 °C ISO 178;

Probekörper: *Form* — *Herstellung* Spritzgiessen
Zustand Spritzfrisch — *Vorbehandlung*

Biegefestigkeit	N/mm²	95	*E-Modul*	N/mm²	2500
3,5% *Biegespannung*	N/mm²				

Härte 23 °C *Probekörper:* *Zustand* Spritzfrisch — *Herstellung* Spritzgiessen
Vorbehandlung

Kugeldruckhärte	N/mm²	bei N, s	*Shore-Härte* A	
Rockwellhärte			*Shore-Härte* D	78

Schlagversuch *Probekörper:* *(1)*
(2) — *Herstellung*
Zustand — *Vorbehandlung*

	°C	°C	°C	*Probekörper-Form*
Schlagzähigkeit	kJ/m²			
Kerbschlagzähigkeit (1)	kJ/m²			
IZOD-Kerbschlagzähigkeit (2)	J/m			
Kerbschlagzugzähigkeit	kJ/m²			

Abrieb und Reibung

Taber-Abrieb (Reibradverfahren)	mm^3/100 U		
Abriebfaktor LNP (Thrust washer) Vergleichswert			
Statische Reibungszahl			
Dynamische Reibungszahl	(p · v =	N/mm^2 ·	m/min)
Zulässiger p · v Wert	N/mm^2 · (m/min)	v =	m/min
		v =	m/min

Thermische Eigenschaften

Formbeständigkeit in der Wärme	*Verfahren* A		90 °C
	Verfahren		°C
Vicat Erweichungstemperatur (VST)	*Verfahren*		°C
	Verfahren		°C
Kristallit-Schmelzpunkt	*Verfahren*		218 °C
Längenausdehnungskoeffizient	*Bereich*	°C	· $10^{-4}K^{-1}$
	Temperatur 23 °C		1.0 · $10^{-4}K^{-1}$
Wärmeleitfähigkeit	*Verfahren*		W/(K · m)
Spezifische Wärmekapazität	*Verfahren*		J/(K · g)
Glasumwandlungstemperatur	*Torsionsschwingungsversuch*	°C	
	Differentialkalorimetrie	°C	

Brandverhalten

UL-Test vertikal	Dicke 1.6 mm, Wert V-2	
	Dicke mm, Wert	

	Norm	*Bewertung*	*Abmessungen*
Sauerstoff-Index	ASTM D 2863		
Glühstab-Verfahren			
Brandverhalten	DIN 4102		
MVSS			
FAR			

Elektrische Eigenschaften

		Hz	°C		*Probekörper, Form*
Dielektrizitätszahl		50	23	4.2	
		10^3	23	4.0	
		10^6			
Dielektrischer Verlustfaktor tan δ		50	23	0.03	
		10^3	23	0.04	
		10^6			
Spezifischer Durchgangswiderstand	Ohm · cm		23	1.0*10**14	
Durchschlagfestigkeit	kV/mm				mm dick
Oberflächenwiderstand	Ohm				

Kriechstromfestigkeit	KC >600	KB 600	KA
Elektrolytische Korrosionswirkung			
Lichtbogenfestigkeit nach DIN			
nach ASTM s			

Beständigkeit *(Chemische Beständigkeit siehe Anhang)*

Wasseraufnahme 23 C	1 d	2.0 %	
Feuchtigkeitsaufnahme Normalklima			%
Wetterbeständigkeit			
Spannungskorrosion			

Optische Eigenschaften

Brechungszahl n_D		
Transmissionsgrad τ_c	%	mm dick
Lichtdurchlässigkeit		

Produkt	Polyamid 6		**PA**
Handelsname	**Maranyl B 500**		
Hersteller	ICI		
DIN-Bez 1	16773-PA6,FG,XX-020		
DIN-Bez 2			
Zusätze		*Füllstoffe/ Verstärkung*	
Bevorzugte Verarbeitung	Extrudieren	*Lieferform*	Granulat
		Farben	
Besondere Merkmale	Hochviskos	*Bevorzugte Anwendungen*	Schlauchfolie; Angelschnur; Dickes Segment

Dichte	g/cm^3	1.13	*Schmelzindex*	g/10 min		:
Schüttdichte	g/cm^3		*Volumenfließindex*	cm^3/10 min		:
Viskositätszahl	ml/g					

Verarbeitungsbedingungen für Spritzgießen

Massetemp.	°C	*Schwindung*	%	lgs , quer
Werkzeugtemp.	°C	*Bemerkungen*		
Spritzdruck	bar			

Zugversuch 23 °C DIN 53455; ISO 527;
Probekörper: *Form* — *Herstellung* Spritzgiessen
Zustand Spritzfrisch — *Vorbehandlung*

Streckspannung	N/mm^2		*Dehnung bei Streckspannung*	%	
Zugfestigkeit	N/mm^2	76	*Reißdehnung*	%	100
Reißfestigkeit	N/mm^2		*% Dehnspannung*	N/mm^2	
E-Modul	N/mm^2		*Dehnung bei % Dehnspg.*	%	

Kriechmoduln und Zeitstandwerte 23 °C
Probekörper: *Form* — *Herstellung*
Zustand — *Vorbehandlung*

Kriechmodul	*1 min*	N/mm^2	*Zeitstandzugfestigkeit*	h	N/mm^2
Kriechmodul	*1000 h*	N/mm^2	*Zeitdehnspg. %*	h	N/mm^2
bei Spannung		N/mm^2			

Biegeversuch 23 °C ISO 178;
Probekörper: *Form* — *Herstellung* Spritzgiessen
Zustand Spritzfrisch — *Vorbehandlung*

Biegefestigkeit	N/mm^2	95	*E-Modul*	N/mm^2	2500
3,5% *Biegespannung*	N/mm^2				

Härte 23 °C *Probekörper:* *Zustand* Spritzfrisch — *Herstellung* Spritzgiessen
Vorbehandlung

Kugeldruckhärte	N/mm^2	bei N, s	*Shore-Härte* A	
Rockwellhärte			*Shore-Härte* D	78

Schlagversuch *Probekörper:* *(1)*
(2) — *Herstellung*
Zustand — *Vorbehandlung*

	°C	°C	°C	*Probekörper-Form*
Schlagzähigkeit kJ/m^2				
Kerbschlagzähigkeit (1) kJ/m^2				
IZOD-Kerbschlagzähigkeit (2) J/m				
Kerbschlagzugzähigkeit kJ/m^2				

Abrieb und Reibung

Taber-Abrieb (Reibradverfahren)	mm^3/100 U		
Abriebfaktor LNP (Thrust washer) Vergleichswert			
Statische Reibungszahl			
Dynamische Reibungszahl	(p · v=	N/mm^2 ·	m/min)
Zulässiger p · v Wert	N/mm^2 · (m/min)	v=	m/min
		v=	m/min

Thermische Eigenschaften

Formbeständigkeit in der Wärme	*Verfahren* A		90 °C
	Verfahren		°C
Vicat Erweichungstemperatur (VST)	*Verfahren*		°C
	Verfahren		°C
Kristallit-Schmelzpunkt	*Verfahren*		218 °C
Längenausdehnungskoeffizient	*Bereich*	°C	$\cdot 10^{-4} K^{-1}$
	Temperatur 23 °C		$1.0 \cdot 10^{-4} K^{-1}$
Wärmeleitfähigkeit	*Verfahren*		W/(K · m)
Spezifische Wärmekapazität	*Verfahren*		J/(K · g)
Glasumwandlungstemperatur	*Torsionsschwingungsversuch*	°C	
	Differentialkalorimetrie	°C	

Brandverhalten

UL-Test vertikal — Dicke 1.6 mm, Wert V-2; Dicke mm, Wert

	Norm	*Bewertung*	*Abmessungen*
Sauerstoff-Index	ASTM D 2863		
Glühstab-Verfahren			
Brandverhalten	DIN 4102		
MVSS			
FAR			

Elektrische Eigenschaften

		Hz	°C		*Probekörper, Form*
Dielektrizitätszahl		50	23	4.2	
		10^3	23	4.0	
		10^6			
Dielektrischer Verlustfaktor tan δ		50	23	0.03	
		10^3	23	0.04	
		10^6			
Spezifischer Durchgangswiderstand	Ohm · cm		23	1.0*10**14	
Durchschlagfestigkeit	kV/mm				mm dick
Oberflächenwiderstand	Ohm				

Kriechstromfestigkeit	KC >600	KB 600	KA
Elektrolytische Korrosionswirkung			
Lichtbogenfestigkeit nach DIN			
nach ASTM s			

Beständigkeit *(Chemische Beständigkeit siehe Anhang)*

Wasseraufnahme 23 C	1 d	2.0 %
Feuchtigkeitsaufnahme Normalklima		%
Wetterbeständigkeit		
Spannungskorrosion		

Optische Eigenschaften

Brechungszahl n_D		
Transmissionsgrad τ_c	%	mm dick
Lichtdurchlässigkeit		

Datenbank-Nr.	**T01030**	*Merkblatt-Nr.*	**4014**

Produkt	Polyamid 66		**PA**
Handelsname	**Maranyl A 137**		
Hersteller	ICI		
DIN-Bez 1	16773-PA66,MFG,XX-030		
DIN-Bez 2			
Zusätze	Brandschutzmittel	*Füllstoffe/ Verstärkung*	
Bevorzugte Verarbeitung	Spritzgiessen	*Lieferform*	Granulat
		Farben	
Besondere Merkmale		*Bevorzugte Anwendungen*	Elektroindustrie; Spulenkoerper; Gehaeuse; Leistungsschalter; Steckverbinder; Rohrschelle; Transportwesen; Verkehrswesen

Dichte	g/cm³	1.27	*Schmelzindex*	g/10 min	:
Schüttdichte	g/cm³		*Volumenfließindex*	cm³/10 min	:
Viskositätszahl	ml/g				

Verarbeitungsbedingungen für Spritzgießen

Massetemp.	°C	*Schwindung*	% lgs 1.4, quer 1.4
Werkzeugtemp.	°C	*Bemerkungen*	
Spritzdruck	bar		

Zugversuch 23 °C DIN 53455; ISO R 527;

Probekörper: *Form*		*Herstellung*	Spritzgiessen
Zustand	Spritzfrisch	*Vorbehandlung*	

Streckspannung	N/mm²		*Dehnung bei Streckspannung*	%	
Zugfestigkeit	N/mm²	70	*Reißdehnung*	%	5
Reißfestigkeit	N/mm²		*% Dehnspannung*	N/mm²	
E-Modul	N/mm²		*Dehnung bei % Dehnspg.*	%	

Kriechmoduln und Zeitstandwerte 23 °C

Probekörper: *Form*	*Herstellung*
Zustand	*Vorbehandlung*

Kriechmodul	*1 min* N/mm²	*Zeitstandzugfestigkeit*	h	N/mm²
Kriechmodul	*1000 h* N/mm²	*Zeitdehnspg. %*	h	N/mm²
bei Spannung	N/mm²			

Biegeversuch 23 °C ISO 178; DIN 53452;

Probekörper: *Form*		*Herstellung*	Spritzgiessen
Zustand	Spritzfrisch	*Vorbehandlung*	

Biegefestigkeit	N/mm²	100	*E-Modul*	N/mm²	3400
3,5% *Biegespannung*	N/mm²				

Härte 23 °C *Probekörper:* *Zustand* *Herstellung* *Vorbehandlung*

Kugeldruckhärte	N/mm² bei N, s	*Shore-Härte*	A
Rockwellhärte		*Shore-Härte*	D

Schlagversuch *Probekörper:* *(1)* *(2)* *Zustand* *Herstellung* *Vorbehandlung*

		°C	°C	°C	*Probekörper-Form*
Schlagzähigkeit	kJ/m²				
Kerbschlagzähigkeit (1)	kJ/m²				
IZOD-Kerbschlagzähigkeit (2)	J/m				
Kerbschlagzugzähigkeit	kJ/m²				

Abrieb und Reibung

Taber-Abrieb (Reibradverfahren)	mm³/100 U		
Abriebfaktor LNP (Thrust washer) Vergleichswert			
Statische Reibungszahl			
Dynamische Reibungszahl	(p · v =	N/mm² ·	m/min)
Zulässiger p · v Wert	N/mm² · (m/min)	v =	m/min
		v =	m/min

Thermische Eigenschaften

Formbeständigkeit in der Wärme	*Verfahren* A		105 °C
	Verfahren		°C
Vicat Erweichungstemperatur (VST)	*Verfahren*		°C
	Verfahren		°C
Kristallit-Schmelzpunkt	*Verfahren*		258 °C
Längenausdehnungskoeffizient	*Bereich*	°C	$\cdot 10^{-4} K^{-1}$
	Temperatur		$\cdot 10^{-4} K^{-1}$
Wärmeleitfähigkeit	*Verfahren*		W/(K · m)
Spezifische Wärmekapazität	*Verfahren*		J/(K · g)
Glasumwandlungstemperatur	*Torsionsschwingungsversuch*	°C	
	Differentialkalorimetrie	°C	

Brandverhalten

UL-Test vertikal	Dicke 1.6 mm, Wert V-1	
	Dicke mm, Wert	

	Norm	*Bewertung*	*Abmessungen*
Sauerstoff-Index	ASTM D 2863	28%	
Glühstab-Verfahren			
Brandverhalten	DIN 4102		
MVSS			
FAR			

Elektrische Eigenschaften

		Hz	°C			*Probekörper, Form*
Dielektrizitätszahl		50	23	3.9		
		10^3	23	3.7		
		10^6				
Dielektrischer Verlustfaktor $\tan\delta$		50	23	0.01		
		10^3	23	0.02		
		10^6				
Spezifischer Durchgangswiderstand	Ohm · cm		23	1.0*10**15		
Durchschlagfestigkeit	kV/mm					mm dick
Oberflächenwiderstand	Ohm					
Kriechstromfestigkeit		KC 450		KB 325	KA	
Elektrolytische Korrosionswirkung		A/B 2				
Lichtbogenfestigkeit nach DIN						
nach ASTM	s					

Beständigkeit *(Chemische Beständigkeit siehe Anhang)*

Wasseraufnahme 23 C	1 d	0.7 %	
Feuchtigkeitsaufnahme Normalklima			%
Wetterbeständigkeit			
Spannungskorrosion			

Optische Eigenschaften

Brechungszahl n_D		
Transmissionsgrad τ_c	%	mm dick
Lichtdurchlässigkeit		

Produkt	Polyamid 66		**PA**
Handelsname	**Maranyl A 417**		
Hersteller	ICI		
DIN-Bez 1	16773-PA66,MFG,XX-030		
DIN-Bez 2			
Zusätze	Brandschutzmittel	*Füllstoffe/ Verstärkung*	
Bevorzugte Verarbeitung	Spritzgiessen	*Lieferform*	Granulat
		Farben	
Besondere Merkmale		*Bevorzugte Anwendungen*	Elektroindustrie; Spulenkoerper; Gehaeuse; Leistungsschalter; Steckverbinder; Rohrschelle; Transportwesen; Verkehrswesen

Dichte	g/cm^3	1.31	*Schmelzindex*	g/10 min	:
Schüttdichte	g/cm^3		*Volumenfließindex*	cm^3/10 min	:
Viskositätszahl	ml/g				

Verarbeitungsbedingungen für Spritzgießen

Massetemp.	°C	*Schwindung*	% lgs , quer
Werkzeugtemp.	°C	*Bemerkungen*	
Spritzdruck	bar		

Zugversuch 23 °C DIN 53455; ISO R 527;

Probekörper: *Form* — *Herstellung* Spritzgiessen
Zustand Spritzfrisch — *Vorbehandlung*

Streckspannung	N/mm^2		*Dehnung bei Streckspannung*	%	
Zugfestigkeit	N/mm^2	60	*Reißdehnung*	%	
Reißfestigkeit	N/mm^2		*% Dehnspannung*	N/mm^2	
E-Modul	N/mm^2		*Dehnung bei % Dehnspg.*	%	

Kriechmoduln und Zeitstandwerte 23 °C

Probekörper: *Form* — *Herstellung*
Zustand — *Vorbehandlung*

Kriechmodul	*1 min* N/mm^2		*Zeitstandzugfestigkeit*	h	N/mm^2
Kriechmodul	*1000 h* N/mm^2		*Zeitdehnspg.* %	h	N/mm^2
bei Spannung	N/mm^2				

Biegeversuch 23 °C ISO 178; DIN 53452;

Probekörper: *Form* — *Herstellung* Spritzgiessen
Zustand Spritzfrisch — *Vorbehandlung*

Biegefestigkeit	N/mm^2	105	*E-Modul*	N/mm^2	3500
3,5% *Biegespannung*	N/mm^2				

Härte 23 °C *Probekörper:* *Zustand* — *Herstellung*
Vorbehandlung

Kugeldruckhärte	N/mm^2 bei N, s	*Shore-Härte*	A
Rockwellhärte		*Shore-Härte*	D

Schlagversuch *Probekörper:* *(1)*
(2) — *Herstellung*
Zustand — *Vorbehandlung*

	°C	°C	°C	*Probekörper-Form*
Schlagzähigkeit kJ/m^2				
Kerbschlagzähigkeit (1) kJ/m^2				
IZOD-Kerbschlagzähigkeit (2) J/m				
Kerbschlagzugzähigkeit kJ/m^2				

Abrieb und Reibung

Taber-Abrieb (Reibradverfahren)	mm^3/100 U		
Abriebfaktor LNP (Thrust washer) Vergleichswert			
Statische Reibungszahl			
Dynamische Reibungszahl	(p·v= N/mm^2·		m/min)
Zulässiger p · v Wert	N/mm^2 · (m/min)	v=	m/min
		v=	m/min

Thermische Eigenschaften

Formbeständigkeit in der Wärme	*Verfahren* A		100 °C
	Verfahren		°C
Vicat Erweichungstemperatur (VST)	*Verfahren*		°C
	Verfahren		°C
Kristallit-Schmelzpunkt	*Verfahren*		242 °C
Längenausdehnungskoeffizient	*Bereich*	°C	$\cdot 10^{-4}K^{-1}$
	Temperatur		$\cdot 10^{-4}K^{-1}$
Wärmeleitfähigkeit	*Verfahren*		W/(K · m)
Spezifische Wärmekapazität	*Verfahren*		J/(K · g)
Glasumwandlungstemperatur	*Torsionsschwingungsversuch*	°C	
	Differentialkalorimetrie	°C	

Brandverhalten

UL-Test vertikal Dicke 0.5 mm, Wert V-0
Dicke 1.6 mm, Wert V-0

	Norm	*Bewertung*	*Abmessungen*
Sauerstoff-Index	ASTM D 2863	35%	
Glühstab-Verfahren			
Brandverhalten	DIN 4102		
MVSS			
FAR			

Elektrische Eigenschaften

		Hz	°C		*Probekörper, Form*
Dielektrizitätszahl		50	23	3.6	
		10^3	23	3.6	
		10^6			
Dielektrischer Verlustfaktor tan δ		50	23	0.007	
		10^3	23	0.01	
		10^6			
Spezifischer Durchgangs-widerstand	Ohm · cm		23	1.0*10**15	
Durchschlagfestigkeit	kV/mm				mm dick
Oberflächenwiderstand	Ohm				

Kriechstromfestigkeit	KC 275	KB 175	KA	
Elektrolytische Korrosionswirkung	AN 1.2			
Lichtbogenfestigkeit nach DIN				
nach ASTM s	94			Dicke 3.0 mm

Beständigkeit *(Chemische Beständigkeit siehe Anhang)*

Wasseraufnahme

Feuchtigkeitsaufnahme Normalklima %

Wetterbeständigkeit

Spannungskorrosion

Optische Eigenschaften

Brechungszahl n_D

Transmissionsgrad τ_c % mm dick

Lichtdurchlässigkeit

Produkt	Polyamid 66		**PA**
Handelsname	**Maranyl A 477**		
Hersteller	ICI		
DIN-Bez 1	16773-PA66,MFG,XX-070,GF20		
DIN-Bez 2			
Zusätze	Brandschutzmittel	*Füllstoffe/ Verstärkung*	20% Glasfaser
Bevorzugte Verarbeitung	Spritzgiessen	*Lieferform*	Granulat
		Farben	
Besondere Merkmale		*Bevorzugte Anwendungen*	Elektroindustrie; Spulenkoerper; Gehaeuse; Leistungsschalter; Steckverbinder; Rohrschelle; Transportwesen; Verkehrswesen

Dichte	g/cm³	1.56	*Schmelzindex*	g/10 min	:
Schüttdichte	g/cm³		*Volumenfließindex*	cm³/10 min	:
Viskositätszahl	ml/g				

Verarbeitungsbedingungen für Spritzgießen

Massetemp.	°C	*Schwindung*	%	lgs 0.8, quer 0.4
Werkzeugtemp.	°C	*Bemerkungen*		
Spritzdruck	bar			

Zugversuch 23 °C DIN 53455; ISO R 527;

Probekörper: *Form* — *Herstellung* Spritzgiessen

Zustand Spritzfrisch — *Vorbehandlung*

Streckspannung	N/mm²		*Dehnung bei Streckspannung*	%	
Zugfestigkeit	N/mm²	125	*Reißdehnung*	%	3
Reißfestigkeit	N/mm²		*% Dehnspannung*	N/mm²	
E-Modul	N/mm²		*Dehnung bei % Dehnspg.*	%	

Kriechmoduln und Zeitstandwerte 23 °C

Probekörper: *Form* — *Herstellung*

Zustand — *Vorbehandlung*

Kriechmodul	*1 min* N/mm²	*Zeitstandzugfestigkeit*	h	N/mm²
Kriechmodul	*1000 h* N/mm²	*Zeitdehnspg. %*	h	N/mm²
bei Spannung	N/mm²			

Biegeversuch 23 °C ISO 178; DIN 53452;

Probekörper: *Form* — *Herstellung* Spritzgiessen

Zustand Spritzfrisch — *Vorbehandlung*

Biegefestigkeit	N/mm²	155	*E-Modul*	N/mm²	7500
3,5% *Biegespannung*	N/mm²				

Härte 23 °C *Probekörper:* *Zustand* — *Herstellung*

Vorbehandlung

Kugeldruckhärte	N/mm² bei N, s	*Shore-Härte*	A
Rockwellhärte		*Shore-Härte*	D

Schlagversuch *Probekörper:* *(1)*

(2) — *Herstellung*

Zustand — *Vorbehandlung*

	°C	°C	°C	*Probekörper-Form*
Schlagzähigkeit kJ/m²				
Kerbschlagzähigkeit (1) kJ/m²				
IZOD-Kerbschlagzähigkeit (2) J/m				
Kerbschlagzugzähigkeit kJ/m²				

Abrieb und Reibung

Taber-Abrieb (Reibradverfahren)	mm^3/100 U		
Abriebfaktor LNP (Thrust washer) Vergleichswert			
Statische Reibungszahl			
Dynamische Reibungszahl	(p · v =	N/mm^2 ·	m/min)
Zulässiger p · v Wert	N/mm^2 · (m/min)	v =	m/min
		v =	m/min

Thermische Eigenschaften

Formbeständigkeit in der Wärme	*Verfahren* A		242 °C
	Verfahren		°C
Vicat Erweichungstemperatur (VST)	*Verfahren*		°C
	Verfahren		°C
Kristallit-Schmelzpunkt	*Verfahren*		256 °C
Längenausdehnungskoeffizient	*Bereich*	°C	$\cdot 10^{-4}K^{-1}$
	Temperatur		$\cdot 10^{-4}K^{-1}$
Wärmeleitfähigkeit	*Verfahren*		W/(K · m)
Spezifische Wärmekapazität	*Verfahren*		J/(K · g)
Glasumwandlungstemperatur	*Torsionsschwingungsversuch*	°C	
	Differentialkalorimetrie	°C	

Brandverhalten

UL-Test vertikal Dicke 1.6 mm, Wert V-1
Dicke 3.0 mm, Wert V-0

	Norm	*Bewertung*	*Abmessungen*
Sauerstoff-Index	ASTM D 2863	33%	
Glühstab-Verfahren			
Brandverhalten	DIN 4102		
MVSS			
FAR			

Elektrische Eigenschaften

		Hz	°C			*Probekörper, Form*
Dielektrizitätszahl		50	23	4.5		
		10^3	23	4.3		
		10^6				
Dielektrischer Verlustfaktor tan δ		50	23	0.02		
		10^3	23	0.02		
		10^6				
Spezifischer Durchgangs-widerstand	Ohm · cm		23	1.0*10**15		
Durchschlagfestigkeit	kV/mm					mm dick
Oberflächenwiderstand	Ohm					
Kriechstromfestigkeit		KC 425		KB 250	KA	
Elektrolytische Korrosionswirkung		A 1.4				
Lichtbogenfestigkeit nach DIN						
nach ASTM	s	79				Dicke 3.0 mm

Beständigkeit *(Chemische Beständigkeit siehe Anhang)*

Wasseraufnahme 23 C	1 d	0.4 %	
Feuchtigkeitsaufnahme Normalklima			%
Wetterbeständigkeit			
Spannungskorrosion			

Optische Eigenschaften

Brechungszahl n_D		
Transmissionsgrad τ_c	%	mm dick
Lichtdurchlässigkeit		

Produkt	Polyamid 6		**PA**
Handelsname	**Verton PF 70010**		
Hersteller	ICI		
DIN-Bez 1	16773-PA6,MG,XX-160,GF50		
DIN-Bez 2			
Zusätze		*Füllstoffe/ Verstärkung*	50% Glasfaser, lang
Bevorzugte Verarbeitung	Spritzgiessen	*Lieferform*	Zylindergranulat 10 mm lang
		Farben	Natur; Schwarz
Besondere Merkmale	Hoehere Schlagzaehigkeit; Gute Oberflaechenqualitaet; Verarbeitbarkeit bei niedrigerer Temperatur	*Bevorzugte Anwendungen*	Technisches Formteil

Dichte	g/cm³	1.570	*Schmelzindex*	g/10 min	:
Schüttdichte	g/cm³		*Volumenfließindex*	cm³/10 min	:
Viskositätszahl	ml/g				

Verarbeitungsbedingungen für Spritzgießen

Massetemp.	°C	285–290	*Schwindung*	% lgs , quer
Werkzeugtemp.	°C	70–90	*Bemerkungen*	Ggf. Trocknen im Vakuum 4 bis 12 h bei 95 C
Spritzdruck	bar			

Zugversuch 23 °C ISO R 527;
Probekörper: *Form* — *Zustand* Spritzfrisch — *Herstellung* Spritzgiessen — *Vorbehandlung*

Streckspannung	N/mm²		*Dehnung bei Streckspannung*	%	
Zugfestigkeit	N/mm²	200	*Reißdehnung*	%	4
Reißfestigkeit	N/mm²		*% Dehnspannung*	N/mm²	
E-Modul	N/mm²		*Dehnung bei % Dehnspg.*	%	

Kriechmoduln und Zeitstandwerte 23 °C
Probekörper: *Form* — *Zustand* — *Herstellung* — *Vorbehandlung*

Kriechmodul	*1 min*	N/mm²	*Zeitstandzugfestigkeit*	h	N/mm²
Kriechmodul	*1000 h*	N/mm²	*Zeitdehnspg. %*	h	N/mm²
bei Spannung		N/mm²			

Biegeversuch 23 °C ISO 178;
Probekörper: *Form* — *Zustand* Spritzfrisch — *Herstellung* Spritzgiessen — *Vorbehandlung*

Biegefestigkeit	N/mm²	320	*E-Modul*	N/mm²	15000
3,5% *Biegespannung*	N/mm²				

Härte 23 °C *Probekörper:* *Zustand* — *Herstellung* — *Vorbehandlung*

Kugeldruckhärte	N/mm² bei N, s	*Shore-Härte*	A
Rockwellhärte		*Shore-Härte*	D

Schlagversuch *Probekörper:* *(1)* *(2)* *Zustand* — *Herstellung* — *Vorbehandlung*

		°C	°C	°C	*Probekörper-Form*
Schlagzähigkeit	kJ/m²				
Kerbschlagzähigkeit (1)	kJ/m²				
IZOD-Kerbschlagzähigkeit (2)	J/m				
Kerbschlagzugzähigkeit	kJ/m²				

Abrieb und Reibung

Taber-Abrieb (Reibradverfahren)	mm^3/100 U		
Abriebfaktor LNP (Thrust washer) Vergleichswert			
Statische Reibungszahl			
Dynamische Reibungszahl	(p·v= N/mm^2·		m/min)
Zulässiger p · v Wert	N/mm^2 · (m/min)	v=	m/min
		v=	m/min

Thermische Eigenschaften

Formbeständigkeit in der Wärme	*Verfahren* A		218 °C
	Verfahren		°C
Vicat Erweichungstemperatur (VST)	*Verfahren*		°C
	Verfahren		°C
Kristallit-Schmelzpunkt	*Verfahren* ISO 1218		220 °C
Längenausdehnungskoeffizient	*Bereich*	°C	$\cdot 10^{-4} K^{-1}$
	Temperatur		$\cdot 10^{-4} K^{-1}$
Wärmeleitfähigkeit	*Verfahren*		W/(K · m)
Spezifische Wärmekapazität	*Verfahren*		J/(K · g)
Glasumwandlungstemperatur	*Torsionsschwingungsversuch*	°C	
	Differentialkalorimetrie	°C	

Brandverhalten

UL-Test vertikal Dicke 1.6 mm, Wert HB
Dicke mm, Wert

	Norm	*Bewertung*	*Abmessungen*
Sauerstoff-Index	ASTM D 2863		
Glühstab-Verfahren			
Brandverhalten	DIN 4102		
MVSS			
FAR			

Elektrische Eigenschaften

		Hz	°C	*Probekörper, Form*
Dielektrizitätszahl		50		
		10^3		
		10^6		
Dielektrischer Verlustfaktor tan δ		50		
		10^3		
		10^6		
Spezifischer Durchgangswiderstand	Ohm · cm			
Durchschlagfestigkeit	kV/mm			mm dick
Oberflächenwiderstand	Ohm			

Kriechstromfestigkeit KC KB KA
Elektrolytische Korrosionswirkung
Lichtbogenfestigkeit nach DIN
nach ASTM s

Beständigkeit *(Chemische Beständigkeit siehe Anhang)*

Wasseraufnahme 23 C	1 d	0.8 %	
Feuchtigkeitsaufnahme Normalklima			%
Wetterbeständigkeit			
Spannungskorrosion			

Optische Eigenschaften

Brechungszahl n_D
Transmissionsgrad τ_c % mm dick
Lichtdurchlässigkeit

Produkt	Polyamid 610		**PA**
Handelsname	**Verton QF 70010**		
Hersteller	ICI		
DIN-Bez 1	16773-PA610,MG,XX-140,GF50		
DIN-Bez 2			
Zusätze		*Füllstoffe/ Verstärkung*	50% Glasfaser, lang
Bevorzugte Verarbeitung	Spritzgiessen	*Lieferform*	Zylindergranulat 10 mm lang
		Farben	Natur; Schwarz
Besondere Merkmale	Mechanische Eigenschaften wie PA66, jedoch geringere Feuchtigkeitsaufnahme und hoehere Schlagzaehigkeit	*Bevorzugte Anwendungen*	Technisches Formteil

Dichte	g/cm³	1.53	*Schmelzindex*	g/10 min	:
Schüttdichte	g/cm³		*Volumenfließindex*	cm³/10 min	:
Viskositätszahl	ml/g				

Verarbeitungsbedingungen für Spritzgießen

Massetemp.	°C	270–290	*Schwindung*	% lgs 0.3, quer 0.6
Werkzeugtemp.	°C	65–90	*Bemerkungen*	Ggf. Trocknen im Vakuum 4 h bei 85 C
Spritzdruck	bar			

Zugversuch 23 °C ASTM D 638;
Probekörper: *Form* / *Zustand* — *Herstellung* Spritzgiessen; *Vorbehandlung* Normalklima

Streckspannung	N/mm²		*Dehnung bei Streckspannung*	%	
Zugfestigkeit	N/mm²	214	*Reißdehnung*	%	4–5
Reißfestigkeit	N/mm²		*% Dehnspannung*	N/mm²	
E-Modul	N/mm²	15200	*Dehnung bei % Dehnspg.*	%	

Kriechmoduln und Zeitstandwerte 23 °C
Probekörper: *Form* / *Zustand* — *Herstellung* / *Vorbehandlung*

Kriechmodul	*1 min*	N/mm²	*Zeitstandzugfestigkeit*	h	N/mm²
Kriechmodul	*1000 h*	N/mm²	*Zeitdehnspg. %*	h	N/mm²
bei Spannung		N/mm²			

Biegeversuch 23 °C ASTM D 790;
Probekörper: *Form* / *Zustand* — *Herstellung* Spritzgiessen; *Vorbehandlung* Normalklima

Biegefestigkeit	N/mm²	345	*E-Modul*	N/mm²	13800
3,5% *Biegespannung*	N/mm²				

Härte 23 °C *Probekörper:* *Zustand* — *Herstellung* / *Vorbehandlung*

Kugeldruckhärte	N/mm² bei N, s	*Shore-Härte* A	
Rockwellhärte		*Shore-Härte* D	

Schlagversuch *Probekörper:* *(1)* / *(2)* / *Zustand* — *Herstellung* / *Vorbehandlung*

		°C	°C	°C	*Probekörper-Form*
Schlagzähigkeit	kJ/m²				
Kerbschlagzähigkeit (1)	kJ/m²				
IZOD-Kerbschlagzähigkeit (2)	J/m				
Kerbschlagzugzähigkeit	kJ/m²				

Abrieb und Reibung

Taber-Abrieb (Reibradverfahren)	$mm^3/100$ U	
Abriebfaktor LNP (Thrust washer) Vergleichswert		
Statische Reibungszahl		
Dynamische Reibungszahl	(p · v = N/mm^2 ·	m/min)
Zulässiger p · v Wert	N/mm^2 · (m/min) v =	m/min
	v =	m/min

Thermische Eigenschaften

Formbeständigkeit in der Wärme	*Verfahren* A		221 °C
	Verfahren		°C
Vicat Erweichungstemperatur (VST)	*Verfahren*		°C
	Verfahren		°C
Kristallit-Schmelzpunkt	*Verfahren*		
Längenausdehnungskoeffizient	*Bereich*	°C	$\cdot 10^{-4}K^{-1}$
	Temperatur		$\cdot 10^{-4}K^{-1}$
Wärmeleitfähigkeit	*Verfahren*		W/(K · m)
Spezifische Wärmekapazität	*Verfahren*		J/(K · g)
Glasumwandlungstemperatur	*Torsionsschwingungsversuch*	°C	
	Differentialkalorimetrie	°C	

Brandverhalten

UL-Test vertikal — Dicke mm, Wert
Dicke mm, Wert

	Norm	*Bewertung*	*Abmessungen*
Sauerstoff-Index	ASTM D 2863		
Glühstab-Verfahren			
Brandverhalten	DIN 4102		
MVSS			
FAR			

Elektrische Eigenschaften

		Hz	°C	*Probekörper, Form*
Dielektrizitätszahl		50		
		10^3		
		10^6		
Dielektrischer Verlustfaktor tan δ		50		
		10^3		
		10^6		
Spezifischer Durchgangswiderstand	Ohm · cm			
Durchschlagfestigkeit	kV/mm			mm dick
Oberflächenwiderstand	Ohm			

Kriechstromfestigkeit — KC — KB — KA
Elektrolytische Korrosionswirkung
Lichtbogenfestigkeit nach DIN
nach ASTM s

Beständigkeit *(Chemische Beständigkeit siehe Anhang)*

Wasseraufnahme 23 C	1 d	0.16 %
Feuchtigkeitsaufnahme Normalklima		%
Wetterbeständigkeit		
Spannungskorrosion		

Optische Eigenschaften

Brechungszahl n_D
Transmissionsgrad τ_c % mm dick
Lichtdurchlässigkeit

Produkt	Polyphenylensulfid		**PPS**
Handelsname	**Verton OF 70010**		
Hersteller	ICI		
DIN-Bez 1			
DIN-Bez 2			
Zusätze		*Füllstoffe/ Verstärkung*	50% Glasfaser, lang
Bevorzugte Verarbeitung	Spritzgiessen	*Lieferform*	Zylindergranulat 10 mm lang
		Farben	Natur; Schwarz
Besondere Merkmale	Gute mechanische Eigenschaften; Hervorragende Steifigkeit	*Bevorzugte Anwendungen*	Technisches Formteil

Dichte	g/cm^3	1.75	*Schmelzindex*	g/10 min	:
Schüttdichte	g/cm^3		*Volumenfließindex*	$cm^3/10$ min	:
Viskositätszahl	ml/g				

Verarbeitungsbedingungen für Spritzgießen

Massetemp.	°C	315–335	*Schwindung*	% lgs 0.1, quer 0.15
Werkzeugtemp.	°C	95–120	*Bemerkungen*	Ggf. Trocknen im Vakuum 4 h bei 120 C
Spritzdruck	bar			

Zugversuch 23 °C ASTM D 638;

Probekörper:	*Form*	*Herstellung*	Spritzgiessen
	Zustand	*Vorbehandlung*	Normalklima

Streckspannung	N/mm^2		*Dehnung bei Streckspannung*	%
Zugfestigkeit	N/mm^2	152	*Reißdehnung*	% 3
Reißfestigkeit	N/mm^2		*% Dehnspannung*	N/mm^2
E-Modul	N/mm^2		*Dehnung bei % Dehnspg.*	%

Kriechmoduln und Zeitstandwerte 23 °C

Probekörper:	*Form*	*Herstellung*	
	Zustand	*Vorbehandlung*	

Kriechmodul	*1 min* N/mm^2	*Zeitstandzugfestigkeit*	h N/mm^2
Kriechmodul	*1000 h* N/mm^2	*Zeitdehnspg.* %	h N/mm^2
bei Spannung	N/mm^2		

Biegeversuch 23 °C ASTM D 790;

Probekörper:	*Form*	*Herstellung*	Spritzgiessen
	Zustand	*Vorbehandlung*	Normalklima

Biegefestigkeit	N/mm^2	227	*E-Modul*	N/mm^2 15900
3,5% *Biegespannung*	N/mm^2			

Härte 23 °C

Probekörper:	*Zustand*	*Herstellung*	
		Vorbehandlung	
Kugeldruckhärte	N/mm^2 bei N, s	*Shore-Härte* A	
Rockwellhärte		*Shore-Härte* D	

Schlagversuch

Probekörper:	*(1)*		
	(2)	*Herstellung*	
	Zustand	*Vorbehandlung*	

	°C	°C	°C	*Probekörper-Form*
Schlagzähigkeit kJ/m^2				
Kerbschlagzähigkeit (1) kJ/m^2				
IZOD-Kerbschlagzähigkeit (2) J/m				
Kerbschlagzugzähigkeit kJ/m^2				

Abrieb und Reibung

Taber-Abrieb (Reibradverfahren)	mm^3/100 U		
Abriebfaktor LNP (Thrust washer) Vergleichswert			
Statische Reibungszahl			
Dynamische Reibungszahl	(p · v =	N/mm^2 ·	m/min)
Zulässiger p · v Wert	N/mm^2 · (m/min)	v =	m/min
		v =	m/min

Thermische Eigenschaften

Formbeständigkeit in der Wärme	*Verfahren* A		277 °C
	Verfahren		°C
Vicat Erweichungstemperatur (VST)	*Verfahren*		°C
	Verfahren		°C
Kristallit-Schmelzpunkt	*Verfahren*		
Längenausdehnungskoeffizient	*Bereich*	°C	$\cdot 10^{-4} K^{-1}$
	Temperatur		$\cdot 10^{-4} K^{-1}$
Wärmeleitfähigkeit	*Verfahren*		W/(K · m)
Spezifische Wärmekapazität	*Verfahren*		J/(K · g)
Glasumwandlungstemperatur	*Torsionsschwingungsversuch*	°C	
	Differentialkalorimetrie	°C	

Brandverhalten

UL-Test vertikal Dicke mm, Wert
Dicke mm, Wert

	Norm	*Bewertung*	*Abmessungen*
Sauerstoff-Index	ASTM D 2863		
Glühstab-Verfahren			
Brandverhalten	DIN 4102		
MVSS			
FAR			

Elektrische Eigenschaften

		Hz	°C			*Probekörper, Form*
Dielektrizitätszahl		50				
		10^3				
		10^6				
Dielektrischer Verlustfaktor tan δ		50				
		10^3				
		10^6				
Spezifischer Durchgangswiderstand	Ohm · cm					
Durchschlagfestigkeit	kV/mm					mm dick
Oberflächenwiderstand	Ohm					
Kriechstromfestigkeit		KC	KB	KA		
Elektrolytische Korrosionswirkung						
Lichtbogenfestigkeit nach DIN						
nach ASTM	s					

Beständigkeit *(Chemische Beständigkeit siehe Anhang)*

Wasseraufnahme 23 C	1 d	0.01 %	
Feuchtigkeitsaufnahme Normalklima			%
Wetterbeständigkeit			
Spannungskorrosion			

Optische Eigenschaften

Brechungszahl n_D		
Transmissionsgrad τ_c	%	mm dick
Lichtdurchlässigkeit		

Produkt	Polyurethan		**PUR**
Handelsname	**Verton TF 70010**		
Hersteller	ICI		
DIN-Bez 1			
DIN-Bez 2			
Zusätze		*Füllstoffe/ Verstärkung*	50% Glasfaser, lang
Bevorzugte Verarbeitung	Spritzgiessen	*Lieferform*	Zylindergranulat 10 mm lang
		Farben	Natur; Schwarz
Besondere Merkmale	Hohe Flexibilitaet; Hervorragende Zaehigkeit; Hohe Waermeformbestaendigkeit	*Bevorzugte Anwendungen*	Technisches Formteil

Dichte	g/cm³	1.68	*Schmelzindex*	g/10 min	:
Schüttdichte	g/cm³		*Volumenfließindex*	cm³/10 min	:
Viskositätszahl	ml/g				

Verarbeitungsbedingungen für Spritzgießen

Massetemp.	°C	205–225	*Schwindung*	% lgs 0.3, quer 0.6
Werkzeugtemp.	°C	35–50	*Bemerkungen*	Ggf. Trocknen im Vakuum 2 h bei 100 C
Spritzdruck	bar			

Zugversuch 23 °C ASTM D 638;

Probekörper: *Form* / *Zustand* — *Herstellung* Spritzgiessen; *Vorbehandlung* Normalklima

Streckspannung	N/mm²		*Dehnung bei Streckspannung*	%	
Zugfestigkeit	N/mm²	95	*Reißdehnung*	%	6–8
Reißfestigkeit	N/mm²		*% Dehnspannung*	N/mm²	
E-Modul	N/mm²		*Dehnung bei % Dehnspg.*	%	

Kriechmoduln und Zeitstandwerte 23 °C

Probekörper: *Form* / *Zustand* — *Herstellung* / *Vorbehandlung*

Kriechmodul	*1 min*	N/mm²	*Zeitstandzugfestigkeit*	h	N/mm²
Kriechmodul	*1000 h*	N/mm²	*Zeitdehnspg. %*	h	N/mm²
bei Spannung		N/mm²			

Biegeversuch 23 °C ASTM D 790;

Probekörper: *Form* / *Zustand* — *Herstellung* Spritzgiessen; *Vorbehandlung* Normalklima

Biegefestigkeit	N/mm²	110	*E-Modul*	N/mm²	4800
3,5% *Biegespannung*	N/mm²				

Härte 23 °C *Probekörper:* *Zustand* — *Herstellung* / *Vorbehandlung*

Kugeldruckhärte	N/mm² bei N, s	*Shore-Härte*	A
Rockwellhärte		*Shore-Härte*	D

Schlagversuch *Probekörper:* *(1)* / *(2)* / *Zustand* — *Herstellung* / *Vorbehandlung*

		°C	°C	°C	*Probekörper-Form*
Schlagzähigkeit	kJ/m²				
Kerbschlagzähigkeit (1)	kJ/m²				
IZOD-Kerbschlagzähigkeit (2)	J/m				
Kerbschlagzugzähigkeit	kJ/m²				

Abrieb und Reibung

Taber-Abrieb (Reibradverfahren)	mm^3/100 U		
Abriebfaktor LNP (Thrust washer) Vergleichswert			
Statische Reibungszahl			
Dynamische Reibungszahl	(p · v=	N/mm² ·	m/min)
Zulässiger p · v Wert	N/mm² · (m/min)	v=	m/min
		v=	m/min

Thermische Eigenschaften

Formbeständigkeit in der Wärme	*Verfahren* A		160 °C
	Verfahren		°C
Vicat Erweichungstemperatur (VST)	*Verfahren*		°C
	Verfahren		°C
Kristallit-Schmelzpunkt	*Verfahren*		
Längenausdehnungskoeffizient	*Bereich*	°C	$\cdot 10^{-4}K^{-1}$
	Temperatur		$\cdot 10^{-4}K^{-1}$
Wärmeleitfähigkeit	*Verfahren*		W/(K · m)
Spezifische Wärmekapazität	*Verfahren*		J/(K · g)
Glasumwandlungstemperatur	*Torsionsschwingungsversuch*	°C	
	Differentialkalorimetrie	°C	

Brandverhalten

UL-Test vertikal	Dicke	mm, Wert
	Dicke	mm, Wert

	Norm	*Bewertung*	*Abmessungen*
Sauerstoff-Index	ASTM D 2863		
Glühstab-Verfahren			
Brandverhalten	DIN 4102		
MVSS			
FAR			

Elektrische Eigenschaften

		Hz	°C		*Probekörper, Form*
Dielektrizitätszahl		50			
		10^3			
		10^6			
Dielektrischer Verlustfaktor tan δ		50			
		10^3			
		10^6			
Spezifischer Durchgangswiderstand	Ohm · cm				
Durchschlagfestigkeit	kV/mm				mm dick
Oberflächenwiderstand	Ohm				
Kriechstromfestigkeit		KC	KB	KA	
Elektrolytische Korrosionswirkung					
Lichtbogenfestigkeit nach DIN					
nach ASTM	s				

Beständigkeit *(Chemische Beständigkeit siehe Anhang)*

Wasseraufnahme 23 C	1 d	0.15 %	
Feuchtigkeitsaufnahme Normalklima			%
Wetterbeständigkeit			
Spannungskorrosion			

Optische Eigenschaften

Brechungszahl n_D		
Transmissionsgrad τ_c	%	mm dick
Lichtdurchlässigkeit		

Produkt	Polybutylenterephthalat		**PBT**
Handelsname	**Verton WF 70010**		
Hersteller	ICI		
DIN-Bez 1	16779-PBT,MGN,XXX-14,GF50		
DIN-Bez 2			
Zusätze		*Füllstoffe/ Verstärkung*	50% Glasfaser, lang
Bevorzugte Verarbeitung	Spritzgiessen	*Lieferform*	Zylindergranulat 10 mm lang
		Farben	Natur; Schwarz
Besondere Merkmale	Hervorragende mechanische Eigenschaften; Geringe Wasseraufnahme; Ausgezeichnete Verarbeitbarkeit	*Bevorzugte Anwendungen*	Technisches Formteil

Dichte	g/cm^3	1.72	*Schmelzindex*	g/10 min	:
Schüttdichte	g/cm^3		*Volumenfließindex*	$cm^3/10$ min	:
Viskositätszahl	ml/g				

Verarbeitungsbedingungen für Spritzgießen

Massetemp.	°C	240–260	*Schwindung*	% lgs 0.3, quer 0.6
Werkzeugtemp.	°C	80–110	*Bemerkungen*	Ggf. Trocknen im Vakuum 4 h bei 120 C
Spritzdruck	bar			

Zugversuch 23 °C ASTM D 638;
Probekörper: *Form* / *Zustand* — *Herstellung* Spritzgiessen; *Vorbehandlung* Normalklima

Streckspannung	N/mm^2		*Dehnung bei Streckspannung*	%	
Zugfestigkeit	N/mm^2	176	*Reißdehnung*	%	5
Reißfestigkeit	N/mm^2		*% Dehnspannung*	N/mm^2	
E-Modul	N/mm^2		*Dehnung bei % Dehnspg.*	%	

Kriechmoduln und Zeitstandwerte 23 °C
Probekörper: *Form* / *Zustand* — *Herstellung* / *Vorbehandlung*

Kriechmodul	*1 min* N/mm^2	*Zeitstandzugfestigkeit*	h	N/mm^2
Kriechmodul	*1000 h* N/mm^2	*Zeitdehnspg. %*	h	N/mm^2
bei Spannung	N/mm^2			

Biegeversuch 23 °C ASTM D 790;
Probekörper: *Form* / *Zustand* — *Herstellung* Spritzgiessen; *Vorbehandlung* Normalklima

Biegefestigkeit	N/mm^2	269	*E-Modul*	N/mm^2	13800
3,5% *Biegespannung*	N/mm^2				

Härte 23 °C *Probekörper:* *Zustand* — *Herstellung* / *Vorbehandlung*

Kugeldruckhärte	N/mm^2 bei N, s	*Shore-Härte* A	
Rockwellhärte		*Shore-Härte* D	

Schlagversuch *Probekörper:* *(1)* / *(2)* / *Zustand* — *Herstellung* / *Vorbehandlung*

		°C	°C	°C	*Probekörper-Form*
Schlagzähigkeit	kJ/m^2				
Kerbschlagzähigkeit (1)	kJ/m^2				
IZOD-Kerbschlagzähigkeit (2)	J/m				
Kerbschlagzugzähigkeit	kJ/m^2				

Abrieb und Reibung

Taber-Abrieb (Reibradverfahren)	mm^3/100 U		
Abriebfaktor LNP (Thrust washer) Vergleichswert			
Statische Reibungszahl			
Dynamische Reibungszahl	(p · v =	N/mm^2 ·	m/min)
Zulässiger p · v Wert	N/mm^2 · (m/min)	v =	m/min
		v =	m/min

Thermische Eigenschaften

Formbeständigkeit in der Wärme	*Verfahren*	A		227 °C
	Verfahren			°C
Vicat Erweichungstemperatur (VST)	*Verfahren*			°C
	Verfahren			°C
Kristallit-Schmelzpunkt	*Verfahren*			
Längenausdehnungskoeffizient	*Bereich*	°C		$\cdot 10^{-4}K^{-1}$
	Temperatur			$\cdot 10^{-4}K^{-1}$
Wärmeleitfähigkeit	*Verfahren*			W/(K · m)
Spezifische Wärmekapazität	*Verfahren*			J/(K · g)
Glasumwandlungstemperatur	*Torsionsschwingungsversuch*		°C	
	Differentialkalorimetrie		°C	

Brandverhalten

UL-Test vertikal Dicke mm, Wert
Dicke mm, Wert

	Norm	*Bewertung*	*Abmessungen*
Sauerstoff-Index	ASTM D 2863		
Glühstab-Verfahren			
Brandverhalten	DIN 4102		
MVSS			
FAR			

Elektrische Eigenschaften

		Hz	°C			*Probekörper, Form*
Dielektrizitätszahl		50				
		10^3				
		10^6				
Dielektrischer Verlustfaktor tan δ		50				
		10^3				
		10^6				
Spezifischer Durchgangswiderstand	Ohm · cm					
Durchschlagfestigkeit	kV/mm					mm dick
Oberflächenwiderstand	Ohm					
Kriechstromfestigkeit		KC		KB	KA	
Elektrolytische Korrosionswirkung						
Lichtbogenfestigkeit nach DIN						
nach ASTM	s					

Beständigkeit *(Chemische Beständigkeit siehe Anhang)*

Wasseraufnahme 23 C	1 d	0.02 %	
Feuchtigkeitsaufnahme Normalklima			%
Wetterbeständigkeit			
Spannungskorrosion			

Optische Eigenschaften

Brechungszahl n_D		
Transmissionsgrad τ_c	%	mm dick
Lichtdurchlässigkeit		

Datenbank-Nr.	**T01038**	*Merkblatt-Nr.*	**4022**

Produkt	Polycarbonat		**PC**
Handelsname	**Verton DF 7008**		
Hersteller	ICI		
DIN-Bez 1			
DIN-Bez 2			
Zusätze		*Füllstoffe/ Verstärkung*	40% Glasfaser, lang
Bevorzugte Verarbeitung	Spritzgiessen	*Lieferform*	Zylindergranulat 10 mm lang
		Farben	Natur; Schwarz
Besondere Merkmale	Hohe Festigkeit; Hohe Steifigkeit; Hohe Zaehigkeit; Geringste Schwindung	*Bevorzugte Anwendungen*	Technisches Formteil

Dichte	g/cm³	1.52	*Schmelzindex*	g/10 min	:
Schüttdichte	g/cm³		*Volumenfließindex*	cm³/10 min	:
Viskositätszahl	ml/g				

Verarbeitungsbedingungen für Spritzgießen

Massetemp.	°C	310–330	*Schwindung*	% lgs 0.5, quer 0.1
Werkzeugtemp.	°C	90–120	*Bemerkungen*	Ggf. Trocknen im Vakuum 4 h bei 120 C
Spritzdruck	bar			

Zugversuch 23 °C ASTM D 638;

Probekörper: *Form* / *Zustand* — *Herstellung* Spritzgiessen; *Vorbehandlung* Normalklima

Streckspannung	N/mm²		*Dehnung bei Streckspannung*	%	
Zugfestigkeit	N/mm²	162	*Reißdehnung*	%	4
Reißfestigkeit	N/mm²		*% Dehnspannung*	N/mm²	
E-Modul	N/mm²		*Dehnung bei % Dehnspg.*	%	

Kriechmoduln und Zeitstandwerte 23 °C

Probekörper: *Form* / *Zustand* — *Herstellung* / *Vorbehandlung*

Kriechmodul	*1 min*	N/mm²	*Zeitstandzugfestigkeit*	h	N/mm²
Kriechmodul	*1000 h*	N/mm²	*Zeitdehnspg. %*	h	N/mm²
bei Spannung		N/mm²			

Biegeversuch 23 °C ASTM D 790;

Probekörper: *Form* / *Zustand* — *Herstellung* Spritzgiessen; *Vorbehandlung* Normalklima

Biegefestigkeit	N/mm²	262	*E-Modul*	N/mm²	12000
3,5% *Biegespannung*	N/mm²				

Härte 23 °C *Probekörper:* *Zustand* — *Herstellung* / *Vorbehandlung*

Kugeldruckhärte	N/mm² bei N, s	*Shore-Härte*	A
Rockwellhärte		*Shore-Härte*	D

Schlagversuch *Probekörper:* *(1)* / *(2)* / *Zustand* — *Herstellung* / *Vorbehandlung*

		°C	°C	°C	*Probekörper-Form*
Schlagzähigkeit	kJ/m²				
Kerbschlagzähigkeit (1)	kJ/m²				
IZOD-Kerbschlagzähigkeit (2)	J/m				
Kerbschlagzugzähigkeit	kJ/m²				

Abrieb und Reibung

Taber-Abrieb (Reibradverfahren)	mm^3/100 U		
Abriebfaktor LNP (Thrust washer) Vergleichswert			
Statische Reibungszahl			
Dynamische Reibungszahl	(p · v=	N/mm^2 ·	m/min)
Zulässiger p · v Wert	N/mm^2 · (m/min)	v=	m/min
		v=	m/min

Thermische Eigenschaften

Formbeständigkeit in der Wärme	*Verfahren* A		149 °C
	Verfahren		°C
Vicat Erweichungstemperatur (VST)	*Verfahren*		°C
	Verfahren		°C
Kristallit-Schmelzpunkt	*Verfahren*		
Längenausdehnungskoeffizient	*Bereich*	°C	· $10^{-4}K^{-1}$
	Temperatur		· $10^{-4}K^{-1}$
Wärmeleitfähigkeit	*Verfahren*		W/(K · m)
Spezifische Wärmekapazität	*Verfahren*		J/(K · g)
Glasumwandlungstemperatur	*Torsionsschwingungsversuch*	°C	
	Differentialkalorimetrie	°C	

Brandverhalten

UL-Test vertikal	Dicke	mm, Wert
	Dicke	mm, Wert

	Norm	*Bewertung*	*Abmessungen*
Sauerstoff-Index	ASTM D 2863		
Glühstab-Verfahren			
Brandverhalten	DIN 4102		
MVSS			
FAR			

Elektrische Eigenschaften

		Hz	°C		*Probekörper, Form*
Dielektrizitätszahl		50			
		10^3			
		10^6			
Dielektrischer Verlustfaktor tan δ		50			
		10^3			
		10^6			
Spezifischer Durchgangs-widerstand	Ohm · cm				
Durchschlagfestigkeit	kV/mm				mm dick
Oberflächenwiderstand	Ohm				
Kriechstromfestigkeit		KC	KB	KA	
Elektrolytische Korrosionswirkung					
Lichtbogenfestigkeit nach DIN					
nach ASTM	s				

Beständigkeit *(Chemische Beständigkeit siehe Anhang)*

Wasseraufnahme 23 C	1 d	0.06 %	
Feuchtigkeitsaufnahme Normalklima			%
Wetterbeständigkeit			
Spannungskorrosion			

Optische Eigenschaften

Brechungszahl n_D		
Transmissionsgrad τ_c	%	mm dick
Lichtdurchlässigkeit		

Datenbank-Nr.	**T01039**	*Merkblatt-Nr.*	**4023**

Produkt	Polyamid 66		**PA**
Handelsname	**Verton RF 7008 HG**		
Hersteller	ICI		
DIN-Bez 1	16773-PA66,MG,XX-080,GF40		
DIN-Bez 2			
Zusätze		*Füllstoffe/ Verstärkung*	40% Glasfaser, lang
Bevorzugte Verarbeitung	Spritzgiessen	*Lieferform*	Zylindergranulat 10 mm lang
		Farben	Natur; Schwarz
Besondere Merkmale	Gute Gebrauchseigenschaften bei erhoehten Temperaturen; Gute Bestaendigkeit gegen Fette und Heissoel	*Bevorzugte Anwendungen*	Technisches Formteil

Dichte	g/cm^3	1.42	*Schmelzindex*	g/10 min	:
Schüttdichte	g/cm^3		*Volumenfließindex*	$cm^3/10$ min	:
Viskositätszahl	ml/g				

Verarbeitungsbedingungen für Spritzgießen

Massetemp.	°C	290–295	*Schwindung*	% lgs , quer
Werkzeugtemp.	°C	70–90	*Bemerkungen*	Ggf. Trocknen im Vakuum 4 bis 12 h bei 90 C
Spritzdruck	bar			

Zugversuch 23 °C ISO R 527;

Probekörper: *Form* — *Herstellung* Spritzgiessen
Zustand Spritzfrisch — *Vorbehandlung*

Streckspannung	N/mm^2		*Dehnung bei Streckspannung*	%	
Zugfestigkeit	N/mm^2	195	*Reißdehnung*	%	3–4
Reißfestigkeit	N/mm^2		*% Dehnspannung*	N/mm^2	
E-Modul	N/mm^2		*Dehnung bei % Dehnspg.*	%	

Kriechmoduln und Zeitstandwerte 23 °C

Probekörper: *Form* — *Herstellung*
Zustand — *Vorbehandlung*

Kriechmodul	*1 min*	N/mm^2	*Zeitstandzugfestigkeit*	h	N/mm^2
Kriechmodul	*1000 h*	N/mm^2	*Zeitdehnspg. %*	h	N/mm^2
bei Spannung		N/mm^2			

Biegeversuch 23 °C ISO 78;

Probekörper: *Form* — *Herstellung* Spritzgiessen
Zustand Spritzfrisch — *Vorbehandlung*

Biegefestigkeit	N/mm^2	300	*E-Modul*	N/mm^2	8000
3,5% *Biegespannung*	N/mm^2				

Härte 23 °C *Probekörper:* *Zustand* — *Herstellung*
Vorbehandlung

Kugeldruckhärte	N/mm^2 bei N, s	*Shore-Härte*	A
Rockwellhärte		*Shore-Härte*	D

Schlagversuch *Probekörper:* *(1)*
(2) — *Herstellung*
Zustand — *Vorbehandlung*

		°C	°C	°C	*Probekörper-Form*
Schlagzähigkeit	kJ/m^2				
Kerbschlagzähigkeit (1)	kJ/m^2				
IZOD-Kerbschlagzähigkeit (2)	J/m				
Kerbschlagzugzähigkeit	kJ/m^2				

Abrieb und Reibung

Taber-Abrieb (Reibradverfahren)	mm^3/100 U			
Abriebfaktor LNP (Thrust washer) Vergleichswert				
Statische Reibungszahl				
Dynamische Reibungszahl	(p · v =	N/mm^2 ·		m/min)
Zulässiger p · v Wert	N/mm^2 · (m/min)		v =	m/min
			v =	m/min

Thermische Eigenschaften

Formbeständigkeit in der Wärme	*Verfahren* A		258 °C
	Verfahren		°C
Vicat Erweichungstemperatur (VST)	*Verfahren*		°C
	Verfahren		°C
Kristallit-Schmelzpunkt	*Verfahren*		
Längenausdehnungskoeffizient	*Bereich*	°C	$\cdot 10^{-4}K^{-1}$
	Temperatur		$\cdot 10^{-4}K^{-1}$
Wärmeleitfähigkeit	*Verfahren*		W/(K · m)
Spezifische Wärmekapazität	*Verfahren*		J/(K · g)
Glasumwandlungstemperatur	*Torsionsschwingungsversuch*	°C	
	Differentialkalorimetrie	°C	

Brandverhalten

UL-Test vertikal	Dicke	mm, Wert
	Dicke	mm, Wert

	Norm	*Bewertung*	*Abmessungen*
Sauerstoff-Index	ASTM D 2863		
Glühstab-Verfahren			
Brandverhalten	DIN 4102		
MVSS			
FAR			

Elektrische Eigenschaften

		Hz	°C	*Probekörper, Form*
Dielektrizitätszahl		50		
		10^3		
		10^6		
Dielektrischer Verlustfaktor tan δ		50		
		10^3		
		10^6		
Spezifischer Durchgangs-widerstand	Ohm · cm			
Durchschlagfestigkeit	kV/mm			mm dick
Oberflächenwiderstand	Ohm			

Kriechstromfestigkeit	KC	KB	KA
Elektrolytische Korrosionswirkung			
Lichtbogenfestigkeit nach DIN			
nach ASTM s			

Beständigkeit *(Chemische Beständigkeit siehe Anhang)*

Wasseraufnahme 23 C	1 d	0.5 %	
Feuchtigkeitsaufnahme Normalklima			%
Wetterbeständigkeit			
Spannungskorrosion			

Optische Eigenschaften

Brechungszahl n_D		
Transmissionsgrad τ_c	%	mm dick
Lichtdurchlässigkeit		

Produkt	Polyamid 6		**PA**
Handelsname	**Verton PF 7006**		
Hersteller	ICI		
DIN-Bez 1	16773-PA6,MG,XX-100,GF30		
DIN-Bez 2			
Zusätze		*Füllstoffe/ Verstärkung*	30% Glasfaser, lang
Bevorzugte Verarbeitung	Spritzgiessen	*Lieferform*	Zylindergranulat 10 mm lang
		Farben	Natur; Schwarz
Besondere Merkmale	Hoehere Schlagzaehigkeit; Gute Oberflaechenqualitaet; Verarbeitbarkeit bei niedrigeren Temperaturen	*Bevorzugte Anwendungen*	Technisches Formteil

Dichte	g/cm³	1.35	*Schmelzindex*	g/10 min	:
Schüttdichte	g/cm³		*Volumenfließindex*	cm³/10 min	:
Viskositätszahl	ml/g				

Verarbeitungsbedingungen für Spritzgießen

Massetemp.	°C	280–285	*Schwindung*	% lgs , quer
Werkzeugtemp.	°C	70–90	*Bemerkungen*	Ggf. Trocknen im Vakuum 4 bis 12 h bei 90 C
Spritzdruck	bar			

Zugversuch 23 °C ISO R 527;
Probekörper: *Form* — *Herstellung* Spritzgiessen
Zustand Spritzfrisch — *Vorbehandlung*

Streckspannung	N/mm²		*Dehnung bei Streckspannung*	%	
Zugfestigkeit	N/mm²	175	*Reißdehnung*	%	4
Reißfestigkeit	N/mm²		*% Dehnspannung*	N/mm²	
E-Modul	N/mm²		*Dehnung bei % Dehnspg.*	%	

Kriechmoduln und Zeitstandwerte 23 °C
Probekörper: *Form* — *Herstellung*
Zustand — *Vorbehandlung*

Kriechmodul	*1 min*	N/mm²	*Zeitstandzugfestigkeit*	h	N/mm²
Kriechmodul	*1000 h*	N/mm²	*Zeitdehnspg. %*	h	N/mm²
bei Spannung		N/mm²			

Biegeversuch 23 °C ISO 178;
Probekörper: *Form* — *Herstellung* Spritzgiessen
Zustand Spritzfrisch — *Vorbehandlung*

Biegefestigkeit	N/mm²	290	*E-Modul*	N/mm²	10000
3,5% *Biegespannung*	N/mm²				

Härte 23 °C *Probekörper:* *Zustand* — *Herstellung*
Vorbehandlung

Kugeldruckhärte	N/mm² bei N, s	*Shore-Härte*	A
Rockwellhärte		*Shore-Härte*	D

Schlagversuch *Probekörper:* *(1)*
(2) — *Herstellung*
Zustand — *Vorbehandlung*

	°C	°C	°C	*Probekörper-Form*
Schlagzähigkeit kJ/m²				
Kerbschlagzähigkeit (1) kJ/m²				
IZOD-Kerbschlagzähigkeit (2) J/m				
Kerbschlagzugzähigkeit kJ/m²				

Abrieb und Reibung

Taber-Abrieb (Reibradverfahren)	mm^3/100 U		
Abriebfaktor LNP (Thrust washer) Vergleichswert			
Statische Reibungszahl			
Dynamische Reibungszahl	(p · v =	N/mm² ·	m/min)
Zulässiger p · v Wert	N/mm² · (m/min)	v =	m/min
		v =	m/min

Thermische Eigenschaften

Formbeständigkeit in der Wärme	*Verfahren*	A	215 °C
	Verfahren		°C
Vicat Erweichungstemperatur (VST)	*Verfahren*		°C
	Verfahren		°C
Kristallit-Schmelzpunkt	*Verfahren*	ISO 1218	218 °C
Längenausdehnungskoeffizient	*Bereich*	°C	$\cdot 10^{-4} K^{-1}$
	Temperatur		$\cdot 10^{-4} K^{-1}$
Wärmeleitfähigkeit	*Verfahren*		W/(K · m)
Spezifische Wärmekapazität	*Verfahren*		J/(K · g)
Glasumwandlungstemperatur	*Torsionsschwingungsversuch*	°C	
	Differentialkalorimetrie	°C	

Brandverhalten

UL-Test vertikal	Dicke 1.6 mm, Wert HB	
	Dicke mm, Wert	

	Norm	*Bewertung*	*Abmessungen*
Sauerstoff-Index	ASTM D 2863		
Glühstab-Verfahren			
Brandverhalten	DIN 4102		
MVSS			
FAR			

Elektrische Eigenschaften

		Hz	°C	*Probekörper, Form*
Dielektrizitätszahl		50		
		10^3		
		10^6		
Dielektrischer Verlustfaktor tan δ		50		
		10^3		
		10^6		
Spezifischer Durchgangswiderstand	Ohm · cm			
Durchschlagfestigkeit	kV/mm			mm dick
Oberflächenwiderstand	Ohm			

Kriechstromfestigkeit	KC	KB	KA
Elektrolytische Korrosionswirkung			
Lichtbogenfestigkeit nach DIN			
nach ASTM s			

Beständigkeit *(Chemische Beständigkeit siehe Anhang)*

Wasseraufnahme 23 C	1 d	0.8 %	
Feuchtigkeitsaufnahme Normalklima			%
Wetterbeständigkeit			
Spannungskorrosion			

Optische Eigenschaften

Brechungszahl n_D		
Transmissionsgrad τ_c	%	mm dick
Lichtdurchlässigkeit		

Produkt	Polypropylen		**PP**
Handelsname	**Verton MFX 7008**		
Hersteller	ICI		
DIN-Bez 1	16774-PP,M,,GF40		
DIN-Bez 2			
Zusätze		*Füllstoffe/ Verstärkung*	40% Glasfaser, lang
Bevorzugte Verarbeitung	Spritzgiessen	*Lieferform*	Zylindergranulat 10 mm lang
		Farben	Natur; Schwarz
Besondere Merkmale	Verbesserte mechanische Eigenschaften; Erhoehte Schlagzaehigkeit	*Bevorzugte Anwendungen*	Technisches Formteil

Dichte	g/cm^3	1.22	*Schmelzindex*	g/10 min	:
Schüttdichte	g/cm^3		*Volumenfließindex*	$cm^3/10$ min	:
Viskositätszahl	ml/g				

Verarbeitungsbedingungen für Spritzgießen

Massetemp.	°C	250	*Schwindung*	% lgs 0.2, quer 0.2
Werkzeugtemp.	°C	65	*Bemerkungen*	
Spritzdruck	bar			

Zugversuch 23 °C ISO 527;

Probekörper: *Form* / *Zustand* — *Herstellung* Spritzgiessen; *Vorbehandlung* Normalklima

Streckspannung	N/mm^2		*Dehnung bei Streckspannung*	%	
Zugfestigkeit	N/mm^2	110	*Reißdehnung*	%	3
Reißfestigkeit	N/mm^2		*% Dehnspannung*	N/mm^2	
E-Modul	N/mm^2		*Dehnung bei % Dehnspg.*	%	

Kriechmoduln und Zeitstandwerte 23 °C

Probekörper: *Form* / *Zustand* — *Herstellung* / *Vorbehandlung*

Kriechmodul	*1 min* N/mm^2	*Zeitstandzugfestigkeit*	h	N/mm^2
Kriechmodul	*1000 h* N/mm^2	*Zeitdehnspg. %*	h	N/mm^2
bei Spannung	N/mm^2			

Biegeversuch 23 °C ISO 178;

Probekörper: *Form* / *Zustand* — *Herstellung* Spritzgiessen; *Vorbehandlung* Normalklima

Biegefestigkeit	N/mm^2	175	*E-Modul*	N/mm^2	7500
3,5% *Biegespannung*	N/mm^2				

Härte 23 °C *Probekörper:* *Zustand* — *Herstellung* Spritzgiessen; *Vorbehandlung* Normalklima

Kugeldruckhärte	N/mm^2 109	bei 358 N, 30 s	*Shore-Härte* A	
Rockwellhärte	R 116		*Shore-Härte* D	80

Schlagversuch *Probekörper:* *(1)* / *(2)* / *Zustand* — *Herstellung* / *Vorbehandlung*

		°C	°C	°C	*Probekörper-Form*
Schlagzähigkeit	kJ/m^2				
Kerbschlagzähigkeit (1)	kJ/m^2				
IZOD-Kerbschlagzähigkeit (2)	J/m				
Kerbschlagzugzähigkeit	kJ/m^2				

Abrieb und Reibung

Taber-Abrieb (Reibradverfahren)	mm^3/100 U		
Abriebfaktor LNP (Thrust washer) Vergleichswert			
Statische Reibungszahl			
Dynamische Reibungszahl	(p · v =	N/mm^2 ·	m/min)
Zulässiger p · v Wert	N/mm^2 · (m/min)	v =	m/min
		v =	m/min

Thermische Eigenschaften

Formbeständigkeit in der Wärme	*Verfahren* A			156 °C
	Verfahren B			153 °C
Vicat Erweichungstemperatur (VST)	*Verfahren* A/50			167 °C
	Verfahren			°C
Kristallit-Schmelzpunkt	*Verfahren*			
Längenausdehnungskoeffizient	*Bereich*	°C		$\cdot 10^{-4}K^{-1}$
	Temperatur 23 °C			$0.6 \cdot 10^{-4}K^{-1}$
Wärmeleitfähigkeit	*Verfahren*			W/(K · m)
Spezifische Wärmekapazität	*Verfahren*			J/(K · g)
Glasumwandlungstemperatur	*Torsionsschwingungsversuch*		°C	
	Differentialkalorimetrie		°C	

Brandverhalten

UL-Test vertikal	Dicke 3.0 mm, Wert HB
	Dicke mm, Wert

	Norm	*Bewertung*	*Abmessungen*
Sauerstoff-Index	ASTM D 2863		
Glühstab-Verfahren			
Brandverhalten	DIN 4102		
MVSS			
FAR			

Elektrische Eigenschaften

		Hz	°C		*Probekörper, Form*
Dielektrizitätszahl		50			
		10^3			
		10^6			
Dielektrischer Verlustfaktor tan δ		50			
		10^3			
		10^6			
Spezifischer Durchgangswiderstand	Ohm · cm				
Durchschlagfestigkeit	kV/mm				mm dick
Oberflächenwiderstand	Ohm				
Kriechstromfestigkeit		KC	KB	KA	
Elektrolytische Korrosionswirkung					
Lichtbogenfestigkeit nach DIN					
nach ASTM	s				

Beständigkeit *(Chemische Beständigkeit siehe Anhang)*

Wasseraufnahme 23 C	1 d	0.5 %	
Feuchtigkeitsaufnahme Normalklima			%
Wetterbeständigkeit			
Spannungskorrosion			

Optische Eigenschaften

Brechungszahl n_D		
Transmissionsgrad τ_c	%	mm dick
Lichtdurchlässigkeit		

Produkt	Polyamid 66		**BPA**
Handelsname	**Verton RA 7008**		
Hersteller	ICI		
DIN-Bez 1	16773-PA66,MGS,XX-070,SF40		
DIN-Bez 2			
Zusätze	PTFE	*Füllstoffe/ Verstärkung*	40% Aramidfaser, lang
Bevorzugte Verarbeitung	Spritzgiessen	*Lieferform*	Zylindergranulat 10 mm lang
		Farben	Natur; Schwarz
Besondere Merkmale	Ausgezeichnete Abriebbestaendigkeit	*Bevorzugte Anwendungen*	Technisches Formteil

Dichte	g/cm^3	1.24	*Schmelzindex*	g/10 min	:
Schüttdichte	g/cm^3		*Volumenfließindex*	$cm^3/10$ min	:
Viskositätszahl	ml/g				

Verarbeitungsbedingungen für Spritzgießen

Massetemp.	°C	270–290	*Schwindung*	% lgs 0.6, quer 0.6
Werkzeugtemp.	°C	80–90	*Bemerkungen*	Ggf. Trocknen im Vakuum 4 h bei 90 C
Spritzdruck	bar			

Zugversuch 23 °C ASTM D 638;

Probekörper: *Form* — *Herstellung* Spritzgiessen
Zustand Spritzfrisch — *Vorbehandlung*

Streckspannung	N/mm^2		*Dehnung bei Streckspannung*	%	
Zugfestigkeit	N/mm^2	117	*Reißdehnung*	%	2–4
Reißfestigkeit	N/mm^2		*% Dehnspannung*	N/mm^2	
E-Modul	N/mm^2	7500	*Dehnung bei % Dehnspg.*	%	

Kriechmoduln und Zeitstandwerte 23 °C

Probekörper: *Form* — *Herstellung*
Zustand — *Vorbehandlung*

Kriechmodul	*1 min* N/mm^2	*Zeitstandzugfestigkeit*	h	N/mm^2
Kriechmodul	*1000 h* N/mm^2	*Zeitdehnspg. %*	h	N/mm^2
bei Spannung	N/mm^2			

Biegeversuch 23 °C ASTM D 790;

Probekörper: *Form* — *Herstellung* Spritzgiessen
Zustand Spritzfrisch — *Vorbehandlung*

Biegefestigkeit	N/mm^2	158	*E-Modul*	N/mm^2	7100
3,5% *Biegespannung*	N/mm^2				

Härte 23 °C *Probekörper:* *Zustand* — *Herstellung*
Vorbehandlung

Kugeldruckhärte	N/mm^2 bei N, s	*Shore-Härte*	A
Rockwellhärte		*Shore-Härte*	D

Schlagversuch *Probekörper:* *(1)*
(2) — *Herstellung*
Zustand — *Vorbehandlung*

	°C	°C	°C	*Probekörper-Form*
Schlagzähigkeit kJ/m^2				
Kerbschlagzähigkeit (1) kJ/m^2				
IZOD-Kerbschlagzähigkeit (2) J/m				
Kerbschlagzugzähigkeit kJ/m^2				

Abrieb und Reibung

Taber-Abrieb (Reibradverfahren)	mm^3/100 U			
Abriebfaktor LNP (Thrust washer) Vergleichswert				
Statische Reibungszahl	0.27			
Dynamische Reibungszahl	(p · v = 0.28 N/mm^2 · 15.6		m/min)	0.29
Zulässiger p · v Wert	N/mm^2 · (m/min)	v =	m/min	
		v =	m/min	

Thermische Eigenschaften

Formbeständigkeit in der Wärme	*Verfahren*	A		246 °C
	Verfahren			°C
Vicat Erweichungstemperatur (VST)	*Verfahren*			°C
	Verfahren			°C
Kristallit-Schmelzpunkt	*Verfahren*			
Längenausdehnungskoeffizient	*Bereich*	°C		$\cdot 10^{-4}K^{-1}$
	Temperatur			$\cdot 10^{-4}K^{-1}$
Wärmeleitfähigkeit	*Verfahren*			W/(K · m)
Spezifische Wärmekapazität	*Verfahren*			J/(K · g)
Glasumwandlungstemperatur	*Torsionsschwingungsversuch*		°C	
	Differentialkalorimetrie		°C	

Brandverhalten

UL-Test vertikal — Dicke 3.2 mm, Wert HB
Dicke mm, Wert

	Norm	*Bewertung*	*Abmessungen*
Sauerstoff-Index	ASTM D 2863		
Glühstab-Verfahren			
Brandverhalten	DIN 4102		
MVSS			
FAR			

Elektrische Eigenschaften

		Hz	°C			*Probekörper, Form*
Dielektrizitätszahl		50				
		10^3				
		10^6				
Dielektrischer Verlustfaktor tan δ		50				
		10^3				
		10^6				
Spezifischer Durchgangs-widerstand	Ohm · cm					
Durchschlagfestigkeit	kV/mm					mm dick
Oberflächenwiderstand	Ohm					
Kriechstromfestigkeit		KC		KB	KA	
Elektrolytische Korrosionswirkung						
Lichtbogenfestigkeit nach DIN						
nach ASTM	s					

Beständigkeit *(Chemische Beständigkeit siehe Anhang)*

Wasseraufnahme 23 C	1 d	0.4 %	
Feuchtigkeitsaufnahme Normalklima			%
Wetterbeständigkeit			
Spannungskorrosion			

Optische Eigenschaften

Brechungszahl n_D		
Transmissionsgrad τ_c	%	mm dick
Lichtdurchlässigkeit		

Datenbank-Nr. **T01043** Merkblatt-Nr. **4027**

Produkt	Polyester-Elastomer		**PEL**
Handelsname	**Verton YA 7004**		
Hersteller	ICI		
DIN-Bez 1			
DIN-Bez 2			
Zusätze		*Füllstoffe/ Verstärkung*	20% Aramidfaser, lang
Bevorzugte Verarbeitung	Spritzgiessen	*Lieferform*	Zylindergranulat 10 mm lang
		Farben	Natur; Schwarz
Besondere Merkmale	Hervorragende Abriebbestaendigkeit; Hohe Flexibilitaet auch bei hohen Temperaturen	*Bevorzugte Anwendungen*	Technisches Formteil

Dichte	g/cm^3	1.24	*Schmelzindex*	g/10 min	:
Schüttdichte	g/cm^3		*Volumenfließindex*	$cm^3/10$ min	:
Viskositätszahl	ml/g				

Verarbeitungsbedingungen für Spritzgießen

Massetemp.	°C	230–250	*Schwindung*	% lgs 0.7, quer 0.7
Werkzeugtemp.	°C	35–50	*Bemerkungen*	Ggf. Trocknen im Vakuum 4 h bei 105 C
Spritzdruck	bar			

Zugversuch 23 °C ASTM D 638;

Probekörper: *Form* — *Herstellung* Spritzgiessen
Zustand — *Vorbehandlung* Normalklima

Streckspannung	N/mm^2		*Dehnung bei Streckspannung*	%	
Zugfestigkeit	N/mm^2	46	*Reißdehnung*	%	4–5
Reißfestigkeit	N/mm^2		*% Dehnspannung*	N/mm^2	
E-Modul	N/mm^2		*Dehnung bei % Dehnspg.*	%	

Kriechmoduln und Zeitstandwerte 23 °C

Probekörper: *Form* — *Herstellung*
Zustand — *Vorbehandlung*

Kriechmodul	*1 min*	N/mm^2	*Zeitstandzugfestigkeit*	h	N/mm^2
Kriechmodul	*1000 h*	N/mm^2	*Zeitdehnspg. %*	h	N/mm^2
bei Spannung		N/mm^2			

Biegeversuch 23 °C ASTM D 790;

Probekörper: *Form* — *Herstellung* Spritzgiessen
Zustand — *Vorbehandlung* Normalklima

Biegefestigkeit	N/mm^2	52	*E-Modul*	N/mm^2	170
3,5% *Biegespannung*	N/mm^2				

Härte 23 °C *Probekörper:* *Zustand* — *Herstellung*
Vorbehandlung

Kugeldruckhärte	N/mm^2 bei N, s	*Shore-Härte*	A
Rockwellhärte		*Shore-Härte*	D

Schlagversuch *Probekörper:* *(1)*
(2) — *Herstellung*
Zustand — *Vorbehandlung*

		°C	°C	°C	*Probekörper-Form*
Schlagzähigkeit	kJ/m^2				
Kerbschlagzähigkeit (1)	kJ/m^2				
IZOD-Kerbschlagzähigkeit (2)	J/m				
Kerbschlagzugzähigkeit	kJ/m^2				

Abrieb und Reibung

Taber-Abrieb (Reibradverfahren)	mm^3/100 U		
Abriebfaktor LNP (Thrust washer) Vergleichswert			
Statische Reibungszahl			
Dynamische Reibungszahl	(p · v = N/mm^2 ·		m/min)
Zulässiger p · v Wert	N/mm^2 · (m/min)	v =	m/min
		v =	m/min

Thermische Eigenschaften

Formbeständigkeit in der Wärme	*Verfahren* A		182 °C	
	Verfahren		°C	
Vicat Erweichungstemperatur (VST)	*Verfahren*		°C	
	Verfahren		°C	
Kristallit-Schmelzpunkt	*Verfahren*			
Längenausdehnungskoeffizient	*Bereich*	°C		$\cdot 10^{-4} K^{-1}$
	Temperatur			$\cdot 10^{-4} K^{-1}$
Wärmeleitfähigkeit	*Verfahren*			W/(K · m)
Spezifische Wärmekapazität	*Verfahren*			J/(K · g)
Glasumwandlungstemperatur	*Torsionsschwingungsversuch*	°C		
	Differentialkalorimetrie	°C		

Brandverhalten

UL-Test vertikal — Dicke mm, Wert
Dicke mm, Wert

	Norm	*Bewertung*	*Abmessungen*
Sauerstoff-Index	ASTM D 2863		
Glühstab-Verfahren			
Brandverhalten	DIN 4102		
MVSS			
FAR			

Elektrische Eigenschaften

		Hz	°C	*Probekörper, Form*
Dielektrizitätszahl		50		
		10^3		
		10^6		
Dielektrischer Verlustfaktor tan δ		50		
		10^3		
		10^6		
Spezifischer Durchgangswiderstand	Ohm · cm			
Durchschlagfestigkeit	kV/mm			mm dick
Oberflächenwiderstand	Ohm			

Kriechstromfestigkeit	KC	KB	KA
Elektrolytische Korrosionswirkung			
Lichtbogenfestigkeit nach DIN			
nach ASTM	s		

Beständigkeit *(Chemische Beständigkeit siehe Anhang)*

Wasseraufnahme 23 C	1 d	0.18 %	
Feuchtigkeitsaufnahme Normalklima			%
Wetterbeständigkeit			
Spannungskorrosion			

Optische Eigenschaften

Brechungszahl n_D		
Transmissionsgrad τ_c	%	mm dick
Lichtdurchlässigkeit		

Datenbank-Nr. **T01044** *Merkblatt-Nr.* **4028**

Produkt	Polyurethan		**PUR**
Handelsname	**Verton TA 7004**		
Hersteller	ICI		
DIN-Bez 1			
DIN-Bez 2			
Zusätze		*Füllstoffe/ Verstärkung*	20% Aramidfaser, lang
Bevorzugte Verarbeitung	Spritzgiessen	*Lieferform*	Zylindergranulat 10 mm lang
		Farben	Natur; Schwarz
Besondere Merkmale	Hervorragende Zaehigkeit; Hervorragende Abriebbestaendigkeit; Hohe Flexibilitaet	*Bevorzugte Anwendungen*	Technisches Formteil

Dichte	g/cm³	1.28	*Schmelzindex*	g/10 min	:
Schüttdichte	g/cm³		*Volumenfließindex*	cm³/10 min	:
Viskositätszahl	ml/g				

Verarbeitungsbedingungen für Spritzgießen

Massetemp.	°C	215–225	*Schwindung*	%	lgs 0.7, quer 0.7
Werkzeugtemp.	°C	35–50	*Bemerkungen*	Ggf. Trocknen im Vakuum 2 h bei 100 C	
Spritzdruck	bar				

Zugversuch 23 °C ASTM D 638;
Probekörper: *Form* / *Zustand* — *Herstellung* Spritzgiessen; *Vorbehandlung* Normalklima

Streckspannung	N/mm²		*Dehnung bei Streckspannung*	%	
Zugfestigkeit	N/mm²	51	*Reißdehnung*	%	6–7
Reißfestigkeit	N/mm²		*% Dehnspannung*	N/mm²	
E-Modul	N/mm²		*Dehnung bei % Dehnspg.*	%	

Kriechmoduln und Zeitstandwerte 23 °C
Probekörper: *Form* / *Zustand* — *Herstellung* / *Vorbehandlung*

Kriechmodul	*1 min*	N/mm²	*Zeitstandzugfestigkeit*	h	N/mm²
Kriechmodul	*1000 h*	N/mm²	*Zeitdehnspg. %*	h	N/mm²
bei Spannung		N/mm²			

Biegeversuch 23 °C ASTM D 790;
Probekörper: *Form* / *Zustand* — *Herstellung* Spritzgiessen; *Vorbehandlung* Normalklima

Biegefestigkeit	N/mm²	53	*E-Modul*	N/mm²	1400
3,5% *Biegespannung*	N/mm²				

Härte 23 °C *Probekörper:* *Zustand* — *Herstellung* / *Vorbehandlung*

Kugeldruckhärte	N/mm²	bei N, s	*Shore-Härte*	A
Rockwellhärte			*Shore-Härte*	D

Schlagversuch *Probekörper:* *(1)* / *(2)* / *Zustand* — *Herstellung* / *Vorbehandlung*

		°C	°C	°C	*Probekörper-Form*
Schlagzähigkeit	kJ/m²				
Kerbschlagzähigkeit (1)	kJ/m²				
IZOD-Kerbschlagzähigkeit (2)	J/m				
Kerbschlagzugzähigkeit	kJ/m²				

Abrieb und Reibung

Taber-Abrieb (Reibradverfahren)	$mm^3/100$ U		
Abriebfaktor LNP (Thrust washer) Vergleichswert			
Statische Reibungszahl			
Dynamische Reibungszahl	(p · v =	N/mm^2 ·	m/min)
Zulässiger p · v Wert	N/mm^2 · (m/min)	v =	m/min
		v =	m/min

Thermische Eigenschaften

Formbeständigkeit in der Wärme	*Verfahren* A		88 °C
	Verfahren		°C
Vicat Erweichungstemperatur (VST)	*Verfahren*		°C
	Verfahren		°C
Kristallit-Schmelzpunkt	*Verfahren*		
Längenausdehnungskoeffizient	*Bereich*	°C	$\cdot 10^{-4}K^{-1}$
	Temperatur		$\cdot 10^{-4}K^{-1}$
Wärmeleitfähigkeit	*Verfahren*		W/(K · m)
Spezifische Wärmekapazität	*Verfahren*		J/(K · g)
Glasumwandlungstemperatur	*Torsionsschwingungsversuch*	°C	
	Differentialkalorimetrie	°C	

Brandverhalten

UL-Test vertikal Dicke mm, Wert
Dicke mm, Wert

	Norm	*Bewertung*	*Abmessungen*
Sauerstoff-Index	ASTM D 2863		
Glühstab-Verfahren			
Brandverhalten	DIN 4102		
MVSS			
FAR			

Elektrische Eigenschaften

		Hz	°C		*Probekörper, Form*
Dielektrizitätszahl		50			
		10^3			
		10^6			
Dielektrischer Verlustfaktor tan δ		50			
		10^3			
		10^6			
Spezifischer Durchgangs-widerstand	Ohm · cm				
Durchschlagfestigkeit	kV/mm				mm dick
Oberflächenwiderstand	Ohm				
Kriechstromfestigkeit		KC	KB	KA	
Elektrolytische Korrosionswirkung					
Lichtbogenfestigkeit nach DIN					
nach ASTM	s				

Beständigkeit *(Chemische Beständigkeit siehe Anhang)*

Wasseraufnahme 23 C	1 d	0.25 %	
Feuchtigkeitsaufnahme Normalklima			%
Wetterbeständigkeit			
Spannungskorrosion			

Optische Eigenschaften

Brechungszahl n_D		
Transmissionsgrad τ_c	%	mm dick
Lichtdurchlässigkeit		

Produkt	Acetalhomopolymerisat		**POM**
Handelsname	**Verton KA 7006 D**		
Hersteller	ICI		
DIN-Bez 1	16781-POM,MGN,XX-XX-05,SF20		
DIN-Bez 2			
Zusätze		*Füllstoffe/ Verstärkung*	20% Aramidfaser, lang
Bevorzugte Verarbeitung	Spritzgiessen	*Lieferform*	Zylindergranulat 10 mm lang
		Farben	Natur; Schwarz
Besondere Merkmale	Angehobene mechanische Eigenschaften; Hervorragende Abriebbestaendigkeit	*Bevorzugte Anwendungen*	Technisches Formteil

Dichte	g/cm³	1.43	*Schmelzindex*	g/10 min	:
Schüttdichte	g/cm³		*Volumenfließindex*	cm³/10 min	:
Viskositätszahl	ml/g				

Verarbeitungsbedingungen für Spritzgießen

Massetemp.	°C	210–230	*Schwindung*	% lgs 0.7, quer 0.7
Werkzeugtemp.	°C	80–110	*Bemerkungen*	Ggf. Trocknen im Vakuum 4 h bei 85 C
Spritzdruck	bar			

Zugversuch 23 °C ASTM D 638;
Probekörper: *Form* / *Zustand* — *Herstellung* Spritzgiessen; *Vorbehandlung* Normalklima

Streckspannung	N/mm²		*Dehnung bei Streckspannung*	%	
Zugfestigkeit	N/mm²	103	*Reißdehnung*	%	4–5
Reißfestigkeit	N/mm²		*% Dehnspannung*	N/mm²	
E-Modul	N/mm²		*Dehnung bei % Dehnspg.*	%	

Kriechmoduln und Zeitstandwerte 23 °C
Probekörper: *Form* / *Zustand* — *Herstellung* / *Vorbehandlung*

Kriechmodul	*1 min*	N/mm²	*Zeitstandzugfestigkeit*	h	N/mm²
Kriechmodul	*1000 h*	N/mm²	*Zeitdehnspg. %*	h	N/mm²
bei Spannung		N/mm²			

Biegeversuch 23 °C ASTM D 790;
Probekörper: *Form* / *Zustand* — *Herstellung* Spritzgiessen; *Vorbehandlung* Normalklima

Biegefestigkeit	N/mm²	138	*E-Modul*	N/mm²	5200
3,5% *Biegespannung*	N/mm²				

Härte 23 °C *Probekörper:* *Zustand* — *Herstellung* / *Vorbehandlung*

Kugeldruckhärte	N/mm² bei N, s	*Shore-Härte*	A
Rockwellhärte		*Shore-Härte*	D

Schlagversuch *Probekörper:* *(1)* *(2)* *Zustand* — *Herstellung* / *Vorbehandlung*

		°C	°C	°C	*Probekörper-Form*
Schlagzähigkeit	kJ/m²				
Kerbschlagzähigkeit (1)	kJ/m²				
IZOD-Kerbschlagzähigkeit (2)	J/m				
Kerbschlagzugzähigkeit	kJ/m²				

Abrieb und Reibung

Taber-Abrieb (Reibradverfahren)	$mm^3/100$ U		
Abriebfaktor LNP (Thrust washer) Vergleichswert			
Statische Reibungszahl			
Dynamische Reibungszahl	(p · v =	N/mm^2 ·	m/min)
Zulässiger p · v Wert	N/mm^2 · (m/min)	v =	m/min
		v =	m/min

Thermische Eigenschaften

Formbeständigkeit in der Wärme	*Verfahren* A		163 °C
	Verfahren		°C
Vicat Erweichungstemperatur (VST)	*Verfahren*		°C
	Verfahren		°C
Kristallit-Schmelzpunkt	*Verfahren*		
Längenausdehnungskoeffizient	*Bereich*	°C	$\cdot 10^{-4}K^{-1}$
	Temperatur		$\cdot 10^{-4}K^{-1}$
Wärmeleitfähigkeit	*Verfahren*		W/(K · m)
Spezifische Wärmekapazität	*Verfahren*		J/(K · g)
Glasumwandlungstemperatur	*Torsionsschwingungsversuch*	°C	
	Differentialkalorimetrie	°C	

Brandverhalten

UL-Test vertikal	Dicke mm, Wert	
	Dicke mm, Wert	

	Norm	*Bewertung*	*Abmessungen*
Sauerstoff-Index	ASTM D 2863		
Glühstab-Verfahren			
Brandverhalten	DIN 4102		
MVSS			
FAR			

Elektrische Eigenschaften

		Hz	°C	*Probekörper, Form*
Dielektrizitätszahl		50		
		10^3		
		10^6		
Dielektrischer Verlustfaktor tan δ		50		
		10^3		
		10^6		
Spezifischer Durchgangs-widerstand	Ohm · cm			
Durchschlagfestigkeit	kV/mm			mm dick
Oberflächenwiderstand	Ohm			

Kriechstromfestigkeit	KC	KB	KA
Elektrolytische Korrosionswirkung			
Lichtbogenfestigkeit nach DIN			
nach ASTM s			

Beständigkeit *(Chemische Beständigkeit siehe Anhang)*

Wasseraufnahme 23 C	1 d	0.5 %	
Feuchtigkeitsaufnahme Normalklima			%
Wetterbeständigkeit			
Spannungskorrosion			

Optische Eigenschaften

Brechungszahl n_D		
Transmissionsgrad τ_c	%	mm dick
Lichtdurchlässigkeit		

Datenbank-Nr. **T01046** *Merkblatt-Nr.* **4030**

Produkt	Polyamid 66		**PA**
Handelsname	**Verton RA 7002**		
Hersteller	ICI		
DIN-Bez 1	16773-PA66,MG,XX-040,SF10		
DIN-Bez 2			
Zusätze		*Füllstoffe/ Verstärkung*	10% Aramidfaser, lang
Bevorzugte Verarbeitung	Spritzgiessen	*Lieferform*	Zylindergranulat 10 mm lang
		Farben	Natur; Schwarz
Besondere Merkmale	Hervorragende Abriebbestaendigkeit	*Bevorzugte Anwendungen*	Technisches Formteil

Dichte	g/cm³	1.17	*Schmelzindex*	g/10 min	:
Schüttdichte	g/cm³		*Volumenfließindex*	cm³/10 min	:
Viskositätszahl	ml/g				

Verarbeitungsbedingungen für Spritzgießen

Massetemp.	°C	270–290	*Schwindung*	% lgs 0.8, quer 0.8
Werkzeugtemp.	°C	80–90	*Bemerkungen*	Ggf. Trocknen im Vakuum 4 h bei 85 C
Spritzdruck	bar			

Zugversuch 23 °C ASTM D 638;

Probekörper: *Form* — *Zustand* — *Herstellung* Spritzgiessen — *Vorbehandlung* Normalklima

Streckspannung	N/mm²		*Dehnung bei Streckspannung*	%	
Zugfestigkeit	N/mm²	100	*Reißdehnung*	%	3–4
Reißfestigkeit	N/mm²		*% Dehnspannung*	N/mm²	
E-Modul	N/mm²	4700	*Dehnung bei % Dehnspg.*	%	

Kriechmoduln und Zeitstandwerte 23 °C

Probekörper: *Form* — *Zustand* — *Herstellung* — *Vorbehandlung*

Kriechmodul	*1 min*	N/mm²	*Zeitstandzugfestigkeit*	h	N/mm²
Kriechmodul	*1000 h*	N/mm²	*Zeitdehnspg. %*	h	N/mm²
bei Spannung		N/mm²			

Biegeversuch 23 °C ASTM D 790;

Probekörper: *Form* — *Zustand* — *Herstellung* Spritzgiessen — *Vorbehandlung* Normalklima

Biegefestigkeit	N/mm²	143	*E-Modul*	N/mm²	4300
3,5% *Biegespannung*	N/mm²				

Härte 23 °C *Probekörper:* *Zustand* — *Herstellung* — *Vorbehandlung*

Kugeldruckhärte	N/mm² bei N, s	*Shore-Härte*	A
Rockwellhärte		*Shore-Härte*	D

Schlagversuch *Probekörper:* *(1)* *(2)* *Zustand* — *Herstellung* — *Vorbehandlung*

		°C	°C	°C	*Probekörper-Form*
Schlagzähigkeit	kJ/m²				
Kerbschlagzähigkeit (1)	kJ/m²				
IZOD-Kerbschlagzähigkeit (2)	J/m				
Kerbschlagzugzähigkeit	kJ/m²				

Abrieb und Reibung

Taber-Abrieb (Reibradverfahren)	$mm^3/100$ U			
Abriebfaktor LNP (Thrust washer) Vergleichswert				
Statische Reibungszahl	0.23			
Dynamische Reibungszahl	(p · v = 0.28 N/mm^2 · 15.6		m/min)	0.27
Zulässiger p · v Wert	N/mm^2 · (m/min)	v =	m/min	
		v =	m/min	

Thermische Eigenschaften

Formbeständigkeit in der Wärme	*Verfahren* A		204 °C
	Verfahren		°C
Vicat Erweichungstemperatur (VST)	*Verfahren*		°C
	Verfahren		°C
Kristallit-Schmelzpunkt	*Verfahren*		
Längenausdehnungskoeffizient	*Bereich*	°C	$\cdot 10^{-4}K^{-1}$
	Temperatur		$\cdot 10^{-4}K^{-1}$
Wärmeleitfähigkeit	*Verfahren*		W/(K · m)
Spezifische Wärmekapazität	*Verfahren*		J/(K · g)
Glasumwandlungstemperatur	*Torsionsschwingungsversuch*	°C	
	Differentialkalorimetrie	°C	

Brandverhalten

UL-Test vertikal — Dicke mm, Wert
Dicke mm, Wert

	Norm	*Bewertung*	*Abmessungen*
Sauerstoff-Index	ASTM D 2863		
Glühstab-Verfahren			
Brandverhalten	DIN 4102		
MVSS			
FAR			

Elektrische Eigenschaften

		Hz	°C	*Probekörper, Form*
Dielektrizitätszahl		50		
		10^3		
		10^6		
Dielektrischer Verlustfaktor tan δ		50		
		10^3		
		10^6		
Spezifischer Durchgangswiderstand	Ohm · cm			
Durchschlagfestigkeit	kV/mm			mm dick
Oberflächenwiderstand	Ohm			

Kriechstromfestigkeit	KC	KB	KA
Elektrolytische Korrosionswirkung			
Lichtbogenfestigkeit nach DIN			
nach ASTM s			

Beständigkeit *(Chemische Beständigkeit siehe Anhang)*

Wasseraufnahme 23 C	1 d	0.9 %	
Feuchtigkeitsaufnahme Normalklima			%
Wetterbeständigkeit			
Spannungskorrosion			

Optische Eigenschaften

Brechungszahl n_D
Transmissionsgrad τ_c % mm dick
Lichtdurchlässigkeit

Produkt	Polyamid 66		**PA**
Handelsname	**Verton RA 7004**		
Hersteller	ICI		
DIN-Bez 1	16773-PA66,MG,XX-060,SF20		
DIN-Bez 2			
Zusätze		*Füllstoffe/ Verstärkung*	20% Aramidfaser, lang
Bevorzugte Verarbeitung	Spritzgiessen	*Lieferform*	Zylindergranulat 10 mm lang
		Farben	Natur; Schwarz
Besondere Merkmale	Hohe Steifigkeit; Ausgezeichnete Abriebbestaendigkeit	*Bevorzugte Anwendungen*	Technisches Formteil

Dichte	g/cm^3	1.20	*Schmelzindex*	g/10 min	:
Schüttdichte	g/cm^3		*Volumenfließindex*	$cm^3/10$ min	:
Viskositätszahl	ml/g				

Verarbeitungsbedingungen für Spritzgießen

Massetemp.	°C	270–290	*Schwindung*	% lgs 0.7, quer 0.7
Werkzeugtemp.	°C	80–90	*Bemerkungen*	Ggf. Trocknen im Vakuum 4 h bei 90 C
Spritzdruck	bar			

Zugversuch 23 °C ASTM D 638;

Probekörper: *Form* — *Herstellung* Spritzgiessen
Zustand — *Vorbehandlung* Normalklima

Streckspannung	N/mm^2		*Dehnung bei Streckspannung*	%	
Zugfestigkeit	N/mm^2	103	*Reißdehnung*	%	2–4
Reißfestigkeit	N/mm^2		*% Dehnspannung*	N/mm^2	
E-Modul	N/mm^2	6600	*Dehnung bei % Dehnspg.*	%	

Kriechmoduln und Zeitstandwerte 23 °C

Probekörper: *Form* — *Herstellung*
Zustand — *Vorbehandlung*

Kriechmodul	*1 min*	N/mm^2	*Zeitstandzugfestigkeit*	h	N/mm^2
Kriechmodul	*1000 h*	N/mm^2	*Zeitdehnspg. %*	h	N/mm^2
bei Spannung		N/mm^2			

Biegeversuch 23 °C ASTM D 790;

Probekörper: *Form* — *Herstellung* Spritzgiessen
Zustand — *Vorbehandlung* Normalklima

Biegefestigkeit	N/mm^2	157	*E-Modul*	N/mm^2	5500
3,5% *Biegespannung*	N/mm^2				

Härte 23 °C *Probekörper:* *Zustand* — *Herstellung*
Vorbehandlung

Kugeldruckhärte	N/mm^2 bei N, s	*Shore-Härte*	A
Rockwellhärte		*Shore-Härte*	D

Schlagversuch *Probekörper:* *(1)*
(2) — *Herstellung*
Zustand — *Vorbehandlung*

	°C	°C	°C	*Probekörper-Form*
Schlagzähigkeit kJ/m^2				
Kerbschlagzähigkeit (1) kJ/m^2				
IZOD-Kerbschlagzähigkeit (2) J/m				
Kerbschlagzugzähigkeit kJ/m^2				

Abrieb und Reibung

Taber-Abrieb (Reibradverfahren)	mm^3/100 U				
Abriebfaktor LNP (Thrust washer) Vergleichswert					
Statische Reibungszahl	0.39				
Dynamische Reibungszahl	(p · v = 0.28	N/mm^2 · 15.6		m/min)	0.27
Zulässiger p · v Wert	N/mm^2 · (m/min)		v =	m/min	
			v =	m/min	

Thermische Eigenschaften

Formbeständigkeit in der Wärme	*Verfahren* A		237 °C
	Verfahren		°C
Vicat Erweichungstemperatur (VST)	*Verfahren*		°C
	Verfahren		°C
Kristallit-Schmelzpunkt	*Verfahren*		
Längenausdehnungskoeffizient	*Bereich*	°C	$\cdot 10^{-4} K^{-1}$
	Temperatur		$\cdot 10^{-4} K^{-1}$
Wärmeleitfähigkeit	*Verfahren*		W/(K · m)
Spezifische Wärmekapazität	*Verfahren*		J/(K · g)
Glasumwandlungstemperatur	*Torsionsschwingungsversuch*	°C	
	Differentialkalorimetrie	°C	

Brandverhalten

UL-Test vertikal	Dicke 3.2 mm, Wert HB
	Dicke mm, Wert

	Norm	*Bewertung*	*Abmessungen*
Sauerstoff-Index	ASTM D 2863		
Glühstab-Verfahren			
Brandverhalten	DIN 4102		
MVSS			
FAR			

Elektrische Eigenschaften

		Hz	°C		*Probekörper, Form*
Dielektrizitätszahl		50			
		10^3			
		10^6			
Dielektrischer Verlustfaktor tan δ		50			
		10^3			
		10^6			
Spezifischer Durchgangs-widerstand	Ohm · cm				
Durchschlagfestigkeit	kV/mm				mm dick
Oberflächenwiderstand	Ohm				

Kriechstromfestigkeit	KC	KB	KA
Elektrolytische Korrosionswirkung			
Lichtbogenfestigkeit nach DIN			
nach ASTM s			

Beständigkeit *(Chemische Beständigkeit siehe Anhang)*

Wasseraufnahme 23 C	1 d	0.65 %	
Feuchtigkeitsaufnahme Normalklima			%
Wetterbeständigkeit			
Spannungskorrosion			

Optische Eigenschaften

Brechungszahl n_D
Transmissionsgrad τ_c % mm dick
Lichtdurchlässigkeit

Produkt	Polyamid 66		**PA**
Handelsname	**Luvocom 1/CF/10/TF/20/BK/100 (VP 25407)**		
Hersteller	LUV		
DIN-Bez 1	16773-PA66,MGS,XX-090,CF10		
DIN-Bez 2			
Zusätze	20% PTFE	*Füllstoffe/ Verstärkung*	10% Kohlefaser
Bevorzugte Verarbeitung	Spritzgiessen	*Lieferform*	Granulat
		Farben	Schwarz
Besondere Merkmale	Hoher Modul; Hohe Festigkeit; Geringer elektrischer Widerstand	*Bevorzugte Anwendungen*	

Dichte	g/cm^3	1.3	*Schmelzindex*	g/10 min	:
Schüttdichte	g/cm^3	0.7	*Volumenfließindex*	$cm^3/10$ min	:
Viskositätszahl	ml/g				

Verarbeitungsbedingungen für Spritzgießen

Massetemp.	°C	270–290	*Schwindung*	% lgs 0.4, quer
Werkzeugtemp.	°C	55–90	*Bemerkungen*	Vortrocknen empfohlen: 6 h/75 C; 3 h/105 C
Spritzdruck	bar			

Zugversuch 23 °C DIN 53455; DIN 53457

Probekörper: *Form* Nr.3 — *Herstellung* Spritzgiessen
Zustand Luftfeucht — *Vorbehandlung* 1 d bei 23 C/50 %

Streckspannung	N/mm^2		*Dehnung bei Streckspannung*	%	
Zugfestigkeit	N/mm^2	150	*Reißdehnung*	%	2.4
Reißfestigkeit	N/mm^2	140	*% Dehnspannung*	N/mm^2	
E-Modul	N/mm^2	9000	*Dehnung bei % Dehnspg.*	%	

Kriechmoduln und Zeitstandwerte 23 °C

Probekörper: *Form* — *Herstellung*
Zustand — *Vorbehandlung*

Kriechmodul	*1 min* N/mm^2	*Zeitstandzugfestigkeit*	h N/mm^2
Kriechmodul	*1000 h* N/mm^2	*Zeitdehnspg. %*	h N/mm^2
bei Spannung	N/mm^2		

Biegeversuch 23 °C DIN 53452;

Probekörper: *Form* 80x10x4 mm — *Herstellung* Spritzgiessen
Zustand Luftfeucht — *Vorbehandlung* 1 d bei 23 C/50 %

Biegefestigkeit	N/mm^2	200	*E-Modul*	N/mm^2
3,5% *Biegespannung*	N/mm^2			

Härte 23 °C *Probekörper:* *Zustand* Luftfeucht — *Herstellung* Spritzgiessen
Vorbehandlung 1 d bei 23 C/50 %

Kugeldruckhärte	N/mm^2 170 bei N, 30 s	*Shore-Härte* A	
Rockwellhärte		*Shore-Härte* D	

Schlagversuch *Probekörper:* *(1)*
(2) — *Herstellung* Spritzgiessen
Zustand Luftfeucht — *Vorbehandlung* 1 d bei 23 C/50 %

		°C	°C	°C	*Probekörper-Form*
Schlagzähigkeit	kJ/m^2	23 25			NKS
Kerbschlagzähigkeit (1)	kJ/m^2				
IZOD-Kerbschlagzähigkeit (2)	J/m				
Kerbschlagzugzähigkeit	kJ/m^2				

Abrieb und Reibung

Taber-Abrieb (Reibradverfahren)	mm^3/100 U		
Abriebfaktor LNP (Thrust washer) Vergleichswert			
Statische Reibungszahl			
Dynamische Reibungszahl	(p · v =	N/mm^2 ·	m/min)
Zulässiger p · v Wert	N/mm^2 · (m/min)	v =	m/min
		v =	m/min

Thermische Eigenschaften

Formbeständigkeit in der Wärme	*Verfahren*			°C
	Verfahren			°C
Vicat Erweichungstemperatur (VST)	*Verfahren*			°C
	Verfahren			°C
Kristallit-Schmelzpunkt	*Verfahren*			
Längenausdehnungskoeffizient	*Bereich*	°C		· $10^{-4}K^{-1}$
	Temperatur			· $10^{-4}K^{-1}$
Wärmeleitfähigkeit	*Verfahren*			W/(K · m)
Spezifische Wärmekapazität	*Verfahren*			J/(K · g)
Glasumwandlungstemperatur	*Torsionsschwingungsversuch*		°C	
	Differentialkalorimetrie		°C	

Brandverhalten

UL-Test vertikal Dicke mm, Wert
Dicke mm, Wert

	Norm	*Bewertung*	*Abmessungen*
Sauerstoff-Index	ASTM D 2863		
Glühstab-Verfahren			
Brandverhalten	DIN 4102		
MVSS			
FAR			

Elektrische Eigenschaften

		Hz	°C		*Probekörper, Form*
Dielektrizitätszahl		50			
		10^3			
		10^6			
Dielektrischer Verlustfaktor tan δ		50			
		10^3			
		10^6			
Spezifischer Durchgangs-widerstand	Ohm · cm		23	≦1.0*10**4	
Durchschlagfestigkeit	kV/mm				mm dick
Oberflächenwiderstand	Ohm		23	≦1.0*10**4	

Kriechstromfestigkeit	KC	KB	KA
Elektrolytische Korrosionswirkung			
Lichtbogenfestigkeit nach DIN			
nach ASTM	s		

Beständigkeit *(Chemische Beständigkeit siehe Anhang)*

Wasseraufnahme

Feuchtigkeitsaufnahme Normalklima %

Wetterbeständigkeit

Spannungskorrosion

Optische Eigenschaften

Brechungszahl n_D

Transmissionsgrad τ_c % mm dick

Lichtdurchlässigkeit

Datenbank-Nr. **T01049** *Merkblatt-Nr.* **4033**

Produkt	Polyamid 66		**PA**
Handelsname	**Luvocom 1/CF/40**		
Hersteller	LUV		
DIN-Bez 1	16773-PA66,MG,XX-250,CF40		
DIN-Bez 2			
Zusätze		*Füllstoffe/ Verstärkung*	40% Kohlefaser
Bevorzugte Verarbeitung	Spritzgiessen	*Lieferform*	Granulat
		Farben	Schwarz
Besondere Merkmale	Elektrisch leitfaehig; Sehr hoher Modul; Sehr hohe Festigkeit	*Bevorzugte Anwendungen*	Funktionsteil; Kfz-Industrie

Dichte	g/cm^3	1.33	*Schmelzindex*	g/10 min	:
Schüttdichte	g/cm^3	0.60–0.65	*Volumenfließindex*	cm^3/10 min	:
Viskositätszahl	ml/g				

Verarbeitungsbedingungen für Spritzgießen

Massetemp.	°C	290–310	*Schwindung*	% lgs 0.2–0.3, quer
Werkzeugtemp.	°C	70–120	*Bemerkungen*	Vortrocknen empfohlen: 6 h/75 C; 3 h/105 C
Spritzdruck	bar			

Zugversuch 23 °C DIN 53455; DIN 53457

Probekörper: *Form* Nr.3 — *Herstellung* Spritzgiessen
Zustand Luftfeucht — *Vorbehandlung* 1 d bei 23 C/50 %

Streckspannung	N/mm^2		*Dehnung bei Streckspannung*	%
Zugfestigkeit	N/mm^2	270	*Reißdehnung*	%
Reißfestigkeit	N/mm^2		*% Dehnspannung*	N/mm^2
E-Modul	N/mm^2	32000	*Dehnung bei % Dehnspg.*	%

Kriechmoduln und Zeitstandwerte 23 °C

Probekörper: *Form* — *Herstellung*
Zustand — *Vorbehandlung*

Kriechmodul	*1 min* N/mm^2	*Zeitstandzugfestigkeit*	h	N/mm^2
Kriechmodul	*1000 h* N/mm^2	*Zeitdehnspg. %*	h	N/mm^2
bei Spannung	N/mm^2			

Biegeversuch 23 °C DIN 53452;

Probekörper: *Form* 80x10x4 mm — *Herstellung* Spritzgiessen
Zustand Luftfeucht — *Vorbehandlung* 1 d bei 23 C/50 %

Biegefestigkeit	N/mm^2	400	*E-Modul*	N/mm^2
3,5% *Biegespannung*	N/mm^2			

Härte 23 °C *Probekörper:* *Zustand* Luftfeucht — *Herstellung* Spritzgiessen
Vorbehandlung 1 d bei 23 C/50 %

Kugeldruckhärte	N/mm^2 220 bei N, 30 s	*Shore-Härte*	A
Rockwellhärte		*Shore-Härte*	D

Schlagversuch *Probekörper:* *(1)*
(2) — *Herstellung* Spritzgiessen
Zustand Luftfeucht — *Vorbehandlung* 1 d bei 23 C/50 %

		°C		°C	°C	*Probekörper-Form*
Schlagzähigkeit	kJ/m^2	23	30			NKS
Kerbschlagzähigkeit (1)	kJ/m^2					
IZOD-Kerbschlagzähigkeit (2)	J/m					
Kerbschlagzugzähigkeit	kJ/m^2					

Abrieb und Reibung

Taber-Abrieb (Reibradverfahren)	mm^3/100 U		
Abriebfaktor LNP (Thrust washer) Vergleichswert			
Statische Reibungszahl			
Dynamische Reibungszahl	(p · v =	N/mm^2 ·	m/min)
Zulässiger p · v Wert	N/mm^2 · (m/min)	v =	m/min
		v =	m/min

Thermische Eigenschaften

Formbeständigkeit in der Wärme	*Verfahren*	A		249 °C
	Verfahren			°C
Vicat Erweichungstemperatur (VST)	*Verfahren*	B/50		250 °C
	Verfahren			°C
Kristallit-Schmelzpunkt	*Verfahren*			
Längenausdehnungskoeffizient	*Bereich*	°C		$\cdot 10^{-4}K^{-1}$
	Temperatur			$\cdot 10^{-4}K^{-1}$
Wärmeleitfähigkeit	*Verfahren*			W/(K · m)
Spezifische Wärmekapazität	*Verfahren*			J/(K · g)
Glasumwandlungstemperatur	*Torsionsschwingungsversuch*		°C	
	Differentialkalorimetrie		°C	

Brandverhalten

UL-Test vertikal Dicke mm, Wert
Dicke mm, Wert

	Norm	*Bewertung*	*Abmessungen*
Sauerstoff-Index	ASTM D 2863		
Glühstab-Verfahren			
Brandverhalten	DIN 4102		
MVSS			
FAR			

Elektrische Eigenschaften

		Hz	°C		*Probekörper, Form*
Dielektrizitätszahl		50			
		10^3			
		10^6			
Dielektrischer Verlustfaktor tan δ		50			
		10^3			
		10^6			
Spezifischer Durchgangs-widerstand	Ohm · cm		23	≦1.0*10**3	
Durchschlagfestigkeit	kV/mm				mm dick
Oberflächenwiderstand	Ohm		23	≦1.0*10**2	

Kriechstromfestigkeit KC KB KA
Elektrolytische Korrosionswirkung
Lichtbogenfestigkeit nach DIN
nach ASTM s

Beständigkeit *(Chemische Beständigkeit siehe Anhang)*

Wasseraufnahme

Feuchtigkeitsaufnahme Normalklima %
Wetterbeständigkeit

Spannungskorrosion

Optische Eigenschaften

Brechungszahl n_D
Transmissionsgrad τ_c % mm dick
Lichtdurchlässigkeit

Produkt	Polycarbonat		**PC**
Handelsname	**Luvocom 50/CF/5/TF/10/BK**		
Hersteller	LUV		
DIN-Bez 1 *DIN-Bez 2*			
Zusätze	10% PTFE	*Füllstoffe/ Verstärkung*	5% Kohlefaser
Bevorzugte Verarbeitung	Spritzgiessen	*Lieferform*	Granulat
		Farben	Schwarz
Besondere Merkmale	Antistatisch; Selbstschmierend	*Bevorzugte Anwendungen*	Technisches Formteil; Bueromaschinenteil; Teil fuer Datenverarbeitungsgeraet

---

Dichte	g/cm^3	1.59	*Schmelzindex*	g/10 min	:
Schüttdichte	g/cm^3	0.65–0.70	*Volumenfließindex*	cm^3/10 min	:
Viskositätszahl	ml/g				

Verarbeitungsbedingungen für Spritzgießen

Massetemp.	°C	280–300	*Schwindung*	%	lgs 0.3–0.4, quer
Werkzeugtemp.	°C	80–100	*Bemerkungen*	Vortrocknen empfohlen: 4h/120C	
Spritzdruck	bar				

Zugversuch 23 °C DIN 53455; DIN 53457

Probekörper: *Form* Nr.3 — *Zustand*

Herstellung Spritzgiessen — *Vorbehandlung* 1 d bei 23 C/50 %

Streckspannung	N/mm^2		*Dehnung bei Streckspannung*	%	
Zugfestigkeit	N/mm^2	90	*Reißdehnung*	%	4
Reißfestigkeit	N/mm^2	85	*% Dehnspannung*	N/mm^2	
E-Modul	N/mm^2	4700	*Dehnung bei % Dehnspg.*	%	

Kriechmoduln und Zeitstandwerte 23 °C

Probekörper: *Form* — *Zustand*

Herstellung — *Vorbehandlung*

Kriechmodul	*1 min*	N/mm^2	*Zeitstandzugfestigkeit*	h	N/mm^2
Kriechmodul	*1000 h*	N/mm^2	*Zeitdehnspg. %*	h	N/mm^2
bei Spannung		N/mm^2			

Biegeversuch 23 °C DIN 53452;

Probekörper: *Form* 80x10x4 mm — *Zustand*

Herstellung Spritzgiessen — *Vorbehandlung* 1 d bei 23 C/50 %

Biegefestigkeit	N/mm^2	135	*E-Modul*	N/mm^2
3,5% *Biegespannung*	N/mm^2	120		

Härte 23 °C *Probekörper:* *Zustand*

Herstellung Spritzgiessen — *Vorbehandlung* 1 d bei 23 C/50 %

Kugeldruckhärte	N/mm^2 120	bei 358 N, 30 s	*Shore-Härte* A	
Rockwellhärte			*Shore-Härte* D	

Schlagversuch *Probekörper:* *(1)* *(2)* *Zustand*

Herstellung Spritzgiessen — *Vorbehandlung* 1 d bei 23 C/50 %

		°C	°C	°C	*Probekörper-Form*
Schlagzähigkeit	kJ/m^2	23 40			NKS
Kerbschlagzähigkeit (1)	kJ/m^2				
IZOD-Kerbschlagzähigkeit (2)	J/m				
Kerbschlagzugzähigkeit	kJ/m^2				

Abrieb und Reibung

Taber-Abrieb (Reibradverfahren)	mm^3/100 U		
Abriebfaktor LNP (Thrust washer) Vergleichswert			
Statische Reibungszahl			
Dynamische Reibungszahl	(p · v=	N/mm^2 ·	m/min)
Zulässiger p · v Wert	N/mm^2 · (m/min)	v=	m/min
		v=	m/min

Thermische Eigenschaften

Formbeständigkeit in der Wärme	*Verfahren*			°C
	Verfahren			°C
Vicat Erweichungstemperatur (VST)	*Verfahren*	A/50		120 °C
	Verfahren			°C
Kristallit-Schmelzpunkt	*Verfahren*			
Längenausdehnungskoeffizient	*Bereich*	°C		$\cdot 10^{-4} K^{-1}$
	Temperatur			$\cdot 10^{-4} K^{-1}$
Wärmeleitfähigkeit	*Verfahren*			W/(K · m)
Spezifische Wärmekapazität	*Verfahren*			J/(K · g)
Glasumwandlungstemperatur	*Torsionsschwingungsversuch*		°C	
	Differentialkalorimetrie		°C	

Brandverhalten

UL-Test vertikal	Dicke	mm, Wert
	Dicke	mm, Wert

	Norm	*Bewertung*	*Abmessungen*
Sauerstoff-Index	ASTM D 2863		
Glühstab-Verfahren			
Brandverhalten	DIN 4102		
MVSS			
FAR			

Elektrische Eigenschaften

		Hz	°C		*Probekörper, Form*
Dielektrizitätszahl		50			
		10^3			
		10^6			
Dielektrischer Verlustfaktor tan δ		50			
		10^3			
		10^6			
Spezifischer Durchgangswiderstand	Ohm · cm		23	1.0*10**4–1.0*10**7	
Durchschlagfestigkeit	kV/mm				mm dick
Oberflächenwiderstand	Ohm		23	1.0*10**3–1.0*10**6	

Kriechstromfestigkeit	KC	KB	KA
Elektrolytische Korrosionswirkung			
Lichtbogenfestigkeit nach DIN			
nach ASTM s			

Beständigkeit *(Chemische Beständigkeit siehe Anhang)*

Wasseraufnahme

Feuchtigkeitsaufnahme Normalklima %

Wetterbeständigkeit

Spannungskorrosion

Optische Eigenschaften

Brechungszahl n_D		
Transmissionsgrad τ_c	%	mm dick
Lichtdurchlässigkeit		

Datenbank-Nr. **T01051** Merkblatt-Nr. **4035**

Produkt	Polycarbonat		**PC**
Handelsname	**Luvocom 50/CF/7/GS/10/TF/5/BK**		
Hersteller	LUV		
DIN-Bez 1			
DIN-Bez 2			
Zusätze	5% PTFE	*Füllstoffe/ Verstärkung*	17% Kohlefaser (7); Glasflakes (10)
Bevorzugte Verarbeitung	Spritzgiessen	*Lieferform*	Granulat
		Farben	Schwarz
Besondere Merkmale	Antistatisch	*Bevorzugte Anwendungen*	Technisches Formteil; Bueromaschinenteil; Teil fuer Datenverarbeitungsgeraet

Dichte	g/cm^3	1.33	*Schmelzindex*	g/10 min	:
Schüttdichte	g/cm^3	0.65–0.70	*Volumenfließindex*	cm^3/10 min	:
Viskositätszahl	ml/g				

Verarbeitungsbedingungen für Spritzgießen

Massetemp.	°C	280–300	*Schwindung*	% lgs 0.3–0.4, quer
Werkzeugtemp.	°C	70–120	*Bemerkungen*	Vortrocknen empfohlen: 4h/120C
Spritzdruck	bar			

Zugversuch 23 °C DIN 53455; DIN 53457

Probekörper: *Form* Nr.3 — *Zustand*

Herstellung Spritzgiessen — *Vorbehandlung* 1 d bei 23 C/50 %

Streckspannung	N/mm^2		*Dehnung bei Streckspannung*	%
Zugfestigkeit	N/mm^2	100	*Reißdehnung*	%
Reißfestigkeit	N/mm^2		*% Dehnspannung*	N/mm^2
E-Modul	N/mm^2	6000	*Dehnung bei % Dehnspg.*	%

Kriechmoduln und Zeitstandwerte 23 °C

Probekörper: *Form* — *Zustand*

Herstellung — *Vorbehandlung*

Kriechmodul	*1 min*	N/mm^2	*Zeitstandzugfestigkeit* h	N/mm^2
Kriechmodul	*1000 h*	N/mm^2	*Zeitdehnspg. %* h	N/mm^2
bei Spannung		N/mm^2		

Biegeversuch 23 °C DIN 53452;

Probekörper: *Form* 80x10x4 mm — *Zustand*

Herstellung Spritzgiessen — *Vorbehandlung* 1 d bei 23 C/50 %

Biegefestigkeit	N/mm^2	155	*E-Modul*	N/mm^2
3,5% *Biegespannung*	N/mm^2	145		

Härte 23 °C *Probekörper:* *Zustand*

Herstellung Spritzgiessen — *Vorbehandlung* 1 d bei 23 C/50 %

Kugeldruckhärte	N/mm^2 140	bei N, 30 s	*Shore-Härte* A
Rockwellhärte			*Shore-Härte* D

Schlagversuch *Probekörper:* *(1)* *(2)* *Zustand*

Herstellung Spritzgiessen — *Vorbehandlung* 1 d bei 23 C/50 %

		°C	°C	°C	*Probekörper-Form*
Schlagzähigkeit	kJ/m^2	23 35			NKS
Kerbschlagzähigkeit (1)	kJ/m^2				
IZOD-Kerbschlagzähigkeit (2)	J/m				
Kerbschlagzugzähigkeit	kJ/m^2				

Abrieb und Reibung

Taber-Abrieb (Reibradverfahren)	mm^3/100 U		
Abriebfaktor LNP (Thrust washer) Vergleichswert			
Statische Reibungszahl			
Dynamische Reibungszahl	(p·v= N/mm^2·		m/min)
Zulässiger p·v Wert	N/mm^2·(m/min)	v=	m/min
		v=	m/min

Thermische Eigenschaften

Formbeständigkeit in der Wärme	*Verfahren*			°C
	Verfahren			°C
Vicat Erweichungstemperatur (VST)	*Verfahren*	A/120		≧155 °C
	Verfahren			°C
Kristallit-Schmelzpunkt	*Verfahren*			
Längenausdehnungskoeffizient	*Bereich*	°C		$\cdot 10^{-4}K^{-1}$
	Temperatur			$\cdot 10^{-4}K^{-1}$
Wärmeleitfähigkeit	*Verfahren*			W/(K·m)
Spezifische Wärmekapazität	*Verfahren*			J/(K·g)
Glasumwandlungstemperatur	*Torsionsschwingungsversuch*		°C	
	Differentialkalorimetrie		°C	

Brandverhalten

UL-Test vertikal	Dicke	mm, Wert
	Dicke	mm, Wert

	Norm	*Bewertung*	*Abmessungen*
Sauerstoff-Index	ASTM D 2863		
Glühstab-Verfahren			
Brandverhalten	DIN 4102		
MVSS			
FAR			

Elektrische Eigenschaften

		Hz	°C		*Probekörper, Form*
Dielektrizitätszahl		50			
		10^3			
		10^6			
Dielektrischer Verlustfaktor tan δ		50			
		10^3			
		10^6			
Spezifischer Durchgangswiderstand	Ohm·cm		23	1.0*10**7–1.0*10**9	
Durchschlagfestigkeit	kV/mm				mm dick
Oberflächenwiderstand	Ohm		23	1.0*10**5–1.0*10**8	

Kriechstromfestigkeit	KC	KB	KA
Elektrolytische Korrosionswirkung			
Lichtbogenfestigkeit nach DIN			
nach ASTM	s		

Beständigkeit *(Chemische Beständigkeit siehe Anhang)*

Wasseraufnahme

Feuchtigkeitsaufnahme Normalklima %

Wetterbeständigkeit

Spannungskorrosion

Optische Eigenschaften

Brechungszahl n_D		
Transmissionsgrad τ_c	%	mm dick
Lichtdurchlässigkeit		

Datenbank-Nr. **T01052** Merkblatt-Nr. **4036**

Produkt	Polycarbonat		**PC**
Handelsname	**Luvocom 50/GF/20/TF/10/BK**		
Hersteller	LUV		
DIN-Bez 1			
DIN-Bez 2			
Zusätze	10% PTFE	*Füllstoffe/ Verstärkung*	20% Glasfaser
Bevorzugte Verarbeitung	Spritzgiessen	*Lieferform*	Granulat
		Farben	Schwarz
Besondere Merkmale		*Bevorzugte Anwendungen*	Technisches Formteil

Dichte	g/cm^3	1.42	*Schmelzindex*	g/10 min	:
Schüttdichte	g/cm^3	0.65–0:70	*Volumenfließindex*	$cm^3/10$ min	:
Viskositätszahl	ml/g				

Verarbeitungsbedingungen für Spritzgießen

Massetemp.	°C	280–300	*Schwindung*	% lgs 0.3–0.4, quer
Werkzeugtemp.	°C		*Bemerkungen*	Vortrocknen empfohlen: 4h/120C
Spritzdruck	bar			

Zugversuch 23 °C DIN 53455; DIN 53457

Probekörper: *Form* Nr.3 — *Zustand*

Herstellung Spritzgiessen — *Vorbehandlung* 1 d bei 23 C/50 %

Streckspannung	N/mm^2		*Dehnung bei Streckspannung*	%
Zugfestigkeit	N/mm^2	110	*Reißdehnung*	%
Reißfestigkeit	N/mm^2		*% Dehnspannung*	N/mm^2
E-Modul	N/mm^2	6500	*Dehnung bei % Dehnspg.*	%

Kriechmoduln und Zeitstandwerte 23 °C

Probekörper: *Form* — *Zustand*

Herstellung — *Vorbehandlung*

Kriechmodul	*1 min*	N/mm^2	*Zeitstandzugfestigkeit*	h	N/mm^2
Kriechmodul	*1000 h*	N/mm^2	*Zeitdehnspg. %*	h	N/mm^2
bei Spannung		N/mm^2			

Biegeversuch 23 °C DIN 53452;

Probekörper: *Form* 80x10x4 mm — *Zustand*

Herstellung Spritzgiessen — *Vorbehandlung* 1 d bei 23 C/50 %

Biegefestigkeit	N/mm^2	155	*E-Modul*	N/mm^2
3,5% *Biegespannung*	N/mm^2	150		

Härte 23 °C *Probekörper:* *Zustand*

Herstellung Spritzgiessen — *Vorbehandlung* 1 d bei 23 C/50 %

Kugeldruckhärte	N/mm^2 130 bei N, 30 s	*Shore-Härte* A	
Rockwellhärte		*Shore-Härte* D	

Schlagversuch *Probekörper:* *(1)* *(2)* *Zustand*

Herstellung Spritzgiessen — *Vorbehandlung* 1 d bei 23 C/50 %

		°C	°C	°C	*Probekörper-Form*
Schlagzähigkeit	kJ/m^2	23 40			NKS
Kerbschlagzähigkeit (1)	kJ/m^2				
IZOD-Kerbschlagzähigkeit (2)	J/m				
Kerbschlagzugzähigkeit	kJ/m^2				

Abrieb und Reibung

Taber-Abrieb (Reibradverfahren)	mm^3/100 U		
Abriebfaktor LNP (Thrust washer) Vergleichswert			
Statische Reibungszahl			
Dynamische Reibungszahl	(p·v=	N/mm^2·	m/min)
Zulässiger p · v Wert	N/mm^2 · (m/min)	v=	m/min
		v=	m/min

Thermische Eigenschaften

Formbeständigkeit in der Wärme	*Verfahren*		°C
	Verfahren		°C
Vicat Erweichungstemperatur (VST)	*Verfahren*	A/50	160 °C
	Verfahren		°C
Kristallit-Schmelzpunkt	*Verfahren*		
Längenausdehnungskoeffizient	*Bereich*	°C	$\cdot 10^{-4}K^{-1}$
	Temperatur		$\cdot 10^{-4}K^{-1}$
Wärmeleitfähigkeit	*Verfahren*		W/(K · m)
Spezifische Wärmekapazität	*Verfahren*		J/(K · g)
Glasumwandlungstemperatur	*Torsionsschwingungsversuch*	°C	
	Differentialkalorimetrie	°C	

Brandverhalten

UL-Test vertikal		Dicke mm, Wert	
		Dicke mm, Wert	
	Norm	*Bewertung*	*Abmessungen*
Sauerstoff-Index	ASTM D 2863		
Glühstab-Verfahren			
Brandverhalten	DIN 4102		
MVSS			
FAR			

Elektrische Eigenschaften

		Hz	°C		*Probekörper, Form*
Dielektrizitätszahl		50			
		10^3			
		10^6			
Dielektrischer Verlustfaktor tan δ		50			
		10^3			
		10^6			
Spezifischer Durchgangs-widerstand	Ohm · cm				
Durchschlagfestigkeit	kV/mm				mm dick
Oberflächenwiderstand	Ohm				
Kriechstromfestigkeit		KC	KB	KA	
Elektrolytische Korrosionswirkung					
Lichtbogenfestigkeit nach DIN					
nach ASTM	s				

Beständigkeit *(Chemische Beständigkeit siehe Anhang)*

Wasseraufnahme

Feuchtigkeitsaufnahme Normalklima %

Wetterbeständigkeit

Spannungskorrosion

Optische Eigenschaften

Brechungszahl n_D		
Transmissionsgrad τ_c	%	mm dick
Lichtdurchlässigkeit		

Datenbank-Nr. **T01053** Merkblatt-Nr. **4037**

Produkt	Polycarbonat		**PC**
Handelsname	**Luvocom 50/CF/7/GK/25/EM/BK**		
Hersteller	LUV		
DIN-Bez 1			
DIN-Bez 2			
Zusätze		*Füllstoffe/ Verstärkung*	32% Kohlefaser (7); Glaskugel (25)
Bevorzugte Verarbeitung	Spritzgiessen	*Lieferform*	Granulat
		Farben	Schwarz
Besondere Merkmale	Temperaturwechselbestaendig; Antistatisch; Leichtfliessend	*Bevorzugte Anwendungen*	Technisches Formteil; Bauteil mit Verzugsneigung

Dichte	g/cm³	1.40	*Schmelzindex*	g/10 min	:
Schüttdichte	g/cm³	0.68–0.72	*Volumenfließindex*	cm³/10 min	:
Viskositätszahl	ml/g				

Verarbeitungsbedingungen für Spritzgießen

Massetemp.	°C	270–300	*Schwindung*	% lgs 0.2–0.3, quer
Werkzeugtemp.	°C	80–120	*Bemerkungen*	Vortrocknen empfohlen: 4h/120C
Spritzdruck	bar			

Zugversuch 23 °C DIN 53455; DIN 53457

Probekörper: *Form* Nr.3 — *Zustand*

Herstellung Spritzgiessen — *Vorbehandlung* 1 d bei 23 C/50 %

Streckspannung	N/mm²		*Dehnung bei Streckspannung*	%
Zugfestigkeit	N/mm²	115	*Reißdehnung*	%
Reißfestigkeit	N/mm²		*% Dehnspannung*	N/mm²
E-Modul	N/mm²	8000	*Dehnung bei % Dehnspg.*	%

Kriechmoduln und Zeitstandwerte 23 °C

Probekörper: *Form* — *Zustand*

Herstellung — *Vorbehandlung*

Kriechmodul	*1 min* N/mm²		*Zeitstandzugfestigkeit*	h N/mm²
Kriechmodul	*1000 h* N/mm²		*Zeitdehnspg. %*	h N/mm²
bei Spannung	N/mm²			

Biegeversuch 23 °C DIN 53452;

Probekörper: *Form* 80x10x4 mm — *Zustand*

Herstellung Spritzgiessen — *Vorbehandlung* 1 d bei 23 C/50 %

Biegefestigkeit	N/mm²	150	*E-Modul*	N/mm²
3,5% *Biegespannung*	N/mm²			

Härte 23 °C *Probekörper:* *Zustand*

Herstellung Spritzgiessen — *Vorbehandlung* 1 d bei 23 C/50 %

Kugeldruckhärte	N/mm² 160 bei N, 30 s	*Shore-Härte* A	
Rockwellhärte		*Shore-Härte* D	

Schlagversuch *Probekörper:* *(1)* *(2)* *Zustand*

Herstellung Spritzgiessen — *Vorbehandlung* 1 d bei 23 C/50 %

		°C	°C	°C	*Probekörper-Form*
Schlagzähigkeit	kJ/m²	23 22			NKS
Kerbschlagzähigkeit (1)	kJ/m²				
IZOD-Kerbschlagzähigkeit (2)	J/m				
Kerbschlagzugzähigkeit	kJ/m²				

Abrieb und Reibung

Taber-Abrieb (Reibradverfahren)	$mm^3/100$ U			
Abriebfaktor LNP (Thrust washer) Vergleichswert				
Statische Reibungszahl				
Dynamische Reibungszahl	(p · v =	N/mm^2 ·		m/min)
Zulässiger p · v Wert	N/mm^2 · (m/min)		v =	m/min
			v =	m/min

Thermische Eigenschaften

Formbeständigkeit in der Wärme	*Verfahren*			°C
	Verfahren			°C
Vicat Erweichungstemperatur (VST)	*Verfahren*	B/50		150 °C
	Verfahren			°C
Kristallit-Schmelzpunkt	*Verfahren*			
Längenausdehnungskoeffizient	*Bereich*		°C	$\cdot 10^{-4} K^{-1}$
	Temperatur			$\cdot 10^{-4} K^{-1}$
Wärmeleitfähigkeit	*Verfahren*			W/(K · m)
Spezifische Wärmekapazität	*Verfahren*			J/(K · g)
Glasumwandlungstemperatur	*Torsionsschwingungsversuch*		°C	
	Differentialkalorimetrie		°C	

Brandverhalten

UL-Test vertikal	Dicke	mm, Wert	
	Dicke	mm, Wert	

	Norm	*Bewertung*	*Abmessungen*
Sauerstoff-Index	ASTM D 2863		
Glühstab-Verfahren			
Brandverhalten	DIN 4102		
MVSS			
FAR			

Elektrische Eigenschaften

		Hz	°C		*Probekörper, Form*
Dielektrizitätszahl		50			
		10^3			
		10^6			
Dielektrischer Verlustfaktor tan δ		50			
		10^3			
		10^6			
Spezifischer Durchgangswiderstand	Ohm · cm		23	1.0*10**3–1.0*10**6	
Durchschlagfestigkeit	kV/mm				mm dick
Oberflächenwiderstand	Ohm		23	1.0*10**3–1.0*10**5	

Kriechstromfestigkeit	KC	KB	KA
Elektrolytische Korrosionswirkung			
Lichtbogenfestigkeit nach DIN			
nach ASTM	s		

Beständigkeit *(Chemische Beständigkeit siehe Anhang)*

Wasseraufnahme

Feuchtigkeitsaufnahme Normalklima %

Wetterbeständigkeit

Spannungskorrosion

Optische Eigenschaften

Brechungszahl n_D		
Transmissionsgrad τ_c	%	mm dick
Lichtdurchlässigkeit		

Datenbank-Nr. **T01054** Merkblatt-Nr. **4038**

Produkt	Polycarbonat		**PC**
Handelsname	**Luvocom 50/CF/10/EM (VP 25357)**		
Hersteller	LUV		
DIN-Bez 1			
DIN-Bez 2			
Zusätze		*Füllstoffe/ Verstärkung*	10% Kohle
Bevorzugte Verarbeitung	Spritzgiessen	*Lieferform*	Granulat
		Farben	Schwarz
Besondere Merkmale	Elektrisch leitfaehig; Temperaturwechselbestaendig; Steifigkeit; Festigkeit	*Bevorzugte Anwendungen*	Technisches Formteil

Dichte	g/cm^3	1.22	*Schmelzindex*	g/10 min	:
Schüttdichte	g/cm^3	0.65–0.70	*Volumenfließindex*	$cm^3/10$ min	:
Viskositätszahl	ml/g				

Verarbeitungsbedingungen für Spritzgießen

Massetemp.	°C	280–310	*Schwindung*	% lgs 0.1–0.2, quer
Werkzeugtemp.	°C	80–120	*Bemerkungen*	Vortrocknen empfohlen: 4h/120C
Spritzdruck	bar			

Zugversuch 23 °C DIN 53455; DIN 53457

Probekörper: *Form* Nr.3 — *Herstellung* Spritzgiessen
Zustand — *Vorbehandlung* 1 d bei 23 C/50 %

Streckspannung	N/mm^2		*Dehnung bei Streckspannung*	%
Zugfestigkeit	N/mm^2	125	*Reißdehnung*	%
Reißfestigkeit	N/mm^2		*% Dehnspannung*	N/mm^2
E-Modul	N/mm^2	9000	*Dehnung bei % Dehnspg.*	%

Kriechmoduln und Zeitstandwerte 23 °C

Probekörper: *Form* — *Herstellung*
Zustand — *Vorbehandlung*

Kriechmodul	*1 min*	N/mm^2	*Zeitstandzugfestigkeit*	h	N/mm^2
Kriechmodul	*1000 h*	N/mm^2	*Zeitdehnspg. %*	h	N/mm^2
bei Spannung		N/mm^2			

Biegeversuch 23 °C DIN 53452;

Probekörper: *Form* 80x10x4 mm — *Herstellung* Spritzgiessen
Zustand — *Vorbehandlung* 1 d bei 23 C/50 %

Biegefestigkeit	N/mm^2	165	*E-Modul*	N/mm^2
3,5% *Biegespannung*	N/mm^2	160		

Härte 23 °C *Probekörper:* *Zustand* — *Herstellung* Spritzgiessen
Vorbehandlung 1 d bei 23 C/50 %

Kugeldruckhärte	N/mm^2 155	bei N, 30 s	*Shore-Härte* A	
Rockwellhärte			*Shore-Härte* D	

Schlagversuch *Probekörper:* *(1)*
(2) — *Herstellung* Spritzgiessen
Zustand — *Vorbehandlung* 1 d bei 23 C/50 %

		°C	°C	°C	*Probekörper-Form*
Schlagzähigkeit	kJ/m^2	23 27			NKS
Kerbschlagzähigkeit (1)	kJ/m^2				
IZOD-Kerbschlagzähigkeit (2)	J/m				
Kerbschlagzugzähigkeit	kJ/m^2				

Abrieb und Reibung

Taber-Abrieb (Reibradverfahren)	mm^3/100 U		
Abriebfaktor LNP (Thrust washer) Vergleichswert			
Statische Reibungszahl			
Dynamische Reibungszahl	(p·v= N/mm^2·		m/min)
Zulässiger p · v Wert	N/mm^2 · (m/min)	v=	m/min
		v=	m/min

Thermische Eigenschaften

Formbeständigkeit in der Wärme	*Verfahren*		°C
	Verfahren		°C
Vicat Erweichungstemperatur (VST)	*Verfahren*	B/50	154 °C
	Verfahren		°C
Kristallit-Schmelzpunkt	*Verfahren*		
Längenausdehnungskoeffizient	*Bereich*	°C	$\cdot 10^{-4} K^{-1}$
	Temperatur		$\cdot 10^{-4} K^{-1}$
Wärmeleitfähigkeit	*Verfahren*		W/(K · m)
Spezifische Wärmekapazität	*Verfahren*		J/(K · g)
Glasumwandlungstemperatur	*Torsionsschwingungsversuch*	°C	
	Differentialkalorimetrie	°C	

Brandverhalten

UL-Test vertikal	Dicke	mm, Wert
	Dicke	mm, Wert

	Norm	*Bewertung*	*Abmessungen*
Sauerstoff-Index	ASTM D 2863		
Glühstab-Verfahren			
Brandverhalten	DIN 4102		
MVSS			
FAR			

Elektrische Eigenschaften

		Hz	°C		*Probekörper, Form*
Dielektrizitätszahl		50			
		10^3			
		10^6			
Dielektrischer Verlustfaktor tan δ		50			
		10^3			
		10^6			
Spezifischer Durchgangswiderstand	Ohm · cm		23	≦1.0*10**4	
Durchschlagfestigkeit	kV/mm				mm dick
Oberflächenwiderstand	Ohm		23	≦1.0*10**3	

Kriechstromfestigkeit	KC	KB	KA
Elektrolytische Korrosionswirkung			
Lichtbogenfestigkeit nach DIN			
nach ASTM	s		

Beständigkeit *(Chemische Beständigkeit siehe Anhang)*

Wasseraufnahme

Feuchtigkeitsaufnahme Normalklima %

Wetterbeständigkeit

Spannungskorrosion

Optische Eigenschaften

Brechungszahl n_D		
Transmissionsgrad τ_c	%	mm dick
Lichtdurchlässigkeit		

Datenbank-Nr.	**T01055**	*Merkblatt-Nr.*	**4039**

Produkt	Polycarbonat		**PC**
Handelsname	**Luvocom 50/CF/10/GF/10/TF/10**		
Hersteller	LUV		
DIN-Bez 1			
DIN-Bez 2			
Zusätze	10% PTFE	*Füllstoffe/ Verstärkung*	20% Kohlefaser (10); Glasfaser (10)
Bevorzugte Verarbeitung	Spritzgiessen	*Lieferform*	Granulat
		Farben	
Besondere Merkmale	Niedriger Oberflaechenwiderstand	*Bevorzugte Anwendungen*	Technisches Formteil

Dichte	g/cm³	1.37	*Schmelzindex*	g/10 min	:
Schüttdichte	g/cm³	0.66–0.70	*Volumenfließindex*	cm³/10 min	:
Viskositätszahl	ml/g				

Verarbeitungsbedingungen für Spritzgießen

Massetemp.	°C	280–300	*Schwindung*	% lgs 0.2–0.3, quer
Werkzeugtemp.	°C	70–120	*Bemerkungen*	Vortrocknen empfohlen: 4h/120C
Spritzdruck	bar			

Zugversuch 23 °C DIN 53455; DIN 53457

Probekörper: *Form* Nr.3; *Zustand* — *Herstellung* Spritzgiessen; *Vorbehandlung* 1 d bei 23 C/50 %

Streckspannung	N/mm²		*Dehnung bei Streckspannung*	%
Zugfestigkeit	N/mm²	130	*Reißdehnung*	%
Reißfestigkeit	N/mm²		*% Dehnspannung*	N/mm²
E-Modul	N/mm²	9500	*Dehnung bei % Dehnspg.*	%

Kriechmoduln und Zeitstandwerte 23 °C

Probekörper: *Form*; *Zustand* — *Herstellung*; *Vorbehandlung*

Kriechmodul	*1 min* N/mm²		*Zeitstandzugfestigkeit* h	N/mm²
Kriechmodul	*1000 h* N/mm²		*Zeitdehnspg. %* h	N/mm²
bei Spannung	N/mm²			

Biegeversuch 23 °C DIN 53452;

Probekörper: *Form* 80x10x4 mm; *Zustand* — *Herstellung* Spritzgiessen; *Vorbehandlung* 1 d bei 23 C/50 %

Biegefestigkeit	N/mm²	185	*E-Modul*	N/mm²
3,5% *Biegespannung*	N/mm²			

Härte 23 °C *Probekörper:* *Zustand* — *Herstellung* Spritzgiessen; *Vorbehandlung* 1 d bei 23 C/50 %

Kugeldruckhärte	N/mm² 150	bei N, 30 s	*Shore-Härte* A
Rockwellhärte			*Shore-Härte* D

Schlagversuch *Probekörper:* *(1)*; *(2)*; *Zustand* — *Herstellung* Spritzgiessen; *Vorbehandlung* 1 d bei 23 C/50 %

		°C	°C	°C	*Probekörper-Form*
Schlagzähigkeit	kJ/m²	23 30			NKS
Kerbschlagzähigkeit (1)	kJ/m²				
IZOD-Kerbschlagzähigkeit (2)	J/m				
Kerbschlagzugzähigkeit	kJ/m²				

Abrieb und Reibung

Taber-Abrieb (Reibradverfahren) mm³/100 U
Abriebfaktor LNP (Thrust washer) Vergleichswert
Statische Reibungszahl
Dynamische Reibungszahl (p·v= N/mm²· m/min)
Zulässiger p · v Wert N/mm² · (m/min) v= m/min
v= m/min

Thermische Eigenschaften

Formbeständigkeit in der Wärme	*Verfahren*		°C
	Verfahren		°C
Vicat Erweichungstemperatur (VST)	*Verfahren*	A/50	160 °C
	Verfahren		°C
Kristallit-Schmelzpunkt	*Verfahren*		
Längenausdehnungskoeffizient	*Bereich*	°C	$\cdot 10^{-4}K^{-1}$
	Temperatur		$\cdot 10^{-4}K^{-1}$
Wärmeleitfähigkeit	*Verfahren*		W/(K · m)
Spezifische Wärmekapazität	*Verfahren*		J/(K · g)
Glasumwandlungstemperatur	*Torsionsschwingungsversuch*	°C	
	Differentialkalorimetrie	°C	

Brandverhalten

UL-Test vertikal Dicke mm, Wert
Dicke mm, Wert

	Norm	*Bewertung*	*Abmessungen*
Sauerstoff-Index	ASTM D 2863		
Glühstab-Verfahren			
Brandverhalten	DIN 4102		
MVSS			
FAR			

Elektrische Eigenschaften

		Hz	°C		*Probekörper, Form*
Dielektrizitätszahl		50			
		10^3			
		10^6			
Dielektrischer Verlustfaktor tan δ		50			
		10^3			
		10^6			
Spezifischer Durchgangs-widerstand	Ohm · cm		23	1.0*10**3–1.0*10**4	
Durchschlagfestigkeit	kV/mm				mm dick
Oberflächenwiderstand	Ohm		23	1.0*10**2–1.0*10**3	

Kriechstromfestigkeit KC KB KA
Elektrolytische Korrosionswirkung
Lichtbogenfestigkeit nach DIN
nach ASTM s

Beständigkeit *(Chemische Beständigkeit siehe Anhang)*

Wasseraufnahme

Feuchtigkeitsaufnahme Normalklima %
Wetterbeständigkeit

Spannungskorrosion

Optische Eigenschaften

Brechungszahl n_D
Transmissionsgrad τ_c % mm dick
Lichtdurchlässigkeit

Produkt	Polycarbonat		**PC**
Handelsname	**Luvocom 50/CF/10/TF/15/GY/5**		
Hersteller	LUV		
DIN-Bez 1			
DIN-Bez 2			
Zusätze	15% PTFE	*Füllstoffe/ Verstärkung*	10% Kohlefaser
Bevorzugte Verarbeitung	Spritzgiessen	*Lieferform*	Granulat
		Farben	Grau
Besondere Merkmale	Niedriger Oberflaechenwiderstand	*Bevorzugte Anwendungen*	Technisches Formteil

Dichte	g/cm^3	1.34	*Schmelzindex*	g/10 min	:
Schüttdichte	g/cm^3	0.70–0.75	*Volumenfließindex*	cm^3/10 min	:
Viskositätszahl	ml/g				

Verarbeitungsbedingungen für Spritzgießen

Massetemp.	°C	280–300	*Schwindung*	%	lgs 0.2–0.4, quer
Werkzeugtemp.	°C	70–120	*Bemerkungen*	Vortrocknen empfohlen: 4h/120C	
Spritzdruck	bar				

Zugversuch 23 °C DIN 53455; DIN 53457

Probekörper: *Form* Nr.3 — *Herstellung* Spritzgiessen

Zustand — *Vorbehandlung* 1 d bei 23 C/50 %

Streckspannung	N/mm^2		*Dehnung bei Streckspannung*	%
Zugfestigkeit	N/mm^2	105	*Reißdehnung*	%
Reißfestigkeit	N/mm^2		*% Dehnspannung*	N/mm^2
E-Modul	N/mm^2	8000	*Dehnung bei % Dehnspg.*	%

Kriechmoduln und Zeitstandwerte 23 °C

Probekörper: *Form* — *Herstellung*

Zustand — *Vorbehandlung*

Kriechmodul	*1 min*	N/mm^2	*Zeitstandzugfestigkeit*	h	N/mm^2
Kriechmodul	*1000 h*	N/mm^2	*Zeitdehnspg.* %	h	N/mm^2
bei Spannung		N/mm^2			

Biegeversuch 23 °C DIN 53452;

Probekörper: *Form* 80x10x4 mm — *Herstellung* Spritzgiessen

Zustand — *Vorbehandlung* 1 d bei 23 C/50 %

Biegefestigkeit	N/mm^2	160	*E-Modul*	N/mm^2
3,5% *Biegespannung*	N/mm^2			

Härte 23 °C *Probekörper:* *Zustand* — *Herstellung* Spritzgiessen

Vorbehandlung 1 d bei 23 C/50 %

Kugeldruckhärte	N/mm^2 130	bei N, 30 s	*Shore-Härte* A	
Rockwellhärte			*Shore-Härte* D	

Schlagversuch *Probekörper:* *(1)*

(2) — *Herstellung* Spritzgiessen

Zustand — *Vorbehandlung* 1 d bei 23 C/50 %

		°C	°C	°C	*Probekörper-Form*
Schlagzähigkeit	kJ/m^2	23 25			NKS
Kerbschlagzähigkeit (1)	kJ/m^2				
IZOD-Kerbschlagzähigkeit (2)	J/m				
Kerbschlagzugzähigkeit	kJ/m^2				

Abrieb und Reibung

Taber-Abrieb (Reibradverfahren)	mm^3/100 U		
Abriebfaktor LNP (Thrust washer) Vergleichswert			
Statische Reibungszahl			
Dynamische Reibungszahl	(p · v =	N/mm^2 ·	m/min)
Zulässiger p · v Wert	N/mm^2 · (m/min)	v =	m/min
		v =	m/min

Thermische Eigenschaften

Formbeständigkeit in der Wärme	*Verfahren*			°C
	Verfahren			°C
Vicat Erweichungstemperatur (VST)	*Verfahren*	A/50		156 °C
	Verfahren			°C
Kristallit-Schmelzpunkt	*Verfahren*			
Längenausdehnungskoeffizient	*Bereich*		°C	$\cdot 10^{-4}K^{-1}$
	Temperatur			$\cdot 10^{-4}K^{-1}$
Wärmeleitfähigkeit	*Verfahren*			W/(K · m)
Spezifische Wärmekapazität	*Verfahren*			J/(K · g)
Glasumwandlungstemperatur	*Torsionsschwingungsversuch*		°C	
	Differentialkalorimetrie		°C	

Brandverhalten

UL-Test vertikal	Dicke	mm, Wert
	Dicke	mm, Wert

	Norm	*Bewertung*	*Abmessungen*
Sauerstoff-Index	ASTM D 2863		
Glühstab-Verfahren			
Brandverhalten	DIN 4102		
MVSS			
FAR			

Elektrische Eigenschaften

		Hz	°C		*Probekörper, Form*
Dielektrizitätszahl		50			
		10^3			
		10^6			
Dielektrischer Verlustfaktor tan δ		50			
		10^3			
		10^6			
Spezifischer Durchgangs-widerstand	Ohm · cm		23	1.0*10**3–1.0*10**6	
Durchschlagfestigkeit	kV/mm				mm dick
Oberflächenwiderstand	Ohm		23	1.0*10**2–1.0*10**4	
Kriechstromfestigkeit		KC	KB	KA	
Elektrolytische Korrosionswirkung					
Lichtbogenfestigkeit nach DIN					
nach ASTM	s				

Beständigkeit *(Chemische Beständigkeit siehe Anhang)*

Wasseraufnahme

Feuchtigkeitsaufnahme Normalklima %

Wetterbeständigkeit

Spannungskorrosion

Optische Eigenschaften

Brechungszahl n_D

Transmissionsgrad τ_c % mm dick

Lichtdurchlässigkeit

Datenbank-Nr. **T01057** *Merkblatt-Nr.* **4041**

Produkt	Polycarbonat		**PC**
Handelsname	**Luvocom 50/GF/10/TF/10/BK**		
Hersteller	LUV		
DIN-Bez 1			
DIN-Bez 2			
Zusätze	10% PTFE	*Füllstoffe/ Verstärkung*	10% Glasfaser
Bevorzugte Verarbeitung	Spritzgiessen	*Lieferform*	Granulat
		Farben	Schwarz
Besondere Merkmale		*Bevorzugte Anwendungen*	Technisches Formteil

Dichte	g/cm³	1.33	*Schmelzindex*	g/10 min	:
Schüttdichte	g/cm³	0.55–0.60	*Volumenfließindex*	cm³/10 min	:
Viskositätszahl	ml/g				

Verarbeitungsbedingungen für Spritzgießen

Massetemp.	°C	280–300	*Schwindung*	% lgs 0.4–0.6, quer
Werkzeugtemp.	°C	70–120	*Bemerkungen*	Vortrocknen empfohlen: 4h/120C
Spritzdruck	bar			

Zugversuch 23 °C DIN 53455; DIN 53457

Probekörper: *Form* Nr.3 — *Zustand*

Herstellung Spritzgiessen — *Vorbehandlung* 1 d bei 23 C/50 %

Streckspannung	N/mm²		*Dehnung bei Streckspannung*	%
Zugfestigkeit	N/mm²	85	*Reißdehnung*	%
Reißfestigkeit	N/mm²		*% Dehnspannung*	N/mm²
E-Modul	N/mm²	4200	*Dehnung bei % Dehnspg.*	%

Kriechmoduln und Zeitstandwerte 23 °C

Probekörper: *Form* — *Zustand*

Herstellung — *Vorbehandlung*

Kriechmodul	*1 min*	N/mm²	*Zeitstandzugfestigkeit*	h	N/mm²
Kriechmodul	*1000 h*	N/mm²	*Zeitdehnspg. %*	h	N/mm²
bei Spannung		N/mm²			

Biegeversuch 23 °C DIN 53452;

Probekörper: *Form* 80x10x4 mm — *Zustand*

Herstellung Spritzgiessen — *Vorbehandlung* 1 d bei 23 C/50 %

Biegefestigkeit	N/mm²	130	*E-Modul*	N/mm²
3,5% *Biegespannung*	N/mm²	120		

Härte 23 °C *Probekörper:* *Zustand*

Herstellung Spritzgiessen — *Vorbehandlung* 1 d bei 23 C/50 %

Kugeldruckhärte	N/mm² 120	bei N, 30 s	*Shore-Härte* A	
Rockwellhärte			*Shore-Härte* D	

Schlagversuch *Probekörper:* *(1)* *(2)* *Zustand*

Herstellung Spritzgiessen — *Vorbehandlung* 1 d bei 23 C/50 %

		°C		°C	°C	*Probekörper-Form*
Schlagzähigkeit	kJ/m²	23	35			NKS
Kerbschlagzähigkeit (1)	kJ/m²					
IZOD-Kerbschlagzähigkeit (2)	J/m					
Kerbschlagzugzähigkeit	kJ/m²					

Abrieb und Reibung

Taber-Abrieb (Reibradverfahren)	$mm^3/100$ U			
Abriebfaktor LNP (Thrust washer) Vergleichswert				
Statische Reibungszahl				
Dynamische Reibungszahl	($p \cdot v =$	$N/mm^2 \cdot$		m/min)
Zulässiger p · v Wert	$N/mm^2 \cdot$ (m/min)		v=	m/min
			v=	m/min

Thermische Eigenschaften

Formbeständigkeit in der Wärme	*Verfahren*		°C
	Verfahren		°C
Vicat Erweichungstemperatur (VST)	*Verfahren*	A/50	160 °C
	Verfahren		°C
Kristallit-Schmelzpunkt	*Verfahren*		
Längenausdehnungskoeffizient	*Bereich*	°C	$\cdot 10^{-4} K^{-1}$
	Temperatur		$\cdot 10^{-4} K^{-1}$
Wärmeleitfähigkeit	*Verfahren*		W/(K · m)
Spezifische Wärmekapazität	*Verfahren*		J/(K · g)
Glasumwandlungstemperatur	*Torsionsschwingungsversuch*	°C	
	Differentialkalorimetrie	°C	

Brandverhalten

UL-Test vertikal	Dicke	mm, Wert
	Dicke	mm, Wert

	Norm	*Bewertung*	*Abmessungen*
Sauerstoff-Index	ASTM D 2863		
Glühstab-Verfahren			
Brandverhalten	DIN 4102		
MVSS			
FAR			

Elektrische Eigenschaften

		Hz	°C			*Probekörper, Form*
Dielektrizitätszahl		50				
		10^3				
		10^6				
Dielektrischer Verlustfaktor tan δ		50				
		10^3				
		10^6				
Spezifischer Durchgangs-widerstand	Ohm · cm					
Durchschlagfestigkeit	kV/mm					mm dick
Oberflächenwiderstand	Ohm					
Kriechstromfestigkeit		KC		KB	KA	
Elektrolytische Korrosionswirkung						
Lichtbogenfestigkeit nach DIN						
nach ASTM	s					

Beständigkeit *(Chemische Beständigkeit siehe Anhang)*

Wasseraufnahme	
Feuchtigkeitsaufnahme Normalklima	%
Wetterbeständigkeit	
Spannungskorrosion	

Optische Eigenschaften

Brechungszahl n_D		
Transmissionsgrad τ_c	%	mm dick
Lichtdurchlässigkeit		

PA

Produkt	Polyamid 66		
Handelsname	**Nivionplast A 303 FP**		
Hersteller	ENICHEM		
DIN-Bez 1			
DIN-Bez 2			
Zusätze		*Füllstoffe/ Verstärkung*	
Bevorzugte Verarbeitung	Spritzgiessen	*Lieferform*	Granulat
		Farben	Natur; Standard
Besondere Merkmale	Mittelviskos; Hohe Kristallisationsrate; Hohe Zaehigkeit	*Bevorzugte Anwendungen*	Technisches Formteil

Dichte	g/cm^3	1.14	*Schmelzindex*	g/10 min	:
Schüttdichte	g/cm^3		*Volumenfließindex*	cm^3/10 min	:
Viskositätszahl	ml/g				

Verarbeitungsbedingungen für Spritzgießen

Massetemp.	°C	*Schwindung*	%	lgs 1.3–2.2, quer 1.3–2.2
Werkzeugtemp.	°C	*Bemerkungen*		
Spritzdruck	bar			

Zugversuch 23 °C ASTM D 638;

Probekörper: *Form* — *Herstellung* Spritzgiessen
Zustand Spritzfrisch — *Vorbehandlung*

Streckspannung	N/mm^2	85–95	*Dehnung bei Streckspannung*	%	4.5–7.0
Zugfestigkeit	N/mm^2		*Reißdehnung*	%	20–50
Reißfestigkeit	N/mm^2		*% Dehnspannung*	N/mm^2	
E-Modul	N/mm^2	2900–3300	*Dehnung bei % Dehnspg.*	%	

Kriechmoduln und Zeitstandwerte 23 °C

Probekörper: *Form* — *Herstellung*
Zustand — *Vorbehandlung*

Kriechmodul	*1 min*	N/mm^2	*Zeitstandzugfestigkeit*	h	N/mm^2
Kriechmodul	*1000 h*	N/mm^2	*Zeitdehnspg. %*	h	N/mm^2
bei Spannung		N/mm^2			

Biegeversuch 23 °C ASTM D 790;

Probekörper: *Form* — *Herstellung* Spritzgiessen
Zustand Spritzfrisch — *Vorbehandlung*

Biegefestigkeit	N/mm^2	140–155	*E-Modul*	N/mm^2	2600–2900
3,5% *Biegespannung*	N/mm^2				

Härte 23 °C *Probekörper:* *Zustand* Spritzfrisch — *Herstellung* Spritzgiessen
Vorbehandlung

Kugeldruckhärte	N/mm^2 bei N, s	*Shore-Härte* A	
Rockwellhärte	L 100–106	*Shore-Härte* D	

Schlagversuch *Probekörper:* *(1)*
(2) V-Kerbe — *Herstellung* Spritzgiessen
Zustand Spritzfrisch — *Vorbehandlung*

		°C		°C		°C		*Probekörper-Form*
Schlagzähigkeit	kJ/m^2							
Kerbschlagzähigkeit (1)	kJ/m^2							
IZOD-Kerbschlagzähigkeit (2)	J/m	23	45–60					3.2 mm dick
Kerbschlagzugzähigkeit	kJ/m^2							

Abrieb und Reibung

Taber-Abrieb (Reibradverfahren)	mm^3/100 U		
Abriebfaktor LNP (Thrust washer) Vergleichswert			
Statische Reibungszahl			
Dynamische Reibungszahl	(p · v = N/mm^2 ·		m/min)
Zulässiger p · v Wert	N/mm^2 · (m/min)	v =	m/min
		v =	m/min

Thermische Eigenschaften

Formbeständigkeit in der Wärme	*Verfahren*	A		105 °C
	Verfahren	B		220 °C
Vicat Erweichungstemperatur (VST)	*Verfahren*			°C
	Verfahren			°C
Kristallit-Schmelzpunkt	*Verfahren*	ASTM D 2117		256 °C
Längenausdehnungskoeffizient	*Bereich*	°C		$\cdot 10^{-4} K^{-1}$
	Temperatur 23 °C			$0.5–1.0 \cdot 10^{-4} K^{-1}$
Wärmeleitfähigkeit	*Verfahren*			W/(K · m)
Spezifische Wärmekapazität	*Verfahren*		23 °C	1.7 J/(K · g)
Glasumwandlungstemperatur	*Torsionsschwingungsversuch*		°C	
	Differentialkalorimetrie		°C	

Brandverhalten

UL-Test vertikal	Dicke 3.2 mm,	Wert V-2
	Dicke mm,	Wert

	Norm	*Bewertung*	*Abmessungen*
Sauerstoff-Index	ASTM D 2863		
Glühstab-Verfahren			
Brandverhalten	DIN 4102		
MVSS			
FAR			

Elektrische Eigenschaften

		Hz	°C			*Probekörper, Form*
Dielektrizitätszahl		50				
		10^3	23	3.0–3.5		
		10^6				
Dielektrischer Verlustfaktor tan δ		50				
		10^3				
		10^6				
Spezifischer Durchgangs-widerstand	Ohm · cm		23	1.0*10**15		
Durchschlagfestigkeit	kV/mm					mm dick
Oberflächenwiderstand	Ohm		23	1.0*10**14		
Kriechstromfestigkeit		KC >600		KB	KA	
Elektrolytische Korrosionswirkung						
Lichtbogenfestigkeit nach DIN						
nach ASTM	s					

Beständigkeit *(Chemische Beständigkeit siehe Anhang)*

Wasseraufnahme 23 C	1 d	1.0–1.2 %	
Feuchtigkeitsaufnahme Normalklima			%
Wetterbeständigkeit			
Spannungskorrosion			

Optische Eigenschaften

Brechungszahl n_D		
Transmissionsgrad τ_c	%	mm dick
Lichtdurchlässigkeit		

Produkt	Polyphenylensulfid		**PPS**
Handelsname	**Luvocom 1301/GF/30/TF/15**		
Hersteller	LUV		
DIN-Bez 1			
DIN-Bez 2			
Zusätze	15% PTFE	*Füllstoffe/ Verstärkung*	30% Glasfaser
Bevorzugte Verarbeitung	Spritzgiessen	*Lieferform*	Granulat
		Farben	Hellbeige
Besondere Merkmale		*Bevorzugte Anwendungen*	Technisches Formteil

Dichte	g/cm³	1.68	*Schmelzindex*	g/10 min	:
Schüttdichte	g/cm³	0.60–0.65	*Volumenfließindex*	cm³/10 min	:
Viskositätszahl	ml/g				

Verarbeitungsbedingungen für Spritzgießen

Massetemp.	°C	280–310	*Schwindung*	% lgs 0.5–0.6, quer
Werkzeugtemp.	°C	130–150	*Bemerkungen*	Vortrocknen empfohlen: mindestens 2 h/120 C
Spritzdruck	bar			

Zugversuch 23 °C DIN 53455; DIN 53457

Probekörper: *Form* Nr.3 — *Zustand* — *Herstellung* Spritzgiessen — *Vorbehandlung* 1 d bei 23 C/50 %

Streckspannung	N/mm²		*Dehnung bei Streckspannung*	%
Zugfestigkeit	N/mm²	130	*Reißdehnung*	%
Reißfestigkeit	N/mm²		*% Dehnspannung*	N/mm²
E-Modul	N/mm²	12000	*Dehnung bei % Dehnspg.*	%

Kriechmoduln und Zeitstandwerte 23 °C

Probekörper: *Form* — *Zustand* — *Herstellung* — *Vorbehandlung*

Kriechmodul	*1 min*	N/mm²	*Zeitstandzugfestigkeit*	h	N/mm²
Kriechmodul	*1000 h*	N/mm²	*Zeitdehnspg. %*	h	N/mm²
bei Spannung		N/mm²			

Biegeversuch 23 °C DIN 53452;

Probekörper: *Form* 80x10x4 mm — *Zustand* — *Herstellung* Spritzgiessen — *Vorbehandlung* 1 d bei 23 C/50 %

Biegefestigkeit	N/mm²	180	*E-Modul*	N/mm²
3,5% *Biegespannung*	N/mm²			

Härte 23 °C *Probekörper:* *Zustand* — *Herstellung* Spritzgiessen — *Vorbehandlung* 1 d bei 23 C/50 %

Kugeldruckhärte	N/mm² 210	bei N, 30 s	*Shore-Härte*	A
Rockwellhärte			*Shore-Härte*	D

Schlagversuch *Probekörper:* *(1)* *(2)* *Zustand* — *Herstellung* Spritzgiessen — *Vorbehandlung* 1 d bei 23 C/50 %

		°C	°C	°C	*Probekörper-Form*
Schlagzähigkeit	kJ/m²	23 10			NKS
Kerbschlagzähigkeit (1)	kJ/m²				
IZOD-Kerbschlagzähigkeit (2)	J/m				
Kerbschlagzugzähigkeit	kJ/m²				

Abrieb und Reibung

Taber-Abrieb (Reibradverfahren) mm^3/100 U
Abriebfaktor LNP (Thrust washer) Vergleichswert
Statische Reibungszahl
Dynamische Reibungszahl (p·v= N/mm^2· m/min)
Zulässiger p·v Wert N/mm^2·(m/min) v= m/min
v= m/min

Thermische Eigenschaften

Formbeständigkeit in der Wärme	*Verfahren*		°C
	Verfahren		°C
Vicat Erweichungstemperatur (VST)	*Verfahren*	B/50	259 °C
	Verfahren		°C
Kristallit-Schmelzpunkt	*Verfahren*		

Längenausdehnungskoeffizient	*Bereich*	°C	$\cdot 10^{-4}K^{-1}$
	Temperatur		$\cdot 10^{-4}K^{-1}$
Wärmeleitfähigkeit	*Verfahren*		W/(K · m)
Spezifische Wärmekapazität	*Verfahren*		J/(K · g)
Glasumwandlungstemperatur	*Torsionsschwingungsversuch*	°C	
	Differentialkalorimetrie	°C	

Brandverhalten

UL-Test vertikal Dicke mm, Wert
Dicke mm, Wert

	Norm	*Bewertung*	*Abmessungen*
Sauerstoff-Index	ASTM D 2863		
Glühstab-Verfahren			
Brandverhalten	DIN 4102		
MVSS			
FAR			

Elektrische Eigenschaften

		Hz	°C	*Probekörper, Form*
Dielektrizitätszahl		50		
		10^3		
		10^6		
Dielektrischer Verlustfaktor tan δ		50		
		10^3		
		10^6		
Spezifischer Durchgangswiderstand	Ohm · cm			
Durchschlagfestigkeit	kV/mm			mm dick
Oberflächenwiderstand	Ohm			

Kriechstromfestigkeit KC KB KA
Elektrolytische Korrosionswirkung
Lichtbogenfestigkeit nach DIN
nach ASTM s

Beständigkeit *(Chemische Beständigkeit siehe Anhang)*

Wasseraufnahme

Feuchtigkeitsaufnahme Normalklima %
Wetterbeständigkeit

Spannungskorrosion

Optische Eigenschaften

Brechungszahl n_D
Transmissionsgrad τ_c % mm dick
Lichtdurchlässigkeit

Produkt	Polyetherimid		**PEI**
Handelsname	**Luvocom 1106/CF/30/TF/10**		
Hersteller	LUV		
DIN-Bez 1			
DIN-Bez 2			
Zusätze	30% PTFE	*Füllstoffe/ Verstärkung*	30% Kohlefaser
Bevorzugte Verarbeitung	Spritzgiessen	*Lieferform*	Granulat
		Farben	Hellbeige
Besondere Merkmale		*Bevorzugte Anwendungen*	Technisches Formteil

Dichte	g/cm^3	1.45	*Schmelzindex*	g/10 min	:
Schüttdichte	g/cm^3	0.72–0.77	*Volumenfließindex*	cm^3/10 min	:
Viskositätszahl	ml/g				

Verarbeitungsbedingungen für Spritzgießen

Massetemp.	°C	360–420	*Schwindung*	% lg <0.1, quer
Werkzeugtemp.	°C	90–180	*Bemerkungen*	Vortrocknen empfohlen: 4 h/120 C
Spritzdruck	bar			

Zugversuch 23 °C DIN 53455; DIN 53457

Probekörper: *Form* Nr.3 — *Zustand*
Herstellung Spritzgiessen
Vorbehandlung 1 d bei 23 C/50 %

Streckspannung	N/mm^2		*Dehnung bei Streckspannung*	%
Zugfestigkeit	N/mm^2	240	*Reißdehnung*	%
Reißfestigkeit	N/mm^2		*% Dehnspannung*	N/mm^2
E-Modul	N/mm^2	25000	*Dehnung bei % Dehnspg.*	%

Kriechmoduln und Zeitstandwerte 23 °C

Probekörper: *Form* — *Zustand*
Herstellung
Vorbehandlung

Kriechmodul	*1 min* N/mm^2		*Zeitstandzugfestigkeit*	h N/mm^2
Kriechmodul	*1000 h* N/mm^2		*Zeitdehnspg. %*	h N/mm^2
bei Spannung	N/mm^2			

Biegeversuch 23 °C DIN 53452;

Probekörper: *Form* 80x10x4 mm — *Zustand*
Herstellung Spritzgiessen
Vorbehandlung 1 d bei 23 C/50 %

Biegefestigkeit	N/mm^2	315	*E-Modul*	N/mm^2
3,5% *Biegespannung*	N/mm^2			

Härte 23 °C *Probekörper:* *Zustand*
Herstellung Spritzgiessen
Vorbehandlung 1 d bei 23 C/50 %

Kugeldruckhärte	N/mm^2 250	bei N, 30 s	*Shore-Härte* A	
Rockwellhärte			*Shore-Härte* D	

Schlagversuch *Probekörper:* *(1)* *(2)* *Zustand*
Herstellung Spritzgiessen
Vorbehandlung 1 d bei 23 C/50 %

		°C	°C	°C	*Probekörper-Form*
Schlagzähigkeit	kJ/m^2	23 25			NKS
Kerbschlagzähigkeit (1)	kJ/m^2				
IZOD-Kerbschlagzähigkeit (2)	J/m				
Kerbschlagzugzähigkeit	kJ/m^2				

Abrieb und Reibung

Taber-Abrieb (Reibradverfahren)	mm^3/100 U		
Abriebfaktor LNP (Thrust washer) Vergleichswert			
Statische Reibungszahl			
Dynamische Reibungszahl	(p·v=	N/mm^2·	m/min)
Zulässiger p · v Wert	N/mm^2·(m/min)	v=	m/min
		v=	m/min

Thermische Eigenschaften

Formbeständigkeit in der Wärme	*Verfahren*			°C
	Verfahren			°C
Vicat Erweichungstemperatur (VST)	*Verfahren*	B/50		210 °C
	Verfahren			°C
Kristallit-Schmelzpunkt	*Verfahren*			
Längenausdehnungskoeffizient	*Bereich*		°C	$\cdot 10^{-4} K^{-1}$
	Temperatur			$\cdot 10^{-4} K^{-1}$
Wärmeleitfähigkeit	*Verfahren*			W/(K · m)
Spezifische Wärmekapazität	*Verfahren*			J/(K · g)
Glasumwandlungstemperatur	*Torsionsschwingungsversuch*		°C	
	Differentialkalorimetrie		°C	

Brandverhalten

UL-Test vertikal	Dicke	mm, Wert	
	Dicke	mm, Wert	

	Norm	*Bewertung*	*Abmessungen*
Sauerstoff-Index	ASTM D 2863		
Glühstab-Verfahren			
Brandverhalten	DIN 4102		
MVSS			
FAR			

Elektrische Eigenschaften

		Hz	°C		*Probekörper, Form*
Dielektrizitätszahl		50			
		10^3			
		10^6			
Dielektrischer Verlustfaktor tan δ		50			
		10^3			
		10^6			
Spezifischer Durchgangs-widerstand	Ohm · cm		23	≦1.0*10**3	
Durchschlagfestigkeit	kV/mm				mm dick
Oberflächenwiderstand	Ohm		23	≦1.0*10**3	

Kriechstromfestigkeit	KC	KB	KA
Elektrolytische Korrosionswirkung			
Lichtbogenfestigkeit nach DIN			
nach ASTM s			

Beständigkeit *(Chemische Beständigkeit siehe Anhang)*

Wasseraufnahme

Feuchtigkeitsaufnahme Normalklima %

Wetterbeständigkeit

Spannungskorrosion

Optische Eigenschaften

Brechungszahl n_D		
Transmissionsgrad τ_c	%	mm dick
Lichtdurchlässigkeit		

Datenbank-Nr. **T01061** *Merkblatt-Nr.* **4045**

Produkt	Polyethylenterephthalat		**PET**
Handelsname	**Melinite P3400**		
Hersteller	ICI		
DIN-Bez 1	16779-PET,MGN,XXX-11,M40		
DIN-Bez 2			
Zusätze		*Füllstoffe/ Verstärkung*	40% Mineral
Bevorzugte Verarbeitung	Spritzgiessen	*Lieferform*	Granulat
		Farben	Natur
Besondere Merkmale	Geringe Schwindung; Gute Dimensionsstabilitaet; Ausgezeichnete Oberflaechenqualitaet; Hohe Waermeformbestaendigkeit	*Bevorzugte Anwendungen*	Technisches Formteil; Kfz-Industrie; Elektronik; Elektrotechnik; Medizintechnik; Gehaeuse; Haushaltsgeraet; Maschinenbau; Landwirtschaft

Dichte	g/cm^3	1.73	*Schmelzindex*	g/10 min	:
Schüttdichte	g/cm^3		*Volumenfließindex*	$cm^3/10$ min	:
Viskositätszahl	ml/g				

Verarbeitungsbedingungen für Spritzgießen

Massetemp.	°C	285	*Schwindung*	% lgs , quer
Werkzeugtemp.	°C	140–160	*Bemerkungen*	Vortrocknung empfohlen auf Feuchte 0.004 %
Spritzdruck	bar			

Zugversuch 23 °C ISO 527;

Probekörper: *Form* / *Zustand* — *Herstellung* Spritzgiessen, *Vorbehandlung* Normalklima

Streckspannung	N/mm^2		*Dehnung bei Streckspannung*	%
Zugfestigkeit	N/mm^2	53	*Reißdehnung*	%
Reißfestigkeit	N/mm^2		*% Dehnspannung*	N/mm^2
E-Modul	N/mm^2		*Dehnung bei % Dehnspg.*	%

Kriechmoduln und Zeitstandwerte 23 °C

Probekörper: *Form* / *Zustand* — *Herstellung* / *Vorbehandlung*

Kriechmodul	*1 min* N/mm^2		*Zeitstandzugfestigkeit* h	N/mm^2
Kriechmodul	*1000 h* N/mm^2		*Zeitdehnspg. %* h	N/mm^2
bei Spannung	N/mm^2			

Biegeversuch 23 °C ISO 178;

Probekörper: *Form* / *Zustand* — *Herstellung* Spritzgiessen, *Vorbehandlung* Normalklima

Biegefestigkeit	N/mm^2	95	*E-Modul*	N/mm^2	10000
3,5% *Biegespannung*	N/mm^2				

Härte 23 °C *Probekörper:* *Zustand* — *Herstellung* / *Vorbehandlung*

Kugeldruckhärte	N/mm^2 bei N, s	*Shore-Härte*	A
Rockwellhärte		*Shore-Härte*	D

Schlagversuch *Probekörper:* *(1)* / *(2)* / *Zustand* — *Herstellung* / *Vorbehandlung*

		°C	°C	°C	*Probekörper-Form*
Schlagzähigkeit	kJ/m^2				
Kerbschlagzähigkeit (1)	kJ/m^2				
IZOD-Kerbschlagzähigkeit (2)	J/m				
Kerbschlagzugzähigkeit	kJ/m^2				

Abrieb und Reibung

Taber-Abrieb (Reibradverfahren)	$mm^3/100$ U		
Abriebfaktor LNP (Thrust washer) Vergleichswert			
Statische Reibungszahl			
Dynamische Reibungszahl	(p·v=	N/mm^2 ·	m/min)
Zulässiger p · v Wert	N/mm^2 · (m/min)	v=	m/min
		v=	m/min

Thermische Eigenschaften

Formbeständigkeit in der Wärme	*Verfahren* A		175 °C
	Verfahren		°C
Vicat Erweichungstemperatur (VST)	*Verfahren* B/50		220 °C
	Verfahren		°C
Kristallit-Schmelzpunkt	*Verfahren*		
Längenausdehnungskoeffizient	*Bereich*	°C	$\cdot 10^{-4}K^{-1}$
	Temperatur		$\cdot 10^{-4}K^{-1}$
Wärmeleitfähigkeit	*Verfahren*		W/(K · m)
Spezifische Wärmekapazität	*Verfahren*		J/(K · g)
Glasumwandlungstemperatur	*Torsionsschwingungsversuch*	°C	
	Differentialkalorimetrie	°C	

Brandverhalten

UL-Test vertikal — Dicke 0.8 mm, Wert HB; Dicke mm, Wert

	Norm	*Bewertung*	*Abmessungen*
Sauerstoff-Index	ASTM D 2863		
Glühstab-Verfahren			
Brandverhalten	DIN 4102		
MVSS			
FAR			

Elektrische Eigenschaften

		Hz	°C	*Probekörper, Form*
Dielektrizitätszahl		50		
		10^3		
		10^6		
Dielektrischer Verlustfaktor tan δ		50		
		10^3		
		10^6		
Spezifischer Durchgangswiderstand	Ohm · cm			
Durchschlagfestigkeit	kV/mm			mm dick
Oberflächenwiderstand	Ohm			

Kriechstromfestigkeit	KC	KB	KA
Elektrolytische Korrosionswirkung			
Lichtbogenfestigkeit nach DIN			
nach ASTM	s		

Beständigkeit *(Chemische Beständigkeit siehe Anhang)*

Wasseraufnahme

Feuchtigkeitsaufnahme Normalklima %

Wetterbeständigkeit

Spannungskorrosion

Optische Eigenschaften

Brechungszahl n_D

Transmissionsgrad τ_c % mm dick

Lichtdurchlässigkeit

Produkt	Polyethylenterephthalat		**PET**
Handelsname	**Melinite P4300**		
Hersteller	ICI		
DIN-Bez 1	16779-PET,MGN,XXX-11,GF30		
DIN-Bez 2			
Zusätze		*Füllstoffe/ Verstärkung*	30% Glasfaser
Bevorzugte Verarbeitung	Spritzgiessen	*Lieferform*	Granulat
		Farben	Natur
Besondere Merkmale	Schnelle Kristallisation; Hohe Steifigkeit; Gute Schlagzaehigkeit; Hohe Waermeformbestaendigkeit	*Bevorzugte Anwendungen*	Technisches Formteil; Kfz-Industrie; Elektronik; Elektrotechnik; Medizintechnik; Gehaeuse; Haushaltsgeraet; Maschinenbau; Landwirtschaft

Dichte	g/cm^3	1.60	*Schmelzindex*	g/10 min	:
Schüttdichte	g/cm^3		*Volumenfließindex*	cm^3/10 min	:
Viskositätszahl	ml/g				

Verarbeitungsbedingungen für Spritzgießen

Massetemp.	°C	285	*Schwindung*	% lgs , quer
Werkzeugtemp.	°C	140–160	*Bemerkungen*	Vortrocknung empfohlen auf Feuchte 0.004 %
Spritzdruck	bar			

Zugversuch 23 °C ISO 527;

Probekörper: *Form* / *Zustand* — *Herstellung* Spritzgiessen; *Vorbehandlung* Normalklima

Streckspannung	N/mm^2		*Dehnung bei Streckspannung*	%
Zugfestigkeit	N/mm^2	180	*Reißdehnung*	%
Reißfestigkeit	N/mm^2		*% Dehnspannung*	N/mm^2
E-Modul	N/mm^2		*Dehnung bei % Dehnspg.*	%

Kriechmoduln und Zeitstandwerte 23 °C

Probekörper: *Form* / *Zustand* — *Herstellung* / *Vorbehandlung*

Kriechmodul	*1 min* N/mm^2		*Zeitstandzugfestigkeit* h	N/mm^2
Kriechmodul	*1000 h* N/mm^2		*Zeitdehnspg. %* h	N/mm^2
bei Spannung	N/mm^2			

Biegeversuch 23 °C ISO 178;

Probekörper: *Form* / *Zustand* — *Herstellung* Spritzgiessen; *Vorbehandlung* Normalklima

Biegefestigkeit	N/mm^2	229	*E-Modul*	N/mm^2	11300
3,5% *Biegespannung*	N/mm^2				

Härte 23 °C *Probekörper:* *Zustand* — *Herstellung* / *Vorbehandlung*

Kugeldruckhärte	N/mm^2 bei N, s	*Shore-Härte* A	
Rockwellhärte		*Shore-Härte* D	

Schlagversuch *Probekörper:* *(1)* / *(2)* / *Zustand* — *Herstellung* / *Vorbehandlung*

		°C	°C	°C	*Probekörper-Form*
Schlagzähigkeit	kJ/m^2				
Kerbschlagzähigkeit (1)	kJ/m^2				
IZOD-Kerbschlagzähigkeit (2)	J/m				
Kerbschlagzugzähigkeit	kJ/m^2				

Abrieb und Reibung

Taber-Abrieb (Reibradverfahren)	mm^3/100 U		
Abriebfaktor LNP (Thrust washer) Vergleichswert			
Statische Reibungszahl			
Dynamische Reibungszahl	(p·v=	N/mm²·	m/min)
Zulässiger p · v Wert	N/mm²· (m/min)	v=	m/min
		v=	m/min

Thermische Eigenschaften

Formbeständigkeit in der Wärme	*Verfahren*	A	230 °C
	Verfahren		°C
Vicat Erweichungstemperatur (VST)	*Verfahren*	B/50	238 °C
	Verfahren		°C
Kristallit-Schmelzpunkt	*Verfahren*		
Längenausdehnungskoeffizient	*Bereich*	°C	$\cdot 10^{-4} K^{-1}$
	Temperatur		$\cdot 10^{-4} K^{-1}$
Wärmeleitfähigkeit	*Verfahren*		W/(K · m)
Spezifische Wärmekapazität	*Verfahren*		J/(K · g)
Glasumwandlungstemperatur	*Torsionsschwingungsversuch*	°C	
	Differentialkalorimetrie	°C	

Brandverhalten

UL-Test vertikal Dicke 0.8 mm, Wert HB
Dicke mm, Wert

	Norm	*Bewertung*	*Abmessungen*
Sauerstoff-Index	ASTM D 2863		
Glühstab-Verfahren			
Brandverhalten	DIN 4102		
MVSS			
FAR			

Elektrische Eigenschaften

		Hz	°C	*Probekörper, Form*
Dielektrizitätszahl		50		
		10^3		
		10^6		
Dielektrischer Verlustfaktor tan δ		50		
		10^3		
		10^6		
Spezifischer Durchgangs-widerstand	Ohm · cm			
Durchschlagfestigkeit	kV/mm			mm dick
Oberflächenwiderstand	Ohm			

Kriechstromfestigkeit	KC	KB	KA
Elektrolytische Korrosionswirkung			
Lichtbogenfestigkeit nach DIN			
nach ASTM s			

Beständigkeit *(Chemische Beständigkeit siehe Anhang)*

Wasseraufnahme

Feuchtigkeitsaufnahme Normalklima %

Wetterbeständigkeit

Spannungskorrosion

Optische Eigenschaften

Brechungszahl n_D

Transmissionsgrad τ_c % mm dick

Lichtdurchlässigkeit

Datenbank-Nr. **T01063** *Merkblatt-Nr.* **4047**

Produkt	Polyethylenterephthalat		**PET**
Handelsname	**Melinite P4400**		
Hersteller	ICI		
DIN-Bez 1	16779-PET,MGN,XXX-14,GF40		
DIN-Bez 2			
Zusätze		*Füllstoffe/ Verstärkung*	40% Glasfaser
Bevorzugte Verarbeitung	Spritzgiessen	*Lieferform*	Granulat
		Farben	Natur
Besondere Merkmale	Schnelle Kristallisation; Hohe Steifigkeit; Gute Schlagzaehigkeit; Hohe Waermeformbestaendigkeit	*Bevorzugte Anwendungen*	Technisches Formteil; Kfz-Industrie; Elektronik; Elektrotechnik; Medizintechnik; Gehaeuse; Haushaltsgeraet; Maschinenbau; Landwirtschaft

Dichte	g/cm^3	1.69	*Schmelzindex*	g/10 min	:
Schüttdichte	g/cm^3		*Volumenfließindex*	cm^3/10 min	:
Viskositätszahl	ml/g				

Verarbeitungsbedingungen für Spritzgießen

Massetemp.	°C	285	*Schwindung*	% lgs quer
Werkzeugtemp.	°C	140–160	*Bemerkungen*	Vortrocknung empfohlen auf Feuchte 0.004 %
Spritzdruck	bar			

Zugversuch 23 °C ISO 527;

Probekörper: *Form* / *Zustand* — *Herstellung* Spritzgiessen; *Vorbehandlung* Normalklima

Streckspannung	N/mm^2		*Dehnung bei Streckspannung*	%
Zugfestigkeit	N/mm^2	187	*Reißdehnung*	%
Reißfestigkeit	N/mm^2		*% Dehnspannung*	N/mm^2
E-Modul	N/mm^2		*Dehnung bei % Dehnspg.*	%

Kriechmoduln und Zeitstandwerte 23 °C

Probekörper: *Form* / *Zustand* — *Herstellung*; *Vorbehandlung*

Kriechmodul	*1 min* N/mm^2		*Zeitstandzugfestigkeit* h	N/mm^2
Kriechmodul	*1000 h* N/mm^2		*Zeitdehnspg. %* h	N/mm^2
bei Spannung	N/mm^2			

Biegeversuch 23 °C ISO 178;

Probekörper: *Form* / *Zustand* — *Herstellung* Spritzgiessen; *Vorbehandlung* Normalklima

Biegefestigkeit	N/mm^2	273	*E-Modul*	N/mm^2	14000
3,5% *Biegespannung*	N/mm^2				

Härte 23 °C *Probekörper:* *Zustand* — *Herstellung*; *Vorbehandlung*

Kugeldruckhärte	N/mm^2 bei N, s	*Shore-Härte*	A
Rockwellhärte		*Shore-Härte*	D

Schlagversuch *Probekörper:* *(1)* *(2)* *Zustand* — *Herstellung*; *Vorbehandlung*

		°C	°C	°C	*Probekörper-Form*
Schlagzähigkeit	kJ/m^2				
Kerbschlagzähigkeit (1)	kJ/m^2				
IZOD-Kerbschlagzähigkeit (2)	J/m				
Kerbschlagzugzähigkeit	kJ/m^2				

Abrieb und Reibung

Taber-Abrieb (Reibradverfahren)	$mm^3/100$ U		
Abriebfaktor LNP (Thrust washer) Vergleichswert			
Statische Reibungszahl			
Dynamische Reibungszahl	(p · v =	N/mm^2 ·	m/min)
Zulässiger p · v Wert	N/mm^2 · (m/min)	v =	m/min
		v =	m/min

Thermische Eigenschaften

Formbeständigkeit in der Wärme	*Verfahren* A		234 °C
	Verfahren		°C
Vicat Erweichungstemperatur (VST)	*Verfahren* B/50		238 °C
	Verfahren		°C
Kristallit-Schmelzpunkt	*Verfahren*		
Längenausdehnungskoeffizient	*Bereich*	°C	$\cdot 10^{-4} K^{-1}$
	Temperatur		$\cdot 10^{-4} K^{-1}$
Wärmeleitfähigkeit	*Verfahren*		W/(K · m)
Spezifische Wärmekapazität	*Verfahren*		J/(K · g)
Glasumwandlungstemperatur	*Torsionsschwingungsversuch*	°C	
	Differentialkalorimetrie	°C	

Brandverhalten

UL-Test vertikal Dicke 0.8 mm, Wert HB
Dicke mm, Wert

	Norm	*Bewertung*	*Abmessungen*
Sauerstoff-Index	ASTM D 2863		
Glühstab-Verfahren			
Brandverhalten	DIN 4102		
MVSS			
FAR			

Elektrische Eigenschaften

		Hz	°C	*Probekörper, Form*
Dielektrizitätszahl		50		
		10^3		
		10^6		
Dielektrischer Verlustfaktor tan δ		50		
		10^3		
		10^6		
Spezifischer Durchgangswiderstand	Ohm · cm			
Durchschlagfestigkeit	kV/mm			mm dick
Oberflächenwiderstand	Ohm			

Kriechstromfestigkeit KC KB KA
Elektrolytische Korrosionswirkung
Lichtbogenfestigkeit nach DIN
nach ASTM s

Beständigkeit *(Chemische Beständigkeit siehe Anhang)*

Wasseraufnahme

Feuchtigkeitsaufnahme Normalklima %
Wetterbeständigkeit

Spannungskorrosion

Optische Eigenschaften

Brechungszahl n_D
Transmissionsgrad τ_c % mm dick
Lichtdurchlässigkeit

Produkt	Polyethylenterephthalat		**PET**
Handelsname	**Melinite P4500**		
Hersteller	ICI		
DIN-Bez 1	16779-PET,MGN,XXX-18,GF50		
DIN-Bez 2			
Zusätze		*Füllstoffe/ Verstärkung*	50% Glasfaser
Bevorzugte Verarbeitung	Spritzgiessen	*Lieferform*	Granulat
		Farben	Natur
Besondere Merkmale	Schnelle Kristallisation; Hohe Steifigkeit; Gute Schlagzaehigkeit; Hohe Waermeformbestaendigkeit	*Bevorzugte Anwendungen*	Technisches Formteil; Kfz-Industrie; Elektronik; Elektrotechnik; Medizintechnik; Gehaeuse; Haushaltsgeraet; Maschinenbau; Landwirtschaft

Dichte	g/cm^3	1.79	*Schmelzindex*	g/10 min	:
Schüttdichte	g/cm^3		*Volumenfließindex*	cm^3/10 min	:
Viskositätszahl	ml/g				

Verarbeitungsbedingungen für Spritzgießen

Massetemp.	°C	285	*Schwindung*	% lgs , quer
Werkzeugtemp.	°C	140–160	*Bemerkungen*	Vortrocknung empfohlen auf Feuchte 0.004 %
Spritzdruck	bar			

Zugversuch 23 °C ISO 527;
Probekörper: *Form* / *Zustand* — *Herstellung* Spritzgiessen; *Vorbehandlung* Normalklima

Streckspannung	N/mm^2		*Dehnung bei Streckspannung*	%
Zugfestigkeit	N/mm^2	204	*Reißdehnung*	%
Reißfestigkeit	N/mm^2		*% Dehnspannung*	N/mm^2
E-Modul	N/mm^2		*Dehnung bei % Dehnspg.*	%

Kriechmoduln und Zeitstandwerte 23 °C
Probekörper: *Form* / *Zustand* — *Herstellung* / *Vorbehandlung*

Kriechmodul	*1 min*	N/mm^2	*Zeitstandzugfestigkeit*	h	N/mm^2
Kriechmodul	*1000 h*	N/mm^2	*Zeitdehnspg. %*	h	N/mm^2
bei Spannung		N/mm^2			

Biegeversuch 23 °C ISO 178;
Probekörper: *Form* / *Zustand* — *Herstellung* Spritzgiessen; *Vorbehandlung* Normalklima

Biegefestigkeit	N/mm^2	313	*E-Modul*	N/mm^2	18300
3,5% *Biegespannung*	N/mm^2				

Härte 23 °C *Probekörper:* *Zustand* — *Herstellung* / *Vorbehandlung*

Kugeldruckhärte	N/mm^2 bei N, s	*Shore-Härte*	A
Rockwellhärte		*Shore-Härte*	D

Schlagversuch *Probekörper:* *(1)* / *(2)* / *Zustand* — *Herstellung* / *Vorbehandlung*

		°C	°C	°C	*Probekörper-Form*
Schlagzähigkeit	kJ/m^2				
Kerbschlagzähigkeit (1)	kJ/m^2				
IZOD-Kerbschlagzähigkeit (2)	J/m				
Kerbschlagzugzähigkeit	kJ/m^2				

Abrieb und Reibung

Taber-Abrieb (Reibradverfahren)	$mm^3/100$ U		
Abriebfaktor LNP (Thrust washer) Vergleichswert			
Statische Reibungszahl			
Dynamische Reibungszahl	(p·v= N/mm^2·		m/min)
Zulässiger p · v Wert	N/mm^2·(m/min)	v=	m/min
		v=	m/min

Thermische Eigenschaften

Formbeständigkeit in der Wärme	*Verfahren* A		236 °C
	Verfahren		°C
Vicat Erweichungstemperatur (VST)	*Verfahren* B/50		239 °C
	Verfahren		°C
Kristallit-Schmelzpunkt	*Verfahren*		
Längenausdehnungskoeffizient	*Bereich*	°C	$\cdot 10^{-4}K^{-1}$
	Temperatur		$\cdot 10^{-4}K^{-1}$
Wärmeleitfähigkeit	*Verfahren*		W/(K · m)
Spezifische Wärmekapazität	*Verfahren*		J/(K · g)
Glasumwandlungstemperatur	*Torsionsschwingungsversuch*	°C	
	Differentialkalorimetrie	°C	

Brandverhalten

UL-Test vertikal	Dicke 0.8 mm, Wert HB
	Dicke mm, Wert

	Norm	*Bewertung*	*Abmessungen*
Sauerstoff-Index	ASTM D 2863		
Glühstab-Verfahren			
Brandverhalten	DIN 4102		
MVSS			
FAR			

Elektrische Eigenschaften

		Hz	°C	*Probekörper, Form*
Dielektrizitätszahl		50		
		10^3		
		10^6		
Dielektrischer Verlustfaktor tan δ		50		
		10^3		
		10^6		
Spezifischer Durchgangswiderstand	Ohm · cm			
Durchschlagfestigkeit	kV/mm			mm dick
Oberflächenwiderstand	Ohm			

Kriechstromfestigkeit	KC	KB	KA
Elektrolytische Korrosionswirkung			
Lichtbogenfestigkeit nach DIN			
nach ASTM s			

Beständigkeit *(Chemische Beständigkeit siehe Anhang)*

Wasseraufnahme

Feuchtigkeitsaufnahme Normalklima %

Wetterbeständigkeit

Spannungskorrosion

Optische Eigenschaften

Brechungszahl n_D		
Transmissionsgrad τ_c	%	mm dick
Lichtdurchlässigkeit		

Produkt	Polyethylenterephthalat		**PET**
Handelsname	**Melinite P4300LT**		
Hersteller	ICI		
DIN-Bez 1	16779-PET,MGN,XXX-11,GF30		
DIN-Bez 2			
Zusätze		*Füllstoffe/ Verstärkung*	30% Glasfaser
Bevorzugte Verarbeitung	Spritzgiessen	*Lieferform*	Granulat
		Farben	Natur
Besondere Merkmale	Schnelle Kristallisation; Hohe Steifigkeit; Gute Schlagzaehigkeit; Hohe Waermeformbestaendigkeit; Geringe Toxizitaet bei hoher Temperatur	*Bevorzugte Anwendungen*	Technisches Formteil; Kfz-Industrie; Elektronik; Elektrotechnik; Medizintechnik; Gehaeuse; Haushaltsgeraet; Maschinenbau; Landwirtschaft

Dichte	g/cm^3	1.60	*Schmelzindex*	g/10 min	:
Schüttdichte	g/cm^3		*Volumenfließindex*	$cm^3/10$ min	:
Viskositätszahl	ml/g				

Verarbeitungsbedingungen für Spritzgießen

Massetemp.	°C	285	*Schwindung*	% lgs , quer
Werkzeugtemp.	°C	140–160	*Bemerkungen*	Vortrocknung empfohlen auf Feuchte 0.004 %
Spritzdruck	bar			

Zugversuch 23 °C ISO 527;

Probekörper: *Form* — *Herstellung* Spritzgiessen
Zustand — *Vorbehandlung* Normalklima

Streckspannung	N/mm^2		*Dehnung bei Streckspannung*	%	
Zugfestigkeit	N/mm^2	174	*Reißdehnung*	%	
Reißfestigkeit	N/mm^2		*% Dehnspannung*	N/mm^2	
E-Modul	N/mm^2		*Dehnung bei % Dehnspg.*	%	

Kriechmoduln und Zeitstandwerte 23 °C

Probekörper: *Form* — *Herstellung*
Zustand — *Vorbehandlung*

Kriechmodul	*1 min*	N/mm^2	*Zeitstandzugfestigkeit*	h	N/mm^2
Kriechmodul	*1000 h*	N/mm^2	*Zeitdehnspg.* %	h	N/mm^2
bei Spannung		N/mm^2			

Biegeversuch 23 °C ISO 178;

Probekörper: *Form* — *Herstellung* Spritzgiessen
Zustand — *Vorbehandlung* Normalklima

Biegefestigkeit	N/mm^2	250	*E-Modul*	N/mm^2	9600
3,5% *Biegespannung*	N/mm^2				

Härte 23 °C *Probekörper:* *Zustand* — *Herstellung*
Vorbehandlung

Kugeldruckhärte	N/mm^2 bei N, s	*Shore-Härte* A	
Rockwellhärte		*Shore-Härte* D	

Schlagversuch *Probekörper:* *(1)*
(2) — *Herstellung*
Zustand — *Vorbehandlung*

	°C	°C	°C	*Probekörper-Form*
Schlagzähigkeit kJ/m^2				
Kerbschlagzähigkeit (1) kJ/m^2				
IZOD-Kerbschlagzähigkeit (2) J/m				
Kerbschlagzugzähigkeit kJ/m^2				

Abrieb und Reibung

Taber-Abrieb (Reibradverfahren)	mm^3/100 U		
Abriebfaktor LNP (Thrust washer) Vergleichswert			
Statische Reibungszahl			
Dynamische Reibungszahl	(p · v = N/mm^2 ·		m/min)
Zulässiger p · v Wert	N/mm^2 · (m/min)	v =	m/min
		v =	m/min

Thermische Eigenschaften

Formbeständigkeit in der Wärme	*Verfahren* A		230 °C
	Verfahren		°C
Vicat Erweichungstemperatur (VST)	*Verfahren* B/50		241 °C
	Verfahren		°C
Kristallit-Schmelzpunkt	*Verfahren*		
Längenausdehnungskoeffizient	*Bereich*	°C	$\cdot 10^{-4}K^{-1}$
	Temperatur		$\cdot 10^{-4}K^{-1}$
Wärmeleitfähigkeit	*Verfahren*		W/(K · m)
Spezifische Wärmekapazität	*Verfahren*		J/(K · g)
Glasumwandlungstemperatur	*Torsionsschwingungsversuch*	°C	
	Differentialkalorimetrie	°C	

Brandverhalten

UL-Test vertikal	Dicke 0.8 mm, Wert HB	
	Dicke mm, Wert	

	Norm	*Bewertung*	*Abmessungen*
Sauerstoff-Index	ASTM D 2863		
Glühstab-Verfahren			
Brandverhalten	DIN 4102		
MVSS			
FAR			

Elektrische Eigenschaften

		Hz	°C		*Probekörper, Form*
Dielektrizitätszahl		50			
		10^3			
		10^6			
Dielektrischer Verlustfaktor tan δ		50			
		10^3			
		10^6			
Spezifischer Durchgangswiderstand	Ohm · cm				
Durchschlagfestigkeit	kV/mm				mm dick
Oberflächenwiderstand	Ohm				
Kriechstromfestigkeit		KC	KB	KA	
Elektrolytische Korrosionswirkung					
Lichtbogenfestigkeit nach DIN					
nach ASTM	s				

Beständigkeit *(Chemische Beständigkeit siehe Anhang)*

Wasseraufnahme

Feuchtigkeitsaufnahme Normalklima %

Wetterbeständigkeit

Spannungskorrosion

Optische Eigenschaften

Brechungszahl n_D

Transmissionsgrad τ_c % mm dick

Lichtdurchlässigkeit

Datenbank-Nr. **T01066** Merkblatt-Nr. **4050**

Produkt	Polyethylenterephthalat		**PET**
Handelsname	**Melinite P4301FR**		
Hersteller	ICI		
DIN-Bez 1	16779-PET,MFGN,XXX-11,GF30		
DIN-Bez 2			
Zusätze	Flammschutzmittel	*Füllstoffe/ Verstärkung*	30% Glasfaser
Bevorzugte Verarbeitung	Spritzgiessen	*Lieferform*	Granulat
		Farben	Natur
Besondere Merkmale	Schnelle Kristallisation; Hohe Steifigkeit; Gute Schlagzaehigkeit; Hohe Waermeformbestaendigkeit	*Bevorzugte Anwendungen*	Technisches Formteil; Kfz-Industrie; Elektronik; Elektrotechnik; Medizintechnik; Gehaeuse; Haushaltsgeraet; Maschinenbau; Landwirtschaft

Dichte	g/cm^3	1.67	*Schmelzindex*	g/10 min	:
Schüttdichte	g/cm^3		*Volumenfließindex*	cm^3/10 min	:
Viskositätszahl	ml/g				

Verarbeitungsbedingungen für Spritzgießen

Massetemp.	°C	285	*Schwindung*	% lgs , quer
Werkzeugtemp.	°C	140–160	*Bemerkungen*	Vortrocknung empfohlen auf Feuchte 0.004 %
Spritzdruck	bar			

Zugversuch 23 °C ISO 527;

Probekörper: *Form* / *Zustand* — *Herstellung* Spritzgiessen; *Vorbehandlung* Normalklima

Streckspannung	N/mm^2		*Dehnung bei Streckspannung*	%
Zugfestigkeit	N/mm^2	115	*Reißdehnung*	%
Reißfestigkeit	N/mm^2		% *Dehnspannung*	N/mm^2
E-Modul	N/mm^2		*Dehnung bei* % *Dehnspg.*	%

Kriechmoduln und Zeitstandwerte 23 °C

Probekörper: *Form* / *Zustand* — *Herstellung* / *Vorbehandlung*

Kriechmodul	*1 min* N/mm^2	*Zeitstandzugfestigkeit*	h	N/mm^2
Kriechmodul	*1000 h* N/mm^2	*Zeitdehnspg.* %	h	N/mm^2
bei Spannung	N/mm^2			

Biegeversuch 23 °C ISO 178;

Probekörper: *Form* / *Zustand* — *Herstellung* Spritzgiessen; *Vorbehandlung* Normalklima

Biegefestigkeit	N/mm^2	188	*E-Modul*	N/mm^2	11400
3,5% *Biegespannung*	N/mm^2				

Härte 23 °C *Probekörper:* *Zustand* — *Herstellung* / *Vorbehandlung*

Kugeldruckhärte	N/mm^2 bei N, s	*Shore-Härte*	A
Rockwellhärte		*Shore-Härte*	D

Schlagversuch *Probekörper:* *(1)* *(2)* *Zustand* — *Herstellung* / *Vorbehandlung*

	°C	°C	°C	*Probekörper-Form*
Schlagzähigkeit kJ/m^2				
Kerbschlagzähigkeit (1) kJ/m^2				
IZOD-Kerbschlagzähigkeit (2) J/m				
Kerbschlagzugzähigkeit kJ/m^2				

Abrieb und Reibung

Taber-Abrieb (Reibradverfahren)	mm^3/100 U		
Abriebfaktor LNP (Thrust washer) Vergleichswert			
Statische Reibungszahl			
Dynamische Reibungszahl	(p·v= N/mm^2·		m/min)
Zulässiger p·v Wert	N/mm^2·(m/min)	v=	m/min
		v=	m/min

Thermische Eigenschaften

Formbeständigkeit in der Wärme	*Verfahren* A		230 °C
	Verfahren		°C
Vicat Erweichungstemperatur (VST)	*Verfahren* B/50		238 °C
	Verfahren		°C
Kristallit-Schmelzpunkt	*Verfahren*		
Längenausdehnungskoeffizient	*Bereich*	°C	$\cdot 10^{-4} K^{-1}$
	Temperatur		$\cdot 10^{-4} K^{-1}$
Wärmeleitfähigkeit	*Verfahren*		W/(K·m)
Spezifische Wärmekapazität	*Verfahren*		J/(K·g)
Glasumwandlungstemperatur	*Torsionsschwingungsversuch*	°C	
	Differentialkalorimetrie	°C	

Brandverhalten

UL-Test vertikal Dicke 0.8 mm, Wert V-0
Dicke mm, Wert

	Norm	*Bewertung*	*Abmessungen*
Sauerstoff-Index	ASTM D 2863		
Glühstab-Verfahren			
Brandverhalten	DIN 4102		
MVSS			
FAR			

Elektrische Eigenschaften

		Hz	°C	*Probekörper, Form*
Dielektrizitätszahl		50		
		10^3		
		10^6		
Dielektrischer Verlustfaktor tan δ		50		
		10^3		
		10^6		
Spezifischer Durchgangswiderstand	Ohm·cm			
Durchschlagfestigkeit	kV/mm			mm dick
Oberflächenwiderstand	Ohm			

Kriechstromfestigkeit	KC	KB	KA
Elektrolytische Korrosionswirkung			
Lichtbogenfestigkeit nach DIN			
nach ASTM s			

Beständigkeit *(Chemische Beständigkeit siehe Anhang)*

Wasseraufnahme

Feuchtigkeitsaufnahme Normalklima %

Wetterbeständigkeit

Spannungskorrosion

Optische Eigenschaften

Brechungszahl n_D

Transmissionsgrad τ_c % mm dick

Lichtdurchlässigkeit

Produkt	Polypropylen		**PP**
Handelsname	**Stamylan P PHC 31**		
Hersteller	DSM		
DIN-Bez 1	16774-PP,MG,XX-M200		
DIN-Bez 2			
Zusätze		*Füllstoffe/ Verstärkung*	
Bevorzugte Verarbeitung	Spritzgiessen	*Lieferform*	Granulat
		Farben	Natur; Standard
Besondere Merkmale	Gute mechanische Eigenschaften; Leichtfliessend; Enge Molmasseverteilung	*Bevorzugte Anwendungen*	Technisches Formteil; Teil mit geringem Verzug; Kfz-Industrie; Behaelter

Dichte	g/cm^3	0.903	*Schmelzindex*	g/10 min	14:	230/2.16
Schüttdichte	g/cm^3		*Volumenfließindex*	cm^3/10 min	:	
Viskositätszahl	ml/g					

Verarbeitungsbedingungen für Spritzgießen

Massetemp.	°C	230–260	*Schwindung*	% lgs , quer
Werkzeugtemp.	°C	20–80	*Bemerkungen*	
Spritzdruck	bar	≧700		

Zugversuch 23 °C DIN 53455;
Probekörper: *Form* — *Herstellung* Spritzgiessen
Zustand — *Vorbehandlung* Normalklima

Streckspannung	N/mm^2	27	*Dehnung bei Streckspannung*	%	
Zugfestigkeit	N/mm^2		*Reißdehnung*	%	600
Reißfestigkeit	N/mm^2	20	*% Dehnspannung*	N/mm^2	
E-Modul	N/mm^2		*Dehnung bei % Dehnspg.*	%	

Kriechmoduln und Zeitstandwerte 23 °C
Probekörper: *Form* — *Herstellung*
Zustand — *Vorbehandlung*

Kriechmodul	*1 min* N/mm^2	*Zeitstandzugfestigkeit*	h	N/mm^2
Kriechmodul	*1000 h* N/mm^2	*Zeitdehnspg. %*	h	N/mm^2
bei Spannung	N/mm^2			

Biegeversuch 23 °C DIN 53457;
Probekörper: *Form* — *Herstellung* Spritzgiessen
Zustand — *Vorbehandlung* Normalklima

Biegefestigkeit	N/mm^2	*E-Modul*	N/mm^2	1450
3,5% *Biegespannung*	N/mm^2			

Härte 23 °C *Probekörper:* *Zustand* — *Herstellung* Spritzgiessen
Vorbehandlung Normalklima

Kugeldruckhärte	N/mm^2 57	bei N, 10 s	*Shore-Härte* A	
Rockwellhärte			*Shore-Härte* D	65

Schlagversuch *Probekörper:* *(1)* U-Kerbe
(2) — *Herstellung* Spritzgiessen
Zustand — *Vorbehandlung* Normalklima

		°C		°C		°C		*Probekörper-Form*
Schlagzähigkeit	kJ/m^2							
Kerbschlagzähigkeit (1)	kJ/m^2	23	9.2	0	5.5	-40	3.5	
IZOD-Kerbschlagzähigkeit (2)	J/m							
Kerbschlagzugzähigkeit	kJ/m^2							

Abrieb und Reibung

Taber-Abrieb (Reibradverfahren)	mm^3/100 U		
Abriebfaktor LNP (Thrust washer) Vergleichswert			
Statische Reibungszahl			
Dynamische Reibungszahl	(p·v= N/mm^2·		m/min)
Zulässiger p·v Wert	N/mm^2·(m/min)	v=	m/min
		v=	m/min

Thermische Eigenschaften

Formbeständigkeit in der Wärme	*Verfahren*	A		56 °C
	Verfahren	B		85 °C
Vicat Erweichungstemperatur (VST)	*Verfahren*	B/50		82 °C
	Verfahren			°C
Kristallit-Schmelzpunkt	*Verfahren*			166–172 °C
Längenausdehnungskoeffizient	*Bereich*	°C		$\cdot 10^{-4}K^{-1}$
	Temperatur	23 °C		$1.8 \cdot 10^{-4}K^{-1}$
Wärmeleitfähigkeit	*Verfahren*	DIN 52612	23 °C	0.22 W/(K·m)
Spezifische Wärmekapazität	*Verfahren*		23 °C	1.68 J/(K·g)
Glasumwandlungstemperatur	*Torsionsschwingungsversuch*		°C	
	Differentialkalorimetrie		°C	

Brandverhalten

UL-Test vertikal	Dicke mm, Wert	
	Dicke mm, Wert	

	Norm	Bewertung	Abmessungen
Sauerstoff-Index	ASTM D 2863		
Glühstab-Verfahren			
Brandverhalten	DIN 4102		
MVSS			
FAR			

Elektrische Eigenschaften

		Hz	°C		Probekörper, Form
Dielektrizitätszahl		50	23	2.27	
		10^3	23	2.26	
		10^6	23	2.25	
Dielektrischer Verlustfaktor tan δ		50	23	≦0.0003	
		10^3	23	≦0.0004	
		10^6	23	≦0.0005	
Spezifischer Durchgangs-widerstand	Ohm·cm		23	≧1.0*10**16	
Durchschlagfestigkeit	kV/mm		23	≧70	mm dick
Oberflächenwiderstand	Ohm		23	1.0*10**13	

Kriechstromfestigkeit	KC	KB	KA
Elektrolytische Korrosionswirkung			
Lichtbogenfestigkeit nach DIN			
nach ASTM s			

Beständigkeit *(Chemische Beständigkeit siehe Anhang)*

Wasseraufnahme

Feuchtigkeitsaufnahme Normalklima %

Wetterbeständigkeit

Spannungskorrosion Nicht empfindlich

Optische Eigenschaften

Brechungszahl n_D

Transmissionsgrad τ_c % mm dick

Lichtdurchlässigkeit

Datenbank-Nr. **T01068** Merkblatt-Nr. **4052**

Produkt	Polypropylen		**PP**
Handelsname	**Stamylan P 512MN10**		
Hersteller	DSM		
DIN-Bez 1	16774-PP,MG,XX-M400		
DIN-Bez 2			
Zusätze		*Füllstoffe/ Verstärkung*	
Bevorzugte Verarbeitung	Spritzgiessen	*Lieferform*	Granulat
		Farben	Natur; Standard
Besondere Merkmale	Ausgezeichnete Fliesseigenschaften; Gute Schlagzaehigkeit; Gute Steifigkeit; Verzugsarm; Leichte Verarbeitbarkeit	*Bevorzugte Anwendungen*	Technisches Formteil; Gehaeuse; Haushaltsgeraet; Kasten; Blumentopf; Speiseeisverpackung

Dichte	g/cm^3	0.902	*Schmelzindex*	g/10 min	35:	230/2.16
Schüttdichte	g/cm^3		*Volumenfließindex*	cm^3/10 min	:	
Viskositätszahl	ml/g					

Verarbeitungsbedingungen für Spritzgießen

Massetemp.	°C	230–260	*Schwindung*	% lgs , quer
Werkzeugtemp.	°C	20–80	*Bemerkungen*	
Spritzdruck	bar	≧700		

Zugversuch 23 °C DIN 53455;
Probekörper: *Form* — *Herstellung* Spritzgiessen
Zustand — *Vorbehandlung* Normalklima

Streckspannung	N/mm^2	26	*Dehnung bei Streckspannung*	%	
Zugfestigkeit	N/mm^2		*Reißdehnung*	%	400
Reißfestigkeit	N/mm^2	18	*% Dehnspannung*	N/mm^2	
E-Modul	N/mm^2		*Dehnung bei % Dehnspg.*	%	

Kriechmoduln und Zeitstandwerte 23 °C
Probekörper: *Form* — *Herstellung*
Zustand — *Vorbehandlung*

Kriechmodul	*1 min* N/mm^2		*Zeitstandzugfestigkeit*	h	N/mm^2
Kriechmodul	*1000 h* N/mm^2		*Zeitdehnspg. %*	h	N/mm^2
bei Spannung	N/mm^2				

Biegeversuch 23 °C DIN 53457;
Probekörper: *Form* — *Herstellung* Spritzgiessen
Zustand — *Vorbehandlung* Normalklima

Biegefestigkeit	N/mm^2	*E-Modul*	N/mm^2	1350
3,5% *Biegespannung*	N/mm^2			

Härte 23 °C *Probekörper:* *Zustand* — *Herstellung* Spritzgiessen
Vorbehandlung Normalklima

Kugeldruckhärte	N/mm^2 54	bei N, 10 s	*Shore-Härte* A	
Rockwellhärte			*Shore-Härte* D	64

Schlagversuch *Probekörper:* *(1)* U-Kerbe
(2) — *Herstellung* Spritzgiessen
Zustand — *Vorbehandlung* Normalklima

		°C		°C		°C		*Probekörper-Form*
Schlagzähigkeit	kJ/m^2							
Kerbschlagzähigkeit (1)	kJ/m^2	23	8.5	0	5.5	-40	3.5	
IZOD-Kerbschlagzähigkeit (2)	J/m							
Kerbschlagzugzähigkeit	kJ/m^2							

Abrieb und Reibung

Taber-Abrieb (Reibradverfahren)	mm^3/100 U		
Abriebfaktor LNP (Thrust washer) Vergleichswert			
Statische Reibungszahl			
Dynamische Reibungszahl	(p·v=	N/mm^2·	m/min)
Zulässiger p · v Wert	N/mm^2 · (m/min)	v=	m/min
		v=	m/min

Thermische Eigenschaften

Formbeständigkeit in der Wärme	*Verfahren*	A		58 °C
	Verfahren	B		84 °C
Vicat Erweichungstemperatur (VST)	*Verfahren*	B/50		80 °C
	Verfahren			°C
Kristallit-Schmelzpunkt	*Verfahren*			166–172 °C
Längenausdehnungskoeffizient	*Bereich*	°C		$\cdot 10^{-4} K^{-1}$
	Temperatur	23 °C		$1.8 \cdot 10^{-4} K^{-1}$
Wärmeleitfähigkeit	*Verfahren*	DIN 52612	23 °C	0.22 W/(K · m)
Spezifische Wärmekapazität	*Verfahren*		23 °C	1.68 J/(K · g)
Glasumwandlungstemperatur	*Torsionsschwingungsversuch*		°C	
	Differentialkalorimetrie		°C	

Brandverhalten

UL-Test vertikal	Dicke	mm, Wert
	Dicke	mm, Wert

	Norm	*Bewertung*	*Abmessungen*
Sauerstoff-Index	ASTM D 2863		
Glühstab-Verfahren			
Brandverhalten	DIN 4102		
MVSS			
FAR			

Elektrische Eigenschaften

		Hz	°C		*Probekörper, Form*
Dielektrizitätszahl		50	23	2.27	
		10^3	23	2.26	
		10^6	23	2.25	
Dielektrischer Verlustfaktor tan δ		50	23	$\leqq$0.0003	
		10^3	23	$\leqq$0.0004	
		10^6	23	$\leqq$0.0005	
Spezifischer Durchgangs-widerstand	Ohm · cm		23	$\geqq$1.0*10**16	
Durchschlagfestigkeit	kV/mm		23	$\geqq$70	mm dick
Oberflächenwiderstand	Ohm		23	1.0*10**13	

Kriechstromfestigkeit	KC	KB	KA
Elektrolytische Korrosionswirkung			
Lichtbogenfestigkeit nach DIN			
nach ASTM s			

Beständigkeit *(Chemische Beständigkeit siehe Anhang)*

Wasseraufnahme

Feuchtigkeitsaufnahme Normalklima %

Wetterbeständigkeit

Spannungskorrosion Nicht empfindlich

Optische Eigenschaften

Brechungszahl n_D

Transmissionsgrad τ_c % mm dick

Lichtdurchlässigkeit

Produkt	Polypropylen		**PP**
Handelsname	**Stamylan P 19MN10**		
Hersteller	DSM		
DIN-Bez 1	16774-PP,MG,XX-M200		
DIN-Bez 2			
Zusätze		*Füllstoffe/ Verstärkung*	
Bevorzugte Verarbeitung	Spritzgiessen	*Lieferform*	Granulat
		Farben	Natur; Standard
Besondere Merkmale	Hohe Steifigkeit; Hohe Zaehigkeit; Angehobene Fliesseigenschaften; Enge Molmasseverteilung; Hoher Glanz; Gute Transparenz	*Bevorzugte Anwendungen*	Verpackungsindustrie; Lebensmittelverpackung; Arzneimittelverpackung; Kosmetikartikel; Haushaltsgeraet

Dichte	g/cm^3	0.902	*Schmelzindex*	g/10 min	17:	230/2.16
Schüttdichte	g/cm^3		*Volumenfließindex*	cm^3/10 min	:	
Viskositätszahl	ml/g					

Verarbeitungsbedingungen für Spritzgießen

Massetemp.	°C	230–260	*Schwindung*	% lgs , quer
Werkzeugtemp.	°C	20–80	*Bemerkungen*	
Spritzdruck	bar	≧700		

Zugversuch 23 °C DIN 53455;
Probekörper: *Form* — *Herstellung* Spritzgiessen
Zustand — *Vorbehandlung* Normalklima

Streckspannung	N/mm^2	35	*Dehnung bei Streckspannung*	%	
Zugfestigkeit	N/mm^2		*Reißdehnung*	%	500
Reißfestigkeit	N/mm^2	24	*% Dehnspannung*	N/mm^2	
E-Modul	N/mm^2		*Dehnung bei % Dehnspg.*	%	

Kriechmoduln und Zeitstandwerte 23 °C
Probekörper: *Form* — *Herstellung*
Zustand — *Vorbehandlung*

Kriechmodul	*1 min* N/mm^2	*Zeitstandzugfestigkeit*	h	N/mm^2
Kriechmodul	*1000 h* N/mm^2	*Zeitdehnspg. %*	h	N/mm^2
bei Spannung	N/mm^2			

Biegeversuch 23 °C DIN 53457;
Probekörper: *Form* — *Herstellung* Spritzgiessen
Zustand — *Vorbehandlung* Normalklima

Biegefestigkeit	N/mm^2	*E-Modul*	N/mm^2	1700
3,5% *Biegespannung*	N/mm^2			

Härte 23 °C *Probekörper:* *Zustand* — *Herstellung* Spritzgiessen
Vorbehandlung Normalklima

Kugeldruckhärte	N/mm^2 74	bei N, 10 s	*Shore-Härte* A	
Rockwellhärte			*Shore-Härte* D	71

Schlagversuch *Probekörper:* *(1)* U-Kerbe
(2) — *Herstellung* Spritzgiessen
Zustand — *Vorbehandlung* Normalklima

		°C	°C	°C	*Probekörper-Form*
Schlagzähigkeit	kJ/m^2				
Kerbschlagzähigkeit (1)	kJ/m^2	23 3			
IZOD-Kerbschlagzähigkeit (2)	J/m				
Kerbschlagzugzähigkeit	kJ/m^2				

Abrieb und Reibung

Taber-Abrieb (Reibradverfahren)	mm^3/100 U		
Abriebfaktor LNP (Thrust washer) Vergleichswert			
Statische Reibungszahl			
Dynamische Reibungszahl	(p · v =	N/mm^2 ·	m/min)
Zulässiger p · v Wert	N/mm^2 · (m/min)	v =	m/min
		v =	m/min

Thermische Eigenschaften

Formbeständigkeit in der Wärme	*Verfahren* A			53 °C
	Verfahren B			84 °C
Vicat Erweichungstemperatur (VST)	*Verfahren* B/50			97 °C
	Verfahren			°C
Kristallit-Schmelzpunkt	*Verfahren*			163–172 °C
Längenausdehnungskoeffizient	*Bereich*	°C		$\cdot 10^{-4}K^{-1}$
	Temperatur 23 °C			$1.8 \cdot 10^{-4}K^{-1}$
Wärmeleitfähigkeit	*Verfahren* DIN 52612		23 °C	0.22 W/(K · m)
Spezifische Wärmekapazität	*Verfahren*		23 °C	1.68 J/(K · g)
Glasumwandlungstemperatur	*Torsionsschwingungsversuch*		°C	
	Differentialkalorimetrie		°C	

Brandverhalten

UL-Test vertikal — Dicke mm, Wert
Dicke mm, Wert

	Norm	*Bewertung*	*Abmessungen*
Sauerstoff-Index	ASTM D 2863		
Glühstab-Verfahren			
Brandverhalten	DIN 4102		
MVSS			
FAR			

Elektrische Eigenschaften

		Hz	°C		*Probekörper, Form*
Dielektrizitätszahl		50	23	2.27	
		10^3	23	2.26	
		10^6	23	2.25	
Dielektrischer Verlustfaktor tan δ		50	23	$\leqq$0.0003	
		10^3	23	$\leqq$0.0004	
		10^6	23	$\leqq$0.0005	
Spezifischer Durchgangswiderstand	Ohm · cm		23	$\geqq$1.0*10**16	
Durchschlagfestigkeit	kV/mm		23	$\geqq$70	mm dick
Oberflächenwiderstand	Ohm		23	1.0*10**13	

Kriechstromfestigkeit KC KB KA
Elektrolytische Korrosionswirkung
Lichtbogenfestigkeit nach DIN
nach ASTM s

Beständigkeit *(Chemische Beständigkeit siehe Anhang)*

Wasseraufnahme

Feuchtigkeitsaufnahme Normalklima %
Wetterbeständigkeit

Spannungskorrosion Nicht empfindlich

Optische Eigenschaften

Brechungszahl n_D
Transmissionsgrad τ_c % mm dick
Lichtdurchlässigkeit

Datenbank-Nr.	**T01070**	*Merkblatt-Nr.*	**4054**

Produkt	Polypropylen		**PP**
Handelsname	**Stamylan P PPH 10**		
Hersteller	DSM		
DIN-Bez 1	16774-PP,MGH,XX-M200		
DIN-Bez 2			
Zusätze	Waermestabilisator	*Füllstoffe/ Verstärkung*	
Bevorzugte Verarbeitung	Spritzgiessen	*Lieferform*	Granulat
		Farben	Natur; Standard
Besondere Merkmale	Hoher Glanz; Antistatische Oberflaeche; Langdauernd waermebestaendig; Hohe Masshaltigkeit	*Bevorzugte Anwendungen*	Gehaeuse; Haushaltsgeraet; Elektrotechnik

Dichte	g/cm^3	0.903	*Schmelzindex*	g/10 min	17:	230/2.16
Schüttdichte	g/cm^3		*Volumenfließindex*	$cm^3/10$ min	:	
Viskositätszahl	ml/g					

Verarbeitungsbedingungen für Spritzgießen

Massetemp.	°C	230–260	*Schwindung*	% lgs , quer
Werkzeugtemp.	°C	20–80	*Bemerkungen*	
Spritzdruck	bar	≧700		

Zugversuch 23 °C DIN 53455;

Probekörper: *Form* | *Zustand* — *Herstellung* Spritzgiessen, *Vorbehandlung* Normalklima

Streckspannung	N/mm^2	33	*Dehnung bei Streckspannung*	%	
Zugfestigkeit	N/mm^2		*Reißdehnung*	%	400
Reißfestigkeit	N/mm^2	20	*% Dehnspannung*	N/mm^2	
E-Modul	N/mm^2		*Dehnung bei % Dehnspg.*	%	

Kriechmoduln und Zeitstandwerte 23 °C

Probekörper: *Form* | *Zustand* — *Herstellung*, *Vorbehandlung*

Kriechmodul	*1 min* N/mm^2	*Zeitstandzugfestigkeit*	h	N/mm^2
Kriechmodul	*1000 h* N/mm^2	*Zeitdehnspg. %*	h	N/mm^2
bei Spannung	N/mm^2			

Biegeversuch 23 °C DIN 53457;

Probekörper: *Form* | *Zustand* — *Herstellung* Spritzgiessen, *Vorbehandlung* Normalklima

Biegefestigkeit	N/mm^2	*E-Modul*	N/mm^2	1650
3,5% *Biegespannung*	N/mm^2			

Härte 23 °C *Probekörper:* *Zustand* — *Herstellung* Spritzgiessen, *Vorbehandlung* Normalklima

Kugeldruckhärte	N/mm^2	74	bei N, 10 s	*Shore-Härte* A	
Rockwellhärte				*Shore-Härte* D	71

Schlagversuch *Probekörper:* *(1)* U-Kerbe, *(2)*, *Zustand* — *Herstellung* Spritzgiessen, *Vorbehandlung* Normalklima

		°C		°C	°C	*Probekörper-Form*
Schlagzähigkeit	kJ/m^2					
Kerbschlagzähigkeit (1)	kJ/m^2	23	3.2			
IZOD-Kerbschlagzähigkeit (2)	J/m					
Kerbschlagzugzähigkeit	kJ/m^2					

Abrieb und Reibung

Taber-Abrieb (Reibradverfahren)	mm^3/100 U		
Abriebfaktor LNP (Thrust washer) Vergleichswert			
Statische Reibungszahl			
Dynamische Reibungszahl	(p·v=	N/mm^2 ·	m/min)
Zulässiger p · v Wert	N/mm^2 · (m/min)	v=	m/min
		v=	m/min

Thermische Eigenschaften

Formbeständigkeit in der Wärme	*Verfahren*	A		54 °C
	Verfahren	B		85 °C
Vicat Erweichungstemperatur (VST)	*Verfahren*	B/50		100 °C
	Verfahren			°C
Kristallit-Schmelzpunkt	*Verfahren*			163–172 °C
Längenausdehnungskoeffizient	*Bereich*	°C		$\cdot 10^{-4}K^{-1}$
	Temperatur 23 °C			$1.8 \cdot 10^{-4}K^{-1}$
Wärmeleitfähigkeit	*Verfahren*	DIN 52612	23 °C	0.22 W/(K · m)
Spezifische Wärmekapazität	*Verfahren*		23 °C	1.68 J/(K · g)
Glasumwandlungstemperatur	*Torsionsschwingungsversuch*		°C	
	Differentialkalorimetrie		°C	

Brandverhalten

UL-Test vertikal	Dicke	mm, Wert
	Dicke	mm, Wert

	Norm	*Bewertung*	*Abmessungen*
Sauerstoff-Index	ASTM D 2863		
Glühstab-Verfahren			
Brandverhalten	DIN 4102		
MVSS			
FAR			

Elektrische Eigenschaften

		Hz	°C		*Probekörper, Form*
Dielektrizitätszahl		50	23	2.27	
		10^3	23	2.26	
		10^6	23	2.25	
Dielektrischer Verlustfaktor tan δ		50	23	$\leqq$0.0003	
		10^3	23	$\leqq$0.0004	
		10^6	23	$\leqq$0.0005	
Spezifischer Durchgangswiderstand	Ohm · cm		23	$\geqq$1.0*10**16	
Durchschlagfestigkeit	kV/mm		23	$\geqq$70	mm dick
Oberflächenwiderstand	Ohm		23	1.0*10**13	

Kriechstromfestigkeit	KC	KB	KA
Elektrolytische Korrosionswirkung			
Lichtbogenfestigkeit nach DIN			
nach ASTM	s		

Beständigkeit *(Chemische Beständigkeit siehe Anhang)*

Wasseraufnahme

Feuchtigkeitsaufnahme Normalklima %

Wetterbeständigkeit

Spannungskorrosion Nicht empfindlich

Optische Eigenschaften

Brechungszahl n_D

Transmissionsgrad τ_c % mm dick

Lichtdurchlässigkeit

Produkt	Polypropylen		**PP**
Handelsname	**Stamylan P PHC 23**		
Hersteller	DSM		
DIN-Bez 1	16774-PP,MG,XX-M090		
DIN-Bez 2			
Zusätze		*Füllstoffe/ Verstärkung*	
Bevorzugte Verarbeitung	Spritzgiessen	*Lieferform*	Granulat
		Farben	Natur; Standard
Besondere Merkmale	Hohe Dimensionsstabilitaet; Hohe Schlagzaehigkeit; Hohe Steifigkeit; Leichtfliessend; Enge Molmasseverteilung; Verzugsarm	*Bevorzugte Anwendungen*	Grosstechnisches Formteil; Maschinenabdeckung; Grossbehaelter; Kfz-Industrie

Dichte	g/cm³	0.905	*Schmelzindex*	g/10 min	7:	230/2.16
Schüttdichte	g/cm³		*Volumenfließindex*	cm³/10 min	:	
Viskositätszahl	ml/g					

Verarbeitungsbedingungen für Spritzgießen

Massetemp.	°C	230–260	*Schwindung*	% lgs , quer
Werkzeugtemp.	°C	20–80	*Bemerkungen*	
Spritzdruck	bar	≧700		

Zugversuch 23 °C DIN 53455;
Probekörper: *Form* — *Herstellung* Spritzgiessen
Zustand — *Vorbehandlung* Normalklima

Streckspannung	N/mm²	26	*Dehnung bei Streckspannung*	%	
Zugfestigkeit	N/mm²		*Reißdehnung*	%	540
Reißfestigkeit	N/mm²	24	*% Dehnspannung*	N/mm²	
E-Modul	N/mm²		*Dehnung bei % Dehnspg.*	%	

Kriechmoduln und Zeitstandwerte 23 °C
Probekörper: *Form* — *Herstellung*
Zustand — *Vorbehandlung*

Kriechmodul	*1 min*	N/mm²	*Zeitstandzugfestigkeit*	h	N/mm²
Kriechmodul	*1000 h*	N/mm²	*Zeitdehnspg.* %	h	N/mm²
bei Spannung		N/mm²			

Biegeversuch 23 °C DIN 53457;
Probekörper: *Form* — *Herstellung* Spritzgiessen
Zustand — *Vorbehandlung* Normalklima

Biegefestigkeit	N/mm²	*E-Modul*	N/mm²	1180
3,5% *Biegespannung*	N/mm²			

Härte 23 °C *Probekörper:* *Zustand* — *Herstellung*
Vorbehandlung

Kugeldruckhärte	N/mm² bei N, s	*Shore-Härte* A	
Rockwellhärte		*Shore-Härte* D	

Schlagversuch *Probekörper:* *(1)* U-Kerbe
(2) — *Herstellung* Spritzgiessen
Zustand — *Vorbehandlung* Normalklima

		°C		°C		°C		*Probekörper-Form*
Schlagzähigkeit	kJ/m²							
Kerbschlagzähigkeit (1)	kJ/m²	23	24	-20	6	-40	3.5	
IZOD-Kerbschlagzähigkeit (2)	J/m							
Kerbschlagzugzähigkeit	kJ/m²							

Abrieb und Reibung

Taber-Abrieb (Reibradverfahren)	mm^3/100 U		
Abriebfaktor LNP (Thrust washer) Vergleichswert			
Statische Reibungszahl			
Dynamische Reibungszahl	(p·v= N/mm^2·		m/min)
Zulässiger p·v Wert	N/mm^2·(m/min)	v=	m/min
		v=	m/min

Thermische Eigenschaften

Formbeständigkeit in der Wärme	*Verfahren*			°C
	Verfahren			°C
Vicat Erweichungstemperatur (VST)	*Verfahren*			°C
	Verfahren			°C
Kristallit-Schmelzpunkt	*Verfahren*			166–172 °C
Längenausdehnungskoeffizient	*Bereich* °C			$\cdot 10^{-4} K^{-1}$
	Temperatur 23 °C			$1.8 \cdot 10^{-4} K^{-1}$
Wärmeleitfähigkeit	*Verfahren* DIN 52612		23 °C	0.22 W/(K·m)
Spezifische Wärmekapazität	*Verfahren*		23 °C	1.68 J/(K·g)
Glasumwandlungstemperatur	*Torsionsschwingungsversuch*		°C	
	Differentialkalorimetrie		°C	

Brandverhalten

UL-Test vertikal Dicke mm, Wert
Dicke mm, Wert

	Norm	*Bewertung*	*Abmessungen*
Sauerstoff-Index	ASTM D 2863		
Glühstab-Verfahren			
Brandverhalten	DIN 4102		
MVSS			
FAR			

Elektrische Eigenschaften

		Hz	°C		*Probekörper, Form*
Dielektrizitätszahl		50	23	2.27	
		10^3	23	2.26	
		10^6	23	2.25	
Dielektrischer Verlustfaktor tan δ		50	23	≦0.0003	
		10^3	23	≦0.0004	
		10^6	23	≦0.0005	
Spezifischer Durchgangs-widerstand	Ohm·cm		23	≧1.0*10**16	
Durchschlagfestigkeit	kV/mm		23	≧70	mm dick
Oberflächenwiderstand	Ohm		23	1.0*10**13	

Kriechstromfestigkeit KC KB KA
Elektrolytische Korrosionswirkung
Lichtbogenfestigkeit nach DIN
nach ASTM s

Beständigkeit *(Chemische Beständigkeit siehe Anhang)*

Wasseraufnahme

Feuchtigkeitsaufnahme Normalklima %
Wetterbeständigkeit

Spannungskorrosion Nicht empfindlich

Optische Eigenschaften

Brechungszahl n_D
Transmissionsgrad τ_c % mm dick
Lichtdurchlässigkeit

Produkt	Polypropylen		**PP**
Handelsname	**Stamylan P PHC 22**		
Hersteller	DSM		
DIN-Bez 1	16774-PP,MG,XX-M045		
DIN-Bez 2			
Zusätze		*Füllstoffe/ Verstärkung*	
Bevorzugte Verarbeitung	Spritzgiessen	*Lieferform*	Granulat
		Farben	Natur; Standard
Besondere Merkmale	Hohe Schlagzaehigkeit; Hohe Dimensionsstabilitaet; Verbesserte Fliesseigenschaften; Enge Molmasseverteilung; Geringere innere Spannungen; Verringerte Verzugsneigung	*Bevorzugte Anwendungen*	Kofferschale; Gehaeuse fuer industrielle Anwendung; Kasten; Behaelter

Dichte	g/cm³	0.905	*Schmelzindex*	g/10 min	4:	230/2.16
Schüttdichte	g/cm³		*Volumenfließindex*	cm³/10 min	:	
Viskositätszahl	ml/g					

Verarbeitungsbedingungen für Spritzgießen

Massetemp.	°C	230–260	*Schwindung*	% lgs , quer
Werkzeugtemp.	°C	20–80	*Bemerkungen*	
Spritzdruck	bar	≧700		

Zugversuch 23 °C DIN 53455;
Probekörper: *Form* / *Zustand* — *Herstellung* Spritzgiessen, *Vorbehandlung* Normalklima

Streckspannung	N/mm²	27	*Dehnung bei Streckspannung*	%	
Zugfestigkeit	N/mm²		*Reißdehnung*	%	560
Reißfestigkeit	N/mm²	29	*% Dehnspannung*	N/mm²	
E-Modul	N/mm²		*Dehnung bei % Dehnspg.*	%	

Kriechmoduln und Zeitstandwerte 23 °C
Probekörper: *Form* / *Zustand* — *Herstellung* / *Vorbehandlung*

Kriechmodul	*1 min* N/mm²		*Zeitstandzugfestigkeit*	h	N/mm²
Kriechmodul	*1000 h* N/mm²		*Zeitdehnspg. %*	h	N/mm²
bei Spannung	N/mm²				

Biegeversuch 23 °C DIN 53457;
Probekörper: *Form* / *Zustand* — *Herstellung* Spritzgiessen, *Vorbehandlung* Normalklima

Biegefestigkeit	N/mm²		*E-Modul*	N/mm²	1170
3,5% *Biegespannung*	N/mm²				

Härte 23 °C *Probekörper:* *Zustand* — *Herstellung* / *Vorbehandlung*

Kugeldruckhärte	N/mm²	bei N, s	*Shore-Härte*	A
Rockwellhärte			*Shore-Härte*	D

Schlagversuch *Probekörper:* *(1)* U-Kerbe, *(2)*, *Zustand* — *Herstellung* Spritzgiessen, *Vorbehandlung* Normalklima

		°C		°C		°C		*Probekörper-Form*
Schlagzähigkeit	kJ/m²							
Kerbschlagzähigkeit (1)	kJ/m²	23	24	-20	6	-40	4	
IZOD-Kerbschlagzähigkeit (2)	J/m							
Kerbschlagzugzähigkeit	kJ/m²							

Abrieb und Reibung

Taber-Abrieb (Reibradverfahren)	mm^3/100 U		
Abriebfaktor LNP (Thrust washer) Vergleichswert			
Statische Reibungszahl			
Dynamische Reibungszahl	(p·v= N/mm^2·		m/min)
Zulässiger p · v Wert	N/mm^2·(m/min)	v=	m/min
		v=	m/min

Thermische Eigenschaften

Formbeständigkeit in der Wärme	*Verfahren*			°C
	Verfahren			°C
Vicat Erweichungstemperatur (VST)	*Verfahren*			°C
	Verfahren			°C
Kristallit-Schmelzpunkt	*Verfahren*			166–172 °C
Längenausdehnungskoeffizient	*Bereich* °C			$\cdot 10^{-4}K^{-1}$
	Temperatur 23 °C			$1.8 \cdot 10^{-4}K^{-1}$
Wärmeleitfähigkeit	*Verfahren* DIN 52612		23 °C	0.22 W/(K · m)
Spezifische Wärmekapazität	*Verfahren*		23 °C	1.68 J/(K · g)
Glasumwandlungstemperatur	*Torsionsschwingungsversuch*	°C		
	Differentialkalorimetrie	°C		

Brandverhalten

UL-Test vertikal	Dicke mm, Wert
	Dicke mm, Wert

	Norm	*Bewertung*	*Abmessungen*
Sauerstoff-Index	ASTM D 2863		
Glühstab-Verfahren			
Brandverhalten	DIN 4102		
MVSS			
FAR			

Elektrische Eigenschaften

		Hz	°C		*Probekörper, Form*
Dielektrizitätszahl		50	23	2.27	
		10^3	23	2.26	
		10^6	23	2.25	
Dielektrischer Verlustfaktor tan δ		50	23	$\leqq$0.0003	
		10^3	23	$\leqq$0.0004	
		10^6	23	$\leqq$0.0005	
Spezifischer Durchgangs-widerstand	Ohm · cm		23	$\geqq$1.0*10**16	
Durchschlagfestigkeit	kV/mm		23	$\geqq$70	mm dick
Oberflächenwiderstand	Ohm		23	1.0*10**13	

Kriechstromfestigkeit	KC	KB	KA
Elektrolytische Korrosionswirkung			
Lichtbogenfestigkeit nach DIN			
nach ASTM s			

Beständigkeit *(Chemische Beständigkeit siehe Anhang)*

Wasseraufnahme

Feuchtigkeitsaufnahme Normalklima %

Wetterbeständigkeit

Spannungskorrosion Nicht empfindlich

Optische Eigenschaften

Brechungszahl n_D

Transmissionsgrad τ_c % mm dick

Lichtdurchlässigkeit

Produkt	Polypropylen		**PP**
Handelsname	**Stamylan P 14U10**		
Hersteller	DSM		
DIN-Bez 1	16774-PP-H,EG,XX-M022		
DIN-Bez 2			
Zusätze		*Füllstoffe/ Verstärkung*	
Bevorzugte Verarbeitung	Extrudieren	*Lieferform*	Granulat
		Farben	Natur; Standard
Besondere Merkmale	Mittleres Fliessvermoegen	*Bevorzugte Anwendungen*	Biegsames Rohr; Trinkhalm; Verpakkungsband; Fibrilliertes Garn; Teppichrueckenband; Schnur; Seil; Verstreckte Folie; Blasfolie; Flachfolie; Warmformtafel

Dichte	g/cm^3	0.905	*Schmelzindex*	g/10 min	1.8:	230/2.16
Schüttdichte	g/cm^3		*Volumenfließindex*	cm^3/10 min	:	
Viskositätszahl	ml/g					

Verarbeitungsbedingungen für Spritzgießen

Massetemp.	°C	*Schwindung*	% lgs , quer
Werkzeugtemp.	°C	*Bemerkungen*	
Spritzdruck	bar		

Zugversuch 23 °C DIN 53455;

Probekörper: *Form* — *Herstellung* Spritzgiessen
Zustand — *Vorbehandlung* Normalklima

Streckspannung	N/mm^2	33	*Dehnung bei Streckspannung*	%	
Zugfestigkeit	N/mm^2		*Reißdehnung*	%	700
Reißfestigkeit	N/mm^2	45	*% Dehnspannung*	N/mm^2	
E-Modul	N/mm^2		*Dehnung bei % Dehnspg.*	%	

Kriechmoduln und Zeitstandwerte 23 °C

Probekörper: *Form* — *Herstellung*
Zustand — *Vorbehandlung*

Kriechmodul	*1 min*	N/mm^2	*Zeitstandzugfestigkeit*	h	N/mm^2
Kriechmodul	*1000 h*	N/mm^2	*Zeitdehnspg.* %	h	N/mm^2
bei Spannung		N/mm^2			

Biegeversuch 23 °C DIN 53457;

Probekörper: *Form* — *Herstellung* Spritzgiessen
Zustand — *Vorbehandlung* Normalklima

Biegefestigkeit	N/mm^2	*E-Modul*	N/mm^2	1750
3,5% *Biegespannung*	N/mm^2			

Härte 23 °C *Probekörper:* *Zustand* — *Herstellung*
Vorbehandlung

Kugeldruckhärte	N/mm^2 bei N, s	*Shore-Härte* A	
Rockwellhärte		*Shore-Härte* D	

Schlagversuch *Probekörper:* *(1)*
(2) — *Herstellung*
Zustand — *Vorbehandlung*

		°C	°C	°C	*Probekörper-Form*
Schlagzähigkeit	kJ/m^2				
Kerbschlagzähigkeit (1)	kJ/m^2				
IZOD-Kerbschlagzähigkeit (2)	J/m				
Kerbschlagzugzähigkeit	kJ/m^2				

Abrieb und Reibung

Taber-Abrieb (Reibradverfahren)	mm^3/100 U		
Abriebfaktor LNP (Thrust washer) Vergleichswert			
Statische Reibungszahl			
Dynamische Reibungszahl	(p·v=	N/mm^2·	m/min)
Zulässiger p · v Wert	N/mm^2 · (m/min)	v=	m/min
		v=	m/min

Thermische Eigenschaften

Formbeständigkeit in der Wärme	*Verfahren*		°C
	Verfahren		°C
Vicat Erweichungstemperatur (VST)	*Verfahren*		°C
	Verfahren		°C
Kristallit-Schmelzpunkt	*Verfahren*		
Längenausdehnungskoeffizient	*Bereich*	°C	$\cdot 10^{-4}K^{-1}$
	Temperatur		$\cdot 10^{-4}K^{-1}$
Wärmeleitfähigkeit	*Verfahren*		W/(K · m)
Spezifische Wärmekapazität	*Verfahren*		J/(K · g)
Glasumwandlungstemperatur	*Torsionsschwingungsversuch*	°C	
	Differentialkalorimetrie	°C	

Brandverhalten

UL-Test vertikal	Dicke	mm, Wert
	Dicke	mm, Wert

	Norm	*Bewertung*	*Abmessungen*
Sauerstoff-Index	ASTM D 2863		
Glühstab-Verfahren			
Brandverhalten	DIN 4102		
MVSS			
FAR			

Elektrische Eigenschaften

	Hz	°C	*Probekörper, Form*
Dielektrizitätszahl	50		
	10^3		
	10^6		
Dielektrischer Verlustfaktor tan δ	50		
	10^3		
	10^6		

Spezifischer Durchgangs-widerstand	Ohm · cm		
Durchschlagfestigkeit	kV/mm		mm dick
Oberflächenwiderstand	Ohm		

Kriechstromfestigkeit	KC	KB	KA
Elektrolytische Korrosionswirkung			
Lichtbogenfestigkeit nach DIN			
nach ASTM	s		

Beständigkeit *(Chemische Beständigkeit siehe Anhang)*

Wasseraufnahme

Feuchtigkeitsaufnahme Normalklima %

Wetterbeständigkeit

Spannungskorrosion Nicht empfindlich

Optische Eigenschaften

Brechungszahl n_D		
Transmissionsgrad τ_c	%	mm dick
Lichtdurchlässigkeit		

Datenbank-Nr.	**T01074**	*Merkblatt-Nr.*	**4058**

Produkt	Polypropylen		**PP**
Handelsname	**Stamylan P 15U10**		
Hersteller	DSM		
DIN-Bez 1	16774-PP-H,EG,XX-M022		
DIN-Bez 2			
Zusätze		*Füllstoffe/ Verstärkung*	
Bevorzugte Verarbeitung	Extrudieren	*Lieferform*	Granulat
		Farben	Natur; Standard
Besondere Merkmale	Mittleres Fliessvermoegen	*Bevorzugte Anwendungen*	Reliefplatte; Fibrilliertes Garn; Teppichrueckenband; Fibrillierte Folie; Flachfolie; Gewebebaendchen; Schnur; Seil

Dichte	g/cm^3	0.905	*Schmelzindex*	g/10 min	3.0:	230/2.16
Schüttdichte	g/cm^3		*Volumenfließindex*	cm^3/10 min	:	
Viskositätszahl	ml/g					

Verarbeitungsbedingungen für Spritzgießen

Massetemp.	°C	*Schwindung*	% lgs , quer
Werkzeugtemp.	°C	*Bemerkungen*	
Spritzdruck	bar		

Zugversuch 23 °C DIN 53455;

Probekörper: *Form* — *Herstellung* Spritzgiessen
Zustand — *Vorbehandlung* Normalklima

Streckspannung	N/mm^2	33	*Dehnung bei Streckspannung*	%	
Zugfestigkeit	N/mm^2		*Reißdehnung*	%	700
Reißfestigkeit	N/mm^2	45	*% Dehnspannung*	N/mm^2	
E-Modul	N/mm^2		*Dehnung bei % Dehnspg.*	%	

Kriechmoduln und Zeitstandwerte 23 °C

Probekörper: *Form* — *Herstellung*
Zustand — *Vorbehandlung*

Kriechmodul	*1 min*	N/mm^2	*Zeitstandzugfestigkeit*	h	N/mm^2
Kriechmodul	*1000 h*	N/mm^2	*Zeitdehnspg. %*	h	N/mm^2
bei Spannung		N/mm^2			

Biegeversuch 23 °C DIN 53457;

Probekörper: *Form* — *Herstellung* Spritzgiessen
Zustand — *Vorbehandlung* Normalklima

Biegefestigkeit	N/mm^2	*E-Modul*	N/mm^2	1850
3,5% *Biegespannung*	N/mm^2			

Härte 23 °C *Probekörper:* *Zustand* — *Herstellung*
Vorbehandlung

Kugeldruckhärte	N/mm^2 bei N, s	*Shore-Härte*	A
Rockwellhärte		*Shore-Härte*	D

Schlagversuch *Probekörper:* *(1)*
(2) — *Herstellung*
Zustand — *Vorbehandlung*

	°C	°C	°C	*Probekörper-Form*
Schlagzähigkeit kJ/m^2				
Kerbschlagzähigkeit (1) kJ/m^2				
IZOD-Kerbschlagzähigkeit (2) J/m				
Kerbschlagzugzähigkeit kJ/m^2				

Abrieb und Reibung

Taber-Abrieb (Reibradverfahren)	mm^3/100 U		
Abriebfaktor LNP (Thrust washer) Vergleichswert			
Statische Reibungszahl			
Dynamische Reibungszahl	(p · v =	N/mm^2 ·	m/min)
Zulässiger p · v Wert	N/mm^2 · (m/min)	v =	m/min
		v =	m/min

Thermische Eigenschaften

Formbeständigkeit in der Wärme	*Verfahren*		°C
	Verfahren		°C
Vicat Erweichungstemperatur (VST)	*Verfahren*		°C
	Verfahren		°C
Kristallit-Schmelzpunkt	*Verfahren*		
Längenausdehnungskoeffizient	*Bereich*	°C	· $10^{-4}K^{-1}$
	Temperatur		· $10^{-4}K^{-1}$
Wärmeleitfähigkeit	*Verfahren*		W/(K · m)
Spezifische Wärmekapazität	*Verfahren*		J/(K · g)
Glasumwandlungstemperatur	*Torsionsschwingungsversuch*	°C	
	Differentialkalorimetrie	°C	

Brandverhalten

UL-Test vertikal	Dicke	mm, Wert
	Dicke	mm, Wert

	Norm	*Bewertung*	*Abmessungen*
Sauerstoff-Index	ASTM D 2863		
Glühstab-Verfahren			
Brandverhalten	DIN 4102		
MVSS			
FAR			

Elektrische Eigenschaften

		Hz	°C	*Probekörper, Form*
Dielektrizitätszahl		50		
		10^3		
		10^6		
Dielektrischer Verlustfaktor tan δ		50		
		10^3		
		10^6		
Spezifischer Durchgangs-widerstand	Ohm · cm			
Durchschlagfestigkeit	kV/mm			mm dick
Oberflächenwiderstand	Ohm			

Kriechstromfestigkeit	KC	KB	KA
Elektrolytische Korrosionswirkung			
Lichtbogenfestigkeit nach DIN			
nach ASTM s			

Beständigkeit *(Chemische Beständigkeit siehe Anhang)*

Wasseraufnahme

Feuchtigkeitsaufnahme Normalklima %

Wetterbeständigkeit

Spannungskorrosion Nicht empfindlich

Optische Eigenschaften

Brechungszahl n_D		
Transmissionsgrad τ_c	%	mm dick
Lichtdurchlässigkeit		

Produkt	Polypropylen		**PP**
Handelsname	**Stamylan P 83E10N**		
Hersteller	DSM		
DIN-Bez 1	16774-PP-H,EG,XX-M012		
DIN-Bez 2			
Zusätze		*Füllstoffe/ Verstärkung*	
Bevorzugte Verarbeitung	Extrudieren	*Lieferform*	Granulat
		Farben	Natur; Standard
Besondere Merkmale	Hoehere Eigensteifigkeit als Stamylan P 83E10; Eigenschaftsidentisch mit Stamylan P 83E80N	*Bevorzugte Anwendungen*	Platte; Synthetische Wellpappe; Biegsames Rohr

Dichte	g/cm^3	0.908	*Schmelzindex*	g/10 min	0.9:	230/2.16
Schüttdichte	g/cm^3		*Volumenfließindex*	$cm^3/10$ min	:	
Viskositätszahl	ml/g					

Verarbeitungsbedingungen für Spritzgießen

Massetemp.	°C	*Schwindung*	% lgs , quer
Werkzeugtemp.	°C	*Bemerkungen*	
Spritzdruck	bar		

Zugversuch 23 °C DIN 53455;
Probekörper: *Form* / *Zustand* — *Herstellung* Spritzgiessen; *Vorbehandlung* Normalklima

Streckspannung	N/mm^2	27	*Dehnung bei Streckspannung*	%	
Zugfestigkeit	N/mm^2		*Reißdehnung*	%	800
Reißfestigkeit	N/mm^2	36	*% Dehnspannung*	N/mm^2	
E-Modul	N/mm^2		*Dehnung bei % Dehnspg.*	%	

Kriechmoduln und Zeitstandwerte 23 °C
Probekörper: *Form* / *Zustand* — *Herstellung* / *Vorbehandlung*

Kriechmodul	*1 min* N/mm^2	*Zeitstandzugfestigkeit*	h	N/mm^2
Kriechmodul	*1000 h* N/mm^2	*Zeitdehnspg. %*	h	N/mm^2
bei Spannung	N/mm^2			

Biegeversuch 23 °C DIN 53457;
Probekörper: *Form* / *Zustand* — *Herstellung* Spritzgiessen; *Vorbehandlung* Normalklima

Biegefestigkeit	N/mm^2	*E-Modul*	N/mm^2	1350
3,5% *Biegespannung*	N/mm^2			

Härte 23 °C *Probekörper:* *Zustand* — *Herstellung* / *Vorbehandlung*

Kugeldruckhärte	N/mm^2 bei N, s	*Shore-Härte* A	
Rockwellhärte		*Shore-Härte* D	

Schlagversuch *Probekörper:* *(1)* / *(2)* / *Zustand* — *Herstellung* / *Vorbehandlung*

		°C	°C	°C	*Probekörper-Form*
Schlagzähigkeit	kJ/m^2				
Kerbschlagzähigkeit (1)	kJ/m^2				
IZOD-Kerbschlagzähigkeit (2)	J/m				
Kerbschlagzugzähigkeit	kJ/m^2				

Abrieb und Reibung

Taber-Abrieb (Reibradverfahren)	$mm^3/100$ U		
Abriebfaktor LNP (Thrust washer) Vergleichswert			
Statische Reibungszahl			
Dynamische Reibungszahl	(p·v=	N/mm^2 ·	m/min)
Zulässiger p · v Wert	N/mm^2 · (m/min)	v=	m/min
		v=	m/min

Thermische Eigenschaften

Formbeständigkeit in der Wärme	*Verfahren*		°C
	Verfahren		°C
Vicat Erweichungstemperatur (VST)	*Verfahren*		°C
	Verfahren		°C
Kristallit-Schmelzpunkt	*Verfahren*		
Längenausdehnungskoeffizient	*Bereich*	°C	$\cdot 10^{-4}K^{-1}$
	Temperatur		$\cdot 10^{-4}K^{-1}$
Wärmeleitfähigkeit	*Verfahren*		W/(K · m)
Spezifische Wärmekapazität	*Verfahren*		J/(K · g)
Glasumwandlungstemperatur	*Torsionsschwingungsversuch*	°C	
	Differentialkalorimetrie	°C	

Brandverhalten

UL-Test vertikal	Dicke	mm, Wert
	Dicke	mm, Wert

	Norm	*Bewertung*	*Abmessungen*
Sauerstoff-Index	ASTM D 2863		
Glühstab-Verfahren			
Brandverhalten	DIN 4102		
MVSS			
FAR			

Elektrische Eigenschaften

		Hz	°C	*Probekörper, Form*
Dielektrizitätszahl		50		
		10^3		
		10^6		
Dielektrischer Verlustfaktor tan δ		50		
		10^3		
		10^6		
Spezifischer Durchgangswiderstand	Ohm · cm			
Durchschlagfestigkeit	kV/mm			mm dick
Oberflächenwiderstand	Ohm			

Kriechstromfestigkeit	KC	KB	KA
Elektrolytische Korrosionswirkung			
Lichtbogenfestigkeit nach DIN			
nach ASTM s			

Beständigkeit *(Chemische Beständigkeit siehe Anhang)*

Wasseraufnahme

Feuchtigkeitsaufnahme Normalklima %

Wetterbeständigkeit

Spannungskorrosion Nicht empfindlich

Optische Eigenschaften

Brechungszahl n_D		
Transmissionsgrad τ_c	%	mm dick
Lichtdurchlässigkeit		

Produkt	Polycarbonat		**PC**
Handelsname	**Idemitsu A2200**		
Hersteller	IDEMITSU		
DIN-Bez 1			
DIN-Bez 2			
Zusätze		*Füllstoffe/ Verstärkung*	
Bevorzugte Verarbeitung	Spritzgiessen	*Lieferform*	Granulat
		Farben	Natur; Standard
Besondere Merkmale	Standardtyp; Niedrigviskos; Eigenschaftsidentisch mit A2500 (mittelviskos), A2700 (mittelviskos), A3000 (hochviskos); FDA-Zulassung	*Bevorzugte Anwendungen*	Maschinenbau; Elektrotechnik; Elektronik; Fotoindustrie; Medizintechnik; Kfz-Industrie; Haushaltsgeraet

Dichte	g/cm^3	1.20	*Schmelzindex*	g/10 min		:
Schüttdichte	g/cm^3		*Volumenfließindex*	$cm^3/10$ min		:
Viskositätszahl	ml/g					

Verarbeitungsbedingungen für Spritzgießen

Massetemp.	°C	*Schwindung*	%	lgs 0.5–0.6, quer 0.5–0.6
Werkzeugtemp.	°C	*Bemerkungen*		
Spritzdruck	bar			

Zugversuch 23 °C ASTM D 638;
Probekörper: *Form* — *Herstellung* Spritzgiessen
Zustand — *Vorbehandlung* Normalklima

Streckspannung	N/mm^2 60–70	*Dehnung bei Streckspannung*	%
Zugfestigkeit	N/mm^2	*Reißdehnung*	%
Reißfestigkeit	N/mm^2 65–85	*% Dehnspannung*	N/mm^2
E-Modul	N/mm^2 2100–2300	*Dehnung bei % Dehnspg.*	%

Kriechmoduln und Zeitstandwerte 23 °C
Probekörper: *Form* — *Herstellung*
Zustand — *Vorbehandlung*

Kriechmodul	*1 min* N/mm^2	*Zeitstandzugfestigkeit*	h N/mm^2
Kriechmodul	*1000 h* N/mm^2	*Zeitdehnspg.* %	h N/mm^2
bei Spannung	N/mm^2		

Biegeversuch 23 °C ASTM D 790;
Probekörper: *Form* — *Herstellung* Spritzgiessen
Zustand — *Vorbehandlung* Normalklima

Biegefestigkeit	N/mm^2 80–92	*E-Modul*	N/mm^2 2200–2400
3,5% *Biegespannung*	N/mm^2		

Härte 23 °C *Probekörper:* *Zustand* — *Herstellung*
Vorbehandlung

Kugeldruckhärte	N/mm^2 bei N, s	*Shore-Härte* A	
Rockwellhärte		*Shore-Härte* D	

Schlagversuch *Probekörper:* *(1)*
(2) V-Kerbe — *Herstellung* Spritzgiessen
Zustand — *Vorbehandlung* Normalklima

		°C		°C	°C	*Probekörper-Form*
Schlagzähigkeit	kJ/m^2					
Kerbschlagzähigkeit (1)	kJ/m^2					
IZOD-Kerbschlagzähigkeit (2)	J/m	23	800–1000			63.5x12.7x3.2 mm
Kerbschlagzugzähigkeit	kJ/m^2					

Abrieb und Reibung

Taber-Abrieb (Reibradverfahren)	mm^3/100 U		
Abriebfaktor LNP (Thrust washer) Vergleichswert			
Statische Reibungszahl			
Dynamische Reibungszahl	(p·v= N/mm^2·		m/min)
Zulässiger p · v Wert	N/mm^2 · (m/min)	v=	m/min
		v=	m/min

Thermische Eigenschaften

Formbeständigkeit in der Wärme	*Verfahren* A		134–135 °C
	Verfahren		°C
Vicat Erweichungstemperatur (VST)	*Verfahren*		°C
	Verfahren		°C
Kristallit-Schmelzpunkt	*Verfahren*		
Längenausdehnungskoeffizient	*Bereich*	°C	· $10^{-4}K^{-1}$
	Temperatur 23 °C		0.6–0.65 · $10^{-4}K^{-1}$
Wärmeleitfähigkeit	*Verfahren*		W/(K · m)
Spezifische Wärmekapazität	*Verfahren*		J/(K · g)
Glasumwandlungstemperatur	*Torsionsschwingungsversuch*	°C	
	Differentialkalorimetrie	°C	

Brandverhalten

UL-Test vertikal Dicke 1.47 mm, Wert V-2
Dicke mm, Wert

	Norm	*Bewertung*	*Abmessungen*
Sauerstoff-Index	ASTM D 2863		
Glühstab-Verfahren			
Brandverhalten	DIN 4102		
MVSS			
FAR			

Elektrische Eigenschaften

		Hz	°C		*Probekörper, Form*
Dielektrizitätszahl		50	23	2.91	
		10^3	23	2.85	
		10^6			
Dielektrischer Verlustfaktor tan δ		50	23	0.00066	
		10^3	23	0.0092	
		10^6			
Spezifischer Durchgangs-widerstand	Ohm · cm		23	≧1.0*10**16	
Durchschlagfestigkeit	kV/mm		23	28–30	1.6 mm dick
Oberflächenwiderstand	Ohm				

Kriechstromfestigkeit	KC	KB	KA
Elektrolytische Korrosionswirkung			
Lichtbogenfestigkeit nach DIN			
nach ASTM s	100–120		

Beständigkeit *(Chemische Beständigkeit siehe Anhang)*

Wasseraufnahme 23 C	1 d	0.22–0.24 %
Feuchtigkeitsaufnahme Normalklima		%
Wetterbeständigkeit		
Spannungskorrosion		

Optische Eigenschaften

Brechungszahl n_D
Transmissionsgrad τ_c 87 % 3 mm dick
Lichtdurchlässigkeit

Datenbank-Nr. **T01077** Merkblatt-Nr. **4061**

Produkt	Polycarbonat		**PC**
Handelsname	**Idemitsu R2200**		
Hersteller	IDEMITSU		
DIN-Bez 1			
DIN-Bez 2			
Zusätze	Formtrennmittel	*Füllstoffe/ Verstärkung*	
Bevorzugte Verarbeitung	Spritzgiessen	*Lieferform*	Granulat
		Farben	Natur; Standard
Besondere Merkmale	Standardtyp; Niedrigviskos; Eigenschaftsidentisch mit R2500 (mittelviskos), R2700 (mittelviskos), R3000 (hochviskos); FDA-Zulassung	*Bevorzugte Anwendungen*	Maschinenbau; Elektrotechnik; Elektronik; Fotoindustrie; Medizintechnik; Kfz-Industrie; Haushaltsgeraet

Dichte	g/cm^3 1.20	*Schmelzindex*	g/10 min		:
Schüttdichte	g/cm^3	*Volumenfließindex*	$cm^3/10$ min		:
Viskositätszahl	ml/g				

Verarbeitungsbedingungen für Spritzgießen

Massetemp.	°C	*Schwindung*	%	lgs 0.5–0.6, quer 0.5–0.6
Werkzeugtemp.	°C	*Bemerkungen*		
Spritzdruck	bar			

Zugversuch 23 °C ASTM D 638;

Probekörper:	*Form*	*Herstellung*	Spritzgiessen
	Zustand	*Vorbehandlung*	Normalklima
Streckspannung	N/mm^2 60–70	*Dehnung bei Streckspannung*	%
Zugfestigkeit	N/mm^2	*Reißdehnung*	%
Reißfestigkeit	N/mm^2 65–85	*% Dehnspannung*	N/mm^2
E-Modul	N/mm^2 2100–2300	*Dehnung bei % Dehnspg.*	%

Kriechmoduln und Zeitstandwerte 23 °C

Probekörper:	*Form*	*Herstellung*	
	Zustand	*Vorbehandlung*	
Kriechmodul	*1 min* N/mm^2	*Zeitstandzugfestigkeit*	h N/mm^2
Kriechmodul	*1000 h* N/mm^2	*Zeitdehnspg. %*	h N/mm^2
bei Spannung	N/mm^2		

Biegeversuch 23 °C ASTM D 790;

Probekörper:	*Form*	*Herstellung*	Spritzgiessen
	Zustand	*Vorbehandlung*	Normalklima
Biegefestigkeit	N/mm^2 80–92	*E-Modul*	N/mm^2 2200–2400
3,5% *Biegespannung*	N/mm^2		

Härte 23 °C

Probekörper:	*Zustand*	*Herstellung*	
		Vorbehandlung	
Kugeldruckhärte	N/mm^2 bei N, s	*Shore-Härte* A	
Rockwellhärte		*Shore-Härte* D	

Schlagversuch *Probekörper:* *(1)*; *(2)* V-Kerbe; *Zustand* — *Herstellung* Spritzgiessen; *Vorbehandlung* Normalklima

		°C		°C	°C	*Probekörper-Form*
Schlagzähigkeit	kJ/m^2					
Kerbschlagzähigkeit (1)	kJ/m^2					
IZOD-Kerbschlagzähigkeit (2)	J/m	23	800–1000			63.5x12.7x3.2 mm
Kerbschlagzugzähigkeit	kJ/m^2					

Abrieb und Reibung

Taber-Abrieb (Reibradverfahren)	mm^3/100 U		
Abriebfaktor LNP (Thrust washer) Vergleichswert			
Statische Reibungszahl			
Dynamische Reibungszahl	(p·v=	N/mm^2 ·	m/min)
Zulässiger p · v Wert	N/mm^2 · (m/min)	v=	m/min
		v=	m/min

Thermische Eigenschaften

Formbeständigkeit in der Wärme	*Verfahren* A		134–135 °C
	Verfahren		°C
Vicat Erweichungstemperatur (VST)	*Verfahren*		°C
	Verfahren		°C
Kristallit-Schmelzpunkt	*Verfahren*		
Längenausdehnungskoeffizient	*Bereich*	°C	$\cdot 10^{-4} K^{-1}$
	Temperatur 23 °C		$0.6\text{–}0.65 \cdot 10^{-4} K^{-1}$
Wärmeleitfähigkeit	*Verfahren*		W/(K · m)
Spezifische Wärmekapazität	*Verfahren*		J/(K · g)
Glasumwandlungstemperatur	*Torsionsschwingungsversuch*	°C	
	Differentialkalorimetrie	°C	

Brandverhalten

UL-Test vertikal — Dicke 1.47 mm, Wert V-2
Dicke mm, Wert

	Norm	*Bewertung*	*Abmessungen*
Sauerstoff-Index	ASTM D 2863		
Glühstab-Verfahren			
Brandverhalten	DIN 4102		
MVSS			
FAR			

Elektrische Eigenschaften

		Hz	°C		*Probekörper, Form*
Dielektrizitätszahl		50	23	2.91	
		10^3	23	2.85	
		10^6			
Dielektrischer Verlustfaktor tan δ		50	23	0.00066	
		10^3	23	0.0092	
		10^6			
Spezifischer Durchgangs-widerstand	Ohm · cm		23	≧1.0*10**16	
Durchschlagfestigkeit	kV/mm		23	28–30	1.6 mm dick
Oberflächenwiderstand	Ohm				

Kriechstromfestigkeit	KC	KB	KA
Elektrolytische Korrosionswirkung			
Lichtbogenfestigkeit nach DIN			
nach ASTM s	100–120		

Beständigkeit *(Chemische Beständigkeit siehe Anhang)*

Wasseraufnahme 23 C	1 d	0.22–0.24 %
Feuchtigkeitsaufnahme Normalklima		%
Wetterbeständigkeit		
Spannungskorrosion		

Optische Eigenschaften

Brechungszahl n_D
Transmissionsgrad τ_c 87 % 3 mm dick
Lichtdurchlässigkeit

Produkt	Polycarbonat		**PC**
Handelsname	**Idemitsu NB-2500**		
Hersteller	IDEMITSU		
DIN-Bez 1			
DIN-Bez 2			
Zusätze	Flammschutzmittel	*Füllstoffe/ Verstärkung*	
Bevorzugte Verarbeitung	Spritzgiessen	*Lieferform*	Granulat
		Farben	Natur; Standard
Besondere Merkmale	Mittelviskos	*Bevorzugte Anwendungen*	Maschinenbau; Elektrotechnik; Elektronik; Fotoindustrie; Medizintechnik; Kfz-Industrie; Haushaltsgeraet

Dichte	g/cm³	1.22	*Schmelzindex*	g/10 min	:
Schüttdichte	g/cm³		*Volumenfließindex*	cm³/10 min	:
Viskositätszahl	ml/g				

Verarbeitungsbedingungen für Spritzgießen

Massetemp.	°C	*Schwindung*	%	lgs 0.5–0.6, quer 0.5–0.6
Werkzeugtemp.	°C	*Bemerkungen*		
Spritzdruck	bar			

Zugversuch 23 °C ASTM D 638;
Probekörper: *Form* — *Herstellung* Spritzgiessen
Zustand — *Vorbehandlung* Normalklima

Streckspannung	N/mm² 60–70	*Dehnung bei Streckspannung*	%	
Zugfestigkeit	N/mm²	*Reißdehnung*	%	
Reißfestigkeit	N/mm² 65–85	*% Dehnspannung*	N/mm²	
E-Modul	N/mm² 2100–2300	*Dehnung bei % Dehnspg.*	%	

Kriechmoduln und Zeitstandwerte 23 °C
Probekörper: *Form* — *Herstellung*
Zustand — *Vorbehandlung*

Kriechmodul	*1 min* N/mm²	*Zeitstandzugfestigkeit*	h N/mm²
Kriechmodul	*1000 h* N/mm²	*Zeitdehnspg. %*	h N/mm²
bei Spannung	N/mm²		

Biegeversuch 23 °C ASTM D 790;
Probekörper: *Form* — *Herstellung* Spritzgiessen
Zustand — *Vorbehandlung* Normalklima

Biegefestigkeit	N/mm² 80–92	*E-Modul*	N/mm² 2200–2400
3,5% *Biegespannung*	N/mm²		

Härte 23 °C *Probekörper:* *Zustand* — *Herstellung*
Vorbehandlung

Kugeldruckhärte	N/mm² bei N, s	*Shore-Härte* A	
Rockwellhärte		*Shore-Härte* D	

Schlagversuch *Probekörper:* *(1)*
(2) V-Kerbe — *Herstellung* Spritzgiessen
Zustand — *Vorbehandlung* Normalklima

		°C	°C	°C	*Probekörper-Form*
Schlagzähigkeit	kJ/m²				
Kerbschlagzähigkeit (1)	kJ/m²				
IZOD-Kerbschlagzähigkeit (2)	J/m	23 800–1000			63.5x12.7x3.2 mm
Kerbschlagzugzähigkeit	kJ/m²				

Abrieb und Reibung

Taber-Abrieb (Reibradverfahren)	mm^3/100 U		
Abriebfaktor LNP (Thrust washer) Vergleichswert			
Statische Reibungszahl			
Dynamische Reibungszahl	(p·v=	N/mm^2·	m/min)
Zulässiger p · v Wert	N/mm^2·(m/min)	v=	m/min
		v=	m/min

Thermische Eigenschaften

Formbeständigkeit in der Wärme	*Verfahren* A	140–142 °C
	Verfahren	°C
Vicat Erweichungstemperatur (VST)	*Verfahren*	°C
	Verfahren	°C
Kristallit-Schmelzpunkt	*Verfahren*	
Längenausdehnungskoeffizient	*Bereich* °C	$\cdot 10^{-4} K^{-1}$
	Temperatur 23 °C	0.6–0.65 $\cdot 10^{-4} K^{-1}$
Wärmeleitfähigkeit	*Verfahren*	W/(K · m)
Spezifische Wärmekapazität	*Verfahren*	J/(K · g)
Glasumwandlungstemperatur	*Torsionsschwingungsversuch*	°C
	Differentialkalorimetrie	°C

Brandverhalten

UL-Test vertikal Dicke 0.74 mm, Wert V-0
Dicke mm, Wert

	Norm	*Bewertung*	*Abmessungen*
Sauerstoff-Index	ASTM D 2863		
Glühstab-Verfahren			
Brandverhalten	DIN 4102		
MVSS			
FAR			

Elektrische Eigenschaften

		Hz	°C			*Probekörper, Form*
Dielektrizitätszahl		50	23	2.91		
		10^3	23	2.85		
		10^6				
Dielektrischer Verlustfaktor tan δ		50	23	0.00066		
		10^3	23	0.0092		
		10^6				
Spezifischer Durchgangs-widerstand	Ohm · cm		23	≧1.0*10**16		
Durchschlagfestigkeit	kV/mm		23	28–30		1.6 mm dick
Oberflächenwiderstand	Ohm					
Kriechstromfestigkeit		KC		KB	KA	
Elektrolytische Korrosionswirkung						
Lichtbogenfestigkeit nach DIN						
nach ASTM	s	100–120				

Beständigkeit *(Chemische Beständigkeit siehe Anhang)*

Wasseraufnahme 23 C	1 d	0.22–0.24 %	
Feuchtigkeitsaufnahme Normalklima			%
Wetterbeständigkeit			
Spannungskorrosion			

Optische Eigenschaften

Brechungszahl n_D
Transmissionsgrad τ_c 87 % 3 mm dick
Lichtdurchlässigkeit

Produkt	Polycarbonat		**PC**
Handelsname	**Idemitsu AL-0010**		
Hersteller	IDEMITSU		
DIN-Bez 1			
DIN-Bez 2			
Zusätze	Fluor-Polymer	*Füllstoffe/ Verstärkung*	
Bevorzugte Verarbeitung	Spritzgiessen	*Lieferform*	Granulat
		Farben	Opak
Besondere Merkmale	Niedriger Reibkoeffizient	*Bevorzugte Anwendungen*	Maschinenbau; Elektrotechnik; Elektronik; Fotoindustrie; Medizintechnik; Kfz-Industrie; Haushaltsgeraet

Dichte	g/cm^3	1.25	*Schmelzindex*	g/10 min		:
Schüttdichte	g/cm^3		*Volumenfließindex*	$cm^3/10$ min		:
Viskositätszahl	ml/g					

Verarbeitungsbedingungen für Spritzgießen

Massetemp.	°C		*Schwindung*	%	lgs 0.3–0.5, quer 0.3–0.5
Werkzeugtemp.	°C		*Bemerkungen*		
Spritzdruck	bar				

Zugversuch 23 °C ASTM D 638;
Probekörper: *Form* — *Herstellung* Spritzgiessen
Zustand — *Vorbehandlung* Normalklima

Streckspannung	N/mm^2	58	*Dehnung bei Streckspannung*	%	
Zugfestigkeit	N/mm^2		*Reißdehnung*	%	
Reißfestigkeit	N/mm^2	53	% *Dehnspannung*	N/mm^2	
E-Modul	N/mm^2	2230	*Dehnung bei* % *Dehnspg.*	%	

Kriechmoduln und Zeitstandwerte 23 °C
Probekörper: *Form* — *Herstellung*
Zustand — *Vorbehandlung*

Kriechmodul	*1 min* N/mm^2		*Zeitstandzugfestigkeit*	h	N/mm^2
Kriechmodul	*1000 h* N/mm^2		*Zeitdehnspg.* %	h	N/mm^2
bei Spannung	N/mm^2				

Biegeversuch 23 °C ASTM D 790;
Probekörper: *Form* — *Herstellung* Spritzgiessen
Zustand — *Vorbehandlung* Normalklima

Biegefestigkeit	N/mm^2	81	*E-Modul*	N/mm^2	2600
3,5% *Biegespannung*	N/mm^2				

Härte 23 °C *Probekörper:* *Zustand* — *Herstellung*
Vorbehandlung

Kugeldruckhärte	N/mm^2	bei N, s	*Shore-Härte* A
Rockwellhärte			*Shore-Härte* D

Schlagversuch *Probekörper:* *(1)*
(2) V-Kerbe — *Herstellung* Spritzgiessen
Zustand — *Vorbehandlung* Normalklima

		°C		°C		°C		*Probekörper-Form*
Schlagzähigkeit	kJ/m^2							
Kerbschlagzähigkeit (1)	kJ/m^2							
IZOD-Kerbschlagzähigkeit (2)	J/m	23	200					63.5x12.7x3.2 mm
Kerbschlagzugzähigkeit	kJ/m^2							

Abrieb und Reibung

Taber-Abrieb (Reibradverfahren)	mm^3/100 U		
Abriebfaktor LNP (Thrust washer) Vergleichswert			
Statische Reibungszahl			
Dynamische Reibungszahl	(p·v=	N/mm^2 ·	m/min)
Zulässiger p · v Wert	N/mm^2 · (m/min)	v=	m/min
		v=	m/min

Thermische Eigenschaften

Formbeständigkeit in der Wärme	*Verfahren* A		135 °C
	Verfahren		°C
Vicat Erweichungstemperatur (VST)	*Verfahren*		°C
	Verfahren		°C
Kristallit-Schmelzpunkt	*Verfahren*		
Längenausdehnungskoeffizient	*Bereich*	°C	$\cdot 10^{-4} K^{-1}$
	Temperatur 23 °C		$0.63 \cdot 10^{-4} K^{-1}$
Wärmeleitfähigkeit	*Verfahren*		W/(K · m)
Spezifische Wärmekapazität	*Verfahren*		J/(K · g)
Glasumwandlungstemperatur	*Torsionsschwingungsversuch*	°C	
	Differentialkalorimetrie	°C	

Brandverhalten

UL-Test vertikal	Dicke	mm, Wert
	Dicke	mm, Wert

	Norm	*Bewertung*	*Abmessungen*
Sauerstoff-Index	ASTM D 2863		
Glühstab-Verfahren			
Brandverhalten	DIN 4102		
MVSS			
FAR			

Elektrische Eigenschaften

		Hz	°C		*Probekörper, Form*
Dielektrizitätszahl		50	23	2.70	
		10^3	23	2.65	
		10^6			
Dielektrischer Verlustfaktor tan δ		50	23	0.0005	
		10^3	23	0.005	
		10^6			
Spezifischer Durchgangswiderstand	Ohm · cm		23	$\geqq$1.0*10**16	
Durchschlagfestigkeit	kV/mm		23	28–30	1.6 mm dick
Oberflächenwiderstand	Ohm				

Kriechstromfestigkeit		KC	KB	KA
Elektrolytische Korrosionswirkung				
Lichtbogenfestigkeit nach DIN				
nach ASTM	s	90		

Beständigkeit *(Chemische Beständigkeit siehe Anhang)*

Wasseraufnahme 23 C	1 d	0.20 %	
Feuchtigkeitsaufnahme Normalklima			%
Wetterbeständigkeit			
Spannungskorrosion			

Optische Eigenschaften

Brechungszahl n_D		
Transmissionsgrad τ_c	%	mm dick
Lichtdurchlässigkeit		

Produkt	Polycarbonat		**PC**
Handelsname	**Idemitsu AL-0020**		
Hersteller	IDEMITSU		
DIN-Bez 1			
DIN-Bez 2			
Zusätze	Fluor-Polymer	*Füllstoffe/ Verstärkung*	
Bevorzugte Verarbeitung	Spritzgiessen	*Lieferform*	Granulat
		Farben	Opak
Besondere Merkmale	Niedriger Reibkoeffizient	*Bevorzugte Anwendungen*	Maschinenbau; Elektrotechnik; Elektronik; Fotoindustrie; Medizintechnik; Kfz-Industrie; Haushaltsgeraet

Dichte	g/cm^3	1.31	*Schmelzindex*	g/10 min		:
Schüttdichte	g/cm^3		*Volumenfließindex*	$cm^3/10$ min		:
Viskositätszahl	ml/g					

Verarbeitungsbedingungen für Spritzgießen

Massetemp.	°C	*Schwindung*	%	lgs 0.3–0.5, quer 0.3–0.5
Werkzeugtemp.	°C	*Bemerkungen*		
Spritzdruck	bar			

Zugversuch 23 °C ASTM D 638;

Probekörper: *Form* / *Zustand* — *Herstellung* Spritzgiessen / *Vorbehandlung* Normalklima

Streckspannung	N/mm^2	53	*Dehnung bei Streckspannung*	%	
Zugfestigkeit	N/mm^2		*Reißdehnung*	%	
Reißfestigkeit	N/mm^2	49	*% Dehnspannung*	N/mm^2	
E-Modul	N/mm^2	2080	*Dehnung bei % Dehnspg.*	%	

Kriechmoduln und Zeitstandwerte 23 °C

Probekörper: *Form* / *Zustand* — *Herstellung* / *Vorbehandlung*

Kriechmodul	*1 min* N/mm^2		*Zeitstandzugfestigkeit*	h	N/mm^2
Kriechmodul	*1000 h* N/mm^2		*Zeitdehnspg. %*	h	N/mm^2
bei Spannung	N/mm^2				

Biegeversuch 23 °C ASTM D 790;

Probekörper: *Form* / *Zustand* — *Herstellung* Spritzgiessen / *Vorbehandlung* Normalklima

Biegefestigkeit	N/mm^2	80	*E-Modul*	N/mm^2	2540
3,5% *Biegespannung*	N/mm^2				

Härte 23 °C *Probekörper:* *Zustand* — *Herstellung* / *Vorbehandlung*

Kugeldruckhärte	N/mm^2 bei N, s	*Shore-Härte*	A
Rockwellhärte		*Shore-Härte*	D

Schlagversuch *Probekörper:* *(1)* / *(2)* V-Kerbe / *Zustand* — *Herstellung* Spritzgiessen / *Vorbehandlung* Normalklima

		°C		°C		°C		*Probekörper-Form*
Schlagzähigkeit	kJ/m^2							
Kerbschlagzähigkeit (1)	kJ/m^2							
IZOD-Kerbschlagzähigkeit (2)	J/m	23	160					63.5x12.7x3.2 mm
Kerbschlagzugzähigkeit	kJ/m^2							

Abrieb und Reibung

Taber-Abrieb (Reibradverfahren)	$mm^3/100$ U		
Abriebfaktor LNP (Thrust washer) Vergleichswert			
Statische Reibungszahl			
Dynamische Reibungszahl	(p · v=	N/mm^2 ·	m/min)
Zulässiger p · v Wert	N/mm^2 · (m/min)	v=	m/min
		v=	m/min

Thermische Eigenschaften

Formbeständigkeit in der Wärme	*Verfahren* A		135 °C
	Verfahren		°C
Vicat Erweichungstemperatur (VST)	*Verfahren*		°C
	Verfahren		°C
Kristallit-Schmelzpunkt	*Verfahren*		
Längenausdehnungskoeffizient	*Bereich*	°C	$\cdot 10^{-4}K^{-1}$
	Temperatur 23 °C		$0.63 \cdot 10^{-4}K^{-1}$
Wärmeleitfähigkeit	*Verfahren*		W/(K · m)
Spezifische Wärmekapazität	*Verfahren*		J/(K · g)
Glasumwandlungstemperatur	*Torsionsschwingungsversuch*	°C	
	Differentialkalorimetrie	°C	

Brandverhalten

UL-Test vertikal	Dicke	mm, Wert
	Dicke	mm, Wert

	Norm	*Bewertung*	*Abmessungen*
Sauerstoff-Index	ASTM D 2863		
Glühstab-Verfahren			
Brandverhalten	DIN 4102		
MVSS			
FAR			

Elektrische Eigenschaften

		Hz	°C		*Probekörper, Form*
Dielektrizitätszahl		50	23	3.10	
		10^3	23	3.00	
		10^6			
Dielektrischer Verlustfaktor tan δ		50	23	0.0009	
		10^3	23	0.009	
		10^6			
Spezifischer Durchgangs-widerstand	Ohm · cm		23	≧1.0*10**16	
Durchschlagfestigkeit	kV/mm		23	28–30	1.6 mm dick
Oberflächenwiderstand	Ohm				

Kriechstromfestigkeit		KC	KB	KA
Elektrolytische Korrosionswirkung				
Lichtbogenfestigkeit nach DIN				
nach ASTM	s	75		

Beständigkeit *(Chemische Beständigkeit siehe Anhang)*

Wasseraufnahme 23 C	1 d	0.18 %	
Feuchtigkeitsaufnahme Normalklima			%
Wetterbeständigkeit			
Spannungskorrosion			

Optische Eigenschaften

Brechungszahl n_D		
Transmissionsgrad τ_c	%	mm dick
Lichtdurchlässigkeit		

Produkt	Polycarbonat		**PC**
Handelsname	**Idemitsu G-2510**		
Hersteller	IDEMITSU		
DIN-Bez 1			
DIN-Bez 2			
Zusätze		*Füllstoffe/ Verstärkung*	10% Glasfaser
Bevorzugte Verarbeitung	Spritzgiessen	*Lieferform*	Granulat
		Farben	Opak
Besondere Merkmale	Standardtyp	*Bevorzugte Anwendungen*	Maschinenbau; Elektrotechnik; Elektronik; Fotoindustrie; Medizintechnik; Kfz-Industrie; Haushaltsgeraet

Dichte	g/cm^3	1.27	*Schmelzindex*	g/10 min		:
Schüttdichte	g/cm^3		*Volumenfließindex*	$cm^3/10$ min		:
Viskositätszahl	ml/g					

Verarbeitungsbedingungen für Spritzgießen

Massetemp.	°C	*Schwindung*	%	lgs 0.3–0.5,	quer
Werkzeugtemp.	°C	*Bemerkungen*			
Spritzdruck	bar				

Zugversuch 23 °C ASTM D 638;
Probekörper: *Form* *Zustand* — *Herstellung* Spritzgiessen; *Vorbehandlung* Normalklima

Streckspannung	N/mm^2 80	*Dehnung bei Streckspannung*		%
Zugfestigkeit	N/mm^2	*Reißdehnung*		%
Reißfestigkeit	N/mm^2 70–80	% *Dehnspannung*		N/mm^2
E-Modul	N/mm^2 3200–3500	*Dehnung bei*	% *Dehnspg.*	%

Kriechmoduln und Zeitstandwerte 23 °C
Probekörper: *Form* *Zustand* — *Herstellung*; *Vorbehandlung*

Kriechmodul	*1 min*	N/mm^2	*Zeitstandzugfestigkeit*	h	N/mm^2
Kriechmodul	*1000 h*	N/mm^2	*Zeitdehnspg.* %	h	N/mm^2
bei Spannung		N/mm^2			

Biegeversuch 23 °C ASTM D 790;
Probekörper: *Form* *Zustand* — *Herstellung* Spritzgiessen; *Vorbehandlung* Normalklima

Biegefestigkeit	N/mm^2	110–120	*E-Modul*	N/mm^2 3500–3700
3,5% *Biegespannung*	N/mm^2			

Härte 23 °C *Probekörper:* *Zustand* — *Herstellung*; *Vorbehandlung*

Kugeldruckhärte	N/mm^2 bei N, s	*Shore-Härte* A	
Rockwellhärte		*Shore-Härte* D	

Schlagversuch *Probekörper:* *(1)* *(2)* V-Kerbe *Zustand* — *Herstellung* Spritzgiessen; *Vorbehandlung* Normalklima

		°C	°C	°C	*Probekörper-Form*
Schlagzähigkeit	kJ/m^2				
Kerbschlagzähigkeit (1)	kJ/m^2				
IZOD-Kerbschlagzähigkeit (2)	J/m	23 80–120			63.5x12.7x3.2 mm
Kerbschlagzugzähigkeit	kJ/m^2				

Abrieb und Reibung

Taber-Abrieb (Reibradverfahren)	$mm^3/100$ U		
Abriebfaktor LNP (Thrust washer) Vergleichswert			
Statische Reibungszahl			
Dynamische Reibungszahl	(p · v =	N/mm^2 ·	m/min)
Zulässiger p · v Wert	N/mm^2 · (m/min)	v =	m/min
		v =	m/min

Thermische Eigenschaften

Formbeständigkeit in der Wärme	*Verfahren* A		139–147 °C
	Verfahren		°C
Vicat Erweichungstemperatur (VST)	*Verfahren*		°C
	Verfahren		°C
Kristallit-Schmelzpunkt	*Verfahren*		
Längenausdehnungskoeffizient	*Bereich*	°C	$\cdot 10^{-4}K^{-1}$
	Temperatur 23 °C		$0.45 \cdot 10^{-4}K^{-1}$
Wärmeleitfähigkeit	*Verfahren*		W/(K · m)
Spezifische Wärmekapazität	*Verfahren*		J/(K · g)
Glasumwandlungstemperatur	*Torsionsschwingungsversuch*	°C	
	Differentialkalorimetrie	°C	

Brandverhalten

UL-Test vertikal	Dicke 1.47 mm, Wert V-2	
	Dicke mm, Wert	

	Norm	*Bewertung*	*Abmessungen*
Sauerstoff-Index	ASTM D 2863		
Glühstab-Verfahren			
Brandverhalten	DIN 4102		
MVSS			
FAR			

Elektrische Eigenschaften

		Hz	°C		*Probekörper, Form*
Dielektrizitätszahl		50	23	3.10	
		10^3	23	2.90–2.95	
		10^6			
Dielektrischer Verlustfaktor tan δ		50	23	0.0008	
		10^3	23	0.009	
		10^6			
Spezifischer Durchgangs-widerstand	Ohm · cm		23	≧1.0*10**16	
Durchschlagfestigkeit	kV/mm		23	28–30	1.6 mm dick
Oberflächenwiderstand	Ohm				

Kriechstromfestigkeit	KC	KB	KA
Elektrolytische Korrosionswirkung			
Lichtbogenfestigkeit nach DIN			
nach ASTM s	100–120		

Beständigkeit *(Chemische Beständigkeit siehe Anhang)*

Wasseraufnahme 23 C	1 d	0.15 %	
Feuchtigkeitsaufnahme Normalklima			%
Wetterbeständigkeit			
Spannungskorrosion			

Optische Eigenschaften

Brechungszahl n_D		
Transmissionsgrad τ_c	%	mm dick
Lichtdurchlässigkeit		

Produkt	Polycarbonat		**PC**
Handelsname	**Idemitsu G-2520**		
Hersteller	IDEMITSU		
DIN-Bez 1			
DIN-Bez 2			
Zusätze		*Füllstoffe/ Verstärkung*	20% Glasfaser
Bevorzugte Verarbeitung	Spritzgiessen	*Lieferform*	Granulat
		Farben	Opak
Besondere Merkmale	Standardtyp	*Bevorzugte Anwendungen*	Maschinenbau; Elektrotechnik; Elektronik; Fotoindustrie; Medizintechnik; Kfz-Industrie; Haushaltsgeraet

Dichte	g/cm^3	1.30	*Schmelzindex*	g/10 min	:
Schüttdichte	g/cm^3		*Volumenfließindex*	$cm^3/10$ min	:
Viskositätszahl	ml/g				

Verarbeitungsbedingungen für Spritzgießen

Massetemp.	°C	*Schwindung*	%	lgs 0.2–0.4, quer
Werkzeugtemp.	°C	*Bemerkungen*		
Spritzdruck	bar			

Zugversuch 23 °C ASTM D 638;

Probekörper: *Form* — *Herstellung* Spritzgiessen
Zustand — *Vorbehandlung* Normalklima

Streckspannung	N/mm^2		*Dehnung bei Streckspannung*	%	
Zugfestigkeit	N/mm^2		*Reißdehnung*	%	
Reißfestigkeit	N/mm^2	90–110	*% Dehnspannung*	N/mm^2	
E-Modul	N/mm^2	5500–6500	*Dehnung bei % Dehnspg.*	%	

Kriechmoduln und Zeitstandwerte 23 °C

Probekörper: *Form* — *Herstellung*
Zustand — *Vorbehandlung*

Kriechmodul	*1 min* N/mm^2		*Zeitstandzugfestigkeit*	h	N/mm^2
Kriechmodul	*1000 h* N/mm^2		*Zeitdehnspg. %*	h	N/mm^2
bei Spannung	N/mm^2				

Biegeversuch 23 °C ASTM D 790;

Probekörper: *Form* — *Herstellung* Spritzgiessen
Zustand — *Vorbehandlung* Normalklima

Biegefestigkeit	N/mm^2	130–150	*E-Modul*	N/mm^2	6000–6500
3,5% *Biegespannung*	N/mm^2				

Härte 23 °C *Probekörper:* *Zustand* — *Herstellung*
Vorbehandlung

Kugeldruckhärte	N/mm^2 bei N, s	*Shore-Härte* A	
Rockwellhärte		*Shore-Härte* D	

Schlagversuch *Probekörper:* *(1)*
(2) V-Kerbe — *Herstellung* Spritzgiessen
Zustand — *Vorbehandlung* Normalklima

		°C	°C	°C	*Probekörper-Form*
Schlagzähigkeit	kJ/m^2				
Kerbschlagzähigkeit (1)	kJ/m^2				
IZOD-Kerbschlagzähigkeit (2)	J/m	23 100–170			63.5x12.7x3.2 mm
Kerbschlagzugzähigkeit	kJ/m^2				

Abrieb und Reibung

Taber-Abrieb (Reibradverfahren)	mm³/100 U		
Abriebfaktor LNP (Thrust washer) Vergleichswert			
Statische Reibungszahl			
Dynamische Reibungszahl	(p·v=	N/mm²·	m/min)
Zulässiger p · v Wert	N/mm² · (m/min)	v=	m/min
		v=	m/min

Thermische Eigenschaften

Formbeständigkeit in der Wärme	*Verfahren* A		140–147 °C
	Verfahren		°C
Vicat Erweichungstemperatur (VST)	*Verfahren*		°C
	Verfahren		°C
Kristallit-Schmelzpunkt	*Verfahren*		
Längenausdehnungskoeffizient	*Bereich*	°C	$\cdot 10^{-4} K^{-1}$
	Temperatur 23 °C		$0.25 \cdot 10^{-4} K^{-1}$
Wärmeleitfähigkeit	*Verfahren*		W/(K · m)
Spezifische Wärmekapazität	*Verfahren*		J/(K · g)
Glasumwandlungstemperatur	*Torsionsschwingungsversuch*	°C	
	Differentialkalorimetrie	°C	

Brandverhalten

UL-Test vertikal Dicke 1.47 mm, Wert V-2
Dicke mm, Wert

	Norm	*Bewertung*	*Abmessungen*
Sauerstoff-Index	ASTM D 2863		
Glühstab-Verfahren			
Brandverhalten	DIN 4102		
MVSS			
FAR			

Elektrische Eigenschaften

		Hz	°C		*Probekörper, Form*
Dielektrizitätszahl		50	23	3.25	
		10^3	23	3.10–3.15	
		10^6			
Dielektrischer Verlustfaktor tan δ		50	23	0.0008	
		10^3	23	0.009	
		10^6			
Spezifischer Durchgangswiderstand	Ohm · cm		23	≧1.0*10**16	
Durchschlagfestigkeit	kV/mm		23	28–30	1.6 mm dick
Oberflächenwiderstand	Ohm				

Kriechstromfestigkeit		KC	KB	KA
Elektrolytische Korrosionswirkung				
Lichtbogenfestigkeit nach DIN				
nach ASTM	s	100–120		

Beständigkeit *(Chemische Beständigkeit siehe Anhang)*

Wasseraufnahme 23 C	1 d	0.13 %	
Feuchtigkeitsaufnahme Normalklima			%
Wetterbeständigkeit			
Spannungskorrosion			

Optische Eigenschaften

Brechungszahl n_D		
Transmissionsgrad τ_c	%	mm dick
Lichtdurchlässigkeit		

Produkt	Polycarbonat		**PC**
Handelsname	**Idemitsu G-2530**		
Hersteller	IDEMITSU		
DIN-Bez 1			
DIN-Bez 2			
Zusätze		*Füllstoffe/ Verstärkung*	30% Glasfaser
Bevorzugte Verarbeitung	Spritzgiessen	*Lieferform*	Granulat
		Farben	Opak
Besondere Merkmale	Standardtyp	*Bevorzugte Anwendungen*	Maschinenbau; Elektrotechnik; Elektronik; Fotoindustrie; Medizintechnik; Kfz-Industrie; Haushaltsgeraet

Dichte	g/cm^3	1.43	*Schmelzindex*	g/10 min	:
Schüttdichte	g/cm^3		*Volumenfließindex*	$cm^3/10$ min	:
Viskositätszahl	ml/g				

Verarbeitungsbedingungen für Spritzgießen

Massetemp.	°C	*Schwindung*	%	lgs 0.1–0.3, quer
Werkzeugtemp.	°C	*Bemerkungen*		
Spritzdruck	bar			

Zugversuch 23 °C ASTM D 638;
Probekörper: *Form* — *Herstellung* Spritzgiessen
Zustand — *Vorbehandlung* Normalklima

Streckspannung	N/mm^2		*Dehnung bei Streckspannung*	%
Zugfestigkeit	N/mm^2		*Reißdehnung*	%
Reißfestigkeit	N/mm^2	100–130	*% Dehnspannung*	N/mm^2
E-Modul	N/mm^2	6500–7500	*Dehnung bei % Dehnspg.*	%

Kriechmoduln und Zeitstandwerte 23 °C
Probekörper: *Form* — *Herstellung*
Zustand — *Vorbehandlung*

Kriechmodul	*1 min*	N/mm^2	*Zeitstandzugfestigkeit*	h	N/mm^2
Kriechmodul	*1000 h*	N/mm^2	*Zeitdehnspg. %*	h	N/mm^2
bei Spannung		N/mm^2			

Biegeversuch 23 °C ASTM D 790;
Probekörper: *Form* — *Herstellung* Spritzgiessen
Zustand — *Vorbehandlung* Normalklima

Biegefestigkeit	N/mm^2	140–190	*E-Modul*	N/mm^2	7000–8500
3,5% *Biegespannung*	N/mm^2				

Härte 23 °C *Probekörper:* *Zustand* — *Herstellung*
Vorbehandlung

Kugeldruckhärte	N/mm^2 bei N, s	*Shore-Härte*	A
Rockwellhärte		*Shore-Härte*	D

Schlagversuch *Probekörper:* *(1)*
(2) V-Kerbe — *Herstellung* Spritzgiessen
Zustand — *Vorbehandlung* Normalklima

		°C		°C		°C		*Probekörper-Form*
Schlagzähigkeit	kJ/m^2							
Kerbschlagzähigkeit (1)	kJ/m^2							
IZOD-Kerbschlagzähigkeit (2)	J/m	23	120–180					63.5x12.7x3.2 mm
Kerbschlagzugzähigkeit	kJ/m^2							

Abrieb und Reibung

Taber-Abrieb (Reibradverfahren)	mm^3/100 U		
Abriebfaktor LNP (Thrust washer) Vergleichswert			
Statische Reibungszahl			
Dynamische Reibungszahl	(p · v = N/mm^2 ·		m/min)
Zulässiger p · v Wert	N/mm^2 · (m/min)	v =	m/min
		v =	m/min

Thermische Eigenschaften

Formbeständigkeit in der Wärme	*Verfahren* A		142–150 °C
	Verfahren		°C
Vicat Erweichungstemperatur (VST)	*Verfahren*		°C
	Verfahren		°C
Kristallit-Schmelzpunkt	*Verfahren*		
Längenausdehnungskoeffizient	*Bereich*	°C	$\cdot 10^{-4} K^{-1}$
	Temperatur 23 °C		$0.23 \cdot 10^{-4} K^{-1}$
Wärmeleitfähigkeit	*Verfahren*		W/(K · m)
Spezifische Wärmekapazität	*Verfahren*		J/(K · g)
Glasumwandlungstemperatur	*Torsionsschwingungsversuch*	°C	
	Differentialkalorimetrie	°C	

Brandverhalten

UL-Test vertikal	Dicke 1.47 mm, Wert V-2
	Dicke mm, Wert

	Norm	*Bewertung*	*Abmessungen*
Sauerstoff-Index	ASTM D 2863		
Glühstab-Verfahren			
Brandverhalten	DIN 4102		
MVSS			
FAR			

Elektrische Eigenschaften

		Hz	°C		*Probekörper, Form*
Dielektrizitätszahl		50	23	3.40	
		10^3	23	3.30–3.45	
		10^6			
Dielektrischer Verlustfaktor tan δ		50	23	0.0008	
		10^3	23	0.009	
		10^6			
Spezifischer Durchgangs-widerstand	Ohm · cm		23	≧1.0*10**16	
Durchschlagfestigkeit	kV/mm		23	28–30	1.6 mm dick
Oberflächenwiderstand	Ohm				

Kriechstromfestigkeit		KC	KB	KA
Elektrolytische Korrosionswirkung				
Lichtbogenfestigkeit nach DIN				
nach ASTM	s	100–120		

Beständigkeit *(Chemische Beständigkeit siehe Anhang)*

Wasseraufnahme 23 C	1 d	0.11 %	
Feuchtigkeitsaufnahme Normalklima			%
Wetterbeständigkeit			
Spannungskorrosion			

Optische Eigenschaften

Brechungszahl n_D		
Transmissionsgrad τ_c	%	mm dick
Lichtdurchlässigkeit		

Produkt	Polycarbonat		**PC**
Handelsname	**Idemitsu GNB-2510**		
Hersteller	IDEMITSU		
DIN-Bez 1			
DIN-Bez 2			
Zusätze	Flammschutzmittel	*Füllstoffe/ Verstärkung*	10% Glasfaser
Bevorzugte Verarbeitung	Spritzgiessen	*Lieferform*	Granulat
		Farben	Opak
Besondere Merkmale	Standardtyp	*Bevorzugte Anwendungen*	Maschinenbau; Elektrotechnik; Elektronik; Fotoindustrie; Medizintechnik; Kfz-Industrie; Haushaltsgeraet

Dichte	g/cm³	1.28	*Schmelzindex*	g/10 min	:
Schüttdichte	g/cm³		*Volumenfließindex*	cm³/10 min	:
Viskositätszahl	ml/g				

Verarbeitungsbedingungen für Spritzgießen

Massetemp.	°C	*Schwindung*	%	lgs 0.3–0.5, quer
Werkzeugtemp.	°C	*Bemerkungen*		
Spritzdruck	bar			

Zugversuch 23 °C ASTM D 638;
Probekörper: *Form* — *Herstellung* Spritzgiessen
Zustand — *Vorbehandlung* Normalklima

Streckspannung	N/mm²	80	*Dehnung bei Streckspannung*	%	
Zugfestigkeit	N/mm²		*Reißdehnung*	%	
Reißfestigkeit	N/mm²	70–80	*% Dehnspannung*	N/mm²	
E-Modul	N/mm²	3200–3500	*Dehnung bei % Dehnspg.*	%	

Kriechmoduln und Zeitstandwerte 23 °C
Probekörper: *Form* — *Herstellung*
Zustand — *Vorbehandlung*

Kriechmodul	*1 min*	N/mm²	*Zeitstandzugfestigkeit*	h	N/mm²
Kriechmodul	*1000 h*	N/mm²	*Zeitdehnspg. %*	h	N/mm²
bei Spannung		N/mm²			

Biegeversuch 23 °C ASTM D 790;
Probekörper: *Form* — *Herstellung* Spritzgiessen
Zustand — *Vorbehandlung* Normalklima

Biegefestigkeit	N/mm²	110–120	*E-Modul*	N/mm²	3500–3700
3,5% *Biegespannung*	N/mm²				

Härte 23 °C *Probekörper:* *Zustand* — *Herstellung*
Vorbehandlung

Kugeldruckhärte	N/mm² bei N, s	*Shore-Härte* A	
Rockwellhärte		*Shore-Härte* D	

Schlagversuch *Probekörper:* *(1)*
(2) V-Kerbe — *Herstellung* Spritzgiessen
Zustand — *Vorbehandlung* Normalklima

		°C		°C		°C		*Probekörper-Form*
Schlagzähigkeit	kJ/m²							
Kerbschlagzähigkeit (1)	kJ/m²							
IZOD-Kerbschlagzähigkeit (2)	J/m	23	80–120					63.5x12.7x3.2 mm
Kerbschlagzugzähigkeit	kJ/m²							

Abrieb und Reibung

Taber-Abrieb (Reibradverfahren)	mm^3/100 U		
Abriebfaktor LNP (Thrust washer) Vergleichswert			
Statische Reibungszahl			
Dynamische Reibungszahl	(p · v =	N/mm^2 ·	m/min)
Zulässiger p · v Wert	N/mm^2 · (m/min)	v =	m/min
		v =	m/min

Thermische Eigenschaften

Formbeständigkeit in der Wärme	*Verfahren* A		145–150 °C
	Verfahren		°C
Vicat Erweichungstemperatur (VST)	*Verfahren*		°C
	Verfahren		°C
Kristallit-Schmelzpunkt	*Verfahren*		
Längenausdehnungskoeffizient	*Bereich*	°C	· $10^{-4}K^{-1}$
	Temperatur 23 °C		0.45 · $10^{-4}K^{-1}$
Wärmeleitfähigkeit	*Verfahren*		W/(K · m)
Spezifische Wärmekapazität	*Verfahren*		J/(K · g)
Glasumwandlungstemperatur	*Torsionsschwingungsversuch*	°C	
	Differentialkalorimetrie	°C	

Brandverhalten

UL-Test vertikal — Dicke 1.57 mm, Wert V-0

Dicke mm, Wert

	Norm	*Bewertung*	*Abmessungen*
Sauerstoff-Index	ASTM D 2863		
Glühstab-Verfahren			
Brandverhalten	DIN 4102		
MVSS			
FAR			

Elektrische Eigenschaften

		Hz	°C		*Probekörper, Form*
Dielektrizitätszahl		50	23	3.40	
		10^3	23	3.30–3.45	
		10^6			
Dielektrischer Verlustfaktor tan δ		50	23	0.0008	
		10^3	23	0.009	
		10^6			
Spezifischer Durchgangswiderstand	Ohm · cm		23	≧ 1.0*10**16	
Durchschlagfestigkeit	kV/mm		23	28–30	1.6 mm dick
Oberflächenwiderstand	Ohm				

Kriechstromfestigkeit	KC	KB	KA
Elektrolytische Korrosionswirkung			
Lichtbogenfestigkeit nach DIN			
nach ASTM s	100–120		

Beständigkeit *(Chemische Beständigkeit siehe Anhang)*

Wasseraufnahme 23 C	1 d	0.15 %	
Feuchtigkeitsaufnahme Normalklima			%
Wetterbeständigkeit			
Spannungskorrosion			

Optische Eigenschaften

Brechungszahl n_D		
Transmissionsgrad τ_c	%	mm dick
Lichtdurchlässigkeit		

PC

Produkt	Polycarbonat		
Handelsname	**Idemitsu GNB-2530**		
Hersteller	IDEMITSU		
DIN-Bez 1			
DIN-Bez 2			
Zusätze	Flammschutzmittel	*Füllstoffe/ Verstärkung*	30% Glasfaser
Bevorzugte Verarbeitung	Spritzgiessen	*Lieferform*	Granulat
		Farben	Opak
Besondere Merkmale	Standardtyp	*Bevorzugte Anwendungen*	Maschinenbau; Elektrotechnik; Elektronik; Fotoindustrie; Medizintechnik; Kfz-Industrie; Haushaltsgeraet

Dichte	g/cm^3	1.44	*Schmelzindex*	g/10 min	:
Schüttdichte	g/cm^3		*Volumenfließindex*	cm^3/10 min	:
Viskositätszahl	ml/g				

Verarbeitungsbedingungen für Spritzgießen

Massetemp.	°C	*Schwindung*	%	lgs 0.1–0.3, quer
Werkzeugtemp.	°C	*Bemerkungen*		
Spritzdruck	bar			

Zugversuch 23 °C ASTM D 638;
Probekörper: *Form* *Zustand* — *Herstellung* Spritzgiessen, *Vorbehandlung* Normalklima

Streckspannung	N/mm^2		*Dehnung bei Streckspannung*	%
Zugfestigkeit	N/mm^2		*Reißdehnung*	%
Reißfestigkeit	N/mm^2	100–130	*% Dehnspannung*	N/mm^2
E-Modul	N/mm^2	6500–7500	*Dehnung bei % Dehnspg.*	%

Kriechmoduln und Zeitstandwerte 23 °C
Probekörper: *Form* *Zustand* — *Herstellung* *Vorbehandlung*

Kriechmodul	*1 min*	N/mm^2	*Zeitstandzugfestigkeit*	h	N/mm^2
Kriechmodul	*1000 h*	N/mm^2	*Zeitdehnspg. %*	h	N/mm^2
bei Spannung		N/mm^2			

Biegeversuch 23 °C ASTM D 790;
Probekörper: *Form* *Zustand* — *Herstellung* Spritzgiessen, *Vorbehandlung* Normalklima

Biegefestigkeit	N/mm^2	140–190	*E-Modul*	N/mm^2	7000–8500
3,5% *Biegespannung*	N/mm^2				

Härte 23 °C *Probekörper:* *Zustand* — *Herstellung* *Vorbehandlung*

Kugeldruckhärte	N/mm^2 bei N, s	*Shore-Härte* A	
Rockwellhärte		*Shore-Härte* D	

Schlagversuch *Probekörper:* *(1)* *(2)* V-Kerbe *Zustand* — *Herstellung* Spritzgiessen, *Vorbehandlung* Normalklima

		°C		°C		°C		*Probekörper-Form*
Schlagzähigkeit	kJ/m^2							
Kerbschlagzähigkeit (1)	kJ/m^2							
IZOD-Kerbschlagzähigkeit (2)	J/m	23	120–180					63.5x12.7x3.2 mm
Kerbschlagzugzähigkeit	kJ/m^2							

Abrieb und Reibung

Taber-Abrieb (Reibradverfahren)	mm^3/100 U		
Abriebfaktor LNP (Thrust washer) Vergleichswert			
Statische Reibungszahl			
Dynamische Reibungszahl	(p · v =	N/mm^2 ·	m/min)
Zulässiger p · v Wert	N/mm^2 · (m/min)	v =	m/min
		v =	m/min

Thermische Eigenschaften

Formbeständigkeit in der Wärme	*Verfahren* A		147–152 °C
	Verfahren		°C
Vicat Erweichungstemperatur (VST)	*Verfahren*		°C
	Verfahren		°C
Kristallit-Schmelzpunkt	*Verfahren*		
Längenausdehnungskoeffizient	*Bereich*	°C	$\cdot 10^{-4}K^{-1}$
	Temperatur 23 °C		$0.23 \cdot 10^{-4}K^{-1}$
Wärmeleitfähigkeit	*Verfahren*		W/(K · m)
Spezifische Wärmekapazität	*Verfahren*		J/(K · g)
Glasumwandlungstemperatur	*Torsionsschwingungsversuch*	°C	
	Differentialkalorimetrie	°C	

Brandverhalten

UL-Test vertikal	Dicke 1.57 mm, Wert V-0	
	Dicke mm, Wert	

	Norm	*Bewertung*	*Abmessungen*
Sauerstoff-Index	ASTM D 2863		
Glühstab-Verfahren			
Brandverhalten	DIN 4102		
MVSS			
FAR			

Elektrische Eigenschaften

		Hz	°C		*Probekörper, Form*
Dielektrizitätszahl		50	23	3.40	
		10^3	23	3.30–3.45	
		10^6			
Dielektrischer Verlustfaktor tan δ		50	23	0.0008	
		10^3	23	0.009	
		10^6			
Spezifischer Durchgangs-widerstand	Ohm · cm		23	≧1.0*10**16	
Durchschlagfestigkeit	kV/mm		23	28–30	1.6 mm dick
Oberflächenwiderstand	Ohm				

Kriechstromfestigkeit		KC	KB	KA
Elektrolytische Korrosionswirkung				
Lichtbogenfestigkeit nach DIN				
nach ASTM	s	100–120		

Beständigkeit *(Chemische Beständigkeit siehe Anhang)*

Wasseraufnahme 23 C	1 d	0.11 %	
Feuchtigkeitsaufnahme Normalklima			%
Wetterbeständigkeit			
Spannungskorrosion			

Optische Eigenschaften

Brechungszahl n_D		
Transmissionsgrad τ_c	%	mm dick
Lichtdurchlässigkeit		

Datenbank-Nr.	**T01086**	*Merkblatt-Nr.*	**4070**

Produkt	Polycarbonat		**PC**
Handelsname	**Idemitsu GL-1010**		
Hersteller	IDEMITSU		
DIN-Bez 1			
DIN-Bez 2			
Zusätze	Gleitmittel	*Füllstoffe/ Verstärkung*	10% Glasfaser
Bevorzugte Verarbeitung	Spritzgiessen	*Lieferform*	Granulat
		Farben	Opak
Besondere Merkmale	Niedriger Reibungskoeffizient	*Bevorzugte Anwendungen*	Maschinenbau; Elektrotechnik; Elektronik; Fotoindustrie; Medizintechnik; Kfz-Industrie; Haushaltsgeraet

Dichte	g/cm^3	1.33	*Schmelzindex*	g/10 min		:
Schüttdichte	g/cm^3		*Volumenfließindex*	$cm^3/10$ min		:
Viskositätszahl	ml/g					

Verarbeitungsbedingungen für Spritzgießen

Massetemp.	°C	*Schwindung*	%	lgs 0.3–0.5, quer
Werkzeugtemp.	°C	*Bemerkungen*		
Spritzdruck	bar			

Zugversuch 23 °C ASTM D 638;

Probekörper:	*Form*	*Herstellung*	Spritzgiessen
	Zustand	*Vorbehandlung*	Normalklima

Streckspannung	N/mm^2	72	*Dehnung bei Streckspannung*	%	
Zugfestigkeit	N/mm^2		*Reißdehnung*	%	
Reißfestigkeit	N/mm^2	66	*% Dehnspannung*	N/mm^2	
E-Modul	N/mm^2	2900	*Dehnung bei % Dehnspg.*	%	

Kriechmoduln und Zeitstandwerte 23 °C

Probekörper:	*Form*	*Herstellung*	
	Zustand	*Vorbehandlung*	

Kriechmodul	*1 min* N/mm^2		*Zeitstandzugfestigkeit*	h	N/mm^2
Kriechmodul	*1000 h* N/mm^2		*Zeitdehnspg. %*	h	N/mm^2
bei Spannung	N/mm^2				

Biegeversuch 23 °C ASTM D 790;

Probekörper:	*Form*	*Herstellung*	Spritzgiessen
	Zustand	*Vorbehandlung*	Normalklima

Biegefestigkeit	N/mm^2	120	*E-Modul*	N/mm^2	3500
3,5% *Biegespannung*	N/mm^2				

Härte 23 °C

Probekörper:	*Zustand*	*Herstellung*	
		Vorbehandlung	
Kugeldruckhärte	N/mm^2 bei N, s	*Shore-Härte* A	
Rockwellhärte		*Shore-Härte* D	

Schlagversuch

Probekörper:	*(1)*		
	(2) V-Kerbe	*Herstellung*	Spritzgiessen
	Zustand	*Vorbehandlung*	Normalklima

		°C		°C	°C	*Probekörper-Form*
Schlagzähigkeit	kJ/m^2					
Kerbschlagzähigkeit (1)	kJ/m^2					
IZOD-Kerbschlagzähigkeit (2)	J/m	23	120			63.5x12.7x3.2 mm
Kerbschlagzugzähigkeit	kJ/m^2					

Abrieb und Reibung

Taber-Abrieb (Reibradverfahren)	mm^3/100 U		
Abriebfaktor LNP (Thrust washer) Vergleichswert			
Statische Reibungszahl			
Dynamische Reibungszahl	(p·v=	N/mm^2·	m/min)
Zulässiger p · v Wert	N/mm^2 · (m/min)	v=	m/min
		v=	m/min

Thermische Eigenschaften

Formbeständigkeit in der Wärme	*Verfahren* A		147 °C
	Verfahren		°C
Vicat Erweichungstemperatur (VST)	*Verfahren*		°C
	Verfahren		°C
Kristallit-Schmelzpunkt	*Verfahren*		
Längenausdehnungskoeffizient	*Bereich*	°C	$\cdot 10^{-4}K^{-1}$
	Temperatur 23 °C		$0.45 \cdot 10^{-4}K^{-1}$
Wärmeleitfähigkeit	*Verfahren*		W/(K · m)
Spezifische Wärmekapazität	*Verfahren*		J/(K · g)
Glasumwandlungstemperatur	*Torsionsschwingungsversuch*	°C	
	Differentialkalorimetrie	°C	

Brandverhalten

UL-Test vertikal Dicke mm, Wert
Dicke mm, Wert

	Norm	*Bewertung*	*Abmessungen*
Sauerstoff-Index	ASTM D 2863		
Glühstab-Verfahren			
Brandverhalten	DIN 4102		
MVSS			
FAR			

Elektrische Eigenschaften

		Hz	°C		*Probekörper, Form*
Dielektrizitätszahl		50	23	2.80	
		10^3	23	2.60	
		10^6			
Dielektrischer Verlustfaktor tan δ		50	23	0.0007	
		10^3	23	0.007	
		10^6			
Spezifischer Durchgangswiderstand	Ohm · cm		23	≧1.0*10**16	
Durchschlagfestigkeit	kV/mm		23	28–30	1.6 mm dick
Oberflächenwiderstand	Ohm				

Kriechstromfestigkeit	KC	KB	KA
Elektrolytische Korrosionswirkung			
Lichtbogenfestigkeit nach DIN			
nach ASTM s	90		

Beständigkeit *(Chemische Beständigkeit siehe Anhang)*

Wasseraufnahme 23 C	1 d	0.14 %	
Feuchtigkeitsaufnahme Normalklima			%
Wetterbeständigkeit			
Spannungskorrosion			

Optische Eigenschaften

Brechungszahl n_D
Transmissionsgrad τ_c % mm dick
Lichtdurchlässigkeit

Produkt	Polycarbonat		**PC**
Handelsname	**Idemitsu GL-3010**		
Hersteller	IDEMITSU		
DIN-Bez 1			
DIN-Bez 2			
Zusätze	Fluor-Polymer	*Füllstoffe/ Verstärkung*	30% Glasfaser
Bevorzugte Verarbeitung	Spritzgiessen	*Lieferform*	Granulat
		Farben	Opak
Besondere Merkmale	Niedriger Reibungskoeffizient	*Bevorzugte Anwendungen*	Maschinenbau; Elektrotechnik; Elektronik; Fotoindustrie; Medizintechnik; Kfz-Industrie; Haushaltsgeraet

Dichte	g/cm^3	1.51	*Schmelzindex*	g/10 min	:
Schüttdichte	g/cm^3		*Volumenfließindex*	$cm^3/10$ min	:
Viskositätszahl	ml/g				

Verarbeitungsbedingungen für Spritzgießen

Massetemp.	°C	*Schwindung*	%	lgs 0.1–0.3, quer
Werkzeugtemp.	°C	*Bemerkungen*		
Spritzdruck	bar			

Zugversuch 23 °C ASTM D 638;
Probekörper: *Form* — *Herstellung* Spritzgiessen
Zustand — *Vorbehandlung* Normalklima

Streckspannung	N/mm^2		*Dehnung bei Streckspannung*	%	
Zugfestigkeit	N/mm^2		*Reißdehnung*	%	
Reißfestigkeit	N/mm^2	130	*% Dehnspannung*	N/mm^2	
E-Modul	N/mm^2	7600	*Dehnung bei % Dehnspg.*	%	

Kriechmoduln und Zeitstandwerte 23 °C
Probekörper: *Form* — *Herstellung*
Zustand — *Vorbehandlung*

Kriechmodul	*1 min*	N/mm^2	*Zeitstandzugfestigkeit*	h	N/mm^2
Kriechmodul	*1000 h*	N/mm^2	*Zeitdehnspg. %*	h	N/mm^2
bei Spannung		N/mm^2			

Biegeversuch 23 °C ASTM D 790;
Probekörper: *Form* — *Herstellung* Spritzgiessen
Zustand — *Vorbehandlung* Normalklima

Biegefestigkeit	N/mm^2	190	*E-Modul*	N/mm^2	8400
3,5% *Biegespannung*	N/mm^2				

Härte 23 °C *Probekörper:* *Zustand* — *Herstellung*
Vorbehandlung

Kugeldruckhärte	N/mm^2 bei N, s	*Shore-Härte*	A
Rockwellhärte		*Shore-Härte*	D

Schlagversuch *Probekörper:* *(1)*
(2) V-Kerbe — *Herstellung* Spritzgiessen
Zustand — *Vorbehandlung* Normalklima

		°C	°C	°C	*Probekörper-Form*
Schlagzähigkeit	kJ/m^2				
Kerbschlagzähigkeit (1)	kJ/m^2				
IZOD-Kerbschlagzähigkeit (2)	J/m	23 180			63.5x12.7x3.2 mm
Kerbschlagzugzähigkeit	kJ/m^2				

Abrieb und Reibung

Taber-Abrieb (Reibradverfahren)	mm^3/100 U			
Abriebfaktor LNP (Thrust washer) Vergleichswert				
Statische Reibungszahl				
Dynamische Reibungszahl	(p · v =	N/mm^2 ·		m/min)
Zulässiger p · v Wert	N/mm^2 · (m/min)		v =	m/min
			v =	m/min

Thermische Eigenschaften

Formbeständigkeit in der Wärme	*Verfahren* A		153 °C
	Verfahren		°C
Vicat Erweichungstemperatur (VST)	*Verfahren*		°C
	Verfahren		°C
Kristallit-Schmelzpunkt	*Verfahren*		
Längenausdehnungskoeffizient	*Bereich*	°C	$\cdot 10^{-4}K^{-1}$
	Temperatur 23 °C		$0.22 \cdot 10^{-4}K^{-1}$
Wärmeleitfähigkeit	*Verfahren*		W/(K · m)
Spezifische Wärmekapazität	*Verfahren*		J/(K · g)
Glasumwandlungstemperatur	*Torsionsschwingungsversuch*	°C	
	Differentialkalorimetrie	°C	

Brandverhalten

UL-Test vertikal	Dicke	mm, Wert
	Dicke	mm, Wert

	Norm	*Bewertung*	*Abmessungen*
Sauerstoff-Index	ASTM D 2863		
Glühstab-Verfahren			
Brandverhalten	DIN 4102		
MVSS			
FAR			

Elektrische Eigenschaften

		Hz	°C		*Probekörper, Form*
Dielektrizitätszahl		50	23	3.00	
		10^3	23	2.90	
		10^6			
Dielektrischer Verlustfaktor tan δ		50	23	0.0007	
		10^3	23	0.007	
		10^6			
Spezifischer Durchgangswiderstand	Ohm · cm		23	≧1.0*10**16	
Durchschlagfestigkeit	kV/mm		23	28–30	1.6 mm dick
Oberflächenwiderstand	Ohm				

Kriechstromfestigkeit		KC	KB	KA
Elektrolytische Korrosionswirkung				
Lichtbogenfestigkeit nach DIN				
nach ASTM	s	100		

Beständigkeit *(Chemische Beständigkeit siehe Anhang)*

Wasseraufnahme 23 C	1 d	0.10 %	
Feuchtigkeitsaufnahme Normalklima			%
Wetterbeständigkeit			
Spannungskorrosion			

Optische Eigenschaften

Brechungszahl n_D		
Transmissionsgrad τ_c	%	mm dick
Lichtdurchlässigkeit		

Produkt	Polycarbonat-Blend		**PC**
Handelsname	**Idemitsu SC-150**		
Hersteller	IDEMITSU		
DIN-Bez 1			
DIN-Bez 2			
Zusätze		*Füllstoffe/ Verstärkung*	
Bevorzugte Verarbeitung	Spritzgiessen	*Lieferform*	Granulat
		Farben	Opak
Besondere Merkmale		*Bevorzugte Anwendungen*	Maschinenbau; Elektrotechnik; Elektronik; Fotoindustrie; Medizintechnik; Kfz-Industrie; Haushaltsgeraet

Dichte	g/cm³	1.19	*Schmelzindex*	g/10 min	:
Schüttdichte	g/cm³		*Volumenfließindex*	cm³/10 min	:
Viskositätszahl	ml/g				

Verarbeitungsbedingungen für Spritzgießen

Massetemp.	°C	*Schwindung*	%	lgs 0.5–0.7, quer 0.5–0.7
Werkzeugtemp.	°C	*Bemerkungen*		
Spritzdruck	bar			

Zugversuch 23 °C ASTM D 638;
Probekörper: *Form* — *Herstellung* Spritzgiessen
Zustand — *Vorbehandlung* Normalklima

Streckspannung	N/mm²	59	*Dehnung bei Streckspannung*	%	
Zugfestigkeit	N/mm²		*Reißdehnung*	%	
Reißfestigkeit	N/mm²	65	*% Dehnspannung*	N/mm²	
E-Modul	N/mm²	2160	*Dehnung bei % Dehnspg.*	%	

Kriechmoduln und Zeitstandwerte 23 °C
Probekörper: *Form* — *Herstellung*
Zustand — *Vorbehandlung*

Kriechmodul	*1 min*	N/mm²	*Zeitstandzugfestigkeit*	h	N/mm²
Kriechmodul	*1000 h*	N/mm²	*Zeitdehnspg. %*	h	N/mm²
bei Spannung		N/mm²			

Biegeversuch 23 °C ASTM D 790;
Probekörper: *Form* — *Herstellung* Spritzgiessen
Zustand — *Vorbehandlung* Normalklima

Biegefestigkeit	N/mm²	95	*E-Modul*	N/mm²	2400
3,5% *Biegespannung*	N/mm²				

Härte 23 °C *Probekörper:* *Zustand* — *Herstellung*
Vorbehandlung

Kugeldruckhärte	N/mm² bei N, s	*Shore-Härte* A	
Rockwellhärte		*Shore-Härte* D	

Schlagversuch *Probekörper:* *(1)*
(2) V-Kerbe — *Herstellung* Spritzgiessen
Zustand — *Vorbehandlung* Normalklima

		°C		°C	°C	*Probekörper-Form*
Schlagzähigkeit	kJ/m²					
Kerbschlagzähigkeit (1)	kJ/m²					
IZOD-Kerbschlagzähigkeit (2)	J/m	23	1000			63.5x12.7x3.2 mm
Kerbschlagzugzähigkeit	kJ/m²					

Abrieb und Reibung

Taber-Abrieb (Reibradverfahren)	mm³/100 U		
Abriebfaktor LNP (Thrust washer) Vergleichswert			
Statische Reibungszahl			
Dynamische Reibungszahl	(p · v =	N/mm² ·	m/min)
Zulässiger p · v Wert	N/mm² · (m/min)	v =	m/min
		v =	m/min

Thermische Eigenschaften

Formbeständigkeit in der Wärme	*Verfahren* A		128 °C
	Verfahren		°C
Vicat Erweichungstemperatur (VST)	*Verfahren*		°C
	Verfahren		°C
Kristallit-Schmelzpunkt	*Verfahren*		
Längenausdehnungskoeffizient	*Bereich*	°C	$\cdot 10^{-4} K^{-1}$
	Temperatur 23 °C		$0.63 \cdot 10^{-4} K^{-1}$
Wärmeleitfähigkeit	*Verfahren*		W/(K · m)
Spezifische Wärmekapazität	*Verfahren*		J/(K · g)
Glasumwandlungstemperatur	*Torsionsschwingungsversuch*	°C	
	Differentialkalorimetrie	°C	

Brandverhalten

UL-Test vertikal	Dicke	mm, Wert
	Dicke	mm, Wert

	Norm	*Bewertung*	*Abmessungen*
Sauerstoff-Index	ASTM D 2863		
Glühstab-Verfahren			
Brandverhalten	DIN 4102		
MVSS			
FAR			

Elektrische Eigenschaften

		Hz	°C		*Probekörper, Form*
Dielektrizitätszahl		50			
		10^3			
		10^6			
Dielektrischer Verlustfaktor tan δ		50			
		10^3			
		10^6			
Spezifischer Durchgangswiderstand	Ohm · cm				
Durchschlagfestigkeit	kV/mm				mm dick
Oberflächenwiderstand	Ohm				
Kriechstromfestigkeit		KC	KB	KA	
Elektrolytische Korrosionswirkung					
Lichtbogenfestigkeit nach DIN					
nach ASTM	s				

Beständigkeit *(Chemische Beständigkeit siehe Anhang)*

Wasseraufnahme 23 C	1 d	0.20 %	
Feuchtigkeitsaufnahme Normalklima			%
Wetterbeständigkeit			
Spannungskorrosion			

Optische Eigenschaften

Brechungszahl n_D		
Transmissionsgrad τ_c	%	mm dick
Lichtdurchlässigkeit		

Produkt	Polycarbonat-Blend		**PC**
Handelsname	**Idemitsu SC-250**		
Hersteller	IDEMITSU		
DIN-Bez 1			
DIN-Bez 2			
Zusätze		*Füllstoffe/ Verstärkung*	
Bevorzugte Verarbeitung	Spritzgiessen	*Lieferform*	Granulat
		Farben	Opak
Besondere Merkmale		*Bevorzugte Anwendungen*	Maschinenbau; Elektrotechnik; Elektronik; Fotoindustrie; Medizintechnik; Kfz-Industrie; Haushaltsgeraet

Dichte	g/cm³	1.16	*Schmelzindex*	g/10 min	:
Schüttdichte	g/cm³		*Volumenfließindex*	cm³/10 min	:
Viskositätszahl	ml/g				

Verarbeitungsbedingungen für Spritzgießen

Massetemp.	°C	*Schwindung*	%	lgs 0.5–0.7, quer 0.5–0.7
Werkzeugtemp.	°C	*Bemerkungen*		
Spritzdruck	bar			

Zugversuch 23 °C ASTM D 638;
Probekörper: *Form* — *Zustand* — *Herstellung* Spritzgiessen — *Vorbehandlung* Normalklima

Streckspannung	N/mm²	50	*Dehnung bei Streckspannung*	%
Zugfestigkeit	N/mm²		*Reißdehnung*	%
Reißfestigkeit	N/mm²	48	*% Dehnspannung*	N/mm²
E-Modul	N/mm²	2080	*Dehnung bei % Dehnspg.*	%

Kriechmoduln und Zeitstandwerte 23 °C
Probekörper: *Form* — *Zustand* — *Herstellung* — *Vorbehandlung*

Kriechmodul	*1 min* N/mm²	*Zeitstandzugfestigkeit*	h	N/mm²
Kriechmodul	*1000 h* N/mm²	*Zeitdehnspg.* %	h	N/mm²
bei Spannung	N/mm²			

Biegeversuch 23 °C ASTM D 790;
Probekörper: *Form* — *Zustand* — *Herstellung* Spritzgiessen — *Vorbehandlung* Normalklima

Biegefestigkeit	N/mm²	70	*E-Modul*	N/mm²	2200
3,5% *Biegespannung*	N/mm²				

Härte 23 °C *Probekörper:* *Zustand* — *Herstellung* — *Vorbehandlung*

Kugeldruckhärte	N/mm²	bei N, s	*Shore-Härte* A
Rockwellhärte			*Shore-Härte* D

Schlagversuch *Probekörper:* *(1)* — *(2)* V-Kerbe — *Zustand* — *Herstellung* Spritzgiessen — *Vorbehandlung* Normalklima

		°C	°C	°C	*Probekörper-Form*
Schlagzähigkeit	kJ/m²				
Kerbschlagzähigkeit (1)	kJ/m²				
IZOD-Kerbschlagzähigkeit (2)	J/m	23 600			63.5x12.7x3.2 mm
Kerbschlagzugzähigkeit	kJ/m²				

Abrieb und Reibung

Taber-Abrieb (Reibradverfahren)	mm^3/100 U			
Abriebfaktor LNP (Thrust washer) Vergleichswert				
Statische Reibungszahl				
Dynamische Reibungszahl	(p·v=	N/mm^2·		m/min)
Zulässiger p·v Wert	N/mm^2·(m/min)		v=	m/min
			v=	m/min

Thermische Eigenschaften

Formbeständigkeit in der Wärme	*Verfahren* A		97 °C
	Verfahren		°C
Vicat Erweichungstemperatur (VST)	*Verfahren*		°C
	Verfahren		°C
Kristallit-Schmelzpunkt	*Verfahren*		
Längenausdehnungskoeffizient	*Bereich*	°C	$\cdot 10^{-4}K^{-1}$
	Temperatur 23 °C		$0.63 \cdot 10^{-4}K^{-1}$
Wärmeleitfähigkeit	*Verfahren*		W/(K · m)
Spezifische Wärmekapazität	*Verfahren*		J/(K · g)
Glasumwandlungstemperatur	*Torsionsschwingungsversuch*	°C	
	Differentialkalorimetrie	°C	

Brandverhalten

UL-Test vertikal	Dicke 1.47 mm, Wert HB	
	Dicke mm, Wert	

	Norm	*Bewertung*	*Abmessungen*
Sauerstoff-Index	ASTM D 2863		
Glühstab-Verfahren			
Brandverhalten	DIN 4102		
MVSS			
FAR			

Elektrische Eigenschaften

		Hz	°C		*Probekörper, Form*
Dielektrizitätszahl		50			
		10^3			
		10^6			
Dielektrischer Verlustfaktor tan δ		50			
		10^3			
		10^6			
Spezifischer Durchgangswiderstand	Ohm · cm				
Durchschlagfestigkeit	kV/mm				mm dick
Oberflächenwiderstand	Ohm				
Kriechstromfestigkeit		KC	KB	KA	
Elektrolytische Korrosionswirkung					
Lichtbogenfestigkeit nach DIN					
nach ASTM	s				

Beständigkeit *(Chemische Beständigkeit siehe Anhang)*

Wasseraufnahme 23 C	1 d	0.20 %	
Feuchtigkeitsaufnahme Normalklima			%
Wetterbeständigkeit			
Spannungskorrosion			

Optische Eigenschaften

Brechungszahl n_D		
Transmissionsgrad τ_c	%	mm dick
Lichtdurchlässigkeit		

Datenbank-Nr.	**T01090**		*Merkblatt-Nr.* **4074**

Produkt	Polycarbonat-Blend		**PC**
Handelsname	**Idemitsu SC-300**		
Hersteller	IDEMITSU		
DIN-Bez 1			
DIN-Bez 2			
Zusätze		*Füllstoffe/ Verstärkung*	
Bevorzugte Verarbeitung	Spritzgiessen	*Lieferform*	Granulat
		Farben	Opak
Besondere Merkmale		*Bevorzugte Anwendungen*	Maschinenbau; Elektrotechnik; Elektronik; Fotoindustrie; Medizintechnik; Kfz-Industrie; Haushaltsgeraet

Dichte	g/cm^3	1.21	*Schmelzindex*	g/10 min	:	
Schüttdichte	g/cm^3		*Volumenfließindex*	cm^3/10 min	:	
Viskositätszahl	ml/g					

Verarbeitungsbedingungen für Spritzgießen

Massetemp.	°C		*Schwindung*	%	lgs 0.6–0.7, quer 0.6–0.7
Werkzeugtemp.	°C		*Bemerkungen*		
Spritzdruck	bar				

Zugversuch 23 °C ASTM D 638;

Probekörper:	*Form*		*Herstellung*	Spritzgiessen
	Zustand		*Vorbehandlung*	Normalklima

Streckspannung	N/mm^2	53	*Dehnung bei Streckspannung*	%
Zugfestigkeit	N/mm^2		*Reißdehnung*	%
Reißfestigkeit	N/mm^2	60	*% Dehnspannung*	N/mm^2
E-Modul	N/mm^2	2130	*Dehnung bei % Dehnspg.*	%

Kriechmoduln und Zeitstandwerte 23 °C

Probekörper:	*Form*	*Herstellung*	
	Zustand	*Vorbehandlung*	

Kriechmodul	*1 min*	N/mm^2	*Zeitstandzugfestigkeit*	h	N/mm^2
Kriechmodul	*1000 h*	N/mm^2	*Zeitdehnspg. %*	h	N/mm^2
bei Spannung		N/mm^2			

Biegeversuch 23 °C ASTM D 790;

Probekörper:	*Form*	*Herstellung*	Spritzgiessen
	Zustand	*Vorbehandlung*	Normalklima

Biegefestigkeit	N/mm^2	90	*E-Modul*	N/mm^2	2200
3,5% *Biegespannung*	N/mm^2				

Härte 23 °C

Probekörper:	*Zustand*	*Herstellung*	
		Vorbehandlung	

Kugeldruckhärte	N/mm^2 bei N, s	*Shore-Härte* A	
Rockwellhärte		*Shore-Härte* D	

Schlagversuch

Probekörper:	*(1)*		
	(2) V-Kerbe	*Herstellung*	Spritzgiessen
	Zustand	*Vorbehandlung*	Normalklima

		°C	°C	°C	*Probekörper-Form*
Schlagzähigkeit	kJ/m^2				
Kerbschlagzähigkeit (1)	kJ/m^2				
IZOD-Kerbschlagzähigkeit (2)	J/m	23 950			63.5x12.7x3.2 mm
Kerbschlagzugzähigkeit	kJ/m^2				

Abrieb und Reibung

Taber-Abrieb (Reibradverfahren)	$mm^3/100$ U		
Abriebfaktor LNP (Thrust washer) Vergleichswert			
Statische Reibungszahl			
Dynamische Reibungszahl	(p·v=	N/mm^2 ·	m/min)
Zulässiger p · v Wert	N/mm^2 · (m/min)	v=	m/min
		v=	m/min

Thermische Eigenschaften

Formbeständigkeit in der Wärme	*Verfahren* A		120 °C
	Verfahren		°C
Vicat Erweichungstemperatur (VST)	*Verfahren*		°C
	Verfahren		°C
Kristallit-Schmelzpunkt	*Verfahren*		
Längenausdehnungskoeffizient	*Bereich*	°C	$\cdot 10^{-4} K^{-1}$
	Temperatur 23 °C		$0.70 \cdot 10^{-4} K^{-1}$
Wärmeleitfähigkeit	*Verfahren*		W/(K · m)
Spezifische Wärmekapazität	*Verfahren*		J/(K · g)
Glasumwandlungstemperatur	*Torsionsschwingungsversuch*	°C	
	Differentialkalorimetrie	°C	

Brandverhalten

UL-Test vertikal Dicke mm, Wert
Dicke mm, Wert

	Norm	*Bewertung*	*Abmessungen*
Sauerstoff-Index	ASTM D 2863		
Glühstab-Verfahren			
Brandverhalten	DIN 4102		
MVSS			
FAR			

Elektrische Eigenschaften

		Hz	°C		*Probekörper, Form*
Dielektrizitätszahl		50			
		10^3			
		10^6			
Dielektrischer Verlustfaktor tan δ		50			
		10^3			
		10^6			
Spezifischer Durchgangs-widerstand	Ohm · cm				
Durchschlagfestigkeit	kV/mm				mm dick
Oberflächenwiderstand	Ohm				
Kriechstromfestigkeit		KC	KB	KA	
Elektrolytische Korrosionswirkung					
Lichtbogenfestigkeit nach DIN					
nach ASTM	s				

Beständigkeit *(Chemische Beständigkeit siehe Anhang)*

Wasseraufnahme 23 C	1 d	0.25 %	
Feuchtigkeitsaufnahme Normalklima			%
Wetterbeständigkeit			
Spannungskorrosion			

Optische Eigenschaften

Brechungszahl n_D		
Transmissionsgrad τ_c	%	mm dick
Lichtdurchlässigkeit		

Produkt	Polycarbonat-Blend		**PC**
Handelsname	**Idemitsu SC-400**		
Hersteller	IDEMITSU		
DIN-Bez 1			
DIN-Bez 2			
Zusätze		*Füllstoffe/ Verstärkung*	
Bevorzugte Verarbeitung	Spritzgiessen	*Lieferform*	Granulat
		Farben	Opak
Besondere Merkmale		*Bevorzugte Anwendungen*	Maschinenbau; Elektrotechnik; Elektronik; Fotoindustrie; Medizintechnik; Kfz-Industrie; Haushaltsgeraet

Dichte	g/cm^3	1.21	*Schmelzindex*	g/10 min	:
Schüttdichte	g/cm^3		*Volumenfließindex*	cm^3/10 min	:
Viskositätszahl	ml/g				

Verarbeitungsbedingungen für Spritzgießen

Massetemp.	°C	*Schwindung*	%	lgs 0.7–0.8, quer 0.7–0.8
Werkzeugtemp.	°C	*Bemerkungen*		
Spritzdruck	bar			

Zugversuch 23 °C ASTM D 638;
Probekörper: *Form* / *Zustand* — *Herstellung* Spritzgiessen; *Vorbehandlung* Normalklima

Streckspannung	N/mm^2	54	*Dehnung bei Streckspannung*	%	
Zugfestigkeit	N/mm^2		*Reißdehnung*	%	
Reißfestigkeit	N/mm^2	60	*% Dehnspannung*	N/mm^2	
E-Modul	N/mm^2	2130	*Dehnung bei % Dehnspg.*	%	

Kriechmoduln und Zeitstandwerte 23 °C
Probekörper: *Form* / *Zustand* — *Herstellung*; *Vorbehandlung*

Kriechmodul	*1 min*	N/mm^2	*Zeitstandzugfestigkeit*	h	N/mm^2
Kriechmodul	*1000 h*	N/mm^2	*Zeitdehnspg. %*	h	N/mm^2
bei Spannung		N/mm^2			

Biegeversuch 23 °C ASTM D 790;
Probekörper: *Form* / *Zustand* — *Herstellung* Spritzgiessen; *Vorbehandlung* Normalklima

Biegefestigkeit	N/mm^2	90	*E-Modul*	N/mm^2	2200
3,5% Biegespannung	N/mm^2				

Härte 23 °C *Probekörper:* *Zustand* — *Herstellung*; *Vorbehandlung*

Kugeldruckhärte	N/mm^2	bei N, s	*Shore-Härte* A	
Rockwellhärte			*Shore-Härte* D	

Schlagversuch *Probekörper:* *(1)* / *(2)* V-Kerbe / *Zustand* — *Herstellung* Spritzgiessen; *Vorbehandlung* Normalklima

		°C	°C	°C	*Probekörper-Form*
Schlagzähigkeit	kJ/m^2				
Kerbschlagzähigkeit (1)	kJ/m^2				
IZOD-Kerbschlagzähigkeit (2)	J/m	23 880			63.5x12.7x3.2 mm
Kerbschlagzugzähigkeit	kJ/m^2				

Abrieb und Reibung

Taber-Abrieb (Reibradverfahren)	mm^3/100 U		
Abriebfaktor LNP (Thrust washer) Vergleichswert			
Statische Reibungszahl			
Dynamische Reibungszahl	(p·v=	N/mm^2·	m/min)
Zulässiger p · v Wert	N/mm^2·(m/min)	v=	m/min
		v=	m/min

Thermische Eigenschaften

Formbeständigkeit in der Wärme	*Verfahren* A		120 °C
	Verfahren		°C
Vicat Erweichungstemperatur (VST)	*Verfahren*		°C
	Verfahren		°C
Kristallit-Schmelzpunkt	*Verfahren*		
Längenausdehnungskoeffizient	*Bereich*	°C	$\cdot 10^{-4}K^{-1}$
	Temperatur 23 °C		$0.70 \cdot 10^{-4}K^{-1}$
Wärmeleitfähigkeit	*Verfahren*		W/(K · m)
Spezifische Wärmekapazität	*Verfahren*		J/(K · g)
Glasumwandlungstemperatur	*Torsionsschwingungsversuch*	°C	
	Differentialkalorimetrie	°C	

Brandverhalten

UL-Test vertikal	Dicke mm, Wert
	Dicke mm, Wert

	Norm	*Bewertung*	*Abmessungen*
Sauerstoff-Index	ASTM D 2863		
Glühstab-Verfahren			
Brandverhalten	DIN 4102		
MVSS			
FAR			

Elektrische Eigenschaften

		Hz	°C	*Probekörper, Form*
Dielektrizitätszahl		50		
		10^3		
		10^6		
Dielektrischer Verlustfaktor tan δ		50		
		10^3		
		10^6		
Spezifischer Durchgangswiderstand	Ohm · cm			
Durchschlagfestigkeit	kV/mm			mm dick
Oberflächenwiderstand	Ohm			

Kriechstromfestigkeit	KC	KB	KA
Elektrolytische Korrosionswirkung			
Lichtbogenfestigkeit nach DIN			
nach ASTM s			

Beständigkeit *(Chemische Beständigkeit siehe Anhang)*

Wasseraufnahme 23 C	1 d	0.25 %
Feuchtigkeitsaufnahme Normalklima		%
Wetterbeständigkeit		
Spannungskorrosion		

Optische Eigenschaften

Brechungszahl n_D		
Transmissionsgrad τ_c	%	mm dick
Lichtdurchlässigkeit		

Produkt	Polycarbonat-Blend		**PC**
Handelsname	**Idemitsu SC-500**		
Hersteller	IDEMITSU		
DIN-Bez 1			
DIN-Bez 2			
Zusätze		*Füllstoffe/ Verstärkung*	
Bevorzugte Verarbeitung	Spritzgiessen	*Lieferform*	Granulat
		Farben	Translucent
Besondere Merkmale		*Bevorzugte Anwendungen*	Maschinenbau; Elektrotechnik; Elektronik; Fotoindustrie; Medizintechnik; Kfz-Industrie; Haushaltsgeraet

Dichte	g/cm^3	1.21	*Schmelzindex*	g/10 min		:
Schüttdichte	g/cm^3		*Volumenfließindex*	cm^3/10 min		:
Viskositätszahl	ml/g					

Verarbeitungsbedingungen für Spritzgießen

Massetemp.	°C		*Schwindung*	%	lgs 0.7–0.8, quer 0.7–0.8
Werkzeugtemp.	°C		*Bemerkungen*		
Spritzdruck	bar				

Zugversuch 23 °C ASTM D 638;

Probekörper: *Form* — *Herstellung* Spritzgiessen
Zustand — *Vorbehandlung* Normalklima

Streckspannung	N/mm^2	54	*Dehnung bei Streckspannung*	%	
Zugfestigkeit	N/mm^2		*Reißdehnung*	%	
Reißfestigkeit	N/mm^2	60	*% Dehnspannung*	N/mm^2	
E-Modul	N/mm^2	2130	*Dehnung bei % Dehnspg.*	%	

Kriechmoduln und Zeitstandwerte 23 °C

Probekörper: *Form* — *Herstellung*
Zustand — *Vorbehandlung*

Kriechmodul	*1 min* N/mm^2		*Zeitstandzugfestigkeit*	h	N/mm^2
Kriechmodul	*1000 h* N/mm^2		*Zeitdehnspg. %*	h	N/mm^2
bei Spannung	N/mm^2				

Biegeversuch 23 °C ASTM D 790;

Probekörper: *Form* — *Herstellung* Spritzgiessen
Zustand — *Vorbehandlung* Normalklima

Biegefestigkeit	N/mm^2	90	*E-Modul*	N/mm^2	2200
3,5% *Biegespannung*	N/mm^2				

Härte 23 °C *Probekörper:* *Zustand* — *Herstellung*
Vorbehandlung

Kugeldruckhärte	N/mm^2 bei N, s	*Shore-Härte* A	
Rockwellhärte		*Shore-Härte* D	

Schlagversuch *Probekörper:* *(1)*
(2) V-Kerbe — *Herstellung* Spritzgiessen
Zustand — *Vorbehandlung* Normalklima

		°C		°C		°C		*Probekörper-Form*
Schlagzähigkeit	kJ/m^2							
Kerbschlagzähigkeit (1)	kJ/m^2							
IZOD-Kerbschlagzähigkeit (2)	J/m	23	150–750					63.5x12.7x3.2 mm
Kerbschlagzugzähigkeit	kJ/m^2							

Abrieb und Reibung

Taber-Abrieb (Reibradverfahren)	mm^3/100 U		
Abriebfaktor LNP (Thrust washer) Vergleichswert			
Statische Reibungszahl			
Dynamische Reibungszahl	(p·v= N/mm^2·		m/min)
Zulässiger p · v Wert	N/mm^2 · (m/min)	v=	m/min
		v=	m/min

Thermische Eigenschaften

Formbeständigkeit in der Wärme	*Verfahren* A		122 °C
	Verfahren		°C
Vicat Erweichungstemperatur (VST)	*Verfahren*		°C
	Verfahren		°C
Kristallit-Schmelzpunkt	*Verfahren*		
Längenausdehnungskoeffizient	*Bereich*	°C	$\cdot 10^{-4} K^{-1}$
	Temperatur 23 °C		$0.70 \cdot 10^{-4} K^{-1}$
Wärmeleitfähigkeit	*Verfahren*		W/(K · m)
Spezifische Wärmekapazität	*Verfahren*		J/(K · g)
Glasumwandlungstemperatur	*Torsionsschwingungsversuch*	°C	
	Differentialkalorimetrie	°C	

Brandverhalten

UL-Test vertikal	Dicke mm, Wert	
	Dicke mm, Wert	

	Norm	*Bewertung*	*Abmessungen*
Sauerstoff-Index	ASTM D 2863		
Glühstab-Verfahren			
Brandverhalten	DIN 4102		
MVSS			
FAR			

Elektrische Eigenschaften

		Hz	°C	*Probekörper, Form*
Dielektrizitätszahl		50		
		10^3		
		10^6		
Dielektrischer Verlustfaktor tan δ		50		
		10^3		
		10^6		
Spezifischer Durchgangswiderstand	Ohm · cm			
Durchschlagfestigkeit	kV/mm			mm dick
Oberflächenwiderstand	Ohm			

Kriechstromfestigkeit	KC	KB	KA
Elektrolytische Korrosionswirkung			
Lichtbogenfestigkeit nach DIN			
nach ASTM s			

Beständigkeit *(Chemische Beständigkeit siehe Anhang)*

Wasseraufnahme 23 C	1 d	0.25 %	
Feuchtigkeitsaufnahme Normalklima			%
Wetterbeständigkeit			
Spannungskorrosion			

Optische Eigenschaften

Brechungszahl n_D		
Transmissionsgrad τ_c	%	mm dick
Lichtdurchlässigkeit		

Datenbank-Nr. **T01093** *Merkblatt-Nr.* **4077**

Produkt	Polypropylen-Elastomerblend		**PP**
Handelsname	**Ferrolene TPE 102**		
Hersteller	FERRO		
DIN-Bez 1	16774-PP,M,XX-M045		
DIN-Bez 2			
Zusätze		*Füllstoffe/ Verstärkung*	
Bevorzugte Verarbeitung	Spritzgiessen	*Lieferform*	Granulat
		Farben	Natur; Standard
Besondere Merkmale	Interpenetrierende PP/EPDM-Matrix; Hohe Flexibilitaet; Hohes Fliessvermoegen	*Bevorzugte Anwendungen*	Elektrischer Schalter; Kabeldichtung; Radschutz

Dichte	g/cm^3	1.01	*Schmelzindex*	g/10 min	15–20:	230/5
Schüttdichte	g/cm^3		*Volumenfließindex*	cm^3/10 min	:	
Viskositätszahl	ml/g					

Verarbeitungsbedingungen für Spritzgießen

Massetemp.	°C	*Schwindung*	%	lgs	1.3, quer 1.3
Werkzeugtemp.	°C	*Bemerkungen*			
Spritzdruck	bar				

Zugversuch 23 °C ISO R 527;
Probekörper: *Form* | *Zustand* | *Herstellung* Spritzgiessen | *Vorbehandlung* Normalklima

Streckspannung	N/mm^2		*Dehnung bei Streckspannung*	%	
Zugfestigkeit	N/mm^2	5	*Reißdehnung*	%	≧500
Reißfestigkeit	N/mm^2		*% Dehnspannung*	N/mm^2	
E-Modul	N/mm^2		*Dehnung bei % Dehnspg.*	%	

Kriechmoduln und Zeitstandwerte 23 °C
Probekörper: *Form* | *Zustand* | *Herstellung* | *Vorbehandlung*

Kriechmodul	*1 min* N/mm^2	*Zeitstandzugfestigkeit*	h	N/mm^2
Kriechmodul	*1000 h* N/mm^2	*Zeitdehnspg.* %	h	N/mm^2
bei Spannung	N/mm^2			

Biegeversuch 23 °C ISO 178;
Probekörper: *Form* | *Zustand* | *Herstellung* Spritzgiessen | *Vorbehandlung* Normalklima

Biegefestigkeit	N/mm^2	*E-Modul*	N/mm^2 90
3,5% *Biegespannung*	N/mm^2		

Härte 23 °C *Probekörper:* *Zustand* | *Herstellung* | *Vorbehandlung*

Kugeldruckhärte	N/mm^2 bei N, s	*Shore-Härte* A	
Rockwellhärte		*Shore-Härte* D	

Schlagversuch *Probekörper:* *(1)* | *(2)* V-Kerbe | *Zustand* | *Herstellung* Spritzgiessen | *Vorbehandlung* Normalklima

		°C	°C	°C	*Probekörper-Form*
Schlagzähigkeit	kJ/m^2				
Kerbschlagzähigkeit (1)	kJ/m^2				
IZOD-Kerbschlagzähigkeit (2)	J/m	23 o.B.			
Kerbschlagzugzähigkeit	kJ/m^2				

Abrieb und Reibung

Taber-Abrieb (Reibradverfahren)	mm^3/100 U		
Abriebfaktor LNP (Thrust washer) Vergleichswert			
Statische Reibungszahl			
Dynamische Reibungszahl	(p · v =	N/mm^2 ·	m/min)
Zulässiger p · v Wert	N/mm^2 · (m/min)	v =	m/min
		v =	m/min

Thermische Eigenschaften

Formbeständigkeit in der Wärme	*Verfahren*		°C
	Verfahren		°C
Vicat Erweichungstemperatur (VST)	*Verfahren*		°C
	Verfahren		°C
Kristallit-Schmelzpunkt	*Verfahren*		
Längenausdehnungskoeffizient	*Bereich*	°C	· $10^{-4}K^{-1}$
	Temperatur		· $10^{-4}K^{-1}$
Wärmeleitfähigkeit	*Verfahren*		W/(K · m)
Spezifische Wärmekapazität	*Verfahren*		J/(K · g)
Glasumwandlungstemperatur	*Torsionsschwingungsversuch*	°C	
	Differentialkalorimetrie	°C	

Brandverhalten

UL-Test vertikal	Dicke	mm, Wert
	Dicke	mm, Wert

	Norm	*Bewertung*	*Abmessungen*
Sauerstoff-Index	ASTM D 2863		
Glühstab-Verfahren			
Brandverhalten	DIN 4102		
MVSS			
FAR			

Elektrische Eigenschaften

		Hz	°C		*Probekörper, Form*
Dielektrizitätszahl		50			
		10^3			
		10^6			
Dielektrischer Verlustfaktor tan δ		50			
		10^3			
		10^6			
Spezifischer Durchgangs-widerstand	Ohm · cm				
Durchschlagfestigkeit	kV/mm				mm dick
Oberflächenwiderstand	Ohm				
Kriechstromfestigkeit		KC	KB	KA	
Elektrolytische Korrosionswirkung					
Lichtbogenfestigkeit nach DIN					
nach ASTM	s				

Beständigkeit *(Chemische Beständigkeit siehe Anhang)*

Wasseraufnahme

Feuchtigkeitsaufnahme Normalklima %

Wetterbeständigkeit

Spannungskorrosion

Optische Eigenschaften

Brechungszahl n_D		
Transmissionsgrad τ_c	%	mm dick
Lichtdurchlässigkeit		

Datenbank-Nr. **T01094** Merkblatt-Nr. **4078**

Produkt	Polypropylen-Elastomerblend		**PP**
Handelsname	**Ferrolene TPE 250**		
Hersteller	FERRO		
DIN-Bez 1	16774-PP,M,XX-M045		
DIN-Bez 2			
Zusätze		*Füllstoffe/ Verstärkung*	
Bevorzugte Verarbeitung	Spritzgiessen	*Lieferform*	Granulat
		Farben	Natur; Standard
Besondere Merkmale	Interpenetrierende PP/EPDM-Matrix; Hohe Flexibilitaet; Hohes Fliessvermoegen	*Bevorzugte Anwendungen*	Elektrischer Schalter; Kabeldichtung; Radschutz

Dichte	g/cm^3	0.90	*Schmelzindex*	g/10 min	15–20:	230/5
Schüttdichte	g/cm^3		*Volumenfließindex*	$cm^3/10$ min	:	
Viskositätszahl	ml/g					

Verarbeitungsbedingungen für Spritzgießen

Massetemp.	°C	*Schwindung*	%	lgs	1.3, quer 1.3
Werkzeugtemp.	°C	*Bemerkungen*			
Spritzdruck	bar				

Zugversuch 23 °C ISO R 527;

Probekörper: *Form* — *Herstellung* Spritzgiessen
Zustand — *Vorbehandlung* Normalklima

Streckspannung	N/mm^2		*Dehnung bei Streckspannung*	%	
Zugfestigkeit	N/mm^2	10	*Reißdehnung*	%	≧500
Reißfestigkeit	N/mm^2		*% Dehnspannung*	N/mm^2	
E-Modul	N/mm^2		*Dehnung bei % Dehnspg.*	%	

Kriechmoduln und Zeitstandwerte 23 °C

Probekörper: *Form* — *Herstellung*
Zustand — *Vorbehandlung*

Kriechmodul	*1 min* N/mm^2	*Zeitstandzugfestigkeit*	h	N/mm^2
Kriechmodul	*1000 h* N/mm^2	*Zeitdehnspg. %*	h	N/mm^2
bei Spannung	N/mm^2			

Biegeversuch 23 °C ISO 178;

Probekörper: *Form* — *Herstellung* Spritzgiessen
Zustand — *Vorbehandlung* Normalklima

Biegefestigkeit	N/mm^2	*E-Modul*	N/mm^2	240
3,5% *Biegespannung*	N/mm^2			

Härte 23 °C *Probekörper:* *Zustand* — *Herstellung* Spritzgiessen
Vorbehandlung Normalklima

Kugeldruckhärte	N/mm^2	bei N, s	*Shore-Härte* A	85
Rockwellhärte			*Shore-Härte* D	

Schlagversuch *Probekörper:* *(1)*
(2) V-Kerbe — *Herstellung* Spritzgiessen
Zustand — *Vorbehandlung* Normalklima

		°C	°C	°C	*Probekörper-Form*
Schlagzähigkeit	kJ/m^2				
Kerbschlagzähigkeit (1)	kJ/m^2				
IZOD-Kerbschlagzähigkeit (2)	J/m	23 o.B.			
Kerbschlagzugzähigkeit	kJ/m^2				

Abrieb und Reibung

Taber-Abrieb (Reibradverfahren) mm^3/100 U
Abriebfaktor LNP (Thrust washer) Vergleichswert
Statische Reibungszahl
Dynamische Reibungszahl (p · v = N/mm^2 · m/min)
Zulässiger p · v Wert N/mm^2 · (m/min) v = m/min
v = m/min

Thermische Eigenschaften

Formbeständigkeit in der Wärme *Verfahren* °C
Verfahren °C
Vicat Erweichungstemperatur (VST) *Verfahren* °C
Verfahren °C
Kristallit-Schmelzpunkt *Verfahren*

Längenausdehnungskoeffizient *Bereich* °C · $10^{-4}K^{-1}$
Temperatur · $10^{-4}K^{-1}$
Wärmeleitfähigkeit *Verfahren* W/(K · m)

Spezifische Wärmekapazität *Verfahren* J/(K · g)

Glasumwandlungstemperatur *Torsionsschwingungsversuch* °C
Differentialkalorimetrie °C

Brandverhalten

UL-Test vertikal Dicke mm, Wert
Dicke mm, Wert

	Norm	*Bewertung*	*Abmessungen*
Sauerstoff-Index	ASTM D 2863		
Glühstab-Verfahren			
Brandverhalten	DIN 4102		
MVSS			
FAR			

Elektrische Eigenschaften

		Hz	°C	*Probekörper, Form*
Dielektrizitätszahl		50		
		10^3		
		10^6		
Dielektrischer Verlustfaktor tan δ		50		
		10^3		
		10^6		
Spezifischer Durchgangswiderstand	Ohm · cm			
Durchschlagfestigkeit	kV/mm			mm dick
Oberflächenwiderstand	Ohm			

Kriechstromfestigkeit KC KB KA
Elektrolytische Korrosionswirkung
Lichtbogenfestigkeit nach DIN
nach ASTM s

Beständigkeit *(Chemische Beständigkeit siehe Anhang)*

Wasseraufnahme

Feuchtigkeitsaufnahme Normalklima %
Wetterbeständigkeit

Spannungskorrosion

Optische Eigenschaften

Brechungszahl n_D
Transmissionsgrad τ_c % mm dick
Lichtdurchlässigkeit

Produkt	Polypropylen-Elastomerblend		**PP**
Handelsname	**Ferrolene TPE 650**		
Hersteller	FERRO		
DIN-Bez 1			
DIN-Bez 2			
Zusätze		*Füllstoffe/ Verstärkung*	
Bevorzugte Verarbeitung	Spritzgiessen	*Lieferform*	Granulat
		Farben	Natur; Standard
Besondere Merkmale	Interpenetrierende PP/EPDM-Matrix; Mittlere Steifigkeit; Gutes Fliessvermoegen	*Bevorzugte Anwendungen*	Stossfaenger; Spoiler; Ski-Buegel; Innenverschalung; Lackiertes Teil; Kfz-Industrie

Dichte	g/cm^3	0.90	*Schmelzindex*	g/10 min	5–8:	230/2.16
Schüttdichte	g/cm^3		*Volumenfließindex*	$cm^3/10$ min	:	
Viskositätszahl	ml/g					

Verarbeitungsbedingungen für Spritzgießen

Massetemp.	°C	*Schwindung*	% lgs 1.4, quer 1.4
Werkzeugtemp.	°C	*Bemerkungen*	
Spritzdruck	bar		

Zugversuch 23 °C ISO R 527;
Probekörper: *Form* / *Zustand* — *Herstellung* Spritzgiessen, *Vorbehandlung* Normalklima

Streckspannung	N/mm^2		*Dehnung bei Streckspannung*	%	
Zugfestigkeit	N/mm^2	17	*Reißdehnung*	%	≧500
Reißfestigkeit	N/mm^2		*% Dehnspannung*	N/mm^2	
E-Modul	N/mm^2		*Dehnung bei % Dehnspg.*	%	

Kriechmoduln und Zeitstandwerte 23 °C
Probekörper: *Form* / *Zustand* — *Herstellung* / *Vorbehandlung*

Kriechmodul	*1 min*	N/mm^2	*Zeitstandzugfestigkeit*	h	N/mm^2
Kriechmodul	*1000 h*	N/mm^2	*Zeitdehnspg. %*	h	N/mm^2
bei Spannung		N/mm^2			

Biegeversuch 23 °C ISO 178;
Probekörper: *Form* / *Zustand* — *Herstellung* Spritzgiessen, *Vorbehandlung* Normalklima

Biegefestigkeit	N/mm^2	*E-Modul*	N/mm^2 640
3,5% *Biegespannung*	N/mm^2		

Härte 23 °C *Probekörper:* *Zustand* — *Herstellung* Spritzgiessen, *Vorbehandlung* Normalklima

Kugeldruckhärte	N/mm^2 bei N, s	*Shore-Härte* A	
Rockwellhärte		*Shore-Härte* D	54

Schlagversuch *Probekörper:* *(1)* / *(2)* V-Kerbe / *Zustand* — *Herstellung* Spritzgiessen, *Vorbehandlung* Normalklima

		°C	°C	°C	*Probekörper-Form*
Schlagzähigkeit	kJ/m^2				
Kerbschlagzähigkeit (1)	kJ/m^2				
IZOD-Kerbschlagzähigkeit (2)	J/m	23 o.B.			
Kerbschlagzugzähigkeit	kJ/m^2				

Abrieb und Reibung

Taber-Abrieb (Reibradverfahren) mm^3/100 U
Abriebfaktor LNP (Thrust washer) Vergleichswert
Statische Reibungszahl
Dynamische Reibungszahl (p · v = N/mm^2 · m/min)
Zulässiger p · v Wert N/mm^2 · (m/min) v = m/min
v = m/min

Thermische Eigenschaften

Formbeständigkeit in der Wärme	*Verfahren*		°C
	Verfahren		°C
Vicat Erweichungstemperatur (VST)	*Verfahren*		°C
	Verfahren		°C
Kristallit-Schmelzpunkt	*Verfahren*		
Längenausdehnungskoeffizient	*Bereich*	°C	$\cdot 10^{-4} K^{-1}$
	Temperatur		$\cdot 10^{-4} K^{-1}$
Wärmeleitfähigkeit	*Verfahren*		W/(K · m)
Spezifische Wärmekapazität	*Verfahren*		J/(K · g)
Glasumwandlungstemperatur	*Torsionsschwingungsversuch*	°C	
	Differentialkalorimetrie	°C	

Brandverhalten

UL-Test vertikal Dicke mm, Wert
Dicke mm, Wert

	Norm	*Bewertung*	*Abmessungen*
Sauerstoff-Index	ASTM D 2863		
Glühstab-Verfahren			
Brandverhalten	DIN 4102		
MVSS			
FAR			

Elektrische Eigenschaften

	Hz	°C	*Probekörper, Form*
Dielektrizitätszahl	50		
	10^3		
	10^6		
Dielektrischer Verlustfaktor tan δ	50		
	10^3		
	10^6		
Spezifischer Durchgangswiderstand Ohm · cm			
Durchschlagfestigkeit kV/mm			mm dick
Oberflächenwiderstand Ohm			

Kriechstromfestigkeit KC KB KA
Elektrolytische Korrosionswirkung
Lichtbogenfestigkeit nach DIN
nach ASTM s

Beständigkeit *(Chemische Beständigkeit siehe Anhang)*

Wasseraufnahme

Feuchtigkeitsaufnahme Normalklima %
Wetterbeständigkeit

Spannungskorrosion

Optische Eigenschaften

Brechungszahl n_D
Transmissionsgrad τ_c % mm dick
Lichtdurchlässigkeit

Produkt	Polypropylen-Elastomerblend		**PP**
Handelsname	**Ferrolene TPE 751**		
Hersteller	FERRO		
DIN-Bez 1	16774-PP,M,XX-M045		
DIN-Bez 2			
Zusätze		*Füllstoffe/ Verstärkung*	
Bevorzugte Verarbeitung	Spritzgiessen	*Lieferform*	Granulat
		Farben	Natur; Standard
Besondere Merkmale	Interpenetrierende PP/EPDM-Matrix; Mittlere Steifigkeit; Gutes Fliessvermoegen; Sehr gute Lackierbarkeit	*Bevorzugte Anwendungen*	Stossfaenger; Spoiler; Ski-Buegel; Innenverschalung; Lackiertes Teil; Kfz-Industrie

Dichte	g/cm^3	0.99	*Schmelzindex*	g/10 min	15–20:	230/5
Schüttdichte	g/cm^3		*Volumenfließindex*	cm^3/10 min	:	
Viskositätszahl	ml/g					

Verarbeitungsbedingungen für Spritzgießen

Massetemp.	°C	*Schwindung*	%	lgs	1.5, quer 1.5
Werkzeugtemp.	°C	*Bemerkungen*			
Spritzdruck	bar				

Zugversuch 23 °C ISO R 527;
Probekörper: *Form* / *Zustand* — *Herstellung* Spritzgiessen; *Vorbehandlung* Normalklima

Streckspannung	N/mm^2		*Dehnung bei Streckspannung*	%	
Zugfestigkeit	N/mm^2	23	*Reißdehnung*	%	≧300
Reißfestigkeit	N/mm^2		*% Dehnspannung*	N/mm^2	
E-Modul	N/mm^2		*Dehnung bei % Dehnspg.*	%	

Kriechmoduln und Zeitstandwerte 23 °C
Probekörper: *Form* / *Zustand* — *Herstellung* / *Vorbehandlung*

Kriechmodul	*1 min* N/mm^2	*Zeitstandzugfestigkeit*	h	N/mm^2
Kriechmodul	*1000 h* N/mm^2	*Zeitdehnspg. %*	h	N/mm^2
bei Spannung	N/mm^2			

Biegeversuch 23 °C ISO 178;
Probekörper: *Form* / *Zustand* — *Herstellung* Spritzgiessen; *Vorbehandlung* Normalklima

Biegefestigkeit	N/mm^2	*E-Modul*	N/mm^2	750
3,5% *Biegespannung*	N/mm^2			

Härte 23 °C *Probekörper:* *Zustand* — *Herstellung* Spritzgiessen; *Vorbehandlung* Normalklima

Kugeldruckhärte	N/mm^2	bei N, s	*Shore-Härte* A	
Rockwellhärte			*Shore-Härte* D	55

Schlagversuch *Probekörper:* *(1)* / *(2)* V-Kerbe / *Zustand* — *Herstellung* Spritzgiessen; *Vorbehandlung* Normalklima

		°C	°C	°C	*Probekörper-Form*
Schlagzähigkeit	kJ/m^2				
Kerbschlagzähigkeit (1)	kJ/m^2				
IZOD-Kerbschlagzähigkeit (2)	J/m	23 o.B.			
Kerbschlagzugzähigkeit	kJ/m^2				

Abrieb und Reibung

Taber-Abrieb (Reibradverfahren)	mm^3/100 U		
Abriebfaktor LNP (Thrust washer) Vergleichswert			
Statische Reibungszahl			
Dynamische Reibungszahl	(p · v =	N/mm^2 ·	m/min)
Zulässiger p · v Wert	N/mm^2 · (m/min)	v =	m/min
		v =	m/min

Thermische Eigenschaften

Formbeständigkeit in der Wärme	*Verfahren*		°C
	Verfahren		°C
Vicat Erweichungstemperatur (VST)	*Verfahren*		°C
	Verfahren		°C
Kristallit-Schmelzpunkt	*Verfahren*		
Längenausdehnungskoeffizient	*Bereich*	°C	· $10^{-4}K^{-1}$
	Temperatur		· $10^{-4}K^{-1}$
Wärmeleitfähigkeit	*Verfahren*		W/(K · m)
Spezifische Wärmekapazität	*Verfahren*		J/(K · g)
Glasumwandlungstemperatur	*Torsionsschwingungsversuch*	°C	
	Differentialkalorimetrie	°C	

Brandverhalten

UL-Test vertikal		Dicke mm, Wert	
		Dicke mm, Wert	
	Norm	*Bewertung*	*Abmessungen*
Sauerstoff-Index	ASTM D 2863		
Glühstab-Verfahren			
Brandverhalten	DIN 4102		
MVSS			
FAR			

Elektrische Eigenschaften

		Hz	°C			*Probekörper, Form*
Dielektrizitätszahl		50				
		10^3				
		10^6				
Dielektrischer Verlustfaktor tan δ		50				
		10^3				
		10^6				
Spezifischer Durchgangswiderstand	Ohm · cm					
Durchschlagfestigkeit	kV/mm					mm dick
Oberflächenwiderstand	Ohm					
Kriechstromfestigkeit		KC		KB	KA	
Elektrolytische Korrosionswirkung						
Lichtbogenfestigkeit nach DIN						
nach ASTM	s					

Beständigkeit *(Chemische Beständigkeit siehe Anhang)*

Wasseraufnahme

Feuchtigkeitsaufnahme Normalklima %

Wetterbeständigkeit

Spannungskorrosion

Optische Eigenschaften

Brechungszahl n_D		
Transmissionsgrad τ_c	%	mm dick
Lichtdurchlässigkeit		

Produkt	Polypropylen-Elastomerblend		**PP**
Handelsname	**Ferrolene TPE 850**		
Hersteller	FERRO		
DIN-Bez 1	16774-PP,M,XX-M045		
DIN-Bez 2			
Zusätze		*Füllstoffe/ Verstärkung*	
Bevorzugte Verarbeitung	Spritzgiessen	*Lieferform*	Granulat
		Farben	Natur; Standard
Besondere Merkmale	Interpenetrierende PP/EPDM-Matrix; Mittlere Steifigkeit; Gutes Fliessvermoegen	*Bevorzugte Anwendungen*	Stossfaenger; Spoiler; Ski-Buegel; Innenverschalung; Lackiertes Teil; Kfz-Industrie

Dichte	g/cm^3	0.90	*Schmelzindex*	g/10 min	15–20:	230/5
Schüttdichte	g/cm^3		*Volumenfließindex*	cm^3/10 min	:	
Viskositätszahl	ml/g					

Verarbeitungsbedingungen für Spritzgießen

Massetemp.	°C	*Schwindung*	%	lgs	1.5, quer 1.5
Werkzeugtemp.	°C	*Bemerkungen*			
Spritzdruck	bar				

Zugversuch 23 °C ISO R 527;
Probekörper: *Form* — *Herstellung* Spritzgiessen
Zustand — *Vorbehandlung* Normalklima

Streckspannung	N/mm^2		*Dehnung bei Streckspannung*	%	
Zugfestigkeit	N/mm^2	23	*Reißdehnung*	%	≧400
Reißfestigkeit	N/mm^2		*% Dehnspannung*	N/mm^2	
E-Modul	N/mm^2		*Dehnung bei % Dehnspg.*	%	

Kriechmoduln und Zeitstandwerte 23 °C
Probekörper: *Form* — *Herstellung*
Zustand — *Vorbehandlung*

Kriechmodul	*1 min*	N/mm^2	*Zeitstandzugfestigkeit*	h	N/mm^2
Kriechmodul	*1000 h*	N/mm^2	*Zeitdehnspg. %*	h	N/mm^2
bei Spannung		N/mm^2			

Biegeversuch 23 °C ISO 178;
Probekörper: *Form* — *Herstellung* Spritzgiessen
Zustand — *Vorbehandlung* Normalklima

Biegefestigkeit	N/mm^2	29	*E-Modul*	N/mm^2	850
3,5% *Biegespannung*	N/mm^2				

Härte 23 °C *Probekörper:* *Zustand* — *Herstellung* Spritzgiessen
Vorbehandlung Normalklima

Kugeldruckhärte	N/mm^2	bei N, s	*Shore-Härte* A	
Rockwellhärte			*Shore-Härte* D	60

Schlagversuch *Probekörper:* *(1)*
(2) V-Kerbe — *Herstellung* Spritzgiessen
Zustand — *Vorbehandlung* Normalklima

		°C	°C	°C	*Probekörper-Form*
Schlagzähigkeit	kJ/m^2				
Kerbschlagzähigkeit (1)	kJ/m^2				
IZOD-Kerbschlagzähigkeit (2)	J/m	23 o.B.			
Kerbschlagzugzähigkeit	kJ/m^2				

Abrieb und Reibung

Taber-Abrieb (Reibradverfahren)	$mm^3/100$ U		
Abriebfaktor LNP (Thrust washer) Vergleichswert			
Statische Reibungszahl			
Dynamische Reibungszahl	(p · v =	N/mm^2 ·	m/min)
Zulässiger p · v Wert	N/mm^2 · (m/min)	v =	m/min
		v =	m/min

Thermische Eigenschaften

Formbeständigkeit in der Wärme	*Verfahren*		°C
	Verfahren		°C
Vicat Erweichungstemperatur (VST)	*Verfahren*	A/50	25 °C
	Verfahren		°C
Kristallit-Schmelzpunkt	*Verfahren*		
Längenausdehnungskoeffizient	*Bereich*	°C	$\cdot 10^{-4}K^{-1}$
	Temperatur		$\cdot 10^{-4}K^{-1}$
Wärmeleitfähigkeit	*Verfahren*		W/(K · m)
Spezifische Wärmekapazität	*Verfahren*		J/(K · g)
Glasumwandlungstemperatur	*Torsionsschwingungsversuch*	°C	
	Differentialkalorimetrie	°C	

Brandverhalten

UL-Test vertikal	Dicke	mm, Wert
	Dicke	mm, Wert

	Norm	*Bewertung*	*Abmessungen*
Sauerstoff-Index	ASTM D 2863		
Glühstab-Verfahren			
Brandverhalten	DIN 4102		
MVSS			
FAR			

Elektrische Eigenschaften

		Hz	°C		*Probekörper, Form*
Dielektrizitätszahl		50			
		10^3			
		10^6			
Dielektrischer Verlustfaktor tan δ		50			
		10^3			
		10^6			
Spezifischer Durchgangs-widerstand	Ohm · cm				
Durchschlagfestigkeit	kV/mm				mm dick
Oberflächenwiderstand	Ohm				
Kriechstromfestigkeit		KC	KB	KA	
Elektrolytische Korrosionswirkung					
Lichtbogenfestigkeit nach DIN					
nach ASTM	s				

Beständigkeit *(Chemische Beständigkeit siehe Anhang)*

Wasseraufnahme

Feuchtigkeitsaufnahme Normalklima %

Wetterbeständigkeit

Spannungskorrosion

Optische Eigenschaften

Brechungszahl n_D		
Transmissionsgrad τ_c	%	mm dick
Lichtdurchlässigkeit		

Datenbank-Nr.	**T01098**	*Merkblatt-Nr.*	**4082**

Produkt	Polypropylen-Elastomerblend		**PP**
Handelsname	**Ferrolene TPE 1502**		
Hersteller	FERRO		
DIN-Bez 1	16774-PP,M,XX-M045		
DIN-Bez 2			
Zusätze		*Füllstoffe/ Verstärkung*	
Bevorzugte Verarbeitung	Spritzgiessen	*Lieferform*	Granulat
		Farben	Natur; Standard
Besondere Merkmale	Interpenetrierende PP/EPDM-Matrix; Erhoehte Steifigkeit; Mittlere Tieftemperaturbestaendigkeit; Gute Oberflaeche	*Bevorzugte Anwendungen*	Armaturenbrett; Innenverschalung; Kfz-Industrie

Dichte	g/cm³	0.99	*Schmelzindex*	g/10 min	15–20:	230/5
Schüttdichte	g/cm³		*Volumenfließindex*	cm³/10 min	:	
Viskositätszahl	ml/g					

Verarbeitungsbedingungen für Spritzgießen

Massetemp.	°C	*Schwindung*	%	lgs	1.3, quer 1.3
Werkzeugtemp.	°C	*Bemerkungen*			
Spritzdruck	bar				

Zugversuch 23 °C ISO R 527;

Probekörper:	*Form*	*Herstellung*	Spritzgiessen
	Zustand	*Vorbehandlung*	Normalklima

Streckspannung	N/mm²		*Dehnung bei Streckspannung*	%	
Zugfestigkeit	N/mm²	22	*Reißdehnung*	%	130
Reißfestigkeit	N/mm²		*% Dehnspannung*	N/mm²	
E-Modul	N/mm²		*Dehnung bei % Dehnspg.*	%	

Kriechmoduln und Zeitstandwerte 23 °C

Probekörper:	*Form*	*Herstellung*	
	Zustand	*Vorbehandlung*	

Kriechmodul	*1 min*	N/mm²	*Zeitstandzugfestigkeit*	h	N/mm²
Kriechmodul	*1000 h*	N/mm²	*Zeitdehnspg. %*	h	N/mm²
bei Spannung		N/mm²			

Biegeversuch 23 °C ISO 178;

Probekörper:	*Form*	*Herstellung*	Spritzgiessen
	Zustand	*Vorbehandlung*	Normalklima

Biegefestigkeit	N/mm²	*E-Modul*	N/mm²	1500
3,5% *Biegespannung*	N/mm²			

Härte 23 °C

Probekörper:	*Zustand*	*Herstellung*	Spritzgiessen
		Vorbehandlung	Normalklima

Kugeldruckhärte	N/mm²	bei	N, s	*Shore-Härte* A	
Rockwellhärte				*Shore-Härte* D	61

Schlagversuch

Probekörper:	*(1)*		
	(2) V-Kerbe	*Herstellung*	Spritzgiessen
	Zustand	*Vorbehandlung*	Normalklima

		°C	°C	°C	*Probekörper-Form*
Schlagzähigkeit	kJ/m²				
Kerbschlagzähigkeit (1)	kJ/m²				
IZOD-Kerbschlagzähigkeit (2)	J/m	23 90			
Kerbschlagzugzähigkeit	kJ/m²				

Abrieb und Reibung

Taber-Abrieb (Reibradverfahren)	mm^3/100 U		
Abriebfaktor LNP (Thrust washer) Vergleichswert			
Statische Reibungszahl			
Dynamische Reibungszahl	(p · v = N/mm^2 ·		m/min)
Zulässiger p · v Wert	N/mm^2 · (m/min)	v =	m/min
		v =	m/min

Thermische Eigenschaften

Formbeständigkeit in der Wärme	*Verfahren*	A	60 °C
	Verfahren	B	118 °C
Vicat Erweichungstemperatur (VST)	*Verfahren*	B/50	58 °C
	Verfahren		°C
Kristallit-Schmelzpunkt	*Verfahren*		
Längenausdehnungskoeffizient	*Bereich*	°C	$\cdot 10^{-4} K^{-1}$
	Temperatur		$\cdot 10^{-4} K^{-1}$
Wärmeleitfähigkeit	*Verfahren*		W/(K · m)
Spezifische Wärmekapazität	*Verfahren*		J/(K · g)
Glasumwandlungstemperatur	*Torsionsschwingungsversuch*	°C	
	Differentialkalorimetrie	°C	

Brandverhalten

UL-Test vertikal Dicke mm, Wert
Dicke mm, Wert

	Norm	*Bewertung*	*Abmessungen*
Sauerstoff-Index	ASTM D 2863		
Glühstab-Verfahren			
Brandverhalten	DIN 4102		
MVSS			
FAR			

Elektrische Eigenschaften

		Hz	°C	*Probekörper, Form*
Dielektrizitätszahl		50		
		10^3		
		10^6		
Dielektrischer Verlustfaktor tan δ		50		
		10^3		
		10^6		
Spezifischer Durchgangswiderstand	Ohm · cm			
Durchschlagfestigkeit	kV/mm			mm dick
Oberflächenwiderstand	Ohm			

Kriechstromfestigkeit KC KB KA
Elektrolytische Korrosionswirkung
Lichtbogenfestigkeit nach DIN
nach ASTM s

Beständigkeit *(Chemische Beständigkeit siehe Anhang)*

Wasseraufnahme

Feuchtigkeitsaufnahme Normalklima %
Wetterbeständigkeit

Spannungskorrosion

Optische Eigenschaften

Brechungszahl n_D
Transmissionsgrad τ_c % mm dick
Lichtdurchlässigkeit

Datenbank-Nr. **T01099** Merkblatt-Nr. **4083**

Produkt	Polypropylen-Elastomerblend		**PP**
Handelsname	**Ferrolene TPE 1505**		
Hersteller	FERRO		
DIN-Bez 1	16774-PP,M,XX-M045		
DIN-Bez 2			
Zusätze		*Füllstoffe/ Verstärkung*	
Bevorzugte Verarbeitung	Spritzgiessen	*Lieferform*	Granulat
		Farben	Natur; Standard
Besondere Merkmale	Interpenetrierende PP/EPDM-Matrix; Erhoehte Steifigkeit; Mittlere Tieftemperaturbestaendigkeit; Gute Oberflaeche	*Bevorzugte Anwendungen*	Armaturenbrett; Innenverschalung; Kfz-Industrie

Dichte	g/cm^3	0.95	*Schmelzindex*	g/10 min	15–20:	230/5
Schüttdichte	g/cm^3		*Volumenfließindex*	cm^3/10 min	:	
Viskositätszahl	ml/g					

Verarbeitungsbedingungen für Spritzgießen

Massetemp.	°C	*Schwindung*	%	lgs	0.9, quer 0.9
Werkzeugtemp.	°C	*Bemerkungen*			
Spritzdruck	bar				

Zugversuch 23 °C ISO R 527;

Probekörper: *Form* — *Herstellung* Spritzgiessen

Zustand — *Vorbehandlung* Normalklima

Streckspannung	N/mm^2		*Dehnung bei Streckspannung*	%	
Zugfestigkeit	N/mm^2	21	*Reißdehnung*	%	160
Reißfestigkeit	N/mm^2		*% Dehnspannung*	N/mm^2	
E-Modul	N/mm^2		*Dehnung bei % Dehnspg.*	%	

Kriechmoduln und Zeitstandwerte 23 °C

Probekörper: *Form* — *Herstellung*

Zustand — *Vorbehandlung*

Kriechmodul	*1 min* N/mm^2		*Zeitstandzugfestigkeit*	h	N/mm^2
Kriechmodul	*1000 h* N/mm^2		*Zeitdehnspg. %*	h	N/mm^2
bei Spannung	N/mm^2				

Biegeversuch 23 °C ISO 178;

Probekörper: *Form* — *Herstellung* Spritzgiessen

Zustand — *Vorbehandlung* Normalklima

Biegefestigkeit	N/mm^2	*E-Modul*	N/mm^2	1500
3,5% *Biegespannung*	N/mm^2			

Härte 23 °C *Probekörper:* *Zustand* — *Herstellung* Spritzgiessen

Vorbehandlung Normalklima

Kugeldruckhärte	N/mm^2 42	bei N, s	*Shore-Härte* A	
Rockwellhärte			*Shore-Härte* D	58

Schlagversuch *Probekörper:* *(1)*

(2) V-Kerbe — *Herstellung* Spritzgiessen

Zustand — *Vorbehandlung* Normalklima

		°C	°C	°C	*Probekörper-Form*
Schlagzähigkeit	kJ/m^2				
Kerbschlagzähigkeit (1)	kJ/m^2				
IZOD-Kerbschlagzähigkeit (2)	J/m	23 245			
Kerbschlagzugzähigkeit	kJ/m^2				

Abrieb und Reibung

Taber-Abrieb (Reibradverfahren) mm^3/100 U
Abriebfaktor LNP (Thrust washer) Vergleichswert
Statische Reibungszahl
Dynamische Reibungszahl (p · v = N/mm^2 · m/min)
Zulässiger p · v Wert N/mm^2 · (m/min) v = m/min
v = m/min

Thermische Eigenschaften

Formbeständigkeit in der Wärme	*Verfahren*		°C
	Verfahren		°C
Vicat Erweichungstemperatur (VST)	*Verfahren*	A/50	50 °C
	Verfahren		°C
Kristallit-Schmelzpunkt	*Verfahren*		
Längenausdehnungskoeffizient	*Bereich*	°C	· $10^{-4}K^{-1}$
	Temperatur		· $10^{-4}K^{-1}$
Wärmeleitfähigkeit	*Verfahren*		W/(K · m)
Spezifische Wärmekapazität	*Verfahren*		J/(K · g)
Glasumwandlungstemperatur	*Torsionsschwingungsversuch*	°C	
	Differentialkalorimetrie	°C	

Brandverhalten

UL-Test vertikal Dicke mm, Wert
Dicke mm, Wert

	Norm	*Bewertung*	*Abmessungen*
Sauerstoff-Index	ASTM D 2863		
Glühstab-Verfahren			
Brandverhalten	DIN 4102		
MVSS			
FAR			

Elektrische Eigenschaften

		Hz	°C	*Probekörper, Form*
Dielektrizitätszahl		50		
		10^3		
		10^6		
Dielektrischer Verlustfaktor tan δ		50		
		10^3		
		10^6		
Spezifischer Durchgangs-widerstand	Ohm · cm			
Durchschlagfestigkeit	kV/mm			mm dick
Oberflächenwiderstand	Ohm			

Kriechstromfestigkeit KC KB KA
Elektrolytische Korrosionswirkung
Lichtbogenfestigkeit nach DIN
nach ASTM s

Beständigkeit *(Chemische Beständigkeit siehe Anhang)*

Wasseraufnahme

Feuchtigkeitsaufnahme Normalklima %
Wetterbeständigkeit

Spannungskorrosion

Optische Eigenschaften

Brechungszahl n_D
Transmissionsgrad τ_c % mm dick
Lichtdurchlässigkeit

Produkt	Polypropylen-Elastomerblend		**PP**
Handelsname	**Ferrolene TPE 1602**		
Hersteller	FERRO		
DIN-Bez 1			
DIN-Bez 2			
Zusätze		*Füllstoffe/ Verstärkung*	
Bevorzugte Verarbeitung	Spritzgiessen	*Lieferform*	Granulat
		Farben	Natur; Standard
Besondere Merkmale	Interpenetrierende PP/EPDM-Matrix; Erhoehte Steifigkeit; Mittlere Tieftemperaturbestaendigkeit; Gute Oberflaeche	*Bevorzugte Anwendungen*	Armaturenbrett; Innenverschalung; Kfz-Industrie

Dichte	g/cm^3	1.09	*Schmelzindex*	g/10 min	5–8:	230/2.16
Schüttdichte	g/cm^3		*Volumenfließindex*	$cm^3/10$ min	:	
Viskositätszahl	ml/g					

Verarbeitungsbedingungen für Spritzgießen

Massetemp.	°C	*Schwindung*	%	lgs 1.1, quer 1.1
Werkzeugtemp.	°C	*Bemerkungen*		
Spritzdruck	bar			

Zugversuch 23 °C ISO R 527;

Probekörper:	*Form*	*Herstellung*	Spritzgiessen
	Zustand	*Vorbehandlung*	Normalklima

Streckspannung	N/mm^2		*Dehnung bei Streckspannung*	%	
Zugfestigkeit	N/mm^2	18	*Reißdehnung*	%	≧100
Reißfestigkeit	N/mm^2		*% Dehnspannung*	N/mm^2	
E-Modul	N/mm^2		*Dehnung bei % Dehnspg.*	%	

Kriechmoduln und Zeitstandwerte 23 °C

Probekörper:	*Form*	*Herstellung*	
	Zustand	*Vorbehandlung*	

Kriechmodul	*1 min*	N/mm^2	*Zeitstandzugfestigkeit*	h	N/mm^2
Kriechmodul	*1000 h*	N/mm^2	*Zeitdehnspg. %*	h	N/mm^2
bei Spannung		N/mm^2			

Biegeversuch 23 °C ISO 178;

Probekörper:	*Form*	*Herstellung*	Spritzgiessen
	Zustand	*Vorbehandlung*	Normalklima

Biegefestigkeit	N/mm^2	*E-Modul*	N/mm^2	1600
3,5% *Biegespannung*	N/mm^2			

Härte 23 °C

Probekörper:	*Zustand*	*Herstellung*	Spritzgiessen
		Vorbehandlung	Normalklima

Kugeldruckhärte	N/mm^2	bei N, s	*Shore-Härte* A	
Rockwellhärte			*Shore-Härte* D	57

Schlagversuch

Probekörper:	*(1)*		
	(2) V-Kerbe	*Herstellung*	Spritzgiessen
	Zustand	*Vorbehandlung*	Normalklima

	°C	°C	°C	*Probekörper-Form*
Schlagzähigkeit	kJ/m^2			
Kerbschlagzähigkeit (1)	kJ/m^2			
IZOD-Kerbschlagzähigkeit (2)	J/m	23 425		
Kerbschlagzugzähigkeit	kJ/m^2			

Abrieb und Reibung

Taber-Abrieb (Reibradverfahren)	mm^3/100 U		
Abriebfaktor LNP (Thrust washer) Vergleichswert			
Statische Reibungszahl			
Dynamische Reibungszahl	(p · v=	N/mm^2 ·	m/min)
Zulässiger p · v Wert	N/mm^2 · (m/min)	v=	m/min
		v=	m/min

Thermische Eigenschaften

Formbeständigkeit in der Wärme	*Verfahren*			°C
	Verfahren			°C
Vicat Erweichungstemperatur (VST)	*Verfahren*	A/50		30 °C
	Verfahren	B/50		55 °C
Kristallit-Schmelzpunkt	*Verfahren*			
Längenausdehnungskoeffizient	*Bereich*	°C		$\cdot 10^{-4}K^{-1}$
	Temperatur			$\cdot 10^{-4}K^{-1}$
Wärmeleitfähigkeit	*Verfahren*			W/(K · m)
Spezifische Wärmekapazität	*Verfahren*			J/(K · g)
Glasumwandlungstemperatur	*Torsionsschwingungsversuch*		°C	
	Differentialkalorimetrie		°C	

Brandverhalten

UL-Test vertikal		Dicke mm, Wert	
		Dicke mm, Wert	
	Norm	*Bewertung*	*Abmessungen*
Sauerstoff-Index	ASTM D 2863		
Glühstab-Verfahren			
Brandverhalten	DIN 4102		
MVSS			
FAR			

Elektrische Eigenschaften

		Hz	°C		*Probekörper, Form*
Dielektrizitätszahl		50			
		10^3			
		10^6			
Dielektrischer Verlustfaktor tan δ		50			
		10^3			
		10^6			
Spezifischer Durchgangswiderstand	Ohm · cm				
Durchschlagfestigkeit	kV/mm				mm dick
Oberflächenwiderstand	Ohm				
Kriechstromfestigkeit		KC	KB	KA	
Elektrolytische Korrosionswirkung					
Lichtbogenfestigkeit nach DIN					
nach ASTM	s				

Beständigkeit *(Chemische Beständigkeit siehe Anhang)*

Wasseraufnahme	
Feuchtigkeitsaufnahme Normalklima	%
Wetterbeständigkeit	
Spannungskorrosion	

Optische Eigenschaften

Brechungszahl n_D		
Transmissionsgrad τ_c	%	mm dick
Lichtdurchlässigkeit		

Produkt	Polypropylen-Elastomerblend		**PP**
Handelsname	**Ferrolene TPE 2302**		
Hersteller	FERRO		
DIN-Bez 1			
DIN-Bez 2			
Zusätze		*Füllstoffe/ Verstärkung*	
Bevorzugte Verarbeitung	Spritzgiessen	*Lieferform*	Granulat
		Farben	Natur; Standard
Besondere Merkmale	Interpenetrierende PP/EPDM-Matrix; Hoechste Steifigkeit; Gute Tieftemperaturbestaendigkeit; Kratzfestigkeit	*Bevorzugte Anwendungen*	Technisches Teil; Armaturenbrett; Aussenbeleuchtung; Kfz-Industrie

Dichte	g/cm^3	1.15	*Schmelzindex*	g/10 min	5–8:	230/2.16
Schüttdichte	g/cm^3		*Volumenfließindex*	$cm^3/10$ min	:	
Viskositätszahl	ml/g					

Verarbeitungsbedingungen für Spritzgießen

Massetemp.	°C	*Schwindung*	%	lgs	0.9, quer 0.9
Werkzeugtemp.	°C	*Bemerkungen*			
Spritzdruck	bar				

Zugversuch 23 °C ISO R 527;

Probekörper: *Form* / *Zustand* — *Herstellung* Spritzgiessen; *Vorbehandlung* Normalklima

Streckspannung	N/mm^2		*Dehnung bei Streckspannung*	%	
Zugfestigkeit	N/mm^2	23	*Reißdehnung*	%	60
Reißfestigkeit	N/mm^2		*% Dehnspannung*	N/mm^2	
E-Modul	N/mm^2		*Dehnung bei % Dehnspg.*	%	

Kriechmoduln und Zeitstandwerte 23 °C

Probekörper: *Form* / *Zustand* — *Herstellung* / *Vorbehandlung*

Kriechmodul	*1 min*	N/mm^2	*Zeitstandzugfestigkeit*	h	N/mm^2
Kriechmodul	*1000 h*	N/mm^2	*Zeitdehnspg. %*	h	N/mm^2
bei Spannung		N/mm^2			

Biegeversuch 23 °C ISO 178;

Probekörper: *Form* / *Zustand* — *Herstellung* Spritzgiessen; *Vorbehandlung* Normalklima

Biegefestigkeit	N/mm^2	*E-Modul*	N/mm^2	2300
3,5% *Biegespannung*	N/mm^2			

Härte 23 °C *Probekörper:* *Zustand* — *Herstellung* Spritzgiessen; *Vorbehandlung* Normalklima

Kugeldruckhärte	N/mm^2	bei N, s	*Shore-Härte A*	
Rockwellhärte			*Shore-Härte D*	64

Schlagversuch *Probekörper:* *(1)* / *(2)* V-Kerbe / *Zustand* — *Herstellung* Spritzgiessen; *Vorbehandlung* Normalklima

		°C		°C	°C	*Probekörper-Form*
Schlagzähigkeit	kJ/m^2					
Kerbschlagzähigkeit (1)	kJ/m^2					
IZOD-Kerbschlagzähigkeit (2)	J/m	23	100			
Kerbschlagzugzähigkeit	kJ/m^2					

Abrieb und Reibung

Taber-Abrieb (Reibradverfahren)	$mm^3/100$ U		
Abriebfaktor LNP (Thrust washer) Vergleichswert			
Statische Reibungszahl			
Dynamische Reibungszahl	(p·v=	N/mm²·	m/min)
Zulässiger p · v Wert	N/mm²·(m/min)	v=	m/min
		v=	m/min

Thermische Eigenschaften

Formbeständigkeit in der Wärme	*Verfahren* A		68 °C
	Verfahren		°C
Vicat Erweichungstemperatur (VST)	*Verfahren* B/50		65 °C
	Verfahren		°C
Kristallit-Schmelzpunkt	*Verfahren*		
Längenausdehnungskoeffizient	*Bereich*	°C	$\cdot 10^{-4} K^{-1}$
	Temperatur		$\cdot 10^{-4} K^{-1}$
Wärmeleitfähigkeit	*Verfahren*		W/(K · m)
Spezifische Wärmekapazität	*Verfahren*		J/(K · g)
Glasumwandlungstemperatur	*Torsionsschwingungsversuch*	°C	
	Differentialkalorimetrie	°C	

Brandverhalten

UL-Test vertikal	Dicke mm, Wert	
	Dicke mm, Wert	

	Norm	*Bewertung*	*Abmessungen*
Sauerstoff-Index	ASTM D 2863		
Glühstab-Verfahren			
Brandverhalten	DIN 4102		
MVSS			
FAR			

Elektrische Eigenschaften

		Hz	°C	*Probekörper, Form*
Dielektrizitätszahl		50		
		10^3		
		10^6		
Dielektrischer Verlustfaktor tan δ		50		
		10^3		
		10^6		
Spezifischer Durchgangswiderstand	Ohm · cm			
Durchschlagfestigkeit	kV/mm			mm dick
Oberflächenwiderstand	Ohm			

Kriechstromfestigkeit	KC	KB	KA
Elektrolytische Korrosionswirkung			
Lichtbogenfestigkeit nach DIN			
nach ASTM	s		

Beständigkeit *(Chemische Beständigkeit siehe Anhang)*

Wasseraufnahme

Feuchtigkeitsaufnahme Normalklima %

Wetterbeständigkeit

Spannungskorrosion

Optische Eigenschaften

Brechungszahl n_D		
Transmissionsgrad τ_c	%	mm dick
Lichtdurchlässigkeit		

Produkt	Polypropylen-Elastomerblend		**PP**
Handelsname	**Ferrolene TPE 2305**		
Hersteller	FERRO		
DIN-Bez 1			
DIN-Bez 2			
Zusätze		*Füllstoffe/ Verstärkung*	
Bevorzugte Verarbeitung	Spritzgiessen	*Lieferform*	Granulat
		Farben	Natur; Standard
Besondere Merkmale	Interpenetrierende PP/EPDM-Matrix; Hoechste Steifigkeit; Gute Tieftemperaturbestaendigkeit; Kratzfestigkeit	*Bevorzugte Anwendungen*	Technisches Teil; Armaturenbrett; Aussenbeleuchtung; Kfz-Industrie

Dichte	g/cm^3	1.01	*Schmelzindex*	g/10 min	5–8:	230/2.16
Schüttdichte	g/cm^3		*Volumenfließindex*	$cm^3/10$ min	:	
Viskositätszahl	ml/g					

Verarbeitungsbedingungen für Spritzgießen

Massetemp.	°C	*Schwindung*	% lgs 0.8, quer 0.8
Werkzeugtemp.	°C	*Bemerkungen*	
Spritzdruck	bar		

Zugversuch 23 °C ISO R 527;

Probekörper: *Form* — *Herstellung* Spritzgiessen
Zustand — *Vorbehandlung* Normalklima

Streckspannung	N/mm^2		*Dehnung bei Streckspannung*	%	
Zugfestigkeit	N/mm^2	25	*Reißdehnung*	%	30
Reißfestigkeit	N/mm^2		*% Dehnspannung*	N/mm^2	
E-Modul	N/mm^2		*Dehnung bei % Dehnspg.*	%	

Kriechmoduln und Zeitstandwerte 23 °C

Probekörper: *Form* — *Herstellung*
Zustand — *Vorbehandlung*

Kriechmodul	*1 min*	N/mm^2	*Zeitstandzugfestigkeit*	h	N/mm^2
Kriechmodul	*1000 h*	N/mm^2	*Zeitdehnspg. %*	h	N/mm^2
bei Spannung		N/mm^2			

Biegeversuch 23 °C ISO 178;

Probekörper: *Form* — *Herstellung* Spritzgiessen
Zustand — *Vorbehandlung* Normalklima

Biegefestigkeit	N/mm^2	*E-Modul*	N/mm^2	2300
3,5% *Biegespannung*	N/mm^2			

Härte 23 °C *Probekörper:* *Zustand* — *Herstellung* Spritzgiessen; *Vorbehandlung* Normalklima

Kugeldruckhärte	N/mm^2	bei N, s	*Shore-Härte* A	
Rockwellhärte			*Shore-Härte* D	73

Schlagversuch *Probekörper:* *(1)*
(2) V-Kerbe — *Herstellung* Spritzgiessen
Zustand — *Vorbehandlung* Normalklima

		°C	°C	°C	*Probekörper-Form*
Schlagzähigkeit	kJ/m^2				
Kerbschlagzähigkeit (1)	kJ/m^2				
IZOD-Kerbschlagzähigkeit (2)	J/m	23 190			
Kerbschlagzugzähigkeit	kJ/m^2				

Abrieb und Reibung

Taber-Abrieb (Reibradverfahren) mm³/100 U
Abriebfaktor LNP (Thrust washer) Vergleichswert
Statische Reibungszahl
Dynamische Reibungszahl (p · v = N/mm² · m/min)
Zulässiger p · v Wert N/mm² · (m/min) v = m/min
v = m/min

Thermische Eigenschaften

Formbeständigkeit in der Wärme	*Verfahren* A		110 °C
	Verfahren		°C
Vicat Erweichungstemperatur (VST)	*Verfahren*		°C
	Verfahren		°C
Kristallit-Schmelzpunkt	*Verfahren*		
Längenausdehnungskoeffizient	*Bereich*	°C	$\cdot 10^{-4} K^{-1}$
	Temperatur		$\cdot 10^{-4} K^{-1}$
Wärmeleitfähigkeit	*Verfahren*		W/(K · m)
Spezifische Wärmekapazität	*Verfahren*		J/(K · g)
Glasumwandlungstemperatur	*Torsionsschwingungsversuch*	°C	
	Differentialkalorimetrie	°C	

Brandverhalten

UL-Test vertikal Dicke mm, Wert
Dicke mm, Wert

	Norm	*Bewertung*	*Abmessungen*
Sauerstoff-Index	ASTM D 2863		
Glühstab-Verfahren			
Brandverhalten	DIN 4102		
MVSS			
FAR			

Elektrische Eigenschaften

		Hz	°C	*Probekörper, Form*
Dielektrizitätszahl		50		
		10^3		
		10^6		
Dielektrischer Verlustfaktor tan δ		50		
		10^3		
		10^6		
Spezifischer Durchgangswiderstand	Ohm · cm			
Durchschlagfestigkeit	kV/mm			mm dick
Oberflächenwiderstand	Ohm			

Kriechstromfestigkeit KC KB KA
Elektrolytische Korrosionswirkung
Lichtbogenfestigkeit nach DIN
nach ASTM s

Beständigkeit *(Chemische Beständigkeit siehe Anhang)*

Wasseraufnahme

Feuchtigkeitsaufnahme Normalklima %
Wetterbeständigkeit

Spannungskorrosion

Optische Eigenschaften

Brechungszahl n_D
Transmissionsgrad τ_c % mm dick
Lichtdurchlässigkeit

Produkt	Polybutylenterephthalat		**PBT**
Handelsname	**Starglas PBT 20V**		
Hersteller	FERRO		
DIN-Bez 1	16779-PBT,MGN,XXX-07,GF20		
DIN-Bez 2			
Zusätze		*Füllstoffe/ Verstärkung*	20% Glasfaser, lang
Bevorzugte Verarbeitung	Spritzgiessen	*Lieferform*	Granulat
		Farben	Natur; Standard
Besondere Merkmale	Gute Bestaendigkeit gegen Kohlenwasserstoffe; Gute Waermeformbestaendigkeit; Geringe Wasseraufnahme	*Bevorzugte Anwendungen*	Technisches Teil; Buegeleisen; Lampe; Haushaltsgeraet; Gehaeuse; Elektrotechnik; Elektronik

Dichte	g/cm^3 1.45	*Schmelzindex*	g/10 min	:
Schüttdichte	g/cm^3	*Volumenfließindex*	cm^3/10 min	:
Viskositätszahl	ml/g			

Verarbeitungsbedingungen für Spritzgießen

Massetemp.	°C	*Schwindung*	%	lgs 0.4, quer
Werkzeugtemp.	°C	*Bemerkungen*		
Spritzdruck	bar			

Zugversuch 23 °C ISO R 527;
Probekörper: *Form* — *Herstellung* Spritzgiessen
Zustand — *Vorbehandlung* Normalklima

Streckspannung	N/mm^2	*Dehnung bei Streckspannung*	%
Zugfestigkeit	N/mm^2 100	*Reißdehnung*	% 2
Reißfestigkeit	N/mm^2	*% Dehnspannung*	N/mm^2
E-Modul	N/mm^2	*Dehnung bei % Dehnspg.*	%

Kriechmoduln und Zeitstandwerte 23 °C
Probekörper: *Form* — *Herstellung*
Zustand — *Vorbehandlung*

Kriechmodul	*1 min* N/mm^2	*Zeitstandzugfestigkeit*	h N/mm^2
Kriechmodul	*1000 h* N/mm^2	*Zeitdehnspg. %*	h N/mm^2
bei Spannung	N/mm^2		

Biegeversuch 23 °C ISO 178;
Probekörper: *Form* — *Herstellung* Spritzgiessen
Zustand — *Vorbehandlung* Normalklima

Biegefestigkeit	N/mm^2 140	*E-Modul*	N/mm^2 6000
3,5% *Biegespannung*	N/mm^2		

Härte 23 °C *Probekörper:* *Zustand* — *Herstellung*
Vorbehandlung

Kugeldruckhärte	N/mm^2 bei N, s	*Shore-Härte* A	
Rockwellhärte		*Shore-Härte* D	

Schlagversuch *Probekörper:* *(1)*
(2) V-Kerbe — *Herstellung* Spritzgiessen
Zustand — *Vorbehandlung* Normalklima

	°C	°C	°C	*Probekörper-Form*
Schlagzähigkeit kJ/m^2				
Kerbschlagzähigkeit (1) kJ/m^2				
IZOD-Kerbschlagzähigkeit (2) J/m	23 54			
Kerbschlagzugzähigkeit kJ/m^2				

Abrieb und Reibung

Taber-Abrieb (Reibradverfahren)	mm^3/100 U	
Abriebfaktor LNP (Thrust washer) Vergleichswert		
Statische Reibungszahl		
Dynamische Reibungszahl	(p · v = N/mm^2 ·	m/min)
Zulässiger p · v Wert	N/mm^2 · (m/min) v =	m/min
	v =	m/min

Thermische Eigenschaften

Formbeständigkeit in der Wärme	*Verfahren* A		202 °C
	Verfahren		°C
Vicat Erweichungstemperatur (VST)	*Verfahren*		°C
	Verfahren		°C
Kristallit-Schmelzpunkt	*Verfahren*		
Längenausdehnungskoeffizient	*Bereich*	°C	· $10^{-4}K^{-1}$
	Temperatur 23 °C		0.35 · $10^{-4}K^{-1}$
Wärmeleitfähigkeit	*Verfahren*		W/(K · m)
Spezifische Wärmekapazität	*Verfahren*		J/(K · g)
Glasumwandlungstemperatur	*Torsionsschwingungsversuch*	°C	
	Differentialkalorimetrie	°C	

Brandverhalten

UL-Test vertikal — Dicke 1.6 mm, Wert HB; Dicke 3.2 mm, Wert HB

	Norm	*Bewertung*	*Abmessungen*
Sauerstoff-Index	ASTM D 2863		
Glühstab-Verfahren			
Brandverhalten	DIN 4102		
MVSS			
FAR			

Elektrische Eigenschaften

		Hz	°C		*Probekörper, Form*
Dielektrizitätszahl		50			
		10^3			
		10^6			
Dielektrischer Verlustfaktor tan δ		50			
		10^3			
		10^6			
Spezifischer Durchgangswiderstand	Ohm · cm				
Durchschlagfestigkeit	kV/mm				mm dick
Oberflächenwiderstand	Ohm		23	1.0*10**15	

Kriechstromfestigkeit	KC	KB	KA
Elektrolytische Korrosionswirkung			
Lichtbogenfestigkeit nach DIN			
nach ASTM s			

Beständigkeit *(Chemische Beständigkeit siehe Anhang)*

Wasseraufnahme 23 C	1 d	0.08 %
Feuchtigkeitsaufnahme Normalklima		%
Wetterbeständigkeit		
Spannungskorrosion		

Optische Eigenschaften

Brechungszahl n_D
Transmissionsgrad τ_c % mm dick
Lichtdurchlässigkeit

Produkt	Polybutylenterephthalat		**PBT**
Handelsname	**Starglas PBT 30V**		
Hersteller	FERRO		
DIN-Bez 1	16779-PBT,MGN,XXX-07,GF30		
DIN-Bez 2			
Zusätze		*Füllstoffe/ Verstärkung*	30% Glasfaser, lang
Bevorzugte Verarbeitung	Spritzgiessen	*Lieferform*	Granulat
		Farben	Natur; Standard
Besondere Merkmale	Gute Bestaendigkeit gegen Kohlenwasserstoffe; Gute Waermeformbestaendigkeit; Geringe Wasseraufnahme	*Bevorzugte Anwendungen*	Technisches Teil; Buegeleisen; Lampe; Haushaltsgeraet; Gehaeuse; Elektrotechnik; Elektronik

Dichte	g/cm³	1.52	*Schmelzindex*	g/10 min	:
Schüttdichte	g/cm³		*Volumenfließindex*	cm³/10 min	:
Viskositätszahl	ml/g				

Verarbeitungsbedingungen für Spritzgießen

Massetemp.	°C	*Schwindung*	%	lgs	0.3, quer
Werkzeugtemp.	°C	*Bemerkungen*			
Spritzdruck	bar				

Zugversuch 23 °C ISO R 527;

Probekörper: *Form* / *Zustand* — *Herstellung* Spritzgiessen; *Vorbehandlung* Normalklima

Streckspannung	N/mm²		*Dehnung bei Streckspannung*	%	
Zugfestigkeit	N/mm²	125	*Reißdehnung*	%	1.5
Reißfestigkeit	N/mm²		*% Dehnspannung*	N/mm²	
E-Modul	N/mm²		*Dehnung bei % Dehnspg.*	%	

Kriechmoduln und Zeitstandwerte 23 °C

Probekörper: *Form* / *Zustand* — *Herstellung* / *Vorbehandlung*

Kriechmodul	*1 min*	N/mm²	*Zeitstandzugfestigkeit*	h	N/mm²
Kriechmodul	*1000 h*	N/mm²	*Zeitdehnspg. %*	h	N/mm²
bei Spannung		N/mm²			

Biegeversuch 23 °C ISO 178;

Probekörper: *Form* / *Zustand* — *Herstellung* Spritzgiessen; *Vorbehandlung* Normalklima

Biegefestigkeit	N/mm²	170	*E-Modul*	N/mm²	8500
3,5% *Biegespannung*	N/mm²				

Härte 23 °C *Probekörper:* *Zustand* — *Herstellung* / *Vorbehandlung*

Kugeldruckhärte	N/mm²	bei N, s	*Shore-Härte*	A
Rockwellhärte			*Shore-Härte*	D

Schlagversuch *Probekörper:* *(1)* / *(2)* V-Kerbe / *Zustand* — *Herstellung* Spritzgiessen; *Vorbehandlung* Normalklima

		°C	°C	°C	*Probekörper-Form*
Schlagzähigkeit	kJ/m²				
Kerbschlagzähigkeit (1)	kJ/m²				
IZOD-Kerbschlagzähigkeit (2)	J/m	23 75			
Kerbschlagzugzähigkeit	kJ/m²				

Abrieb und Reibung

Taber-Abrieb (Reibradverfahren)	mm^3/100 U			
Abriebfaktor LNP (Thrust washer) Vergleichswert				
Statische Reibungszahl				
Dynamische Reibungszahl	(p·v=	N/mm^2·		m/min)
Zulässiger p · v Wert	N/mm^2 · (m/min)		v=	m/min
			v=	m/min

Thermische Eigenschaften

Formbeständigkeit in der Wärme	*Verfahren* A			215 °C
	Verfahren			°C
Vicat Erweichungstemperatur (VST)	*Verfahren*			°C
	Verfahren			°C
Kristallit-Schmelzpunkt	*Verfahren*			
Längenausdehnungskoeffizient	*Bereich*	°C		$\cdot 10^{-4} K^{-1}$
	Temperatur 23 °C			$0.30 \cdot 10^{-4} K^{-1}$
Wärmeleitfähigkeit	*Verfahren*			W/(K · m)
Spezifische Wärmekapazität	*Verfahren*			J/(K · g)
Glasumwandlungstemperatur	*Torsionsschwingungsversuch*		°C	
	Differentialkalorimetrie		°C	

Brandverhalten

UL-Test vertikal Dicke 1.6 mm, Wert HB
Dicke 3.2 mm, Wert HB

	Norm	*Bewertung*	*Abmessungen*
Sauerstoff-Index	ASTM D 2863		
Glühstab-Verfahren			
Brandverhalten	DIN 4102		
MVSS			
FAR			

Elektrische Eigenschaften

		Hz	°C			*Probekörper, Form*
Dielektrizitätszahl		50				
		10^3				
		10^6				
Dielektrischer Verlustfaktor tan δ		50				
		10^3				
		10^6				
Spezifischer Durchgangs-widerstand	Ohm · cm					
Durchschlagfestigkeit	kV/mm					mm dick
Oberflächenwiderstand	Ohm		23	1.0*10**15		
Kriechstromfestigkeit		KC		KB	KA	
Elektrolytische Korrosionswirkung						
Lichtbogenfestigkeit nach DIN						
nach ASTM	s					

Beständigkeit *(Chemische Beständigkeit siehe Anhang)*

Wasseraufnahme 23 C	1 d	0.07 %	
Feuchtigkeitsaufnahme Normalklima			%
Wetterbeständigkeit			
Spannungskorrosion			

Optische Eigenschaften

Brechungszahl n_D		
Transmissionsgrad τ_c	%	mm dick
Lichtdurchlässigkeit		

Produkt	Polybutylenterephthalat		**PBT**
Handelsname	**Starglas PBT 10 E5**		
Hersteller	FERRO		
DIN-Bez 1	16779-PBT,MGN,XXX-03,MF10		
DIN-Bez 2			
Zusätze		*Füllstoffe/ Verstärkung*	10% Mineralfaser, kurz
Bevorzugte Verarbeitung	Spritzgiessen	*Lieferform*	Granulat
		Farben	Natur; Standard
Besondere Merkmale	Steifigkeit; Temperaturbestaendigkeit; Gute Oberflaeche; Masshaltigkeit	*Bevorzugte Anwendungen*	Technisches Teil; Buegeleisen; Lampe; Haushaltsgeraet; Gehaeuse; Elektrotechnik; Elektronik

Dichte	g/cm^3	1.35	*Schmelzindex*	g/10 min	:
Schüttdichte	g/cm^3		*Volumenfließindex*	$cm^3/10$ min	:
Viskositätszahl	ml/g				

Verarbeitungsbedingungen für Spritzgießen

Massetemp.	°C	*Schwindung*	% lgs 1.8, quer
Werkzeugtemp.	°C	*Bemerkungen*	
Spritzdruck	bar		

Zugversuch 23 °C ISO R 527;
Probekörper: *Form* / *Zustand* — *Herstellung* Spritzgiessen; *Vorbehandlung* Normalklima

Streckspannung	N/mm^2		*Dehnung bei Streckspannung*	%	
Zugfestigkeit	N/mm^2	55	*Reißdehnung*	%	11
Reißfestigkeit	N/mm^2		*% Dehnspannung*	N/mm^2	
E-Modul	N/mm^2		*Dehnung bei % Dehnspg.*	%	

Kriechmoduln und Zeitstandwerte 23 °C
Probekörper: *Form* / *Zustand* — *Herstellung*; *Vorbehandlung*

Kriechmodul	*1 min* N/mm^2	*Zeitstandzugfestigkeit*	h	N/mm^2
Kriechmodul	*1000 h* N/mm^2	*Zeitdehnspg. %*	h	N/mm^2
bei Spannung	N/mm^2			

Biegeversuch 23 °C ISO 178;
Probekörper: *Form* / *Zustand* — *Herstellung* Spritzgiessen; *Vorbehandlung* Normalklima

Biegefestigkeit	N/mm^2	80	*E-Modul*	N/mm^2	3000
3,5% *Biegespannung*	N/mm^2				

Härte 23 °C *Probekörper:* *Zustand* — *Herstellung*; *Vorbehandlung*

Kugeldruckhärte	N/mm^2 bei N, s	*Shore-Härte* A	
Rockwellhärte		*Shore-Härte* D	

Schlagversuch *Probekörper:* *(1)* / *(2)* V-Kerbe / *Zustand* — *Herstellung* Spritzgiessen; *Vorbehandlung* Normalklima

		°C	°C	°C	*Probekörper-Form*
Schlagzähigkeit	kJ/m^2				
Kerbschlagzähigkeit (1)	kJ/m^2				
IZOD-Kerbschlagzähigkeit (2)	J/m	23 80			
Kerbschlagzugzähigkeit	kJ/m^2				

Abrieb und Reibung

Taber-Abrieb (Reibradverfahren)	$mm^3/100$ U		
Abriebfaktor LNP (Thrust washer) Vergleichswert			
Statische Reibungszahl			
Dynamische Reibungszahl	(p · v=	N/mm^2 ·	m/min)
Zulässiger p · v Wert	N/mm^2 · (m/min)	v=	m/min
		v=	m/min

Thermische Eigenschaften

Formbeständigkeit in der Wärme	*Verfahren* A		80 °C
	Verfahren		°C
Vicat Erweichungstemperatur (VST)	*Verfahren*		°C
	Verfahren		°C
Kristallit-Schmelzpunkt	*Verfahren*		
Längenausdehnungskoeffizient	*Bereich*	°C	$\cdot 10^{-4}K^{-1}$
	Temperatur 23 °C		$0.70 \cdot 10^{-4}K^{-1}$
Wärmeleitfähigkeit	*Verfahren*		W/(K · m)
Spezifische Wärmekapazität	*Verfahren*		J/(K · g)
Glasumwandlungstemperatur	*Torsionsschwingungsversuch*	°C	
	Differentialkalorimetrie	°C	

Brandverhalten

UL-Test vertikal Dicke mm, Wert
Dicke mm, Wert

	Norm	*Bewertung*	*Abmessungen*
Sauerstoff-Index	ASTM D 2863		
Glühstab-Verfahren			
Brandverhalten	DIN 4102		
MVSS			
FAR			

Elektrische Eigenschaften

		Hz	°C			*Probekörper, Form*
Dielektrizitätszahl		50				
		10^3				
		10^6				
Dielektrischer Verlustfaktor tan δ		50				
		10^3				
		10^6				
Spezifischer Durchgangs-widerstand	Ohm · cm					
Durchschlagfestigkeit	kV/mm					mm dick
Oberflächenwiderstand	Ohm		23	1.0*10**15		
Kriechstromfestigkeit		KC		KB	KA	
Elektrolytische Korrosionswirkung						
Lichtbogenfestigkeit nach DIN						
nach ASTM	s					

Beständigkeit *(Chemische Beständigkeit siehe Anhang)*

Wasseraufnahme 23 C	1 d	0.1 %	
Feuchtigkeitsaufnahme Normalklima			%
Wetterbeständigkeit			
Spannungskorrosion			

Optische Eigenschaften

Brechungszahl n_D		
Transmissionsgrad τ_c	%	mm dick
Lichtdurchlässigkeit		

Datenbank-Nr.	**T01106**	*Merkblatt-Nr.*	**4090**

Produkt	Polybutylenterephthalat		**PBT**
Handelsname	**Starglas PBT 40 E10 Z20**		
Hersteller	FERRO		
DIN-Bez 1	16779-PBT,MGN,XXX-05,MF40		
DIN-Bez 2			
Zusätze		*Füllstoffe/ Verstärkung*	40% Mineralfaser, lang
Bevorzugte Verarbeitung	Spritzgiessen	*Lieferform*	Granulat
		Farben	Natur; Standard
Besondere Merkmale	Steifigkeit; Temperaturbestaendigkeit; Gute Oberflaeche; Masshaltigkeit	*Bevorzugte Anwendungen*	Technisches Teil; Buegeleisen; Lampe; Haushaltsgeraet; Gehaeuse; Elektrotechnik; Elektronik

Dichte	g/cm³	1.6	*Schmelzindex*	g/10 min	:
Schüttdichte	g/cm³		*Volumenfließindex*	cm³/10 min	:
Viskositätszahl	ml/g				

Verarbeitungsbedingungen für Spritzgießen

Massetemp.	°C	*Schwindung*	%	lgs	0.6, quer
Werkzeugtemp.	°C	*Bemerkungen*			
Spritzdruck	bar				

Zugversuch 23 °C ISO R 527;

Probekörper: *Form* — *Herstellung* Spritzgiessen
Zustand — *Vorbehandlung* Normalklima

Streckspannung	N/mm²		*Dehnung bei Streckspannung*	%	
Zugfestigkeit	N/mm²	70	*Reißdehnung*	%	2.5
Reißfestigkeit	N/mm²		*% Dehnspannung*	N/mm²	
E-Modul	N/mm²		*Dehnung bei % Dehnspg.*	%	

Kriechmoduln und Zeitstandwerte 23 °C

Probekörper: *Form* — *Herstellung*
Zustand — *Vorbehandlung*

Kriechmodul	*1 min*	N/mm²	*Zeitstandzugfestigkeit*	h	N/mm²
Kriechmodul	*1000 h*	N/mm²	*Zeitdehnspg. %*	h	N/mm²
bei Spannung		N/mm²			

Biegeversuch 23 °C ISO 178;

Probekörper: *Form* — *Herstellung* Spritzgiessen
Zustand — *Vorbehandlung* Normalklima

Biegefestigkeit	N/mm²	130	*E-Modul*	N/mm²	5500
3,5% *Biegespannung*	N/mm²				

Härte 23 °C *Probekörper:* *Zustand* — *Herstellung*
Vorbehandlung

Kugeldruckhärte	N/mm²	bei N, s	*Shore-Härte* A
Rockwellhärte			*Shore-Härte* D

Schlagversuch *Probekörper:* *(1)*
(2) V-Kerbe — *Herstellung* Spritzgiessen
Zustand — *Vorbehandlung* Normalklima

		°C	°C	°C	*Probekörper-Form*
Schlagzähigkeit	kJ/m²				
Kerbschlagzähigkeit (1)	kJ/m²				
IZOD-Kerbschlagzähigkeit (2)	J/m	23 60			
Kerbschlagzugzähigkeit	kJ/m²				

Abrieb und Reibung

Taber-Abrieb (Reibradverfahren)	mm^3/100 U			
Abriebfaktor LNP (Thrust washer) Vergleichswert				
Statische Reibungszahl				
Dynamische Reibungszahl	(p·v=	N/mm^2·		m/min)
Zulässiger p·v Wert	N/mm^2·(m/min)		v=	m/min
			v=	m/min

Thermische Eigenschaften

Formbeständigkeit in der Wärme	*Verfahren* A		196 °C
	Verfahren		°C
Vicat Erweichungstemperatur (VST)	*Verfahren*		°C
	Verfahren		°C
Kristallit-Schmelzpunkt	*Verfahren*		
Längenausdehnungskoeffizient	*Bereich*	°C	$\cdot 10^{-4}K^{-1}$
	Temperatur 23 °C		$0.3 \cdot 10^{-4}K^{-1}$
Wärmeleitfähigkeit	*Verfahren*		W/(K · m)
Spezifische Wärmekapazität	*Verfahren*		J/(K · g)
Glasumwandlungstemperatur	*Torsionsschwingungsversuch*	°C	
	Differentialkalorimetrie	°C	

Brandverhalten

UL-Test vertikal Dicke mm, Wert
Dicke mm, Wert

	Norm	*Bewertung*	*Abmessungen*
Sauerstoff-Index	ASTM D 2863		
Glühstab-Verfahren			
Brandverhalten	DIN 4102		
MVSS			
FAR			

Elektrische Eigenschaften

		Hz	°C		*Probekörper, Form*
Dielektrizitätszahl		50			
		10^3			
		10^6			
Dielektrischer Verlustfaktor tan δ		50			
		10^3			
		10^6			
Spezifischer Durchgangswiderstand	Ohm · cm				
Durchschlagfestigkeit	kV/mm				mm dick
Oberflächenwiderstand	Ohm		23	1.0*10**15	

Kriechstromfestigkeit KC KB KA
Elektrolytische Korrosionswirkung
Lichtbogenfestigkeit nach DIN
nach ASTM s

Beständigkeit *(Chemische Beständigkeit siehe Anhang)*

Wasseraufnahme 23 C 1 d 0.06 %

Feuchtigkeitsaufnahme Normalklima %
Wetterbeständigkeit

Spannungskorrosion

Optische Eigenschaften

Brechungszahl n_D
Transmissionsgrad τ_c % mm dick
Lichtdurchlässigkeit

Datenbank-Nr. **T01107** *Merkblatt-Nr.* **4091**

Produkt	Acetalcopolymerisat		**POM**
Handelsname	**Starglas POM 20V**		
Hersteller	FERRO		
DIN-Bez 1	16781-POM,MGN,XX-XX-07,GF20		
DIN-Bez 2			
Zusätze		*Füllstoffe/ Verstärkung*	20% Glasfaser, lang
Bevorzugte Verarbeitung	Spritzgiessen	*Lieferform*	Granulat
		Farben	Natur; Standard
Besondere Merkmale	Gute Chemikalienbestaendigkeit; Ausgezeichnetes Reibverhalten	*Bevorzugte Anwendungen*	Technisches Formteil; Bewegliches Teil; Pumpe; Zahnrad; Industriegeraet; Buerogeraet

Dichte	g/cm³	1.54	*Schmelzindex*	g/10 min	:
Schüttdichte	g/cm³		*Volumenfließindex*	cm³/10 min	:
Viskositätszahl	ml/g				

Verarbeitungsbedingungen für Spritzgießen

Massetemp.	°C	*Schwindung*	%	lgs	0.6, quer
Werkzeugtemp.	°C	*Bemerkungen*			
Spritzdruck	bar				

Zugversuch 23 °C ISO R 527;
Probekörper: *Form* / *Zustand* — *Herstellung* Spritzgiessen; *Vorbehandlung* Normalklima

Streckspannung	N/mm²		*Dehnung bei Streckspannung*	%	
Zugfestigkeit	N/mm²	125	*Reißdehnung*	%	5
Reißfestigkeit	N/mm²		*% Dehnspannung*	N/mm²	
E-Modul	N/mm²		*Dehnung bei % Dehnspg.*	%	

Kriechmoduln und Zeitstandwerte 23 °C
Probekörper: *Form* / *Zustand* — *Herstellung*; *Vorbehandlung*

Kriechmodul	*1 min*	N/mm²	*Zeitstandzugfestigkeit*	h	N/mm²
Kriechmodul	*1000 h*	N/mm²	*Zeitdehnspg. %*	h	N/mm²
bei Spannung		N/mm²			

Biegeversuch 23 °C ISO 178;
Probekörper: *Form* / *Zustand* — *Herstellung* Spritzgiessen; *Vorbehandlung* Normalklima

Biegefestigkeit	N/mm²	180	*E-Modul*	N/mm²	8000
3,5% *Biegespannung*	N/mm²				

Härte 23 °C *Probekörper:* *Zustand* — *Herstellung*; *Vorbehandlung*

Kugeldruckhärte	N/mm²	bei N, s	*Shore-Härte* A	
Rockwellhärte			*Shore-Härte* D	

Schlagversuch *Probekörper:* *(1)* / *(2)* V-Kerbe / *Zustand* — *Herstellung* Spritzgiessen; *Vorbehandlung* Normalklima

		°C	°C	°C	*Probekörper-Form*
Schlagzähigkeit	kJ/m²				
Kerbschlagzähigkeit (1)	kJ/m²				
IZOD-Kerbschlagzähigkeit (2)	J/m	23 60			
Kerbschlagzugzähigkeit	kJ/m²				

Abrieb und Reibung

Taber-Abrieb (Reibradverfahren)	mm^3/100 U		
Abriebfaktor LNP (Thrust washer) Vergleichswert			
Statische Reibungszahl			
Dynamische Reibungszahl	(p·v=	N/mm^2 ·	m/min)
Zulässiger p · v Wert	N/mm^2 · (m/min)	v=	m/min
		v=	m/min

Thermische Eigenschaften

Formbeständigkeit in der Wärme	*Verfahren* A		145 °C
	Verfahren		°C
Vicat Erweichungstemperatur (VST)	*Verfahren*		°C
	Verfahren		°C
Kristallit-Schmelzpunkt	*Verfahren*		
Längenausdehnungskoeffizient	*Bereich*	°C	$\cdot 10^{-4}K^{-1}$
	Temperatur 23 °C		$0.28 \cdot 10^{-4}K^{-1}$
Wärmeleitfähigkeit	*Verfahren*		W/(K · m)
Spezifische Wärmekapazität	*Verfahren*		J/(K · g)
Glasumwandlungstemperatur	*Torsionsschwingungsversuch*	°C	
	Differentialkalorimetrie	°C	

Brandverhalten

UL-Test vertikal		Dicke mm, Wert	
		Dicke mm, Wert	
	Norm	*Bewertung*	*Abmessungen*
Sauerstoff-Index	ASTM D 2863		
Glühstab-Verfahren			
Brandverhalten	DIN 4102		
MVSS			
FAR			

Elektrische Eigenschaften

		Hz	°C			*Probekörper, Form*
Dielektrizitätszahl		50				
		10^3				
		10^6				
Dielektrischer Verlustfaktor tan δ		50				
		10^3				
		10^6				
Spezifischer Durchgangs-widerstand	Ohm · cm					
Durchschlagfestigkeit	kV/mm					mm dick
Oberflächenwiderstand	Ohm		23	1.0*10**13		
Kriechstromfestigkeit		KC		KB	KA	
Elektrolytische Korrosionswirkung						
Lichtbogenfestigkeit nach DIN						
nach ASTM	s					

Beständigkeit *(Chemische Beständigkeit siehe Anhang)*

Wasseraufnahme 23 C	1 d	0.3 %	
Feuchtigkeitsaufnahme Normalklima			%
Wetterbeständigkeit			
Spannungskorrosion			

Optische Eigenschaften

Brechungszahl n_D		
Transmissionsgrad τ_c	%	mm dick
Lichtdurchlässigkeit		

Datenbank-Nr. **T01108** *Merkblatt-Nr.* **4092**

Produkt	Acetalcopolymerisat		**POM**
Handelsname	**Starglas POM 30K**		
Hersteller	FERRO		
DIN-Bez 1	16781-POM,MGN,XX-XX-05,GB30		
DIN-Bez 2			
Zusätze		*Füllstoffe/ Verstärkung*	30% Glaskugel
Bevorzugte Verarbeitung	Spritzgiessen	*Lieferform*	Granulat
		Farben	Natur; Standard
Besondere Merkmale	Gute Chemikalienbestaendigkeit; Ausgezeichnetes Reibverhalten	*Bevorzugte Anwendungen*	Technisches Formteil; Bewegliches Teil; Pumpe; Zahnrad; Industriegeraet; Buerogeraet

Dichte	g/cm^3	1.63	*Schmelzindex*	g/10 min	:
Schüttdichte	g/cm^3		*Volumenfließindex*	$cm^3/10$ min	:
Viskositätszahl	ml/g				

Verarbeitungsbedingungen für Spritzgießen

Massetemp.	°C	*Schwindung*	% lgs 1.2, quer 1.2
Werkzeugtemp.	°C	*Bemerkungen*	
Spritzdruck	bar		

Zugversuch 23 °C ISO R 527;
Probekörper: *Form* — *Herstellung* Spritzgiessen
Zustand — *Vorbehandlung* Normalklima

Streckspannung	N/mm^2		*Dehnung bei Streckspannung*	%
Zugfestigkeit	N/mm^2	40	*Reißdehnung*	% 10
Reißfestigkeit	N/mm^2		*% Dehnspannung*	N/mm^2
E-Modul	N/mm^2		*Dehnung bei % Dehnspg.*	%

Kriechmoduln und Zeitstandwerte 23 °C
Probekörper: *Form* — *Herstellung*
Zustand — *Vorbehandlung*

Kriechmodul	*1 min* N/mm^2		*Zeitstandzugfestigkeit*	h N/mm^2
Kriechmodul	*1000 h* N/mm^2		*Zeitdehnspg. %*	h N/mm^2
bei Spannung	N/mm^2			

Biegeversuch 23 °C ISO 178;
Probekörper: *Form* — *Herstellung* Spritzgiessen
Zustand — *Vorbehandlung* Normalklima

Biegefestigkeit	N/mm^2	65	*E-Modul*	N/mm^2 4000
3,5% *Biegespannung*	N/mm^2			

Härte 23 °C *Probekörper:* *Zustand* — *Herstellung*
Vorbehandlung

Kugeldruckhärte	N/mm^2 bei N, s	*Shore-Härte*	A
Rockwellhärte		*Shore-Härte*	D

Schlagversuch *Probekörper:* *(1)*
(2) V-Kerbe — *Herstellung* Spritzgiessen
Zustand — *Vorbehandlung* Normalklima

		°C	°C	°C	*Probekörper-Form*
Schlagzähigkeit	kJ/m^2				
Kerbschlagzähigkeit (1)	kJ/m^2				
IZOD-Kerbschlagzähigkeit (2)	J/m	23 40			
Kerbschlagzugzähigkeit	kJ/m^2				

Abrieb und Reibung

Taber-Abrieb (Reibradverfahren)	mm^3/100 U		
Abriebfaktor LNP (Thrust washer) Vergleichswert			
Statische Reibungszahl			
Dynamische Reibungszahl	(p·v=	N/mm^2·	m/min)
Zulässiger p·v Wert	N/mm^2·(m/min)	v=	m/min
		v=	m/min

Thermische Eigenschaften

Formbeständigkeit in der Wärme	Verfahren A		120 °C
	Verfahren		°C
Vicat Erweichungstemperatur (VST)	Verfahren		°C
	Verfahren		°C
Kristallit-Schmelzpunkt	Verfahren		
Längenausdehnungskoeffizient	Bereich	°C	$\cdot 10^{-4} K^{-1}$
	Temperatur 23 °C		$0.28 \cdot 10^{-4} K^{-1}$
Wärmeleitfähigkeit	Verfahren		W/(K·m)
Spezifische Wärmekapazität	Verfahren		J/(K·g)
Glasumwandlungstemperatur	Torsionsschwingungsversuch	°C	
	Differentialkalorimetrie	°C	

Brandverhalten

UL-Test vertikal	Dicke	mm, Wert
	Dicke	mm, Wert

	Norm	Bewertung	Abmessungen
Sauerstoff-Index	ASTM D 2863		
Glühstab-Verfahren			
Brandverhalten	DIN 4102		
MVSS			
FAR			

Elektrische Eigenschaften

		Hz	°C			Probekörper, Form
Dielektrizitätszahl		50				
		10^3				
		10^6				
Dielektrischer Verlustfaktor tan δ		50				
		10^3				
		10^6				
Spezifischer Durchgangswiderstand	Ohm·cm					
Durchschlagfestigkeit	kV/mm					mm dick
Oberflächenwiderstand	Ohm		23	1.0*10**13		
Kriechstromfestigkeit		KC		KB	KA	
Elektrolytische Korrosionswirkung						
Lichtbogenfestigkeit nach DIN						
nach ASTM	s					

Beständigkeit *(Chemische Beständigkeit siehe Anhang)*

Wasseraufnahme 23 C	1 d	0.3 %	
Feuchtigkeitsaufnahme Normalklima			%
Wetterbeständigkeit			
Spannungskorrosion			

Optische Eigenschaften

Brechungszahl n_D		
Transmissionsgrad τ_c	%	mm dick
Lichtdurchlässigkeit		

Produkt	Styrol-Acrylnitril-Copolymerisat		**SAN**
Handelsname	**Starglas SAN 20V**		
Hersteller	FERRO		
DIN-Bez 1	16775-SAN,MGN,,GF20		
DIN-Bez 2			
Zusätze		*Füllstoffe/ Verstärkung*	20% Glasfaser, lang
Bevorzugte Verarbeitung	Spritzgiessen	*Lieferform*	Granulat
		Farben	Natur; Standard
Besondere Merkmale	Hohe Steifigkeit; Isotrop; Gute Chemikalienbestaendigkeit; Mittlere Schlagfestigkeit	*Bevorzugte Anwendungen*	Drehteller; Praezisionsteil; Kassette; Verschalung

Dichte	g/cm^3	1.22	*Schmelzindex*	g/10 min	:
Schüttdichte	g/cm^3		*Volumenfließindex*	$cm^3/10$ min	:
Viskositätszahl	ml/g				

Verarbeitungsbedingungen für Spritzgießen

Massetemp.	°C	*Schwindung*	%	lgs	0.3, quer
Werkzeugtemp.	°C	*Bemerkungen*			
Spritzdruck	bar				

Zugversuch 23 °C ISO R 527;
Probekörper: *Form* — *Herstellung* Spritzgiessen
Zustand — *Vorbehandlung* Normalklima

Streckspannung	N/mm^2		*Dehnung bei Streckspannung*	%	
Zugfestigkeit	N/mm^2	110	*Reißdehnung*	%	2.5
Reißfestigkeit	N/mm^2		*% Dehnspannung*	N/mm^2	
E-Modul	N/mm^2		*Dehnung bei % Dehnspg.*	%	

Kriechmoduln und Zeitstandwerte 23 °C
Probekörper: *Form* — *Herstellung*
Zustand — *Vorbehandlung*

Kriechmodul	*1 min* N/mm^2	*Zeitstandzugfestigkeit*	h	N/mm^2
Kriechmodul	*1000 h* N/mm^2	*Zeitdehnspg. %*	h	N/mm^2
bei Spannung	N/mm^2			

Biegeversuch 23 °C ISO 178;
Probekörper: *Form* — *Herstellung* Spritzgiessen
Zustand — *Vorbehandlung* Normalklima

Biegefestigkeit	N/mm^2	135	*E-Modul*	N/mm^2	9000
3,5% *Biegespannung*	N/mm^2				

Härte 23 °C *Probekörper:* *Zustand* — *Herstellung*
Vorbehandlung

Kugeldruckhärte	N/mm^2 bei N, s	*Shore-Härte*	A
Rockwellhärte		*Shore-Härte*	D

Schlagversuch *Probekörper:* *(1)*
(2) V-Kerbe — *Herstellung* Spritzgiessen
Zustand — *Vorbehandlung* Normalklima

		°C	°C	°C	*Probekörper-Form*
Schlagzähigkeit	kJ/m^2				
Kerbschlagzähigkeit (1)	kJ/m^2				
IZOD-Kerbschlagzähigkeit (2)	J/m	23	40		
Kerbschlagzugzähigkeit	kJ/m^2				

Abrieb und Reibung

Taber-Abrieb (Reibradverfahren)	mm^3/100 U		
Abriebfaktor LNP (Thrust washer) Vergleichswert			
Statische Reibungszahl			
Dynamische Reibungszahl	(p·v= N/mm^2·		m/min)
Zulässiger p · v Wert	N/mm^2 · (m/min)	v=	m/min
		v=	m/min

Thermische Eigenschaften

Formbeständigkeit in der Wärme	*Verfahren* A		103 °C
	Verfahren		°C
Vicat Erweichungstemperatur (VST)	*Verfahren*		°C
	Verfahren		°C
Kristallit-Schmelzpunkt	*Verfahren*		
Längenausdehnungskoeffizient	*Bereich*	°C	$\cdot 10^{-4}K^{-1}$
	Temperatur 23 °C		0.27 $\cdot 10^{-4}K^{-1}$
Wärmeleitfähigkeit	*Verfahren*		W/(K · m)
Spezifische Wärmekapazität	*Verfahren*		J/(K · g)
Glasumwandlungstemperatur	*Torsionsschwingungsversuch*	°C	
	Differentialkalorimetrie	°C	

Brandverhalten

UL-Test vertikal Dicke mm, Wert
Dicke mm, Wert

	Norm	*Bewertung*	*Abmessungen*
Sauerstoff-Index	ASTM D 2863		
Glühstab-Verfahren			
Brandverhalten	DIN 4102		
MVSS			
FAR			

Elektrische Eigenschaften

		Hz	°C		Probekörper, Form
Dielektrizitätszahl		50			
		10^3			
		10^6			
Dielektrischer Verlustfaktor tan δ		50			
		10^3			
		10^6			
Spezifischer Durchgangs-widerstand	Ohm · cm				
Durchschlagfestigkeit	kV/mm				mm dick
Oberflächenwiderstand	Ohm		23	1.0*10**14	

Kriechstromfestigkeit KC KB KA
Elektrolytische Korrosionswirkung
Lichtbogenfestigkeit nach DIN
nach ASTM s

Beständigkeit *(Chemische Beständigkeit siehe Anhang)*

Wasseraufnahme 23 C 1 d 0.15 %

Feuchtigkeitsaufnahme Normalklima %
Wetterbeständigkeit

Spannungskorrosion

Optische Eigenschaften

Brechungszahl n_D
Transmissionsgrad τ_c % mm dick
Lichtdurchlässigkeit

Datenbank-Nr. **T01110** Merkblatt-Nr. **4094**

Produkt	Styrol-Acrylnitril-Copolymerisat		**SAN**
Handelsname	**Starglas SAN 30K**		
Hersteller	FERRO		
DIN-Bez 1	16775-SAN,MGN,,GB30		
DIN-Bez 2			
Zusätze		*Füllstoffe/ Verstärkung*	30% Glaskugel
Bevorzugte Verarbeitung	Spritzgiessen	*Lieferform*	Granulat
		Farben	Natur; Standard
Besondere Merkmale	Hohe Steifigkeit; Isotrop; Gute Chemikalienbestaendigkeit; Mittlere Schlagfestigkeit	*Bevorzugte Anwendungen*	Drehteller; Praezisionsteil; Kassette; Verschalung

Dichte	g/cm^3	1.31	*Schmelzindex*	g/10 min	:
Schüttdichte	g/cm^3		*Volumenfließindex*	cm^3/10 min	:
Viskositätszahl	ml/g				

Verarbeitungsbedingungen für Spritzgießen

Massetemp.	°C	*Schwindung*	% lgs 0.4, quer 0.4
Werkzeugtemp.	°C	*Bemerkungen*	
Spritzdruck	bar		

Zugversuch 23 °C ISO R 527;

Probekörper: *Form* / *Zustand* — *Herstellung* Spritzgiessen; *Vorbehandlung* Normalklima

Streckspannung	N/mm^2		*Dehnung bei Streckspannung*	%	
Zugfestigkeit	N/mm^2	50	*Reißdehnung*	%	3
Reißfestigkeit	N/mm^2		*% Dehnspannung*	N/mm^2	
E-Modul	N/mm^2		*Dehnung bei % Dehnspg.*	%	

Kriechmoduln und Zeitstandwerte 23 °C

Probekörper: *Form* / *Zustand* — *Herstellung* / *Vorbehandlung*

Kriechmodul	*1 min*	N/mm^2	*Zeitstandzugfestigkeit*	h	N/mm^2
Kriechmodul	*1000 h*	N/mm^2	*Zeitdehnspg. %*	h	N/mm^2
bei Spannung		N/mm^2			

Biegeversuch 23 °C ISO 178;

Probekörper: *Form* / *Zustand* — *Herstellung* Spritzgiessen; *Vorbehandlung* Normalklima

Biegefestigkeit	N/mm^2	120	*E-Modul*	N/mm^2	7000
3,5% *Biegespannung*	N/mm^2				

Härte 23 °C *Probekörper:* *Zustand* — *Herstellung* / *Vorbehandlung*

Kugeldruckhärte	N/mm^2 bei N, s	*Shore-Härte*	A
Rockwellhärte		*Shore-Härte*	D

Schlagversuch *Probekörper:* *(1)* / *(2)* V-Kerbe / *Zustand* — *Herstellung* Spritzgiessen; *Vorbehandlung* Normalklima

		°C	°C	°C	*Probekörper-Form*
Schlagzähigkeit	kJ/m^2				
Kerbschlagzähigkeit (1)	kJ/m^2				
IZOD-Kerbschlagzähigkeit (2)	J/m	23 35			
Kerbschlagzugzähigkeit	kJ/m^2				

Abrieb und Reibung

Taber-Abrieb (Reibradverfahren)	mm³/100 U		
Abriebfaktor LNP (Thrust washer) Vergleichswert			
Statische Reibungszahl			
Dynamische Reibungszahl	(p·v= N/mm²·		m/min)
Zulässiger p · v Wert	N/mm² · (m/min)	v=	m/min
		v=	m/min

Thermische Eigenschaften

Formbeständigkeit in der Wärme	*Verfahren* A		100 °C
	Verfahren		°C
Vicat Erweichungstemperatur (VST)	*Verfahren*		°C
	Verfahren		°C
Kristallit-Schmelzpunkt	*Verfahren*		
Längenausdehnungskoeffizient	*Bereich*	°C	· $10^{-4}K^{-1}$
	Temperatur 23 °C		0.3 · $10^{-4}K^{-1}$
Wärmeleitfähigkeit	*Verfahren*		W/(K · m)
Spezifische Wärmekapazität	*Verfahren*		J/(K · g)
Glasumwandlungstemperatur	*Torsionsschwingungsversuch*	°C	
	Differentialkalorimetrie	°C	

Brandverhalten

UL-Test vertikal	Dicke	mm, Wert
	Dicke	mm, Wert

	Norm	*Bewertung*	*Abmessungen*
Sauerstoff-Index	ASTM D 2863		
Glühstab-Verfahren			
Brandverhalten	DIN 4102		
MVSS			
FAR			

Elektrische Eigenschaften

		Hz	°C		*Probekörper, Form*
Dielektrizitätszahl		50			
		10^3			
		10^6			
Dielektrischer Verlustfaktor tan δ		50			
		10^3			
		10^6			
Spezifischer Durchgangs-widerstand	Ohm · cm				
Durchschlagfestigkeit	kV/mm				mm dick
Oberflächenwiderstand	Ohm		23	1.0*10**14	

Kriechstromfestigkeit	KC	KB	KA
Elektrolytische Korrosionswirkung			
Lichtbogenfestigkeit nach DIN			
nach ASTM s			

Beständigkeit *(Chemische Beständigkeit siehe Anhang)*

Wasseraufnahme 23 C	1 d	0.12 %	
Feuchtigkeitsaufnahme Normalklima			%
Wetterbeständigkeit			
Spannungskorrosion			

Optische Eigenschaften

Brechungszahl n_D		
Transmissionsgrad τ_c	%	mm dick
Lichtdurchlässigkeit		

Datenbank-Nr. **T01111** Merkblatt-Nr. **4095**

Produkt	Acrylnitril-Butadien-Styrol-Polymerisat		**ABS**
Handelsname	**Starglas ABS M17V**		
Hersteller	FERRO		
DIN-Bez 1	16772-ABS,M,X-X-05I,GF15		
DIN-Bez 2			
Zusätze		*Füllstoffe/ Verstärkung*	17% Glasfaser, lang
Bevorzugte Verarbeitung	Spritzgiessen	*Lieferform*	Granulat
		Farben	Natur; Standard
Besondere Merkmale	Ausgewogene Eigenschaften; Steifigkeit; Schlagzaehigkeit	*Bevorzugte Anwendungen*	Armaturenbrett; Abdeckung; Kfz-Innenausstattung; Lampenabdeckung; Skiprofil

Dichte	g/cm³	1.18	*Schmelzindex*	g/10 min	:
Schüttdichte	g/cm³		*Volumenfließindex*	cm³/10 min	:
Viskositätszahl	ml/g				

Verarbeitungsbedingungen für Spritzgießen

Massetemp.	°C	*Schwindung*	% lgs 0.35, quer
Werkzeugtemp.	°C	*Bemerkungen*	
Spritzdruck	bar		

Zugversuch 23 °C ISO R 527;
Probekörper: *Form* — *Herstellung* Spritzgiessen
Zustand — *Vorbehandlung* Normalklima

Streckspannung	N/mm²		*Dehnung bei Streckspannung*	%	
Zugfestigkeit	N/mm²	90	*Reißdehnung*	%	3
Reißfestigkeit	N/mm²		*% Dehnspannung*	N/mm²	
E-Modul	N/mm²		*Dehnung bei % Dehnspg.*	%	

Kriechmoduln und Zeitstandwerte 23 °C
Probekörper: *Form* — *Herstellung*
Zustand — *Vorbehandlung*

Kriechmodul	*1 min* N/mm²	*Zeitstandzugfestigkeit*	h	N/mm²
Kriechmodul	*1000 h* N/mm²	*Zeitdehnspg. %*	h	N/mm²
bei Spannung	N/mm²			

Biegeversuch 23 °C ISO 178;
Probekörper: *Form* — *Herstellung* Spritzgiessen
Zustand — *Vorbehandlung* Normalklima

Biegefestigkeit	N/mm²	80	*E-Modul*	N/mm²	4500
3,5% *Biegespannung*	N/mm²				

Härte 23 °C *Probekörper:* *Zustand* — *Herstellung*
Vorbehandlung

Kugeldruckhärte	N/mm² bei N, s	*Shore-Härte*	A
Rockwellhärte		*Shore-Härte*	D

Schlagversuch *Probekörper:* *(1)*
(2) V-Kerbe — *Herstellung* Spritzgiessen
Zustand — *Vorbehandlung* Normalklima

		°C	°C	°C	*Probekörper-Form*
Schlagzähigkeit	kJ/m²				
Kerbschlagzähigkeit (1)	kJ/m²				
IZOD-Kerbschlagzähigkeit (2)	J/m	23 30			
Kerbschlagzugzähigkeit	kJ/m²				

Abrieb und Reibung

Taber-Abrieb (Reibradverfahren)	mm^3/100 U		
Abriebfaktor LNP (Thrust washer) Vergleichswert			
Statische Reibungszahl			
Dynamische Reibungszahl	(p · v =	N/mm^2 ·	m/min)
Zulässiger p · v Wert	N/mm^2 · (m/min)	v =	m/min
		v =	m/min

Thermische Eigenschaften

Formbeständigkeit in der Wärme	*Verfahren* A		95 °C
	Verfahren		°C
Vicat Erweichungstemperatur (VST)	*Verfahren*		°C
	Verfahren		°C
Kristallit-Schmelzpunkt	*Verfahren*		
Längenausdehnungskoeffizient	*Bereich*	°C	$\cdot 10^{-4}K^{-1}$
	Temperatur 23 °C		$0.38 \cdot 10^{-4}K^{-1}$
Wärmeleitfähigkeit	*Verfahren*		W/(K · m)
Spezifische Wärmekapazität	*Verfahren*		J/(K · g)
Glasumwandlungstemperatur	*Torsionsschwingungsversuch*	°C	
	Differentialkalorimetrie	°C	

Brandverhalten

UL-Test vertikal Dicke mm, Wert
Dicke mm, Wert

	Norm	*Bewertung*	*Abmessungen*
Sauerstoff-Index	ASTM D 2863		
Glühstab-Verfahren			
Brandverhalten	DIN 4102		
MVSS			
FAR			

Elektrische Eigenschaften

		Hz	°C		*Probekörper, Form*
Dielektrizitätszahl		50			
		10^3			
		10^6			
Dielektrischer Verlustfaktor tan δ		50			
		10^3			
		10^6			
Spezifischer Durchgangswiderstand	Ohm · cm				
Durchschlagfestigkeit	kV/mm				mm dick
Oberflächenwiderstand	Ohm		23	1.0*10**14	

Kriechstromfestigkeit	KC	KB	KA
Elektrolytische Korrosionswirkung			
Lichtbogenfestigkeit nach DIN			
nach ASTM s			

Beständigkeit *(Chemische Beständigkeit siehe Anhang)*

Wasseraufnahme 23 C	1 d	0.15 %
Feuchtigkeitsaufnahme Normalklima		%
Wetterbeständigkeit		
Spannungskorrosion		

Optische Eigenschaften

Brechungszahl n_D		
Transmissionsgrad τ_c	%	mm dick
Lichtdurchlässigkeit		

Datenbank-Nr.	**T01112**	*Merkblatt-Nr.*	**4096**

Produkt	Acrylnitril-Butadien-Styrol-Polymerisat		**ABS**
Handelsname	**Starglas ABS 20V**		
Hersteller	FERRO		
DIN-Bez 1	16772-ABS,M,X-X-09I,GF20		
DIN-Bez 2			
Zusätze		*Füllstoffe/ Verstärkung*	20% Glasfaser, lang
Bevorzugte Verarbeitung	Spritzgiessen	*Lieferform*	Granulat
		Farben	Natur; Standard
Besondere Merkmale	Ausgewogene Eigenschaften; Steifigkeit; Schlagzaehigkeit	*Bevorzugte Anwendungen*	Armaturenbrett; Abdeckung; Kfz-Innenausstattung; Lampenabdeckung; Skiprofil

Dichte	g/cm^3	1.2	*Schmelzindex*	g/10 min	:
Schüttdichte	g/cm^3		*Volumenfließindex*	$cm^3/10$ min	:
Viskositätszahl	ml/g				

Verarbeitungsbedingungen für Spritzgießen

Massetemp.	°C	*Schwindung*	%	lgs	0.35, quer
Werkzeugtemp.	°C	*Bemerkungen*			
Spritzdruck	bar				

Zugversuch 23 °C ISO R 527;

Probekörper:	*Form*	*Herstellung*	Spritzgiessen
	Zustand	*Vorbehandlung*	Normalklima

Streckspannung	N/mm^2		*Dehnung bei Streckspannung*	%	
Zugfestigkeit	N/mm^2	92	*Reißdehnung*	%	3
Reißfestigkeit	N/mm^2		*% Dehnspannung*	N/mm^2	
E-Modul	N/mm^2		*Dehnung bei % Dehnspg.*	%	

Kriechmoduln und Zeitstandwerte 23 °C

Probekörper:	*Form*	*Herstellung*	
	Zustand	*Vorbehandlung*	

Kriechmodul	*1 min* N/mm^2	*Zeitstandzugfestigkeit*	h	N/mm^2
Kriechmodul	*1000 h* N/mm^2	*Zeitdehnspg. %*	h	N/mm^2
bei Spannung	N/mm^2			

Biegeversuch 23 °C ISO 178;

Probekörper:	*Form*	*Herstellung*	Spritzgiessen
	Zustand	*Vorbehandlung*	Normalklima

Biegefestigkeit	N/mm^2	95	*E-Modul*	N/mm^2	5000
3,5% *Biegespannung*	N/mm^2				

Härte 23 °C

Probekörper:	*Zustand*	*Herstellung*	
		Vorbehandlung	
Kugeldruckhärte	N/mm^2 bei N, s	*Shore-Härte*	A
Rockwellhärte		*Shore-Härte*	D

Schlagversuch

Probekörper:	*(1)*		
	(2) V-Kerbe	*Herstellung*	Spritzgiessen
	Zustand	*Vorbehandlung*	Normalklima

		°C	°C	°C	*Probekörper-Form*
Schlagzähigkeit	kJ/m^2				
Kerbschlagzähigkeit (1)	kJ/m^2				
IZOD-Kerbschlagzähigkeit (2)	J/m	23 70			
Kerbschlagzugzähigkeit	kJ/m^2				

Abrieb und Reibung

Taber-Abrieb (Reibradverfahren)	mm^3/100 U		
Abriebfaktor LNP (Thrust washer) Vergleichswert			
Statische Reibungszahl			
Dynamische Reibungszahl	(p·v=	N/mm^2 ·	m/min)
Zulässiger p · v Wert	N/mm^2 · (m/min)	v=	m/min
		v=	m/min

Thermische Eigenschaften

Formbeständigkeit in der Wärme	*Verfahren* A		100 °C
	Verfahren		°C
Vicat Erweichungstemperatur (VST)	*Verfahren*		°C
	Verfahren		°C
Kristallit-Schmelzpunkt	*Verfahren*		
Längenausdehnungskoeffizient	*Bereich*	°C	$\cdot 10^{-4} K^{-1}$
	Temperatur 23 °C		$0.36 \cdot 10^{-4} K^{-1}$
Wärmeleitfähigkeit	*Verfahren*		W/(K · m)
Spezifische Wärmekapazität	*Verfahren*		J/(K · g)
Glasumwandlungstemperatur	*Torsionsschwingungsversuch*	°C	
	Differentialkalorimetrie	°C	

Brandverhalten

UL-Test vertikal	Dicke mm, Wert	
	Dicke mm, Wert	

	Norm	*Bewertung*	*Abmessungen*
Sauerstoff-Index	ASTM D 2863		
Glühstab-Verfahren			
Brandverhalten	DIN 4102		
MVSS			
FAR			

Elektrische Eigenschaften

		Hz	°C		*Probekörper, Form*
Dielektrizitätszahl		50			
		10^3			
		10^6			
Dielektrischer Verlustfaktor tan δ		50			
		10^3			
		10^6			
Spezifischer Durchgangs-widerstand	Ohm · cm				
Durchschlagfestigkeit	kV/mm				mm dick
Oberflächenwiderstand	Ohm		23	1.0*10**14	
Kriechstromfestigkeit		KC	KB	KA	
Elektrolytische Korrosionswirkung					
Lichtbogenfestigkeit nach DIN					
nach ASTM	s				

Beständigkeit *(Chemische Beständigkeit siehe Anhang)*

Wasseraufnahme 23 C	1 d	0.14 %	
Feuchtigkeitsaufnahme Normalklima			%
Wetterbeständigkeit			
Spannungskorrosion			

Optische Eigenschaften

Brechungszahl n_D		
Transmissionsgrad τ_c	%	mm dick
Lichtdurchlässigkeit		

PC

Produkt	Polycarbonat		
Handelsname	**Starglas PC 20V**		
Hersteller	FERRO		
DIN-Bez 1			
DIN-Bez 2			
Zusätze		*Füllstoffe/ Verstärkung*	20% Glasfaser, lang
Bevorzugte Verarbeitung	Spritzgiessen	*Lieferform*	Granulat
		Farben	Natur; Standard
Besondere Merkmale	Hohe Steifigkeit; Gute Schlagzaehigkeit; Amorph; Temperaturbestaendigkeit; Isotropisch	*Bevorzugte Anwendungen*	Praezisionsteil; Isolierteil; Verschalung; Buerogeraet; Elektrotechnik

Dichte	g/cm³	1.35	*Schmelzindex*	g/10 min	:
Schüttdichte	g/cm³		*Volumenfließindex*	cm³/10 min	:
Viskositätszahl	ml/g				

Verarbeitungsbedingungen für Spritzgießen

Massetemp.	°C	*Schwindung*	%	lgs 0.3, quer
Werkzeugtemp.	°C	*Bemerkungen*		
Spritzdruck	bar			

Zugversuch 23 °C ISO R 527;
Probekörper: *Form* — *Herstellung* Spritzgiessen
Zustand — *Vorbehandlung* Normalklima

Streckspannung	N/mm²		*Dehnung bei Streckspannung*	%	
Zugfestigkeit	N/mm²	100	*Reißdehnung*	%	3.8
Reißfestigkeit	N/mm²		*% Dehnspannung*	N/mm²	
E-Modul	N/mm²		*Dehnung bei % Dehnspg.*	%	

Kriechmoduln und Zeitstandwerte 23 °C
Probekörper: *Form* — *Herstellung*
Zustand — *Vorbehandlung*

Kriechmodul	*1 min* N/mm²	*Zeitstandzugfestigkeit*	h	N/mm²
Kriechmodul	*1000 h* N/mm²	*Zeitdehnspg. %*	h	N/mm²
bei Spannung	N/mm²			

Biegeversuch 23 °C ISO 178;
Probekörper: *Form* — *Herstellung* Spritzgiessen
Zustand — *Vorbehandlung* Normalklima

Biegefestigkeit	N/mm²	160	*E-Modul*	N/mm²	6000
3,5% *Biegespannung*	N/mm²				

Härte 23 °C *Probekörper:* *Zustand* — *Herstellung*
Vorbehandlung

Kugeldruckhärte	N/mm² bei N, s	*Shore-Härte* A	
Rockwellhärte		*Shore-Härte* D	

Schlagversuch *Probekörper:* *(1)*
(2) V-Kerbe — *Herstellung* Spritzgiessen
Zustand — *Vorbehandlung* Normalklima

		°C	°C	°C	*Probekörper-Form*
Schlagzähigkeit	kJ/m²				
Kerbschlagzähigkeit (1)	kJ/m²				
IZOD-Kerbschlagzähigkeit (2)	J/m	23 16			
Kerbschlagzugzähigkeit	kJ/m²				

Abrieb und Reibung

Taber-Abrieb (Reibradverfahren)	mm^3/100 U		
Abriebfaktor LNP (Thrust washer) Vergleichswert			
Statische Reibungszahl			
Dynamische Reibungszahl	(p·v=	N/mm^2·	m/min)
Zulässiger p · v Wert	N/mm^2 · (m/min)	v=	m/min
		v=	m/min

Thermische Eigenschaften

Formbeständigkeit in der Wärme	*Verfahren* A		145 °C
	Verfahren		°C
Vicat Erweichungstemperatur (VST)	*Verfahren*		°C
	Verfahren		°C
Kristallit-Schmelzpunkt	*Verfahren*		
Längenausdehnungskoeffizient	*Bereich*	°C	$\cdot 10^{-4} K^{-1}$
	Temperatur 23 °C		0.28 $\cdot 10^{-4} K^{-1}$
Wärmeleitfähigkeit	*Verfahren*		W/(K · m)
Spezifische Wärmekapazität	*Verfahren*		J/(K · g)
Glasumwandlungstemperatur	*Torsionsschwingungsversuch*	°C	
	Differentialkalorimetrie	°C	

Brandverhalten

UL-Test vertikal — Dicke 1.6 mm, Wert V-1; Dicke 3.2 mm, Wert V-1

	Norm	*Bewertung*	*Abmessungen*
Sauerstoff-Index	ASTM D 2863		
Glühstab-Verfahren			
Brandverhalten	DIN 4102		
MVSS			
FAR			

Elektrische Eigenschaften

		Hz	°C		*Probekörper, Form*
Dielektrizitätszahl		50			
		10^3			
		10^6			
Dielektrischer Verlustfaktor tan δ		50			
		10^3			
		10^6			
Spezifischer Durchgangswiderstand	Ohm · cm				
Durchschlagfestigkeit	kV/mm				mm dick
Oberflächenwiderstand	Ohm		23	1.0*10**15	

Kriechstromfestigkeit	KC	KB	KA
Elektrolytische Korrosionswirkung			
Lichtbogenfestigkeit nach DIN			
nach ASTM s			

Beständigkeit *(Chemische Beständigkeit siehe Anhang)*

Wasseraufnahme 23 C	1 d	0.09 %	
Feuchtigkeitsaufnahme Normalklima			%
Wetterbeständigkeit			
Spannungskorrosion			

Optische Eigenschaften

Brechungszahl n_D		
Transmissionsgrad τ_c	%	mm dick
Lichtdurchlässigkeit		

Produkt	Polycarbonat		**PC**
Handelsname	**Starglas PC 30V**		
Hersteller	FERRO		
DIN-Bez 1			
DIN-Bez 2			
Zusätze		*Füllstoffe/ Verstärkung*	30% Glasfaser, lang
Bevorzugte Verarbeitung	Spritzgiessen	*Lieferform*	Granulat
		Farben	Natur; Standard
Besondere Merkmale	Hohe Steifigkeit; Gute Schlagzaehigkeit; Amorph; Temperaturbestaendigkeit; Isotropisch	*Bevorzugte Anwendungen*	Praezisionsteil; Isolierteil; Verschalung; Buerogeraet; Elektrotechnik

Dichte	g/cm^3	1.42	*Schmelzindex*	g/10 min	:
Schüttdichte	g/cm^3		*Volumenfließindex*	$cm^3/10$ min	:
Viskositätszahl	ml/g				

Verarbeitungsbedingungen für Spritzgießen

Massetemp.	°C	*Schwindung*	%	lgs 0.25, quer
Werkzeugtemp.	°C	*Bemerkungen*		
Spritzdruck	bar			

Zugversuch 23 °C ISO R 527;
Probekörper: *Form* *Zustand* — *Herstellung* Spritzgiessen, *Vorbehandlung* Normalklima

Streckspannung	N/mm^2		*Dehnung bei Streckspannung*	%	
Zugfestigkeit	N/mm^2	130	*Reißdehnung*	%	2.8
Reißfestigkeit	N/mm^2		*% Dehnspannung*	N/mm^2	
E-Modul	N/mm^2		*Dehnung bei % Dehnspg.*	%	

Kriechmoduln und Zeitstandwerte 23 °C
Probekörper: *Form* *Zustand* — *Herstellung* *Vorbehandlung*

Kriechmodul	*1 min* N/mm^2		*Zeitstandzugfestigkeit*	h	N/mm^2
Kriechmodul	*1000 h* N/mm^2		*Zeitdehnspg. %*	h	N/mm^2
bei Spannung	N/mm^2				

Biegeversuch 23 °C ISO 178;
Probekörper: *Form* *Zustand* — *Herstellung* Spritzgiessen, *Vorbehandlung* Normalklima

Biegefestigkeit	N/mm^2	180	*E-Modul*	N/mm^2	8000
3,5% *Biegespannung*	N/mm^2				

Härte 23 °C *Probekörper:* *Zustand* — *Herstellung* *Vorbehandlung*

Kugeldruckhärte	N/mm^2	bei N, s	*Shore-Härte*	A
Rockwellhärte			*Shore-Härte*	D

Schlagversuch *Probekörper:* *(1)* *(2)* V-Kerbe *Zustand* — *Herstellung* Spritzgiessen, *Vorbehandlung* Normalklima

		°C	°C	°C	*Probekörper-Form*
Schlagzähigkeit	kJ/m^2				
Kerbschlagzähigkeit (1)	kJ/m^2				
IZOD-Kerbschlagzähigkeit (2)	J/m	23	19		
Kerbschlagzugzähigkeit	kJ/m^2				

Abrieb und Reibung

Taber-Abrieb (Reibradverfahren)	mm^3/100 U		
Abriebfaktor LNP (Thrust washer) Vergleichswert			
Statische Reibungszahl			
Dynamische Reibungszahl	(p·v= N/mm^2·		m/min)
Zulässiger p·v Wert	N/mm^2·(m/min)	v=	m/min
		v=	m/min

Thermische Eigenschaften

Formbeständigkeit in der Wärme	*Verfahren* A		146 °C
	Verfahren		°C
Vicat Erweichungstemperatur (VST)	*Verfahren*		°C
	Verfahren		°C
Kristallit-Schmelzpunkt	*Verfahren*		
Längenausdehnungskoeffizient	*Bereich*	°C	$\cdot 10^{-4}K^{-1}$
	Temperatur 23 °C		$0.23 \cdot 10^{-4}K^{-1}$
Wärmeleitfähigkeit	*Verfahren*		W/(K·m)
Spezifische Wärmekapazität	*Verfahren*		J/(K·g)
Glasumwandlungstemperatur	*Torsionsschwingungsversuch*	°C	
	Differentialkalorimetrie	°C	

Brandverhalten

UL-Test vertikal — Dicke 1.6 mm, Wert V-1; Dicke 3.2 mm, Wert V-1

	Norm	*Bewertung*	*Abmessungen*
Sauerstoff-Index	ASTM D 2863		
Glühstab-Verfahren			
Brandverhalten	DIN 4102		
MVSS			
FAR			

Elektrische Eigenschaften

		Hz	°C		*Probekörper, Form*
Dielektrizitätszahl		50			
		10^3			
		10^6			
Dielektrischer Verlustfaktor tan δ		50			
		10^3			
		10^6			
Spezifischer Durchgangswiderstand	Ohm·cm				
Durchschlagfestigkeit	kV/mm				mm dick
Oberflächenwiderstand	Ohm		23	1.0*10**15	
Kriechstromfestigkeit		KC	KB	KA	
Elektrolytische Korrosionswirkung					
Lichtbogenfestigkeit nach DIN					
nach ASTM	s				

Beständigkeit *(Chemische Beständigkeit siehe Anhang)*

Wasseraufnahme 23 C	1 d	0.07 %	
Feuchtigkeitsaufnahme Normalklima			%
Wetterbeständigkeit			
Spannungskorrosion			

Optische Eigenschaften

Brechungszahl n_D		
Transmissionsgrad τ_c	%	mm dick
Lichtdurchlässigkeit		

Datenbank-Nr.	**T01115**	*Merkblatt-Nr.*	**4099**

Produkt	Polysulfon		**PSU**
Handelsname	**Starglas PSU 10V**		
Hersteller	FERRO		
DIN-Bez 1			
DIN-Bez 2			
Zusätze	Flammschutzmittel	*Füllstoffe/ Verstärkung*	10% Glasfaser, lang
Bevorzugte Verarbeitung	Spritzgiessen	*Lieferform*	Granulat
		Farben	Natur; Standard
Besondere Merkmale	Hohe Temperaturbestaendigkeit; Isotropisch	*Bevorzugte Anwendungen*	Chirurgisches Instrument; Stecker; Warmwasser-Pumpenrad; Medizintechnik; Elektronik

Dichte	g/cm^3 1.29	*Schmelzindex*	g/10 min		:
Schüttdichte	g/cm^3	*Volumenfließindex*	cm^3/10 min		:
Viskositätszahl	ml/g				

Verarbeitungsbedingungen für Spritzgießen

Massetemp.	°C	*Schwindung*	%	lgs	0.4, quer
Werkzeugtemp.	°C	*Bemerkungen*			
Spritzdruck	bar				

Zugversuch 23 °C ISO R 527;

Probekörper:	*Form*		*Herstellung*	Spritzgiessen
	Zustand		*Vorbehandlung*	Normalklima
Streckspannung	N/mm^2		*Dehnung bei Streckspannung*	%
Zugfestigkeit	N/mm^2	95	*Reißdehnung*	% 3
Reißfestigkeit	N/mm^2		*% Dehnspannung*	N/mm^2
E-Modul	N/mm^2		*Dehnung bei % Dehnspg.*	%

Kriechmoduln und Zeitstandwerte 23 °C

Probekörper:	*Form*	*Herstellung*	
	Zustand	*Vorbehandlung*	
Kriechmodul	*1 min* N/mm^2	*Zeitstandzugfestigkeit*	h N/mm^2
Kriechmodul	*1000 h* N/mm^2	*Zeitdehnspg. %*	h N/mm^2
bei Spannung	N/mm^2		

Biegeversuch 23 °C ISO 178;

Probekörper:	*Form*		*Herstellung*	Spritzgiessen
	Zustand		*Vorbehandlung*	Normalklima
Biegefestigkeit	N/mm^2	150	*E-Modul*	N/mm^2 5000
3,5% *Biegespannung*	N/mm^2			

Härte 23 °C

Probekörper:	*Zustand*	*Herstellung*	
		Vorbehandlung	
Kugeldruckhärte	N/mm^2 bei N, s	*Shore-Härte* A	
Rockwellhärte		*Shore-Härte* D	

Schlagversuch

Probekörper:	*(1)*		
	(2) V-Kerbe	*Herstellung*	Spritzgiessen
	Zustand	*Vorbehandlung*	Normalklima

		°C	°C	°C	*Probekörper-Form*
Schlagzähigkeit	kJ/m^2				
Kerbschlagzähigkeit (1)	kJ/m^2				
IZOD-Kerbschlagzähigkeit (2)	J/m	23 60			
Kerbschlagzugzähigkeit	kJ/m^2				

Abrieb und Reibung

Taber-Abrieb (Reibradverfahren)	mm^3/100 U		
Abriebfaktor LNP (Thrust washer) Vergleichswert			
Statische Reibungszahl			
Dynamische Reibungszahl	(p · v =	N/mm² ·	m/min)
Zulässiger p · v Wert	N/mm² · (m/min)	v =	m/min
		v =	m/min

Thermische Eigenschaften

Formbeständigkeit in der Wärme	Verfahren A		178 °C
	Verfahren		°C
Vicat Erweichungstemperatur (VST)	Verfahren		°C
	Verfahren		°C
Kristallit-Schmelzpunkt	Verfahren		
Längenausdehnungskoeffizient	Bereich	°C	$\cdot 10^{-4}K^{-1}$
	Temperatur 23 °C		$0.32 \cdot 10^{-4}K^{-1}$
Wärmeleitfähigkeit	Verfahren		W/(K · m)
Spezifische Wärmekapazität	Verfahren		J/(K · g)
Glasumwandlungstemperatur	Torsionsschwingungsversuch	°C	
	Differentialkalorimetrie	°C	

Brandverhalten

UL-Test vertikal — Dicke 1.6 mm, Wert V-1; Dicke 3.2 mm, Wert V-0

	Norm	Bewertung	Abmessungen
Sauerstoff-Index	ASTM D 2863		
Glühstab-Verfahren			
Brandverhalten	DIN 4102		
MVSS			
FAR			

Elektrische Eigenschaften

		Hz	°C			Probekörper, Form
Dielektrizitätszahl		50				
		10^3				
		10^6				
Dielektrischer Verlustfaktor tan δ		50				
		10^3				
		10^6				
Spezifischer Durchgangswiderstand	Ohm · cm					
Durchschlagfestigkeit	kV/mm					mm dick
Oberflächenwiderstand	Ohm		23	1.0*10**16		
Kriechstromfestigkeit		KC		KB	KA	
Elektrolytische Korrosionswirkung						
Lichtbogenfestigkeit nach DIN						
nach ASTM	s					

Beständigkeit *(Chemische Beständigkeit siehe Anhang)*

Wasseraufnahme 23 C	1 d	0.2 %	
Feuchtigkeitsaufnahme Normalklima			%
Wetterbeständigkeit			
Spannungskorrosion			

Optische Eigenschaften

Brechungszahl n_D		
Transmissionsgrad τ_c	%	mm dick
Lichtdurchlässigkeit		

Produkt	Polysulfon		**PSU**
Handelsname	**Starglas PSU 20V**		
Hersteller	FERRO		
DIN-Bez 1			
DIN-Bez 2			
Zusätze	Flammschutzmittel	*Füllstoffe/ Verstärkung*	20% Glasfaser, lang
Bevorzugte Verarbeitung	Spritzgiessen	*Lieferform*	Granulat
		Farben	Natur; Standard
Besondere Merkmale	Hohe Temperaturbestaendigkeit; Isotropisch; UL-Zulassung	*Bevorzugte Anwendungen*	Chirurgisches Instrument; Stecker; Warmwasser-Pumpenrad; Medizintechnik; Elektronik

Dichte	g/cm^3	1.38	*Schmelzindex*	g/10 min	:
Schüttdichte	g/cm^3		*Volumenfließindex*	cm^3/10 min	:
Viskositätszahl	ml/g				

Verarbeitungsbedingungen für Spritzgießen

Massetemp.	°C	*Schwindung*	%	lgs 0.35, quer
Werkzeugtemp.	°C	*Bemerkungen*		
Spritzdruck	bar			

Zugversuch 23 °C ISO R 527;

Probekörper: *Form* / *Zustand* — *Herstellung* Spritzgiessen, *Vorbehandlung* Normalklima

Streckspannung	N/mm^2		*Dehnung bei Streckspannung*	%	
Zugfestigkeit	N/mm^2	105	*Reißdehnung*	%	2–3
Reißfestigkeit	N/mm^2		*% Dehnspannung*	N/mm^2	
E-Modul	N/mm^2		*Dehnung bei % Dehnspg.*	%	

Kriechmoduln und Zeitstandwerte 23 °C

Probekörper: *Form* / *Zustand* — *Herstellung*, *Vorbehandlung*

Kriechmodul	*1 min*	N/mm^2	*Zeitstandzugfestigkeit*	h	N/mm^2
Kriechmodul	*1000 h*	N/mm^2	*Zeitdehnspg. %*	h	N/mm^2
bei Spannung		N/mm^2			

Biegeversuch 23 °C ISO 178;

Probekörper: *Form* / *Zustand* — *Herstellung* Spritzgiessen, *Vorbehandlung* Normalklima

Biegefestigkeit	N/mm^2	160	*E-Modul*	N/mm^2	6000
3,5% *Biegespannung*	N/mm^2				

Härte 23 °C *Probekörper:* *Zustand* — *Herstellung*, *Vorbehandlung*

Kugeldruckhärte	N/mm^2 bei N, s	*Shore-Härte*	A
Rockwellhärte		*Shore-Härte*	D

Schlagversuch *Probekörper:* *(1)* / *(2)* V-Kerbe / *Zustand* — *Herstellung* Spritzgiessen, *Vorbehandlung* Normalklima

		°C	°C	°C	*Probekörper-Form*
Schlagzähigkeit	kJ/m^2				
Kerbschlagzähigkeit (1)	kJ/m^2				
IZOD-Kerbschlagzähigkeit (2)	J/m	23 70			
Kerbschlagzugzähigkeit	kJ/m^2				

Abrieb und Reibung

Taber-Abrieb (Reibradverfahren)	mm^3/100 U		
Abriebfaktor LNP (Thrust washer) Vergleichswert			
Statische Reibungszahl			
Dynamische Reibungszahl	(p · v =	N/mm^2 ·	m/min)
Zulässiger p · v Wert	N/mm^2 · (m/min)	v =	m/min
		v =	m/min

Thermische Eigenschaften

Formbeständigkeit in der Wärme	*Verfahren* A		180 °C
	Verfahren		°C
Vicat Erweichungstemperatur (VST)	*Verfahren*		°C
	Verfahren		°C
Kristallit-Schmelzpunkt	*Verfahren*		
Längenausdehnungskoeffizient	*Bereich*	°C	· $10^{-4}K^{-1}$
	Temperatur 23 °C		0.3 · $10^{-4}K^{-1}$
Wärmeleitfähigkeit	*Verfahren*		W/(K · m)
Spezifische Wärmekapazität	*Verfahren*		J/(K · g)
Glasumwandlungstemperatur	*Torsionsschwingungsversuch*	°C	
	Differentialkalorimetrie	°C	

Brandverhalten

UL-Test vertikal Dicke 1.6 mm, Wert V-1
Dicke 3.2 mm, Wert V-0

	Norm	*Bewertung*	*Abmessungen*
Sauerstoff-Index	ASTM D 2863		
Glühstab-Verfahren			
Brandverhalten	DIN 4102		
MVSS			
FAR			

Elektrische Eigenschaften

		Hz	°C			*Probekörper, Form*
Dielektrizitätszahl		50				
		10^3				
		10^6				
Dielektrischer Verlustfaktor tan δ		50				
		10^3				
		10^6				
Spezifischer Durchgangswiderstand	Ohm · cm					
Durchschlagfestigkeit	kV/mm					mm dick
Oberflächenwiderstand	Ohm		23	1.0*10**16		
Kriechstromfestigkeit		KC		KB	KA	
Elektrolytische Korrosionswirkung						
Lichtbogenfestigkeit nach DIN						
nach ASTM	s					

Beständigkeit *(Chemische Beständigkeit siehe Anhang)*

Wasseraufnahme 23 C	1 d	0.19 %	
Feuchtigkeitsaufnahme Normalklima			%
Wetterbeständigkeit			
Spannungskorrosion			

Optische Eigenschaften

Brechungszahl n_D		
Transmissionsgrad τ_c	%	mm dick
Lichtdurchlässigkeit		

Produkt	Polysulfon		**PSU**
Handelsname	**Starglas PSU 30V**		
Hersteller	FERRO		
DIN-Bez 1			
DIN-Bez 2			
Zusätze	Flammschutzmittel	*Füllstoffe/ Verstärkung*	30% Glasfaser, lang
Bevorzugte Verarbeitung	Spritzgiessen	*Lieferform*	Granulat
		Farben	Natur; Standard
Besondere Merkmale	Hohe Temperaturbestaendigkeit	*Bevorzugte Anwendungen*	Chirurgisches Instrument; Stecker; Warmwasser-Pumpenrad; Medizintechnik; Elektronik

Dichte	g/cm^3	1.44	*Schmelzindex*	g/10 min	:
Schüttdichte	g/cm^3		*Volumenfließindex*	cm^3/10 min	:
Viskositätszahl	ml/g				

Verarbeitungsbedingungen für Spritzgießen

Massetemp.	°C	*Schwindung*	%	lgs 0.3, quer
Werkzeugtemp.	°C	*Bemerkungen*		
Spritzdruck	bar			

Zugversuch 23 °C ISO R 527;
Probekörper: *Form* / *Zustand* — *Herstellung* Spritzgiessen / *Vorbehandlung* Normalklima

Streckspannung	N/mm^2		*Dehnung bei Streckspannung*	%	
Zugfestigkeit	N/mm^2	120	*Reißdehnung*	%	2–3
Reißfestigkeit	N/mm^2		*% Dehnspannung*	N/mm^2	
E-Modul	N/mm^2		*Dehnung bei % Dehnspg.*	%	

Kriechmoduln und Zeitstandwerte 23 °C
Probekörper: *Form* / *Zustand* — *Herstellung* / *Vorbehandlung*

Kriechmodul	*1 min* N/mm^2	*Zeitstandzugfestigkeit*	h	N/mm^2
Kriechmodul	*1000 h* N/mm^2	*Zeitdehnspg. %*	h	N/mm^2
bei Spannung	N/mm^2			

Biegeversuch 23 °C ISO 178;
Probekörper: *Form* / *Zustand* — *Herstellung* Spritzgiessen / *Vorbehandlung* Normalklima

Biegefestigkeit	N/mm^2	175	*E-Modul*	N/mm^2	8500
3,5% *Biegespannung*	N/mm^2				

Härte 23 °C *Probekörper:* *Zustand* — *Herstellung* / *Vorbehandlung*

Kugeldruckhärte	N/mm^2 bei N, s	*Shore-Härte* A	
Rockwellhärte		*Shore-Härte* D	

Schlagversuch *Probekörper:* *(1)* / *(2)* V-Kerbe / *Zustand* — *Herstellung* Spritzgiessen / *Vorbehandlung* Normalklima

		°C	°C	°C	*Probekörper-Form*
Schlagzähigkeit	kJ/m^2				
Kerbschlagzähigkeit (1)	kJ/m^2				
IZOD-Kerbschlagzähigkeit (2)	J/m	23 70			
Kerbschlagzugzähigkeit	kJ/m^2				

Abrieb und Reibung

Taber-Abrieb (Reibradverfahren)	mm^3/100 U		
Abriebfaktor LNP (Thrust washer) Vergleichswert			
Statische Reibungszahl			
Dynamische Reibungszahl	(p·v=	N/mm^2·	m/min)
Zulässiger p · v Wert	N/mm^2 · (m/min)	v=	m/min
		v=	m/min

Thermische Eigenschaften

Formbeständigkeit in der Wärme	*Verfahren* A		182 °C
	Verfahren		°C
Vicat Erweichungstemperatur (VST)	*Verfahren*		°C
	Verfahren		°C
Kristallit-Schmelzpunkt	*Verfahren*		
Längenausdehnungskoeffizient	*Bereich*	°C	$\cdot 10^{-4} K^{-1}$
	Temperatur 23 °C		$0.25 \cdot 10^{-4} K^{-1}$
Wärmeleitfähigkeit	*Verfahren*		W/(K · m)
Spezifische Wärmekapazität	*Verfahren*		J/(K · g)
Glasumwandlungstemperatur	*Torsionsschwingungsversuch*	°C	
	Differentialkalorimetrie	°C	

Brandverhalten

UL-Test vertikal — Dicke 1.6 mm, Wert V-1

Dicke 3.2 mm, Wert V-0

	Norm	*Bewertung*	*Abmessungen*
Sauerstoff-Index	ASTM D 2863		
Glühstab-Verfahren			
Brandverhalten	DIN 4102		
MVSS			
FAR			

Elektrische Eigenschaften

		Hz	°C		*Probekörper, Form*
Dielektrizitätszahl		50			
		10^3			
		10^6			
Dielektrischer Verlustfaktor tan δ		50			
		10^3			
		10^6			
Spezifischer Durchgangs-widerstand	Ohm · cm				
Durchschlagfestigkeit	kV/mm				mm dick
Oberflächenwiderstand	Ohm		23	1.0*10**16	

Kriechstromfestigkeit	KC	KB	KA
Elektrolytische Korrosionswirkung			
Lichtbogenfestigkeit nach DIN			
nach ASTM	s		

Beständigkeit *(Chemische Beständigkeit siehe Anhang)*

Wasseraufnahme 23 C	1 d	0.18 %	
Feuchtigkeitsaufnahme Normalklima			%
Wetterbeständigkeit			
Spannungskorrosion			

Optische Eigenschaften

Brechungszahl n_D		
Transmissionsgrad τ_c	%	mm dick
Lichtdurchlässigkeit		

Produkt	Polysulfon		**PSU**
Handelsname	**Starglas PSU A 20V**		
Hersteller	FERRO		
DIN-Bez 1			
DIN-Bez 2			
Zusätze	Flammschutzmittel	*Füllstoffe/ Verstärkung*	20% Glasfaser, lang
Bevorzugte Verarbeitung	Spritzgiessen	*Lieferform*	Granulat
		Farben	Natur; Standard
Besondere Merkmale	Hohe Temperaturbestaendigkeit; UL-Zulassung; Verbesserte Verarbeitbarkeit	*Bevorzugte Anwendungen*	Chirurgisches Instrument; Stecker; Warmwasser-Pumpenrad; Medizintechnik; Elektronik

Dichte	g/cm³	1.36	*Schmelzindex*	g/10 min	:
Schüttdichte	g/cm³		*Volumenfließindex*	cm³/10 min	:
Viskositätszahl	ml/g				

Verarbeitungsbedingungen für Spritzgießen

Massetemp.	°C	*Schwindung*	%	lgs 0.35, quer
Werkzeugtemp.	°C	*Bemerkungen*		
Spritzdruck	bar			

Zugversuch 23 °C ISO R 527;
Probekörper: *Form* — *Herstellung* Spritzgiessen
Zustand — *Vorbehandlung* Normalklima

Streckspannung	N/mm²		*Dehnung bei Streckspannung*	%	
Zugfestigkeit	N/mm²	125	*Reißdehnung*	%	2–3
Reißfestigkeit	N/mm²		*% Dehnspannung*	N/mm²	
E-Modul	N/mm²		*Dehnung bei % Dehnspg.*	%	

Kriechmoduln und Zeitstandwerte 23 °C
Probekörper: *Form* — *Herstellung*
Zustand — *Vorbehandlung*

Kriechmodul	*1 min*	N/mm²	*Zeitstandzugfestigkeit*	h	N/mm²
Kriechmodul	*1000 h*	N/mm²	*Zeitdehnspg. %*	h	N/mm²
bei Spannung		N/mm²			

Biegeversuch 23 °C ISO 178;
Probekörper: *Form* — *Herstellung* Spritzgiessen
Zustand — *Vorbehandlung* Normalklima

Biegefestigkeit	N/mm²	160	*E-Modul*	N/mm²	6000
3,5% *Biegespannung*	N/mm²				

Härte 23 °C *Probekörper:* *Zustand* — *Herstellung*
Vorbehandlung

Kugeldruckhärte	N/mm²	bei N, s	*Shore-Härte* A	
Rockwellhärte			*Shore-Härte* D	

Schlagversuch *Probekörper:* *(1)*
(2) V-Kerbe — *Herstellung* Spritzgiessen
Zustand — *Vorbehandlung* Normalklima

		°C	°C	°C	*Probekörper-Form*
Schlagzähigkeit	kJ/m²				
Kerbschlagzähigkeit (1)	kJ/m²				
IZOD-Kerbschlagzähigkeit (2)	J/m	23 70			
Kerbschlagzugzähigkeit	kJ/m²				

Abrieb und Reibung

Taber-Abrieb (Reibradverfahren)	mm^3/100 U		
Abriebfaktor LNP (Thrust washer) Vergleichswert			
Statische Reibungszahl			
Dynamische Reibungszahl	(p · v = N/mm^2 ·		m/min)
Zulässiger p · v Wert	N/mm^2 · (m/min)	v =	m/min
		v =	m/min

Thermische Eigenschaften

Formbeständigkeit in der Wärme	*Verfahren* A		175 °C
	Verfahren		°C
Vicat Erweichungstemperatur (VST)	*Verfahren*		°C
	Verfahren		°C
Kristallit-Schmelzpunkt	*Verfahren*		
Längenausdehnungskoeffizient	*Bereich*	°C	· $10^{-4}K^{-1}$
	Temperatur 23 °C		0.3 · $10^{-4}K^{-1}$
Wärmeleitfähigkeit	*Verfahren*		W/(K · m)
Spezifische Wärmekapazität	*Verfahren*		J/(K · g)
Glasumwandlungstemperatur	*Torsionsschwingungsversuch*	°C	
	Differentialkalorimetrie	°C	

Brandverhalten

UL-Test vertikal — Dicke 1.6 mm, Wert V-1; Dicke 3.2 mm, Wert V-0

	Norm	*Bewertung*	*Abmessungen*
Sauerstoff-Index	ASTM D 2863		
Glühstab-Verfahren			
Brandverhalten	DIN 4102		
MVSS			
FAR			

Elektrische Eigenschaften

		Hz	°C		*Probekörper, Form*
Dielektrizitätszahl		50			
		10^3			
		10^6			
Dielektrischer Verlustfaktor tan δ		50			
		10^3			
		10^6			
Spezifischer Durchgangs-widerstand	Ohm · cm				
Durchschlagfestigkeit	kV/mm				mm dick
Oberflächenwiderstand	Ohm		23	1.0*10**16	

Kriechstromfestigkeit	KC	KB	KA
Elektrolytische Korrosionswirkung			
Lichtbogenfestigkeit nach DIN			
nach ASTM s			

Beständigkeit *(Chemische Beständigkeit siehe Anhang)*

Wasseraufnahme 23 C	1 d	0.19 %	
Feuchtigkeitsaufnahme Normalklima			%
Wetterbeständigkeit			
Spannungskorrosion			

Optische Eigenschaften

Brechungszahl n_D		
Transmissionsgrad τ_c	%	mm dick
Lichtdurchlässigkeit		

Produkt	Polysulfon		**PSU**
Handelsname	**Starglas PSU A 30V**		
Hersteller	FERRO		
DIN-Bez 1			
DIN-Bez 2			
Zusätze	Flammschutzmittel	*Füllstoffe/ Verstärkung*	30% Glasfaser, lang
Bevorzugte Verarbeitung	Spritzgiessen	*Lieferform*	Granulat
		Farben	Natur; Standard
Besondere Merkmale	Hohe Temperaturbestaendigkeit; UL-Zulassung; Verbesserte Verarbeitbarkeit	*Bevorzugte Anwendungen*	Chirurgisches Instrument; Stecker; Warmwasser-Pumpenrad; Medizintechnik; Elektronik

---

Dichte g/cm³ 1.42
Schüttdichte g/cm³
Viskositätszahl ml/g

Schmelzindex g/10 min :
Volumenfließindex cm³/10 min :

Verarbeitungsbedingungen für Spritzgießen

Massetemp. °C
Werkzeugtemp. °C
Spritzdruck bar

Schwindung % lgs 0.3, quer
Bemerkungen

Zugversuch 23 °C ISO R 527;
Probekörper: *Form* *Zustand*
Herstellung Spritzgiessen
Vorbehandlung Normalklima

Streckspannung N/mm²
Zugfestigkeit N/mm² 110
Reißfestigkeit N/mm²
E-Modul N/mm²

Dehnung bei Streckspannung %
Reißdehnung % 2–3
% Dehnspannung N/mm²
Dehnung bei % Dehnspg. %

Kriechmoduln und Zeitstandwerte 23 °C

Probekörper: *Form* *Zustand*
Herstellung
Vorbehandlung

Kriechmodul *1 min* N/mm²
Kriechmodul *1000 h* N/mm²
bei Spannung N/mm²

Zeitstandzugfestigkeit h N/mm²
Zeitdehnspg. % h N/mm²

Biegeversuch 23 °C ISO 178;
Probekörper: *Form* *Zustand*
Herstellung Spritzgiessen
Vorbehandlung Normalklima

Biegefestigkeit N/mm² 175
3,5% *Biegespannung* N/mm²
E-Modul N/mm² 8500

Härte 23 °C *Probekörper:* *Zustand*
Herstellung
Vorbehandlung

Kugeldruckhärte N/mm² bei N, s
Rockwellhärte
Shore-Härte A
Shore-Härte D

Schlagversuch *Probekörper:* *(1)* *(2)* V-Kerbe *Zustand*
Herstellung Spritzgiessen
Vorbehandlung Normalklima

	°C	°C	°C	*Probekörper-Form*
Schlagzähigkeit kJ/m²				
Kerbschlagzähigkeit (1) kJ/m²				
IZOD-Kerbschlagzähigkeit (2) J/m	23 70			
Kerbschlagzugzähigkeit kJ/m²				

Abrieb und Reibung

Taber-Abrieb (Reibradverfahren)	$mm^3/100$ U		
Abriebfaktor LNP (Thrust washer) Vergleichswert			
Statische Reibungszahl			
Dynamische Reibungszahl	(p · v = N/mm^2 ·		m/min)
Zulässiger p · v Wert	N/mm^2 · (m/min)	v =	m/min
		v =	m/min

Thermische Eigenschaften

Formbeständigkeit in der Wärme	*Verfahren* A		178 °C
	Verfahren		°C
Vicat Erweichungstemperatur (VST)	*Verfahren*		°C
	Verfahren		°C
Kristallit-Schmelzpunkt	*Verfahren*		
Längenausdehnungskoeffizient	*Bereich*	°C	$\cdot 10^{-4}K^{-1}$
	Temperatur 23 °C		$0.25 \cdot 10^{-4}K^{-1}$
Wärmeleitfähigkeit	*Verfahren*		W/(K · m)
Spezifische Wärmekapazität	*Verfahren*		J/(K · g)
Glasumwandlungstemperatur	*Torsionsschwingungsversuch*	°C	
	Differentialkalorimetrie	°C	

Brandverhalten

UL-Test vertikal Dicke 1.6 mm, Wert V-1
Dicke 3.2 mm, Wert V-0

	Norm	*Bewertung*	*Abmessungen*
Sauerstoff-Index	ASTM D 2863		
Glühstab-Verfahren			
Brandverhalten	DIN 4102		
MVSS			
FAR			

Elektrische Eigenschaften

		Hz	°C		*Probekörper, Form*
Dielektrizitätszahl		50			
		10^3			
		10^6			
Dielektrischer Verlustfaktor tan δ		50			
		10^3			
		10^6			
Spezifischer Durchgangs-widerstand	Ohm · cm				
Durchschlagfestigkeit	kV/mm				mm dick
Oberflächenwiderstand	Ohm		23	1.0*10**16	

Kriechstromfestigkeit	KC	KB	KA
Elektrolytische Korrosionswirkung			
Lichtbogenfestigkeit nach DIN			
nach ASTM	s		

Beständigkeit *(Chemische Beständigkeit siehe Anhang)*

Wasseraufnahme 23 C	1 d	0.18 %	
Feuchtigkeitsaufnahme Normalklima			%
Wetterbeständigkeit			
Spannungskorrosion			

Optische Eigenschaften

Brechungszahl n_D		
Transmissionsgrad τ_c	%	mm dick
Lichtdurchlässigkeit		

Datenbank-Nr. **T01120** Merkblatt-Nr. **4104**

Produkt	Polyethylen		**PE**
Handelsname	**Starglas PE HB 20V**		
Hersteller	FERRO		
DIN-Bez 1			
DIN-Bez 2			
Zusätze		*Füllstoffe/ Verstärkung*	20% Glasfaser, lang
Bevorzugte Verarbeitung	Spritzgiessen	*Lieferform*	Granulat
		Farben	Natur; Standard
Besondere Merkmale	Gute chemische Bestaendigkeit; Gute Kaeltebestaendigkeit	*Bevorzugte Anwendungen*	Tankdeckel; Kfz-Industrie

Dichte	g/cm^3	1.1	*Schmelzindex*	g/10 min		:
Schüttdichte	g/cm^3		*Volumenfließindex*	$cm^3/10$ min		:
Viskositätszahl	ml/g					

Verarbeitungsbedingungen für Spritzgießen

Massetemp.	°C	*Schwindung*	%	lgs	0.4, quer
Werkzeugtemp.	°C	*Bemerkungen*			
Spritzdruck	bar				

Zugversuch 23 °C ISO R 527;
Probekörper: *Form* — *Herstellung* Spritzgiessen
Zustand — *Vorbehandlung* Normalklima

Streckspannung	N/mm^2		*Dehnung bei Streckspannung*	%	
Zugfestigkeit	N/mm^2	63	*Reißdehnung*	%	4
Reißfestigkeit	N/mm^2		*% Dehnspannung*	N/mm^2	
E-Modul	N/mm^2		*Dehnung bei % Dehnspg.*	%	

Kriechmoduln und Zeitstandwerte 23 °C
Probekörper: *Form* — *Herstellung*
Zustand — *Vorbehandlung*

Kriechmodul	*1 min*	N/mm^2	*Zeitstandzugfestigkeit*	h	N/mm^2
Kriechmodul	*1000 h*	N/mm^2	*Zeitdehnspg. %*	h	N/mm^2
bei Spannung		N/mm^2			

Biegeversuch 23 °C ISO 178;
Probekörper: *Form* — *Herstellung* Spritzgiessen
Zustand — *Vorbehandlung* Normalklima

Biegefestigkeit	N/mm^2	85	*E-Modul*	N/mm^2	4200
3,5% *Biegespannung*	N/mm^2				

Härte 23 °C *Probekörper:* *Zustand* — *Herstellung*
Vorbehandlung

Kugeldruckhärte	N/mm^2 bei N, s	*Shore-Härte* A	
Rockwellhärte		*Shore-Härte* D	

Schlagversuch *Probekörper:* *(1)*
(2) V-Kerbe — *Herstellung* Spritzgiessen
Zustand — *Vorbehandlung* Normalklima

		°C	°C	°C	*Probekörper-Form*
Schlagzähigkeit	kJ/m^2				
Kerbschlagzähigkeit (1)	kJ/m^2				
IZOD-Kerbschlagzähigkeit (2)	J/m	23 9			
Kerbschlagzugzähigkeit	kJ/m^2				

Abrieb und Reibung

Taber-Abrieb (Reibradverfahren)	mm^3/100 U		
Abriebfaktor LNP (Thrust washer) Vergleichswert			
Statische Reibungszahl			
Dynamische Reibungszahl	(p·v=	N/mm^2 ·	m/min)
Zulässiger p · v Wert	N/mm^2 · (m/min)	v=	m/min
		v=	m/min

Thermische Eigenschaften

Formbeständigkeit in der Wärme	*Verfahren* A		116 °C
	Verfahren		°C
Vicat Erweichungstemperatur (VST)	*Verfahren*		°C
	Verfahren		°C
Kristallit-Schmelzpunkt	*Verfahren*		
Längenausdehnungskoeffizient	*Bereich*	°C	$\cdot 10^{-4} K^{-1}$
	Temperatur 23 °C		$0.3 \cdot 10^{-4} K^{-1}$
Wärmeleitfähigkeit	*Verfahren*		W/(K · m)
Spezifische Wärmekapazität	*Verfahren*		J/(K · g)
Glasumwandlungstemperatur	*Torsionsschwingungsversuch*	°C	
	Differentialkalorimetrie	°C	

Brandverhalten

UL-Test vertikal Dicke 3.2 mm, Wert HB
Dicke mm, Wert

	Norm	*Bewertung*	*Abmessungen*
Sauerstoff-Index	ASTM D 2863		
Glühstab-Verfahren			
Brandverhalten	DIN 4102		
MVSS			
FAR			

Elektrische Eigenschaften

		Hz	°C		*Probekörper, Form*
Dielektrizitätszahl		50			
		10^3			
		10^6			
Dielektrischer Verlustfaktor tan δ		50			
		10^3			
		10^6			
Spezifischer Durchgangswiderstand	Ohm · cm				
Durchschlagfestigkeit	kV/mm				mm dick
Oberflächenwiderstand	Ohm		23	2.0*10**13	

Kriechstromfestigkeit	KC	KB	KA
Elektrolytische Korrosionswirkung			
Lichtbogenfestigkeit nach DIN			
nach ASTM s			

Beständigkeit *(Chemische Beständigkeit siehe Anhang)*

Wasseraufnahme 23 C	1 d	0.01 %	
Feuchtigkeitsaufnahme Normalklima			%
Wetterbeständigkeit			
Spannungskorrosion			

Optische Eigenschaften

Brechungszahl n_D		
Transmissionsgrad τ_c	%	mm dick
Lichtdurchlässigkeit		

Produkt	Polyethylen		**PE**
Handelsname	**Starglas PE HB 30V**		
Hersteller	FERRO		
DIN-Bez 1			
DIN-Bez 2			
Zusätze		*Füllstoffe/ Verstärkung*	30% Glasfaser, lang
Bevorzugte Verarbeitung	Spritzgiessen	*Lieferform*	Granulat
		Farben	Natur; Standard
Besondere Merkmale	Gute chemische Bestaendigkeit; Gute Kaeltebestaendigkeit	*Bevorzugte Anwendungen*	Technisches Formteil; Kfz-Industrie

Dichte	g/cm³	1.18	*Schmelzindex*	g/10 min	:
Schüttdichte	g/cm³		*Volumenfließindex*	cm³/10 min	:
Viskositätszahl	ml/g				

Verarbeitungsbedingungen für Spritzgießen

Massetemp.	°C	*Schwindung*	% lgs 0.35, quer
Werkzeugtemp.	°C	*Bemerkungen*	
Spritzdruck	bar		

Zugversuch 23 °C ISO R 527;

Probekörper: *Form* — *Herstellung* Spritzgiessen
Zustand — *Vorbehandlung* Normalklima

Streckspannung	N/mm²		*Dehnung bei Streckspannung*	%	
Zugfestigkeit	N/mm²	76	*Reißdehnung*	%	3
Reißfestigkeit	N/mm²		*% Dehnspannung*	N/mm²	
E-Modul	N/mm²		*Dehnung bei % Dehnspg.*	%	

Kriechmoduln und Zeitstandwerte 23 °C

Probekörper: *Form* — *Herstellung*
Zustand — *Vorbehandlung*

Kriechmodul	*1 min*	N/mm²	*Zeitstandzugfestigkeit*	h	N/mm²
Kriechmodul	*1000 h*	N/mm²	*Zeitdehnspg. %*	h	N/mm²
bei Spannung		N/mm²			

Biegeversuch 23 °C ISO 178;

Probekörper: *Form* — *Herstellung* Spritzgiessen
Zustand — *Vorbehandlung* Normalklima

Biegefestigkeit	N/mm²	95	*E-Modul*	N/mm²	6100
3,5% *Biegespannung*	N/mm²				

Härte 23 °C *Probekörper:* *Zustand* — *Herstellung*
Vorbehandlung

Kugeldruckhärte	N/mm² bei N, s	*Shore-Härte*	A
Rockwellhärte		*Shore-Härte*	D

Schlagversuch *Probekörper:* *(1)*
(2) V-Kerbe — *Herstellung* Spritzgiessen
Zustand — *Vorbehandlung* Normalklima

		°C	°C	°C	*Probekörper-Form*
Schlagzähigkeit	kJ/m²				
Kerbschlagzähigkeit (1)	kJ/m²				
IZOD-Kerbschlagzähigkeit (2)	J/m	23 10			
Kerbschlagzugzähigkeit	kJ/m²				

Abrieb und Reibung

Taber-Abrieb (Reibradverfahren)	mm^3/100 U		
Abriebfaktor LNP (Thrust washer) Vergleichswert			
Statische Reibungszahl			
Dynamische Reibungszahl	(p · v =	N/mm^2 ·	m/min)
Zulässiger p · v Wert	N/mm^2 · (m/min)	v =	m/min
		v =	m/min

Thermische Eigenschaften

Formbeständigkeit in der Wärme	*Verfahren* A		124 °C
	Verfahren		°C
Vicat Erweichungstemperatur (VST)	*Verfahren*		°C
	Verfahren		°C
Kristallit-Schmelzpunkt	*Verfahren*		
Längenausdehnungskoeffizient	*Bereich*	°C	· $10^{-4}K^{-1}$
	Temperatur 23 °C		0.27 · $10^{-4}K^{-1}$
Wärmeleitfähigkeit	*Verfahren*		W/(K · m)
Spezifische Wärmekapazität	*Verfahren*		J/(K · g)
Glasumwandlungstemperatur	*Torsionsschwingungsversuch*	°C	
	Differentialkalorimetrie	°C	

Brandverhalten

UL-Test vertikal	Dicke 3.2 mm, Wert HB	
	Dicke mm, Wert	

	Norm	*Bewertung*	*Abmessungen*
Sauerstoff-Index	ASTM D 2863		
Glühstab-Verfahren			
Brandverhalten	DIN 4102		
MVSS			
FAR			

Elektrische Eigenschaften

		Hz	°C		*Probekörper, Form*
Dielektrizitätszahl		50			
		10^3			
		10^6			
Dielektrischer Verlustfaktor tan δ		50			
		10^3			
		10^6			
Spezifischer Durchgangs-widerstand	Ohm · cm				
Durchschlagfestigkeit	kV/mm				mm dick
Oberflächenwiderstand	Ohm		23	6.0*10**14	

Kriechstromfestigkeit	KC	KB	KA
Elektrolytische Korrosionswirkung			
Lichtbogenfestigkeit nach DIN			
nach ASTM	s		

Beständigkeit *(Chemische Beständigkeit siehe Anhang)*

Wasseraufnahme 23 C	1 d	0.01 %	
Feuchtigkeitsaufnahme Normalklima			%
Wetterbeständigkeit			
Spannungskorrosion			

Optische Eigenschaften

Brechungszahl n_D		
Transmissionsgrad τ_c	%	mm dick
Lichtdurchlässigkeit		

Produkt	Polyethylen		**PE**
Handelsname	**Starglas PE HE 20V**		
Hersteller	FERRO		
DIN-Bez 1			
DIN-Bez 2			
Zusätze		*Füllstoffe/ Verstärkung*	20% Glasfaser, lang
Bevorzugte Verarbeitung	Extrusion	*Lieferform*	Granulat
		Farben	Natur; Standard
Besondere Merkmale	Gute chemische Bestaendigkeit; Gute Kaeltebestaendigkeit	*Bevorzugte Anwendungen*	Profil; Kfz-Industrie

Dichte	g/cm^3	1.1	*Schmelzindex*	g/10 min	:
Schüttdichte	g/cm^3		*Volumenfließindex*	cm^3/10 min	:
Viskositätszahl	ml/g				

Verarbeitungsbedingungen für Spritzgießen

Massetemp.	°C	*Schwindung*	% lgs , quer
Werkzeugtemp.	°C	*Bemerkungen*	
Spritzdruck	bar		

Zugversuch 23 °C ISO R 527;
Probekörper: *Form* — *Herstellung* Spritzgiessen
Zustand — *Vorbehandlung* Normalklima

Streckspannung	N/mm^2		*Dehnung bei Streckspannung*	%	
Zugfestigkeit	N/mm^2	55	*Reißdehnung*	%	3
Reißfestigkeit	N/mm^2		*% Dehnspannung*	N/mm^2	
E-Modul	N/mm^2		*Dehnung bei % Dehnspg.*	%	

Kriechmoduln und Zeitstandwerte 23 °C
Probekörper: *Form* — *Herstellung*
Zustand — *Vorbehandlung*

Kriechmodul	*1 min*	N/mm^2	*Zeitstandzugfestigkeit*	h	N/mm^2
Kriechmodul	*1000 h*	N/mm^2	*Zeitdehnspg. %*	h	N/mm^2
bei Spannung		N/mm^2			

Biegeversuch 23 °C ISO 178;
Probekörper: *Form* — *Herstellung* Spritzgiessen
Zustand — *Vorbehandlung* Normalklima

Biegefestigkeit	N/mm^2	80	*E-Modul*	N/mm^2	4000
3,5% *Biegespannung*	N/mm^2				

Härte 23 °C *Probekörper:* *Zustand* — *Herstellung*
Vorbehandlung

Kugeldruckhärte	N/mm^2 bei N, s	*Shore-Härte*	A
Rockwellhärte		*Shore-Härte*	D

Schlagversuch *Probekörper:* *(1)*
(2) V-Kerbe — *Herstellung* Spritzgiessen
Zustand — *Vorbehandlung* Normalklima

		°C	°C	°C	*Probekörper-Form*
Schlagzähigkeit	kJ/m^2				
Kerbschlagzähigkeit (1)	kJ/m^2				
IZOD-Kerbschlagzähigkeit (2)	J/m	23	14		
Kerbschlagzugzähigkeit	kJ/m^2				

Abrieb und Reibung

Taber-Abrieb (Reibradverfahren)	$mm^3/100$ U		
Abriebfaktor LNP (Thrust washer) Vergleichswert			
Statische Reibungszahl			
Dynamische Reibungszahl	(p·v= N/mm^2 ·		m/min)
Zulässiger p · v Wert	N/mm^2 · (m/min)	v=	m/min
		v=	m/min

Thermische Eigenschaften

Formbeständigkeit in der Wärme	*Verfahren* A		120 °C
	Verfahren		°C
Vicat Erweichungstemperatur (VST)	*Verfahren*		°C
	Verfahren		°C
Kristallit-Schmelzpunkt	*Verfahren*		
Längenausdehnungskoeffizient	*Bereich*	°C	$\cdot 10^{-4}K^{-1}$
	Temperatur 23 °C		$0.3 \cdot 10^{-4}K^{-1}$
Wärmeleitfähigkeit	*Verfahren*		W/(K · m)
Spezifische Wärmekapazität	*Verfahren*		J/(K · g)
Glasumwandlungstemperatur	*Torsionsschwingungsversuch*	°C	
	Differentialkalorimetrie	°C	

Brandverhalten

UL-Test vertikal	Dicke 3.2 mm, Wert HB	
	Dicke mm, Wert	

	Norm	*Bewertung*	*Abmessungen*
Sauerstoff-Index	ASTM D 2863		
Glühstab-Verfahren			
Brandverhalten	DIN 4102		
MVSS			
FAR			

Elektrische Eigenschaften

		Hz	°C		*Probekörper, Form*
Dielektrizitätszahl		50			
		10^3			
		10^6			
Dielektrischer Verlustfaktor tan δ		50			
		10^3			
		10^6			
Spezifischer Durchgangswiderstand	Ohm · cm				
Durchschlagfestigkeit	kV/mm				mm dick
Oberflächenwiderstand	Ohm		23	2.0*10**13	

Kriechstromfestigkeit	KC	KB	KA
Elektrolytische Korrosionswirkung			
Lichtbogenfestigkeit nach DIN			
nach ASTM s			

Beständigkeit *(Chemische Beständigkeit siehe Anhang)*

Wasseraufnahme 23 C	1 d	0.01 %	
Feuchtigkeitsaufnahme Normalklima			%
Wetterbeständigkeit			
Spannungskorrosion			

Optische Eigenschaften

Brechungszahl n_D		
Transmissionsgrad τ_c	%	mm dick
Lichtdurchlässigkeit		

Datenbank-Nr. **T01123** | Merkblatt-Nr. **4107**

PE

Produkt	Polyethylen		
Handelsname	**Starglas PE HE 40V**		
Hersteller	FERRO		
DIN-Bez 1			
DIN-Bez 2			
Zusätze		*Füllstoffe/ Verstärkung*	40% Glasfaser, lang
Bevorzugte Verarbeitung	Extrusion	*Lieferform*	Granulat
		Farben	Natur; Standard
Besondere Merkmale	Gute chemische Bestaendigkeit; Gute Kaeltebestaendigkeit	*Bevorzugte Anwendungen*	Profil; Kfz-Industrie

Dichte	g/cm^3	1.28	*Schmelzindex*	g/10 min	:
Schüttdichte	g/cm^3		*Volumenfließindex*	$cm^3/10$ min	:
Viskositätszahl	ml/g				

Verarbeitungsbedingungen für Spritzgießen

Massetemp.	°C	*Schwindung*	% lgs , quer
Werkzeugtemp.	°C	*Bemerkungen*	
Spritzdruck	bar		

Zugversuch 23 °C ISO R 527;

Probekörper: *Form* / *Zustand* — *Herstellung* Spritzgiessen, *Vorbehandlung* Normalklima

Streckspannung	N/mm^2		*Dehnung bei Streckspannung*	%	
Zugfestigkeit	N/mm^2	80	*Reißdehnung*	%	2.5
Reißfestigkeit	N/mm^2		*% Dehnspannung*	N/mm^2	
E-Modul	N/mm^2		*Dehnung bei % Dehnspg.*	%	

Kriechmoduln und Zeitstandwerte 23 °C

Probekörper: *Form* / *Zustand* — *Herstellung*, *Vorbehandlung*

Kriechmodul	*1 min* N/mm^2		*Zeitstandzugfestigkeit*	h	N/mm^2
Kriechmodul	*1000 h* N/mm^2		*Zeitdehnspg. %*	h	N/mm^2
bei Spannung	N/mm^2				

Biegeversuch 23 °C ISO 178;

Probekörper: *Form* / *Zustand* — *Herstellung* Spritzgiessen, *Vorbehandlung* Normalklima

Biegefestigkeit	N/mm^2	100	*E-Modul*	N/mm^2	7000
3,5% *Biegespannung*	N/mm^2				

Härte 23 °C *Probekörper:* *Zustand* — *Herstellung*, *Vorbehandlung*

Kugeldruckhärte	N/mm^2 bei N, s	*Shore-Härte* A	
Rockwellhärte		*Shore-Härte* D	

Schlagversuch *Probekörper:* *(1)* / *(2)* V-Kerbe / *Zustand* — *Herstellung* Spritzgiessen, *Vorbehandlung* Normalklima

		°C	°C	°C	*Probekörper-Form*
Schlagzähigkeit	kJ/m^2				
Kerbschlagzähigkeit (1)	kJ/m^2				
IZOD-Kerbschlagzähigkeit (2)	J/m	23 12			
Kerbschlagzugzähigkeit	kJ/m^2				

Abrieb und Reibung

Taber-Abrieb (Reibradverfahren)	$mm^3/100$ U		
Abriebfaktor LNP (Thrust washer) Vergleichswert			
Statische Reibungszahl			
Dynamische Reibungszahl	(p · v =	N/mm^2 ·	m/min)
Zulässiger p · v Wert	N/mm^2 · (m/min)	v =	m/min
		v =	m/min

Thermische Eigenschaften

Formbeständigkeit in der Wärme	*Verfahren* A		125 °C
	Verfahren		°C
Vicat Erweichungstemperatur (VST)	*Verfahren*		°C
	Verfahren		°C
Kristallit-Schmelzpunkt	*Verfahren*		
Längenausdehnungskoeffizient	*Bereich*	°C	$\cdot 10^{-4}K^{-1}$
	Temperatur 23 °C		$0.25 \cdot 10^{-4}K^{-1}$
Wärmeleitfähigkeit	*Verfahren*		W/(K · m)
Spezifische Wärmekapazität	*Verfahren*		J/(K · g)
Glasumwandlungstemperatur	*Torsionsschwingungsversuch*	°C	
	Differentialkalorimetrie	°C	

Brandverhalten

UL-Test vertikal Dicke 3.2 mm, Wert HB
Dicke mm, Wert

	Norm	*Bewertung*	*Abmessungen*
Sauerstoff-Index	ASTM D 2863		
Glühstab-Verfahren			
Brandverhalten	DIN 4102		
MVSS			
FAR			

Elektrische Eigenschaften

		Hz	°C		*Probekörper, Form*
Dielektrizitätszahl		50			
		10^3			
		10^6			
Dielektrischer Verlustfaktor tan δ		50			
		10^3			
		10^6			
Spezifischer Durchgangs-widerstand	Ohm · cm				
Durchschlagfestigkeit	kV/mm				mm dick
Oberflächenwiderstand	Ohm		23	7.0*10**14	

Kriechstromfestigkeit	KC	KB	KA
Elektrolytische Korrosionswirkung			
Lichtbogenfestigkeit nach DIN			
nach ASTM s			

Beständigkeit *(Chemische Beständigkeit siehe Anhang)*

Wasseraufnahme 23 C	1 d	0.01 %	
Feuchtigkeitsaufnahme Normalklima			%
Wetterbeständigkeit			
Spannungskorrosion			

Optische Eigenschaften

Brechungszahl n_D
Transmissionsgrad τ_c % mm dick
Lichtdurchlässigkeit

Produkt	Polyamid 6		**PA**
Handelsname	**Staramide 6 25V**		
Hersteller	FERRO		
DIN-Bez 1			
DIN-Bez 2			
Zusätze		*Füllstoffe/ Verstärkung*	25% Glasfaser, lang
Bevorzugte Verarbeitung	Spritzgiessen	*Lieferform*	Granulat
		Farben	Natur; Standard
Besondere Merkmale	Hohe Steifigkeit; Hohe Schlagzaehigkeit; Sehr gute Temperaturbestaendigkeit; Oelbestaendigkeit	*Bevorzugte Anwendungen*	Technisches Formteil; Kfz-Innenteil; Kfz-Aussenteil; Teil im Kfz-Motorraum; Gehaeuse; Haushaltsgeraet; Kfz-Industrie; Elektrotechnik

Dichte	g/cm³	1.3	*Schmelzindex*	g/10 min	:
Schüttdichte	g/cm³		*Volumenfließindex*	cm³/10 min	:
Viskositätszahl	ml/g				

Verarbeitungsbedingungen für Spritzgießen

Massetemp.	°C	*Schwindung*	%	lgs 0.4, quer
Werkzeugtemp.	°C	*Bemerkungen*		
Spritzdruck	bar			

Zugversuch 23 °C ISO R 527;
Probekörper: *Form* — *Herstellung* Spritzgiessen
Zustand Spritzfrisch — *Vorbehandlung*

Streckspannung	N/mm²		*Dehnung bei Streckspannung*	%	
Zugfestigkeit	N/mm²	150	*Reißdehnung*	%	3.5
Reißfestigkeit	N/mm²		*% Dehnspannung*	N/mm²	
E-Modul	N/mm²		*Dehnung bei % Dehnspg.*	%	

Kriechmoduln und Zeitstandwerte 23 °C
Probekörper: *Form* — *Herstellung*
Zustand — *Vorbehandlung*

Kriechmodul	*1 min* N/mm²	*Zeitstandzugfestigkeit*	h	N/mm²
Kriechmodul	*1000 h* N/mm²	*Zeitdehnspg.* %	h	N/mm²
bei Spannung	N/mm²			

Biegeversuch 23 °C ISO 178;
Probekörper: *Form* — *Herstellung* Spritzgiessen
Zustand Spritzfrisch — *Vorbehandlung*

Biegefestigkeit	N/mm²	220	*E-Modul*	N/mm²	7000
3,5% *Biegespannung*	N/mm²				

Härte 23 °C *Probekörper:* *Zustand* — *Herstellung*
Vorbehandlung

Kugeldruckhärte	N/mm² bei N, s	*Shore-Härte* A	
Rockwellhärte		*Shore-Härte* D	

Schlagversuch *Probekörper:* *(1)*
(2) V-Kerbe — *Herstellung* Spritzgiessen
Zustand Spritzfrisch — *Vorbehandlung*

		°C	°C	°C	*Probekörper-Form*
Schlagzähigkeit	kJ/m²				
Kerbschlagzähigkeit (1)	kJ/m²				
IZOD-Kerbschlagzähigkeit (2)	J/m	23 90			
Kerbschlagzugzähigkeit	kJ/m²				

Abrieb und Reibung

Taber-Abrieb (Reibradverfahren)	mm^3/100 U		
Abriebfaktor LNP (Thrust washer) Vergleichswert			
Statische Reibungszahl			
Dynamische Reibungszahl	(p · v=	N/mm^2 ·	m/min)
Zulässiger p · v Wert	N/mm^2 · (m/min)	v=	m/min
		v=	m/min

Thermische Eigenschaften

Formbeständigkeit in der Wärme	*Verfahren* A		210 °C
	Verfahren		°C
Vicat Erweichungstemperatur (VST)	*Verfahren*		°C
	Verfahren		°C
Kristallit-Schmelzpunkt	*Verfahren*		
Längenausdehnungskoeffizient	*Bereich*	°C	$\cdot 10^{-4}K^{-1}$
	Temperatur 23 °C		$0.38 \cdot 10^{-4}K^{-1}$
Wärmeleitfähigkeit	*Verfahren*		W/(K · m)
Spezifische Wärmekapazität	*Verfahren*		J/(K · g)
Glasumwandlungstemperatur	*Torsionsschwingungsversuch*	°C	
	Differentialkalorimetrie	°C	

Brandverhalten

UL-Test vertikal Dicke 1.6 mm, Wert HB
Dicke 3.2 mm, Wert HB

	Norm	*Bewertung*	*Abmessungen*
Sauerstoff-Index	ASTM D 2863		
Glühstab-Verfahren			
Brandverhalten	DIN 4102		
MVSS			
FAR			

Elektrische Eigenschaften

		Hz	°C		*Probekörper, Form*
Dielektrizitätszahl		50			
		10^3			
		10^6			
Dielektrischer Verlustfaktor tan δ		50			
		10^3			
		10^6			
Spezifischer Durchgangswiderstand	Ohm · cm				
Durchschlagfestigkeit	kV/mm				mm dick
Oberflächenwiderstand	Ohm		23	1.0*10**12	
Kriechstromfestigkeit		KC	KB	KA	
Elektrolytische Korrosionswirkung					
Lichtbogenfestigkeit nach DIN					
nach ASTM	s				

Beständigkeit *(Chemische Beständigkeit siehe Anhang)*

Wasseraufnahme 23 C	1 d	1.2 %	
Feuchtigkeitsaufnahme Normalklima			%
Wetterbeständigkeit			
Spannungskorrosion			

Optische Eigenschaften

Brechungszahl n_D		
Transmissionsgrad τ_c	%	mm dick
Lichtdurchlässigkeit		

Datenbank-Nr. **T01125** Merkblatt-Nr. **4109**

Produkt	Polyamid 6		**PA**
Handelsname	**Staramide 6 30V**		
Hersteller	FERRO		
DIN-Bez 1			
DIN-Bez 2			
Zusätze		*Füllstoffe/ Verstärkung*	30% Glasfaser, lang
Bevorzugte Verarbeitung	Spritzgiessen	*Lieferform*	Granulat
		Farben	Natur; Standard
Besondere Merkmale	Hohe Steifigkeit; Hohe Schlagzaehigkeit; Sehr gute Temperaturbestaendigkeit; Oelbestaendigkeit	*Bevorzugte Anwendungen*	Technisches Formteil; Kfz-Innenteil; Kfz-Aussenteil; Teil im Kfz-Motorraum; Gehaeuse; Haushaltsgeraet; Kfz-Industrie; Elektrotechnik

Dichte	g/cm³	1.35	*Schmelzindex*	g/10 min	:
Schüttdichte	g/cm³		*Volumenfließindex*	cm³/10 min	:
Viskositätszahl	ml/g				

Verarbeitungsbedingungen für Spritzgießen

Massetemp.	°C	*Schwindung*	% lgs 0.35, quer
Werkzeugtemp.	°C	*Bemerkungen*	
Spritzdruck	bar		

Zugversuch 23 °C ISO R 527;

Probekörper: *Form* — *Herstellung* Spritzgiessen

Zustand Spritzfrisch — *Vorbehandlung*

Streckspannung	N/mm²		*Dehnung bei Streckspannung*	%	
Zugfestigkeit	N/mm²	170	*Reißdehnung*	%	3.5
Reißfestigkeit	N/mm²		*% Dehnspannung*	N/mm²	
E-Modul	N/mm²		*Dehnung bei % Dehnspg.*	%	

Kriechmoduln und Zeitstandwerte 23 °C

Probekörper: *Form* — *Herstellung*

Zustand — *Vorbehandlung*

Kriechmodul	*1 min* N/mm²	*Zeitstandzugfestigkeit*	h	N/mm²
Kriechmodul	*1000 h* N/mm²	*Zeitdehnspg.* %	h	N/mm²
bei Spannung	N/mm²			

Biegeversuch 23 °C ISO 178;

Probekörper: *Form* — *Herstellung* Spritzgiessen

Zustand Spritzfrisch — *Vorbehandlung*

Biegefestigkeit	N/mm²	240	*E-Modul*	N/mm²	8000
3,5% *Biegespannung*	N/mm²				

Härte 23 °C *Probekörper:* *Zustand* — *Herstellung*

Vorbehandlung

Kugeldruckhärte	N/mm² bei N, s	*Shore-Härte* A	
Rockwellhärte		*Shore-Härte* D	

Schlagversuch *Probekörper:* *(1)*

(2) V-Kerbe — *Herstellung* Spritzgiessen

Zustand Spritzfrisch — *Vorbehandlung*

		°C	°C	°C	*Probekörper-Form*
Schlagzähigkeit	kJ/m²				
Kerbschlagzähigkeit (1)	kJ/m²				
IZOD-Kerbschlagzähigkeit (2)	J/m	23 110			
Kerbschlagzugzähigkeit	kJ/m²				

Abrieb und Reibung

Taber-Abrieb (Reibradverfahren) mm^3/100 U
Abriebfaktor LNP (Thrust washer) Vergleichswert
Statische Reibungszahl
Dynamische Reibungszahl (p · v= N/mm^2 · m/min)
Zulässiger p · v Wert N/mm^2 · (m/min) v= m/min
v= m/min

Thermische Eigenschaften

Formbeständigkeit in der Wärme	*Verfahren* A		212 °C
	Verfahren		°C
Vicat Erweichungstemperatur (VST)	*Verfahren*		°C
	Verfahren		°C
Kristallit-Schmelzpunkt	*Verfahren*		
Längenausdehnungskoeffizient	*Bereich*	°C	$\cdot 10^{-4}K^{-1}$
	Temperatur 23 °C		$0.33 \cdot 10^{-4}K^{-1}$
Wärmeleitfähigkeit	*Verfahren*		W/(K · m)
Spezifische Wärmekapazität	*Verfahren*		J/(K · g)
Glasumwandlungstemperatur	*Torsionsschwingungsversuch*	°C	
	Differentialkalorimetrie	°C	

Brandverhalten

UL-Test vertikal Dicke 1.6 mm, Wert HB
Dicke 3.2 mm, Wert HB

	Norm	*Bewertung*	*Abmessungen*
Sauerstoff-Index	ASTM D 2863		
Glühstab-Verfahren			
Brandverhalten	DIN 4102		
MVSS			
FAR			

Elektrische Eigenschaften

		Hz	°C		*Probekörper, Form*
Dielektrizitätszahl		50			
		10^3			
		10^6			
Dielektrischer Verlustfaktor tan δ		50			
		10^3			
		10^6			
Spezifischer Durchgangswiderstand	Ohm · cm				
Durchschlagfestigkeit	kV/mm				mm dick
Oberflächenwiderstand	Ohm		23	1.0*10**12	

Kriechstromfestigkeit KC KB KA
Elektrolytische Korrosionswirkung
Lichtbogenfestigkeit nach DIN
nach ASTM s

Beständigkeit *(Chemische Beständigkeit siehe Anhang)*

Wasseraufnahme 23 C 1 d 1.1 %

Feuchtigkeitsaufnahme Normalklima %
Wetterbeständigkeit

Spannungskorrosion

Optische Eigenschaften

Brechungszahl n_D
Transmissionsgrad τ_c % mm dick
Lichtdurchlässigkeit

Datenbank-Nr. **T01126** *Merkblatt-Nr.* **4110**

Produkt	Polyamid 6		**PA**
Handelsname	**Staramide 6 50V**		
Hersteller	FERRO		
DIN-Bez 1			
DIN-Bez 2			
Zusätze		*Füllstoffe/ Verstärkung*	50% Glasfaser, lang
Bevorzugte Verarbeitung	Spritzgiessen	*Lieferform*	Granulat
		Farben	Natur; Standard
Besondere Merkmale	Hohe Steifigkeit; Hohe Schlagzaehigkeit; Sehr gute Temperaturbestaendigkeit; Oelbestaendigkeit	*Bevorzugte Anwendungen*	Technisches Formteil; Kfz-Innenteil; Kfz-Aussenteil; Teil im Kfz-Motorraum; Gehaeuse; Haushaltsgeraet; Kfz-Industrie; Elektrotechnik

Dichte	g/cm^3	1.57	*Schmelzindex*	g/10 min	:
Schüttdichte	g/cm^3		*Volumenfließindex*	cm^3/10 min	:
Viskositätszahl	ml/g				

Verarbeitungsbedingungen für Spritzgießen

Massetemp.	°C	*Schwindung*	%	lgs 0.25, quer
Werkzeugtemp.	°C	*Bemerkungen*		
Spritzdruck	bar			

Zugversuch 23 °C ISO R 527;
Probekörper: *Form* — *Herstellung* Spritzgiessen
Zustand Spritzfrisch — *Vorbehandlung*

Streckspannung	N/mm^2		*Dehnung bei Streckspannung*	%	
Zugfestigkeit	N/mm^2	190	*Reißdehnung*	%	2
Reißfestigkeit	N/mm^2		*% Dehnspannung*	N/mm^2	
E-Modul	N/mm^2		*Dehnung bei % Dehnspg.*	%	

Kriechmoduln und Zeitstandwerte 23 °C
Probekörper: *Form* — *Herstellung*
Zustand — *Vorbehandlung*

Kriechmodul	*1 min*	N/mm^2	*Zeitstandzugfestigkeit*	h	N/mm^2
Kriechmodul	*1000 h*	N/mm^2	*Zeitdehnspg. %*	h	N/mm^2
bei Spannung		N/mm^2			

Biegeversuch 23 °C ISO 178;
Probekörper: *Form* — *Herstellung* Spritzgiessen
Zustand Spritzfrisch — *Vorbehandlung*

Biegefestigkeit	N/mm^2	270	*E-Modul*	N/mm^2	10000
3,5% *Biegespannung*	N/mm^2				

Härte 23 °C *Probekörper:* *Zustand* — *Herstellung*
Vorbehandlung

Kugeldruckhärte	N/mm^2 bei N, s	*Shore-Härte* A	
Rockwellhärte		*Shore-Härte* D	

Schlagversuch *Probekörper:* *(1)*
(2) V-Kerbe — *Herstellung* Spritzgiessen
Zustand Spritzfrisch — *Vorbehandlung*

		°C	°C	°C		*Probekörper-Form*
Schlagzähigkeit	kJ/m^2					
Kerbschlagzähigkeit (1)	kJ/m^2					
IZOD-Kerbschlagzähigkeit (2)	J/m	23 140				
Kerbschlagzugzähigkeit	kJ/m^2					

Abrieb und Reibung

Taber-Abrieb (Reibradverfahren)	mm^3/100 U		
Abriebfaktor LNP (Thrust washer) Vergleichswert			
Statische Reibungszahl			
Dynamische Reibungszahl	(p · v = N/mm^2 ·		m/min)
Zulässiger p · v Wert	N/mm^2 · (m/min)	v =	m/min
		v =	m/min

Thermische Eigenschaften

Formbeständigkeit in der Wärme	*Verfahren* A		215 °C
	Verfahren		°C
Vicat Erweichungstemperatur (VST)	*Verfahren*		°C
	Verfahren		°C
Kristallit-Schmelzpunkt	*Verfahren*		
Längenausdehnungskoeffizient	*Bereich*	°C	· $10^{-4}K^{-1}$
	Temperatur 23 °C		0.25 · $10^{-4}K^{-1}$
Wärmeleitfähigkeit	*Verfahren*		W/(K · m)
Spezifische Wärmekapazität	*Verfahren*		J/(K · g)
Glasumwandlungstemperatur	*Torsionsschwingungsversuch*	°C	
	Differentialkalorimetrie	°C	

Brandverhalten

UL-Test vertikal Dicke 1.6 mm, Wert HB
Dicke 3.2 mm, Wert HB

	Norm	*Bewertung*	*Abmessungen*
Sauerstoff-Index	ASTM D 2863		
Glühstab-Verfahren			
Brandverhalten	DIN 4102		
MVSS			
FAR			

Elektrische Eigenschaften

		Hz	°C		*Probekörper, Form*
Dielektrizitätszahl		50			
		10^3			
		10^6			
Dielektrischer Verlustfaktor tan δ		50			
		10^3			
		10^6			
Spezifischer Durchgangs-widerstand	Ohm · cm				
Durchschlagfestigkeit	kV/mm				mm dick
Oberflächenwiderstand	Ohm		23	1.0*10**12	

Kriechstromfestigkeit	KC	KB	KA
Elektrolytische Korrosionswirkung			
Lichtbogenfestigkeit nach DIN			
nach ASTM s			

Beständigkeit *(Chemische Beständigkeit siehe Anhang)*

Wasseraufnahme 23 C	1 d	0.8 %	
Feuchtigkeitsaufnahme Normalklima			%
Wetterbeständigkeit			
Spannungskorrosion			

Optische Eigenschaften

Brechungszahl n_D
Transmissionsgrad τ_c % mm dick
Lichtdurchlässigkeit

Produkt	Polyamid 6		**PA**
Handelsname	**Staramide 6 30K**		
Hersteller	FERRO		
DIN-Bez 1			
DIN-Bez 2			
Zusätze		*Füllstoffe/ Verstärkung*	30% Glaskugel
Bevorzugte Verarbeitung	Spritzgiessen	*Lieferform*	Granulat
		Farben	Natur; Standard
Besondere Merkmale	Geringerer Verzug; Sehr isotrop	*Bevorzugte Anwendungen*	Technisches Formteil

Dichte	g/cm³	1.35	*Schmelzindex*	g/10 min	:
Schüttdichte	g/cm³		*Volumenfließindex*	cm³/10 min	:
Viskositätszahl	ml/g				

Verarbeitungsbedingungen für Spritzgießen

Massetemp.	°C	*Schwindung*	% lgs 0.9, quer 0.9
Werkzeugtemp.	°C	*Bemerkungen*	
Spritzdruck	bar		

Zugversuch 23 °C ISO R 527;
Probekörper: *Form* — *Herstellung* Spritzgiessen
Zustand Spritzfrisch — *Vorbehandlung*

Streckspannung	N/mm²		*Dehnung bei Streckspannung*	%
Zugfestigkeit	N/mm²	100	*Reißdehnung*	% 10
Reißfestigkeit	N/mm²		*% Dehnspannung*	N/mm²
E-Modul	N/mm²		*Dehnung bei % Dehnspg.*	%

Kriechmoduln und Zeitstandwerte 23 °C
Probekörper: *Form* — *Herstellung*
Zustand — *Vorbehandlung*

Kriechmodul	*1 min* N/mm²		*Zeitstandzugfestigkeit*	h N/mm²
Kriechmodul	*1000 h* N/mm²		*Zeitdehnspg. %*	h N/mm²
bei Spannung	N/mm²			

Biegeversuch 23 °C ISO 178;
Probekörper: *Form* — *Herstellung* Spritzgiessen
Zustand Spritzfrisch — *Vorbehandlung*

Biegefestigkeit	N/mm²	120	*E-Modul*	N/mm² 6000
3,5% *Biegespannung*	N/mm²			

Härte 23 °C *Probekörper:* *Zustand* — *Herstellung*
Vorbehandlung

Kugeldruckhärte	N/mm² bei N, s	*Shore-Härte*	A
Rockwellhärte		*Shore-Härte*	D

Schlagversuch *Probekörper:* *(1)*
(2) V-Kerbe — *Herstellung* Spritzgiessen
Zustand Spritzfrisch — *Vorbehandlung*

		°C	°C	°C	*Probekörper-Form*
Schlagzähigkeit	kJ/m²				
Kerbschlagzähigkeit (1)	kJ/m²				
IZOD-Kerbschlagzähigkeit (2)	J/m	23 50			
Kerbschlagzugzähigkeit	kJ/m²				

Abrieb und Reibung

Taber-Abrieb (Reibradverfahren)	mm^3/100 U		
Abriebfaktor LNP (Thrust washer) Vergleichswert			
Statische Reibungszahl			
Dynamische Reibungszahl	(p · v =	N/mm^2 ·	m/min)
Zulässiger p · v Wert	N/mm^2 · (m/min)	v =	m/min
		v =	m/min

Thermische Eigenschaften

Formbeständigkeit in der Wärme	*Verfahren* A	205 °C
	Verfahren	°C
Vicat Erweichungstemperatur (VST)	*Verfahren*	°C
	Verfahren	°C
Kristallit-Schmelzpunkt	*Verfahren*	
Längenausdehnungskoeffizient	*Bereich* °C	$\cdot 10^{-4}K^{-1}$
	Temperatur 23 °C	$0.5 \cdot 10^{-4}K^{-1}$
Wärmeleitfähigkeit	*Verfahren*	W/(K · m)
Spezifische Wärmekapazität	*Verfahren*	J/(K · g)
Glasumwandlungstemperatur	*Torsionsschwingungsversuch* °C	
	Differentialkalorimetrie °C	

Brandverhalten

UL-Test vertikal — Dicke 1.6 mm, Wert HB
Dicke 3.2 mm, Wert HB

	Norm	*Bewertung*	*Abmessungen*
Sauerstoff-Index	ASTM D 2863		
Glühstab-Verfahren			
Brandverhalten	DIN 4102		
MVSS			
FAR			

Elektrische Eigenschaften

		Hz	°C			*Probekörper, Form*
Dielektrizitätszahl		50				
		10^3				
		10^6				
Dielektrischer Verlustfaktor tan δ		50				
		10^3				
		10^6				
Spezifischer Durchgangs-widerstand	Ohm · cm					
Durchschlagfestigkeit	kV/mm					mm dick
Oberflächenwiderstand	Ohm		23	1.0*10**12		
Kriechstromfestigkeit		KC		KB	KA	
Elektrolytische Korrosionswirkung						
Lichtbogenfestigkeit nach DIN						
nach ASTM	s					

Beständigkeit *(Chemische Beständigkeit siehe Anhang)*

Wasseraufnahme 23 C	1 d	1.3 %	
Feuchtigkeitsaufnahme Normalklima			%
Wetterbeständigkeit			
Spannungskorrosion			

Optische Eigenschaften

Brechungszahl n_D		
Transmissionsgrad τ_c	%	mm dick
Lichtdurchlässigkeit		

Produkt	Polyamid 6		**PA**
Handelsname	**Staramide 6 20 10 VK**		
Hersteller	FERRO		
DIN-Bez 1			
DIN-Bez 2			
Zusätze		*Füllstoffe/ Verstärkung*	30% Glasfaser, lang (20); Glaskugel (10)
Bevorzugte Verarbeitung	Spritzgiessen	*Lieferform*	Granulat
		Farben	Natur; Standard
Besondere Merkmale	Geringerer Verzug; Sehr isotrop	*Bevorzugte Anwendungen*	Elektroindustrie; Haushaltsgeraet

Dichte	g/cm³ 1.35	*Schmelzindex*	g/10 min	:
Schüttdichte	g/cm³	*Volumenfließindex*	cm³/10 min	:
Viskositätszahl	ml/g			

Verarbeitungsbedingungen für Spritzgießen

Massetemp.	°C	*Schwindung*	% lgs	0.5, quer
Werkzeugtemp.	°C	*Bemerkungen*		
Spritzdruck	bar			

Zugversuch 23 °C ISO R 527;
Probekörper: *Form* — *Zustand* Spritzfrisch — *Herstellung* Spritzgiessen — *Vorbehandlung*

Streckspannung	N/mm²	*Dehnung bei Streckspannung*	%	
Zugfestigkeit	N/mm² 120	*Reißdehnung*	%	4
Reißfestigkeit	N/mm²	*% Dehnspannung*	N/mm²	
E-Modul	N/mm²	*Dehnung bei % Dehnspg.*	%	

Kriechmoduln und Zeitstandwerte 23 °C
Probekörper: *Form* — *Zustand* — *Herstellung* — *Vorbehandlung*

Kriechmodul	*1 min* N/mm²	*Zeitstandzugfestigkeit*	h	N/mm²
Kriechmodul	*1000 h* N/mm²	*Zeitdehnspg. %*	h	N/mm²
bei Spannung	N/mm²			

Biegeversuch 23 °C ISO 178;
Probekörper: *Form* — *Zustand* Spritzfrisch — *Herstellung* Spritzgiessen — *Vorbehandlung*

Biegefestigkeit	N/mm² 200	*E-Modul*	N/mm² 8000
3,5% *Biegespannung*	N/mm²		

Härte 23 °C *Probekörper:* *Zustand* — *Herstellung* — *Vorbehandlung*

Kugeldruckhärte	N/mm² bei N, s	*Shore-Härte* A	
Rockwellhärte		*Shore-Härte* D	

Schlagversuch *Probekörper:* *(1)* — *(2)* V-Kerbe — *Zustand* Spritzfrisch — *Herstellung* Spritzgiessen — *Vorbehandlung*

		°C	°C	°C	*Probekörper-Form*
Schlagzähigkeit	kJ/m²				
Kerbschlagzähigkeit (1)	kJ/m²				
IZOD-Kerbschlagzähigkeit (2)	J/m	23 80			
Kerbschlagzugzähigkeit	kJ/m²				

Abrieb und Reibung

Taber-Abrieb (Reibradverfahren)	mm^3/100 U		
Abriebfaktor LNP (Thrust washer) Vergleichswert			
Statische Reibungszahl			
Dynamische Reibungszahl	(p · v = N/mm^2 ·		m/min)
Zulässiger p · v Wert	N/mm^2 · (m/min)	v =	m/min
		v =	m/min

Thermische Eigenschaften

Formbeständigkeit in der Wärme	*Verfahren* A	210 °C
	Verfahren	°C
Vicat Erweichungstemperatur (VST)	*Verfahren*	°C
	Verfahren	°C
Kristallit-Schmelzpunkt	*Verfahren*	
Längenausdehnungskoeffizient	*Bereich* °C	$\cdot 10^{-4} K^{-1}$
	Temperatur 23 °C	$0.35 \cdot 10^{-4} K^{-1}$
Wärmeleitfähigkeit	*Verfahren*	W/(K · m)
Spezifische Wärmekapazität	*Verfahren*	J/(K · g)
Glasumwandlungstemperatur	*Torsionsschwingungsversuch*	°C
	Differentialkalorimetrie	°C

Brandverhalten

UL-Test vertikal	Dicke 1.6 mm, Wert HB
	Dicke 3.2 mm, Wert HB

	Norm	*Bewertung*	*Abmessungen*
Sauerstoff-Index	ASTM D 2863		
Glühstab-Verfahren			
Brandverhalten	DIN 4102		
MVSS			
FAR			

Elektrische Eigenschaften

		Hz	°C		*Probekörper, Form*
Dielektrizitätszahl		50			
		10^3			
		10^6			
Dielektrischer Verlustfaktor tan δ		50			
		10^3			
		10^6			
Spezifischer Durchgangswiderstand	Ohm · cm				
Durchschlagfestigkeit	kV/mm				mm dick
Oberflächenwiderstand	Ohm		23	1.0*10**12	

Kriechstromfestigkeit	KC	KB	KA
Elektrolytische Korrosionswirkung			
Lichtbogenfestigkeit nach DIN			
nach ASTM s			

Beständigkeit *(Chemische Beständigkeit siehe Anhang)*

Wasseraufnahme 23 C	1 d	1.2 %
Feuchtigkeitsaufnahme Normalklima		%
Wetterbeständigkeit		
Spannungskorrosion		

Optische Eigenschaften

Brechungszahl n_D		
Transmissionsgrad τ_c	%	mm dick
Lichtdurchlässigkeit		

Produkt	Polyamid 6		**PA**
Handelsname	**Staramide 6 30 E6 Z20**		
Hersteller	FERRO		
DIN-Bez 1			
DIN-Bez 2			
Zusätze		*Füllstoffe/ Verstärkung*	30% Mineral
Bevorzugte Verarbeitung	Spritzgiessen	*Lieferform*	Granulat
		Farben	Natur; Standard
Besondere Merkmale	Ausgezeichnete Oberflaechenqualitaet	*Bevorzugte Anwendungen*	Technisches Formteil; Gehaeuse; Haushaltsgeraet; Elektrotechnik

Dichte	g/cm^3	1.35	*Schmelzindex*	g/10 min	:
Schüttdichte	g/cm^3		*Volumenfließindex*	$cm^3/10$ min	:
Viskositätszahl	ml/g				

Verarbeitungsbedingungen für Spritzgießen

Massetemp.	°C	*Schwindung*	% lgs 0.6, quer 0.6
Werkzeugtemp.	°C	*Bemerkungen*	
Spritzdruck	bar		

Zugversuch 23 °C ISO R 527;
Probekörper: *Form* — *Herstellung* Spritzgiessen
Zustand Spritzfrisch — *Vorbehandlung*

Streckspannung	N/mm^2		*Dehnung bei Streckspannung*	%	
Zugfestigkeit	N/mm^2	100	*Reißdehnung*	%	7
Reißfestigkeit	N/mm^2		*% Dehnspannung*	N/mm^2	
E-Modul	N/mm^2		*Dehnung bei % Dehnspg.*	%	

Kriechmoduln und Zeitstandwerte 23 °C
Probekörper: *Form* — *Herstellung*
Zustand — *Vorbehandlung*

Kriechmodul	*1 min* N/mm^2	*Zeitstandzugfestigkeit*	h	N/mm^2
Kriechmodul	*1000 h* N/mm^2	*Zeitdehnspg. %*	h	N/mm^2
bei Spannung	N/mm^2			

Biegeversuch 23 °C ISO 178;
Probekörper: *Form* — *Herstellung* Spritzgiessen
Zustand Spritzfrisch — *Vorbehandlung*

Biegefestigkeit	N/mm^2	150	*E-Modul*	N/mm^2	7000
3,5% *Biegespannung*	N/mm^2				

Härte 23 °C *Probekörper:* *Zustand* — *Herstellung*
Vorbehandlung

Kugeldruckhärte	N/mm^2 bei N, s	*Shore-Härte* A	
Rockwellhärte		*Shore-Härte* D	

Schlagversuch *Probekörper:* *(1)*
(2) V-Kerbe — *Herstellung* Spritzgiessen
Zustand Spritzfrisch — *Vorbehandlung*

		°C		°C	°C	*Probekörper-Form*
Schlagzähigkeit	kJ/m^2					
Kerbschlagzähigkeit (1)	kJ/m^2					
IZOD-Kerbschlagzähigkeit (2)	J/m	23	50			
Kerbschlagzugzähigkeit	kJ/m^2					

Abrieb und Reibung

Taber-Abrieb (Reibradverfahren)	mm^3/100 U		
Abriebfaktor LNP (Thrust washer) Vergleichswert			
Statische Reibungszahl			
Dynamische Reibungszahl	(p·v=	N/mm^2 ·	m/min)
Zulässiger p · v Wert	N/mm^2 · (m/min)	v=	m/min
		v=	m/min

Thermische Eigenschaften

Formbeständigkeit in der Wärme	*Verfahren* A		175 °C
	Verfahren		°C
Vicat Erweichungstemperatur (VST)	*Verfahren*		°C
	Verfahren		°C
Kristallit-Schmelzpunkt	*Verfahren*		
Längenausdehnungskoeffizient	*Bereich*	°C	$\cdot 10^{-4}K^{-1}$
	Temperatur 23 °C		$0.5 \cdot 10^{-4}K^{-1}$
Wärmeleitfähigkeit	*Verfahren*		W/(K · m)
Spezifische Wärmekapazität	*Verfahren*		J/(K · g)
Glasumwandlungstemperatur	*Torsionsschwingungsversuch*	°C	
	Differentialkalorimetrie	°C	

Brandverhalten

UL-Test vertikal Dicke 3.2 mm, Wert HB
Dicke mm, Wert

	Norm	*Bewertung*	*Abmessungen*
Sauerstoff-Index	ASTM D 2863		
Glühstab-Verfahren			
Brandverhalten	DIN 4102		
MVSS			
FAR			

Elektrische Eigenschaften

		Hz	°C			*Probekörper, Form*
Dielektrizitätszahl		50				
		10^3				
		10^6				
Dielektrischer Verlustfaktor tan δ		50				
		10^3				
		10^6				
Spezifischer Durchgangswiderstand	Ohm · cm					
Durchschlagfestigkeit	kV/mm					mm dick
Oberflächenwiderstand	Ohm		23	1.0*10**12		
Kriechstromfestigkeit		KC		KB	KA	
Elektrolytische Korrosionswirkung						
Lichtbogenfestigkeit nach DIN						
nach ASTM	s					

Beständigkeit *(Chemische Beständigkeit siehe Anhang)*

Wasseraufnahme 23 C	1 d	1.6 %	
Feuchtigkeitsaufnahme Normalklima			%
Wetterbeständigkeit			
Spannungskorrosion			

Optische Eigenschaften

Brechungszahl n_D		
Transmissionsgrad τ_c	%	mm dick
Lichtdurchlässigkeit		

Produkt	Polyamid 66		**PA**
Handelsname	**Staramide 66 20V**		
Hersteller	FERRO		
DIN-Bez 1			
DIN-Bez 2			
Zusätze		*Füllstoffe/ Verstärkung*	20% Glasfaser, lang
Bevorzugte Verarbeitung	Spritzgiessen	*Lieferform*	Granulat
		Farben	Natur; Standard
Besondere Merkmale		*Bevorzugte Anwendungen*	Technisches Formteil; Kfz-Innenteil; Kfz-Aussenteil; Teil im Kfz-Motorraum; Gehaeuse; Haushaltsgeraet; Kfz-Industrie; Elektrotechnik

Dichte	g/cm^3	1.28	*Schmelzindex*	g/10 min	:
Schüttdichte	g/cm^3		*Volumenfließindex*	$cm^3/10$ min	:
Viskositätszahl	ml/g				

Verarbeitungsbedingungen für Spritzgießen

Massetemp.	°C	*Schwindung*	%	lgs	0.5, quer
Werkzeugtemp.	°C	*Bemerkungen*			
Spritzdruck	bar				

Zugversuch 23 °C ISO R 527;
Probekörper: *Form* — *Herstellung* Spritzgiessen
Zustand Spritzfrisch — *Vorbehandlung*

Streckspannung	N/mm^2		*Dehnung bei Streckspannung*	%	
Zugfestigkeit	N/mm^2	140	*Reißdehnung*	%	3.5
Reißfestigkeit	N/mm^2		*% Dehnspannung*	N/mm^2	
E-Modul	N/mm^2		*Dehnung bei % Dehnspg.*	%	

Kriechmoduln und Zeitstandwerte 23 °C
Probekörper: *Form* — *Herstellung*
Zustand — *Vorbehandlung*

Kriechmodul	*1 min*	N/mm^2	*Zeitstandzugfestigkeit*	h	N/mm^2
Kriechmodul	*1000 h*	N/mm^2	*Zeitdehnspg. %*	h	N/mm^2
bei Spannung		N/mm^2			

Biegeversuch 23 °C ISO 178;
Probekörper: *Form* — *Herstellung* Spritzgiessen
Zustand Spritzfrisch — *Vorbehandlung*

Biegefestigkeit	N/mm^2	210	*E-Modul*	N/mm^2	6500
3,5% *Biegespannung*	N/mm^2				

Härte 23 °C *Probekörper:* *Zustand* — *Herstellung*
Vorbehandlung

Kugeldruckhärte	N/mm^2	bei N, s	*Shore-Härte* A
Rockwellhärte			*Shore-Härte* D

Schlagversuch *Probekörper:* *(1)*
(2) V-Kerbe — *Herstellung* Spritzgiessen
Zustand Spritzfrisch — *Vorbehandlung*

		°C	°C	°C	*Probekörper-Form*
Schlagzähigkeit	kJ/m^2				
Kerbschlagzähigkeit (1)	kJ/m^2				
IZOD-Kerbschlagzähigkeit (2)	J/m	23 60			
Kerbschlagzugzähigkeit	kJ/m^2				

Abrieb und Reibung

Taber-Abrieb (Reibradverfahren)	mm^3/100 U		
Abriebfaktor LNP (Thrust washer) Vergleichswert			
Statische Reibungszahl			
Dynamische Reibungszahl	(p·v=	N/mm^2·	m/min)
Zulässiger p·v Wert	N/mm^2·(m/min)	v=	m/min
		v=	m/min

Thermische Eigenschaften

Formbeständigkeit in der Wärme	*Verfahren* A			220 °C
	Verfahren			°C
Vicat Erweichungstemperatur (VST)	*Verfahren*			°C
	Verfahren			°C
Kristallit-Schmelzpunkt	*Verfahren*			
Längenausdehnungskoeffizient	*Bereich*	°C		$\cdot 10^{-4}K^{-1}$
	Temperatur 23 °C			$0.4 \cdot 10^{-4}K^{-1}$
Wärmeleitfähigkeit	*Verfahren*			W/(K·m)
Spezifische Wärmekapazität	*Verfahren*			J/(K·g)
Glasumwandlungstemperatur	*Torsionsschwingungsversuch*		°C	
	Differentialkalorimetrie		°C	

Brandverhalten

UL-Test vertikal Dicke 1.6 mm, Wert HB
Dicke 3.2 mm, Wert HB

	Norm	*Bewertung*	*Abmessungen*
Sauerstoff-Index	ASTM D 2863		
Glühstab-Verfahren			
Brandverhalten	DIN 4102		
MVSS			
FAR			

Elektrische Eigenschaften

		Hz	°C		*Probekörper, Form*
Dielektrizitätszahl		50			
		10^3			
		10^6			
Dielektrischer Verlustfaktor tan δ		50			
		10^3			
		10^6			
Spezifischer Durchgangswiderstand	Ohm·cm				
Durchschlagfestigkeit	kV/mm				mm dick
Oberflächenwiderstand	Ohm		23	1.0*10**12	

Kriechstromfestigkeit	KC	KB	KA
Elektrolytische Korrosionswirkung			
Lichtbogenfestigkeit nach DIN			
nach ASTM s			

Beständigkeit *(Chemische Beständigkeit siehe Anhang)*

Wasseraufnahme 23 C	1 d	0.9 %	
Feuchtigkeitsaufnahme Normalklima			%
Wetterbeständigkeit			
Spannungskorrosion			

Optische Eigenschaften

Brechungszahl n_D
Transmissionsgrad τ_c % mm dick
Lichtdurchlässigkeit

Datenbank-Nr. **T01131** Merkblatt-Nr. **4115**

Produkt	Polyamid 66		**PA**
Handelsname	**Staramide 66 30V**		
Hersteller	FERRO		
DIN-Bez 1			
DIN-Bez 2			
Zusätze		*Füllstoffe/ Verstärkung*	30% Glasfaser, lang
Bevorzugte Verarbeitung	Spritzgiessen	*Lieferform*	Granulat
		Farben	Natur; Standard
Besondere Merkmale	Steifer und weniger wasserempfindlich als PA6	*Bevorzugte Anwendungen*	Technisches Formteil; Kfz-Innenteil; Kfz-Aussenteil; Teil im Kfz-Motorraum; Gehaeuse; Haushaltsgeraet; Kfz-Industrie; Elektrotechnik

Dichte	g/cm^3	1.36	*Schmelzindex*	g/10 min	:
Schüttdichte	g/cm^3		*Volumenfließindex*	cm^3/10 min	:
Viskositätszahl	ml/g				

Verarbeitungsbedingungen für Spritzgießen

Massetemp.	°C	*Schwindung*	%	lgs 0.4, quer
Werkzeugtemp.	°C	*Bemerkungen*		
Spritzdruck	bar			

Zugversuch 23 °C ISO R 527;
Probekörper: *Form* — *Zustand* Spritzfrisch — *Herstellung* Spritzgiessen — *Vorbehandlung*

Streckspannung	N/mm^2		*Dehnung bei Streckspannung*	%	
Zugfestigkeit	N/mm^2	185	*Reißdehnung*	%	3
Reißfestigkeit	N/mm^2		*% Dehnspannung*	N/mm^2	
E-Modul	N/mm^2		*Dehnung bei % Dehnspg.*	%	

Kriechmoduln und Zeitstandwerte 23 °C
Probekörper: *Form* — *Zustand* — *Herstellung* — *Vorbehandlung*

Kriechmodul	*1 min* N/mm^2	*Zeitstandzugfestigkeit*	h	N/mm^2
Kriechmodul	*1000 h* N/mm^2	*Zeitdehnspg. %*	h	N/mm^2
bei Spannung	N/mm^2			

Biegeversuch 23 °C ISO 178;
Probekörper: *Form* — *Zustand* Spritzfrisch — *Herstellung* Spritzgiessen — *Vorbehandlung*

Biegefestigkeit	N/mm^2	260	*E-Modul*	N/mm^2	8800
3,5% *Biegespannung*	N/mm^2				

Härte 23 °C *Probekörper:* *Zustand* — *Herstellung* — *Vorbehandlung*

Kugeldruckhärte	N/mm^2 bei N, s	*Shore-Härte* A	
Rockwellhärte		*Shore-Härte* D	

Schlagversuch *Probekörper:* *(1)* *(2)* V-Kerbe — *Zustand* Spritzfrisch — *Herstellung* Spritzgiessen — *Vorbehandlung*

		°C	°C	°C	*Probekörper-Form*
Schlagzähigkeit	kJ/m^2				
Kerbschlagzähigkeit (1)	kJ/m^2				
IZOD-Kerbschlagzähigkeit (2)	J/m	23 80			
Kerbschlagzugzähigkeit	kJ/m^2				

Abrieb und Reibung

Taber-Abrieb (Reibradverfahren)	mm^3/100 U		
Abriebfaktor LNP (Thrust washer) Vergleichswert			
Statische Reibungszahl			
Dynamische Reibungszahl	(p · v = N/mm^2 ·		m/min)
Zulässiger p · v Wert	N/mm^2 · (m/min)	v =	m/min
		v =	m/min

Thermische Eigenschaften

Formbeständigkeit in der Wärme	*Verfahren* A		255 °C
	Verfahren		°C
Vicat Erweichungstemperatur (VST)	*Verfahren*		°C
	Verfahren		°C
Kristallit-Schmelzpunkt	*Verfahren*		
Längenausdehnungskoeffizient	*Bereich*	°C	$\cdot 10^{-4}K^{-1}$
	Temperatur 23 °C		$0.31 \cdot 10^{-4}K^{-1}$
Wärmeleitfähigkeit	*Verfahren*		W/(K · m)
Spezifische Wärmekapazität	*Verfahren*		J/(K · g)
Glasumwandlungstemperatur	*Torsionsschwingungsversuch*	°C	
	Differentialkalorimetrie	°C	

Brandverhalten

UL-Test vertikal Dicke 1.6 mm, Wert HB
Dicke 3.2 mm, Wert HB

	Norm	*Bewertung*	*Abmessungen*
Sauerstoff-Index	ASTM D 2863		
Glühstab-Verfahren			
Brandverhalten	DIN 4102		
MVSS			
FAR			

Elektrische Eigenschaften

		Hz	°C			*Probekörper, Form*
Dielektrizitätszahl		50				
		10^3				
		10^6				
Dielektrischer Verlustfaktor tan δ		50				
		10^3				
		10^6				
Spezifischer Durchgangswiderstand	Ohm · cm					
Durchschlagfestigkeit	kV/mm					mm dick
Oberflächenwiderstand	Ohm		23	1.0*10**12		
Kriechstromfestigkeit		KC		KB	KA	
Elektrolytische Korrosionswirkung						
Lichtbogenfestigkeit nach DIN						
nach ASTM	s					

Beständigkeit *(Chemische Beständigkeit siehe Anhang)*

Wasseraufnahme 23 C	1 d	0.8 %	
Feuchtigkeitsaufnahme Normalklima			%
Wetterbeständigkeit			
Spannungskorrosion			

Optische Eigenschaften

Brechungszahl n_D		
Transmissionsgrad τ_c	%	mm dick
Lichtdurchlässigkeit		

Produkt	Polyamid 66		**PA**
Handelsname	**Staramide 66 50V**		
Hersteller	FERRO		
DIN-Bez 1			
DIN-Bez 2			
Zusätze		*Füllstoffe/ Verstärkung*	50% Glasfaser, lang
Bevorzugte Verarbeitung	Spritzgiessen	*Lieferform*	Granulat
		Farben	Natur; Standard
Besondere Merkmale	Steifer und weniger wasserempfindlich als PA6	*Bevorzugte Anwendungen*	Technisches Formteil; Kfz-Innenteil; Kfz-Aussenteil; Teil im Kfz-Motorraum; Gehaeuse; Haushaltsgeraet; Kfz-Industrie; Elektrotechnik

Dichte	g/cm³	1.58	*Schmelzindex*	g/10 min	:
Schüttdichte	g/cm³		*Volumenfließindex*	cm³/10 min	:
Viskositätszahl	ml/g				

Verarbeitungsbedingungen für Spritzgießen

Massetemp.	°C	*Schwindung*	%	lgs 0.3, quer
Werkzeugtemp.	°C	*Bemerkungen*		
Spritzdruck	bar			

Zugversuch 23 °C ISO R 527;
Probekörper: *Form* — *Herstellung* Spritzgiessen
Zustand Spritzfrisch — *Vorbehandlung*

Streckspannung	N/mm²		*Dehnung bei Streckspannung*	%	
Zugfestigkeit	N/mm²	220	*Reißdehnung*	%	2.5
Reißfestigkeit	N/mm²		*% Dehnspannung*	N/mm²	
E-Modul	N/mm²		*Dehnung bei % Dehnspg.*	%	

Kriechmoduln und Zeitstandwerte 23 °C
Probekörper: *Form* — *Herstellung*
Zustand — *Vorbehandlung*

Kriechmodul	*1 min* N/mm²		*Zeitstandzugfestigkeit*	h	N/mm²
Kriechmodul	*1000 h* N/mm²		*Zeitdehnspg. %*	h	N/mm²
bei Spannung	N/mm²				

Biegeversuch 23 °C ISO 178;
Probekörper: *Form* — *Herstellung* Spritzgiessen
Zustand Spritzfrisch — *Vorbehandlung*

Biegefestigkeit	N/mm²	280	*E-Modul*	N/mm²	10500
3,5% *Biegespannung*	N/mm²				

Härte 23 °C *Probekörper:* *Zustand* — *Herstellung*
Vorbehandlung

Kugeldruckhärte	N/mm²	bei N, s	*Shore-Härte* A
Rockwellhärte			*Shore-Härte* D

Schlagversuch *Probekörper:* *(1)*
(2) V-Kerbe — *Herstellung* Spritzgiessen
Zustand Spritzfrisch — *Vorbehandlung*

		°C	°C	°C	*Probekörper-Form*
Schlagzähigkeit	kJ/m²				
Kerbschlagzähigkeit (1)	kJ/m²				
IZOD-Kerbschlagzähigkeit (2)	J/m	23 120			
Kerbschlagzugzähigkeit	kJ/m²				

Abrieb und Reibung

Taber-Abrieb (Reibradverfahren)	mm^3/100 U		
Abriebfaktor LNP (Thrust washer) Vergleichswert			
Statische Reibungszahl			
Dynamische Reibungszahl	(p·v=	N/mm^2 ·	m/min)
Zulässiger p · v Wert	N/mm^2 · (m/min)	v=	m/min
		v=	m/min

Thermische Eigenschaften

Formbeständigkeit in der Wärme	Verfahren A		255 °C
	Verfahren		°C
Vicat Erweichungstemperatur (VST)	Verfahren		°C
	Verfahren		°C
Kristallit-Schmelzpunkt	Verfahren		
Längenausdehnungskoeffizient	Bereich	°C	$\cdot 10^{-4}K^{-1}$
	Temperatur 23 °C		$0.23 \cdot 10^{-4}K^{-1}$
Wärmeleitfähigkeit	Verfahren		W/(K · m)
Spezifische Wärmekapazität	Verfahren		J/(K · g)
Glasumwandlungstemperatur	Torsionsschwingungsversuch	°C	
	Differentialkalorimetrie	°C	

Brandverhalten

UL-Test vertikal — Dicke 1.6 mm, Wert HB
Dicke 3.2 mm, Wert HB

	Norm	Bewertung	Abmessungen
Sauerstoff-Index	ASTM D 2863		
Glühstab-Verfahren			
Brandverhalten	DIN 4102		
MVSS			
FAR			

Elektrische Eigenschaften

		Hz	°C		Probekörper, Form
Dielektrizitätszahl		50			
		10^3			
		10^6			
Dielektrischer Verlustfaktor tan δ		50			
		10^3			
		10^6			
Spezifischer Durchgangswiderstand	Ohm · cm				
Durchschlagfestigkeit	kV/mm				mm dick
Oberflächenwiderstand	Ohm		23	1.0*10**12	

Kriechstromfestigkeit	KC	KB	KA
Elektrolytische Korrosionswirkung			
Lichtbogenfestigkeit nach DIN			
nach ASTM	s		

Beständigkeit *(Chemische Beständigkeit siehe Anhang)*

Wasseraufnahme 23 C	1 d	0.5 %	
Feuchtigkeitsaufnahme Normalklima			%
Wetterbeständigkeit			
Spannungskorrosion			

Optische Eigenschaften

Brechungszahl n_D		
Transmissionsgrad τ_c	%	mm dick
Lichtdurchlässigkeit		

Produkt	Polyamid 66		**PA**
Handelsname	**Staramide 66 30K**		
Hersteller	FERRO		
DIN-Bez 1			
DIN-Bez 2			
Zusätze		*Füllstoffe/ Verstärkung*	30% Glasfaser, lang
Bevorzugte Verarbeitung	Spritzgiessen	*Lieferform*	Granulat
		Farben	Natur; Standard
Besondere Merkmale	Sehr isotrop; Gute Waermebestaendigkeit	*Bevorzugte Anwendungen*	Kfz-Aussenteil; Teil im Motorraum mit Luftkontakt; Technisches Teil; Kfz-Industrie; Elektrotechnik; Haushaltsgeraet

Dichte	g/cm^3	1.36	*Schmelzindex*	g/10 min	:
Schüttdichte	g/cm^3		*Volumenfließindex*	$cm^3/10$ min	:
Viskositätszahl	ml/g				

Verarbeitungsbedingungen für Spritzgießen

Massetemp.	°C	*Schwindung*	% lgs 1.0, quer
Werkzeugtemp.	°C	*Bemerkungen*	
Spritzdruck	bar		

Zugversuch 23 °C ISO R 527;
Probekörper: *Form* — *Herstellung* Spritzgiessen
Zustand Spritzfrisch — *Vorbehandlung*

Streckspannung	N/mm^2		*Dehnung bei Streckspannung*	%	
Zugfestigkeit	N/mm^2	110	*Reißdehnung*	%	4
Reißfestigkeit	N/mm^2		*% Dehnspannung*	N/mm^2	
E-Modul	N/mm^2		*Dehnung bei % Dehnspg.*	%	

Kriechmoduln und Zeitstandwerte 23 °C
Probekörper: *Form* — *Herstellung*
Zustand — *Vorbehandlung*

Kriechmodul	*1 min* N/mm^2	*Zeitstandzugfestigkeit*	h N/mm^2
Kriechmodul	*1000 h* N/mm^2	*Zeitdehnspg. %*	h N/mm^2
bei Spannung	N/mm^2		

Biegeversuch 23 °C ISO 178;
Probekörper: *Form* — *Herstellung* Spritzgiessen
Zustand Spritzfrisch — *Vorbehandlung*

Biegefestigkeit	N/mm^2	150	*E-Modul*	N/mm^2	7000
3,5% Biegespannung	N/mm^2				

Härte 23 °C *Probekörper:* *Zustand* — *Herstellung*
Vorbehandlung

Kugeldruckhärte	N/mm^2 bei N, s	*Shore-Härte*	A
Rockwellhärte		*Shore-Härte*	D

Schlagversuch *Probekörper:* *(1)*
(2) V-Kerbe — *Herstellung* Spritzgiessen
Zustand Spritzfrisch — *Vorbehandlung*

		°C	°C	°C	*Probekörper-Form*
Schlagzähigkeit	kJ/m^2				
Kerbschlagzähigkeit (1)	kJ/m^2				
IZOD-Kerbschlagzähigkeit (2)	J/m	23 50			
Kerbschlagzugzähigkeit	kJ/m^2				

Abrieb und Reibung

Taber-Abrieb (Reibradverfahren)	mm^3/100 U			
Abriebfaktor LNP (Thrust washer) Vergleichswert				
Statische Reibungszahl				
Dynamische Reibungszahl	(p · v =	N/mm^2 ·		m/min)
Zulässiger p · v Wert	N/mm^2 · (m/min)		v =	m/min
			v =	m/min

Thermische Eigenschaften

Formbeständigkeit in der Wärme	*Verfahren* A		210 °C
	Verfahren		°C
Vicat Erweichungstemperatur (VST)	*Verfahren*		°C
	Verfahren		°C
Kristallit-Schmelzpunkt	*Verfahren*		
Längenausdehnungskoeffizient	*Bereich*	°C	$\cdot 10^{-4} K^{-1}$
	Temperatur 23 °C		$0.45 \cdot 10^{-4} K^{-1}$
Wärmeleitfähigkeit	*Verfahren*		W/(K · m)
Spezifische Wärmekapazität	*Verfahren*		J/(K · g)
Glasumwandlungstemperatur	*Torsionsschwingungsversuch*	°C	
	Differentialkalorimetrie	°C	

Brandverhalten

UL-Test vertikal Dicke 1.6 mm, Wert HB
Dicke 3.2 mm, Wert HB

	Norm	*Bewertung*	*Abmessungen*
Sauerstoff-Index	ASTM D 2863		
Glühstab-Verfahren			
Brandverhalten	DIN 4102		
MVSS			
FAR			

Elektrische Eigenschaften

		Hz	°C		*Probekörper, Form*
Dielektrizitätszahl		50			
		10^3			
		10^6			
Dielektrischer Verlustfaktor tan δ		50			
		10^3			
		10^6			
Spezifischer Durchgangswiderstand	Ohm · cm				
Durchschlagfestigkeit	kV/mm				mm dick
Oberflächenwiderstand	Ohm		23	1.0*10**12	

Kriechstromfestigkeit	KC	KB	KA
Elektrolytische Korrosionswirkung			
Lichtbogenfestigkeit nach DIN			
nach ASTM s			

Beständigkeit *(Chemische Beständigkeit siehe Anhang)*

Wasseraufnahme 23 C	1 d	1.0 %	
Feuchtigkeitsaufnahme Normalklima			%
Wetterbeständigkeit			
Spannungskorrosion			

Optische Eigenschaften

Brechungszahl n_D
Transmissionsgrad τ_c % mm dick
Lichtdurchlässigkeit

Produkt	Polyamid 66		**PA**
Handelsname	**Staramide 66 2010VK**		
Hersteller	FERRO		
DIN-Bez 1			
DIN-Bez 2			
Zusätze		*Füllstoffe/ Verstärkung*	30% Glasfaser, lang (20); Glaskugel (10)
Bevorzugte Verarbeitung	Spritzgiessen	*Lieferform*	Granulat
		Farben	Natur; Standard
Besondere Merkmale	Sehr isotrop; Gute Waermebestaendigkeit	*Bevorzugte Anwendungen*	Teil im Motorraum mit Luftkontakt; Kfz-Industrie

Dichte	g/cm³	1.36	*Schmelzindex*	g/10 min	:
Schüttdichte	g/cm³		*Volumenfließindex*	cm³/10 min	:
Viskositätszahl	ml/g				

Verarbeitungsbedingungen für Spritzgießen

Massetemp.	°C	*Schwindung*	%	lgs	0.5, quer
Werkzeugtemp.	°C	*Bemerkungen*			
Spritzdruck	bar				

Zugversuch 23 °C ISO R 527;
Probekörper: *Form* — *Herstellung* Spritzgiessen
Zustand Spritzfrisch — *Vorbehandlung*

Streckspannung	N/mm²		*Dehnung bei Streckspannung*	%	
Zugfestigkeit	N/mm²	160	*Reißdehnung*	%	3.5
Reißfestigkeit	N/mm²		*% Dehnspannung*	N/mm²	
E-Modul	N/mm²		*Dehnung bei % Dehnspg.*	%	

Kriechmoduln und Zeitstandwerte 23 °C
Probekörper: *Form* — *Herstellung*
Zustand — *Vorbehandlung*

Kriechmodul	*1 min*	N/mm²	*Zeitstandzugfestigkeit*	h	N/mm²
Kriechmodul	*1000 h*	N/mm²	*Zeitdehnspg. %*	h	N/mm²
bei Spannung		N/mm²			

Biegeversuch 23 °C ISO 178;
Probekörper: *Form* — *Herstellung* Spritzgiessen
Zustand Spritzfrisch — *Vorbehandlung*

Biegefestigkeit	N/mm²	180	*E-Modul*	N/mm²	8300
3,5% *Biegespannung*	N/mm²				

Härte 23 °C *Probekörper:* *Zustand* — *Herstellung*
Vorbehandlung

Kugeldruckhärte	N/mm² bei N, s	*Shore-Härte*	A
Rockwellhärte		*Shore-Härte*	D

Schlagversuch *Probekörper:* *(1)*
(2) V-Kerbe — *Herstellung* Spritzgiessen
Zustand Spritzfrisch — *Vorbehandlung*

		°C	°C	°C	*Probekörper-Form*
Schlagzähigkeit	kJ/m²				
Kerbschlagzähigkeit (1)	kJ/m²				
IZOD-Kerbschlagzähigkeit (2)	J/m	23 45			
Kerbschlagzugzähigkeit	kJ/m²				

Abrieb und Reibung

Taber-Abrieb (Reibradverfahren)	mm^3/100 U		
Abriebfaktor LNP (Thrust washer) Vergleichswert			
Statische Reibungszahl			
Dynamische Reibungszahl	(p·v=	N/mm^2 ·	m/min)
Zulässiger p · v Wert	N/mm^2 · (m/min)	v=	m/min
		v=	m/min

Thermische Eigenschaften

Formbeständigkeit in der Wärme	*Verfahren* A		251 °C
	Verfahren		°C
Vicat Erweichungstemperatur (VST)	*Verfahren*		°C
	Verfahren		°C
Kristallit-Schmelzpunkt	*Verfahren*		
Längenausdehnungskoeffizient	*Bereich*	°C	$\cdot 10^{-4}K^{-1}$
	Temperatur 23 °C		$0.35 \cdot 10^{-4}K^{-1}$
Wärmeleitfähigkeit	*Verfahren*		W/(K · m)
Spezifische Wärmekapazität	*Verfahren*		J/(K · g)
Glasumwandlungstemperatur	*Torsionsschwingungsversuch*	°C	
	Differentialkalorimetrie	°C	

Brandverhalten

UL-Test vertikal Dicke 1.6 mm, Wert HB
Dicke 3.2 mm, Wert HB

	Norm	*Bewertung*	*Abmessungen*
Sauerstoff-Index	ASTM D 2863		
Glühstab-Verfahren			
Brandverhalten	DIN 4102		
MVSS			
FAR			

Elektrische Eigenschaften

		Hz	°C			*Probekörper, Form*
Dielektrizitätszahl		50				
		10^3				
		10^6				
Dielektrischer Verlustfaktor tan δ		50				
		10^3				
		10^6				
Spezifischer Durchgangswiderstand	Ohm · cm					
Durchschlagfestigkeit	kV/mm					mm dick
Oberflächenwiderstand	Ohm		23	1.0*10**12		
Kriechstromfestigkeit		KC		KB	KA	
Elektrolytische Korrosionswirkung						
Lichtbogenfestigkeit nach DIN						
nach ASTM	s					

Beständigkeit *(Chemische Beständigkeit siehe Anhang)*

Wasseraufnahme 23 C	1 d	0.9 %	
Feuchtigkeitsaufnahme Normalklima			%
Wetterbeständigkeit			
Spannungskorrosion			

Optische Eigenschaften

Brechungszahl n_D		
Transmissionsgrad τ_c	%	mm dick
Lichtdurchlässigkeit		

Produkt	Polyamid 66		**PA**
Handelsname	**Staramide 66 40 E5 Z20**		
Hersteller	FERRO		
DIN-Bez 1			
DIN-Bez 2			
Zusätze		*Füllstoffe/ Verstärkung*	40% Mineralfaser, kurz, gekoppelt
Bevorzugte Verarbeitung	Spritzgiessen	*Lieferform*	Granulat
		Farben	Natur; Standard
Besondere Merkmale	Sehr isotrop; Gute Waermebestaendigkeit	*Bevorzugte Anwendungen*	Kfz-Aussenteil; Teil im Motorraum mit Luftkontakt

Dichte	g/cm^3	1.47	*Schmelzindex*	g/10 min	:
Schüttdichte	g/cm^3		*Volumenfließindex*	cm^3/10 min	:
Viskositätszahl	ml/g				

Verarbeitungsbedingungen für Spritzgießen

Massetemp.	°C	*Schwindung*	%	lgs	1.2, quer
Werkzeugtemp.	°C	*Bemerkungen*			
Spritzdruck	bar				

Zugversuch 23 °C ISO R 527;
Probekörper: *Form* — *Herstellung* Spritzgiessen
Zustand Spritzfrisch — *Vorbehandlung*

Streckspannung	N/mm^2		*Dehnung bei Streckspannung*	%	
Zugfestigkeit	N/mm^2	100	*Reißdehnung*	%	4
Reißfestigkeit	N/mm^2		*% Dehnspannung*	N/mm^2	
E-Modul	N/mm^2		*Dehnung bei % Dehnspg.*	%	

Kriechmoduln und Zeitstandwerte 23 °C
Probekörper: *Form* — *Herstellung*
Zustand — *Vorbehandlung*

Kriechmodul	*1 min* N/mm^2		*Zeitstandzugfestigkeit*	h	N/mm^2
Kriechmodul	*1000 h* N/mm^2		*Zeitdehnspg. %*	h	N/mm^2
bei Spannung	N/mm^2				

Biegeversuch 23 °C ISO 178;
Probekörper: *Form* — *Herstellung* Spritzgiessen
Zustand Spritzfrisch — *Vorbehandlung*

Biegefestigkeit	N/mm^2	160	*E-Modul*	N/mm^2	6500
3,5% *Biegespannung*	N/mm^2				

Härte 23 °C *Probekörper:* *Zustand* — *Herstellung*
Vorbehandlung

Kugeldruckhärte	N/mm^2 bei N, s	*Shore-Härte*	A
Rockwellhärte		*Shore-Härte*	D

Schlagversuch *Probekörper:* *(1)*
(2) V-Kerbe — *Herstellung* Spritzgiessen
Zustand Spritzfrisch — *Vorbehandlung*

		°C	°C	°C	*Probekörper-Form*
Schlagzähigkeit	kJ/m^2				
Kerbschlagzähigkeit (1)	kJ/m^2				
IZOD-Kerbschlagzähigkeit (2)	J/m	23 30			
Kerbschlagzugzähigkeit	kJ/m^2				

Abrieb und Reibung

Taber-Abrieb (Reibradverfahren)	mm^3/100 U		
Abriebfaktor LNP (Thrust washer) Vergleichswert			
Statische Reibungszahl			
Dynamische Reibungszahl	(p·v=	N/mm^2·	m/min)
Zulässiger p · v Wert	N/mm^2·(m/min)	v=	m/min
		v=	m/min

Thermische Eigenschaften

Formbeständigkeit in der Wärme	*Verfahren* A		190 °C
	Verfahren		°C
Vicat Erweichungstemperatur (VST)	*Verfahren*		°C
	Verfahren		°C
Kristallit-Schmelzpunkt	*Verfahren*		
Längenausdehnungskoeffizient	*Bereich*	°C	$\cdot 10^{-4}K^{-1}$
	Temperatur 23 °C		$0.35 \cdot 10^{-4}K^{-1}$
Wärmeleitfähigkeit	*Verfahren*		W/(K · m)
Spezifische Wärmekapazität	*Verfahren*		J/(K · g)
Glasumwandlungstemperatur	*Torsionsschwingungsversuch*	°C	
	Differentialkalorimetrie	°C	

Brandverhalten

UL-Test vertikal	Dicke	mm, Wert
	Dicke	mm, Wert

	Norm	*Bewertung*	*Abmessungen*
Sauerstoff-Index	ASTM D 2863		
Glühstab-Verfahren			
Brandverhalten	DIN 4102		
MVSS			
FAR			

Elektrische Eigenschaften

		Hz	°C		*Probekörper, Form*
Dielektrizitätszahl		50			
		10^3			
		10^6			
Dielektrischer Verlustfaktor tan δ		50			
		10^3			
		10^6			
Spezifischer Durchgangs-widerstand	Ohm · cm				
Durchschlagfestigkeit	kV/mm				mm dick
Oberflächenwiderstand	Ohm		23	1.0*10**12	

Kriechstromfestigkeit	KC	KB	KA
Elektrolytische Korrosionswirkung			
Lichtbogenfestigkeit nach DIN			
nach ASTM s			

Beständigkeit *(Chemische Beständigkeit siehe Anhang)*

Wasseraufnahme 23 C	1 d	0.7 %	
Feuchtigkeitsaufnahme Normalklima			%
Wetterbeständigkeit			
Spannungskorrosion			

Optische Eigenschaften

Brechungszahl n_D		
Transmissionsgrad τ_c	%	mm dick
Lichtdurchlässigkeit		

Datenbank-Nr. **T01136** Merkblatt-Nr. **4120**

Produkt	Polyamid 66		**PA**
Handelsname	**Staramide 66 40 E10 Z20**		
Hersteller	FERRO		
DIN-Bez 1			
DIN-Bez 2			
Zusätze		*Füllstoffe/ Verstärkung*	40% Mineralfaser, lang, gekoppelt
Bevorzugte Verarbeitung	Spritzgiessen	*Lieferform*	Granulat
		Farben	Natur; Standard
Besondere Merkmale	Sehr isotrop; Gute Waermebestaendigkeit	*Bevorzugte Anwendungen*	Kfz-Aussenteil; Teil im Motorraum mit Luftkontakt; Technisches Formteil

Dichte	g/cm^3	1.47	*Schmelzindex*	g/10 min	
Schüttdichte	g/cm^3		*Volumenfließindex*	$cm^3/10$ min	
Viskositätszahl	ml/g				

Verarbeitungsbedingungen für Spritzgießen

Massetemp.	°C	*Schwindung*	%	lgs 1.1, quer
Werkzeugtemp.	°C	*Bemerkungen*		
Spritzdruck	bar			

Zugversuch 23 °C ISO R 527;
Probekörper: *Form* — *Herstellung* Spritzgiessen
Zustand Spritzfrisch — *Vorbehandlung*

Streckspannung	N/mm^2		*Dehnung bei Streckspannung*	%	
Zugfestigkeit	N/mm^2	145	*Reißdehnung*	%	3
Reißfestigkeit	N/mm^2		*% Dehnspannung*	N/mm^2	
E-Modul	N/mm^2		*Dehnung bei % Dehnspg.*	%	

Kriechmoduln und Zeitstandwerte 23 °C
Probekörper: *Form* — *Herstellung*
Zustand — *Vorbehandlung*

Kriechmodul	*1 min*	N/mm^2	*Zeitstandzugfestigkeit*	h	N/mm^2
Kriechmodul	*1000 h*	N/mm^2	*Zeitdehnspg. %*	h	N/mm^2
bei Spannung		N/mm^2			

Biegeversuch 23 °C ISO 178;
Probekörper: *Form* — *Herstellung* Spritzgiessen
Zustand Spritzfrisch — *Vorbehandlung*

Biegefestigkeit	N/mm^2	175	*E-Modul*	N/mm^2	8500
3,5% *Biegespannung*	N/mm^2				

Härte 23 °C *Probekörper:* *Zustand* — *Herstellung*
Vorbehandlung

Kugeldruckhärte	N/mm^2 bei N, s	*Shore-Härte* A	
Rockwellhärte		*Shore-Härte* D	

Schlagversuch *Probekörper:* *(1)*
(2) V-Kerbe — *Herstellung* Spritzgiessen
Zustand Spritzfrisch — *Vorbehandlung*

		°C	°C	°C	*Probekörper-Form*
Schlagzähigkeit	kJ/m^2				
Kerbschlagzähigkeit (1)	kJ/m^2				
IZOD-Kerbschlagzähigkeit (2)	J/m	23 80			
Kerbschlagzugzähigkeit	kJ/m^2				

Abrieb und Reibung

Taber-Abrieb (Reibradverfahren)	mm^3/100 U		
Abriebfaktor LNP (Thrust washer) Vergleichswert			
Statische Reibungszahl			
Dynamische Reibungszahl	(p·v=	N/mm^2·	m/min)
Zulässiger p·v Wert	N/mm^2·(m/min)	v=	m/min
		v=	m/min

Thermische Eigenschaften

Formbeständigkeit in der Wärme	*Verfahren* A		195 °C
	Verfahren		°C
Vicat Erweichungstemperatur (VST)	*Verfahren*		°C
	Verfahren		°C
Kristallit-Schmelzpunkt	*Verfahren*		
Längenausdehnungskoeffizient	*Bereich*	°C	$\cdot 10^{-4}K^{-1}$
	Temperatur 23 °C		$0.3 \cdot 10^{-4}K^{-1}$
Wärmeleitfähigkeit	*Verfahren*		W/(K · m)
Spezifische Wärmekapazität	*Verfahren*		J/(K · g)
Glasumwandlungstemperatur	*Torsionsschwingungsversuch*	°C	
	Differentialkalorimetrie	°C	

Brandverhalten

UL-Test vertikal	Dicke mm, Wert	
	Dicke mm, Wert	

	Norm	*Bewertung*	*Abmessungen*
Sauerstoff-Index	ASTM D 2863		
Glühstab-Verfahren			
Brandverhalten	DIN 4102		
MVSS			
FAR			

Elektrische Eigenschaften

		Hz	°C		*Probekörper, Form*
Dielektrizitätszahl		50			
		10^3			
		10^6			
Dielektrischer Verlustfaktor tan δ		50			
		10^3			
		10^6			
Spezifischer Durchgangswiderstand	Ohm · cm				
Durchschlagfestigkeit	kV/mm				mm dick
Oberflächenwiderstand	Ohm		23	1.0*10**12	

Kriechstromfestigkeit	KC	KB	KA
Elektrolytische Korrosionswirkung			
Lichtbogenfestigkeit nach DIN			
nach ASTM s			

Beständigkeit *(Chemische Beständigkeit siehe Anhang)*

Wasseraufnahme 23 C	1 d	0.7 %	
Feuchtigkeitsaufnahme Normalklima			%
Wetterbeständigkeit			
Spannungskorrosion			

Optische Eigenschaften

Brechungszahl n_D		
Transmissionsgrad τ_c	%	mm dick
Lichtdurchlässigkeit		

Produkt	Polyamid 66		**PA**
Handelsname	**Staramide 66 30E6**		
Hersteller	FERRO		
DIN-Bez 1			
DIN-Bez 2			
Zusätze		*Füllstoffe/ Verstärkung*	30% Mineral
Bevorzugte Verarbeitung	Spritzgiessen	*Lieferform*	Granulat
		Farben	Natur; Standard
Besondere Merkmale	Gute Oberflaechenqualitaet	*Bevorzugte Anwendungen*	Kfz-Aussenteil; Gehaeuse; Technisches Formteil; Kfz-Industrie; Elektrotechnik

Dichte	g/cm³	1.35	*Schmelzindex*	g/10 min	:
Schüttdichte	g/cm³		*Volumenfließindex*	cm³/10 min	:
Viskositätszahl	ml/g				

Verarbeitungsbedingungen für Spritzgießen

Massetemp.	°C	*Schwindung*	%	lgs 0.8, quer 0.8
Werkzeugtemp.	°C	*Bemerkungen*		
Spritzdruck	bar			

Zugversuch 23 °C ISO R 527;
Probekörper: *Form* — *Herstellung* Spritzgiessen
Zustand Spritzfrisch — *Vorbehandlung*

Streckspannung	N/mm²		*Dehnung bei Streckspannung*	%	
Zugfestigkeit	N/mm²	115	*Reißdehnung*	%	4
Reißfestigkeit	N/mm²		*% Dehnspannung*	N/mm²	
E-Modul	N/mm²		*Dehnung bei % Dehnspg.*	%	

Kriechmoduln und Zeitstandwerte 23 °C
Probekörper: *Form* — *Herstellung*
Zustand — *Vorbehandlung*

Kriechmodul	*1 min* N/mm²	*Zeitstandzugfestigkeit*	h	N/mm²
Kriechmodul	*1000 h* N/mm²	*Zeitdehnspg. %*	h	N/mm²
bei Spannung	N/mm²			

Biegeversuch 23 °C ISO 178;
Probekörper: *Form* — *Herstellung* Spritzgiessen
Zustand Spritzfrisch — *Vorbehandlung*

Biegefestigkeit	N/mm²	155	*E-Modul*	N/mm²	7000
3,5% *Biegespannung*	N/mm²				

Härte 23 °C *Probekörper:* *Zustand* — *Herstellung*
Vorbehandlung

Kugeldruckhärte	N/mm² bei N, s	*Shore-Härte*	A
Rockwellhärte		*Shore-Härte*	D

Schlagversuch *Probekörper:* *(1)*
(2) V-Kerbe — *Herstellung* Spritzgiessen
Zustand Spritzfrisch — *Vorbehandlung*

		°C	°C	°C	*Probekörper-Form*
Schlagzähigkeit	kJ/m²				
Kerbschlagzähigkeit (1)	kJ/m²				
IZOD-Kerbschlagzähigkeit (2)	J/m	23 45			
Kerbschlagzugzähigkeit	kJ/m²				

Abrieb und Reibung

Taber-Abrieb (Reibradverfahren)	$mm^3/100$ U		
Abriebfaktor LNP (Thrust washer) Vergleichswert			
Statische Reibungszahl			
Dynamische Reibungszahl	(p·v=	N/mm^2 ·	m/min)
Zulässiger p · v Wert	N/mm^2 · (m/min)	v=	m/min
		v=	m/min

Thermische Eigenschaften

Formbeständigkeit in der Wärme	*Verfahren* A		180 °C
	Verfahren		°C
Vicat Erweichungstemperatur (VST)	*Verfahren*		°C
	Verfahren		°C
Kristallit-Schmelzpunkt	*Verfahren*		
Längenausdehnungskoeffizient	*Bereich*	°C	$\cdot 10^{-4}K^{-1}$
	Temperatur 23 °C		$0.5 \cdot 10^{-4}K^{-1}$
Wärmeleitfähigkeit	*Verfahren*		W/(K · m)
Spezifische Wärmekapazität	*Verfahren*		J/(K · g)
Glasumwandlungstemperatur	*Torsionsschwingungsversuch*	°C	
	Differentialkalorimetrie	°C	

Brandverhalten

UL-Test vertikal — Dicke 3.2 mm, Wert HB
Dicke mm, Wert

	Norm	*Bewertung*	*Abmessungen*
Sauerstoff-Index	ASTM D 2863		
Glühstab-Verfahren			
Brandverhalten	DIN 4102		
MVSS			
FAR			

Elektrische Eigenschaften

		Hz	°C			*Probekörper, Form*
Dielektrizitätszahl		50				
		10^3				
		10^6				
Dielektrischer Verlustfaktor tan δ		50				
		10^3				
		10^6				
Spezifischer Durchgangswiderstand	Ohm · cm					
Durchschlagfestigkeit	kV/mm					mm dick
Oberflächenwiderstand	Ohm		23	1.0*10**12		
Kriechstromfestigkeit		KC		KB	KA	
Elektrolytische Korrosionswirkung						
Lichtbogenfestigkeit nach DIN						
nach ASTM	s					

Beständigkeit *(Chemische Beständigkeit siehe Anhang)*

Wasseraufnahme 23 C	1 d	1.3 %	
Feuchtigkeitsaufnahme Normalklima			%
Wetterbeständigkeit			
Spannungskorrosion			

Optische Eigenschaften

Brechungszahl n_D		
Transmissionsgrad τ_c	%	mm dick
Lichtdurchlässigkeit		

Datenbank-Nr.	**T01138**	*Merkblatt-Nr.* **4122**

Produkt	Copolyamid 66		**PA**
Handelsname	**Staramide 66 C20V**		
Hersteller	FERRO		
DIN-Bez 1			
DIN-Bez 2			
Zusätze		*Füllstoffe/ Verstärkung*	20% Glasfaser, lang; Mineral
Bevorzugte Verarbeitung	Spritzgiessen	*Lieferform*	Granulat
		Farben	Natur; Standard
Besondere Merkmale	Erhoehter Oberflaechenglanz	*Bevorzugte Anwendungen*	Technisches Formteil; Kfz-Innenteil; Kfz-Aussenteil; Teil im Kfz-Motorraum; Gehaeuse; Haushaltsgeraet; Kfz-Industrie; Elektrotechnik

Dichte	g/cm^3	1.28	*Schmelzindex*	g/10 min	:	
Schüttdichte	g/cm^3		*Volumenfließindex*	$cm^3/10$ min	:	
Viskositätszahl	ml/g					

Verarbeitungsbedingungen für Spritzgießen

Massetemp.	°C	*Schwindung*	%	lgs	0.5, quer
Werkzeugtemp.	°C	*Bemerkungen*			
Spritzdruck	bar				

Zugversuch 23 °C ISO R 527;

Probekörper: *Form* — *Zustand* Spritzfrisch — *Herstellung* Spritzgiessen — *Vorbehandlung*

Streckspannung	N/mm^2		*Dehnung bei Streckspannung*	%	
Zugfestigkeit	N/mm^2	135	*Reißdehnung*	%	3.5
Reißfestigkeit	N/mm^2		*% Dehnspannung*	N/mm^2	
E-Modul	N/mm^2		*Dehnung bei % Dehnspg.*	%	

Kriechmoduln und Zeitstandwerte 23 °C

Probekörper: *Form* — *Zustand* — *Herstellung* — *Vorbehandlung*

Kriechmodul	*1 min*	N/mm^2	*Zeitstandzugfestigkeit*	h	N/mm^2
Kriechmodul	*1000 h*	N/mm^2	*Zeitdehnspg. %*	h	N/mm^2
bei Spannung		N/mm^2			

Biegeversuch 23 °C ISO 178;

Probekörper: *Form* — *Zustand* Spritzfrisch — *Herstellung* Spritzgiessen — *Vorbehandlung*

Biegefestigkeit	N/mm^2	205	*E-Modul*	N/mm^2	6000
3,5% *Biegespannung*	N/mm^2				

Härte 23 °C *Probekörper:* *Zustand* — *Herstellung* — *Vorbehandlung*

Kugeldruckhärte	N/mm^2 bei N, s	*Shore-Härte*	A
Rockwellhärte		*Shore-Härte*	D

Schlagversuch *Probekörper:* *(1)* *(2)* V-Kerbe — *Zustand* Spritzfrisch — *Herstellung* Spritzgiessen — *Vorbehandlung*

		°C	°C	°C	*Probekörper-Form*
Schlagzähigkeit	kJ/m^2				
Kerbschlagzähigkeit (1)	kJ/m^2				
IZOD-Kerbschlagzähigkeit (2)	J/m	23 80			
Kerbschlagzugzähigkeit	kJ/m^2				

Abrieb und Reibung

Taber-Abrieb (Reibradverfahren)	mm^3/100 U		
Abriebfaktor LNP (Thrust washer) Vergleichswert			
Statische Reibungszahl			
Dynamische Reibungszahl	(p·v=	N/mm^2 ·	m/min)
Zulässiger p · v Wert	N/mm^2 · (m/min)	v=	m/min
		v=	m/min

Thermische Eigenschaften

Formbeständigkeit in der Wärme	*Verfahren* A		230 °C
	Verfahren		°C
Vicat Erweichungstemperatur (VST)	*Verfahren*		°C
	Verfahren		°C
Kristallit-Schmelzpunkt	*Verfahren*		
Längenausdehnungskoeffizient	*Bereich*	°C	$\cdot 10^{-4}K^{-1}$
	Temperatur 23 °C		$0.4 \cdot 10^{-4}K^{-1}$
Wärmeleitfähigkeit	*Verfahren*		W/(K · m)
Spezifische Wärmekapazität	*Verfahren*		J/(K · g)
Glasumwandlungstemperatur	*Torsionsschwingungsversuch*	°C	
	Differentialkalorimetrie	°C	

Brandverhalten

UL-Test vertikal Dicke 1.6 mm, Wert HB
Dicke 3.2 mm, Wert HB

	Norm	*Bewertung*	*Abmessungen*
Sauerstoff-Index	ASTM D 2863		
Glühstab-Verfahren			
Brandverhalten	DIN 4102		
MVSS			
FAR			

Elektrische Eigenschaften

		Hz	°C		*Probekörper, Form*
Dielektrizitätszahl		50			
		10^3			
		10^6			
Dielektrischer Verlustfaktor tan δ		50			
		10^3			
		10^6			
Spezifischer Durchgangswiderstand	Ohm · cm				
Durchschlagfestigkeit	kV/mm				mm dick
Oberflächenwiderstand	Ohm		23	1.0*10**12	

Kriechstromfestigkeit	KC	KB	KA
Elektrolytische Korrosionswirkung			
Lichtbogenfestigkeit nach DIN			
nach ASTM s			

Beständigkeit *(Chemische Beständigkeit siehe Anhang)*

Wasseraufnahme 23 C	1 d	1.1 %	
Feuchtigkeitsaufnahme Normalklima			%
Wetterbeständigkeit			
Spannungskorrosion			

Optische Eigenschaften

Brechungszahl n_D
Transmissionsgrad τ_c % mm dick
Lichtdurchlässigkeit

Datenbank-Nr.	**T01139**	*Merkblatt-Nr.*	**4123**

Produkt	Copolyamid 66		**PA**
Handelsname	**Staramide 66 C30V**		
Hersteller	FERRO		
DIN-Bez 1			
DIN-Bez 2			
Zusätze		*Füllstoffe/ Verstärkung*	30% Glasfaser, lang; Mineral
Bevorzugte Verarbeitung	Spritzgiessen	*Lieferform*	Granulat
		Farben	Natur; Standard
Besondere Merkmale	Erhoehter Oberflaechenglanz	*Bevorzugte Anwendungen*	Technisches Formteil; Kfz-Innenteil; Kfz-Aussenteil; Teil im Kfz-Motorraum; Gehaeuse; Haushaltsgeraet; Kfz-Industrie; Elektrotechnik

Dichte	g/cm^3	1.36	*Schmelzindex*	g/10 min	:
Schüttdichte	g/cm^3		*Volumenfließindex*	cm^3/10 min	:
Viskositätszahl	ml/g				

Verarbeitungsbedingungen für Spritzgießen

Massetemp.	°C	*Schwindung*	% lgs 0.4, quer
Werkzeugtemp.	°C	*Bemerkungen*	
Spritzdruck	bar		

Zugversuch 23 °C ISO R 527;

Probekörper: *Form* — *Herstellung* Spritzgiessen
Zustand Spritzfrisch — *Vorbehandlung*

Streckspannung	N/mm^2		*Dehnung bei Streckspannung*	%	
Zugfestigkeit	N/mm^2	180	*Reißdehnung*	%	3
Reißfestigkeit	N/mm^2		*% Dehnspannung*	N/mm^2	
E-Modul	N/mm^2		*Dehnung bei % Dehnspg.*	%	

Kriechmoduln und Zeitstandwerte 23 °C

Probekörper: *Form* — *Herstellung*
Zustand — *Vorbehandlung*

Kriechmodul	*1 min* N/mm^2	*Zeitstandzugfestigkeit*	h	N/mm^2
Kriechmodul	*1000 h* N/mm^2	*Zeitdehnspg. %*	h	N/mm^2
bei Spannung	N/mm^2			

Biegeversuch 23 °C ISO 178;

Probekörper: *Form* — *Herstellung* Spritzgiessen
Zustand Spritzfrisch — *Vorbehandlung*

Biegefestigkeit	N/mm^2	250	*E-Modul*	N/mm^2 7600
3,5% *Biegespannung*	N/mm^2			

Härte 23 °C *Probekörper:* *Zustand* — *Herstellung*
Vorbehandlung

Kugeldruckhärte	N/mm^2 bei N, s	*Shore-Härte* A	
Rockwellhärte		*Shore-Härte* D	

Schlagversuch *Probekörper:* *(1)*
(2) V-Kerbe — *Herstellung* Spritzgiessen
Zustand Spritzfrisch — *Vorbehandlung*

		°C	°C	°C	*Probekörper-Form*
Schlagzähigkeit	kJ/m^2				
Kerbschlagzähigkeit (1)	kJ/m^2				
IZOD-Kerbschlagzähigkeit (2)	J/m	23 100			
Kerbschlagzugzähigkeit	kJ/m^2				

Abrieb und Reibung

Taber-Abrieb (Reibradverfahren)	mm^3/100 U		
Abriebfaktor LNP (Thrust washer) Vergleichswert			
Statische Reibungszahl			
Dynamische Reibungszahl	(p · v =	N/mm^2 ·	m/min)
Zulässiger p · v Wert	N/mm^2 · (m/min)	v =	m/min
		v =	m/min

Thermische Eigenschaften

Formbeständigkeit in der Wärme	*Verfahren* A		230 °C
	Verfahren		°C
Vicat Erweichungstemperatur (VST)	*Verfahren*		°C
	Verfahren		°C
Kristallit-Schmelzpunkt	*Verfahren*		
Längenausdehnungskoeffizient	*Bereich*	°C	· $10^{-4}K^{-1}$
	Temperatur 23 °C		0.32 · $10^{-4}K^{-1}$
Wärmeleitfähigkeit	*Verfahren*		W/(K · m)
Spezifische Wärmekapazität	*Verfahren*		J/(K · g)
Glasumwandlungstemperatur	*Torsionsschwingungsversuch*	°C	
	Differentialkalorimetrie	°C	

Brandverhalten

UL-Test vertikal Dicke 1.6 mm, Wert HB
Dicke 3.2 mm, Wert HB

	Norm	*Bewertung*	*Abmessungen*
Sauerstoff-Index	ASTM D 2863		
Glühstab-Verfahren			
Brandverhalten	DIN 4102		
MVSS			
FAR			

Elektrische Eigenschaften

		Hz	°C			*Probekörper, Form*
Dielektrizitätszahl		50				
		10^3				
		10^6				
Dielektrischer Verlustfaktor tan δ		50				
		10^3				
		10^6				
Spezifischer Durchgangs-widerstand	Ohm · cm					
Durchschlagfestigkeit	kV/mm					mm dick
Oberflächenwiderstand	Ohm		23	1.0*10**12		
Kriechstromfestigkeit		KC		KB	KA	
Elektrolytische Korrosionswirkung						
Lichtbogenfestigkeit nach DIN						
nach ASTM	s					

Beständigkeit *(Chemische Beständigkeit siehe Anhang)*

Wasseraufnahme 23 C	1 d	1.0 %	
Feuchtigkeitsaufnahme Normalklima			%
Wetterbeständigkeit			
Spannungskorrosion			

Optische Eigenschaften

Brechungszahl n_D		
Transmissionsgrad τ_c	%	mm dick
Lichtdurchlässigkeit		

Produkt	Copolyamid 66		**PA**
Handelsname	**Staramide 66 C30 E6**		
Hersteller	FERRO		
DIN-Bez 1			
DIN-Bez 2			
Zusätze		*Füllstoffe/ Verstärkung*	30% Mineral
Bevorzugte Verarbeitung	Spritzgiessen	*Lieferform*	Granulat
		Farben	Natur; Standard
Besondere Merkmale	Erhoehter Oberflaechenglanz	*Bevorzugte Anwendungen*	Kfz-Aussenteil; Gehaeuse; Technisches Formteil; Kfz-Industrie; Elektrotechnik

Dichte	g/cm^3	1.35	*Schmelzindex*	g/10 min	:
Schüttdichte	g/cm^3		*Volumenfließindex*	cm^3/10 min	:
Viskositätszahl	ml/g				

Verarbeitungsbedingungen für Spritzgießen

Massetemp.	°C	*Schwindung*	% lgs 0.75, quer 0.75
Werkzeugtemp.	°C	*Bemerkungen*	
Spritzdruck	bar		

Zugversuch 23 °C ISO R 527;
Probekörper: *Form* — *Herstellung* Spritzgiessen
Zustand Spritzfrisch — *Vorbehandlung*

Streckspannung	N/mm^2		*Dehnung bei Streckspannung*	%	
Zugfestigkeit	N/mm^2	110	*Reißdehnung*	%	7
Reißfestigkeit	N/mm^2		*% Dehnspannung*	N/mm^2	
E-Modul	N/mm^2		*Dehnung bei % Dehnspg.*	%	

Kriechmoduln und Zeitstandwerte 23 °C
Probekörper: *Form* — *Herstellung*
Zustand — *Vorbehandlung*

Kriechmodul	*1 min* N/mm^2	*Zeitstandzugfestigkeit*	h	N/mm^2
Kriechmodul	*1000 h* N/mm^2	*Zeitdehnspg. %*	h	N/mm^2
bei Spannung	N/mm^2			

Biegeversuch 23 °C ISO 178;
Probekörper: *Form* — *Herstellung* Spritzgiessen
Zustand Spritzfrisch — *Vorbehandlung*

Biegefestigkeit	N/mm^2	150	*E-Modul*	N/mm^2 6800
3,5% *Biegespannung*	N/mm^2			

Härte 23 °C *Probekörper:* *Zustand* — *Herstellung*
Vorbehandlung

Kugeldruckhärte	N/mm^2 bei N, s	*Shore-Härte*	A
Rockwellhärte		*Shore-Härte*	D

Schlagversuch *Probekörper:* *(1)*
(2) V-Kerbe — *Herstellung* Spritzgiessen
Zustand Spritzfrisch — *Vorbehandlung*

		°C	°C	°C	*Probekörper-Form*
Schlagzähigkeit	kJ/m^2				
Kerbschlagzähigkeit (1)	kJ/m^2				
IZOD-Kerbschlagzähigkeit (2)	J/m	23 50			
Kerbschlagzugzähigkeit	kJ/m^2				

Abrieb und Reibung

Taber-Abrieb (Reibradverfahren)	mm^3/100 U		
Abriebfaktor LNP (Thrust washer) Vergleichswert			
Statische Reibungszahl			
Dynamische Reibungszahl	(p·v= N/mm^2 ·		m/min)
Zulässiger p · v Wert	N/mm^2 · (m/min)	v=	m/min
		v=	m/min

Thermische Eigenschaften

Formbeständigkeit in der Wärme	*Verfahren* A		175 °C
	Verfahren		°C
Vicat Erweichungstemperatur (VST)	*Verfahren*		°C
	Verfahren		°C
Kristallit-Schmelzpunkt	*Verfahren*		
Längenausdehnungskoeffizient	*Bereich*	°C	$\cdot 10^{-4}K^{-1}$
	Temperatur 23 °C		$0.5 \cdot 10^{-4}K^{-1}$
Wärmeleitfähigkeit	*Verfahren*		W/(K · m)
Spezifische Wärmekapazität	*Verfahren*		J/(K · g)
Glasumwandlungstemperatur	*Torsionsschwingungsversuch*	°C	
	Differentialkalorimetrie	°C	

Brandverhalten

UL-Test vertikal	Dicke 1.6 mm, Wert HB
	Dicke 3.2 mm, Wert HB

	Norm	*Bewertung*	*Abmessungen*
Sauerstoff-Index	ASTM D 2863		
Glühstab-Verfahren			
Brandverhalten	DIN 4102		
MVSS			
FAR			

Elektrische Eigenschaften

		Hz	°C		*Probekörper, Form*
Dielektrizitätszahl		50			
		10^3			
		10^6			
Dielektrischer Verlustfaktor tan δ		50			
		10^3			
		10^6			
Spezifischer Durchgangs-widerstand	Ohm · cm				
Durchschlagfestigkeit	kV/mm				mm dick
Oberflächenwiderstand	Ohm		23	1.0*10**12	

Kriechstromfestigkeit	KC	KB	KA
Elektrolytische Korrosionswirkung			
Lichtbogenfestigkeit nach DIN			
nach ASTM	s		

Beständigkeit *(Chemische Beständigkeit siehe Anhang)*

Wasseraufnahme 23 C	1 d	1.4 %	
Feuchtigkeitsaufnahme Normalklima			%
Wetterbeständigkeit			
Spannungskorrosion			

Optische Eigenschaften

Brechungszahl n_D		
Transmissionsgrad τ_c	%	mm dick
Lichtdurchlässigkeit		

Datenbank-Nr. **T01141** Merkblatt-Nr. **4125**

Produkt	Copolyamid 66		**PA**
Handelsname	**Staramide 66 B 15 VZ80**		
Hersteller	FERRO		
DIN-Bez 1			
DIN-Bez 2			
Zusätze		*Füllstoffe/ Verstärkung*	Mineral
Bevorzugte Verarbeitung	Spritzgiessen	*Lieferform*	Granulat
		Farben	Natur; Standard
Besondere Merkmale	Gute Oberflaeche	*Bevorzugte Anwendungen*	Fahrrad

Dichte	g/cm³	1.24	*Schmelzindex*	g/10 min	:
Schüttdichte	g/cm³		*Volumenfließindex*	cm³/10 min	:
Viskositätszahl	ml/g				

Verarbeitungsbedingungen für Spritzgießen

Massetemp.	°C	*Schwindung*	%	lgs 1.0, quer 1.0
Werkzeugtemp.	°C	*Bemerkungen*		
Spritzdruck	bar			

Zugversuch 23 °C ISO R 527;
Probekörper: *Form* — *Herstellung* Spritzgiessen
Zustand Spritzfrisch — *Vorbehandlung*

Streckspannung	N/mm²		*Dehnung bei Streckspannung*	%	
Zugfestigkeit	N/mm²	112	*Reißdehnung*	%	8
Reißfestigkeit	N/mm²		*% Dehnspannung*	N/mm²	
E-Modul	N/mm²		*Dehnung bei % Dehnspg.*	%	

Kriechmoduln und Zeitstandwerte 23 °C
Probekörper: *Form* — *Herstellung*
Zustand — *Vorbehandlung*

Kriechmodul	*1 min*	N/mm²	*Zeitstandzugfestigkeit*	h	N/mm²
Kriechmodul	*1000 h*	N/mm²	*Zeitdehnspg. %*	h	N/mm²
bei Spannung		N/mm²			

Biegeversuch 23 °C ISO 178;
Probekörper: *Form* — *Herstellung* Spritzgiessen
Zustand Spritzfrisch — *Vorbehandlung*

Biegefestigkeit	N/mm²	170	*E-Modul*	N/mm²	5400
3,5% *Biegespannung*	N/mm²				

Härte 23 °C *Probekörper:* *Zustand* — *Herstellung*
Vorbehandlung

Kugeldruckhärte	N/mm²	bei N, s	*Shore-Härte* A
Rockwellhärte			*Shore-Härte* D

Schlagversuch *Probekörper:* *(1)*
(2) V-Kerbe — *Herstellung* Spritzgiessen
Zustand Spritzfrisch — *Vorbehandlung*

		°C	°C	°C	*Probekörper-Form*
Schlagzähigkeit	kJ/m²				
Kerbschlagzähigkeit (1)	kJ/m²				
IZOD-Kerbschlagzähigkeit (2)	J/m	23 50			
Kerbschlagzugzähigkeit	kJ/m²				

Abrieb und Reibung

Taber-Abrieb (Reibradverfahren)	mm^3/100 U		
Abriebfaktor LNP (Thrust washer) Vergleichswert			
Statische Reibungszahl			
Dynamische Reibungszahl	(p·v= N/mm^2 ·		m/min)
Zulässiger p · v Wert	N/mm^2 · (m/min)	v=	m/min
		v=	m/min

Thermische Eigenschaften

Formbeständigkeit in der Wärme	*Verfahren* A		185 °C
	Verfahren		°C
Vicat Erweichungstemperatur (VST)	*Verfahren*		°C
	Verfahren		°C
Kristallit-Schmelzpunkt	*Verfahren*		
Längenausdehnungskoeffizient	*Bereich*	°C	$\cdot 10^{-4}K^{-1}$
	Temperatur 23 °C		$0.5 \cdot 10^{-4}K^{-1}$
Wärmeleitfähigkeit	*Verfahren*		W/(K · m)
Spezifische Wärmekapazität	*Verfahren*		J/(K · g)
Glasumwandlungstemperatur	*Torsionsschwingungsversuch*	°C	
	Differentialkalorimetrie	°C	

Brandverhalten

UL-Test vertikal — Dicke 1.6 mm, Wert HB
Dicke 3.2 mm, Wert HB

	Norm	*Bewertung*	*Abmessungen*
Sauerstoff-Index	ASTM D 2863		
Glühstab-Verfahren			
Brandverhalten	DIN 4102		
MVSS			
FAR			

Elektrische Eigenschaften

		Hz	°C		*Probekörper, Form*
Dielektrizitätszahl		50			
		10^3			
		10^6			
Dielektrischer Verlustfaktor tan δ		50			
		10^3			
		10^6			
Spezifischer Durchgangs-widerstand	Ohm · cm				
Durchschlagfestigkeit	kV/mm				mm dick
Oberflächenwiderstand	Ohm		23	1.0*10**12	

Kriechstromfestigkeit	KC	KB	KA
Elektrolytische Korrosionswirkung			
Lichtbogenfestigkeit nach DIN			
nach ASTM	s		

Beständigkeit *(Chemische Beständigkeit siehe Anhang)*

Wasseraufnahme 23 C	1 d	1.0 %	
Feuchtigkeitsaufnahme Normalklima			%
Wetterbeständigkeit			
Spannungskorrosion			

Optische Eigenschaften

Brechungszahl n_D		
Transmissionsgrad τ_c	%	mm dick
Lichtdurchlässigkeit		

Produkt	Polybutylenterephthalat		**PBT**
Handelsname	**Celanex 3314**		
Hersteller	HOECHST		
DIN-Bez 1	16779-PBT,MG,XX-14		
DIN-Bez 2			
Zusätze	Brandschutzmittel	*Füllstoffe/ Verstärkung*	30% Glasfaser
Bevorzugte Verarbeitung	Spritzgiessen	*Lieferform*	Granulat
		Farben	Natur; Standard
Besondere Merkmale	Migrationsarmes Flammschutzsystem	*Bevorzugte Anwendungen*	Technisches Formteil; Kfz-Bau; Elektroindustrie; Elektronikindustrie

Dichte	g/cm³	1.65	*Schmelzindex*	g/10 min	:
Schüttdichte	g/cm³		*Volumenfließindex*	cm³/10 min	:
Viskositätszahl	ml/g				

Verarbeitungsbedingungen für Spritzgießen

Massetemp.	°C	*Schwindung*	% lgs , quer
Werkzeugtemp.	°C	*Bemerkungen*	
Spritzdruck	bar		

Zugversuch 23 °C ASTM D638;
Probekörper: *Form* — *Herstellung* Spritzgiessen
Zustand — *Vorbehandlung* Normalklima

Streckspannung	N/mm²		*Dehnung bei Streckspannung*	%	
Zugfestigkeit	N/mm²		*Reißdehnung*	%	2.0
Reißfestigkeit	N/mm²	135	*% Dehnspannung*	N/mm²	
E-Modul	N/mm²		*Dehnung bei % Dehnspg.*	%	

Kriechmoduln und Zeitstandwerte 23 °C
Probekörper: *Form* — *Herstellung*
Zustand — *Vorbehandlung*

Kriechmodul	*1 min*	N/mm²	*Zeitstandzugfestigkeit*	h	N/mm²
Kriechmodul	*1000 h*	N/mm²	*Zeitdehnspg. %*	h	N/mm²
bei Spannung		N/mm²			

Biegeversuch 23 °C ASTM D790;
Probekörper: *Form* — *Herstellung* Spritzgiessen
Zustand — *Vorbehandlung* Normalklima

Biegefestigkeit	N/mm²	*E-Modul*	N/mm²	9650
3,5% *Biegespannung*	N/mm²			

Härte 23 °C *Probekörper:* *Zustand* — *Herstellung*
Vorbehandlung

Kugeldruckhärte	N/mm² bei N, s	*Shore-Härte*	A
Rockwellhärte		*Shore-Härte*	D

Schlagversuch *Probekörper:* *(1)*
(2) V-Kerbe — *Herstellung* Spritzgiessen
Zustand — *Vorbehandlung* Normalklima

		°C	°C	°C	*Probekörper-Form*
Schlagzähigkeit	kJ/m²				
Kerbschlagzähigkeit (1)	kJ/m²				
IZOD-Kerbschlagzähigkeit (2)	J/m	23 75			
Kerbschlagzugzähigkeit	kJ/m²				

Abrieb und Reibung

Taber-Abrieb (Reibradverfahren)	mm^3/100 U		
Abriebfaktor LNP (Thrust washer) Vergleichswert			
Statische Reibungszahl			
Dynamische Reibungszahl	(p·v= N/mm^2·		m/min)
Zulässiger p·v Wert	N/mm^2·(m/min)	v=	m/min
		v=	m/min

Thermische Eigenschaften

Formbeständigkeit in der Wärme	*Verfahren* A		207 °C
	Verfahren		°C
Vicat Erweichungstemperatur (VST)	*Verfahren*		°C
	Verfahren		°C
Kristallit-Schmelzpunkt	*Verfahren*		
Längenausdehnungskoeffizient	*Bereich*	°C	$\cdot 10^{-4}K^{-1}$
	Temperatur		$\cdot 10^{-4}K^{-1}$
Wärmeleitfähigkeit	*Verfahren*		W/(K·m)
Spezifische Wärmekapazität	*Verfahren*		J/(K·g)
Glasumwandlungstemperatur	*Torsionsschwingungsversuch*	°C	
	Differentialkalorimetrie	°C	

Brandverhalten

UL-Test vertikal Dicke 0.4 mm, Wert V-0
Dicke mm, Wert

	Norm	*Bewertung*	*Abmessungen*
Sauerstoff-Index	ASTM D 2863		
Glühstab-Verfahren			
Brandverhalten	DIN 4102		
MVSS			
FAR			

Elektrische Eigenschaften

		Hz	°C	*Probekörper, Form*
Dielektrizitätszahl		50		
		10^3		
		10^6		
Dielektrischer Verlustfaktor tan δ		50		
		10^3		
		10^6		
Spezifischer Durchgangswiderstand	Ohm·cm			
Durchschlagfestigkeit	kV/mm			mm dick
Oberflächenwiderstand	Ohm			

Kriechstromfestigkeit KC KB KA
Elektrolytische Korrosionswirkung
Lichtbogenfestigkeit nach DIN
nach ASTM s

Beständigkeit *(Chemische Beständigkeit siehe Anhang)*

Wasseraufnahme

Feuchtigkeitsaufnahme Normalklima %
Wetterbeständigkeit

Spannungskorrosion

Optische Eigenschaften

Brechungszahl n_D
Transmissionsgrad τ_c % mm dick
Lichtdurchlässigkeit

Produkt	Polybutylenterephthalat		**PBT**
Handelsname	**Celanex J 600**		
Hersteller	HOECHST		
DIN-Bez 1			
DIN-Bez 2			
Zusätze		*Füllstoffe/ Verstärkung*	40% Glasfaser; Mineral
Bevorzugte Verarbeitung	Spritzgiessen	*Lieferform*	Granulat
		Farben	Natur; Standard
Besondere Merkmale	Schlagzaeh modifiziert; Verzugsarm	*Bevorzugte Anwendungen*	Technisches Formteil; Kfz-Bau; Elektroindustrie; Elektronikindustrie

Dichte	g/cm³	1.62	*Schmelzindex*	g/10 min	:
Schüttdichte	g/cm³		*Volumenfließindex*	cm³/10 min	:
Viskositätszahl	ml/g				

Verarbeitungsbedingungen für Spritzgießen

Massetemp.	°C	*Schwindung*	% lgs 0.5, quer
Werkzeugtemp.	°C	*Bemerkungen*	
Spritzdruck	bar		

Zugversuch 23 °C ASTM D638;
Probekörper: *Form* — *Herstellung* Spritzgiessen
Zustand — *Vorbehandlung* Normalklima

Streckspannung	N/mm²		*Dehnung bei Streckspannung*	%
Zugfestigkeit	N/mm²		*Reißdehnung*	% 2
Reißfestigkeit	N/mm²	96	*% Dehnspannung*	N/mm²
E-Modul	N/mm²		*Dehnung bei % Dehnspg.*	%

Kriechmoduln und Zeitstandwerte 23 °C
Probekörper: *Form* — *Herstellung*
Zustand — *Vorbehandlung*

Kriechmodul	*1 min*	N/mm²	*Zeitstandzugfestigkeit*	h	N/mm²
Kriechmodul	*1000 h*	N/mm²	*Zeitdehnspg. %*	h	N/mm²
bei Spannung		N/mm²			

Biegeversuch 23 °C ASTM D790;
Probekörper: *Form* — *Herstellung* Spritzgiessen
Zustand — *Vorbehandlung* Normalklima

Biegefestigkeit	N/mm²	*E-Modul*	N/mm² 10300
3,5% *Biegespannung*	N/mm²		

Härte 23 °C *Probekörper:* *Zustand* — *Herstellung*
Vorbehandlung

Kugeldruckhärte	N/mm² bei N, s	*Shore-Härte*	A
Rockwellhärte		*Shore-Härte*	D

Schlagversuch *Probekörper:* *(1)*
(2) V-Kerbe — *Herstellung* Spritzgiessen
Zustand — *Vorbehandlung* Normalklima

		°C	°C	°C	*Probekörper-Form*
Schlagzähigkeit	kJ/m²				
Kerbschlagzähigkeit (1)	kJ/m²				
IZOD-Kerbschlagzähigkeit (2)	J/m	23 70			
Kerbschlagzugzähigkeit	kJ/m²				

Abrieb und Reibung

Taber-Abrieb (Reibradverfahren)	mm^3/100 U		
Abriebfaktor LNP (Thrust washer) Vergleichswert			
Statische Reibungszahl			
Dynamische Reibungszahl	(p · v =	N/mm^2 ·	m/min)
Zulässiger p · v Wert	N/mm^2 · (m/min)	v =	m/min
		v =	m/min

Thermische Eigenschaften

Formbeständigkeit in der Wärme	*Verfahren* A		192 °C
	Verfahren		°C
Vicat Erweichungstemperatur (VST)	*Verfahren*		°C
	Verfahren		°C
Kristallit-Schmelzpunkt	*Verfahren*		
Längenausdehnungskoeffizient	*Bereich*	°C	$\cdot 10^{-4} K^{-1}$
	Temperatur		$\cdot 10^{-4} K^{-1}$
Wärmeleitfähigkeit	*Verfahren*		W/(K · m)
Spezifische Wärmekapazität	*Verfahren*		J/(K · g)
Glasumwandlungstemperatur	*Torsionsschwingungsversuch*	°C	
	Differentialkalorimetrie	°C	

Brandverhalten

UL-Test vertikal Dicke 3.2 mm, Wert HB
Dicke mm, Wert

	Norm	*Bewertung*	*Abmessungen*
Sauerstoff-Index	ASTM D 2863		
Glühstab-Verfahren			
Brandverhalten	DIN 4102		
MVSS			
FAR			

Elektrische Eigenschaften

		Hz	°C		*Probekörper, Form*
Dielektrizitätszahl		50			
		10^3			
		10^6			
Dielektrischer Verlustfaktor tan δ		50			
		10^3			
		10^6			
Spezifischer Durchgangs-widerstand	Ohm · cm		23	≧1.0*10**16	
Durchschlagfestigkeit	kV/mm				mm dick
Oberflächenwiderstand	Ohm				

Kriechstromfestigkeit	KC	KB	KA
Elektrolytische Korrosionswirkung			
Lichtbogenfestigkeit nach DIN			
nach ASTM s			

Beständigkeit *(Chemische Beständigkeit siehe Anhang)*

Wasseraufnahme

Feuchtigkeitsaufnahme Normalklima %

Wetterbeständigkeit

Spannungskorrosion

Optische Eigenschaften

Brechungszahl n_D

Transmissionsgrad τ_c % mm dick

Lichtdurchlässigkeit

Datenbank-Nr. **T01147** *Merkblatt-Nr.* **4128**

Produkt	Polybutylenterephthalat		**PBT**
Handelsname	**Celanex 6406**		
Hersteller	HOECHST		
DIN-Bez 1			
DIN-Bez 2			
Zusätze		*Füllstoffe/ Verstärkung*	40% Glasfaser; Mineral
Bevorzugte Verarbeitung	Spritzgiessen	*Lieferform*	Granulat
		Farben	Natur; Standard
Besondere Merkmale	Schlagzaeh modifiziert; Verzugsarm	*Bevorzugte Anwendungen*	Kfz-Aussenteil; Technisches Formteil; Elektroindustrie; Elektronikindustrie; Kfz-Industrie

Dichte	g/cm^3	1.58	*Schmelzindex*	g/10 min	:
Schüttdichte	g/cm^3		*Volumenfließindex*	$cm^3/10$ min	:
Viskositätszahl	ml/g				

Verarbeitungsbedingungen für Spritzgießen

Massetemp.	°C	*Schwindung*	% lgs , quer
Werkzeugtemp.	°C	*Bemerkungen*	
Spritzdruck	bar		

Zugversuch 23 °C ASTM D638;
Probekörper: *Form* / *Zustand* — *Herstellung* Spritzgiessen; *Vorbehandlung* Normalklima

Streckspannung	N/mm^2		*Dehnung bei Streckspannung*	%	
Zugfestigkeit	N/mm^2		*Reißdehnung*	%	3.2
Reißfestigkeit	N/mm^2	79	*% Dehnspannung*	N/mm^2	
E-Modul	N/mm^2		*Dehnung bei % Dehnspg.*	%	

Kriechmoduln und Zeitstandwerte 23 °C
Probekörper: *Form* / *Zustand* — *Herstellung* / *Vorbehandlung*

Kriechmodul	*1 min*	N/mm^2	*Zeitstandzugfestigkeit*	h	N/mm^2
Kriechmodul	*1000 h*	N/mm^2	*Zeitdehnspg. %*	h	N/mm^2
bei Spannung		N/mm^2			

Biegeversuch 23 °C ASTM D790;
Probekörper: *Form* / *Zustand* — *Herstellung* Spritzgiessen; *Vorbehandlung* Normalklima

Biegefestigkeit	N/mm^2	*E-Modul*	N/mm^2	6600
3,5% *Biegespannung*	N/mm^2			

Härte 23 °C *Probekörper:* *Zustand* — *Herstellung* / *Vorbehandlung*

Kugeldruckhärte	N/mm^2 bei N, s	*Shore-Härte* A	
Rockwellhärte		*Shore-Härte* D	

Schlagversuch *Probekörper:* *(1)* / *(2)* V-Kerbe / *Zustand* — *Herstellung* Spritzgiessen; *Vorbehandlung* Normalklima

		°C	°C	°C	*Probekörper-Form*
Schlagzähigkeit	kJ/m^2				
Kerbschlagzähigkeit (1)	kJ/m^2				
IZOD-Kerbschlagzähigkeit (2)	J/m	23 110			
Kerbschlagzugzähigkeit	kJ/m^2				

Abrieb und Reibung

Taber-Abrieb (Reibradverfahren)	mm^3/100 U		
Abriebfaktor LNP (Thrust washer) Vergleichswert			
Statische Reibungszahl			
Dynamische Reibungszahl	(p·v= N/mm^2·		m/min)
Zulässiger p · v Wert	N/mm^2 · (m/min)	v=	m/min
		v=	m/min

Thermische Eigenschaften

Formbeständigkeit in der Wärme	*Verfahren* B		210 °C
	Verfahren A		160 °C
Vicat Erweichungstemperatur (VST)	*Verfahren*		°C
	Verfahren		°C
Kristallit-Schmelzpunkt	*Verfahren*		
Längenausdehnungskoeffizient	*Bereich*	°C	$\cdot 10^{-4}K^{-1}$
	Temperatur		$\cdot 10^{-4}K^{-1}$
Wärmeleitfähigkeit	*Verfahren*		W/(K · m)
Spezifische Wärmekapazität	*Verfahren*		J/(K · g)
Glasumwandlungstemperatur	*Torsionsschwingungsversuch*	°C	
	Differentialkalorimetrie	°C	

Brandverhalten

UL-Test vertikal	Dicke 3.2 mm, Wert HB
	Dicke mm, Wert

	Norm	*Bewertung*	*Abmessungen*
Sauerstoff-Index	ASTM D 2863		
Glühstab-Verfahren			
Brandverhalten	DIN 4102		
MVSS			
FAR			

Elektrische Eigenschaften

		Hz	°C	*Probekörper, Form*
Dielektrizitätszahl		50		
		10^3		
		10^6		
Dielektrischer Verlustfaktor tan δ		50		
		10^3		
		10^6		
Spezifischer Durchgangswiderstand	Ohm · cm			
Durchschlagfestigkeit	kV/mm			mm dick
Oberflächenwiderstand	Ohm			

Kriechstromfestigkeit	KC	KB	KA
Elektrolytische Korrosionswirkung			
Lichtbogenfestigkeit nach DIN			
nach ASTM s			

Beständigkeit *(Chemische Beständigkeit siehe Anhang)*

Wasseraufnahme

Feuchtigkeitsaufnahme Normalklima %

Wetterbeständigkeit

Spannungskorrosion

Optische Eigenschaften

Brechungszahl n_D		
Transmissionsgrad τ_c	%	mm dick
Lichtdurchlässigkeit		

Datenbank-Nr. **T01149** Merkblatt-Nr. **4129**

Produkt	PBT-PET-Blend		**PBT + PET**
Handelsname	**Celanex 5200**		
Hersteller	HOECHST		
DIN-Bez 1			
DIN-Bez 2			
Zusätze		*Füllstoffe/ Verstärkung*	15% Glasfaser
Bevorzugte Verarbeitung	Spritzgiessen	*Lieferform*	Granulat
		Farben	Natur; Standard
Besondere Merkmale	Glaenzende Oberflaeche	*Bevorzugte Anwendungen*	Technisches Formteil; Kfz-Bau; Elektroindustrie; Elektronikindustrie

---

Dichte	g/cm³ 1.41	*Schmelzindex*	g/10 min		:
Schüttdichte	g/cm³	*Volumenfließindex*	cm³/10 min		:
Viskositätszahl	ml/g				

Verarbeitungsbedingungen für Spritzgießen

Massetemp.	°C	*Schwindung*	%	lgs	0.4, quer
Werkzeugtemp.	°C	*Bemerkungen*			
Spritzdruck	bar				

Zugversuch 23 °C ASTM D638;
Probekörper: *Form* — *Herstellung* Spritzgiessen
Zustand — *Vorbehandlung* Normalklima

Streckspannung	N/mm²	*Dehnung bei Streckspannung*	%	
Zugfestigkeit	N/mm²	*Reißdehnung*	%	2.0
Reißfestigkeit	N/mm² 89	*% Dehnspannung*	N/mm²	
E-Modul	N/mm²	*Dehnung bei % Dehnspg.*	%	

Kriechmoduln und Zeitstandwerte 23 °C
Probekörper: *Form* — *Herstellung*
Zustand — *Vorbehandlung*

Kriechmodul	*1 min* N/mm²	*Zeitstandzugfestigkeit*	h	N/mm²
Kriechmodul	*1000 h* N/mm²	*Zeitdehnspg. %*	h	N/mm²
bei Spannung	N/mm²			

Biegeversuch 23 °C ASTM D790;
Probekörper: *Form* — *Herstellung* Spritzgiessen
Zustand — *Vorbehandlung* Normalklima

Biegefestigkeit	N/mm²	*E-Modul*	N/mm² 6050
3,5% *Biegespannung*	N/mm²		

Härte 23 °C *Probekörper:* *Zustand* — *Herstellung*
Vorbehandlung

Kugeldruckhärte	N/mm² bei N, s	*Shore-Härte*	A
Rockwellhärte		*Shore-Härte*	D

Schlagversuch *Probekörper:* *(1)*
(2) V-Kerbe — *Herstellung* Spritzgiessen
Zustand — *Vorbehandlung* Normalklima

		°C	°C	°C	*Probekörper-Form*
Schlagzähigkeit	kJ/m²				
Kerbschlagzähigkeit (1)	kJ/m²				
IZOD-Kerbschlagzähigkeit (2)	J/m	23 60			
Kerbschlagzugzähigkeit	kJ/m²				

Abrieb und Reibung

Taber-Abrieb (Reibradverfahren)	mm^3/100 U		
Abriebfaktor LNP (Thrust washer) Vergleichswert			
Statische Reibungszahl			
Dynamische Reibungszahl	(p · v = N/mm^2 ·		m/min)
Zulässiger p · v Wert	N/mm^2 · (m/min)	v =	m/min
		v =	m/min

Thermische Eigenschaften

Formbeständigkeit in der Wärme	*Verfahren*		°C
	Verfahren		°C
Vicat Erweichungstemperatur (VST)	*Verfahren*		°C
	Verfahren		°C
Kristallit-Schmelzpunkt	*Verfahren*		
Längenausdehnungskoeffizient	*Bereich*	°C	$\cdot 10^{-4}K^{-1}$
	Temperatur		$\cdot 10^{-4}K^{-1}$
Wärmeleitfähigkeit	*Verfahren*		W/(K · m)
Spezifische Wärmekapazität	*Verfahren*		J/(K · g)
Glasumwandlungstemperatur	*Torsionsschwingungsversuch*	°C	
	Differentialkalorimetrie	°C	

Brandverhalten

UL-Test vertikal	Dicke 3.2 mm, Wert HB	
	Dicke mm, Wert	

	Norm	*Bewertung*	*Abmessungen*
Sauerstoff-Index	ASTM D 2863		
Glühstab-Verfahren			
Brandverhalten	DIN 4102		
MVSS			
FAR			

Elektrische Eigenschaften

		Hz	°C		*Probekörper, Form*
Dielektrizitätszahl		50			
		10^3			
		10^6			
Dielektrischer Verlustfaktor tan δ		50			
		10^3			
		10^6			
Spezifischer Durchgangswiderstand	Ohm · cm				
Durchschlagfestigkeit	kV/mm				mm dick
Oberflächenwiderstand	Ohm				
Kriechstromfestigkeit		KC	KB	KA	
Elektrolytische Korrosionswirkung					
Lichtbogenfestigkeit nach DIN					
nach ASTM	s				

Beständigkeit *(Chemische Beständigkeit siehe Anhang)*

Wasseraufnahme 23 C	1 d	0.07 %	
Feuchtigkeitsaufnahme Normalklima			%
Wetterbeständigkeit			
Spannungskorrosion			

Optische Eigenschaften

Brechungszahl n_D		
Transmissionsgrad τ_c	%	mm dick
Lichtdurchlässigkeit		

Datenbank-Nr.	**T01150**		*Merkblatt-Nr.* **4130**
Produkt	PBT-PET-Blend		**PBT + PET**
Handelsname	**Celanex 2302 GV 1/30**		
Hersteller	HOECHST		
DIN-Bez 1			
DIN-Bez 2			
Zusätze		*Füllstoffe/ Verstärkung*	30% Glasfaser
Bevorzugte Verarbeitung	Spritzgiessen	*Lieferform*	Granulat
		Farben	Natur; Standard
Besondere Merkmale	Hohe Waermeformbestaendigkeit; Hervorragender Oberflaechenglanz	*Bevorzugte Anwendungen*	Technisches Formteil; Elektroindustrie; Elektronikindustrie; Kfz-Bau

Dichte	g/cm^3	1.55	*Schmelzindex*	g/10 min	:
Schüttdichte	g/cm^3		*Volumenfließindex*	cm^3/10 min	:
Viskositätszahl	ml/g				

Verarbeitungsbedingungen für Spritzgießen

Massetemp.	°C	*Schwindung*	%	lgs , quer
Werkzeugtemp.	°C	*Bemerkungen*		
Spritzdruck	bar			

Zugversuch 23 °C DIN 53455; DIN 53457

Probekörper: *Form* — *Herstellung* Spritzgiessen
Zustand — *Vorbehandlung* Normalklima

Streckspannung	N/mm^2		*Dehnung bei Streckspannung*	%	
Zugfestigkeit	N/mm^2		*Reißdehnung*	%	≧2.5
Reißfestigkeit	N/mm^2	150	*% Dehnspannung*	N/mm^2	
E-Modul	N/mm^2	10000	*Dehnung bei % Dehnspg.*	%	

Kriechmoduln und Zeitstandwerte 23 °C

Probekörper: *Form* — *Herstellung*
Zustand — *Vorbehandlung*

Kriechmodul	*1 min* N/mm^2	*Zeitstandzugfestigkeit*	h	N/mm^2
Kriechmodul	*1000 h* N/mm^2	*Zeitdehnspg. %*	h	N/mm^2
bei Spannung	N/mm^2			

Biegeversuch 23 °C

Probekörper: *Form* — *Herstellung*
Zustand — *Vorbehandlung*

Biegefestigkeit	N/mm^2	*E-Modul*	N/mm^2
3,5% *Biegespannung*	N/mm^2		

Härte 23 °C *Probekörper:* *Zustand* — *Herstellung*
Vorbehandlung

Kugeldruckhärte	N/mm^2 bei N, s	*Shore-Härte* A	
Rockwellhärte		*Shore-Härte* D	

Schlagversuch *Probekörper:* *(1)*
(2) V-Kerbe — *Herstellung* Spritzgiessen
Zustand — *Vorbehandlung* Normalklima

		°C		°C		°C		*Probekörper-Form*
Schlagzähigkeit	kJ/m^2	23	35					
Kerbschlagzähigkeit (1)	kJ/m^2							
IZOD-Kerbschlagzähigkeit (2)	J/m	23	90					
Kerbschlagzugzähigkeit	kJ/m^2							

Abrieb und Reibung

Taber-Abrieb (Reibradverfahren)	mm^3/100 U		
Abriebfaktor LNP (Thrust washer) Vergleichswert			
Statische Reibungszahl			
Dynamische Reibungszahl	(p·v=	N/mm^2·	m/min)
Zulässiger p·v Wert	N/mm^2·(m/min)	v=	m/min
		v=	m/min

Thermische Eigenschaften

Formbeständigkeit in der Wärme	*Verfahren* B		210 °C
	Verfahren A		190 °C
Vicat Erweichungstemperatur (VST)	*Verfahren*		°C
	Verfahren		°C
Kristallit-Schmelzpunkt	*Verfahren*		
Längenausdehnungskoeffizient	*Bereich*	°C	$\cdot 10^{-4}K^{-1}$
	Temperatur		$\cdot 10^{-4}K^{-1}$
Wärmeleitfähigkeit	*Verfahren*		W/(K·m)
Spezifische Wärmekapazität	*Verfahren*		J/(K·g)
Glasumwandlungstemperatur	*Torsionsschwingungsversuch*	°C	
	Differentialkalorimetrie	°C	

Brandverhalten

UL-Test vertikal	Dicke 3.2 mm, Wert HB
	Dicke mm, Wert

	Norm	*Bewertung*	*Abmessungen*
Sauerstoff-Index	ASTM D 2863		
Glühstab-Verfahren			
Brandverhalten	DIN 4102		
MVSS			
FAR			

Elektrische Eigenschaften

		Hz	°C		*Probekörper, Form*
Dielektrizitätszahl		50			
		10^3			
		10^6			
Dielektrischer Verlustfaktor tan δ		50			
		10^3			
		10^6			
Spezifischer Durchgangswiderstand	Ohm·cm				
Durchschlagfestigkeit	kV/mm				mm dick
Oberflächenwiderstand	Ohm				
Kriechstromfestigkeit		KC	KB	KA	
Elektrolytische Korrosionswirkung					
Lichtbogenfestigkeit nach DIN					
nach ASTM	s				

Beständigkeit *(Chemische Beständigkeit siehe Anhang)*

Wasseraufnahme	
Feuchtigkeitsaufnahme Normalklima	%
Wetterbeständigkeit	
Spannungskorrosion	

Optische Eigenschaften

Brechungszahl n_D		
Transmissionsgrad τ_c	%	mm dick
Lichtdurchlässigkeit		

Produkt	Polybutylenterephthalat		**PBT**
Handelsname	**Celanex 3100**		
Hersteller	HOECHST		
DIN-Bez 1	16779-PBT,MGHR,A14-03		
DIN-Bez 2			
Zusätze	Entformungsmittel; Waermestabilisator	*Füllstoffe/ Verstärkung*	
Bevorzugte Verarbeitung	Spritzgiessen; Extrudieren	*Lieferform*	Granulat
		Farben	
Besondere Merkmale	Hochmolekular; Hohe Zaehigkeit	*Bevorzugte Anwendungen*	Technisches Teil; Profil; Halbzeug

Dichte	g/cm^3	1.3	*Schmelzindex*	g/10 min	:	
Schüttdichte	g/cm^3		*Volumenfließindex*	cm^3/10 min	18:	250/2.16
Viskositätszahl	ml/g	145				

Verarbeitungsbedingungen für Spritzgießen

Massetemp.	°C	*Schwindung*	% lgs , quer
Werkzeugtemp.	°C	*Bemerkungen*	
Spritzdruck	bar		

Zugversuch 23 °C DIN 53455; ISO R/527; DIN 53457; ISO R/527

Probekörper: *Form* Nr. 3; 4 mm dick — *Herstellung* Spritzgiessen
Zustand — *Vorbehandlung* Normalklima

Streckspannung	N/mm^2	57	*Dehnung bei Streckspannung*	%	4
Zugfestigkeit	N/mm^2		*Reißdehnung*	%	≧50
Reißfestigkeit	N/mm^2		*% Dehnspannung*	N/mm^2	
E-Modul	N/mm^2	2700	*Dehnung bei % Dehnspg.*	%	

Kriechmoduln und Zeitstandwerte 23 °C DIN 53444; ISO 899

Probekörper: *Form* Nr. 3; 4 mm dick — *Herstellung* Spritzgiessen
Zustand — *Vorbehandlung* Normalklima

Kriechmodul	*1 min*	N/mm^2	2600	*Zeitstandzugfestigkeit*	h	N/mm^2
Kriechmodul	*1000 h*	N/mm^2	1600	*Zeitdehnspg. %*	h	N/mm^2
bei Spannung		N/mm^2				

Biegeversuch 23 °C

Probekörper: *Form* — *Herstellung*
Zustand — *Vorbehandlung*

Biegefestigkeit	N/mm^2	*E-Modul*	N/mm^2
3,5% *Biegespannung*	N/mm^2		

Härte 23 °C *Probekörper:* *Zustand* — *Herstellung*
Vorbehandlung

Kugeldruckhärte	N/mm^2 bei N, s	*Shore-Härte*	A
Rockwellhärte		*Shore-Härte*	D

Schlagversuch *Probekörper:* *(1)*
(2) — *Herstellung*
Zustand — *Vorbehandlung*

	°C	°C	°C	*Probekörper-Form*
Schlagzähigkeit kJ/m^2				
Kerbschlagzähigkeit (1) kJ/m^2				
IZOD-Kerbschlagzähigkeit (2) J/m				
Kerbschlagzugzähigkeit kJ/m^2				

Abrieb und Reibung

Taber-Abrieb (Reibradverfahren)	$mm^3/100$ U		
Abriebfaktor LNP (Thrust washer) Vergleichswert			
Statische Reibungszahl			
Dynamische Reibungszahl	(p · v =	N/mm^2 ·	m/min)
Zulässiger p · v Wert	N/mm^2 · (m/min)	v =	m/min
		v =	m/min

Thermische Eigenschaften

Formbeständigkeit in der Wärme	*Verfahren*	A	60 °C
	Verfahren	B	170 °C
Vicat Erweichungstemperatur (VST)	*Verfahren*	B/50	180 °C
	Verfahren		°C
Kristallit-Schmelzpunkt	*Verfahren*		
Längenausdehnungskoeffizient	*Bereich*	23–80 °C	$1.3 \cdot 10^{-4} K^{-1}$
	Temperatur		$\cdot 10^{-4} K^{-1}$
Wärmeleitfähigkeit	*Verfahren*		W/(K · m)
Spezifische Wärmekapazität	*Verfahren*		J/(K · g)
Glasumwandlungstemperatur	*Torsionsschwingungsversuch*	°C	
	Differentialkalorimetrie	°C	

Brandverhalten

UL-Test vertikal Dicke 1.55 mm, Wert HB
Dicke 0.85 mm, Wert HB

	Norm	*Bewertung*	*Abmessungen*
Sauerstoff-Index	ASTM D 2863		
Glühstab-Verfahren			
Brandverhalten	DIN 4102		
MVSS			
FAR			

Elektrische Eigenschaften

		Hz	°C		*Probekörper, Form*
Dielektrizitätszahl		50	23	3.9	Durchmesser 80x1 mm
		10^3	23	3.9	Durchmesser 80x1 mm
		10^6			
Dielektrischer Verlustfaktor tan δ		50	23	0.0011	Durchmesser 80x1 mm
		10^3	23	0.013	Durchmesser 80x1 mm
		10^6			
Spezifischer Durchgangs-widerstand	Ohm · cm		23	≧1*10**15	Durchmesser 80x1 mm
Durchschlagfestigkeit	kV/mm		23	22	1 mm dick
Oberflächenwiderstand	Ohm		23	7*10**13	Durchmesser 80x1 mm

Kriechstromfestigkeit	KC	KB	KA	
Elektrolytische Korrosionswirkung	A 1			30x10x4 mm
Lichtbogenfestigkeit nach DIN				
nach ASTM s				

Beständigkeit *(Chemische Beständigkeit siehe Anhang)*

Wasseraufnahme 23 C Bis zur Saettigung 0.6 %

Feuchtigkeitsaufnahme Normalklima 0.25 %
Wetterbeständigkeit

Spannungskorrosion

Optische Eigenschaften

Brechungszahl n_D
Transmissionsgrad τ_c % mm dick
Lichtdurchlässigkeit

Datenbank-Nr. **T01516** *Merkblatt-Nr.* **4132**

Produkt	Ethylen-Tetrafluorethylen-Copolymerisat		**E/TFE**
Handelsname	**Hostaflon ET 6210**		
Hersteller	HOECHST		
DIN-Bez 1			
DIN-Bez 2			
Zusätze	UV-Stabilisator; Waermestabilisator	*Füllstoffe/ Verstärkung*	
Bevorzugte Verarbeitung	Spritzgiessen; Extrudieren	*Lieferform*	Granulat
		Farben	
Besondere Merkmale	Flammwidrig; Sehr gute Witterungsbestaendigkeit; Breiter Temperatureinsatzbereich; Sehr gute Chemikalienbestaendigkeit; Sehr gute elektrische Eigenschaften	*Bevorzugte Anwendungen*	Duennwandige Ummantelung von Draht und Kabel; Duennwandiges Formteil; Monofil

Dichte	g/cm^3	1.73	*Schmelzindex*	g/10 min	:
Schüttdichte	g/cm^3		*Volumenfließindex*	$cm^3/10$ min	:
Viskositätszahl	ml/g				

Verarbeitungsbedingungen für Spritzgießen

Massetemp.	°C	*Schwindung*	% lgs , quer
Werkzeugtemp.	°C	*Bemerkungen*	
Spritzdruck	bar		

Zugversuch 23 °C

Probekörper: *Form* / *Zustand* — *Herstellung* / *Vorbehandlung*

Streckspannung	N/mm^2	*Dehnung bei Streckspannung*	%
Zugfestigkeit	N/mm^2	*Reißdehnung*	%
Reißfestigkeit	N/mm^2	*% Dehnspannung*	N/mm^2
E-Modul	N/mm^2	*Dehnung bei % Dehnspg.*	%

Kriechmoduln und Zeitstandwerte 23 °C

Probekörper: *Form* / *Zustand* — *Herstellung* / *Vorbehandlung*

Kriechmodul	*1 min* N/mm^2	*Zeitstandzugfestigkeit*	h N/mm^2
Kriechmodul	*1000 h* N/mm^2	*Zeitdehnspg. %*	h N/mm^2
bei Spannung	N/mm^2		

Biegeversuch 23 °C

Probekörper: *Form* / *Zustand* — *Herstellung* / *Vorbehandlung*

Biegefestigkeit	N/mm^2	*E-Modul*	N/mm^2
3,5% *Biegespannung*	N/mm^2		

Härte 23 °C *Probekörper:* *Zustand* — *Herstellung* / *Vorbehandlung*

Kugeldruckhärte	N/mm^2 bei N, s	*Shore-Härte* A	
Rockwellhärte		*Shore-Härte* D	

Schlagversuch *Probekörper:* *(1)* / *(2)* / *Zustand* — *Herstellung* / *Vorbehandlung*

		°C	°C	°C	*Probekörper-Form*
Schlagzähigkeit	kJ/m^2				
Kerbschlagzähigkeit (1)	kJ/m^2				
IZOD-Kerbschlagzähigkeit (2)	J/m				
Kerbschlagzugzähigkeit	kJ/m^2				

Abrieb und Reibung

Taber-Abrieb (Reibradverfahren)	mm^3/100 U		
Abriebfaktor LNP (Thrust washer) Vergleichswert			
Statische Reibungszahl			
Dynamische Reibungszahl	(p·v=	N/mm^2·	m/min)
Zulässiger p · v Wert	N/mm^2 · (m/min)	v=	m/min
		v=	m/min

Thermische Eigenschaften

Formbeständigkeit in der Wärme	*Verfahren*		°C
	Verfahren		°C
Vicat Erweichungstemperatur (VST)	*Verfahren*		°C
	Verfahren		°C
Kristallit-Schmelzpunkt	*Verfahren*		
Längenausdehnungskoeffizient	*Bereich*	°C	$\cdot 10^{-4}K^{-1}$
	Temperatur		$\cdot 10^{-4}K^{-1}$
Wärmeleitfähigkeit	*Verfahren*		W/(K · m)
Spezifische Wärmekapazität	*Verfahren*		J/(K · g)
Glasumwandlungstemperatur	*Torsionsschwingungsversuch*	°C	
	Differentialkalorimetrie	°C	

Brandverhalten

UL-Test vertikal	Dicke	mm, Wert
	Dicke	mm, Wert

	Norm	*Bewertung*	*Abmessungen*
Sauerstoff-Index	ASTM D 2863		
Glühstab-Verfahren			
Brandverhalten	DIN 4102		
MVSS			
FAR			

Elektrische Eigenschaften

		Hz	°C		*Probekörper, Form*
Dielektrizitätszahl		50	23	2.6	Durchmesser 80x1 mm
		10^3	23	2.6	Durchmesser 80x1 mm
		10^6			
Dielektrischer Verlustfaktor tan δ		50	23	0.00055	Durchmesser 80x1 mm
		10^3	23	0.0017	Durchmesser 80x1 mm
		10^6			
Spezifischer Durchgangs-widerstand	Ohm · cm		23	≧1*10**15	Durchmesser 80x1 mm
Durchschlagfestigkeit	kV/mm		23	40	1 mm dick
Oberflächenwiderstand	Ohm		23	≧1*10**15	Durchmesser 80x1 mm

Kriechstromfestigkeit	KC	KB	KA	
Elektrolytische Korrosionswirkung	A 1			30x10x4 mm
Lichtbogenfestigkeit nach DIN				
nach ASTM s				

Beständigkeit *(Chemische Beständigkeit siehe Anhang)*

Wasseraufnahme

Feuchtigkeitsaufnahme Normalklima %

Wetterbeständigkeit

Spannungskorrosion

Optische Eigenschaften

Brechungszahl n_D

Transmissionsgrad τ_c % mm dick

Lichtdurchlässigkeit

Produkt	Ethylen-Tetrafluorethylen-Copolymerisat		**E/TFE**
Handelsname	**Hostaflon ET 6235**		
Hersteller	HOECHST		
DIN-Bez 1			
DIN-Bez 2			
Zusätze	UV-Stabilisator; Waermestabilisator	*Füllstoffe/ Verstärkung*	
Bevorzugte Verarbeitung	Spritzgiessen; Extrudieren	*Lieferform*	Granulat
		Farben	
Besondere Merkmale	Flammwidrig; Extrem hohe Witterungsbestaendigkeit; Breiter Temperatureinsatzbereich; Sehr gute Chemikalienbestaendigkeit; Sehr gute elektrische Eigenschaften; Schwer entflammbar	*Bevorzugte Anwendungen*	Drahtummantelung; Kabelummantelung; Folie; Formteil mittlerer Wanddicke

Dichte	g/cm^3	1.73	*Schmelzindex*	g/10 min	:
Schüttdichte	g/cm^3		*Volumenfließindex*	$cm^3/10$ min	:
Viskositätszahl	ml/g				

Verarbeitungsbedingungen für Spritzgießen

Massetemp.	°C	*Schwindung*	% lgs , quer
Werkzeugtemp.	°C	*Bemerkungen*	
Spritzdruck	bar		

Zugversuch 23 °C

Probekörper: *Form* *Herstellung*
Zustand *Vorbehandlung*

Streckspannung	N/mm^2	*Dehnung bei Streckspannung*	%
Zugfestigkeit	N/mm^2	*Reißdehnung*	%
Reißfestigkeit	N/mm^2	*% Dehnspannung*	N/mm^2
E-Modul	N/mm^2	*Dehnung bei % Dehnspg.*	%

Kriechmoduln und Zeitstandwerte 23 °C

Probekörper: *Form* *Herstellung*
Zustand *Vorbehandlung*

Kriechmodul	*1 min* N/mm^2	*Zeitstandzugfestigkeit*	h N/mm^2
Kriechmodul	*1000 h* N/mm^2	*Zeitdehnspg. %*	h N/mm^2
bei Spannung	N/mm^2		

Biegeversuch 23 °C

Probekörper: *Form* *Herstellung*
Zustand *Vorbehandlung*

Biegefestigkeit	N/mm^2	*E-Modul*	N/mm^2
3,5% *Biegespannung*	N/mm^2		

Härte 23 °C *Probekörper:* *Zustand* *Herstellung*
Vorbehandlung

Kugeldruckhärte	N/mm^2 bei N, s	*Shore-Härte* A	
Rockwellhärte		*Shore-Härte* D	

Schlagversuch *Probekörper:* *(1)*
(2) *Herstellung*
Zustand *Vorbehandlung*

	°C	°C	°C	*Probekörper-Form*
Schlagzähigkeit kJ/m^2				
Kerbschlagzähigkeit (1) kJ/m^2				
IZOD-Kerbschlagzähigkeit (2) J/m				
Kerbschlagzugzähigkeit kJ/m^2				

Abrieb und Reibung

Taber-Abrieb (Reibradverfahren)	$mm^3/100$ U		
Abriebfaktor LNP (Thrust washer) Vergleichswert			
Statische Reibungszahl			
Dynamische Reibungszahl	(p · v =	N/mm^2 ·	m/min)
Zulässiger p · v Wert	N/mm^2 · (m/min)	v =	m/min
		v =	m/min

Thermische Eigenschaften

Formbeständigkeit in der Wärme	*Verfahren*		°C
	Verfahren		°C
Vicat Erweichungstemperatur (VST)	*Verfahren*		°C
	Verfahren		°C
Kristallit-Schmelzpunkt	*Verfahren*		
Längenausdehnungskoeffizient	*Bereich*	°C	$\cdot 10^{-4}K^{-1}$
	Temperatur		$\cdot 10^{-4}K^{-1}$
Wärmeleitfähigkeit	*Verfahren*		W/(K · m)
Spezifische Wärmekapazität	*Verfahren*		J/(K · g)
Glasumwandlungstemperatur	*Torsionsschwingungsversuch*	°C	
	Differentialkalorimetrie	°C	

Brandverhalten

UL-Test vertikal — Dicke 1.54 mm, Wert V-0
Dicke mm, Wert

	Norm	*Bewertung*	*Abmessungen*
Sauerstoff-Index	ASTM D 2863		
Glühstab-Verfahren			
Brandverhalten	DIN 4102		
MVSS			
FAR			

Elektrische Eigenschaften

		Hz	°C			*Probekörper, Form*
Dielektrizitätszahl		50	23	2.6		Durchmesser 80x1 mm
		10^3	23	2.6		Durchmesser 80x1 mm
		10^6				
Dielektrischer Verlustfaktor tan δ		50	23	0.00055		Durchmesser 80x1 mm
		10^3	23	0.0017		Durchmesser 80x1 mm
		10^6				
Spezifischer Durchgangswiderstand	Ohm · cm		23	≧1*10**15		Durchmesser 80x1 mm
Durchschlagfestigkeit	kV/mm		23	40		1 mm dick
Oberflächenwiderstand	Ohm		23	≧1*10**15		Durchmesser 80x1 mm
Kriechstromfestigkeit		KC		KB	KA	
Elektrolytische Korrosionswirkung		A 1				30x10x4 mm
Lichtbogenfestigkeit nach DIN						
nach ASTM	s					

Beständigkeit *(Chemische Beständigkeit siehe Anhang)*

Wasseraufnahme

Feuchtigkeitsaufnahme Normalklima %
Wetterbeständigkeit

Spannungskorrosion

Optische Eigenschaften

Brechungszahl n_D
Transmissionsgrad τ_c % mm dick
Lichtdurchlässigkeit

Datenbank-Nr. **T01518** Merkblatt-Nr. **4134**

Produkt	Ethylen-Tetrafluorethylen-Copolymerisat		**E/TFE**
Handelsname	**Hostaflon ET 6235 GV25**		
Hersteller	HOECHST		
DIN-Bez 1			
DIN-Bez 2			
Zusätze	UV-Stabilisator; Waermestabilisator	*Füllstoffe/ Verstärkung*	25.0% Glasfaser
Bevorzugte Verarbeitung	Spritzgiessen	*Lieferform*	Granulat
		Farben	
Besondere Merkmale	Flammwidrig; Stabilisiert; Stabil-Bewitterung; Breiter Temperatureinsatzbereich; Gute Chemikalienbestaendigkeit	*Bevorzugte Anwendungen*	Technisches Formteil mittlerer Wanddicke

Dichte	g/cm^3	1.8	*Schmelzindex*	g/10 min :
Schüttdichte	g/cm^3		*Volumenfließindex*	cm^3/10 min :
Viskositätszahl	ml/g			

Verarbeitungsbedingungen für Spritzgießen

Massetemp.	°C	*Schwindung*	% lgs , quer
Werkzeugtemp.	°C	*Bemerkungen*	
Spritzdruck	bar		

Zugversuch 23 °C

Probekörper: *Form* *Zustand* *Herstellung* *Vorbehandlung*

Streckspannung	N/mm^2	*Dehnung bei Streckspannung*	%
Zugfestigkeit	N/mm^2	*Reißdehnung*	%
Reißfestigkeit	N/mm^2	*% Dehnspannung*	N/mm^2
E-Modul	N/mm^2	*Dehnung bei % Dehnspg.*	%

Kriechmoduln und Zeitstandwerte 23 °C

Probekörper: *Form* *Zustand* *Herstellung* *Vorbehandlung*

Kriechmodul	*1 min* N/mm^2	*Zeitstandzugfestigkeit*	h N/mm^2
Kriechmodul	*1000 h* N/mm^2	*Zeitdehnspg. %*	h N/mm^2
bei Spannung	N/mm^2		

Biegeversuch 23 °C

Probekörper: *Form* *Zustand* *Herstellung* *Vorbehandlung*

Biegefestigkeit	N/mm^2	*E-Modul*	N/mm^2
3,5% *Biegespannung*	N/mm^2		

Härte 23 °C *Probekörper:* *Zustand* *Herstellung* *Vorbehandlung*

Kugeldruckhärte	N/mm^2 bei N, s	*Shore-Härte* A	
Rockwellhärte		*Shore-Härte* D	

Schlagversuch *Probekörper:* *(1)* *(2)* *Zustand* *Herstellung* *Vorbehandlung*

		°C	°C	°C	*Probekörper-Form*
Schlagzähigkeit	kJ/m^2				
Kerbschlagzähigkeit (1)	kJ/m^2				
IZOD-Kerbschlagzähigkeit (2)	J/m				
Kerbschlagzugzähigkeit	kJ/m^2				

Abrieb und Reibung

Taber-Abrieb (Reibradverfahren)	mm^3/100 U		
Abriebfaktor LNP (Thrust washer) Vergleichswert			
Statische Reibungszahl			
Dynamische Reibungszahl	(p·v= N/mm^2·		m/min)
Zulässiger p · v Wert	N/mm^2 · (m/min)	v=	m/min
		v=	m/min

Thermische Eigenschaften

Formbeständigkeit in der Wärme	*Verfahren*		°C
	Verfahren		°C
Vicat Erweichungstemperatur (VST)	*Verfahren*		°C
	Verfahren		°C
Kristallit-Schmelzpunkt	*Verfahren*		
Längenausdehnungskoeffizient	*Bereich*	°C	$\cdot 10^{-4}K^{-1}$
	Temperatur		$\cdot 10^{-4}K^{-1}$
Wärmeleitfähigkeit	*Verfahren*		W/(K · m)
Spezifische Wärmekapazität	*Verfahren*		J/(K · g)
Glasumwandlungstemperatur	*Torsionsschwingungsversuch*	°C	
	Differentialkalorimetrie	°C	

Brandverhalten

UL-Test vertikal	Dicke	mm, Wert
	Dicke	mm, Wert

	Norm	*Bewertung*	*Abmessungen*
Sauerstoff-Index	ASTM D 2863		
Glühstab-Verfahren			
Brandverhalten	DIN 4102		
MVSS			
FAR			

Elektrische Eigenschaften

		Hz	°C			*Probekörper, Form*
Dielektrizitätszahl		50	23	2.8		Durchmesser 80x1 mm
		10^3	23	2.8		Durchmesser 80x1 mm
		10^6				
Dielektrischer Verlustfaktor tan δ		50	23	0.00055		Durchmesser 80x1 mm
		10^3	23	0.0017		Durchmesser 80x1 mm
		10^6				
Spezifischer Durchgangs-widerstand	Ohm · cm		23	≧1*10**15		Durchmesser 80x1 mm
Durchschlagfestigkeit	kV/mm		23	40		1 mm dick
Oberflächenwiderstand	Ohm		23	≧1*10**15		Durchmesser 80x1 mm
Kriechstromfestigkeit		KC		KB	KA	
Elektrolytische Korrosionswirkung		A 1				30x10x4 mm
Lichtbogenfestigkeit nach DIN						
nach ASTM	s					

Beständigkeit *(Chemische Beständigkeit siehe Anhang)*

Wasseraufnahme

Feuchtigkeitsaufnahme Normalklima %

Wetterbeständigkeit

Spannungskorrosion

Optische Eigenschaften

Brechungszahl n_D

Transmissionsgrad τ_c % mm dick

Lichtdurchlässigkeit

Datenbank-Nr. **T01519** *Merkblatt-Nr.* **4135**

Produkt	Tetrafluorethylen-Hexafluorpropylen-Copolymerisat		**FEP**
Handelsname	**Hostaflon FEP 6101**		
Hersteller	HOECHST		
DIN-Bez 1			
DIN-Bez 2			
Zusätze	UV-Stabilisator; Waermestabilisator	*Füllstoffe/ Verstärkung*	
Bevorzugte Verarbeitung	Pressen; Sintern	*Lieferform*	Granulat
		Farben	
Besondere Merkmale	Flammwidrig; Stabilisiert; Stabil-Bewitterung; Hohe Molmasse	*Bevorzugte Anwendungen*	Dickwandiges Formteil

Dichte	g/cm³	2.14	*Schmelzindex*	g/10 min	:
Schüttdichte	g/cm³		*Volumenfließindex*	cm³/10 min	:
Viskositätszahl	ml/g				

Verarbeitungsbedingungen für Spritzgießen

Massetemp.	°C	*Schwindung*	% lgs , quer
Werkzeugtemp.	°C	*Bemerkungen*	
Spritzdruck	bar		

Zugversuch 23 °C

Probekörper: *Form* *Herstellung*
Zustand *Vorbehandlung*

Streckspannung	N/mm²	*Dehnung bei Streckspannung*	%
Zugfestigkeit	N/mm²	*Reißdehnung*	%
Reißfestigkeit	N/mm²	*% Dehnspannung*	N/mm²
E-Modul	N/mm²	*Dehnung bei % Dehnspg.*	%

Kriechmoduln und Zeitstandwerte 23 °C

Probekörper: *Form* *Herstellung*
Zustand *Vorbehandlung*

Kriechmodul	*1 min* N/mm²	*Zeitstandzugfestigkeit*	h N/mm²
Kriechmodul	*1000 h* N/mm²	*Zeitdehnspg. %*	h N/mm²
bei Spannung	N/mm²		

Biegeversuch 23 °C

Probekörper: *Form* *Herstellung*
Zustand *Vorbehandlung*

Biegefestigkeit	N/mm²	*E-Modul*	N/mm²
3,5% *Biegespannung*	N/mm²		

Härte 23 °C *Probekörper:* *Zustand* *Herstellung*
Vorbehandlung

Kugeldruckhärte	N/mm² bei N, s	*Shore-Härte*	A
Rockwellhärte		*Shore-Härte*	D

Schlagversuch *Probekörper:* *(1)*
(2) *Herstellung*
Zustand *Vorbehandlung*

		°C	°C	°C	*Probekörper-Form*
Schlagzähigkeit	kJ/m²				
Kerbschlagzähigkeit (1)	kJ/m²				
IZOD-Kerbschlagzähigkeit (2)	J/m				
Kerbschlagzugzähigkeit	kJ/m²				

Abrieb und Reibung

Taber-Abrieb (Reibradverfahren)	mm^3/100 U		
Abriebfaktor LNP (Thrust washer) Vergleichswert			
Statische Reibungszahl			
Dynamische Reibungszahl	(p · v =	N/mm^2 ·	m/min)
Zulässiger p · v Wert	N/mm^2 · (m/min)	v =	m/min
		v =	m/min

Thermische Eigenschaften

Formbeständigkeit in der Wärme	*Verfahren*		°C
	Verfahren		°C
Vicat Erweichungstemperatur (VST)	*Verfahren*		°C
	Verfahren		°C
Kristallit-Schmelzpunkt	*Verfahren*		
Längenausdehnungskoeffizient	*Bereich*	°C	$\cdot 10^{-4}K^{-1}$
	Temperatur		$\cdot 10^{-4}K^{-1}$
Wärmeleitfähigkeit	*Verfahren*		W/(K · m)
Spezifische Wärmekapazität	*Verfahren*		J/(K · g)
Glasumwandlungstemperatur	*Torsionsschwingungsversuch*	°C	
	Differentialkalorimetrie	°C	

Brandverhalten

UL-Test vertikal Dicke mm, Wert
Dicke mm, Wert

	Norm	*Bewertung*	*Abmessungen*
Sauerstoff-Index	ASTM D 2863		
Glühstab-Verfahren			
Brandverhalten	DIN 4102		
MVSS			
FAR			

Elektrische Eigenschaften

		Hz	°C			*Probekörper, Form*
Dielektrizitätszahl		50	23	2.1		Durchmesser 80x1 mm
		10^3	23	2.1		Durchmesser 80x1 mm
		10^6				
Dielektrischer Verlustfaktor tan δ		50	23	0.0001		Durchmesser 80x1 mm
		10^3	23	0.00022		Durchmesser 80x1 mm
		10^6				
Spezifischer Durchgangs-widerstand	Ohm · cm		23	≧1*10**15		Durchmesser 80x1 mm
Durchschlagfestigkeit	kV/mm		23	40		1 mm dick
Oberflächenwiderstand	Ohm		23	≧1*10**15		Durchmesser 80x1 mm
Kriechstromfestigkeit		KC		KB	KA	
Elektrolytische Korrosionswirkung		A 1				30x10x4 mm
Lichtbogenfestigkeit nach DIN						
nach ASTM	s					

Beständigkeit *(Chemische Beständigkeit siehe Anhang)*

Wasseraufnahme

Feuchtigkeitsaufnahme Normalklima %

Wetterbeständigkeit

Spannungskorrosion

Optische Eigenschaften

Brechungszahl n_D

Transmissionsgrad τ_c % mm dick

Lichtdurchlässigkeit

Datenbank-Nr. **T01520** Merkblatt-Nr. **4136**

Produkt	Tetrafluorethylen-Hexafluorpropylen-Copolymerisat		**FEP**
Handelsname	**Hostaflon FEP 6103**		
Hersteller	HOECHST		
DIN-Bez 1			
DIN-Bez 2			
Zusätze	UV-Stabilisator; Waermestabilisator	*Füllstoffe/ Verstärkung*	
Bevorzugte Verarbeitung	Extrudieren	*Lieferform*	Granulat
		Farben	
Besondere Merkmale	Flammwidrig; Stabilisiert; Stabil-Bewitterung; Mittlere Molmasse	*Bevorzugte Anwendungen*	Drahtummantelung; Kabelummantelung; Gute Spannungsrissbestaendigkeit

Dichte	g/cm^3	2.14	*Schmelzindex*	g/10 min	:
Schüttdichte	g/cm^3		*Volumenfließindex*	$cm^3/10$ min	:
Viskositätszahl	ml/g				

Verarbeitungsbedingungen für Spritzgießen

Massetemp.	°C	*Schwindung*	% lgs , quer
Werkzeugtemp.	°C	*Bemerkungen*	
Spritzdruck	bar		

Zugversuch 23 °C

Probekörper: *Form* *Herstellung*
Zustand *Vorbehandlung*

Streckspannung	N/mm^2	*Dehnung bei Streckspannung*	%
Zugfestigkeit	N/mm^2	*Reißdehnung*	%
Reißfestigkeit	N/mm^2	*% Dehnspannung*	N/mm^2
E-Modul	N/mm^2	*Dehnung bei % Dehnspg.*	%

Kriechmoduln und Zeitstandwerte 23 °C

Probekörper: *Form* *Herstellung*
Zustand *Vorbehandlung*

Kriechmodul	*1 min* N/mm^2	*Zeitstandzugfestigkeit*	h N/mm^2
Kriechmodul	*1000 h* N/mm^2	*Zeitdehnspg. %*	h N/mm^2
bei Spannung	N/mm^2		

Biegeversuch 23 °C

Probekörper: *Form* *Herstellung*
Zustand *Vorbehandlung*

Biegefestigkeit	N/mm^2	*E-Modul*	N/mm^2
3,5% *Biegespannung*	N/mm^2		

Härte 23 °C *Probekörper:* *Zustand* *Herstellung*
Vorbehandlung

Kugeldruckhärte	N/mm^2 bei N, s	*Shore-Härte* A	
Rockwellhärte		*Shore-Härte* D	

Schlagversuch *Probekörper:* *(1)*
(2) *Herstellung*
Zustand *Vorbehandlung*

	°C	°C	°C	*Probekörper-Form*
Schlagzähigkeit kJ/m^2				
Kerbschlagzähigkeit (1) kJ/m^2				
IZOD-Kerbschlagzähigkeit (2) J/m				
Kerbschlagzugzähigkeit kJ/m^2				

Abrieb und Reibung

Taber-Abrieb (Reibradverfahren)	mm^3/100 U		
Abriebfaktor LNP (Thrust washer) Vergleichswert			
Statische Reibungszahl			
Dynamische Reibungszahl	(p·v= N/mm^2·		m/min)
Zulässiger p·v Wert	N/mm^2·(m/min)	v=	m/min
		v=	m/min

Thermische Eigenschaften

Formbeständigkeit in der Wärme	*Verfahren*		°C
	Verfahren		°C
Vicat Erweichungstemperatur (VST)	*Verfahren*		°C
	Verfahren		°C
Kristallit-Schmelzpunkt	*Verfahren*		
Längenausdehnungskoeffizient	*Bereich*	°C	$\cdot 10^{-4}K^{-1}$
	Temperatur		$\cdot 10^{-4}K^{-1}$
Wärmeleitfähigkeit	*Verfahren*		W/(K·m)
Spezifische Wärmekapazität	*Verfahren*		J/(K·g)
Glasumwandlungstemperatur	*Torsionsschwingungsversuch*	°C	
	Differentialkalorimetrie	°C	

Brandverhalten

UL-Test vertikal	Dicke mm, Wert
	Dicke mm, Wert

	Norm	*Bewertung*	*Abmessungen*
Sauerstoff-Index	ASTM D 2863		
Glühstab-Verfahren			
Brandverhalten	DIN 4102		
MVSS			
FAR			

Elektrische Eigenschaften

		Hz	°C		*Probekörper, Form*
Dielektrizitätszahl		50	23	2.1	Durchmesser 80x1 mm
		10^3	23	2.1	Durchmesser 80x1 mm
		10^6			
Dielektrischer Verlustfaktor tan δ		50	23	0.0001	Durchmesser 80x1 mm
		10^3	23	0.00022	Durchmesser 80x1 mm
		10^6			
Spezifischer Durchgangswiderstand	Ohm·cm		23	≧1*10**15	Durchmesser 80x1 mm
Durchschlagfestigkeit	kV/mm		23	40	1 mm dick
Oberflächenwiderstand	Ohm		23	≧1*10**15	Durchmesser 80x1 mm

Kriechstromfestigkeit	KC	KB	KA	
Elektrolytische Korrosionswirkung	A 1			30x10x4 mm
Lichtbogenfestigkeit nach DIN				
nach ASTM s				

Beständigkeit *(Chemische Beständigkeit siehe Anhang)*

Wasseraufnahme

Feuchtigkeitsaufnahme Normalklima %

Wetterbeständigkeit

Spannungskorrosion

Optische Eigenschaften

Brechungszahl n_D

Transmissionsgrad τ_c % mm dick

Lichtdurchlässigkeit

Datenbank-Nr.	**T01521**	*Merkblatt-Nr.*	**4137**

Produkt	Tetrafluorethylen-Hexafluorpropylen-Copolymerisat		**FEP**
Handelsname	**Hostaflon FEP 6107**		
Hersteller	HOECHST		
DIN-Bez 1			
DIN-Bez 2			
Zusätze	UV-Stabilisator; Waermestabilisator	*Füllstoffe/ Verstärkung*	
Bevorzugte Verarbeitung	Spritzgiessen; Extrudieren	*Lieferform*	Granulat
		Farben	
Besondere Merkmale	Flammwidrig; Stabilisiert; Stabil-Bewitterung; Niedrige Molmasse	*Bevorzugte Anwendungen*	Drahtummantelung; Kabelummantelung; Formteil mittlerer Wandstaerke; Folie

Dichte	g/cm^3	2.14	*Schmelzindex*	g/10 min	:
Schüttdichte	g/cm^3		*Volumenfließindex*	$cm^3/10$ min	:
Viskositätszahl	ml/g				

Verarbeitungsbedingungen für Spritzgießen

Massetemp.	°C	*Schwindung*	% lgs , quer
Werkzeugtemp.	°C	*Bemerkungen*	
Spritzdruck	bar		

Zugversuch 23 °C

Probekörper: *Form* *Zustand* *Herstellung* *Vorbehandlung*

Streckspannung	N/mm^2	*Dehnung bei Streckspannung*	%
Zugfestigkeit	N/mm^2	*Reißdehnung*	%
Reißfestigkeit	N/mm^2	*% Dehnspannung*	N/mm^2
E-Modul	N/mm^2	*Dehnung bei % Dehnspg.*	%

Kriechmoduln und Zeitstandwerte 23 °C

Probekörper: *Form* *Zustand* *Herstellung* *Vorbehandlung*

Kriechmodul	*1 min* N/mm^2	*Zeitstandzugfestigkeit*	h N/mm^2
Kriechmodul	*1000 h* N/mm^2	*Zeitdehnspg. %*	h N/mm^2
bei Spannung	N/mm^2		

Biegeversuch 23 °C

Probekörper: *Form* *Zustand* *Herstellung* *Vorbehandlung*

Biegefestigkeit	N/mm^2	*E-Modul*	N/mm^2
3,5% *Biegespannung*	N/mm^2		

Härte 23 °C *Probekörper:* *Zustand* *Herstellung* *Vorbehandlung*

Kugeldruckhärte	N/mm^2 bei N, s	*Shore-Härte* A	
Rockwellhärte		*Shore-Härte* D	

Schlagversuch *Probekörper:* *(1)* *(2)* *Zustand* *Herstellung* *Vorbehandlung*

		°C	°C	°C	*Probekörper-Form*
Schlagzähigkeit	kJ/m^2				
Kerbschlagzähigkeit (1)	kJ/m^2				
IZOD-Kerbschlagzähigkeit (2)	J/m				
Kerbschlagzugzähigkeit	kJ/m^2				

Abrieb und Reibung

Taber-Abrieb (Reibradverfahren)	mm^3/100 U			
Abriebfaktor LNP (Thrust washer) Vergleichswert				
Statische Reibungszahl				
Dynamische Reibungszahl	(p · v =	N/mm^2 ·		m/min)
Zulässiger p · v Wert	N/mm^2 · (m/min)		v =	m/min
			v =	m/min

Thermische Eigenschaften

Formbeständigkeit in der Wärme	*Verfahren*		°C
	Verfahren		°C
Vicat Erweichungstemperatur (VST)	*Verfahren*		°C
	Verfahren		°C
Kristallit-Schmelzpunkt	*Verfahren*		
Längenausdehnungskoeffizient	*Bereich*	°C	$\cdot 10^{-4} K^{-1}$
	Temperatur		$\cdot 10^{-4} K^{-1}$
Wärmeleitfähigkeit	*Verfahren*		W/(K · m)
Spezifische Wärmekapazität	*Verfahren*		J/(K · g)
Glasumwandlungstemperatur	*Torsionsschwingungsversuch*	°C	
	Differentialkalorimetrie	°C	

Brandverhalten

UL-Test vertikal	Dicke	mm, Wert
	Dicke	mm, Wert

	Norm	*Bewertung*	*Abmessungen*
Sauerstoff-Index	ASTM D 2863		
Glühstab-Verfahren			
Brandverhalten	DIN 4102		
MVSS			
FAR			

Elektrische Eigenschaften

		Hz	°C			*Probekörper, Form*
Dielektrizitätszahl		50	23	2.1		Durchmesser 80x1 mm
		10^3	23	2.1		Durchmesser 80x1 mm
		10^6				
Dielektrischer Verlustfaktor tan δ		50	23	0.0001		Durchmesser 80x1 mm
		10^3	23	0.00022		Durchmesser 80x1 mm
		10^6				
Spezifischer Durchgangs-widerstand	Ohm · cm		23	≧1*10**15		Durchmesser 80x1 mm
Durchschlagfestigkeit	kV/mm		23	40		1 mm dick
Oberflächenwiderstand	Ohm		23	≧1*10**15		Durchmesser 80x1 mm
Kriechstromfestigkeit		KC		KB	KA	
Elektrolytische Korrosionswirkung		A 1				30x10x4 mm
Lichtbogenfestigkeit nach DIN						
nach ASTM	s					

Beständigkeit *(Chemische Beständigkeit siehe Anhang)*

Wasseraufnahme

Feuchtigkeitsaufnahme Normalklima %

Wetterbeständigkeit

Spannungskorrosion

Optische Eigenschaften

Brechungszahl n_D		
Transmissionsgrad τ_c	%	mm dick
Lichtdurchlässigkeit		

Produkt	Perfluoralkoxypolymerisat		**PFA**
Handelsname	**Hostaflon PFA 6502**		
Hersteller	HOECHST		
DIN-Bez 1 *DIN-Bez 2*			
Zusätze	UV-Stabilisator; Waermestabilisator	*Füllstoffe/ Verstärkung*	
Bevorzugte Verarbeitung	Pressen; Sintern	*Lieferform*	Granulat
		Farben	
Besondere Merkmale	Flammwidrig; Stabilisiert; Stabil-Bewitterung; Gute Spannungsrissbestaendigkeit; Sehr hohe Molmasse	*Bevorzugte Anwendungen*	Korrosionsfestes Auskleiden von Armaturen und Formteilen; Rohr; Schlauch

Dichte	g/cm³	2.16	*Schmelzindex*	g/10 min	:
Schüttdichte	g/cm³		*Volumenfließindex*	cm³/10 min	:
Viskositätszahl	ml/g				

Verarbeitungsbedingungen für Spritzgießen

Massetemp.	°C	*Schwindung*	% lgs , quer
Werkzeugtemp.	°C	*Bemerkungen*	
Spritzdruck	bar		

Zugversuch 23 °C

Probekörper: *Form* *Zustand* — *Herstellung* *Vorbehandlung*

Streckspannung	N/mm²	*Dehnung bei Streckspannung*	%
Zugfestigkeit	N/mm²	*Reißdehnung*	%
Reißfestigkeit	N/mm²	*% Dehnspannung*	N/mm²
E-Modul	N/mm²	*Dehnung bei % Dehnspg.*	%

Kriechmoduln und Zeitstandwerte 23 °C

Probekörper: *Form* *Zustand* — *Herstellung* *Vorbehandlung*

Kriechmodul	*1 min* N/mm²	*Zeitstandzugfestigkeit*	h N/mm²
Kriechmodul	*1000 h* N/mm²	*Zeitdehnspg.* %	h N/mm²
bei Spannung	N/mm²		

Biegeversuch 23 °C

Probekörper: *Form* *Zustand* — *Herstellung* *Vorbehandlung*

Biegefestigkeit	N/mm²	*E-Modul*	N/mm²
3,5% *Biegespannung*	N/mm²		

Härte 23 °C *Probekörper:* *Zustand* — *Herstellung* *Vorbehandlung*

Kugeldruckhärte	N/mm² bei N, s	*Shore-Härte* A
Rockwellhärte		*Shore-Härte* D

Schlagversuch *Probekörper:* *(1)* *(2)* *Zustand* — *Herstellung* *Vorbehandlung*

		°C	°C	°C	*Probekörper-Form*
Schlagzähigkeit	kJ/m²				
Kerbschlagzähigkeit (1)	kJ/m²				
IZOD-Kerbschlagzähigkeit (2)	J/m				
Kerbschlagzugzähigkeit	kJ/m²				

Abrieb und Reibung

Taber-Abrieb (Reibradverfahren)	mm^3/100 U			
Abriebfaktor LNP (Thrust washer) Vergleichswert				
Statische Reibungszahl				
Dynamische Reibungszahl	(p · v =	N/mm^2 ·		m/min)
Zulässiger p · v Wert	N/mm^2 · (m/min)		v =	m/min
			v =	m/min

Thermische Eigenschaften

Formbeständigkeit in der Wärme	*Verfahren*			°C
	Verfahren			°C
Vicat Erweichungstemperatur (VST)	*Verfahren*			°C
	Verfahren			°C
Kristallit-Schmelzpunkt	*Verfahren*			
Längenausdehnungskoeffizient	*Bereich*	°C		$\cdot 10^{-4}K^{-1}$
	Temperatur			$\cdot 10^{-4}K^{-1}$
Wärmeleitfähigkeit	*Verfahren*			W/(K · m)
Spezifische Wärmekapazität	*Verfahren*			J/(K · g)
Glasumwandlungstemperatur	*Torsionsschwingungsversuch*		°C	
	Differentialkalorimetrie		°C	

Brandverhalten

UL-Test vertikal		Dicke mm, Wert	
		Dicke mm, Wert	
	Norm	*Bewertung*	*Abmessungen*
Sauerstoff-Index	ASTM D 2863		
Glühstab-Verfahren			
Brandverhalten	DIN 4102		
MVSS			
FAR			

Elektrische Eigenschaften

		Hz	°C			*Probekörper, Form*
Dielektrizitätszahl		50	23	2.1		Durchmesser 80x1 mm
		10^3	23	2.1		Durchmesser 80x1 mm
		10^6				
Dielektrischer Verlustfaktor tan δ		50	23	0.00009		Durchmesser 80x1 mm
		10^3	23	0.00011		Durchmesser 80x1 mm
		10^6				
Spezifischer Durchgangs-widerstand	Ohm · cm		23	≧1*10**15		Durchmesser 80x1 mm
Durchschlagfestigkeit	kV/mm		23	40		1 mm dick
Oberflächenwiderstand	Ohm		23	≧1*10**15		Durchmesser 80x1 mm
Kriechstromfestigkeit		KC		KB	KA	
Elektrolytische Korrosionswirkung		A 1				30x10x4 mm
Lichtbogenfestigkeit nach DIN						
nach ASTM	s					

Beständigkeit *(Chemische Beständigkeit siehe Anhang)*

Wasseraufnahme

Feuchtigkeitsaufnahme Normalklima %

Wetterbeständigkeit

Spannungskorrosion

Optische Eigenschaften

Brechungszahl n_D

Transmissionsgrad τ_c % mm dick

Lichtdurchlässigkeit

Datenbank-Nr. **T01523** *Merkblatt-Nr.* **4139**

Produkt	Perfluoralkoxypolymerisat		**PFA**
Handelsname	**Hostaflon PFA 6515**		
Hersteller	HOECHST		
DIN-Bez 1			
DIN-Bez 2			
Zusätze	UV-Stabilisator; Waermestabilisator	*Füllstoffe/ Verstärkung*	
Bevorzugte Verarbeitung	Spritzgiessen	*Lieferform*	Granulat
		Farben	
Besondere Merkmale	Flammwidrig; Stabilisiert; Stabil-Bewitterung; Mittlere Molmasse	*Bevorzugte Anwendungen*	Drahtummantelung; Kabelummantelung; Duennwandiges Formteil

Dichte	g/cm³	2.16	*Schmelzindex*	g/10 min	:
Schüttdichte	g/cm³		*Volumenfließindex*	cm³/10 min	:
Viskositätszahl	ml/g				

Verarbeitungsbedingungen für Spritzgießen

Massetemp.	°C	*Schwindung*	% lgs , quer
Werkzeugtemp.	°C	*Bemerkungen*	
Spritzdruck	bar		

Zugversuch 23 °C

Probekörper: *Form* / *Zustand* — *Herstellung* / *Vorbehandlung*

Streckspannung	N/mm²	*Dehnung bei Streckspannung*	%
Zugfestigkeit	N/mm²	*Reißdehnung*	%
Reißfestigkeit	N/mm²	*% Dehnspannung*	N/mm²
E-Modul	N/mm²	*Dehnung bei % Dehnspg.*	%

Kriechmoduln und Zeitstandwerte 23 °C

Probekörper: *Form* / *Zustand* — *Herstellung* / *Vorbehandlung*

Kriechmodul	*1 min* N/mm²	*Zeitstandzugfestigkeit*	h N/mm²
Kriechmodul	*1000 h* N/mm²	*Zeitdehnspg. %*	h N/mm²
bei Spannung	N/mm²		

Biegeversuch 23 °C

Probekörper: *Form* / *Zustand* — *Herstellung* / *Vorbehandlung*

Biegefestigkeit	N/mm²	*E-Modul*	N/mm²
3,5% *Biegespannung*	N/mm²		

Härte 23 °C *Probekörper:* *Zustand* — *Herstellung* / *Vorbehandlung*

Kugeldruckhärte	N/mm² bei N, s	*Shore-Härte*	A
Rockwellhärte		*Shore-Härte*	D

Schlagversuch *Probekörper:* *(1)* / *(2)* / *Zustand* — *Herstellung* / *Vorbehandlung*

	°C	°C	°C	*Probekörper-Form*
Schlagzähigkeit kJ/m²				
Kerbschlagzähigkeit (1) kJ/m²				
IZOD-Kerbschlagzähigkeit (2) J/m				
Kerbschlagzugzähigkeit kJ/m²				

Abrieb und Reibung

Taber-Abrieb (Reibradverfahren)	mm^3/100 U		
Abriebfaktor LNP (Thrust washer) Vergleichswert			
Statische Reibungszahl			
Dynamische Reibungszahl	(p · v =	N/mm^2 ·	m/min)
Zulässiger p · v Wert	N/mm^2 · (m/min)	v =	m/min
		v =	m/min

Thermische Eigenschaften

Formbeständigkeit in der Wärme	*Verfahren*		°C
	Verfahren		°C
Vicat Erweichungstemperatur (VST)	*Verfahren*		°C
	Verfahren		°C
Kristallit-Schmelzpunkt	*Verfahren*		
Längenausdehnungskoeffizient	*Bereich*	°C	$\cdot 10^{-4} K^{-1}$
	Temperatur		$\cdot 10^{-4} K^{-1}$
Wärmeleitfähigkeit	*Verfahren*		W/(K · m)
Spezifische Wärmekapazität	*Verfahren*		J/(K · g)
Glasumwandlungstemperatur	*Torsionsschwingungsversuch*	°C	
	Differentialkalorimetrie	°C	

Brandverhalten

UL-Test vertikal	Dicke	mm, Wert
	Dicke	mm, Wert

	Norm	*Bewertung*	*Abmessungen*
Sauerstoff-Index	ASTM D 2863		
Glühstab-Verfahren			
Brandverhalten	DIN 4102		
MVSS			
FAR			

Elektrische Eigenschaften

		Hz	°C			*Probekörper, Form*
Dielektrizitätszahl		50	23	2.1		Durchmesser 80x1 mm
		10^3	23	2.1		Durchmesser 80x1 mm
		10^6				
Dielektrischer Verlustfaktor tan δ		50	23	0.00009		Durchmesser 80x1 mm
		10^3	23	0.00011		Durchmesser 80x1 mm
		10^6				
Spezifischer Durchgangs-widerstand	Ohm · cm		23	≧1*10**15		Durchmesser 80x1 mm
Durchschlagfestigkeit	kV/mm		23	40		1 mm dick
Oberflächenwiderstand	Ohm		23	≧1*10**15		Durchmesser 80x1 mm
Kriechstromfestigkeit		KC		KB	KA	
Elektrolytische Korrosionswirkung		A 1				30x10x4 mm
Lichtbogenfestigkeit nach DIN						
nach ASTM	s					

Beständigkeit *(Chemische Beständigkeit siehe Anhang)*

Wasseraufnahme

Feuchtigkeitsaufnahme Normalklima %

Wetterbeständigkeit

Spannungskorrosion

Optische Eigenschaften

Brechungszahl n_D		
Transmissionsgrad τ_c	%	mm dick
Lichtdurchlässigkeit		

Datenbank-Nr. **T01524** *Merkblatt-Nr.* **4140**

Produkt	Polytetrafluorethylen		**PTFE**
Handelsname	**Hostaflon TF 1632**		
Hersteller	HOECHST		
DIN-Bez 1 *DIN-Bez 2*			
Zusätze	UV-Stabilisator; Waermestabilisator	*Füllstoffe/ Verstärkung*	
Bevorzugte Verarbeitung	Pressen; Sintern	*Lieferform*	Pulver
		Farben	
Besondere Merkmale	Flammwidrig; Universelle Witterungsbestaendigkeit; Antiadhaesiv; Niedrige Reibungszahl; Extreme elektrische-dielektrische Eigenschaften; Zaeh; Flexibel	*Bevorzugte Anwendungen*	Schaelfolie fuer Auskleidung

Dichte	g/cm³	2.18	*Schmelzindex*	g/10 min	:
Schüttdichte	g/cm³		*Volumenfließindex*	cm³/10 min	:
Viskositätszahl	ml/g				

Verarbeitungsbedingungen für Spritzgießen

Massetemp.	°C	*Schwindung*	% lgs , quer
Werkzeugtemp.	°C	*Bemerkungen*	
Spritzdruck	bar		

Zugversuch 23 °C

Probekörper: *Form* *Zustand* — *Herstellung* *Vorbehandlung*

Streckspannung	N/mm²	*Dehnung bei Streckspannung*	%
Zugfestigkeit	N/mm²	*Reißdehnung*	%
Reißfestigkeit	N/mm²	*% Dehnspannung*	N/mm²
E-Modul	N/mm²	*Dehnung bei % Dehnspg.*	%

Kriechmoduln und Zeitstandwerte 23 °C

Probekörper: *Form* *Zustand* — *Herstellung* *Vorbehandlung*

Kriechmodul	*1 min* N/mm²	*Zeitstandzugfestigkeit*	h N/mm²
Kriechmodul	*1000 h* N/mm²	*Zeitdehnspg. %*	h N/mm²
bei Spannung	N/mm²		

Biegeversuch 23 °C

Probekörper: *Form* *Zustand* — *Herstellung* *Vorbehandlung*

Biegefestigkeit	N/mm²	*E-Modul*	N/mm²
3,5% *Biegespannung*	N/mm²		

Härte 23 °C *Probekörper:* *Zustand* — *Herstellung* *Vorbehandlung*

Kugeldruckhärte	N/mm² bei N, s	*Shore-Härte* A	
Rockwellhärte		*Shore-Härte* D	

Schlagversuch *Probekörper:* *(1)* *(2)* *Zustand* — *Herstellung* *Vorbehandlung*

		°C	°C	°C	*Probekörper-Form*
Schlagzähigkeit	kJ/m²				
Kerbschlagzähigkeit (1)	kJ/m²				
IZOD-Kerbschlagzähigkeit (2)	J/m				
Kerbschlagzugzähigkeit	kJ/m²				

Abrieb und Reibung

Taber-Abrieb (Reibradverfahren)	mm^3/100 U		
Abriebfaktor LNP (Thrust washer) Vergleichswert			
Statische Reibungszahl			
Dynamische Reibungszahl	(p·v= N/mm^2·		m/min)
Zulässiger p·v Wert	N/mm^2·(m/min)	v=	m/min
		v=	m/min

Thermische Eigenschaften

Formbeständigkeit in der Wärme	*Verfahren*		°C
	Verfahren		°C
Vicat Erweichungstemperatur (VST)	*Verfahren*	B/50	110 °C
	Verfahren		°C
Kristallit-Schmelzpunkt	*Verfahren*		
Längenausdehnungskoeffizient	*Bereich*	°C	$\cdot 10^{-4} K^{-1}$
	Temperatur		$\cdot 10^{-4} K^{-1}$
Wärmeleitfähigkeit	*Verfahren*		W/(K·m)
Spezifische Wärmekapazität	*Verfahren*		J/(K·g)
Glasumwandlungstemperatur	*Torsionsschwingungsversuch*	°C	
	Differentialkalorimetrie	°C	

Brandverhalten

UL-Test vertikal	Dicke mm, Wert	
	Dicke mm, Wert	

	Norm	*Bewertung*	*Abmessungen*
Sauerstoff-Index	ASTM D 2863		
Glühstab-Verfahren			
Brandverhalten	DIN 4102		
MVSS			
FAR			

Elektrische Eigenschaften

		Hz	°C			*Probekörper, Form*
Dielektrizitätszahl		50	23	2.1		Durchmesser 80x1 mm
		10^3	23	2.1		Durchmesser 80x1 mm
		10^6				
Dielektrischer Verlustfaktor tan δ		50	23	0.00005		Durchmesser 80x1 mm
		10^3	23	0.00007		Durchmesser 80x1 mm
		10^6				
Spezifischer Durchgangswiderstand	Ohm·cm		23	≧1*10**15		Durchmesser 80x1 mm
Durchschlagfestigkeit	kV/mm		23	40		1 mm dick
Oberflächenwiderstand	Ohm		23	≧1*10**15		Durchmesser 80x1 mm
Kriechstromfestigkeit		KC		KB	KA	
Elektrolytische Korrosionswirkung		A 1				30x10x4 mm
Lichtbogenfestigkeit nach DIN						
nach ASTM	s					

Beständigkeit *(Chemische Beständigkeit siehe Anhang)*

Wasseraufnahme 23 C Bis zur Saettigung	0 %	
Feuchtigkeitsaufnahme Normalklima		0 %
Wetterbeständigkeit		
Spannungskorrosion		

Optische Eigenschaften

Brechungszahl n_D	1.35		
Transmissionsgrad τ_c		%	mm dick
Lichtdurchlässigkeit			

Datenbank-Nr. **T01525** Merkblatt-Nr. **4141**

Produkt	Polytetrafluorethylen		**PTFE**
Handelsname	**Hostaflon TF 1645**		
Hersteller	HOECHST		
DIN-Bez 1			
DIN-Bez 2			
Zusätze	UV-Stabilisator; Waermestabilisator	*Füllstoffe/ Verstärkung*	
Bevorzugte Verarbeitung	Pressen; Sintern	*Lieferform*	Pulver
		Farben	
Besondere Merkmale	Flammwidrig; Stabilisiert; Stabil-Bewitterung; Antiadhaesiv; Niedrige Reibungszahl; Extreme elektrische-dielektrische Eigenschaften; Zaeh; Flexibel	*Bevorzugte Anwendungen*	Chemischer Apparatebau; Elektrotechnik; Elektronik; Dichtelement; Gleitelement

Dichte	g/cm^3	2.18	*Schmelzindex*	g/10 min	:
Schüttdichte	g/cm^3		*Volumenfließindex*	cm^3/10 min	:
Viskositätszahl	ml/g				

Verarbeitungsbedingungen für Spritzgießen

Massetemp.	°C	*Schwindung*	% lgs , quer
Werkzeugtemp.	°C	*Bemerkungen*	
Spritzdruck	bar		

Zugversuch 23 °C

Probekörper: *Form* *Zustand* — *Herstellung* *Vorbehandlung*

Streckspannung	N/mm^2	*Dehnung bei Streckspannung*	%
Zugfestigkeit	N/mm^2	*Reißdehnung*	%
Reißfestigkeit	N/mm^2	*% Dehnspannung*	N/mm^2
E-Modul	N/mm^2	*Dehnung bei % Dehnspg.*	%

Kriechmoduln und Zeitstandwerte 23 °C

Probekörper: *Form* *Zustand* — *Herstellung* *Vorbehandlung*

Kriechmodul	*1 min* N/mm^2	*Zeitstandzugfestigkeit*	h N/mm^2
Kriechmodul	*1000 h* N/mm^2	*Zeitdehnspg. %*	h N/mm^2
bei Spannung	N/mm^2		

Biegeversuch 23 °C

Probekörper: *Form* *Zustand* — *Herstellung* *Vorbehandlung*

Biegefestigkeit	N/mm^2	*E-Modul*	N/mm^2
3,5% *Biegespannung*	N/mm^2		

Härte 23 °C *Probekörper:* *Zustand* — *Herstellung* *Vorbehandlung*

Kugeldruckhärte	N/mm^2 bei N, s	*Shore-Härte* A	
Rockwellhärte		*Shore-Härte* D	

Schlagversuch *Probekörper:* *(1)* *(2)* *Zustand* — *Herstellung* *Vorbehandlung*

		°C	°C	°C	*Probekörper-Form*
Schlagzähigkeit	kJ/m^2				
Kerbschlagzähigkeit (1)	kJ/m^2				
IZOD-Kerbschlagzähigkeit (2)	J/m				
Kerbschlagzugzähigkeit	kJ/m^2				

Abrieb und Reibung

Taber-Abrieb (Reibradverfahren)	$mm^3/100$ U		
Abriebfaktor LNP (Thrust washer) Vergleichswert			
Statische Reibungszahl			
Dynamische Reibungszahl	(p·v=	N/mm^2 ·	m/min)
Zulässiger p · v Wert	N/mm^2 · (m/min)	v=	m/min
		v=	m/min

Thermische Eigenschaften

Formbeständigkeit in der Wärme	*Verfahren*		°C
	Verfahren		°C
Vicat Erweichungstemperatur (VST)	*Verfahren*	B/50	110 °C
	Verfahren		°C
Kristallit-Schmelzpunkt	*Verfahren*		
Längenausdehnungskoeffizient	*Bereich*	°C	$\cdot 10^{-4}K^{-1}$
	Temperatur		$\cdot 10^{-4}K^{-1}$
Wärmeleitfähigkeit	*Verfahren*		W/(K · m)
Spezifische Wärmekapazität	*Verfahren*		J/(K · g)
Glasumwandlungstemperatur	*Torsionsschwingungsversuch*	°C	
	Differentialkalorimetrie	°C	

Brandverhalten

UL-Test vertikal	Dicke	mm, Wert
	Dicke	mm, Wert

	Norm	*Bewertung*	*Abmessungen*
Sauerstoff-Index	ASTM D 2863		
Glühstab-Verfahren			
Brandverhalten	DIN 4102		
MVSS			
FAR			

Elektrische Eigenschaften

		Hz	°C			*Probekörper, Form*
Dielektrizitätszahl		50	23	2.1		Durchmesser 80x1 mm
		10^3	23	2.1		Durchmesser 80x1 mm
		10^6				
Dielektrischer Verlustfaktor tan δ		50	23	0.00005		Durchmesser 80x1 mm
		10^3	23	0.00007		Durchmesser 80x1 mm
		10^6				
Spezifischer Durchgangs-widerstand	Ohm · cm		23	≧1*10**15		Durchmesser 80x1 mm
Durchschlagfestigkeit	kV/mm		23	40		1 mm dick
Oberflächenwiderstand	Ohm		23	≧1*10**15		Durchmesser 80x1 mm
Kriechstromfestigkeit		KC		KB	KA	
Elektrolytische Korrosionswirkung		A 1				30x10x4 mm
Lichtbogenfestigkeit nach DIN						
nach ASTM	s					

Beständigkeit *(Chemische Beständigkeit siehe Anhang)*

Wasseraufnahme 23 C Bis zur Saettigung 0 %

Feuchtigkeitsaufnahme Normalklima 0 %

Wetterbeständigkeit

Spannungskorrosion

Optische Eigenschaften

Brechungszahl n_D 1.35

Transmissionsgrad τ_c % mm dick

Lichtdurchlässigkeit

Datenbank-Nr.	**T01526**	*Merkblatt-Nr.*	**4142**

Produkt	Polytetrafluorethylen		**PTFE**
Handelsname	**Hostaflon TF 4103**		
Hersteller	HOECHST		
DIN-Bez 1			
DIN-Bez 2			
Zusätze	UV-Stabilisator; Waermestabilisator	*Füllstoffe/ Verstärkung*	15.0% Glasfaser, kurz
Bevorzugte Verarbeitung	Pressen; Sintern	*Lieferform*	Pulver
		Farben	
Besondere Merkmale	Flammwidrig; Stabilisiert; Stabil-Bewitterung; Breiter Temperatureinsatzbereich; Erhoehte Verschleissfestigkeit; Erhoehte Druckfestigkeit; Geringfuegig elastisch; Zaeh; Flexibel	*Bevorzugte Anwendungen*	Chemischer Apparatebau; Maschinenbau; Dichtelement; Gleitelement

Dichte	g/cm^3 2.21	*Schmelzindex*	g/10 min :
Schüttdichte	g/cm^3	*Volumenfließindex*	cm^3/10 min :
Viskositätszahl	ml/g		

Verarbeitungsbedingungen für Spritzgießen

Massetemp.	°C	*Schwindung*	% lgs , quer
Werkzeugtemp.	°C	*Bemerkungen*	
Spritzdruck	bar		

Zugversuch 23 °C

Probekörper: *Form* *Zustand* — *Herstellung* *Vorbehandlung*

Streckspannung	N/mm^2	*Dehnung bei Streckspannung*	%
Zugfestigkeit	N/mm^2	*Reißdehnung*	%
Reißfestigkeit	N/mm^2	*% Dehnspannung*	N/mm^2
E-Modul	N/mm^2	*Dehnung bei % Dehnspg.*	%

Kriechmoduln und Zeitstandwerte 23 °C

Probekörper: *Form* *Zustand* — *Herstellung* *Vorbehandlung*

Kriechmodul	*1 min* N/mm^2	*Zeitstandzugfestigkeit*	h N/mm^2
Kriechmodul	*1000 h* N/mm^2	*Zeitdehnspg. %*	h N/mm^2
bei Spannung	N/mm^2		

Biegeversuch 23 °C

Probekörper: *Form* *Zustand* — *Herstellung* *Vorbehandlung*

Biegefestigkeit	N/mm^2	*E-Modul*	N/mm^2
3,5% *Biegespannung*	N/mm^2		

Härte 23 °C *Probekörper:* *Zustand* — *Herstellung* *Vorbehandlung*

Kugeldruckhärte	N/mm^2 bei N, s	*Shore-Härte* A	
Rockwellhärte		*Shore-Härte* D	

Schlagversuch *Probekörper:* *(1)* *(2)* *Zustand* — *Herstellung* *Vorbehandlung*

	°C	°C	°C	*Probekörper-Form*
Schlagzähigkeit kJ/m^2				
Kerbschlagzähigkeit (1) kJ/m^2				
IZOD-Kerbschlagzähigkeit (2) J/m				
Kerbschlagzugzähigkeit kJ/m^2				

Abrieb und Reibung

Taber-Abrieb (Reibradverfahren)	mm^3/100 U		
Abriebfaktor LNP (Thrust washer) Vergleichswert			
Statische Reibungszahl			
Dynamische Reibungszahl	(p·v=	N/mm^2·	m/min)
Zulässiger p · v Wert	N/mm^2·(m/min)	v=	m/min
		v=	m/min

Thermische Eigenschaften

Formbeständigkeit in der Wärme	*Verfahren*			°C
	Verfahren			°C
Vicat Erweichungstemperatur (VST)	*Verfahren*			°C
	Verfahren			°C
Kristallit-Schmelzpunkt	*Verfahren*			
Längenausdehnungskoeffizient	*Bereich*	°C		$\cdot 10^{-4}K^{-1}$
	Temperatur			$\cdot 10^{-4}K^{-1}$
Wärmeleitfähigkeit	*Verfahren*			W/(K · m)
Spezifische Wärmekapazität	*Verfahren*			J/(K · g)
Glasumwandlungstemperatur	*Torsionsschwingungsversuch*		°C	
	Differentialkalorimetrie		°C	

Brandverhalten

UL-Test vertikal	Dicke	mm, Wert
	Dicke	mm, Wert

	Norm	*Bewertung*	*Abmessungen*
Sauerstoff-Index	ASTM D 2863		
Glühstab-Verfahren			
Brandverhalten	DIN 4102		
MVSS			
FAR			

Elektrische Eigenschaften

		Hz	°C			*Probekörper, Form*
Dielektrizitätszahl		50	23	2.2		Durchmesser 80x1 mm
		10^3	23	2.2		Durchmesser 80x1 mm
		10^6				
Dielektrischer Verlustfaktor tan δ		50	23	0.00005		Durchmesser 80x1 mm
		10^3	23	0.00007		Durchmesser 80x1 mm
		10^6				
Spezifischer Durchgangs-widerstand	Ohm · cm		23	1*10**16		Durchmesser 80x1 mm
Durchschlagfestigkeit	kV/mm		23	40		1 mm dick
Oberflächenwiderstand	Ohm		23	1*10**16		Durchmesser 80x1 mm
Kriechstromfestigkeit		KC		KB	KA	
Elektrolytische Korrosionswirkung		A 1				30x10x4 mm
Lichtbogenfestigkeit nach DIN						
nach ASTM	s					

Beständigkeit *(Chemische Beständigkeit siehe Anhang)*

Wasseraufnahme

Feuchtigkeitsaufnahme Normalklima %

Wetterbeständigkeit

Spannungskorrosion

Optische Eigenschaften

Brechungszahl n_D

Transmissionsgrad τ_c % mm dick

Lichtdurchlässigkeit

Datenbank-Nr. **T01527** Merkblatt-Nr. **4143**

Produkt	Polytetrafluorethylen		**PTFE**
Handelsname	**Hostaflon TF 4105**		
Hersteller	HOECHST		
DIN-Bez 1			
DIN-Bez 2			
Zusätze	UV-Stabilisator; Waermestabilisator	*Füllstoffe/ Verstärkung*	25.0% Glasfaser, kurz
Bevorzugte Verarbeitung	Pressen; Sintern	*Lieferform*	Pulver
		Farben	
Besondere Merkmale	Flammwidrig; Stabilisiert; Stabil-Bewitterung; Breiter Temperatureinsatzbereich; Erhoehte Verschleissfestigkeit; Erhoehte Druckfestigkeit; Geringfuegig elastisch; Zaeh; Flexibel	*Bevorzugte Anwendungen*	Chemischer Apparatebau; Maschinenbau; Dichtelement; Gleitelement

Dichte	g/cm^3	2.24	*Schmelzindex*	g/10 min	:
Schüttdichte	g/cm^3		*Volumenfließindex*	$cm^3/10$ min	:
Viskositätszahl	ml/g				

Verarbeitungsbedingungen für Spritzgießen

Massetemp.	°C	*Schwindung*	% lgs , quer
Werkzeugtemp.	°C	*Bemerkungen*	
Spritzdruck	bar		

Zugversuch 23 °C

Probekörper: *Form* / *Zustand* — *Herstellung* / *Vorbehandlung*

Streckspannung	N/mm^2	*Dehnung bei Streckspannung*	%
Zugfestigkeit	N/mm^2	*Reißdehnung*	%
Reißfestigkeit	N/mm^2	*% Dehnspannung*	N/mm^2
E-Modul	N/mm^2	*Dehnung bei % Dehnspg.*	%

Kriechmoduln und Zeitstandwerte 23 °C

Probekörper: *Form* / *Zustand* — *Herstellung* / *Vorbehandlung*

Kriechmodul	*1 min* N/mm^2	*Zeitstandzugfestigkeit*	h N/mm^2
Kriechmodul	*1000 h* N/mm^2	*Zeitdehnspg. %*	h N/mm^2
bei Spannung	N/mm^2		

Biegeversuch 23 °C

Probekörper: *Form* / *Zustand* — *Herstellung* / *Vorbehandlung*

Biegefestigkeit	N/mm^2	*E-Modul*	N/mm^2
3,5% *Biegespannung*	N/mm^2		

Härte 23 °C *Probekörper:* *Zustand* — *Herstellung* / *Vorbehandlung*

Kugeldruckhärte	N/mm^2 bei N, s	*Shore-Härte* A	
Rockwellhärte		*Shore-Härte* D	

Schlagversuch *Probekörper:* *(1)* / *(2)* / *Zustand* — *Herstellung* / *Vorbehandlung*

		°C	°C	°C	*Probekörper-Form*
Schlagzähigkeit	kJ/m^2				
Kerbschlagzähigkeit (1)	kJ/m^2				
IZOD-Kerbschlagzähigkeit (2)	J/m				
Kerbschlagzugzähigkeit	kJ/m^2				

Abrieb und Reibung

Taber-Abrieb (Reibradverfahren)	$mm^3/100$ U		
Abriebfaktor LNP (Thrust washer) Vergleichswert			
Statische Reibungszahl			
Dynamische Reibungszahl	(p · v =	N/mm^2 ·	m/min)
Zulässiger p · v Wert	N/mm^2 · (m/min)	v =	m/min
		v =	m/min

Thermische Eigenschaften

Formbeständigkeit in der Wärme	*Verfahren*		°C
	Verfahren		°C
Vicat Erweichungstemperatur (VST)	*Verfahren*		°C
	Verfahren		°C
Kristallit-Schmelzpunkt	*Verfahren*		
Längenausdehnungskoeffizient	*Bereich*	°C	$\cdot 10^{-4}K^{-1}$
	Temperatur		$\cdot 10^{-4}K^{-1}$
Wärmeleitfähigkeit	*Verfahren*		W/(K · m)
Spezifische Wärmekapazität	*Verfahren*		J/(K · g)
Glasumwandlungstemperatur	*Torsionsschwingungsversuch*	°C	
	Differentialkalorimetrie	°C	

Brandverhalten

UL-Test vertikal Dicke mm, Wert
Dicke mm, Wert

	Norm	Bewertung	Abmessungen
Sauerstoff-Index	ASTM D 2863		
Glühstab-Verfahren			
Brandverhalten	DIN 4102		
MVSS			
FAR			

Elektrische Eigenschaften

		Hz	°C			Probekörper, Form
Dielektrizitätszahl		50	23	2.3		Durchmesser 80x1 mm
		10^3	23	2.3		Durchmesser 80x1 mm
		10^6				
Dielektrischer Verlustfaktor tan δ		50	23	0.00005		Durchmesser 80x1 mm
		10^3	23	0.00007		Durchmesser 80x1 mm
		10^6				
Spezifischer Durchgangs-widerstand	Ohm · cm		23	1*10**16		Durchmesser 80x1 mm
Durchschlagfestigkeit	kV/mm		23	40		1 mm dick
Oberflächenwiderstand	Ohm		23	1*10**16		Durchmesser 80x1 mm
Kriechstromfestigkeit		KC		KB	KA	
Elektrolytische Korrosionswirkung		A 1				30x10x4 mm
Lichtbogenfestigkeit nach DIN						
nach ASTM	s					

Beständigkeit *(Chemische Beständigkeit siehe Anhang)*

Wasseraufnahme

Feuchtigkeitsaufnahme Normalklima %

Wetterbeständigkeit

Spannungskorrosion

Optische Eigenschaften

Brechungszahl n_D

Transmissionsgrad τ_c % mm dick

Lichtdurchlässigkeit

Datenbank-Nr. **T01534** *Merkblatt-Nr.* **4144**

Produkt	Polytetrafluorethylen		**PTFE**
Handelsname	**Hostaflon TFM 1600**		
Hersteller	HOECHST		
DIN-Bez 1 *DIN-Bez 2*			
Zusätze	UV-Stabilisator; Waermestabilisator	*Füllstoffe/ Verstärkung*	
Bevorzugte Verarbeitung	Pressen; Sintern	*Lieferform*	Pulver
		Farben	
Besondere Merkmale	Flammwidrig; Stabilisiert; Stabil-Bewitterung; Antiadhaesiv; Niedrige Reibungszahl; Extreme elektrische-dielektrische Eigenschaften; Physiologisch unbedenklich; Zaeh; Flexibel; Druckfest; Schweissbar	*Bevorzugte Anwendungen*	Chemischer Apparatebau; Elektrotechnik; Elektronik; Schaelfolie fuer Auskleidung; Dichtelement; Gleitelelement; Maschinenbau

Dichte	g/cm^3 2.18	*Schmelzindex*	g/10 min :
Schüttdichte	g/cm^3	*Volumenfließindex*	cm^3/10 min :
Viskositätszahl	ml/g		

Verarbeitungsbedingungen für Spritzgießen

Massetemp.	°C	*Schwindung*	% lgs , quer
Werkzeugtemp.	°C	*Bemerkungen*	
Spritzdruck	bar		

Zugversuch 23 °C

Probekörper: *Form* *Zustand* — *Herstellung* *Vorbehandlung*

Streckspannung	N/mm^2	*Dehnung bei Streckspannung*	%
Zugfestigkeit	N/mm^2	*Reißdehnung*	%
Reißfestigkeit	N/mm^2	*% Dehnspannung*	N/mm^2
E-Modul	N/mm^2	*Dehnung bei % Dehnspg.*	%

Kriechmoduln und Zeitstandwerte 23 °C

Probekörper: *Form* *Zustand* — *Herstellung* *Vorbehandlung*

Kriechmodul	*1 min* N/mm^2	*Zeitstandzugfestigkeit*	h N/mm^2
Kriechmodul	*1000 h* N/mm^2	*Zeitdehnspg. %*	h N/mm^2
bei Spannung	N/mm^2		

Biegeversuch 23 °C

Probekörper: *Form* *Zustand* — *Herstellung* *Vorbehandlung*

Biegefestigkeit	N/mm^2	*E-Modul*	N/mm^2
3,5% *Biegespannung*	N/mm^2		

Härte 23 °C *Probekörper:* *Zustand* — *Herstellung* *Vorbehandlung*

Kugeldruckhärte	N/mm^2 bei N, s	*Shore-Härte* A	
Rockwellhärte		*Shore-Härte* D	

Schlagversuch *Probekörper:* *(1)* *(2)* *Zustand* — *Herstellung* *Vorbehandlung*

	°C	°C	°C	*Probekörper-Form*
Schlagzähigkeit kJ/m^2				
Kerbschlagzähigkeit (1) kJ/m^2				
IZOD-Kerbschlagzähigkeit (2) J/m				
Kerbschlagzugzähigkeit kJ/m^2				

Abrieb und Reibung

Taber-Abrieb (Reibradverfahren)	mm^3/100 U		
Abriebfaktor LNP (Thrust washer) Vergleichswert			
Statische Reibungszahl			
Dynamische Reibungszahl	(p · v = N/mm^2 ·		m/min)
Zulässiger p · v Wert	N/mm^2 · (m/min)	v =	m/min
		v =	m/min

Thermische Eigenschaften

Formbeständigkeit in der Wärme	*Verfahren*		°C
	Verfahren		°C
Vicat Erweichungstemperatur (VST)	*Verfahren*	B/50	110 °C
	Verfahren		°C
Kristallit-Schmelzpunkt	*Verfahren*		
Längenausdehnungskoeffizient	*Bereich*	°C	$\cdot 10^{-4}K^{-1}$
	Temperatur		$\cdot 10^{-4}K^{-1}$
Wärmeleitfähigkeit	*Verfahren*		W/(K · m)
Spezifische Wärmekapazität	*Verfahren*		J/(K · g)
Glasumwandlungstemperatur	*Torsionsschwingungsversuch*	°C	
	Differentialkalorimetrie	°C	

Brandverhalten

UL-Test vertikal	Dicke mm, Wert	
	Dicke mm, Wert	

	Norm	*Bewertung*	*Abmessungen*
Sauerstoff-Index	ASTM D 2863		
Glühstab-Verfahren			
Brandverhalten	DIN 4102		
MVSS			
FAR			

Elektrische Eigenschaften

		Hz	°C		*Probekörper, Form*
Dielektrizitätszahl		50	23	2.1	Durchmesser 80x1 mm
		10^3	23	2.1	Durchmesser 80x1 mm
		10^6			
Dielektrischer Verlustfaktor tan δ		50	23	0.00005	Durchmesser 80x1 mm
		10^3	23	0.00007	Durchmesser 80x1 mm
		10^6			
Spezifischer Durchgangswiderstand	Ohm · cm		23	≧1*10**15	Durchmesser 80x1 mm
Durchschlagfestigkeit	kV/mm		23	40	1 mm dick
Oberflächenwiderstand	Ohm		23	≧1*10**15	Durchmesser 80x1 mm

Kriechstromfestigkeit	KC	KB	KA	
Elektrolytische Korrosionswirkung	A 1			30x10x4 mm
Lichtbogenfestigkeit nach DIN				
nach ASTM s				

Beständigkeit *(Chemische Beständigkeit siehe Anhang)*

Wasseraufnahme 23 C Bis zur Saettigung 0 %

Feuchtigkeitsaufnahme Normalklima 0 %

Wetterbeständigkeit

Spannungskorrosion

Optische Eigenschaften

Brechungszahl n_D

Transmissionsgrad τ_c % mm dick

Lichtdurchlässigkeit

Datenbank-Nr. **T01535** *Merkblatt-Nr.* **4145**

Produkt	Polytetrafluorethylen		**PTFE**
Handelsname	**Hostaflon TFX 1702**		
Hersteller	HOECHST		
DIN-Bez 1 *DIN-Bez 2*			
Zusätze	UV-Stabilisator; Waermestabilisator	*Füllstoffe/ Verstärkung*	
Bevorzugte Verarbeitung	Pressen; Sintern	*Lieferform*	Pulver
		Farben	
Besondere Merkmale	Flammwidrig; Witterungsbestaendig; Antiadhaesiv; Niedrige Reibungszahl; Extreme elektrische-dielektrische Eigenschaften; Physiologisch unbedenklich; Zaeh; Flexibel	*Bevorzugte Anwendungen*	Chemischer Apparatebau; Elektrotechnik; Elektronik; Schaelfolie GE 50 my; Dichtelement; Gleitelelement

Dichte	g/cm^3	2.18	*Schmelzindex*	g/10 min	:
Schüttdichte	g/cm^3		*Volumenfließindex*	$cm^3/10$ min	:
Viskositätszahl	ml/g				

Verarbeitungsbedingungen für Spritzgießen

Massetemp.	°C	*Schwindung*	% lgs , quer
Werkzeugtemp.	°C	*Bemerkungen*	
Spritzdruck	bar		

Zugversuch 23 °C

Probekörper: *Form* / *Zustand* — *Herstellung* / *Vorbehandlung*

Streckspannung	N/mm^2	*Dehnung bei Streckspannung*	%
Zugfestigkeit	N/mm^2	*Reißdehnung*	%
Reißfestigkeit	N/mm^2	*% Dehnspannung*	N/mm^2
E-Modul	N/mm^2	*Dehnung bei % Dehnspg.*	%

Kriechmoduln und Zeitstandwerte 23 °C

Probekörper: *Form* / *Zustand* — *Herstellung* / *Vorbehandlung*

Kriechmodul	*1 min* N/mm^2	*Zeitstandzugfestigkeit*	h N/mm^2
Kriechmodul	*1000 h* N/mm^2	*Zeitdehnspg. %*	h N/mm^2
bei Spannung	N/mm^2		

Biegeversuch 23 °C

Probekörper: *Form* / *Zustand* — *Herstellung* / *Vorbehandlung*

Biegefestigkeit	N/mm^2	*E-Modul*	N/mm^2
3,5% *Biegespannung*	N/mm^2		

Härte 23 °C *Probekörper:* *Zustand* — *Herstellung* / *Vorbehandlung*

Kugeldruckhärte	N/mm^2 bei N, s	*Shore-Härte*	A
Rockwellhärte		*Shore-Härte*	D

Schlagversuch *Probekörper:* *(1)* / *(2)* / *Zustand* — *Herstellung* / *Vorbehandlung*

	°C	°C	°C	*Probekörper-Form*
Schlagzähigkeit kJ/m^2				
Kerbschlagzähigkeit (1) kJ/m^2				
IZOD-Kerbschlagzähigkeit (2) J/m				
Kerbschlagzugzähigkeit kJ/m^2				

Abrieb und Reibung

Taber-Abrieb (Reibradverfahren)	mm^3/100 U		
Abriebfaktor LNP (Thrust washer) Vergleichswert			
Statische Reibungszahl			
Dynamische Reibungszahl	(p·v= N/mm^2·		m/min)
Zulässiger p · v Wert	N/mm^2 · (m/min)	v=	m/min
		v=	m/min

Thermische Eigenschaften

Formbeständigkeit in der Wärme	*Verfahren*		°C
	Verfahren		°C
Vicat Erweichungstemperatur (VST)	*Verfahren*	B/50	110 °C
	Verfahren		°C
Kristallit-Schmelzpunkt	*Verfahren*		
Längenausdehnungskoeffizient	*Bereich*	°C	$\cdot 10^{-4} K^{-1}$
	Temperatur		$\cdot 10^{-4} K^{-1}$
Wärmeleitfähigkeit	*Verfahren*		W/(K · m)
Spezifische Wärmekapazität	*Verfahren*		J/(K · g)
Glasumwandlungstemperatur	*Torsionsschwingungsversuch*	°C	
	Differentialkalorimetrie	°C	

Brandverhalten

UL-Test vertikal Dicke mm, Wert
Dicke mm, Wert

	Norm	*Bewertung*	*Abmessungen*
Sauerstoff-Index	ASTM D 2863		
Glühstab-Verfahren			
Brandverhalten	DIN 4102		
MVSS			
FAR			

Elektrische Eigenschaften

		Hz	°C		*Probekörper, Form*
Dielektrizitätszahl		50	23	2.1	Durchmesser 80x1 mm
		10^3	23	2.1	Durchmesser 80x1 mm
		10^6			
Dielektrischer Verlustfaktor tan δ		50	23	0.00005	Durchmesser 80x1 mm
		10^3	23	0.00007	Durchmesser 80x1 mm
		10^6			
Spezifischer Durchgangs-widerstand	Ohm · cm		23	≧1*10**15	Durchmesser 80x1 mm
Durchschlagfestigkeit	kV/mm		23	40	1 mm dick
Oberflächenwiderstand	Ohm		23	≧1*10**15	Durchmesser 80x1 mm

Kriechstromfestigkeit	KC	KB	KA	
Elektrolytische Korrosionswirkung	A 1			30x10x4 mm
Lichtbogenfestigkeit nach DIN				
nach ASTM s				

Beständigkeit *(Chemische Beständigkeit siehe Anhang)*

Wasseraufnahme 23 C Bis zur Saettigung 0 %

Feuchtigkeitsaufnahme Normalklima 0 %
Wetterbeständigkeit

Spannungskorrosion

Optische Eigenschaften

Brechungszahl n_D 1.35
Transmissionsgrad τ_c % mm dick
Lichtdurchlässigkeit

Datenbank-Nr. **T01536** Merkblatt-Nr. **4146**

Produkt	Acetalcopolymerisat		**POM**
Handelsname	**Hostaform C 2550**		
Hersteller	HOECHST		
DIN-Bez 1	16781-POM,EGN,00-05-02		
DIN-Bez 2			
Zusätze		*Füllstoffe/ Verstärkung*	
Bevorzugte Verarbeitung	Extrudieren	*Lieferform*	Granulat
		Farben	
Besondere Merkmale	Gute Bestaendigkeit gegenueber Loesemitteln, Kraftstoffen und starken Alkalien; Gute Hydrolysebestaendigkeit; Hohe Stabilitaet gegen thermischen u. oxidativen Abbau; Zaehfliessend; UL-Zulassung	*Bevorzugte Anwendungen*	Dickwandiges Halbzeug

Dichte	g/cm³	1.41	*Schmelzindex*	g/10 min	:	
Schüttdichte	g/cm³		*Volumenfließindex*	cm³/10 min	2.4:	190/2.16
Viskositätszahl	ml/g					

Verarbeitungsbedingungen für Spritzgießen

Massetemp.	°C	*Schwindung*	% lgs	, quer
Werkzeugtemp.	°C	*Bemerkungen*		
Spritzdruck	bar			

Zugversuch 23 °C DIN 53455; ISO R/527; DIN 53457; ISO R/527

Probekörper: *Form* Nr. 3; 4 mm dick — *Herstellung* Spritzgiessen
Zustand — *Vorbehandlung* Normalklima

Streckspannung	N/mm²	58	*Dehnung bei Streckspannung*	%	12
Zugfestigkeit	N/mm²		*Reißdehnung*	%	42
Reißfestigkeit	N/mm²		*% Dehnspannung*	N/mm²	
E-Modul	N/mm²	2300	*Dehnung bei % Dehnspg.*	%	

Kriechmoduln und Zeitstandwerte 23 °C DIN 53444; ISO 899

Probekörper: *Form* Nr. 3; 4 mm dick — *Herstellung* Spritzgiessen
Zustand — *Vorbehandlung* Normalklima

Kriechmodul	*1 min* N/mm²	1950	*Zeitstandzugfestigkeit*	h	N/mm²	
Kriechmodul	*1000 h* N/mm²	1100	*Zeitdehnspg. %*	h	N/mm²	
bei Spannung	N/mm²					

Biegeversuch 23 °C

Probekörper: *Form* — *Herstellung*
Zustand — *Vorbehandlung*

Biegefestigkeit	N/mm²	*E-Modul*	N/mm²
3,5% *Biegespannung*	N/mm²		

Härte 23 °C *Probekörper:* *Zustand* — *Herstellung*
Vorbehandlung

Kugeldruckhärte	N/mm² bei N, s	*Shore-Härte* A	
Rockwellhärte		*Shore-Härte* D	

Schlagversuch *Probekörper:* *(1)*
(2) — *Herstellung*
Zustand — *Vorbehandlung*

	°C	°C	°C	*Probekörper-Form*
Schlagzähigkeit kJ/m²				
Kerbschlagzähigkeit (1) kJ/m²				
IZOD-Kerbschlagzähigkeit (2) J/m				
Kerbschlagzugzähigkeit kJ/m²				

Abrieb und Reibung

Taber-Abrieb (Reibradverfahren)	mm^3/100 U		
Abriebfaktor LNP (Thrust washer) Vergleichswert			
Statische Reibungszahl			
Dynamische Reibungszahl	(p · v =	N/mm^2 ·	m/min)
Zulässiger p · v Wert	N/mm^2 · (m/min)	v =	m/min
		v =	m/min

Thermische Eigenschaften

Formbeständigkeit in der Wärme	*Verfahren*	A		96 °C
	Verfahren			°C
Vicat Erweichungstemperatur (VST)	*Verfahren*	B/50		150 °C
	Verfahren			°C
Kristallit-Schmelzpunkt	*Verfahren*			
Längenausdehnungskoeffizient	*Bereich*	23–80	°C	$1.1 \cdot 10^{-4} K^{-1}$
	Temperatur			$\cdot 10^{-4} K^{-1}$
Wärmeleitfähigkeit	*Verfahren*			W/(K · m)
Spezifische Wärmekapazität	*Verfahren*			J/(K · g)
Glasumwandlungstemperatur	*Torsionsschwingungsversuch*		°C	
	Differentialkalorimetrie		°C	

Brandverhalten

UL-Test vertikal Dicke mm, Wert
Dicke mm, Wert

	Norm	*Bewertung*	*Abmessungen*
Sauerstoff-Index	ASTM D 2863		
Glühstab-Verfahren			
Brandverhalten	DIN 4102		
MVSS			
FAR			

Elektrische Eigenschaften

		Hz	°C		Probekörper, Form
Dielektrizitätszahl		50	23	4.3	Durchmesser 80x1 mm
		10^3	23	4.3	Durchmesser 80x1 mm
		10^6			
Dielektrischer Verlustfaktor tan δ		50	23	0.0011	Durchmesser 80x1 mm
		10^3	23	0.005	Durchmesser 80x1 mm
		10^6			
Spezifischer Durchgangswiderstand	Ohm · cm		23	1*10**15	Durchmesser 80x1 mm
Durchschlagfestigkeit	kV/mm				mm dick
Oberflächenwiderstand	Ohm		23	1*10**13	Durchmesser 80x1 mm

Kriechstromfestigkeit	KC	KB	KA	
Elektrolytische Korrosionswirkung	A 1			30x10x4 mm
Lichtbogenfestigkeit nach DIN				
nach ASTM s				

Beständigkeit *(Chemische Beständigkeit siehe Anhang)*

Wasseraufnahme 23 C	Bis zur Saettigung	0.65 %	
Feuchtigkeitsaufnahme Normalklima			0.2 %
Wetterbeständigkeit			
Spannungskorrosion			

Optische Eigenschaften

Brechungszahl n_D
Transmissionsgrad τ_c % mm dick
Lichtdurchlässigkeit

Datenbank-Nr. **T01537** Merkblatt-Nr. **4147**

POM

Produkt	Acetalcopolymerisat		
Handelsname	**Hostaform C 9025 SCHWARZ 10/1569**		
Hersteller	HOECHST		
DIN-Bez 1	16781-POM,MGLC,06-07-03		
DIN-Bez 2			
Zusätze	UV-Stabilisator	Füllstoffe/ Verstärkung	
Bevorzugte Verarbeitung	Spritzgiessen	Lieferform	Granulat
		Farben	Schwarz 10/1569
Besondere Merkmale	Gute Bestaendigkeit gegenueber Loesemitteln, Kraftstoffen und starken Alkalien; Gute Hydrolysebestaendigkeit; Hohe Stabilitaet gegen thermischen u. oxidativen Abbau; Witterungsstabil	Bevorzugte Anwendungen	Dickwandiges, lunkerarmes Formteil

Dichte	g/cm³	1.41	Schmelzindex	g/10 min		:
Schüttdichte	g/cm³		Volumenfließindex	cm³/10 min	8.5:	190/2.16
Viskositätszahl	ml/g					

Verarbeitungsbedingungen für Spritzgießen

Massetemp.	°C	Schwindung	%	lgs , quer
Werkzeugtemp.	°C	Bemerkungen		
Spritzdruck	bar			

Zugversuch 23 °C DIN 53455; ISO R/527; DIN 53457; ISO R/527

Probekörper: Form Nr. 3; 4 mm dick — Herstellung: Spritzgiessen
Zustand — Vorbehandlung: Normalklima

Streckspannung	N/mm²	64	Dehnung bei Streckspannung	%	8.5
Zugfestigkeit	N/mm²		Reißdehnung	%	35
Reißfestigkeit	N/mm²		% Dehnspannung	N/mm²	
E-Modul	N/mm²	2800	Dehnung bei % Dehnspg.	%	

Kriechmoduln und Zeitstandwerte 23 °C

Probekörper: Form — Herstellung
Zustand — Vorbehandlung

Kriechmodul	1 min N/mm²	Zeitstandzugfestigkeit	h	N/mm²
Kriechmodul	1000 h N/mm²	Zeitdehnspg. %	h	N/mm²
bei Spannung	N/mm²			

Biegeversuch 23 °C

Probekörper: Form — Herstellung
Zustand — Vorbehandlung

Biegefestigkeit	N/mm²	E-Modul	N/mm²
3,5% Biegespannung	N/mm²		

Härte 23 °C Probekörper: Zustand — Herstellung
Vorbehandlung

Kugeldruckhärte	N/mm² bei N, s	Shore-Härte A	
Rockwellhärte		Shore-Härte D	

Schlagversuch Probekörper: (1)
(2) — Herstellung
Zustand — Vorbehandlung

	°C	°C	°C	Probekörper-Form
Schlagzähigkeit kJ/m²				
Kerbschlagzähigkeit (1) kJ/m²				
IZOD-Kerbschlagzähigkeit (2) J/m				
Kerbschlagzugzähigkeit kJ/m²				

Abrieb und Reibung

Taber-Abrieb (Reibradverfahren)	mm^3/100 U		
Abriebfaktor LNP (Thrust washer) Vergleichswert			
Statische Reibungszahl			
Dynamische Reibungszahl	(p · v= N/mm^2 ·		m/min)
Zulässiger p · v Wert	N/mm^2 · (m/min)	v=	m/min
		v=	m/min

Thermische Eigenschaften

Formbeständigkeit in der Wärme	*Verfahren*	A		105 °C
	Verfahren			°C
Vicat Erweichungstemperatur (VST)	*Verfahren*	B/50		150 °C
	Verfahren			°C
Kristallit-Schmelzpunkt	*Verfahren*			
Längenausdehnungskoeffizient	*Bereich*	23–80	°C	$1.1 \cdot 10^{-4} K^{-1}$
	Temperatur			$\cdot 10^{-4} K^{-1}$
Wärmeleitfähigkeit	*Verfahren*			W/(K · m)
Spezifische Wärmekapazität	*Verfahren*			J/(K · g)
Glasumwandlungstemperatur	*Torsionsschwingungsversuch*		°C	
	Differentialkalorimetrie		°C	

Brandverhalten

UL-Test vertikal	Dicke	mm, Wert
	Dicke	mm, Wert

	Norm	*Bewertung*	*Abmessungen*
Sauerstoff-Index	ASTM D 2863		
Glühstab-Verfahren			
Brandverhalten	DIN 4102		
MVSS			
FAR			

Elektrische Eigenschaften

		Hz	°C	*Probekörper, Form*
Dielektrizitätszahl		50		
		10^3		
		10^6		
Dielektrischer Verlustfaktor tan δ		50		
		10^3		
		10^6		
Spezifischer Durchgangs-widerstand	Ohm · cm			
Durchschlagfestigkeit	kV/mm			mm dick
Oberflächenwiderstand	Ohm			

Kriechstromfestigkeit	KC	KB	KA
Elektrolytische Korrosionswirkung			
Lichtbogenfestigkeit nach DIN			
nach ASTM s			

Beständigkeit *(Chemische Beständigkeit siehe Anhang)*

Wasseraufnahme 23 C	Bis zur Saettigung	0.65 %
Feuchtigkeitsaufnahme Normalklima		0.2 %
Wetterbeständigkeit		
Spannungskorrosion		

Optische Eigenschaften

Brechungszahl n_D		
Transmissionsgrad τ_c	%	mm dick
Lichtdurchlässigkeit		

Produkt	Polyoxymethylen		**POM**
Handelsname	**Hostaform S 27073 HL SCHWARZ 10/1569**		
Hersteller	HOECHST		
DIN-Bez 1			
DIN-Bez 2			
Zusätze	UV-Stabilisator; Elastomer	*Füllstoffe/ Verstärkung*	
Bevorzugte Verarbeitung	Spritzgiessen	*Lieferform*	Granulat
		Farben	Schwarz 10/1569
Besondere Merkmale	Schlagzaeh modifiziert; Gute Bestaendigkeit gegenueber Loesemitteln, Kraftstoffen und starken Alkalien; Gute Hydrolysebestaendigkeit; Hohe Stabilitaet gegen thermischen und oxidativen Abbau	*Bevorzugte Anwendungen*	Leichtfliessendes, besonders witterungsstabiles Formteil

Dichte	g/cm³	1.39	*Schmelzindex*	g/10 min		:	
Schüttdichte	g/cm³		*Volumenfließindex*	cm³/10 min	16	:	190/2.16
Viskositätszahl	ml/g						

Verarbeitungsbedingungen für Spritzgießen

Massetemp.	°C	*Schwindung*	%	lgs , quer
Werkzeugtemp.	°C	*Bemerkungen*		
Spritzdruck	bar			

Zugversuch 23 °C DIN 53455; ISO R/527; DIN 53457; ISO R/527

Probekörper: *Form* Nr. 3; 4 mm dick — *Herstellung* Spritzgiessen
Zustand — *Vorbehandlung* Normalklima

Streckspannung	N/mm²	46	*Dehnung bei Streckspannung*	%	10
Zugfestigkeit	N/mm²		*Reißdehnung*	%	≧50
Reißfestigkeit	N/mm²		*% Dehnspannung*	N/mm²	
E-Modul	N/mm²	2150	*Dehnung bei % Dehnspg.*	%	

Kriechmoduln und Zeitstandwerte 23 °C DIN 53444; ISO 899

Probekörper: *Form* Nr. 3; 4 mm dick — *Herstellung* Spritzgiessen
Zustand — *Vorbehandlung* Normalklima

Kriechmodul	*1 min* N/mm²	1800	*Zeitstandzugfestigkeit*	h	N/mm²	
Kriechmodul	*1000 h* N/mm²	1000	*Zeitdehnspg. %*	h	N/mm²	
bei Spannung	N/mm²					

Biegeversuch 23 °C

Probekörper: *Form* — *Herstellung*
Zustand — *Vorbehandlung*

Biegefestigkeit	N/mm²	*E-Modul*	N/mm²
3,5% *Biegespannung*	N/mm²		

Härte 23 °C *Probekörper:* *Zustand* — *Herstellung*
Vorbehandlung

Kugeldruckhärte	N/mm² bei N, s	*Shore-Härte*	A
Rockwellhärte		*Shore-Härte*	D

Schlagversuch *Probekörper:* (1)
(2) — *Herstellung*
Zustand — *Vorbehandlung*

	°C	°C	°C	*Probekörper-Form*
Schlagzähigkeit kJ/m²				
Kerbschlagzähigkeit (1) kJ/m²				
IZOD-Kerbschlagzähigkeit (2) J/m				
Kerbschlagzugzähigkeit kJ/m²				

Abrieb und Reibung

Taber-Abrieb (Reibradverfahren)	$mm^3/100$ U		
Abriebfaktor LNP (Thrust washer) Vergleichswert			
Statische Reibungszahl			
Dynamische Reibungszahl	(p·v= N/mm^2·		m/min)
Zulässiger p · v Wert	N/mm^2 · (m/min)	v=	m/min
		v=	m/min

Thermische Eigenschaften

Formbeständigkeit in der Wärme	*Verfahren*	A		90 °C
	Verfahren			°C
Vicat Erweichungstemperatur (VST)	*Verfahren*	B/50		140 °C
	Verfahren			°C
Kristallit-Schmelzpunkt	*Verfahren*			
Längenausdehnungskoeffizient	*Bereich*	23–80	°C	$1.5 \cdot 10^{-4} K^{-1}$
	Temperatur			$\cdot 10^{-4} K^{-1}$
Wärmeleitfähigkeit	*Verfahren*			W/(K · m)
Spezifische Wärmekapazität	*Verfahren*			J/(K · g)
Glasumwandlungstemperatur	*Torsionsschwingungsversuch*		°C	
	Differentialkalorimetrie		°C	

Brandverhalten

UL-Test vertikal		Dicke	mm, Wert	
		Dicke	mm, Wert	
	Norm	*Bewertung*		*Abmessungen*
Sauerstoff-Index	ASTM D 2863			
Glühstab-Verfahren				
Brandverhalten	DIN 4102			
MVSS				
FAR				

Elektrische Eigenschaften

		Hz	°C		*Probekörper, Form*
Dielektrizitätszahl		50			
		10^3			
		10^6			
Dielektrischer Verlustfaktor tan δ		50			
		10^3			
		10^6			
Spezifischer Durchgangs-widerstand	Ohm · cm				
Durchschlagfestigkeit	kV/mm				mm dick
Oberflächenwiderstand	Ohm				
Kriechstromfestigkeit		KC	KB	KA	
Elektrolytische Korrosionswirkung					
Lichtbogenfestigkeit nach DIN					
nach ASTM	s				

Beständigkeit *(Chemische Beständigkeit siehe Anhang)*

Wasseraufnahme 23 C	Bis zur Saettigung	0.7 %	
Feuchtigkeitsaufnahme Normalklima			%
Wetterbeständigkeit			
Spannungskorrosion			

Optische Eigenschaften

Brechungszahl n_D		
Transmissionsgrad τ_c	%	mm dick
Lichtdurchlässigkeit		

Datenbank-Nr. **T01539** Merkblatt-Nr. **4149**

Produkt	Polyethylen hoher Dichte		**PE**
Handelsname	**Hostalen GC 7260 F**		
Hersteller	HOECHST		
DIN-Bez 1	16776-PE,FAGH,60-D090		
DIN-Bez 2	16776-PE,HAGH,60-D090		
Zusätze	Waermestabilisator	*Füllstoffe/ Verstärkung*	
Bevorzugte Verarbeitung	Folienextrusion; Beschichten	*Lieferform*	Granulat
		Farben	
Besondere Merkmale	Leichtfliessend	*Bevorzugte Anwendungen*	Beschichtung von Fotopapier; Flachfolie fuer Schreibmaschinenband; Spinnfaser

Dichte	g/cm^3	0.957	*Schmelzindex*	g/10 min	:	
Schüttdichte	g/cm^3		*Volumenfließindex*	$cm^3/10$ min	11:	190/2.16
Viskositätszahl	ml/g	140				

Verarbeitungsbedingungen für Spritzgießen

Massetemp.	°C	*Schwindung*	% lgs , quer
Werkzeugtemp.	°C	*Bemerkungen*	
Spritzdruck	bar		

Zugversuch 23 °C DIN 53455; ISO R/527; DIN 53457; ISO R/527

Probekörper: *Form* Nr. 3; 4 mm dick — *Herstellung* Pressen
Zustand — *Vorbehandlung* Normalklima

Streckspannung	N/mm^2	28	*Dehnung bei Streckspannung*	%	10
Zugfestigkeit	N/mm^2		*Reißdehnung*	%	≧50
Reißfestigkeit	N/mm^2		*% Dehnspannung*	N/mm^2	
E-Modul	N/mm^2	1200	*Dehnung bei % Dehnspg.*	%	

Kriechmoduln und Zeitstandwerte 23 °C DIN 53444; ISO 899

Probekörper: *Form* Nr. 3; 4 mm dick — *Herstellung* Pressen
Zustand — *Vorbehandlung* Normalklima

Kriechmodul	*1 min*	N/mm^2	670	*Zeitstandzugfestigkeit*	h	N/mm^2
Kriechmodul	*1000 h*	N/mm^2	350	*Zeitdehnspg. %*	h	N/mm^2
bei Spannung		N/mm^2				

Biegeversuch 23 °C

Probekörper: *Form* — *Herstellung*
Zustand — *Vorbehandlung*

Biegefestigkeit	N/mm^2	*E-Modul*	N/mm^2
3,5% *Biegespannung*	N/mm^2		

Härte 23 °C *Probekörper:* *Zustand* — *Herstellung*
Vorbehandlung

Kugeldruckhärte	N/mm^2 bei N, s	*Shore-Härte* A	
Rockwellhärte		*Shore-Härte* D	

Schlagversuch *Probekörper:* *(1)*
(2) — *Herstellung* Pressen
Zustand — *Vorbehandlung* Normalklima

		°C	°C	°C	*Probekörper-Form*
Schlagzähigkeit	kJ/m^2				
Kerbschlagzähigkeit (1)	kJ/m^2				
IZOD-Kerbschlagzähigkeit (2)	J/m				
Kerbschlagzugzähigkeit	kJ/m^2	23	60		80x10x4 mm

Abrieb und Reibung

Taber-Abrieb (Reibradverfahren)	mm^3/100 U		
Abriebfaktor LNP (Thrust washer) Vergleichswert			
Statische Reibungszahl			
Dynamische Reibungszahl	(p·v= N/mm^2·		m/min)
Zulässiger p · v Wert	N/mm^2 · (m/min)	v=	m/min
		v=	m/min

Thermische Eigenschaften

Formbeständigkeit in der Wärme	*Verfahren*	A	50 °C
	Verfahren	B	83 °C
Vicat Erweichungstemperatur (VST)	*Verfahren*	A/50	126 °C
	Verfahren	B/50	71 °C
Kristallit-Schmelzpunkt	*Verfahren*		
Längenausdehnungskoeffizient	*Bereich*	°C	$\cdot 10^{-4}K^{-1}$
	Temperatur		$\cdot 10^{-4}K^{-1}$
Wärmeleitfähigkeit	*Verfahren*		W/(K · m)
Spezifische Wärmekapazität	*Verfahren*		J/(K · g)
Glasumwandlungstemperatur	*Torsionsschwingungsversuch*	°C	
	Differentialkalorimetrie	°C	

Brandverhalten

UL-Test vertikal Dicke 1.6 mm, Wert HB
Dicke mm, Wert

	Norm	*Bewertung*	*Abmessungen*
Sauerstoff-Index	ASTM D 2863		
Glühstab-Verfahren			
Brandverhalten	DIN 4102		
MVSS			
FAR			

Elektrische Eigenschaften

		Hz	°C		*Probekörper, Form*
Dielektrizitätszahl		50	23	2.9	Durchmesser 80x1 mm
		10^3	23	2.9	Durchmesser 80x1 mm
		10^6			
Dielektrischer Verlustfaktor tan δ		50	23	0.0002	Durchmesser 80x1 mm
		10^3	23	0.0004	Durchmesser 80x1 mm
		10^6			
Spezifischer Durchgangs-widerstand	Ohm · cm		23	1*10**16	Durchmesser 80x1 mm
Durchschlagfestigkeit	kV/mm				mm dick
Oberflächenwiderstand	Ohm		23	≧1*10**15	Durchmesser 80x1 mm

Kriechstromfestigkeit	KC	KB	KA	
Elektrolytische Korrosionswirkung	A 1			30x10x4 mm
Lichtbogenfestigkeit nach DIN				
nach ASTM s				

Beständigkeit *(Chemische Beständigkeit siehe Anhang)*

Wasseraufnahme 23 C Bis zur Saettigung 0.01 %

Feuchtigkeitsaufnahme Normalklima 0.01 %

Wetterbeständigkeit

Spannungskorrosion

Optische Eigenschaften

Brechungszahl n_D

Transmissionsgrad τ_c % mm dick

Lichtdurchlässigkeit

Produkt	Polyethylen hoher Dichte		**PE**
Handelsname	**Hostalen GF 4760 F AST-L**		
Hersteller	HOECHST		
DIN-Bez 1	16776-PE,FAGH,55-D006		
DIN-Bez 2			
Zusätze	Waermestabilisator	*Füllstoffe/ Verstärkung*	
Bevorzugte Verarbeitung	Folienextrusion	*Lieferform*	Granulat
		Farben	
Besondere Merkmale	Antistatisch; Mittelmolekular; Leichtfliessend	*Bevorzugte Anwendungen*	Folie

Dichte	g/cm³	0.955	*Schmelzindex*	g/10 min	:	
Schüttdichte	g/cm³		*Volumenfließindex*	cm³/10 min	0.5:	190/2.16
Viskositätszahl	ml/g	280				

Verarbeitungsbedingungen für Spritzgießen

Massetemp.	°C	*Schwindung*	%	lgs , quer
Werkzeugtemp.	°C	*Bemerkungen*		
Spritzdruck	bar			

Zugversuch 23 °C DIN 53455; ISO R/527; DIN 53457; ISO R/527

Probekörper: *Form* Nr. 3; 4 mm dick — *Herstellung* Pressen
Zustand — *Vorbehandlung* Normalklima

Streckspannung	N/mm²	27	*Dehnung bei Streckspannung*	%	10
Zugfestigkeit	N/mm²		*Reißdehnung*	%	≧50
Reißfestigkeit	N/mm²		*% Dehnspannung*	N/mm²	
E-Modul	N/mm²	1150	*Dehnung bei % Dehnspg.*	%	

Kriechmoduln und Zeitstandwerte 23 °C DIN 53444; ISO 899

Probekörper: *Form* Nr. 3; 4 mm dick — *Herstellung* Pressen
Zustand — *Vorbehandlung* Normalklima

Kriechmodul	*1 min* N/mm²	630	*Zeitstandzugfestigkeit*	h	N/mm²	
Kriechmodul	*1000 h* N/mm²	330	*Zeitdehnspg. %*	h	N/mm²	
bei Spannung	N/mm²					

Biegeversuch 23 °C

Probekörper: *Form* — *Herstellung*
Zustand — *Vorbehandlung*

Biegefestigkeit	N/mm²	*E-Modul*	N/mm²
3,5% *Biegespannung*	N/mm²		

Härte 23 °C *Probekörper:* *Zustand* — *Herstellung*
Vorbehandlung

Kugeldruckhärte	N/mm² bei N, s	*Shore-Härte* A	
Rockwellhärte		*Shore-Härte* D	

Schlagversuch *Probekörper:* *(1)*
(2) — *Herstellung* Pressen
Zustand — *Vorbehandlung* Normalklima

		°C	°C	°C	*Probekörper-Form*
Schlagzähigkeit	kJ/m²				
Kerbschlagzähigkeit (1)	kJ/m²				
IZOD-Kerbschlagzähigkeit (2)	J/m				
Kerbschlagzugzähigkeit	kJ/m²	23 100			80x10x4 mm

Abrieb und Reibung

Taber-Abrieb (Reibradverfahren)	mm^3/100 U		
Abriebfaktor LNP (Thrust washer) Vergleichswert			
Statische Reibungszahl			
Dynamische Reibungszahl	(p · v =	N/mm^2 ·	m/min)
Zulässiger p · v Wert	N/mm^2 · (m/min)	v =	m/min
		v =	m/min

Thermische Eigenschaften

Formbeständigkeit in der Wärme	*Verfahren* A		47 °C
	Verfahren B		79 °C
Vicat Erweichungstemperatur (VST)	*Verfahren* A/50		129 °C
	Verfahren B/50		77 °C
Kristallit-Schmelzpunkt	*Verfahren*		
Längenausdehnungskoeffizient	*Bereich*	°C	· $10^{-4}K^{-1}$
	Temperatur		· $10^{-4}K^{-1}$
Wärmeleitfähigkeit	*Verfahren*		W/(K · m)
Spezifische Wärmekapazität	*Verfahren*		J/(K · g)
Glasumwandlungstemperatur	*Torsionsschwingungsversuch*	°C	
	Differentialkalorimetrie	°C	

Brandverhalten

UL-Test vertikal	Dicke 1.6 mm, Wert HB	
	Dicke mm, Wert	

	Norm	*Bewertung*	*Abmessungen*
Sauerstoff-Index	ASTM D 2863		
Glühstab-Verfahren			
Brandverhalten	DIN 4102		
MVSS			
FAR			

Elektrische Eigenschaften

		Hz	°C	*Probekörper, Form*
Dielektrizitätszahl		50		
		10^3		
		10^6		
Dielektrischer Verlustfaktor tan δ		50		
		10^3		
		10^6		
Spezifischer Durchgangswiderstand	Ohm · cm			
Durchschlagfestigkeit	kV/mm			mm dick
Oberflächenwiderstand	Ohm			

Kriechstromfestigkeit	KC	KB	KA
Elektrolytische Korrosionswirkung			
Lichtbogenfestigkeit nach DIN			
nach ASTM s			

Beständigkeit *(Chemische Beständigkeit siehe Anhang)*

Wasseraufnahme 23 C Bis zur Saettigung	0.01 %	
Feuchtigkeitsaufnahme Normalklima		0.01 %
Wetterbeständigkeit		
Spannungskorrosion		

Optische Eigenschaften

Brechungszahl n_D		
Transmissionsgrad τ_c	%	mm dick
Lichtdurchlässigkeit		

Produkt	Polyethylen hoher Dichte		**PE**
Handelsname	**Hostalen GF 7750 F**		
Hersteller	HOECHST		
DIN-Bez 1	16776-PE,FAGH,55-D006		
DIN-Bez 2	16776-PE,HAGH,55-D006		
Zusätze	Waermestabilisator	*Füllstoffe/ Verstärkung*	
Bevorzugte Verarbeitung	Folienextrusion; Beschichten	*Lieferform*	Granulat
		Farben	
Besondere Merkmale	Besonders hohe Festigkeit	*Bevorzugte Anwendungen*	Gereckte Folienstreifen; Kaschierfolie

Dichte g/cm³ 0.956
Schüttdichte g/cm³
Viskositätszahl ml/g 270

Schmelzindex g/10 min :
Volumenfließindex cm³/10 min 0.7: 190/2.16

Verarbeitungsbedingungen für Spritzgießen

Massetemp. °C
Werkzeugtemp. °C
Spritzdruck bar

Schwindung % lgs , quer
Bemerkungen

Zugversuch 23 °C DIN 53455; ISO R/527; DIN 53457; ISO R/527

Probekörper: *Form* Nr. 3; 4 mm dick *Herstellung* Pressen
Zustand *Vorbehandlung* Normalklima

Streckspannung N/mm² 27
Zugfestigkeit N/mm²
Reißfestigkeit N/mm²
E-Modul N/mm² 1200

Dehnung bei Streckspannung % 10
Reißdehnung % ≧50
% Dehnspannung N/mm²
Dehnung bei % Dehnspg. %

Kriechmoduln und Zeitstandwerte 23 °C DIN 53444; ISO 899

Probekörper: *Form* Nr. 3; 4 mm dick *Herstellung* Pressen
Zustand *Vorbehandlung* Normalklima

Kriechmodul *1 min* N/mm² 650
Kriechmodul *1000 h* N/mm² 340
bei Spannung N/mm²

Zeitstandzugfestigkeit h N/mm²
Zeitdehnspg. % h N/mm²

Biegeversuch 23 °C

Probekörper: *Form* *Herstellung*
Zustand *Vorbehandlung*

Biegefestigkeit N/mm²
3,5% *Biegespannung* N/mm²
E-Modul N/mm²

Härte 23 °C *Probekörper:* *Zustand* *Herstellung*
Vorbehandlung

Kugeldruckhärte N/mm² bei N, s
Rockwellhärte
Shore-Härte A
Shore-Härte D

Schlagversuch *Probekörper:* *(1)*
(2) *Herstellung* Pressen
Zustand *Vorbehandlung* Normalklima

		°C	°C	°C	*Probekörper-Form*
Schlagzähigkeit	kJ/m²				
Kerbschlagzähigkeit (1)	kJ/m²				
IZOD-Kerbschlagzähigkeit (2)	J/m				
Kerbschlagzugzähigkeit	kJ/m²	23 150			80x10x4 mm

Abrieb und Reibung

Taber-Abrieb (Reibradverfahren)	mm^3/100 U		
Abriebfaktor LNP (Thrust washer) Vergleichswert			
Statische Reibungszahl			
Dynamische Reibungszahl	(p·v= N/mm^2·		m/min)
Zulässiger p·v Wert	N/mm^2·(m/min)	v=	m/min
		v=	m/min

Thermische Eigenschaften

Formbeständigkeit in der Wärme	*Verfahren*	A		47 °C
	Verfahren	B		84 °C
Vicat Erweichungstemperatur (VST)	*Verfahren*	A/50		129 °C
	Verfahren	B/50		80 °C
Kristallit-Schmelzpunkt	*Verfahren*			
Längenausdehnungskoeffizient	*Bereich*	°C		$\cdot 10^{-4}K^{-1}$
	Temperatur			$\cdot 10^{-4}K^{-1}$
Wärmeleitfähigkeit	*Verfahren*			W/(K·m)
Spezifische Wärmekapazität	*Verfahren*			J/(K·g)
Glasumwandlungstemperatur	*Torsionsschwingungsversuch*		°C	
	Differentialkalorimetrie		°C	

Brandverhalten

UL-Test vertikal — Dicke 1.6 mm, Wert HB
Dicke mm, Wert

	Norm	*Bewertung*	*Abmessungen*
Sauerstoff-Index	ASTM D 2863		
Glühstab-Verfahren			
Brandverhalten	DIN 4102		
MVSS			
FAR			

Elektrische Eigenschaften

		Hz	°C		*Probekörper, Form*
Dielektrizitätszahl		50	23	2.9	Durchmesser 80x1 mm
		10^3	23	2.9	Durchmesser 80x1 mm
		10^6			
Dielektrischer Verlustfaktor tan δ		50	23	0.0002	Durchmesser 80x1 mm
		10^3	23	0.0004	Durchmesser 80x1 mm
		10^6			
Spezifischer Durchgangs-widerstand	Ohm·cm		23	1*10**16	Durchmesser 80x1 mm
Durchschlagfestigkeit	kV/mm				mm dick
Oberflächenwiderstand	Ohm		23	≧1*10**15	Durchmesser 80x1 mm

Kriechstromfestigkeit	KC	KB	KA	
Elektrolytische Korrosionswirkung	A 1			30x10x4 mm
Lichtbogenfestigkeit nach DIN				
nach ASTM s				

Beständigkeit *(Chemische Beständigkeit siehe Anhang)*

Wasseraufnahme 23 C Bis zur Saettigung	0.01 %	
Feuchtigkeitsaufnahme Normalklima		0.01 %
Wetterbeständigkeit		
Spannungskorrosion		

Optische Eigenschaften

Brechungszahl n_D
Transmissionsgrad τ_c % mm dick
Lichtdurchlässigkeit

PE

Produkt	Polyethylen hoher Dichte		
Handelsname	**Hostalen GF 9360 K**		
Hersteller	HOECHST		
DIN-Bez 1	16776-PE,KAHL,50-D006		
DIN-Bez 2			
Zusätze	UV-Stabilisator; Waermestabilisator	*Füllstoffe/ Verstärkung*	
Bevorzugte Verarbeitung	Extrudieren	*Lieferform*	Granulat
		Farben	
Besondere Merkmale	Stabilisiert; Stabil-Bewitterung; Sehr hohe Spannungsrissbestaendigkeit	*Bevorzugte Anwendungen*	Spezieller Mantelcompound-Typ fuer die Kabeltechnik

Dichte	g/cm^3	0.957	*Schmelzindex*	g/10 min		:	
Schüttdichte	g/cm^3		*Volumenfließindex*	$cm^3/10$ min		1.7:	190/5
Viskositätszahl	ml/g	240					

Verarbeitungsbedingungen für Spritzgießen

Massetemp.	°C	*Schwindung*	%	lgs	, quer
Werkzeugtemp.	°C	*Bemerkungen*			
Spritzdruck	bar				

Zugversuch 23 °C DIN 53455; ISO R/527; DIN 53457; ISO R/527

Probekörper: *Form* Nr. 3; 4 mm dick — *Herstellung* Pressen
Zustand — *Vorbehandlung* Normalklima

Streckspannung	N/mm^2	21	*Dehnung bei Streckspannung*	%	10
Zugfestigkeit	N/mm^2		*Reißdehnung*	%	≧50
Reißfestigkeit	N/mm^2		% *Dehnspannung*	N/mm^2	
E-Modul	N/mm^2	800	*Dehnung bei* % *Dehnspg.*	%	

Kriechmoduln und Zeitstandwerte 23 °C DIN 53444; ISO 899

Probekörper: *Form* Nr. 3; 4 mm dick — *Herstellung* Pressen
Zustand — *Vorbehandlung* Normalklima

Kriechmodul	*1 min*	N/mm^2	400	*Zeitstandzugfestigkeit*	h	N/mm^2
Kriechmodul	*1000 h*	N/mm^2	220	*Zeitdehnspg.* %	h	N/mm^2
bei Spannung		N/mm^2				

Biegeversuch 23 °C

Probekörper: *Form* — *Herstellung*
Zustand — *Vorbehandlung*

Biegefestigkeit	N/mm^2	*E-Modul*	N/mm^2
3,5% *Biegespannung*	N/mm^2		

Härte 23 °C *Probekörper:* *Zustand* — *Herstellung*
Vorbehandlung

Kugeldruckhärte	N/mm^2 bei N, s	*Shore-Härte* A	
Rockwellhärte		*Shore-Härte* D	

Schlagversuch *Probekörper:* *(1)*
(2) — *Herstellung* Pressen
Zustand — *Vorbehandlung* Normalklima

		°C	°C	°C	*Probekörper-Form*
Schlagzähigkeit	kJ/m^2				
Kerbschlagzähigkeit (1)	kJ/m^2				
IZOD-Kerbschlagzähigkeit (2)	J/m				
Kerbschlagzugzähigkeit	kJ/m^2	23 130			80x10x4 mm

Abrieb und Reibung

Taber-Abrieb (Reibradverfahren)	mm^3/100 U		
Abriebfaktor LNP (Thrust washer) Vergleichswert			
Statische Reibungszahl			
Dynamische Reibungszahl	(p · v =	N/mm^2 ·	m/min)
Zulässiger p · v Wert	N/mm^2 · (m/min)	v =	m/min
		v =	m/min

Thermische Eigenschaften

Formbeständigkeit in der Wärme	*Verfahren* A		44 °C
	Verfahren B		61 °C
Vicat Erweichungstemperatur (VST)	*Verfahren* A/50		126 °C
	Verfahren B/50		61 °C
Kristallit-Schmelzpunkt	*Verfahren*		
Längenausdehnungskoeffizient	*Bereich*	°C	$\cdot 10^{-4}K^{-1}$
	Temperatur		$\cdot 10^{-4}K^{-1}$
Wärmeleitfähigkeit	*Verfahren*		W/(K · m)
Spezifische Wärmekapazität	*Verfahren*		J/(K · g)
Glasumwandlungstemperatur	*Torsionsschwingungsversuch*	°C	
	Differentialkalorimetrie	°C	

Brandverhalten

UL-Test vertikal Dicke 1.6 mm, Wert HB
Dicke mm, Wert

	Norm	*Bewertung*	*Abmessungen*
Sauerstoff-Index	ASTM D 2863		
Glühstab-Verfahren			
Brandverhalten	DIN 4102		
MVSS			
FAR			

Elektrische Eigenschaften

		Hz	°C			*Probekörper, Form*
Dielektrizitätszahl		50	23	3		Durchmesser 80x1 mm
		10^3	23	3		Durchmesser 80x1 mm
		10^6				
Dielektrischer Verlustfaktor tan δ		50	23	0.0003		Durchmesser 80x1 mm
		10^3	23	0.00095		Durchmesser 80x1 mm
		10^6				
Spezifischer Durchgangswiderstand	Ohm · cm		23	1*10**16		Durchmesser 80x1 mm
Durchschlagfestigkeit	kV/mm					mm dick
Oberflächenwiderstand	Ohm		23	≧1*10**15		Durchmesser 80x1 mm
Kriechstromfestigkeit		KC		KB	KA	
Elektrolytische Korrosionswirkung		A 1				30x10x4 mm
Lichtbogenfestigkeit nach DIN						
nach ASTM	s					

Beständigkeit *(Chemische Beständigkeit siehe Anhang)*

Wasseraufnahme 23 C Bis zur Saettigung 0.1 %

Feuchtigkeitsaufnahme Normalklima 0.1 %

Wetterbeständigkeit

Spannungskorrosion

Optische Eigenschaften

Brechungszahl n_D

Transmissionsgrad τ_c % mm dick

Lichtdurchlässigkeit

Produkt	Polyethylen hoher Dichte		**PE**
Handelsname	**Hostalen GM 5040 T80**		
Hersteller	HOECHST		
DIN-Bez 1	16776-PE,EACL,40-T012		
DIN-Bez 2	16776-PE,MACL,40-T012		
Zusätze	UV-Stabilisator; Waermestabilisator	*Füllstoffe/ Verstärkung*	
Bevorzugte Verarbeitung	Spritzgiessen; Extrudieren	*Lieferform*	Granulat
		Farben	Blau
Besondere Merkmale	Stabilisiert; Stabil-Bewitterung	*Bevorzugte Anwendungen*	Druckrohr; Trinkwasserrohr; Wickelbares Beregnungsrohr; Fitting

Dichte	g/cm^3	0.94	*Schmelzindex*	g/10 min	:	
Schüttdichte	g/cm^3		*Volumenfließindex*	$cm^3/10$ min	1.2:	190/5
Viskositätszahl	ml/g	260				

Verarbeitungsbedingungen für Spritzgießen

Massetemp.	°C	*Schwindung*	%	lgs , quer
Werkzeugtemp.	°C	*Bemerkungen*		
Spritzdruck	bar			

Zugversuch 23 °C DIN 53455; ISO R/527; DIN 53457; ISO R/527

Probekörper: *Form* Nr. 3; 4 mm dick — *Herstellung* Pressen
Zustand — *Vorbehandlung* Normalklima

Streckspannung	N/mm^2	18	*Dehnung bei Streckspannung*	%	10
Zugfestigkeit	N/mm^2		*Reißdehnung*	%	≧50
Reißfestigkeit	N/mm^2		*% Dehnspannung*	N/mm^2	
E-Modul	N/mm^2	600	*Dehnung bei % Dehnspg.*	%	

Kriechmoduln und Zeitstandwerte 23 °C DIN 53444; ISO 899

Probekörper: *Form* Nr. 3; 4 mm dick — *Herstellung* Pressen
Zustand — *Vorbehandlung* Normalklima

Kriechmodul	*1 min*	N/mm^2	330	*Zeitstandzugfestigkeit*	h	N/mm^2
Kriechmodul	*1000 h*	N/mm^2	190	*Zeitdehnspg. %*	h	N/mm^2
bei Spannung		N/mm^2				

Biegeversuch 23 °C

Probekörper: *Form* — *Herstellung*
Zustand — *Vorbehandlung*

Biegefestigkeit	N/mm^2	*E-Modul*	N/mm^2
3,5% *Biegespannung*	N/mm^2		

Härte 23 °C *Probekörper:* *Zustand* — *Herstellung*
Vorbehandlung

Kugeldruckhärte	N/mm^2 bei N, s	*Shore-Härte* A	
Rockwellhärte		*Shore-Härte* D	

Schlagversuch *Probekörper:* *(1)*
(2) — *Herstellung* Pressen
Zustand — *Vorbehandlung* Normalklima

		°C	°C	°C	*Probekörper-Form*
Schlagzähigkeit	kJ/m^2				
Kerbschlagzähigkeit (1)	kJ/m^2				
IZOD-Kerbschlagzähigkeit (2)	J/m				
Kerbschlagzugzähigkeit	kJ/m^2	23 250			80x10x4 mm

Abrieb und Reibung

Taber-Abrieb (Reibradverfahren)	$mm^3/100$ U		
Abriebfaktor LNP (Thrust washer) Vergleichswert			
Statische Reibungszahl			
Dynamische Reibungszahl	(p·v=	N/mm^2 ·	m/min)
Zulässiger p · v Wert	N/mm^2 · (m/min)	v=	m/min
		v=	m/min

Thermische Eigenschaften

Formbeständigkeit in der Wärme	*Verfahren* A		41 °C
	Verfahren B		62 °C
Vicat Erweichungstemperatur (VST)	*Verfahren* A/50		122 °C
	Verfahren B/50		67 °C
Kristallit-Schmelzpunkt	*Verfahren*		
Längenausdehnungskoeffizient	*Bereich*	°C	$\cdot 10^{-4}K^{-1}$
	Temperatur		$\cdot 10^{-4}K^{-1}$
Wärmeleitfähigkeit	*Verfahren*		W/(K · m)
Spezifische Wärmekapazität	*Verfahren*		J/(K · g)
Glasumwandlungstemperatur	*Torsionsschwingungsversuch*	°C	
	Differentialkalorimetrie	°C	

Brandverhalten

UL-Test vertikal — Dicke 1.6 mm, Wert HB
Dicke mm, Wert

	Norm	*Bewertung*	*Abmessungen*
Sauerstoff-Index	ASTM D 2863		
Glühstab-Verfahren			
Brandverhalten	DIN 4102		
MVSS			
FAR			

Elektrische Eigenschaften

		Hz	°C		*Probekörper, Form*
Dielektrizitätszahl		50	23	2.8	Durchmesser 80x1 mm
		10^3	23	2.8	Durchmesser 80x1 mm
		10^6			
Dielektrischer Verlustfaktor tan δ		50	23	0.0002	Durchmesser 80x1 mm
		10^3	23	0.00035	Durchmesser 80x1 mm
		10^6			
Spezifischer Durchgangs-widerstand	Ohm · cm		23	1*10**16	Durchmesser 80x1 mm
Durchschlagfestigkeit	kV/mm				mm dick
Oberflächenwiderstand	Ohm		23	≧1*10**15	Durchmesser 80x1 mm

Kriechstromfestigkeit	KC	KB	KA	
Elektrolytische Korrosionswirkung	A 1			30x10x4 mm
Lichtbogenfestigkeit nach DIN				
nach ASTM s				

Beständigkeit *(Chemische Beständigkeit siehe Anhang)*

Wasseraufnahme 23 C Bis zur Saettigung 0.01 %

Feuchtigkeitsaufnahme Normalklima 0.01 %
Wetterbeständigkeit

Spannungskorrosion

Optische Eigenschaften

Brechungszahl n_D
Transmissionsgrad τ_c % mm dick
Lichtdurchlässigkeit

PE

Produkt	Polyethylen hoher Dichte		
Handelsname	**Hostalen GM 5150**		
Hersteller	HOECHST		
DIN-Bez 1	16776-PE,EAGH,45-T006		
DIN-Bez 2			
Zusätze	Waermestabilisator	*Füllstoffe/ Verstärkung*	
Bevorzugte Verarbeitung	Extrudieren	*Lieferform*	Granulat
		Farben	
Besondere Merkmale	Spezialtyp	*Bevorzugte Anwendungen*	Biaxial gerecktes Kartuschenrohr fuer Schrotpatrone

Dichte	g/cm³	0.943	*Schmelzindex*	g/10 min	:	
Schüttdichte	g/cm³		*Volumenfließindex*	cm³/10 min	0.5:	190/5
Viskositätszahl	ml/g	360				

Verarbeitungsbedingungen für Spritzgießen

Massetemp.	°C	*Schwindung*	% lgs , quer
Werkzeugtemp.	°C	*Bemerkungen*	
Spritzdruck	bar		

Zugversuch 23 °C DIN 53455; ISO R/527; DIN 53457; ISO R/527

Probekörper: *Form* Nr. 3; 4 mm dick — *Herstellung* Pressen
Zustand — *Vorbehandlung* Normalklima

Streckspannung	N/mm²	21	*Dehnung bei Streckspannung*	%	10
Zugfestigkeit	N/mm²		*Reißdehnung*	%	≧50
Reißfestigkeit	N/mm²		*% Dehnspannung*	N/mm²	
E-Modul	N/mm²	750	*Dehnung bei % Dehnspg.*	%	

Kriechmoduln und Zeitstandwerte 23 °C DIN 53444; ISO 899

Probekörper: *Form* Nr. 3; 4 mm dick — *Herstellung* Pressen
Zustand — *Vorbehandlung* Normalklima

Kriechmodul	*1 min*	N/mm²	420	*Zeitstandzugfestigkeit*	h	N/mm²
Kriechmodul	*1000 h*	N/mm²	230	*Zeitdehnspg. %*	h	N/mm²
bei Spannung		N/mm²				

Biegeversuch 23 °C

Probekörper: *Form* — *Herstellung*
Zustand — *Vorbehandlung*

Biegefestigkeit	N/mm²	*E-Modul*	N/mm²
3,5% *Biegespannung*	N/mm²		

Härte 23 °C *Probekörper:* *Zustand* — *Herstellung*
Vorbehandlung

Kugeldruckhärte	N/mm² bei N, s	*Shore-Härte*	A
Rockwellhärte		*Shore-Härte*	D

Schlagversuch *Probekörper:* *(1)*
(2) — *Herstellung* Pressen
Zustand — *Vorbehandlung* Normalklima

		°C	°C	°C	*Probekörper-Form*
Schlagzähigkeit	kJ/m²				
Kerbschlagzähigkeit (1)	kJ/m²				
IZOD-Kerbschlagzähigkeit (2)	J/m				
Kerbschlagzugzähigkeit	kJ/m²	23 110			80x10x4 mm

Abrieb und Reibung

Taber-Abrieb (Reibradverfahren)	mm^3/100 U		
Abriebfaktor LNP (Thrust washer) Vergleichswert			
Statische Reibungszahl			
Dynamische Reibungszahl	(p·v= N/mm^2·		m/min)
Zulässiger p·v Wert	N/mm^2·(m/min)	v=	m/min
		v=	m/min

Thermische Eigenschaften

Formbeständigkeit in der Wärme	*Verfahren*	A	42 °C
	Verfahren	B	65 °C
Vicat Erweichungstemperatur (VST)	*Verfahren*	A/50	121 °C
	Verfahren	B/50	68 °C
Kristallit-Schmelzpunkt	*Verfahren*		
Längenausdehnungskoeffizient	*Bereich*	°C	$\cdot 10^{-4}K^{-1}$
	Temperatur		$\cdot 10^{-4}K^{-1}$
Wärmeleitfähigkeit	*Verfahren*		W/(K·m)
Spezifische Wärmekapazität	*Verfahren*		J/(K·g)
Glasumwandlungstemperatur	*Torsionsschwingungsversuch*	°C	
	Differentialkalorimetrie	°C	

Brandverhalten

UL-Test vertikal Dicke 1.6 mm, Wert HB
Dicke mm, Wert

	Norm	*Bewertung*	*Abmessungen*
Sauerstoff-Index	ASTM D 2863		
Glühstab-Verfahren			
Brandverhalten	DIN 4102		
MVSS			
FAR			

Elektrische Eigenschaften

		Hz	°C		*Probekörper, Form*
Dielektrizitätszahl		50	23	2.8	Durchmesser 80x1 mm
		10^3	23	2.8	Durchmesser 80x1 mm
		10^6			
Dielektrischer Verlustfaktor tan δ		50	23	0.0002	Durchmesser 80x1 mm
		10^3	23	0.00035	Durchmesser 80x1 mm
		10^6			
Spezifischer Durchgangswiderstand	Ohm·cm		23	1*10**16	Durchmesser 80x1 mm
Durchschlagfestigkeit	kV/mm				mm dick
Oberflächenwiderstand	Ohm		23	≧1*10**15	Durchmesser 80x1 mm

Kriechstromfestigkeit	KC	KB	KA	
Elektrolytische Korrosionswirkung	A 1			30x10x4 mm
Lichtbogenfestigkeit nach DIN				
nach ASTM s				

Beständigkeit *(Chemische Beständigkeit siehe Anhang)*

Wasseraufnahme 23 C Bis zur Saettigung 0.01 %

Feuchtigkeitsaufnahme Normalklima 0.01 %
Wetterbeständigkeit

Spannungskorrosion

Optische Eigenschaften

Brechungszahl n_D
Transmissionsgrad τ_c % mm dick
Lichtdurchlässigkeit

Datenbank-Nr. **T01545** *Merkblatt-Nr.* **4155**

Produkt	Polyethylen hoher Dichte		**PE**
Handelsname	**Hostalen GM 9255 F AST-L**		
Hersteller	HOECHST		
DIN-Bez 1			
DIN-Bez 2			
Zusätze	Waermestabilisator	*Füllstoffe/ Verstärkung*	
Bevorzugte Verarbeitung	Folienextrusion	*Lieferform*	Granulat
		Farben	
Besondere Merkmale	Antistatisch	*Bevorzugte Anwendungen*	

Dichte	g/cm^3	0.955	*Schmelzindex*	g/10 min	:	
Schüttdichte	g/cm^3		*Volumenfließindex*	cm^3/10 min	0.3:	190/5
Viskositätszahl	ml/g	400				

Verarbeitungsbedingungen für Spritzgießen

Massetemp.	°C	*Schwindung*	%	lgs , quer
Werkzeugtemp.	°C	*Bemerkungen*		
Spritzdruck	bar			

Zugversuch 23 °C DIN 53455; ISO R/527; DIN 53457; ISO R/527

Probekörper: *Form* Nr. 3; 4 mm dick — *Herstellung* Pressen
Zustand — *Vorbehandlung* Normalklima

Streckspannung	N/mm^2	27	*Dehnung bei Streckspannung*	%	10
Zugfestigkeit	N/mm^2		*Reißdehnung*	%	≧50
Reißfestigkeit	N/mm^2		*% Dehnspannung*	N/mm^2	
E-Modul	N/mm^2	1150	*Dehnung bei % Dehnspg.*	%	

Kriechmoduln und Zeitstandwerte 23 °C DIN 53444; ISO 899

Probekörper: *Form* Nr. 3; 4 mm dick — *Herstellung* Pressen
Zustand — *Vorbehandlung* Normalklima

Kriechmodul	*1 min*	N/mm^2	630	*Zeitstandzugfestigkeit*	h	N/mm^2
Kriechmodul	*1000 h*	N/mm^2	330	*Zeitdehnspg. %*	h	N/mm^2
bei Spannung		N/mm^2				

Biegeversuch 23 °C

Probekörper: *Form* — *Herstellung*
Zustand — *Vorbehandlung*

Biegefestigkeit	N/mm^2	*E-Modul*	N/mm^2
3,5% *Biegespannung*	N/mm^2		

Härte 23 °C *Probekörper:* *Zustand* — *Herstellung*
Vorbehandlung

Kugeldruckhärte	N/mm^2 bei N, s	*Shore-Härte* A	
Rockwellhärte		*Shore-Härte* D	

Schlagversuch *Probekörper:* *(1)*
(2) — *Herstellung* Pressen
Zustand — *Vorbehandlung* Normalklima

		°C	°C	°C	*Probekörper-Form*
Schlagzähigkeit	kJ/m^2				
Kerbschlagzähigkeit (1)	kJ/m^2				
IZOD-Kerbschlagzähigkeit (2)	J/m				
Kerbschlagzugzähigkeit	kJ/m^2	23 140			80x10x4 mm

Abrieb und Reibung

Taber-Abrieb (Reibradverfahren)	mm^3/100 U		
Abriebfaktor LNP (Thrust washer) Vergleichswert			
Statische Reibungszahl			
Dynamische Reibungszahl	(p·v= N/mm^2 ·		m/min)
Zulässiger p · v Wert	N/mm^2 · (m/min)	v=	m/min
		v=	m/min

Thermische Eigenschaften

Formbeständigkeit in der Wärme	*Verfahren* A		47 °C
	Verfahren B		76 °C
Vicat Erweichungstemperatur (VST)	*Verfahren* A/50		129 °C
	Verfahren B/50		75 °C
Kristallit-Schmelzpunkt	*Verfahren*		
Längenausdehnungskoeffizient	*Bereich*	°C	· $10^{-4}K^{-1}$
	Temperatur		· $10^{-4}K^{-1}$
Wärmeleitfähigkeit	*Verfahren*		W/(K · m)
Spezifische Wärmekapazität	*Verfahren*		J/(K · g)
Glasumwandlungstemperatur	*Torsionsschwingungsversuch*	°C	
	Differentialkalorimetrie	°C	

Brandverhalten

UL-Test vertikal — Dicke 1.6 mm, Wert HB
Dicke mm, Wert

	Norm	*Bewertung*	*Abmessungen*
Sauerstoff-Index	ASTM D 2863		
Glühstab-Verfahren			
Brandverhalten	DIN 4102		
MVSS			
FAR			

Elektrische Eigenschaften

		Hz	°C	*Probekörper, Form*
Dielektrizitätszahl		50		
		10^3		
		10^6		
Dielektrischer Verlustfaktor tan δ		50		
		10^3		
		10^6		
Spezifischer Durchgangswiderstand	Ohm · cm			
Durchschlagfestigkeit	kV/mm			mm dick
Oberflächenwiderstand	Ohm			

Kriechstromfestigkeit	KC	KB	KA
Elektrolytische Korrosionswirkung			
Lichtbogenfestigkeit nach DIN			
nach ASTM s			

Beständigkeit *(Chemische Beständigkeit siehe Anhang)*

Wasseraufnahme 23 C Bis zur Saettigung 0.01 %

Feuchtigkeitsaufnahme Normalklima 0.01 %

Wetterbeständigkeit

Spannungskorrosion

Optische Eigenschaften

Brechungszahl n_D

Transmissionsgrad τ_c % mm dick

Lichtdurchlässigkeit

Produkt	Polyethylen hoher Dichte		**PE**
Handelsname	**Hostalen GM 9455 F**		
Hersteller	HOECHST		
DIN-Bez 1			
DIN-Bez 2			
Zusätze	Waermestabilisator	*Füllstoffe/ Verstärkung*	
Bevorzugte Verarbeitung	Folienextrusion	*Lieferform*	Granulat
		Farben	
Besondere Merkmale		*Bevorzugte Anwendungen*	

Dichte	g/cm³	0.956	*Schmelzindex*	g/10 min		:
Schüttdichte	g/cm³		*Volumenfließindex*	cm³/10 min		:
Viskositätszahl	ml/g					

Verarbeitungsbedingungen für Spritzgießen

Massetemp.	°C	*Schwindung*	%	lgs	, quer
Werkzeugtemp.	°C	*Bemerkungen*			
Spritzdruck	bar				

Zugversuch 23 °C DIN 53455; ISO R/527; DIN 53457; ISO R/527

Probekörper: *Form* Nr. 3; 4 mm dick — *Herstellung* Pressen
Zustand — *Vorbehandlung* Normalklima

Streckspannung	N/mm²	27	*Dehnung bei Streckspannung*	%	10
Zugfestigkeit	N/mm²		*Reißdehnung*	%	≧50
Reißfestigkeit	N/mm²		*% Dehnspannung*	N/mm²	
E-Modul	N/mm²	1190	*Dehnung bei % Dehnspg.*	%	

Kriechmoduln und Zeitstandwerte 23 °C DIN 53444; ISO 899

Probekörper: *Form* Nr. 3; 4 mm dick — *Herstellung* Pressen
Zustand — *Vorbehandlung* Normalklima

Kriechmodul	*1 min*	N/mm²	650	*Zeitstandzugfestigkeit*	h	N/mm²
Kriechmodul	*1000 h*	N/mm²	340	*Zeitdehnspg. %*	h	N/mm²
bei Spannung		N/mm²				

Biegeversuch 23 °C

Probekörper: *Form* — *Herstellung*
Zustand — *Vorbehandlung*

Biegefestigkeit	N/mm²	*E-Modul*	N/mm²
3,5% *Biegespannung*	N/mm²		

Härte 23 °C *Probekörper:* *Zustand* — *Herstellung*
Vorbehandlung

Kugeldruckhärte	N/mm² bei N, s	*Shore-Härte*	A
Rockwellhärte		*Shore-Härte*	D

Schlagversuch *Probekörper:* *(1)*
(2) — *Herstellung*
Zustand — *Vorbehandlung*

	°C	°C	°C	*Probekörper-Form*
Schlagzähigkeit kJ/m²				
Kerbschlagzähigkeit (1) kJ/m²				
IZOD-Kerbschlagzähigkeit (2) J/m				
Kerbschlagzugzähigkeit kJ/m²				

Abrieb und Reibung

Taber-Abrieb (Reibradverfahren)	mm^3/100 U		
Abriebfaktor LNP (Thrust washer) Vergleichswert			
Statische Reibungszahl			
Dynamische Reibungszahl	(p·v= N/mm^2·		m/min)
Zulässiger p · v Wert	N/mm^2 · (m/min)	v=	m/min
		v=	m/min

Thermische Eigenschaften

Formbeständigkeit in der Wärme	*Verfahren*			°C
	Verfahren			°C
Vicat Erweichungstemperatur (VST)	*Verfahren*	B/50		75 °C
	Verfahren			°C
Kristallit-Schmelzpunkt	*Verfahren*			
Längenausdehnungskoeffizient	*Bereich*	°C		$\cdot 10^{-4}K^{-1}$
	Temperatur			$\cdot 10^{-4}K^{-1}$
Wärmeleitfähigkeit	*Verfahren*			W/(K · m)
Spezifische Wärmekapazität	*Verfahren*			J/(K · g)
Glasumwandlungstemperatur	*Torsionsschwingungsversuch*		°C	
	Differentialkalorimetrie		°C	

Brandverhalten

UL-Test vertikal	Dicke	mm, Wert
	Dicke	mm, Wert

	Norm	*Bewertung*	*Abmessungen*
Sauerstoff-Index	ASTM D 2863		
Glühstab-Verfahren			
Brandverhalten	DIN 4102		
MVSS			
FAR			

Elektrische Eigenschaften

		Hz	°C	*Probekörper, Form*
Dielektrizitätszahl		50		
		10^3		
		10^6		
Dielektrischer Verlustfaktor tan δ		50		
		10^3		
		10^6		
Spezifischer Durchgangs-widerstand	Ohm · cm			
Durchschlagfestigkeit	kV/mm			mm dick
Oberflächenwiderstand	Ohm			

Kriechstromfestigkeit	KC	KB	KA
Elektrolytische Korrosionswirkung			
Lichtbogenfestigkeit nach DIN			
nach ASTM s			

Beständigkeit *(Chemische Beständigkeit siehe Anhang)*

Wasseraufnahme 23 C Bis zur Saettigung	0.1 %	
Feuchtigkeitsaufnahme Normalklima		0.1 %
Wetterbeständigkeit		
Spannungskorrosion		

Optische Eigenschaften

Brechungszahl n_D		
Transmissionsgrad τ_c	%	mm dick
Lichtdurchlässigkeit		

Produkt	Polyethylen hoechstmolekular		**PE**
Handelsname	**Hostalen GUR 212**		
Hersteller	HOECHST		
DIN-Bez 1	16776-PE,QD,35-G000		
DIN-Bez 2			
Zusätze		*Füllstoffe/ Verstärkung*	
Bevorzugte Verarbeitung	Extrudieren; Pressen; Sintern	*Lieferform*	Pulver
		Farben	
Besondere Merkmale	Ultrahochmolekular; Niedrige Schuettdichte; Fuer Modifizierungen mit hohen Fuellstoffgehalten	*Bevorzugte Anwendungen*	

Dichte	g/cm^3	0.935	*Schmelzindex*	g/10 min	:
Schüttdichte	g/cm^3		*Volumenfließindex*	cm^3/10 min	:
Viskositätszahl	ml/g	2300			

Verarbeitungsbedingungen für Spritzgießen

Massetemp.	°C	*Schwindung*	% lgs , quer
Werkzeugtemp.	°C	*Bemerkungen*	
Spritzdruck	bar		

Zugversuch 23 °C DIN 53455; ISO R/527; DIN 53457; ISO R/527

Probekörper: *Form* Nr. 3; 4 mm dick — *Herstellung* Pressen
Zustand — *Vorbehandlung* Normalklima

Streckspannung	N/mm^2	22	*Dehnung bei Streckspannung*	%	15
Zugfestigkeit	N/mm^2		*Reißdehnung*	%	≧50
Reißfestigkeit	N/mm^2		*% Dehnspannung*	N/mm^2	
E-Modul	N/mm^2	750	*Dehnung bei % Dehnspg.*	%	

Kriechmoduln und Zeitstandwerte 23 °C

Probekörper: *Form* — *Herstellung*
Zustand — *Vorbehandlung*

Kriechmodul	*1 min*	N/mm^2	*Zeitstandzugfestigkeit*	h	N/mm^2
Kriechmodul	*1000 h*	N/mm^2	*Zeitdehnspg. %*	h	N/mm^2
bei Spannung		N/mm^2			

Biegeversuch 23 °C

Probekörper: *Form* — *Herstellung*
Zustand — *Vorbehandlung*

Biegefestigkeit	N/mm^2	*E-Modul*	N/mm^2
3,5% *Biegespannung*	N/mm^2		

Härte 23 °C *Probekörper:* *Zustand* — *Herstellung*
Vorbehandlung

Kugeldruckhärte	N/mm^2 bei N, s	*Shore-Härte*	A
Rockwellhärte		*Shore-Härte*	D

Schlagversuch *Probekörper:* *(1)*
(2) — *Herstellung* Pressen
Zustand — *Vorbehandlung* Normalklima

		°C	°C	°C	*Probekörper-Form*
Schlagzähigkeit	kJ/m^2				
Kerbschlagzähigkeit (1)	kJ/m^2				
IZOD-Kerbschlagzähigkeit (2)	J/m				
Kerbschlagzugzähigkeit	kJ/m^2	23 600			80x10x4 mm

Abrieb und Reibung

Taber-Abrieb (Reibradverfahren)	mm^3/100 U		
Abriebfaktor LNP (Thrust washer) Vergleichswert			
Statische Reibungszahl			
Dynamische Reibungszahl	(p·v= N/mm^2·		m/min)
Zulässiger p·v Wert	N/mm^2·(m/min)	v=	m/min
		v=	m/min

Thermische Eigenschaften

Formbeständigkeit in der Wärme	*Verfahren* A		42 °C
	Verfahren B		65 °C
Vicat Erweichungstemperatur (VST)	*Verfahren* A/50		134 °C
	Verfahren B/50		80 °C
Kristallit-Schmelzpunkt	*Verfahren*		
Längenausdehnungskoeffizient	*Bereich*	°C	$\cdot 10^{-4}K^{-1}$
	Temperatur		$\cdot 10^{-4}K^{-1}$
Wärmeleitfähigkeit	*Verfahren*		W/(K·m)
Spezifische Wärmekapazität	*Verfahren*		J/(K·g)
Glasumwandlungstemperatur	*Torsionsschwingungsversuch*	°C	
	Differentialkalorimetrie	°C	

Brandverhalten

UL-Test vertikal Dicke 1.6 mm, Wert HB
Dicke mm, Wert

	Norm	*Bewertung*	*Abmessungen*
Sauerstoff-Index	ASTM D 2863		
Glühstab-Verfahren			
Brandverhalten	DIN 4102		
MVSS			
FAR			

Elektrische Eigenschaften

	Hz	°C		*Probekörper, Form*
Dielektrizitätszahl	50			
	10^3	23	2.3	Durchmesser 80x1 mm
	10^6			
Dielektrischer Verlustfaktor tan δ	50	23	0.00019	Durchmesser 80x1 mm
	10^3			
	10^6			
Spezifischer Durchgangswiderstand Ohm·cm		23	2*10**14	Durchmesser 80x1 mm
Durchschlagfestigkeit kV/mm				mm dick
Oberflächenwiderstand Ohm		23	1*10**11	Durchmesser 80x1 mm

Kriechstromfestigkeit KC KB KA
Elektrolytische Korrosionswirkung
Lichtbogenfestigkeit nach DIN
nach ASTM s

Beständigkeit *(Chemische Beständigkeit siehe Anhang)*

Wasseraufnahme 23 C Bis zur Saettigung 0 %

Feuchtigkeitsaufnahme Normalklima 0 %
Wetterbeständigkeit

Spannungskorrosion

Optische Eigenschaften

Brechungszahl n_D
Transmissionsgrad τ_c % mm dick
Lichtdurchlässigkeit

Datenbank-Nr. **T01548** *Merkblatt-Nr.* **4158**

Produkt	Polyethylen hoechstmolekular		**PE**
Handelsname	**Hostalen GUR 412 ALGRA**		
Hersteller	HOECHST		
DIN-Bez 1	16776-PE,QD,65-G000,CMD40		
DIN-Bez 2			
Zusätze	Graphit; Aluminium	*Füllstoffe/ Verstärkung*	
Bevorzugte Verarbeitung	Pressen; Sintern	*Lieferform*	Pulver
		Farben	
Besondere Merkmale	Ultrahochmolekular; Gute elektrische Leitfaehigkeit; Verbesserte Waermeleitfaehigkeit; Niedriger thermischer Ausdehnungskoeffizient	*Bevorzugte Anwendungen*	

Dichte	g/cm^3	1.25	*Schmelzindex*	g/10 min	:
Schüttdichte	g/cm^3		*Volumenfließindex*	cm^3/10 min	:
Viskositätszahl	ml/g				

Verarbeitungsbedingungen für Spritzgießen

Massetemp.	°C	*Schwindung*	% lgs , quer
Werkzeugtemp.	°C	*Bemerkungen*	
Spritzdruck	bar		

Zugversuch 23 °C DIN 53455; ISO R/527; DIN 53457; ISO R/527

Probekörper: *Form* Nr. 3; 4 mm dick — *Herstellung* Pressen
Zustand — *Vorbehandlung* Normalklima

Streckspannung	N/mm^2	17	*Dehnung bei Streckspannung*	%	15
Zugfestigkeit	N/mm^2		*Reißdehnung*	%	40
Reißfestigkeit	N/mm^2		*% Dehnspannung*	N/mm^2	
E-Modul	N/mm^2	1350	*Dehnung bei % Dehnspg.*	%	

Kriechmoduln und Zeitstandwerte 23 °C

Probekörper: *Form* — *Herstellung*
Zustand — *Vorbehandlung*

Kriechmodul	*1 min* N/mm^2	*Zeitstandzugfestigkeit*	h	N/mm^2
Kriechmodul	*1000 h* N/mm^2	*Zeitdehnspg. %*	h	N/mm^2
bei Spannung	N/mm^2			

Biegeversuch 23 °C

Probekörper: *Form* — *Herstellung*
Zustand — *Vorbehandlung*

Biegefestigkeit	N/mm^2	*E-Modul*	N/mm^2
3,5% *Biegespannung*	N/mm^2		

Härte 23 °C *Probekörper:* *Zustand* — *Herstellung*
Vorbehandlung

Kugeldruckhärte	N/mm^2 bei N, s	*Shore-Härte* A	
Rockwellhärte		*Shore-Härte* D	

Schlagversuch *Probekörper:* *(1)*
(2) — *Herstellung* Pressen
Zustand — *Vorbehandlung* Normalklima

		°C	°C	°C	*Probekörper-Form*
Schlagzähigkeit	kJ/m^2				
Kerbschlagzähigkeit (1)	kJ/m^2				
IZOD-Kerbschlagzähigkeit (2)	J/m				
Kerbschlagzugzähigkeit	kJ/m^2	23 50			80x10x4 mm

Abrieb und Reibung

Taber-Abrieb (Reibradverfahren)	$mm^3/100$ U		
Abriebfaktor LNP (Thrust washer) Vergleichswert			
Statische Reibungszahl			
Dynamische Reibungszahl	(p · v = N/mm² ·		m/min)
Zulässiger p · v Wert	N/mm² · (m/min)	v =	m/min
		v =	m/min

Thermische Eigenschaften

Formbeständigkeit in der Wärme	*Verfahren* A		45 °C
	Verfahren B		90 °C
Vicat Erweichungstemperatur (VST)	*Verfahren* A/50		137 °C
	Verfahren B/50		100 °C
Kristallit-Schmelzpunkt	*Verfahren*		
Längenausdehnungskoeffizient	*Bereich*	°C	$\cdot 10^{-4}K^{-1}$
	Temperatur		$\cdot 10^{-4}K^{-1}$
Wärmeleitfähigkeit	*Verfahren*		W/(K · m)
Spezifische Wärmekapazität	*Verfahren*		J/(K · g)
Glasumwandlungstemperatur	*Torsionsschwingungsversuch*	°C	
	Differentialkalorimetrie	°C	

Brandverhalten

UL-Test vertikal	Dicke 1.6 mm, Wert HB	
	Dicke mm, Wert	

	Norm	*Bewertung*	*Abmessungen*
Sauerstoff-Index	ASTM D 2863		
Glühstab-Verfahren			
Brandverhalten	DIN 4102		
MVSS			
FAR			

Elektrische Eigenschaften

		Hz	°C		*Probekörper, Form*
Dielektrizitätszahl		50			
		10^3			
		10^6			
Dielektrischer Verlustfaktor tan δ		50			
		10^3			
		10^6			
Spezifischer Durchgangswiderstand	Ohm · cm		23	9*10**8	Durchmesser 80x1 mm
Durchschlagfestigkeit	kV/mm				mm dick
Oberflächenwiderstand	Ohm		23	3*10**5	Durchmesser 80x1 mm

Kriechstromfestigkeit	KC	KB	KA
Elektrolytische Korrosionswirkung			
Lichtbogenfestigkeit nach DIN			
nach ASTM s			

Beständigkeit *(Chemische Beständigkeit siehe Anhang)*

Wasseraufnahme

Feuchtigkeitsaufnahme Normalklima %

Wetterbeständigkeit

Spannungskorrosion

Optische Eigenschaften

Brechungszahl n_D

Transmissionsgrad τ_c % mm dick

Lichtdurchlässigkeit

Datenbank-Nr.	**T01549**	*Merkblatt-Nr.*	**4159**

Produkt	Polyethylen hoechstmolekular		**PE**
Handelsname	**Hostalen GUR 412 AST**		
Hersteller	HOECHST		
DIN-Bez 1	16776-PE,QD,60-G000,CD05		
DIN-Bez 2			
Zusätze	Russ	*Füllstoffe/ Verstärkung*	
Bevorzugte Verarbeitung	Extrudieren; Pressen; Sintern	*Lieferform*	Pulver
		Farben	
Besondere Merkmale	Ultrahochmolekular; Antistatisch; Niedriger elektrischer Widerstand	*Bevorzugte Anwendungen*	

Dichte	g/cm^3	0.96	*Schmelzindex*	g/10 min		:
Schüttdichte	g/cm^3		*Volumenfließindex*	cm^3/10 min		:
Viskositätszahl	ml/g					

Verarbeitungsbedingungen für Spritzgießen

Massetemp.	°C	*Schwindung*	%	lgs	, quer
Werkzeugtemp.	°C	*Bemerkungen*			
Spritzdruck	bar				

Zugversuch 23 °C DIN 53455; ISO R/527; DIN 53457; ISO R/527

Probekörper: *Form*	Nr. 3; 4 mm dick	*Herstellung*	Pressen
Zustand		*Vorbehandlung*	Normalklima

Streckspannung	N/mm^2	22	*Dehnung bei Streckspannung*	%	15
Zugfestigkeit	N/mm^2		*Reißdehnung*	%	≧50
Reißfestigkeit	N/mm^2		*% Dehnspannung*	N/mm^2	
E-Modul	N/mm^2	850	*Dehnung bei % Dehnspg.*	%	

Kriechmoduln und Zeitstandwerte 23 °C

Probekörper: *Form*		*Herstellung*	
Zustand		*Vorbehandlung*	

Kriechmodul	*1 min* N/mm^2		*Zeitstandzugfestigkeit*	h	N/mm^2
Kriechmodul	*1000 h* N/mm^2		*Zeitdehnspg. %*	h	N/mm^2
bei Spannung	N/mm^2				

Biegeversuch 23 °C

Probekörper: *Form*		*Herstellung*	
Zustand		*Vorbehandlung*	

Biegefestigkeit	N/mm^2	*E-Modul*	N/mm^2
3,5% *Biegespannung*	N/mm^2		

Härte 23 °C *Probekörper:* *Zustand* — *Herstellung* / *Vorbehandlung*

Kugeldruckhärte	N/mm^2 bei N, s	*Shore-Härte*	A
Rockwellhärte		*Shore-Härte*	D

Schlagversuch *Probekörper:* *(1)* *(2)* *Zustand*

Herstellung	Pressen	*Vorbehandlung*	Normalklima

		°C	°C	°C	*Probekörper-Form*
Schlagzähigkeit	kJ/m^2				
Kerbschlagzähigkeit (1)	kJ/m^2				
IZOD-Kerbschlagzähigkeit (2)	J/m				
Kerbschlagzugzähigkeit	kJ/m^2	23 330			80x10x4 mm

Abrieb und Reibung

Taber-Abrieb (Reibradverfahren)	mm^3/100 U		
Abriebfaktor LNP (Thrust washer) Vergleichswert			
Statische Reibungszahl			
Dynamische Reibungszahl	(p·v= N/mm^2·		m/min)
Zulässiger p · v Wert	N/mm^2 · (m/min)	v=	m/min
		v=	m/min

Thermische Eigenschaften

Formbeständigkeit in der Wärme	*Verfahren* A		42 °C
	Verfahren B		65 °C
Vicat Erweichungstemperatur (VST)	*Verfahren* A/50		135 °C
	Verfahren B/50		90 °C
Kristallit-Schmelzpunkt	*Verfahren*		
Längenausdehnungskoeffizient	*Bereich*	°C	$\cdot 10^{-4}K^{-1}$
	Temperatur		$\cdot 10^{-4}K^{-1}$
Wärmeleitfähigkeit	*Verfahren*		W/(K · m)
Spezifische Wärmekapazität	*Verfahren*		J/(K · g)
Glasumwandlungstemperatur	*Torsionsschwingungsversuch*	°C	
	Differentialkalorimetrie	°C	

Brandverhalten

UL-Test vertikal Dicke 1.6 mm, Wert HB
Dicke mm, Wert

	Norm	*Bewertung*	*Abmessungen*
Sauerstoff-Index	ASTM D 2863		
Glühstab-Verfahren			
Brandverhalten	DIN 4102		
MVSS			
FAR			

Elektrische Eigenschaften

		Hz	°C		*Probekörper, Form*
Dielektrizitätszahl		50			
		10^3			
		10^6			
Dielektrischer Verlustfaktor tan δ		50			
		10^3			
		10^6			
Spezifischer Durchgangs-widerstand	Ohm · cm		23	7*10**01	Durchmesser 80x1 mm
Durchschlagfestigkeit	kV/mm				mm dick
Oberflächenwiderstand	Ohm		23	3*10**01	Durchmesser 80x1 mm

Kriechstromfestigkeit KC KB KA
Elektrolytische Korrosionswirkung
Lichtbogenfestigkeit nach DIN
nach ASTM s

Beständigkeit *(Chemische Beständigkeit siehe Anhang)*

Wasseraufnahme

Feuchtigkeitsaufnahme Normalklima %
Wetterbeständigkeit

Spannungskorrosion

Optische Eigenschaften

Brechungszahl n_D
Transmissionsgrad τ_c % mm dick
Lichtdurchlässigkeit

Produkt	Polyethylen hoechstmolekular		**PE**
Handelsname	**Hostalen GUR 416**		
Hersteller	HOECHST		
DIN-Bez 1			
DIN-Bez 2			
Zusätze		*Füllstoffe/ Verstärkung*	
Bevorzugte Verarbeitung	Extrudieren; Pressen; Sintern	*Lieferform*	Pulver
		Farben	
Besondere Merkmale		*Bevorzugte Anwendungen*	

Dichte	g/cm³	0.925	*Schmelzindex*	g/10 min	:
Schüttdichte	g/cm³		*Volumenfließindex*	cm³/10 min	:
Viskositätszahl	ml/g	4000			

Verarbeitungsbedingungen für Spritzgießen

Massetemp.	°C	*Schwindung*	% lgs , quer
Werkzeugtemp.	°C	*Bemerkungen*	
Spritzdruck	bar		

Zugversuch 23 °C

Probekörper: *Form* *Herstellung*
Zustand *Vorbehandlung*

Streckspannung	N/mm²	*Dehnung bei Streckspannung*	%
Zugfestigkeit	N/mm²	*Reißdehnung*	%
Reißfestigkeit	N/mm²	% *Dehnspannung*	N/mm²
E-Modul	N/mm²	*Dehnung bei* % *Dehnspg.*	%

Kriechmoduln und Zeitstandwerte 23 °C

Probekörper: *Form* *Herstellung*
Zustand *Vorbehandlung*

Kriechmodul	*1 min* N/mm²	*Zeitstandzugfestigkeit*	h N/mm²
Kriechmodul	*1000 h* N/mm²	*Zeitdehnspg.* %	h N/mm²
bei Spannung	N/mm²		

Biegeversuch 23 °C

Probekörper: *Form* *Herstellung*
Zustand *Vorbehandlung*

Biegefestigkeit	N/mm²	*E-Modul*	N/mm²
3,5% *Biegespannung*	N/mm²		

Härte 23 °C *Probekörper:* *Zustand* *Herstellung*
Vorbehandlung

Kugeldruckhärte	N/mm² bei N, s	*Shore-Härte* A	
Rockwellhärte		*Shore-Härte* D	

Schlagversuch *Probekörper:* *(1)*
(2) *Herstellung*
Zustand *Vorbehandlung*

		°C	°C	°C	*Probekörper-Form*
Schlagzähigkeit	kJ/m²				
Kerbschlagzähigkeit (1)	kJ/m²				
IZOD-Kerbschlagzähigkeit (2)	J/m				
Kerbschlagzugzähigkeit	kJ/m²				

Abrieb und Reibung

Taber-Abrieb (Reibradverfahren)	mm^3/100 U		
Abriebfaktor LNP (Thrust washer) Vergleichswert			
Statische Reibungszahl			
Dynamische Reibungszahl	(p·v= N/mm^2·		m/min)
Zulässiger p·v Wert	N/mm^2·(m/min)	v=	m/min
		v=	m/min

Thermische Eigenschaften

Formbeständigkeit in der Wärme	*Verfahren*		°C	
	Verfahren		°C	
Vicat Erweichungstemperatur (VST)	*Verfahren*		°C	
	Verfahren		°C	
Kristallit-Schmelzpunkt	*Verfahren*			
Längenausdehnungskoeffizient	*Bereich*	°C		$\cdot 10^{-4}K^{-1}$
	Temperatur			$\cdot 10^{-4}K^{-1}$
Wärmeleitfähigkeit	*Verfahren*			W/(K·m)
Spezifische Wärmekapazität	*Verfahren*			J/(K·g)
Glasumwandlungstemperatur	*Torsionsschwingungsversuch*	°C		
	Differentialkalorimetrie	°C		

Brandverhalten

UL-Test vertikal Dicke 1.6 mm, Wert HB
Dicke mm, Wert

	Norm	*Bewertung*	*Abmessungen*
Sauerstoff-Index	ASTM D 2863		
Glühstab-Verfahren			
Brandverhalten	DIN 4102		
MVSS			
FAR			

Elektrische Eigenschaften

		Hz	°C		*Probekörper, Form*
Dielektrizitätszahl		50			
		10^3	23	2.3	Durchmesser 80x1 mm
		10^6			
Dielektrischer Verlustfaktor tan δ		50	23	0.00019	Durchmesser 80x1 mm
		10^3			
		10^6			
Spezifischer Durchgangs-widerstand	Ohm·cm		23	$\geqq$1*10**15	Durchmesser 80x1 mm
Durchschlagfestigkeit	kV/mm				mm dick
Oberflächenwiderstand	Ohm		23	1*10**14	Durchmesser 80x1 mm

Kriechstromfestigkeit KC KB KA
Elektrolytische Korrosionswirkung
Lichtbogenfestigkeit nach DIN
nach ASTM s

Beständigkeit *(Chemische Beständigkeit siehe Anhang)*

Wasseraufnahme 23 C Bis zur Saettigung 0 %

Feuchtigkeitsaufnahme Normalklima 0 %
Wetterbeständigkeit

Spannungskorrosion

Optische Eigenschaften

Brechungszahl n_D
Transmissionsgrad τ_c % mm dick
Lichtdurchlässigkeit

Datenbank-Nr.	**T01551**	*Merkblatt-Nr.*	**4161**

Produkt	Polyethylen hoechstmolekular		**PE**
Handelsname	**Hostalen GUR 812**		
Hersteller	HOECHST		
DIN-Bez 1	16776-PE,MD,35-G000		
DIN-Bez 2			
Zusätze		*Füllstoffe/ Verstärkung*	
Bevorzugte Verarbeitung	Spritzgiessen; Pressen; Sintern	*Lieferform*	Pulver
		Farben	
Besondere Merkmale	Ultrahochmolekular; Sehr hohe Verschleissfestigkeit; Sehr gute Gleiteigenschaften; Sehr hohe Kerbschlagzaehigkeit; Hochviskos	*Bevorzugte Anwendungen*	

Dichte	g/cm^3	0.935	*Schmelzindex*	g/10 min	:
Schüttdichte	g/cm^3		*Volumenfließindex*	$cm^3/10$ min	:
Viskositätszahl	ml/g	2000			

Verarbeitungsbedingungen für Spritzgießen

Massetemp.	°C	*Schwindung*	% lgs , quer
Werkzeugtemp.	°C	*Bemerkungen*	
Spritzdruck	bar		

Zugversuch 23 °C DIN 53455; ISO R/527; DIN 53457; ISO R/527

Probekörper: *Form*	Nr. 3; 4 mm dick	*Herstellung*	Pressen
Zustand		*Vorbehandlung*	Normalklima

Streckspannung	N/mm^2	22	*Dehnung bei Streckspannung*	%	15
Zugfestigkeit	N/mm^2		*Reißdehnung*	%	≧50
Reißfestigkeit	N/mm^2		*% Dehnspannung*	N/mm^2	
E-Modul	N/mm^2	750	*Dehnung bei % Dehnspg.*	%	

Kriechmoduln und Zeitstandwerte 23 °C

Probekörper: *Form*	*Herstellung*	
Zustand	*Vorbehandlung*	

Kriechmodul	*1 min* N/mm^2	*Zeitstandzugfestigkeit*	h	N/mm^2
Kriechmodul	*1000 h* N/mm^2	*Zeitdehnspg. %*	h	N/mm^2
bei Spannung	N/mm^2			

Biegeversuch 23 °C

Probekörper: *Form*	*Herstellung*
Zustand	*Vorbehandlung*

Biegefestigkeit	N/mm^2	*E-Modul*	N/mm^2
3,5% Biegespannung	N/mm^2		

Härte 23 °C *Probekörper:* *Zustand*

		Herstellung	
		Vorbehandlung	
Kugeldruckhärte	N/mm^2 bei N, s	*Shore-Härte*	A
Rockwellhärte		*Shore-Härte*	D

Schlagversuch *Probekörper:* *(1)* *(2)* *Zustand*

Herstellung	Pressen
Vorbehandlung	Normalklima

		°C	°C	°C	*Probekörper-Form*
Schlagzähigkeit	kJ/m^2				
Kerbschlagzähigkeit (1)	kJ/m^2				
IZOD-Kerbschlagzähigkeit (2)	J/m				
Kerbschlagzugzähigkeit	kJ/m^2	23 400			80x10x4 mm

Abrieb und Reibung

Taber-Abrieb (Reibradverfahren)	mm^3/100 U		
Abriebfaktor LNP (Thrust washer) Vergleichswert			
Statische Reibungszahl			
Dynamische Reibungszahl	(p·v=	N/mm^2·	m/min)
Zulässiger p · v Wert	N/mm^2·(m/min)	v=	m/min
		v=	m/min

Thermische Eigenschaften

Formbeständigkeit in der Wärme	*Verfahren* A		42 °C
	Verfahren B		65 °C
Vicat Erweichungstemperatur (VST)	*Verfahren* A/50		134 °C
	Verfahren B/50		80 °C
Kristallit-Schmelzpunkt	*Verfahren*		
Längenausdehnungskoeffizient	*Bereich*	°C	$\cdot 10^{-4} K^{-1}$
	Temperatur		$\cdot 10^{-4} K^{-1}$
Wärmeleitfähigkeit	*Verfahren*		W/(K · m)
Spezifische Wärmekapazität	*Verfahren*		J/(K · g)
Glasumwandlungstemperatur	*Torsionsschwingungsversuch*	°C	
	Differentialkalorimetrie	°C	

Brandverhalten

UL-Test vertikal	Dicke 1.6	mm, Wert HB
	Dicke	mm, Wert

	Norm	*Bewertung*	*Abmessungen*
Sauerstoff-Index	ASTM D 2863		
Glühstab-Verfahren			
Brandverhalten	DIN 4102		
MVSS			
FAR			

Elektrische Eigenschaften

		Hz	°C		*Probekörper, Form*
Dielektrizitätszahl		50			
		10^3	23	2.3	Durchmesser 80x1 mm
		10^6			
Dielektrischer Verlustfaktor tan δ		50	23	0.00019	Durchmesser 80x1 mm
		10^3			
		10^6			
Spezifischer Durchgangs-widerstand	Ohm · cm		23	3*10**14	Durchmesser 80x1 mm
Durchschlagfestigkeit	kV/mm				mm dick
Oberflächenwiderstand	Ohm		23	4*10**11	Durchmesser 80x1 mm

Kriechstromfestigkeit	KC	KB	KA
Elektrolytische Korrosionswirkung			
Lichtbogenfestigkeit nach DIN			
nach ASTM	s		

Beständigkeit *(Chemische Beständigkeit siehe Anhang)*

Wasseraufnahme 23 C Bis zur Saettigung 0 %

Feuchtigkeitsaufnahme Normalklima 0 %

Wetterbeständigkeit

Spannungskorrosion

Optische Eigenschaften

Brechungszahl n_D

Transmissionsgrad τ_c % mm dick

Lichtdurchlässigkeit

Produkt	Polypropylen		**PP**
Handelsname	**Hostalen PPG 1022**		
Hersteller	HOECHST		
DIN-Bez 1	16774-PP-B,BD,95-M000		
DIN-Bez 2	16774-PP-B,QD,95-M000		
Zusätze		*Füllstoffe/ Verstärkung*	
Bevorzugte Verarbeitung	Extrudieren; Blasformen	*Lieferform*	Granulat
		Farben	
Besondere Merkmale	Hochschlagzaeh	*Bevorzugte Anwendungen*	Koffer mit Filmscharnier; Konturenverpackung fuer Elektrogeraet; Technischer Grosshohlkoerper bis 2000 l; Stanzpressplatte

Dichte	g/cm^3	0.899	*Schmelzindex*	g/10 min	:	
Schüttdichte	g/cm^3		*Volumenfließindex*	$cm^3/10$ min	0.3:	190/5
Viskositätszahl	ml/g	490				

Verarbeitungsbedingungen für Spritzgießen

Massetemp.	°C	*Schwindung*	% lgs , quer
Werkzeugtemp.	°C	*Bemerkungen*	
Spritzdruck	bar		

Zugversuch 23 °C DIN 53455; ISO R/527; DIN 53457; ISO R/527

Probekörper: *Form* Nr. 3; 4 mm dick — *Herstellung* Spritzgiessen
Zustand — *Vorbehandlung* Normalklima

Streckspannung	N/mm^2	28	*Dehnung bei Streckspannung*	%	16
Zugfestigkeit	N/mm^2		*Reißdehnung*	%	≧50
Reißfestigkeit	N/mm^2		*% Dehnspannung*	N/mm^2	
E-Modul	N/mm^2	1040	*Dehnung bei % Dehnspg.*	%	

Kriechmoduln und Zeitstandwerte 23 °C

Probekörper: *Form* — *Herstellung*
Zustand — *Vorbehandlung*

Kriechmodul	*1 min*	N/mm^2	*Zeitstandzugfestigkeit*	h	N/mm^2
Kriechmodul	*1000 h*	N/mm^2	*Zeitdehnspg. %*	h	N/mm^2
bei Spannung		N/mm^2			

Biegeversuch 23 °C

Probekörper: *Form* — *Herstellung*
Zustand — *Vorbehandlung*

Biegefestigkeit	N/mm^2	*E-Modul*	N/mm^2
3,5% *Biegespannung*	N/mm^2		

Härte 23 °C *Probekörper:* *Zustand* — *Herstellung*
Vorbehandlung

Kugeldruckhärte	N/mm^2 bei N, s	*Shore-Härte*	A
Rockwellhärte		*Shore-Härte*	D

Schlagversuch *Probekörper:* *(1)*
(2) — *Herstellung* Spritzgiessen
Zustand — *Vorbehandlung* Normalklima

		°C	°C	°C	*Probekörper-Form*
Schlagzähigkeit	kJ/m^2				
Kerbschlagzähigkeit (1)	kJ/m^2				
IZOD-Kerbschlagzähigkeit (2)	J/m				
Kerbschlagzugzähigkeit	kJ/m^2	23 110			80x10x4 mm

Abrieb und Reibung

Taber-Abrieb (Reibradverfahren)	mm^3/100 U			
Abriebfaktor LNP (Thrust washer) Vergleichswert				
Statische Reibungszahl				
Dynamische Reibungszahl	(p·v=	N/mm^2·		m/min)
Zulässiger p·v Wert	N/mm^2·(m/min)		v=	m/min
			v=	m/min

Thermische Eigenschaften

Formbeständigkeit in der Wärme	*Verfahren*			°C
	Verfahren			°C
Vicat Erweichungstemperatur (VST)	*Verfahren*	A/50		149 °C
	Verfahren	B/50		72 °C
Kristallit-Schmelzpunkt	*Verfahren*			
Längenausdehnungskoeffizient	*Bereich*	°C		$\cdot 10^{-4}K^{-1}$
	Temperatur			$\cdot 10^{-4}K^{-1}$
Wärmeleitfähigkeit	*Verfahren*			W/(K·m)
Spezifische Wärmekapazität	*Verfahren*			J/(K·g)
Glasumwandlungstemperatur	*Torsionsschwingungsversuch*		°C	
	Differentialkalorimetrie		°C	

Brandverhalten

UL-Test vertikal	Dicke 1.6 mm, Wert HB	
	Dicke mm, Wert	

	Norm	*Bewertung*	*Abmessungen*
Sauerstoff-Index	ASTM D 2863		
Glühstab-Verfahren			
Brandverhalten	DIN 4102		
MVSS			
FAR			

Elektrische Eigenschaften

		Hz	°C		*Probekörper, Form*
Dielektrizitätszahl		50			
		10^3	23	2.3	Durchmesser 80x1 mm
		10^6			
Dielektrischer Verlustfaktor tan δ		50	23	0.00035	Durchmesser 80x1 mm
		10^3	23	0.00025	Durchmesser 80x1 mm
		10^6			
Spezifischer Durchgangs-widerstand	Ohm·cm		23	≧1*10**15	Durchmesser 80x1 mm
Durchschlagfestigkeit	kV/mm				mm dick
Oberflächenwiderstand	Ohm		23	1*10**14	Durchmesser 80x1 mm

Kriechstromfestigkeit	KC	KB	KA
Elektrolytische Korrosionswirkung			
Lichtbogenfestigkeit nach DIN			
nach ASTM s			

Beständigkeit *(Chemische Beständigkeit siehe Anhang)*

Wasseraufnahme 23 C Bis zur Saettigung	0.1 %	
Feuchtigkeitsaufnahme Normalklima		0.1 %
Wetterbeständigkeit		
Spannungskorrosion		

Optische Eigenschaften

Brechungszahl n_D		
Transmissionsgrad τ_c	%	mm dick
Lichtdurchlässigkeit		

Produkt	Polypropylen		**PP**
Handelsname	**Hostalen PPH 1050 ELFENBEIN 26**		
Hersteller	HOECHST		
DIN-Bez 1	16774-PP-H,B,95-M003		
DIN-Bez 2	16774-PP-H,,95-M003		
Zusätze		*Füllstoffe/ Verstärkung*	
Bevorzugte Verarbeitung	Blasformen	*Lieferform*	Granulat
		Farben	Elfenbein 26
Besondere Merkmale	Sondertyp	*Bevorzugte Anwendungen*	Heisswasserbehaelter

Dichte	g/cm³	0.911	*Schmelzindex*	g/10 min	:	
Schüttdichte	g/cm³		*Volumenfließindex*	cm³/10 min	0.9:	190/5
Viskositätszahl	ml/g	400				

Verarbeitungsbedingungen für Spritzgießen

Massetemp.	°C	*Schwindung*	%	lgs , quer
Werkzeugtemp.	°C	*Bemerkungen*		
Spritzdruck	bar			

Zugversuch 23 °C DIN 53455; ISO R/527; DIN 53457; ISO R/527

Probekörper: Form Nr. 3; 4 mm dick — *Herstellung* Spritzgiessen
Zustand — *Vorbehandlung* Normalklima

Streckspannung	N/mm²	31	*Dehnung bei Streckspannung*	%	13
Zugfestigkeit	N/mm²		*Reißdehnung*	%	≧50
Reißfestigkeit	N/mm²		*% Dehnspannung*	N/mm²	
E-Modul	N/mm²	1100	*Dehnung bei % Dehnspg.*	%	

Kriechmoduln und Zeitstandwerte 23 °C

Probekörper: Form — *Herstellung*
Zustand — *Vorbehandlung*

Kriechmodul	*1 min*	N/mm²	*Zeitstandzugfestigkeit*	h	N/mm²
Kriechmodul	*1000 h*	N/mm²	*Zeitdehnspg. %*	h	N/mm²
bei Spannung		N/mm²			

Biegeversuch 23 °C

Probekörper: Form — *Herstellung*
Zustand — *Vorbehandlung*

Biegefestigkeit	N/mm²	*E-Modul*	N/mm²
3,5% *Biegespannung*	N/mm²		

Härte 23 °C *Probekörper: Zustand* — *Herstellung*
Vorbehandlung

Kugeldruckhärte	N/mm² bei N, s	*Shore-Härte*	A
Rockwellhärte		*Shore-Härte*	D

Schlagversuch *Probekörper: (1)*
(2) — *Herstellung* Spritzgiessen
Zustand — *Vorbehandlung* Normalklima

		°C	°C	°C	*Probekörper-Form*
Schlagzähigkeit	kJ/m²				
Kerbschlagzähigkeit (1)	kJ/m²				
IZOD-Kerbschlagzähigkeit (2)	J/m				
Kerbschlagzugzähigkeit	kJ/m²	23 60			80x10x4 mm

Abrieb und Reibung

Taber-Abrieb (Reibradverfahren)	mm^3/100 U		
Abriebfaktor LNP (Thrust washer) Vergleichswert			
Statische Reibungszahl			
Dynamische Reibungszahl	(p·v=	N/mm^2·	m/min)
Zulässiger p · v Wert	N/mm^2·(m/min)	v=	m/min
		v=	m/min

Thermische Eigenschaften

Formbeständigkeit in der Wärme	*Verfahren*		°C
	Verfahren		°C
Vicat Erweichungstemperatur (VST)	*Verfahren*	A/50	153 °C
	Verfahren	B/50	83 °C
Kristallit-Schmelzpunkt	*Verfahren*		
Längenausdehnungskoeffizient	*Bereich*	°C	$\cdot 10^{-4}K^{-1}$
	Temperatur		$\cdot 10^{-4}K^{-1}$
Wärmeleitfähigkeit	*Verfahren*		W/(K · m)
Spezifische Wärmekapazität	*Verfahren*		J/(K · g)
Glasumwandlungstemperatur	*Torsionsschwingungsversuch*	°C	
	Differentialkalorimetrie	°C	

Brandverhalten

UL-Test vertikal — Dicke 1.6 mm, Wert HB
Dicke mm, Wert

	Norm	*Bewertung*	*Abmessungen*
Sauerstoff-Index	ASTM D 2863		
Glühstab-Verfahren			
Brandverhalten	DIN 4102		
MVSS			
FAR			

Elektrische Eigenschaften

		Hz	°C		*Probekörper, Form*
Dielektrizitätszahl		50			
		10^3	23	2.3	Durchmesser 80x1 mm
		10^6			
Dielektrischer Verlustfaktor tan δ		50	23	0.00035	Durchmesser 80x1 mm
		10^3	23	0.00025	Durchmesser 80x1 mm
		10^6			
Spezifischer Durchgangs-widerstand	Ohm · cm		23	≧1*10**15	Durchmesser 80x1 mm
Durchschlagfestigkeit	kV/mm				mm dick
Oberflächenwiderstand	Ohm		23	1*10**14	Durchmesser 80x1 mm

Kriechstromfestigkeit KC KB KA
Elektrolytische Korrosionswirkung
Lichtbogenfestigkeit nach DIN
nach ASTM s

Beständigkeit *(Chemische Beständigkeit siehe Anhang)*

Wasseraufnahme 23 C Bis zur Saettigung 0.1 %

Feuchtigkeitsaufnahme Normalklima 0.1 %
Wetterbeständigkeit

Spannungskorrosion

Optische Eigenschaften

Brechungszahl n_D
Transmissionsgrad τ_c % mm dick
Lichtdurchlässigkeit

Datenbank-Nr. **T01554** Merkblatt-Nr. **4164**

Produkt	Polypropylen		**PP**
Handelsname	**Hostalen PPH 2112**		
Hersteller	HOECHST		
DIN-Bez 1	16774-PP-Q,EP,75-M003		
DIN-Bez 2	16774-PP-Q,QP,75-M003		
Zusätze	Waermestabilisator	*Füllstoffe/ Verstärkung*	
Bevorzugte Verarbeitung	Extrudieren; Pressen; Sintern	*Lieferform*	Granulat
		Farben	
Besondere Merkmale	Schlagzaeh modifiziert; Waermebestaendig; Bestaendig gegen heisse Waschlauge	*Bevorzugte Anwendungen*	Wellrohr; Membranfilterplatte

Dichte	g/cm^3	0.898	*Schmelzindex*	g/10 min	:	
Schüttdichte	g/cm^3		*Volumenfließindex*	$cm^3/10$ min	0.5:	190/5
Viskositätszahl	ml/g					

Verarbeitungsbedingungen für Spritzgießen

Massetemp.	°C	*Schwindung*	% lgs , quer
Werkzeugtemp.	°C	*Bemerkungen*	
Spritzdruck	bar		

Zugversuch 23 °C DIN 53455; ISO R/527; DIN 53457; ISO R/527

Probekörper: *Form* Nr. 3; 4 mm dick — *Herstellung* Spritzgiessen
Zustand — *Vorbehandlung* Normalklima

Streckspannung	N/mm^2	20	*Dehnung bei Streckspannung*	%	36
Zugfestigkeit	N/mm^2		*Reißdehnung*	%	$\geqq$50
Reißfestigkeit	N/mm^2		*% Dehnspannung*	N/mm^2	
E-Modul	N/mm^2	550	*Dehnung bei % Dehnspg.*	%	

Kriechmoduln und Zeitstandwerte 23 °C

Probekörper: *Form* — *Herstellung*
Zustand — *Vorbehandlung*

Kriechmodul	*1 min*	N/mm^2	*Zeitstandzugfestigkeit*	h	N/mm^2
Kriechmodul	*1000 h*	N/mm^2	*Zeitdehnspg. %*	h	N/mm^2
bei Spannung		N/mm^2			

Biegeversuch 23 °C

Probekörper: *Form* — *Herstellung*
Zustand — *Vorbehandlung*

Biegefestigkeit	N/mm^2	*E-Modul*	N/mm^2
3,5% *Biegespannung*	N/mm^2		

Härte 23 °C *Probekörper:* *Zustand* — *Herstellung*
Vorbehandlung

Kugeldruckhärte	N/mm^2 bei N, s	*Shore-Härte*	A
Rockwellhärte		*Shore-Härte*	D

Schlagversuch *Probekörper:* *(1)*
(2) — *Herstellung* Spritzgiessen
Zustand — *Vorbehandlung* Normalklima

		°C	°C	°C	*Probekörper-Form*
Schlagzähigkeit	kJ/m^2				
Kerbschlagzähigkeit (1)	kJ/m^2				
IZOD-Kerbschlagzähigkeit (2)	J/m				
Kerbschlagzugzähigkeit	kJ/m^2	23 150			80x10x4 mm

Abrieb und Reibung

Taber-Abrieb (Reibradverfahren)	mm^3/100 U		
Abriebfaktor LNP (Thrust washer) Vergleichswert			
Statische Reibungszahl			
Dynamische Reibungszahl	(p · v =	N/mm^2 ·	m/min)
Zulässiger p · v Wert	N/mm^2 · (m/min)	v =	m/min
		v =	m/min

Thermische Eigenschaften

Formbeständigkeit in der Wärme	*Verfahren* A		47 °C
	Verfahren B		68 °C
Vicat Erweichungstemperatur (VST)	*Verfahren* A/50		135 °C
	Verfahren B/50		51 °C
Kristallit-Schmelzpunkt	*Verfahren*		
Längenausdehnungskoeffizient	*Bereich*	°C	$\cdot 10^{-4} K^{-1}$
	Temperatur		$\cdot 10^{-4} K^{-1}$
Wärmeleitfähigkeit	*Verfahren*		W/(K · m)
Spezifische Wärmekapazität	*Verfahren*		J/(K · g)
Glasumwandlungstemperatur	*Torsionsschwingungsversuch*	°C	
	Differentialkalorimetrie	°C	

Brandverhalten

UL-Test vertikal	Dicke 1.6 mm, Wert HB	
	Dicke mm, Wert	

	Norm	*Bewertung*	*Abmessungen*
Sauerstoff-Index	ASTM D 2863		
Glühstab-Verfahren			
Brandverhalten	DIN 4102		
MVSS			
FAR			

Elektrische Eigenschaften

		Hz	°C		*Probekörper, Form*
Dielektrizitätszahl		50			
		10^3	23	2.3	Durchmesser 80x1 mm
		10^6			
Dielektrischer Verlustfaktor tan δ		50	23	0.00035	Durchmesser 80x1 mm
		10^3	23	0.00025	Durchmesser 80x1 mm
		10^6			
Spezifischer Durchgangs-widerstand	Ohm · cm		23	≧1*10**15	Durchmesser 80x1 mm
Durchschlagfestigkeit	kV/mm				mm dick
Oberflächenwiderstand	Ohm		23	1*10**14	Durchmesser 80x1 mm

Kriechstromfestigkeit	KC	KB	KA
Elektrolytische Korrosionswirkung			
Lichtbogenfestigkeit nach DIN			
nach ASTM s			

Beständigkeit *(Chemische Beständigkeit siehe Anhang)*

Wasseraufnahme 23 C Bis zur Saettigung	0.1 %	
Feuchtigkeitsaufnahme Normalklima		0.1 %
Wetterbeständigkeit		
Spannungskorrosion		

Optische Eigenschaften

Brechungszahl n_D		
Transmissionsgrad τ_c	%	mm dick
Lichtdurchlässigkeit		

Produkt	Polypropylen		**PP**
Handelsname	**Hostalen PPH 2212 GRAU 34**		
Hersteller	HOECHST		
DIN-Bez 1	16774-PP-Q,QCP,75-M003		
DIN-Bez 2			
Zusätze	Waermestabilisator	*Füllstoffe/ Verstärkung*	
Bevorzugte Verarbeitung	Extrudieren; Blasformen; Pressen; Sintern	*Lieferform*	Granulat
		Farben	Grau 34
Besondere Merkmale	Schlagzaeh modifiziert; Hochwaermebestaendig; Bestaendig gegen heisse waessrige Loesung; Nicht in Naturfarbe lieferbar	*Bevorzugte Anwendungen*	Hohlkoerper; Membranfilterplatte

Dichte	g/cm^3	0.898	*Schmelzindex*	g/10 min	:	
Schüttdichte	g/cm^3		*Volumenfließindex*	cm^3/10 min	0.5:	190/5
Viskositätszahl	ml/g					

Verarbeitungsbedingungen für Spritzgießen

Massetemp.	°C	*Schwindung*	% lgs , quer
Werkzeugtemp.	°C	*Bemerkungen*	
Spritzdruck	bar		

Zugversuch 23 °C DIN 53455; ISO R/527; DIN 53457; ISO R/527

Probekörper: *Form* Nr. 3; 4 mm dick — *Herstellung* Spritzgiessen
Zustand — *Vorbehandlung* Normalklima

Streckspannung	N/mm^2	20	*Dehnung bei Streckspannung*	%	37
Zugfestigkeit	N/mm^2		*Reißdehnung*	%	≧50
Reißfestigkeit	N/mm^2		*% Dehnspannung*	N/mm^2	
E-Modul	N/mm^2	550	*Dehnung bei % Dehnspg.*	%	

Kriechmoduln und Zeitstandwerte 23 °C

Probekörper: *Form* — *Herstellung*
Zustand — *Vorbehandlung*

Kriechmodul	*1 min*	N/mm^2	*Zeitstandzugfestigkeit*	h	N/mm^2
Kriechmodul	*1000 h*	N/mm^2	*Zeitdehnspg. %*	h	N/mm^2
bei Spannung		N/mm^2			

Biegeversuch 23 °C

Probekörper: *Form* — *Herstellung*
Zustand — *Vorbehandlung*

Biegefestigkeit	N/mm^2	*E-Modul*	N/mm^2
3,5% *Biegespannung*	N/mm^2		

Härte 23 °C *Probekörper:* *Zustand* — *Herstellung*
Vorbehandlung

Kugeldruckhärte	N/mm^2 bei N, s	*Shore-Härte* A	
Rockwellhärte		*Shore-Härte* D	

Schlagversuch *Probekörper:* *(1)*
(2) — *Herstellung* Spritzgiessen
Zustand — *Vorbehandlung* Normalklima

		°C	°C	°C	*Probekörper-Form*
Schlagzähigkeit	kJ/m^2				
Kerbschlagzähigkeit (1)	kJ/m^2				
IZOD-Kerbschlagzähigkeit (2)	J/m				
Kerbschlagzugzähigkeit	kJ/m^2	23 155			80x10x4 mm

Abrieb und Reibung

Taber-Abrieb (Reibradverfahren)	$mm^3/100$ U		
Abriebfaktor LNP (Thrust washer) Vergleichswert			
Statische Reibungszahl			
Dynamische Reibungszahl	(p·v= N/mm²·		m/min)
Zulässiger p·v Wert	N/mm²·(m/min)	v=	m/min
		v=	m/min

Thermische Eigenschaften

Formbeständigkeit in der Wärme	*Verfahren* A		45 °C
	Verfahren B		66 °C
Vicat Erweichungstemperatur (VST)	*Verfahren* A/50		133 °C
	Verfahren B/50		52 °C
Kristallit-Schmelzpunkt	*Verfahren*		
Längenausdehnungskoeffizient	*Bereich*	°C	$\cdot 10^{-4}K^{-1}$
	Temperatur		$\cdot 10^{-4}K^{-1}$
Wärmeleitfähigkeit	*Verfahren*		W/(K·m)
Spezifische Wärmekapazität	*Verfahren*		J/(K·g)
Glasumwandlungstemperatur	*Torsionsschwingungsversuch*	°C	
	Differentialkalorimetrie	°C	

Brandverhalten

UL-Test vertikal Dicke 1.6 mm, Wert HB
Dicke mm, Wert

	Norm	*Bewertung*	*Abmessungen*
Sauerstoff-Index	ASTM D 2863		
Glühstab-Verfahren			
Brandverhalten	DIN 4102		
MVSS			
FAR			

Elektrische Eigenschaften

		Hz	°C		*Probekörper, Form*
Dielektrizitätszahl		50			
		10^3	23	2.3	Durchmesser 80x1 mm
		10^6			
Dielektrischer Verlustfaktor tan δ		50	23	0.00035	Durchmesser 80x1 mm
		10^3	23	0.00025	Durchmesser 80x1 mm
		10^6			
Spezifischer Durchgangswiderstand	Ohm·cm		23	≧1*10**15	Durchmesser 80x1 mm
Durchschlagfestigkeit	kV/mm				mm dick
Oberflächenwiderstand	Ohm		23	1*10**14	Durchmesser 80x1 mm

Kriechstromfestigkeit KC KB KA
Elektrolytische Korrosionswirkung
Lichtbogenfestigkeit nach DIN
nach ASTM s

Beständigkeit *(Chemische Beständigkeit siehe Anhang)*

Wasseraufnahme 23 C Bis zur Saettigung 0.1 %

Feuchtigkeitsaufnahme Normalklima 0.1 %
Wetterbeständigkeit

Spannungskorrosion

Optische Eigenschaften

Brechungszahl n_D
Transmissionsgrad τ_c % mm dick
Lichtdurchlässigkeit

Datenbank-Nr. **T01556** Merkblatt-Nr. **4166**

Produkt	Polypropylen		**PP**
Handelsname	**Hostalen PPN 1034 SCHWARZ 12**		
Hersteller	HOECHST		
DIN-Bez 1	16774-PP-B,ML,75-M022		
DIN-Bez 2			
Zusätze	UV-Stabilisator	*Füllstoffe/ Verstärkung*	
Bevorzugte Verarbeitung	Spritzgiessen; Extrudieren	*Lieferform*	Granulat
		Farben	Schwarz 12
Besondere Merkmale	Hochschlagzaeh; Witterungsbestaendig	*Bevorzugte Anwendungen*	Radauskleidung; Kofferraumauskleidung

Dichte	g/cm^3	0.907	*Schmelzindex*	g/10 min	:	
Schüttdichte	g/cm^3		*Volumenfließindex*	$cm^3/10$ min	7:	190/5
Viskositätszahl	ml/g	270				

Verarbeitungsbedingungen für Spritzgießen

Massetemp.	°C	*Schwindung*	% lgs , quer
Werkzeugtemp.	°C	*Bemerkungen*	
Spritzdruck	bar		

Zugversuch 23 °C DIN 53455; ISO R/527; DIN 53457; ISO R/527

Probekörper: *Form* Nr. 3; 4 mm dick — *Herstellung* Spritzgiessen
Zustand — *Vorbehandlung* Normalklima

Streckspannung	N/mm^2	23	*Dehnung bei Streckspannung*	%	11
Zugfestigkeit	N/mm^2		*Reißdehnung*	%	≧50
Reißfestigkeit	N/mm^2		*% Dehnspannung*	N/mm^2	
E-Modul	N/mm^2	810	*Dehnung bei % Dehnspg.*	%	

Kriechmoduln und Zeitstandwerte 23 °C

Probekörper: *Form* — *Herstellung*
Zustand — *Vorbehandlung*

Kriechmodul	*1 min* N/mm^2	*Zeitstandzugfestigkeit*	h	N/mm^2
Kriechmodul	*1000 h* N/mm^2	*Zeitdehnspg. %*	h	N/mm^2
bei Spannung	N/mm^2			

Biegeversuch 23 °C

Probekörper: *Form* — *Herstellung*
Zustand — *Vorbehandlung*

Biegefestigkeit	N/mm^2	*E-Modul*	N/mm^2
3,5% *Biegespannung*	N/mm^2		

Härte 23 °C *Probekörper:* *Zustand* — *Herstellung*
Vorbehandlung

Kugeldruckhärte	N/mm^2 bei N, s	*Shore-Härte* A	
Rockwellhärte		*Shore-Härte* D	

Schlagversuch *Probekörper:* *(1)*
(2) — *Herstellung* Spritzgiessen
Zustand — *Vorbehandlung* Normalklima

		°C	°C	°C	*Probekörper-Form*
Schlagzähigkeit	kJ/m^2				
Kerbschlagzähigkeit (1)	kJ/m^2				
IZOD-Kerbschlagzähigkeit (2)	J/m				
Kerbschlagzugzähigkeit	kJ/m^2	23 71			80x10x4 mm

Abrieb und Reibung

Taber-Abrieb (Reibradverfahren)	mm^3/100 U		
Abriebfaktor LNP (Thrust washer) Vergleichswert			
Statische Reibungszahl			
Dynamische Reibungszahl	(p·v=	N/mm^2 ·	m/min)
Zulässiger p · v Wert	N/mm^2 · (m/min)	v=	m/min
		v=	m/min

Thermische Eigenschaften

Formbeständigkeit in der Wärme	*Verfahren*			°C
	Verfahren			°C
Vicat Erweichungstemperatur (VST)	*Verfahren*	A/50		140 °C
	Verfahren	B/50		61 °C
Kristallit-Schmelzpunkt	*Verfahren*			
Längenausdehnungskoeffizient	*Bereich*	°C		$\cdot 10^{-4} K^{-1}$
	Temperatur			$\cdot 10^{-4} K^{-1}$
Wärmeleitfähigkeit	*Verfahren*			W/(K · m)
Spezifische Wärmekapazität	*Verfahren*			J/(K · g)
Glasumwandlungstemperatur	*Torsionsschwingungsversuch*		°C	
	Differentialkalorimetrie		°C	

Brandverhalten

UL-Test vertikal	Dicke	mm, Wert
	Dicke	mm, Wert

	Norm	*Bewertung*	*Abmessungen*
Sauerstoff-Index	ASTM D 2863		
Glühstab-Verfahren			
Brandverhalten	DIN 4102		
MVSS			
FAR			

Elektrische Eigenschaften

		Hz	°C		*Probekörper, Form*
Dielektrizitätszahl		50			
		10^3			
		10^6			
Dielektrischer Verlustfaktor tan δ		50			
		10^3			
		10^6			
Spezifischer Durchgangswiderstand	Ohm · cm				
Durchschlagfestigkeit	kV/mm				mm dick
Oberflächenwiderstand	Ohm				
Kriechstromfestigkeit		KC	KB	KA	
Elektrolytische Korrosionswirkung					
Lichtbogenfestigkeit nach DIN					
nach ASTM	s				

Beständigkeit *(Chemische Beständigkeit siehe Anhang)*

Wasseraufnahme	
Feuchtigkeitsaufnahme Normalklima	%
Wetterbeständigkeit	
Spannungskorrosion	

Optische Eigenschaften

Brechungszahl n_D		
Transmissionsgrad τ_c	%	mm dick
Lichtdurchlässigkeit		

PP

Produkt	Polypropylen		
Handelsname	**Hostalen PPN 1060 F**		
Hersteller	HOECHST		
DIN-Bez 1	16774-PP-H,T,95-M002		
DIN-Bez 2			
Zusätze		*Füllstoffe/ Verstärkung*	
Bevorzugte Verarbeitung	Extrudieren	*Lieferform*	Granulat
		Farben	
Besondere Merkmale	Folienqualitaet; Hochwitterungsbestaendig	*Bevorzugte Anwendungen*	Gerecktes Flachgarn fuer technische Gewebe u. Verpackungsgewebe; Monofil fuer Seil, Tau, Erntebindegarn, Verpackungsschnur (auch fibrilliert), Teppichgrundgewebe, Rasenteppich

Dichte	g/cm^3	0.902	*Schmelzindex*	g/10 min	:	
Schüttdichte	g/cm^3		*Volumenfließindex*	cm^3/10 min	4.5:	190/5
Viskositätszahl	ml/g	310				

Verarbeitungsbedingungen für Spritzgießen

Massetemp.	°C	*Schwindung*	%	lgs , quer
Werkzeugtemp.	°C	*Bemerkungen*		
Spritzdruck	bar			

Zugversuch 23 °C DIN 53455; ISO R/527; DIN 53457; ISO R/527

Probekörper: *Form* Nr. 3; 4 mm dick — *Herstellung* Spritzgiessen
Zustand — *Vorbehandlung* Normalklima

Streckspannung	N/mm^2	32	*Dehnung bei Streckspannung*	%	11
Zugfestigkeit	N/mm^2		*Reißdehnung*	%	≧50
Reißfestigkeit	N/mm^2		*% Dehnspannung*	N/mm^2	
E-Modul	N/mm^2	1270	*Dehnung bei % Dehnspg.*	%	

Kriechmoduln und Zeitstandwerte 23 °C DIN 53444; ISO 899

Probekörper: *Form* Nr. 3; 4 mm dick — *Herstellung* Spritzgiessen
Zustand — *Vorbehandlung* Normalklima

Kriechmodul	*1 min*	N/mm^2	1030	*Zeitstandzugfestigkeit*	h	N/mm^2
Kriechmodul	*1000 h*	N/mm^2	480	*Zeitdehnspg. %*	h	N/mm^2
bei Spannung		N/mm^2				

Biegeversuch 23 °C

Probekörper: *Form* — *Herstellung*
Zustand — *Vorbehandlung*

Biegefestigkeit	N/mm^2	*E-Modul*	N/mm^2
3,5% *Biegespannung*	N/mm^2		

Härte 23 °C *Probekörper:* *Zustand* — *Herstellung*
Vorbehandlung

Kugeldruckhärte	N/mm^2 bei N, s	*Shore-Härte* A	
Rockwellhärte		*Shore-Härte* D	

Schlagversuch *Probekörper:* *(1)*
(2) — *Herstellung* Spritzgiessen
Zustand — *Vorbehandlung* Normalklima

		°C	°C	°C	*Probekörper-Form*
Schlagzähigkeit	kJ/m^2				
Kerbschlagzähigkeit (1)	kJ/m^2				
IZOD-Kerbschlagzähigkeit (2)	J/m				
Kerbschlagzugzähigkeit	kJ/m^2	23 55			80x10x4 mm

Abrieb und Reibung

Taber-Abrieb (Reibradverfahren)	mm^3/100 U		
Abriebfaktor LNP (Thrust washer) Vergleichswert			
Statische Reibungszahl			
Dynamische Reibungszahl	(p·v=	N/mm^2·	m/min)
Zulässiger p · v Wert	N/mm^2 · (m/min)	v=	m/min
		v=	m/min

Thermische Eigenschaften

Formbeständigkeit in der Wärme	*Verfahren* A		54 °C	
	Verfahren B		79 °C	
Vicat Erweichungstemperatur (VST)	*Verfahren* A/50		152 °C	
	Verfahren B/50		87 °C	
Kristallit-Schmelzpunkt	*Verfahren*			
Längenausdehnungskoeffizient	*Bereich* °C			$\cdot 10^{-4}K^{-1}$
	Temperatur			$\cdot 10^{-4}K^{-1}$
Wärmeleitfähigkeit	*Verfahren*			W/(K · m)
Spezifische Wärmekapazität	*Verfahren*			J/(K · g)
Glasumwandlungstemperatur	*Torsionsschwingungsversuch*	°C		
	Differentialkalorimetrie	°C		

Brandverhalten

UL-Test vertikal Dicke 1.6 mm, Wert HB
Dicke mm, Wert

	Norm	*Bewertung*	*Abmessungen*
Sauerstoff-Index	ASTM D 2863		
Glühstab-Verfahren			
Brandverhalten	DIN 4102		
MVSS			
FAR			

Elektrische Eigenschaften

		Hz	°C		*Probekörper, Form*
Dielektrizitätszahl		50			
		10^3	23	2.3	Durchmesser 80x1 mm
		10^6			
Dielektrischer Verlustfaktor tan δ		50	23	0.00035	Durchmesser 80x1 mm
		10^3	23	0.00025	Durchmesser 80x1 mm
		10^6			
Spezifischer Durchgangs-widerstand	Ohm · cm		23	≧1*10**15	Durchmesser 80x1 mm
Durchschlagfestigkeit	kV/mm				mm dick
Oberflächenwiderstand	Ohm		23	1*10**14	Durchmesser 80x1 mm

Kriechstromfestigkeit KC KB KA
Elektrolytische Korrosionswirkung
Lichtbogenfestigkeit nach DIN
nach ASTM s

Beständigkeit *(Chemische Beständigkeit siehe Anhang)*

Wasseraufnahme 23 C Bis zur Saettigung 0.1 %

Feuchtigkeitsaufnahme Normalklima 0.1 %
Wetterbeständigkeit

Spannungskorrosion

Optische Eigenschaften

Brechungszahl n_D
Transmissionsgrad τ_c % mm dick
Lichtdurchlässigkeit

Datenbank-Nr. **T01558** Merkblatt-Nr. **4168**

Produkt	Polypropylen		**PP**
Handelsname	**Hostalen PPN 1060 F1**		
Hersteller	HOECHST		
DIN-Bez 1	16774-PP-H,T,95-M002		
DIN-Bez 2			
Zusätze		*Füllstoffe/ Verstärkung*	
Bevorzugte Verarbeitung	Extrudieren; Folienextrusion	*Lieferform*	Granulat
		Farben	
Besondere Merkmale	Folienqualitaet	*Bevorzugte Anwendungen*	Biaxial gereckte Folie; Verpackungsband

Dichte	g/cm³	0.902	*Schmelzindex*	g/10 min	:	
Schüttdichte	g/cm³		*Volumenfließindex*	cm³/10 min	4.5:	190/5
Viskositätszahl	ml/g	310				

Verarbeitungsbedingungen für Spritzgießen

Massetemp.	°C	*Schwindung*	% lgs , quer
Werkzeugtemp.	°C	*Bemerkungen*	
Spritzdruck	bar		

Zugversuch 23 °C DIN 53455; ISO R/527; DIN 53457; ISO R/527

Probekörper: *Form* Nr. 3; 4 mm dick — *Herstellung* Spritzgiessen
Zustand — *Vorbehandlung* Normalklima

Streckspannung	N/mm²	32	*Dehnung bei Streckspannung*	%	11
Zugfestigkeit	N/mm²		*Reißdehnung*	%	≧50
Reißfestigkeit	N/mm²		*% Dehnspannung*	N/mm²	
E-Modul	N/mm²	1360	*Dehnung bei % Dehnspg.*	%	

Kriechmoduln und Zeitstandwerte 23 °C DIN 53444; ISO 899

Probekörper: *Form* Nr. 3; 4 mm dick — *Herstellung* Spritzgiessen
Zustand — *Vorbehandlung* Normalklima

Kriechmodul	*1 min*	N/mm²	1030	*Zeitstandzugfestigkeit*	h	N/mm²
Kriechmodul	*1000 h*	N/mm²	480	*Zeitdehnspg. %*	h	N/mm²
bei Spannung		N/mm²				

Biegeversuch 23 °C

Probekörper: *Form* — *Herstellung*
Zustand — *Vorbehandlung*

Biegefestigkeit	N/mm²	*E-Modul*	N/mm²
3,5% *Biegespannung*	N/mm²		

Härte 23 °C *Probekörper:* *Zustand* — *Herstellung*
Vorbehandlung

Kugeldruckhärte	N/mm² bei N, s	*Shore-Härte* A	
Rockwellhärte		*Shore-Härte* D	

Schlagversuch *Probekörper:* *(1)*
(2) — *Herstellung* Spritzgiessen
Zustand — *Vorbehandlung* Normalklima

		°C	°C	°C	*Probekörper-Form*
Schlagzähigkeit	kJ/m²				
Kerbschlagzähigkeit (1)	kJ/m²				
IZOD-Kerbschlagzähigkeit (2)	J/m				
Kerbschlagzugzähigkeit	kJ/m²	23 47			80x10x4 mm

Abrieb und Reibung

Taber-Abrieb (Reibradverfahren)	mm^3/100 U		
Abriebfaktor LNP (Thrust washer) Vergleichswert			
Statische Reibungszahl			
Dynamische Reibungszahl	(p·v= N/mm^2·		m/min)
Zulässiger p · v Wert	N/mm^2 · (m/min)	v=	m/min
		v=	m/min

Thermische Eigenschaften

Formbeständigkeit in der Wärme	*Verfahren* A		57 °C
	Verfahren B		93 °C
Vicat Erweichungstemperatur (VST)	*Verfahren* A/50		154 °C
	Verfahren B/50		90 °C
Kristallit-Schmelzpunkt	*Verfahren*		
Längenausdehnungskoeffizient	*Bereich*	°C	$\cdot 10^{-4}K^{-1}$
	Temperatur		$\cdot 10^{-4}K^{-1}$
Wärmeleitfähigkeit	*Verfahren*		W/(K · m)
Spezifische Wärmekapazität	*Verfahren*		J/(K · g)
Glasumwandlungstemperatur	*Torsionsschwingungsversuch*	°C	
	Differentialkalorimetrie	°C	

Brandverhalten

UL-Test vertikal Dicke 1.6 mm, Wert HB
Dicke mm, Wert

	Norm	*Bewertung*	*Abmessungen*
Sauerstoff-Index	ASTM D 2863		
Glühstab-Verfahren			
Brandverhalten	DIN 4102		
MVSS			
FAR			

Elektrische Eigenschaften

		Hz	°C		*Probekörper, Form*
Dielektrizitätszahl		50			
		10^3	23	2.3	Durchmesser 80x1 mm
		10^6			
Dielektrischer Verlustfaktor tan δ		50	23	0.00035	Durchmesser 80x1 mm
		10^3	23	0.00025	Durchmesser 80x1 mm
		10^6			
Spezifischer Durchgangs-widerstand	Ohm · cm		23	≧1*10**15	Durchmesser 80x1 mm
Durchschlagfestigkeit	kV/mm				mm dick
Oberflächenwiderstand	Ohm		23	1*10**14	Durchmesser 80x1 mm

Kriechstromfestigkeit KC KB KA
Elektrolytische Korrosionswirkung
Lichtbogenfestigkeit nach DIN
nach ASTM s

Beständigkeit *(Chemische Beständigkeit siehe Anhang)*

Wasseraufnahme 23 C Bis zur Saettigung 0.1 %

Feuchtigkeitsaufnahme Normalklima 0.1 %
Wetterbeständigkeit

Spannungskorrosion

Optische Eigenschaften

Brechungszahl n_D
Transmissionsgrad τ_c % mm dick
Lichtdurchlässigkeit

Datenbank-Nr. **T01559** Merkblatt-Nr. **4169**

Produkt	Polypropylen		**PP**
Handelsname	**Hostalen PPN 1060 SCHWARZ 12**		
Hersteller	HOECHST		
DIN-Bez 1	16774-PP-H,M,95-M022		
DIN-Bez 2			
Zusätze	UV-Stabilisator	*Füllstoffe/ Verstärkung*	
Bevorzugte Verarbeitung	Spritzgiessen	*Lieferform*	Granulat
		Farben	Schwarz 12
Besondere Merkmale	Witterungsbestaendig	*Bevorzugte Anwendungen*	Allgemeine Anwendung

Dichte	g/cm³	0.911	*Schmelzindex*	g/10 min	:	
Schüttdichte	g/cm³		*Volumenfließindex*	cm³/10 min	4:	190/5
Viskositätszahl	ml/g	290				

Verarbeitungsbedingungen für Spritzgießen

Massetemp.	°C	*Schwindung*	% lgs , quer
Werkzeugtemp.	°C	*Bemerkungen*	
Spritzdruck	bar		

Zugversuch 23 °C DIN 53455; ISO R/527; DIN 53457; ISO R/527

Probekörper: *Form* Nr. 3; 4 mm dick — *Herstellung* Spritzgiessen
Zustand — *Vorbehandlung* Normalklima

Streckspannung	N/mm²	33	*Dehnung bei Streckspannung*	%	9
Zugfestigkeit	N/mm²		*Reißdehnung*	%	≧50
Reißfestigkeit	N/mm²		*% Dehnspannung*	N/mm²	
E-Modul	N/mm²	1300	*Dehnung bei % Dehnspg.*	%	

Kriechmoduln und Zeitstandwerte 23 °C

Probekörper: *Form* — *Herstellung*
Zustand — *Vorbehandlung*

Kriechmodul	*1 min*	N/mm²	*Zeitstandzugfestigkeit*	h	N/mm²
Kriechmodul	*1000 h*	N/mm²	*Zeitdehnspg. %*	h	N/mm²
bei Spannung		N/mm²			

Biegeversuch 23 °C

Probekörper: *Form* — *Herstellung*
Zustand — *Vorbehandlung*

Biegefestigkeit	N/mm²	*E-Modul*	N/mm²
3,5% *Biegespannung*	N/mm²		

Härte 23 °C *Probekörper:* *Zustand* — *Herstellung*
Vorbehandlung

Kugeldruckhärte	N/mm² bei N, s	*Shore-Härte* A	
Rockwellhärte		*Shore-Härte* D	

Schlagversuch *Probekörper:* *(1)*
(2) — *Herstellung* Spritzgiessen
Zustand — *Vorbehandlung* Normalklima

		°C	°C	°C	*Probekörper-Form*
Schlagzähigkeit	kJ/m²				
Kerbschlagzähigkeit (1)	kJ/m²				
IZOD-Kerbschlagzähigkeit (2)	J/m				
Kerbschlagzugzähigkeit	kJ/m²	23 40			80x10x4 mm

Abrieb und Reibung

Taber-Abrieb (Reibradverfahren)	mm^3/100 U		
Abriebfaktor LNP (Thrust washer) Vergleichswert			
Statische Reibungszahl			
Dynamische Reibungszahl	(p · v= N/mm^2 ·		m/min)
Zulässiger p · v Wert	N/mm^2 · (m/min)	v=	m/min
		v=	m/min

Thermische Eigenschaften

Formbeständigkeit in der Wärme	*Verfahren*			°C
	Verfahren			°C
Vicat Erweichungstemperatur (VST)	*Verfahren*	A/50		152 °C
	Verfahren	B/50		90 °C
Kristallit-Schmelzpunkt	*Verfahren*			
Längenausdehnungskoeffizient	*Bereich*	°C		$\cdot 10^{-4}K^{-1}$
	Temperatur			$\cdot 10^{-4}K^{-1}$
Wärmeleitfähigkeit	*Verfahren*			W/(K · m)
Spezifische Wärmekapazität	*Verfahren*			J/(K · g)
Glasumwandlungstemperatur	*Torsionsschwingungsversuch*		°C	
	Differentialkalorimetrie		°C	

Brandverhalten

UL-Test vertikal	Dicke	mm, Wert
	Dicke	mm, Wert

	Norm	*Bewertung*	*Abmessungen*
Sauerstoff-Index	ASTM D 2863		
Glühstab-Verfahren			
Brandverhalten	DIN 4102		
MVSS			
FAR			

Elektrische Eigenschaften

		Hz	°C		*Probekörper, Form*
Dielektrizitätszahl		50			
		10^3			
		10^6			
Dielektrischer Verlustfaktor tan δ		50			
		10^3			
		10^6			
Spezifischer Durchgangs-widerstand	Ohm · cm		23	3*10**14	Durchmesser 80x1 mm
Durchschlagfestigkeit	kV/mm				mm dick
Oberflächenwiderstand	Ohm		23	1*10**11	Durchmesser 80x1 mm

Kriechstromfestigkeit	KC	KB	KA
Elektrolytische Korrosionswirkung			
Lichtbogenfestigkeit nach DIN			
nach ASTM	s		

Beständigkeit *(Chemische Beständigkeit siehe Anhang)*

Wasseraufnahme

Feuchtigkeitsaufnahme Normalklima %

Wetterbeständigkeit

Spannungskorrosion

Optische Eigenschaften

Brechungszahl n_D

Transmissionsgrad τ_c % mm dick

Lichtdurchlässigkeit

Produkt	Polypropylen		**PP**
Handelsname	**Hostalen PPN 2060 C**		
Hersteller	HOECHST		
DIN-Bez 1	16774-PP-H,MH,95-M022		
DIN-Bez 2			
Zusätze	Waermestabilisator	*Füllstoffe/ Verstärkung*	
Bevorzugte Verarbeitung	Spritzgiessen	*Lieferform*	Granulat
		Farben	
Besondere Merkmale	Hohe Waermealterungsbestaendigkeit; Hohe Vergilbungsbestaendigkeit; UL-Zulassung	*Bevorzugte Anwendungen*	Lockenwickler

Dichte	g/cm^3	0.904	*Schmelzindex*	g/10 min		:	
Schüttdichte	g/cm^3		*Volumenfließindex*	cm^3/10 min	4.5	:	190/5
Viskositätszahl	ml/g	290					

Verarbeitungsbedingungen für Spritzgießen

Massetemp.	°C	*Schwindung*	% lgs , quer
Werkzeugtemp.	°C	*Bemerkungen*	
Spritzdruck	bar		

Zugversuch 23 °C DIN 53455; ISO R/527; DIN 53457; ISO R/527

Probekörper: *Form* Nr. 3; 4 mm dick — *Herstellung* Spritzgiessen
Zustand — *Vorbehandlung* Normalklima

Streckspannung	N/mm^2	32	*Dehnung bei Streckspannung*	%	11
Zugfestigkeit	N/mm^2		*Reißdehnung*	%	≧50
Reißfestigkeit	N/mm^2		*% Dehnspannung*	N/mm^2	
E-Modul	N/mm^2	1220	*Dehnung bei % Dehnspg.*	%	

Kriechmoduln und Zeitstandwerte 23 °C DIN 53444; ISO 899

Probekörper: *Form* Nr. 3; 4 mm dick — *Herstellung* Spritzgiessen
Zustand — *Vorbehandlung* Normalklima

Kriechmodul	*1 min*	N/mm^2 830	*Zeitstandzugfestigkeit*	h	N/mm^2
Kriechmodul	*1000 h*	N/mm^2 400	*Zeitdehnspg. %*	h	N/mm^2
bei Spannung		N/mm^2			

Biegeversuch 23 °C

Probekörper: *Form* — *Herstellung*
Zustand — *Vorbehandlung*

Biegefestigkeit	N/mm^2	*E-Modul*	N/mm^2
3,5% *Biegespannung*	N/mm^2		

Härte 23 °C *Probekörper:* *Zustand* — *Herstellung*
Vorbehandlung

Kugeldruckhärte	N/mm^2 bei N, s	*Shore-Härte* A	
Rockwellhärte		*Shore-Härte* D	

Schlagversuch *Probekörper:* *(1)*
(2) — *Herstellung* Spritzgiessen
Zustand — *Vorbehandlung* Normalklima

		°C	°C	°C	*Probekörper-Form*
Schlagzähigkeit	kJ/m^2				
Kerbschlagzähigkeit (1)	kJ/m^2				
IZOD-Kerbschlagzähigkeit (2)	J/m				
Kerbschlagzugzähigkeit	kJ/m^2	23 47			80x10x4 mm

Abrieb und Reibung

Taber-Abrieb (Reibradverfahren)	mm^3/100 U		
Abriebfaktor LNP (Thrust washer) Vergleichswert			
Statische Reibungszahl			
Dynamische Reibungszahl	(p · v = N/mm^2 ·		m/min)
Zulässiger p · v Wert	N/mm^2 · (m/min)	v =	m/min
		v =	m/min

Thermische Eigenschaften

Formbeständigkeit in der Wärme	*Verfahren* A		54 °C
	Verfahren B		78 °C
Vicat Erweichungstemperatur (VST)	*Verfahren* A/50		155 °C
	Verfahren B/50		88 °C
Kristallit-Schmelzpunkt	*Verfahren*		
Längenausdehnungskoeffizient	*Bereich*	°C	$\cdot 10^{-4} K^{-1}$
	Temperatur		$\cdot 10^{-4} K^{-1}$
Wärmeleitfähigkeit	*Verfahren*		W/(K · m)
Spezifische Wärmekapazität	*Verfahren*		J/(K · g)
Glasumwandlungstemperatur	*Torsionsschwingungsversuch*	°C	
	Differentialkalorimetrie	°C	

Brandverhalten

UL-Test vertikal	Dicke 1.6 mm, Wert HB	
	Dicke mm, Wert	

	Norm	*Bewertung*	*Abmessungen*
Sauerstoff-Index	ASTM D 2863		
Glühstab-Verfahren			
Brandverhalten	DIN 4102		
MVSS			
FAR			

Elektrische Eigenschaften

		Hz	°C		*Probekörper, Form*
Dielektrizitätszahl		50			
		10^3	23	2.3	Durchmesser 80x1 mm
		10^6			
Dielektrischer Verlustfaktor tan δ		50	23	0.00035	Durchmesser 80x1 mm
		10^3	23	0.00025	Durchmesser 80x1 mm
		10^6			
Spezifischer Durchgangs-widerstand	Ohm · cm		23	3*10**14	Durchmesser 80x1 mm
Durchschlagfestigkeit	kV/mm				mm dick
Oberflächenwiderstand	Ohm		23	1*10**14	Durchmesser 80x1 mm

Kriechstromfestigkeit	KC	KB	KA
Elektrolytische Korrosionswirkung			
Lichtbogenfestigkeit nach DIN			
nach ASTM s			

Beständigkeit *(Chemische Beständigkeit siehe Anhang)*

Wasseraufnahme 23 C Bis zur Saettigung	0.1 %	
Feuchtigkeitsaufnahme Normalklima		0.1 %
Wetterbeständigkeit		
Spannungskorrosion		

Optische Eigenschaften

Brechungszahl n_D		
Transmissionsgrad τ_c	%	mm dick
Lichtdurchlässigkeit		

Produkt	Polypropylen/Ethylen-Propylen-Dien/Blend		**PP + EPDM**
Handelsname	**Hostalen PPN 8018 A**		
Hersteller	HOECHST		
DIN-Bez 1	16780-(PP-EPDM),MCL,RC-03-Q09-00-01		
DIN-Bez 2			
Zusätze	Elastomer	*Füllstoffe/ Verstärkung*	
Bevorzugte Verarbeitung	Spritzgiessen	*Lieferform*	Granulat
		Farben	
Besondere Merkmale	Schlagzaeh modifiziert	*Bevorzugte Anwendungen*	Stossfaenger

Dichte	g/cm^3	0.908	*Schmelzindex*	g/10 min		:	
Schüttdichte	g/cm^3		*Volumenfließindex*	cm^3/10 min		6:	190/5
Viskositätszahl	ml/g						

Verarbeitungsbedingungen für Spritzgießen

Massetemp.	°C	*Schwindung*	%	lgs	, quer
Werkzeugtemp.	°C	*Bemerkungen*			
Spritzdruck	bar				

Zugversuch 23 °C DIN 53455; ISO R/527; DIN 53457; ISO R/527

Probekörper: *Form* Nr. 3; 4 mm dick — *Herstellung* Spritzgiessen
Zustand — *Vorbehandlung* Normalklima

Streckspannung	N/mm^2	20	*Dehnung bei Streckspannung*	%	10
Zugfestigkeit	N/mm^2		*Reißdehnung*	%	≧50
Reißfestigkeit	N/mm^2		*% Dehnspannung*	N/mm^2	
E-Modul	N/mm^2	870	*Dehnung bei % Dehnspg.*	%	

Kriechmoduln und Zeitstandwerte 23 °C

Probekörper: *Form* — *Herstellung*
Zustand — *Vorbehandlung*

Kriechmodul	*1 min*	N/mm^2	*Zeitstandzugfestigkeit*	h	N/mm^2
Kriechmodul	*1000 h*	N/mm^2	*Zeitdehnspg. %*	h	N/mm^2
bei Spannung		N/mm^2			

Biegeversuch 23 °C

Probekörper: *Form* — *Herstellung*
Zustand — *Vorbehandlung*

Biegefestigkeit	N/mm^2	*E-Modul*	N/mm^2
3,5% *Biegespannung*	N/mm^2		

Härte 23 °C *Probekörper:* *Zustand* — *Herstellung*
Vorbehandlung

Kugeldruckhärte	N/mm^2 bei N, s	*Shore-Härte* A	
Rockwellhärte		*Shore-Härte* D	

Schlagversuch *Probekörper:* *(1)*
(2) — *Herstellung* Spritzgiessen
Zustand — *Vorbehandlung* Normalklima

		°C	°C	°C	*Probekörper-Form*
Schlagzähigkeit	kJ/m^2				
Kerbschlagzähigkeit (1)	kJ/m^2				
IZOD-Kerbschlagzähigkeit (2)	J/m				
Kerbschlagzugzähigkeit	kJ/m^2	23 82			80x10x4 mm

Abrieb und Reibung

Taber-Abrieb (Reibradverfahren)	mm^3/100 U		
Abriebfaktor LNP (Thrust washer) Vergleichswert			
Statische Reibungszahl			
Dynamische Reibungszahl	(p · v=	N/mm^2 ·	m/min)
Zulässiger p · v Wert	N/mm^2 · (m/min)	v=	m/min
		v=	m/min

Thermische Eigenschaften

Formbeständigkeit in der Wärme	*Verfahren* A		51 °C
	Verfahren B		74 °C
Vicat Erweichungstemperatur (VST)	*Verfahren* A/50		133 °C
	Verfahren B/50		55 °C
Kristallit-Schmelzpunkt	*Verfahren*		
Längenausdehnungskoeffizient	*Bereich*	°C	$\cdot 10^{-4}K^{-1}$
	Temperatur		$\cdot 10^{-4}K^{-1}$
Wärmeleitfähigkeit	*Verfahren*		W/(K · m)
Spezifische Wärmekapazität	*Verfahren*		J/(K · g)
Glasumwandlungstemperatur	*Torsionsschwingungsversuch*	°C	
	Differentialkalorimetrie	°C	

Brandverhalten

UL-Test vertikal — Dicke 1.6 mm, Wert HB
Dicke mm, Wert

	Norm	*Bewertung*	*Abmessungen*
Sauerstoff-Index	ASTM D 2863		
Glühstab-Verfahren			
Brandverhalten	DIN 4102		
MVSS			
FAR			

Elektrische Eigenschaften

		Hz	°C		*Probekörper, Form*
Dielektrizitätszahl		50			
		10^3			
		10^6			
Dielektrischer Verlustfaktor tan δ		50			
		10^3			
		10^6			
Spezifischer Durchgangs-widerstand	Ohm · cm		23	≧1*10**15	Durchmesser 80x1 mm
Durchschlagfestigkeit	kV/mm				mm dick
Oberflächenwiderstand	Ohm		23	6*10**10	Durchmesser 80x1 mm

Kriechstromfestigkeit KC KB KA
Elektrolytische Korrosionswirkung
Lichtbogenfestigkeit nach DIN
nach ASTM s

Beständigkeit *(Chemische Beständigkeit siehe Anhang)*

Wasseraufnahme 23 C Bis zur Saettigung 0.1 %

Feuchtigkeitsaufnahme Normalklima 0.1 %
Wetterbeständigkeit

Spannungskorrosion

Optische Eigenschaften

Brechungszahl n_D
Transmissionsgrad τ_c % mm dick
Lichtdurchlässigkeit

Produkt	Polypropylen/Ethylen-Propylen-Dien/Blend		**PP + EPDM**
Handelsname	**Hostalen PPN 8018 B**		
Hersteller	HOECHST		
DIN-Bez 1	16780-(PP-EPDM),MCL,RC-03-Q04-01-01		
DIN-Bez 2			
Zusätze	Elastomer	*Füllstoffe/ Verstärkung*	
Bevorzugte Verarbeitung	Spritzgiessen	*Lieferform*	Granulat
		Farben	
Besondere Merkmale	Schlagzaeh modifiziert	*Bevorzugte Anwendungen*	Stossfaenger

Dichte	g/cm^3	0.915	*Schmelzindex*	g/10 min	:	
Schüttdichte	g/cm^3		*Volumenfließindex*	cm^3/10 min	8:	190/5
Viskositätszahl	ml/g					

Verarbeitungsbedingungen für Spritzgießen

Massetemp.	°C	*Schwindung*	%	lgs , quer
Werkzeugtemp.	°C	*Bemerkungen*		
Spritzdruck	bar			

Zugversuch 23 °C DIN 53455; ISO R/527; DIN 53457; ISO R/527

Probekörper: *Form* Nr. 3; 4 mm dick — *Herstellung* Spritzgiessen
Zustand — *Vorbehandlung* Normalklima

Streckspannung	N/mm^2	22	*Dehnung bei Streckspannung*	%	10
Zugfestigkeit	N/mm^2		*Reißdehnung*	%	$\geqq$50
Reißfestigkeit	N/mm^2		*% Dehnspannung*	N/mm^2	
E-Modul	N/mm^2	1010	*Dehnung bei % Dehnspg.*	%	

Kriechmoduln und Zeitstandwerte 23 °C

Probekörper: *Form* — *Herstellung*
Zustand — *Vorbehandlung*

Kriechmodul	*1 min*	N/mm^2	*Zeitstandzugfestigkeit*	h	N/mm^2
Kriechmodul	*1000 h*	N/mm^2	*Zeitdehnspg. %*	h	N/mm^2
bei Spannung		N/mm^2			

Biegeversuch 23 °C

Probekörper: *Form* — *Herstellung*
Zustand — *Vorbehandlung*

Biegefestigkeit	N/mm^2	*E-Modul*	N/mm^2
3,5% *Biegespannung*	N/mm^2		

Härte 23 °C *Probekörper:* *Zustand* — *Herstellung*
Vorbehandlung

Kugeldruckhärte	N/mm^2 bei N, s	*Shore-Härte*	A
Rockwellhärte		*Shore-Härte*	D

Schlagversuch *Probekörper:* *(1)*
(2) — *Herstellung* Spritzgiessen
Zustand — *Vorbehandlung* Normalklima

		°C	°C	°C	*Probekörper-Form*
Schlagzähigkeit	kJ/m^2				
Kerbschlagzähigkeit (1)	kJ/m^2				
IZOD-Kerbschlagzähigkeit (2)	J/m				
Kerbschlagzugzähigkeit	kJ/m^2	23 67			80x10x4 mm

Abrieb und Reibung

Taber-Abrieb (Reibradverfahren)	mm^3/100 U		
Abriebfaktor LNP (Thrust washer) Vergleichswert			
Statische Reibungszahl			
Dynamische Reibungszahl	(p · v =	N/mm^2 ·	m/min)
Zulässiger p · v Wert	N/mm^2 · (m/min)	v =	m/min
		v =	m/min

Thermische Eigenschaften

Formbeständigkeit in der Wärme	*Verfahren* A		54 °C
	Verfahren B		86 °C
Vicat Erweichungstemperatur (VST)	*Verfahren* A/50		134 °C
	Verfahren B/50		54 °C
Kristallit-Schmelzpunkt	*Verfahren*		
Längenausdehnungskoeffizient	*Bereich*	°C	$\cdot 10^{-4} K^{-1}$
	Temperatur		$\cdot 10^{-4} K^{-1}$
Wärmeleitfähigkeit	*Verfahren*		W/(K · m)
Spezifische Wärmekapazität	*Verfahren*		J/(K · g)
Glasumwandlungstemperatur	*Torsionsschwingungsversuch*	°C	
	Differentialkalorimetrie	°C	

Brandverhalten

UL-Test vertikal	Dicke 1.6 mm, Wert HB
	Dicke mm, Wert

	Norm	*Bewertung*	*Abmessungen*
Sauerstoff-Index	ASTM D 2863		
Glühstab-Verfahren			
Brandverhalten	DIN 4102		
MVSS			
FAR			

Elektrische Eigenschaften

		Hz	°C		*Probekörper, Form*
Dielektrizitätszahl		50			
		10^3			
		10^6			
Dielektrischer Verlustfaktor tan δ		50			
		10^3			
		10^6			
Spezifischer Durchgangs-widerstand	Ohm · cm		23	≧1*10**15	Durchmesser 80x1 mm
Durchschlagfestigkeit	kV/mm				mm dick
Oberflächenwiderstand	Ohm		23	6*10**10	Durchmesser 80x1 mm

Kriechstromfestigkeit	KC	KB	KA
Elektrolytische Korrosionswirkung			
Lichtbogenfestigkeit nach DIN			
nach ASTM s			

Beständigkeit *(Chemische Beständigkeit siehe Anhang)*

Wasseraufnahme 23 C Bis zur Saettigung	0.1 %
Feuchtigkeitsaufnahme Normalklima	0.1 %
Wetterbeständigkeit	
Spannungskorrosion	

Optische Eigenschaften

Brechungszahl n_D		
Transmissionsgrad τ_c	%	mm dick
Lichtdurchlässigkeit		

Produkt	Polypropylen		**PP**
Handelsname	**Hostalen PPR 1042 SCHWARZ 12**		
Hersteller	HOECHST		
DIN-Bez 1	16774-PP-B,LH,85-M045		
DIN-Bez 2			
Zusätze	Waermestabilisator	*Füllstoffe/ Verstärkung*	
Bevorzugte Verarbeitung	Spritzgiessen	*Lieferform*	Granulat
		Farben	Schwarz 12
Besondere Merkmale	Bestaendig gegen Aussenbewitterung; SCHWARZ 10/2364 wird fuer Innenanwendungen bei hoeherer Waermealterungsbestaendigkeit eingesetzt	*Bevorzugte Anwendungen*	

Dichte	g/cm^3	0.904	*Schmelzindex*	g/10 min	:
Schüttdichte	g/cm^3		*Volumenfließindex*	cm^3/10 min	7: 190/5
Viskositätszahl	ml/g	290			

Verarbeitungsbedingungen für Spritzgießen

Massetemp.	°C	*Schwindung*	%	lgs , quer
Werkzeugtemp.	°C	*Bemerkungen*		
Spritzdruck	bar			

Zugversuch 23 °C DIN 53455; ISO R/527; DIN 53457; ISO R/527

Probekörper: *Form* Nr. 3; 4 mm dick — *Herstellung* Spritzgiessen
Zustand — *Vorbehandlung* Normalklima

Streckspannung	N/mm^2	25	*Dehnung bei Streckspannung*	%	9
Zugfestigkeit	N/mm^2		*Reißdehnung*	%	≧50
Reißfestigkeit	N/mm^2		*% Dehnspannung*	N/mm^2	
E-Modul	N/mm^2	1000	*Dehnung bei % Dehnspg.*	%	

Kriechmoduln und Zeitstandwerte 23 °C DIN 53444; ISO 899

Probekörper: *Form* Nr. 3; 4 mm dick — *Herstellung* Spritzgiessen
Zustand — *Vorbehandlung* Normalklima

Kriechmodul	*1 min*	N/mm^2	730	*Zeitstandzugfestigkeit*	h	N/mm^2
Kriechmodul	*1000 h*	N/mm^2	330	*Zeitdehnspg. %*	h	N/mm^2
bei Spannung		N/mm^2				

Biegeversuch 23 °C

Probekörper: *Form* — *Herstellung*
Zustand — *Vorbehandlung*

Biegefestigkeit	N/mm^2	*E-Modul*	N/mm^2
3,5% *Biegespannung*	N/mm^2		

Härte 23 °C *Probekörper:* *Zustand* — *Herstellung*
Vorbehandlung

Kugeldruckhärte	N/mm^2 bei N, s	*Shore-Härte* A	
Rockwellhärte		*Shore-Härte* D	

Schlagversuch *Probekörper:* *(1)*
(2) — *Herstellung* Spritzgiessen
Zustand — *Vorbehandlung* Normalklima

		°C	°C	°C	*Probekörper-Form*
Schlagzähigkeit	kJ/m^2				
Kerbschlagzähigkeit (1)	kJ/m^2				
IZOD-Kerbschlagzähigkeit (2)	J/m				
Kerbschlagzugzähigkeit	kJ/m^2	23 53			80x10x4 mm

Abrieb und Reibung

Taber-Abrieb (Reibradverfahren)	$mm^3/100$ U		
Abriebfaktor LNP (Thrust washer) Vergleichswert			
Statische Reibungszahl			
Dynamische Reibungszahl	(p·v= N/mm²·		m/min)
Zulässiger p·v Wert	N/mm²·(m/min)	v=	m/min
		v=	m/min

Thermische Eigenschaften

Formbeständigkeit in der Wärme	*Verfahren* A		50 °C
	Verfahren B		74 °C
Vicat Erweichungstemperatur (VST)	*Verfahren* A/50		147 °C
	Verfahren B/50		70 °C
Kristallit-Schmelzpunkt	*Verfahren*		
Längenausdehnungskoeffizient	*Bereich*	°C	$\cdot 10^{-4}K^{-1}$
	Temperatur		$\cdot 10^{-4}K^{-1}$
Wärmeleitfähigkeit	*Verfahren*		W/(K · m)
Spezifische Wärmekapazität	*Verfahren*		J/(K · g)
Glasumwandlungstemperatur	*Torsionsschwingungsversuch*	°C	
	Differentialkalorimetrie	°C	

Brandverhalten

UL-Test vertikal	Dicke mm, Wert	
	Dicke mm, Wert	

	Norm	*Bewertung*	*Abmessungen*
Sauerstoff-Index	ASTM D 2863		
Glühstab-Verfahren			
Brandverhalten	DIN 4102		
MVSS			
FAR			

Elektrische Eigenschaften

		Hz	°C			*Probekörper, Form*
Dielektrizitätszahl		50				
		10^3				
		10^6				
Dielektrischer Verlustfaktor tan δ		50				
		10^3				
		10^6				
Spezifischer Durchgangs-widerstand	Ohm · cm		23	1*10**15		Durchmesser 80x1 mm
Durchschlagfestigkeit	kV/mm					mm dick
Oberflächenwiderstand	Ohm		23	1*10**14		Durchmesser 80x1 mm
Kriechstromfestigkeit		KC		KB	KA	
Elektrolytische Korrosionswirkung						
Lichtbogenfestigkeit nach DIN						
nach ASTM	s					

Beständigkeit *(Chemische Beständigkeit siehe Anhang)*

Wasseraufnahme

Feuchtigkeitsaufnahme Normalklima %

Wetterbeständigkeit

Spannungskorrosion

Optische Eigenschaften

Brechungszahl n_D

Transmissionsgrad τ_c % mm dick

Lichtdurchlässigkeit

Produkt	Polypropylen		**PP**
Handelsname	**Hostalen PPR 4242 AST-L**		
Hersteller	HOECHST		
DIN-Bez 1	16774-PP-B,MHZ,85-M045		
DIN-Bez 2			
Zusätze	Waermestabilisator	*Füllstoffe/ Verstärkung*	
Bevorzugte Verarbeitung	Spritzgiessen	*Lieferform*	Granulat
		Farben	
Besondere Merkmale	Schlagzaeh modifiziert; Hochwaermebestaendig; Bestaendig gegen heisse Waschlauge; Antistatisch; BGA-konform; FDA-konform; UL-Zulassung fuer alle Farben	*Bevorzugte Anwendungen*	Waschmaschinenteil; Geschirrspuelmaschinenteil

Dichte	g/cm^3	0.903	*Schmelzindex*	g/10 min	:
Schüttdichte	g/cm^3		*Volumenfließindex*	cm^3/10 min	10: 190/5
Viskositätszahl	ml/g				

Verarbeitungsbedingungen für Spritzgießen

Massetemp.	°C	*Schwindung*	% lgs , quer
Werkzeugtemp.	°C	*Bemerkungen*	
Spritzdruck	bar		

Zugversuch 23 °C DIN 53455; ISO R/527; DIN 53457; ISO R/527

Probekörper: *Form* Nr. 3; 4 mm dick — *Herstellung* Spritzgiessen
Zustand — *Vorbehandlung* Normalklima

Streckspannung	N/mm^2	25	*Dehnung bei Streckspannung*	%	9
Zugfestigkeit	N/mm^2		*Reißdehnung*	%	≧50
Reißfestigkeit	N/mm^2		*% Dehnspannung*	N/mm^2	
E-Modul	N/mm^2	1050	*Dehnung bei % Dehnspg.*	%	

Kriechmoduln und Zeitstandwerte 23 °C

Probekörper: *Form* — *Herstellung*
Zustand — *Vorbehandlung*

Kriechmodul	*1 min* N/mm^2	*Zeitstandzugfestigkeit*	h	N/mm^2
Kriechmodul	*1000 h* N/mm^2	*Zeitdehnspg. %*	h	N/mm^2
bei Spannung	N/mm^2			

Biegeversuch 23 °C

Probekörper: *Form* — *Herstellung*
Zustand — *Vorbehandlung*

Biegefestigkeit	N/mm^2	*E-Modul*	N/mm^2
3,5% *Biegespannung*	N/mm^2		

Härte 23 °C *Probekörper:* *Zustand* — *Herstellung*
Vorbehandlung

Kugeldruckhärte	N/mm^2 bei N, s	*Shore-Härte* A	
Rockwellhärte		*Shore-Härte* D	

Schlagversuch *Probekörper:* (1)
(2) — *Herstellung*
Zustand — *Vorbehandlung*

	°C	°C	°C	*Probekörper-Form*
Schlagzähigkeit kJ/m^2				
Kerbschlagzähigkeit (1) kJ/m^2				
IZOD-Kerbschlagzähigkeit (2) J/m				
Kerbschlagzugzähigkeit kJ/m^2				

Abrieb und Reibung

Taber-Abrieb (Reibradverfahren)	mm^3/100 U		
Abriebfaktor LNP (Thrust washer) Vergleichswert			
Statische Reibungszahl			
Dynamische Reibungszahl	(p · v = N/mm^2 ·		m/min)
Zulässiger p · v Wert	N/mm^2 · (m/min)	v =	m/min
		v =	m/min

Thermische Eigenschaften

Formbeständigkeit in der Wärme	*Verfahren*	A		50 °C
	Verfahren	B		74 °C
Vicat Erweichungstemperatur (VST)	*Verfahren*	A/50		148 °C
	Verfahren	B/50		74 °C
Kristallit-Schmelzpunkt	*Verfahren*			
Längenausdehnungskoeffizient	*Bereich*	°C		· $10^{-4}K^{-1}$
	Temperatur			· $10^{-4}K^{-1}$
Wärmeleitfähigkeit	*Verfahren*			W/(K · m)
Spezifische Wärmekapazität	*Verfahren*			J/(K · g)
Glasumwandlungstemperatur	*Torsionsschwingungsversuch*		°C	
	Differentialkalorimetrie		°C	

Brandverhalten

UL-Test vertikal	Dicke 1.6 mm, Wert HB	
	Dicke mm, Wert	

	Norm	*Bewertung*	*Abmessungen*
Sauerstoff-Index	ASTM D 2863		
Glühstab-Verfahren			
Brandverhalten	DIN 4102		
MVSS			
FAR			

Elektrische Eigenschaften

		Hz	°C		*Probekörper, Form*
Dielektrizitätszahl		50			
		10^3			
		10^6			
Dielektrischer Verlustfaktor tan δ		50			
		10^3			
		10^6			
Spezifischer Durchgangs-widerstand	Ohm · cm				
Durchschlagfestigkeit	kV/mm				mm dick
Oberflächenwiderstand	Ohm				
Kriechstromfestigkeit		KC	KB	KA	
Elektrolytische Korrosionswirkung					
Lichtbogenfestigkeit nach DIN					
nach ASTM	s				

Beständigkeit *(Chemische Beständigkeit siehe Anhang)*

Wasseraufnahme 23 C Bis zur Saettigung	0.1 %	
Feuchtigkeitsaufnahme Normalklima		0.1 %
Wetterbeständigkeit		
Spannungskorrosion		

Optische Eigenschaften

Brechungszahl n_D		
Transmissionsgrad τ_c	%	mm dick
Lichtdurchlässigkeit		

Datenbank-Nr. **T01565** *Merkblatt-Nr.* **4175**

Produkt	Polypropylen/Ethylen-Propylen-Dien/Blend		**PP + EPDM**
Handelsname	**Hostalen PPR 8018**		
Hersteller	HOECHST		
DIN-Bez 1	16780-(PP-EPDM),MCL,RC-06-Q04-00-01		
DIN-Bez 2			
Zusätze	Elastomer	*Füllstoffe/ Verstärkung*	
Bevorzugte Verarbeitung	Spritzgiessen	*Lieferform*	Granulat
		Farben	
Besondere Merkmale	Schlagzaeh modifiziert; Stabilisiert; Stabil-Bewitterung	*Bevorzugte Anwendungen*	Stossfaenger

Dichte	g/cm³	0.92	*Schmelzindex*	g/10 min	:	
Schüttdichte	g/cm³		*Volumenfließindex*	cm³/10 min	8:	190/5
Viskositätszahl	ml/g					

Verarbeitungsbedingungen für Spritzgießen

Massetemp.	°C	*Schwindung*	% lgs , quer
Werkzeugtemp.	°C	*Bemerkungen*	
Spritzdruck	bar		

Zugversuch 23 °C DIN 53455; ISO R/527; DIN 53457; ISO R/527

Probekörper: *Form* Nr. 3; 4 mm dick — *Herstellung* Spritzgiessen
Zustand — *Vorbehandlung* Normalklima

Streckspannung	N/mm²	20	*Dehnung bei Streckspannung*	%	10
Zugfestigkeit	N/mm²		*Reißdehnung*	%	≧50
Reißfestigkeit	N/mm²		*% Dehnspannung*	N/mm²	
E-Modul	N/mm²	895	*Dehnung bei % Dehnspg.*	%	

Kriechmoduln und Zeitstandwerte 23 °C

Probekörper: *Form* — *Herstellung*
Zustand — *Vorbehandlung*

Kriechmodul	*1 min*	N/mm²	*Zeitstandzugfestigkeit*	h	N/mm²
Kriechmodul	*1000 h*	N/mm²	*Zeitdehnspg. %*	h	N/mm²
bei Spannung		N/mm²			

Biegeversuch 23 °C

Probekörper: *Form* — *Herstellung*
Zustand — *Vorbehandlung*

Biegefestigkeit	N/mm²	*E-Modul*	N/mm²
3,5% *Biegespannung*	N/mm²		

Härte 23 °C *Probekörper:* *Zustand* — *Herstellung*
Vorbehandlung

Kugeldruckhärte	N/mm² bei N, s	*Shore-Härte* A	
Rockwellhärte		*Shore-Härte* D	

Schlagversuch *Probekörper:* *(1)*
(2) — *Herstellung* Spritzgiessen
Zustand — *Vorbehandlung* Normalklima

		°C	°C	°C	*Probekörper-Form*
Schlagzähigkeit	kJ/m²				
Kerbschlagzähigkeit (1)	kJ/m²				
IZOD-Kerbschlagzähigkeit (2)	J/m				
Kerbschlagzugzähigkeit	kJ/m²	23 67			80x10x4 mm

Abrieb und Reibung

Taber-Abrieb (Reibradverfahren)	mm^3/100 U		
Abriebfaktor LNP (Thrust washer) Vergleichswert			
Statische Reibungszahl			
Dynamische Reibungszahl	(p·v=	N/mm^2·	m/min)
Zulässiger p · v Wert	N/mm^2·(m/min)	v=	m/min
		v=	m/min

Thermische Eigenschaften

Formbeständigkeit in der Wärme	*Verfahren* A		53 °C
	Verfahren B		82 °C
Vicat Erweichungstemperatur (VST)	*Verfahren* A/50		132 °C
	Verfahren B/50		53 °C
Kristallit-Schmelzpunkt	*Verfahren*		
Längenausdehnungskoeffizient	*Bereich*	°C	$\cdot 10^{-4}K^{-1}$
	Temperatur		$\cdot 10^{-4}K^{-1}$
Wärmeleitfähigkeit	*Verfahren*		W/(K · m)
Spezifische Wärmekapazität	*Verfahren*		J/(K · g)
Glasumwandlungstemperatur	*Torsionsschwingungsversuch*	°C	
	Differentialkalorimetrie	°C	

Brandverhalten

UL-Test vertikal	Dicke 1.6 mm, Wert HB	
	Dicke mm, Wert	

	Norm	*Bewertung*	*Abmessungen*
Sauerstoff-Index	ASTM D 2863		
Glühstab-Verfahren			
Brandverhalten	DIN 4102		
MVSS			
FAR			

Elektrische Eigenschaften

		Hz	°C		*Probekörper, Form*
Dielektrizitätszahl		50			
		10^3			
		10^6			
Dielektrischer Verlustfaktor tan δ		50			
		10^3			
		10^6			
Spezifischer Durchgangs-widerstand	Ohm · cm		23	≧1*10**15	Durchmesser 80x1 mm
Durchschlagfestigkeit	kV/mm				mm dick
Oberflächenwiderstand	Ohm		23	6*10**10	Durchmesser 80x1 mm

Kriechstromfestigkeit	KC	KB	KA
Elektrolytische Korrosionswirkung			
Lichtbogenfestigkeit nach DIN			
nach ASTM s			

Beständigkeit *(Chemische Beständigkeit siehe Anhang)*

Wasseraufnahme 23 C Bis zur Saettigung	0.1 %	
Feuchtigkeitsaufnahme Normalklima		0.1 %
Wetterbeständigkeit		
Spannungskorrosion		

Optische Eigenschaften

Brechungszahl n_D		
Transmissionsgrad τ_c	%	mm dick
Lichtdurchlässigkeit		

Datenbank-Nr. **T01566** Merkblatt-Nr. **4176**

Produkt Polypropylen/Ethylen-Propylen-Dien/Blend **PP + EPDM**

Handelsname **Hostalen PPT 8009**

Hersteller HOECHST

DIN-Bez 1
DIN-Bez 2

Zusätze

Füllstoffe/ Verstärkung

Bevorzugte Verarbeitung Spritzgiessen

Lieferform Granulat

Farben

Besondere Merkmale Schlagzaeh modifiziert; Stabilisiert; Stabil-Bewitterung

Bevorzugte Anwendungen

Dichte g/cm^3 0.905
Schüttdichte g/cm^3
Viskositätszahl ml/g

Schmelzindex g/10 min :
Volumenfließindex $cm^3/10$ min 20: 190/5

Verarbeitungsbedingungen für Spritzgießen

Massetemp. °C
Werkzeugtemp. °C
Spritzdruck bar

Schwindung % lgs , quer
Bemerkungen

Zugversuch 23 °C DIN 53455; ISO R/527; DIN 53457; ISO R/527
Probekörper: *Form* Nr. 3; 4 mm dick
Zustand
Herstellung Spritzgiessen
Vorbehandlung Normalklima

Streckspannung N/mm^2 9
Zugfestigkeit N/mm^2
Reißfestigkeit N/mm^2
E-Modul N/mm^2 348

Dehnung bei Streckspannung % 22
Reißdehnung % ≧50
% Dehnspannung N/mm^2
Dehnung bei % Dehnspg. %

Kriechmoduln und Zeitstandwerte 23 °C
Probekörper: *Form*
Zustand
Herstellung
Vorbehandlung

Kriechmodul *1 min* N/mm^2
Kriechmodul *1000 h* N/mm^2
bei Spannung N/mm^2

Zeitstandzugfestigkeit h N/mm^2
Zeitdehnspg. % h N/mm^2

Biegeversuch 23 °C
Probekörper: *Form*
Zustand
Herstellung
Vorbehandlung

Biegefestigkeit N/mm^2
3,5% *Biegespannung* N/mm^2

E-Modul N/mm^2

Härte 23 °C *Probekörper:* *Zustand*
Herstellung
Vorbehandlung

Kugeldruckhärte N/mm^2 bei N, s
Rockwellhärte

Shore-Härte A
Shore-Härte D

Schlagversuch *Probekörper:* *(1)*
(2)
Zustand
Herstellung Spritzgiessen
Vorbehandlung Normalklima

		°C	°C	°C	*Probekörper-Form*
Schlagzähigkeit	kJ/m^2				
Kerbschlagzähigkeit (1)	kJ/m^2				
IZOD-Kerbschlagzähigkeit (2)	J/m				
Kerbschlagzugzähigkeit	kJ/m^2	23 136			80x10x4 mm

Abrieb und Reibung

Taber-Abrieb (Reibradverfahren)	mm^3/100 U		
Abriebfaktor LNP (Thrust washer) Vergleichswert			
Statische Reibungszahl			
Dynamische Reibungszahl	(p·v=	N/mm^2·	m/min)
Zulässiger p · v Wert	N/mm^2 · (m/min)	v=	m/min
		v=	m/min

Thermische Eigenschaften

Formbeständigkeit in der Wärme	*Verfahren*	A		40 °C
	Verfahren	B		55 °C
Vicat Erweichungstemperatur (VST)	*Verfahren*	A/50		87 °C
	Verfahren			°C
Kristallit-Schmelzpunkt	*Verfahren*			
Längenausdehnungskoeffizient	*Bereich*		°C	$\cdot 10^{-4}K^{-1}$
	Temperatur			$\cdot 10^{-4}K^{-1}$
Wärmeleitfähigkeit	*Verfahren*			W/(K · m)
Spezifische Wärmekapazität	*Verfahren*			J/(K · g)
Glasumwandlungstemperatur	*Torsionsschwingungsversuch*		°C	
	Differentialkalorimetrie		°C	

Brandverhalten

UL-Test vertikal	Dicke 1.6	mm, Wert HB
	Dicke	mm, Wert

	Norm	*Bewertung*	*Abmessungen*
Sauerstoff-Index	ASTM D 2863		
Glühstab-Verfahren			
Brandverhalten	DIN 4102		
MVSS			
FAR			

Elektrische Eigenschaften

		Hz	°C		*Probekörper, Form*
Dielektrizitätszahl		50			
		10^3			
		10^6			
Dielektrischer Verlustfaktor tan δ		50			
		10^3			
		10^6			
Spezifischer Durchgangs-widerstand	Ohm · cm		23	≧1*10**15	Durchmesser 80x1 mm
Durchschlagfestigkeit	kV/mm				mm dick
Oberflächenwiderstand	Ohm		23	1*10**14	Durchmesser 80x1 mm
Kriechstromfestigkeit		KC		KB	KA
Elektrolytische Korrosionswirkung					
Lichtbogenfestigkeit nach DIN					
nach ASTM	s				

Beständigkeit *(Chemische Beständigkeit siehe Anhang)*

Wasseraufnahme 23 C Bis zur Saettigung	0.1 %	
Feuchtigkeitsaufnahme Normalklima		0.1 %
Wetterbeständigkeit		
Spannungskorrosion		

Optische Eigenschaften

Brechungszahl n_D		
Transmissionsgrad τ_c	%	mm dick
Lichtdurchlässigkeit		

Produkt	Polypropylen/Ethylen-Propylen-Dien/Blend		**PP + EPDM**
Handelsname	**Hostalen PPT 8018 B**		
Hersteller	HOECHST		
DIN-Bez 1	16780-(PP-EPDM),MCL,RC-12-Q04-00-01		
DIN-Bez 2			
Zusätze	Elastomer	*Füllstoffe/ Verstärkung*	
Bevorzugte Verarbeitung	Spritzgiessen	*Lieferform*	Granulat
		Farben	
Besondere Merkmale	Schlagzaeh modifiziert; Stabilisiert; Stabil-Bewitterung; Werte an farbigen Produkten gemessen	*Bevorzugte Anwendungen*	Stossfaenger

Dichte	g/cm³	0.912	*Schmelzindex*	g/10 min		:
Schüttdichte	g/cm³		*Volumenfließindex*	cm³/10 min	14:	190/5
Viskositätszahl	ml/g	200				

Verarbeitungsbedingungen für Spritzgießen

Massetemp.	°C	*Schwindung*	% lgs , quer
Werkzeugtemp.	°C	*Bemerkungen*	
Spritzdruck	bar		

Zugversuch 23 °C DIN 53455; ISO R/527; DIN 53457; ISO R/527

Probekörper: *Form* Nr. 3; 4 mm dick *Herstellung* Spritzgiessen
Zustand *Vorbehandlung* Normalklima

Streckspannung	N/mm²	22	*Dehnung bei Streckspannung*	%	8
Zugfestigkeit	N/mm²		*Reißdehnung*	%	≧50
Reißfestigkeit	N/mm²		% *Dehnspannung*	N/mm²	
E-Modul	N/mm²	985	*Dehnung bei* % *Dehnspg.*	%	

Kriechmoduln und Zeitstandwerte 23 °C

Probekörper: *Form* *Herstellung*
Zustand *Vorbehandlung*

Kriechmodul	*1 min* N/mm²	*Zeitstandzugfestigkeit*	h	N/mm²
Kriechmodul	*1000 h* N/mm²	*Zeitdehnspg.* %	h	N/mm²
bei Spannung	N/mm²			

Biegeversuch 23 °C

Probekörper: *Form* *Herstellung*
Zustand *Vorbehandlung*

Biegefestigkeit	N/mm²	*E-Modul*	N/mm²
3,5% *Biegespannung*	N/mm²		

Härte 23 °C *Probekörper:* *Zustand* *Herstellung*
Vorbehandlung

Kugeldruckhärte	N/mm² bei N, s	*Shore-Härte* A	
Rockwellhärte		*Shore-Härte* D	

Schlagversuch *Probekörper:* *(1)*
(2) *Herstellung* Spritzgiessen
Zustand *Vorbehandlung* Normalklima

		°C	°C	°C	*Probekörper-Form*
Schlagzähigkeit	kJ/m²				
Kerbschlagzähigkeit (1)	kJ/m²				
IZOD-Kerbschlagzähigkeit (2)	J/m				
Kerbschlagzugzähigkeit	kJ/m²	23 55			80x10x4 mm

Abrieb und Reibung

Taber-Abrieb (Reibradverfahren)	mm^3/100 U		
Abriebfaktor LNP (Thrust washer) Vergleichswert			
Statische Reibungszahl			
Dynamische Reibungszahl	(p·v=	N/mm^2·	m/min)
Zulässiger p·v Wert	N/mm^2·(m/min)	v=	m/min
		v=	m/min

Thermische Eigenschaften

Formbeständigkeit in der Wärme	*Verfahren* A		55 °C
	Verfahren B		88 °C
Vicat Erweichungstemperatur (VST)	*Verfahren* A/50		136 °C
	Verfahren B/50		58 °C
Kristallit-Schmelzpunkt	*Verfahren*		
Längenausdehnungskoeffizient	*Bereich*	°C	$\cdot 10^{-4}K^{-1}$
	Temperatur		$\cdot 10^{-4}K^{-1}$
Wärmeleitfähigkeit	*Verfahren*		W/(K · m)
Spezifische Wärmekapazität	*Verfahren*		J/(K · g)
Glasumwandlungstemperatur	*Torsionsschwingungsversuch*	°C	
	Differentialkalorimetrie	°C	

Brandverhalten

UL-Test vertikal Dicke 1.6 mm, Wert HB
Dicke mm, Wert

	Norm	*Bewertung*	*Abmessungen*
Sauerstoff-Index	ASTM D 2863		
Glühstab-Verfahren			
Brandverhalten	DIN 4102		
MVSS			
FAR			

Elektrische Eigenschaften

		Hz	°C		*Probekörper, Form*
Dielektrizitätszahl		50			
		10^3			
		10^6			
Dielektrischer Verlustfaktor tan δ		50			
		10^3			
		10^6			
Spezifischer Durchgangs-widerstand	Ohm · cm		23	≧1*10**15	Durchmesser 80x1 mm
Durchschlagfestigkeit	kV/mm				mm dick
Oberflächenwiderstand	Ohm		23	1*10**14	Durchmesser 80x1 mm

Kriechstromfestigkeit	KC	KB	KA
Elektrolytische Korrosionswirkung			
Lichtbogenfestigkeit nach DIN			
nach ASTM s			

Beständigkeit *(Chemische Beständigkeit siehe Anhang)*

Wasseraufnahme 23 C Bis zur Saettigung	0.1 %
Feuchtigkeitsaufnahme Normalklima	0.1 %
Wetterbeständigkeit	
Spannungskorrosion	

Optische Eigenschaften

Brechungszahl n_D
Transmissionsgrad τ_c % mm dick
Lichtdurchlässigkeit

Datenbank-Nr.	**T01568**	*Merkblatt-Nr.*	**4178**

Produkt	Polypropylen		**PP**
Handelsname	**Hostalen PPU 1080 S1 AST-L**		
Hersteller	HOECHST		
DIN-Bez 1	16774-PP-H,MZ,95-M200		
DIN-Bez 2			
Zusätze		*Füllstoffe/ Verstärkung*	
Bevorzugte Verarbeitung	Spritzgiessen	*Lieferform*	Granulat
		Farben	
Besondere Merkmale	Leichtfliessend; Hohe Haerte; Hohe Steifigkeit; Antistatisch; FDA-konform; BGA-konform; UL-Zulassung fuer alle Farben	*Bevorzugte Anwendungen*	

Dichte	g/cm³	0.901	*Schmelzindex*	g/10 min	:	
Schüttdichte	g/cm³		*Volumenfließindex*	cm³/10 min	33:	190/5
Viskositätszahl	ml/g	200				

Verarbeitungsbedingungen für Spritzgießen

Massetemp.	°C	*Schwindung*	% lgs , quer
Werkzeugtemp.	°C	*Bemerkungen*	
Spritzdruck	bar		

Zugversuch 23 °C DIN 53455; ISO R/527; DIN 53457; ISO R/527

Probekörper: *Form* Nr. 3; 4 mm dick — *Herstellung* Spritzgiessen
Zustand — *Vorbehandlung* Normalklima

Streckspannung	N/mm²	32	*Dehnung bei Streckspannung*	%	9
Zugfestigkeit	N/mm²		*Reißdehnung*	%	
Reißfestigkeit	N/mm²		*% Dehnspannung*	N/mm²	
E-Modul	N/mm²	1300	*Dehnung bei % Dehnspg.*	%	

Kriechmoduln und Zeitstandwerte 23 °C

Probekörper: *Form* — *Herstellung*
Zustand — *Vorbehandlung*

Kriechmodul	*1 min*	N/mm²	*Zeitstandzugfestigkeit*	h	N/mm²
Kriechmodul	*1000 h*	N/mm²	*Zeitdehnspg. %*	h	N/mm²
bei Spannung		N/mm²			

Biegeversuch 23 °C

Probekörper: *Form* — *Herstellung*
Zustand — *Vorbehandlung*

Biegefestigkeit	N/mm²	*E-Modul*	N/mm²
3,5% Biegespannung	N/mm²		

Härte 23 °C *Probekörper:* *Zustand* — *Herstellung*
Vorbehandlung

Kugeldruckhärte	N/mm² bei N, s	*Shore-Härte A*	
Rockwellhärte		*Shore-Härte D*	

Schlagversuch *Probekörper:* *(1)*
(2) — *Herstellung* Spritzgiessen
Zustand — *Vorbehandlung* Normalklima

		°C	°C	°C		*Probekörper-Form*
Schlagzähigkeit	kJ/m²					
Kerbschlagzähigkeit (1)	kJ/m²					
IZOD-Kerbschlagzähigkeit (2)	J/m					
Kerbschlagzugzähigkeit	kJ/m²	23	30			80x10x4 mm

Abrieb und Reibung

Taber-Abrieb (Reibradverfahren)	mm^3/100 U		
Abriebfaktor LNP (Thrust washer) Vergleichswert			
Statische Reibungszahl			
Dynamische Reibungszahl	(p·v=	N/mm²·	m/min)
Zulässiger p · v Wert	N/mm²·(m/min)	v=	m/min
		v=	m/min

Thermische Eigenschaften

Formbeständigkeit in der Wärme	*Verfahren* A		56 °C
	Verfahren B		87 °C
Vicat Erweichungstemperatur (VST)	*Verfahren* A/50		150 °C
	Verfahren B/50		86 °C
Kristallit-Schmelzpunkt	*Verfahren*		
Längenausdehnungskoeffizient	*Bereich*	°C	$\cdot 10^{-4}K^{-1}$
	Temperatur		$\cdot 10^{-4}K^{-1}$
Wärmeleitfähigkeit	*Verfahren*		W/(K · m)
Spezifische Wärmekapazität	*Verfahren*		J/(K · g)
Glasumwandlungstemperatur	*Torsionsschwingungsversuch*	°C	
	Differentialkalorimetrie	°C	

Brandverhalten

UL-Test vertikal Dicke 1.6 mm, Wert HB
Dicke 3.2 mm, Wert HB

	Norm	*Bewertung*	*Abmessungen*
Sauerstoff-Index	ASTM D 2863		
Glühstab-Verfahren			
Brandverhalten	DIN 4102		
MVSS			
FAR			

Elektrische Eigenschaften

		Hz	°C		*Probekörper, Form*
Dielektrizitätszahl		50			
		10^3			
		10^6			
Dielektrischer Verlustfaktor tan δ		50			
		10^3			
		10^6			
Spezifischer Durchgangs-widerstand	Ohm · cm		23	1*10**14	Durchmesser 80x1 mm
Durchschlagfestigkeit	kV/mm				mm dick
Oberflächenwiderstand	Ohm		23	1*10**12	Durchmesser 80x1 mm

Kriechstromfestigkeit KC KB KA
Elektrolytische Korrosionswirkung
Lichtbogenfestigkeit nach DIN
nach ASTM s

Beständigkeit *(Chemische Beständigkeit siehe Anhang)*

Wasseraufnahme

Feuchtigkeitsaufnahme Normalklima %
Wetterbeständigkeit

Spannungskorrosion

Optische Eigenschaften

Brechungszahl n_D
Transmissionsgrad τ_c % mm dick
Lichtdurchlässigkeit

Datenbank-Nr. **T01569** Merkblatt-Nr. **4179**

Produkt	Polypropylen		**PP**
Handelsname	**Hostalen PPU 1762 S1**		
Hersteller	HOECHST		
DIN-Bez 1	16774-PP-B,MAGN,85-M200		
DIN-Bez 2			
Zusätze		*Füllstoffe/ Verstärkung*	
Bevorzugte Verarbeitung	Spritzgiessen	*Lieferform*	Granulat
		Farben	
Besondere Merkmale	Schlagzaeh; FDA-konform	*Bevorzugte Anwendungen*	Duennwandige Lebensmittelverpakkung; Schraubverschluss

Dichte	g/cm^3	0.901	*Schmelzindex*	g/10 min	:
Schüttdichte	g/cm^3		*Volumenfließindex*	cm^3/10 min	27: 190/5
Viskositätszahl	ml/g	210			

Verarbeitungsbedingungen für Spritzgießen

Massetemp.	°C	*Schwindung*	% lgs , quer
Werkzeugtemp.	°C	*Bemerkungen*	
Spritzdruck	bar		

Zugversuch 23 °C DIN 53455; ISO R/527; DIN 53457; ISO R/527

Probekörper: *Form* Nr. 3; 4 mm dick — *Herstellung* Spritzgiessen
Zustand — *Vorbehandlung* Normalklima

Streckspannung	N/mm^2	27	*Dehnung bei Streckspannung*	%	9
Zugfestigkeit	N/mm^2		*Reißdehnung*	%	≧50
Reißfestigkeit	N/mm^2		*% Dehnspannung*	N/mm^2	
E-Modul	N/mm^2	1130	*Dehnung bei % Dehnspg.*	%	

Kriechmoduln und Zeitstandwerte 23 °C

Probekörper: *Form* — *Herstellung*
Zustand — *Vorbehandlung*

Kriechmodul	*1 min* N/mm^2	*Zeitstandzugfestigkeit*	h N/mm^2
Kriechmodul	*1000 h* N/mm^2	*Zeitdehnspg.* %	h N/mm^2
bei Spannung	N/mm^2		

Biegeversuch 23 °C

Probekörper: *Form* — *Herstellung*
Zustand — *Vorbehandlung*

Biegefestigkeit	N/mm^2	*E-Modul*	N/mm^2
3,5% *Biegespannung*	N/mm^2		

Härte 23 °C *Probekörper:* *Zustand* — *Herstellung*
Vorbehandlung

Kugeldruckhärte	N/mm^2 bei N, s	*Shore-Härte* A	
Rockwellhärte		*Shore-Härte* D	

Schlagversuch *Probekörper:* *(1)*
(2) — *Herstellung* Spritzgiessen
Zustand — *Vorbehandlung* Normalklima

		°C	°C	°C	*Probekörper-Form*
Schlagzähigkeit	kJ/m^2				
Kerbschlagzähigkeit (1)	kJ/m^2				
IZOD-Kerbschlagzähigkeit (2)	J/m				
Kerbschlagzugzähigkeit	kJ/m^2	23 40			80x10x4 mm

Abrieb und Reibung

Taber-Abrieb (Reibradverfahren)	mm^3/100 U		
Abriebfaktor LNP (Thrust washer) Vergleichswert			
Statische Reibungszahl			
Dynamische Reibungszahl	(p · v =	N/mm^2 ·	m/min)
Zulässiger p · v Wert	N/mm^2 · (m/min)	v =	m/min
		v =	m/min

Thermische Eigenschaften

Formbeständigkeit in der Wärme	*Verfahren* A		53 °C
	Verfahren B		80 °C
Vicat Erweichungstemperatur (VST)	*Verfahren* A/50		145 °C
	Verfahren B/50		75 °C
Kristallit-Schmelzpunkt	*Verfahren*		
Längenausdehnungskoeffizient	*Bereich*	°C	$\cdot 10^{-4}K^{-1}$
	Temperatur		$\cdot 10^{-4}K^{-1}$
Wärmeleitfähigkeit	*Verfahren*		W/(K · m)
Spezifische Wärmekapazität	*Verfahren*		J/(K · g)
Glasumwandlungstemperatur	*Torsionsschwingungsversuch*	°C	
	Differentialkalorimetrie	°C	

Brandverhalten

UL-Test vertikal Dicke 1.6 mm, Wert HB
Dicke mm, Wert

	Norm	*Bewertung*	*Abmessungen*
Sauerstoff-Index	ASTM D 2863		
Glühstab-Verfahren			
Brandverhalten	DIN 4102		
MVSS			
FAR			

Elektrische Eigenschaften

		Hz	°C		*Probekörper, Form*
Dielektrizitätszahl		50			
		10^3	23	2.3	Durchmesser 80x1 mm
		10^6			
Dielektrischer Verlustfaktor tan δ		50	23	0.00035	Durchmesser 80x1 mm
		10^3	23	0.00025	Durchmesser 80x1 mm
		10^6			
Spezifischer Durchgangswiderstand	Ohm · cm		23	≧1*10**15	Durchmesser 80x1 mm
Durchschlagfestigkeit	kV/mm				mm dick
Oberflächenwiderstand	Ohm		23	1*10**14	Durchmesser 80x1 mm

Kriechstromfestigkeit KC KB KA
Elektrolytische Korrosionswirkung
Lichtbogenfestigkeit nach DIN
nach ASTM s

Beständigkeit *(Chemische Beständigkeit siehe Anhang)*

Wasseraufnahme 23 C Bis zur Saettigung 0.1 %

Feuchtigkeitsaufnahme Normalklima 0.1 %
Wetterbeständigkeit

Spannungskorrosion

Optische Eigenschaften

Brechungszahl n_D
Transmissionsgrad τ_c % mm dick
Lichtdurchlässigkeit

Datenbank-Nr.	**T01570**	*Merkblatt-Nr.*	**4180**

Produkt	Polypropylen		**PP**
Handelsname	**Hostalen PPU 2080 S1 AST-L**		
Hersteller	HOECHST		
DIN-Bez 1	16774-PP-H,MHZ,95-M200		
DIN-Bez 2			
Zusätze	Waermestabilisator	*Füllstoffe/ Verstärkung*	
Bevorzugte Verarbeitung	Spritzgiessen	*Lieferform*	Granulat
		Farben	
Besondere Merkmale	Leichtfliessend; Hohe Haerte; Hohe Steifigkeit; Antistatisch; FDA-konform; BGA-konform; UL-Zulassung fuer alle Farben	*Bevorzugte Anwendungen*	

Dichte	g/cm^3	0.911	*Schmelzindex*	g/10 min	:	
Schüttdichte	g/cm^3		*Volumenfließindex*	$cm^3/10$ min	31:	190/5
Viskositätszahl	ml/g	200				

Verarbeitungsbedingungen für Spritzgießen

Massetemp.	°C	*Schwindung*	%	lgs	, quer
Werkzeugtemp.	°C	*Bemerkungen*			
Spritzdruck	bar				

Zugversuch 23 °C DIN 53455; ISO R/527; DIN 53457; ISO R/527

Probekörper: *Form* Nr. 3; 4 mm dick; *Zustand* — *Herstellung* Spritzgiessen; *Vorbehandlung* Normalklima

Streckspannung	N/mm^2	33	*Dehnung bei Streckspannung*	%	9
Zugfestigkeit	N/mm^2		*Reißdehnung*	%	≧50
Reißfestigkeit	N/mm^2		*% Dehnspannung*	N/mm^2	
E-Modul	N/mm^2	1400	*Dehnung bei % Dehnspg.*	%	

Kriechmoduln und Zeitstandwerte 23 °C

Probekörper: *Form*; *Zustand* — *Herstellung*; *Vorbehandlung*

Kriechmodul	*1 min*	N/mm^2	*Zeitstandzugfestigkeit*	h	N/mm^2
Kriechmodul	*1000 h*	N/mm^2	*Zeitdehnspg. %*	h	N/mm^2
bei Spannung		N/mm^2			

Biegeversuch 23 °C

Probekörper: *Form*; *Zustand* — *Herstellung*; *Vorbehandlung*

Biegefestigkeit	N/mm^2	*E-Modul*	N/mm^2
3,5% *Biegespannung*	N/mm^2		

Härte 23 °C *Probekörper:* *Zustand* — *Herstellung*; *Vorbehandlung*

Kugeldruckhärte	N/mm^2 bei N, s	*Shore-Härte* A	
Rockwellhärte		*Shore-Härte* D	

Schlagversuch *Probekörper:* *(1)*; *(2)*; *Zustand* — *Herstellung* Spritzgiessen; *Vorbehandlung* Normalklima

		°C	°C	°C	*Probekörper-Form*
Schlagzähigkeit	kJ/m^2				
Kerbschlagzähigkeit (1)	kJ/m^2				
IZOD-Kerbschlagzähigkeit (2)	J/m				
Kerbschlagzugzähigkeit	kJ/m^2	23	31		80x10x4 mm

Abrieb und Reibung

Taber-Abrieb (Reibradverfahren)	mm^3/100 U		
Abriebfaktor LNP (Thrust washer) Vergleichswert			
Statische Reibungszahl			
Dynamische Reibungszahl	(p·v= N/mm^2·		m/min)
Zulässiger p · v Wert	N/mm^2 · (m/min)	v=	m/min
		v=	m/min

Thermische Eigenschaften

Formbeständigkeit in der Wärme	*Verfahren*	A		57 °C
	Verfahren	B		87 °C
Vicat Erweichungstemperatur (VST)	*Verfahren*	A/50		153 °C
	Verfahren	B/50		92 °C
Kristallit-Schmelzpunkt	*Verfahren*			
Längenausdehnungskoeffizient	*Bereich*	°C		$\cdot 10^{-4}K^{-1}$
	Temperatur			$\cdot 10^{-4}K^{-1}$
Wärmeleitfähigkeit	*Verfahren*			W/(K · m)
Spezifische Wärmekapazität	*Verfahren*			J/(K · g)
Glasumwandlungstemperatur	*Torsionsschwingungsversuch*		°C	
	Differentialkalorimetrie		°C	

Brandverhalten

UL-Test vertikal	Dicke 1.6 mm, Wert HB	
	Dicke 3.2 mm, Wert HB	

	Norm	*Bewertung*	*Abmessungen*
Sauerstoff-Index	ASTM D 2863		
Glühstab-Verfahren			
Brandverhalten	DIN 4102		
MVSS			
FAR			

Elektrische Eigenschaften

		Hz	°C			*Probekörper, Form*
Dielektrizitätszahl		50				
		10^3				
		10^6				
Dielektrischer Verlustfaktor tan δ		50				
		10^3				
		10^6				
Spezifischer Durchgangs-widerstand	Ohm · cm		23	1*10**14		Durchmesser 80x1 mm
Durchschlagfestigkeit	kV/mm					mm dick
Oberflächenwiderstand	Ohm		23	1*10**13		Durchmesser 80x1 mm
Kriechstromfestigkeit		KC		KB	KA	
Elektrolytische Korrosionswirkung						
Lichtbogenfestigkeit nach DIN						
nach ASTM	s					

Beständigkeit *(Chemische Beständigkeit siehe Anhang)*

Wasseraufnahme

Feuchtigkeitsaufnahme Normalklima %

Wetterbeständigkeit

Spannungskorrosion

Optische Eigenschaften

Brechungszahl n_D		
Transmissionsgrad τ_c	%	mm dick
Lichtdurchlässigkeit		

Datenbank-Nr. **T01571** Merkblatt-Nr. **4181**

Produkt	Polypropylen		**PP**
Handelsname	**Hostalen PPU 7580 TV10 AST-L**		
Hersteller	HOECHST		
DIN-Bez 1	16774-PP-H,MG,95-M090,TS10		
DIN-Bez 2			
Zusätze	Waermestabilisator; Antistatikum	*Füllstoffe/ Verstärkung*	10% Talkum
Bevorzugte Verarbeitung	Spritzgiessen	*Lieferform*	Granulat
		Farben	
Besondere Merkmale	Antistatisch; Gegenueber PPN 7580 TV20 verbesserte Fliessfaehigkeit, hoehere Haerte, vergleichbare Steifheit und Waermeformbestaendigkeit, verminderte Zaehigkeit; Selbsteinfaerbbar; UL-Zulassung	*Bevorzugte Anwendungen*	

Dichte	g/cm^3	0.97	*Schmelzindex*	g/10 min	:	
Schüttdichte	g/cm^3		*Volumenfließindex*	cm^3/10 min	12:	230/2.16
Viskositätszahl	ml/g	185				

Verarbeitungsbedingungen für Spritzgießen

Massetemp.	°C	*Schwindung*	% lgs , quer
Werkzeugtemp.	°C	*Bemerkungen*	
Spritzdruck	bar		

Zugversuch 23 °C DIN 53455; ISO R/527; DIN 53457; ISO R/527

Probekörper: *Form* Nr. 3; 4 mm dick — *Herstellung* Spritzgiessen
Zustand — *Vorbehandlung* Normalklima

Streckspannung	N/mm^2	35	*Dehnung bei Streckspannung*	%	7
Zugfestigkeit	N/mm^2		*Reißdehnung*	%	8
Reißfestigkeit	N/mm^2		*% Dehnspannung*	N/mm^2	
E-Modul	N/mm^2	2300	*Dehnung bei % Dehnspg.*	%	

Kriechmoduln und Zeitstandwerte 23 °C

Probekörper: *Form* — *Herstellung*
Zustand — *Vorbehandlung*

Kriechmodul	*1 min* N/mm^2	*Zeitstandzugfestigkeit*	h	N/mm^2
Kriechmodul	*1000 h* N/mm^2	*Zeitdehnspg. %*	h	N/mm^2
bei Spannung	N/mm^2			

Biegeversuch 23 °C

Probekörper: *Form* — *Herstellung*
Zustand — *Vorbehandlung*

Biegefestigkeit	N/mm^2	*E-Modul*	N/mm^2
3,5% *Biegespannung*	N/mm^2		

Härte 23 °C *Probekörper:* *Zustand* — *Herstellung*
Vorbehandlung

Kugeldruckhärte	N/mm^2 bei N, s	*Shore-Härte* A	
Rockwellhärte		*Shore-Härte* D	

Schlagversuch *Probekörper:* *(1)*
(2) — *Herstellung* Spritzgiessen
Zustand — *Vorbehandlung* Normalklima

		°C		°C	°C	*Probekörper-Form*
Schlagzähigkeit	kJ/m^2					
Kerbschlagzähigkeit (1)	kJ/m^2					
IZOD-Kerbschlagzähigkeit (2)	J/m					
Kerbschlagzugzähigkeit	kJ/m^2	23	35			80x10x4 mm

Abrieb und Reibung

Taber-Abrieb (Reibradverfahren)	mm^3/100 U		
Abriebfaktor LNP (Thrust washer) Vergleichswert			
Statische Reibungszahl			
Dynamische Reibungszahl	(p · v =	N/mm^2 ·	m/min)
Zulässiger p · v Wert	N/mm^2 · (m/min)	v =	m/min
		v =	m/min

Thermische Eigenschaften

Formbeständigkeit in der Wärme	*Verfahren*	A	65 °C
	Verfahren		°C
Vicat Erweichungstemperatur (VST)	*Verfahren*	A/50	150 °C
	Verfahren	B/50	95 °C
Kristallit-Schmelzpunkt	*Verfahren*		
Längenausdehnungskoeffizient	*Bereich*	23–80 °C	$1 \cdot 10^{-4} K^{-1}$
	Temperatur		$\cdot 10^{-4} K^{-1}$
Wärmeleitfähigkeit	*Verfahren*		W/(K · m)
Spezifische Wärmekapazität	*Verfahren*		J/(K · g)
Glasumwandlungstemperatur	*Torsionsschwingungsversuch*		°C
	Differentialkalorimetrie		°C

Brandverhalten

UL-Test vertikal Dicke 1.53 mm, Wert HB
Dicke 0.96 mm, Wert HB

	Norm	*Bewertung*	*Abmessungen*
Sauerstoff-Index	ASTM D 2863		
Glühstab-Verfahren			
Brandverhalten	DIN 4102		
MVSS			
FAR			

Elektrische Eigenschaften

		Hz	°C		*Probekörper, Form*
Dielektrizitätszahl		50			
		10^3			
		10^6			
Dielektrischer Verlustfaktor tan δ		50			
		10^3			
		10^6			
Spezifischer Durchgangswiderstand	Ohm · cm				
Durchschlagfestigkeit	kV/mm				mm dick
Oberflächenwiderstand	Ohm				
Kriechstromfestigkeit		KC	KB	KA	
Elektrolytische Korrosionswirkung					
Lichtbogenfestigkeit nach DIN					
nach ASTM	s				

Beständigkeit *(Chemische Beständigkeit siehe Anhang)*

Wasseraufnahme

Feuchtigkeitsaufnahme Normalklima %

Wetterbeständigkeit

Spannungskorrosion

Optische Eigenschaften

Brechungszahl n_D		
Transmissionsgrad τ_c	%	mm dick
Lichtdurchlässigkeit		

Produkt	Polypropylen		**PP**
Handelsname	**Hostalen PPW 1752 S1**		
Hersteller	HOECHST		
DIN-Bez 1	16774-PP-B,M,85-M400		
DIN-Bez 2			
Zusätze		*Füllstoffe/ Verstärkung*	
Bevorzugte Verarbeitung	Spritzgiessen	*Lieferform*	Granulat
		Farben	
Besondere Merkmale	Antistatisch ausgeruestet lieferbar; Extrem leichtfliessend; Enge Molmassenverteilung; Schlagzaeh; FDA-konform	*Bevorzugte Anwendungen*	Verpackung; Eiskrembehaelter; Kfz-Verkleidungsteil; Kfz-Abdeckung; Formteil mit langen Fliesswegen; Kofferschalen

Dichte	g/cm^3	0.9	*Schmelzindex*	g/10 min	:	
Schüttdichte	g/cm^3		*Volumenfließindex*	cm^3/10 min	52:	190/5
Viskositätszahl	ml/g	190				

Verarbeitungsbedingungen für Spritzgießen

Massetemp.	°C	*Schwindung*	% lgs , quer
Werkzeugtemp.	°C	*Bemerkungen*	
Spritzdruck	bar		

Zugversuch 23 °C DIN 53455; ISO R/527; DIN 53457; ISO R/527

Probekörper: *Form* Nr. 3; 4 mm dick — *Herstellung* Spritzgiessen
Zustand — *Vorbehandlung* Normalklima

Streckspannung	N/mm^2	22	*Dehnung bei Streckspannung*	%	10
Zugfestigkeit	N/mm^2		*Reißdehnung*	%	≧50
Reißfestigkeit	N/mm^2		*% Dehnspannung*	N/mm^2	
E-Modul	N/mm^2	880	*Dehnung bei % Dehnspg.*	%	

Kriechmoduln und Zeitstandwerte 23 °C

Probekörper: *Form* — *Herstellung*
Zustand — *Vorbehandlung*

Kriechmodul	*1 min* N/mm^2	*Zeitstandzugfestigkeit*	h	N/mm^2
Kriechmodul	*1000 h* N/mm^2	*Zeitdehnspg. %*	h	N/mm^2
bei Spannung	N/mm^2			

Biegeversuch 23 °C

Probekörper: *Form* — *Herstellung*
Zustand — *Vorbehandlung*

Biegefestigkeit	N/mm^2	*E-Modul*	N/mm^2
3,5% *Biegespannung*	N/mm^2		

Härte 23 °C *Probekörper:* *Zustand* — *Herstellung*
Vorbehandlung

Kugeldruckhärte	N/mm^2 bei N, s	*Shore-Härte* A	
Rockwellhärte		*Shore-Härte* D	

Schlagversuch *Probekörper:* *(1)*
(2) — *Herstellung* Spritzgiessen
Zustand — *Vorbehandlung* Normalklima

		°C	°C	°C	*Probekörper-Form*
Schlagzähigkeit	kJ/m^2				
Kerbschlagzähigkeit (1)	kJ/m^2				
IZOD-Kerbschlagzähigkeit (2)	J/m				
Kerbschlagzugzähigkeit	kJ/m^2	23 37			80x10x4 mm

Abrieb und Reibung

Taber-Abrieb (Reibradverfahren)	mm^3/100 U		
Abriebfaktor LNP (Thrust washer) Vergleichswert			
Statische Reibungszahl			
Dynamische Reibungszahl	(p · v = N/mm^2 ·		m/min)
Zulässiger p · v Wert	N/mm^2 · (m/min)	v =	m/min
		v =	m/min

Thermische Eigenschaften

Formbeständigkeit in der Wärme	*Verfahren* A		51 °C
	Verfahren B		74 °C
Vicat Erweichungstemperatur (VST)	*Verfahren* A/50		140 °C
	Verfahren B/50		60 °C
Kristallit-Schmelzpunkt	*Verfahren*		
Längenausdehnungskoeffizient	*Bereich*	°C	$\cdot 10^{-4} K^{-1}$
	Temperatur		$\cdot 10^{-4} K^{-1}$
Wärmeleitfähigkeit	*Verfahren*		W/(K · m)
Spezifische Wärmekapazität	*Verfahren*		J/(K · g)
Glasumwandlungstemperatur	*Torsionsschwingungsversuch*	°C	
	Differentialkalorimetrie	°C	

Brandverhalten

UL-Test vertikal — Dicke 1.6 mm, Wert HB; Dicke mm, Wert

	Norm	*Bewertung*	*Abmessungen*
Sauerstoff-Index	ASTM D 2863		
Glühstab-Verfahren			
Brandverhalten	DIN 4102		
MVSS			
FAR			

Elektrische Eigenschaften

		Hz	°C		*Probekörper, Form*
Dielektrizitätszahl		50			
		10^3	23	2.3	Durchmesser 80x1 mm
		10^6			
Dielektrischer Verlustfaktor tan δ		50			
		10^3			
		10^6			
Spezifischer Durchgangswiderstand	Ohm · cm		23	≧1*10**15	Durchmesser 80x1 mm
Durchschlagfestigkeit	kV/mm				mm dick
Oberflächenwiderstand	Ohm		23	1*10**14	Durchmesser 80x1 mm

Kriechstromfestigkeit	KC	KB	KA
Elektrolytische Korrosionswirkung			
Lichtbogenfestigkeit nach DIN			
nach ASTM s			

Beständigkeit *(Chemische Beständigkeit siehe Anhang)*

Wasseraufnahme 23 C Bis zur Saettigung	0.1 %
Feuchtigkeitsaufnahme Normalklima	0.1 %
Wetterbeständigkeit	
Spannungskorrosion	

Optische Eigenschaften

Brechungszahl n_D
Transmissionsgrad τ_c % mm dick
Lichtdurchlässigkeit

Datenbank-Nr. **T01594** Merkblatt-Nr. **4183**

Produkt	Polyethylen mittlerer Dichte		**PE**
Handelsname	**Lupolen 3741BX**		
Hersteller	BASF		
DIN-Bez 1			
DIN-Bez 2			
Zusätze		*Füllstoffe/ Verstärkung*	
Bevorzugte Verarbeitung		*Lieferform*	Granulat
		Farben	
Besondere Merkmale	Hochmolekular; Schockzaeh; Gute Ausziehfaehigkeit	*Bevorzugte Anwendungen*	Schlauchfolie; Coextrusionsmaterial

Dichte	g/cm^3	0.936	*Schmelzindex*	g/10 min	:
Schüttdichte	g/cm^3		*Volumenfließindex*	cm^3/10 min	:
Viskositätszahl	ml/g				

Verarbeitungsbedingungen für Spritzgießen

Massetemp.	°C	*Schwindung*	% lgs , quer
Werkzeugtemp.	°C	*Bemerkungen*	
Spritzdruck	bar		

Zugversuch 23 °C DIN 53455; ISO R/527;
Probekörper: *Form* Nr. 3; 4 mm dick *Herstellung* Pressen
Zustand *Vorbehandlung* Normalklima

Streckspannung	N/mm^2	19	*Dehnung bei Streckspannung*	%	
Zugfestigkeit	N/mm^2		*Reißdehnung*	%	≧50
Reißfestigkeit	N/mm^2		*% Dehnspannung*	N/mm^2	
E-Modul	N/mm^2		*Dehnung bei % Dehnspg.*	%	

Kriechmoduln und Zeitstandwerte 23 °C
Probekörper: *Form* *Herstellung*
Zustand *Vorbehandlung*

Kriechmodul	*1 min* N/mm^2	*Zeitstandzugfestigkeit*	h	N/mm^2
Kriechmodul	*1000 h* N/mm^2	*Zeitdehnspg. %*	h	N/mm^2
bei Spannung	N/mm^2			

Biegeversuch 23 °C
Probekörper: *Form* *Herstellung*
Zustand *Vorbehandlung*

Biegefestigkeit	N/mm^2	*E-Modul*	N/mm^2
3,5% *Biegespannung*	N/mm^2		

Härte 23 °C *Probekörper:* *Zustand* *Herstellung*
Vorbehandlung

Kugeldruckhärte	N/mm^2 bei N, s	*Shore-Härte* A	
Rockwellhärte		*Shore-Härte* D	

Schlagversuch *Probekörper:* *(1)*
(2) *Herstellung* Pressen
Zustand *Vorbehandlung* Normalklima

		°C	°C	°C	*Probekörper-Form*
Schlagzähigkeit	kJ/m^2				
Kerbschlagzähigkeit (1)	kJ/m^2				
IZOD-Kerbschlagzähigkeit (2)	J/m				
Kerbschlagzugzähigkeit	kJ/m^2	23 200			80x10x4 mm

Abrieb und Reibung

Taber-Abrieb (Reibradverfahren)	mm^3/100 U		
Abriebfaktor LNP (Thrust washer) Vergleichswert			
Statische Reibungszahl			
Dynamische Reibungszahl	(p·v= N/mm^2·		m/min)
Zulässiger p · v Wert	N/mm^2 · (m/min)	v=	m/min
		v=	m/min

Thermische Eigenschaften

Formbeständigkeit in der Wärme	*Verfahren*	A		37 °C
	Verfahren	B		56 °C
Vicat Erweichungstemperatur (VST)	*Verfahren*	A/50		120 °C
	Verfahren	B/50		70 °C
Kristallit-Schmelzpunkt	*Verfahren*			
Längenausdehnungskoeffizient	*Bereich*	23–80	°C	$1.6 \cdot 10^{-4}K^{-1}$
	Temperatur			$\cdot 10^{-4}K^{-1}$
Wärmeleitfähigkeit	*Verfahren*			W/(K · m)
Spezifische Wärmekapazität	*Verfahren*			J/(K · g)
Glasumwandlungstemperatur	*Torsionsschwingungsversuch*		°C	
	Differentialkalorimetrie		°C	

Brandverhalten

UL-Test vertikal	Dicke 3.2 mm, Wert HB	
	Dicke mm, Wert	

	Norm	*Bewertung*	*Abmessungen*
Sauerstoff-Index	ASTM D 2863		
Glühstab-Verfahren			
Brandverhalten	DIN 4102		
MVSS			
FAR			

Elektrische Eigenschaften

		Hz	°C		*Probekörper, Form*
Dielektrizitätszahl		50	23	2.4	Durchmesser 80x1 mm
		10^3	23	2.4	Durchmesser 80x1 mm
		10^6			
Dielektrischer Verlustfaktor tan δ		50	23	0.0001	Durchmesser 80x1 mm
		10^3	23	0.00003	Durchmesser 80x1 mm
		10^6			
Spezifischer Durchgangs-widerstand	Ohm · cm		23	1*10**17	Durchmesser 80x1 mm
Durchschlagfestigkeit	kV/mm		23	150	1 mm dick
Oberflächenwiderstand	Ohm		23	1*10**14	Durchmesser 80x1 mm

Kriechstromfestigkeit	KC	KB	KA
Elektrolytische Korrosionswirkung			
Lichtbogenfestigkeit nach DIN			
nach ASTM	s		

Beständigkeit *(Chemische Beständigkeit siehe Anhang)*

Wasseraufnahme 23 C Bis zur Saettigung	0.01 %	
Feuchtigkeitsaufnahme Normalklima		0.01 %
Wetterbeständigkeit		
Spannungskorrosion		

Optische Eigenschaften

Brechungszahl n_D		
Transmissionsgrad τ_c	%	mm dick
Lichtdurchlässigkeit		

Datenbank-Nr. **T01595** *Merkblatt-Nr.* **4184**

Produkt	Polyethylen hoher Dichte		**PE**
Handelsname	**Lupolen 5031N**		
Hersteller	BASF		
DIN-Bez 1			
DIN-Bez 2			
Zusätze	Waermestabilisator	*Füllstoffe/ Verstärkung*	
Bevorzugte Verarbeitung	Spritzgiessen	*Lieferform*	Granulat
		Farben	
Besondere Merkmale	Gute Fliessfaehigkeit; Formstabil; Verzugsarm; Hochglaenzende Oberflaeche; Geruchsarm	*Bevorzugte Anwendungen*	

Dichte	g/cm³	0.951	*Schmelzindex*	g/10 min	:
Schüttdichte	g/cm³		*Volumenfließindex*	cm³/10 min	:
Viskositätszahl	ml/g				

Verarbeitungsbedingungen für Spritzgießen

Massetemp.	°C	*Schwindung*	% lgs , quer
Werkzeugtemp.	°C	*Bemerkungen*	
Spritzdruck	bar		

Zugversuch 23 °C DIN 53455; ISO R/527;
Probekörper: *Form* Nr. 3; 4 mm dick — *Herstellung* Pressen
Zustand — *Vorbehandlung* Normalklima

Streckspannung	N/mm²	27	*Dehnung bei Streckspannung*	%	10
Zugfestigkeit	N/mm²		*Reißdehnung*	%	≧50
Reißfestigkeit	N/mm²		*% Dehnspannung*	N/mm²	
E-Modul	N/mm²		*Dehnung bei % Dehnspg.*	%	

Kriechmoduln und Zeitstandwerte 23 °C
Probekörper: *Form* — *Herstellung*
Zustand — *Vorbehandlung*

Kriechmodul	*1 min* N/mm²	*Zeitstandzugfestigkeit*	h	N/mm²
Kriechmodul	*1000 h* N/mm²	*Zeitdehnspg. %*	h	N/mm²
bei Spannung	N/mm²			

Biegeversuch 23 °C
Probekörper: *Form* — *Herstellung*
Zustand — *Vorbehandlung*

Biegefestigkeit	N/mm²	*E-Modul*	N/mm²
3,5% *Biegespannung*	N/mm²		

Härte 23 °C *Probekörper:* *Zustand* — *Herstellung*
Vorbehandlung

Kugeldruckhärte	N/mm² bei N, s	*Shore-Härte* A	
Rockwellhärte		*Shore-Härte* D	

Schlagversuch *Probekörper:* *(1)*
(2) — *Herstellung* Pressen
Zustand — *Vorbehandlung* Normalklima

		°C	°C	°C	*Probekörper-Form*
Schlagzähigkeit	kJ/m²				
Kerbschlagzähigkeit (1)	kJ/m²				
IZOD-Kerbschlagzähigkeit (2)	J/m				
Kerbschlagzugzähigkeit	kJ/m²	23 65			80x10x4 mm

Abrieb und Reibung

Taber-Abrieb (Reibradverfahren)	mm^3/100 U		
Abriebfaktor LNP (Thrust washer) Vergleichswert			
Statische Reibungszahl			
Dynamische Reibungszahl	(p · v =	N/mm^2 ·	m/min)
Zulässiger p · v Wert	N/mm^2 · (m/min)	v =	m/min
		v =	m/min

Thermische Eigenschaften

Formbeständigkeit in der Wärme	*Verfahren*	A		44 °C
	Verfahren	B		75 °C
Vicat Erweichungstemperatur (VST)	*Verfahren*	A/50		125 °C
	Verfahren	B/50		67 °C
Kristallit-Schmelzpunkt	*Verfahren*			
Längenausdehnungskoeffizient	*Bereich*	23–80	°C	$1.4 \cdot 10^{-4} K^{-1}$
	Temperatur			$\cdot 10^{-4} K^{-1}$
Wärmeleitfähigkeit	*Verfahren*			W/(K · m)
Spezifische Wärmekapazität	*Verfahren*			J/(K · g)
Glasumwandlungstemperatur	*Torsionsschwingungsversuch*		°C	
	Differentialkalorimetrie		°C	

Brandverhalten

UL-Test vertikal	Dicke 3.2 mm,	Wert HB
	Dicke mm,	Wert

	Norm	*Bewertung*	*Abmessungen*
Sauerstoff-Index	ASTM D 2863		
Glühstab-Verfahren			
Brandverhalten	DIN 4102		
MVSS			
FAR			

Elektrische Eigenschaften

		Hz	°C		*Probekörper, Form*
Dielektrizitätszahl		50	23	2.4	Durchmesser 80x1 mm
		10^3	23	2.4	Durchmesser 80x1 mm
		10^6			
Dielektrischer Verlustfaktor tan δ		50	23	0.0001	Durchmesser 80x1 mm
		10^3	23	0.00003	Durchmesser 80x1 mm
		10^6			
Spezifischer Durchgangs-widerstand	Ohm · cm		23	1*10**17	Durchmesser 80x1 mm
Durchschlagfestigkeit	kV/mm		23	150	1 mm dick
Oberflächenwiderstand	Ohm		23	1*10**14	Durchmesser 80x1 mm

Kriechstromfestigkeit	KC	KB	KA
Elektrolytische Korrosionswirkung			
Lichtbogenfestigkeit nach DIN			
nach ASTM s			

Beständigkeit *(Chemische Beständigkeit siehe Anhang)*

Wasseraufnahme 23 C Bis zur Saettigung 0.01 %

Feuchtigkeitsaufnahme Normalklima 0.01 %

Wetterbeständigkeit

Spannungskorrosion

Optische Eigenschaften

Brechungszahl n_D

Transmissionsgrad τ_c % mm dick

Lichtdurchlässigkeit

Produkt	Polyethylen hoher Dichte		**PE**
Handelsname	**Lupolen 5041H**		
Hersteller	BASF		
DIN-Bez 1			
DIN-Bez 2			
Zusätze	Waermestabilisator	*Füllstoffe/ Verstärkung*	
Bevorzugte Verarbeitung	Spritzgiessen	*Lieferform*	Granulat
		Farben	
Besondere Merkmale	Hervorragende Kombination von sehr guter Fliessfaehigkeit und hoher Spannungsrissbestaendigkeit	*Bevorzugte Anwendungen*	Schraubkappe

Dichte	g/cm³	0.95	*Schmelzindex*	g/10 min	:
Schüttdichte	g/cm³		*Volumenfließindex*	cm³/10 min	:
Viskositätszahl	ml/g				

Verarbeitungsbedingungen für Spritzgießen

Massetemp.	°C	*Schwindung*	% lgs , quer
Werkzeugtemp.	°C	*Bemerkungen*	
Spritzdruck	bar		

Zugversuch 23 °C DIN 53455; ISO R/527;
Probekörper: *Form* Nr. 3; 4 mm dick — *Herstellung* Pressen
Zustand — *Vorbehandlung* Normalklima

Streckspannung	N/mm²	26	*Dehnung bei Streckspannung*	%	10
Zugfestigkeit	N/mm²		*Reißdehnung*	%	≧50
Reißfestigkeit	N/mm²		*% Dehnspannung*	N/mm²	
E-Modul	N/mm²		*Dehnung bei % Dehnspg.*	%	

Kriechmoduln und Zeitstandwerte 23 °C
Probekörper: *Form* — *Herstellung*
Zustand — *Vorbehandlung*

Kriechmodul	*1 min*	N/mm²	*Zeitstandzugfestigkeit*	h	N/mm²
Kriechmodul	*1000 h*	N/mm²	*Zeitdehnspg. %*	h	N/mm²
bei Spannung		N/mm²			

Biegeversuch 23 °C
Probekörper: *Form* — *Herstellung*
Zustand — *Vorbehandlung*

Biegefestigkeit	N/mm²	*E-Modul*	N/mm²
3,5% *Biegespannung*	N/mm²		

Härte 23 °C *Probekörper:* *Zustand* — *Herstellung*
Vorbehandlung

Kugeldruckhärte	N/mm² bei N, s	*Shore-Härte* A	
Rockwellhärte		*Shore-Härte* D	

Schlagversuch *Probekörper:* *(1)*
(2) — *Herstellung* Pressen
Zustand — *Vorbehandlung* Normalklima

		°C	°C	°C	*Probekörper-Form*
Schlagzähigkeit	kJ/m²				
Kerbschlagzähigkeit (1)	kJ/m²				
IZOD-Kerbschlagzähigkeit (2)	J/m				
Kerbschlagzugzähigkeit	kJ/m²	23 51			80x10x4 mm

Abrieb und Reibung

Taber-Abrieb (Reibradverfahren)	mm^3/100 U		
Abriebfaktor LNP (Thrust washer) Vergleichswert			
Statische Reibungszahl			
Dynamische Reibungszahl	(p·v=	N/mm^2 ·	m/min)
Zulässiger p · v Wert	N/mm^2 · (m/min)	v=	m/min
		v=	m/min

Thermische Eigenschaften

Formbeständigkeit in der Wärme	*Verfahren*	A		43 °C
	Verfahren	B		66 °C
Vicat Erweichungstemperatur (VST)	*Verfahren*	A/50		120 °C
	Verfahren	B/50		65 °C
Kristallit-Schmelzpunkt	*Verfahren*			
Längenausdehnungskoeffizient	*Bereich*	23–80	°C	$1.4 \cdot 10^{-4} K^{-1}$
	Temperatur			$\cdot 10^{-4} K^{-1}$
Wärmeleitfähigkeit	*Verfahren*			W/(K · m)
Spezifische Wärmekapazität	*Verfahren*			J/(K · g)
Glasumwandlungstemperatur	*Torsionsschwingungsversuch*		°C	
	Differentialkalorimetrie		°C	

Brandverhalten

UL-Test vertikal — Dicke 3.2 mm, Wert HB; Dicke mm, Wert

	Norm	*Bewertung*	*Abmessungen*
Sauerstoff-Index	ASTM D 2863		
Glühstab-Verfahren			
Brandverhalten	DIN 4102		
MVSS			
FAR			

Elektrische Eigenschaften

		Hz	°C		*Probekörper, Form*
Dielektrizitätszahl		50	23	2.4	Durchmesser 80x1 mm
		10^3	23	2.4	Durchmesser 80x1 mm
		10^6			
Dielektrischer Verlustfaktor tan δ		50	23	0.0001	Durchmesser 80x1 mm
		10^3	23	0.00003	Durchmesser 80x1 mm
		10^6			
Spezifischer Durchgangswiderstand	Ohm · cm		23	1*10**17	Durchmesser 80x1 mm
Durchschlagfestigkeit	kV/mm		23	150	1 mm dick
Oberflächenwiderstand	Ohm		23	1*10**14	Durchmesser 80x1 mm

Kriechstromfestigkeit KC KB KA
Elektrolytische Korrosionswirkung
Lichtbogenfestigkeit nach DIN
nach ASTM s

Beständigkeit *(Chemische Beständigkeit siehe Anhang)*

Wasseraufnahme 23 C Bis zur Saettigung 0.01 %

Feuchtigkeitsaufnahme Normalklima 0.01 %
Wetterbeständigkeit

Spannungskorrosion

Optische Eigenschaften

Brechungszahl n_D
Transmissionsgrad τ_c % mm dick
Lichtdurchlässigkeit

Datenbank-Nr.	**T01597**		*Merkblatt-Nr.* **4186**

Produkt	Acrylester-Styrol-Acrylnitril-Polymerisat		**ASA**
Handelsname	**Luran-S KR 2853/1**		
Hersteller	BASF		
DIN-Bez 1			
DIN-Bez 2			
Zusätze	Waermestabilisator	*Füllstoffe/ Verstärkung*	
Bevorzugte Verarbeitung	Extrudieren	*Lieferform*	Granulat
		Farben	
Besondere Merkmale	Schlagzaeh modifiziert; Stabilisiert; Stabil-Bewitterung	*Bevorzugte Anwendungen*	

Dichte	g/cm³	1.07	*Schmelzindex*	g/10 min	:	
Schüttdichte	g/cm³		*Volumenfließindex*	cm³/10 min	7:	200/21.6
Viskositätszahl	ml/g					

Verarbeitungsbedingungen für Spritzgießen

Massetemp.	°C	*Schwindung*	% lgs , quer
Werkzeugtemp.	°C	*Bemerkungen*	
Spritzdruck	bar		

Zugversuch 23 °C DIN 53455; ISO R/527;

Probekörper: *Form* Nr. 3; 4 mm dick *Herstellung* Spritzgiessen

Zustand *Vorbehandlung* Normalklima

Streckspannung	N/mm²	54	*Dehnung bei Streckspannung*	%	3.5
Zugfestigkeit	N/mm²	54	*Reißdehnung*	%	20
Reißfestigkeit	N/mm²		*% Dehnspannung*	N/mm²	
E-Modul	N/mm²		*Dehnung bei % Dehnspg.*	%	

Kriechmoduln und Zeitstandwerte 23 °C

Probekörper: *Form* *Herstellung*

Zustand *Vorbehandlung*

Kriechmodul	*1 min*	N/mm²	*Zeitstandzugfestigkeit*	h	N/mm²
Kriechmodul	*1000 h*	N/mm²	*Zeitdehnspg. %*	h	N/mm²
bei Spannung		N/mm²			

Biegeversuch 23 °C

Probekörper: *Form* *Herstellung*

Zustand *Vorbehandlung*

Biegefestigkeit	N/mm²	*E-Modul*	N/mm²
3,5% *Biegespannung*	N/mm²		

Härte 23 °C *Probekörper:* *Zustand* *Herstellung*

Vorbehandlung

Kugeldruckhärte	N/mm² bei N, s	*Shore-Härte*	A
Rockwellhärte		*Shore-Härte*	D

Schlagversuch *Probekörper:* *(1)*

(2) *Herstellung*

Zustand *Vorbehandlung*

		°C	°C	°C	*Probekörper-Form*
Schlagzähigkeit	kJ/m²				
Kerbschlagzähigkeit (1)	kJ/m²				
IZOD-Kerbschlagzähigkeit (2)	J/m				
Kerbschlagzugzähigkeit	kJ/m²				

Abrieb und Reibung

Taber-Abrieb (Reibradverfahren)	mm^3/100 U		
Abriebfaktor LNP (Thrust washer) Vergleichswert			
Statische Reibungszahl			
Dynamische Reibungszahl	(p·v= N/mm^2·		m/min)
Zulässiger p·v Wert	N/mm^2·(m/min)	v=	m/min
		v=	m/min

Thermische Eigenschaften

Formbeständigkeit in der Wärme	*Verfahren*	A		104 °C
	Verfahren	B		108 °C
Vicat Erweichungstemperatur (VST)	*Verfahren*	B/50		107 °C
	Verfahren			°C
Kristallit-Schmelzpunkt	*Verfahren*			
Längenausdehnungskoeffizient	*Bereich*	23–80	°C	$1.1 \cdot 10^{-4}K^{-1}$
	Temperatur			$\cdot 10^{-4}K^{-1}$
Wärmeleitfähigkeit	*Verfahren*			W/(K·m)
Spezifische Wärmekapazität	*Verfahren*			J/(K·g)
Glasumwandlungstemperatur	*Torsionsschwingungsversuch*		°C	
	Differentialkalorimetrie		°C	

Brandverhalten

UL-Test vertikal	Dicke	mm, Wert
	Dicke	mm, Wert

	Norm	*Bewertung*	*Abmessungen*
Sauerstoff-Index	ASTM D 2863		
Glühstab-Verfahren			
Brandverhalten	DIN 4102		
MVSS			
FAR			

Elektrische Eigenschaften

		Hz	°C		*Probekörper, Form*
Dielektrizitätszahl		50			
		10^3	23	3.6	Durchmesser 80x1 mm
		10^6			
Dielektrischer Verlustfaktor tan δ		50			
		10^3	23	0.033	Durchmesser 80x1 mm
		10^6			
Spezifischer Durchgangs-widerstand	Ohm·cm		23	1*10**14	Durchmesser 80x1 mm
Durchschlagfestigkeit	kV/mm		23	115	1 mm dick
Oberflächenwiderstand	Ohm		23	1*10**13	Durchmesser 80x1 mm

Kriechstromfestigkeit	KC	KB	KA
Elektrolytische Korrosionswirkung			
Lichtbogenfestigkeit nach DIN			
nach ASTM	s		

Beständigkeit *(Chemische Beständigkeit siehe Anhang)*

Wasseraufnahme

Feuchtigkeitsaufnahme Normalklima %

Wetterbeständigkeit

Spannungskorrosion

Optische Eigenschaften

Brechungszahl n_D

Transmissionsgrad τ_c % mm dick

Lichtdurchlässigkeit

Datenbank-Nr. **T01598** Merkblatt-Nr. **4187**

Produkt	Acrylester-Styrol-Acrylnitril-Polymerisat		**ASA**
Handelsname	**Luran-S KR 2854**		
Hersteller	BASF		
DIN-Bez 1			
DIN-Bez 2			
Zusätze		*Füllstoffe/ Verstärkung*	
Bevorzugte Verarbeitung	Spritzgiessen	*Lieferform*	Granulat
		Farben	
Besondere Merkmale	Stabilisiert; Stabil-Bewitterung; Hohe Waermeformbestaendigkeit; Hohe Schlagzaehigkeit; Hohe Steifigkeit; Geringe Neigung zum Vergrauen	*Bevorzugte Anwendungen*	Kfz-Aussenteil

Dichte	g/cm³	1.07	*Schmelzindex*	g/10 min	:	
Schüttdichte	g/cm³		*Volumenfließindex*	cm³/10 min	6:	200/21.6
Viskositätszahl	ml/g					

Verarbeitungsbedingungen für Spritzgießen

Massetemp.	°C	*Schwindung*	% lgs , quer
Werkzeugtemp.	°C	*Bemerkungen*	
Spritzdruck	bar		

Zugversuch 23 °C DIN 53455; ISO R/527;
Probekörper: *Form* Nr. 3; 4 mm dick — *Herstellung* Spritzgiessen
Zustand — *Vorbehandlung* Normalklima

Streckspannung	N/mm²	50	*Dehnung bei Streckspannung*	%	3.2
Zugfestigkeit	N/mm²	50	*Reißdehnung*	%	20
Reißfestigkeit	N/mm²		*% Dehnspannung*	N/mm²	
E-Modul	N/mm²		*Dehnung bei % Dehnspg.*	%	

Kriechmoduln und Zeitstandwerte 23 °C
Probekörper: *Form* — *Herstellung*
Zustand — *Vorbehandlung*

Kriechmodul	*1 min* N/mm²	*Zeitstandzugfestigkeit*	h N/mm²
Kriechmodul	*1000 h* N/mm²	*Zeitdehnspg. %*	h N/mm²
bei Spannung	N/mm²		

Biegeversuch 23 °C
Probekörper: *Form* — *Herstellung*
Zustand — *Vorbehandlung*

Biegefestigkeit	N/mm²	*E-Modul*	N/mm²
3,5% *Biegespannung*	N/mm²		

Härte 23 °C *Probekörper:* *Zustand* — *Herstellung*
Vorbehandlung

Kugeldruckhärte	N/mm² bei N, s	*Shore-Härte*	A
Rockwellhärte		*Shore-Härte*	D

Schlagversuch *Probekörper:* *(1)*
(2) — *Herstellung*
Zustand — *Vorbehandlung*

		°C	°C	°C	*Probekörper-Form*
Schlagzähigkeit	kJ/m²				
Kerbschlagzähigkeit (1)	kJ/m²				
IZOD-Kerbschlagzähigkeit (2)	J/m				
Kerbschlagzugzähigkeit	kJ/m²				

Abrieb und Reibung

Taber-Abrieb (Reibradverfahren)	mm^3/100 U		
Abriebfaktor LNP (Thrust washer) Vergleichswert			
Statische Reibungszahl			
Dynamische Reibungszahl	(p·v=	N/mm²·	m/min)
Zulässiger p · v Wert	N/mm²·(m/min)	v=	m/min
		v=	m/min

Thermische Eigenschaften

Formbeständigkeit in der Wärme	*Verfahren* A		103 °C
	Verfahren B		106 °C
Vicat Erweichungstemperatur (VST)	*Verfahren* B/50		104 °C
	Verfahren		°C
Kristallit-Schmelzpunkt	*Verfahren*		
Längenausdehnungskoeffizient	*Bereich* 23–80 °C		$1.1 \cdot 10^{-4}K^{-1}$
	Temperatur		$\cdot 10^{-4}K^{-1}$
Wärmeleitfähigkeit	*Verfahren*		W/(K · m)
Spezifische Wärmekapazität	*Verfahren*		J/(K · g)
Glasumwandlungstemperatur	*Torsionsschwingungsversuch*	°C	
	Differentialkalorimetrie	°C	

Brandverhalten

UL-Test vertikal — Dicke 1.7 mm, Wert HB; Dicke 3.1 mm, Wert HB

	Norm	*Bewertung*	*Abmessungen*
Sauerstoff-Index	ASTM D 2863		
Glühstab-Verfahren			
Brandverhalten	DIN 4102		
MVSS			
FAR			

Elektrische Eigenschaften

		Hz	°C		*Probekörper, Form*
Dielektrizitätszahl		50	23	3.9	Durchmesser 80x1 mm
		10^3	23	3.5	Durchmesser 80x1 mm
		10^6			
Dielektrischer Verlustfaktor tan δ		50	23	0.009	Durchmesser 80x1 mm
		10^3	23	0.033	Durchmesser 80x1 mm
		10^6			
Spezifischer Durchgangswiderstand	Ohm · cm		23	1*10**14	Durchmesser 80x1 mm
Durchschlagfestigkeit	kV/mm		23	105	1 mm dick
Oberflächenwiderstand	Ohm		23	1*10**13	Durchmesser 80x1 mm

Kriechstromfestigkeit KC KB KA
Elektrolytische Korrosionswirkung
Lichtbogenfestigkeit nach DIN
nach ASTM s

Beständigkeit *(Chemische Beständigkeit siehe Anhang)*

Wasseraufnahme

Feuchtigkeitsaufnahme Normalklima %
Wetterbeständigkeit

Spannungskorrosion

Optische Eigenschaften

Brechungszahl n_D
Transmissionsgrad τ_c % mm dick
Lichtdurchlässigkeit

Datenbank-Nr.	**T01602**		*Merkblatt-Nr.* **4188**

Produkt	Polyphenylenoxid schlagzaeh modifiziert		**PPO**
Handelsname	**Luranyl KR 2454 G2**		
Hersteller	BASF		
DIN-Bez 1			
DIN-Bez 2			
Zusätze	Brandschutzmittel	*Füllstoffe/ Verstärkung*	
Bevorzugte Verarbeitung	Spritzgiessen	*Lieferform*	Granulat
		Farben	
Besondere Merkmale	Flammwidrig	*Bevorzugte Anwendungen*	

Dichte	g/cm^3	1.16	*Schmelzindex*	g/10 min	:	
Schüttdichte	g/cm^3		*Volumenfließindex*	$cm^3/10$ min	11:	250/21.6
Viskositätszahl	ml/g					

Verarbeitungsbedingungen für Spritzgießen

Massetemp.	°C	*Schwindung*	%	lgs	, quer
Werkzeugtemp.	°C	*Bemerkungen*			
Spritzdruck	bar				

Zugversuch 23 °C DIN 53455; ISO R/527;

Probekörper: *Form* Nr. 3; 4 mm dick — *Herstellung* Spritzgiessen
Zustand — *Vorbehandlung* Normalklima

Streckspannung	N/mm^2	70	*Dehnung bei Streckspannung*	%	4
Zugfestigkeit	N/mm^2	70	*Reißdehnung*	%	10
Reißfestigkeit	N/mm^2		*% Dehnspannung*	N/mm^2	
E-Modul	N/mm^2		*Dehnung bei % Dehnspg.*	%	

Kriechmoduln und Zeitstandwerte 23 °C

Probekörper: *Form* — *Herstellung*
Zustand — *Vorbehandlung*

Kriechmodul	*1 min*	N/mm^2	*Zeitstandzugfestigkeit*	h	N/mm^2
Kriechmodul	*1000 h*	N/mm^2	*Zeitdehnspg. %*	h	N/mm^2
bei Spannung		N/mm^2			

Biegeversuch 23 °C

Probekörper: *Form* — *Herstellung*
Zustand — *Vorbehandlung*

Biegefestigkeit	N/mm^2	*E-Modul*	N/mm^2
3,5% *Biegespannung*	N/mm^2		

Härte 23 °C *Probekörper:* *Zustand* — *Herstellung*
Vorbehandlung

Kugeldruckhärte	N/mm^2 bei N, s	*Shore-Härte*	A
Rockwellhärte		*Shore-Härte*	D

Schlagversuch *Probekörper:* *(1)*
(2) — *Herstellung*
Zustand — *Vorbehandlung*

	°C	°C	°C	*Probekörper-Form*
Schlagzähigkeit kJ/m^2				
Kerbschlagzähigkeit (1) kJ/m^2				
IZOD-Kerbschlagzähigkeit (2) J/m				
Kerbschlagzugzähigkeit kJ/m^2				

Abrieb und Reibung

Taber-Abrieb (Reibradverfahren)	mm^3/100 U		
Abriebfaktor LNP (Thrust washer) Vergleichswert			
Statische Reibungszahl			
Dynamische Reibungszahl	(p · v = N/mm^2 ·		m/min)
Zulässiger p · v Wert	N/mm^2 · (m/min)	v =	m/min
		v =	m/min

Thermische Eigenschaften

Formbeständigkeit in der Wärme	*Verfahren*		°C
	Verfahren		°C
Vicat Erweichungstemperatur (VST)	*Verfahren*	B/50	138 °C
	Verfahren		°C
Kristallit-Schmelzpunkt	*Verfahren*		
Längenausdehnungskoeffizient	*Bereich*	°C	$\cdot 10^{-4}K^{-1}$
	Temperatur		$\cdot 10^{-4}K^{-1}$
Wärmeleitfähigkeit	*Verfahren*		W/(K · m)
Spezifische Wärmekapazität	*Verfahren*		J/(K · g)
Glasumwandlungstemperatur	*Torsionsschwingungsversuch*	°C	
	Differentialkalorimetrie	°C	

Brandverhalten

UL-Test vertikal Dicke 1.57 mm, Wert V-1
Dicke 3.17 mm, Wert V-1

	Norm	*Bewertung*	*Abmessungen*
Sauerstoff-Index	ASTM D 2863		
Glühstab-Verfahren			
Brandverhalten	DIN 4102		
MVSS			
FAR			

Elektrische Eigenschaften

		Hz	°C		*Probekörper, Form*
Dielektrizitätszahl		50	23	2.7	Durchmesser 80x1 mm
		10^3			
		10^6			
Dielektrischer Verlustfaktor tan δ		50			
		10^3	23	0.002	Durchmesser 80x1 mm
		10^6			
Spezifischer Durchgangs-widerstand	Ohm · cm		23	1*10**15	Durchmesser 80x1 mm
Durchschlagfestigkeit	kV/mm		23	80	1 mm dick
Oberflächenwiderstand	Ohm				

Kriechstromfestigkeit		KC	KB	KA
Elektrolytische Korrosionswirkung				
Lichtbogenfestigkeit nach DIN				
nach ASTM	s			

Beständigkeit *(Chemische Beständigkeit siehe Anhang)*

Wasseraufnahme 23 C Bis zur Saettigung 0.15 %

Feuchtigkeitsaufnahme Normalklima %
Wetterbeständigkeit

Spannungskorrosion

Optische Eigenschaften

Brechungszahl n_D
Transmissionsgrad τ_c % mm dick
Lichtdurchlässigkeit

Produkt	Polyphenylenoxid schlagzaeh modifiziert		**PPO**
Handelsname	**Luranyl KR 2454 G6**		
Hersteller	BASF		
DIN-Bez 1			
DIN-Bez 2			
Zusätze	Brandschutzmittel	*Füllstoffe/ Verstärkung*	
Bevorzugte Verarbeitung	Spritzgiessen	*Lieferform*	Granulat
		Farben	
Besondere Merkmale	Flammwidrig	*Bevorzugte Anwendungen*	

Dichte	g/cm^3 1.3	*Schmelzindex*	g/10 min	:	
Schüttdichte	g/cm^3	*Volumenfließindex*	cm^3/10 min	5:	250/21.6
Viskositätszahl	ml/g				

Verarbeitungsbedingungen für Spritzgießen

Massetemp.	°C	*Schwindung*	% lgs , quer
Werkzeugtemp.	°C	*Bemerkungen*	
Spritzdruck	bar		

Zugversuch 23 °C DIN 53455; ISO R/527

Probekörper: *Form* Nr. 3; 4 mm dick — *Herstellung* Spritzgiessen
Zustand — *Vorbehandlung* Normalklima

Streckspannung	N/mm^2	*Dehnung bei Streckspannung*	%
Zugfestigkeit	N/mm^2 90	*Reißdehnung*	% 2
Reißfestigkeit	N/mm^2	*% Dehnspannung*	N/mm^2
E-Modul	N/mm^2	*Dehnung bei % Dehnspg.*	%

Kriechmoduln und Zeitstandwerte 23 °C

Probekörper: *Form* — *Herstellung*
Zustand — *Vorbehandlung*

Kriechmodul	*1 min* N/mm^2	*Zeitstandzugfestigkeit*	h N/mm^2
Kriechmodul	*1000 h* N/mm^2	*Zeitdehnspg. %*	h N/mm^2
bei Spannung	N/mm^2		

Biegeversuch 23 °C

Probekörper: *Form* — *Herstellung*
Zustand — *Vorbehandlung*

Biegefestigkeit	N/mm^2	*E-Modul*	N/mm^2
3,5% Biegespannung	N/mm^2		

Härte 23 °C *Probekörper:* *Zustand* — *Herstellung*
Vorbehandlung

Kugeldruckhärte	N/mm^2 bei N, s	*Shore-Härte* A	
Rockwellhärte		*Shore-Härte* D	

Schlagversuch *Probekörper:* *(1)*
(2) — *Herstellung*
Zustand — *Vorbehandlung*

	°C	°C	°C	*Probekörper-Form*
Schlagzähigkeit kJ/m^2				
Kerbschlagzähigkeit (1) kJ/m^2				
IZOD-Kerbschlagzähigkeit (2) J/m				
Kerbschlagzugzähigkeit kJ/m^2				

Abrieb und Reibung

Taber-Abrieb (Reibradverfahren)	mm^3/100 U		
Abriebfaktor LNP (Thrust washer) Vergleichswert			
Statische Reibungszahl			
Dynamische Reibungszahl	(p · v =	N/mm^2 ·	m/min)
Zulässiger p · v Wert	N/mm^2 · (m/min)	v =	m/min
		v =	m/min

Thermische Eigenschaften

Formbeständigkeit in der Wärme	*Verfahren*			°C
	Verfahren			°C
Vicat Erweichungstemperatur (VST)	*Verfahren*	B/50		143 °C
	Verfahren			°C
Kristallit-Schmelzpunkt	*Verfahren*			
Längenausdehnungskoeffizient	*Bereich*	23–80	°C	0.4 · $10^{-4}K^{-1}$
	Temperatur			· $10^{-4}K^{-1}$
Wärmeleitfähigkeit	*Verfahren*			W/(K · m)
Spezifische Wärmekapazität	*Verfahren*			J/(K · g)
Glasumwandlungstemperatur	*Torsionsschwingungsversuch*		°C	
	Differentialkalorimetrie		°C	

Brandverhalten

UL-Test vertikal	Dicke 1.57 mm, Wert V-1
	Dicke 3.17 mm, Wert V-1

	Norm	*Bewertung*	*Abmessungen*
Sauerstoff-Index	ASTM D 2863		
Glühstab-Verfahren			
Brandverhalten	DIN 4102		
MVSS			
FAR			

Elektrische Eigenschaften

		Hz	°C		*Probekörper, Form*
Dielektrizitätszahl		50	23	3	Durchmesser 80x1 mm
		10^3			
		10^6			
Dielektrischer Verlustfaktor tan δ		50			
		10^3	23	0.002	Durchmesser 80x1 mm
		10^6			
Spezifischer Durchgangs-widerstand	Ohm · cm		23	1*10**15	Durchmesser 80x1 mm
Durchschlagfestigkeit	kV/mm		23	80	1 mm dick
Oberflächenwiderstand	Ohm				

Kriechstromfestigkeit	KC	KB	KA
Elektrolytische Korrosionswirkung			
Lichtbogenfestigkeit nach DIN			
nach ASTM s			

Beständigkeit *(Chemische Beständigkeit siehe Anhang)*

Wasseraufnahme 23 C Bis zur Saettigung	0.15 %	
Feuchtigkeitsaufnahme Normalklima		%
Wetterbeständigkeit		
Spannungskorrosion		

Optische Eigenschaften

Brechungszahl n_D		
Transmissionsgrad τ_c	%	mm dick
Lichtdurchlässigkeit		

Produkt	Polyphenylenoxid schlagzaeh modifiziert		**PPO**
Handelsname	**Luranyl KR 2455**		
Hersteller	BASF		
DIN-Bez 1			
DIN-Bez 2			
Zusätze	UV-Stabilisator; Brandschutzmittel; Halogenfrei	*Füllstoffe/ Verstärkung*	
Bevorzugte Verarbeitung	Spritzgiessen	*Lieferform*	Granulat
		Farben	
Besondere Merkmale	Flammwidrig; Waermeformbestaendig; Gute Schlagzaehigkeit; Gute Vergilbungsresistenz	*Bevorzugte Anwendungen*	Druckergehaeuse; Gehaeuse fuer Telekommunikationsgeraet

Dichte	g/cm^3	1.08	*Schmelzindex*	g/10 min	:	
Schüttdichte	g/cm^3		*Volumenfließindex*	cm^3/10 min	140:	250/21.6
Viskositätszahl	ml/g					

Verarbeitungsbedingungen für Spritzgießen

Massetemp.	°C	*Schwindung*	% lgs , quer
Werkzeugtemp.	°C	*Bemerkungen*	
Spritzdruck	bar		

Zugversuch 23 °C DIN 53455; ISO R/527;

Probekörper: *Form* Nr. 3; 4 mm dick — *Herstellung* Spritzgiessen
Zustand — *Vorbehandlung* Normalklima

Streckspannung	N/mm^2	60	*Dehnung bei Streckspannung*	%	4
Zugfestigkeit	N/mm^2		*Reißdehnung*	%	24
Reißfestigkeit	N/mm^2		*% Dehnspannung*	N/mm^2	
E-Modul	N/mm^2		*Dehnung bei % Dehnspg.*	%	

Kriechmoduln und Zeitstandwerte 23 °C

Probekörper: *Form* — *Herstellung*
Zustand — *Vorbehandlung*

Kriechmodul	*1 min* N/mm^2	*Zeitstandzugfestigkeit*	h	N/mm^2
Kriechmodul	*1000 h* N/mm^2	*Zeitdehnspg. %*	h	N/mm^2
bei Spannung	N/mm^2			

Biegeversuch 23 °C

Probekörper: *Form* — *Herstellung*
Zustand — *Vorbehandlung*

Biegefestigkeit	N/mm^2	*E-Modul*	N/mm^2
3,5% *Biegespannung*	N/mm^2		

Härte 23 °C *Probekörper:* *Zustand* — *Herstellung*
Vorbehandlung

Kugeldruckhärte	N/mm^2 bei N, s	*Shore-Härte* A	
Rockwellhärte		*Shore-Härte* D	

Schlagversuch *Probekörper:* *(1)*
(2) — *Herstellung*
Zustand — *Vorbehandlung*

	°C	°C	°C	*Probekörper-Form*
Schlagzähigkeit kJ/m^2				
Kerbschlagzähigkeit (1) kJ/m^2				
IZOD-Kerbschlagzähigkeit (2) J/m				
Kerbschlagzugzähigkeit kJ/m^2				

Abrieb und Reibung

Taber-Abrieb (Reibradverfahren)	$mm^3/100$ U		
Abriebfaktor LNP (Thrust washer) Vergleichswert			
Statische Reibungszahl			
Dynamische Reibungszahl	(p · v = N/mm² ·		m/min)
Zulässiger p · v Wert	N/mm² · (m/min)	v =	m/min
		v =	m/min

Thermische Eigenschaften

Formbeständigkeit in der Wärme	*Verfahren*			°C
	Verfahren			°C
Vicat Erweichungstemperatur (VST)	*Verfahren*	B/50		108 °C
	Verfahren			°C
Kristallit-Schmelzpunkt	*Verfahren*			
Längenausdehnungskoeffizient	*Bereich*	23–80	°C	$0.7 \cdot 10^{-4} K^{-1}$
	Temperatur			$\cdot 10^{-4} K^{-1}$
Wärmeleitfähigkeit	*Verfahren*			W/(K · m)
Spezifische Wärmekapazität	*Verfahren*			J/(K · g)
Glasumwandlungstemperatur	*Torsionsschwingungsversuch*		°C	
	Differentialkalorimetrie		°C	

Brandverhalten

UL-Test vertikal Dicke 1.57 mm, Wert V-1
Dicke 3.17 mm, Wert V-0

	Norm	*Bewertung*	*Abmessungen*
Sauerstoff-Index	ASTM D 2863		
Glühstab-Verfahren			
Brandverhalten	DIN 4102		
MVSS			
FAR			

Elektrische Eigenschaften

		Hz	°C		*Probekörper, Form*
Dielektrizitätszahl		50			
		10^3	23	3	Durchmesser 80x1 mm
		10^6			
Dielektrischer Verlustfaktor tan δ		50			
		10^3	23	0.002	Durchmesser 80x1 mm
		10^6			
Spezifischer Durchgangs-widerstand	Ohm · cm		23	1*10**15	Durchmesser 80x1 mm
Durchschlagfestigkeit	kV/mm		23	80	1 mm dick
Oberflächenwiderstand	Ohm		23	1*10**14	Durchmesser 80x1 mm

Kriechstromfestigkeit	KC	KB	KA
Elektrolytische Korrosionswirkung			
Lichtbogenfestigkeit nach DIN			
nach ASTM s			

Beständigkeit *(Chemische Beständigkeit siehe Anhang)*

Wasseraufnahme 23 C Bis zur Saettigung	0.15 %	
Feuchtigkeitsaufnahme Normalklima		%
Wetterbeständigkeit		
Spannungskorrosion		

Optische Eigenschaften

Brechungszahl n_D
Transmissionsgrad τ_c % mm dick
Lichtdurchlässigkeit

Datenbank-Nr. **T01606** Merkblatt-Nr. **4191**

Produkt	Polypropylen		**PP**
Handelsname	**Novolen 1100H**		
Hersteller	BASF		
DIN-Bez 1			
DIN-Bez 2			
Zusätze		*Füllstoffe/ Verstärkung*	
Bevorzugte Verarbeitung	Spritzgiessen	*Lieferform*	Granulat
		Farben	
Besondere Merkmale	Hohe Steifigkeit; Hohe Haerte	*Bevorzugte Anwendungen*	Dickwandiges Formteil

Dichte	g/cm³	0.907	*Schmelzindex*	g/10 min		:
Schüttdichte	g/cm³		*Volumenfließindex*	cm³/10 min		:
Viskositätszahl	ml/g					

Verarbeitungsbedingungen für Spritzgießen

Massetemp.	°C	*Schwindung*	%	lgs , quer
Werkzeugtemp.	°C	*Bemerkungen*		
Spritzdruck	bar			

Zugversuch 23 °C DIN 53455; ISO R/527;

Probekörper: *Form* Nr. 3; 4 mm dick — *Herstellung* Spritzgiessen
Zustand — *Vorbehandlung* Normalklima

Streckspannung	N/mm²	34	*Dehnung bei Streckspannung*	%	10
Zugfestigkeit	N/mm²		*Reißdehnung*	%	≧50
Reißfestigkeit	N/mm²		*% Dehnspannung*	N/mm²	
E-Modul	N/mm²		*Dehnung bei % Dehnspg.*	%	

Kriechmoduln und Zeitstandwerte 23 °C DIN 53444; ISO 899

Probekörper: *Form* Nr. 3; 4 mm dick — *Herstellung* Spritzgiessen
Zustand — *Vorbehandlung* Normalklima

Kriechmodul	*1 min*	N/mm²	700	*Zeitstandzugfestigkeit*	h	N/mm²
Kriechmodul	*1000 h*	N/mm²	380	*Zeitdehnspg. %*	h	N/mm²
bei Spannung		N/mm²				

Biegeversuch 23 °C

Probekörper: *Form* — *Herstellung*
Zustand — *Vorbehandlung*

Biegefestigkeit	N/mm²	*E-Modul*	N/mm²
3,5% Biegespannung	N/mm²		

Härte 23 °C *Probekörper:* *Zustand* — *Herstellung*
Vorbehandlung

Kugeldruckhärte	N/mm² bei N, s	*Shore-Härte* A	
Rockwellhärte		*Shore-Härte* D	

Schlagversuch *Probekörper:* *(1)*
(2) — *Herstellung*
Zustand — *Vorbehandlung*

		°C	°C	°C	*Probekörper-Form*
Schlagzähigkeit	kJ/m²				
Kerbschlagzähigkeit (1)	kJ/m²				
IZOD-Kerbschlagzähigkeit (2)	J/m				
Kerbschlagzugzähigkeit	kJ/m²				

Abrieb und Reibung

Taber-Abrieb (Reibradverfahren)	mm^3/100 U		
Abriebfaktor LNP (Thrust washer) Vergleichswert			
Statische Reibungszahl			
Dynamische Reibungszahl	(p · v= N/mm^2 ·		m/min)
Zulässiger p · v Wert	N/mm^2 · (m/min)	v=	m/min
		v=	m/min

Thermische Eigenschaften

Formbeständigkeit in der Wärme	*Verfahren*	A		57 °C
	Verfahren	B		90 °C
Vicat Erweichungstemperatur (VST)	*Verfahren*	A/50		154 °C
	Verfahren	B/50		92 °C
Kristallit-Schmelzpunkt	*Verfahren*			
Längenausdehnungskoeffizient	*Bereich*	23–80	°C	$1.5 \cdot 10^{-4}K^{-1}$
	Temperatur			$\cdot 10^{-4}K^{-1}$
Wärmeleitfähigkeit	*Verfahren*			W/(K · m)
Spezifische Wärmekapazität	*Verfahren*			J/(K · g)
Glasumwandlungstemperatur	*Torsionsschwingungsversuch*		°C	
	Differentialkalorimetrie		°C	

Brandverhalten

UL-Test vertikal Dicke 1.57 mm, Wert HB
Dicke 3.18 mm, Wert HB

	Norm	*Bewertung*	*Abmessungen*
Sauerstoff-Index	ASTM D 2863		
Glühstab-Verfahren			
Brandverhalten	DIN 4102		
MVSS			
FAR			

Elektrische Eigenschaften

		Hz	°C		*Probekörper, Form*
Dielektrizitätszahl		50	23	2.3	Durchmesser 80x1 mm
		10^3	23	2.3	Durchmesser 80x1 mm
		10^6			
Dielektrischer Verlustfaktor tan δ		50	23	0.00007	Durchmesser 80x1 mm
		10^3	23	0.0002	Durchmesser 80x1 mm
		10^6			
Spezifischer Durchgangs-widerstand	Ohm · cm		23	1*10**16	Durchmesser 80x1 mm
Durchschlagfestigkeit	kV/mm		23	140	1 mm dick
Oberflächenwiderstand	Ohm		23	1*10**14	Durchmesser 80x1 mm

Kriechstromfestigkeit KC KB KA
Elektrolytische Korrosionswirkung
Lichtbogenfestigkeit nach DIN
nach ASTM s

Beständigkeit *(Chemische Beständigkeit siehe Anhang)*

Wasseraufnahme 23 C Bis zur Saettigung 0.1 %

Feuchtigkeitsaufnahme Normalklima 0.1 %
Wetterbeständigkeit

Spannungskorrosion

Optische Eigenschaften

Brechungszahl n_D
Transmissionsgrad τ_c % mm dick
Lichtdurchlässigkeit

Datenbank-Nr. **T01607** Merkblatt-Nr. **4192**

Produkt	Polypropylen		**PP**
Handelsname	**Novolen 1100L**		
Hersteller	BASF		
DIN-Bez 1			
DIN-Bez 2			
Zusätze		*Füllstoffe/ Verstärkung*	
Bevorzugte Verarbeitung	Spritzgiessen; Extrudieren	*Lieferform*	Granulat
		Farben	
Besondere Merkmale	Hohe Steifigkeit; Hohe Haerte	*Bevorzugte Anwendungen*	Folienbaendchen; Spleissfaser; Monofil

Dichte	g/cm^3	0.908	*Schmelzindex*	g/10 min	:
Schüttdichte	g/cm^3		*Volumenfließindex*	cm^3/10 min	:
Viskositätszahl	ml/g				

Verarbeitungsbedingungen für Spritzgießen

Massetemp.	°C	*Schwindung*	% lgs , quer
Werkzeugtemp.	°C	*Bemerkungen*	
Spritzdruck	bar		

Zugversuch 23 °C DIN 53455; ISO R/527;

Probekörper: *Form* Nr. 3; 4 mm dick — *Herstellung* Spritzgiessen
Zustand — *Vorbehandlung* Normalklima

Streckspannung	N/mm^2	34	*Dehnung bei Streckspannung*	%	10
Zugfestigkeit	N/mm^2		*Reißdehnung*	%	≧50
Reißfestigkeit	N/mm^2		*% Dehnspannung*	N/mm^2	
E-Modul	N/mm^2		*Dehnung bei % Dehnspg.*	%	

Kriechmoduln und Zeitstandwerte 23 °C DIN 53444; ISO 899

Probekörper: *Form* Nr. 3; 4 mm dick — *Herstellung* Spritzgiessen
Zustand — *Vorbehandlung* Normalklima

Kriechmodul	*1 min*	N/mm^2	700	*Zeitstandzugfestigkeit*	h	N/mm^2
Kriechmodul	*1000 h*	N/mm^2	380	*Zeitdehnspg. %*	h	N/mm^2
bei Spannung		N/mm^2				

Biegeversuch 23 °C

Probekörper: *Form* — *Herstellung*
Zustand — *Vorbehandlung*

Biegefestigkeit	N/mm^2	*E-Modul*	N/mm^2
3,5% *Biegespannung*	N/mm^2		

Härte 23 °C *Probekörper:* *Zustand* — *Herstellung*
Vorbehandlung

Kugeldruckhärte	N/mm^2 bei N, s	*Shore-Härte* A	
Rockwellhärte		*Shore-Härte* D	

Schlagversuch *Probekörper:* *(1)*
(2) — *Herstellung*
Zustand — *Vorbehandlung*

	°C	°C	°C	*Probekörper-Form*
Schlagzähigkeit kJ/m^2				
Kerbschlagzähigkeit (1) kJ/m^2				
IZOD-Kerbschlagzähigkeit (2) J/m				
Kerbschlagzugzähigkeit kJ/m^2				

Abrieb und Reibung

Taber-Abrieb (Reibradverfahren)	mm^3/100 U		
Abriebfaktor LNP (Thrust washer) Vergleichswert			
Statische Reibungszahl			
Dynamische Reibungszahl	(p · v = N/mm^2 ·		m/min)
Zulässiger p · v Wert	N/mm^2 · (m/min)	v =	m/min
		v =	m/min

Thermische Eigenschaften

Formbeständigkeit in der Wärme	*Verfahren*	A		60 °C
	Verfahren	B		95 °C
Vicat Erweichungstemperatur (VST)	*Verfahren*	A/50		154 °C
	Verfahren	B/50		92 °C
Kristallit-Schmelzpunkt	*Verfahren*			
Längenausdehnungskoeffizient	*Bereich*	23–80 °C		$1.5 \cdot 10^{-4} K^{-1}$
	Temperatur			$\cdot 10^{-4} K^{-1}$
Wärmeleitfähigkeit	*Verfahren*			W/(K · m)
Spezifische Wärmekapazität	*Verfahren*			J/(K · g)
Glasumwandlungstemperatur	*Torsionsschwingungsversuch*		°C	
	Differentialkalorimetrie		°C	

Brandverhalten

UL-Test vertikal Dicke 1.57 mm, Wert HB
Dicke 3.18 mm, Wert HB

	Norm	*Bewertung*	*Abmessungen*
Sauerstoff-Index	ASTM D 2863		
Glühstab-Verfahren			
Brandverhalten	DIN 4102		
MVSS			
FAR			

Elektrische Eigenschaften

		Hz	°C		*Probekörper, Form*
Dielektrizitätszahl		50	23	2.3	Durchmesser 80x1 mm
		10^3	23	2.3	Durchmesser 80x1 mm
		10^6			
Dielektrischer Verlustfaktor tan δ		50	23	0.00007	Durchmesser 80x1 mm
		10^3	23	0.0002	Durchmesser 80x1 mm
		10^6			
Spezifischer Durchgangs-widerstand	Ohm · cm		23	1*10**16	Durchmesser 80x1 mm
Durchschlagfestigkeit	kV/mm		23	140	1 mm dick
Oberflächenwiderstand	Ohm		23	1*10**14	Durchmesser 80x1 mm

Kriechstromfestigkeit KC KB KA
Elektrolytische Korrosionswirkung
Lichtbogenfestigkeit nach DIN
nach ASTM s

Beständigkeit *(Chemische Beständigkeit siehe Anhang)*

Wasseraufnahme 23 C Bis zur Saettigung 0.1 %

Feuchtigkeitsaufnahme Normalklima 0.1 %
Wetterbeständigkeit

Spannungskorrosion

Optische Eigenschaften

Brechungszahl n_D
Transmissionsgrad τ_c % mm dick
Lichtdurchlässigkeit

Produkt	Polypropylen		**PP**
Handelsname	**Novolen 1100N**		
Hersteller	BASF		
DIN-Bez 1			
DIN-Bez 2			
Zusätze		*Füllstoffe/ Verstärkung*	
Bevorzugte Verarbeitung	Spritzgiessen; Extrudieren; Kurzspinnverfahren	*Lieferform*	Granulat
		Farben	
Besondere Merkmale	Hohe Steifigkeit	*Bevorzugte Anwendungen*	Formteil; Faser

Dichte	g/cm³	0.908	*Schmelzindex*	g/10 min	:
Schüttdichte	g/cm³		*Volumenfließindex*	cm³/10 min	:
Viskositätszahl	ml/g				

Verarbeitungsbedingungen für Spritzgießen

Massetemp.	°C	*Schwindung*	%	lgs , quer
Werkzeugtemp.	°C	*Bemerkungen*		
Spritzdruck	bar			

Zugversuch 23 °C DIN 53455; ISO R/527;

Probekörper: *Form* Nr. 3; 4 mm dick — *Herstellung* Spritzgiessen
Zustand — *Vorbehandlung* Normalklima

Streckspannung	N/mm²	34	*Dehnung bei Streckspannung*	%	10
Zugfestigkeit	N/mm²		*Reißdehnung*	%	≧50
Reißfestigkeit	N/mm²		*% Dehnspannung*	N/mm²	
E-Modul	N/mm²		*Dehnung bei % Dehnspg.*	%	

Kriechmoduln und Zeitstandwerte 23 °C DIN 53444; ISO 899

Probekörper: *Form* Nr. 3; 4 mm dick — *Herstellung* Spritzgiessen
Zustand — *Vorbehandlung* Normalklima

Kriechmodul	*1 min*	N/mm²	700	*Zeitstandzugfestigkeit*	h	N/mm²
Kriechmodul	*1000 h*	N/mm²	380	*Zeitdehnspg. %*	h	N/mm²
bei Spannung		N/mm²				

Biegeversuch 23 °C

Probekörper: *Form* — *Herstellung*
Zustand — *Vorbehandlung*

Biegefestigkeit	N/mm²	*E-Modul*	N/mm²
3,5% *Biegespannung*	N/mm²		

Härte 23 °C *Probekörper:* *Zustand* — *Herstellung*
Vorbehandlung

Kugeldruckhärte	N/mm² bei N, s	*Shore-Härte* A	
Rockwellhärte		*Shore-Härte* D	

Schlagversuch *Probekörper:* *(1)*
(2) — *Herstellung*
Zustand — *Vorbehandlung*

		°C	°C	°C	*Probekörper-Form*
Schlagzähigkeit	kJ/m²				
Kerbschlagzähigkeit (1)	kJ/m²				
IZOD-Kerbschlagzähigkeit (2)	J/m				
Kerbschlagzugzähigkeit	kJ/m²				

Abrieb und Reibung

Taber-Abrieb (Reibradverfahren)	mm^3/100 U		
Abriebfaktor LNP (Thrust washer) Vergleichswert			
Statische Reibungszahl			
Dynamische Reibungszahl	(p · v=	N/mm^2 ·	m/min)
Zulässiger p · v Wert	N/mm^2 · (m/min)	v=	m/min
		v=	m/min

Thermische Eigenschaften

Formbeständigkeit in der Wärme	*Verfahren* A		60 °C
	Verfahren B		95 °C
Vicat Erweichungstemperatur (VST)	*Verfahren* A/50		154 °C
	Verfahren B/50		92 °C
Kristallit-Schmelzpunkt	*Verfahren*		
Längenausdehnungskoeffizient	*Bereich* 23–80 °C		1.5 · $10^{-4}K^{-1}$
	Temperatur		· $10^{-4}K^{-1}$
Wärmeleitfähigkeit	*Verfahren*		W/(K · m)
Spezifische Wärmekapazität	*Verfahren*		J/(K · g)
Glasumwandlungstemperatur	*Torsionsschwingungsversuch*	°C	
	Differentialkalorimetrie	°C	

Brandverhalten

UL-Test vertikal — Dicke 1.57 mm, Wert HB; Dicke 3.18 mm, Wert HB

	Norm	*Bewertung*	*Abmessungen*
Sauerstoff-Index	ASTM D 2863		
Glühstab-Verfahren			
Brandverhalten	DIN 4102		
MVSS			
FAR			

Elektrische Eigenschaften

		Hz	°C		*Probekörper, Form*
Dielektrizitätszahl		50	23	2.3	Durchmesser 80x1 mm
		10^3	23	2.3	Durchmesser 80x1 mm
		10^6			
Dielektrischer Verlustfaktor tan δ		50	23	0.00007	Durchmesser 80x1 mm
		10^3	23	0.0002	Durchmesser 80x1 mm
		10^6			
Spezifischer Durchgangs-widerstand	Ohm · cm		23	1*10**16	Durchmesser 80x1 mm
Durchschlagfestigkeit	kV/mm		23	140	1 mm dick
Oberflächenwiderstand	Ohm		23	1*10**14	Durchmesser 80x1 mm

Kriechstromfestigkeit	KC	KB	KA
Elektrolytische Korrosionswirkung			
Lichtbogenfestigkeit nach DIN			
nach ASTM s			

Beständigkeit *(Chemische Beständigkeit siehe Anhang)*

Wasseraufnahme 23 C Bis zur Saettigung 0.1 %

Feuchtigkeitsaufnahme Normalklima 0.1 %

Wetterbeständigkeit

Spannungskorrosion

Optische Eigenschaften

Brechungszahl n_D

Transmissionsgrad τ_c % mm dick

Lichtdurchlässigkeit

Datenbank-Nr. **T01609** Merkblatt-Nr. **4194**

Produkt	Polypropylen		**PP**
Handelsname	**Novolen 1100RCX**		
Hersteller	BASF		
DIN-Bez 1			
DIN-Bez 2			
Zusätze		*Füllstoffe/ Verstärkung*	
Bevorzugte Verarbeitung	Spritzgiessen	*Lieferform*	Granulat
		Farben	
Besondere Merkmale	Geringer Verzug; Hohe Zaehigkeit	*Bevorzugte Anwendungen*	Formteil mit langen Fliesswegen

Dichte	g/cm^3	0.903	*Schmelzindex*	g/10 min	:
Schüttdichte	g/cm^3		*Volumenfließindex*	cm^3/10 min	:
Viskositätszahl	ml/g				

Verarbeitungsbedingungen für Spritzgießen

Massetemp.	°C	*Schwindung*	% lgs , quer
Werkzeugtemp.	°C	*Bemerkungen*	
Spritzdruck	bar		

Zugversuch 23 °C DIN 53455; ISO R/527;

Probekörper: *Form* Nr. 3; 4 mm dick — *Herstellung* Spritzgiessen
Zustand — *Vorbehandlung* Normalklima

Streckspannung	N/mm^2	34	*Dehnung bei Streckspannung*	%	10
Zugfestigkeit	N/mm^2		*Reißdehnung*	%	≧50
Reißfestigkeit	N/mm^2		*% Dehnspannung*	N/mm^2	
E-Modul	N/mm^2		*Dehnung bei % Dehnspg.*	%	

Kriechmoduln und Zeitstandwerte 23 °C DIN 53444; ISO 899

Probekörper: *Form* Nr. 3; 4 mm dick — *Herstellung* Spritzgiessen
Zustand — *Vorbehandlung* Normalklima

Kriechmodul	*1 min*	N/mm^2	700	*Zeitstandzugfestigkeit*	h	N/mm^2
Kriechmodul	*1000 h*	N/mm^2	380	*Zeitdehnspg. %*	h	N/mm^2
bei Spannung		N/mm^2				

Biegeversuch 23 °C

Probekörper: *Form* — *Herstellung*
Zustand — *Vorbehandlung*

Biegefestigkeit	N/mm^2	*E-Modul*	N/mm^2
3,5% *Biegespannung*	N/mm^2		

Härte 23 °C *Probekörper:* *Zustand* — *Herstellung*
Vorbehandlung

Kugeldruckhärte	N/mm^2 bei N, s	*Shore-Härte*	A
Rockwellhärte		*Shore-Härte*	D

Schlagversuch *Probekörper:* *(1)*
(2) — *Herstellung*
Zustand — *Vorbehandlung*

	°C	°C	°C	*Probekörper-Form*
Schlagzähigkeit kJ/m^2				
Kerbschlagzähigkeit (1) kJ/m^2				
IZOD-Kerbschlagzähigkeit (2) J/m				
Kerbschlagzugzähigkeit kJ/m^2				

Abrieb und Reibung

Taber-Abrieb (Reibradverfahren)	mm^3/100 U		
Abriebfaktor LNP (Thrust washer) Vergleichswert			
Statische Reibungszahl			
Dynamische Reibungszahl	(p · v =	N/mm^2 ·	m/min)
Zulässiger p · v Wert	N/mm^2 · (m/min)	v =	m/min
		v =	m/min

Thermische Eigenschaften

Formbeständigkeit in der Wärme	*Verfahren*	A		55 °C
	Verfahren			°C
Vicat Erweichungstemperatur (VST)	*Verfahren*	A/50		151 °C
	Verfahren	B/50		85 °C
Kristallit-Schmelzpunkt	*Verfahren*			
Längenausdehnungskoeffizient	*Bereich*	°C		$\cdot 10^{-4} K^{-1}$
	Temperatur			$\cdot 10^{-4} K^{-1}$
Wärmeleitfähigkeit	*Verfahren*			W/(K · m)
Spezifische Wärmekapazität	*Verfahren*			J/(K · g)
Glasumwandlungstemperatur	*Torsionsschwingungsversuch*		°C	
	Differentialkalorimetrie		°C	

Brandverhalten

UL-Test vertikal Dicke mm, Wert
Dicke mm, Wert

	Norm	*Bewertung*	*Abmessungen*
Sauerstoff-Index	ASTM D 2863		
Glühstab-Verfahren			
Brandverhalten	DIN 4102		
MVSS			
FAR			

Elektrische Eigenschaften

		Hz	°C			*Probekörper, Form*
Dielektrizitätszahl		50				
		10^3				
		10^6				
Dielektrischer Verlustfaktor tan δ		50				
		10^3				
		10^6				
Spezifischer Durchgangswiderstand	Ohm · cm					
Durchschlagfestigkeit	kV/mm					mm dick
Oberflächenwiderstand	Ohm					
Kriechstromfestigkeit		KC		KB	KA	
Elektrolytische Korrosionswirkung						
Lichtbogenfestigkeit nach DIN						
nach ASTM	s					

Beständigkeit *(Chemische Beständigkeit siehe Anhang)*

Wasseraufnahme 23 C Bis zur Saettigung 0.1 %

Feuchtigkeitsaufnahme Normalklima 0.1 %

Wetterbeständigkeit

Spannungskorrosion

Optische Eigenschaften

Brechungszahl n_D

Transmissionsgrad τ_c % mm dick

Lichtdurchlässigkeit

Datenbank-Nr. **T01610** Merkblatt-Nr. **4195**

Produkt	Polypropylen		**PP**
Handelsname	**Novolen 1100T**		
Hersteller	BASF		
DIN-Bez 1			
DIN-Bez 2			
Zusätze		*Füllstoffe/ Verstärkung*	
Bevorzugte Verarbeitung	Spritzgiessen	*Lieferform*	Granulat
		Farben	
Besondere Merkmale	Hohe Steifigkeit; Hohe Haerte	*Bevorzugte Anwendungen*	

Dichte	g/cm^3	0.908	*Schmelzindex*	g/10 min	:
Schüttdichte	g/cm^3		*Volumenfließindex*	cm^3/10 min	:
Viskositätszahl	ml/g				

Verarbeitungsbedingungen für Spritzgießen

Massetemp.	°C	*Schwindung*	% lgs , quer
Werkzeugtemp.	°C	*Bemerkungen*	
Spritzdruck	bar		

Zugversuch 23 °C DIN 53455; ISO R/527;

Probekörper: *Form* Nr. 3; 4 mm dick — *Herstellung* Spritzgiessen
Zustand — *Vorbehandlung* Normalklima

Streckspannung	N/mm^2	35	*Dehnung bei Streckspannung*	%	10
Zugfestigkeit	N/mm^2		*Reißdehnung*	%	≧50
Reißfestigkeit	N/mm^2		*% Dehnspannung*	N/mm^2	
E-Modul	N/mm^2		*Dehnung bei % Dehnspg.*	%	

Kriechmoduln und Zeitstandwerte 23 °C DIN 53444; ISO 899

Probekörper: *Form* Nr. 3; 4 mm dick — *Herstellung* Spritzgiessen
Zustand — *Vorbehandlung* Normalklima

Kriechmodul	*1 min*	N/mm^2	700	*Zeitstandzugfestigkeit*	h	N/mm^2
Kriechmodul	*1000 h*	N/mm^2	380	*Zeitdehnspg. %*	h	N/mm^2
bei Spannung		N/mm^2				

Biegeversuch 23 °C

Probekörper: *Form* — *Herstellung*
Zustand — *Vorbehandlung*

Biegefestigkeit	N/mm^2	*E-Modul*	N/mm^2
3,5% *Biegespannung*	N/mm^2		

Härte 23 °C *Probekörper:* *Zustand* — *Herstellung*
Vorbehandlung

Kugeldruckhärte	N/mm^2 bei N, s	*Shore-Härte* A	
Rockwellhärte		*Shore-Härte* D	

Schlagversuch *Probekörper:* *(1)*
(2) — *Herstellung*
Zustand — *Vorbehandlung*

		°C	°C	°C	*Probekörper-Form*
Schlagzähigkeit	kJ/m^2				
Kerbschlagzähigkeit (1)	kJ/m^2				
IZOD-Kerbschlagzähigkeit (2)	J/m				
Kerbschlagzugzähigkeit	kJ/m^2				

Abrieb und Reibung

Taber-Abrieb (Reibradverfahren)	mm^3/100 U		
Abriebfaktor LNP (Thrust washer) Vergleichswert			
Statische Reibungszahl			
Dynamische Reibungszahl	(p · v =	N/mm^2 ·	m/min)
Zulässiger p · v Wert	N/mm^2 · (m/min)	v =	m/min
		v =	m/min

Thermische Eigenschaften

Formbeständigkeit in der Wärme	*Verfahren* A		62 °C
	Verfahren B		100 °C
Vicat Erweichungstemperatur (VST)	*Verfahren* A/50		154 °C
	Verfahren B/50		92 °C
Kristallit-Schmelzpunkt	*Verfahren*		
Längenausdehnungskoeffizient	*Bereich* 23–80 °C		$1.5 \cdot 10^{-4} K^{-1}$
	Temperatur		$\cdot 10^{-4} K^{-1}$
Wärmeleitfähigkeit	*Verfahren*		W/(K · m)
Spezifische Wärmekapazität	*Verfahren*		J/(K · g)
Glasumwandlungstemperatur	*Torsionsschwingungsversuch*	°C	
	Differentialkalorimetrie	°C	

Brandverhalten

UL-Test vertikal — Dicke 1.57 mm, Wert HB; Dicke 3.18 mm, Wert HB

	Norm	*Bewertung*	*Abmessungen*
Sauerstoff-Index	ASTM D 2863		
Glühstab-Verfahren			
Brandverhalten	DIN 4102		
MVSS			
FAR			

Elektrische Eigenschaften

		Hz	°C		*Probekörper, Form*
Dielektrizitätszahl		50	23	2.3	Durchmesser 80x1 mm
		10^3	23	2.3	Durchmesser 80x1 mm
		10^6			
Dielektrischer Verlustfaktor tan δ		50	23	0.00007	Durchmesser 80x1 mm
		10^3	23	0.0002	Durchmesser 80x1 mm
		10^6			
Spezifischer Durchgangswiderstand	Ohm · cm		23	1*10**16	Durchmesser 80x1 mm
Durchschlagfestigkeit	kV/mm		23	140	1 mm dick
Oberflächenwiderstand	Ohm		23	1*10**14	Durchmesser 80x1 mm

Kriechstromfestigkeit	KC	KB	KA
Elektrolytische Korrosionswirkung			
Lichtbogenfestigkeit nach DIN			
nach ASTM s			

Beständigkeit *(Chemische Beständigkeit siehe Anhang)*

Wasseraufnahme 23 C Bis zur Saettigung	0.1 %	
Feuchtigkeitsaufnahme Normalklima		0.1 %
Wetterbeständigkeit		
Spannungskorrosion		

Optische Eigenschaften

Brechungszahl n_D		
Transmissionsgrad τ_c	%	mm dick
Lichtdurchlässigkeit		

Datenbank-Nr. **T01611** *Merkblatt-Nr.* **4196**

Produkt	Polypropylen		**PP**
Handelsname	**Novolen 1100UCX**		
Hersteller	BASF		
DIN-Bez 1			
DIN-Bez 2			
Zusätze		*Füllstoffe/ Verstärkung*	
Bevorzugte Verarbeitung	Spritzgiessen	*Lieferform*	Granulat
		Farben	
Besondere Merkmale		*Bevorzugte Anwendungen*	

Dichte	g/cm^3	0.905	*Schmelzindex*	g/10 min	:
Schüttdichte	g/cm^3		*Volumenfließindex*	cm^3/10 min	:
Viskositätszahl	ml/g				

Verarbeitungsbedingungen für Spritzgießen

Massetemp.	°C	*Schwindung*	% lgs , quer
Werkzeugtemp.	°C	*Bemerkungen*	
Spritzdruck	bar		

Zugversuch 23 °C DIN 53455; ISO R/527;

Probekörper: *Form* Nr. 3; 4 mm dick — *Herstellung* Spritzgiessen
Zustand — *Vorbehandlung* Normalklima

Streckspannung	N/mm^2	35	*Dehnung bei Streckspannung*	%	
Zugfestigkeit	N/mm^2		*Reißdehnung*	%	25
Reißfestigkeit	N/mm^2		*% Dehnspannung*	N/mm^2	
E-Modul	N/mm^2		*Dehnung bei % Dehnspg.*	%	

Kriechmoduln und Zeitstandwerte 23 °C

Probekörper: *Form* — *Herstellung*
Zustand — *Vorbehandlung*

Kriechmodul	*1 min*	N/mm^2	*Zeitstandzugfestigkeit*	h	N/mm^2
Kriechmodul	*1000 h*	N/mm^2	*Zeitdehnspg. %*	h	N/mm^2
bei Spannung		N/mm^2			

Biegeversuch 23 °C

Probekörper: *Form* — *Herstellung*
Zustand — *Vorbehandlung*

Biegefestigkeit	N/mm^2	*E-Modul*	N/mm^2
3,5% *Biegespannung*	N/mm^2		

Härte 23 °C *Probekörper:* *Zustand* — *Herstellung*
Vorbehandlung

Kugeldruckhärte	N/mm^2 bei N, s	*Shore-Härte*	A
Rockwellhärte		*Shore-Härte*	D

Schlagversuch *Probekörper:* *(1)*
(2) — *Herstellung*
Zustand — *Vorbehandlung*

		°C	°C	°C	*Probekörper-Form*
Schlagzähigkeit	kJ/m^2				
Kerbschlagzähigkeit (1)	kJ/m^2				
IZOD-Kerbschlagzähigkeit (2)	J/m				
Kerbschlagzugzähigkeit	kJ/m^2				

Abrieb und Reibung

Taber-Abrieb (Reibradverfahren) mm^3/100 U
Abriebfaktor LNP (Thrust washer) Vergleichswert
Statische Reibungszahl
Dynamische Reibungszahl (p · v = N/mm^2 · m/min)
Zulässiger p · v Wert N/mm^2 · (m/min) v = m/min
v = m/min

Thermische Eigenschaften

Formbeständigkeit in der Wärme	*Verfahren*	A	55 °C
	Verfahren		°C
Vicat Erweichungstemperatur (VST)	*Verfahren*	A/50	151 °C
	Verfahren	B/50	90 °C
Kristallit-Schmelzpunkt	*Verfahren*		
Längenausdehnungskoeffizient	*Bereich*	°C	$\cdot 10^{-4} K^{-1}$
	Temperatur		$\cdot 10^{-4} K^{-1}$
Wärmeleitfähigkeit	*Verfahren*		W/(K · m)
Spezifische Wärmekapazität	*Verfahren*		J/(K · g)
Glasumwandlungstemperatur	*Torsionsschwingungsversuch*	°C	
	Differentialkalorimetrie	°C	

Brandverhalten

UL-Test vertikal Dicke mm, Wert
Dicke mm, Wert

	Norm	*Bewertung*	*Abmessungen*
Sauerstoff-Index	ASTM D 2863		
Glühstab-Verfahren			
Brandverhalten	DIN 4102		
MVSS			
FAR			

Elektrische Eigenschaften

		Hz	°C	*Probekörper, Form*
Dielektrizitätszahl		50		
		10^3		
		10^6		
Dielektrischer Verlustfaktor tan δ		50		
		10^3		
		10^6		
Spezifischer Durchgangswiderstand	Ohm · cm			
Durchschlagfestigkeit	kV/mm			mm dick
Oberflächenwiderstand	Ohm			

Kriechstromfestigkeit KC KB KA
Elektrolytische Korrosionswirkung
Lichtbogenfestigkeit nach DIN
nach ASTM s

Beständigkeit *(Chemische Beständigkeit siehe Anhang)*

Wasseraufnahme

Feuchtigkeitsaufnahme Normalklima %
Wetterbeständigkeit

Spannungskorrosion

Optische Eigenschaften

Brechungszahl n_D
Transmissionsgrad τ_c % mm dick
Lichtdurchlässigkeit

Datenbank-Nr. **T01612** Merkblatt-Nr. **4197**

Produkt	Polypropylen		**PP**
Handelsname	**Novolen 1111LX GA6**		
Hersteller	BASF		
DIN-Bez 1			
DIN-Bez 2			
Zusätze	Waermestabilisator	*Füllstoffe/ Verstärkung*	
Bevorzugte Verarbeitung	Spritzgiessen	*Lieferform*	Granulat
		Farben	
Besondere Merkmale		*Bevorzugte Anwendungen*	

Dichte	g/cm^3	1.12	*Schmelzindex*	g/10 min	:
Schüttdichte	g/cm^3		*Volumenfließindex*	$cm^3/10$ min	:
Viskositätszahl	ml/g				

Verarbeitungsbedingungen für Spritzgießen

Massetemp.	°C	*Schwindung*	% lgs , quer
Werkzeugtemp.	°C	*Bemerkungen*	
Spritzdruck	bar		

Zugversuch 23 °C DIN 53455; ISO R/527;
Probekörper: *Form* Nr. 3; 4 mm dick *Herstellung* Spritzgiessen
Zustand *Vorbehandlung* Normalklima

Streckspannung	N/mm^2	100	*Dehnung bei Streckspannung*	%	
Zugfestigkeit	N/mm^2		*Reißdehnung*	%	3.5
Reißfestigkeit	N/mm^2		*% Dehnspannung*	N/mm^2	
E-Modul	N/mm^2		*Dehnung bei % Dehnspg.*	%	

Kriechmoduln und Zeitstandwerte 23 °C
Probekörper: *Form* *Herstellung*
Zustand *Vorbehandlung*

Kriechmodul	*1 min* N/mm^2	*Zeitstandzugfestigkeit*	h	N/mm^2
Kriechmodul	*1000 h* N/mm^2	*Zeitdehnspg. %*	h	N/mm^2
bei Spannung	N/mm^2			

Biegeversuch 23 °C
Probekörper: *Form* *Herstellung*
Zustand *Vorbehandlung*

Biegefestigkeit	N/mm^2	*E-Modul*	N/mm^2
3,5% *Biegespannung*	N/mm^2		

Härte 23 °C *Probekörper:* *Zustand* *Herstellung*
Vorbehandlung

Kugeldruckhärte	N/mm^2 bei N, s	*Shore-Härte*	A
Rockwellhärte		*Shore-Härte*	D

Schlagversuch *Probekörper:* *(1)*
(2) *Herstellung*
Zustand *Vorbehandlung*

	°C	°C	°C	*Probekörper-Form*
Schlagzähigkeit kJ/m^2				
Kerbschlagzähigkeit (1) kJ/m^2				
IZOD-Kerbschlagzähigkeit (2) J/m				
Kerbschlagzugzähigkeit kJ/m^2				

Abrieb und Reibung

Taber-Abrieb (Reibradverfahren)	$mm^3/100$ U		
Abriebfaktor LNP (Thrust washer) Vergleichswert			
Statische Reibungszahl			
Dynamische Reibungszahl	(p·v= N/mm^2·		m/min)
Zulässiger p · v Wert	N/mm^2 · (m/min)	v=	m/min
		v=	m/min

Thermische Eigenschaften

Formbeständigkeit in der Wärme	*Verfahren*	A	148 °C
	Verfahren	B	158 °C
Vicat Erweichungstemperatur (VST)	*Verfahren*	A/50	165 °C
	Verfahren	B/50	140 °C
Kristallit-Schmelzpunkt	*Verfahren*		
Längenausdehnungskoeffizient	*Bereich*	°C	$\cdot 10^{-4}K^{-1}$
	Temperatur		$\cdot 10^{-4}K^{-1}$
Wärmeleitfähigkeit	*Verfahren*		W/(K · m)
Spezifische Wärmekapazität	*Verfahren*		J/(K · g)
Glasumwandlungstemperatur	*Torsionsschwingungsversuch*	°C	
	Differentialkalorimetrie	°C	

Brandverhalten

UL-Test vertikal	Dicke	mm, Wert
	Dicke	mm, Wert

	Norm	*Bewertung*	*Abmessungen*
Sauerstoff-Index	ASTM D 2863		
Glühstab-Verfahren			
Brandverhalten	DIN 4102		
MVSS			
FAR			

Elektrische Eigenschaften

		Hz	°C	*Probekörper, Form*
Dielektrizitätszahl		50		
		10^3		
		10^6		
Dielektrischer Verlustfaktor tan δ		50		
		10^3		
		10^6		
Spezifischer Durchgangswiderstand	Ohm · cm			
Durchschlagfestigkeit	kV/mm			mm dick
Oberflächenwiderstand	Ohm			

Kriechstromfestigkeit	KC	KB	KA
Elektrolytische Korrosionswirkung			
Lichtbogenfestigkeit nach DIN			
nach ASTM s			

Beständigkeit *(Chemische Beständigkeit siehe Anhang)*

Wasseraufnahme

Feuchtigkeitsaufnahme Normalklima %

Wetterbeständigkeit

Spannungskorrosion

Optische Eigenschaften

Brechungszahl n_D		
Transmissionsgrad τ_c	%	mm dick
Lichtdurchlässigkeit		

Datenbank-Nr.	**T01613**	*Merkblatt-Nr.* **4198**

Produkt	Polypropylen		**PP**
Handelsname	**Novolen 1111LX GB6**		
Hersteller	BASF		
DIN-Bez 1			
DIN-Bez 2			
Zusätze	Waermestabilisator	*Füllstoffe/ Verstärkung*	
Bevorzugte Verarbeitung	Spritzgiessen	*Lieferform*	Granulat
		Farben	
Besondere Merkmale		*Bevorzugte Anwendungen*	

Dichte	g/cm^3	1.12	*Schmelzindex*	g/10 min	:
Schüttdichte	g/cm^3		*Volumenfließindex*	$cm^3/10$ min	:
Viskositätszahl	ml/g				

Verarbeitungsbedingungen für Spritzgießen

Massetemp.	°C	*Schwindung*	% lgs , quer
Werkzeugtemp.	°C	*Bemerkungen*	
Spritzdruck	bar		

Zugversuch 23 °C DIN 53455; ISO R/527;

Probekörper: Form	Nr. 3; 4 mm dick	*Herstellung*	Spritzgiessen
Zustand		*Vorbehandlung*	Normalklima

Streckspannung	N/mm^2	84	*Dehnung bei Streckspannung*	%	
Zugfestigkeit	N/mm^2		*Reißdehnung*	%	2.5
Reißfestigkeit	N/mm^2		*% Dehnspannung*	N/mm^2	
E-Modul	N/mm^2		*Dehnung bei % Dehnspg.*	%	

Kriechmoduln und Zeitstandwerte 23 °C

Probekörper: Form		*Herstellung*
Zustand		*Vorbehandlung*

Kriechmodul	*1 min* N/mm^2	*Zeitstandzugfestigkeit*	h N/mm^2
Kriechmodul	*1000 h* N/mm^2	*Zeitdehnspg. %*	h N/mm^2
bei Spannung	N/mm^2		

Biegeversuch 23 °C

Probekörper: Form		*Herstellung*
Zustand		*Vorbehandlung*

Biegefestigkeit	N/mm^2	*E-Modul*	N/mm^2
3,5% *Biegespannung*	N/mm^2		

Härte 23 °C *Probekörper: Zustand* *Herstellung* *Vorbehandlung*

Kugeldruckhärte	N/mm^2 bei N, s	*Shore-Härte* A	
Rockwellhärte		*Shore-Härte* D	

Schlagversuch *Probekörper: (1) (2) Zustand* *Herstellung* *Vorbehandlung*

		°C	°C	°C	*Probekörper-Form*
Schlagzähigkeit	kJ/m^2				
Kerbschlagzähigkeit (1)	kJ/m^2				
IZOD-Kerbschlagzähigkeit (2)	J/m				
Kerbschlagzugzähigkeit	kJ/m^2				

Abrieb und Reibung

Taber-Abrieb (Reibradverfahren)	mm^3/100 U		
Abriebfaktor LNP (Thrust washer) Vergleichswert			
Statische Reibungszahl			
Dynamische Reibungszahl	(p · v =	N/mm^2 ·	m/min)
Zulässiger p · v Wert	N/mm^2 · (m/min)	v =	m/min
		v =	m/min

Thermische Eigenschaften

Formbeständigkeit in der Wärme	*Verfahren* A		141 °C
	Verfahren B		156 °C
Vicat Erweichungstemperatur (VST)	*Verfahren* A/50		161 °C
	Verfahren B/50		130 °C
Kristallit-Schmelzpunkt	*Verfahren*		
Längenausdehnungskoeffizient	*Bereich*	°C	$\cdot 10^{-4} K^{-1}$
	Temperatur		$\cdot 10^{-4} K^{-1}$
Wärmeleitfähigkeit	*Verfahren*		W/(K · m)
Spezifische Wärmekapazität	*Verfahren*		J/(K · g)
Glasumwandlungstemperatur	*Torsionsschwingungsversuch*	°C	
	Differentialkalorimetrie	°C	

Brandverhalten

UL-Test vertikal	Dicke mm, Wert	
	Dicke mm, Wert	

	Norm	*Bewertung*	*Abmessungen*
Sauerstoff-Index	ASTM D 2863		
Glühstab-Verfahren			
Brandverhalten	DIN 4102		
MVSS			
FAR			

Elektrische Eigenschaften

		Hz	°C			*Probekörper, Form*
Dielektrizitätszahl		50				
		10^3				
		10^6				
Dielektrischer Verlustfaktor tan δ		50				
		10^3				
		10^6				
Spezifischer Durchgangswiderstand	Ohm · cm					
Durchschlagfestigkeit	kV/mm					mm dick
Oberflächenwiderstand	Ohm					
Kriechstromfestigkeit		KC		KB	KA	
Elektrolytische Korrosionswirkung						
Lichtbogenfestigkeit nach DIN						
nach ASTM	s					

Beständigkeit *(Chemische Beständigkeit siehe Anhang)*

Wasseraufnahme

Feuchtigkeitsaufnahme Normalklima %

Wetterbeständigkeit

Spannungskorrosion

Optische Eigenschaften

Brechungszahl n_D		
Transmissionsgrad τ_c	%	mm dick
Lichtdurchlässigkeit		

Produkt	Polypropylen		**PP**
Handelsname	**Novolen 1111LX TA4**		
Hersteller	BASF		
DIN-Bez 1			
DIN-Bez 2			
Zusätze	Waermestabilisator; Waschlaugenstabilisator	*Füllstoffe/ Verstärkung*	20% Talkum
Bevorzugte Verarbeitung	Spritzgiessen	*Lieferform*	Granulat
		Farben	
Besondere Merkmale	Hohe Steifigkeit; Hohe Haerte; Hohe Waermeformbestaendigkeit	*Bevorzugte Anwendungen*	

Dichte	g/cm³	1.06	*Schmelzindex*	g/10 min	:
Schüttdichte	g/cm³		*Volumenfließindex*	cm³/10 min	:
Viskositätszahl	ml/g				

Verarbeitungsbedingungen für Spritzgießen

Massetemp.	°C	*Schwindung*	% lgs , quer
Werkzeugtemp.	°C	*Bemerkungen*	
Spritzdruck	bar		

Zugversuch 23 °C DIN 53455; ISO R/527;
Probekörper: *Form* Nr. 3; 4 mm dick *Herstellung* Spritzgiessen
Zustand *Vorbehandlung* Normalklima

Streckspannung	N/mm²	35	*Dehnung bei Streckspannung*	%	5
Zugfestigkeit	N/mm²		*Reißdehnung*	%	35
Reißfestigkeit	N/mm²		*% Dehnspannung*	N/mm²	
E-Modul	N/mm²		*Dehnung bei % Dehnspg.*	%	

Kriechmoduln und Zeitstandwerte 23 °C DIN 53444; ISO 899
Probekörper: *Form* Nr. 3; 4 mm dick *Herstellung* Spritzgiessen
Zustand *Vorbehandlung* Normalklima

Kriechmodul	*1 min*	N/mm²	1200	*Zeitstandzugfestigkeit*	h	N/mm²
Kriechmodul	*1000 h*	N/mm²	700	*Zeitdehnspg. %*	h	N/mm²
bei Spannung		N/mm²				

Biegeversuch 23 °C
Probekörper: *Form* *Herstellung*
Zustand *Vorbehandlung*

Biegefestigkeit	N/mm²	*E-Modul*	N/mm²
3,5% *Biegespannung*	N/mm²		

Härte 23 °C *Probekörper:* *Zustand* *Herstellung*
Vorbehandlung

Kugeldruckhärte	N/mm² bei N, s	*Shore-Härte* A	
Rockwellhärte		*Shore-Härte* D	

Schlagversuch *Probekörper:* *(1)*
(2) *Herstellung*
Zustand *Vorbehandlung*

	°C	°C	°C	*Probekörper-Form*
Schlagzähigkeit kJ/m²				
Kerbschlagzähigkeit (1) kJ/m²				
IZOD-Kerbschlagzähigkeit (2) J/m				
Kerbschlagzugzähigkeit kJ/m²				

Abrieb und Reibung

Taber-Abrieb (Reibradverfahren)	mm^3/100 U			
Abriebfaktor LNP (Thrust washer) Vergleichswert				
Statische Reibungszahl				
Dynamische Reibungszahl	(p·v=	N/mm^2·		m/min)
Zulässiger p · v Wert	N/mm^2 · (m/min)		v=	m/min
			v=	m/min

Thermische Eigenschaften

Formbeständigkeit in der Wärme	*Verfahren*	A		70 °C
	Verfahren	B		130 °C
Vicat Erweichungstemperatur (VST)	*Verfahren*	A/50		155 °C
	Verfahren	B/50		98 °C
Kristallit-Schmelzpunkt	*Verfahren*			
Längenausdehnungskoeffizient	*Bereich*	23–80	°C	$1.1 \cdot 10^{-4} K^{-1}$
	Temperatur			$\cdot 10^{-4} K^{-1}$
Wärmeleitfähigkeit	*Verfahren*			W/(K · m)
Spezifische Wärmekapazität	*Verfahren*			J/(K · g)
Glasumwandlungstemperatur	*Torsionsschwingungsversuch*		°C	
	Differentialkalorimetrie		°C	

Brandverhalten

UL-Test vertikal Dicke mm, Wert HB
Dicke mm, Wert

	Norm	*Bewertung*	*Abmessungen*
Sauerstoff-Index	ASTM D 2863		
Glühstab-Verfahren			
Brandverhalten	DIN 4102		
MVSS			
FAR			

Elektrische Eigenschaften

		Hz	°C		*Probekörper, Form*
Dielektrizitätszahl		50	23	2.4	Durchmesser 80x1 mm
		10^3	23	2.4	Durchmesser 80x1 mm
		10^6			
Dielektrischer Verlustfaktor tan δ		50	23	0.0011	Durchmesser 80x1 mm
		10^3	23	0.0008	Durchmesser 80x1 mm
		10^6			
Spezifischer Durchgangs-widerstand	Ohm · cm		23	1*10**16	Durchmesser 80x1 mm
Durchschlagfestigkeit	kV/mm		23	120	1 mm dick
Oberflächenwiderstand	Ohm		23	1*10**13	Durchmesser 80x1 mm

Kriechstromfestigkeit KC KB KA
Elektrolytische Korrosionswirkung
Lichtbogenfestigkeit nach DIN
nach ASTM s

Beständigkeit *(Chemische Beständigkeit siehe Anhang)*

Wasseraufnahme 23 C Bis zur Saettigung 0.1 %

Feuchtigkeitsaufnahme Normalklima 0.1 %
Wetterbeständigkeit

Spannungskorrosion

Optische Eigenschaften

Brechungszahl n_D
Transmissionsgrad τ_c % mm dick
Lichtdurchlässigkeit

Datenbank-Nr. **T01615** *Merkblatt-Nr.* **4200**

Produkt	Polypropylen		**PP**
Handelsname	**Novolen 1111LX TA8**		
Hersteller	BASF		
DIN-Bez 1			
DIN-Bez 2			
Zusätze	Waermestabilisator; Waschlaugenstabilisator	*Füllstoffe/ Verstärkung*	40% Talkum
Bevorzugte Verarbeitung	Spritzgiessen	*Lieferform*	Granulat
		Farben	
Besondere Merkmale	Hohe Steifigkeit; Hohe Haerte; Hohe Waermeformbestaendigkeit	*Bevorzugte Anwendungen*	

Dichte	g/cm^3	1.23	*Schmelzindex*	g/10 min	:
Schüttdichte	g/cm^3		*Volumenfließindex*	$cm^3/10$ min	:
Viskositätszahl	ml/g				

Verarbeitungsbedingungen für Spritzgießen

Massetemp.	°C	*Schwindung*	% lgs , quer
Werkzeugtemp.	°C	*Bemerkungen*	
Spritzdruck	bar		

Zugversuch 23 °C DIN 53455; ISO R/527;

Probekörper: *Form* Nr. 3; 4 mm dick — *Herstellung* Spritzgiessen

Zustand — *Vorbehandlung* Normalklima

Streckspannung	N/mm^2	35	*Dehnung bei Streckspannung*	%	3
Zugfestigkeit	N/mm^2		*Reißdehnung*	%	10
Reißfestigkeit	N/mm^2		*% Dehnspannung*	N/mm^2	
E-Modul	N/mm^2		*Dehnung bei % Dehnspg.*	%	

Kriechmoduln und Zeitstandwerte 23 °C DIN 53444; ISO 899

Probekörper: *Form* Nr. 3; 4 mm dick — *Herstellung* Spritzgiessen

Zustand — *Vorbehandlung* Normalklima

Kriechmodul	*1 min*	N/mm^2	1700	*Zeitstandzugfestigkeit*	h	N/mm^2
Kriechmodul	*1000 h*	N/mm^2	1000	*Zeitdehnspg. %*	h	N/mm^2
bei Spannung		N/mm^2				

Biegeversuch 23 °C

Probekörper: *Form* — *Herstellung*

Zustand — *Vorbehandlung*

Biegefestigkeit	N/mm^2	*E-Modul*	N/mm^2
3,5% *Biegespannung*	N/mm^2		

Härte 23 °C *Probekörper:* *Zustand* — *Herstellung*

Vorbehandlung

Kugeldruckhärte	N/mm^2 bei N, s	*Shore-Härte* A	
Rockwellhärte		*Shore-Härte* D	

Schlagversuch *Probekörper:* *(1)*

(2) — *Herstellung*

Zustand — *Vorbehandlung*

		°C	°C	°C	*Probekörper-Form*
Schlagzähigkeit	kJ/m^2				
Kerbschlagzähigkeit (1)	kJ/m^2				
IZOD-Kerbschlagzähigkeit (2)	J/m				
Kerbschlagzugzähigkeit	kJ/m^2				

Abrieb und Reibung

Taber-Abrieb (Reibradverfahren)	mm^3/100 U		
Abriebfaktor LNP (Thrust washer) Vergleichswert			
Statische Reibungszahl			
Dynamische Reibungszahl	(p·v=	N/mm^2·	m/min)
Zulässiger p·v Wert	N/mm^2·(m/min)	v=	m/min
		v=	m/min

Thermische Eigenschaften

Formbeständigkeit in der Wärme	*Verfahren*	A		80 °C
	Verfahren	B		135 °C
Vicat Erweichungstemperatur (VST)	*Verfahren*	A/50		155 °C
	Verfahren	B/50		100 °C
Kristallit-Schmelzpunkt	*Verfahren*			
Längenausdehnungskoeffizient	*Bereich*	23–80	°C	$0.9 \cdot 10^{-4} K^{-1}$
	Temperatur			$\cdot 10^{-4} K^{-1}$
Wärmeleitfähigkeit	*Verfahren*			W/(K·m)
Spezifische Wärmekapazität	*Verfahren*			J/(K·g)
Glasumwandlungstemperatur	*Torsionsschwingungsversuch*		°C	
	Differentialkalorimetrie		°C	

Brandverhalten

UL-Test vertikal	Dicke	mm, Wert HB
	Dicke	mm, Wert

	Norm	*Bewertung*	*Abmessungen*
Sauerstoff-Index	ASTM D 2863		
Glühstab-Verfahren			
Brandverhalten	DIN 4102		
MVSS			
FAR			

Elektrische Eigenschaften

		Hz	°C		*Probekörper, Form*
Dielektrizitätszahl		50	23	2.4	Durchmesser 80x1 mm
		10^3	23	2.4	Durchmesser 80x1 mm
		10^6			
Dielektrischer Verlustfaktor tan δ		50	23	0.002	Durchmesser 80x1 mm
		10^3	23	0.00095	Durchmesser 80x1 mm
		10^6			
Spezifischer Durchgangswiderstand	Ohm·cm		23	1*10**16	Durchmesser 80x1 mm
Durchschlagfestigkeit	kV/mm		23	120	1 mm dick
Oberflächenwiderstand	Ohm		23	1*10**13	Durchmesser 80x1 mm

Kriechstromfestigkeit	KC	KB	KA
Elektrolytische Korrosionswirkung			
Lichtbogenfestigkeit nach DIN			
nach ASTM s			

Beständigkeit *(Chemische Beständigkeit siehe Anhang)*

Wasseraufnahme 23 C Bis zur Saettigung	0.1 %	
Feuchtigkeitsaufnahme Normalklima		0.1 %
Wetterbeständigkeit		
Spannungskorrosion		

Optische Eigenschaften

Brechungszahl n_D		
Transmissionsgrad τ_c	%	mm dick
Lichtdurchlässigkeit		

PP

Produkt	Polypropylen		
Handelsname	**Novolen 1142L**		
Hersteller	BASF		
DIN-Bez 1			
DIN-Bez 2			
Zusätze	Nukleierungsmittel; Antistatikum; Waschlaugen-Stabilisierung	*Füllstoffe/ Verstärkung*	
Bevorzugte Verarbeitung	Spritzgiessen	*Lieferform*	Granulat
		Farben	
Besondere Merkmale	Antistatisch	*Bevorzugte Anwendungen*	Gehaeuse fuer Haushaltsmaschine; Gehaeuse fuer Elektrogeraet

Dichte	g/cm^3	0.912	*Schmelzindex*	g/10 min	:
Schüttdichte	g/cm^3		*Volumenfließindex*	cm^3/10 min	:
Viskositätszahl	ml/g				

Verarbeitungsbedingungen für Spritzgießen

Massetemp.	°C	*Schwindung*	% lgs , quer
Werkzeugtemp.	°C	*Bemerkungen*	
Spritzdruck	bar		

Zugversuch 23 °C DIN 53455; ISO R/527;

Probekörper: *Form* Nr. 3; 4 mm dick — *Herstellung* Spritzgiessen
Zustand — *Vorbehandlung* Normalklima

Streckspannung	N/mm^2	34	*Dehnung bei Streckspannung*	%	9
Zugfestigkeit	N/mm^2		*Reißdehnung*	%	≧50
Reißfestigkeit	N/mm^2		*% Dehnspannung*	N/mm^2	
E-Modul	N/mm^2		*Dehnung bei % Dehnspg.*	%	

Kriechmoduln und Zeitstandwerte 23 °C DIN 53444; ISO 899

Probekörper: *Form* Nr. 3; 4 mm dick — *Herstellung* Spritzgiessen
Zustand — *Vorbehandlung* Normalklima

Kriechmodul	*1 min*	N/mm^2	700	*Zeitstandzugfestigkeit*	h	N/mm^2
Kriechmodul	*1000 h*	N/mm^2	380	*Zeitdehnspg. %*	h	N/mm^2
bei Spannung		N/mm^2				

Biegeversuch 23 °C

Probekörper: *Form* — *Herstellung*
Zustand — *Vorbehandlung*

Biegefestigkeit	N/mm^2	*E-Modul*	N/mm^2
3,5% *Biegespannung*	N/mm^2		

Härte 23 °C *Probekörper:* *Zustand* — *Herstellung*
Vorbehandlung

Kugeldruckhärte	N/mm^2 bei N, s	*Shore-Härte* A	
Rockwellhärte		*Shore-Härte* D	

Schlagversuch *Probekörper:* *(1)*
(2) — *Herstellung*
Zustand — *Vorbehandlung*

		°C	°C	°C	*Probekörper-Form*
Schlagzähigkeit	kJ/m^2				
Kerbschlagzähigkeit (1)	kJ/m^2				
IZOD-Kerbschlagzähigkeit (2)	J/m				
Kerbschlagzugzähigkeit	kJ/m^2				

Abrieb und Reibung

Taber-Abrieb (Reibradverfahren)	mm^3/100 U		
Abriebfaktor LNP (Thrust washer) Vergleichswert			
Statische Reibungszahl			
Dynamische Reibungszahl	(p·v=	N/mm^2·	m/min)
Zulässiger p · v Wert	N/mm^2 · (m/min)	v=	m/min
		v=	m/min

Thermische Eigenschaften

Formbeständigkeit in der Wärme	*Verfahren*	A		60 °C
	Verfahren	B		95 °C
Vicat Erweichungstemperatur (VST)	*Verfahren*	A/50		154 °C
	Verfahren	B/50		92 °C
Kristallit-Schmelzpunkt	*Verfahren*			
Längenausdehnungskoeffizient	*Bereich*	23–80	°C	$1.5 \cdot 10^{-4} K^{-1}$
	Temperatur			$\cdot 10^{-4} K^{-1}$
Wärmeleitfähigkeit	*Verfahren*			W/(K · m)
Spezifische Wärmekapazität	*Verfahren*			J/(K · g)
Glasumwandlungstemperatur	*Torsionsschwingungsversuch*		°C	
	Differentialkalorimetrie		°C	

Brandverhalten

UL-Test vertikal — Dicke 1.57 mm, Wert HB; Dicke 0.79 mm, Wert HB

	Norm	*Bewertung*	*Abmessungen*
Sauerstoff-Index	ASTM D 2863		
Glühstab-Verfahren			
Brandverhalten	DIN 4102		
MVSS			
FAR			

Elektrische Eigenschaften

		Hz	°C		*Probekörper, Form*
Dielektrizitätszahl		50	23	2.3	Durchmesser 80x1 mm
		10^3	23	2.3	Durchmesser 80x1 mm
		10^6			
Dielektrischer Verlustfaktor tan δ		50	23	0.00081	Durchmesser 80x1 mm
		10^3	23	0.0013	Durchmesser 80x1 mm
		10^6			
Spezifischer Durchgangs-widerstand	Ohm · cm		23	21*10**13	Durchmesser 80x1 mm
Durchschlagfestigkeit	kV/mm		23	140	1 mm dick
Oberflächenwiderstand	Ohm		23	1*10**10	Durchmesser 80x1 mm

Kriechstromfestigkeit	KC	KB	KA
Elektrolytische Korrosionswirkung			
Lichtbogenfestigkeit nach DIN			
nach ASTM s			

Beständigkeit *(Chemische Beständigkeit siehe Anhang)*

Wasseraufnahme 23 C Bis zur Saettigung	0.1 %
Feuchtigkeitsaufnahme Normalklima	0.1 %
Wetterbeständigkeit	
Spannungskorrosion	

Optische Eigenschaften

Brechungszahl n_D		
Transmissionsgrad τ_c	%	mm dick
Lichtdurchlässigkeit		

Datenbank-Nr.	**T01617**	*Merkblatt-Nr.*	**4202**

Produkt	Polypropylen		**PP**
Handelsname	**Novolen 1142N**		
Hersteller	BASF		
DIN-Bez 1			
DIN-Bez 2			
Zusätze	Nukleierungsmittel; Antistatikum; Waschlaugen-Stabilisierung	*Füllstoffe/ Verstärkung*	
Bevorzugte Verarbeitung	Spritzgiessen	*Lieferform*	Granulat
		Farben	
Besondere Merkmale	Antistatisch	*Bevorzugte Anwendungen*	Gehaeuse fuer Haushaltsmaschine; Gehaeuse fuer Elektrogeraet

Dichte	g/cm^3	0.912	*Schmelzindex*	g/10 min		:
Schüttdichte	g/cm^3		*Volumenfließindex*	cm^3/10 min		:
Viskositätszahl	ml/g					

Verarbeitungsbedingungen für Spritzgießen

Massetemp.	°C	*Schwindung*	%	lgs , quer
Werkzeugtemp.	°C	*Bemerkungen*		
Spritzdruck	bar			

Zugversuch 23 °C DIN 53455; ISO R/527;

Probekörper:	*Form*	Nr. 3; 4 mm dick	*Herstellung*	Spritzgiessen
	Zustand		*Vorbehandlung*	Normalklima

Streckspannung	N/mm^2	34	*Dehnung bei Streckspannung*	%	9
Zugfestigkeit	N/mm^2		*Reißdehnung*	%	≧50
Reißfestigkeit	N/mm^2		*% Dehnspannung*	N/mm^2	
E-Modul	N/mm^2		*Dehnung bei % Dehnspg.*	%	

Kriechmoduln und Zeitstandwerte 23 °C DIN 53444; ISO 899

Probekörper:	*Form*	Nr. 3; 4 mm dick	*Herstellung*	Spritzgiessen
	Zustand		*Vorbehandlung*	Normalklima

Kriechmodul	*1 min*	N/mm^2	700	*Zeitstandzugfestigkeit*	h	N/mm^2
Kriechmodul	*1000 h*	N/mm^2	380	*Zeitdehnspg. %*	h	N/mm^2
bei Spannung		N/mm^2				

Biegeversuch 23 °C

Probekörper:	*Form*	*Herstellung*
	Zustand	*Vorbehandlung*

Biegefestigkeit	N/mm^2	*E-Modul*	N/mm^2
3,5% *Biegespannung*	N/mm^2		

Härte 23 °C

Probekörper:	*Zustand*	*Herstellung*
		Vorbehandlung

Kugeldruckhärte	N/mm^2	bei N, s	*Shore-Härte* A
Rockwellhärte			*Shore-Härte* D

Schlagversuch

Probekörper:	*(1)*	
	(2)	*Herstellung*
	Zustand	*Vorbehandlung*

	°C	°C	°C	*Probekörper-Form*
Schlagzähigkeit kJ/m^2				
Kerbschlagzähigkeit (1) kJ/m^2				
IZOD-Kerbschlagzähigkeit (2) J/m				
Kerbschlagzugzähigkeit kJ/m^2				

Abrieb und Reibung

Taber-Abrieb (Reibradverfahren)	mm^3/100 U		
Abriebfaktor LNP (Thrust washer) Vergleichswert			
Statische Reibungszahl			
Dynamische Reibungszahl	(p · v =	N/mm^2 ·	m/min)
Zulässiger p · v Wert	N/mm^2 · (m/min)	v =	m/min
		v =	m/min

Thermische Eigenschaften

Formbeständigkeit in der Wärme	Verfahren	A	62 °C
	Verfahren	B	100 °C
Vicat Erweichungstemperatur (VST)	Verfahren	A/50	154 °C
	Verfahren	B/50	92 °C
Kristallit-Schmelzpunkt	Verfahren		
Längenausdehnungskoeffizient	Bereich	23–80 °C	$1.5 \cdot 10^{-4} K^{-1}$
	Temperatur		$\cdot 10^{-4} K^{-1}$
Wärmeleitfähigkeit	Verfahren		W/(K · m)
Spezifische Wärmekapazität	Verfahren		J/(K · g)
Glasumwandlungstemperatur	Torsionsschwingungsversuch	°C	
	Differentialkalorimetrie	°C	

Brandverhalten

UL-Test vertikal — Dicke 1.57 mm, Wert HB; Dicke 0.79 mm, Wert HB

	Norm	Bewertung	Abmessungen
Sauerstoff-Index	ASTM D 2863		
Glühstab-Verfahren			
Brandverhalten	DIN 4102		
MVSS			
FAR			

Elektrische Eigenschaften

		Hz	°C		Probekörper, Form
Dielektrizitätszahl		50	23	2.3	Durchmesser 80x1 mm
		10^3	23	2.3	Durchmesser 80x1 mm
		10^6			
Dielektrischer Verlustfaktor tan δ		50	23	0.00081	Durchmesser 80x1 mm
		10^3	23	0.0013	Durchmesser 80x1 mm
		10^6			
Spezifischer Durchgangswiderstand	Ohm · cm		23	21*10**13	Durchmesser 80x1 mm
Durchschlagfestigkeit	kV/mm		23	140	1 mm dick
Oberflächenwiderstand	Ohm		23	1*10**10	Durchmesser 80x1 mm

Kriechstromfestigkeit	KC	KB	KA
Elektrolytische Korrosionswirkung			
Lichtbogenfestigkeit nach DIN			
nach ASTM	s		

Beständigkeit *(Chemische Beständigkeit siehe Anhang)*

Wasseraufnahme 23 C	Bis zur Saettigung	0.1 %
Feuchtigkeitsaufnahme Normalklima		0.1 %
Wetterbeständigkeit		
Spannungskorrosion		

Optische Eigenschaften

Brechungszahl n_D		
Transmissionsgrad τ_c	%	mm dick
Lichtdurchlässigkeit		

Datenbank-Nr.	**T01618**	*Merkblatt-Nr.*	**4203**

Produkt	Polypropylen		**PP**
Handelsname	**Novolen 1142RCX**		
Hersteller	BASF		
DIN-Bez 1			
DIN-Bez 2			
Zusätze		*Füllstoffe/ Verstärkung*	
Bevorzugte Verarbeitung	Spritzgiessen	*Lieferform*	Granulat
		Farben	
Besondere Merkmale		*Bevorzugte Anwendungen*	

Dichte	g/cm³	0.905	*Schmelzindex*	g/10 min	:
Schüttdichte	g/cm³		*Volumenfließindex*	cm³/10 min	:
Viskositätszahl	ml/g				

Verarbeitungsbedingungen für Spritzgießen

Massetemp.	°C	*Schwindung*	% lgs , quer
Werkzeugtemp.	°C	*Bemerkungen*	
Spritzdruck	bar		

Zugversuch 23 °C DIN 53455; ISO R/527;
Probekörper: *Form* Nr. 3; 4 mm dick — *Herstellung* Spritzgiessen
Zustand — *Vorbehandlung* Normalklima

Streckspannung	N/mm²	31	*Dehnung bei Streckspannung*	%	
Zugfestigkeit	N/mm²		*Reißdehnung*	%	≧50
Reißfestigkeit	N/mm²		*% Dehnspannung*	N/mm²	
E-Modul	N/mm²		*Dehnung bei % Dehnspg.*	%	

Kriechmoduln und Zeitstandwerte 23 °C
Probekörper: *Form* — *Herstellung*
Zustand — *Vorbehandlung*

Kriechmodul	*1 min*	N/mm²	*Zeitstandzugfestigkeit*	h	N/mm²
Kriechmodul	*1000 h*	N/mm²	*Zeitdehnspg. %*	h	N/mm²
bei Spannung		N/mm²			

Biegeversuch 23 °C
Probekörper: *Form* — *Herstellung*
Zustand — *Vorbehandlung*

Biegefestigkeit	N/mm²	*E-Modul*	N/mm²
3,5% *Biegespannung*	N/mm²		

Härte 23 °C *Probekörper:* *Zustand* — *Herstellung*
Vorbehandlung

Kugeldruckhärte	N/mm² bei N, s	*Shore-Härte*	A
Rockwellhärte		*Shore-Härte*	D

Schlagversuch *Probekörper:* *(1)*
(2) — *Herstellung*
Zustand — *Vorbehandlung*

		°C	°C	°C	*Probekörper-Form*
Schlagzähigkeit	kJ/m²				
Kerbschlagzähigkeit (1)	kJ/m²				
IZOD-Kerbschlagzähigkeit (2)	J/m				
Kerbschlagzugzähigkeit	kJ/m²				

Abrieb und Reibung

Taber-Abrieb (Reibradverfahren)	mm³/100 U		
Abriebfaktor LNP (Thrust washer) Vergleichswert			
Statische Reibungszahl			
Dynamische Reibungszahl	(p · v = N/mm² ·		m/min)
Zulässiger p · v Wert	N/mm² · (m/min)	v =	m/min
		v =	m/min

Thermische Eigenschaften

Formbeständigkeit in der Wärme	*Verfahren* A		55 °C
	Verfahren		°C
Vicat Erweichungstemperatur (VST)	*Verfahren* A/50		151 °C
	Verfahren B/50		85 °C
Kristallit-Schmelzpunkt	*Verfahren*		
Längenausdehnungskoeffizient	*Bereich*	°C	$\cdot 10^{-4} K^{-1}$
	Temperatur		$\cdot 10^{-4} K^{-1}$
Wärmeleitfähigkeit	*Verfahren*		W/(K · m)
Spezifische Wärmekapazität	*Verfahren*		J/(K · g)
Glasumwandlungstemperatur	*Torsionsschwingungsversuch*	°C	
	Differentialkalorimetrie	°C	

Brandverhalten

UL-Test vertikal Dicke mm, Wert
Dicke mm, Wert

	Norm	*Bewertung*	*Abmessungen*
Sauerstoff-Index	ASTM D 2863		
Glühstab-Verfahren			
Brandverhalten	DIN 4102		
MVSS			
FAR			

Elektrische Eigenschaften

		Hz	°C	*Probekörper, Form*
Dielektrizitätszahl		50		
		10^3		
		10^6		
Dielektrischer Verlustfaktor tan δ		50		
		10^3		
		10^6		
Spezifischer Durchgangswiderstand	Ohm · cm			
Durchschlagfestigkeit	kV/mm			mm dick
Oberflächenwiderstand	Ohm			

Kriechstromfestigkeit	KC	KB	KA
Elektrolytische Korrosionswirkung			
Lichtbogenfestigkeit nach DIN			
nach ASTM s			

Beständigkeit *(Chemische Beständigkeit siehe Anhang)*

Wasseraufnahme

Feuchtigkeitsaufnahme Normalklima %

Wetterbeständigkeit

Spannungskorrosion

Optische Eigenschaften

Brechungszahl n_D

Transmissionsgrad τ_c % mm dick

Lichtdurchlässigkeit

Datenbank-Nr. **T01619** *Merkblatt-Nr.* **4204**

PP

Produkt	Polypropylen		
Handelsname	**Novolen 1148UCX**		
Hersteller	BASF		
DIN-Bez 1			
DIN-Bez 2			
Zusätze	Nukleierungsmittel; Antistatikum	*Füllstoffe/ Verstärkung*	
Bevorzugte Verarbeitung	Spritzgiessen	*Lieferform*	Granulat
		Farben	
Besondere Merkmale	Antistatisch	*Bevorzugte Anwendungen*	Duennwandiger Verpackungsbecher; Verschluss

Dichte	g/cm^3	0.907	*Schmelzindex*	g/10 min	:
Schüttdichte	g/cm^3		*Volumenfließindex*	cm^3/10 min	:
Viskositätszahl	ml/g				

Verarbeitungsbedingungen für Spritzgießen

Massetemp.	°C	*Schwindung*	% lgs , quer
Werkzeugtemp.	°C	*Bemerkungen*	
Spritzdruck	bar		

Zugversuch 23 °C DIN 53455; ISO R/527;
Probekörper: *Form* Nr. 3; 4 mm dick — *Herstellung* Spritzgiessen
Zustand — *Vorbehandlung* Normalklima

Streckspannung	N/mm^2	36	*Dehnung bei Streckspannung*	%	8
Zugfestigkeit	N/mm^2		*Reißdehnung*	%	10
Reißfestigkeit	N/mm^2		*% Dehnspannung*	N/mm^2	
E-Modul	N/mm^2		*Dehnung bei % Dehnspg.*	%	

Kriechmoduln und Zeitstandwerte 23 °C
Probekörper: *Form* — *Herstellung*
Zustand — *Vorbehandlung*

Kriechmodul	*1 min*	N/mm^2	*Zeitstandzugfestigkeit*	h	N/mm^2
Kriechmodul	*1000 h*	N/mm^2	*Zeitdehnspg. %*	h	N/mm^2
bei Spannung		N/mm^2			

Biegeversuch 23 °C
Probekörper: *Form* — *Herstellung*
Zustand — *Vorbehandlung*

Biegefestigkeit	N/mm^2	*E-Modul*	N/mm^2
3,5% *Biegespannung*	N/mm^2		

Härte 23 °C *Probekörper:* *Zustand* — *Herstellung*
Vorbehandlung

Kugeldruckhärte	N/mm^2 bei N, s	*Shore-Härte* A	
Rockwellhärte		*Shore-Härte* D	

Schlagversuch *Probekörper:* *(1)*
(2) — *Herstellung*
Zustand — *Vorbehandlung*

	°C	°C	°C	*Probekörper-Form*
Schlagzähigkeit kJ/m^2				
Kerbschlagzähigkeit (1) kJ/m^2				
IZOD-Kerbschlagzähigkeit (2) J/m				
Kerbschlagzugzähigkeit kJ/m^2				

Abrieb und Reibung

Taber-Abrieb (Reibradverfahren)	mm^3/100 U		
Abriebfaktor LNP (Thrust washer) Vergleichswert			
Statische Reibungszahl			
Dynamische Reibungszahl	(p · v = N/mm^2 ·		m/min)
Zulässiger p · v Wert	N/mm^2 · (m/min)	v =	m/min
		v =	m/min

Thermische Eigenschaften

Formbeständigkeit in der Wärme	*Verfahren*	A		55 °C
	Verfahren			°C
Vicat Erweichungstemperatur (VST)	*Verfahren*	A/50		151 °C
	Verfahren	B/50		90 °C
Kristallit-Schmelzpunkt	*Verfahren*			
Längenausdehnungskoeffizient	*Bereich*	°C		$\cdot 10^{-4}K^{-1}$
	Temperatur			$\cdot 10^{-4}K^{-1}$
Wärmeleitfähigkeit	*Verfahren*			W/(K · m)
Spezifische Wärmekapazität	*Verfahren*			J/(K · g)
Glasumwandlungstemperatur	*Torsionsschwingungsversuch*		°C	
	Differentialkalorimetrie		°C	

Brandverhalten

UL-Test vertikal	Dicke	mm, Wert
	Dicke	mm, Wert

	Norm	*Bewertung*	*Abmessungen*
Sauerstoff-Index	ASTM D 2863		
Glühstab-Verfahren			
Brandverhalten	DIN 4102		
MVSS			
FAR			

Elektrische Eigenschaften

		Hz	°C	*Probekörper, Form*
Dielektrizitätszahl		50		
		10^3		
		10^6		
Dielektrischer Verlustfaktor tan δ		50		
		10^3		
		10^6		
Spezifischer Durchgangswiderstand	Ohm · cm			
Durchschlagfestigkeit	kV/mm			mm dick
Oberflächenwiderstand	Ohm			

Kriechstromfestigkeit	KC	KB	KA
Elektrolytische Korrosionswirkung			
Lichtbogenfestigkeit nach DIN			
nach ASTM s			

Beständigkeit *(Chemische Beständigkeit siehe Anhang)*

Wasseraufnahme 23 C Bis zur Saettigung	0.1 %	
Feuchtigkeitsaufnahme Normalklima		0.1 %
Wetterbeständigkeit		
Spannungskorrosion		

Optische Eigenschaften

Brechungszahl n_D		
Transmissionsgrad τ_c	%	mm dick
Lichtdurchlässigkeit		

Datenbank-Nr. **T01620** *Merkblatt-Nr.* **4205**

Produkt	Polypropylen		**PP**
Handelsname	**Novolen 1181NX TA2**		
Hersteller	BASF		
DIN-Bez 1			
DIN-Bez 2			
Zusätze	Waermestabilisator; Antistatikum	*Füllstoffe/ Verstärkung*	10% Talkum
Bevorzugte Verarbeitung	Spritzgiessen	*Lieferform*	Granulat
		Farben	
Besondere Merkmale	Antistatisch; Gute Fliessfaehigkeit	*Bevorzugte Anwendungen*	Duennwandiges Hausgeraet

Dichte g/cm³ 0.97 — *Schmelzindex* g/10 min :
Schüttdichte g/cm³ — *Volumenfließindex* cm³/10 min :
Viskositätszahl ml/g

Verarbeitungsbedingungen für Spritzgießen

Massetemp. °C — *Schwindung* % lgs , quer
Werkzeugtemp. °C — *Bemerkungen*
Spritzdruck bar

Zugversuch 23 °C DIN 53455; ISO R/527;
Probekörper: *Form* Nr. 3; 4 mm dick — *Herstellung* Spritzgiessen
Zustand — *Vorbehandlung* Normalklima

Streckspannung N/mm² 35 — *Dehnung bei Streckspannung* % 7
Zugfestigkeit N/mm² — *Reißdehnung* % ≧50
Reißfestigkeit N/mm² — *% Dehnspannung* N/mm²
E-Modul N/mm² — *Dehnung bei % Dehnspg.* %

Kriechmoduln und Zeitstandwerte 23 °C
Probekörper: *Form* — *Herstellung*
Zustand — *Vorbehandlung*

Kriechmodul *1 min* N/mm² — *Zeitstandzugfestigkeit* h N/mm²
Kriechmodul *1000 h* N/mm² — *Zeitdehnspg. %* h N/mm²
bei Spannung N/mm²

Biegeversuch 23 °C
Probekörper: *Form* — *Herstellung*
Zustand — *Vorbehandlung*

Biegefestigkeit N/mm² — *E-Modul* N/mm²
3,5% *Biegespannung* N/mm²

Härte 23 °C *Probekörper:* *Zustand* — *Herstellung*
Vorbehandlung

Kugeldruckhärte N/mm² bei N, s — *Shore-Härte* A
Rockwellhärte — *Shore-Härte* D

Schlagversuch *Probekörper:* *(1)*
(2) — *Herstellung*
Zustand — *Vorbehandlung*

°C °C °C *Probekörper-Form*

Schlagzähigkeit kJ/m²
Kerbschlagzähigkeit (1) kJ/m²
IZOD-Kerbschlagzähigkeit (2) J/m
Kerbschlagzugzähigkeit kJ/m²

Abrieb und Reibung

Taber-Abrieb (Reibradverfahren)	mm^3/100 U			
Abriebfaktor LNP (Thrust washer) Vergleichswert				
Statische Reibungszahl				
Dynamische Reibungszahl	(p · v =	N/mm^2 ·		m/min)
Zulässiger p · v Wert	N/mm^2 · (m/min)	v =		m/min
		v =		m/min

Thermische Eigenschaften

Formbeständigkeit in der Wärme	*Verfahren*	A		62 °C
	Verfahren	B		110 °C
Vicat Erweichungstemperatur (VST)	*Verfahren*	A/50		155 °C
	Verfahren	B/50		92 °C
Kristallit-Schmelzpunkt	*Verfahren*			
Längenausdehnungskoeffizient	*Bereich*	23–80	°C	$1.2 \cdot 10^{-4} K^{-1}$
	Temperatur			$\cdot 10^{-4} K^{-1}$
Wärmeleitfähigkeit	*Verfahren*			W/(K · m)
Spezifische Wärmekapazität	*Verfahren*			J/(K · g)
Glasumwandlungstemperatur	*Torsionsschwingungsversuch*		°C	
	Differentialkalorimetrie		°C	

Brandverhalten

UL-Test vertikal Dicke 1.57 mm, Wert HB
Dicke 0.81 mm, Wert HB

	Norm	*Bewertung*	*Abmessungen*
Sauerstoff-Index	ASTM D 2863		
Glühstab-Verfahren			
Brandverhalten	DIN 4102		
MVSS			
FAR			

Elektrische Eigenschaften

		Hz	°C		*Probekörper, Form*
Dielektrizitätszahl		50	23	2.3	Durchmesser 80x1 mm
		10^3	23	2.3	Durchmesser 80x1 mm
		10^6			
Dielektrischer Verlustfaktor tan δ		50	23	0.0026	Durchmesser 80x1 mm
		10^3	23	0.001	Durchmesser 80x1 mm
		10^6			
Spezifischer Durchgangs-widerstand	Ohm · cm		23	1*10**14	Durchmesser 80x1 mm
Durchschlagfestigkeit	kV/mm		23	115	1 mm dick
Oberflächenwiderstand	Ohm		23	1*10**10	Durchmesser 80x1 mm

Kriechstromfestigkeit KC KB KA
Elektrolytische Korrosionswirkung
Lichtbogenfestigkeit nach DIN
nach ASTM s

Beständigkeit *(Chemische Beständigkeit siehe Anhang)*

Wasseraufnahme 23 C Bis zur Saettigung 0.1 %

Feuchtigkeitsaufnahme Normalklima 0.1 %
Wetterbeständigkeit

Spannungskorrosion

Optische Eigenschaften

Brechungszahl n_D
Transmissionsgrad τ_c % mm dick
Lichtdurchlässigkeit

Datenbank-Nr. **T01621** *Merkblatt-Nr.* **4206**

Produkt	Polypropylen		**PP**
Handelsname	**Novolen 1181RX TA2**		
Hersteller	BASF		
DIN-Bez 1			
DIN-Bez 2			
Zusätze	Waermestabilisator; Antistatikum	*Füllstoffe/ Verstärkung*	10% Talkum
Bevorzugte Verarbeitung	Spritzgiessen	*Lieferform*	Granulat
		Farben	
Besondere Merkmale	Antistatisch; Gute Fliessfaehigkeit; Hohe Waermestabilisierung	*Bevorzugte Anwendungen*	Duennwandiges Hausgeraet

Dichte	g/cm^3	0.97	*Schmelzindex*	g/10 min	:
Schüttdichte	g/cm^3		*Volumenfließindex*	$cm^3/10$ min	:
Viskositätszahl	ml/g				

Verarbeitungsbedingungen für Spritzgießen

Massetemp.	°C	*Schwindung*	% lgs , quer
Werkzeugtemp.	°C	*Bemerkungen*	
Spritzdruck	bar		

Zugversuch 23 °C DIN 53455; ISO R/527;

Probekörper: *Form* Nr. 3; 4 mm dick — *Herstellung* Spritzgiessen
Zustand — *Vorbehandlung* Normalklima

Streckspannung	N/mm^2	35	*Dehnung bei Streckspannung*	%	7
Zugfestigkeit	N/mm^2		*Reißdehnung*	%	≧50
Reißfestigkeit	N/mm^2		*% Dehnspannung*	N/mm^2	
E-Modul	N/mm^2		*Dehnung bei % Dehnspg.*	%	

Kriechmoduln und Zeitstandwerte 23 °C

Probekörper: *Form* — *Herstellung*
Zustand — *Vorbehandlung*

Kriechmodul	*1 min* N/mm^2	*Zeitstandzugfestigkeit*	h	N/mm^2
Kriechmodul	*1000 h* N/mm^2	*Zeitdehnspg. %*	h	N/mm^2
bei Spannung	N/mm^2			

Biegeversuch 23 °C

Probekörper: *Form* — *Herstellung*
Zustand — *Vorbehandlung*

Biegefestigkeit	N/mm^2	*E-Modul*	N/mm^2
3,5% *Biegespannung*	N/mm^2		

Härte 23 °C *Probekörper:* *Zustand* — *Herstellung*
Vorbehandlung

Kugeldruckhärte	N/mm^2 bei N, s	*Shore-Härte* A	
Rockwellhärte		*Shore-Härte* D	

Schlagversuch *Probekörper:* *(1)*
(2) — *Herstellung*
Zustand — *Vorbehandlung*

	°C	°C	°C	*Probekörper-Form*
Schlagzähigkeit kJ/m^2				
Kerbschlagzähigkeit (1) kJ/m^2				
IZOD-Kerbschlagzähigkeit (2) J/m				
Kerbschlagzugzähigkeit kJ/m^2				

Abrieb und Reibung

Taber-Abrieb (Reibradverfahren)	$mm^3/100$ U		
Abriebfaktor LNP (Thrust washer) Vergleichswert			
Statische Reibungszahl			
Dynamische Reibungszahl	(p·v= N/mm^2·		m/min)
Zulässiger p · v Wert	N/mm^2 · (m/min)	v=	m/min
		v=	m/min

Thermische Eigenschaften

Formbeständigkeit in der Wärme	*Verfahren*	A		64 °C
	Verfahren	B		115 °C
Vicat Erweichungstemperatur (VST)	*Verfahren*	A/50		155 °C
	Verfahren	B/50		94 °C
Kristallit-Schmelzpunkt	*Verfahren*			
Längenausdehnungskoeffizient	*Bereich*	23–80	°C	$1.2 \cdot 10^{-4} K^{-1}$
	Temperatur			$\cdot 10^{-4} K^{-1}$
Wärmeleitfähigkeit	*Verfahren*			W/(K · m)
Spezifische Wärmekapazität	*Verfahren*			J/(K · g)
Glasumwandlungstemperatur	*Torsionsschwingungsversuch*		°C	
	Differentialkalorimetrie		°C	

Brandverhalten

UL-Test vertikal Dicke 1.57 mm, Wert HB
Dicke 0.81 mm, Wert HB

	Norm	*Bewertung*	*Abmessungen*
Sauerstoff-Index	ASTM D 2863		
Glühstab-Verfahren			
Brandverhalten	DIN 4102		
MVSS			
FAR			

Elektrische Eigenschaften

		Hz	°C		*Probekörper, Form*
Dielektrizitätszahl		50	23	2.3	Durchmesser 80x1 mm
		10^3	23	2.3	Durchmesser 80x1 mm
		10^6			
Dielektrischer Verlustfaktor tan δ		50	23	0.0026	Durchmesser 80x1 mm
		10^3	23	0.001	Durchmesser 80x1 mm
		10^6			
Spezifischer Durchgangs-widerstand	Ohm · cm		23	1*10**14	Durchmesser 80x1 mm
Durchschlagfestigkeit	kV/mm		23	115	1 mm dick
Oberflächenwiderstand	Ohm		23	1*10**10	Durchmesser 80x1 mm

Kriechstromfestigkeit	KC	KB	KA
Elektrolytische Korrosionswirkung			
Lichtbogenfestigkeit nach DIN			
nach ASTM s			

Beständigkeit *(Chemische Beständigkeit siehe Anhang)*

Wasseraufnahme 23 C Bis zur Saettigung	0.1 %
Feuchtigkeitsaufnahme Normalklima	0.1 %
Wetterbeständigkeit	
Spannungskorrosion	

Optische Eigenschaften

Brechungszahl n_D
Transmissionsgrad τ_c % mm dick
Lichtdurchlässigkeit

Datenbank-Nr. **T01624** *Merkblatt-Nr.* **4207**

Produkt	Polypropylen		**PP**
Handelsname	**Novolen 2348TCX**		
Hersteller	BASF		
DIN-Bez 1			
DIN-Bez 2			
Zusätze	Nukleierungsmittel; Antistatikum	*Füllstoffe/ Verstärkung*	
Bevorzugte Verarbeitung	Spritzgiessen	*Lieferform*	Granulat
		Farben	
Besondere Merkmale	Antistatisch; Gute Kaelteschlagzaehigkeit; Hohe Steifigkeit; Sehr gute Fliessfaehigkeit	*Bevorzugte Anwendungen*	Duennwandiges verzugsarmes Formteil

Dichte	g/cm^3	0.906	*Schmelzindex*	g/10 min		:
Schüttdichte	g/cm^3		*Volumenfließindex*	cm^3/10 min		:
Viskositätszahl	ml/g					

Verarbeitungsbedingungen für Spritzgießen

Massetemp.	°C	*Schwindung*	%	lgs , quer
Werkzeugtemp.	°C	*Bemerkungen*		
Spritzdruck	bar			

Zugversuch 23 °C DIN 53455; ISO R/527;

Probekörper: *Form* Nr. 3; 4 mm dick — *Herstellung* Spritzgiessen

Zustand — *Vorbehandlung* Normalklima

Streckspannung	N/mm^2	28	*Dehnung bei Streckspannung*	%	6
Zugfestigkeit	N/mm^2		*Reißdehnung*	%	≧50
Reißfestigkeit	N/mm^2		*% Dehnspannung*	N/mm^2	
E-Modul	N/mm^2		*Dehnung bei % Dehnspg.*	%	

Kriechmoduln und Zeitstandwerte 23 °C

Probekörper: *Form* — *Herstellung*

Zustand — *Vorbehandlung*

Kriechmodul	*1 min*	N/mm^2	*Zeitstandzugfestigkeit*	h	N/mm^2
Kriechmodul	*1000 h*	N/mm^2	*Zeitdehnspg. %*	h	N/mm^2
bei Spannung		N/mm^2			

Biegeversuch 23 °C

Probekörper: *Form* — *Herstellung*

Zustand — *Vorbehandlung*

Biegefestigkeit	N/mm^2	*E-Modul*	N/mm^2
3,5% *Biegespannung*	N/mm^2		

Härte 23 °C *Probekörper:* *Zustand* — *Herstellung*

Vorbehandlung

Kugeldruckhärte	N/mm^2 bei N, s	*Shore-Härte* A	
Rockwellhärte		*Shore-Härte* D	

Schlagversuch *Probekörper:* *(1)*

(2) — *Herstellung*

Zustand — *Vorbehandlung*

		°C	°C	°C	*Probekörper-Form*
Schlagzähigkeit	kJ/m^2				
Kerbschlagzähigkeit (1)	kJ/m^2				
IZOD-Kerbschlagzähigkeit (2)	J/m				
Kerbschlagzugzähigkeit	kJ/m^2				

Abrieb und Reibung

Taber-Abrieb (Reibradverfahren)	mm^3/100 U		
Abriebfaktor LNP (Thrust washer) Vergleichswert			
Statische Reibungszahl			
Dynamische Reibungszahl	(p · v = N/mm^2 ·		m/min)
Zulässiger p · v Wert	N/mm^2 · (m/min)	v =	m/min
		v =	m/min

Thermische Eigenschaften

Formbeständigkeit in der Wärme	*Verfahren*	A		57 °C
	Verfahren			°C
Vicat Erweichungstemperatur (VST)	*Verfahren*	A/50		152 °C
	Verfahren	B/50		77 °C
Kristallit-Schmelzpunkt	*Verfahren*			
Längenausdehnungskoeffizient	*Bereich*	23–80	°C	$1.5 \cdot 10^{-4}K^{-1}$
	Temperatur			$\cdot 10^{-4}K^{-1}$
Wärmeleitfähigkeit	*Verfahren*			W/(K · m)
Spezifische Wärmekapazität	*Verfahren*			J/(K · g)
Glasumwandlungstemperatur	*Torsionsschwingungsversuch*		°C	
	Differentialkalorimetrie		°C	

Brandverhalten

UL-Test vertikal	Dicke	mm, Wert HB
	Dicke	mm, Wert

	Norm	*Bewertung*	*Abmessungen*
Sauerstoff-Index	ASTM D 2863		
Glühstab-Verfahren			
Brandverhalten	DIN 4102		
MVSS			
FAR			

Elektrische Eigenschaften

		Hz	°C		*Probekörper, Form*
Dielektrizitätszahl		50	23	2.3	Durchmesser 80x1 mm
		10^3	23	2.3	Durchmesser 80x1 mm
		10^6			
Dielektrischer Verlustfaktor tan δ		50	23	0.00007	Durchmesser 80x1 mm
		10^3	23	0.0002	Durchmesser 80x1 mm
		10^6			
Spezifischer Durchgangs-widerstand	Ohm · cm				
Durchschlagfestigkeit	kV/mm		23	140	1 mm dick
Oberflächenwiderstand	Ohm				

Kriechstromfestigkeit	KC	KB	KA
Elektrolytische Korrosionswirkung			
Lichtbogenfestigkeit nach DIN			
nach ASTM s			

Beständigkeit *(Chemische Beständigkeit siehe Anhang)*

Wasseraufnahme 23 C Bis zur Saettigung	0.1 %	
Feuchtigkeitsaufnahme Normalklima		0.1 %
Wetterbeständigkeit		
Spannungskorrosion		

Optische Eigenschaften

Brechungszahl n_D		
Transmissionsgrad τ_c	%	mm dick
Lichtdurchlässigkeit		

Datenbank-Nr. **T01633** Merkblatt-Nr. **4208**

Produkt	Polystyrol schlagfest		**SB**
Handelsname	**Polystyrol 2712**		
Hersteller	BASF		
DIN-Bez 1			
DIN-Bez 2			
Zusätze		*Füllstoffe/ Verstärkung*	
Bevorzugte Verarbeitung	Extrudieren	*Lieferform*	Granulat
		Farben	
Besondere Merkmale	Erhoehte Spannungsrissbestaendigkeit; Hochschlagfest; Gute Thermoformbarkeit; Gute Flexibilitaet	*Bevorzugte Anwendungen*	Kuehlgeraetesektor

Dichte	g/cm³	1.05	*Schmelzindex*	g/10 min	:
Schüttdichte	g/cm³		*Volumenfließindex*	cm³/10 min	:
Viskositätszahl	ml/g				

Verarbeitungsbedingungen für Spritzgießen

Massetemp.	°C	*Schwindung*	% lgs , quer
Werkzeugtemp.	°C	*Bemerkungen*	
Spritzdruck	bar		

Zugversuch 23 °C DIN 53455; ISO R/527;

Probekörper: *Form* Nr. 3; 4 mm dick *Herstellung*
Zustand *Vorbehandlung* Normalklima

Streckspannung	N/mm²	16	*Dehnung bei Streckspannung*	%	1.3
Zugfestigkeit	N/mm²		*Reißdehnung*	%	≧50
Reißfestigkeit	N/mm²		*% Dehnspannung*	N/mm²	
E-Modul	N/mm²		*Dehnung bei % Dehnspg.*	%	

Kriechmoduln und Zeitstandwerte 23 °C

Probekörper: *Form* *Herstellung*
Zustand *Vorbehandlung*

Kriechmodul	*1 min*	N/mm²	*Zeitstandzugfestigkeit*	h	N/mm²
Kriechmodul	*1000 h*	N/mm²	*Zeitdehnspg.* %	h	N/mm²
bei Spannung		N/mm²			

Biegeversuch 23 °C

Probekörper: *Form* *Herstellung*
Zustand *Vorbehandlung*

Biegefestigkeit	N/mm²	*E-Modul*	N/mm²
3,5% *Biegespannung*	N/mm²		

Härte 23 °C *Probekörper:* *Zustand* *Herstellung*
Vorbehandlung

Kugeldruckhärte	N/mm² bei N, s	*Shore-Härte* A	
Rockwellhärte		*Shore-Härte* D	

Schlagversuch *Probekörper:* *(1)*
(2) *Herstellung*
Zustand *Vorbehandlung*

	°C	°C	°C	*Probekörper-Form*
Schlagzähigkeit kJ/m²				
Kerbschlagzähigkeit (1) kJ/m²				
IZOD-Kerbschlagzähigkeit (2) J/m				
Kerbschlagzugzähigkeit kJ/m²				

Abrieb und Reibung

Taber-Abrieb (Reibradverfahren)	$mm^3/100$ U			
Abriebfaktor LNP (Thrust washer) Vergleichswert				
Statische Reibungszahl				
Dynamische Reibungszahl	(p·v=	N/mm^2 ·		m/min)
Zulässiger p · v Wert	N/mm^2 · (m/min)		v=	m/min
			v=	m/min

Thermische Eigenschaften

Formbeständigkeit in der Wärme	*Verfahren*			°C
	Verfahren			°C
Vicat Erweichungstemperatur (VST)	*Verfahren*	B/50		83 °C
	Verfahren			°C
Kristallit-Schmelzpunkt	*Verfahren*			
Längenausdehnungskoeffizient	*Bereich*	23–80	°C	$1 \cdot 10^{-4}K^{-1}$
	Temperatur			$\cdot 10^{-4}K^{-1}$
Wärmeleitfähigkeit	*Verfahren*			W/(K · m)
Spezifische Wärmekapazität	*Verfahren*			J/(K · g)
Glasumwandlungstemperatur	*Torsionsschwingungsversuch*			°C
	Differentialkalorimetrie			°C

Brandverhalten

UL-Test vertikal	Dicke	mm, Wert	HB
	Dicke	mm, Wert	

	Norm	*Bewertung*	*Abmessungen*
Sauerstoff-Index	ASTM D 2863		
Glühstab-Verfahren			
Brandverhalten	DIN 4102		
MVSS			
FAR			

Elektrische Eigenschaften

		Hz	°C			*Probekörper, Form*
Dielektrizitätszahl		50	23	2.5		Durchmesser 80x1 mm
		10^3	23	2.5		Durchmesser 80x1 mm
		10^6				
Dielektrischer Verlustfaktor tan δ		50				
		10^3	23	0.0004		Durchmesser 80x1 mm
		10^6				
Spezifischer Durchgangs-widerstand	Ohm · cm		23	1*10**16		Durchmesser 80x1 mm
Durchschlagfestigkeit	kV/mm					mm dick
Oberflächenwiderstand	Ohm		23	1*10**13		Durchmesser 80x1 mm
Kriechstromfestigkeit		KC		KB	KA	
Elektrolytische Korrosionswirkung						
Lichtbogenfestigkeit nach DIN						
nach ASTM	s					

Beständigkeit *(Chemische Beständigkeit siehe Anhang)*

Wasseraufnahme 23 C	Bis zur Saettigung	0.1 %
Feuchtigkeitsaufnahme Normalklima		0.1 %
Wetterbeständigkeit		
Spannungskorrosion		

Optische Eigenschaften

Brechungszahl n_D		
Transmissionsgrad τ_c	%	mm dick
Lichtdurchlässigkeit		

Datenbank-Nr.	**T01634**	*Merkblatt-Nr.*	**4209**

Produkt	Acrylnitril-Butadien-Styrol-Polymerisat		**ABS**
Handelsname	**Terluran 877M**		
Hersteller	BASF		
DIN-Bez 1			
DIN-Bez 2			
Zusätze		*Füllstoffe/ Verstärkung*	
Bevorzugte Verarbeitung	Spritzgiessen	*Lieferform*	Granulat
		Farben	
Besondere Merkmale	Antistatisch; Galvanisierbar; Schlagzaeh modifiziert; Leicht verarbeitbar; Ausgewogene Eigenschaften; Aehnlich Terluran 877T	*Bevorzugte Anwendungen*	

Dichte	g/cm³	1.06	*Schmelzindex*	g/10 min		:	
Schüttdichte	g/cm³		*Volumenfließindex*	cm³/10 min	14	:	200/21.6
Viskositätszahl	ml/g						

Verarbeitungsbedingungen für Spritzgießen

Massetemp.	°C	*Schwindung*	%	lgs , quer
Werkzeugtemp.	°C	*Bemerkungen*		
Spritzdruck	bar			

Zugversuch 23 °C DIN 53455; ISO R/527;

Probekörper: Form	Nr. 3; 4 mm dick	*Herstellung*	Spritzgiessen
Zustand		*Vorbehandlung*	Normalklima

Streckspannung	N/mm²	50	*Dehnung bei Streckspannung*	%	3.2
Zugfestigkeit	N/mm²		*Reißdehnung*	%	20
Reißfestigkeit	N/mm²		*% Dehnspannung*	N/mm²	
E-Modul	N/mm²		*Dehnung bei % Dehnspg.*	%	

Kriechmoduln und Zeitstandwerte 23 °C

Probekörper: Form		*Herstellung*	
Zustand		*Vorbehandlung*	

Kriechmodul	*1 min* N/mm²	*Zeitstandzugfestigkeit*	h	N/mm²
Kriechmodul	*1000 h* N/mm²	*Zeitdehnspg. %*	h	N/mm²
bei Spannung	N/mm²			

Biegeversuch 23 °C

Probekörper: Form		*Herstellung*	
Zustand		*Vorbehandlung*	

Biegefestigkeit	N/mm²	*E-Modul*	N/mm²
3,5% *Biegespannung*	N/mm²		

Härte 23 °C

Probekörper: Zustand		*Herstellung*	
		Vorbehandlung	
Kugeldruckhärte	N/mm² bei N, s	*Shore-Härte* A	
Rockwellhärte		*Shore-Härte* D	

Schlagversuch

Probekörper: (1)			
(2)		*Herstellung*	
Zustand		*Vorbehandlung*	

		°C	°C	°C	*Probekörper-Form*
Schlagzähigkeit	kJ/m²				
Kerbschlagzähigkeit (1)	kJ/m²				
IZOD-Kerbschlagzähigkeit (2)	J/m				
Kerbschlagzugzähigkeit	kJ/m²				

Abrieb und Reibung

Taber-Abrieb (Reibradverfahren)	$mm^3/100$ U		
Abriebfaktor LNP (Thrust washer) Vergleichswert			
Statische Reibungszahl			
Dynamische Reibungszahl	(p·v= N/mm^2·		m/min)
Zulässiger p · v Wert	N/mm^2 · (m/min)	v=	m/min
		v=	m/min

Thermische Eigenschaften

Formbeständigkeit in der Wärme	*Verfahren* A		97 °C
	Verfahren B		102 °C
Vicat Erweichungstemperatur (VST)	*Verfahren* A/50		108 °C
	Verfahren B/50		98 °C
Kristallit-Schmelzpunkt	*Verfahren*		
Längenausdehnungskoeffizient	*Bereich* 23–80 °C		$1.1 \cdot 10^{-4} K^{-1}$
	Temperatur		$\cdot 10^{-4} K^{-1}$
Wärmeleitfähigkeit	*Verfahren*		W/(K · m)
Spezifische Wärmekapazität	*Verfahren*		J/(K · g)
Glasumwandlungstemperatur	*Torsionsschwingungsversuch*	°C	
	Differentialkalorimetrie	°C	

Brandverhalten

UL-Test vertikal Dicke 1.47 mm, Wert HB
Dicke 3.05 mm, Wert HB

	Norm	*Bewertung*	*Abmessungen*
Sauerstoff-Index	ASTM D 2863		
Glühstab-Verfahren			
Brandverhalten	DIN 4102		
MVSS			
FAR			

Elektrische Eigenschaften

		Hz	°C		*Probekörper, Form*
Dielektrizitätszahl		50	23	3.4	Durchmesser 80x1 mm
		10^3	23	3	Durchmesser 80x1 mm
		10^6			
Dielektrischer Verlustfaktor tan δ		50	23	0.009	Durchmesser 80x1 mm
		10^3	23	0.01	Durchmesser 80x1 mm
		10^6			
Spezifischer Durchgangswiderstand	Ohm · cm		23	1*10**15	Durchmesser 80x1 mm
Durchschlagfestigkeit	kV/mm		23	130	1 mm dick
Oberflächenwiderstand	Ohm		23	1*10**13	Durchmesser 80x1 mm

Kriechstromfestigkeit KC KB KA
Elektrolytische Korrosionswirkung
Lichtbogenfestigkeit nach DIN
nach ASTM s

Beständigkeit *(Chemische Beständigkeit siehe Anhang)*

Wasseraufnahme 23 C Bis zur Saettigung 1.6 %

Feuchtigkeitsaufnahme Normalklima 0.4 %
Wetterbeständigkeit

Spannungskorrosion

Optische Eigenschaften

Brechungszahl n_D
Transmissionsgrad τ_c % mm dick
Lichtdurchlässigkeit

Datenbank-Nr. **T01635** Merkblatt-Nr. **4210**

Produkt	Acrylnitril-Butadien-Styrol-Polymerisat		**ABS**
Handelsname	**Terluran 877ME**		
Hersteller	BASF		
DIN-Bez 1			
DIN-Bez 2			
Zusätze		*Füllstoffe/ Verstärkung*	
Bevorzugte Verarbeitung	Extrudieren	*Lieferform*	Granulat
		Farben	
Besondere Merkmale	Antistatisch; Galvanisierbar; Schlagzaeh modifiziert; Leicht verarbeitbar; Ausgewogene Eigenschaften; Aehnlich Terluran 877T	*Bevorzugte Anwendungen*	

Dichte	g/cm^3	1.06	*Schmelzindex*	g/10 min	:	
Schüttdichte	g/cm^3		*Volumenfließindex*	cm^3/10 min	14:	200/21.6
Viskositätszahl	ml/g					

Verarbeitungsbedingungen für Spritzgießen

Massetemp.	°C	*Schwindung*	% lgs , quer
Werkzeugtemp.	°C	*Bemerkungen*	
Spritzdruck	bar		

Zugversuch 23 °C DIN 53455; ISO R/527;
Probekörper: *Form* Nr. 3; 4 mm dick *Herstellung* Spritzgiessen
Zustand *Vorbehandlung* Normalklima

Streckspannung	N/mm^2	50	*Dehnung bei Streckspannung*	%	3.2
Zugfestigkeit	N/mm^2		*Reißdehnung*	%	20
Reißfestigkeit	N/mm^2		*% Dehnspannung*	N/mm^2	
E-Modul	N/mm^2		*Dehnung bei % Dehnspg.*	%	

Kriechmoduln und Zeitstandwerte 23 °C
Probekörper: *Form* *Herstellung*
Zustand *Vorbehandlung*

Kriechmodul	*1 min*	N/mm^2	*Zeitstandzugfestigkeit*	h	N/mm^2
Kriechmodul	*1000 h*	N/mm^2	*Zeitdehnspg. %*	h	N/mm^2
bei Spannung		N/mm^2			

Biegeversuch 23 °C
Probekörper: *Form* *Herstellung*
Zustand *Vorbehandlung*

Biegefestigkeit	N/mm^2	*E-Modul*	N/mm^2
3,5% *Biegespannung*	N/mm^2		

Härte 23 °C *Probekörper:* *Zustand* *Herstellung*
Vorbehandlung

Kugeldruckhärte	N/mm^2 bei N, s	*Shore-Härte*	A
Rockwellhärte		*Shore-Härte*	D

Schlagversuch *Probekörper:* *(1)*
(2) *Herstellung*
Zustand *Vorbehandlung*

	°C	°C	°C	*Probekörper-Form*
Schlagzähigkeit	kJ/m^2			
Kerbschlagzähigkeit (1)	kJ/m^2			
IZOD-Kerbschlagzähigkeit (2)	J/m			
Kerbschlagzugzähigkeit	kJ/m^2			

Abrieb und Reibung

Taber-Abrieb (Reibradverfahren)	mm^3/100 U		
Abriebfaktor LNP (Thrust washer) Vergleichswert			
Statische Reibungszahl			
Dynamische Reibungszahl	(p · v = N/mm^2 ·		m/min)
Zulässiger p · v Wert	N/mm^2 · (m/min)	v =	m/min
		v =	m/min

Thermische Eigenschaften

Formbeständigkeit in der Wärme	*Verfahren*	A		97 °C
	Verfahren	B		102 °C
Vicat Erweichungstemperatur (VST)	*Verfahren*	A/50		108 °C
	Verfahren	B/50		98 °C
Kristallit-Schmelzpunkt	*Verfahren*			
Längenausdehnungskoeffizient	*Bereich*	23–80	°C	$1.1 \cdot 10^{-4} K^{-1}$
	Temperatur			$\cdot 10^{-4} K^{-1}$
Wärmeleitfähigkeit	*Verfahren*			W/(K · m)
Spezifische Wärmekapazität	*Verfahren*			J/(K · g)
Glasumwandlungstemperatur	*Torsionsschwingungsversuch*		°C	
	Differentialkalorimetrie		°C	

Brandverhalten

UL-Test vertikal Dicke 1.47 mm, Wert HB
Dicke 3.05 mm, Wert HB

	Norm	*Bewertung*	*Abmessungen*
Sauerstoff-Index	ASTM D 2863		
Glühstab-Verfahren			
Brandverhalten	DIN 4102		
MVSS			
FAR			

Elektrische Eigenschaften

		Hz	°C		*Probekörper, Form*
Dielektrizitätszahl		50	23	3.4	Durchmesser 80x1 mm
		10^3	23	3	Durchmesser 80x1 mm
		10^6			
Dielektrischer Verlustfaktor tan δ		50	23	0.009	Durchmesser 80x1 mm
		10^3	23	0.01	Durchmesser 80x1 mm
		10^6			
Spezifischer Durchgangs-widerstand	Ohm · cm		23	1*10**15	Durchmesser 80x1 mm
Durchschlagfestigkeit	kV/mm		23	130	1 mm dick
Oberflächenwiderstand	Ohm		23	1*10**13	Durchmesser 80x1 mm

Kriechstromfestigkeit	KC	KB	KA
Elektrolytische Korrosionswirkung			
Lichtbogenfestigkeit nach DIN			
nach ASTM s			

Beständigkeit *(Chemische Beständigkeit siehe Anhang)*

Wasseraufnahme 23 C Bis zur Saettigung 1.6 %

Feuchtigkeitsaufnahme Normalklima 0.4 %
Wetterbeständigkeit

Spannungskorrosion

Optische Eigenschaften

Brechungszahl n_D
Transmissionsgrad τ_c % mm dick
Lichtdurchlässigkeit

Datenbank-Nr.	**T01637**	*Merkblatt-Nr.* **4211**

Produkt	Acrylnitril-Butadien-Styrol-Polymerisat		**ABS**
Handelsname	**Terluran KR 2877**		
Hersteller	BASF		
DIN-Bez 1			
DIN-Bez 2			
Zusätze		*Füllstoffe/ Verstärkung*	
Bevorzugte Verarbeitung	Spritzgiessen	*Lieferform*	Granulat
		Farben	
Besondere Merkmale	Antistatisch; Galvanisierbar; Schlagzaeh modifiziert; Leicht fliessend; Hohe Steifigkeit; Hohe Haerte	*Bevorzugte Anwendungen*	

Dichte	g/cm³ 1.07	*Schmelzindex*	g/10 min	:	
Schüttdichte	g/cm³	*Volumenfließindex*	cm³/10 min	30:	200/21.6
Viskositätszahl	ml/g				

Verarbeitungsbedingungen für Spritzgießen

Massetemp.	°C	*Schwindung*	% lgs , quer
Werkzeugtemp.	°C	*Bemerkungen*	
Spritzdruck	bar		

Zugversuch 23 °C DIN 53455; ISO R/527;

Probekörper: *Form*	Nr. 3; 4 mm dick	*Herstellung*	Spritzgiessen
Zustand		*Vorbehandlung*	Normalklima

Streckspannung	N/mm² 60	*Dehnung bei Streckspannung*	% 3
Zugfestigkeit	N/mm²	*Reißdehnung*	% 15
Reißfestigkeit	N/mm²	*% Dehnspannung*	N/mm²
E-Modul	N/mm²	*Dehnung bei % Dehnspg.*	%

Kriechmoduln und Zeitstandwerte 23 °C

Probekörper: *Form*		*Herstellung*	
Zustand		*Vorbehandlung*	
Kriechmodul	*1 min* N/mm²	*Zeitstandzugfestigkeit*	h N/mm²
Kriechmodul	*1000 h* N/mm²	*Zeitdehnspg. %*	h N/mm²
bei Spannung	N/mm²		

Biegeversuch 23 °C

Probekörper: *Form*		*Herstellung*	
Zustand		*Vorbehandlung*	
Biegefestigkeit	N/mm²	*E-Modul*	N/mm²
3,5% Biegespannung	N/mm²		

Härte 23 °C

Probekörper: *Zustand*		*Herstellung*	
		Vorbehandlung	
Kugeldruckhärte	N/mm² bei N, s	*Shore-Härte* A	
Rockwellhärte		*Shore-Härte* D	

Schlagversuch

Probekörper: *(1)*			
(2)		*Herstellung*	
Zustand		*Vorbehandlung*	

	°C	°C	°C	*Probekörper-Form*
Schlagzähigkeit kJ/m²				
Kerbschlagzähigkeit (1) kJ/m²				
IZOD-Kerbschlagzähigkeit (2) J/m				
Kerbschlagzugzähigkeit kJ/m²				

Abrieb und Reibung

Taber-Abrieb (Reibradverfahren)	mm^3/100 U		
Abriebfaktor LNP (Thrust washer) Vergleichswert			
Statische Reibungszahl			
Dynamische Reibungszahl	(p·v= N/mm^2 ·		m/min)
Zulässiger p · v Wert	N/mm^2 · (m/min)	v=	m/min
		v=	m/min

Thermische Eigenschaften

Formbeständigkeit in der Wärme	*Verfahren*	A		99 °C
	Verfahren	B		104 °C
Vicat Erweichungstemperatur (VST)	*Verfahren*	B/50		101 °C
	Verfahren			°C
Kristallit-Schmelzpunkt	*Verfahren*			
Längenausdehnungskoeffizient	*Bereich*	23–80	°C	$1.1 \cdot 10^{-4} K^{-1}$
	Temperatur			$\cdot 10^{-4} K^{-1}$
Wärmeleitfähigkeit	*Verfahren*			W/(K · m)
Spezifische Wärmekapazität	*Verfahren*			J/(K · g)
Glasumwandlungstemperatur	*Torsionsschwingungsversuch*		°C	
	Differentialkalorimetrie		°C	

Brandverhalten

UL-Test vertikal		Dicke mm, Wert HB	
		Dicke mm, Wert	
	Norm	*Bewertung*	*Abmessungen*
Sauerstoff-Index	ASTM D 2863		
Glühstab-Verfahren			
Brandverhalten	DIN 4102		
MVSS			
FAR			

Elektrische Eigenschaften

		Hz	°C		*Probekörper, Form*
Dielektrizitätszahl		50	23	3.2	Durchmesser 80x1 mm
		10^3	23	2.9	Durchmesser 80x1 mm
		10^6			
Dielektrischer Verlustfaktor tan δ		50	23	0.014	Durchmesser 80x1 mm
		10^3	23	0.017	Durchmesser 80x1 mm
		10^6			
Spezifischer Durchgangs-widerstand	Ohm · cm		23	1*10**15	Durchmesser 80x1 mm
Durchschlagfestigkeit	kV/mm		23	150	1 mm dick
Oberflächenwiderstand	Ohm		23	1*10**13	Durchmesser 80x1 mm

Kriechstromfestigkeit	KC	KB	KA
Elektrolytische Korrosionswirkung			
Lichtbogenfestigkeit nach DIN			
nach ASTM s			

Beständigkeit *(Chemische Beständigkeit siehe Anhang)*

Wasseraufnahme	
Feuchtigkeitsaufnahme Normalklima	0.4 %
Wetterbeständigkeit	
Spannungskorrosion	

Optische Eigenschaften

Brechungszahl n_D		
Transmissionsgrad τ_c	%	mm dick
Lichtdurchlässigkeit		

Datenbank-Nr.	**T01638**	*Merkblatt-Nr.*	**4212**

Produkt	Acrylnitril-Butadien-Styrol-Polymerisat		**ABS**
Handelsname	**Terluran KR 2890**		
Hersteller	BASF		
DIN-Bez 1			
DIN-Bez 2			
Zusätze		*Füllstoffe/ Verstärkung*	
Bevorzugte Verarbeitung	Spritzgiessen	*Lieferform*	Granulat
		Farben	
Besondere Merkmale	Antistatisch; Galvanisierbar; Gute Zaehigkeit; Gute Steifigkeit; Gute Waermeformbestaendigkeit	*Bevorzugte Anwendungen*	Kfz-Innenteil

Dichte	g/cm^3	1.05	*Schmelzindex*	g/10 min	:	
Schüttdichte	g/cm^3		*Volumenfließindex*	$cm^3/10$ min	13:	200/21.6
Viskositätszahl	ml/g					

Verarbeitungsbedingungen für Spritzgießen

Massetemp.	°C	*Schwindung*	% lgs , quer
Werkzeugtemp.	°C	*Bemerkungen*	
Spritzdruck	bar		

Zugversuch 23 °C DIN 53455; ISO R/527;

Probekörper:	*Form*	Nr. 3; 4 mm dick	*Herstellung*	Spritzgiessen
	Zustand		*Vorbehandlung*	Normalklima

Streckspannung	N/mm^2	53	*Dehnung bei Streckspannung*	%	3.4
Zugfestigkeit	N/mm^2		*Reißdehnung*	%	20
Reißfestigkeit	N/mm^2		*% Dehnspannung*	N/mm^2	
E-Modul	N/mm^2		*Dehnung bei % Dehnspg.*	%	

Kriechmoduln und Zeitstandwerte 23 °C

Probekörper:	*Form*	*Herstellung*	
	Zustand	*Vorbehandlung*	

Kriechmodul	*1 min* N/mm^2	*Zeitstandzugfestigkeit*	h	N/mm^2
Kriechmodul	*1000 h* N/mm^2	*Zeitdehnspg. %*	h	N/mm^2
bei Spannung	N/mm^2			

Biegeversuch 23 °C

Probekörper:	*Form*	*Herstellung*	
	Zustand	*Vorbehandlung*	

Biegefestigkeit	N/mm^2	*E-Modul*	N/mm^2
3,5% *Biegespannung*	N/mm^2		

Härte 23 °C

Probekörper:	*Zustand*	*Herstellung*	
		Vorbehandlung	

Kugeldruckhärte	N/mm^2 bei N, s	*Shore-Härte* A	
Rockwellhärte		*Shore-Härte* D	

Schlagversuch

Probekörper:	*(1)*		
	(2)	*Herstellung*	
	Zustand	*Vorbehandlung*	

	°C	°C	°C	*Probekörper-Form*
Schlagzähigkeit kJ/m^2				
Kerbschlagzähigkeit (1) kJ/m^2				
IZOD-Kerbschlagzähigkeit (2) J/m				
Kerbschlagzugzähigkeit kJ/m^2				

Abrieb und Reibung

Taber-Abrieb (Reibradverfahren)	mm^3/100 U		
Abriebfaktor LNP (Thrust washer) Vergleichswert			
Statische Reibungszahl			
Dynamische Reibungszahl	(p·v= N/mm^2·		m/min)
Zulässiger p·v Wert	N/mm^2·(m/min)	v=	m/min
		v=	m/min

Thermische Eigenschaften

Formbeständigkeit in der Wärme	*Verfahren*	A		99 °C
	Verfahren	B		104 °C
Vicat Erweichungstemperatur (VST)	*Verfahren*	B/50		100 °C
	Verfahren			°C
Kristallit-Schmelzpunkt	*Verfahren*			
Längenausdehnungskoeffizient	*Bereich*	23–80	°C	$1.1 \cdot 10^{-4} K^{-1}$
	Temperatur			$\cdot 10^{-4} K^{-1}$
Wärmeleitfähigkeit	*Verfahren*			W/(K·m)
Spezifische Wärmekapazität	*Verfahren*			J/(K·g)
Glasumwandlungstemperatur	*Torsionsschwingungsversuch*		°C	
	Differentialkalorimetrie		°C	

Brandverhalten

UL-Test vertikal Dicke mm, Wert HB
Dicke mm, Wert

	Norm	*Bewertung*	*Abmessungen*
Sauerstoff-Index	ASTM D 2863		
Glühstab-Verfahren			
Brandverhalten	DIN 4102		
MVSS			
FAR			

Elektrische Eigenschaften

		Hz	°C		*Probekörper, Form*
Dielektrizitätszahl		50			
		10^3	23	2.9	Durchmesser 80x1 mm
		10^6			
Dielektrischer Verlustfaktor tan δ		50	23	0.009	Durchmesser 80x1 mm
		10^3	23	0.01	Durchmesser 80x1 mm
		10^6			
Spezifischer Durchgangs-widerstand	Ohm·cm		23	1*10**14	Durchmesser 80x1 mm
Durchschlagfestigkeit	kV/mm		23	130	1 mm dick
Oberflächenwiderstand	Ohm		23	1*10**13	Durchmesser 80x1 mm

Kriechstromfestigkeit KC KB KA
Elektrolytische Korrosionswirkung
Lichtbogenfestigkeit nach DIN
nach ASTM s

Beständigkeit *(Chemische Beständigkeit siehe Anhang)*

Wasseraufnahme 23 C Bis zur Saettigung 1.6 %

Feuchtigkeitsaufnahme Normalklima 0.4 %
Wetterbeständigkeit

Spannungskorrosion

Optische Eigenschaften

Brechungszahl n_D
Transmissionsgrad τ_c % mm dick
Lichtdurchlässigkeit

Produkt	Polybutylenterephthalat		**PBT**
Handelsname	**Ultradur B4306**		
Hersteller	BASF		
DIN-Bez 1 *DIN-Bez 2*			
Zusätze	Brandschutzmittel	*Füllstoffe/ Verstärkung*	
Bevorzugte Verarbeitung	Spritzgiessen	*Lieferform*	Granulat
		Farben	
Besondere Merkmale	Flammwidrig; Migrationsfrei; Hohe thermische Belastbarkeit; Hohe mechanische Belastbarkeit; Gelbe Eigenfarbe	*Bevorzugte Anwendungen*	

Dichte	g/cm³ 1.45	*Schmelzindex*	g/10 min	:	
Schüttdichte	g/cm³	*Volumenfließindex*	cm³/10 min	:	
Viskositätszahl	ml/g				

Verarbeitungsbedingungen für Spritzgießen

Massetemp.	°C	*Schwindung*	% lgs , quer
Werkzeugtemp.	°C	*Bemerkungen*	
Spritzdruck	bar		

Zugversuch 23 °C DIN 53455; ISO R/527;
Probekörper: *Form* Nr. 3; 4 mm dick *Herstellung*
Zustand *Vorbehandlung* Normalklima

Streckspannung	N/mm² 40	*Dehnung bei Streckspannung*	%	3.5
Zugfestigkeit	N/mm²	*Reißdehnung*	%	3
Reißfestigkeit	N/mm²	*% Dehnspannung*	N/mm²	
E-Modul	N/mm²	*Dehnung bei % Dehnspg.*	%	

Kriechmoduln und Zeitstandwerte 23 °C
Probekörper: *Form* *Herstellung*
Zustand *Vorbehandlung*

Kriechmodul	*1 min* N/mm²	*Zeitstandzugfestigkeit*	h N/mm²
Kriechmodul	*1000 h* N/mm²	*Zeitdehnspg. %*	h N/mm²
bei Spannung	N/mm²		

Biegeversuch 23 °C
Probekörper: *Form* *Herstellung*
Zustand *Vorbehandlung*

Biegefestigkeit	N/mm²	*E-Modul*	N/mm²
3,5% *Biegespannung*	N/mm²		

Härte 23 °C *Probekörper:* *Zustand* *Herstellung*
Vorbehandlung

Kugeldruckhärte	N/mm² bei N, s	*Shore-Härte* A	
Rockwellhärte		*Shore-Härte* D	

Schlagversuch *Probekörper:* *(1)*
(2) *Herstellung*
Zustand *Vorbehandlung*

	°C	°C	°C	*Probekörper-Form*
Schlagzähigkeit kJ/m²				
Kerbschlagzähigkeit (1) kJ/m²				
IZOD-Kerbschlagzähigkeit (2) J/m				
Kerbschlagzugzähigkeit kJ/m²				

Abrieb und Reibung

Taber-Abrieb (Reibradverfahren)	mm^3/100 U		
Abriebfaktor LNP (Thrust washer) Vergleichswert			
Statische Reibungszahl			
Dynamische Reibungszahl	(p·v=	N/mm^2 ·	m/min)
Zulässiger p · v Wert	N/mm^2 · (m/min)	v=	m/min
		v=	m/min

Thermische Eigenschaften

Formbeständigkeit in der Wärme	*Verfahren*	A		60 °C
	Verfahren	B		170 °C
Vicat Erweichungstemperatur (VST)	*Verfahren*	B/50		170 °C
	Verfahren			°C
Kristallit-Schmelzpunkt	*Verfahren*			
Längenausdehnungskoeffizient	*Bereich*	23–80	°C	$1.6 \cdot 10^{-4} K^{-1}$
	Temperatur			$\cdot 10^{-4} K^{-1}$
Wärmeleitfähigkeit	*Verfahren*			W/(K · m)
Spezifische Wärmekapazität	*Verfahren*			J/(K · g)
Glasumwandlungstemperatur	*Torsionsschwingungsversuch*		°C	
	Differentialkalorimetrie		°C	

Brandverhalten

UL-Test vertikal	Dicke	mm, Wert V-0
	Dicke	mm, Wert

	Norm	*Bewertung*	*Abmessungen*
Sauerstoff-Index	ASTM D 2863		
Glühstab-Verfahren			
Brandverhalten	DIN 4102		
MVSS			
FAR			

Elektrische Eigenschaften

		Hz	°C		*Probekörper, Form*
Dielektrizitätszahl		50	23	3.5	Durchmesser 80x1 mm
		10^3	23	3.5	Durchmesser 80x1 mm
		10^6			
Dielektrischer Verlustfaktor tan δ		50			
		10^3	23	0.015	Durchmesser 80x1 mm
		10^6			
Spezifischer Durchgangs-widerstand	Ohm · cm		23	1*10**16	Durchmesser 80x1 mm
Durchschlagfestigkeit	kV/mm		23	40	1 mm dick
Oberflächenwiderstand	Ohm		23	1*10**13	Durchmesser 80x1 mm

Kriechstromfestigkeit	KC	KB	KA
Elektrolytische Korrosionswirkung			
Lichtbogenfestigkeit nach DIN			
nach ASTM s			

Beständigkeit *(Chemische Beständigkeit siehe Anhang)*

Wasseraufnahme 23 C Bis zur Saettigung	0.45 %	
Feuchtigkeitsaufnahme Normalklima		0.2 %
Wetterbeständigkeit		
Spannungskorrosion		

Optische Eigenschaften

Brechungszahl n_D		
Transmissionsgrad τ_c	%	mm dick
Lichtdurchlässigkeit		

Datenbank-Nr. **T01640** Merkblatt-Nr. **4214**

Produkt	Polybutylenterephthalat		**PBT**
Handelsname	**Ultradur B4306 G2**		
Hersteller	BASF		
DIN-Bez 1			
DIN-Bez 2			
Zusätze	Brandschutzmittel	*Füllstoffe/ Verstärkung*	10% Glasfaser
Bevorzugte Verarbeitung	Spritzgiessen	*Lieferform*	Granulat
		Farben	
Besondere Merkmale	Flammwidrig; Migrationsfrei	*Bevorzugte Anwendungen*	Elektroindustrie; Elektronikindustrie

Dichte	g/cm³	*Schmelzindex*	g/10 min	:
Schüttdichte	g/cm³	*Volumenfließindex*	cm³/10 min	:
Viskositätszahl	ml/g			

Verarbeitungsbedingungen für Spritzgießen

Massetemp.	°C	*Schwindung*	% lgs , quer
Werkzeugtemp.	°C	*Bemerkungen*	
Spritzdruck	bar		

Zugversuch 23 °C DIN 53455; ISO R/527;

Probekörper: *Form* Nr. 3; 4 mm dick — *Herstellung*
Zustand — *Vorbehandlung* Normalklima

Streckspannung	N/mm²		*Dehnung bei Streckspannung*	%
Zugfestigkeit	N/mm²	85	*Reißdehnung*	% 3
Reißfestigkeit	N/mm²		*% Dehnspannung*	N/mm²
E-Modul	N/mm²		*Dehnung bei % Dehnspg.*	%

Kriechmoduln und Zeitstandwerte 23 °C

Probekörper: *Form* — *Herstellung*
Zustand — *Vorbehandlung*

Kriechmodul	*1 min* N/mm²	*Zeitstandzugfestigkeit*	h	N/mm²
Kriechmodul	*1000 h* N/mm²	*Zeitdehnspg. %*	h	N/mm²
bei Spannung	N/mm²			

Biegeversuch 23 °C

Probekörper: *Form* — *Herstellung*
Zustand — *Vorbehandlung*

Biegefestigkeit	N/mm²	*E-Modul*	N/mm²
3,5% *Biegespannung*	N/mm²		

Härte 23 °C *Probekörper:* *Zustand* — *Herstellung*
Vorbehandlung

Kugeldruckhärte	N/mm² bei N, s	*Shore-Härte*	A
Rockwellhärte		*Shore-Härte*	D

Schlagversuch *Probekörper:* *(1)*
(2) — *Herstellung*
Zustand — *Vorbehandlung*

	°C	°C	°C	*Probekörper-Form*
Schlagzähigkeit kJ/m²				
Kerbschlagzähigkeit (1) kJ/m²				
IZOD-Kerbschlagzähigkeit (2) J/m				
Kerbschlagzugzähigkeit kJ/m²				

Abrieb und Reibung

Taber-Abrieb (Reibradverfahren)	mm^3/100 U		
Abriebfaktor LNP (Thrust washer) Vergleichswert			
Statische Reibungszahl			
Dynamische Reibungszahl	(p · v = N/mm^2 ·		m/min)
Zulässiger p · v Wert	N/mm^2 · (m/min)	v =	m/min
		v =	m/min

Thermische Eigenschaften

Formbeständigkeit in der Wärme	*Verfahren*			°C
	Verfahren			°C
Vicat Erweichungstemperatur (VST)	*Verfahren*			°C
	Verfahren			°C
Kristallit-Schmelzpunkt	*Verfahren*			
Längenausdehnungskoeffizient	*Bereich*	23–80	°C	0.5 · $10^{-4}K^{-1}$
	Temperatur			· $10^{-4}K^{-1}$
Wärmeleitfähigkeit	*Verfahren*			W/(K · m)
Spezifische Wärmekapazität	*Verfahren*			J/(K · g)
Glasumwandlungstemperatur	*Torsionsschwingungsversuch*		°C	
	Differentialkalorimetrie		°C	

Brandverhalten

UL-Test vertikal Dicke mm, Wert V-0
Dicke mm, Wert

	Norm	*Bewertung*	*Abmessungen*
Sauerstoff-Index	ASTM D 2863		
Glühstab-Verfahren			
Brandverhalten	DIN 4102		
MVSS			
FAR			

Elektrische Eigenschaften

		Hz	°C		*Probekörper, Form*
Dielektrizitätszahl		50	23	3.5	Durchmesser 80x1 mm
		10^3	23	3.5	Durchmesser 80x1 mm
		10^6			
Dielektrischer Verlustfaktor tan δ		50			
		10^3	23	0.015	Durchmesser 80x1 mm
		10^6			
Spezifischer Durchgangs-widerstand	Ohm · cm		23	1*10**16	Durchmesser 80x1 mm
Durchschlagfestigkeit	kV/mm		23	40	1 mm dick
Oberflächenwiderstand	Ohm		23	1*10**13	Durchmesser 80x1 mm

Kriechstromfestigkeit	KC	KB	KA
Elektrolytische Korrosionswirkung			
Lichtbogenfestigkeit nach DIN			
nach ASTM s			

Beständigkeit *(Chemische Beständigkeit siehe Anhang)*

Wasseraufnahme 23 C Bis zur Saettigung	0.4 %	
Feuchtigkeitsaufnahme Normalklima		0.2 %
Wetterbeständigkeit		
Spannungskorrosion		

Optische Eigenschaften

Brechungszahl n_D		
Transmissionsgrad τ_c	%	mm dick
Lichtdurchlässigkeit		

PBT

Produkt	Polybutylenterephthalat
Handelsname	**Ultradur B4306 G4**
Hersteller	BASF
DIN-Bez 1	
DIN-Bez 2	
Zusätze	Brandschutzmittel
Füllstoffe/ Verstärkung	20% Glasfaser
Bevorzugte Verarbeitung	Spritzgiessen
Lieferform	Granulat
Farben	
Besondere Merkmale	Flammwidrig; Migrationsfrei
Bevorzugte Anwendungen	Elektroindustrie; Elektronikindustrie

Dichte	g/cm^3	1.55	*Schmelzindex*	g/10 min	:
Schüttdichte	g/cm^3		*Volumenfließindex*	cm^3/10 min	:
Viskositätszahl	ml/g				

Verarbeitungsbedingungen für Spritzgießen

Massetemp.	°C	*Schwindung*	% lgs , quer
Werkzeugtemp.	°C	*Bemerkungen*	
Spritzdruck	bar		

Zugversuch 23 °C DIN 53455; ISO R/527;
Probekörper: *Form* Nr. 3; 4 mm dick *Herstellung*
Zustand *Vorbehandlung* Normalklima

Streckspannung	N/mm^2		*Dehnung bei Streckspannung*	%	
Zugfestigkeit	N/mm^2	110	*Reißdehnung*	%	3
Reißfestigkeit	N/mm^2		*% Dehnspannung*	N/mm^2	
E-Modul	N/mm^2		*Dehnung bei % Dehnspg.*	%	

Kriechmoduln und Zeitstandwerte 23 °C
Probekörper: *Form* *Herstellung*
Zustand *Vorbehandlung*

Kriechmodul	*1 min* N/mm^2	*Zeitstandzugfestigkeit*	h N/mm^2
Kriechmodul	*1000 h* N/mm^2	*Zeitdehnspg. %*	h N/mm^2
bei Spannung	N/mm^2		

Biegeversuch 23 °C
Probekörper: *Form* *Herstellung*
Zustand *Vorbehandlung*

Biegefestigkeit	N/mm^2	*E-Modul*	N/mm^2
3,5% *Biegespannung*	N/mm^2		

Härte 23 °C *Probekörper:* *Zustand* *Herstellung*
Vorbehandlung

Kugeldruckhärte	N/mm^2 bei N, s	*Shore-Härte* A
Rockwellhärte		*Shore-Härte* D

Schlagversuch *Probekörper:* *(1)*
(2) *Herstellung*
Zustand *Vorbehandlung*

	°C	°C	°C	*Probekörper-Form*
Schlagzähigkeit kJ/m^2				
Kerbschlagzähigkeit (1) kJ/m^2				
IZOD-Kerbschlagzähigkeit (2) J/m				
Kerbschlagzugzähigkeit kJ/m^2				

Abrieb und Reibung

Taber-Abrieb (Reibradverfahren)	mm^3/100 U		
Abriebfaktor LNP (Thrust washer) Vergleichswert			
Statische Reibungszahl			
Dynamische Reibungszahl	(p·v=	N/mm^2·	m/min)
Zulässiger p · v Wert	N/mm^2 · (m/min)	v=	m/min
		v=	m/min

Thermische Eigenschaften

Formbeständigkeit in der Wärme	*Verfahren*	A		200 °C
	Verfahren	B		223 °C
Vicat Erweichungstemperatur (VST)	*Verfahren*	B/50		220 °C
	Verfahren			°C
Kristallit-Schmelzpunkt	*Verfahren*			
Längenausdehnungskoeffizient	*Bereich*	23–80	°C	0.5 · $10^{-4}K^{-1}$
	Temperatur			· $10^{-4}K^{-1}$
Wärmeleitfähigkeit	*Verfahren*			W/(K · m)
Spezifische Wärmekapazität	*Verfahren*			J/(K · g)
Glasumwandlungstemperatur	*Torsionsschwingungsversuch*		°C	
	Differentialkalorimetrie		°C	

Brandverhalten

UL-Test vertikal	Dicke	mm, Wert V-0	
	Dicke	mm, Wert	

	Norm	*Bewertung*	*Abmessungen*
Sauerstoff-Index	ASTM D 2863		
Glühstab-Verfahren			
Brandverhalten	DIN 4102		
MVSS			
FAR			

Elektrische Eigenschaften

		Hz	°C		*Probekörper, Form*
Dielektrizitätszahl		50	23	3.5	Durchmesser 80x1 mm
		10^3	23	3.5	Durchmesser 80x1 mm
		10^6			
Dielektrischer Verlustfaktor tan δ		50			
		10^3	23	0.015	Durchmesser 80x1 mm
		10^6			
Spezifischer Durchgangs-widerstand	Ohm · cm		23	1*10**16	Durchmesser 80x1 mm
Durchschlagfestigkeit	kV/mm		23	40	1 mm dick
Oberflächenwiderstand	Ohm		23	1*10**13	Durchmesser 80x1 mm

Kriechstromfestigkeit	KC	KB	KA
Elektrolytische Korrosionswirkung			
Lichtbogenfestigkeit nach DIN			
nach ASTM s			

Beständigkeit *(Chemische Beständigkeit siehe Anhang)*

Wasseraufnahme 23 C Bis zur Saettigung	0.4 %	
Feuchtigkeitsaufnahme Normalklima		0.2 %
Wetterbeständigkeit		
Spannungskorrosion		

Optische Eigenschaften

Brechungszahl n_D		
Transmissionsgrad τ_c	%	mm dick
Lichtdurchlässigkeit		

Datenbank-Nr.	**T01642**	*Merkblatt-Nr.*	**4216**

Produkt	Polybutylenterephthalat		**PBT**
Handelsname	**Ultradur B4306 G6**		
Hersteller	BASF		
DIN-Bez 1			
DIN-Bez 2			
Zusätze	Brandschutzmittel	*Füllstoffe/ Verstärkung*	30% Glasfaser
Bevorzugte Verarbeitung	Spritzgiessen	*Lieferform*	Granulat
		Farben	
Besondere Merkmale	Flammwidrig; Migrationsfrei	*Bevorzugte Anwendungen*	Elektroindustrie; Elektronikindustrie

Dichte	g/cm^3	1.65	*Schmelzindex*	g/10 min	:
Schüttdichte	g/cm^3		*Volumenfließindex*	$cm^3/10$ min	:
Viskositätszahl	ml/g				

Verarbeitungsbedingungen für Spritzgießen

Massetemp.	°C	*Schwindung*	% lgs , quer
Werkzeugtemp.	°C	*Bemerkungen*	
Spritzdruck	bar		

Zugversuch 23 °C DIN 53455; ISO R/527;

Probekörper: *Form* Nr. 3; 4 mm dick — *Herstellung*
Zustand — *Vorbehandlung* Normalklima

Streckspannung	N/mm^2		*Dehnung bei Streckspannung*	%	
Zugfestigkeit	N/mm^2	130	*Reißdehnung*	%	2.5
Reißfestigkeit	N/mm^2		% *Dehnspannung*	N/mm^2	
E-Modul	N/mm^2		*Dehnung bei* % *Dehnspg.*	%	

Kriechmoduln und Zeitstandwerte 23 °C

Probekörper: *Form* — *Herstellung*
Zustand — *Vorbehandlung*

Kriechmodul	*1 min*	N/mm^2	*Zeitstandzugfestigkeit*	h	N/mm^2
Kriechmodul	*1000 h*	N/mm^2	*Zeitdehnspg.* %	h	N/mm^2
bei Spannung		N/mm^2			

Biegeversuch 23 °C

Probekörper: *Form* — *Herstellung*
Zustand — *Vorbehandlung*

Biegefestigkeit	N/mm^2	*E-Modul*	N/mm^2
3,5% *Biegespannung*	N/mm^2		

Härte 23 °C *Probekörper:* *Zustand* — *Herstellung*
Vorbehandlung

Kugeldruckhärte	N/mm^2 bei N, s	*Shore-Härte*	A
Rockwellhärte		*Shore-Härte*	D

Schlagversuch *Probekörper:* *(1)*
(2) — *Herstellung*
Zustand — *Vorbehandlung*

	°C	°C	°C	*Probekörper-Form*
Schlagzähigkeit kJ/m^2				
Kerbschlagzähigkeit (1) kJ/m^2				
IZOD-Kerbschlagzähigkeit (2) J/m				
Kerbschlagzugzähigkeit kJ/m^2				

Abrieb und Reibung

Taber-Abrieb (Reibradverfahren)	mm^3/100 U		
Abriebfaktor LNP (Thrust washer) Vergleichswert			
Statische Reibungszahl			
Dynamische Reibungszahl	(p · v =	N/mm^2 ·	m/min)
Zulässiger p · v Wert	N/mm^2 · (m/min)	v =	m/min
		v =	m/min

Thermische Eigenschaften

Formbeständigkeit in der Wärme	*Verfahren*	A		205 °C
	Verfahren	B		225 °C
Vicat Erweichungstemperatur (VST)	*Verfahren*	B/50		223 °C
	Verfahren			°C
Kristallit-Schmelzpunkt	*Verfahren*			
Längenausdehnungskoeffizient	*Bereich*	23–80	°C	$0.4 \cdot 10^{-4} K^{-1}$
	Temperatur			$\cdot 10^{-4} K^{-1}$
Wärmeleitfähigkeit	*Verfahren*			W/(K · m)
Spezifische Wärmekapazität	*Verfahren*			J/(K · g)
Glasumwandlungstemperatur	*Torsionsschwingungsversuch*		°C	
	Differentialkalorimetrie		°C	

Brandverhalten

UL-Test vertikal	Dicke	mm, Wert V-0
	Dicke	mm, Wert

	Norm	*Bewertung*	*Abmessungen*
Sauerstoff-Index	ASTM D 2863		
Glühstab-Verfahren			
Brandverhalten	DIN 4102		
MVSS			
FAR			

Elektrische Eigenschaften

		Hz	°C		*Probekörper, Form*
Dielektrizitätszahl		50	23	3.5	Durchmesser 80x1 mm
		10^3	23	3.5	Durchmesser 80x1 mm
		10^6			
Dielektrischer Verlustfaktor tan δ		50			
		10^3	23	0.015	Durchmesser 80x1 mm
		10^6			
Spezifischer Durchgangs-widerstand	Ohm · cm		23	1*10**16	Durchmesser 80x1 mm
Durchschlagfestigkeit	kV/mm		23	40	1 mm dick
Oberflächenwiderstand	Ohm		23	1*10**13	Durchmesser 80x1 mm

Kriechstromfestigkeit	KC	KB	KA
Elektrolytische Korrosionswirkung			
Lichtbogenfestigkeit nach DIN			
nach ASTM s			

Beständigkeit *(Chemische Beständigkeit siehe Anhang)*

Wasseraufnahme 23 C Bis zur Saettigung	0.4 %	
Feuchtigkeitsaufnahme Normalklima		0.2 %
Wetterbeständigkeit		
Spannungskorrosion		

Optische Eigenschaften

Brechungszahl n_D		
Transmissionsgrad τ_c	%	mm dick
Lichtdurchlässigkeit		

Produkt	Polybutylenterephthalat		**PBT**
Handelsname	**Ultradur B4406**		
Hersteller	BASF		
DIN-Bez 1			
DIN-Bez 2			
Zusätze	Brandschutzmittel	*Füllstoffe/ Verstärkung*	
Bevorzugte Verarbeitung	Spritzgiessen	*Lieferform*	Granulat
		Farben	Gelbe Eigenfarbe
Besondere Merkmale	Flammwidrig; Hohe thermische Belastbarkeit; Hohe mechanische Belastbarkeit	*Bevorzugte Anwendungen*	

Dichte	g/cm³	1.45	*Schmelzindex*	g/10 min	:
Schüttdichte	g/cm³		*Volumenfließindex*	cm³/10 min	:
Viskositätszahl	ml/g				

Verarbeitungsbedingungen für Spritzgießen

Massetemp.	°C	*Schwindung*	% lgs , quer
Werkzeugtemp.	°C	*Bemerkungen*	
Spritzdruck	bar		

Zugversuch 23 °C DIN 53455; ISO R/527;
Probekörper: *Form* Nr. 3; 4 mm dick *Herstellung*
Zustand *Vorbehandlung* Normalklima

Streckspannung	N/mm²	50	*Dehnung bei Streckspannung*	%	3.5
Zugfestigkeit	N/mm²		*Reißdehnung*	%	4.5
Reißfestigkeit	N/mm²		*% Dehnspannung*	N/mm²	
E-Modul	N/mm²		*Dehnung bei % Dehnspg.*	%	

Kriechmoduln und Zeitstandwerte 23 °C
Probekörper: *Form* *Herstellung*
Zustand *Vorbehandlung*

Kriechmodul	*1 min* N/mm²	*Zeitstandzugfestigkeit*	h	N/mm²
Kriechmodul	*1000 h* N/mm²	*Zeitdehnspg. %*	h	N/mm²
bei Spannung	N/mm²			

Biegeversuch 23 °C
Probekörper: *Form* *Herstellung*
Zustand *Vorbehandlung*

Biegefestigkeit	N/mm²	*E-Modul*	N/mm²
3,5% *Biegespannung*	N/mm²		

Härte 23 °C *Probekörper:* *Zustand* *Herstellung*
Vorbehandlung

Kugeldruckhärte	N/mm² bei N, s	*Shore-Härte*	A
Rockwellhärte		*Shore-Härte*	D

Schlagversuch *Probekörper:* *(1)*
(2) *Herstellung*
Zustand *Vorbehandlung*

	°C	°C	°C	*Probekörper-Form*
Schlagzähigkeit kJ/m²				
Kerbschlagzähigkeit (1) kJ/m²				
IZOD-Kerbschlagzähigkeit (2) J/m				
Kerbschlagzugzähigkeit kJ/m²				

Abrieb und Reibung

Taber-Abrieb (Reibradverfahren)	mm^3/100 U		
Abriebfaktor LNP (Thrust washer) Vergleichswert			
Statische Reibungszahl			
Dynamische Reibungszahl	(p·v=	N/mm^2 ·	m/min)
Zulässiger p · v Wert	N/mm^2 · (m/min)	v=	m/min
		v=	m/min

Thermische Eigenschaften

Formbeständigkeit in der Wärme	Verfahren	A	60 °C
	Verfahren	B	170 °C
Vicat Erweichungstemperatur (VST)	Verfahren	B/50	170 °C
	Verfahren		°C
Kristallit-Schmelzpunkt	Verfahren		
Längenausdehnungskoeffizient	Bereich	23–80 °C	$1.6 \cdot 10^{-4} K^{-1}$
	Temperatur		$\cdot 10^{-4} K^{-1}$
Wärmeleitfähigkeit	Verfahren		W/(K · m)
Spezifische Wärmekapazität	Verfahren		J/(K · g)
Glasumwandlungstemperatur	Torsionsschwingungsversuch	°C	
	Differentialkalorimetrie	°C	

Brandverhalten

UL-Test vertikal — Dicke 1.6 mm, Wert V-0
Dicke 0.4 mm, Wert V-0

	Norm	Bewertung	Abmessungen
Sauerstoff-Index	ASTM D 2863		
Glühstab-Verfahren			
Brandverhalten	DIN 4102		
MVSS			
FAR			

Elektrische Eigenschaften

		Hz	°C		Probekörper, Form
Dielektrizitätszahl		50	23	3.5	Durchmesser 80x1 mm
		10^3	23	3.5	Durchmesser 80x1 mm
		10^6			
Dielektrischer Verlustfaktor tan δ		50			
		10^3	23	0.015	Durchmesser 80x1 mm
		10^6			
Spezifischer Durchgangswiderstand	Ohm · cm		23	1*10**16	Durchmesser 80x1 mm
Durchschlagfestigkeit	kV/mm		23	40	1 mm dick
Oberflächenwiderstand	Ohm		23	1*10**13	Durchmesser 80x1 mm

Kriechstromfestigkeit KC KB KA
Elektrolytische Korrosionswirkung
Lichtbogenfestigkeit nach DIN
nach ASTM s

Beständigkeit *(Chemische Beständigkeit siehe Anhang)*

Wasseraufnahme 23 C Bis zur Saettigung 0.45 %

Feuchtigkeitsaufnahme Normalklima 0.2 %
Wetterbeständigkeit

Spannungskorrosion

Optische Eigenschaften

Brechungszahl n_D
Transmissionsgrad τ_c % mm dick
Lichtdurchlässigkeit

Produkt	Polybutylenterephthalat		**PBT**
Handelsname	**Ultradur B4406 G2**		
Hersteller	BASF		
DIN-Bez 1			
DIN-Bez 2			
Zusätze	Brandschutzmittel	*Füllstoffe/ Verstärkung*	10% Glasfaser
Bevorzugte Verarbeitung	Spritzgiessen	*Lieferform*	Granulat
		Farben	
Besondere Merkmale	Flammwidrig	*Bevorzugte Anwendungen*	Bauteil mit erhoehten feuersicherheitlichen Anforderungen

Dichte	g/cm^3	1.49	*Schmelzindex*	g/10 min	:
Schüttdichte	g/cm^3		*Volumenfließindex*	$cm^3/10$ min	:
Viskositätszahl	ml/g				

Verarbeitungsbedingungen für Spritzgießen

Massetemp.	°C	*Schwindung*	% lgs , quer
Werkzeugtemp.	°C	*Bemerkungen*	
Spritzdruck	bar		

Zugversuch 23 °C DIN 53455; ISO R/527;
Probekörper: *Form* Nr. 3; 4 mm dick *Herstellung*
Zustand *Vorbehandlung* Normalklima

Streckspannung	N/mm^2		*Dehnung bei Streckspannung*	%	
Zugfestigkeit	N/mm^2	100	*Reißdehnung*	%	3
Reißfestigkeit	N/mm^2		*% Dehnspannung*	N/mm^2	
E-Modul	N/mm^2		*Dehnung bei % Dehnspg.*	%	

Kriechmoduln und Zeitstandwerte 23 °C
Probekörper: *Form* *Herstellung*
Zustand *Vorbehandlung*

Kriechmodul	*1 min*	N/mm^2	*Zeitstandzugfestigkeit*	h	N/mm^2
Kriechmodul	*1000 h*	N/mm^2	*Zeitdehnspg. %*	h	N/mm^2
bei Spannung		N/mm^2			

Biegeversuch 23 °C
Probekörper: *Form* *Herstellung*
Zustand *Vorbehandlung*

Biegefestigkeit	N/mm^2	*E-Modul*	N/mm^2
3,5% *Biegespannung*	N/mm^2		

Härte 23 °C *Probekörper:* *Zustand* *Herstellung*
Vorbehandlung

Kugeldruckhärte	N/mm^2 bei N, s	*Shore-Härte*	A
Rockwellhärte		*Shore-Härte*	D

Schlagversuch *Probekörper:* *(1)*
(2) *Herstellung*
Zustand *Vorbehandlung*

	°C	°C	°C	*Probekörper-Form*
Schlagzähigkeit kJ/m^2				
Kerbschlagzähigkeit (1) kJ/m^2				
IZOD-Kerbschlagzähigkeit (2) J/m				
Kerbschlagzugzähigkeit kJ/m^2				

Abrieb und Reibung

Taber-Abrieb (Reibradverfahren)	mm^3/100 U		
Abriebfaktor LNP (Thrust washer) Vergleichswert			
Statische Reibungszahl			
Dynamische Reibungszahl	(p·v=	N/mm^2·	m/min)
Zulässiger p · v Wert	N/mm^2·(m/min)	v=	m/min
		v=	m/min

Thermische Eigenschaften

Formbeständigkeit in der Wärme	*Verfahren*	A		190 °C
	Verfahren	B		215 °C
Vicat Erweichungstemperatur (VST)	*Verfahren*			°C
	Verfahren			°C
Kristallit-Schmelzpunkt	*Verfahren*			
Längenausdehnungskoeffizient	*Bereich*	23–80	°C	$0.5 \cdot 10^{-4}K^{-1}$
	Temperatur			$\cdot 10^{-4}K^{-1}$
Wärmeleitfähigkeit	*Verfahren*			W/(K · m)
Spezifische Wärmekapazität	*Verfahren*			J/(K · g)
Glasumwandlungstemperatur	*Torsionsschwingungsversuch*		°C	
	Differentialkalorimetrie		°C	

Brandverhalten

UL-Test vertikal Dicke 1.52 mm, Wert V-0
Dicke 0.8 mm, Wert V-0

	Norm	*Bewertung*	*Abmessungen*
Sauerstoff-Index	ASTM D 2863		
Glühstab-Verfahren			
Brandverhalten	DIN 4102		
MVSS			
FAR			

Elektrische Eigenschaften

		Hz	°C		*Probekörper, Form*
Dielektrizitätszahl		50	23	3.5	Durchmesser 80x1 mm
		10^3	23	3.3	Durchmesser 80x1 mm
		10^6			
Dielektrischer Verlustfaktor tan δ		50			
		10^3	23	0.015	Durchmesser 80x1 mm
		10^6			
Spezifischer Durchgangs-widerstand	Ohm · cm		23	1*10**16	Durchmesser 80x1 mm
Durchschlagfestigkeit	kV/mm		23	75	1 mm dick
Oberflächenwiderstand	Ohm		23	1*10**13	Durchmesser 80x1 mm

Kriechstromfestigkeit KC KB KA
Elektrolytische Korrosionswirkung
Lichtbogenfestigkeit nach DIN
nach ASTM s

Beständigkeit *(Chemische Beständigkeit siehe Anhang)*

Wasseraufnahme 23 C Bis zur Saettigung 0.4 %

Feuchtigkeitsaufnahme Normalklima 0.2 %
Wetterbeständigkeit

Spannungskorrosion

Optische Eigenschaften

Brechungszahl n_D
Transmissionsgrad τ_c % mm dick
Lichtdurchlässigkeit

Datenbank-Nr. **T01645** Merkblatt-Nr. **4219**

Produkt	Polybutylenterephthalat		**PBT**
Handelsname	**Ultradur B4406 G4**		
Hersteller	BASF		
DIN-Bez 1			
DIN-Bez 2			
Zusätze	Brandschutzmittel	*Füllstoffe/ Verstärkung*	20% Glasfaser
Bevorzugte Verarbeitung	Spritzgiessen	*Lieferform*	Granulat
		Farben	
Besondere Merkmale	Flammwidrig	*Bevorzugte Anwendungen*	Bauteil mit erhoehten feuersicherheitlichen Anforderungen

---

Dichte	g/cm³	1.55	*Schmelzindex*	g/10 min	:
Schüttdichte	g/cm³		*Volumenfließindex*	cm³/10 min	:
Viskositätszahl	ml/g				

Verarbeitungsbedingungen für Spritzgießen

Massetemp.	°C	*Schwindung*	% lgs , quer
Werkzeugtemp.	°C	*Bemerkungen*	
Spritzdruck	bar		

Zugversuch 23 °C DIN 53455; ISO R/527;

Probekörper: *Form* Nr. 3; 4 mm dick *Herstellung*
Zustand *Vorbehandlung* Normalklima

Streckspannung	N/mm²		*Dehnung bei Streckspannung*	%
Zugfestigkeit	N/mm²	110	*Reißdehnung*	% 3
Reißfestigkeit	N/mm²		*% Dehnspannung*	N/mm²
E-Modul	N/mm²		*Dehnung bei % Dehnspg.*	%

Kriechmoduln und Zeitstandwerte 23 °C

Probekörper: *Form* *Herstellung*
Zustand *Vorbehandlung*

Kriechmodul	*1 min* N/mm²	*Zeitstandzugfestigkeit*	h	N/mm²
Kriechmodul	*1000 h* N/mm²	*Zeitdehnspg. %*	h	N/mm²
bei Spannung	N/mm²			

Biegeversuch 23 °C

Probekörper: *Form* *Herstellung*
Zustand *Vorbehandlung*

Biegefestigkeit	N/mm²	*E-Modul*	N/mm²
3,5% *Biegespannung*	N/mm²		

Härte 23 °C *Probekörper:* *Zustand* *Herstellung*
Vorbehandlung

Kugeldruckhärte	N/mm² bei N, s	*Shore-Härte*	A
Rockwellhärte		*Shore-Härte*	D

Schlagversuch *Probekörper:* *(1)*
(2) *Herstellung*
Zustand *Vorbehandlung*

	°C	°C	°C	*Probekörper-Form*
Schlagzähigkeit kJ/m²				
Kerbschlagzähigkeit (1) kJ/m²				
IZOD-Kerbschlagzähigkeit (2) J/m				
Kerbschlagzugzähigkeit kJ/m²				

Abrieb und Reibung

Taber-Abrieb (Reibradverfahren)	$mm^3/100$ U		
Abriebfaktor LNP (Thrust washer) Vergleichswert			
Statische Reibungszahl			
Dynamische Reibungszahl	(p · v =	N/mm^2 ·	m/min)
Zulässiger p · v Wert	N/mm^2 · (m/min)	v =	m/min
		v =	m/min

Thermische Eigenschaften

Formbeständigkeit in der Wärme	*Verfahren*	A		200 °C
	Verfahren	B		223 °C
Vicat Erweichungstemperatur (VST)	*Verfahren*	B/50		220 °C
	Verfahren			°C
Kristallit-Schmelzpunkt	*Verfahren*			
Längenausdehnungskoeffizient	*Bereich*	23–80	°C	$0.5 \cdot 10^{-4} K^{-1}$
	Temperatur			$\cdot 10^{-4} K^{-1}$
Wärmeleitfähigkeit	*Verfahren*			W/(K · m)
Spezifische Wärmekapazität	*Verfahren*			J/(K · g)
Glasumwandlungstemperatur	*Torsionsschwingungsversuch*		°C	
	Differentialkalorimetrie		°C	

Brandverhalten

UL-Test vertikal Dicke 1.52 mm, Wert V-0
Dicke 0.8 mm, Wert V-0

	Norm	*Bewertung*	*Abmessungen*
Sauerstoff-Index	ASTM D 2863		
Glühstab-Verfahren			
Brandverhalten	DIN 4102		
MVSS			
FAR			

Elektrische Eigenschaften

		Hz	°C		*Probekörper, Form*
Dielektrizitätszahl		50	23	3.5	Durchmesser 80x1 mm
		10^3	23	3.5	Durchmesser 80x1 mm
		10^6			
Dielektrischer Verlustfaktor tan δ		50			
		10^3	23	0.015	Durchmesser 80x1 mm
		10^6			
Spezifischer Durchgangs-widerstand	Ohm · cm		23	1*10**16	Durchmesser 80x1 mm
Durchschlagfestigkeit	kV/mm		23	40	1 mm dick
Oberflächenwiderstand	Ohm		23	1*10**13	Durchmesser 80x1 mm

Kriechstromfestigkeit KC KB KA
Elektrolytische Korrosionswirkung
Lichtbogenfestigkeit nach DIN
nach ASTM s

Beständigkeit *(Chemische Beständigkeit siehe Anhang)*

Wasseraufnahme 23 C Bis zur Saettigung 0.4 %

Feuchtigkeitsaufnahme Normalklima 0.2 %
Wetterbeständigkeit

Spannungskorrosion

Optische Eigenschaften

Brechungszahl n_D
Transmissionsgrad τ_c % mm dick
Lichtdurchlässigkeit

Datenbank-Nr. **T01646** *Merkblatt-Nr.* **4220**

Produkt	Polybutylenterephthalat		**PBT**
Handelsname	**Ultradur B4406 G6**		
Hersteller	BASF		
DIN-Bez 1			
DIN-Bez 2			
Zusätze	Brandschutzmittel	*Füllstoffe/ Verstärkung*	30% Glasfaser
Bevorzugte Verarbeitung	Spritzgiessen	*Lieferform*	Granulat
		Farben	
Besondere Merkmale	Flammwidrig	*Bevorzugte Anwendungen*	Bauteil mit erhoehten feuersicherheitlichen Anforderungen

Dichte	g/cm³ 1.65	*Schmelzindex*	g/10 min	:
Schüttdichte	g/cm³	*Volumenfließindex*	cm³/10 min	:
Viskositätszahl	ml/g			

Verarbeitungsbedingungen für Spritzgießen

Massetemp.	°C	*Schwindung*	% lgs , quer
Werkzeugtemp.	°C	*Bemerkungen*	
Spritzdruck	bar		

Zugversuch 23 °C DIN 53455; ISO R/527;
Probekörper: *Form* Nr. 3; 4 mm dick *Herstellung*
Zustand *Vorbehandlung* Normalklima

Streckspannung	N/mm²	*Dehnung bei Streckspannung*	%
Zugfestigkeit	N/mm² 120	*Reißdehnung*	% 2.5
Reißfestigkeit	N/mm²	*% Dehnspannung*	N/mm²
E-Modul	N/mm²	*Dehnung bei % Dehnspg.*	%

Kriechmoduln und Zeitstandwerte 23 °C
Probekörper: *Form* *Herstellung*
Zustand *Vorbehandlung*

Kriechmodul	*1 min* N/mm²	*Zeitstandzugfestigkeit*	h N/mm²
Kriechmodul	*1000 h* N/mm²	*Zeitdehnspg. %*	h N/mm²
bei Spannung	N/mm²		

Biegeversuch 23 °C
Probekörper: *Form* *Herstellung*
Zustand *Vorbehandlung*

Biegefestigkeit	N/mm²	*E-Modul*	N/mm²
3,5% *Biegespannung*	N/mm²		

Härte 23 °C *Probekörper:* *Zustand* *Herstellung*
Vorbehandlung

Kugeldruckhärte	N/mm² bei N, s	*Shore-Härte*	A
Rockwellhärte		*Shore-Härte*	D

Schlagversuch *Probekörper:* *(1)*
(2) *Herstellung*
Zustand *Vorbehandlung*

	°C	°C	°C	*Probekörper-Form*
Schlagzähigkeit kJ/m²				
Kerbschlagzähigkeit (1) kJ/m²				
IZOD-Kerbschlagzähigkeit (2) J/m				
Kerbschlagzugzähigkeit kJ/m²				

Abrieb und Reibung

Taber-Abrieb (Reibradverfahren)	mm^3/100 U			
Abriebfaktor LNP (Thrust washer) Vergleichswert				
Statische Reibungszahl				
Dynamische Reibungszahl	(p · v =	N/mm^2 ·		m/min)
Zulässiger p · v Wert	N/mm^2 · (m/min)		v =	m/min
			v =	m/min

Thermische Eigenschaften

Formbeständigkeit in der Wärme	*Verfahren*	A		205 °C
	Verfahren	B		225 °C
Vicat Erweichungstemperatur (VST)	*Verfahren*	B/50		223 °C
	Verfahren			°C
Kristallit-Schmelzpunkt	*Verfahren*			
Längenausdehnungskoeffizient	*Bereich*	23–80	°C	0.4 · $10^{-4}K^{-1}$
	Temperatur			· $10^{-4}K^{-1}$
Wärmeleitfähigkeit	*Verfahren*			W/(K · m)
Spezifische Wärmekapazität	*Verfahren*			J/(K · g)
Glasumwandlungstemperatur	*Torsionsschwingungsversuch*		°C	
	Differentialkalorimetrie		°C	

Brandverhalten

UL-Test vertikal	Dicke 1.6 mm, Wert V-0	
	Dicke 0.8 mm, Wert V-0	

	Norm	*Bewertung*	*Abmessungen*
Sauerstoff-Index	ASTM D 2863		
Glühstab-Verfahren			
Brandverhalten	DIN 4102		
MVSS			
FAR			

Elektrische Eigenschaften

		Hz	°C		*Probekörper, Form*
Dielektrizitätszahl		50	23	3.5	Durchmesser 80x1 mm
		10^3	23	3.5	Durchmesser 80x1 mm
		10^6			
Dielektrischer Verlustfaktor tan δ		50			
		10^3	23	0.015	Durchmesser 80x1 mm
		10^6			
Spezifischer Durchgangs-widerstand	Ohm · cm		23	1*10**16	Durchmesser 80x1 mm
Durchschlagfestigkeit	kV/mm		23	40	1 mm dick
Oberflächenwiderstand	Ohm		23	1*10**13	Durchmesser 80x1 mm

Kriechstromfestigkeit	KC	KB	KA
Elektrolytische Korrosionswirkung			
Lichtbogenfestigkeit nach DIN			
nach ASTM s			

Beständigkeit *(Chemische Beständigkeit siehe Anhang)*

Wasseraufnahme 23 C Bis zur Saettigung	0.4 %
Feuchtigkeitsaufnahme Normalklima	0.2 %
Wetterbeständigkeit	
Spannungskorrosion	

Optische Eigenschaften

Brechungszahl n_D		
Transmissionsgrad τ_c	%	mm dick
Lichtdurchlässigkeit		

Datenbank-Nr.	**T01647**	*Merkblatt-Nr.*	**4221**

Produkt	Acetalcopolymerisat		**POM**
Handelsname	**Ultraform Z2320-003**		
Hersteller	BASF		
DIN-Bez 1			
DIN-Bez 2			
Zusätze	Entformungsmittel	*Füllstoffe/ Verstärkung*	
Bevorzugte Verarbeitung	Spritzgiessen	*Lieferform*	Granulat
		Farben	
Besondere Merkmale	Extrem leicht fliessend; Sehr kurze Zykluszeit	*Bevorzugte Anwendungen*	Duennwandiges Formteil; Formteil mit unguenstigem Fliessweg/Wanddickenverhaeltnis

Dichte	g/cm^3	1.41	*Schmelzindex*	g/10 min	:
Schüttdichte	g/cm^3		*Volumenfließindex*	$cm^3/10$ min	:
Viskositätszahl	ml/g				

Verarbeitungsbedingungen für Spritzgießen

Massetemp.	°C	*Schwindung*	% lgs , quer
Werkzeugtemp.	°C	*Bemerkungen*	
Spritzdruck	bar		

Zugversuch 23 °C DIN 53455; ISO R/527;

Probekörper: *Form* Nr. 3; 4 mm dick — *Herstellung* Spritzgiessen
Zustand — *Vorbehandlung* Normalklima

Streckspannung	N/mm^2	64	*Dehnung bei Streckspannung*	%	7
Zugfestigkeit	N/mm^2		*Reißdehnung*	%	15
Reißfestigkeit	N/mm^2		*% Dehnspannung*	N/mm^2	
E-Modul	N/mm^2		*Dehnung bei % Dehnspg.*	%	

Kriechmoduln und Zeitstandwerte 23 °C

Probekörper: *Form* — *Herstellung*
Zustand — *Vorbehandlung*

Kriechmodul	*1 min* N/mm^2	*Zeitstandzugfestigkeit*	h	N/mm^2
Kriechmodul	*1000 h* N/mm^2	*Zeitdehnspg.* %	h	N/mm^2
bei Spannung	N/mm^2			

Biegeversuch 23 °C

Probekörper: *Form* — *Herstellung*
Zustand — *Vorbehandlung*

Biegefestigkeit	N/mm^2	*E-Modul*	N/mm^2
3,5% *Biegespannung*	N/mm^2		

Härte 23 °C *Probekörper:* *Zustand* — *Herstellung*
Vorbehandlung

Kugeldruckhärte	N/mm^2 bei N, s	*Shore-Härte* A	
Rockwellhärte		*Shore-Härte* D	

Schlagversuch *Probekörper:* *(1)*
(2) — *Herstellung*
Zustand — *Vorbehandlung*

	°C	°C	°C	*Probekörper-Form*
Schlagzähigkeit kJ/m^2				
Kerbschlagzähigkeit (1) kJ/m^2				
IZOD-Kerbschlagzähigkeit (2) J/m				
Kerbschlagzugzähigkeit kJ/m^2				

Abrieb und Reibung

Taber-Abrieb (Reibradverfahren)	mm^3/100 U		
Abriebfaktor LNP (Thrust washer) Vergleichswert			
Statische Reibungszahl			
Dynamische Reibungszahl	(p·v=	N/mm^2·	m/min)
Zulässiger p · v Wert	N/mm^2 · (m/min)	v=	m/min
		v=	m/min

Thermische Eigenschaften

Formbeständigkeit in der Wärme	*Verfahren* A			110 °C
	Verfahren B			160 °C
Vicat Erweichungstemperatur (VST)	*Verfahren*			°C
	Verfahren			°C
Kristallit-Schmelzpunkt	*Verfahren*			
Längenausdehnungskoeffizient	*Bereich* 23–80 °C			$1.1 \cdot 10^{-4} K^{-1}$
	Temperatur			$\cdot 10^{-4} K^{-1}$
Wärmeleitfähigkeit	*Verfahren*			W/(K · m)
Spezifische Wärmekapazität	*Verfahren*			J/(K · g)
Glasumwandlungstemperatur	*Torsionsschwingungsversuch*		°C	
	Differentialkalorimetrie		°C	

Brandverhalten

UL-Test vertikal Dicke 1.57 mm, Wert HB
Dicke 0.79 mm, Wert HB

	Norm	*Bewertung*	*Abmessungen*
Sauerstoff-Index	ASTM D 2863		
Glühstab-Verfahren			
Brandverhalten	DIN 4102		
MVSS			
FAR			

Elektrische Eigenschaften

		Hz	°C		*Probekörper, Form*
Dielektrizitätszahl		50	23	3.8	Durchmesser 80x1 mm
		10^3	23	3.8	Durchmesser 80x1 mm
		10^6			
Dielektrischer Verlustfaktor tan δ		50	23	0.001	Durchmesser 80x1 mm
		10^3	23	0.0025	Durchmesser 80x1 mm
		10^6			
Spezifischer Durchgangs-widerstand	Ohm · cm		23	1*10**15	Durchmesser 80x1 mm
Durchschlagfestigkeit	kV/mm		23	55	1 mm dick
Oberflächenwiderstand	Ohm		23	1*10**13	Durchmesser 80x1 mm

Kriechstromfestigkeit KC KB KA
Elektrolytische Korrosionswirkung
Lichtbogenfestigkeit nach DIN
nach ASTM s

Beständigkeit *(Chemische Beständigkeit siehe Anhang)*

Wasseraufnahme 23 C Bis zur Saettigung 0.8 %

Feuchtigkeitsaufnahme Normalklima 0.25 %
Wetterbeständigkeit

Spannungskorrosion

Optische Eigenschaften

Brechungszahl n_D
Transmissionsgrad τ_c % mm dick
Lichtdurchlässigkeit

Datenbank-Nr. **T01648** Merkblatt-Nr. **4222**

Produkt	Polyamid 6		**PA**
Handelsname	**Ultramid 85**		
Hersteller	BASF		
DIN-Bez 1			
DIN-Bez 2			
Zusätze	Waermestabilisator	*Füllstoffe/ Verstärkung*	30% Mineral
Bevorzugte Verarbeitung	Spritzgiessen	*Lieferform*	Granulat
		Farben	
Besondere Merkmale	Erhoehte elektrische Leitfaehigkeit; Steif; Waermeformbestaendig; Antistatisch	*Bevorzugte Anwendungen*	Chip-Carrier

Dichte	g/cm^3	1.42	*Schmelzindex*	g/10 min	:
Schüttdichte	g/cm^3		*Volumenfließindex*	cm^3/10 min	:
Viskositätszahl	ml/g	143			

Verarbeitungsbedingungen für Spritzgießen

Massetemp.	°C	*Schwindung*	% lgs , quer
Werkzeugtemp.	°C	*Bemerkungen*	
Spritzdruck	bar		

Zugversuch 23 °C DIN 53455; ISO R/527; DIN 53457

Probekörper: *Form* Nr. 3; 4 mm dick — *Herstellung*
Zustand Trocken — *Vorbehandlung* Normalklima

Streckspannung	N/mm^2		*Dehnung bei Streckspannung*	%	
Zugfestigkeit	N/mm^2	80	*Reißdehnung*	%	2.5
Reißfestigkeit	N/mm^2		*% Dehnspannung*	N/mm^2	
E-Modul	N/mm^2	5500	*Dehnung bei % Dehnspg.*	%	

Kriechmoduln und Zeitstandwerte 23 °C

Probekörper: *Form* — *Herstellung*
Zustand — *Vorbehandlung*

Kriechmodul	*1 min*	N/mm^2	*Zeitstandzugfestigkeit*	h	N/mm^2
Kriechmodul	*1000 h*	N/mm^2	*Zeitdehnspg. %*	h	N/mm^2
bei Spannung		N/mm^2			

Biegeversuch 23 °C

Probekörper: *Form* — *Herstellung*
Zustand — *Vorbehandlung*

Biegefestigkeit	N/mm^2	*E-Modul*	N/mm^2
3,5% *Biegespannung*	N/mm^2		

Härte 23 °C *Probekörper:* *Zustand* — *Herstellung*
Vorbehandlung

Kugeldruckhärte	N/mm^2 bei N, s	*Shore-Härte* A	
Rockwellhärte		*Shore-Härte* D	

Schlagversuch *Probekörper:* *(1)*
(2) — *Herstellung*
Zustand — *Vorbehandlung*

		°C	°C	°C	*Probekörper-Form*
Schlagzähigkeit	kJ/m^2				
Kerbschlagzähigkeit (1)	kJ/m^2				
IZOD-Kerbschlagzähigkeit (2)	J/m				
Kerbschlagzugzähigkeit	kJ/m^2				

Abrieb und Reibung

Taber-Abrieb (Reibradverfahren)	mm^3/100 U		
Abriebfaktor LNP (Thrust washer) Vergleichswert			
Statische Reibungszahl			
Dynamische Reibungszahl	(p·v= N/mm^2·		m/min)
Zulässiger p · v Wert	N/mm^2·(m/min)	v=	m/min
		v=	m/min

Thermische Eigenschaften

Formbeständigkeit in der Wärme	*Verfahren* A			95 °C
	Verfahren B			200 °C
Vicat Erweichungstemperatur (VST)	*Verfahren*			°C
	Verfahren			°C
Kristallit-Schmelzpunkt	*Verfahren*			
Längenausdehnungskoeffizient	*Bereich*	°C		$\cdot 10^{-4}K^{-1}$
	Temperatur			$\cdot 10^{-4}K^{-1}$
Wärmeleitfähigkeit	*Verfahren*			W/(K · m)
Spezifische Wärmekapazität	*Verfahren*			J/(K · g)
Glasumwandlungstemperatur	*Torsionsschwingungsversuch*		°C	
	Differentialkalorimetrie		°C	

Brandverhalten

UL-Test vertikal Dicke 1.57 mm, Wert HB
Dicke 0.79 mm, Wert HB

	Norm	*Bewertung*	*Abmessungen*
Sauerstoff-Index	ASTM D 2863		
Glühstab-Verfahren			
Brandverhalten	DIN 4102		
MVSS			
FAR			

Elektrische Eigenschaften

		Hz	°C			*Probekörper, Form*
Dielektrizitätszahl		50				
		10^3	23	33.5		Durchmesser 80x1 mm
		10^6				
Dielektrischer Verlustfaktor tan δ		50				
		10^3				
		10^6				
Spezifischer Durchgangs- widerstand	Ohm · cm					
Durchschlagfestigkeit	kV/mm		23	8		1 mm dick
Oberflächenwiderstand	Ohm		23	1*10**9		Durchmesser 80x1 mm
Kriechstromfestigkeit		KC		KB	KA	
Elektrolytische Korrosionswirkung						
Lichtbogenfestigkeit nach DIN						
nach ASTM	s					

Beständigkeit *(Chemische Beständigkeit siehe Anhang)*

Wasseraufnahme

Feuchtigkeitsaufnahme Normalklima %

Wetterbeständigkeit

Spannungskorrosion

Optische Eigenschaften

Brechungszahl n_D

Transmissionsgrad τ_c % mm dick

Lichtdurchlässigkeit

Datenbank-Nr.	**T01649**	*Merkblatt-Nr.*	**4223**

Produkt	Polyamid 66		**PA**
Handelsname	**Ultramid A3WC4**		
Hersteller	BASF		
DIN-Bez 1			
DIN-Bez 2			
Zusätze	Waermestabilisator	*Füllstoffe/ Verstärkung*	
Bevorzugte Verarbeitung	Spritzgiessen	*Lieferform*	Granulat
		Farben	
Besondere Merkmale		*Bevorzugte Anwendungen*	

Dichte	g/cm^3	1.22	*Schmelzindex*	g/10 min	:
Schüttdichte	g/cm^3		*Volumenfließindex*	cm^3/10 min	:
Viskositätszahl	ml/g				

Verarbeitungsbedingungen für Spritzgießen

Massetemp.	°C	*Schwindung*	% lgs , quer
Werkzeugtemp.	°C	*Bemerkungen*	
Spritzdruck	bar		

Zugversuch 23 °C DIN 53455; ISO R/527;

Probekörper: *Form* Nr. 3; 4 mm dick — *Herstellung*
Zustand Trocken — *Vorbehandlung* Normalklima

Streckspannung	N/mm^2		*Dehnung bei Streckspannung*	%	
Zugfestigkeit	N/mm^2	220	*Reißdehnung*	%	3
Reißfestigkeit	N/mm^2		*% Dehnspannung*	N/mm^2	
E-Modul	N/mm^2		*Dehnung bei % Dehnspg.*	%	

Kriechmoduln und Zeitstandwerte 23 °C

Probekörper: *Form* — *Herstellung*
Zustand — *Vorbehandlung*

Kriechmodul	*1 min* N/mm^2	*Zeitstandzugfestigkeit*	h	N/mm^2
Kriechmodul	*1000 h* N/mm^2	*Zeitdehnspg. %*	h	N/mm^2
bei Spannung	N/mm^2			

Biegeversuch 23 °C

Probekörper: *Form* — *Herstellung*
Zustand — *Vorbehandlung*

Biegefestigkeit	N/mm^2	*E-Modul*	N/mm^2
3,5% *Biegespannung*	N/mm^2		

Härte 23 °C *Probekörper:* *Zustand* — *Herstellung*
Vorbehandlung

Kugeldruckhärte	N/mm^2 bei N, s	*Shore-Härte*	A
Rockwellhärte		*Shore-Härte*	D

Schlagversuch *Probekörper:* *(1)*
(2) — *Herstellung*
Zustand — *Vorbehandlung*

	°C	°C	°C	*Probekörper-Form*
Schlagzähigkeit	kJ/m^2			
Kerbschlagzähigkeit (1)	kJ/m^2			
IZOD-Kerbschlagzähigkeit (2)	J/m			
Kerbschlagzugzähigkeit	kJ/m^2			

Abrieb und Reibung

Taber-Abrieb (Reibradverfahren)	mm^3/100 U		
Abriebfaktor LNP (Thrust washer) Vergleichswert			
Statische Reibungszahl			
Dynamische Reibungszahl	(p·v=	N/mm^2·	m/min)
Zulässiger p · v Wert	N/mm^2 · (m/min)	v=	m/min
		v=	m/min

Thermische Eigenschaften

Formbeständigkeit in der Wärme	*Verfahren* A			245 °C
	Verfahren B			250 °C
Vicat Erweichungstemperatur (VST)	*Verfahren*			°C
	Verfahren			°C
Kristallit-Schmelzpunkt	*Verfahren*			
Längenausdehnungskoeffizient	*Bereich*	23–80	°C	0.25 · $10^{-4}K^{-1}$
	Temperatur			· $10^{-4}K^{-1}$
Wärmeleitfähigkeit	*Verfahren*			W/(K · m)
Spezifische Wärmekapazität	*Verfahren*			J/(K · g)
Glasumwandlungstemperatur	*Torsionsschwingungsversuch*		°C	
	Differentialkalorimetrie		°C	

Brandverhalten

UL-Test vertikal		Dicke mm, Wert	
		Dicke mm, Wert	
	Norm	*Bewertung*	*Abmessungen*
Sauerstoff-Index	ASTM D 2863		
Glühstab-Verfahren			
Brandverhalten	DIN 4102		
MVSS			
FAR			

Elektrische Eigenschaften

		Hz	°C			*Probekörper, Form*
Dielektrizitätszahl		50				
		10^3				
		10^6				
Dielektrischer Verlustfaktor tan δ		50				
		10^3				
		10^6				
Spezifischer Durchgangs-widerstand	Ohm · cm		23	1*10**15		Durchmesser 80x1 mm
Durchschlagfestigkeit	kV/mm					mm dick
Oberflächenwiderstand	Ohm		23	3*10**1		Durchmesser 80x1 mm
Kriechstromfestigkeit		KC		KB	KA	
Elektrolytische Korrosionswirkung						
Lichtbogenfestigkeit nach DIN						
nach ASTM	s					

Beständigkeit *(Chemische Beständigkeit siehe Anhang)*

Wasseraufnahme 23 C Bis zur Saettigung	6.5 %	
Feuchtigkeitsaufnahme Normalklima		2 %
Wetterbeständigkeit		
Spannungskorrosion		

Optische Eigenschaften

Brechungszahl n_D		
Transmissionsgrad τ_c	%	mm dick
Lichtdurchlässigkeit		

Produkt	Polyamid 66		**PA**
Handelsname	**Ultramid A3XZG5**		
Hersteller	BASF		
DIN-Bez 1			
DIN-Bez 2			
Zusätze	Gleitmittel; Entformungsmittel; Brandschutzmittel	*Füllstoffe/ Verstärkung*	25% Glasfaser
Bevorzugte Verarbeitung	Spritzgiessen	*Lieferform*	Granulat
		Farben	
Besondere Merkmale	Flammwidrig; Galvanisierbar; Hohe Steifigkeit; Hohe Masshaltigkeit; Erhoehte Schlagzaehigkeit; Vormals Ultramid KR 4242,schwarz	*Bevorzugte Anwendungen*	Elektrischer Schalter

Dichte	g/cm^3	1.32	*Schmelzindex*	g/10 min		:
Schüttdichte	g/cm^3		*Volumenfließindex*	$cm^3/10$ min		:
Viskositätszahl	ml/g					

Verarbeitungsbedingungen für Spritzgießen

Massetemp.	°C	*Schwindung*	%	lgs , quer
Werkzeugtemp.	°C	*Bemerkungen*		
Spritzdruck	bar			

Zugversuch 23 °C DIN 53455; ISO R/527; DIN 53457

Probekörper: *Form* Nr. 3; 4 mm dick — *Herstellung* Spritzgiessen
Zustand Trocken — *Vorbehandlung* Normalklima

Streckspannung	N/mm^2		*Dehnung bei Streckspannung*	%	
Zugfestigkeit	N/mm^2	100	*Reißdehnung*	%	3
Reißfestigkeit	N/mm^2		*% Dehnspannung*	N/mm^2	
E-Modul	N/mm^2	6700	*Dehnung bei % Dehnspg.*	%	

Kriechmoduln und Zeitstandwerte 23 °C

Probekörper: *Form* — *Herstellung*
Zustand — *Vorbehandlung*

Kriechmodul	*1 min*	N/mm^2	*Zeitstandzugfestigkeit*	h	N/mm^2
Kriechmodul	*1000 h*	N/mm^2	*Zeitdehnspg. %*	h	N/mm^2
bei Spannung		N/mm^2			

Biegeversuch 23 °C

Probekörper: *Form* — *Herstellung*
Zustand — *Vorbehandlung*

Biegefestigkeit	N/mm^2	*E-Modul*	N/mm^2
3,5% *Biegespannung*	N/mm^2		

Härte 23 °C *Probekörper:* *Zustand* — *Herstellung*
Vorbehandlung

Kugeldruckhärte	N/mm^2 bei N, s	*Shore-Härte*	A
Rockwellhärte		*Shore-Härte*	D

Schlagversuch *Probekörper:* *(1)*
(2) — *Herstellung*
Zustand — *Vorbehandlung*

	°C	°C	°C	*Probekörper-Form*
Schlagzähigkeit kJ/m^2				
Kerbschlagzähigkeit (1) kJ/m^2				
IZOD-Kerbschlagzähigkeit (2) J/m				
Kerbschlagzugzähigkeit kJ/m^2				

Abrieb und Reibung

Taber-Abrieb (Reibradverfahren)	mm^3/100 U		
Abriebfaktor LNP (Thrust washer) Vergleichswert			
Statische Reibungszahl			
Dynamische Reibungszahl	(p·v= N/mm^2·		m/min)
Zulässiger p · v Wert	N/mm^2 · (m/min)	v=	m/min
		v=	m/min

Thermische Eigenschaften

Formbeständigkeit in der Wärme	*Verfahren*	A		230 °C
	Verfahren	B		250 °C
Vicat Erweichungstemperatur (VST)	*Verfahren*			°C
	Verfahren			°C
Kristallit-Schmelzpunkt	*Verfahren*			
Längenausdehnungskoeffizient	*Bereich*	23–80	°C	$0.35 \cdot 10^{-4}K^{-1}$
	Temperatur			$\cdot 10^{-4}K^{-1}$
Wärmeleitfähigkeit	*Verfahren*			W/(K · m)
Spezifische Wärmekapazität	*Verfahren*			J/(K · g)
Glasumwandlungstemperatur	*Torsionsschwingungsversuch*		°C	
	Differentialkalorimetrie		°C	

Brandverhalten

UL-Test vertikal Dicke 1.57 mm, Wert V-0
Dicke 0.78 mm, Wert V-2

	Norm	*Bewertung*	*Abmessungen*
Sauerstoff-Index	ASTM D 2863		
Glühstab-Verfahren			
Brandverhalten	DIN 4102		
MVSS			
FAR			

Elektrische Eigenschaften

		Hz	°C		*Probekörper, Form*
Dielektrizitätszahl		50			
		10^3	23	3.8	Durchmesser 80x1 mm
		10^6			
Dielektrischer Verlustfaktor tan δ		50			
		10^3	23	0.02	Durchmesser 80x1 mm
		10^6			
Spezifischer Durchgangs-widerstand	Ohm · cm		23	1*10**15	Durchmesser 80x1 mm
Durchschlagfestigkeit	kV/mm		23	70	1 mm dick
Oberflächenwiderstand	Ohm		23	1*10**12	Durchmesser 80x1 mm

Kriechstromfestigkeit	KC	KB	KA
Elektrolytische Korrosionswirkung			
Lichtbogenfestigkeit nach DIN			
nach ASTM s			

Beständigkeit *(Chemische Beständigkeit siehe Anhang)*

Wasseraufnahme 23 C Bis zur Saettigung	5 %	
Feuchtigkeitsaufnahme Normalklima		1.2 %
Wetterbeständigkeit		
Spannungskorrosion		

Optische Eigenschaften

Brechungszahl n_D		
Transmissionsgrad τ_c	%	mm dick
Lichtdurchlässigkeit		

Produkt	Polyamid 66		**PA**
Handelsname	**Ultramid A3Z**		
Hersteller	BASF		
DIN-Bez 1			
DIN-Bez 2			
Zusätze	Waermestabilisator	*Füllstoffe/ Verstärkung*	
Bevorzugte Verarbeitung	Spritzgiessen	*Lieferform*	Granulat
		Farben	
Besondere Merkmale	Schlagzaeh modifiziert; Hohe Kaelteschlagzaehigkeit; Erhoehte Waermeformbestaendigkeit; Vormals Ultramid KR 4209	*Bevorzugte Anwendungen*	Gehaeuse; Bauteil

Dichte	g/cm³	*Schmelzindex*	g/10 min	:
Schüttdichte	g/cm³	*Volumenfließindex*	cm³/10 min	:
Viskositätszahl	ml/g			

Verarbeitungsbedingungen für Spritzgießen

Massetemp.	°C	*Schwindung*	% lgs , quer
Werkzeugtemp.	°C	*Bemerkungen*	
Spritzdruck	bar		

Zugversuch 23 °C DIN 53455; ISO R/527; DIN 53457

Probekörper: *Form* Nr. 3; 4 mm dick — *Herstellung* Spritzgiessen
Zustand Trocken — *Vorbehandlung* Normalklima

Streckspannung	N/mm²	50	*Dehnung bei Streckspannung*	%	5
Zugfestigkeit	N/mm²		*Reißdehnung*	%	≧50
Reißfestigkeit	N/mm²		*% Dehnspannung*	N/mm²	
E-Modul	N/mm²	2000	*Dehnung bei % Dehnspg.*	%	

Kriechmoduln und Zeitstandwerte 23 °C

Probekörper: *Form* — *Herstellung*
Zustand — *Vorbehandlung*

Kriechmodul	*1 min*	N/mm²	*Zeitstandzugfestigkeit*	h	N/mm²
Kriechmodul	*1000 h*	N/mm²	*Zeitdehnspg. %*	h	N/mm²
bei Spannung		N/mm²			

Biegeversuch 23 °C

Probekörper: *Form* — *Herstellung*
Zustand — *Vorbehandlung*

Biegefestigkeit	N/mm²	*E-Modul*	N/mm²
3,5% *Biegespannung*	N/mm²		

Härte 23 °C *Probekörper:* *Zustand* — *Herstellung*
Vorbehandlung

Kugeldruckhärte	N/mm² bei N, s	*Shore-Härte* A	
Rockwellhärte		*Shore-Härte* D	

Schlagversuch *Probekörper:* *(1)*
(2) — *Herstellung*
Zustand — *Vorbehandlung*

		°C	°C	°C	*Probekörper-Form*
Schlagzähigkeit	kJ/m²				
Kerbschlagzähigkeit (1)	kJ/m²				
IZOD-Kerbschlagzähigkeit (2)	J/m				
Kerbschlagzugzähigkeit	kJ/m²				

Abrieb und Reibung

Taber-Abrieb (Reibradverfahren)	mm^3/100 U		
Abriebfaktor LNP (Thrust washer) Vergleichswert			
Statische Reibungszahl			
Dynamische Reibungszahl	(p·v=	N/mm^2·	m/min)
Zulässiger p·v Wert	N/mm^2·(m/min)	v=	m/min
		v=	m/min

Thermische Eigenschaften

Formbeständigkeit in der Wärme	*Verfahren* A		60 °C
	Verfahren		°C
Vicat Erweichungstemperatur (VST)	*Verfahren*		°C
	Verfahren		°C
Kristallit-Schmelzpunkt	*Verfahren*		
Längenausdehnungskoeffizient	*Bereich*	°C	$\cdot 10^{-4}K^{-1}$
	Temperatur		$\cdot 10^{-4}K^{-1}$
Wärmeleitfähigkeit	*Verfahren*		W/(K·m)
Spezifische Wärmekapazität	*Verfahren*		J/(K·g)
Glasumwandlungstemperatur	*Torsionsschwingungsversuch*	°C	
	Differentialkalorimetrie	°C	

Brandverhalten

UL-Test vertikal	Dicke mm, Wert HB	
	Dicke mm, Wert	

	Norm	*Bewertung*	*Abmessungen*
Sauerstoff-Index	ASTM D 2863		
Glühstab-Verfahren			
Brandverhalten	DIN 4102		
MVSS			
FAR			

Elektrische Eigenschaften

		Hz	°C		*Probekörper, Form*
Dielektrizitätszahl		50			
		10^3	23	3.1	Durchmesser 80x1 mm
		10^6			
Dielektrischer Verlustfaktor tan δ		50			
		10^3	23	0.016	Durchmesser 80x1 mm
		10^6			
Spezifischer Durchgangswiderstand	Ohm·cm				
Durchschlagfestigkeit	kV/mm				mm dick
Oberflächenwiderstand	Ohm				
Kriechstromfestigkeit		KC	KB	KA	
Elektrolytische Korrosionswirkung					
Lichtbogenfestigkeit nach DIN					
nach ASTM	s				

Beständigkeit *(Chemische Beständigkeit siehe Anhang)*

Wasseraufnahme

Feuchtigkeitsaufnahme Normalklima %

Wetterbeständigkeit

Spannungskorrosion

Optische Eigenschaften

Brechungszahl n_D

Transmissionsgrad τ_c % mm dick

Lichtdurchlässigkeit

Datenbank-Nr.	**T01652**	*Merkblatt-Nr.*	**4226**

Produkt	Polyamid 66		**PA**
Handelsname	**Ultramid A3ZG6**		
Hersteller	BASF		
DIN-Bez 1 *DIN-Bez 2*			
Zusätze	Waermestabilisator; Elastomer	*Füllstoffe/ Verstärkung*	30% Glasfaser
Bevorzugte Verarbeitung	Spritzgiessen	*Lieferform*	Granulat
		Farben	
Besondere Merkmale	Zaehmodifiziert; Hohe Waermeformbestaendigkeit; Hohe Steifigkeit; Hohe Kerbschlagzaehigkeit; Vormals Ultramid KR 4270	*Bevorzugte Anwendungen*	Bauteil

Dichte	g/cm^3		*Schmelzindex*	g/10 min	:
Schüttdichte	g/cm^3		*Volumenfließindex*	cm^3/10 min	:
Viskositätszahl	ml/g	139			

Verarbeitungsbedingungen für Spritzgießen

Massetemp.	°C	*Schwindung*	% lgs , quer
Werkzeugtemp.	°C	*Bemerkungen*	
Spritzdruck	bar		

Zugversuch 23 °C DIN 53455; ISO R/527; DIN 53457

Probekörper: Form	Nr. 3; 4 mm dick	*Herstellung*	Spritzgiessen
Zustand	Trocken	*Vorbehandlung*	Normalklima

Streckspannung	N/mm^2	150	*Dehnung bei Streckspannung*	%	4
Zugfestigkeit	N/mm^2		*Reißdehnung*	%	5
Reißfestigkeit	N/mm^2		*% Dehnspannung*	N/mm^2	
E-Modul	N/mm^2	9000	*Dehnung bei % Dehnspg.*	%	

Kriechmoduln und Zeitstandwerte 23 °C

Probekörper: Form *Herstellung*
Zustand *Vorbehandlung*

Kriechmodul	*1 min* N/mm^2	*Zeitstandzugfestigkeit*	h N/mm^2
Kriechmodul	*1000 h* N/mm^2	*Zeitdehnspg. %*	h N/mm^2
bei Spannung	N/mm^2		

Biegeversuch 23 °C

Probekörper: Form *Herstellung*
Zustand *Vorbehandlung*

Biegefestigkeit	N/mm^2	*E-Modul*	N/mm^2
3,5% *Biegespannung*	N/mm^2		

Härte 23 °C *Probekörper: Zustand* *Herstellung*
Vorbehandlung

Kugeldruckhärte	N/mm^2 bei N, s	*Shore-Härte* A
Rockwellhärte		*Shore-Härte* D

Schlagversuch *Probekörper: (1)*
(2) *Herstellung*
Zustand *Vorbehandlung*

	°C	°C	°C	*Probekörper-Form*
Schlagzähigkeit	kJ/m^2			
Kerbschlagzähigkeit (1)	kJ/m^2			
IZOD-Kerbschlagzähigkeit (2)	J/m			
Kerbschlagzugzähigkeit	kJ/m^2			

Abrieb und Reibung

Taber-Abrieb (Reibradverfahren)	$mm^3/100$ U		
Abriebfaktor LNP (Thrust washer) Vergleichswert			
Statische Reibungszahl			
Dynamische Reibungszahl	(p · v =	N/mm^2 ·	m/min)
Zulässiger p · v Wert	N/mm^2 · (m/min)	v =	m/min
		v =	m/min

Thermische Eigenschaften

Formbeständigkeit in der Wärme	*Verfahren*	A		240 °C
	Verfahren	B		250 °C
Vicat Erweichungstemperatur (VST)	*Verfahren*			°C
	Verfahren			°C
Kristallit-Schmelzpunkt	*Verfahren*			
Längenausdehnungskoeffizient	*Bereich*	23–80	°C	$0.35 \cdot 10^{-4} K^{-1}$
	Temperatur			$\cdot 10^{-4} K^{-1}$
Wärmeleitfähigkeit	*Verfahren*			W/(K · m)
Spezifische Wärmekapazität	*Verfahren*			J/(K · g)
Glasumwandlungstemperatur	*Torsionsschwingungsversuch*		°C	
	Differentialkalorimetrie		°C	

Brandverhalten

UL-Test vertikal		Dicke mm, Wert	
		Dicke mm, Wert	
	Norm	*Bewertung*	*Abmessungen*
Sauerstoff-Index	ASTM D 2863		
Glühstab-Verfahren			
Brandverhalten	DIN 4102		
MVSS			
FAR			

Elektrische Eigenschaften

		Hz	°C			*Probekörper, Form*
Dielektrizitätszahl		50				
		10^3				
		10^6				
Dielektrischer Verlustfaktor tan δ		50				
		10^3				
		10^6				
Spezifischer Durchgangswiderstand	Ohm · cm					
Durchschlagfestigkeit	kV/mm					mm dick
Oberflächenwiderstand	Ohm					
Kriechstromfestigkeit		KC		KB	KA	
Elektrolytische Korrosionswirkung						
Lichtbogenfestigkeit nach DIN						
nach ASTM	s					

Beständigkeit *(Chemische Beständigkeit siehe Anhang)*

Wasseraufnahme

Feuchtigkeitsaufnahme Normalklima %

Wetterbeständigkeit

Spannungskorrosion

Optische Eigenschaften

Brechungszahl n_D		
Transmissionsgrad τ_c	%	mm dick
Lichtdurchlässigkeit		

Datenbank-Nr. **T01653** Merkblatt-Nr. **4227**

Produkt	Polyamid 66		**PA**
Handelsname	**Ultramid A3ZM4**		
Hersteller	BASF		
DIN-Bez 1			
DIN-Bez 2			
Zusätze	Waermestabilisator	*Füllstoffe/ Verstärkung*	
Bevorzugte Verarbeitung	Spritzgiessen	*Lieferform*	Granulat
		Farben	
Besondere Merkmale	Schlagzaeh modifiziert	*Bevorzugte Anwendungen*	

Dichte	g/cm³	1.2	*Schmelzindex*	g/10 min	:
Schüttdichte	g/cm³		*Volumenfließindex*	cm³/10 min	:
Viskositätszahl	ml/g				

Verarbeitungsbedingungen für Spritzgießen

Massetemp.	°C	*Schwindung*	% lgs , quer
Werkzeugtemp.	°C	*Bemerkungen*	
Spritzdruck	bar		

Zugversuch 23 °C DIN 53455; ISO R/527;

Probekörper: *Form* Nr. 3; 4 mm dick — *Herstellung*
Zustand Trocken — *Vorbehandlung* Normalklima

Streckspannung	N/mm²	75	*Dehnung bei Streckspannung*	%	
Zugfestigkeit	N/mm²		*Reißdehnung*	%	30
Reißfestigkeit	N/mm²		*% Dehnspannung*	N/mm²	
E-Modul	N/mm²		*Dehnung bei % Dehnspg.*	%	

Kriechmoduln und Zeitstandwerte 23 °C

Probekörper: *Form* — *Herstellung*
Zustand — *Vorbehandlung*

Kriechmodul	*1 min* N/mm²	*Zeitstandzugfestigkeit*	h	N/mm²
Kriechmodul	*1000 h* N/mm²	*Zeitdehnspg. %*	h	N/mm²
bei Spannung	N/mm²			

Biegeversuch 23 °C

Probekörper: *Form* — *Herstellung*
Zustand — *Vorbehandlung*

Biegefestigkeit	N/mm²	*E-Modul*	N/mm²
3,5% *Biegespannung*	N/mm²		

Härte 23 °C *Probekörper:* *Zustand* — *Herstellung*
Vorbehandlung

Kugeldruckhärte	N/mm² bei N, s	*Shore-Härte*	A
Rockwellhärte		*Shore-Härte*	D

Schlagversuch *Probekörper:* *(1)*
(2) — *Herstellung*
Zustand — *Vorbehandlung*

	°C	°C	°C	*Probekörper-Form*
Schlagzähigkeit kJ/m²				
Kerbschlagzähigkeit (1) kJ/m²				
IZOD-Kerbschlagzähigkeit (2) J/m				
Kerbschlagzugzähigkeit kJ/m²				

Abrieb und Reibung

Taber-Abrieb (Reibradverfahren)	mm^3/100 U		
Abriebfaktor LNP (Thrust washer) Vergleichswert			
Statische Reibungszahl			
Dynamische Reibungszahl	(p · v = N/mm^2 ·		m/min)
Zulässiger p · v Wert	N/mm^2 · (m/min)	v =	m/min
		v =	m/min

Thermische Eigenschaften

Formbeständigkeit in der Wärme	*Verfahren*	A		120 °C
	Verfahren	B		236 °C
Vicat Erweichungstemperatur (VST)	*Verfahren*			°C
	Verfahren			°C
Kristallit-Schmelzpunkt	*Verfahren*			
Längenausdehnungskoeffizient	*Bereich*	23–80	°C	0.8 · $10^{-4}K^{-1}$
	Temperatur			· $10^{-4}K^{-1}$
Wärmeleitfähigkeit	*Verfahren*			W/(K · m)
Spezifische Wärmekapazität	*Verfahren*			J/(K · g)
Glasumwandlungstemperatur	*Torsionsschwingungsversuch*		°C	
	Differentialkalorimetrie		°C	

Brandverhalten

UL-Test vertikal	Dicke	mm, Wert HB
	Dicke	mm, Wert

	Norm	*Bewertung*	*Abmessungen*
Sauerstoff-Index	ASTM D 2863		
Glühstab-Verfahren			
Brandverhalten	DIN 4102		
MVSS			
FAR			

Elektrische Eigenschaften

		Hz	°C		*Probekörper, Form*
Dielektrizitätszahl		50			
		10^3	23	3.7	Durchmesser 80x1 mm
		10^6			
Dielektrischer Verlustfaktor tan δ		50			
		10^3	23	0.018	Durchmesser 80x1 mm
		10^6			
Spezifischer Durchgangs-widerstand	Ohm · cm		23	1*10**15	Durchmesser 80x1 mm
Durchschlagfestigkeit	kV/mm				mm dick
Oberflächenwiderstand	Ohm		23	1*10**12	Durchmesser 80x1 mm

Kriechstromfestigkeit	KC	KB	KA
Elektrolytische Korrosionswirkung			
Lichtbogenfestigkeit nach DIN			
nach ASTM s			

Beständigkeit *(Chemische Beständigkeit siehe Anhang)*

Wasseraufnahme	
Feuchtigkeitsaufnahme Normalklima	%
Wetterbeständigkeit	
Spannungskorrosion	

Optische Eigenschaften

Brechungszahl n_D		
Transmissionsgrad τ_c	%	mm dick
Lichtdurchlässigkeit		

Datenbank-Nr.	**T01654**	*Merkblatt-Nr.* **4228**

Produkt	Polyamid 6		**PA**
Handelsname	**Ultramid B35EG3**		
Hersteller	BASF		
DIN-Bez 1			
DIN-Bez 2			
Zusätze	Waermestabilisator	*Füllstoffe/ Verstärkung*	15% Glasfaser
Bevorzugte Verarbeitung	Spritzgiessen	*Lieferform*	Granulat
		Farben	
Besondere Merkmale	Erhoehte Schlagzaehigkeit	*Bevorzugte Anwendungen*	Gehaeuse fuer Kfz-Spiegel; Rad fuer Gelaendefahrrad

Dichte	g/cm^3	1.23	*Schmelzindex*	g/10 min	:
Schüttdichte	g/cm^3		*Volumenfließindex*	$cm^3/10$ min	:
Viskositätszahl	ml/g	190			

Verarbeitungsbedingungen für Spritzgießen

Massetemp.	°C	*Schwindung*	% lgs , quer
Werkzeugtemp.	°C	*Bemerkungen*	
Spritzdruck	bar		

Zugversuch 23 °C DIN 53455; ISO R/527; DIN 53457

Probekörper: *Form* Nr. 3; 4 mm dick — *Herstellung*
Zustand Trocken — *Vorbehandlung* Normalklima

Streckspannung	N/mm^2		*Dehnung bei Streckspannung*	%	
Zugfestigkeit	N/mm^2	115	*Reißdehnung*	%	3
Reißfestigkeit	N/mm^2		*% Dehnspannung*	N/mm^2	
E-Modul	N/mm^2	5500	*Dehnung bei % Dehnspg.*	%	

Kriechmoduln und Zeitstandwerte 23 °C DIN 53444; ISO 899

Probekörper: *Form* Nr. 3; 4 mm dick — *Herstellung*
Zustand Luftfeucht — *Vorbehandlung* Normalklima

Kriechmodul	*1 min*	N/mm^2	2500	*Zeitstandzugfestigkeit*	h	N/mm^2
Kriechmodul	*1000 h*	N/mm^2	2100	*Zeitdehnspg. %*	h	N/mm^2
bei Spannung		N/mm^2				

Biegeversuch 23 °C

Probekörper: *Form* — *Herstellung*
Zustand — *Vorbehandlung*

Biegefestigkeit	N/mm^2	*E-Modul*	N/mm^2
3,5% *Biegespannung*	N/mm^2		

Härte 23 °C *Probekörper:* *Zustand* — *Herstellung*
Vorbehandlung

Kugeldruckhärte	N/mm^2 bei N, s	*Shore-Härte* A	
Rockwellhärte		*Shore-Härte* D	

Schlagversuch *Probekörper:* *(1)*
(2) — *Herstellung*
Zustand — *Vorbehandlung*

	°C	°C	°C	*Probekörper-Form*
Schlagzähigkeit kJ/m^2				
Kerbschlagzähigkeit (1) kJ/m^2				
IZOD-Kerbschlagzähigkeit (2) J/m				
Kerbschlagzugzähigkeit kJ/m^2				

Abrieb und Reibung

Taber-Abrieb (Reibradverfahren)	$mm^3/100$ U		
Abriebfaktor LNP (Thrust washer) Vergleichswert			
Statische Reibungszahl			
Dynamische Reibungszahl	(p·v= N/mm^2·		m/min)
Zulässiger p·v Wert	N/mm^2·(m/min)	v=	m/min
		v=	m/min

Thermische Eigenschaften

Formbeständigkeit in der Wärme	*Verfahren*	A		190 °C
	Verfahren	B		215 °C
Vicat Erweichungstemperatur (VST)	*Verfahren*	B/50		210 °C
	Verfahren			°C
Kristallit-Schmelzpunkt	*Verfahren*			
Längenausdehnungskoeffizient	*Bereich*	23–80	°C	0.35 · $10^{-4}K^{-1}$
	Temperatur			· $10^{-4}K^{-1}$
Wärmeleitfähigkeit	*Verfahren*			W/(K · m)
Spezifische Wärmekapazität	*Verfahren*			J/(K · g)
Glasumwandlungstemperatur	*Torsionsschwingungsversuch*		°C	
	Differentialkalorimetrie		°C	

Brandverhalten

UL-Test vertikal	Dicke 1.57 mm, Wert HB	
	Dicke 3.18 mm, Wert HB	

	Norm	*Bewertung*	*Abmessungen*
Sauerstoff-Index	ASTM D 2863		
Glühstab-Verfahren			
Brandverhalten	DIN 4102		
MVSS			
FAR			

Elektrische Eigenschaften

		Hz	°C		*Probekörper, Form*
Dielektrizitätszahl		50	23	3.8	Durchmesser 80x1 mm
		10^3			
		10^6			
Dielektrischer Verlustfaktor tan δ		50	23	0.025	Durchmesser 80x1 mm
		10^3			
		10^6			
Spezifischer Durchgangs-widerstand	Ohm · cm		23	1*10**15	Durchmesser 80x1 mm
Durchschlagfestigkeit	kV/mm		23	85	1 mm dick
Oberflächenwiderstand	Ohm		23	1*10**12	Durchmesser 80x1 mm

Kriechstromfestigkeit	KC	KB	KA
Elektrolytische Korrosionswirkung			
Lichtbogenfestigkeit nach DIN			
nach ASTM s			

Beständigkeit *(Chemische Beständigkeit siehe Anhang)*

Wasseraufnahme 23 C Bis zur Saettigung	8 %	
Feuchtigkeitsaufnahme Normalklima		2.6 %
Wetterbeständigkeit		
Spannungskorrosion		

Optische Eigenschaften

Brechungszahl n_D		
Transmissionsgrad τ_c	%	mm dick
Lichtdurchlässigkeit		

Datenbank-Nr. **T01655** Merkblatt-Nr. **4229**

Produkt	Polyamid 6		**PA**
Handelsname	**Ultramid B35K**		
Hersteller	BASF		
DIN-Bez 1			
DIN-Bez 2			
Zusätze	Waermestabilisator	*Füllstoffe/ Verstärkung*	
Bevorzugte Verarbeitung	Spritzgiessen	*Lieferform*	Granulat
		Farben	
Besondere Merkmale	Rasch verarbeitbar; Niedrig- bis mittelviskos; Hochschlagzaeh; Vormals KR 4412	*Bevorzugte Anwendungen*	Gehaeuse; Elektrohandwerkzeuggehaeuse

Dichte	g/cm^3	1.13	*Schmelzindex*	g/10 min	:
Schüttdichte	g/cm^3		*Volumenfließindex*	$cm^3/10$ min	:
Viskositätszahl	ml/g	190			

Verarbeitungsbedingungen für Spritzgießen

Massetemp.	°C	*Schwindung*	% lgs , quer
Werkzeugtemp.	°C	*Bemerkungen*	
Spritzdruck	bar		

Zugversuch 23 °C DIN 53455; ISO R/527; DIN 53457

Probekörper: *Form* Nr. 3; 4 mm dick — *Herstellung* Spritzgiessen
Zustand Trocken — *Vorbehandlung* Normalklima

Streckspannung	N/mm^2	80	*Dehnung bei Streckspannung*	%	4
Zugfestigkeit	N/mm^2		*Reißdehnung*	%	≧50
Reißfestigkeit	N/mm^2		*% Dehnspannung*	N/mm^2	
E-Modul	N/mm^2	2800	*Dehnung bei % Dehnspg.*	%	

Kriechmoduln und Zeitstandwerte 23 °C

Probekörper: *Form* — *Herstellung*
Zustand — *Vorbehandlung*

Kriechmodul	*1 min*	N/mm^2	*Zeitstandzugfestigkeit*	h	N/mm^2
Kriechmodul	*1000 h*	N/mm^2	*Zeitdehnspg. %*	h	N/mm^2
bei Spannung		N/mm^2			

Biegeversuch 23 °C

Probekörper: *Form* — *Herstellung*
Zustand — *Vorbehandlung*

Biegefestigkeit	N/mm^2	*E-Modul*	N/mm^2
3,5% *Biegespannung*	N/mm^2		

Härte 23 °C *Probekörper:* *Zustand* — *Herstellung*
Vorbehandlung

Kugeldruckhärte	N/mm^2 bei N, s	*Shore-Härte* A	
Rockwellhärte		*Shore-Härte* D	

Schlagversuch *Probekörper:* *(1)*
(2) — *Herstellung*
Zustand — *Vorbehandlung*

	°C	°C	°C	*Probekörper-Form*
Schlagzähigkeit kJ/m^2				
Kerbschlagzähigkeit (1) kJ/m^2				
IZOD-Kerbschlagzähigkeit (2) J/m				
Kerbschlagzugzähigkeit kJ/m^2				

Abrieb und Reibung

Taber-Abrieb (Reibradverfahren)	mm^3/100 U		
Abriebfaktor LNP (Thrust washer) Vergleichswert			
Statische Reibungszahl			
Dynamische Reibungszahl	(p·v=	N/mm^2 ·	m/min)
Zulässiger p · v Wert	N/mm^2 · (m/min)	v=	m/min
		v=	m/min

Thermische Eigenschaften

Formbeständigkeit in der Wärme	*Verfahren*	A		75 °C
	Verfahren	B		160 °C
Vicat Erweichungstemperatur (VST)	*Verfahren*	B/50		204 °C
	Verfahren			°C
Kristallit-Schmelzpunkt	*Verfahren*			
Längenausdehnungskoeffizient	*Bereich*	23–80	°C	$1 \cdot 10^{-4} K^{-1}$
	Temperatur			$\cdot 10^{-4} K^{-1}$
Wärmeleitfähigkeit	*Verfahren*			W/(K · m)
Spezifische Wärmekapazität	*Verfahren*			J/(K · g)
Glasumwandlungstemperatur	*Torsionsschwingungsversuch*		°C	
	Differentialkalorimetrie		°C	

Brandverhalten

UL-Test vertikal	Dicke	mm, Wert V-2	
	Dicke	mm, Wert	

	Norm	*Bewertung*	*Abmessungen*
Sauerstoff-Index	ASTM D 2863		
Glühstab-Verfahren			
Brandverhalten	DIN 4102		
MVSS			
FAR			

Elektrische Eigenschaften

		Hz	°C		*Probekörper, Form*
Dielektrizitätszahl		50	23	4	Durchmesser 80x1 mm
		10^3	23	3.5	Durchmesser 80x1 mm
		10^6			
Dielektrischer Verlustfaktor tan δ		50	23	0.01	Durchmesser 80x1 mm
		10^3	23	0.023	Durchmesser 80x1 mm
		10^6			
Spezifischer Durchgangs-widerstand	Ohm · cm		23	1*10**15	Durchmesser 80x1 mm
Durchschlagfestigkeit	kV/mm		23	100	1 mm dick
Oberflächenwiderstand	Ohm		23	1*10**13	Durchmesser 80x1 mm

Kriechstromfestigkeit	KC	KB	KA
Elektrolytische Korrosionswirkung			
Lichtbogenfestigkeit nach DIN			
nach ASTM s			

Beständigkeit *(Chemische Beständigkeit siehe Anhang)*

Wasseraufnahme 23 C Bis zur Saettigung	9.5 %	
Feuchtigkeitsaufnahme Normalklima		3 %
Wetterbeständigkeit		
Spannungskorrosion		

Optische Eigenschaften

Brechungszahl n_D
Transmissionsgrad τ_c % mm dick
Lichtdurchlässigkeit

Datenbank-Nr.	**T01656**	*Merkblatt-Nr.*	**4230**

Produkt	Polyamid 6		**PA**
Handelsname	**Ultramid B35Z**		
Hersteller	BASF		
DIN-Bez 1 *DIN-Bez 2*			
Zusätze	Entformungsmittel; Waermestabilisator	*Füllstoffe/ Verstärkung*	
Bevorzugte Verarbeitung	Spritzgiessen	*Lieferform*	Granulat
		Farben	
Besondere Merkmale	Stabilisiert; Stabil-Bewitterung; Rasch verarbeitbar; Mittelviskos; Hoechste Kaelteschlagzaehigkeit; Vormals Ultramid KR 4409	*Bevorzugte Anwendungen*	Spoiler; Verkleidungsteil; Kfz-Aussenteil

Dichte	g/cm^3	1.08	*Schmelzindex*	g/10 min		:
Schüttdichte	g/cm^3		*Volumenfließindex*	$cm^3/10$ min		:
Viskositätszahl	ml/g	190				

Verarbeitungsbedingungen für Spritzgießen

Massetemp.	°C	*Schwindung*	%	lgs	, quer
Werkzeugtemp.	°C	*Bemerkungen*			
Spritzdruck	bar				

Zugversuch 23 °C DIN 53455; ISO R/527; DIN 53457

Probekörper:	*Form*	Nr. 3; 4 mm dick	*Herstellung*	Spritzgiessen
	Zustand	Trocken	*Vorbehandlung*	Normalklima

Streckspannung	N/mm^2	55	*Dehnung bei Streckspannung*	%	4
Zugfestigkeit	N/mm^2		*Reißdehnung*	%	≧50
Reißfestigkeit	N/mm^2		*% Dehnspannung*	N/mm^2	
E-Modul	N/mm^2	2000	*Dehnung bei % Dehnspg.*	%	

Kriechmoduln und Zeitstandwerte 23 °C

Probekörper:	*Form*	*Herstellung*	
	Zustand	*Vorbehandlung*	

Kriechmodul	*1 min*	N/mm^2	*Zeitstandzugfestigkeit*	h	N/mm^2
Kriechmodul	*1000 h*	N/mm^2	*Zeitdehnspg. %*	h	N/mm^2
bei Spannung		N/mm^2			

Biegeversuch 23 °C

Probekörper:	*Form*	*Herstellung*	
	Zustand	*Vorbehandlung*	

Biegefestigkeit	N/mm^2	*E-Modul*	N/mm^2
3,5% *Biegespannung*	N/mm^2		

Härte 23 °C *Probekörper:* *Zustand* *Herstellung*
Vorbehandlung

Kugeldruckhärte	N/mm^2 bei N, s	*Shore-Härte*	A
Rockwellhärte		*Shore-Härte*	D

Schlagversuch *Probekörper:* *(1)*
(2) *Herstellung*
Zustand *Vorbehandlung*

	°C	°C	°C	*Probekörper-Form*
Schlagzähigkeit kJ/m^2				
Kerbschlagzähigkeit (1) kJ/m^2				
IZOD-Kerbschlagzähigkeit (2) J/m				
Kerbschlagzugzähigkeit kJ/m^2				

Abrieb und Reibung

Taber-Abrieb (Reibradverfahren)	mm^3/100 U		
Abriebfaktor LNP (Thrust washer) Vergleichswert			
Statische Reibungszahl			
Dynamische Reibungszahl	(p·v= N/mm²·		m/min)
Zulässiger p · v Wert	N/mm² · (m/min)	v=	m/min
		v=	m/min

Thermische Eigenschaften

Formbeständigkeit in der Wärme	*Verfahren*	A		65 °C
	Verfahren	B		160 °C
Vicat Erweichungstemperatur (VST)	*Verfahren*	B/50		204 °C
	Verfahren			°C
Kristallit-Schmelzpunkt	*Verfahren*			
Längenausdehnungskoeffizient	*Bereich*	23–80	°C	$1 \cdot 10^{-4} K^{-1}$
	Temperatur			$\cdot 10^{-4} K^{-1}$
Wärmeleitfähigkeit	*Verfahren*			W/(K · m)
Spezifische Wärmekapazität	*Verfahren*			J/(K · g)
Glasumwandlungstemperatur	*Torsionsschwingungsversuch*		°C	
	Differentialkalorimetrie		°C	

Brandverhalten

UL-Test vertikal Dicke 1.57 mm, Wert HB
Dicke 0.78 mm, Wert HB

	Norm	*Bewertung*	*Abmessungen*
Sauerstoff-Index	ASTM D 2863		
Glühstab-Verfahren			
Brandverhalten	DIN 4102		
MVSS			
FAR			

Elektrische Eigenschaften

		Hz	°C		*Probekörper, Form*
Dielektrizitätszahl		50	23	3.8	Durchmesser 80x1 mm
		10^3	23	3.1	Durchmesser 80x1 mm
		10^6			
Dielektrischer Verlustfaktor tan δ		50			
		10^3	23	0.011	Durchmesser 80x1 mm
		10^6			
Spezifischer Durchgangs-widerstand	Ohm · cm		23	1*10**15	Durchmesser 80x1 mm
Durchschlagfestigkeit	kV/mm		23	100	1 mm dick
Oberflächenwiderstand	Ohm		23	1*10**12	Durchmesser 80x1 mm

Kriechstromfestigkeit	KC	KB	KA
Elektrolytische Korrosionswirkung			
Lichtbogenfestigkeit nach DIN			
nach ASTM s			

Beständigkeit *(Chemische Beständigkeit siehe Anhang)*

Wasseraufnahme 23 C Bis zur Saettigung	8.5 %	
Feuchtigkeitsaufnahme Normalklima		2.3 %
Wetterbeständigkeit		
Spannungskorrosion		

Optische Eigenschaften

Brechungszahl n_D		
Transmissionsgrad τ_c	%	mm dick
Lichtdurchlässigkeit		

Datenbank-Nr. **T01657** Merkblatt-Nr. **4231**

Produkt	Polyamid 6		**PA**
Handelsname	**Ultramid B35ZGM24**		
Hersteller	BASF		
DIN-Bez 1			
DIN-Bez 2			
Zusätze	Waermestabilisator	*Füllstoffe/ Verstärkung*	
Bevorzugte Verarbeitung	Spritzgiessen	*Lieferform*	Granulat
		Farben	
Besondere Merkmale	Schlagzaeh modifiziert	*Bevorzugte Anwendungen*	

Dichte	g/cm^3	1.34	*Schmelzindex*	g/10 min	:
Schüttdichte	g/cm^3		*Volumenfließindex*	cm^3/10 min	:
Viskositätszahl	ml/g				

Verarbeitungsbedingungen für Spritzgießen

Massetemp.	°C	*Schwindung*	% lgs , quer
Werkzeugtemp.	°C	*Bemerkungen*	
Spritzdruck	bar		

Zugversuch 23 °C DIN 53455; ISO R/527;

Probekörper: *Form* Nr. 3; 4 mm dick *Herstellung*

Zustand Trocken *Vorbehandlung* Normalklima

Streckspannung	N/mm^2		*Dehnung bei Streckspannung*	%	
Zugfestigkeit	N/mm^2	80	*Reißdehnung*	%	10
Reißfestigkeit	N/mm^2		*% Dehnspannung*	N/mm^2	
E-Modul	N/mm^2		*Dehnung bei % Dehnspg.*	%	

Kriechmoduln und Zeitstandwerte 23 °C

Probekörper: *Form* *Herstellung*

Zustand *Vorbehandlung*

Kriechmodul	*1 min* N/mm^2	*Zeitstandzugfestigkeit*	h	N/mm^2
Kriechmodul	*1000 h* N/mm^2	*Zeitdehnspg. %*	h	N/mm^2
bei Spannung	N/mm^2			

Biegeversuch 23 °C

Probekörper: *Form* *Herstellung*

Zustand *Vorbehandlung*

Biegefestigkeit	N/mm^2	*E-Modul*	N/mm^2
3,5% *Biegespannung*	N/mm^2		

Härte 23 °C *Probekörper:* *Zustand* *Herstellung*

Vorbehandlung

Kugeldruckhärte	N/mm^2 bei N, s	*Shore-Härte* A	
Rockwellhärte		*Shore-Härte* D	

Schlagversuch *Probekörper:* *(1)*

(2) *Herstellung*

Zustand *Vorbehandlung*

	°C	°C	°C	*Probekörper-Form*
Schlagzähigkeit	kJ/m^2			
Kerbschlagzähigkeit (1)	kJ/m^2			
IZOD-Kerbschlagzähigkeit (2)	J/m			
Kerbschlagzugzähigkeit	kJ/m^2			

Abrieb und Reibung

Taber-Abrieb (Reibradverfahren)	mm^3/100 U		
Abriebfaktor LNP (Thrust washer) Vergleichswert			
Statische Reibungszahl			
Dynamische Reibungszahl	(p · v =	N/mm^2 ·	m/min)
Zulässiger p · v Wert	N/mm^2 · (m/min)	v =	m/min
		v =	m/min

Thermische Eigenschaften

Formbeständigkeit in der Wärme	*Verfahren* A			165 °C
	Verfahren B			210 °C
Vicat Erweichungstemperatur (VST)	*Verfahren*			°C
	Verfahren			°C
Kristallit-Schmelzpunkt	*Verfahren*			
Längenausdehnungskoeffizient	*Bereich*	23–80	°C	$0.45 \cdot 10^{-4}K^{-1}$
	Temperatur			$\cdot 10^{-4}K^{-1}$
Wärmeleitfähigkeit	*Verfahren*			W/(K · m)
Spezifische Wärmekapazität	*Verfahren*			J/(K · g)
Glasumwandlungstemperatur	*Torsionsschwingungsversuch*		°C	
	Differentialkalorimetrie		°C	

Brandverhalten

UL-Test vertikal	Dicke	mm, Wert
	Dicke	mm, Wert

	Norm	*Bewertung*	*Abmessungen*
Sauerstoff-Index	ASTM D 2863		
Glühstab-Verfahren			
Brandverhalten	DIN 4102		
MVSS			
FAR			

Elektrische Eigenschaften

		Hz	°C		*Probekörper, Form*
Dielektrizitätszahl		50			
		10^3			
		10^6			
Dielektrischer Verlustfaktor tan δ		50			
		10^3			
		10^6			
Spezifischer Durchgangs-widerstand	Ohm · cm		23	1*10**15	Durchmesser 80x1 mm
Durchschlagfestigkeit	kV/mm				mm dick
Oberflächenwiderstand	Ohm		23	1*10**12	Durchmesser 80x1 mm

Kriechstromfestigkeit	KC	KB	KA
Elektrolytische Korrosionswirkung			
Lichtbogenfestigkeit nach DIN			
nach ASTM s			

Beständigkeit *(Chemische Beständigkeit siehe Anhang)*

Wasseraufnahme 23 C Bis zur Saettigung	6.6 %	
Feuchtigkeitsaufnahme Normalklima		2 %
Wetterbeständigkeit		
Spannungskorrosion		

Optische Eigenschaften

Brechungszahl n_D		
Transmissionsgrad τ_c	%	mm dick
Lichtdurchlässigkeit		

Datenbank-Nr.	**T01658**	*Merkblatt-Nr.*	**4232**

Produkt	Polyamid 6		**PA**
Handelsname	**Ultramid B3GK24**		
Hersteller	BASF		
DIN-Bez 1 *DIN-Bez 2*			
Zusätze	Waermestabilisator	*Füllstoffe/ Verstärkung*	
Bevorzugte Verarbeitung	Spritzgiessen	*Lieferform*	Granulat
		Farben	
Besondere Merkmale		*Bevorzugte Anwendungen*	

Dichte	g/cm^3	1.34	*Schmelzindex*	g/10 min	:
Schüttdichte	g/cm^3		*Volumenfließindex*	$cm^3/10$ min	:
Viskositätszahl	ml/g				

Verarbeitungsbedingungen für Spritzgießen

Massetemp.	°C	*Schwindung*	%	lgs , quer
Werkzeugtemp.	°C	*Bemerkungen*		
Spritzdruck	bar			

Zugversuch 23 °C DIN 53455; ISO R/527;

Probekörper: *Form* Nr. 3; 4 mm dick *Herstellung*
Zustand Trocken *Vorbehandlung* Normalklima

Streckspannung	N/mm^2		*Dehnung bei Streckspannung*	%	
Zugfestigkeit	N/mm^2	110	*Reißdehnung*	%	3
Reißfestigkeit	N/mm^2		*% Dehnspannung*	N/mm^2	
E-Modul	N/mm^2		*Dehnung bei % Dehnspg.*	%	

Kriechmoduln und Zeitstandwerte 23 °C

Probekörper: *Form* *Herstellung*
Zustand *Vorbehandlung*

Kriechmodul	*1 min*	N/mm^2	*Zeitstandzugfestigkeit*	h	N/mm^2
Kriechmodul	*1000 h*	N/mm^2	*Zeitdehnspg. %*	h	N/mm^2
bei Spannung		N/mm^2			

Biegeversuch 23 °C

Probekörper: *Form* *Herstellung*
Zustand *Vorbehandlung*

Biegefestigkeit	N/mm^2	*E-Modul*	N/mm^2
3,5% *Biegespannung*	N/mm^2		

Härte 23 °C *Probekörper:* *Zustand* *Herstellung*
Vorbehandlung

Kugeldruckhärte	N/mm^2	bei	N, s	*Shore-Härte* A
Rockwellhärte				*Shore-Härte* D

Schlagversuch *Probekörper:* *(1)*
(2) *Herstellung*
Zustand *Vorbehandlung*

	°C	°C	°C	*Probekörper-Form*
Schlagzähigkeit	kJ/m^2			
Kerbschlagzähigkeit (1)	kJ/m^2			
IZOD-Kerbschlagzähigkeit (2)	J/m			
Kerbschlagzugzähigkeit	kJ/m^2			

Abrieb und Reibung

Taber-Abrieb (Reibradverfahren)	mm^3/100 U		
Abriebfaktor LNP (Thrust washer) Vergleichswert			
Statische Reibungszahl			
Dynamische Reibungszahl	(p·v= N/mm^2·		m/min)
Zulässiger p · v Wert	N/mm^2 · (m/min)	v=	m/min
		v=	m/min

Thermische Eigenschaften

Formbeständigkeit in der Wärme	*Verfahren*	A		200 °C
	Verfahren	B		215 °C
Vicat Erweichungstemperatur (VST)	*Verfahren*			°C
	Verfahren			°C
Kristallit-Schmelzpunkt	*Verfahren*			
Längenausdehnungskoeffizient	*Bereich*	23–80	°C	0.35 · $10^{-4}K^{-1}$
	Temperatur			· $10^{-4}K^{-1}$
Wärmeleitfähigkeit	*Verfahren*			W/(K · m)
Spezifische Wärmekapazität	*Verfahren*			J/(K · g)
Glasumwandlungstemperatur	*Torsionsschwingungsversuch*		°C	
	Differentialkalorimetrie		°C	

Brandverhalten

UL-Test vertikal	Dicke	mm, Wert
	Dicke	mm, Wert

	Norm	*Bewertung*	*Abmessungen*
Sauerstoff-Index	ASTM D 2863		
Glühstab-Verfahren			
Brandverhalten	DIN 4102		
MVSS			
FAR			

Elektrische Eigenschaften

		Hz	°C		*Probekörper, Form*
Dielektrizitätszahl		50			
		10^3			
		10^6			
Dielektrischer Verlustfaktor tan δ		50			
		10^3			
		10^6			
Spezifischer Durchgangs-widerstand	Ohm · cm		23	1*10**15	Durchmesser 80x1 mm
Durchschlagfestigkeit	kV/mm				mm dick
Oberflächenwiderstand	Ohm		23	1*10**12	Durchmesser 80x1 mm

Kriechstromfestigkeit	KC	KB	KA
Elektrolytische Korrosionswirkung			
Lichtbogenfestigkeit nach DIN			
nach ASTM s			

Beständigkeit *(Chemische Beständigkeit siehe Anhang)*

Wasseraufnahme 23 C Bis zur Saettigung	6.6 %	
Feuchtigkeitsaufnahme Normalklima		2.1 %
Wetterbeständigkeit		
Spannungskorrosion		

Optische Eigenschaften

Brechungszahl n_D		
Transmissionsgrad τ_c	%	mm dick
Lichtdurchlässigkeit		

Produkt	Polyamid 6		**PA**
Handelsname	**Ultramid B3GM35**		
Hersteller	BASF		
DIN-Bez 1			
DIN-Bez 2			
Zusätze	Waermestabilisator	*Füllstoffe/ Verstärkung*	
Bevorzugte Verarbeitung	Spritzgiessen	*Lieferform*	Granulat
		Farben	
Besondere Merkmale		*Bevorzugte Anwendungen*	

Dichte	g/cm^3	1.48	*Schmelzindex*	g/10 min		:
Schüttdichte	g/cm^3		*Volumenfließindex*	$cm^3/10$ min		:
Viskositätszahl	ml/g					

Verarbeitungsbedingungen für Spritzgießen

Massetemp.	°C	*Schwindung*	%	lgs , quer
Werkzeugtemp.	°C	*Bemerkungen*		
Spritzdruck	bar			

Zugversuch 23 °C DIN 53455; ISO R/527;

Probekörper: *Form* Nr. 3; 4 mm dick — *Herstellung*
Zustand Trocken — *Vorbehandlung* Normalklima

Streckspannung	N/mm^2		*Dehnung bei Streckspannung*	%	
Zugfestigkeit	N/mm^2	120	*Reißdehnung*	%	3
Reißfestigkeit	N/mm^2		*% Dehnspannung*	N/mm^2	
E-Modul	N/mm^2		*Dehnung bei % Dehnspg.*	%	

Kriechmoduln und Zeitstandwerte 23 °C DIN 53444; ISO 899

Probekörper: *Form* Nr. 3; 4 mm dick — *Herstellung*
Zustand Luftfeucht — *Vorbehandlung* Normalklima

Kriechmodul	*1 min* N/mm^2	2850	*Zeitstandzugfestigkeit*	h	N/mm^2	
Kriechmodul	*1000 h* N/mm^2	1850	*Zeitdehnspg. %*	h	N/mm^2	
bei Spannung	N/mm^2					

Biegeversuch 23 °C

Probekörper: *Form* — *Herstellung*
Zustand — *Vorbehandlung*

Biegefestigkeit	N/mm^2	*E-Modul*	N/mm^2
3,5% *Biegespannung*	N/mm^2		

Härte 23 °C *Probekörper:* *Zustand* — *Herstellung*
Vorbehandlung

Kugeldruckhärte	N/mm^2 bei N, s	*Shore-Härte* A	
Rockwellhärte		*Shore-Härte* D	

Schlagversuch *Probekörper:* *(1)*
(2) — *Herstellung*
Zustand — *Vorbehandlung*

	°C	°C	°C	*Probekörper-Form*
Schlagzähigkeit kJ/m^2				
Kerbschlagzähigkeit (1) kJ/m^2				
IZOD-Kerbschlagzähigkeit (2) J/m				
Kerbschlagzugzähigkeit kJ/m^2				

Abrieb und Reibung

Taber-Abrieb (Reibradverfahren)	mm³/100 U		
Abriebfaktor LNP (Thrust washer) Vergleichswert			
Statische Reibungszahl			
Dynamische Reibungszahl	(p·v=	N/mm²·	m/min)
Zulässiger p·v Wert	N/mm²·(m/min)	v=	m/min
		v=	m/min

Thermische Eigenschaften

Formbeständigkeit in der Wärme	*Verfahren* A		200 °C
	Verfahren B		215 °C
Vicat Erweichungstemperatur (VST)	*Verfahren*		°C
	Verfahren		°C
Kristallit-Schmelzpunkt	*Verfahren*		
Längenausdehnungskoeffizient	*Bereich* 23–80 °C		$0.3 \cdot 10^{-4} K^{-1}$
	Temperatur		$\cdot 10^{-4} K^{-1}$
Wärmeleitfähigkeit	*Verfahren*		W/(K · m)
Spezifische Wärmekapazität	*Verfahren*		J/(K · g)
Glasumwandlungstemperatur	*Torsionsschwingungsversuch*	°C	
	Differentialkalorimetrie	°C	

Brandverhalten

UL-Test vertikal	Dicke mm, Wert	
	Dicke mm, Wert	

	Norm	*Bewertung*	*Abmessungen*
Sauerstoff-Index	ASTM D 2863		
Glühstab-Verfahren			
Brandverhalten	DIN 4102		
MVSS			
FAR			

Elektrische Eigenschaften

		Hz	°C		*Probekörper, Form*
Dielektrizitätszahl		50			
		10^3	23	3.9	Durchmesser 80x1 mm
		10^6			
Dielektrischer Verlustfaktor tan δ		50	23	0.02	Durchmesser 80x1 mm
		10^3			
		10^6			
Spezifischer Durchgangs-widerstand	Ohm · cm		23	1*10**15	Durchmesser 80x1 mm
Durchschlagfestigkeit	kV/mm		23	60	1 mm dick
Oberflächenwiderstand	Ohm		23	1*10**12	Durchmesser 80x1 mm

Kriechstromfestigkeit	KC	KB	KA
Elektrolytische Korrosionswirkung			
Lichtbogenfestigkeit nach DIN			
nach ASTM s			

Beständigkeit *(Chemische Beständigkeit siehe Anhang)*

Wasseraufnahme 23 C Bis zur Saettigung	6.6 %	
Feuchtigkeitsaufnahme Normalklima		2 %
Wetterbeständigkeit		
Spannungskorrosion		

Optische Eigenschaften

Brechungszahl n_D		
Transmissionsgrad τ_c	%	mm dick
Lichtdurchlässigkeit		

Datenbank-Nr.	**T01660**	*Merkblatt-Nr.*	**4234**

Produkt	Polyamid 6		**PA**
Handelsname	**Ultramid B3M6**		
Hersteller	BASF		
DIN-Bez 1			
DIN-Bez 2			
Zusätze	Waermestabilisator	*Füllstoffe/ Verstärkung*	
Bevorzugte Verarbeitung	Spritzgiessen	*Lieferform*	Granulat
		Farben	
Besondere Merkmale		*Bevorzugte Anwendungen*	

Dichte	g/cm^3	1.36	*Schmelzindex*	g/10 min	:
Schüttdichte	g/cm^3		*Volumenfließindex*	$cm^3/10$ min	:
Viskositätszahl	ml/g				

Verarbeitungsbedingungen für Spritzgießen

Massetemp.	°C	*Schwindung*	% lgs , quer
Werkzeugtemp.	°C	*Bemerkungen*	
Spritzdruck	bar		

Zugversuch 23 °C DIN 53455; ISO R/527;

Probekörper: *Form* Nr. 3; 4 mm dick — *Herstellung*
Zustand Trocken — *Vorbehandlung* Normalklima

Streckspannung	N/mm^2		*Dehnung bei Streckspannung*	%	
Zugfestigkeit	N/mm^2	85	*Reißdehnung*	%	10
Reißfestigkeit	N/mm^2		*% Dehnspannung*	N/mm^2	
E-Modul	N/mm^2		*Dehnung bei % Dehnspg.*	%	

Kriechmoduln und Zeitstandwerte 23 °C DIN 53444; ISO 899

Probekörper: *Form* Nr. 3; 4 mm dick — *Herstellung*
Zustand Luftfeucht — *Vorbehandlung* Normalklima

Kriechmodul	*1 min* N/mm^2	1460	*Zeitstandzugfestigkeit*	h	N/mm^2
Kriechmodul	*1000 h* N/mm^2	800	*Zeitdehnspg. %*	h	N/mm^2
bei Spannung	N/mm^2				

Biegeversuch 23 °C

Probekörper: *Form* — *Herstellung*
Zustand — *Vorbehandlung*

Biegefestigkeit	N/mm^2	*E-Modul*	N/mm^2
3,5% *Biegespannung*	N/mm^2		

Härte 23 °C *Probekörper:* *Zustand* — *Herstellung*
Vorbehandlung

Kugeldruckhärte	N/mm^2 bei N, s	*Shore-Härte* A	
Rockwellhärte		*Shore-Härte* D	

Schlagversuch *Probekörper:* *(1)*
(2) — *Herstellung*
Zustand — *Vorbehandlung*

		°C	°C	°C	*Probekörper-Form*
Schlagzähigkeit	kJ/m^2				
Kerbschlagzähigkeit (1)	kJ/m^2				
IZOD-Kerbschlagzähigkeit (2)	J/m				
Kerbschlagzugzähigkeit	kJ/m^2				

Abrieb und Reibung

Taber-Abrieb (Reibradverfahren)	mm^3/100 U			
Abriebfaktor LNP (Thrust washer) Vergleichswert				
Statische Reibungszahl				
Dynamische Reibungszahl	(p·v=	N/mm^2·		m/min)
Zulässiger p · v Wert	N/mm^2 · (m/min)		v=	m/min
			v=	m/min

Thermische Eigenschaften

Formbeständigkeit in der Wärme	*Verfahren* A			124 °C
	Verfahren B			195 °C
Vicat Erweichungstemperatur (VST)	*Verfahren*			°C
	Verfahren			°C
Kristallit-Schmelzpunkt	*Verfahren*			
Längenausdehnungskoeffizient	*Bereich* 23–80 °C			$0.7 \cdot 10^{-4}K^{-1}$
	Temperatur			$\cdot 10^{-4}K^{-1}$
Wärmeleitfähigkeit	*Verfahren*			W/(K · m)
Spezifische Wärmekapazität	*Verfahren*			J/(K · g)
Glasumwandlungstemperatur	*Torsionsschwingungsversuch*	°C		
	Differentialkalorimetrie	°C		

Brandverhalten

UL-Test vertikal	Dicke mm, Wert	
	Dicke mm, Wert	

	Norm	*Bewertung*	*Abmessungen*
Sauerstoff-Index	ASTM D 2863		
Glühstab-Verfahren			
Brandverhalten	DIN 4102		
MVSS			
FAR			

Elektrische Eigenschaften

		Hz	°C		*Probekörper, Form*
Dielektrizitätszahl		50			
		10^3	23	3.5	Durchmesser 80x1 mm
		10^6			
Dielektrischer Verlustfaktor tan δ		50	23	0.02	Durchmesser 80x1 mm
		10^3			
		10^6			
Spezifischer Durchgangswiderstand	Ohm · cm		23	1*10**15	Durchmesser 80x1 mm
Durchschlagfestigkeit	kV/mm		23	50	1 mm dick
Oberflächenwiderstand	Ohm		23	1*10**12	Durchmesser 80x1 mm

Kriechstromfestigkeit	KC	KB	KA
Elektrolytische Korrosionswirkung			
Lichtbogenfestigkeit nach DIN			
nach ASTM s			

Beständigkeit *(Chemische Beständigkeit siehe Anhang)*

Wasseraufnahme 23 C Bis zur Saettigung	6.2 %	
Feuchtigkeitsaufnahme Normalklima		2.4 %
Wetterbeständigkeit		
Spannungskorrosion		

Optische Eigenschaften

Brechungszahl n_D		
Transmissionsgrad τ_c	%	mm dick
Lichtdurchlässigkeit		

Datenbank-Nr.	**T01661**	*Merkblatt-Nr.*	**4235**

Produkt	Polyamid 6		**PA**
Handelsname	**Ultramid B3UM6**		
Hersteller	BASF		
DIN-Bez 1			
DIN-Bez 2			
Zusätze	Waermestabilisator; Brandschutzmittel; Halogenfrei	*Füllstoffe/ Verstärkung*	30% Mineral
Bevorzugte Verarbeitung	Spritzgiessen	*Lieferform*	Granulat
		Farben	
Besondere Merkmale	Verzugsarm; Hohe Steifigkeit; Verbesserte brandschutztechnische Eigenschaften; Vormals KR B3X2V6	*Bevorzugte Anwendungen*	

Dichte	g/cm^3	1.45	*Schmelzindex*	g/10 min	:
Schüttdichte	g/cm^3		*Volumenfließindex*	$cm^3/10$ min	:
Viskositätszahl	ml/g	140			

Verarbeitungsbedingungen für Spritzgießen

Massetemp.	°C	*Schwindung*	% lgs , quer
Werkzeugtemp.	°C	*Bemerkungen*	
Spritzdruck	bar		

Zugversuch 23 °C DIN 53455; ISO R/527; DIN 53457

Probekörper: *Form* Nr. 3; 4 mm dick — *Herstellung* Spritzgiessen
Zustand Trocken — *Vorbehandlung* Normalklima

Streckspannung	N/mm^2	42	*Dehnung bei Streckspannung*	%	2
Zugfestigkeit	N/mm^2	42	*Reißdehnung*	%	3
Reißfestigkeit	N/mm^2		*% Dehnspannung*	N/mm^2	
E-Modul	N/mm^2	7000	*Dehnung bei % Dehnspg.*	%	

Kriechmoduln und Zeitstandwerte 23 °C

Probekörper: *Form* — *Herstellung*
Zustand — *Vorbehandlung*

Kriechmodul	*1 min* N/mm^2	*Zeitstandzugfestigkeit*	h	N/mm^2
Kriechmodul	*1000 h* N/mm^2	*Zeitdehnspg. %*	h	N/mm^2
bei Spannung	N/mm^2			

Biegeversuch 23 °C

Probekörper: *Form* — *Herstellung*
Zustand — *Vorbehandlung*

Biegefestigkeit	N/mm^2	*E-Modul*	N/mm^2
3,5% *Biegespannung*	N/mm^2		

Härte 23 °C *Probekörper:* *Zustand* — *Herstellung*
Vorbehandlung

Kugeldruckhärte	N/mm^2 bei N, s	*Shore-Härte* A	
Rockwellhärte		*Shore-Härte* D	

Schlagversuch *Probekörper:* *(1)*
(2) — *Herstellung*
Zustand — *Vorbehandlung*

	°C	°C	°C	*Probekörper-Form*
Schlagzähigkeit kJ/m^2				
Kerbschlagzähigkeit (1) kJ/m^2				
IZOD-Kerbschlagzähigkeit (2) J/m				
Kerbschlagzugzähigkeit kJ/m^2				

Abrieb und Reibung

Taber-Abrieb (Reibradverfahren)	mm^3/100 U		
Abriebfaktor LNP (Thrust washer) Vergleichswert			
Statische Reibungszahl			
Dynamische Reibungszahl	(p · v =	N/mm^2 ·	m/min)
Zulässiger p · v Wert	N/mm^2 · (m/min)	v =	m/min
		v =	m/min

Thermische Eigenschaften

Formbeständigkeit in der Wärme	*Verfahren*	A		150 °C
	Verfahren	B		200 °C
Vicat Erweichungstemperatur (VST)	*Verfahren*	B/50		205 °C
	Verfahren			°C
Kristallit-Schmelzpunkt	*Verfahren*			
Längenausdehnungskoeffizient	*Bereich*	23–80	°C	$0.5 \cdot 10^{-4}K^{-1}$
	Temperatur			$\cdot 10^{-4}K^{-1}$
Wärmeleitfähigkeit	*Verfahren*			W/(K · m)
Spezifische Wärmekapazität	*Verfahren*			J/(K · g)
Glasumwandlungstemperatur	*Torsionsschwingungsversuch*		°C	
	Differentialkalorimetrie		°C	

Brandverhalten

UL-Test vertikal Dicke 1.6 mm, Wert V-0
Dicke 0.8 mm, Wert V-2

	Norm	*Bewertung*	*Abmessungen*
Sauerstoff-Index	ASTM D 2863		
Glühstab-Verfahren			
Brandverhalten	DIN 4102		
MVSS			
FAR			

Elektrische Eigenschaften

		Hz	°C		*Probekörper, Form*
Dielektrizitätszahl		50			
		10^3	23	3.6	Durchmesser 80x1 mm
		10^6			
Dielektrischer Verlustfaktor tan δ		50			
		10^3	23	0.02	Durchmesser 80x1 mm
		10^6			
Spezifischer Durchgangs-widerstand	Ohm · cm		23	1*10**15	Durchmesser 80x1 mm
Durchschlagfestigkeit	kV/mm		23	95	1 mm dick
Oberflächenwiderstand	Ohm		23	1*10**13	Durchmesser 80x1 mm

Kriechstromfestigkeit KC KB KA
Elektrolytische Korrosionswirkung
Lichtbogenfestigkeit nach DIN
nach ASTM s

Beständigkeit *(Chemische Beständigkeit siehe Anhang)*

Wasseraufnahme 23 C Bis zur Saettigung 6.2 %

Feuchtigkeitsaufnahme Normalklima 2.2 %
Wetterbeständigkeit

Spannungskorrosion

Optische Eigenschaften

Brechungszahl n_D
Transmissionsgrad τ_c % mm dick
Lichtdurchlässigkeit

Produkt	Polyamid 6		**PA**
Handelsname	**Ultramid B3ZG3**		
Hersteller	BASF		
DIN-Bez 1			
DIN-Bez 2			
Zusätze	Waermestabilisator	*Füllstoffe/ Verstärkung*	15% Glasfaser
Bevorzugte Verarbeitung	Spritzgiessen	*Lieferform*	Granulat
		Farben	
Besondere Merkmale	Zaehmodifiziert; Mittlere Steifigkeit; Sehr hohe Kerbschlagzaehigkeit; Vormals Ultramid KR 4447/2	*Bevorzugte Anwendungen*	BMX-Rad; Gehaeuse fuer Kfz-Aussenspiegel

Dichte	g/cm^3	1.22	*Schmelzindex*	g/10 min		:
Schüttdichte	g/cm^3		*Volumenfließindex*	cm^3/10 min		:
Viskositätszahl	ml/g	143				

Verarbeitungsbedingungen für Spritzgießen

Massetemp.	°C	*Schwindung*	%	lgs	, quer
Werkzeugtemp.	°C	*Bemerkungen*			
Spritzdruck	bar				

Zugversuch 23 °C DIN 53455; ISO R/527; DIN 53457

Probekörper: *Form* Nr. 3; 4 mm dick — *Herstellung* Spritzgiessen
Zustand Trocken — *Vorbehandlung* Normalklima

Streckspannung	N/mm^2	90	*Dehnung bei Streckspannung*	%	4
Zugfestigkeit	N/mm^2	90	*Reißdehnung*	%	12
Reißfestigkeit	N/mm^2		*% Dehnspannung*	N/mm^2	
E-Modul	N/mm^2	4000	*Dehnung bei % Dehnspg.*	%	

Kriechmoduln und Zeitstandwerte 23 °C

Probekörper: *Form* — *Herstellung*
Zustand — *Vorbehandlung*

Kriechmodul	*1 min*	N/mm^2	*Zeitstandzugfestigkeit*	h	N/mm^2
Kriechmodul	*1000 h*	N/mm^2	*Zeitdehnspg. %*	h	N/mm^2
bei Spannung		N/mm^2			

Biegeversuch 23 °C

Probekörper: *Form* — *Herstellung*
Zustand — *Vorbehandlung*

Biegefestigkeit	N/mm^2	*E-Modul*	N/mm^2
3,5% *Biegespannung*	N/mm^2		

Härte 23 °C *Probekörper:* *Zustand* — *Herstellung*
Vorbehandlung

Kugeldruckhärte	N/mm^2 bei N, s	*Shore-Härte*	A
Rockwellhärte		*Shore-Härte*	D

Schlagversuch *Probekörper:* *(1)*
(2) — *Herstellung*
Zustand — *Vorbehandlung*

		°C	°C	°C	*Probekörper-Form*
Schlagzähigkeit	kJ/m^2				
Kerbschlagzähigkeit (1)	kJ/m^2				
IZOD-Kerbschlagzähigkeit (2)	J/m				
Kerbschlagzugzähigkeit	kJ/m^2				

Abrieb und Reibung

Taber-Abrieb (Reibradverfahren)	mm^3/100 U		
Abriebfaktor LNP (Thrust washer) Vergleichswert			
Statische Reibungszahl			
Dynamische Reibungszahl	(p·v=	N/mm^2 ·	m/min)
Zulässiger p · v Wert	N/mm^2 · (m/min)	v=	m/min
		v=	m/min

Thermische Eigenschaften

Formbeständigkeit in der Wärme	*Verfahren*	A		160 °C
	Verfahren	B		200 °C
Vicat Erweichungstemperatur (VST)	*Verfahren*			°C
	Verfahren			°C
Kristallit-Schmelzpunkt	*Verfahren*			
Längenausdehnungskoeffizient	*Bereich*	23–80	°C	0.35 · $10^{-4}K^{-1}$
	Temperatur			· $10^{-4}K^{-1}$
Wärmeleitfähigkeit	*Verfahren*			W/(K · m)
Spezifische Wärmekapazität	*Verfahren*			J/(K · g)
Glasumwandlungstemperatur	*Torsionsschwingungsversuch*		°C	
	Differentialkalorimetrie		°C	

Brandverhalten

UL-Test vertikal Dicke 1.62 mm, Wert HB
Dicke 0.73 mm, Wert HB

	Norm	*Bewertung*	*Abmessungen*
Sauerstoff-Index	ASTM D 2863		
Glühstab-Verfahren			
Brandverhalten	DIN 4102		
MVSS			
FAR			

Elektrische Eigenschaften

		Hz	°C			*Probekörper, Form*
Dielektrizitätszahl		50	23	3.7		Durchmesser 80x1 mm
		10^3				
		10^6				
Dielektrischer Verlustfaktor tan δ		50	23	0.025		Durchmesser 80x1 mm
		10^3				
		10^6				
Spezifischer Durchgangswiderstand	Ohm · cm					
Durchschlagfestigkeit	kV/mm					mm dick
Oberflächenwiderstand	Ohm		23	1*10**13		Durchmesser 80x1 mm
Kriechstromfestigkeit		KC		KB	KA	
Elektrolytische Korrosionswirkung						
Lichtbogenfestigkeit nach DIN						
nach ASTM	s					

Beständigkeit *(Chemische Beständigkeit siehe Anhang)*

Wasseraufnahme 23 C Bis zur Saettigung	7.5 %	
Feuchtigkeitsaufnahme Normalklima		2.4 %
Wetterbeständigkeit		
Spannungskorrosion		

Optische Eigenschaften

Brechungszahl n_D		
Transmissionsgrad τ_c	%	mm dick
Lichtdurchlässigkeit		

Datenbank-Nr. **T01663** Merkblatt-Nr. **4237**

Produkt	Polyamid 6		**PA**
Handelsname	**Ultramid B3ZG6**		
Hersteller	BASF		
DIN-Bez 1			
DIN-Bez 2			
Zusätze	Waermestabilisator	*Füllstoffe/ Verstärkung*	30% Glasfaser
Bevorzugte Verarbeitung	Spritzgiessen	*Lieferform*	Granulat
		Farben	
Besondere Merkmale	Zaehmodifiziert; Hohe Steifigkeit; Sehr hohe Kerbschlagzaehigkeit; Vormals Ultramid KR 4447/1	*Bevorzugte Anwendungen*	Elektrohandwerkzeuggehaeuse

Dichte	g/cm^3	1.33	*Schmelzindex*	g/10 min	:
Schüttdichte	g/cm^3		*Volumenfließindex*	cm^3/10 min	:
Viskositätszahl	ml/g	143			

Verarbeitungsbedingungen für Spritzgießen

Massetemp.	°C	*Schwindung*	% lgs , quer
Werkzeugtemp.	°C	*Bemerkungen*	
Spritzdruck	bar		

Zugversuch 23 °C DIN 53455; ISO R/527; DIN 53457

Probekörper: *Form* Nr. 3; 4 mm dick — *Herstellung* Spritzgiessen
Zustand Trocken — *Vorbehandlung* Normalklima

Streckspannung	N/mm^2	140	*Dehnung bei Streckspannung*	%	4
Zugfestigkeit	N/mm^2	140	*Reißdehnung*	%	6.5
Reißfestigkeit	N/mm^2		*% Dehnspannung*	N/mm^2	
E-Modul	N/mm^2	7500	*Dehnung bei % Dehnspg.*	%	

Kriechmoduln und Zeitstandwerte 23 °C DIN 53444; ISO 899

Probekörper: *Form* Nr. 3; 4 mm dick — *Herstellung* Spritzgiessen
Zustand Luftfeucht — *Vorbehandlung* Normalklima

Kriechmodul	*1 min* N/mm^2	3800	*Zeitstandzugfestigkeit*	h	N/mm^2
Kriechmodul	*1000 h* N/mm^2	3000	*Zeitdehnspg. %*	h	N/mm^2
bei Spannung	N/mm^2				

Biegeversuch 23 °C

Probekörper: *Form* — *Herstellung*
Zustand — *Vorbehandlung*

Biegefestigkeit	N/mm^2	*E-Modul*	N/mm^2
3,5% *Biegespannung*	N/mm^2		

Härte 23 °C *Probekörper:* *Zustand* — *Herstellung*
Vorbehandlung

Kugeldruckhärte	N/mm^2 bei N, s	*Shore-Härte* A	
Rockwellhärte		*Shore-Härte* D	

Schlagversuch *Probekörper:* *(1)*
(2) — *Herstellung*
Zustand — *Vorbehandlung*

		°C	°C	°C	*Probekörper-Form*
Schlagzähigkeit	kJ/m^2				
Kerbschlagzähigkeit (1)	kJ/m^2				
IZOD-Kerbschlagzähigkeit (2)	J/m				
Kerbschlagzugzähigkeit	kJ/m^2				

Abrieb und Reibung

Taber-Abrieb (Reibradverfahren) mm³/100 U
Abriebfaktor LNP (Thrust washer) Vergleichswert
Statische Reibungszahl
Dynamische Reibungszahl (p·v= N/mm² · m/min)
Zulässiger p · v Wert N/mm² · (m/min) v= m/min
v= m/min

Thermische Eigenschaften

Formbeständigkeit in der Wärme	*Verfahren*	A	210 °C
	Verfahren	B	220 °C
Vicat Erweichungstemperatur (VST)	*Verfahren*	B/50	220 °C
	Verfahren		°C
Kristallit-Schmelzpunkt	*Verfahren*		
Längenausdehnungskoeffizient	*Bereich*	23–80 °C	$0.25 \cdot 10^{-4} K^{-1}$
	Temperatur		$\cdot 10^{-4} K^{-1}$
Wärmeleitfähigkeit	*Verfahren*		W/(K · m)
Spezifische Wärmekapazität	*Verfahren*		J/(K · g)
Glasumwandlungstemperatur	*Torsionsschwingungsversuch*		°C
	Differentialkalorimetrie		°C

Brandverhalten

UL-Test vertikal Dicke 1.62 mm, Wert HB
Dicke 0.73 mm, Wert HB

	Norm	*Bewertung*	*Abmessungen*
Sauerstoff-Index	ASTM D 2863		
Glühstab-Verfahren			
Brandverhalten	DIN 4102		
MVSS			
FAR			

Elektrische Eigenschaften

		Hz	°C		*Probekörper, Form*
Dielektrizitätszahl		50	23	3.8	Durchmesser 80x1 mm
		10^3			
		10^6			
Dielektrischer Verlustfaktor tan δ		50	23	0.02	Durchmesser 80x1 mm
		10^3			
		10^6			
Spezifischer Durchgangs-widerstand	Ohm · cm		23	1*10**15	Durchmesser 80x1 mm
Durchschlagfestigkeit	kV/mm		23	80	1 mm dick
Oberflächenwiderstand	Ohm		23	1*10**12	Durchmesser 80x1 mm

Kriechstromfestigkeit KC KB KA
Elektrolytische Korrosionswirkung
Lichtbogenfestigkeit nach DIN
nach ASTM s

Beständigkeit *(Chemische Beständigkeit siehe Anhang)*

Wasseraufnahme 23 C Bis zur Saettigung 6.2 %

Feuchtigkeitsaufnahme Normalklima 2 %
Wetterbeständigkeit

Spannungskorrosion

Optische Eigenschaften

Brechungszahl n_D
Transmissionsgrad τ_c % mm dick
Lichtdurchlässigkeit

Datenbank-Nr. **T01664** Merkblatt-Nr. **4238**

Produkt	Polyamid 6		**PA**
Handelsname	**Ultramid B3ZG8**		
Hersteller	BASF		
DIN-Bez 1			
DIN-Bez 2			
Zusätze	Waermestabilisator	*Füllstoffe/ Verstärkung*	40% Glasfaser
Bevorzugte Verarbeitung	Spritzgiessen	*Lieferform*	Granulat
		Farben	
Besondere Merkmale	Hochschlagzaeh modifiziert; Vormals Ultramid KR 4471	*Bevorzugte Anwendungen*	Kfz-Bereich; Lenkrad

Dichte g/cm³ *Schmelzindex* g/10 min :
Schüttdichte g/cm³ *Volumenfließindex* cm³/10 min :
Viskositätszahl ml/g 143

Verarbeitungsbedingungen für Spritzgießen

Massetemp. °C *Schwindung* % lgs , quer
Werkzeugtemp. °C *Bemerkungen*
Spritzdruck bar

Zugversuch 23 °C DIN 53455; ISO R/527; DIN 53457
Probekörper: *Form* Nr. 3; 4 mm dick *Herstellung* Spritzgiessen
Zustand Trocken *Vorbehandlung* Normalklima

Streckspannung	N/mm²	170	*Dehnung bei Streckspannung*	%	4
Zugfestigkeit	N/mm²	160	*Reißdehnung*	%	4.5
Reißfestigkeit	N/mm²		*% Dehnspannung*	N/mm²	
E-Modul	N/mm²	11000	*Dehnung bei % Dehnspg.*	%	

Kriechmoduln und Zeitstandwerte 23 °C
Probekörper: *Form* *Herstellung*
Zustand *Vorbehandlung*

Kriechmodul *1 min* N/mm² *Zeitstandzugfestigkeit* h N/mm²
Kriechmodul *1000 h* N/mm² *Zeitdehnspg.* % h N/mm²
bei Spannung N/mm²

Biegeversuch 23 °C
Probekörper: *Form* *Herstellung*
Zustand *Vorbehandlung*

Biegefestigkeit N/mm² *E-Modul* N/mm²
3,5% *Biegespannung* N/mm²

Härte 23 °C *Probekörper:* *Zustand* *Herstellung*
Vorbehandlung

Kugeldruckhärte N/mm² bei N, s *Shore-Härte* A
Rockwellhärte *Shore-Härte* D

Schlagversuch *Probekörper:* *(1)*
(2) *Herstellung*
Zustand *Vorbehandlung*

°C °C °C *Probekörper-Form*

Schlagzähigkeit kJ/m²
Kerbschlagzähigkeit (1) kJ/m²
IZOD-Kerbschlagzähigkeit (2) J/m
Kerbschlagzugzähigkeit kJ/m²

Abrieb und Reibung

Taber-Abrieb (Reibradverfahren)	mm^3/100 U			
Abriebfaktor LNP (Thrust washer) Vergleichswert				
Statische Reibungszahl				
Dynamische Reibungszahl	(p · v =	N/mm^2 ·		m/min)
Zulässiger p · v Wert	N/mm^2 · (m/min)		v =	m/min
			v =	m/min

Thermische Eigenschaften

Formbeständigkeit in der Wärme	*Verfahren*			°C
	Verfahren			°C
Vicat Erweichungstemperatur (VST)	*Verfahren*			°C
	Verfahren			°C
Kristallit-Schmelzpunkt	*Verfahren*			
Längenausdehnungskoeffizient	*Bereich*	23–80	°C	$0.2 \cdot 10^{-4} K^{-1}$
	Temperatur			$\cdot 10^{-4} K^{-1}$
Wärmeleitfähigkeit	*Verfahren*			W/(K · m)
Spezifische Wärmekapazität	*Verfahren*			J/(K · g)
Glasumwandlungstemperatur	*Torsionsschwingungsversuch*		°C	
	Differentialkalorimetrie		°C	

Brandverhalten

UL-Test vertikal	Dicke	mm, Wert
	Dicke	mm, Wert

	Norm	*Bewertung*	*Abmessungen*
Sauerstoff-Index	ASTM D 2863		
Glühstab-Verfahren			
Brandverhalten	DIN 4102		
MVSS			
FAR			

Elektrische Eigenschaften

		Hz	°C		*Probekörper, Form*
Dielektrizitätszahl		50			
		10^3			
		10^6			
Dielektrischer Verlustfaktor tan δ		50			
		10^3			
		10^6			
Spezifischer Durchgangs-widerstand	Ohm · cm				
Durchschlagfestigkeit	kV/mm				mm dick
Oberflächenwiderstand	Ohm				
Kriechstromfestigkeit		KC	KB	KA	
Elektrolytische Korrosionswirkung					
Lichtbogenfestigkeit nach DIN					
nach ASTM	s				

Beständigkeit *(Chemische Beständigkeit siehe Anhang)*

Wasseraufnahme

Feuchtigkeitsaufnahme Normalklima %

Wetterbeständigkeit

Spannungskorrosion

Optische Eigenschaften

Brechungszahl n_D		
Transmissionsgrad τ_c	%	mm dick
Lichtdurchlässigkeit		

Datenbank-Nr.	**T01665**	*Merkblatt-Nr.*	**4239**

Produkt	Copolyamid 6/66		**PA**
Handelsname	**Ultramid C3EG6**		
Hersteller	BASF		
DIN-Bez 1			
DIN-Bez 2			
Zusätze	Waermestabilisator	*Füllstoffe/ Verstärkung*	30% Glasfaser
Bevorzugte Verarbeitung	Spritzgiessen	*Lieferform*	Granulat
		Farben	
Besondere Merkmale	Hohe Steifigkeit; Hohe Masshaltigkeit; Vormals Ultramid KR 4653	*Bevorzugte Anwendungen*	Maschinenelement; Gehaeuse; Kfz-Luefterrahmen

Dichte	g/cm^3	1.35	*Schmelzindex*	g/10 min		:
Schüttdichte	g/cm^3		*Volumenfließindex*	cm^3/10 min		:
Viskositätszahl	ml/g	146				

Verarbeitungsbedingungen für Spritzgießen

Massetemp.	°C	*Schwindung*	%	lgs , quer
Werkzeugtemp.	°C	*Bemerkungen*		
Spritzdruck	bar			

Zugversuch 23 °C DIN 53455; ISO R/527; DIN 53457

Probekörper: *Form* Nr. 3; 4 mm dick — *Herstellung*
Zustand Trocken — *Vorbehandlung* Normalklima

Streckspannung	N/mm^2		*Dehnung bei Streckspannung*	%	
Zugfestigkeit	N/mm^2	180	*Reißdehnung*	%	3
Reißfestigkeit	N/mm^2		*% Dehnspannung*	N/mm^2	
E-Modul	N/mm^2	10000	*Dehnung bei % Dehnspg.*	%	

Kriechmoduln und Zeitstandwerte 23 °C DIN 53444; ISO 899

Probekörper: *Form* Nr. 3; 4 mm dick — *Herstellung*
Zustand Luftfeucht — *Vorbehandlung* Normalklima

Kriechmodul	*1 min*	N/mm^2	4750	*Zeitstandzugfestigkeit*	h	N/mm^2
Kriechmodul	*1000 h*	N/mm^2	3800	*Zeitdehnspg. %*	h	N/mm^2
bei Spannung		N/mm^2				

Biegeversuch 23 °C

Probekörper: *Form* — *Herstellung*
Zustand — *Vorbehandlung*

Biegefestigkeit	N/mm^2	*E-Modul*	N/mm^2
3,5% *Biegespannung*	N/mm^2		

Härte 23 °C *Probekörper:* *Zustand* — *Herstellung*
Vorbehandlung

Kugeldruckhärte	N/mm^2 bei N, s	*Shore-Härte* A	
Rockwellhärte		*Shore-Härte* D	

Schlagversuch *Probekörper:* *(1)*
(2) — *Herstellung*
Zustand — *Vorbehandlung*

	°C	°C	°C	*Probekörper-Form*
Schlagzähigkeit	kJ/m^2			
Kerbschlagzähigkeit (1)	kJ/m^2			
IZOD-Kerbschlagzähigkeit (2)	J/m			
Kerbschlagzugzähigkeit	kJ/m^2			

Abrieb und Reibung

Taber-Abrieb (Reibradverfahren)	mm^3/100 U		
Abriebfaktor LNP (Thrust washer) Vergleichswert			
Statische Reibungszahl			
Dynamische Reibungszahl	(p·v= N/mm^2·		m/min)
Zulässiger p · v Wert	N/mm^2·(m/min)	v=	m/min
		v=	m/min

Thermische Eigenschaften

Formbeständigkeit in der Wärme	*Verfahren*	A		225 °C
	Verfahren	B		235 °C
Vicat Erweichungstemperatur (VST)	*Verfahren*	B/50		220 °C
	Verfahren			°C
Kristallit-Schmelzpunkt	*Verfahren*			
Längenausdehnungskoeffizient	*Bereich*	23–80	°C	$0.25 \cdot 10^{-4}K^{-1}$
	Temperatur			$\cdot 10^{-4}K^{-1}$
Wärmeleitfähigkeit	*Verfahren*			W/(K · m)
Spezifische Wärmekapazität	*Verfahren*			J/(K · g)
Glasumwandlungstemperatur	*Torsionsschwingungsversuch*		°C	
	Differentialkalorimetrie		°C	

Brandverhalten

UL-Test vertikal	Dicke mm, Wert HB	
	Dicke mm, Wert	

	Norm	*Bewertung*	*Abmessungen*
Sauerstoff-Index	ASTM D 2863		
Glühstab-Verfahren			
Brandverhalten	DIN 4102		
MVSS			
FAR			

Elektrische Eigenschaften

		Hz	°C		*Probekörper, Form*
Dielektrizitätszahl		50			
		10^3	23	3.8	Durchmesser 80x1 mm
		10^6			
Dielektrischer Verlustfaktor tan δ		50			
		10^3	23	0.017	Durchmesser 80x1 mm
		10^6			
Spezifischer Durchgangs-widerstand	Ohm · cm		23	1*10**15	Durchmesser 80x1 mm
Durchschlagfestigkeit	kV/mm		23		1 mm dick
Oberflächenwiderstand	Ohm		23	1*10**12	Durchmesser 80x1 mm

Kriechstromfestigkeit	KC	KB	KA
Elektrolytische Korrosionswirkung			
Lichtbogenfestigkeit nach DIN			
nach ASTM s			

Beständigkeit *(Chemische Beständigkeit siehe Anhang)*

Wasseraufnahme 23 C Bis zur Saettigung	5.6 %
Feuchtigkeitsaufnahme Normalklima	1.8 %
Wetterbeständigkeit	
Spannungskorrosion	

Optische Eigenschaften

Brechungszahl n_D

Transmissionsgrad τ_c % mm dick

Lichtdurchlässigkeit

Datenbank-Nr. **T01666** Merkblatt-Nr. **4240**

Produkt	Copolyamid 6/66		**PA**
Handelsname	**Ultramid C3K**		
Hersteller	BASF		
DIN-Bez 1			
DIN-Bez 2			
Zusätze		*Füllstoffe/ Verstärkung*	
Bevorzugte Verarbeitung	Spritzgiessen	*Lieferform*	Granulat
		Farben	
Besondere Merkmale		*Bevorzugte Anwendungen*	

Dichte	g/cm³	1.13	*Schmelzindex*	g/10 min	:
Schüttdichte	g/cm³		*Volumenfließindex*	cm³/10 min	:
Viskositätszahl	ml/g				

Verarbeitungsbedingungen für Spritzgießen

Massetemp.	°C	*Schwindung*	% lgs , quer
Werkzeugtemp.	°C	*Bemerkungen*	
Spritzdruck	bar		

Zugversuch 23 °C DIN 53455; ISO R/527

Probekörper: *Form* Nr. 3; 4 mm dick — *Herstellung*
Zustand Trocken — *Vorbehandlung* Normalklima

Streckspannung	N/mm²	80	*Dehnung bei Streckspannung*	%	
Zugfestigkeit	N/mm²		*Reißdehnung*	%	≧50
Reißfestigkeit	N/mm²		% *Dehnspannung*	N/mm²	
E-Modul	N/mm²		*Dehnung bei* % *Dehnspg.*	%	

Kriechmoduln und Zeitstandwerte 23 °C

Probekörper: *Form* — *Herstellung*
Zustand — *Vorbehandlung*

Kriechmodul	*1 min*	N/mm²	*Zeitstandzugfestigkeit*	h	N/mm²
Kriechmodul	*1000 h*	N/mm²	*Zeitdehnspg.* %	h	N/mm²
bei Spannung		N/mm²			

Biegeversuch 23 °C

Probekörper: *Form* — *Herstellung*
Zustand — *Vorbehandlung*

Biegefestigkeit	N/mm²	*E-Modul*	N/mm²
3,5% *Biegespannung*	N/mm²		

Härte 23 °C *Probekörper:* *Zustand* — *Herstellung*
Vorbehandlung

Kugeldruckhärte	N/mm² bei N, s	*Shore-Härte* A	
Rockwellhärte		*Shore-Härte* D	

Schlagversuch *Probekörper:* *(1)*
(2) — *Herstellung*
Zustand — *Vorbehandlung*

		°C	°C	°C	*Probekörper-Form*
Schlagzähigkeit	kJ/m²				
Kerbschlagzähigkeit (1)	kJ/m²				
IZOD-Kerbschlagzähigkeit (2)	J/m				
Kerbschlagzugzähigkeit	kJ/m²				

Abrieb und Reibung

Taber-Abrieb (Reibradverfahren)	mm^3/100 U		
Abriebfaktor LNP (Thrust washer) Vergleichswert			
Statische Reibungszahl			
Dynamische Reibungszahl	(p · v =	N/mm^2 ·	m/min)
Zulässiger p · v Wert	N/mm^2 · (m/min)	v =	m/min
		v =	m/min

Thermische Eigenschaften

Formbeständigkeit in der Wärme	*Verfahren* A			55 °C
	Verfahren B			185 °C
Vicat Erweichungstemperatur (VST)	*Verfahren*			°C
	Verfahren			°C
Kristallit-Schmelzpunkt	*Verfahren*			
Längenausdehnungskoeffizient	*Bereich*	°C		$\cdot 10^{-4}K^{-1}$
	Temperatur			$\cdot 10^{-4}K^{-1}$
Wärmeleitfähigkeit	*Verfahren*			W/(K · m)
Spezifische Wärmekapazität	*Verfahren*			J/(K · g)
Glasumwandlungstemperatur	*Torsionsschwingungsversuch*		°C	
	Differentialkalorimetrie		°C	

Brandverhalten

UL-Test vertikal	Dicke	mm, Wert
	Dicke	mm, Wert

	Norm	*Bewertung*	*Abmessungen*
Sauerstoff-Index	ASTM D 2863		
Glühstab-Verfahren			
Brandverhalten	DIN 4102		
MVSS			
FAR			

Elektrische Eigenschaften

		Hz	°C	*Probekörper, Form*
Dielektrizitätszahl		50		
		10^3		
		10^6		
Dielektrischer Verlustfaktor tan δ		50		
		10^3		
		10^6		
Spezifischer Durchgangs-widerstand	Ohm · cm			
Durchschlagfestigkeit	kV/mm			mm dick
Oberflächenwiderstand	Ohm			

Kriechstromfestigkeit	KC	KB	KA
Elektrolytische Korrosionswirkung			
Lichtbogenfestigkeit nach DIN			
nach ASTM s			

Beständigkeit *(Chemische Beständigkeit siehe Anhang)*

Wasseraufnahme

Feuchtigkeitsaufnahme Normalklima %

Wetterbeständigkeit

Spannungskorrosion

Optische Eigenschaften

Brechungszahl n_D

Transmissionsgrad τ_c % mm dick

Lichtdurchlässigkeit

Datenbank-Nr.	**T01667**		*Merkblatt-Nr.* **4241**

Produkt	Copolyamid 6/66		**PA**
Handelsname	**Ultramid C3M8**		
Hersteller	BASF		
DIN-Bez 1			
DIN-Bez 2			
Zusätze	Waermestabilisator	*Füllstoffe/ Verstärkung*	
Bevorzugte Verarbeitung	Spritzgiessen	*Lieferform*	Granulat
		Farben	
Besondere Merkmale		*Bevorzugte Anwendungen*	

Dichte	g/cm^3	1.48	*Schmelzindex*	g/10 min	:
Schüttdichte	g/cm^3		*Volumenfließindex*	cm^3/10 min	:
Viskositätszahl	ml/g				

Verarbeitungsbedingungen für Spritzgießen

Massetemp.	°C	*Schwindung*	% lgs , quer
Werkzeugtemp.	°C	*Bemerkungen*	
Spritzdruck	bar		

Zugversuch 23 °C DIN 53455; ISO R/527;

Probekörper:	*Form*	Nr. 3; 4 mm dick	*Herstellung*	
	Zustand	Trocken	*Vorbehandlung*	Normalklima

Streckspannung	N/mm^2		*Dehnung bei Streckspannung*	%	
Zugfestigkeit	N/mm^2	90	*Reißdehnung*	%	5
Reißfestigkeit	N/mm^2		*% Dehnspannung*	N/mm^2	
E-Modul	N/mm^2		*Dehnung bei % Dehnspg.*	%	

Kriechmoduln und Zeitstandwerte 23 °C DIN 53444; ISO 899

Probekörper:	*Form*	Nr. 3; 4 mm dick	*Herstellung*	
	Zustand	Luftfeucht	*Vorbehandlung*	Normalklima

Kriechmodul	*1 min* N/mm^2	2100	*Zeitstandzugfestigkeit*	h	N/mm^2
Kriechmodul	*1000 h* N/mm^2	900	*Zeitdehnspg. %*	h	N/mm^2
bei Spannung	N/mm^2				

Biegeversuch 23 °C

Probekörper:	*Form*	*Herstellung*	
	Zustand	*Vorbehandlung*	

Biegefestigkeit	N/mm^2	*E-Modul*	N/mm^2
3,5% *Biegespannung*	N/mm^2		

Härte 23 °C *Probekörper:* *Zustand* *Herstellung* *Vorbehandlung*

Kugeldruckhärte	N/mm^2 bei N, s	*Shore-Härte* A	
Rockwellhärte		*Shore-Härte* D	

Schlagversuch *Probekörper:* *(1)* *(2)* *Zustand* *Herstellung* *Vorbehandlung*

		°C	°C	°C	*Probekörper-Form*
Schlagzähigkeit	kJ/m^2				
Kerbschlagzähigkeit (1)	kJ/m^2				
IZOD-Kerbschlagzähigkeit (2)	J/m				
Kerbschlagzugzähigkeit	kJ/m^2				

Abrieb und Reibung

Taber-Abrieb (Reibradverfahren)	mm^3/100 U		
Abriebfaktor LNP (Thrust washer) Vergleichswert			
Statische Reibungszahl			
Dynamische Reibungszahl	(p · v=	N/mm^2 ·	m/min)
Zulässiger p · v Wert	N/mm^2 · (m/min)	v=	m/min
		v=	m/min

Thermische Eigenschaften

Formbeständigkeit in der Wärme	*Verfahren*	A		145 °C
	Verfahren	B		220 °C
Vicat Erweichungstemperatur (VST)	*Verfahren*			°C
	Verfahren			°C
Kristallit-Schmelzpunkt	*Verfahren*			
Längenausdehnungskoeffizient	*Bereich*	23–80	°C	$0.8 \cdot 10^{-4} K^{-1}$
	Temperatur			$\cdot 10^{-4} K^{-1}$
Wärmeleitfähigkeit	*Verfahren*			W/(K · m)
Spezifische Wärmekapazität	*Verfahren*			J/(K · g)
Glasumwandlungstemperatur	*Torsionsschwingungsversuch*		°C	
	Differentialkalorimetrie		°C	

Brandverhalten

UL-Test vertikal	Dicke	mm, Wert HB
	Dicke	mm, Wert

	Norm	*Bewertung*	*Abmessungen*
Sauerstoff-Index	ASTM D 2863		
Glühstab-Verfahren			
Brandverhalten	DIN 4102		
MVSS			
FAR			

Elektrische Eigenschaften

		Hz	°C		*Probekörper, Form*
Dielektrizitätszahl		50			
		10^3			
		10^6			
Dielektrischer Verlustfaktor tan δ		50			
		10^3			
		10^6			
Spezifischer Durchgangs-widerstand	Ohm · cm		23	1*10**15	Durchmesser 80x1 mm
Durchschlagfestigkeit	kV/mm				mm dick
Oberflächenwiderstand	Ohm		23	1*10**12	Durchmesser 80x1 mm

Kriechstromfestigkeit	KC	KB	KA
Elektrolytische Korrosionswirkung			
Lichtbogenfestigkeit nach DIN			
nach ASTM s			

Beständigkeit *(Chemische Beständigkeit siehe Anhang)*

Wasseraufnahme 23 C Bis zur Saettigung	4.5 %	
Feuchtigkeitsaufnahme Normalklima		1.4 %
Wetterbeständigkeit		
Spannungskorrosion		

Optische Eigenschaften

Brechungszahl n_D		
Transmissionsgrad τ_c	%	mm dick
Lichtdurchlässigkeit		

Datenbank-Nr. **T01668** Merkblatt-Nr. **4242**

PA

Produkt	Copolyamid 6/66		
Handelsname	**Ultramid C3ZM3**		
Hersteller	BASF		
DIN-Bez 1			
DIN-Bez 2			
Zusätze		*Füllstoffe/ Verstärkung*	
Bevorzugte Verarbeitung		*Lieferform*	Granulat
		Farben	
Besondere Merkmale		*Bevorzugte Anwendungen*	

Dichte	g/cm³	1.21	*Schmelzindex*	g/10 min	:
Schüttdichte	g/cm³		*Volumenfließindex*	cm³/10 min	:
Viskositätszahl	ml/g				

Verarbeitungsbedingungen für Spritzgießen

Massetemp.	°C	*Schwindung*	% lgs , quer
Werkzeugtemp.	°C	*Bemerkungen*	
Spritzdruck	bar		

Zugversuch 23 °C DIN 53455; ISO R/527;

Probekörper: *Form* Nr. 3; 4 mm dick — *Herstellung*

Zustand Trocken — *Vorbehandlung* Normalklima

Streckspannung	N/mm²	50	*Dehnung bei Streckspannung*	%	
Zugfestigkeit	N/mm²	50	*Reißdehnung*	%	≧50
Reißfestigkeit	N/mm²		% *Dehnspannung*	N/mm²	
E-Modul	N/mm²		*Dehnung bei* % *Dehnspg.*	%	

Kriechmoduln und Zeitstandwerte 23 °C

Probekörper: *Form* — *Herstellung*

Zustand — *Vorbehandlung*

Kriechmodul	*1 min* N/mm²	*Zeitstandzugfestigkeit*	h	N/mm²
Kriechmodul	*1000 h* N/mm²	*Zeitdehnspg.* %	h	N/mm²
bei Spannung	N/mm²			

Biegeversuch 23 °C

Probekörper: *Form* — *Herstellung*

Zustand — *Vorbehandlung*

Biegefestigkeit	N/mm²	*E-Modul*	N/mm²
3,5% *Biegespannung*	N/mm²		

Härte 23 °C *Probekörper:* *Zustand* — *Herstellung*

Vorbehandlung

Kugeldruckhärte	N/mm² bei N, s	*Shore-Härte*	A
Rockwellhärte		*Shore-Härte*	D

Schlagversuch *Probekörper:* *(1)*

(2) — *Herstellung*

Zustand — *Vorbehandlung*

	°C	°C	°C	*Probekörper-Form*
Schlagzähigkeit kJ/m²				
Kerbschlagzähigkeit (1) kJ/m²				
IZOD-Kerbschlagzähigkeit (2) J/m				
Kerbschlagzugzähigkeit kJ/m²				

Abrieb und Reibung

Taber-Abrieb (Reibradverfahren)	mm^3/100 U		
Abriebfaktor LNP (Thrust washer) Vergleichswert			
Statische Reibungszahl			
Dynamische Reibungszahl	(p·v= N/mm^2·		m/min)
Zulässiger p·v Wert	N/mm^2·(m/min)	v=	m/min
		v=	m/min

Thermische Eigenschaften

Formbeständigkeit in der Wärme	*Verfahren* A		70 °C
	Verfahren B		180 °C
Vicat Erweichungstemperatur (VST)	*Verfahren*		°C
	Verfahren		°C
Kristallit-Schmelzpunkt	*Verfahren*		
Längenausdehnungskoeffizient	*Bereich*	°C	$\cdot 10^{-4}K^{-1}$
	Temperatur		$\cdot 10^{-4}K^{-1}$
Wärmeleitfähigkeit	*Verfahren*		W/(K·m)
Spezifische Wärmekapazität	*Verfahren*		J/(K·g)
Glasumwandlungstemperatur	*Torsionsschwingungsversuch*	°C	
	Differentialkalorimetrie	°C	

Brandverhalten

UL-Test vertikal	Dicke mm, Wert HB	
	Dicke mm, Wert	

	Norm	*Bewertung*	*Abmessungen*
Sauerstoff-Index	ASTM D 2863		
Glühstab-Verfahren			
Brandverhalten	DIN 4102		
MVSS			
FAR			

Elektrische Eigenschaften

		Hz	°C		*Probekörper, Form*
Dielektrizitätszahl		50			
		10^3	23	3.6	Durchmesser 80x1 mm
		10^6			
Dielektrischer Verlustfaktor tan δ		50			
		10^3	23	0.02	Durchmesser 80x1 mm
		10^6			
Spezifischer Durchgangs-widerstand	Ohm·cm		23	1*10**15	Durchmesser 80x1 mm
Durchschlagfestigkeit	kV/mm		23	83	1 mm dick
Oberflächenwiderstand	Ohm		23	1*10**12	Durchmesser 80x1 mm

Kriechstromfestigkeit	KC	KB	KA
Elektrolytische Korrosionswirkung			
Lichtbogenfestigkeit nach DIN			
nach ASTM s			

Beständigkeit *(Chemische Beständigkeit siehe Anhang)*

Wasseraufnahme

Feuchtigkeitsaufnahme Normalklima %

Wetterbeständigkeit

Spannungskorrosion

Optische Eigenschaften

Brechungszahl n_D

Transmissionsgrad τ_c % mm dick

Lichtdurchlässigkeit

Datenbank-Nr. **T01669** Merkblatt-Nr. **4243**

Produkt	Copolyamid 6/66		**PA**
Handelsname	**Ultramid C3ZM6**		
Hersteller	BASF		
DIN-Bez 1			
DIN-Bez 2			
Zusätze	Waermestabilisator	*Füllstoffe/ Verstärkung*	
Bevorzugte Verarbeitung	Spritzgiessen	*Lieferform*	Granulat
		Farben	
Besondere Merkmale	Schlagzaeh modifiziert	*Bevorzugte Anwendungen*	

Dichte	g/cm^3	1.37	*Schmelzindex*	g/10 min	:	
Schüttdichte	g/cm^3		*Volumenfließindex*	cm^3/10 min	:	
Viskositätszahl	ml/g					

Verarbeitungsbedingungen für Spritzgießen

Massetemp.	°C	*Schwindung*	%	lgs	, quer
Werkzeugtemp.	°C	*Bemerkungen*			
Spritzdruck	bar				

Zugversuch 23 °C DIN 53455; ISO R/527;

Probekörper: *Form* Nr. 3; 4 mm dick — *Herstellung*
Zustand Trocken — *Vorbehandlung* Normalklima

Streckspannung	N/mm^2		*Dehnung bei Streckspannung*	%	
Zugfestigkeit	N/mm^2	75	*Reißdehnung*	%	10
Reißfestigkeit	N/mm^2		*% Dehnspannung*	N/mm^2	
E-Modul	N/mm^2		*Dehnung bei % Dehnspg.*	%	

Kriechmoduln und Zeitstandwerte 23 °C DIN 53444; ISO 899

Probekörper: *Form* Nr. 3; 4 mm dick — *Herstellung*
Zustand Luftfeucht — *Vorbehandlung* Normalklima

Kriechmodul	*1 min*	N/mm^2	1140	*Zeitstandzugfestigkeit*	h	N/mm^2
Kriechmodul	*1000 h*	N/mm^2	750	*Zeitdehnspg. %*	h	N/mm^2
bei Spannung		N/mm^2				

Biegeversuch 23 °C

Probekörper: *Form* — *Herstellung*
Zustand — *Vorbehandlung*

Biegefestigkeit	N/mm^2	*E-Modul*	N/mm^2
3,5% *Biegespannung*	N/mm^2		

Härte 23 °C *Probekörper:* *Zustand* — *Herstellung*
Vorbehandlung

Kugeldruckhärte	N/mm^2 bei N, s	*Shore-Härte* A	
Rockwellhärte		*Shore-Härte* D	

Schlagversuch *Probekörper:* *(1)*
(2) — *Herstellung*
Zustand — *Vorbehandlung*

°C °C °C *Probekörper-Form*

Schlagzähigkeit	kJ/m^2
Kerbschlagzähigkeit (1)	kJ/m^2
IZOD-Kerbschlagzähigkeit (2)	J/m
Kerbschlagzugzähigkeit	kJ/m^2

Abrieb und Reibung

Taber-Abrieb (Reibradverfahren)	mm^3/100 U		
Abriebfaktor LNP (Thrust washer) Vergleichswert			
Statische Reibungszahl			
Dynamische Reibungszahl	(p · v=	N/mm^2 ·	m/min)
Zulässiger p · v Wert	N/mm^2 · (m/min)	v=	m/min
		v=	m/min

Thermische Eigenschaften

Formbeständigkeit in der Wärme	*Verfahren* A			120 °C
	Verfahren B			210 °C
Vicat Erweichungstemperatur (VST)	*Verfahren*			°C
	Verfahren			°C
Kristallit-Schmelzpunkt	*Verfahren*			
Längenausdehnungskoeffizient	*Bereich* 23–80	°C		$0.8 \cdot 10^{-4}K^{-1}$
	Temperatur			$\cdot 10^{-4}K^{-1}$
Wärmeleitfähigkeit	*Verfahren*			W/(K · m)
Spezifische Wärmekapazität	*Verfahren*			J/(K · g)
Glasumwandlungstemperatur	*Torsionsschwingungsversuch*		°C	
	Differentialkalorimetrie		°C	

Brandverhalten

UL-Test vertikal	Dicke	mm, Wert HB
	Dicke	mm, Wert

	Norm	*Bewertung*	*Abmessungen*
Sauerstoff-Index	ASTM D 2863		
Glühstab-Verfahren			
Brandverhalten	DIN 4102		
MVSS			
FAR			

Elektrische Eigenschaften

		Hz	°C		*Probekörper, Form*
Dielektrizitätszahl		50			
		10^3	23	3.9	Durchmesser 80x1 mm
		10^6			
Dielektrischer Verlustfaktor tan δ		50			
		10^3	23	0.015	Durchmesser 80x1 mm
		10^6			
Spezifischer Durchgangs-widerstand	Ohm · cm		23	1*10**15	Durchmesser 80x1 mm
Durchschlagfestigkeit	kV/mm				mm dick
Oberflächenwiderstand	Ohm		23	1*10**12	Durchmesser 80x1 mm

Kriechstromfestigkeit	KC	KB	KA
Elektrolytische Korrosionswirkung			
Lichtbogenfestigkeit nach DIN			
nach ASTM s			

Beständigkeit *(Chemische Beständigkeit siehe Anhang)*

Wasseraufnahme 23 C Bis zur Saettigung	5.6 %	
Feuchtigkeitsaufnahme Normalklima		1.8 %
Wetterbeständigkeit		
Spannungskorrosion		

Optische Eigenschaften

Brechungszahl n_D		
Transmissionsgrad τ_c	%	mm dick
Lichtdurchlässigkeit		

Datenbank-Nr. **T01672** Merkblatt-Nr. **4244**

Produkt	Polyphenylenoxid-Polyamid-Blend		**PPO + PA**
Handelsname	**Ultranyl KR 4510**		
Hersteller	BASF		
DIN-Bez 1			
DIN-Bez 2			
Zusätze	Waermestabilisator	*Füllstoffe/ Verstärkung*	
Bevorzugte Verarbeitung	Spritzgiessen	*Lieferform*	Granulat
		Farben	
Besondere Merkmale	Hohe Waermeformbestaendigkeit; Gute Chemikalienbestaendigkeit; Ausgewogene Steifigkeit; Ausgewogene Schlagzaehigkeit	*Bevorzugte Anwendungen*	Grossflaechiges Formteil; Kfz-Aussenteil; Spoiler; Stossfaenger; Gitter

Dichte	g/cm^3	1.1	*Schmelzindex*	g/10 min	:
Schüttdichte	g/cm^3		*Volumenfließindex*	cm^3/10 min	:
Viskositätszahl	ml/g				

Verarbeitungsbedingungen für Spritzgießen

Massetemp.	°C	*Schwindung*	% lgs , quer
Werkzeugtemp.	°C	*Bemerkungen*	
Spritzdruck	bar		

Zugversuch 23 °C DIN 53455; ISO R/527

Probekörper: *Form* Nr. 3; 4 mm dick *Herstellung*
Zustand *Vorbehandlung* Normalklima

Streckspannung	N/mm^2		*Dehnung bei Streckspannung*	%	
Zugfestigkeit	N/mm^2	60	*Reißdehnung*	%	≧50
Reißfestigkeit	N/mm^2		*% Dehnspannung*	N/mm^2	
E-Modul	N/mm^2		*Dehnung bei % Dehnspg.*	%	

Kriechmoduln und Zeitstandwerte 23 °C

Probekörper: *Form* *Herstellung*
Zustand *Vorbehandlung*

Kriechmodul	*1 min*	N/mm^2	*Zeitstandzugfestigkeit*	h	N/mm^2
Kriechmodul	*1000 h*	N/mm^2	*Zeitdehnspg. %*	h	N/mm^2
bei Spannung		N/mm^2			

Biegeversuch 23 °C

Probekörper: *Form* *Herstellung*
Zustand *Vorbehandlung*

Biegefestigkeit	N/mm^2	*E-Modul*	N/mm^2
3,5% *Biegespannung*	N/mm^2		

Härte 23 °C *Probekörper:* *Zustand* *Herstellung*
Vorbehandlung

Kugeldruckhärte	N/mm^2 bei N, s	*Shore-Härte*	A
Rockwellhärte		*Shore-Härte*	D

Schlagversuch *Probekörper:* *(1)*
(2) *Herstellung*
Zustand *Vorbehandlung* Normalklima

		°C	°C	°C	*Probekörper-Form*
Schlagzähigkeit	kJ/m^2				
Kerbschlagzähigkeit (1)	kJ/m^2				
IZOD-Kerbschlagzähigkeit (2)	J/m				
Kerbschlagzugzähigkeit	kJ/m^2	23	30		80x10x4 mm

Abrieb und Reibung

Taber-Abrieb (Reibradverfahren) mm^3/100 U
Abriebfaktor LNP (Thrust washer) Vergleichswert
Statische Reibungszahl
Dynamische Reibungszahl (p·v= N/mm^2· m/min)
Zulässiger p · v Wert N/mm^2 · (m/min) v= m/min
v= m/min

Thermische Eigenschaften

Formbeständigkeit in der Wärme	*Verfahren*	A	110 °C
	Verfahren	B	170 °C
Vicat Erweichungstemperatur (VST)	*Verfahren*	B/50	200 °C
	Verfahren		°C
Kristallit-Schmelzpunkt	*Verfahren*		
Längenausdehnungskoeffizient	*Bereich*	°C	$\cdot 10^{-4}K^{-1}$
	Temperatur		$\cdot 10^{-4}K^{-1}$
Wärmeleitfähigkeit	*Verfahren*		W/(K · m)
Spezifische Wärmekapazität	*Verfahren*		J/(K · g)
Glasumwandlungstemperatur	*Torsionsschwingungsversuch*	°C	
	Differentialkalorimetrie	°C	

Brandverhalten

UL-Test vertikal Dicke mm, Wert HB
Dicke mm, Wert

	Norm	*Bewertung*	*Abmessungen*
Sauerstoff-Index	ASTM D 2863		
Glühstab-Verfahren			
Brandverhalten	DIN 4102		
MVSS			
FAR			

Elektrische Eigenschaften

		Hz	°C	*Probekörper, Form*
Dielektrizitätszahl		50		
		10^3		
		10^6		
Dielektrischer Verlustfaktor tan δ		50		
		10^3		
		10^6		
Spezifischer Durchgangswiderstand	Ohm · cm			
Durchschlagfestigkeit	kV/mm			mm dick
Oberflächenwiderstand	Ohm			

Kriechstromfestigkeit KC KB KA
Elektrolytische Korrosionswirkung
Lichtbogenfestigkeit nach DIN
nach ASTM s

Beständigkeit *(Chemische Beständigkeit siehe Anhang)*

Wasseraufnahme 23 C Bis zur Saettigung 1.5 %

Feuchtigkeitsaufnahme Normalklima %
Wetterbeständigkeit

Spannungskorrosion

Optische Eigenschaften

Brechungszahl n_D
Transmissionsgrad τ_c % mm dick
Lichtdurchlässigkeit

Datenbank-Nr.	**T01674**	*Merkblatt-Nr.*	**4245**

Produkt	Polyphenylenoxid-Polyamid-Blend		**PPO + PA**
Handelsname	**Ultranyl KR 4540 G6**		
Hersteller	BASF		
DIN-Bez 1			
DIN-Bez 2			
Zusätze	Waermestabilisator	*Füllstoffe/ Verstärkung*	30% Glasfaser
Bevorzugte Verarbeitung	Spritzgiessen	*Lieferform*	Granulat
		Farben	
Besondere Merkmale	Hochwaermeformbestaendig; Gute Chemikalienbestaendigkeit; Ausgewogene Steifigkeit; Ausgewogene Schlagzaehigkeit	*Bevorzugte Anwendungen*	Technisches Funktionsteil; Drehstuhlsitztraegerplatte; Kfz-Wasserkasten

Dichte	g/cm^3	1.35	*Schmelzindex*	g/10 min	:
Schüttdichte	g/cm^3		*Volumenfließindex*	cm^3/10 min	:
Viskositätszahl	ml/g				

Verarbeitungsbedingungen für Spritzgießen

Massetemp.	°C	*Schwindung*	% lgs , quer
Werkzeugtemp.	°C	*Bemerkungen*	
Spritzdruck	bar		

Zugversuch 23 °C DIN 53455; ISO R/527

Probekörper: *Form* Nr. 3; 4 mm dick — *Herstellung*
Zustand — *Vorbehandlung* Normalklima

Streckspannung	N/mm^2		*Dehnung bei Streckspannung*	%	
Zugfestigkeit	N/mm^2	140	*Reißdehnung*	%	4
Reißfestigkeit	N/mm^2		*% Dehnspannung*	N/mm^2	
E-Modul	N/mm^2		*Dehnung bei % Dehnspg.*	%	

Kriechmoduln und Zeitstandwerte 23 °C

Probekörper: *Form* — *Herstellung*
Zustand — *Vorbehandlung*

Kriechmodul	*1 min*	N/mm^2	*Zeitstandzugfestigkeit*	h	N/mm^2
Kriechmodul	*1000 h*	N/mm^2	*Zeitdehnspg. %*	h	N/mm^2
bei Spannung		N/mm^2			

Biegeversuch 23 °C

Probekörper: *Form* — *Herstellung*
Zustand — *Vorbehandlung*

Biegefestigkeit	N/mm^2	*E-Modul*	N/mm^2
3,5% *Biegespannung*	N/mm^2		

Härte 23 °C *Probekörper:* *Zustand* — *Herstellung*
Vorbehandlung

Kugeldruckhärte	N/mm^2 bei N, s	*Shore-Härte* A	
Rockwellhärte		*Shore-Härte* D	

Schlagversuch *Probekörper:* *(1)*
(2) — *Herstellung*
Zustand — *Vorbehandlung* Normalklima

		°C	°C	°C	*Probekörper-Form*
Schlagzähigkeit	kJ/m^2				
Kerbschlagzähigkeit (1)	kJ/m^2				
IZOD-Kerbschlagzähigkeit (2)	J/m				
Kerbschlagzugzähigkeit	kJ/m^2	23 11			80x10x4 mm

Abrieb und Reibung

Taber-Abrieb (Reibradverfahren)	mm^3/100 U			
Abriebfaktor LNP (Thrust washer) Vergleichswert				
Statische Reibungszahl				
Dynamische Reibungszahl	(p·v=	N/mm^2·		m/min)
Zulässiger p·v Wert	N/mm^2·(m/min)		v=	m/min
			v=	m/min

Thermische Eigenschaften

Formbeständigkeit in der Wärme	*Verfahren*	A		200 °C
	Verfahren	B		250 °C
Vicat Erweichungstemperatur (VST)	*Verfahren*	B/50		220 °C
	Verfahren			°C
Kristallit-Schmelzpunkt	*Verfahren*			
Längenausdehnungskoeffizient	*Bereich*		°C	$\cdot 10^{-4} K^{-1}$
	Temperatur			$\cdot 10^{-4} K^{-1}$
Wärmeleitfähigkeit	*Verfahren*			W/(K·m)
Spezifische Wärmekapazität	*Verfahren*			J/(K·g)
Glasumwandlungstemperatur	*Torsionsschwingungsversuch*		°C	
	Differentialkalorimetrie		°C	

Brandverhalten

UL-Test vertikal Dicke mm, Wert HB
Dicke mm, Wert

	Norm	*Bewertung*	*Abmessungen*
Sauerstoff-Index	ASTM D 2863		
Glühstab-Verfahren			
Brandverhalten	DIN 4102		
MVSS			
FAR			

Elektrische Eigenschaften

	Hz	°C	*Probekörper, Form*
Dielektrizitätszahl	50		
	10^3		
	10^6		
Dielektrischer Verlustfaktor tan δ	50		
	10^3		
	10^6		

Spezifischer Durchgangswiderstand	Ohm·cm	
Durchschlagfestigkeit	kV/mm	mm dick
Oberflächenwiderstand	Ohm	

Kriechstromfestigkeit	KC	KB	KA
Elektrolytische Korrosionswirkung			
Lichtbogenfestigkeit nach DIN			
nach ASTM	s		

Beständigkeit *(Chemische Beständigkeit siehe Anhang)*

Wasseraufnahme 23 C Bis zur Saettigung 0.9 %

Feuchtigkeitsaufnahme Normalklima %

Wetterbeständigkeit

Spannungskorrosion

Optische Eigenschaften

Brechungszahl n_D

Transmissionsgrad τ_c % mm dick

Lichtdurchlässigkeit

Datenbank-Nr. **T01676** *Merkblatt-Nr.* **4246**

Produkt	Polyethersulfon		**PES**
Handelsname	**Ultrason E1000**		
Hersteller	BASF		
DIN-Bez 1			
DIN-Bez 2			
Zusätze	Waermestabilisator	*Füllstoffe/ Verstärkung*	
Bevorzugte Verarbeitung	Spritzgiessen; Extrudieren; Folienextrusion	*Lieferform*	Granulat
		Farben	Transparent
Besondere Merkmale	Flammwidrig; Niedrigviskos	*Bevorzugte Anwendungen*	

Dichte	g/cm^3	1.37	*Schmelzindex*	g/10 min	:
Schüttdichte	g/cm^3		*Volumenfließindex*	$cm^3/10$ min	:
Viskositätszahl	ml/g				

Verarbeitungsbedingungen für Spritzgießen

Massetemp.	°C	*Schwindung*	% lgs , quer
Werkzeugtemp.	°C	*Bemerkungen*	
Spritzdruck	bar		

Zugversuch 23 °C DIN 53455; ISO R/527;

Probekörper: *Form* Nr. 3; 4 mm dick — *Herstellung*

Zustand — *Vorbehandlung* Normalklima

Streckspannung	N/mm^2	85	*Dehnung bei Streckspannung*	%
Zugfestigkeit	N/mm^2		*Reißdehnung*	% 35
Reißfestigkeit	N/mm^2		*% Dehnspannung*	N/mm^2
E-Modul	N/mm^2		*Dehnung bei % Dehnspg.*	%

Kriechmoduln und Zeitstandwerte 23 °C

Probekörper: *Form* — *Herstellung*

Zustand — *Vorbehandlung*

Kriechmodul	*1 min* N/mm^2	*Zeitstandzugfestigkeit*	h N/mm^2
Kriechmodul	*1000 h* N/mm^2	*Zeitdehnspg. %*	h N/mm^2
bei Spannung	N/mm^2		

Biegeversuch 23 °C

Probekörper: *Form* — *Herstellung*

Zustand — *Vorbehandlung*

Biegefestigkeit	N/mm^2	*E-Modul*	N/mm^2
3,5% *Biegespannung*	N/mm^2		

Härte 23 °C *Probekörper:* *Zustand* — *Herstellung*

Vorbehandlung

Kugeldruckhärte	N/mm^2 bei N, s	*Shore-Härte*	A
Rockwellhärte		*Shore-Härte*	D

Schlagversuch *Probekörper:* *(1)*

(2) — *Herstellung*

Zustand — *Vorbehandlung*

	°C	°C	°C	*Probekörper-Form*
Schlagzähigkeit kJ/m^2				
Kerbschlagzähigkeit (1) kJ/m^2				
IZOD-Kerbschlagzähigkeit (2) J/m				
Kerbschlagzugzähigkeit kJ/m^2				

Abrieb und Reibung

Taber-Abrieb (Reibradverfahren)	mm^3/100 U		
Abriebfaktor LNP (Thrust washer) Vergleichswert			
Statische Reibungszahl			
Dynamische Reibungszahl	(p·v= N/mm^2·		m/min)
Zulässiger p · v Wert	N/mm^2 · (m/min)	v=	m/min
		v=	m/min

Thermische Eigenschaften

Formbeständigkeit in der Wärme	*Verfahren*	A		215 °C
	Verfahren			°C
Vicat Erweichungstemperatur (VST)	*Verfahren*	A/50		226 °C
	Verfahren	B/50		222 °C
Kristallit-Schmelzpunkt	*Verfahren*			
Längenausdehnungskoeffizient	*Bereich*	23–80	°C	0.55 · $10^{-4}K^{-1}$
	Temperatur			· $10^{-4}K^{-1}$
Wärmeleitfähigkeit	*Verfahren*			W/(K · m)
Spezifische Wärmekapazität	*Verfahren*			J/(K · g)
Glasumwandlungstemperatur	*Torsionsschwingungsversuch*		°C	
	Differentialkalorimetrie		°C	

Brandverhalten

UL-Test vertikal	Dicke 1.57 mm, Wert V-0
	Dicke 0.43 mm, Wert V-0

	Norm	*Bewertung*	*Abmessungen*
Sauerstoff-Index	ASTM D 2863		
Glühstab-Verfahren			
Brandverhalten	DIN 4102		
MVSS			
FAR			

Elektrische Eigenschaften

		Hz	°C		*Probekörper, Form*
Dielektrizitätszahl		50	23	3.5	Durchmesser 80x1 mm
		10^3	23	3.5	Durchmesser 80x1 mm
		10^6			
Dielektrischer Verlustfaktor tan δ		50			
		10^3	23	0.0048	Durchmesser 80x1 mm
		10^6			
Spezifischer Durchgangs-widerstand	Ohm · cm		23	1*10**16	Durchmesser 80x1 mm
Durchschlagfestigkeit	kV/mm		23	110	1 mm dick
Oberflächenwiderstand	Ohm		23	1*10**13	Durchmesser 80x1 mm

Kriechstromfestigkeit	KC	KB	KA
Elektrolytische Korrosionswirkung			
Lichtbogenfestigkeit nach DIN			
nach ASTM s			

Beständigkeit *(Chemische Beständigkeit siehe Anhang)*

Wasseraufnahme	
Feuchtigkeitsaufnahme Normalklima	0.8 %
Wetterbeständigkeit	
Spannungskorrosion	

Optische Eigenschaften

Brechungszahl n_D	1.65		
Transmissionsgrad τ_c		%	mm dick
Lichtdurchlässigkeit			

PES

Produkt	Polyethersulfon		
Handelsname	**Ultrason E1000 G4**		
Hersteller	BASF		
DIN-Bez 1			
DIN-Bez 2			
Zusätze	Waermestabilisator	*Füllstoffe/ Verstärkung*	20% Glasfaser
Bevorzugte Verarbeitung	Spritzgiessen	*Lieferform*	Granulat
		Farben	
Besondere Merkmale	Flammwidrig; Mittelviskos; Hohe Dimensionsstabilitaet, bis zu 200 C	*Bevorzugte Anwendungen*	

Dichte	g/cm^3	1.51	*Schmelzindex*	g/10 min	:
Schüttdichte	g/cm^3		*Volumenfließindex*	cm^3/10 min	:
Viskositätszahl	ml/g				

Verarbeitungsbedingungen für Spritzgießen

Massetemp.	°C	*Schwindung*	% lgs , quer
Werkzeugtemp.	°C	*Bemerkungen*	
Spritzdruck	bar		

Zugversuch 23 °C DIN 53455; ISO R/527;
Probekörper: *Form* Nr. 3; 4 mm dick *Herstellung*
Zustand *Vorbehandlung* Normalklima

Streckspannung	N/mm^2		*Dehnung bei Streckspannung*	%	
Zugfestigkeit	N/mm^2	140	*Reißdehnung*	%	4
Reißfestigkeit	N/mm^2		*% Dehnspannung*	N/mm^2	
E-Modul	N/mm^2		*Dehnung bei % Dehnspg.*	%	

Kriechmoduln und Zeitstandwerte 23 °C
Probekörper: *Form* *Herstellung*
Zustand *Vorbehandlung*

Kriechmodul	*1 min*	N/mm^2	*Zeitstandzugfestigkeit*	h	N/mm^2
Kriechmodul	*1000 h*	N/mm^2	*Zeitdehnspg. %*	h	N/mm^2
bei Spannung		N/mm^2			

Biegeversuch 23 °C
Probekörper: *Form* *Herstellung*
Zustand *Vorbehandlung*

Biegefestigkeit	N/mm^2	*E-Modul*	N/mm^2
3,5% *Biegespannung*	N/mm^2		

Härte 23 °C *Probekörper:* *Zustand* *Herstellung*
Vorbehandlung

Kugeldruckhärte	N/mm^2 bei N, s	*Shore-Härte* A	
Rockwellhärte		*Shore-Härte* D	

Schlagversuch *Probekörper:* *(1)*
(2) *Herstellung*
Zustand *Vorbehandlung*

		°C	°C	°C	*Probekörper-Form*
Schlagzähigkeit	kJ/m^2				
Kerbschlagzähigkeit (1)	kJ/m^2				
IZOD-Kerbschlagzähigkeit (2)	J/m				
Kerbschlagzugzähigkeit	kJ/m^2				

Abrieb und Reibung

Taber-Abrieb (Reibradverfahren)	$mm^3/100$ U		
Abriebfaktor LNP (Thrust washer) Vergleichswert			
Statische Reibungszahl			
Dynamische Reibungszahl	(p·v=	N/mm^2·	m/min)
Zulässiger p · v Wert	N/mm^2 · (m/min)	v=	m/min
		v=	m/min

Thermische Eigenschaften

Formbeständigkeit in der Wärme	*Verfahren*	A	221 °C
	Verfahren		°C
Vicat Erweichungstemperatur (VST)	*Verfahren*	A/50	233 °C
	Verfahren	B/50	230 °C
Kristallit-Schmelzpunkt	*Verfahren*		
Längenausdehnungskoeffizient	*Bereich*	23–80 °C	$0.26 \cdot 10^{-4}K^{-1}$
	Temperatur		$\cdot 10^{-4}K^{-1}$
Wärmeleitfähigkeit	*Verfahren*		W/(K · m)
Spezifische Wärmekapazität	*Verfahren*		J/(K · g)
Glasumwandlungstemperatur	*Torsionsschwingungsversuch*	°C	
	Differentialkalorimetrie	°C	

Brandverhalten

UL-Test vertikal Dicke 1.67 mm, Wert V-0
Dicke 0.43 mm, Wert V-0

	Norm	*Bewertung*	*Abmessungen*
Sauerstoff-Index	ASTM D 2863		
Glühstab-Verfahren			
Brandverhalten	DIN 4102		
MVSS			
FAR			

Elektrische Eigenschaften

		Hz	°C		*Probekörper, Form*
Dielektrizitätszahl		50	23	3.8	Durchmesser 80x1 mm
		10^3	23	3.8	Durchmesser 80x1 mm
		10^6			
Dielektrischer Verlustfaktor tan δ		50			
		10^3	23	0.0041	Durchmesser 80x1 mm
		10^6			
Spezifischer Durchgangs-widerstand	Ohm · cm		23	1*10**16	Durchmesser 80x1 mm
Durchschlagfestigkeit	kV/mm		23	100	1 mm dick
Oberflächenwiderstand	Ohm		23	1*10**13	Durchmesser 80x1 mm

Kriechstromfestigkeit	KC	KB	KA
Elektrolytische Korrosionswirkung			
Lichtbogenfestigkeit nach DIN			
nach ASTM s			

Beständigkeit *(Chemische Beständigkeit siehe Anhang)*

Wasseraufnahme 23 C Bis zur Saettigung	1.7 %	
Feuchtigkeitsaufnahme Normalklima		%
Wetterbeständigkeit		
Spannungskorrosion		

Optische Eigenschaften

Brechungszahl n_D
Transmissionsgrad τ_c % mm dick
Lichtdurchlässigkeit

Datenbank-Nr. **T01151** Merkblatt-Nr. **4248**

Produkt	Polyamid 66		**PA**
Handelsname	**Technyl A 20 V 15**		
Hersteller	RHONE POUL		
DIN-Bez 1			
DIN-Bez 2			
Zusätze	Brandschutzmittel; Waermestabilisator	*Füllstoffe/ Verstärkung*	15% Glasfaser
Bevorzugte Verarbeitung	Spritzgiessen	*Lieferform*	Granulat
		Farben	Natur; Schwarz
Besondere Merkmale	Hohe Festigkeit; Geringe Verformung; Halogenfrei; UL-Zulassung	*Bevorzugte Anwendungen*	Technisches Formteil; Elektrotechnik; Kfz-Industrie; Raumfahrt

Dichte	g/cm³	1.30	*Schmelzindex*	g/10 min	:
Schüttdichte	g/cm³		*Volumenfließindex*	cm³/10 min	:
Viskositätszahl	ml/g				

Verarbeitungsbedingungen für Spritzgießen

Massetemp.	°C	*Schwindung*	% lgs 0.6, quer 0.9
Werkzeugtemp.	°C	*Bemerkungen*	
Spritzdruck	bar		

Zugversuch 23 °C DIN 53455; DIN 53457

Probekörper: *Form* — *Herstellung* Spritzgiessen
Zustand Spritzfrisch — *Vorbehandlung*

Streckspannung	N/mm²		*Dehnung bei Streckspannung*	%	
Zugfestigkeit	N/mm²		*Reißdehnung*	%	2
Reißfestigkeit	N/mm²	120	*% Dehnspannung*	N/mm²	
E-Modul	N/mm²	7100	*Dehnung bei % Dehnspg.*	%	

Kriechmoduln und Zeitstandwerte 23 °C

Probekörper: *Form* — *Herstellung*
Zustand — *Vorbehandlung*

Kriechmodul	*1 min* N/mm²	*Zeitstandzugfestigkeit*	h N/mm²
Kriechmodul	*1000 h* N/mm²	*Zeitdehnspg. %*	h N/mm²
bei Spannung	N/mm²		

Biegeversuch 23 °C DIN 53452; DIN 53457

Probekörper: *Form* — *Herstellung* Spritzgiessen
Zustand Spritzfrisch — *Vorbehandlung*

Biegefestigkeit	N/mm² 180	*E-Modul*	N/mm²	5900
3,5% *Biegespannung*	N/mm²			

Härte 23 °C *Probekörper:* *Zustand* — *Herstellung*
Vorbehandlung

Kugeldruckhärte	N/mm² bei N, s	*Shore-Härte*	A
Rockwellhärte		*Shore-Härte*	D

Schlagversuch *Probekörper:* *(1)*
(2) — *Herstellung* Spritzgiessen
Zustand Spritzfrisch — *Vorbehandlung*

		°C	°C	°C	*Probekörper-Form*
Schlagzähigkeit	kJ/m²	23 19			NKS
Kerbschlagzähigkeit (1)	kJ/m²				
IZOD-Kerbschlagzähigkeit (2)	J/m				
Kerbschlagzugzähigkeit	kJ/m²				

Abrieb und Reibung

Taber-Abrieb (Reibradverfahren)	$mm^3/100$ U		
Abriebfaktor LNP (Thrust washer) Vergleichswert			
Statische Reibungszahl			
Dynamische Reibungszahl	(p·v= N/mm^2·		m/min)
Zulässiger p·v Wert	N/mm^2·(m/min)	v=	m/min
		v=	m/min

Thermische Eigenschaften

Formbeständigkeit in der Wärme	*Verfahren* B		≧250 °C
	Verfahren		°C
Vicat Erweichungstemperatur (VST)	*Verfahren*		°C
	Verfahren		°C
Kristallit-Schmelzpunkt	*Verfahren* Kofler-Heiztisch		265 °C
Längenausdehnungskoeffizient	*Bereich*	°C	$\cdot 10^{-4}K^{-1}$
	Temperatur 23 °C		$0.2–0.3 \cdot 10^{-4}K^{-1}$
Wärmeleitfähigkeit	*Verfahren*		W/(K · m)
Spezifische Wärmekapazität	*Verfahren*		J/(K · g)
Glasumwandlungstemperatur	*Torsionsschwingungsversuch*	°C	
	Differentialkalorimetrie	°C	

Brandverhalten

UL-Test vertikal	Dicke 0.8 mm,	Wert V-0
	Dicke mm,	Wert

	Norm	*Bewertung*	*Abmessungen*
Sauerstoff-Index	ASTM D 2863		
Glühstab-Verfahren			
Brandverhalten	DIN 4102		
MVSS			
FAR			

Elektrische Eigenschaften

		Hz	°C		*Probekörper, Form*
Dielektrizitätszahl		50			
		10^3			
		10^6			
Dielektrischer Verlustfaktor tan δ		50			
		10^3			
		10^6			
Spezifischer Durchgangswiderstand	Ohm · cm		23	1.0*10**15	
Durchschlagfestigkeit	kV/mm		23	17	2.0 mm dick
Oberflächenwiderstand	Ohm				

Kriechstromfestigkeit	KC 325	KB	KA
Elektrolytische Korrosionswirkung			
Lichtbogenfestigkeit nach DIN			
nach ASTM s			

Beständigkeit *(Chemische Beständigkeit siehe Anhang)*

Wasseraufnahme 23 C	1 d	1.8 %	
Feuchtigkeitsaufnahme Normalklima			%
Wetterbeständigkeit			
Spannungskorrosion			

Optische Eigenschaften

Brechungszahl n_D		
Transmissionsgrad τ_c	%	mm dick
Lichtdurchlässigkeit		

Produkt	Copolyamid 66/6		**PA**
Handelsname	**Technyl B 218 MT 15 V 25**		
Hersteller	RHONE POUL		
DIN-Bez 1			
DIN-Bez 2			
Zusätze	Waermestabilisator	*Füllstoffe/ Verstärkung*	40% Mineral (15); Glasfaser (25)
Bevorzugte Verarbeitung	Spritzgiessen	*Lieferform*	Granulat
		Farben	Natur; Schwarz
Besondere Merkmale	Hohe Steifigkeit; Hohe Schlagzaehigkeit; Gute Oberflaechenqualitaet; Niedriger Waermeausdehnungskoeffizient	*Bevorzugte Anwendungen*	Technisches Formteil; Lackiertes Formteil; Teil im Motorraum; Kfz-Industrie; Grossflaechiges Formteil; Karosserieteil; Gehaeuse; Elektronik

Dichte	g/cm^3	1.47	*Schmelzindex*	g/10 min	:
Schüttdichte	g/cm^3		*Volumenfließindex*	$cm^3/10$ min	:
Viskositätszahl	ml/g				

Verarbeitungsbedingungen für Spritzgießen

Massetemp.	°C	230–280	*Schwindung*	%	lgs 0.4, quer 0.5
Werkzeugtemp.	°C	60–80	*Bemerkungen*		
Spritzdruck	bar				

Zugversuch 23 °C DIN 53455; DIN 53457

Probekörper: *Form* — *Herstellung* Spritzgiessen
Zustand Spritzfrisch — *Vorbehandlung*

Streckspannung	N/mm^2		*Dehnung bei Streckspannung*	%	
Zugfestigkeit	N/mm^2		*Reißdehnung*	%	2.4
Reißfestigkeit	N/mm^2	150	*% Dehnspannung*	N/mm^2	
E-Modul	N/mm^2	10100	*Dehnung bei % Dehnspg.*	%	

Kriechmoduln und Zeitstandwerte 23 °C

Probekörper: *Form* — *Herstellung*
Zustand — *Vorbehandlung*

Kriechmodul	*1 min* N/mm^2		*Zeitstandzugfestigkeit*	h	N/mm^2
Kriechmodul	*1000 h* N/mm^2		*Zeitdehnspg. %*	h	N/mm^2
bei Spannung	N/mm^2				

Biegeversuch 23 °C DIN 53452; DIN 53457

Probekörper: *Form* — *Herstellung* Spritzgiessen
Zustand Spritzfrisch — *Vorbehandlung*

Biegefestigkeit	N/mm^2	210	*E-Modul*	N/mm^2	8200
3,5% *Biegespannung*	N/mm^2				

Härte 23 °C

Probekörper: *Zustand* — *Herstellung*
Vorbehandlung

Kugeldruckhärte	N/mm^2 bei N, s	*Shore-Härte* A	
Rockwellhärte		*Shore-Härte* D	

Schlagversuch

Probekörper: *(1)* U-Kerbe
(2) — *Herstellung* Spritzgiessen
Zustand Spritzfrisch — *Vorbehandlung*

		°C	°C	°C	*Probekörper-Form*
Schlagzähigkeit	kJ/m^2	23 35			NKS
Kerbschlagzähigkeit (1)	kJ/m^2	23 6			NKS
IZOD-Kerbschlagzähigkeit (2)	J/m				
Kerbschlagzugzähigkeit	kJ/m^2				

Abrieb und Reibung

Taber-Abrieb (Reibradverfahren)	$mm^3/100$ U		
Abriebfaktor LNP (Thrust washer) Vergleichswert			
Statische Reibungszahl			
Dynamische Reibungszahl	(p · v = N/mm^2 ·		m/min)
Zulässiger p · v Wert	N/mm^2 · (m/min)	v =	m/min
		v =	m/min

Thermische Eigenschaften

Formbeständigkeit in der Wärme	*Verfahren*	A	230 °C
	Verfahren		°C
Vicat Erweichungstemperatur (VST)	*Verfahren*		°C
	Verfahren		°C
Kristallit-Schmelzpunkt	*Verfahren*	Kofler-Heiztisch	235–240 °C
Längenausdehnungskoeffizient	*Bereich*	°C	$\cdot 10^{-4}K^{-1}$
	Temperatur 23 °C		$0.35 \cdot 10^{-4}K^{-1}$
Wärmeleitfähigkeit	*Verfahren*		W/(K · m)
Spezifische Wärmekapazität	*Verfahren*		J/(K · g)
Glasumwandlungstemperatur	*Torsionsschwingungsversuch*	°C	
	Differentialkalorimetrie	°C	

Brandverhalten

UL-Test vertikal — Dicke 3.2 mm, Wert HB
Dicke mm, Wert

	Norm	*Bewertung*	*Abmessungen*
Sauerstoff-Index	ASTM D 2863		
Glühstab-Verfahren			
Brandverhalten	DIN 4102		
MVSS			
FAR			

Elektrische Eigenschaften

		Hz	°C	*Probekörper, Form*
Dielektrizitätszahl		50		
		10^3		
		10^6		
Dielektrischer Verlustfaktor tan δ		50		
		10^3		
		10^6		
Spezifischer Durchgangswiderstand	Ohm · cm			
Durchschlagfestigkeit	kV/mm			mm dick
Oberflächenwiderstand	Ohm			

Kriechstromfestigkeit KC KB KA
Elektrolytische Korrosionswirkung
Lichtbogenfestigkeit nach DIN
nach ASTM s

Beständigkeit *(Chemische Beständigkeit siehe Anhang)*

Wasseraufnahme

Feuchtigkeitsaufnahme Normalklima 1.4 %
Wetterbeständigkeit

Spannungskorrosion

Optische Eigenschaften

Brechungszahl n_D
Transmissionsgrad τ_c % mm dick
Lichtdurchlässigkeit

Produkt	Polybutylenterephthalat elastomermodifiziert		**PBT**
Handelsname	**Vandar 3004**		
Hersteller	HOECHST		
DIN-Bez 1			
DIN-Bez 2			
Zusätze		*Füllstoffe/ Verstärkung*	
Bevorzugte Verarbeitung	Spritzgiessen	*Lieferform*	Granulat
		Farben	Natur; Standard
Besondere Merkmale	Gute Schlagzaehigkeit bei hoher Temperatur; Gute Waermeformbestaendigkeit; Gute Einbrennlackierbarkeit; Gute Fliessfaehigkeit	*Bevorzugte Anwendungen*	Karosserieteil; Stossfaenger; Kfz-Industrie

Dichte	g/cm^3	1.22	*Schmelzindex*	g/10 min	:
Schüttdichte	g/cm^3		*Volumenfließindex*	$cm^3/10$ min	:
Viskositätszahl	ml/g				

Verarbeitungsbedingungen für Spritzgießen

Massetemp.	°C	*Schwindung*	% lgs , quer
Werkzeugtemp.	°C	*Bemerkungen*	
Spritzdruck	bar		

Zugversuch 23 °C DIN 53455; DIN 53457

Probekörper: *Form* — *Herstellung* Spritzgiessen
Zustand — *Vorbehandlung* Normalklima

Streckspannung	N/mm^2		*Dehnung bei Streckspannung*	%	
Zugfestigkeit	N/mm^2		*Reißdehnung*	%	40
Reißfestigkeit	N/mm^2	28	*% Dehnspannung*	N/mm^2	
E-Modul	N/mm^2	1680	*Dehnung bei % Dehnspg.*	%	

Kriechmoduln und Zeitstandwerte 23 °C

Probekörper: *Form* — *Herstellung*
Zustand — *Vorbehandlung*

Kriechmodul	*1 min*	N/mm^2	*Zeitstandzugfestigkeit*	h	N/mm^2
Kriechmodul	*1000 h*	N/mm^2	*Zeitdehnspg. %*	h	N/mm^2
bei Spannung		N/mm^2			

Biegeversuch 23 °C

Probekörper: *Form* — *Herstellung*
Zustand — *Vorbehandlung*

Biegefestigkeit	N/mm^2	*E-Modul*	N/mm^2
3,5% *Biegespannung*	N/mm^2		

Härte 23 °C *Probekörper:* *Zustand* — *Herstellung*
Vorbehandlung

Kugeldruckhärte	N/mm^2 bei N, s	*Shore-Härte*	A
Rockwellhärte		*Shore-Härte*	D

Schlagversuch *Probekörper:* *(1)*
(2) V-Kerbe — *Herstellung* Spritzgiessen
Zustand — *Vorbehandlung* Normalklima

		°C		°C		°C		*Probekörper-Form*
Schlagzähigkeit	kJ/m^2							
Kerbschlagzähigkeit (1)	kJ/m^2							
IZOD-Kerbschlagzähigkeit (2)	J/m	23	900	-20	750			
Kerbschlagzugzähigkeit	kJ/m^2							

Abrieb und Reibung

Taber-Abrieb (Reibradverfahren)	mm^3/100 U		
Abriebfaktor LNP (Thrust washer) Vergleichswert			
Statische Reibungszahl			
Dynamische Reibungszahl	(p·v=	N/mm^2·	m/min)
Zulässiger p · v Wert	N/mm^2 · (m/min)	v=	m/min
		v=	m/min

Thermische Eigenschaften

Formbeständigkeit in der Wärme	*Verfahren* A		52 °C
	Verfahren		°C
Vicat Erweichungstemperatur (VST)	*Verfahren*		°C
	Verfahren		°C
Kristallit-Schmelzpunkt	*Verfahren*		
Längenausdehnungskoeffizient	*Bereich*	°C	$\cdot 10^{-4} K^{-1}$
	Temperatur		$\cdot 10^{-4} K^{-1}$
Wärmeleitfähigkeit	*Verfahren*		W/(K · m)
Spezifische Wärmekapazität	*Verfahren*		J/(K · g)
Glasumwandlungstemperatur	*Torsionsschwingungsversuch*	°C	
	Differentialkalorimetrie	°C	

Brandverhalten

UL-Test vertikal	Dicke 3.2 mm, Wert HB	
	Dicke mm, Wert	

	Norm	*Bewertung*	*Abmessungen*
Sauerstoff-Index	ASTM D 2863		
Glühstab-Verfahren			
Brandverhalten	DIN 4102		
MVSS			
FAR			

Elektrische Eigenschaften

		Hz	°C	*Probekörper, Form*
Dielektrizitätszahl		50		
		10^3		
		10^6		
Dielektrischer Verlustfaktor tan δ		50		
		10^3		
		10^6		
Spezifischer Durchgangswiderstand	Ohm · cm			
Durchschlagfestigkeit	kV/mm			mm dick
Oberflächenwiderstand	Ohm			

Kriechstromfestigkeit	KC	KB	KA
Elektrolytische Korrosionswirkung			
Lichtbogenfestigkeit nach DIN			
nach ASTM s			

Beständigkeit *(Chemische Beständigkeit siehe Anhang)*

Wasseraufnahme

Feuchtigkeitsaufnahme Normalklima %

Wetterbeständigkeit

Spannungskorrosion

Optische Eigenschaften

Brechungszahl n_D

Transmissionsgrad τ_c % mm dick

Lichtdurchlässigkeit

Datenbank-Nr.	**T01154**		*Merkblatt-Nr.* **4251**

Produkt	Polybutylenterephthalat elastomermodifiziert		**PBT**
Handelsname	**Vandar 4602 Z**		
Hersteller	HOECHST		
DIN-Bez 1			
DIN-Bez 2			
Zusätze		*Füllstoffe/ Verstärkung*	
Bevorzugte Verarbeitung	Spritzgiessen	*Lieferform*	Granulat
		Farben	Natur; Standard
Besondere Merkmale	Hohe Schlagzaehigkeit bei tiefer Temperatur; Gute Waermeformbestaendigkeit; Gute Einbrennlackierbarkeit; Gute Fliessfaehigkeit	*Bevorzugte Anwendungen*	Karosserieteil; Stossfaenger; Kfz-Industrie

Dichte	g/cm^3	1.25	*Schmelzindex*	g/10 min	:
Schüttdichte	g/cm^3		*Volumenfließindex*	cm^3/10 min	:
Viskositätszahl	ml/g				

Verarbeitungsbedingungen für Spritzgießen

Massetemp.	°C	*Schwindung*	%	lgs 1.7, quer 1.7
Werkzeugtemp.	°C	*Bemerkungen*		
Spritzdruck	bar			

Zugversuch 23 °C ASTM D 638;

Probekörper:	*Form*	*Herstellung*	Spritzgiessen
	Zustand	*Vorbehandlung*	Normalklima

Streckspannung	N/mm^2		*Dehnung bei Streckspannung*	%	
Zugfestigkeit	N/mm^2		*Reißdehnung*	%	270
Reißfestigkeit	N/mm^2	34	*% Dehnspannung*	N/mm^2	
E-Modul	N/mm^2		*Dehnung bei % Dehnspg.*	%	

Kriechmoduln und Zeitstandwerte 23 °C

Probekörper:	*Form*	*Herstellung*	
	Zustand	*Vorbehandlung*	

Kriechmodul	*1 min*	N/mm^2	*Zeitstandzugfestigkeit*	h	N/mm^2
Kriechmodul	*1000 h*	N/mm^2	*Zeitdehnspg. %*	h	N/mm^2
bei Spannung		N/mm^2			

Biegeversuch 23 °C ASTM D 790;

Probekörper:	*Form*	*Herstellung*	Spritzgiessen
	Zustand	*Vorbehandlung*	Normalklima

Biegefestigkeit	N/mm^2	*E-Modul*	N/mm^2	1520
3,5% Biegespannung	N/mm^2			

Härte 23 °C

Probekörper:	*Zustand*	*Herstellung*	
		Vorbehandlung	
Kugeldruckhärte	N/mm^2 bei N, s	*Shore-Härte*	A
Rockwellhärte		*Shore-Härte*	D

Schlagversuch

Probekörper:	*(1)*		
	(2) V-Kerbe	*Herstellung*	Spritzgiessen
	Zustand	*Vorbehandlung*	Normalklima

		°C		°C		°C		*Probekörper-Form*
Schlagzähigkeit	kJ/m^2							
Kerbschlagzähigkeit (1)	kJ/m^2							
IZOD-Kerbschlagzähigkeit (2)	J/m	23	o.B.	-20	100			
Kerbschlagzugzähigkeit	kJ/m^2							

Abrieb und Reibung

Taber-Abrieb (Reibradverfahren)	$mm^3/100$ U		
Abriebfaktor LNP (Thrust washer) Vergleichswert			
Statische Reibungszahl			
Dynamische Reibungszahl	(p · v =	N/mm^2 ·	m/min)
Zulässiger p · v Wert	N/mm^2 · (m/min)	v =	m/min
		v =	m/min

Thermische Eigenschaften

Formbeständigkeit in der Wärme	*Verfahren* B		89 °C
	Verfahren A		47 °C
Vicat Erweichungstemperatur (VST)	*Verfahren*		°C
	Verfahren		°C
Kristallit-Schmelzpunkt	*Verfahren*		
Längenausdehnungskoeffizient	*Bereich*	°C	$\cdot 10^{-4}K^{-1}$
	Temperatur		$\cdot 10^{-4}K^{-1}$
Wärmeleitfähigkeit	*Verfahren*		W/(K · m)
Spezifische Wärmekapazität	*Verfahren*		J/(K · g)
Glasumwandlungstemperatur	*Torsionsschwingungsversuch*	°C	
	Differentialkalorimetrie	°C	

Brandverhalten

UL-Test vertikal Dicke 3.2 mm, Wert HB
Dicke mm, Wert

	Norm	*Bewertung*	*Abmessungen*
Sauerstoff-Index	ASTM D 2863		
Glühstab-Verfahren			
Brandverhalten	DIN 4102		
MVSS			
FAR			

Elektrische Eigenschaften

		Hz	°C		*Probekörper, Form*
Dielektrizitätszahl		50			
		10^3			
		10^6			
Dielektrischer Verlustfaktor tan δ		50			
		10^3			
		10^6			
Spezifischer Durchgangswiderstand	Ohm · cm				
Durchschlagfestigkeit	kV/mm				mm dick
Oberflächenwiderstand	Ohm				
Kriechstromfestigkeit		KC	KB	KA	
Elektrolytische Korrosionswirkung					
Lichtbogenfestigkeit nach DIN					
nach ASTM	s				

Beständigkeit *(Chemische Beständigkeit siehe Anhang)*

Wasseraufnahme

Feuchtigkeitsaufnahme Normalklima %

Wetterbeständigkeit

Spannungskorrosion

Optische Eigenschaften

Brechungszahl n_D
Transmissionsgrad τ_c % mm dick
Lichtdurchlässigkeit

Datenbank-Nr.	**T01155**	*Merkblatt-Nr.*	**4252**

Produkt	Polybutylenterephthalat elastomermodifiziert		**PBT**
Handelsname	**Vandar 2122**		
Hersteller	HOECHST		
DIN-Bez 1			
DIN-Bez 2			
Zusätze		*Füllstoffe/ Verstärkung*	10% Mineral
Bevorzugte Verarbeitung	Spritzgiessen	*Lieferform*	Granulat
		Farben	Natur; Standard
Besondere Merkmale	Verzugsarm; Gute Schlagzaehigkeit; Gute Waermeformbestaendigkeit; Gute Einbrennlackierbarkeit; Gute Fliessfaehigkeit	*Bevorzugte Anwendungen*	Karosserieteil; Stossfaenger; Kfz-Industrie

Dichte	g/cm³	1.30	*Schmelzindex*	g/10 min	:
Schüttdichte	g/cm³		*Volumenfließindex*	cm³/10 min	:
Viskositätszahl	ml/g				

Verarbeitungsbedingungen für Spritzgießen

Massetemp.	°C	*Schwindung*	%	lgs 1.4, quer 1.4
Werkzeugtemp.	°C	*Bemerkungen*		
Spritzdruck	bar			

Zugversuch 23 °C ASTM D 638;

Probekörper:	*Form*	*Herstellung*	Spritzgiessen
	Zustand	*Vorbehandlung*	Normalklima

Streckspannung	N/mm²		*Dehnung bei Streckspannung*	%	
Zugfestigkeit	N/mm²		*Reißdehnung*	%	50
Reißfestigkeit	N/mm²	44	*% Dehnspannung*	N/mm²	
E-Modul	N/mm²		*Dehnung bei % Dehnspg.*	%	

Kriechmoduln und Zeitstandwerte 23 °C

Probekörper:	*Form*	*Herstellung*	
	Zustand	*Vorbehandlung*	

Kriechmodul	*1 min* N/mm²	*Zeitstandzugfestigkeit*	h	N/mm²
Kriechmodul	*1000 h* N/mm²	*Zeitdehnspg. %*	h	N/mm²
bei Spannung	N/mm²			

Biegeversuch 23 °C ASTM D 790;

Probekörper:	*Form*	*Herstellung*	Spritzgiessen
	Zustand	*Vorbehandlung*	Normalklima

Biegefestigkeit	N/mm²	*E-Modul*	N/mm²	2240
3,5% *Biegespannung*	N/mm²			

Härte 23 °C

Probekörper:	*Zustand*	*Herstellung*	
		Vorbehandlung	
Kugeldruckhärte	N/mm² bei N, s	*Shore-Härte*	A
Rockwellhärte		*Shore-Härte*	D

Schlagversuch

Probekörper:	*(1)*		
	(2) V-Kerbe	*Herstellung*	Spritzgiessen
	Zustand	*Vorbehandlung*	Normalklima

		°C		°C		°C		*Probekörper-Form*
Schlagzähigkeit	kJ/m²	23	22					
Kerbschlagzähigkeit (1)	kJ/m²							
IZOD-Kerbschlagzähigkeit (2)	J/m	23	162	-20	54			
Kerbschlagzugzähigkeit	kJ/m²							

Abrieb und Reibung

Taber-Abrieb (Reibradverfahren)	mm^3/100 U		
Abriebfaktor LNP (Thrust washer) Vergleichswert			
Statische Reibungszahl			
Dynamische Reibungszahl	(p·v= N/mm^2 ·		m/min)
Zulässiger p · v Wert	N/mm^2 · (m/min)	v=	m/min
		v=	m/min

Thermische Eigenschaften

Formbeständigkeit in der Wärme	*Verfahren* B		89 °C
	Verfahren A		49 °C
Vicat Erweichungstemperatur (VST)	*Verfahren*		°C
	Verfahren		°C
Kristallit-Schmelzpunkt	*Verfahren*		
Längenausdehnungskoeffizient	*Bereich*	°C	$\cdot 10^{-4}K^{-1}$
	Temperatur		$\cdot 10^{-4}K^{-1}$
Wärmeleitfähigkeit	*Verfahren*		W/(K · m)
Spezifische Wärmekapazität	*Verfahren*		J/(K · g)
Glasumwandlungstemperatur	*Torsionsschwingungsversuch*	°C	
	Differentialkalorimetrie	°C	

Brandverhalten

UL-Test vertikal	Dicke 3.2 mm, Wert HB	
	Dicke mm, Wert	

	Norm	*Bewertung*	*Abmessungen*
Sauerstoff-Index	ASTM D 2863		
Glühstab-Verfahren			
Brandverhalten	DIN 4102		
MVSS			
FAR			

Elektrische Eigenschaften

		Hz	°C	*Probekörper, Form*
Dielektrizitätszahl		50		
		10^3		
		10^6		
Dielektrischer Verlustfaktor tan δ		50		
		10^3		
		10^6		
Spezifischer Durchgangswiderstand	Ohm · cm			
Durchschlagfestigkeit	kV/mm			mm dick
Oberflächenwiderstand	Ohm			

Kriechstromfestigkeit	KC	KB	KA
Elektrolytische Korrosionswirkung			
Lichtbogenfestigkeit nach DIN			
nach ASTM s			

Beständigkeit *(Chemische Beständigkeit siehe Anhang)*

Wasseraufnahme

Feuchtigkeitsaufnahme Normalklima %

Wetterbeständigkeit

Spannungskorrosion

Optische Eigenschaften

Brechungszahl n_D

Transmissionsgrad τ_c % mm dick

Lichtdurchlässigkeit

Datenbank-Nr. **T01156** *Merkblatt-Nr.* **4253**

Produkt	Polybutylenterephthalat elastomermodifiziert		**PBT**
Handelsname	**Vandar 4612 R**		
Hersteller	HOECHST		
DIN-Bez 1			
DIN-Bez 2			
Zusätze		*Füllstoffe/ Verstärkung*	7.5% Glasfaser
Bevorzugte Verarbeitung	Spritzgiessen	*Lieferform*	Granulat
		Farben	Natur; Standard
Besondere Merkmale	Gute Schlagzaehigkeit; Gute Waermeformbestaendigkeit; Gute Einbrennlakkierbarkeit; Gute Fliessfaehigkeit	*Bevorzugte Anwendungen*	Karosserieteil; Stossfaenger; Kfz-Industrie

Dichte	g/cm^3	1.30	*Schmelzindex*	g/10 min	:
Schüttdichte	g/cm^3		*Volumenfließindex*	cm^3/10 min	:
Viskositätszahl	ml/g				

Verarbeitungsbedingungen für Spritzgießen

Massetemp.	°C	*Schwindung*	%	lgs 0.8–1.3, quer
Werkzeugtemp.	°C	*Bemerkungen*		
Spritzdruck	bar			

Zugversuch 23 °C ASTM D 638;
Probekörper: *Form* — *Herstellung* Spritzgiessen
Zustand — *Vorbehandlung* Normalklima

Streckspannung	N/mm^2		*Dehnung bei Streckspannung*	%	
Zugfestigkeit	N/mm^2		*Reißdehnung*	%	8
Reißfestigkeit	N/mm^2	50	*% Dehnspannung*	N/mm^2	
E-Modul	N/mm^2		*Dehnung bei % Dehnspg.*	%	

Kriechmoduln und Zeitstandwerte 23 °C
Probekörper: *Form* — *Herstellung*
Zustand — *Vorbehandlung*

Kriechmodul	*1 min*	N/mm^2	*Zeitstandzugfestigkeit*	h	N/mm^2
Kriechmodul	*1000 h*	N/mm^2	*Zeitdehnspg. %*	h	N/mm^2
bei Spannung		N/mm^2			

Biegeversuch 23 °C ASTM D 790;
Probekörper: *Form* — *Herstellung* Spritzgiessen
Zustand — *Vorbehandlung* Normalklima

Biegefestigkeit	N/mm^2	*E-Modul*	N/mm^2	2720
3,5% *Biegespannung*	N/mm^2			

Härte 23 °C *Probekörper:* *Zustand* — *Herstellung*
Vorbehandlung

Kugeldruckhärte	N/mm^2 bei N, s	*Shore-Härte*	A
Rockwellhärte		*Shore-Härte*	D

Schlagversuch *Probekörper:* *(1)*
(2) V-Kerbe — *Herstellung* Spritzgiessen
Zustand — *Vorbehandlung* Normalklima

		°C		°C		°C		*Probekörper-Form*
Schlagzähigkeit	kJ/m^2							
Kerbschlagzähigkeit (1)	kJ/m^2							
IZOD-Kerbschlagzähigkeit (2)	J/m	23	160	-20	48			
Kerbschlagzugzähigkeit	kJ/m^2							

Abrieb und Reibung

Taber-Abrieb (Reibradverfahren)	mm^3/100 U		
Abriebfaktor LNP (Thrust washer) Vergleichswert			
Statische Reibungszahl			
Dynamische Reibungszahl	(p·v=	N/mm^2 ·	m/min)
Zulässiger p · v Wert	N/mm^2 · (m/min)	v=	m/min
		v=	m/min

Thermische Eigenschaften

Formbeständigkeit in der Wärme	*Verfahren* B		193 °C
	Verfahren A		93 °C
Vicat Erweichungstemperatur (VST)	*Verfahren*		°C
	Verfahren		°C
Kristallit-Schmelzpunkt	*Verfahren*		
Längenausdehnungskoeffizient	*Bereich*	°C	$\cdot 10^{-4}K^{-1}$
	Temperatur		$\cdot 10^{-4}K^{-1}$
Wärmeleitfähigkeit	*Verfahren*		W/(K · m)
Spezifische Wärmekapazität	*Verfahren*		J/(K · g)
Glasumwandlungstemperatur	*Torsionsschwingungsversuch*	°C	
	Differentialkalorimetrie	°C	

Brandverhalten

UL-Test vertikal		Dicke 3.2 mm, Wert HB	
		Dicke mm, Wert	
	Norm	*Bewertung*	*Abmessungen*
Sauerstoff-Index	ASTM D 2863		
Glühstab-Verfahren			
Brandverhalten	DIN 4102		
MVSS			
FAR			

Elektrische Eigenschaften

		Hz	°C		*Probekörper, Form*
Dielektrizitätszahl		50			
		10^3			
		10^6			
Dielektrischer Verlustfaktor tan δ		50			
		10^3			
		10^6			
Spezifischer Durchgangs-widerstand	Ohm · cm				
Durchschlagfestigkeit	kV/mm				mm dick
Oberflächenwiderstand	Ohm				
Kriechstromfestigkeit		KC	KB	KA	
Elektrolytische Korrosionswirkung					
Lichtbogenfestigkeit nach DIN					
nach ASTM	s				

Beständigkeit *(Chemische Beständigkeit siehe Anhang)*

Wasseraufnahme

Feuchtigkeitsaufnahme Normalklima %

Wetterbeständigkeit

Spannungskorrosion

Optische Eigenschaften

Brechungszahl n_D

Transmissionsgrad τ_c % mm dick

Lichtdurchlässigkeit

Produkt	Polybutylenterephthalat elastomermodifiziert		**PBT**
Handelsname	**Vandar 4632 Z**		
Hersteller	HOECHST		
DIN-Bez 1			
DIN-Bez 2			
Zusätze		*Füllstoffe/ Verstärkung*	15% Glasfaser
Bevorzugte Verarbeitung	Spritzgiessen	*Lieferform*	Granulat
		Farben	Natur; Standard
Besondere Merkmale	Gute Schlagzaehigkeit; Gute Waermeformbestaendigkeit; Gute Einbrennlakkierbarkeit; Gute Fliessfaehigkeit	*Bevorzugte Anwendungen*	Karosserieteil; Stossfaenger; Kfz-Industrie

Dichte	g/cm^3	1.34	*Schmelzindex*	g/10 min	:
Schüttdichte	g/cm^3		*Volumenfließindex*	$cm^3/10$ min	:
Viskositätszahl	ml/g				

Verarbeitungsbedingungen für Spritzgießen

Massetemp.	°C	*Schwindung*	%	lgs 0.5–1.2, quer
Werkzeugtemp.	°C	*Bemerkungen*		
Spritzdruck	bar			

Zugversuch 23 °C

Probekörper: *Form* / *Zustand* — *Herstellung* Spritzgiessen; *Vorbehandlung* Normalklima

Streckspannung	N/mm^2		*Dehnung bei Streckspannung*	%	
Zugfestigkeit	N/mm^2		*Reißdehnung*	%	5
Reißfestigkeit	N/mm^2	62	*% Dehnspannung*	N/mm^2	
E-Modul	N/mm^2		*Dehnung bei % Dehnspg.*	%	

Kriechmoduln und Zeitstandwerte 23 °C

Probekörper: *Form* / *Zustand* — *Herstellung*; *Vorbehandlung*

Kriechmodul	*1 min*	N/mm^2	*Zeitstandzugfestigkeit*	h	N/mm^2
Kriechmodul	*1000 h*	N/mm^2	*Zeitdehnspg. %*	h	N/mm^2
bei Spannung		N/mm^2			

Biegeversuch 23 °C ASTM D 790;

Probekörper: *Form* / *Zustand* — *Herstellung* Spritzgiessen; *Vorbehandlung* Normalklima

Biegefestigkeit	N/mm^2	*E-Modul*	N/mm^2	3450
3,5% *Biegespannung*	N/mm^2			

Härte 23 °C

Probekörper: *Zustand* — *Herstellung*; *Vorbehandlung*

Kugeldruckhärte	N/mm^2	bei N, s	*Shore-Härte*	A
Rockwellhärte			*Shore-Härte*	D

Schlagversuch

Probekörper: *(1)* / *(2)* V-Kerbe / *Zustand* — *Herstellung* Spritzgiessen; *Vorbehandlung* Normalklima

		°C		°C		°C		*Probekörper-Form*
Schlagzähigkeit	kJ/m^2							
Kerbschlagzähigkeit (1)	kJ/m^2							
IZOD-Kerbschlagzähigkeit (2)	J/m	23	149	-20	59			
Kerbschlagzugzähigkeit	kJ/m^2							

Abrieb und Reibung

Taber-Abrieb (Reibradverfahren)	mm^3/100 U		
Abriebfaktor LNP (Thrust washer) Vergleichswert			
Statische Reibungszahl			
Dynamische Reibungszahl	(p · v = N/mm^2 ·		m/min)
Zulässiger p · v Wert	N/mm^2 · (m/min)	v =	m/min
		v =	m/min

Thermische Eigenschaften

Formbeständigkeit in der Wärme	*Verfahren* B		207 °C
	Verfahren A		185 °C
Vicat Erweichungstemperatur (VST)	*Verfahren*		°C
	Verfahren		°C
Kristallit-Schmelzpunkt	*Verfahren*		
Längenausdehnungskoeffizient	*Bereich*	°C	$\cdot 10^{-4}K^{-1}$
	Temperatur		$\cdot 10^{-4}K^{-1}$
Wärmeleitfähigkeit	*Verfahren*		W/(K · m)
Spezifische Wärmekapazität	*Verfahren*		J/(K · g)
Glasumwandlungstemperatur	*Torsionsschwingungsversuch*	°C	
	Differentialkalorimetrie	°C	

Brandverhalten

UL-Test vertikal	Dicke 3.2 mm, Wert HB	
	Dicke mm, Wert	

	Norm	*Bewertung*	*Abmessungen*
Sauerstoff-Index	ASTM D 2863		
Glühstab-Verfahren			
Brandverhalten	DIN 4102		
MVSS			
FAR			

Elektrische Eigenschaften

		Hz	°C	*Probekörper, Form*
Dielektrizitätszahl		50		
		10^3		
		10^6		
Dielektrischer Verlustfaktor tan δ		50		
		10^3		
		10^6		
Spezifischer Durchgangswiderstand	Ohm · cm			
Durchschlagfestigkeit	kV/mm			mm dick
Oberflächenwiderstand	Ohm			

Kriechstromfestigkeit	KC	KB	KA
Elektrolytische Korrosionswirkung			
Lichtbogenfestigkeit nach DIN			
nach ASTM s			

Beständigkeit *(Chemische Beständigkeit siehe Anhang)*

Wasseraufnahme

Feuchtigkeitsaufnahme Normalklima %

Wetterbeständigkeit

Spannungskorrosion

Optische Eigenschaften

Brechungszahl n_D		
Transmissionsgrad τ_c	%	mm dick
Lichtdurchlässigkeit		

Produkt	Polybutylenterephthalat elastomermodifiziert		**PBT**
Handelsname	**Vandar 4662 Z**		
Hersteller	HOECHST		
DIN-Bez 1			
DIN-Bez 2			
Zusätze		*Füllstoffe/ Verstärkung*	30% Glasfaser
Bevorzugte Verarbeitung	Spritzgiessen	*Lieferform*	Granulat
		Farben	Natur; Standard
Besondere Merkmale	Gute Schlagzaehigkeit; Gute Waermeformbestaendigkeit; Gute Einbrennlakkierbarkeit; Gute Fliessfaehigkeit	*Bevorzugte Anwendungen*	Karosserieteil; Stossfaenger; Kfz-Industrie

Dichte	g/cm³	1.47	*Schmelzindex*	g/10 min	:
Schüttdichte	g/cm³		*Volumenfließindex*	cm³/10 min	:
Viskositätszahl	ml/g				

Verarbeitungsbedingungen für Spritzgießen

Massetemp.	°C	*Schwindung*	%	lgs 0.4–1.4, quer
Werkzeugtemp.	°C	*Bemerkungen*		
Spritzdruck	bar			

Zugversuch 23 °C ASTM D 638;

Probekörper: *Form* — *Zustand* — *Herstellung* Spritzgiessen — *Vorbehandlung* Normalklima

Streckspannung	N/mm²		*Dehnung bei Streckspannung*	%	
Zugfestigkeit	N/mm²		*Reißdehnung*	%	4.5
Reißfestigkeit	N/mm²	83	*% Dehnspannung*	N/mm²	
E-Modul	N/mm²		*Dehnung bei % Dehnspg.*	%	

Kriechmoduln und Zeitstandwerte 23 °C

Probekörper: *Form* — *Zustand* — *Herstellung* — *Vorbehandlung*

Kriechmodul	*1 min*	N/mm²	*Zeitstandzugfestigkeit*	h	N/mm²
Kriechmodul	*1000 h*	N/mm²	*Zeitdehnspg.* %	h	N/mm²
bei Spannung		N/mm²			

Biegeversuch 23 °C ASTM D 790;

Probekörper: *Form* — *Zustand* — *Herstellung* Spritzgiessen — *Vorbehandlung* Normalklima

Biegefestigkeit	N/mm²	*E-Modul*	N/mm²	6380
3,5% *Biegespannung*	N/mm²			

Härte 23 °C *Probekörper:* *Zustand* — *Herstellung* — *Vorbehandlung*

Kugeldruckhärte	N/mm² bei N, s	*Shore-Härte* A	
Rockwellhärte		*Shore-Härte* D	

Schlagversuch *Probekörper:* *(1)* — *(2)* V-Kerbe — *Zustand* — *Herstellung* Spritzgiessen — *Vorbehandlung* Normalklima

		°C		°C		°C		*Probekörper-Form*
Schlagzähigkeit	kJ/m²							
Kerbschlagzähigkeit (1)	kJ/m²							
IZOD-Kerbschlagzähigkeit (2)	J/m	23	219	-20	96			
Kerbschlagzugzähigkeit	kJ/m²							

Abrieb und Reibung

Taber-Abrieb (Reibradverfahren)	mm^3/100 U	
Abriebfaktor LNP (Thrust washer) Vergleichswert		
Statische Reibungszahl		
Dynamische Reibungszahl	(p · v = N/mm^2 ·	m/min)
Zulässiger p · v Wert	N/mm^2 · (m/min) v =	m/min
	v =	m/min

Thermische Eigenschaften

Formbeständigkeit in der Wärme	*Verfahren* B		204 °C
	Verfahren A		190 °C
Vicat Erweichungstemperatur (VST)	*Verfahren*		°C
	Verfahren		°C
Kristallit-Schmelzpunkt	*Verfahren*		
Längenausdehnungskoeffizient	*Bereich*	°C	$\cdot 10^{-4} K^{-1}$
	Temperatur		$\cdot 10^{-4} K^{-1}$
Wärmeleitfähigkeit	*Verfahren*		W/(K · m)
Spezifische Wärmekapazität	*Verfahren*		J/(K · g)
Glasumwandlungstemperatur	*Torsionsschwingungsversuch*	°C	
	Differentialkalorimetrie	°C	

Brandverhalten

UL-Test vertikal	Dicke 3.2 mm, Wert HB	
	Dicke mm, Wert	

	Norm	*Bewertung*	*Abmessungen*
Sauerstoff-Index	ASTM D 2863		
Glühstab-Verfahren			
Brandverhalten	DIN 4102		
MVSS			
FAR			

Elektrische Eigenschaften

		Hz	°C	*Probekörper, Form*
Dielektrizitätszahl		50		
		10^3		
		10^6		
Dielektrischer Verlustfaktor tan δ		50		
		10^3		
		10^6		
Spezifischer Durchgangs-widerstand	Ohm · cm			
Durchschlagfestigkeit	kV/mm			mm dick
Oberflächenwiderstand	Ohm			

Kriechstromfestigkeit	KC	KB	KA
Elektrolytische Korrosionswirkung			
Lichtbogenfestigkeit nach DIN			
nach ASTM s			

Beständigkeit *(Chemische Beständigkeit siehe Anhang)*

Wasseraufnahme

Feuchtigkeitsaufnahme Normalklima %

Wetterbeständigkeit

Spannungskorrosion

Optische Eigenschaften

Brechungszahl n_D

Transmissionsgrad τ_c % mm dick

Lichtdurchlässigkeit

Produkt	Polybutylenterephthalat elastomermodifiziert		**PBT**
Handelsname	**Vandar 8000**		
Hersteller	HOECHST		
DIN-Bez 1			
DIN-Bez 2			
Zusätze	Brandschutzmittel	*Füllstoffe/ Verstärkung*	
Bevorzugte Verarbeitung	Spritzgiessen	*Lieferform*	Granulat
		Farben	Natur; Standard
Besondere Merkmale	Gute Schlagzaehigkeit; Gute Waermeformbestaendigkeit; Gute Einbrennlakkierbarkeit; Gute Fliessfaehigkeit	*Bevorzugte Anwendungen*	Karosserieteil; Stossfaenger; Kfz-Industrie

Dichte	g/cm^3	1.37	*Schmelzindex*	g/10 min	:
Schüttdichte	g/cm^3		*Volumenfließindex*	$cm^3/10$ min	:
Viskositätszahl	ml/g				

Verarbeitungsbedingungen für Spritzgießen

Massetemp.	°C	*Schwindung*	%	lgs	1.8, quer 1.8
Werkzeugtemp.	°C	*Bemerkungen*			
Spritzdruck	bar				

Zugversuch 23 °C ASTM D 638;
Probekörper: *Form* — *Herstellung* Spritzgiessen
Zustand — *Vorbehandlung* Normalklima

Streckspannung	N/mm^2		*Dehnung bei Streckspannung*	%	
Zugfestigkeit	N/mm^2		*Reißdehnung*	%	50
Reißfestigkeit	N/mm^2	40	*% Dehnspannung*	N/mm^2	
E-Modul	N/mm^2		*Dehnung bei % Dehnspg.*	%	

Kriechmoduln und Zeitstandwerte 23 °C
Probekörper: *Form* — *Herstellung*
Zustand — *Vorbehandlung*

Kriechmodul	*1 min*	N/mm^2	*Zeitstandzugfestigkeit*	h	N/mm^2
Kriechmodul	*1000 h*	N/mm^2	*Zeitdehnspg. %*	h	N/mm^2
bei Spannung		N/mm^2			

Biegeversuch 23 °C ASTM D 790;
Probekörper: *Form* — *Herstellung* Spritzgiessen
Zustand — *Vorbehandlung* Normalklima

Biegefestigkeit	N/mm^2	*E-Modul*	N/mm^2	1860
3,5% *Biegespannung*	N/mm^2			

Härte 23 °C *Probekörper:* *Zustand* — *Herstellung*
Vorbehandlung

Kugeldruckhärte	N/mm^2 bei N, s	*Shore-Härte*	A
Rockwellhärte		*Shore-Härte*	D

Schlagversuch *Probekörper:* *(1)*
(2) V-Kerbe — *Herstellung* Spritzgiessen
Zustand — *Vorbehandlung* Normalklima

		°C	°C	°C	*Probekörper-Form*
Schlagzähigkeit	kJ/m^2				
Kerbschlagzähigkeit (1)	kJ/m^2				
IZOD-Kerbschlagzähigkeit (2)	J/m	23 640			
Kerbschlagzugzähigkeit	kJ/m^2				

Abrieb und Reibung

Taber-Abrieb (Reibradverfahren)	mm^3/100 U		
Abriebfaktor LNP (Thrust washer) Vergleichswert			
Statische Reibungszahl			
Dynamische Reibungszahl	(p·v=	N/mm^2·	m/min)
Zulässiger p·v Wert	N/mm^2·(m/min)	v=	m/min
		v=	m/min

Thermische Eigenschaften

Formbeständigkeit in der Wärme	*Verfahren* A		52 °C
	Verfahren		°C
Vicat Erweichungstemperatur (VST)	*Verfahren*		°C
	Verfahren		°C
Kristallit-Schmelzpunkt	*Verfahren*		
Längenausdehnungskoeffizient	*Bereich*	°C	$\cdot 10^{-4}K^{-1}$
	Temperatur		$\cdot 10^{-4}K^{-1}$
Wärmeleitfähigkeit	*Verfahren*		W/(K·m)
Spezifische Wärmekapazität	*Verfahren*		J/(K·g)
Glasumwandlungstemperatur	*Torsionsschwingungsversuch*	°C	
	Differentialkalorimetrie	°C	

Brandverhalten

UL-Test vertikal Dicke 0.8 mm, Wert V-0
Dicke mm, Wert

	Norm	*Bewertung*	*Abmessungen*
Sauerstoff-Index	ASTM D 2863		
Glühstab-Verfahren			
Brandverhalten	DIN 4102		
MVSS			
FAR			

Elektrische Eigenschaften

		Hz	°C	*Probekörper, Form*
Dielektrizitätszahl		50		
		10^3		
		10^6		
Dielektrischer Verlustfaktor tan δ		50		
		10^3		
		10^6		
Spezifischer Durchgangswiderstand	Ohm·cm			
Durchschlagfestigkeit	kV/mm			mm dick
Oberflächenwiderstand	Ohm			

Kriechstromfestigkeit	KC	KB	KA
Elektrolytische Korrosionswirkung			
Lichtbogenfestigkeit nach DIN			
nach ASTM	s		

Beständigkeit *(Chemische Beständigkeit siehe Anhang)*

Wasseraufnahme

Feuchtigkeitsaufnahme Normalklima %

Wetterbeständigkeit

Spannungskorrosion

Optische Eigenschaften

Brechungszahl n_D

Transmissionsgrad τ_c % mm dick

Lichtdurchlässigkeit

Datenbank-Nr.	**T01160**	*Merkblatt-Nr.*	**4257**

Produkt	Polybutylenterephthalat elastomermodifiziert		**PBT**
Handelsname	**Vandar X 519**		
Hersteller	HOECHST		
DIN-Bez 1			
DIN-Bez 2			
Zusätze	Brandschutzmittel	*Füllstoffe/ Verstärkung*	15% Glasfaser
Bevorzugte Verarbeitung	Spritzgiessen	*Lieferform*	Granulat
		Farben	Natur; Standard
Besondere Merkmale	Hohe Waermeformbestaendigkeit; Gute Einbrennlackierbarkeit; Gute Fliessfaehigkeit; Entwicklungsprodukt	*Bevorzugte Anwendungen*	Karosserieteil; Stossfaenger; Kfz-Industrie

Dichte	g/cm³	1.54	*Schmelzindex*	g/10 min	:
Schüttdichte	g/cm³		*Volumenfließindex*	cm³/10 min	:
Viskositätszahl	ml/g				

Verarbeitungsbedingungen für Spritzgießen

Massetemp.	°C	*Schwindung*	% lgs , quer
Werkzeugtemp.	°C	*Bemerkungen*	
Spritzdruck	bar		

Zugversuch 23 °C DIN 53455; DIN 53457

Probekörper: *Form* / *Zustand* — *Herstellung* Spritzgiessen; *Vorbehandlung* Normalklima

Streckspannung	N/mm²		*Dehnung bei Streckspannung*	%	
Zugfestigkeit	N/mm²		*Reißdehnung*	%	2.5
Reißfestigkeit	N/mm²	85	*% Dehnspannung*	N/mm²	
E-Modul	N/mm²	5800	*Dehnung bei % Dehnspg.*	%	

Kriechmoduln und Zeitstandwerte 23 °C

Probekörper: *Form* / *Zustand* — *Herstellung*; *Vorbehandlung*

Kriechmodul	*1 min*	N/mm²	*Zeitstandzugfestigkeit*	h	N/mm²
Kriechmodul	*1000 h*	N/mm²	*Zeitdehnspg. %*	h	N/mm²
bei Spannung		N/mm²			

Biegeversuch 23 °C

Probekörper: *Form* / *Zustand* — *Herstellung*; *Vorbehandlung*

Biegefestigkeit	N/mm²	*E-Modul*	N/mm²
3,5% *Biegespannung*	N/mm²		

Härte 23 °C *Probekörper:* *Zustand* — *Herstellung*; *Vorbehandlung*

Kugeldruckhärte	N/mm² bei N, s	*Shore-Härte* A	
Rockwellhärte		*Shore-Härte* D	

Schlagversuch *Probekörper:* *(1)* / *(2)* V-Kerbe / *Zustand* — *Herstellung* Spritzgiessen; *Vorbehandlung* Normalklima

		°C		°C		°C		*Probekörper-Form*
Schlagzähigkeit	kJ/m²							
Kerbschlagzähigkeit (1)	kJ/m²							
IZOD-Kerbschlagzähigkeit (2)	J/m	23	62	-20	45			
Kerbschlagzugzähigkeit	kJ/m²							

Abrieb und Reibung

Taber-Abrieb (Reibradverfahren)	mm^3/100 U		
Abriebfaktor LNP (Thrust washer) Vergleichswert			
Statische Reibungszahl			
Dynamische Reibungszahl	(p·v= N/mm^2·		m/min)
Zulässiger p · v Wert	N/mm^2·(m/min)	v=	m/min
		v=	m/min

Thermische Eigenschaften

Formbeständigkeit in der Wärme	*Verfahren* B		218 °C
	Verfahren A		195 °C
Vicat Erweichungstemperatur (VST)	*Verfahren*		°C
	Verfahren		°C
Kristallit-Schmelzpunkt	*Verfahren*		
Längenausdehnungskoeffizient	*Bereich*	°C	$\cdot 10^{-4}K^{-1}$
	Temperatur		$\cdot 10^{-4}K^{-1}$
Wärmeleitfähigkeit	*Verfahren*		W/(K · m)
Spezifische Wärmekapazität	*Verfahren*		J/(K · g)
Glasumwandlungstemperatur	*Torsionsschwingungsversuch*	°C	
	Differentialkalorimetrie	°C	

Brandverhalten

UL-Test vertikal Dicke 1.6 mm, Wert V-0
Dicke mm, Wert

	Norm	*Bewertung*	*Abmessungen*
Sauerstoff-Index	ASTM D 2863		
Glühstab-Verfahren			
Brandverhalten	DIN 4102		
MVSS			
FAR			

Elektrische Eigenschaften

		Hz	°C			*Probekörper, Form*
Dielektrizitätszahl		50				
		10^3				
		10^6				
Dielektrischer Verlustfaktor tan δ		50				
		10^3				
		10^6				
Spezifischer Durchgangs-widerstand	Ohm · cm					
Durchschlagfestigkeit	kV/mm					mm dick
Oberflächenwiderstand	Ohm					
Kriechstromfestigkeit		KC		KB	KA	
Elektrolytische Korrosionswirkung						
Lichtbogenfestigkeit nach DIN						
nach ASTM	s					

Beständigkeit *(Chemische Beständigkeit siehe Anhang)*

Wasseraufnahme

Feuchtigkeitsaufnahme Normalklima %

Wetterbeständigkeit

Spannungskorrosion

Optische Eigenschaften

Brechungszahl n_D		
Transmissionsgrad τ_c	%	mm dick
Lichtdurchlässigkeit		

Produkt	Polyethylenterephthalat		**PET**
Handelsname	**Impet 2600 GV 1/20**		
Hersteller	HOECHST		
DIN-Bez 1			
DIN-Bez 2			
Zusätze		*Füllstoffe/ Verstärkung*	20% Glasfaser
Bevorzugte Verarbeitung	Spritzgiessen	*Lieferform*	Granulat
		Farben	Natur; Standard
Besondere Merkmale	Gute Gleiteigenschaften; Geringer Verschleiss; Sehr gute Steifheit; Gute Zeitstandfestigkeit	*Bevorzugte Anwendungen*	Technisches Formteil; Feinwerktechnik; Maschinenbau; Zahnrad; Lager; Nocke; Steuerscheibe; Kupplung; Schlossteil; Kette; Rolle; Ventilteil; Pumpengehaeuse; Laufrad

Dichte	g/cm³	1.50	*Schmelzindex*	g/10 min	:
Schüttdichte	g/cm³		*Volumenfließindex*	cm³/10 min	:
Viskositätszahl	ml/g				

Verarbeitungsbedingungen für Spritzgießen

Massetemp.	°C	*Schwindung*	% lgs , quer
Werkzeugtemp.	°C	*Bemerkungen*	
Spritzdruck	bar		

Zugversuch 23 °C DIN 53455; DIN 53457

Probekörper: *Form* — *Herstellung* Spritzgiessen
Zustand — *Vorbehandlung* Normalklima

Streckspannung	N/mm²		*Dehnung bei Streckspannung*	%	
Zugfestigkeit	N/mm²		*Reißdehnung*	%	≧2.5
Reißfestigkeit	N/mm²	140	*% Dehnspannung*	N/mm²	
E-Modul	N/mm²	7500	*Dehnung bei % Dehnspg.*	%	

Kriechmoduln und Zeitstandwerte 23 °C

Probekörper: *Form* — *Herstellung*
Zustand — *Vorbehandlung*

Kriechmodul	*1 min* N/mm²	*Zeitstandzugfestigkeit*	h	N/mm²
Kriechmodul	*1000 h* N/mm²	*Zeitdehnspg. %*	h	N/mm²
bei Spannung	N/mm²			

Biegeversuch 23 °C

Probekörper: *Form* — *Herstellung*
Zustand — *Vorbehandlung*

Biegefestigkeit	N/mm²	*E-Modul*	N/mm²
3,5% *Biegespannung*	N/mm²		

Härte 23 °C *Probekörper:* *Zustand* — *Herstellung*
Vorbehandlung

Kugeldruckhärte	N/mm² bei N, s	*Shore-Härte*	A
Rockwellhärte		*Shore-Härte*	D

Schlagversuch *Probekörper:* *(1)*
(2) V-Kerbe — *Herstellung* Spritzgiessen
Zustand — *Vorbehandlung* Normalklima

		°C		°C		°C		*Probekörper-Form*
Schlagzähigkeit	kJ/m²	23	16					
Kerbschlagzähigkeit (1)	kJ/m²							
IZOD-Kerbschlagzähigkeit (2)	J/m	23	75					
Kerbschlagzugzähigkeit	kJ/m²							

Abrieb und Reibung

Taber-Abrieb (Reibradverfahren)	mm^3/100 U		
Abriebfaktor LNP (Thrust washer) Vergleichswert			
Statische Reibungszahl			
Dynamische Reibungszahl	(p · v = N/mm^2 ·		m/min)
Zulässiger p · v Wert	N/mm^2 · (m/min)	v =	m/min
		v =	m/min

Thermische Eigenschaften

Formbeständigkeit in der Wärme	*Verfahren* B		240 °C
	Verfahren A		222 °C
Vicat Erweichungstemperatur (VST)	*Verfahren*		°C
	Verfahren		°C
Kristallit-Schmelzpunkt	*Verfahren* Polarisationsmikroskop		255–260 °C
Längenausdehnungskoeffizient	*Bereich*	°C	$\cdot 10^{-4}K^{-1}$
	Temperatur		$\cdot 10^{-4}K^{-1}$
Wärmeleitfähigkeit	*Verfahren*		W/(K · m)
Spezifische Wärmekapazität	*Verfahren*		J/(K · g)
Glasumwandlungstemperatur	*Torsionsschwingungsversuch*	°C	
	Differentialkalorimetrie	°C	

Brandverhalten

UL-Test vertikal Dicke 3.2 mm, Wert HB
Dicke mm, Wert

	Norm	*Bewertung*	*Abmessungen*
Sauerstoff-Index	ASTM D 2863		
Glühstab-Verfahren			
Brandverhalten	DIN 4102		
MVSS			
FAR			

Elektrische Eigenschaften

		Hz	°C	*Probekörper, Form*
Dielektrizitätszahl		50		
		10^3		
		10^6		
Dielektrischer Verlustfaktor tan δ		50		
		10^3		
		10^6		
Spezifischer Durchgangswiderstand	Ohm · cm			
Durchschlagfestigkeit	kV/mm			mm dick
Oberflächenwiderstand	Ohm			

Kriechstromfestigkeit KC KB KA
Elektrolytische Korrosionswirkung
Lichtbogenfestigkeit nach DIN
nach ASTM s

Beständigkeit *(Chemische Beständigkeit siehe Anhang)*

Wasseraufnahme

Feuchtigkeitsaufnahme Normalklima %

Wetterbeständigkeit

Spannungskorrosion

Optische Eigenschaften

Brechungszahl n_D
Transmissionsgrad τ_c % mm dick
Lichtdurchlässigkeit

Produkt	Polyethylenterephthalat		**PET**
Handelsname	**Impet 2600 GV 1/30**		
Hersteller	HOECHST		
DIN-Bez 1 *DIN-Bez 2*			
Zusätze		*Füllstoffe/ Verstärkung*	30% Glasfaser
Bevorzugte Verarbeitung	Spritzgiessen	*Lieferform*	Granulat
		Farben	Natur; Standard
Besondere Merkmale	Gute Gleiteigenschaften; Geringer Verschleiss; Sehr gute Steifheit; Gute Zeitstandfestigkeit	*Bevorzugte Anwendungen*	Technisches Formteil; Feinwerktechnik; Maschinenbau; Zahnrad; Lager; Nocke; Steuerscheibe; Kupplung; Schlossteil; Kette; Rolle; Ventilteil; Pumpengehaeuse; Laufrad

Dichte	g/cm^3	1.59	*Schmelzindex*	g/10 min	:
Schüttdichte	g/cm^3		*Volumenfließindex*	cm^3/10 min	:
Viskositätszahl	ml/g				

Verarbeitungsbedingungen für Spritzgießen

Massetemp.	°C	*Schwindung*	% lgs , quer
Werkzeugtemp.	°C	*Bemerkungen*	
Spritzdruck	bar		

Zugversuch 23 °C DIN 53455; DIN 53457

Probekörper: *Form* / *Zustand* — *Herstellung* Spritzgiessen; *Vorbehandlung* Normalklima

Streckspannung	N/mm^2		*Dehnung bei Streckspannung*	%	
Zugfestigkeit	N/mm^2		*Reißdehnung*	%	≧2.5
Reißfestigkeit	N/mm^2	170	*% Dehnspannung*	N/mm^2	
E-Modul	N/mm^2	11000	*Dehnung bei % Dehnspg.*	%	

Kriechmoduln und Zeitstandwerte 23 °C

Probekörper: *Form* / *Zustand* — *Herstellung*; *Vorbehandlung*

Kriechmodul	*1 min* N/mm^2	*Zeitstandzugfestigkeit*	h	N/mm^2
Kriechmodul	*1000 h* N/mm^2	*Zeitdehnspg. %*	h	N/mm^2
bei Spannung	N/mm^2			

Biegeversuch 23 °C

Probekörper: *Form* / *Zustand* — *Herstellung*; *Vorbehandlung*

Biegefestigkeit	N/mm^2	*E-Modul*	N/mm^2
3,5% *Biegespannung*	N/mm^2		

Härte 23 °C *Probekörper:* *Zustand* — *Herstellung*; *Vorbehandlung*

Kugeldruckhärte	N/mm^2 bei N, s	*Shore-Härte* A	
Rockwellhärte		*Shore-Härte* D	

Schlagversuch *Probekörper:* *(1)* / *(2)* V-Kerbe / *Zustand* — *Herstellung* Spritzgiessen; *Vorbehandlung* Normalklima

		°C		°C	°C	*Probekörper-Form*
Schlagzähigkeit	kJ/m^2	23	28			
Kerbschlagzähigkeit (1)	kJ/m^2					
IZOD-Kerbschlagzähigkeit (2)	J/m	23	100			
Kerbschlagzugzähigkeit	kJ/m^2					

Abrieb und Reibung

Taber-Abrieb (Reibradverfahren)	mm^3/100 U		
Abriebfaktor LNP (Thrust washer) Vergleichswert			
Statische Reibungszahl			
Dynamische Reibungszahl	(p · v =	N/mm^2 ·	m/min)
Zulässiger p · v Wert	N/mm^2 · (m/min)	v =	m/min
		v =	m/min

Thermische Eigenschaften

Formbeständigkeit in der Wärme	Verfahren	B	250 °C
	Verfahren	A	225 °C
Vicat Erweichungstemperatur (VST)	Verfahren		°C
	Verfahren		°C
Kristallit-Schmelzpunkt	Verfahren	Polarisationsmikroskop	255–260 °C
Längenausdehnungskoeffizient	Bereich	°C	· $10^{-4}K^{-1}$
	Temperatur		· $10^{-4}K^{-1}$
Wärmeleitfähigkeit	Verfahren		W/(K · m)
Spezifische Wärmekapazität	Verfahren		J/(K · g)
Glasumwandlungstemperatur	Torsionsschwingungsversuch		°C
	Differentialkalorimetrie		°C

Brandverhalten

UL-Test vertikal — Dicke 3.2 mm, Wert HB; Dicke mm, Wert

	Norm	Bewertung	Abmessungen
Sauerstoff-Index	ASTM D 2863		
Glühstab-Verfahren			
Brandverhalten	DIN 4102		
MVSS			
FAR			

Elektrische Eigenschaften

		Hz	°C	Probekörper, Form
Dielektrizitätszahl		50		
		10^3		
		10^6		
Dielektrischer Verlustfaktor tan δ		50		
		10^3		
		10^6		
Spezifischer Durchgangswiderstand	Ohm · cm			
Durchschlagfestigkeit	kV/mm			mm dick
Oberflächenwiderstand	Ohm			

Kriechstromfestigkeit	KC	KB	KA
Elektrolytische Korrosionswirkung			
Lichtbogenfestigkeit nach DIN			
nach ASTM	s		

Beständigkeit *(Chemische Beständigkeit siehe Anhang)*

Wasseraufnahme

Feuchtigkeitsaufnahme Normalklima %

Wetterbeständigkeit

Spannungskorrosion

Optische Eigenschaften

Brechungszahl n_D

Transmissionsgrad τ_c % mm dick

Lichtdurchlässigkeit

Produkt	Polyethylenterephthalat		**PET**
Handelsname	**Impet 2600 GV 1/45**		
Hersteller	HOECHST		
DIN-Bez 1 *DIN-Bez 2*			
Zusätze		*Füllstoffe/ Verstärkung*	45% Glasfaser
Bevorzugte Verarbeitung	Spritzgiessen	*Lieferform*	Granulat
		Farben	Natur; Standard
Besondere Merkmale	Gute Gleiteigenschaften; Geringer Verschleiss; Sehr gute Steifheit; Gute Zeitstandfestigkeit	*Bevorzugte Anwendungen*	Technisches Formteil; Feinwerktechnik; Maschinenbau; Zahnrad; Lager; Nocke; Steuerscheibe; Kupplung; Schlossteil; Kette; Rolle; Ventilteil; Pumpengehaeuse; Laufrad

Dichte	g/cm^3	1.70	*Schmelzindex*	g/10 min		:
Schüttdichte	g/cm^3		*Volumenfließindex*	cm^3/10 min		:
Viskositätszahl	ml/g					

Verarbeitungsbedingungen für Spritzgießen

Massetemp.	°C	*Schwindung*	%	lgs	, quer
Werkzeugtemp.	°C	*Bemerkungen*			
Spritzdruck	bar				

Zugversuch 23 °C DIN 53455; DIN 53457

Probekörper: *Form*
 Zustand

Herstellung Spritzgiessen
 Vorbehandlung Normalklima

Streckspannung	N/mm^2		*Dehnung bei Streckspannung*	%	
Zugfestigkeit	N/mm^2		*Reißdehnung*	%	≧2.0
Reißfestigkeit	N/mm^2	200	*% Dehnspannung*	N/mm^2	
E-Modul	N/mm^2	16000	*Dehnung bei % Dehnspg.*	%	

Kriechmoduln und Zeitstandwerte 23 °C

Probekörper: *Form*
 Zustand

Herstellung
 Vorbehandlung

Kriechmodul	*1 min*	N/mm^2	*Zeitstandzugfestigkeit*	h	N/mm^2
Kriechmodul	*1000 h*	N/mm^2	*Zeitdehnspg. %*	h	N/mm^2
bei Spannung		N/mm^2			

Biegeversuch 23 °C

Probekörper: *Form*
 Zustand

Herstellung
 Vorbehandlung

Biegefestigkeit	N/mm^2	*E-Modul*	N/mm^2
3,5% *Biegespannung*	N/mm^2		

Härte 23 °C *Probekörper:* *Zustand*

Herstellung
 Vorbehandlung

Kugeldruckhärte	N/mm^2 bei N, s	*Shore-Härte*	A
Rockwellhärte		*Shore-Härte*	D

Schlagversuch *Probekörper:* *(1)*
 (2) V-Kerbe
 Zustand

Herstellung Spritzgiessen
 Vorbehandlung Normalklima

		°C		°C		°C		*Probekörper-Form*
Schlagzähigkeit	kJ/m^2	23	30					
Kerbschlagzähigkeit (1)	kJ/m^2							
IZOD-Kerbschlagzähigkeit (2)	J/m	23	110					
Kerbschlagzugzähigkeit	kJ/m^2							

Abrieb und Reibung

Taber-Abrieb (Reibradverfahren)	mm^3/100 U		
Abriebfaktor LNP (Thrust washer) Vergleichswert			
Statische Reibungszahl			
Dynamische Reibungszahl	(p·v= N/mm^2·		m/min)
Zulässiger p · v Wert	N/mm^2 · (m/min)	v=	m/min
		v=	m/min

Thermische Eigenschaften

Formbeständigkeit in der Wärme	*Verfahren*	B	250 °C
	Verfahren	A	230 °C
Vicat Erweichungstemperatur (VST)	*Verfahren*		°C
	Verfahren		°C
Kristallit-Schmelzpunkt	*Verfahren*	Polarisationsmikroskop	255–260 °C
Längenausdehnungskoeffizient	*Bereich*	°C	$\cdot 10^{-4}K^{-1}$
	Temperatur		$\cdot 10^{-4}K^{-1}$
Wärmeleitfähigkeit	*Verfahren*		W/(K · m)
Spezifische Wärmekapazität	*Verfahren*		J/(K · g)
Glasumwandlungstemperatur	*Torsionsschwingungsversuch*	°C	
	Differentialkalorimetrie	°C	

Brandverhalten

UL-Test vertikal — Dicke 3.2 mm, Wert HB; Dicke mm, Wert

	Norm	*Bewertung*	*Abmessungen*
Sauerstoff-Index	ASTM D 2863		
Glühstab-Verfahren			
Brandverhalten	DIN 4102		
MVSS			
FAR			

Elektrische Eigenschaften

		Hz	°C	*Probekörper, Form*
Dielektrizitätszahl		50		
		10^3		
		10^6		
Dielektrischer Verlustfaktor tan δ		50		
		10^3		
		10^6		
Spezifischer Durchgangswiderstand	Ohm · cm			
Durchschlagfestigkeit	kV/mm			mm dick
Oberflächenwiderstand	Ohm			

Kriechstromfestigkeit	KC	KB	KA
Elektrolytische Korrosionswirkung			
Lichtbogenfestigkeit nach DIN			
nach ASTM s			

Beständigkeit *(Chemische Beständigkeit siehe Anhang)*

Wasseraufnahme

Feuchtigkeitsaufnahme Normalklima %

Wetterbeständigkeit

Spannungskorrosion

Optische Eigenschaften

Brechungszahl n_D

Transmissionsgrad τ_c % mm dick

Lichtdurchlässigkeit

Produkt	Polyethylenterephthalat		**PET**
Handelsname	**Impet 530**		
Hersteller	HOECHST		
DIN-Bez 1			
DIN-Bez 2			
Zusätze	Brandschutzmittel	*Füllstoffe/ Verstärkung*	30% Glasfaser
Bevorzugte Verarbeitung	Spritzgiessen	*Lieferform*	Granulat
		Farben	Natur; Standard
Besondere Merkmale	Gute Gleiteigenschaften; Geringer Verschleiss; Sehr gute Steifheit; Gute Zeitstandfestigkeit	*Bevorzugte Anwendungen*	Technisches Formteil; Feinwerktechnik; Maschinenbau; Zahnrad; Lager; Nocke; Steuerscheibe; Kupplung; Schlossteil; Kette; Rolle; Ventilteil; Pumpengehaeuse; Laufrad

Dichte	g/cm³	1.70	*Schmelzindex*	g/10 min		:
Schüttdichte	g/cm³		*Volumenfließindex*	cm³/10 min		:
Viskositätszahl	ml/g					

Verarbeitungsbedingungen für Spritzgießen

Massetemp.	°C	*Schwindung*	%	lgs , quer
Werkzeugtemp.	°C	*Bemerkungen*		
Spritzdruck	bar			

Zugversuch 23 °C ASTM D 638;
Probekörper: *Form* / *Zustand* — *Herstellung* Spritzgiessen; *Vorbehandlung* Normalklima

Streckspannung	N/mm²		*Dehnung bei Streckspannung*	%	
Zugfestigkeit	N/mm²		*Reißdehnung*	%	≧2.1
Reißfestigkeit	N/mm²	148	*% Dehnspannung*	N/mm²	
E-Modul	N/mm²		*Dehnung bei % Dehnspg.*	%	

Kriechmoduln und Zeitstandwerte 23 °C
Probekörper: *Form* / *Zustand* — *Herstellung* / *Vorbehandlung*

Kriechmodul	*1 min* N/mm²	*Zeitstandzugfestigkeit*	h	N/mm²
Kriechmodul	*1000 h* N/mm²	*Zeitdehnspg. %*	h	N/mm²
bei Spannung	N/mm²			

Biegeversuch 23 °C ASTM D 790;
Probekörper: *Form* / *Zustand* — *Herstellung* Spritzgiessen; *Vorbehandlung* Normalklima

Biegefestigkeit	N/mm²	*E-Modul*	N/mm²	11400
3,5% *Biegespannung*	N/mm²			

Härte 23 °C *Probekörper:* *Zustand* — *Herstellung* / *Vorbehandlung*

Kugeldruckhärte	N/mm² bei N, s	*Shore-Härte* A	
Rockwellhärte		*Shore-Härte* D	

Schlagversuch *Probekörper:* *(1)* / *(2)* V-Kerbe / *Zustand* — *Herstellung* Spritzgiessen; *Vorbehandlung* Normalklima

		°C	°C	°C	*Probekörper-Form*
Schlagzähigkeit	kJ/m²				
Kerbschlagzähigkeit (1)	kJ/m²				
IZOD-Kerbschlagzähigkeit (2)	J/m	23 70			
Kerbschlagzugzähigkeit	kJ/m²				

Abrieb und Reibung

Taber-Abrieb (Reibradverfahren)	mm^3/100 U		
Abriebfaktor LNP (Thrust washer) Vergleichswert			
Statische Reibungszahl			
Dynamische Reibungszahl	(p · v=	N/mm^2 ·	m/min)
Zulässiger p · v Wert	N/mm^2 · (m/min)	v=	m/min
		v=	m/min

Thermische Eigenschaften

Formbeständigkeit in der Wärme	*Verfahren*	B	221 °C
	Verfahren		°C
Vicat Erweichungstemperatur (VST)	*Verfahren*		°C
	Verfahren		°C
Kristallit-Schmelzpunkt	*Verfahren*	Polarisationsmikroskop	255–260 °C
Längenausdehnungskoeffizient	*Bereich*	°C	$\cdot 10^{-4}K^{-1}$
	Temperatur		$\cdot 10^{-4}K^{-1}$
Wärmeleitfähigkeit	*Verfahren*		W/(K · m)
Spezifische Wärmekapazität	*Verfahren*		J/(K · g)
Glasumwandlungstemperatur	*Torsionsschwingungsversuch*	°C	
	Differentialkalorimetrie	°C	

Brandverhalten

UL-Test vertikal — Dicke 0.79 mm, Wert V-0
Dicke mm, Wert

	Norm	*Bewertung*	*Abmessungen*
Sauerstoff-Index	ASTM D 2863		
Glühstab-Verfahren			
Brandverhalten	DIN 4102		
MVSS			
FAR			

Elektrische Eigenschaften

		Hz	°C	*Probekörper, Form*
Dielektrizitätszahl		50		
		10^3		
		10^6		
Dielektrischer Verlustfaktor tan δ		50		
		10^3		
		10^6		
Spezifischer Durchgangswiderstand	Ohm · cm			
Durchschlagfestigkeit	kV/mm			mm dick
Oberflächenwiderstand	Ohm			

Kriechstromfestigkeit KC KB KA
Elektrolytische Korrosionswirkung
Lichtbogenfestigkeit nach DIN
nach ASTM s

Beständigkeit *(Chemische Beständigkeit siehe Anhang)*

Wasseraufnahme

Feuchtigkeitsaufnahme Normalklima %
Wetterbeständigkeit

Spannungskorrosion

Optische Eigenschaften

Brechungszahl n_D
Transmissionsgrad τ_c % mm dick
Lichtdurchlässigkeit

Produkt	Polyethylenterephthalat		**PET**
Handelsname	**Impet 540**		
Hersteller	HOECHST		
DIN-Bez 1			
DIN-Bez 2			
Zusätze	Brandschutzmittel	*Füllstoffe/ Verstärkung*	45% Glasfaser
Bevorzugte Verarbeitung	Spritzgiessen	*Lieferform*	Granulat
		Farben	Natur; Standard
Besondere Merkmale	Gute Gleiteigenschaften; Geringer Verschleiss; Sehr gute Steifheit; Gute Zeitstandfestigkeit	*Bevorzugte Anwendungen*	Technisches Formteil; Feinwerktechnik; Maschinenbau; Zahnrad; Lager; Nocke; Steuerscheibe; Kupplung; Schlossteil; Kette; Rolle; Ventilteil; Pumpengehaeuse; Laufrad

Dichte	g/cm^3	1.80	*Schmelzindex*	g/10 min	:
Schüttdichte	g/cm^3		*Volumenfließindex*	$cm^3/10$ min	:
Viskositätszahl	ml/g				

Verarbeitungsbedingungen für Spritzgießen

Massetemp.	°C	*Schwindung*	% lgs , quer
Werkzeugtemp.	°C	*Bemerkungen*	
Spritzdruck	bar		

Zugversuch 23 °C ASTM D 638;

Probekörper: *Form* — *Herstellung* Spritzgiessen
Zustand — *Vorbehandlung* Normalklima

Streckspannung	N/mm^2		*Dehnung bei Streckspannung*	%	
Zugfestigkeit	N/mm^2		*Reißdehnung*	%	≧1.6
Reißfestigkeit	N/mm^2	168	*% Dehnspannung*	N/mm^2	
E-Modul	N/mm^2		*Dehnung bei % Dehnspg.*	%	

Kriechmoduln und Zeitstandwerte 23 °C

Probekörper: *Form* — *Herstellung*
Zustand — *Vorbehandlung*

Kriechmodul	*1 min*	N/mm^2	*Zeitstandzugfestigkeit*	h	N/mm^2
Kriechmodul	*1000 h*	N/mm^2	*Zeitdehnspg. %*	h	N/mm^2
bei Spannung		N/mm^2			

Biegeversuch 23 °C ASTM D 790;

Probekörper: *Form* — *Herstellung* Spritzgiessen
Zustand — *Vorbehandlung* Normalklima

Biegefestigkeit	N/mm^2	*E-Modul*	N/mm^2	15100
3,5% *Biegespannung*	N/mm^2			

Härte 23 °C *Probekörper:* *Zustand* — *Herstellung*
Vorbehandlung

Kugeldruckhärte	N/mm^2 bei N, s	*Shore-Härte*	A
Rockwellhärte		*Shore-Härte*	D

Schlagversuch *Probekörper:* *(1)*
(2) V-Kerbe — *Herstellung* Spritzgiessen
Zustand — *Vorbehandlung* Normalklima

		°C		°C	°C	*Probekörper-Form*
Schlagzähigkeit	kJ/m^2					
Kerbschlagzähigkeit (1)	kJ/m^2					
IZOD-Kerbschlagzähigkeit (2)	J/m	23	85			
Kerbschlagzugzähigkeit	kJ/m^2					

Abrieb und Reibung

Taber-Abrieb (Reibradverfahren)	mm^3/100 U		
Abriebfaktor LNP (Thrust washer) Vergleichswert			
Statische Reibungszahl			
Dynamische Reibungszahl	(p · v =	N/mm^2 ·	m/min)
Zulässiger p · v Wert	N/mm^2 · (m/min)	v =	m/min
		v =	m/min

Thermische Eigenschaften

Formbeständigkeit in der Wärme	*Verfahren* B		221 °C
	Verfahren		°C
Vicat Erweichungstemperatur (VST)	*Verfahren*		°C
	Verfahren		°C
Kristallit-Schmelzpunkt	*Verfahren* Polarisationsmikroskop		255–260 °C
Längenausdehnungskoeffizient	*Bereich*	°C	$\cdot 10^{-4}K^{-1}$
	Temperatur		$\cdot 10^{-4}K^{-1}$
Wärmeleitfähigkeit	*Verfahren*		W/(K · m)
Spezifische Wärmekapazität	*Verfahren*		J/(K · g)
Glasumwandlungstemperatur	*Torsionsschwingungsversuch*	°C	
	Differentialkalorimetrie	°C	

Brandverhalten

UL-Test vertikal Dicke 0.79 mm, Wert V-0
Dicke mm, Wert

	Norm	*Bewertung*	*Abmessungen*
Sauerstoff-Index	ASTM D 2863		
Glühstab-Verfahren			
Brandverhalten	DIN 4102		
MVSS			
FAR			

Elektrische Eigenschaften

		Hz	°C	*Probekörper, Form*
Dielektrizitätszahl		50		
		10^3		
		10^6		
Dielektrischer Verlustfaktor tan δ		50		
		10^3		
		10^6		
Spezifischer Durchgangs-widerstand	Ohm · cm			
Durchschlagfestigkeit	kV/mm			mm dick
Oberflächenwiderstand	Ohm			

Kriechstromfestigkeit KC KB KA
Elektrolytische Korrosionswirkung
Lichtbogenfestigkeit nach DIN
nach ASTM s

Beständigkeit *(Chemische Beständigkeit siehe Anhang)*

Wasseraufnahme

Feuchtigkeitsaufnahme Normalklima %
Wetterbeständigkeit

Spannungskorrosion

Optische Eigenschaften

Brechungszahl n_D
Transmissionsgrad τ_c % mm dick
Lichtdurchlässigkeit

Produkt	Polyester-Elastomer		**PEL**
Handelsname	**Riteflex 540**		
Hersteller	HOECHST		
DIN-Bez 1			
DIN-Bez 2			
Zusätze		*Füllstoffe/ Verstärkung*	
Bevorzugte Verarbeitung	Spritzgiessen; Extrudieren	*Lieferform*	Granulat
		Farben	Natur; Schwarz
Besondere Merkmale	Flexibel-zaehes Eigenschaftsprofil; Gute Reissfestigkeit; Gutes Rueckstellvermoegen; Gute Chemikalienbestaendigkeit; Gute Kaelteschlagzaehigkeit; Gute Alterungsbestaendigkeit	*Bevorzugte Anwendungen*	Technisches Formteil; Kfz-Industrie; Elektrotechnik; Spoiler; Stossfaengerteil; Seitenschutzleiste; Verkleidungsprofil; Stossdaempfermantel

Dichte	g/cm^3	1.15	*Schmelzindex*	g/10 min	16–22:	220
Schüttdichte	g/cm^3		*Volumenfließindex*	cm^3/10 min	:	
Viskositätszahl	ml/g					

Verarbeitungsbedingungen für Spritzgießen

Massetemp.	°C	*Schwindung*	%	lgs	1.5, quer 2.0
Werkzeugtemp.	°C	*Bemerkungen*			
Spritzdruck	bar				

Zugversuch 23 °C ASTM D 412;
Probekörper: *Form* / *Zustand* — *Herstellung* Spritzgiessen; *Vorbehandlung* Normalklima

Streckspannung	N/mm^2	*Dehnung bei Streckspannung*	%	
Zugfestigkeit	N/mm^2	*Reißdehnung*	%	800
Reißfestigkeit	N/mm^2	*% Dehnspannung*	N/mm^2	
E-Modul	N/mm^2	*Dehnung bei % Dehnspg.*	%	

Kriechmoduln und Zeitstandwerte 23 °C
Probekörper: *Form* / *Zustand* — *Herstellung* / *Vorbehandlung*

Kriechmodul	*1 min*	N/mm^2	*Zeitstandzugfestigkeit*	h	N/mm^2
Kriechmodul	*1000 h*	N/mm^2	*Zeitdehnspg. %*	h	N/mm^2
bei Spannung		N/mm^2			

Biegeversuch 23 °C ASTM D 790;
Probekörper: *Form* / *Zustand* — *Herstellung* Spritzgiessen; *Vorbehandlung* Normalklima

Biegefestigkeit	N/mm^2	4	*E-Modul*	N/mm^2	76
3,5% *Biegespannung*	N/mm^2				

Härte 23 °C *Probekörper:* *Zustand* — *Herstellung* Spritzgiessen; *Vorbehandlung* Normalklima

Kugeldruckhärte	N/mm^2	bei	N, s	*Shore-Härte* A	
Rockwellhärte				*Shore-Härte* D	40

Schlagversuch *Probekörper:* *(1)* / *(2)* V-Kerbe / *Zustand* — *Herstellung* Spritzgiessen; *Vorbehandlung* Normalklima

		°C	°C	°C	*Probekörper-Form*
Schlagzähigkeit	kJ/m^2				
Kerbschlagzähigkeit (1)	kJ/m^2				
IZOD-Kerbschlagzähigkeit (2)	J/m	-40 o.B.			
Kerbschlagzugzähigkeit	kJ/m^2				

Abrieb und Reibung

Taber-Abrieb (Reibradverfahren)	$mm^3/100$ U		
Abriebfaktor LNP (Thrust washer) Vergleichswert			
Statische Reibungszahl			
Dynamische Reibungszahl	(p · v = N/mm^2 ·		m/min)
Zulässiger p · v Wert	N/mm^2 · (m/min)	v =	m/min
		v =	m/min

Thermische Eigenschaften

Formbeständigkeit in der Wärme	*Verfahren*		°C
	Verfahren		°C
Vicat Erweichungstemperatur (VST)	*Verfahren*		109 °C
	Verfahren		°C
Kristallit-Schmelzpunkt	*Verfahren*		161 °C
Längenausdehnungskoeffizient	*Bereich*	°C	$\cdot 10^{-4} K^{-1}$
	Temperatur		$\cdot 10^{-4} K^{-1}$
Wärmeleitfähigkeit	*Verfahren*		W/(K · m)
Spezifische Wärmekapazität	*Verfahren*		J/(K · g)
Glasumwandlungstemperatur	*Torsionsschwingungsversuch*	°C	
	Differentialkalorimetrie	°C	

Brandverhalten

UL-Test vertikal	Dicke mm, Wert	
	Dicke mm, Wert	

	Norm	*Bewertung*	*Abmessungen*
Sauerstoff-Index	ASTM D 2863		
Glühstab-Verfahren			
Brandverhalten	DIN 4102		
MVSS			
FAR			

Elektrische Eigenschaften

		Hz	°C	*Probekörper, Form*
Dielektrizitätszahl		50		
		10^3		
		10^6		
Dielektrischer Verlustfaktor tan δ		50		
		10^3		
		10^6		
Spezifischer Durchgangs-widerstand	Ohm · cm			
Durchschlagfestigkeit	kV/mm			mm dick
Oberflächenwiderstand	Ohm			

Kriechstromfestigkeit	KC	KB	KA
Elektrolytische Korrosionswirkung			
Lichtbogenfestigkeit nach DIN			
nach ASTM s			

Beständigkeit *(Chemische Beständigkeit siehe Anhang)*

Wasseraufnahme 23 C	1 d	0.4 %	
Feuchtigkeitsaufnahme Normalklima			%
Wetterbeständigkeit			
Spannungskorrosion			

Optische Eigenschaften

Brechungszahl n_D		
Transmissionsgrad τ_c	%	mm dick
Lichtdurchlässigkeit		

Datenbank-Nr.	**T01167**	*Merkblatt-Nr.*	**4264**

Produkt	Polyester-Elastomer		**PEL**
Handelsname	**Riteflex 540 ZS**		
Hersteller	HOECHST		
DIN-Bez 1			
DIN-Bez 2			
Zusätze		*Füllstoffe/ Verstärkung*	
Bevorzugte Verarbeitung	Spritzgiessen; Extrudieren	*Lieferform*	Granulat
		Farben	Natur; Schwarz
Besondere Merkmale	Flexibel-zaehes Eigenschaftsprofil; Gute Reissfestigkeit; Gutes Rueckstellvermoegen; Gute Chemikalienbestaendigkeit; Gute Kaelteschlagzaehigkeit; Gute Alterungsbestaendigkeit	*Bevorzugte Anwendungen*	Technisches Formteil; Kfz-Industrie; Elektrotechnik; Spoiler; Stossfaengerteil; Seitenschutzleiste; Verkleidungsprofil; Stossdaempfermantel

Dichte	g/cm^3	1.15	*Schmelzindex*	g/10 min	16–22:	220
Schüttdichte	g/cm^3		*Volumenfließindex*	cm^3/10 min	:	
Viskositätszahl	ml/g					

Verarbeitungsbedingungen für Spritzgießen

Massetemp.	°C	*Schwindung*	%	lgs	1.5, quer 2.0
Werkzeugtemp.	°C	*Bemerkungen*			
Spritzdruck	bar				

Zugversuch 23 °C ASTM D 412;

Probekörper:	*Form*	*Herstellung*	Spritzgiessen
	Zustand	*Vorbehandlung*	Normalklima

Streckspannung	N/mm^2	*Dehnung bei Streckspannung*	%	
Zugfestigkeit	N/mm^2	*Reißdehnung*	%	820
Reißfestigkeit	N/mm^2	*% Dehnspannung*	N/mm^2	
E-Modul	N/mm^2	*Dehnung bei % Dehnspg.*	%	

Kriechmoduln und Zeitstandwerte 23 °C

Probekörper:	*Form*	*Herstellung*	
	Zustand	*Vorbehandlung*	

Kriechmodul	*1 min*	N/mm^2	*Zeitstandzugfestigkeit*	h	N/mm^2
Kriechmodul	*1000 h*	N/mm^2	*Zeitdehnspg. %*	h	N/mm^2
bei Spannung		N/mm^2			

Biegeversuch 23 °C ASTM D 790;

Probekörper:	*Form*	*Herstellung*	Spritzgiessen
	Zustand	*Vorbehandlung*	Normalklima

Biegefestigkeit	N/mm^2	4	*E-Modul*	N/mm^2	76
3,5% *Biegespannung*	N/mm^2				

Härte 23 °C

Probekörper:	*Zustand*	*Herstellung*	Spritzgiessen
		Vorbehandlung	Normalklima

Kugeldruckhärte	N/mm^2	bei N, s	*Shore-Härte* A	
Rockwellhärte			*Shore-Härte* D	40

Schlagversuch

Probekörper:	*(1)*		
	(2) V-Kerbe	*Herstellung*	Spritzgiessen
	Zustand	*Vorbehandlung*	Normalklima

		°C	°C	°C	*Probekörper-Form*
Schlagzähigkeit	kJ/m^2				
Kerbschlagzähigkeit (1)	kJ/m^2				
IZOD-Kerbschlagzähigkeit (2)	J/m	-40 o.B.			
Kerbschlagzugzähigkeit	kJ/m^2				

Abrieb und Reibung

Taber-Abrieb (Reibradverfahren)	mm^3/100 U		
Abriebfaktor LNP (Thrust washer) Vergleichswert			
Statische Reibungszahl			
Dynamische Reibungszahl	(p·v= N/mm^2·		m/min)
Zulässiger p · v Wert	N/mm^2 · (m/min)	v=	m/min
		v=	m/min

Thermische Eigenschaften

Formbeständigkeit in der Wärme	*Verfahren*		°C
	Verfahren		°C
Vicat Erweichungstemperatur (VST)	*Verfahren*		113 °C
	Verfahren		°C
Kristallit-Schmelzpunkt	*Verfahren*		166 °C
Längenausdehnungskoeffizient	*Bereich*	°C	$\cdot 10^{-4}K^{-1}$
	Temperatur		$\cdot 10^{-4}K^{-1}$
Wärmeleitfähigkeit	*Verfahren*		W/(K · m)
Spezifische Wärmekapazität	*Verfahren*		J/(K · g)
Glasumwandlungstemperatur	*Torsionsschwingungsversuch*	°C	
	Differentialkalorimetrie	°C	

Brandverhalten

UL-Test vertikal Dicke mm, Wert
Dicke mm, Wert

	Norm	*Bewertung*	*Abmessungen*
Sauerstoff-Index	ASTM D 2863		
Glühstab-Verfahren			
Brandverhalten	DIN 4102		
MVSS			
FAR			

Elektrische Eigenschaften

	Hz	°C	*Probekörper, Form*
Dielektrizitätszahl	50		
	10^3		
	10^6		
Dielektrischer Verlustfaktor tan δ	50		
	10^3		
	10^6		

Spezifischer Durchgangs-widerstand	Ohm · cm		
Durchschlagfestigkeit	kV/mm		mm dick
Oberflächenwiderstand	Ohm		

Kriechstromfestigkeit KC KB KA
Elektrolytische Korrosionswirkung
Lichtbogenfestigkeit nach DIN
nach ASTM s

Beständigkeit *(Chemische Beständigkeit siehe Anhang)*

Wasseraufnahme 23 C 1 d 0.4 %

Feuchtigkeitsaufnahme Normalklima %
Wetterbeständigkeit

Spannungskorrosion

Optische Eigenschaften

Brechungszahl n_D
Transmissionsgrad τ_c % mm dick
Lichtdurchlässigkeit

Datenbank-Nr. **T01168** Merkblatt-Nr. **4265**

Produkt	Polyester-Elastomer		**PEL**
Handelsname	**Riteflex 347 ZS**		
Hersteller	HOECHST		
DIN-Bez 1			
DIN-Bez 2			
Zusätze		*Füllstoffe/ Verstärkung*	
Bevorzugte Verarbeitung	Extrudieren; Blasformen	*Lieferform*	Granulat
		Farben	Natur; Schwarz
Besondere Merkmale	Flexibel-zaehes Eigenschaftsprofil; Gute Reissfestigkeit; Gutes Rueckstellvermoegen; Gute Chemikalienbestaendigkeit; Gute Kaelteschlagzaehigkeit; Gute Alterungsbestaendigkeit	*Bevorzugte Anwendungen*	Technisches Formteil; Kfz-Industrie; Elektrotechnik; Spoiler; Stossfaengerteil; Seitenschutzleiste; Verkleidungsprofil; Stossdaempfermantel

Dichte	g/cm^3	1.17	*Schmelzindex*	g/10 min	4–6:	220
Schüttdichte	g/cm^3		*Volumenfließindex*	cm^3/10 min	:	
Viskositätszahl	ml/g					

Verarbeitungsbedingungen für Spritzgießen

Massetemp.	°C	*Schwindung*	%	lgs	1.5, quer 2.0
Werkzeugtemp.	°C	*Bemerkungen*			
Spritzdruck	bar				

Zugversuch 23 °C ASTM D 412;
Probekörper: *Form* / *Zustand* — *Herstellung* Spritzgiessen; *Vorbehandlung* Normalklima

Streckspannung	N/mm^2	*Dehnung bei Streckspannung*	%	
Zugfestigkeit	N/mm^2	*Reißdehnung*	%	750
Reißfestigkeit	N/mm^2	*% Dehnspannung*	N/mm^2	
E-Modul	N/mm^2	*Dehnung bei % Dehnspg.*	%	

Kriechmoduln und Zeitstandwerte 23 °C
Probekörper: *Form* / *Zustand* — *Herstellung* / *Vorbehandlung*

Kriechmodul	*1 min*	N/mm^2	*Zeitstandzugfestigkeit*	h	N/mm^2
Kriechmodul	*1000 h*	N/mm^2	*Zeitdehnspg. %*	h	N/mm^2
bei Spannung		N/mm^2			

Biegeversuch 23 °C ASTM D 790;
Probekörper: *Form* / *Zustand* — *Herstellung* Spritzgiessen; *Vorbehandlung* Normalklima

Biegefestigkeit	N/mm^2	6	*E-Modul*	N/mm^2	116
3,5% *Biegespannung*	N/mm^2				

Härte 23 °C *Probekörper:* *Zustand* — *Herstellung* Spritzgiessen; *Vorbehandlung* Normalklima

Kugeldruckhärte	N/mm^2	bei N, s	*Shore-Härte* A	
Rockwellhärte			*Shore-Härte* D	47

Schlagversuch *Probekörper:* *(1)* / *(2)* V-Kerbe / *Zustand* — *Herstellung* Spritzgiessen; *Vorbehandlung* Normalklima

		°C	°C	°C	*Probekörper-Form*
Schlagzähigkeit	kJ/m^2				
Kerbschlagzähigkeit (1)	kJ/m^2				
IZOD-Kerbschlagzähigkeit (2)	J/m	-40 o.B.			
Kerbschlagzugzähigkeit	kJ/m^2				

Abrieb und Reibung

Taber-Abrieb (Reibradverfahren)	$mm^3/100$ U		
Abriebfaktor LNP (Thrust washer) Vergleichswert			
Statische Reibungszahl			
Dynamische Reibungszahl	(p · v =	N/mm^2 ·	m/min)
Zulässiger p · v Wert	N/mm^2 · (m/min)	v =	m/min
		v =	m/min

Thermische Eigenschaften

Formbeständigkeit in der Wärme	*Verfahren* B		55 °C	
	Verfahren		°C	
Vicat Erweichungstemperatur (VST)	*Verfahren*		137 °C	
	Verfahren		°C	
Kristallit-Schmelzpunkt	*Verfahren*		178 °C	
Längenausdehnungskoeffizient	*Bereich*	°C		$\cdot 10^{-4}K^{-1}$
	Temperatur			$\cdot 10^{-4}K^{-1}$
Wärmeleitfähigkeit	*Verfahren*			W/(K · m)
Spezifische Wärmekapazität	*Verfahren*			J/(K · g)
Glasumwandlungstemperatur	*Torsionsschwingungsversuch*	°C		
	Differentialkalorimetrie	°C		

Brandverhalten

UL-Test vertikal		Dicke mm, Wert	
		Dicke mm, Wert	
	Norm	*Bewertung*	*Abmessungen*
Sauerstoff-Index	ASTM D 2863		
Glühstab-Verfahren			
Brandverhalten	DIN 4102		
MVSS			
FAR			

Elektrische Eigenschaften

		Hz	°C		*Probekörper, Form*
Dielektrizitätszahl		50			
		10^3			
		10^6			
Dielektrischer Verlustfaktor tan δ		50			
		10^3			
		10^6			
Spezifischer Durchgangswiderstand	Ohm · cm				
Durchschlagfestigkeit	kV/mm				mm dick
Oberflächenwiderstand	Ohm				
Kriechstromfestigkeit		KC	KB	KA	
Elektrolytische Korrosionswirkung					
Lichtbogenfestigkeit nach DIN					
nach ASTM	s				

Beständigkeit *(Chemische Beständigkeit siehe Anhang)*

Wasseraufnahme 23 C	1 d	0.4 %	
Feuchtigkeitsaufnahme Normalklima			%
Wetterbeständigkeit			
Spannungskorrosion			

Optische Eigenschaften

Brechungszahl n_D		
Transmissionsgrad τ_c	%	mm dick
Lichtdurchlässigkeit		

Produkt	Polyester-Elastomer		**PEL**
Handelsname	**Riteflex 547**		
Hersteller	HOECHST		
DIN-Bez 1			
DIN-Bez 2			
Zusätze		*Füllstoffe/ Verstärkung*	
Bevorzugte Verarbeitung	Spritzgiessen; Extrudieren	*Lieferform*	Granulat
		Farben	Natur; Schwarz
Besondere Merkmale	Flexibel-zaehes Eigenschaftsprofil; Gute Reissfestigkeit; Gutes Rueckstellvermoegen; Gute Chemikalienbestaendigkeit; Gute Kaelteschlagzaehigkeit; Gute Alterungsbestaendigkeit	*Bevorzugte Anwendungen*	Technisches Formteil; Kfz-Industrie; Elektrotechnik; Spoiler; Stossfaengerteil; Seitenschutzleiste; Verkleidungsprofil; Stossdaempfermantel

Dichte	g/cm^3	1.17	*Schmelzindex*	g/10 min	11–15: 220
Schüttdichte	g/cm^3		*Volumenfließindex*	cm^3/10 min	:
Viskositätszahl	ml/g				

Verarbeitungsbedingungen für Spritzgießen

Massetemp.	°C		*Schwindung*	% lgs	1.5, quer 2.0
Werkzeugtemp.	°C		*Bemerkungen*		
Spritzdruck	bar				

Zugversuch 23 °C ASTM D 412;
Probekörper: *Form* — *Herstellung* Spritzgiessen
Zustand — *Vorbehandlung* Normalklima

Streckspannung	N/mm^2	*Dehnung bei Streckspannung*	%	
Zugfestigkeit	N/mm^2	*Reißdehnung*	%	750
Reißfestigkeit	N/mm^2	*% Dehnspannung*	N/mm^2	
E-Modul	N/mm^2	*Dehnung bei % Dehnspg.*	%	

Kriechmoduln und Zeitstandwerte 23 °C
Probekörper: *Form* — *Herstellung*
Zustand — *Vorbehandlung*

Kriechmodul	*1 min* N/mm^2	*Zeitstandzugfestigkeit*	h	N/mm^2
Kriechmodul	*1000 h* N/mm^2	*Zeitdehnspg. %*	h	N/mm^2
bei Spannung	N/mm^2			

Biegeversuch 23 °C ASTM D 790;
Probekörper: *Form* — *Herstellung* Spritzgiessen
Zustand — *Vorbehandlung* Normalklima

Biegefestigkeit	N/mm^2 6	*E-Modul*	N/mm^2	116
3,5% *Biegespannung*	N/mm^2			

Härte 23 °C *Probekörper:* *Zustand* — *Herstellung* Spritzgiessen
Vorbehandlung Normalklima

Kugeldruckhärte	N/mm^2	bei N, s	*Shore-Härte* A	
Rockwellhärte			*Shore-Härte* D	47

Schlagversuch *Probekörper:* *(1)*
(2) V-Kerbe — *Herstellung* Spritzgiessen
Zustand — *Vorbehandlung* Normalklima

		°C	°C	°C	*Probekörper-Form*
Schlagzähigkeit	kJ/m^2				
Kerbschlagzähigkeit (1)	kJ/m^2				
IZOD-Kerbschlagzähigkeit (2)	J/m	-40 o.B.			
Kerbschlagzugzähigkeit	kJ/m^2				

Abrieb und Reibung

Taber-Abrieb (Reibradverfahren) mm³/100 U
Abriebfaktor LNP (Thrust washer) Vergleichswert
Statische Reibungszahl
Dynamische Reibungszahl (p·v= N/mm²· m/min)
Zulässiger p·v Wert N/mm²·(m/min) v= m/min
v= m/min

Thermische Eigenschaften

Formbeständigkeit in der Wärme	*Verfahren*		°C
	Verfahren		°C
Vicat Erweichungstemperatur (VST)	*Verfahren*		137 °C
	Verfahren		°C
Kristallit-Schmelzpunkt	*Verfahren*		171 °C
Längenausdehnungskoeffizient	*Bereich*	°C	$\cdot 10^{-4}K^{-1}$
	Temperatur		$\cdot 10^{-4}K^{-1}$
Wärmeleitfähigkeit	*Verfahren*		W/(K·m)
Spezifische Wärmekapazität	*Verfahren*		J/(K·g)
Glasumwandlungstemperatur	*Torsionsschwingungsversuch*	°C	
	Differentialkalorimetrie	°C	

Brandverhalten

UL-Test vertikal Dicke mm, Wert
Dicke mm, Wert

	Norm	*Bewertung*	*Abmessungen*
Sauerstoff-Index	ASTM D 2863		
Glühstab-Verfahren			
Brandverhalten	DIN 4102		
MVSS			
FAR			

Elektrische Eigenschaften

		Hz	°C	*Probekörper, Form*
Dielektrizitätszahl		50		
		10^3		
		10^6		
Dielektrischer Verlustfaktor tan δ		50		
		10^3		
		10^6		
Spezifischer Durchgangs-widerstand	Ohm·cm			
Durchschlagfestigkeit	kV/mm			mm dick
Oberflächenwiderstand	Ohm			

Kriechstromfestigkeit KC KB KA
Elektrolytische Korrosionswirkung
Lichtbogenfestigkeit nach DIN
nach ASTM s

Beständigkeit *(Chemische Beständigkeit siehe Anhang)*

Wasseraufnahme 23 C 1 d 0.4 %

Feuchtigkeitsaufnahme Normalklima %
Wetterbeständigkeit

Spannungskorrosion

Optische Eigenschaften

Brechungszahl n_D
Transmissionsgrad τ_c % mm dick
Lichtdurchlässigkeit

Datenbank-Nr. **T01170** Merkblatt-Nr. **4267**

Produkt	Polyester-Elastomer		**PEL**
Handelsname	**Riteflex 547 ZS**		
Hersteller	HOECHST		
DIN-Bez 1			
DIN-Bez 2			
Zusätze		*Füllstoffe/ Verstärkung*	
Bevorzugte Verarbeitung	Spritzgiessen; Extrudieren	*Lieferform*	Granulat
		Farben	Natur; Schwarz
Besondere Merkmale	Flexibel-zaehes Eigenschaftsprofil; Gute Reissfestigkeit; Gutes Rueckstellvermoegen; Gute Chemikalienbestaendigkeit; Gute Kaelteschlagzaehigkeit; Gute Alterungsbestaendigkeit	*Bevorzugte Anwendungen*	Technisches Formteil; Kfz-Industrie; Elektrotechnik; Spoiler; Stossfaengerteil; Seitenschutzleiste; Verkleidungsprofil; Stossdaempfermantel

Dichte	g/cm^3	1.17	*Schmelzindex*	g/10 min	11–15:	220
Schüttdichte	g/cm^3		*Volumenfließindex*	cm^3/10 min	:	
Viskositätszahl	ml/g					

Verarbeitungsbedingungen für Spritzgießen

Massetemp.	°C	*Schwindung*	%	lgs	1.5, quer 2.0
Werkzeugtemp.	°C	*Bemerkungen*			
Spritzdruck	bar				

Zugversuch 23 °C ASTM D 412;
Probekörper: *Form* — *Herstellung* Spritzgiessen
Zustand — *Vorbehandlung* Normalklima

Streckspannung	N/mm^2	*Dehnung bei Streckspannung*	%	
Zugfestigkeit	N/mm^2	*Reißdehnung*	%	750
Reißfestigkeit	N/mm^2	*% Dehnspannung*	N/mm^2	
E-Modul	N/mm^2	*Dehnung bei % Dehnspg.*	%	

Kriechmoduln und Zeitstandwerte 23 °C
Probekörper: *Form* — *Herstellung*
Zustand — *Vorbehandlung*

Kriechmodul	*1 min*	N/mm^2	*Zeitstandzugfestigkeit*	h	N/mm^2
Kriechmodul	*1000 h*	N/mm^2	*Zeitdehnspg. %*	h	N/mm^2
bei Spannung		N/mm^2			

Biegeversuch 23 °C ASTM D 790;
Probekörper: *Form* — *Herstellung* Spritzgiessen
Zustand — *Vorbehandlung* Normalklima

Biegefestigkeit	N/mm^2	6	*E-Modul*	N/mm^2	116
3,5% *Biegespannung*	N/mm^2				

Härte 23 °C *Probekörper:* *Zustand* — *Herstellung* Spritzgiessen
Vorbehandlung Normalklima

Kugeldruckhärte	N/mm^2 bei N, s	*Shore-Härte A*		
Rockwellhärte		*Shore-Härte D*	47	

Schlagversuch *Probekörper:* *(1)*
(2) V-Kerbe — *Herstellung* Spritzgiessen
Zustand — *Vorbehandlung* Normalklima

		°C	°C	°C	*Probekörper-Form*
Schlagzähigkeit	kJ/m^2				
Kerbschlagzähigkeit (1)	kJ/m^2				
IZOD-Kerbschlagzähigkeit (2)	J/m	-40 o.B.			
Kerbschlagzugzähigkeit	kJ/m^2				

Abrieb und Reibung

Taber-Abrieb (Reibradverfahren)	mm^3/100 U		
Abriebfaktor LNP (Thrust washer) Vergleichswert			
Statische Reibungszahl			
Dynamische Reibungszahl	(p·v= N/mm^2·		m/min)
Zulässiger p · v Wert	N/mm^2·(m/min)	v=	m/min
		v=	m/min

Thermische Eigenschaften

Formbeständigkeit in der Wärme	*Verfahren* B		55 °C	
	Verfahren		°C	
Vicat Erweichungstemperatur (VST)	*Verfahren*		137 °C	
	Verfahren		°C	
Kristallit-Schmelzpunkt	*Verfahren*		178 °C	
Längenausdehnungskoeffizient	*Bereich* °C			$\cdot 10^{-4}K^{-1}$
	Temperatur			$\cdot 10^{-4}K^{-1}$
Wärmeleitfähigkeit	*Verfahren*			W/(K · m)
Spezifische Wärmekapazität	*Verfahren*			J/(K · g)
Glasumwandlungstemperatur	*Torsionsschwingungsversuch*	°C		
	Differentialkalorimetrie	°C		

Brandverhalten

UL-Test vertikal		Dicke mm, Wert	
		Dicke mm, Wert	
	Norm	*Bewertung*	*Abmessungen*
Sauerstoff-Index	ASTM D 2863		
Glühstab-Verfahren			
Brandverhalten	DIN 4102		
MVSS			
FAR			

Elektrische Eigenschaften

		Hz	°C		*Probekörper, Form*
Dielektrizitätszahl		50			
		10^3			
		10^6			
Dielektrischer Verlustfaktor tan δ		50			
		10^3			
		10^6			
Spezifischer Durchgangs-widerstand	Ohm · cm				
Durchschlagfestigkeit	kV/mm				mm dick
Oberflächenwiderstand	Ohm				
Kriechstromfestigkeit		KC	KB	KA	
Elektrolytische Korrosionswirkung					
Lichtbogenfestigkeit nach DIN					
nach ASTM	s				

Beständigkeit *(Chemische Beständigkeit siehe Anhang)*

Wasseraufnahme 23 C	1 d	0.4 %	
Feuchtigkeitsaufnahme Normalklima			%
Wetterbeständigkeit			
Spannungskorrosion			

Optische Eigenschaften

Brechungszahl n_D		
Transmissionsgrad τ_c	%	mm dick
Lichtdurchlässigkeit		

Produkt	Polyester-Elastomer		**PEL**
Handelsname	**Riteflex 355 ZS**		
Hersteller	HOECHST		
DIN-Bez 1			
DIN-Bez 2			
Zusätze		*Füllstoffe/ Verstärkung*	
Bevorzugte Verarbeitung	Extrudieren; Blasformen	*Lieferform*	Granulat
		Farben	Natur; Schwarz
Besondere Merkmale	Flexibel-zaehes Eigenschaftsprofil; Gute Reissfestigkeit; Gutes Rueckstellvermoegen; Gute Chemikalienbestaendigkeit; Gute Kaelteschlagzaehigkeit; Gute Alterungsbestaendigkeit	*Bevorzugte Anwendungen*	Technisches Formteil; Kfz-Industrie; Elektrotechnik; Spoiler; Stossfaengerteil; Seitenschutzleiste; Verkleidungsprofil; Stossdaempfermantel

Dichte	g/cm^3	1.20	*Schmelzindex*	g/10 min	3–6:	220
Schüttdichte	g/cm^3		*Volumenfließindex*	$cm^3/10$ min	:	
Viskositätszahl	ml/g					

Verarbeitungsbedingungen für Spritzgießen

Massetemp.	°C	*Schwindung*	%	lgs 1.5, quer 2.0
Werkzeugtemp.	°C	*Bemerkungen*		
Spritzdruck	bar			

Zugversuch 23 °C ASTM D 412;
Probekörper: *Form* — *Herstellung* Spritzgiessen
Zustand — *Vorbehandlung* Normalklima

Streckspannung	N/mm^2	*Dehnung bei Streckspannung*	%	
Zugfestigkeit	N/mm^2	*Reißdehnung*	%	780
Reißfestigkeit	N/mm^2	*% Dehnspannung*	N/mm^2	
E-Modul	N/mm^2	*Dehnung bei % Dehnspg.*	%	

Kriechmoduln und Zeitstandwerte 23 °C
Probekörper: *Form* — *Herstellung*
Zustand — *Vorbehandlung*

Kriechmodul	*1 min* N/mm^2	*Zeitstandzugfestigkeit*	h	N/mm^2
Kriechmodul	*1000 h* N/mm^2	*Zeitdehnspg. %*	h	N/mm^2
bei Spannung	N/mm^2			

Biegeversuch 23 °C ASTM D 790;
Probekörper: *Form* — *Herstellung* Spritzgiessen
Zustand — *Vorbehandlung* Normalklima

Biegefestigkeit	N/mm^2	8	*E-Modul*	N/mm^2	172
3,5% *Biegespannung*	N/mm^2				

Härte 23 °C *Probekörper:* *Zustand* — *Herstellung* Spritzgiessen
Vorbehandlung Normalklima

Kugeldruckhärte	N/mm^2	bei N, s	*Shore-Härte* A	
Rockwellhärte			*Shore-Härte* D	55

Schlagversuch *Probekörper:* *(1)*
(2) V-Kerbe — *Herstellung* Spritzgiessen
Zustand — *Vorbehandlung* Normalklima

		°C	°C	°C	*Probekörper-Form*
Schlagzähigkeit	kJ/m^2				
Kerbschlagzähigkeit (1)	kJ/m^2				
IZOD-Kerbschlagzähigkeit (2)	J/m	-40 o.B.			
Kerbschlagzugzähigkeit	kJ/m^2				

Abrieb und Reibung

Taber-Abrieb (Reibradverfahren)	mm³/100 U		
Abriebfaktor LNP (Thrust washer) Vergleichswert			
Statische Reibungszahl			
Dynamische Reibungszahl	(p · v = N/mm² ·		m/min)
Zulässiger p · v Wert	N/mm² · (m/min)	v =	m/min
		v =	m/min

Thermische Eigenschaften

Formbeständigkeit in der Wärme	*Verfahren* B		74 °C
	Verfahren		°C
Vicat Erweichungstemperatur (VST)	*Verfahren*		161 °C
	Verfahren		°C
Kristallit-Schmelzpunkt	*Verfahren*		184 °C
Längenausdehnungskoeffizient	*Bereich*	°C	$\cdot 10^{-4} K^{-1}$
	Temperatur		$\cdot 10^{-4} K^{-1}$
Wärmeleitfähigkeit	*Verfahren*		W/(K · m)
Spezifische Wärmekapazität	*Verfahren*		J/(K · g)
Glasumwandlungstemperatur	*Torsionsschwingungsversuch*	°C	
	Differentialkalorimetrie	°C	

Brandverhalten

UL-Test vertikal	Dicke	mm, Wert
	Dicke	mm, Wert

	Norm	*Bewertung*	*Abmessungen*
Sauerstoff-Index	ASTM D 2863		
Glühstab-Verfahren			
Brandverhalten	DIN 4102		
MVSS			
FAR			

Elektrische Eigenschaften

		Hz	°C	*Probekörper, Form*
Dielektrizitätszahl		50		
		10^3		
		10^6		
Dielektrischer Verlustfaktor tan δ		50		
		10^3		
		10^6		
Spezifischer Durchgangs-widerstand	Ohm · cm			
Durchschlagfestigkeit	kV/mm			mm dick
Oberflächenwiderstand	Ohm			

Kriechstromfestigkeit	KC	KB	KA
Elektrolytische Korrosionswirkung			
Lichtbogenfestigkeit nach DIN			
nach ASTM s			

Beständigkeit *(Chemische Beständigkeit siehe Anhang)*

Wasseraufnahme 23 C	1 d	0.4 %	
Feuchtigkeitsaufnahme Normalklima			%
Wetterbeständigkeit			
Spannungskorrosion			

Optische Eigenschaften

Brechungszahl n_D		
Transmissionsgrad τ_c	%	mm dick
Lichtdurchlässigkeit		

Datenbank-Nr. **T01172** Merkblatt-Nr. **4269**

Produkt	Polyester-Elastomer		**PEL**
Handelsname	**Riteflex 555**		
Hersteller	HOECHST		
DIN-Bez 1			
DIN-Bez 2			
Zusätze		*Füllstoffe/ Verstärkung*	
Bevorzugte Verarbeitung	Spritzgiessen; Extrudieren	*Lieferform*	Granulat
		Farben	Natur; Schwarz
Besondere Merkmale	Flexibel-zaehes Eigenschaftsprofil; Gute Reissfestigkeit; Gutes Rueckstellvermoegen; Gute Chemikalienbestaendigkeit; Gute Kaelteschlagzaehigkeit; Gute Alterungsbestaendigkeit	*Bevorzugte Anwendungen*	Technisches Formteil; Kfz-Industrie; Elektrotechnik; Spoiler; Stossfaengerteil; Seitenschutzleiste; Verkleidungsprofil; Stossdaempfermantel

Dichte	g/cm^3 1.20	*Schmelzindex*	g/10 min	11–13:	220
Schüttdichte	g/cm^3	*Volumenfließindex*	cm^3/10 min	:	
Viskositätszahl	ml/g				

Verarbeitungsbedingungen für Spritzgießen

Massetemp.	°C	*Schwindung*	% lgs	1.5, quer 2.0
Werkzeugtemp.	°C	*Bemerkungen*		
Spritzdruck	bar			

Zugversuch 23 °C ASTM D 412;
Probekörper: *Form* / *Zustand* — *Herstellung* Spritzgiessen; *Vorbehandlung* Normalklima

Streckspannung	N/mm^2	*Dehnung bei Streckspannung*	%	
Zugfestigkeit	N/mm^2	*Reißdehnung*	%	650
Reißfestigkeit	N/mm^2	*% Dehnspannung*	N/mm^2	
E-Modul	N/mm^2	*Dehnung bei % Dehnspg.*	%	

Kriechmoduln und Zeitstandwerte 23 °C
Probekörper: *Form* / *Zustand* — *Herstellung* / *Vorbehandlung*

Kriechmodul *1 min*	N/mm^2	*Zeitstandzugfestigkeit* h	N/mm^2
Kriechmodul *1000 h*	N/mm^2	*Zeitdehnspg. %* h	N/mm^2
bei Spannung	N/mm^2		

Biegeversuch 23 °C ASTM D 790;
Probekörper: *Form* / *Zustand* — *Herstellung* Spritzgiessen; *Vorbehandlung* Normalklima

Biegefestigkeit	N/mm^2 8	*E-Modul*	N/mm^2 172
3,5% *Biegespannung*	N/mm^2		

Härte 23 °C *Probekörper:* *Zustand* — *Herstellung* Spritzgiessen; *Vorbehandlung* Normalklima

Kugeldruckhärte	N/mm^2 bei N, s	*Shore-Härte* A	
Rockwellhärte		*Shore-Härte* D	55

Schlagversuch *Probekörper:* *(1)* / *(2)* V-Kerbe / *Zustand* — *Herstellung* Spritzgiessen; *Vorbehandlung* Normalklima

		°C	°C	°C	*Probekörper-Form*
Schlagzähigkeit	kJ/m^2				
Kerbschlagzähigkeit (1)	kJ/m^2				
IZOD-Kerbschlagzähigkeit (2)	J/m	-40 o.B.			
Kerbschlagzugzähigkeit	kJ/m^2				

Abrieb und Reibung

Taber-Abrieb (Reibradverfahren)	mm^3/100 U		
Abriebfaktor LNP (Thrust washer) Vergleichswert			
Statische Reibungszahl			
Dynamische Reibungszahl	(p·v=	N/mm^2·	m/min)
Zulässiger p · v Wert	N/mm^2 · (m/min)	v=	m/min
		v=	m/min

Thermische Eigenschaften

Formbeständigkeit in der Wärme	*Verfahren*		°C	
	Verfahren		°C	
Vicat Erweichungstemperatur (VST)	*Verfahren*		152 °C	
	Verfahren		°C	
Kristallit-Schmelzpunkt	*Verfahren*		182 °C	
Längenausdehnungskoeffizient	*Bereich*	°C		$\cdot 10^{-4}K^{-1}$
	Temperatur			$\cdot 10^{-4}K^{-1}$
Wärmeleitfähigkeit	*Verfahren*			W/(K · m)
Spezifische Wärmekapazität	*Verfahren*			J/(K · g)
Glasumwandlungstemperatur	*Torsionsschwingungsversuch*	°C		
	Differentialkalorimetrie	°C		

Brandverhalten

UL-Test vertikal	Dicke	mm, Wert
	Dicke	mm, Wert

	Norm	*Bewertung*	*Abmessungen*
Sauerstoff-Index	ASTM D 2863		
Glühstab-Verfahren			
Brandverhalten	DIN 4102		
MVSS			
FAR			

Elektrische Eigenschaften

		Hz	°C		*Probekörper, Form*
Dielektrizitätszahl		50			
		10^3			
		10^6			
Dielektrischer Verlustfaktor tan δ		50			
		10^3			
		10^6			
Spezifischer Durchgangs-widerstand	Ohm · cm				
Durchschlagfestigkeit	kV/mm				mm dick
Oberflächenwiderstand	Ohm				
Kriechstromfestigkeit		KC	KB	KA	
Elektrolytische Korrosionswirkung					
Lichtbogenfestigkeit nach DIN					
nach ASTM	s				

Beständigkeit *(Chemische Beständigkeit siehe Anhang)*

Wasseraufnahme 23 C	1 d	0.36 %	
Feuchtigkeitsaufnahme Normalklima			%
Wetterbeständigkeit			
Spannungskorrosion			

Optische Eigenschaften

Brechungszahl n_D		
Transmissionsgrad τ_c	%	mm dick
Lichtdurchlässigkeit		

Datenbank-Nr. **T01173** *Merkblatt-Nr.* **4270**

Produkt	Polyester-Elastomer		**PEL**
Handelsname	**Riteflex 555 ZS**		
Hersteller	HOECHST		
DIN-Bez 1			
DIN-Bez 2			
Zusätze		*Füllstoffe/ Verstärkung*	
Bevorzugte Verarbeitung	Spritzgiessen; Extrudieren	*Lieferform*	Granulat
		Farben	Natur; Schwarz
Besondere Merkmale	Flexibel-zaehes Eigenschaftsprofil; Gute Reissfestigkeit; Gutes Rueckstellvermoegen; Gute Chemikalienbestaendigkeit; Gute Kaelteschlagzaehigkeit; Gute Alterungsbestaendigkeit	*Bevorzugte Anwendungen*	Technisches Formteil; Kfz-Industrie; Elektrotechnik; Spoiler; Stossfaengerteil; Seitenschutzleiste; Verkleidungsprofil; Stossdaempfermantel

Dichte	g/cm³ 1.20	*Schmelzindex*	g/10 min	10–15:	220
Schüttdichte	g/cm³	*Volumenfließindex*	cm³/10 min	:	
Viskositätszahl	ml/g				

Verarbeitungsbedingungen für Spritzgießen

Massetemp.	°C	*Schwindung*	% lgs	1.5, quer 2.0
Werkzeugtemp.	°C	*Bemerkungen*		
Spritzdruck	bar			

Zugversuch 23 °C ASTM D 412;
Probekörper: *Form* *Zustand* — *Herstellung* Spritzgiessen, *Vorbehandlung* Normalklima

Streckspannung	N/mm²	*Dehnung bei Streckspannung*	%	
Zugfestigkeit	N/mm²	*Reißdehnung*	%	780
Reißfestigkeit	N/mm²	*% Dehnspannung*	N/mm²	
E-Modul	N/mm²	*Dehnung bei % Dehnspg.*	%	

Kriechmoduln und Zeitstandwerte 23 °C
Probekörper: *Form* *Zustand* — *Herstellung* *Vorbehandlung*

Kriechmodul	*1 min* N/mm²	*Zeitstandzugfestigkeit*	h N/mm²
Kriechmodul	*1000 h* N/mm²	*Zeitdehnspg. %*	h N/mm²
bei Spannung	N/mm²		

Biegeversuch 23 °C ASTM D 790;
Probekörper: *Form* *Zustand* — *Herstellung* Spritzgiessen, *Vorbehandlung* Normalklima

Biegefestigkeit	N/mm² 8	*E-Modul*	N/mm² 172
3,5% *Biegespannung*	N/mm²		

Härte 23 °C *Probekörper:* *Zustand* — *Herstellung* Spritzgiessen, *Vorbehandlung* Normalklima

Kugeldruckhärte	N/mm² bei N, s	*Shore-Härte* A	
Rockwellhärte		*Shore-Härte* D	55

Schlagversuch *Probekörper:* *(1)* *(2)* V-Kerbe *Zustand* — *Herstellung* Spritzgiessen, *Vorbehandlung* Normalklima

	°C	°C	°C	*Probekörper-Form*
Schlagzähigkeit kJ/m²				
Kerbschlagzähigkeit (1) kJ/m²				
IZOD-Kerbschlagzähigkeit (2) J/m	-40 o.B.			
Kerbschlagzugzähigkeit kJ/m²				

Abrieb und Reibung

Taber-Abrieb (Reibradverfahren)	mm^3/100 U		
Abriebfaktor LNP (Thrust washer) Vergleichswert			
Statische Reibungszahl			
Dynamische Reibungszahl	(p · v =	N/mm^2 ·	m/min)
Zulässiger p · v Wert	N/mm^2 · (m/min)	v =	m/min
		v =	m/min

Thermische Eigenschaften

Formbeständigkeit in der Wärme	*Verfahren* B		74 °C
	Verfahren		°C
Vicat Erweichungstemperatur (VST)	*Verfahren*		161 °C
	Verfahren		°C
Kristallit-Schmelzpunkt	*Verfahren*		184 °C
Längenausdehnungskoeffizient	*Bereich*	°C	$\cdot 10^{-4}K^{-1}$
	Temperatur		$\cdot 10^{-4}K^{-1}$
Wärmeleitfähigkeit	*Verfahren*		W/(K · m)
Spezifische Wärmekapazität	*Verfahren*		J/(K · g)
Glasumwandlungstemperatur	*Torsionsschwingungsversuch*	°C	
	Differentialkalorimetrie	°C	

Brandverhalten

UL-Test vertikal	Dicke	mm, Wert
	Dicke	mm, Wert

	Norm	*Bewertung*	*Abmessungen*
Sauerstoff-Index	ASTM D 2863		
Glühstab-Verfahren			
Brandverhalten	DIN 4102		
MVSS			
FAR			

Elektrische Eigenschaften

		Hz	°C		*Probekörper, Form*
Dielektrizitätszahl		50			
		10^3			
		10^6			
Dielektrischer Verlustfaktor tan δ		50			
		10^3			
		10^6			
Spezifischer Durchgangswiderstand	Ohm · cm				
Durchschlagfestigkeit	kV/mm				mm dick
Oberflächenwiderstand	Ohm				
Kriechstromfestigkeit		KC	KB	KA	
Elektrolytische Korrosionswirkung					
Lichtbogenfestigkeit nach DIN					
nach ASTM	s				

Beständigkeit *(Chemische Beständigkeit siehe Anhang)*

Wasseraufnahme 23 C	1 d	0.4 %	
Feuchtigkeitsaufnahme Normalklima			%
Wetterbeständigkeit			
Spannungskorrosion			

Optische Eigenschaften

Brechungszahl n_D		
Transmissionsgrad τ_c	%	mm dick
Lichtdurchlässigkeit		

Datenbank-Nr.	**T01174**	*Merkblatt-Nr.*	**4271**

Produkt	Polyester-Elastomer		**PEL**
Handelsname	**Riteflex 555 HS**		
Hersteller	HOECHST		
DIN-Bez 1			
DIN-Bez 2			
Zusätze		*Füllstoffe/ Verstärkung*	
Bevorzugte Verarbeitung	Spritzgiessen; Extrudieren	*Lieferform*	Granulat
		Farben	Natur; Schwarz
Besondere Merkmale	Flexibel-zaehes Eigenschaftsprofil; Gute Reissfestigkeit; Gutes Rueckstellvermoegen; Gute Chemikalienbestaendigkeit; Gute Kaelteschlagzaehigkeit; Gute Alterungsbestaendigkeit	*Bevorzugte Anwendungen*	Technisches Formteil; Kfz-Industrie; Elektrotechnik; Spoiler; Stossfaengerteil; Seitenschutzleiste; Verkleidungsprofil; Stossdaempfermantel

Dichte	g/cm^3	1.20	*Schmelzindex*	g/10 min	3–7:	220
Schüttdichte	g/cm^3		*Volumenfließindex*	$cm^3/10$ min	:	
Viskositätszahl	ml/g					

Verarbeitungsbedingungen für Spritzgießen

Massetemp.	°C	*Schwindung*	%	lgs 1.5, quer 2.0
Werkzeugtemp.	°C	*Bemerkungen*		
Spritzdruck	bar			

Zugversuch 23 °C ASTM D 412;
Probekörper: *Form* / *Zustand* — *Herstellung* Spritzgiessen; *Vorbehandlung* Normalklima

Streckspannung	N/mm^2	*Dehnung bei Streckspannung*	%	
Zugfestigkeit	N/mm^2	*Reißdehnung*	%	650
Reißfestigkeit	N/mm^2	*% Dehnspannung*	N/mm^2	
E-Modul	N/mm^2	*Dehnung bei % Dehnspg.*	%	

Kriechmoduln und Zeitstandwerte 23 °C
Probekörper: *Form* / *Zustand* — *Herstellung* / *Vorbehandlung*

Kriechmodul	*1 min*	N/mm^2	*Zeitstandzugfestigkeit*	h	N/mm^2
Kriechmodul	*1000 h*	N/mm^2	*Zeitdehnspg. %*	h	N/mm^2
bei Spannung		N/mm^2			

Biegeversuch 23 °C ASTM D 790;
Probekörper: *Form* / *Zustand* — *Herstellung* Spritzgiessen; *Vorbehandlung* Normalklima

Biegefestigkeit	N/mm^2	8	*E-Modul*	N/mm^2	165
3,5% *Biegespannung*	N/mm^2				

Härte 23 °C *Probekörper:* *Zustand* — *Herstellung* Spritzgiessen; *Vorbehandlung* Normalklima

Kugeldruckhärte	N/mm^2	bei N, s	*Shore-Härte A*	
Rockwellhärte			*Shore-Härte D*	55

Schlagversuch *Probekörper:* *(1)* / *(2)* V-Kerbe / *Zustand* — *Herstellung* Spritzgiessen; *Vorbehandlung* Normalklima

		°C	°C	°C	*Probekörper-Form*
Schlagzähigkeit	kJ/m^2				
Kerbschlagzähigkeit (1)	kJ/m^2				
IZOD-Kerbschlagzähigkeit (2)	J/m	-40 o.B.			
Kerbschlagzugzähigkeit	kJ/m^2				

Abrieb und Reibung

Taber-Abrieb (Reibradverfahren)	$mm^3/100$ U		
Abriebfaktor LNP (Thrust washer) Vergleichswert			
Statische Reibungszahl			
Dynamische Reibungszahl	(p·v=	N/mm^2 ·	m/min)
Zulässiger p · v Wert	N/mm^2 · (m/min)	v=	m/min
		v=	m/min

Thermische Eigenschaften

Formbeständigkeit in der Wärme	*Verfahren* B	72 °C	
	Verfahren	°C	
Vicat Erweichungstemperatur (VST)	*Verfahren*	152 °C	
	Verfahren	°C	
Kristallit-Schmelzpunkt	*Verfahren*	180 °C	
Längenausdehnungskoeffizient	*Bereich* °C		$\cdot 10^{-4} K^{-1}$
	Temperatur		$\cdot 10^{-4} K^{-1}$
Wärmeleitfähigkeit	*Verfahren*		W/(K · m)
Spezifische Wärmekapazität	*Verfahren*		J/(K · g)
Glasumwandlungstemperatur	*Torsionsschwingungsversuch*	°C	
	Differentialkalorimetrie	°C	

Brandverhalten

UL-Test vertikal Dicke mm, Wert
Dicke mm, Wert

	Norm	*Bewertung*	*Abmessungen*
Sauerstoff-Index	ASTM D 2863		
Glühstab-Verfahren			
Brandverhalten	DIN 4102		
MVSS			
FAR			

Elektrische Eigenschaften

	Hz	°C	*Probekörper, Form*
Dielektrizitätszahl	50		
	10^3		
	10^6		
Dielektrischer Verlustfaktor tan δ	50		
	10^3		
	10^6		
Spezifischer Durchgangswiderstand Ohm · cm			
Durchschlagfestigkeit kV/mm			mm dick
Oberflächenwiderstand Ohm			

Kriechstromfestigkeit	KC	KB	KA
Elektrolytische Korrosionswirkung			
Lichtbogenfestigkeit nach DIN			
nach ASTM s			

Beständigkeit *(Chemische Beständigkeit siehe Anhang)*

Wasseraufnahme 23 C	1 d	0.36 %	
Feuchtigkeitsaufnahme Normalklima			%
Wetterbeständigkeit			
Spannungskorrosion			

Optische Eigenschaften

Brechungszahl n_D
Transmissionsgrad τ_c % mm dick
Lichtdurchlässigkeit

Produkt	Polyester-Elastomer-Blend		**PEL**
Handelsname	**Riteflex BP 8929**		
Hersteller	HOECHST		
DIN-Bez 1			
DIN-Bez 2			
Zusätze		*Füllstoffe/ Verstärkung*	
Bevorzugte Verarbeitung	Spritzgiessen	*Lieferform*	Granulat
		Farben	Natur; Schwarz
Besondere Merkmale	Flexibel-zaehes Eigenschaftsprofil; Gute Reissfestigkeit; Gutes Rueckstellvermoegen; Gute Chemikalienbestaendigkeit; Gute Kaelteschlagzaehigkeit; Gute Alterungsbestaendigkeit	*Bevorzugte Anwendungen*	Grossflaechiges Formteil; Kfz-Industrie; Elektrotechnik; Spoiler; Stossfaengerteil; Seitenschutzleiste; Verkleidungsprofil; Stossdaempfermantel

Dichte	g/cm^3	1.18	*Schmelzindex*	g/10 min	10–15:	220
Schüttdichte	g/cm^3		*Volumenfließindex*	cm^3/10 min	:	
Viskositätszahl	ml/g					

Verarbeitungsbedingungen für Spritzgießen

Massetemp.	°C	*Schwindung*	%	lgs	1.5, quer 2.0
Werkzeugtemp.	°C	*Bemerkungen*			
Spritzdruck	bar				

Zugversuch 23 °C ASTM D 412;
Probekörper: *Form* — *Herstellung* Spritzgiessen
Zustand — *Vorbehandlung* Normalklima

Streckspannung	N/mm^2	*Dehnung bei Streckspannung*	%	
Zugfestigkeit	N/mm^2	*Reißdehnung*	%	180
Reißfestigkeit	N/mm^2	*% Dehnspannung*	N/mm^2	
E-Modul	N/mm^2	*Dehnung bei % Dehnspg.*	%	

Kriechmoduln und Zeitstandwerte 23 °C
Probekörper: *Form* — *Herstellung*
Zustand — *Vorbehandlung*

Kriechmodul	*1 min* N/mm^2	*Zeitstandzugfestigkeit*	h	N/mm^2
Kriechmodul	*1000 h* N/mm^2	*Zeitdehnspg. %*	h	N/mm^2
bei Spannung	N/mm^2			

Biegeversuch 23 °C ASTM D 790;
Probekörper: *Form* — *Herstellung* Spritzgiessen
Zustand — *Vorbehandlung* Normalklima

Biegefestigkeit	N/mm^2	*E-Modul*	N/mm^2 760
3,5% *Biegespannung*	N/mm^2		

Härte 23 °C *Probekörper:* *Zustand* — *Herstellung* Spritzgiessen
Vorbehandlung Normalklima

Kugeldruckhärte	N/mm^2 bei N, s	*Shore-Härte* A	
Rockwellhärte		*Shore-Härte* D	67

Schlagversuch *Probekörper:* *(1)*
(2) V-Kerbe — *Herstellung* Spritzgiessen
Zustand — *Vorbehandlung* Normalklima

		°C	°C	°C	*Probekörper-Form*
Schlagzähigkeit	kJ/m^2				
Kerbschlagzähigkeit (1)	kJ/m^2				
IZOD-Kerbschlagzähigkeit (2)	J/m	-40 76			
Kerbschlagzugzähigkeit	kJ/m^2				

Abrieb und Reibung

Taber-Abrieb (Reibradverfahren)	mm^3/100 U		
Abriebfaktor LNP (Thrust washer) Vergleichswert			
Statische Reibungszahl			
Dynamische Reibungszahl	(p · v =	N/mm^2 ·	m/min)
Zulässiger p · v Wert	N/mm^2 · (m/min)	v =	m/min
		v =	m/min

Thermische Eigenschaften

Formbeständigkeit in der Wärme	*Verfahren*		°C
	Verfahren		°C
Vicat Erweichungstemperatur (VST)	*Verfahren*		195 °C
	Verfahren		°C
Kristallit-Schmelzpunkt	*Verfahren*		228 °C
Längenausdehnungskoeffizient	*Bereich*	°C	$\cdot 10^{-4} K^{-1}$
	Temperatur		$\cdot 10^{-4} K^{-1}$
Wärmeleitfähigkeit	*Verfahren*		W/(K · m)
Spezifische Wärmekapazität	*Verfahren*		J/(K · g)
Glasumwandlungstemperatur	*Torsionsschwingungsversuch*	°C	
	Differentialkalorimetrie	°C	

Brandverhalten

UL-Test vertikal	Dicke	mm, Wert
	Dicke	mm, Wert

	Norm	*Bewertung*	*Abmessungen*
Sauerstoff-Index	ASTM D 2863		
Glühstab-Verfahren			
Brandverhalten	DIN 4102		
MVSS			
FAR			

Elektrische Eigenschaften

		Hz	°C			*Probekörper, Form*
Dielektrizitätszahl		50				
		10^3				
		10^6				
Dielektrischer Verlustfaktor tan δ		50				
		10^3				
		10^6				
Spezifischer Durchgangs-widerstand	Ohm · cm					
Durchschlagfestigkeit	kV/mm					mm dick
Oberflächenwiderstand	Ohm					
Kriechstromfestigkeit		KC		KB	KA	
Elektrolytische Korrosionswirkung						
Lichtbogenfestigkeit nach DIN						
nach ASTM	s					

Beständigkeit *(Chemische Beständigkeit siehe Anhang)*

Wasseraufnahme

Feuchtigkeitsaufnahme Normalklima %

Wetterbeständigkeit

Spannungskorrosion

Optische Eigenschaften

Brechungszahl n_D		
Transmissionsgrad τ_c	%	mm dick
Lichtdurchlässigkeit		

Datenbank-Nr.	**T01176**	*Merkblatt-Nr.*	**4273**

Produkt	Polyester-Elastomer-Blend		**PEL**
Handelsname	**Riteflex BP 9056**		
Hersteller	HOECHST		
DIN-Bez 1			
DIN-Bez 2			
Zusätze		*Füllstoffe/ Verstärkung*	
Bevorzugte Verarbeitung	Spritzgiessen	*Lieferform*	Granulat
		Farben	Natur; Schwarz
Besondere Merkmale	Flexibel-zaehes Eigenschaftsprofil; Gute Reissfestigkeit; Gutes Rueckstellvermoegen; Gute Chemikalienbestaendigkeit; Gute Kaelteschlagzaehigkeit; Gute Alterungsbestaendigkeit	*Bevorzugte Anwendungen*	Grossflaechiges Formteil; Kfz-Industrie; Elektrotechnik; Spoiler; Stossfaengerteil; Seitenschutzleiste; Verkleidungsprofil; Stossdaempfermantel

Dichte	g/cm^3	1.14	*Schmelzindex*	g/10 min	10–14: 220
Schüttdichte	g/cm^3		*Volumenfließindex*	cm^3/10 min	:
Viskositätszahl	ml/g				

Verarbeitungsbedingungen für Spritzgießen

Massetemp.	°C	*Schwindung*	%	lgs	1.3, quer 1.8
Werkzeugtemp.	°C	*Bemerkungen*			
Spritzdruck	bar				

Zugversuch 23 °C ASTM D 412;

Probekörper: *Form* — *Herstellung* Spritzgiessen
Zustand — *Vorbehandlung* Normalklima

Streckspannung	N/mm^2	*Dehnung bei Streckspannung*	%	
Zugfestigkeit	N/mm^2	*Reißdehnung*	%	350
Reißfestigkeit	N/mm^2	*% Dehnspannung*	N/mm^2	
E-Modul	N/mm^2	*Dehnung bei % Dehnspg.*	%	

Kriechmoduln und Zeitstandwerte 23 °C

Probekörper: *Form* — *Herstellung*
Zustand — *Vorbehandlung*

Kriechmodul	*1 min* N/mm^2	*Zeitstandzugfestigkeit*	h	N/mm^2	
Kriechmodul	*1000 h* N/mm^2	*Zeitdehnspg. %*	h	N/mm^2	
bei Spannung	N/mm^2				

Biegeversuch 23 °C ASTM D 790;

Probekörper: *Form* — *Herstellung* Spritzgiessen
Zustand — *Vorbehandlung* Normalklima

Biegefestigkeit	N/mm^2	12	*E-Modul*	N/mm^2	325
3,5% *Biegespannung*	N/mm^2				

Härte 23 °C *Probekörper:* *Zustand* — *Herstellung* Spritzgiessen
Vorbehandlung Normalklima

Kugeldruckhärte	N/mm^2	bei N, s	*Shore-Härte A*	
Rockwellhärte			*Shore-Härte D*	49

Schlagversuch *Probekörper:* *(1)*
(2) V-Kerbe — *Herstellung* Spritzgiessen
Zustand — *Vorbehandlung* Normalklima

		°C	°C	°C	*Probekörper-Form*
Schlagzähigkeit	kJ/m^2				
Kerbschlagzähigkeit (1)	kJ/m^2				
IZOD-Kerbschlagzähigkeit (2)	J/m	-20 o.B.			
Kerbschlagzugzähigkeit	kJ/m^2				

Abrieb und Reibung

Taber-Abrieb (Reibradverfahren)	$mm^3/100$ U		
Abriebfaktor LNP (Thrust washer) Vergleichswert			
Statische Reibungszahl			
Dynamische Reibungszahl	(p·v=	N/mm^2 ·	m/min)
Zulässiger p · v Wert	N/mm^2 · (m/min)	v=	m/min
		v=	m/min

Thermische Eigenschaften

Formbeständigkeit in der Wärme	*Verfahren*		°C	
	Verfahren		°C	
Vicat Erweichungstemperatur (VST)	*Verfahren*		130 °C	
	Verfahren		°C	
Kristallit-Schmelzpunkt	*Verfahren*		228 °C	
Längenausdehnungskoeffizient	*Bereich*	°C		$\cdot 10^{-4} K^{-1}$
	Temperatur			$\cdot 10^{-4} K^{-1}$
Wärmeleitfähigkeit	*Verfahren*			W/(K · m)
Spezifische Wärmekapazität	*Verfahren*			J/(K · g)
Glasumwandlungstemperatur	*Torsionsschwingungsversuch*	°C		
	Differentialkalorimetrie	°C		

Brandverhalten

UL-Test vertikal	Dicke	mm, Wert
	Dicke	mm, Wert

	Norm	*Bewertung*	*Abmessungen*
Sauerstoff-Index	ASTM D 2863		
Glühstab-Verfahren			
Brandverhalten	DIN 4102		
MVSS			
FAR			

Elektrische Eigenschaften

		Hz	°C		*Probekörper, Form*
Dielektrizitätszahl		50			
		10^3			
		10^6			
Dielektrischer Verlustfaktor tan δ		50			
		10^3			
		10^6			
Spezifischer Durchgangswiderstand	Ohm · cm				
Durchschlagfestigkeit	kV/mm				mm dick
Oberflächenwiderstand	Ohm				
Kriechstromfestigkeit		KC	KB	KA	
Elektrolytische Korrosionswirkung					
Lichtbogenfestigkeit nach DIN					
nach ASTM	s				

Beständigkeit *(Chemische Beständigkeit siehe Anhang)*

Wasseraufnahme 23 C	1 d	0.1 %	
Feuchtigkeitsaufnahme Normalklima			%
Wetterbeständigkeit			
Spannungskorrosion			

Optische Eigenschaften

Brechungszahl n_D		
Transmissionsgrad τ_c	%	mm dick
Lichtdurchlässigkeit		

Datenbank-Nr.	**T01177**	*Merkblatt-Nr.*	**4274**

Produkt	Polyester-Elastomer-Blend		**PEL**
Handelsname	**Riteflex BP 9086**		
Hersteller	HOECHST		
DIN-Bez 1			
DIN-Bez 2			
Zusätze		*Füllstoffe/ Verstärkung*	
Bevorzugte Verarbeitung	Spritzgiessen	*Lieferform*	Granulat
		Farben	Natur; Schwarz
Besondere Merkmale	Flexibel-zaehes Eigenschaftsprofil; Gute Reissfestigkeit; Gutes Rueckstellvermoegen; Gute Chemikalienbestaendigkeit; Gute Kaelteschlagzaehigkeit; Gute Alterungsbestaendigkeit	*Bevorzugte Anwendungen*	Grossflaechiges Formteil; Kfz-Industrie; Elektrotechnik; Spoiler; Stossfaengerteil; Seitenschutzleiste; Verkleidungsprofil; Stossdaempfermantel

Dichte	g/cm^3	1.16	*Schmelzindex*	g/10 min	8–12:	250
Schüttdichte	g/cm^3		*Volumenfließindex*	cm^3/10 min	:	
Viskositätszahl	ml/g					

Verarbeitungsbedingungen für Spritzgießen

Massetemp.	°C	*Schwindung*	%	lgs	1.3, quer 1.8
Werkzeugtemp.	°C	*Bemerkungen*			
Spritzdruck	bar				

Zugversuch 23 °C ASTM D 412;

Probekörper:	*Form*	*Herstellung*	Spritzgiessen
	Zustand	*Vorbehandlung*	Normalklima

Streckspannung	N/mm^2	*Dehnung bei Streckspannung*	%	
Zugfestigkeit	N/mm^2	*Reißdehnung*	%	240
Reißfestigkeit	N/mm^2	*% Dehnspannung*	N/mm^2	
E-Modul	N/mm^2	*Dehnung bei % Dehnspg.*	%	

Kriechmoduln und Zeitstandwerte 23 °C

Probekörper:	*Form*	*Herstellung*	
	Zustand	*Vorbehandlung*	

Kriechmodul	*1 min* N/mm^2	*Zeitstandzugfestigkeit*	h	N/mm^2
Kriechmodul	*1000 h* N/mm^2	*Zeitdehnspg. %*	h	N/mm^2
bei Spannung	N/mm^2			

Biegeversuch 23 °C ASTM D 790;

Probekörper:	*Form*	*Herstellung*	Spritzgiessen
	Zustand	*Vorbehandlung*	Normalklima

Biegefestigkeit	N/mm^2	20	*E-Modul*	N/mm^2	550
3,5% *Biegespannung*	N/mm^2				

Härte 23 °C

Probekörper:	*Zustand*	*Herstellung*	Spritzgiessen
		Vorbehandlung	Normalklima

Kugeldruckhärte	N/mm^2	bei N, s	*Shore-Härte* A	
Rockwellhärte			*Shore-Härte* D	62

Schlagversuch

Probekörper:	*(1)*		
	(2) V-Kerbe	*Herstellung*	Spritzgiessen
	Zustand	*Vorbehandlung*	Normalklima

		°C		°C		°C		*Probekörper-Form*
Schlagzähigkeit	kJ/m^2							
Kerbschlagzähigkeit (1)	kJ/m^2							
IZOD-Kerbschlagzähigkeit (2)	J/m	-20	133					
Kerbschlagzugzähigkeit	kJ/m^2							

Abrieb und Reibung

Taber-Abrieb (Reibradverfahren)	mm^3/100 U		
Abriebfaktor LNP (Thrust washer) Vergleichswert			
Statische Reibungszahl			
Dynamische Reibungszahl	(p·v= N/mm^2·		m/min)
Zulässiger p · v Wert	N/mm^2 · (m/min)	v=	m/min
		v=	m/min

Thermische Eigenschaften

Formbeständigkeit in der Wärme	*Verfahren*		°C
	Verfahren		°C
Vicat Erweichungstemperatur (VST)	*Verfahren*		166 °C
	Verfahren		°C
Kristallit-Schmelzpunkt	*Verfahren*		228 °C
Längenausdehnungskoeffizient	*Bereich*	°C	$\cdot 10^{-4}K^{-1}$
	Temperatur		$\cdot 10^{-4}K^{-1}$
Wärmeleitfähigkeit	*Verfahren*		W/(K · m)
Spezifische Wärmekapazität	*Verfahren*		J/(K · g)
Glasumwandlungstemperatur	*Torsionsschwingungsversuch*	°C	
	Differentialkalorimetrie	°C	

Brandverhalten

UL-Test vertikal	Dicke mm, Wert
	Dicke mm, Wert

	Norm	*Bewertung*	*Abmessungen*
Sauerstoff-Index	ASTM D 2863		
Glühstab-Verfahren			
Brandverhalten	DIN 4102		
MVSS			
FAR			

Elektrische Eigenschaften

		Hz	°C	*Probekörper, Form*
Dielektrizitätszahl		50		
		10^3		
		10^6		
Dielektrischer Verlustfaktor tan δ		50		
		10^3		
		10^6		
Spezifischer Durchgangs-widerstand	Ohm · cm			
Durchschlagfestigkeit	kV/mm			mm dick
Oberflächenwiderstand	Ohm			

Kriechstromfestigkeit	KC	KB	KA
Elektrolytische Korrosionswirkung			
Lichtbogenfestigkeit nach DIN			
nach ASTM s			

Beständigkeit *(Chemische Beständigkeit siehe Anhang)*

Wasseraufnahme 23 C	1 d	0.1 %	
Feuchtigkeitsaufnahme Normalklima			%
Wetterbeständigkeit			
Spannungskorrosion			

Optische Eigenschaften

Brechungszahl n_D		
Transmissionsgrad τ_c	%	mm dick
Lichtdurchlässigkeit		

Datenbank-Nr. **T01178** Merkblatt-Nr. **4275**

PP

Produkt	Polypropylen		
Handelsname	**Starpylen HR 20 E33**		
Hersteller	FERRO		
DIN-Bez 1			
DIN-Bez 2			
Zusätze		*Füllstoffe/ Verstärkung*	20% Mineral (Glaskeramik)
Bevorzugte Verarbeitung	Spritzgiessen	*Lieferform*	Granulat
		Farben	Natur; Standard
Besondere Merkmale	Sehr gute Strahlenbestaendigkeit; Ausgezeichnete Oberflaechenqualitaet; Isotrop	*Bevorzugte Anwendungen*	Gehaeuse; Flasche; Harter Deckel; Grossflaechiges Formteil; Luftfilter; Armaturenbrett; Kasten; Behaelter; Kfz-Innenteil; Kfz-Industrie

Dichte	g/cm³	1.05	*Schmelzindex*	g/10 min	2–5:	230/5.0
Schüttdichte	g/cm³		*Volumenfließindex*	cm³/10 min	:	
Viskositätszahl	ml/g					

Verarbeitungsbedingungen für Spritzgießen

Massetemp.	°C	*Schwindung*	%	lgs 1.5–1.8, quer 1.5–1.8
Werkzeugtemp.	°C	*Bemerkungen*		
Spritzdruck	bar			

Zugversuch 23 °C ISO R 527;
Probekörper: *Form* — *Herstellung* Spritzgiessen
Zustand — *Vorbehandlung* Normalklima

Streckspannung	N/mm²		*Dehnung bei Streckspannung*	%	
Zugfestigkeit	N/mm²	27	*Reißdehnung*	%	30
Reißfestigkeit	N/mm²		*% Dehnspannung*	N/mm²	
E-Modul	N/mm²		*Dehnung bei % Dehnspg.*	%	

Kriechmoduln und Zeitstandwerte 23 °C
Probekörper: *Form* — *Herstellung*
Zustand — *Vorbehandlung*

Kriechmodul	*1 min*	N/mm²	*Zeitstandzugfestigkeit*	h	N/mm²
Kriechmodul	*1000 h*	N/mm²	*Zeitdehnspg. %*	h	N/mm²
bei Spannung		N/mm²			

Biegeversuch 23 °C ISO 178;
Probekörper: *Form* — *Herstellung* Spritzgiessen
Zustand — *Vorbehandlung* Normalklima

Biegefestigkeit	N/mm²	37	*E-Modul*	N/mm²	2200
3,5% *Biegespannung*	N/mm²				

Härte 23 °C *Probekörper:* *Zustand* — *Herstellung* Spritzgiessen
Vorbehandlung Normalklima

Kugeldruckhärte	N/mm²	84	bei N, s	*Shore-Härte* A	
Rockwellhärte				*Shore-Härte* D	71

Schlagversuch *Probekörper:* *(1)*
(2) V-Kerbe — *Herstellung* Spritzgiessen
Zustand — *Vorbehandlung* Normalklima

		°C		°C	°C	*Probekörper-Form*
Schlagzähigkeit	kJ/m²					
Kerbschlagzähigkeit (1)	kJ/m²					
IZOD-Kerbschlagzähigkeit (2)	J/m	23	54			
Kerbschlagzugzähigkeit	kJ/m²					

Abrieb und Reibung

Taber-Abrieb (Reibradverfahren)	mm^3/100 U		
Abriebfaktor LNP (Thrust washer) Vergleichswert			
Statische Reibungszahl			
Dynamische Reibungszahl	(p · v =	N/mm^2 ·	m/min)
Zulässiger p · v Wert	N/mm^2 · (m/min)	v =	m/min
		v =	m/min

Thermische Eigenschaften

Formbeständigkeit in der Wärme	*Verfahren* A		70 °C
	Verfahren		°C
Vicat Erweichungstemperatur (VST)	*Verfahren*		°C
	Verfahren		°C
Kristallit-Schmelzpunkt	*Verfahren*		
Längenausdehnungskoeffizient	*Bereich*	°C	$\cdot 10^{-4}K^{-1}$
	Temperatur		$\cdot 10^{-4}K^{-1}$
Wärmeleitfähigkeit	*Verfahren*		W/(K · m)
Spezifische Wärmekapazität	*Verfahren*		J/(K · g)
Glasumwandlungstemperatur	*Torsionsschwingungsversuch*	°C	
	Differentialkalorimetrie	°C	

Brandverhalten

UL-Test vertikal	Dicke	mm, Wert
	Dicke	mm, Wert

	Norm	*Bewertung*	*Abmessungen*
Sauerstoff-Index	ASTM D 2863		
Glühstab-Verfahren			
Brandverhalten	DIN 4102		
MVSS			
FAR			

Elektrische Eigenschaften

		Hz	°C	*Probekörper, Form*
Dielektrizitätszahl		50		
		10^3		
		10^6		
Dielektrischer Verlustfaktor tan δ		50		
		10^3		
		10^6		
Spezifischer Durchgangs-widerstand	Ohm · cm			
Durchschlagfestigkeit	kV/mm			mm dick
Oberflächenwiderstand	Ohm			

Kriechstromfestigkeit	KC	KB	KA
Elektrolytische Korrosionswirkung			
Lichtbogenfestigkeit nach DIN			
nach ASTM s			

Beständigkeit *(Chemische Beständigkeit siehe Anhang)*

Wasseraufnahme

Feuchtigkeitsaufnahme Normalklima %

Wetterbeständigkeit

Spannungskorrosion

Optische Eigenschaften

Brechungszahl n_D		
Transmissionsgrad τ_c	%	mm dick
Lichtdurchlässigkeit		

Datenbank-Nr. **T01179** Merkblatt-Nr. **4276**

Produkt	Polypropylen		**PP**
Handelsname	**Starpylen HS 30 E33**		
Hersteller	FERRO		
DIN-Bez 1 *DIN-Bez 2*			
Zusätze		*Füllstoffe/ Verstärkung*	30% Mineral (Glaskeramik)
Bevorzugte Verarbeitung	Spritzgiessen	*Lieferform*	Granulat
		Farben	Natur; Standard
Besondere Merkmale	Sehr gute Strahlenbestaendigkeit; Ausgezeichnete Oberflaechenqualitaet; Isotrop	*Bevorzugte Anwendungen*	Gehaeuse; Flasche; Harter Deckel; Grossflaechiges Formteil; Luftfilter; Armaturenbrett; Kasten; Behaelter; Kfz-Innenteil; Kfz-Industrie

Dichte	g/cm³	1.13	*Schmelzindex*	g/10 min	5–10:	230/5.0
Schüttdichte	g/cm³		*Volumenfließindex*	cm³/10 min	:	
Viskositätszahl	ml/g					

Verarbeitungsbedingungen für Spritzgießen

Massetemp.	°C	*Schwindung*	%	lgs 1.4–1.7, quer 1.4–1.7
Werkzeugtemp.	°C	*Bemerkungen*		
Spritzdruck	bar			

Zugversuch 23 °C ISO R 527;
Probekörper: *Form* / *Zustand* — *Herstellung* Spritzgiessen; *Vorbehandlung* Normalklima

Streckspannung	N/mm²		*Dehnung bei Streckspannung*	%	
Zugfestigkeit	N/mm²	30	*Reißdehnung*	%	20
Reißfestigkeit	N/mm²		*% Dehnspannung*	N/mm²	
E-Modul	N/mm²		*Dehnung bei % Dehnspg.*	%	

Kriechmoduln und Zeitstandwerte 23 °C
Probekörper: *Form* / *Zustand* — *Herstellung* / *Vorbehandlung*

Kriechmodul	*1 min*	N/mm²	*Zeitstandzugfestigkeit*	h	N/mm²
Kriechmodul	*1000 h*	N/mm²	*Zeitdehnspg. %*	h	N/mm²
bei Spannung		N/mm²			

Biegeversuch 23 °C ISO 178;
Probekörper: *Form* / *Zustand* — *Herstellung* Spritzgiessen; *Vorbehandlung* Normalklima

Biegefestigkeit	N/mm²	40	*E-Modul*	N/mm²	2700
3,5% *Biegespannung*	N/mm²				

Härte 23 °C *Probekörper:* *Zustand* — *Herstellung* Spritzgiessen; *Vorbehandlung* Normalklima

Kugeldruckhärte	N/mm² 85	bei N, s	*Shore-Härte* A	
Rockwellhärte			*Shore-Härte* D	71

Schlagversuch *Probekörper:* *(1)* / *(2)* V-Kerbe / *Zustand* — *Herstellung* Spritzgiessen; *Vorbehandlung* Normalklima

		°C	°C	°C	*Probekörper-Form*
Schlagzähigkeit	kJ/m²				
Kerbschlagzähigkeit (1)	kJ/m²				
IZOD-Kerbschlagzähigkeit (2)	J/m	23 55			
Kerbschlagzugzähigkeit	kJ/m²				

Abrieb und Reibung

Taber-Abrieb (Reibradverfahren)	mm^3/100 U		
Abriebfaktor LNP (Thrust washer) Vergleichswert			
Statische Reibungszahl			
Dynamische Reibungszahl	(p · v=	N/mm^2 ·	m/min)
Zulässiger p · v Wert	N/mm^2 · (m/min)	v=	m/min
		v=	m/min

Thermische Eigenschaften

Formbeständigkeit in der Wärme	*Verfahren* A			75 °C
	Verfahren			°C
Vicat Erweichungstemperatur (VST)	*Verfahren*			°C
	Verfahren			°C
Kristallit-Schmelzpunkt	*Verfahren*			
Längenausdehnungskoeffizient	*Bereich*	°C		$\cdot 10^{-4}K^{-1}$
	Temperatur			$\cdot 10^{-4}K^{-1}$
Wärmeleitfähigkeit	*Verfahren*			W/(K · m)
Spezifische Wärmekapazität	*Verfahren*			J/(K · g)
Glasumwandlungstemperatur	*Torsionsschwingungsversuch*		°C	
	Differentialkalorimetrie		°C	

Brandverhalten

UL-Test vertikal		Dicke mm, Wert	
		Dicke mm, Wert	
	Norm	*Bewertung*	*Abmessungen*
Sauerstoff-Index	ASTM D 2863		
Glühstab-Verfahren			
Brandverhalten	DIN 4102		
MVSS			
FAR			

Elektrische Eigenschaften

		Hz	°C		*Probekörper, Form*
Dielektrizitätszahl		50			
		10^3			
		10^6			
Dielektrischer Verlustfaktor tan δ		50			
		10^3			
		10^6			
Spezifischer Durchgangs-widerstand	Ohm · cm				
Durchschlagfestigkeit	kV/mm				mm dick
Oberflächenwiderstand	Ohm				
Kriechstromfestigkeit		KC	KB	KA	
Elektrolytische Korrosionswirkung					
Lichtbogenfestigkeit nach DIN					
nach ASTM	s				

Beständigkeit *(Chemische Beständigkeit siehe Anhang)*

Wasseraufnahme	
Feuchtigkeitsaufnahme Normalklima	%
Wetterbeständigkeit	
Spannungskorrosion	

Optische Eigenschaften

Brechungszahl n_D		
Transmissionsgrad τ_c	%	mm dick
Lichtdurchlässigkeit		

Produkt	Polypropylen		**PP**
Handelsname	**Starpylen HR 40 E33**		
Hersteller	FERRO		
DIN-Bez 1			
DIN-Bez 2			
Zusätze		*Füllstoffe/ Verstärkung*	40% Mineral (Glaskeramik)
Bevorzugte Verarbeitung	Spritzgiessen	*Lieferform*	Granulat
		Farben	Natur; Standard
Besondere Merkmale	Sehr gute Strahlenbestaendigkeit; Ausgezeichnete Oberflaechenqualitaet; Isotrop	*Bevorzugte Anwendungen*	Gehaeuse; Flasche; Harter Deckel; Grossflaechiges Formteil; Luftfilter; Armaturenbrett; Kasten; Behaelter; Kfz-Innenteil; Kfz-Industrie

Dichte	g/cm^3	1.22	*Schmelzindex*	g/10 min	2–5:	230/5.0
Schüttdichte	g/cm^3		*Volumenfließindex*	cm^3/10 min	:	
Viskositätszahl	ml/g					

Verarbeitungsbedingungen für Spritzgießen

Massetemp.	°C	*Schwindung*	%	lgs 1.3–1.5, quer 1.3–1.5
Werkzeugtemp.	°C	*Bemerkungen*		
Spritzdruck	bar			

Zugversuch 23 °C ISO R 527;
Probekörper: *Form* — *Herstellung* Spritzgiessen
Zustand — *Vorbehandlung* Normalklima

Streckspannung	N/mm^2		*Dehnung bei Streckspannung*	%	
Zugfestigkeit	N/mm^2	35	*Reißdehnung*	%	10
Reißfestigkeit	N/mm^2		*% Dehnspannung*	N/mm^2	
E-Modul	N/mm^2		*Dehnung bei % Dehnspg.*	%	

Kriechmoduln und Zeitstandwerte 23 °C
Probekörper: *Form* — *Herstellung*
Zustand — *Vorbehandlung*

Kriechmodul	*1 min* N/mm^2		*Zeitstandzugfestigkeit*	h	N/mm^2
Kriechmodul	*1000 h* N/mm^2		*Zeitdehnspg. %*	h	N/mm^2
bei Spannung	N/mm^2				

Biegeversuch 23 °C ISO 178;
Probekörper: *Form* — *Herstellung* Spritzgiessen
Zustand — *Vorbehandlung* Normalklima

Biegefestigkeit	N/mm^2	45	*E-Modul*	N/mm^2	3200
3,5% *Biegespannung*	N/mm^2				

Härte 23 °C *Probekörper:* *Zustand* — *Herstellung* Spritzgiessen
Vorbehandlung Normalklima

Kugeldruckhärte	N/mm^2 85	bei	N, s	*Shore-Härte* A	
Rockwellhärte				*Shore-Härte* D	72

Schlagversuch *Probekörper:* *(1)*
(2) V-Kerbe — *Herstellung* Spritzgiessen
Zustand — *Vorbehandlung* Normalklima

		°C	°C	°C	*Probekörper-Form*
Schlagzähigkeit	kJ/m^2				
Kerbschlagzähigkeit (1)	kJ/m^2				
IZOD-Kerbschlagzähigkeit (2)	J/m	23 56			
Kerbschlagzugzähigkeit	kJ/m^2				

Abrieb und Reibung

Taber-Abrieb (Reibradverfahren)	$mm^3/100$ U		
Abriebfaktor LNP (Thrust washer) Vergleichswert			
Statische Reibungszahl			
Dynamische Reibungszahl	(p·v=	N/mm^2 ·	m/min)
Zulässiger p · v Wert	N/mm^2 · (m/min)	v=	m/min
		v=	m/min

Thermische Eigenschaften

Formbeständigkeit in der Wärme	*Verfahren* A		82 °C
	Verfahren		°C
Vicat Erweichungstemperatur (VST)	*Verfahren*		°C
	Verfahren		°C
Kristallit-Schmelzpunkt	*Verfahren*		
Längenausdehnungskoeffizient	*Bereich*	°C	$\cdot 10^{-4} K^{-1}$
	Temperatur		$\cdot 10^{-4} K^{-1}$
Wärmeleitfähigkeit	*Verfahren*		W/(K · m)
Spezifische Wärmekapazität	*Verfahren*		J/(K · g)
Glasumwandlungstemperatur	*Torsionsschwingungsversuch*	°C	
	Differentialkalorimetrie	°C	

Brandverhalten

UL-Test vertikal	Dicke	mm, Wert
	Dicke	mm, Wert

	Norm	*Bewertung*	*Abmessungen*
Sauerstoff-Index	ASTM D 2863		
Glühstab-Verfahren			
Brandverhalten	DIN 4102		
MVSS			
FAR			

Elektrische Eigenschaften

		Hz	°C		*Probekörper, Form*
Dielektrizitätszahl		50			
		10^3			
		10^6			
Dielektrischer Verlustfaktor tan δ		50			
		10^3			
		10^6			
Spezifischer Durchgangs-widerstand	Ohm · cm				
Durchschlagfestigkeit	kV/mm				mm dick
Oberflächenwiderstand	Ohm				
Kriechstromfestigkeit		KC	KB	KA	
Elektrolytische Korrosionswirkung					
Lichtbogenfestigkeit nach DIN					
nach ASTM	s				

Beständigkeit *(Chemische Beständigkeit siehe Anhang)*

Wasseraufnahme

Feuchtigkeitsaufnahme Normalklima %

Wetterbeständigkeit

Spannungskorrosion

Optische Eigenschaften

Brechungszahl n_D		
Transmissionsgrad τ_c	%	mm dick
Lichtdurchlässigkeit		

Produkt	Polypropylen		**PP**
Handelsname	**Starpylen WS 30 E33**		
Hersteller	FERRO		
DIN-Bez 1			
DIN-Bez 2			
Zusätze		*Füllstoffe/ Verstärkung*	30% Mineral (Glaskeramik)
Bevorzugte Verarbeitung	Spritzgiessen	*Lieferform*	Granulat
		Farben	Natur; Standard
Besondere Merkmale	Sehr gute Strahlenbestaendigkeit; Ausgezeichnete Oberflaechenqualitaet; Isotrop	*Bevorzugte Anwendungen*	Gehaeuse; Flasche; Harter Deckel; Grossflaechiges Formteil; Luftfilter; Armaturenbrett; Kasten; Behaelter; Kfz-Innenteil; Kfz-Industrie

Dichte	g/cm^3	1.13	*Schmelzindex*	g/10 min	5–10:	230/5.0
Schüttdichte	g/cm^3		*Volumenfließindex*	cm^3/10 min	:	
Viskositätszahl	ml/g					

Verarbeitungsbedingungen für Spritzgießen

Massetemp.	°C	*Schwindung*	%	lgs 1.4–1.7, quer 1.4–1.7
Werkzeugtemp.	°C	*Bemerkungen*		
Spritzdruck	bar			

Zugversuch 23 °C ISO R 527;
Probekörper: *Form* / *Zustand* — *Herstellung* Spritzgiessen; *Vorbehandlung* Normalklima

Streckspannung	N/mm^2		*Dehnung bei Streckspannung*	%	
Zugfestigkeit	N/mm^2	36	*Reißdehnung*	%	16
Reißfestigkeit	N/mm^2		*% Dehnspannung*	N/mm^2	
E-Modul	N/mm^2		*Dehnung bei % Dehnspg.*	%	

Kriechmoduln und Zeitstandwerte 23 °C
Probekörper: *Form* / *Zustand* — *Herstellung* / *Vorbehandlung*

Kriechmodul	*1 min*	N/mm^2	*Zeitstandzugfestigkeit*	h	N/mm^2
Kriechmodul	*1000 h*	N/mm^2	*Zeitdehnspg. %*	h	N/mm^2
bei Spannung		N/mm^2			

Biegeversuch 23 °C ISO 178;
Probekörper: *Form* / *Zustand* — *Herstellung* Spritzgiessen; *Vorbehandlung* Normalklima

Biegefestigkeit	N/mm^2	42	*E-Modul*	N/mm^2	3000
3,5% *Biegespannung*	N/mm^2				

Härte 23 °C *Probekörper:* *Zustand* — *Herstellung* Spritzgiessen; *Vorbehandlung* Normalklima

Kugeldruckhärte	N/mm^2 85	bei N, s	*Shore-Härte* A		
Rockwellhärte			*Shore-Härte* D	71	

Schlagversuch *Probekörper:* *(1)* / *(2)* V-Kerbe / *Zustand* — *Herstellung* Spritzgiessen; *Vorbehandlung* Normalklima

		°C		°C	°C	*Probekörper-Form*
Schlagzähigkeit	kJ/m^2					
Kerbschlagzähigkeit (1)	kJ/m^2					
IZOD-Kerbschlagzähigkeit (2)	J/m	23	60			
Kerbschlagzugzähigkeit	kJ/m^2					

Abrieb und Reibung

Taber-Abrieb (Reibradverfahren)	mm^3/100 U		
Abriebfaktor LNP (Thrust washer) Vergleichswert			
Statische Reibungszahl			
Dynamische Reibungszahl	(p·v=	N/mm^2·	m/min)
Zulässiger p · v Wert	N/mm^2 · (m/min)	v=	m/min
		v=	m/min

Thermische Eigenschaften

Formbeständigkeit in der Wärme	*Verfahren* A		80 °C
	Verfahren		°C
Vicat Erweichungstemperatur (VST)	*Verfahren*		°C
	Verfahren		°C
Kristallit-Schmelzpunkt	*Verfahren*		
Längenausdehnungskoeffizient	*Bereich*	°C	$\cdot 10^{-4}K^{-1}$
	Temperatur		$\cdot 10^{-4}K^{-1}$
Wärmeleitfähigkeit	*Verfahren*		W/(K · m)
Spezifische Wärmekapazität	*Verfahren*		J/(K · g)
Glasumwandlungstemperatur	*Torsionsschwingungsversuch*	°C	
	Differentialkalorimetrie	°C	

Brandverhalten

UL-Test vertikal	Dicke mm, Wert	
	Dicke mm, Wert	

	Norm	*Bewertung*	*Abmessungen*
Sauerstoff-Index	ASTM D 2863		
Glühstab-Verfahren			
Brandverhalten	DIN 4102		
MVSS			
FAR			

Elektrische Eigenschaften

		Hz	°C	*Probekörper, Form*
Dielektrizitätszahl		50		
		10^3		
		10^6		
Dielektrischer Verlustfaktor tan δ		50		
		10^3		
		10^6		
Spezifischer Durchgangs-widerstand	Ohm · cm			
Durchschlagfestigkeit	kV/mm			mm dick
Oberflächenwiderstand	Ohm			

Kriechstromfestigkeit	KC	KB	KA
Elektrolytische Korrosionswirkung			
Lichtbogenfestigkeit nach DIN			
nach ASTM s			

Beständigkeit *(Chemische Beständigkeit siehe Anhang)*

Wasseraufnahme

Feuchtigkeitsaufnahme Normalklima %

Wetterbeständigkeit

Spannungskorrosion

Optische Eigenschaften

Brechungszahl n_D

Transmissionsgrad τ_c % mm dick

Lichtdurchlässigkeit

Datenbank-Nr. **T01182** Merkblatt-Nr. **4279**

Produkt	Polypropylen		**PP**
Handelsname	**Starpylen WS 40 E33**		
Hersteller	FERRO		
DIN-Bez 1			
DIN-Bez 2			
Zusätze		*Füllstoffe/ Verstärkung*	40% Mineral (Glaskeramik)
Bevorzugte Verarbeitung	Spritzgiessen	*Lieferform*	Granulat
		Farben	Natur; Standard
Besondere Merkmale	Sehr gute Strahlenbestaendigkeit; Ausgezeichnete Oberflaechenqualitaet; Isotrop	*Bevorzugte Anwendungen*	Gehaeuse; Flasche; Harter Deckel; Grossflaechiges Formteil; Luftfilter; Armaturenbrett; Kasten; Behaelter; Kfz-Innenteil; Kfz-Industrie

Dichte	g/cm^3	1.22		*Schmelzindex*	g/10 min	5–10:	230/5.0
Schüttdichte	g/cm^3			*Volumenfließindex*	$cm^3/10$ min	:	
Viskositätszahl	ml/g						

Verarbeitungsbedingungen für Spritzgießen

Massetemp.	°C	*Schwindung*	%	lgs 1.0–1.3, quer 1.0–1.3
Werkzeugtemp.	°C	*Bemerkungen*		
Spritzdruck	bar			

Zugversuch 23 °C ISO R 527;

Probekörper:	*Form*		*Herstellung*	Spritzgiessen
	Zustand		*Vorbehandlung*	Normalklima
Streckspannung	N/mm^2		*Dehnung bei Streckspannung*	%
Zugfestigkeit	N/mm^2	42	*Reißdehnung*	% 8
Reißfestigkeit	N/mm^2		*% Dehnspannung*	N/mm^2
E-Modul	N/mm^2		*Dehnung bei % Dehnspg.*	%

Kriechmoduln und Zeitstandwerte 23 °C

Probekörper:	*Form*		*Herstellung*	
	Zustand		*Vorbehandlung*	
Kriechmodul	*1 min*	N/mm^2	*Zeitstandzugfestigkeit*	h N/mm^2
Kriechmodul	*1000 h*	N/mm^2	*Zeitdehnspg. %*	h N/mm^2
bei Spannung		N/mm^2		

Biegeversuch 23 °C ISO 178;

Probekörper:	*Form*		*Herstellung*	Spritzgiessen
	Zustand		*Vorbehandlung*	Normalklima
Biegefestigkeit	N/mm^2	50	*E-Modul*	N/mm^2 3800
3,5% *Biegespannung*	N/mm^2			

Härte 23 °C

Probekörper:	*Zustand*		*Herstellung*	Spritzgiessen
			Vorbehandlung	Normalklima
Kugeldruckhärte	N/mm^2 88	bei N, s	*Shore-Härte A*	
Rockwellhärte			*Shore-Härte D*	72

Schlagversuch

Probekörper:	*(1)*		
	(2) V-Kerbe	*Herstellung*	Spritzgiessen
	Zustand	*Vorbehandlung*	Normalklima

		°C	°C	°C	*Probekörper-Form*
Schlagzähigkeit	kJ/m^2				
Kerbschlagzähigkeit (1)	kJ/m^2				
IZOD-Kerbschlagzähigkeit (2)	J/m	23 60			
Kerbschlagzugzähigkeit	kJ/m^2				

Abrieb und Reibung

Taber-Abrieb (Reibradverfahren)	mm^3/100 U		
Abriebfaktor LNP (Thrust washer) Vergleichswert			
Statische Reibungszahl			
Dynamische Reibungszahl	(p · v =	N/mm^2 ·	m/min)
Zulässiger p · v Wert	N/mm^2 · (m/min)	v =	m/min
		v =	m/min

Thermische Eigenschaften

Formbeständigkeit in der Wärme	*Verfahren* A		95 °C
	Verfahren		°C
Vicat Erweichungstemperatur (VST)	*Verfahren*		°C
	Verfahren		°C
Kristallit-Schmelzpunkt	*Verfahren*		
Längenausdehnungskoeffizient	*Bereich*	°C	$\cdot 10^{-4}K^{-1}$
	Temperatur		$\cdot 10^{-4}K^{-1}$
Wärmeleitfähigkeit	*Verfahren*		W/(K · m)
Spezifische Wärmekapazität	*Verfahren*		J/(K · g)
Glasumwandlungstemperatur	*Torsionsschwingungsversuch*	°C	
	Differentialkalorimetrie	°C	

Brandverhalten

UL-Test vertikal Dicke mm, Wert
Dicke mm, Wert

	Norm	*Bewertung*	*Abmessungen*
Sauerstoff-Index	ASTM D 2863		
Glühstab-Verfahren			
Brandverhalten	DIN 4102		
MVSS			
FAR			

Elektrische Eigenschaften

		Hz	°C	*Probekörper, Form*
Dielektrizitätszahl		50		
		10^3		
		10^6		
Dielektrischer Verlustfaktor tan δ		50		
		10^3		
		10^6		
Spezifischer Durchgangs-widerstand	Ohm · cm			
Durchschlagfestigkeit	kV/mm			mm dick
Oberflächenwiderstand	Ohm			

Kriechstromfestigkeit	KC	KB	KA
Elektrolytische Korrosionswirkung			
Lichtbogenfestigkeit nach DIN			
nach ASTM s			

Beständigkeit *(Chemische Beständigkeit siehe Anhang)*

Wasseraufnahme

Feuchtigkeitsaufnahme Normalklima %
Wetterbeständigkeit

Spannungskorrosion

Optische Eigenschaften

Brechungszahl n_D		
Transmissionsgrad τ_c	%	mm dick
Lichtdurchlässigkeit		

Datenbank-Nr. **T01183** Merkblatt-Nr. **4280**

Produkt	Polypropylen		**PP**
Handelsname	**Starpylen CT 20 E33**		
Hersteller	FERRO		
DIN-Bez 1			
DIN-Bez 2			
Zusätze		*Füllstoffe/ Verstärkung*	20% Mineral (Glaskeramik)
Bevorzugte Verarbeitung	Spritzgiessen	*Lieferform*	Granulat
		Farben	Natur; Standard
Besondere Merkmale	Sehr gute Strahlenbestaendigkeit; Ausgezeichnete Oberflaechenqualitaet; Isotrop	*Bevorzugte Anwendungen*	Gehaeuse; Flasche; Harter Deckel; Grossflaechiges Formteil; Luftfilter; Armaturenbrett; Kasten; Behaelter; Kfz-Innenteil; Kfz-Industrie

Dichte	g/cm^3	1.05	*Schmelzindex*	g/10 min	10–15:	230/5.0
Schüttdichte	g/cm^3		*Volumenfließindex*	cm^3/10 min	:	
Viskositätszahl	ml/g					

Verarbeitungsbedingungen für Spritzgießen

Massetemp.	°C	*Schwindung*	%	lgs 1.5–1.8, quer 1.5–1.8
Werkzeugtemp.	°C	*Bemerkungen*		
Spritzdruck	bar			

Zugversuch 23 °C ISO R 527;
Probekörper: *Form* *Herstellung* Spritzgiessen
Zustand *Vorbehandlung* Normalklima

Streckspannung	N/mm^2		*Dehnung bei Streckspannung*	%	
Zugfestigkeit	N/mm^2	25	*Reißdehnung*	%	≧40
Reißfestigkeit	N/mm^2		*% Dehnspannung*	N/mm^2	
E-Modul	N/mm^2		*Dehnung bei % Dehnspg.*	%	

Kriechmoduln und Zeitstandwerte 23 °C
Probekörper: *Form* *Herstellung*
Zustand *Vorbehandlung*

Kriechmodul	*1 min*	N/mm^2	*Zeitstandzugfestigkeit*	h	N/mm^2
Kriechmodul	*1000 h*	N/mm^2	*Zeitdehnspg. %*	h	N/mm^2
bei Spannung		N/mm^2			

Biegeversuch 23 °C ISO 178;
Probekörper: *Form* *Herstellung* Spritzgiessen
Zustand *Vorbehandlung* Normalklima

Biegefestigkeit	N/mm^2	35	*E-Modul*	N/mm^2	1900
3,5% *Biegespannung*	N/mm^2				

Härte 23 °C *Probekörper:* *Zustand* *Herstellung* Spritzgiessen
Vorbehandlung Normalklima

Kugeldruckhärte	N/mm^2 82	bei N, s	*Shore-Härte A*	
Rockwellhärte			*Shore-Härte D*	70

Schlagversuch *Probekörper:* *(1)*
(2) V-Kerbe *Herstellung* Spritzgiessen
Zustand *Vorbehandlung* Normalklima

		°C	°C	°C	*Probekörper-Form*
Schlagzähigkeit	kJ/m^2				
Kerbschlagzähigkeit (1)	kJ/m^2				
IZOD-Kerbschlagzähigkeit (2)	J/m	23 40			
Kerbschlagzugzähigkeit	kJ/m^2				

Abrieb und Reibung

Taber-Abrieb (Reibradverfahren)	mm³/100 U		
Abriebfaktor LNP (Thrust washer) Vergleichswert			
Statische Reibungszahl			
Dynamische Reibungszahl	(p·v=	N/mm²·	m/min)
Zulässiger p·v Wert	N/mm²·(m/min)	v=	m/min
		v=	m/min

Thermische Eigenschaften

Formbeständigkeit in der Wärme	*Verfahren* A		60 °C
	Verfahren		°C
Vicat Erweichungstemperatur (VST)	*Verfahren*		°C
	Verfahren		°C
Kristallit-Schmelzpunkt	*Verfahren*		
Längenausdehnungskoeffizient	*Bereich*	°C	$\cdot 10^{-4} K^{-1}$
	Temperatur		$\cdot 10^{-4} K^{-1}$
Wärmeleitfähigkeit	*Verfahren*		W/(K·m)
Spezifische Wärmekapazität	*Verfahren*		J/(K·g)
Glasumwandlungstemperatur	*Torsionsschwingungsversuch*	°C	
	Differentialkalorimetrie	°C	

Brandverhalten

UL-Test vertikal Dicke mm, Wert
Dicke mm, Wert

	Norm	*Bewertung*	*Abmessungen*
Sauerstoff-Index	ASTM D 2863		
Glühstab-Verfahren			
Brandverhalten	DIN 4102		
MVSS			
FAR			

Elektrische Eigenschaften

		Hz	°C	*Probekörper, Form*
Dielektrizitätszahl		50		
		10^3		
		10^6		
Dielektrischer Verlustfaktor tan δ		50		
		10^3		
		10^6		
Spezifischer Durchgangs-widerstand	Ohm·cm			
Durchschlagfestigkeit	kV/mm			mm dick
Oberflächenwiderstand	Ohm			

Kriechstromfestigkeit KC KB KA
Elektrolytische Korrosionswirkung
Lichtbogenfestigkeit nach DIN
nach ASTM s

Beständigkeit *(Chemische Beständigkeit siehe Anhang)*

Wasseraufnahme

Feuchtigkeitsaufnahme Normalklima %
Wetterbeständigkeit

Spannungskorrosion

Optische Eigenschaften

Brechungszahl n_D
Transmissionsgrad τ_c % mm dick
Lichtdurchlässigkeit

Produkt	Polyamid 6		**PA**
Handelsname	**Staramide 6 30 E14**		
Hersteller	FERRO		
DIN-Bez 1			
DIN-Bez 2			
Zusätze		*Füllstoffe/ Verstärkung*	30% Mineral (Glaskeramik)
Bevorzugte Verarbeitung	Spritzgiessen	*Lieferform*	Granulat
		Farben	Natur; Standard
Besondere Merkmale	Verbesserte mechanische Eigenschaften; Angehobene Schlagzaehigkeit; Ausgezeichnete Oberflaeche; Hoch isotrop	*Bevorzugte Anwendungen*	Scheinwerfergehaeuse; Kfz-Innenteil; Teil im Kfz-Motorraum; Haushaltsgeraet; Gehaeuse fuer hoehere Beanspruchung; Elektrotechnik; Kfz-Industrie

Dichte	g/cm^3	1.35	*Schmelzindex*	g/10 min	:
Schüttdichte	g/cm^3		*Volumenfließindex*	cm^3/10 min	:
Viskositätszahl	ml/g				

Verarbeitungsbedingungen für Spritzgießen

Massetemp.	°C	*Schwindung*	% lgs 1.0–1.1, quer 1.0–1.1
Werkzeugtemp.	°C	*Bemerkungen*	
Spritzdruck	bar		

Zugversuch 23 °C ISO R 527;
Probekörper: *Form* — *Herstellung* Spritzgiessen
Zustand Spritzfrisch — *Vorbehandlung*

Streckspannung	N/mm^2		*Dehnung bei Streckspannung*	%	
Zugfestigkeit	N/mm^2	75	*Reißdehnung*	%	8
Reißfestigkeit	N/mm^2		*% Dehnspannung*	N/mm^2	
E-Modul	N/mm^2		*Dehnung bei % Dehnspg.*	%	

Kriechmoduln und Zeitstandwerte 23 °C
Probekörper: *Form* — *Herstellung*
Zustand — *Vorbehandlung*

Kriechmodul	*1 min* N/mm^2	*Zeitstandzugfestigkeit*	h	N/mm^2	
Kriechmodul	*1000 h* N/mm^2	*Zeitdehnspg. %*	h	N/mm^2	
bei Spannung	N/mm^2				

Biegeversuch 23 °C ISO 178;
Probekörper: *Form* — *Herstellung* Spritzgiessen
Zustand Spritzfrisch — *Vorbehandlung*

Biegefestigkeit	N/mm^2	100	*E-Modul*	N/mm^2	4500
3,5% *Biegespannung*	N/mm^2				

Härte 23 °C *Probekörper:* *Zustand* — *Herstellung*
Vorbehandlung

Kugeldruckhärte	N/mm^2 bei N, s	*Shore-Härte* A	
Rockwellhärte		*Shore-Härte* D	

Schlagversuch *Probekörper:* *(1)*
(2) V-Kerbe — *Herstellung* Spritzgiessen
Zustand Spritzfrisch — *Vorbehandlung*

		°C	°C	°C	*Probekörper-Form*
Schlagzähigkeit	kJ/m^2				
Kerbschlagzähigkeit (1)	kJ/m^2				
IZOD-Kerbschlagzähigkeit (2)	J/m	23 35			
Kerbschlagzugzähigkeit	kJ/m^2				

Abrieb und Reibung

Taber-Abrieb (Reibradverfahren)	mm^3/100 U		
Abriebfaktor LNP (Thrust washer) Vergleichswert			
Statische Reibungszahl			
Dynamische Reibungszahl	(p · v =	N/mm^2 ·	m/min)
Zulässiger p · v Wert	N/mm^2 · (m/min)	v =	m/min
		v =	m/min

Thermische Eigenschaften

Formbeständigkeit in der Wärme	*Verfahren* A		87 °C
	Verfahren		°C
Vicat Erweichungstemperatur (VST)	*Verfahren*		°C
	Verfahren		°C
Kristallit-Schmelzpunkt	*Verfahren*		
Längenausdehnungskoeffizient	*Bereich*	°C	· $10^{-4}K^{-1}$
	Temperatur 23 °C		0.8–1.0 · $10^{-4}K^{-1}$
Wärmeleitfähigkeit	*Verfahren*		W/(K · m)
Spezifische Wärmekapazität	*Verfahren*		J/(K · g)
Glasumwandlungstemperatur	*Torsionsschwingungsversuch*	°C	
	Differentialkalorimetrie	°C	

Brandverhalten

UL-Test vertikal Dicke mm, Wert
Dicke mm, Wert

	Norm	*Bewertung*	*Abmessungen*
Sauerstoff-Index	ASTM D 2863		
Glühstab-Verfahren			
Brandverhalten	DIN 4102		
MVSS			
FAR			

Elektrische Eigenschaften

		Hz	°C		*Probekörper, Form*
Dielektrizitätszahl		50			
		10^3			
		10^6			
Dielektrischer Verlustfaktor tan δ		50			
		10^3			
		10^6			
Spezifischer Durchgangs-widerstand	Ohm · cm				
Durchschlagfestigkeit	kV/mm				mm dick
Oberflächenwiderstand	Ohm				
Kriechstromfestigkeit		KC	KB	KA	
Elektrolytische Korrosionswirkung					
Lichtbogenfestigkeit nach DIN					
nach ASTM	s				

Beständigkeit *(Chemische Beständigkeit siehe Anhang)*

Wasseraufnahme

Feuchtigkeitsaufnahme Normalklima %

Wetterbeständigkeit

Spannungskorrosion

Optische Eigenschaften

Brechungszahl n_D		
Transmissionsgrad τ_c	%	mm dick
Lichtdurchlässigkeit		

Produkt	Polyamid 6		**PA**
Handelsname	**Staramide 6 40 E14**		
Hersteller	FERRO		
DIN-Bez 1			
DIN-Bez 2			
Zusätze		*Füllstoffe/ Verstärkung*	40% Mineral (Glaskeramik)
Bevorzugte Verarbeitung	Spritzgiessen	*Lieferform*	Granulat
		Farben	Natur; Standard
Besondere Merkmale	Verbesserte mechanische Eigenschaften; Angehobene Schlagzaehigkeit; Ausgezeichnete Oberflaeche; Hoch isotrop	*Bevorzugte Anwendungen*	Scheinwerfergehaeuse; Kfz-Innenteil; Teil im Kfz-Motorraum; Haushaltsgeraet; Gehaeuse fuer hoehere Beanspruchung; Elektrotechnik; Kfz-Industrie

Dichte	g/cm³	1.46	*Schmelzindex*	g/10 min	:
Schüttdichte	g/cm³		*Volumenfließindex*	cm³/10 min	:
Viskositätszahl	ml/g				

Verarbeitungsbedingungen für Spritzgießen

Massetemp.	°C	*Schwindung*	%	lgs 0.9–1.1, quer 0.9–1.1
Werkzeugtemp.	°C	*Bemerkungen*		
Spritzdruck	bar			

Zugversuch 23 °C ISO R 527;
Probekörper: *Form* — *Herstellung* Spritzgiessen
Zustand Spritzfrisch — *Vorbehandlung*

Streckspannung	N/mm²		*Dehnung bei Streckspannung*	%	
Zugfestigkeit	N/mm²	90	*Reißdehnung*	%	4
Reißfestigkeit	N/mm²		*% Dehnspannung*	N/mm²	
E-Modul	N/mm²		*Dehnung bei % Dehnspg.*	%	

Kriechmoduln und Zeitstandwerte 23 °C
Probekörper: *Form* — *Herstellung*
Zustand — *Vorbehandlung*

Kriechmodul	*1 min*	N/mm²	*Zeitstandzugfestigkeit*	h	N/mm²
Kriechmodul	*1000 h*	N/mm²	*Zeitdehnspg. %*	h	N/mm²
bei Spannung		N/mm²			

Biegeversuch 23 °C ISO 178;
Probekörper: *Form* — *Herstellung* Spritzgiessen
Zustand Spritzfrisch — *Vorbehandlung*

Biegefestigkeit	N/mm²	115	*E-Modul*	N/mm²	4800
3,5% *Biegespannung*	N/mm²				

Härte 23 °C *Probekörper:* *Zustand* — *Herstellung*
Vorbehandlung

Kugeldruckhärte	N/mm² bei N, s	*Shore-Härte*	A
Rockwellhärte		*Shore-Härte*	D

Schlagversuch *Probekörper:* *(1)*
(2) V-Kerbe — *Herstellung* Spritzgiessen
Zustand Spritzfrisch — *Vorbehandlung*

		°C	°C	°C	*Probekörper-Form*
Schlagzähigkeit	kJ/m²				
Kerbschlagzähigkeit (1)	kJ/m²				
IZOD-Kerbschlagzähigkeit (2)	J/m	23	35		
Kerbschlagzugzähigkeit	kJ/m²				

Abrieb und Reibung

Taber-Abrieb (Reibradverfahren)	mm^3/100 U		
Abriebfaktor LNP (Thrust washer) Vergleichswert			
Statische Reibungszahl			
Dynamische Reibungszahl	(p · v =	N/mm^2 ·	m/min)
Zulässiger p · v Wert	N/mm^2 · (m/min)	v =	m/min
		v =	m/min

Thermische Eigenschaften

Formbeständigkeit in der Wärme	*Verfahren* A		90 °C
	Verfahren		°C
Vicat Erweichungstemperatur (VST)	*Verfahren*		°C
	Verfahren		°C
Kristallit-Schmelzpunkt	*Verfahren*		
Längenausdehnungskoeffizient	*Bereich*	°C	$\cdot 10^{-4} K^{-1}$
	Temperatur 23 °C		0.6–0.8 $\cdot 10^{-4} K^{-1}$
Wärmeleitfähigkeit	*Verfahren*		W/(K · m)
Spezifische Wärmekapazität	*Verfahren*		J/(K · g)
Glasumwandlungstemperatur	*Torsionsschwingungsversuch*	°C	
	Differentialkalorimetrie	°C	

Brandverhalten

UL-Test vertikal		Dicke mm, Wert	
		Dicke mm, Wert	
	Norm	*Bewertung*	*Abmessungen*
Sauerstoff-Index	ASTM D 2863		
Glühstab-Verfahren			
Brandverhalten	DIN 4102		
MVSS			
FAR			

Elektrische Eigenschaften

		Hz	°C			*Probekörper, Form*
Dielektrizitätszahl		50				
		10^3				
		10^6				
Dielektrischer Verlustfaktor tan δ		50				
		10^3				
		10^6				
Spezifischer Durchgangswiderstand	Ohm · cm					
Durchschlagfestigkeit	kV/mm					mm dick
Oberflächenwiderstand	Ohm					
Kriechstromfestigkeit		KC		KB	KA	
Elektrolytische Korrosionswirkung						
Lichtbogenfestigkeit nach DIN						
nach ASTM	s					

Beständigkeit *(Chemische Beständigkeit siehe Anhang)*

Wasseraufnahme	
Feuchtigkeitsaufnahme Normalklima	%
Wetterbeständigkeit	
Spannungskorrosion	

Optische Eigenschaften

Brechungszahl n_D		
Transmissionsgrad τ_c	%	mm dick
Lichtdurchlässigkeit		

Produkt	Polyamid 6		**PA**
Handelsname	**Staramide 6 50 E14**		
Hersteller	FERRO		
DIN-Bez 1			
DIN-Bez 2			
Zusätze		*Füllstoffe/ Verstärkung*	50% Mineral (Glaskeramik)
Bevorzugte Verarbeitung	Spritzgiessen	*Lieferform*	Granulat
		Farben	Natur; Standard
Besondere Merkmale	Verbesserte mechanische Eigenschaften; Angehobene Schlagzaehigkeit; Ausgezeichnete Oberflaeche; Hoch isotrop	*Bevorzugte Anwendungen*	Scheinwerfergehaeuse; Kfz-Innenteil; Teil im Kfz-Motorraum; Haushaltsgeraet; Gehaeuse fuer hoehere Beanspruchung; Elektrotechnik; Kfz-Industrie

Dichte	g/cm^3	1.57	*Schmelzindex*	g/10 min	:	
Schüttdichte	g/cm^3		*Volumenfließindex*	$cm^3/10$ min	:	
Viskositätszahl	ml/g					

Verarbeitungsbedingungen für Spritzgießen

Massetemp.	°C	*Schwindung*	%	lgs 0.7–0.8, quer 0.7–0.8
Werkzeugtemp.	°C	*Bemerkungen*		
Spritzdruck	bar			

Zugversuch 23 °C ISO R 527;
Probekörper: *Form* — *Herstellung* Spritzgiessen
Zustand Spritzfrisch — *Vorbehandlung*

Streckspannung	N/mm^2		*Dehnung bei Streckspannung*	%	
Zugfestigkeit	N/mm^2	98	*Reißdehnung*	%	3
Reißfestigkeit	N/mm^2		*% Dehnspannung*	N/mm^2	
E-Modul	N/mm^2		*Dehnung bei % Dehnspg.*	%	

Kriechmoduln und Zeitstandwerte 23 °C
Probekörper: *Form* — *Herstellung*
Zustand — *Vorbehandlung*

Kriechmodul	*1 min*	N/mm^2	*Zeitstandzugfestigkeit*	h	N/mm^2
Kriechmodul	*1000 h*	N/mm^2	*Zeitdehnspg. %*	h	N/mm^2
bei Spannung		N/mm^2			

Biegeversuch 23 °C ISO 178;
Probekörper: *Form* — *Herstellung* Spritzgiessen
Zustand Spritzfrisch — *Vorbehandlung*

Biegefestigkeit	N/mm^2	132	*E-Modul*	N/mm^2	5100
3,5% *Biegespannung*	N/mm^2				

Härte 23 °C *Probekörper:* *Zustand* — *Herstellung*
Vorbehandlung

Kugeldruckhärte	N/mm^2 bei N, s	*Shore-Härte* A	
Rockwellhärte		*Shore-Härte* D	

Schlagversuch *Probekörper:* *(1)*
(2) V-Kerbe — *Herstellung* Spritzgiessen
Zustand Spritzfrisch — *Vorbehandlung*

		°C	°C	°C	*Probekörper-Form*
Schlagzähigkeit	kJ/m^2				
Kerbschlagzähigkeit (1)	kJ/m^2				
IZOD-Kerbschlagzähigkeit (2)	J/m	23 38			
Kerbschlagzugzähigkeit	kJ/m^2				

Abrieb und Reibung

Taber-Abrieb (Reibradverfahren)	mm^3/100 U		
Abriebfaktor LNP (Thrust washer) Vergleichswert			
Statische Reibungszahl			
Dynamische Reibungszahl	(p·v=	N/mm²·	m/min)
Zulässiger p · v Wert	N/mm²·(m/min)	v=	m/min
		v=	m/min

Thermische Eigenschaften

Formbeständigkeit in der Wärme	*Verfahren* A		91 °C
	Verfahren		°C
Vicat Erweichungstemperatur (VST)	*Verfahren*		°C
	Verfahren		°C
Kristallit-Schmelzpunkt	*Verfahren*		
Längenausdehnungskoeffizient	*Bereich*	°C	$\cdot 10^{-4} K^{-1}$
	Temperatur 23 °C		$0.4–0.6 \cdot 10^{-4} K^{-1}$
Wärmeleitfähigkeit	*Verfahren*		W/(K · m)
Spezifische Wärmekapazität	*Verfahren*		J/(K · g)
Glasumwandlungstemperatur	*Torsionsschwingungsversuch*	°C	
	Differentialkalorimetrie	°C	

Brandverhalten

UL-Test vertikal	Dicke mm, Wert	
	Dicke mm, Wert	

	Norm	*Bewertung*	*Abmessungen*
Sauerstoff-Index	ASTM D 2863		
Glühstab-Verfahren			
Brandverhalten	DIN 4102		
MVSS			
FAR			

Elektrische Eigenschaften

		Hz	°C	*Probekörper, Form*
Dielektrizitätszahl		50		
		10^3		
		10^6		
Dielektrischer Verlustfaktor tan δ		50		
		10^3		
		10^6		
Spezifischer Durchgangs-widerstand	Ohm · cm			
Durchschlagfestigkeit	kV/mm			mm dick
Oberflächenwiderstand	Ohm			

Kriechstromfestigkeit	KC	KB	KA
Elektrolytische Korrosionswirkung			
Lichtbogenfestigkeit nach DIN			
nach ASTM s			

Beständigkeit *(Chemische Beständigkeit siehe Anhang)*

Wasseraufnahme

Feuchtigkeitsaufnahme Normalklima %

Wetterbeständigkeit

Spannungskorrosion

Optische Eigenschaften

Brechungszahl n_D

Transmissionsgrad τ_c % mm dick

Lichtdurchlässigkeit

Datenbank-Nr. **T01187** Merkblatt-Nr. **4284**

Produkt	Polyamid 66		**PA**
Handelsname	**Staramide 66 30 E14**		
Hersteller	FERRO		
DIN-Bez 1			
DIN-Bez 2			
Zusätze		*Füllstoffe/ Verstärkung*	30% Mineral (Glaskeramik)
Bevorzugte Verarbeitung	Spritzgiessen	*Lieferform*	Granulat
		Farben	Natur; Standard
Besondere Merkmale	Verbesserte mechanische Eigenschaften; Angehobene Schlagzaehigkeit; Ausgezeichnete Oberflaeche; Hoch isotrop	*Bevorzugte Anwendungen*	Scheinwerfergehaeuse; Kfz-Innenteil; Teil im Kfz-Motorraum; Haushaltsgeraet; Gehaeuse fuer hoehere Beanspruchung; Elektrotechnik; Kfz-Industrie

Dichte	g/cm^3	1.36	*Schmelzindex*	g/10 min	:
Schüttdichte	g/cm^3		*Volumenfließindex*	$cm^3/10$ min	:
Viskositätszahl	ml/g				

Verarbeitungsbedingungen für Spritzgießen

Massetemp.	°C	*Schwindung*	%	lgs 1.3–1.5, quer 1.3–1.5
Werkzeugtemp.	°C	*Bemerkungen*		
Spritzdruck	bar			

Zugversuch 23 °C ISO R 527;
Probekörper: *Form* — *Zustand* Spritzfrisch — *Herstellung* Spritzgiessen — *Vorbehandlung*

Streckspannung	N/mm^2		*Dehnung bei Streckspannung*	%	
Zugfestigkeit	N/mm^2	96	*Reißdehnung*	%	5
Reißfestigkeit	N/mm^2		*% Dehnspannung*	N/mm^2	
E-Modul	N/mm^2		*Dehnung bei % Dehnspg.*	%	

Kriechmoduln und Zeitstandwerte 23 °C
Probekörper: *Form* — *Zustand* — *Herstellung* — *Vorbehandlung*

Kriechmodul	*1 min* N/mm^2	*Zeitstandzugfestigkeit*	h	N/mm^2
Kriechmodul	*1000 h* N/mm^2	*Zeitdehnspg. %*	h	N/mm^2
bei Spannung	N/mm^2			

Biegeversuch 23 °C ISO 178;
Probekörper: *Form* — *Zustand* Spritzfrisch — *Herstellung* Spritzgiessen — *Vorbehandlung*

Biegefestigkeit	N/mm^2	110	*E-Modul*	N/mm^2	5000
3,5% *Biegespannung*	N/mm^2				

Härte 23 °C *Probekörper:* *Zustand* — *Herstellung* — *Vorbehandlung*

Kugeldruckhärte	N/mm^2 bei N, s	*Shore-Härte*	A
Rockwellhärte		*Shore-Härte*	D

Schlagversuch *Probekörper:* *(1)* — *(2)* V-Kerbe — *Zustand* Spritzfrisch — *Herstellung* Spritzgiessen — *Vorbehandlung*

		°C		°C	°C	*Probekörper-Form*
Schlagzähigkeit	kJ/m^2					
Kerbschlagzähigkeit (1)	kJ/m^2					
IZOD-Kerbschlagzähigkeit (2)	J/m	23	33			
Kerbschlagzugzähigkeit	kJ/m^2					

Abrieb und Reibung

Taber-Abrieb (Reibradverfahren)	mm^3/100 U		
Abriebfaktor LNP (Thrust washer) Vergleichswert			
Statische Reibungszahl			
Dynamische Reibungszahl	(p · v =	N/mm^2 ·	m/min)
Zulässiger p · v Wert	N/mm^2 · (m/min)	v =	m/min
		v =	m/min

Thermische Eigenschaften

Formbeständigkeit in der Wärme	*Verfahren* A		92 °C
	Verfahren		°C
Vicat Erweichungstemperatur (VST)	*Verfahren*		°C
	Verfahren		°C
Kristallit-Schmelzpunkt	*Verfahren*		
Längenausdehnungskoeffizient	*Bereich*	°C	$\cdot 10^{-4}K^{-1}$
	Temperatur 23 °C		0.5–0.6 $\cdot 10^{-4}K^{-1}$
Wärmeleitfähigkeit	*Verfahren*		W/(K · m)
Spezifische Wärmekapazität	*Verfahren*		J/(K · g)
Glasumwandlungstemperatur	*Torsionsschwingungsversuch*	°C	
	Differentialkalorimetrie	°C	

Brandverhalten

UL-Test vertikal — Dicke mm, Wert
Dicke mm, Wert

	Norm	*Bewertung*	*Abmessungen*
Sauerstoff-Index	ASTM D 2863		
Glühstab-Verfahren			
Brandverhalten	DIN 4102		
MVSS			
FAR			

Elektrische Eigenschaften

		Hz	°C	*Probekörper, Form*
Dielektrizitätszahl		50		
		10^3		
		10^6		
Dielektrischer Verlustfaktor tan δ		50		
		10^3		
		10^6		
Spezifischer Durchgangswiderstand	Ohm · cm			
Durchschlagfestigkeit	kV/mm			mm dick
Oberflächenwiderstand	Ohm			

Kriechstromfestigkeit KC KB KA
Elektrolytische Korrosionswirkung
Lichtbogenfestigkeit nach DIN
nach ASTM s

Beständigkeit *(Chemische Beständigkeit siehe Anhang)*

Wasseraufnahme

Feuchtigkeitsaufnahme Normalklima %
Wetterbeständigkeit

Spannungskorrosion

Optische Eigenschaften

Brechungszahl n_D
Transmissionsgrad τ_c % mm dick
Lichtdurchlässigkeit

Produkt	Polyamid 66		**PA**
Handelsname	**Staramide 66 40 E14**		
Hersteller	FERRO		
DIN-Bez 1 *DIN-Bez 2*			
Zusätze		*Füllstoffe/ Verstärkung*	40% Mineral (Glaskeramik)
Bevorzugte Verarbeitung	Spritzgiessen	*Lieferform*	Granulat
		Farben	Natur; Standard
Besondere Merkmale	Verbesserte mechanische Eigenschaften; Angehobene Schlagzaehigkeit; Ausgezeichnete Oberflaeche; Hoch isotrop	*Bevorzugte Anwendungen*	Scheinwerfergehaeuse; Kfz-Innenteil; Teil im Kfz-Motorraum; Haushaltsgeraet; Gehaeuse fuer hoehere Beanspruchung; Elektrotechnik; Kfz-Industrie

Dichte	g/cm^3	1.47	*Schmelzindex*	g/10 min	:
Schüttdichte	g/cm^3		*Volumenfließindex*	$cm^3/10$ min	:
Viskositätszahl	ml/g				

Verarbeitungsbedingungen für Spritzgießen

Massetemp.	°C	*Schwindung*	%	lgs 1.1–1.3, quer 1.1–1.3
Werkzeugtemp.	°C	*Bemerkungen*		
Spritzdruck	bar			

Zugversuch 23 °C ISO R 527;
Probekörper: *Form* — *Herstellung* Spritzgiessen
Zustand Spritzfrisch — *Vorbehandlung*

Streckspannung	N/mm^2		*Dehnung bei Streckspannung*	%	
Zugfestigkeit	N/mm^2	100	*Reißdehnung*	%	4
Reißfestigkeit	N/mm^2		*% Dehnspannung*	N/mm^2	
E-Modul	N/mm^2		*Dehnung bei % Dehnspg.*	%	

Kriechmoduln und Zeitstandwerte 23 °C
Probekörper: *Form* — *Herstellung*
Zustand — *Vorbehandlung*

Kriechmodul	*1 min*	N/mm^2	*Zeitstandzugfestigkeit*	h	N/mm^2
Kriechmodul	*1000 h*	N/mm^2	*Zeitdehnspg. %*	h	N/mm^2
bei Spannung		N/mm^2			

Biegeversuch 23 °C ISO 178;
Probekörper: *Form* — *Herstellung* Spritzgiessen
Zustand Spritzfrisch — *Vorbehandlung*

Biegefestigkeit	N/mm^2	125	*E-Modul*	N/mm^2	5500
3,5% *Biegespannung*	N/mm^2				

Härte 23 °C *Probekörper:* *Zustand* — *Herstellung*
Vorbehandlung

Kugeldruckhärte	N/mm^2 bei N, s	*Shore-Härte* A	
Rockwellhärte		*Shore-Härte* D	

Schlagversuch *Probekörper:* *(1)*
(2) V-Kerbe — *Herstellung* Spritzgiessen
Zustand Spritzfrisch — *Vorbehandlung*

		°C	°C	°C	*Probekörper-Form*
Schlagzähigkeit	kJ/m^2				
Kerbschlagzähigkeit (1)	kJ/m^2				
IZOD-Kerbschlagzähigkeit (2)	J/m	23 37			
Kerbschlagzugzähigkeit	kJ/m^2				

Abrieb und Reibung

Taber-Abrieb (Reibradverfahren)	mm^3/100 U		
Abriebfaktor LNP (Thrust washer) Vergleichswert			
Statische Reibungszahl			
Dynamische Reibungszahl	(p·v=	N/mm^2·	m/min)
Zulässiger p · v Wert	N/mm^2 · (m/min)	v=	m/min
		v=	m/min

Thermische Eigenschaften

Formbeständigkeit in der Wärme	*Verfahren* A		95 °C
	Verfahren		°C
Vicat Erweichungstemperatur (VST)	*Verfahren*		°C
	Verfahren		°C
Kristallit-Schmelzpunkt	*Verfahren*		
Längenausdehnungskoeffizient	*Bereich*	°C	$\cdot 10^{-4}K^{-1}$
	Temperatur 23 °C		$0.3–0.4 \cdot 10^{-4}K^{-1}$
Wärmeleitfähigkeit	*Verfahren*		W/(K · m)
Spezifische Wärmekapazität	*Verfahren*		J/(K · g)
Glasumwandlungstemperatur	*Torsionsschwingungsversuch*	°C	
	Differentialkalorimetrie	°C	

Brandverhalten

UL-Test vertikal	Dicke mm, Wert	
	Dicke mm, Wert	

	Norm	*Bewertung*	*Abmessungen*
Sauerstoff-Index	ASTM D 2863		
Glühstab-Verfahren			
Brandverhalten	DIN 4102		
MVSS			
FAR			

Elektrische Eigenschaften

		Hz	°C		*Probekörper, Form*
Dielektrizitätszahl		50			
		10^3			
		10^6			
Dielektrischer Verlustfaktor tan δ		50			
		10^3			
		10^6			
Spezifischer Durchgangs-widerstand	Ohm · cm				
Durchschlagfestigkeit	kV/mm				mm dick
Oberflächenwiderstand	Ohm				
Kriechstromfestigkeit		KC	KB	KA	
Elektrolytische Korrosionswirkung					
Lichtbogenfestigkeit nach DIN					
nach ASTM	s				

Beständigkeit *(Chemische Beständigkeit siehe Anhang)*

Wasseraufnahme

Feuchtigkeitsaufnahme Normalklima %

Wetterbeständigkeit

Spannungskorrosion

Optische Eigenschaften

Brechungszahl n_D		
Transmissionsgrad τ_c	%	mm dick
Lichtdurchlässigkeit		

Produkt	Polyamid 66		**PA**
Handelsname	**Staramide 66 50 E14**		
Hersteller	FERRO		
DIN-Bez 1			
DIN-Bez 2			
Zusätze		*Füllstoffe/ Verstärkung*	50% Mineral (Glaskeramik)
Bevorzugte Verarbeitung	Spritzgiessen	*Lieferform*	Granulat
		Farben	Natur; Standard
Besondere Merkmale	Verbesserte mechanische Eigenschaften; Angehobene Schlagzaehigkeit; Ausgezeichnete Oberflaeche; Hoch isotrop	*Bevorzugte Anwendungen*	Scheinwerfergehaeuse; Kfz-Innenteil; Teil im Kfz-Motorraum; Haushaltsgeraet; Gehaeuse fuer hoehere Beanspruchung; Elektrotechnik; Kfz-Industrie

Dichte	g/cm³	1.58	*Schmelzindex*	g/10 min	:
Schüttdichte	g/cm³		*Volumenfließindex*	cm³/10 min	:
Viskositätszahl	ml/g				

Verarbeitungsbedingungen für Spritzgießen

Massetemp.	°C	*Schwindung*	%	lgs 0.9–1.1, quer 0.9–1.1
Werkzeugtemp.	°C	*Bemerkungen*		
Spritzdruck	bar			

Zugversuch 23 °C ISO R 527;
Probekörper: *Form* — *Herstellung* Spritzgiessen
Zustand Spritzfrisch — *Vorbehandlung*

Streckspannung	N/mm²		*Dehnung bei Streckspannung*	%	
Zugfestigkeit	N/mm²	105	*Reißdehnung*	%	3
Reißfestigkeit	N/mm²		*% Dehnspannung*	N/mm²	
E-Modul	N/mm²		*Dehnung bei % Dehnspg.*	%	

Kriechmoduln und Zeitstandwerte 23 °C
Probekörper: *Form* — *Herstellung*
Zustand — *Vorbehandlung*

Kriechmodul	*1 min* N/mm²	*Zeitstandzugfestigkeit*	h	N/mm²
Kriechmodul	*1000 h* N/mm²	*Zeitdehnspg. %*	h	N/mm²
bei Spannung	N/mm²			

Biegeversuch 23 °C ISO 178;
Probekörper: *Form* — *Herstellung* Spritzgiessen
Zustand Spritzfrisch — *Vorbehandlung*

Biegefestigkeit	N/mm²	135	*E-Modul*	N/mm²	5900
3,5% *Biegespannung*	N/mm²				

Härte 23 °C *Probekörper:* *Zustand* — *Herstellung*
Vorbehandlung

Kugeldruckhärte	N/mm² bei N, s	*Shore-Härte* A	
Rockwellhärte		*Shore-Härte* D	

Schlagversuch *Probekörper:* *(1)*
(2) V-Kerbe — *Herstellung* Spritzgiessen
Zustand Spritzfrisch — *Vorbehandlung*

		°C	°C	°C	*Probekörper-Form*
Schlagzähigkeit	kJ/m²				
Kerbschlagzähigkeit (1)	kJ/m²				
IZOD-Kerbschlagzähigkeit (2)	J/m	23 40			
Kerbschlagzugzähigkeit	kJ/m²				

Abrieb und Reibung

Taber-Abrieb (Reibradverfahren)	$mm^3/100$ U		
Abriebfaktor LNP (Thrust washer) Vergleichswert			
Statische Reibungszahl			
Dynamische Reibungszahl	(p · v =	N/mm^2 ·	m/min)
Zulässiger p · v Wert	N/mm^2 · (m/min)	v =	m/min
		v =	m/min

Thermische Eigenschaften

Formbeständigkeit in der Wärme	*Verfahren* A		97 °C
	Verfahren		°C
Vicat Erweichungstemperatur (VST)	*Verfahren*		°C
	Verfahren		°C
Kristallit-Schmelzpunkt	*Verfahren*		
Längenausdehnungskoeffizient	*Bereich*	°C	$\cdot 10^{-4}K^{-1}$
	Temperatur 23 °C		$0.3–0.35 \cdot 10^{-4}K^{-1}$
Wärmeleitfähigkeit	*Verfahren*		W/(K · m)
Spezifische Wärmekapazität	*Verfahren*		J/(K · g)
Glasumwandlungstemperatur	*Torsionsschwingungsversuch*	°C	
	Differentialkalorimetrie	°C	

Brandverhalten

UL-Test vertikal Dicke mm, Wert
Dicke mm, Wert

	Norm	*Bewertung*	*Abmessungen*
Sauerstoff-Index	ASTM D 2863		
Glühstab-Verfahren			
Brandverhalten	DIN 4102		
MVSS			
FAR			

Elektrische Eigenschaften

		Hz	°C	*Probekörper, Form*
Dielektrizitätszahl		50		
		10^3		
		10^6		
Dielektrischer Verlustfaktor tan δ		50		
		10^3		
		10^6		
Spezifischer Durchgangswiderstand	Ohm · cm			
Durchschlagfestigkeit	kV/mm			mm dick
Oberflächenwiderstand	Ohm			

Kriechstromfestigkeit KC KB KA
Elektrolytische Korrosionswirkung
Lichtbogenfestigkeit nach DIN
nach ASTM s

Beständigkeit *(Chemische Beständigkeit siehe Anhang)*

Wasseraufnahme

Feuchtigkeitsaufnahme Normalklima %

Wetterbeständigkeit

Spannungskorrosion

Optische Eigenschaften

Brechungszahl n_D
Transmissionsgrad τ_c % mm dick
Lichtdurchlässigkeit

Datenbank-Nr. **T01190** *Merkblatt-Nr.* **4287**

Produkt	Polyamid 66		**PA**
Handelsname	**Staramide 66 50 E14 Z20**		
Hersteller	FERRO		
DIN-Bez 1			
DIN-Bez 2			
Zusätze		*Füllstoffe/ Verstärkung*	50% Mineral (Glaskeramik)
Bevorzugte Verarbeitung	Spritzgiessen	*Lieferform*	Granulat
		Farben	Natur; Standard
Besondere Merkmale	Verbesserte mechanische Eigenschaften; Angehobene Schlagzaehigkeit; Ausgezeichnete Oberflaeche; Hoch isotrop	*Bevorzugte Anwendungen*	Scheinwerfergehaeuse; Kfz-Innenteil; Teil im Kfz-Motorraum; Haushaltsgeraet; Gehaeuse fuer hoehere Beanspruchung; Elektrotechnik; Kfz-Industrie

Dichte	g/cm^3	1.58	*Schmelzindex*	g/10 min	:
Schüttdichte	g/cm^3		*Volumenfließindex*	$cm^3/10$ min	:
Viskositätszahl	ml/g				

Verarbeitungsbedingungen für Spritzgießen

Massetemp.	°C	*Schwindung*	%	lgs 0.9–1.1, quer 0.9–1.1
Werkzeugtemp.	°C	*Bemerkungen*		
Spritzdruck	bar			

Zugversuch 23 °C ISO R 527;

Probekörper: *Form* — *Herstellung* Spritzgiessen
Zustand Spritzfrisch — *Vorbehandlung*

Streckspannung	N/mm^2		*Dehnung bei Streckspannung*	%	
Zugfestigkeit	N/mm^2	125	*Reißdehnung*	%	3
Reißfestigkeit	N/mm^2		*% Dehnspannung*	N/mm^2	
E-Modul	N/mm^2		*Dehnung bei % Dehnspg.*	%	

Kriechmoduln und Zeitstandwerte 23 °C

Probekörper: *Form* — *Herstellung*
Zustand — *Vorbehandlung*

Kriechmodul	*1 min* N/mm^2	*Zeitstandzugfestigkeit*	h	N/mm^2
Kriechmodul	*1000 h* N/mm^2	*Zeitdehnspg. %*	h	N/mm^2
bei Spannung	N/mm^2			

Biegeversuch 23 °C ISO 178;

Probekörper: *Form* — *Herstellung* Spritzgiessen
Zustand Spritzfrisch — *Vorbehandlung*

Biegefestigkeit	N/mm^2	160	*E-Modul*	N/mm^2	6100
3,5% *Biegespannung*	N/mm^2				

Härte 23 °C *Probekörper:* *Zustand* — *Herstellung*
Vorbehandlung

Kugeldruckhärte	N/mm^2 bei N, s	*Shore-Härte* A	
Rockwellhärte		*Shore-Härte* D	

Schlagversuch *Probekörper:* *(1)*
(2) V-Kerbe — *Herstellung* Spritzgiessen
Zustand Spritzfrisch — *Vorbehandlung*

		°C	°C	°C	*Probekörper-Form*
Schlagzähigkeit	kJ/m^2				
Kerbschlagzähigkeit (1)	kJ/m^2				
IZOD-Kerbschlagzähigkeit (2)	J/m	23	70		
Kerbschlagzugzähigkeit	kJ/m^2				

Abrieb und Reibung

Taber-Abrieb (Reibradverfahren)	$mm^3/100$ U		
Abriebfaktor LNP (Thrust washer) Vergleichswert			
Statische Reibungszahl			
Dynamische Reibungszahl	(p · v =	N/mm^2 ·	m/min)
Zulässiger p · v Wert	N/mm^2 · (m/min)	v =	m/min
		v =	m/min

Thermische Eigenschaften

Formbeständigkeit in der Wärme	*Verfahren* A		139 °C
	Verfahren		°C
Vicat Erweichungstemperatur (VST)	*Verfahren*		°C
	Verfahren		°C
Kristallit-Schmelzpunkt	*Verfahren*		
Längenausdehnungskoeffizient	*Bereich*	°C	$\cdot 10^{-4}K^{-1}$
	Temperatur 23 °C		$0.32 \cdot 10^{-4}K^{-1}$
Wärmeleitfähigkeit	*Verfahren*		W/(K · m)
Spezifische Wärmekapazität	*Verfahren*		J/(K · g)
Glasumwandlungstemperatur	*Torsionsschwingungsversuch*	°C	
	Differentialkalorimetrie	°C	

Brandverhalten

UL-Test vertikal	Dicke mm, Wert	
	Dicke mm, Wert	

	Norm	*Bewertung*	*Abmessungen*
Sauerstoff-Index	ASTM D 2863		
Glühstab-Verfahren			
Brandverhalten	DIN 4102		
MVSS			
FAR			

Elektrische Eigenschaften

		Hz	°C		*Probekörper, Form*
Dielektrizitätszahl		50			
		10^3			
		10^6			
Dielektrischer Verlustfaktor tan δ		50			
		10^3			
		10^6			
Spezifischer Durchgangswiderstand	Ohm · cm				
Durchschlagfestigkeit	kV/mm				mm dick
Oberflächenwiderstand	Ohm				
Kriechstromfestigkeit		KC	KB	KA	
Elektrolytische Korrosionswirkung					
Lichtbogenfestigkeit nach DIN					
nach ASTM	s				

Beständigkeit *(Chemische Beständigkeit siehe Anhang)*

Wasseraufnahme	
Feuchtigkeitsaufnahme Normalklima	%
Wetterbeständigkeit	
Spannungskorrosion	

Optische Eigenschaften

Brechungszahl n_D		
Transmissionsgrad τ_c	%	mm dick
Lichtdurchlässigkeit		

Produkt	Polyamid 6		**PA**
Handelsname	**Staramide 6 20 E20**		
Hersteller	FERRO		
DIN-Bez 1			
DIN-Bez 2			
Zusätze		*Füllstoffe/ Verstärkung*	20% Mineralplaettchen
Bevorzugte Verarbeitung	Spritzgiessen	*Lieferform*	Granulat
		Farben	Natur; Standard; Hellfarbig
Besondere Merkmale	Ausgezeichnete Glaette; Ausgezeichnete Oberflaeche; Sehr hohe Masshaltigkeit; Geringe Schwindung; Gute Waermeformbestaendigkeit	*Bevorzugte Anwendungen*	Technisches Formteil; Scheinwerfergehaeuse; Parabolspiegel aus zwei Materialien; Kfz-Industrie

Dichte	g/cm^3	1.24	*Schmelzindex*	g/10 min	:
Schüttdichte	g/cm^3		*Volumenfließindex*	cm^3/10 min	:
Viskositätszahl	ml/g				

Verarbeitungsbedingungen für Spritzgießen

Massetemp.	°C	*Schwindung*	% lgs 0.7–0.9, quer 0.7–0.9
Werkzeugtemp.	°C	*Bemerkungen*	
Spritzdruck	bar		

Zugversuch 23 °C ISO R 527;
Probekörper: *Form* — *Herstellung* Spritzgiessen
Zustand Spritzfrisch — *Vorbehandlung*

Streckspannung	N/mm^2		*Dehnung bei Streckspannung*	%	
Zugfestigkeit	N/mm^2	80	*Reißdehnung*	%	5.5
Reißfestigkeit	N/mm^2		*% Dehnspannung*	N/mm^2	
E-Modul	N/mm^2		*Dehnung bei % Dehnspg.*	%	

Kriechmoduln und Zeitstandwerte 23 °C
Probekörper: *Form* — *Herstellung*
Zustand — *Vorbehandlung*

Kriechmodul	*1 min*	N/mm^2	*Zeitstandzugfestigkeit*	h	N/mm^2
Kriechmodul	*1000 h*	N/mm^2	*Zeitdehnspg. %*	h	N/mm^2
bei Spannung		N/mm^2			

Biegeversuch 23 °C ISO 178;
Probekörper: *Form* — *Herstellung* Spritzgiessen
Zustand Spritzfrisch — *Vorbehandlung*

Biegefestigkeit	N/mm^2	110	*E-Modul*	N/mm^2	4600
3,5% *Biegespannung*	N/mm^2				

Härte 23 °C *Probekörper:* *Zustand* — *Herstellung*
Vorbehandlung

Kugeldruckhärte	N/mm^2 bei N, s	*Shore-Härte* A	
Rockwellhärte		*Shore-Härte* D	

Schlagversuch *Probekörper:* *(1)*
(2) V-Kerbe — *Herstellung* Spritzgiessen
Zustand Spritzfrisch — *Vorbehandlung*

		°C	°C	°C	*Probekörper-Form*
Schlagzähigkeit	kJ/m^2				
Kerbschlagzähigkeit (1)	kJ/m^2				
IZOD-Kerbschlagzähigkeit (2)	J/m	23 45			
Kerbschlagzugzähigkeit	kJ/m^2				

Abrieb und Reibung

Taber-Abrieb (Reibradverfahren)	mm^3/100 U		
Abriebfaktor LNP (Thrust washer) Vergleichswert			
Statische Reibungszahl			
Dynamische Reibungszahl	(p · v=	N/mm^2 ·	m/min)
Zulässiger p · v Wert	N/mm^2 · (m/min)	v=	m/min
		v=	m/min

Thermische Eigenschaften

Formbeständigkeit in der Wärme	*Verfahren* A		140 °C
	Verfahren		°C
Vicat Erweichungstemperatur (VST)	*Verfahren*		°C
	Verfahren		°C
Kristallit-Schmelzpunkt	*Verfahren*		
Längenausdehnungskoeffizient	*Bereich*	°C	· $10^{-4}K^{-1}$
	Temperatur 23 °C		0.65–0.7 · $10^{-4}K^{-1}$
Wärmeleitfähigkeit	*Verfahren*		W/(K · m)
Spezifische Wärmekapazität	*Verfahren*		J/(K · g)
Glasumwandlungstemperatur	*Torsionsschwingungsversuch*	°C	
	Differentialkalorimetrie	°C	

Brandverhalten

UL-Test vertikal — Dicke mm, Wert
Dicke mm, Wert

	Norm	*Bewertung*	*Abmessungen*
Sauerstoff-Index	ASTM D 2863		
Glühstab-Verfahren			
Brandverhalten	DIN 4102		
MVSS			
FAR			

Elektrische Eigenschaften

		Hz	°C	*Probekörper, Form*
Dielektrizitätszahl		50		
		10^3		
		10^6		
Dielektrischer Verlustfaktor tan δ		50		
		10^3		
		10^6		
Spezifischer Durchgangswiderstand	Ohm · cm			
Durchschlagfestigkeit	kV/mm			mm dick
Oberflächenwiderstand	Ohm			

Kriechstromfestigkeit	KC	KB	KA
Elektrolytische Korrosionswirkung			
Lichtbogenfestigkeit nach DIN			
nach ASTM s			

Beständigkeit *(Chemische Beständigkeit siehe Anhang)*

Wasseraufnahme

Feuchtigkeitsaufnahme Normalklima %

Wetterbeständigkeit

Spannungskorrosion

Optische Eigenschaften

Brechungszahl n_D

Transmissionsgrad τ_c % mm dick

Lichtdurchlässigkeit

Datenbank-Nr. **T01192** Merkblatt-Nr. **4289**

Produkt	Polyamid 6		**PA**
Handelsname	**Staramide 6 30 E20**		
Hersteller	FERRO		
DIN-Bez 1			
DIN-Bez 2			
Zusätze		*Füllstoffe/ Verstärkung*	30% Mineralplaettchen
Bevorzugte Verarbeitung	Spritzgiessen	*Lieferform*	Granulat
		Farben	Natur; Standard; Hellfarbig
Besondere Merkmale	Ausgezeichnete Glaette; Ausgezeichnete Oberflaeche; Sehr hohe Masshaltigkeit; Geringe Schwindung; Gute Waermeformbestaendigkeit	*Bevorzugte Anwendungen*	Technisches Formteil; Scheinwerfergehaeuse; Parabolspiegel aus zwei Materialien; Kfz-Industrie

Dichte	g/cm³	1.34	*Schmelzindex*	g/10 min	:
Schüttdichte	g/cm³		*Volumenfließindex*	cm³/10 min	:
Viskositätszahl	ml/g				

Verarbeitungsbedingungen für Spritzgießen

Massetemp.	°C	*Schwindung*	%	lgs 0.5–0.6, quer 0.5–0.6
Werkzeugtemp.	°C	*Bemerkungen*		
Spritzdruck	bar			

Zugversuch 23 °C ISO R 527;
Probekörper: *Form* — *Herstellung* Spritzgiessen
Zustand Spritzfrisch — *Vorbehandlung*

Streckspannung	N/mm²		*Dehnung bei Streckspannung*	%	
Zugfestigkeit	N/mm²	95	*Reißdehnung*	%	4
Reißfestigkeit	N/mm²		*% Dehnspannung*	N/mm²	
E-Modul	N/mm²		*Dehnung bei % Dehnspg.*	%	

Kriechmoduln und Zeitstandwerte 23 °C
Probekörper: *Form* — *Herstellung*
Zustand — *Vorbehandlung*

Kriechmodul	*1 min*	N/mm²	*Zeitstandzugfestigkeit*	h	N/mm²
Kriechmodul	*1000 h*	N/mm²	*Zeitdehnspg. %*	h	N/mm²
bei Spannung		N/mm²			

Biegeversuch 23 °C ISO 178;
Probekörper: *Form* — *Herstellung* Spritzgiessen
Zustand Spritzfrisch — *Vorbehandlung*

Biegefestigkeit	N/mm²	120	*E-Modul*	N/mm²	6400
3,5% *Biegespannung*	N/mm²				

Härte 23 °C *Probekörper:* *Zustand* — *Herstellung*
Vorbehandlung

Kugeldruckhärte	N/mm² bei N, s	*Shore-Härte* A	
Rockwellhärte		*Shore-Härte* D	

Schlagversuch *Probekörper:* *(1)*
(2) V-Kerbe — *Herstellung* Spritzgiessen
Zustand Spritzfrisch — *Vorbehandlung*

		°C	°C	°C	*Probekörper-Form*
Schlagzähigkeit	kJ/m²				
Kerbschlagzähigkeit (1)	kJ/m²				
IZOD-Kerbschlagzähigkeit (2)	J/m	23 58			
Kerbschlagzugzähigkeit	kJ/m²				

Abrieb und Reibung

Taber-Abrieb (Reibradverfahren)	mm^3/100 U		
Abriebfaktor LNP (Thrust washer) Vergleichswert			
Statische Reibungszahl			
Dynamische Reibungszahl	(p·v=	N/mm^2·	m/min)
Zulässiger p · v Wert	N/mm^2·(m/min)	v=	m/min
		v=	m/min

Thermische Eigenschaften

Formbeständigkeit in der Wärme	*Verfahren* A	155 °C
	Verfahren	°C
Vicat Erweichungstemperatur (VST)	*Verfahren*	°C
	Verfahren	°C
Kristallit-Schmelzpunkt	*Verfahren*	
Längenausdehnungskoeffizient	*Bereich* °C	$\cdot 10^{-4}K^{-1}$
	Temperatur 23 °C	0.5–0.55 $\cdot 10^{-4}K^{-1}$
Wärmeleitfähigkeit	*Verfahren*	W/(K · m)
Spezifische Wärmekapazität	*Verfahren*	J/(K · g)
Glasumwandlungstemperatur	*Torsionsschwingungsversuch*	°C
	Differentialkalorimetrie	°C

Brandverhalten

UL-Test vertikal	Dicke mm, Wert	
	Dicke mm, Wert	

	Norm	*Bewertung*	*Abmessungen*
Sauerstoff-Index	ASTM D 2863		
Glühstab-Verfahren			
Brandverhalten	DIN 4102		
MVSS			
FAR			

Elektrische Eigenschaften

		Hz	°C		*Probekörper, Form*
Dielektrizitätszahl		50			
		10^3			
		10^6			
Dielektrischer Verlustfaktor tan δ		50			
		10^3			
		10^6			
Spezifischer Durchgangswiderstand	Ohm · cm				
Durchschlagfestigkeit	kV/mm				mm dick
Oberflächenwiderstand	Ohm				
Kriechstromfestigkeit		KC	KB	KA	
Elektrolytische Korrosionswirkung					
Lichtbogenfestigkeit nach DIN					
nach ASTM	s				

Beständigkeit *(Chemische Beständigkeit siehe Anhang)*

Wasseraufnahme

Feuchtigkeitsaufnahme Normalklima %

Wetterbeständigkeit

Spannungskorrosion

Optische Eigenschaften

Brechungszahl n_D		
Transmissionsgrad τ_c	%	mm dick
Lichtdurchlässigkeit		

Produkt	Polyamid 6		**PA**
Handelsname	**Staramide 6 40 E20 Z20**		
Hersteller	FERRO		
DIN-Bez 1			
DIN-Bez 2			
Zusätze		*Füllstoffe/ Verstärkung*	40% Mineralplaettchen
Bevorzugte Verarbeitung	Spritzgiessen	*Lieferform*	Granulat
		Farben	Natur; Standard; Hellfarbig
Besondere Merkmale	Ausgezeichnete Glaette; Ausgezeichnete Oberflaeche; Sehr hohe Masshaltigkeit; Geringe Schwindung; Gute Waermeformbestaendigkeit	*Bevorzugte Anwendungen*	Technisches Formteil; Scheinwerfergehaeuse; Parabolspiegel aus zwei Materialien; Kfz-Industrie

Dichte	g/cm^3	1.43	*Schmelzindex*	g/10 min		:
Schüttdichte	g/cm^3		*Volumenfließindex*	cm^3/10 min		:
Viskositätszahl	ml/g					

Verarbeitungsbedingungen für Spritzgießen

Massetemp.	°C	*Schwindung*	%	lgs 0.5–0.6, quer 0.5–0.6
Werkzeugtemp.	°C	*Bemerkungen*		
Spritzdruck	bar			

Zugversuch 23 °C ISO R 527;
Probekörper: *Form* — *Herstellung* Spritzgiessen
Zustand Spritzfrisch — *Vorbehandlung*

Streckspannung	N/mm^2		*Dehnung bei Streckspannung*	%	
Zugfestigkeit	N/mm^2	115	*Reißdehnung*	%	3.5
Reißfestigkeit	N/mm^2		*% Dehnspannung*	N/mm^2	
E-Modul	N/mm^2		*Dehnung bei % Dehnspg.*	%	

Kriechmoduln und Zeitstandwerte 23 °C
Probekörper: *Form* — *Herstellung*
Zustand — *Vorbehandlung*

Kriechmodul	*1 min*	N/mm^2	*Zeitstandzugfestigkeit*	h	N/mm^2
Kriechmodul	*1000 h*	N/mm^2	*Zeitdehnspg. %*	h	N/mm^2
bei Spannung		N/mm^2			

Biegeversuch 23 °C ISO 178;
Probekörper: *Form* — *Herstellung* Spritzgiessen
Zustand Spritzfrisch — *Vorbehandlung*

Biegefestigkeit	N/mm^2	142	*E-Modul*	N/mm^2	8500
3,5% *Biegespannung*	N/mm^2				

Härte 23 °C *Probekörper:* *Zustand* — *Herstellung*
Vorbehandlung

Kugeldruckhärte	N/mm^2 bei N, s	*Shore-Härte* A	
Rockwellhärte		*Shore-Härte* D	

Schlagversuch *Probekörper:* *(1)*
(2) V-Kerbe — *Herstellung* Spritzgiessen
Zustand Spritzfrisch — *Vorbehandlung*

		°C	°C	°C	*Probekörper-Form*
Schlagzähigkeit	kJ/m^2				
Kerbschlagzähigkeit (1)	kJ/m^2				
IZOD-Kerbschlagzähigkeit (2)	J/m	23 65			
Kerbschlagzugzähigkeit	kJ/m^2				

Abrieb und Reibung

Taber-Abrieb (Reibradverfahren)	$mm^3/100$ U		
Abriebfaktor LNP (Thrust washer) Vergleichswert			
Statische Reibungszahl			
Dynamische Reibungszahl	(p · v = N/mm^2 ·		m/min)
Zulässiger p · v Wert	N/mm^2 · (m/min)	v =	m/min
		v =	m/min

Thermische Eigenschaften

Formbeständigkeit in der Wärme	*Verfahren* A		172 °C
	Verfahren		°C
Vicat Erweichungstemperatur (VST)	*Verfahren*		°C
	Verfahren		°C
Kristallit-Schmelzpunkt	*Verfahren*		
Längenausdehnungskoeffizient	*Bereich*	°C	$\cdot 10^{-4}K^{-1}$
	Temperatur 23 °C		$0.35–0.4 \cdot 10^{-4}K^{-1}$
Wärmeleitfähigkeit	*Verfahren*		W/(K · m)
Spezifische Wärmekapazität	*Verfahren*		J/(K · g)
Glasumwandlungstemperatur	*Torsionsschwingungsversuch*	°C	
	Differentialkalorimetrie	°C	

Brandverhalten

UL-Test vertikal	Dicke	mm, Wert
	Dicke	mm, Wert

	Norm	*Bewertung*	*Abmessungen*
Sauerstoff-Index	ASTM D 2863		
Glühstab-Verfahren			
Brandverhalten	DIN 4102		
MVSS			
FAR			

Elektrische Eigenschaften

		Hz	°C		*Probekörper, Form*
Dielektrizitätszahl		50			
		10^3			
		10^6			
Dielektrischer Verlustfaktor tan δ		50			
		10^3			
		10^6			
Spezifischer Durchgangswiderstand	Ohm · cm				
Durchschlagfestigkeit	kV/mm				mm dick
Oberflächenwiderstand	Ohm				
Kriechstromfestigkeit		KC	KB	KA	
Elektrolytische Korrosionswirkung					
Lichtbogenfestigkeit nach DIN					
nach ASTM	s				

Beständigkeit *(Chemische Beständigkeit siehe Anhang)*

Wasseraufnahme	
Feuchtigkeitsaufnahme Normalklima	%
Wetterbeständigkeit	
Spannungskorrosion	

Optische Eigenschaften

Brechungszahl n_D		
Transmissionsgrad τ_c	%	mm dick
Lichtdurchlässigkeit		

Datenbank-Nr.	**T01194**	*Merkblatt-Nr.*	**4291**

Produkt	Polyamid 6		**PA**
Handelsname	**Staramide 6 50 E20**		
Hersteller	FERRO		
DIN-Bez 1			
DIN-Bez 2			
Zusätze		*Füllstoffe/ Verstärkung*	50% Mineralplaettchen
Bevorzugte Verarbeitung	Spritzgiessen	*Lieferform*	Granulat
		Farben	Natur; Standard; Hellfarbig
Besondere Merkmale	Ausgezeichnete Glaette; Ausgezeichnete Oberflaeche; Sehr hohe Masshaltigkeit; Geringe Schwindung; Gute Waermeformbestaendigkeit	*Bevorzugte Anwendungen*	Technisches Formteil; Scheinwerfergehaeuse; Parabolspiegel aus zwei Materialien; Kfz-Industrie

Dichte	g/cm^3	1.53	*Schmelzindex*	g/10 min	:
Schüttdichte	g/cm^3		*Volumenfließindex*	cm^3/10 min	:
Viskositätszahl	ml/g				

Verarbeitungsbedingungen für Spritzgießen

Massetemp.	°C	*Schwindung*	%	lgs 0.4–0.5, quer 0.4–0.5
Werkzeugtemp.	°C	*Bemerkungen*		
Spritzdruck	bar			

Zugversuch 23 °C ISO R 527;

Probekörper: *Form* — *Herstellung* Spritzgiessen
Zustand Spritzfrisch — *Vorbehandlung*

Streckspannung	N/mm^2		*Dehnung bei Streckspannung*	%	
Zugfestigkeit	N/mm^2	118	*Reißdehnung*	%	3
Reißfestigkeit	N/mm^2		*% Dehnspannung*	N/mm^2	
E-Modul	N/mm^2		*Dehnung bei % Dehnspg.*	%	

Kriechmoduln und Zeitstandwerte 23 °C

Probekörper: *Form* — *Herstellung*
Zustand — *Vorbehandlung*

Kriechmodul	*1 min* N/mm^2	*Zeitstandzugfestigkeit*	h	N/mm^2
Kriechmodul	*1000 h* N/mm^2	*Zeitdehnspg. %*	h	N/mm^2
bei Spannung	N/mm^2			

Biegeversuch 23 °C ISO 178;

Probekörper: *Form* — *Herstellung* Spritzgiessen
Zustand Spritzfrisch — *Vorbehandlung*

Biegefestigkeit	N/mm^2	140	*E-Modul*	N/mm^2	9200
3,5% *Biegespannung*	N/mm^2				

Härte 23 °C *Probekörper:* *Zustand* — *Herstellung*
Vorbehandlung

Kugeldruckhärte	N/mm^2 bei N, s	*Shore-Härte* A	
Rockwellhärte		*Shore-Härte* D	

Schlagversuch *Probekörper:* *(1)*
(2) V-Kerbe — *Herstellung* Spritzgiessen
Zustand Spritzfrisch — *Vorbehandlung*

		°C	°C	°C	*Probekörper-Form*
Schlagzähigkeit	kJ/m^2				
Kerbschlagzähigkeit (1)	kJ/m^2				
IZOD-Kerbschlagzähigkeit (2)	J/m	23 62			
Kerbschlagzugzähigkeit	kJ/m^2				

Abrieb und Reibung

Taber-Abrieb (Reibradverfahren)	mm^3/100 U	
Abriebfaktor LNP (Thrust washer) Vergleichswert		
Statische Reibungszahl		
Dynamische Reibungszahl	(p·v= N/mm^2·	m/min)
Zulässiger p · v Wert	N/mm^2·(m/min) v=	m/min
	v=	m/min

Thermische Eigenschaften

Formbeständigkeit in der Wärme	*Verfahren* A		176 °C
	Verfahren		°C
Vicat Erweichungstemperatur (VST)	*Verfahren*		°C
	Verfahren		°C
Kristallit-Schmelzpunkt	*Verfahren*		
Längenausdehnungskoeffizient	*Bereich*	°C	$\cdot 10^{-4}K^{-1}$
	Temperatur 23 °C		$0.3 \cdot 10^{-4}K^{-1}$
Wärmeleitfähigkeit	*Verfahren*		W/(K · m)
Spezifische Wärmekapazität	*Verfahren*		J/(K · g)
Glasumwandlungstemperatur	*Torsionsschwingungsversuch*	°C	
	Differentialkalorimetrie	°C	

Brandverhalten

UL-Test vertikal Dicke mm, Wert
Dicke mm, Wert

	Norm	*Bewertung*	*Abmessungen*
Sauerstoff-Index	ASTM D 2863		
Glühstab-Verfahren			
Brandverhalten	DIN 4102		
MVSS			
FAR			

Elektrische Eigenschaften

		Hz	°C		*Probekörper, Form*
Dielektrizitätszahl		50			
		10^3			
		10^6			
Dielektrischer Verlustfaktor tan δ		50			
		10^3			
		10^6			
Spezifischer Durchgangs-widerstand	Ohm · cm				
Durchschlagfestigkeit	kV/mm				mm dick
Oberflächenwiderstand	Ohm				
Kriechstromfestigkeit		KC	KB	KA	
Elektrolytische Korrosionswirkung					
Lichtbogenfestigkeit nach DIN					
nach ASTM	s				

Beständigkeit *(Chemische Beständigkeit siehe Anhang)*

Wasseraufnahme

Feuchtigkeitsaufnahme Normalklima %

Wetterbeständigkeit

Spannungskorrosion

Optische Eigenschaften

Brechungszahl n_D

Transmissionsgrad τ_c % mm dick

Lichtdurchlässigkeit

Datenbank-Nr. **T01195** Merkblatt-Nr. **4292**

Produkt	Polyamid 66		**PA**
Handelsname	**Staramide 66 20 E20**		
Hersteller	FERRO		
DIN-Bez 1			
DIN-Bez 2			
Zusätze		*Füllstoffe/ Verstärkung*	20% Mineralplaettchen
Bevorzugte Verarbeitung	Spritzgiessen	*Lieferform*	Granulat
		Farben	Natur; Standard; Hellfarbig
Besondere Merkmale	Ausgezeichnete Glaette; Ausgezeichnete Oberflaeche; Sehr hohe Masshaltigkeit; Geringe Schwindung; Gute Waermeformbestaendigkeit	*Bevorzugte Anwendungen*	Technisches Formteil; Scheinwerfergehaeuse; Parabolspiegel aus zwei Materialien; Kfz-Industrie

Dichte	g/cm³	1.25	*Schmelzindex*	g/10 min	:
Schüttdichte	g/cm³		*Volumenfließindex*	cm³/10 min	:
Viskositätszahl	ml/g				

Verarbeitungsbedingungen für Spritzgießen

Massetemp.	°C	*Schwindung*	%	lgs 0.9–1.1, quer 0.9–1.1
Werkzeugtemp.	°C	*Bemerkungen*		
Spritzdruck	bar			

Zugversuch 23 °C ISO R 527;
Probekörper: *Form* — *Herstellung* Spritzgiessen
Zustand Spritzfrisch — *Vorbehandlung*

Streckspannung	N/mm²		*Dehnung bei Streckspannung*	%	
Zugfestigkeit	N/mm²	98	*Reißdehnung*	%	5
Reißfestigkeit	N/mm²		*% Dehnspannung*	N/mm²	
E-Modul	N/mm²		*Dehnung bei % Dehnspg.*	%	

Kriechmoduln und Zeitstandwerte 23 °C
Probekörper: *Form* — *Herstellung*
Zustand — *Vorbehandlung*

Kriechmodul	*1 min*	N/mm²	*Zeitstandzugfestigkeit*	h	N/mm²
Kriechmodul	*1000 h*	N/mm²	*Zeitdehnspg. %*	h	N/mm²
bei Spannung		N/mm²			

Biegeversuch 23 °C ISO 178;
Probekörper: *Form* — *Herstellung* Spritzgiessen
Zustand Spritzfrisch — *Vorbehandlung*

Biegefestigkeit	N/mm²	115	*E-Modul*	N/mm²	5100
3,5% *Biegespannung*	N/mm²				

Härte 23 °C *Probekörper:* *Zustand* — *Herstellung*
Vorbehandlung

Kugeldruckhärte	N/mm² bei N, s	*Shore-Härte* A	
Rockwellhärte		*Shore-Härte* D	

Schlagversuch *Probekörper:* *(1)*
(2) V-Kerbe — *Herstellung* Spritzgiessen
Zustand Spritzfrisch — *Vorbehandlung*

		°C	°C	°C	*Probekörper-Form*
Schlagzähigkeit	kJ/m²				
Kerbschlagzähigkeit (1)	kJ/m²				
IZOD-Kerbschlagzähigkeit (2)	J/m	23 38			
Kerbschlagzugzähigkeit	kJ/m²				

Abrieb und Reibung

Taber-Abrieb (Reibradverfahren)	$mm^3/100$ U		
Abriebfaktor LNP (Thrust washer) Vergleichswert			
Statische Reibungszahl			
Dynamische Reibungszahl	(p · v = N/mm^2 ·		m/min)
Zulässiger p · v Wert	N/mm^2 · (m/min)	v =	m/min
		v =	m/min

Thermische Eigenschaften

Formbeständigkeit in der Wärme	*Verfahren* A		161 °C
	Verfahren		°C
Vicat Erweichungstemperatur (VST)	*Verfahren*		°C
	Verfahren		°C
Kristallit-Schmelzpunkt	*Verfahren*		
Längenausdehnungskoeffizient	*Bereich*	°C	· $10^{-4}K^{-1}$
	Temperatur 23 °C		0.5–0.55 · $10^{-4}K^{-1}$
Wärmeleitfähigkeit	*Verfahren*		W/(K · m)
Spezifische Wärmekapazität	*Verfahren*		J/(K · g)
Glasumwandlungstemperatur	*Torsionsschwingungsversuch*	°C	
	Differentialkalorimetrie	°C	

Brandverhalten

UL-Test vertikal Dicke mm, Wert
Dicke mm, Wert

	Norm	*Bewertung*	*Abmessungen*
Sauerstoff-Index	ASTM D 2863		
Glühstab-Verfahren			
Brandverhalten	DIN 4102		
MVSS			
FAR			

Elektrische Eigenschaften

		Hz	°C			*Probekörper, Form*
Dielektrizitätszahl		50				
		10^3				
		10^6				
Dielektrischer Verlustfaktor tan δ		50				
		10^3				
		10^6				
Spezifischer Durchgangs-widerstand	Ohm · cm					
Durchschlagfestigkeit	kV/mm					mm dick
Oberflächenwiderstand	Ohm					
Kriechstromfestigkeit		KC	KB	KA		
Elektrolytische Korrosionswirkung						
Lichtbogenfestigkeit nach DIN						
nach ASTM	s					

Beständigkeit *(Chemische Beständigkeit siehe Anhang)*

Wasseraufnahme

Feuchtigkeitsaufnahme Normalklima %

Wetterbeständigkeit

Spannungskorrosion

Optische Eigenschaften

Brechungszahl n_D

Transmissionsgrad τ_c % mm dick

Lichtdurchlässigkeit

Produkt	Polyamid 66		**PA**
Handelsname	**Staramide 66 30 E20**		
Hersteller	FERRO		
DIN-Bez 1			
DIN-Bez 2			
Zusätze		*Füllstoffe/ Verstärkung*	30% Mineralplaettchen
Bevorzugte Verarbeitung	Spritzgiessen	*Lieferform*	Granulat
		Farben	Natur; Standard; Hellfarbig
Besondere Merkmale	Ausgezeichnete Glaette; Ausgezeichnete Oberflaeche; Sehr hohe Masshaltigkeit; Geringe Schwindung; Gute Waermeformbestaendigkeit	*Bevorzugte Anwendungen*	Technisches Formteil; Scheinwerfergehaeuse; Parabolspiegel aus zwei Materialien; Kfz-Industrie

Dichte	g/cm^3	1.35	*Schmelzindex*	g/10 min	:
Schüttdichte	g/cm^3		*Volumenfließindex*	$cm^3/10$ min	:
Viskositätszahl	ml/g				

Verarbeitungsbedingungen für Spritzgießen

Massetemp.	°C	*Schwindung*	%	lgs 0.7–0.8, quer 0.7–0.8
Werkzeugtemp.	°C	*Bemerkungen*		
Spritzdruck	bar			

Zugversuch 23 °C ISO R 527;

Probekörper: *Form* — *Herstellung* Spritzgiessen
Zustand Spritzfrisch — *Vorbehandlung*

Streckspannung	N/mm^2		*Dehnung bei Streckspannung*	%	
Zugfestigkeit	N/mm^2	115	*Reißdehnung*	%	3.5
Reißfestigkeit	N/mm^2		*% Dehnspannung*	N/mm^2	
E-Modul	N/mm^2		*Dehnung bei % Dehnspg.*	%	

Kriechmoduln und Zeitstandwerte 23 °C

Probekörper: *Form* — *Herstellung*
Zustand — *Vorbehandlung*

Kriechmodul	*1 min*	N/mm^2	*Zeitstandzugfestigkeit*	h	N/mm^2
Kriechmodul	*1000 h*	N/mm^2	*Zeitdehnspg. %*	h	N/mm^2
bei Spannung		N/mm^2			

Biegeversuch 23 °C ISO 178;

Probekörper: *Form* — *Herstellung* Spritzgiessen
Zustand Spritzfrisch — *Vorbehandlung*

Biegefestigkeit	N/mm^2	130	*E-Modul*	N/mm^2	7000
3,5% *Biegespannung*	N/mm^2				

Härte 23 °C *Probekörper:* *Zustand* — *Herstellung*
Vorbehandlung

Kugeldruckhärte	N/mm^2 bei N, s	*Shore-Härte* A	
Rockwellhärte		*Shore-Härte* D	

Schlagversuch *Probekörper:* *(1)*
(2) V-Kerbe — *Herstellung* Spritzgiessen
Zustand Spritzfrisch — *Vorbehandlung*

		°C	°C	°C	*Probekörper-Form*
Schlagzähigkeit	kJ/m^2				
Kerbschlagzähigkeit (1)	kJ/m^2				
IZOD-Kerbschlagzähigkeit (2)	J/m	23 45			
Kerbschlagzugzähigkeit	kJ/m^2				

Abrieb und Reibung

Taber-Abrieb (Reibradverfahren) $mm^3/100$ U
Abriebfaktor LNP (Thrust washer) Vergleichswert
Statische Reibungszahl
Dynamische Reibungszahl (p · v = N/mm^2 · m/min)
Zulässiger p · v Wert N/mm^2 · (m/min) v = m/min
v = m/min

Thermische Eigenschaften

Formbeständigkeit in der Wärme	*Verfahren* A		170 °C
	Verfahren		°C
Vicat Erweichungstemperatur (VST)	*Verfahren*		°C
	Verfahren		°C
Kristallit-Schmelzpunkt	*Verfahren*		
Längenausdehnungskoeffizient	*Bereich*	°C	$\cdot 10^{-4} K^{-1}$
	Temperatur 23 °C		$0.4–0.45 \cdot 10^{-4} K^{-1}$
Wärmeleitfähigkeit	*Verfahren*		W/(K · m)
Spezifische Wärmekapazität	*Verfahren*		J/(K · g)
Glasumwandlungstemperatur	*Torsionsschwingungsversuch*	°C	
	Differentialkalorimetrie	°C	

Brandverhalten

UL-Test vertikal Dicke mm, Wert
Dicke mm, Wert

	Norm	*Bewertung*	*Abmessungen*
Sauerstoff-Index	ASTM D 2863		
Glühstab-Verfahren			
Brandverhalten	DIN 4102		
MVSS			
FAR			

Elektrische Eigenschaften

		Hz	°C	*Probekörper, Form*
Dielektrizitätszahl		50		
		10^3		
		10^6		
Dielektrischer Verlustfaktor tan δ		50		
		10^3		
		10^6		
Spezifischer Durchgangswiderstand	Ohm · cm			
Durchschlagfestigkeit	kV/mm			mm dick
Oberflächenwiderstand	Ohm			

Kriechstromfestigkeit KC KB KA
Elektrolytische Korrosionswirkung
Lichtbogenfestigkeit nach DIN
nach ASTM s

Beständigkeit *(Chemische Beständigkeit siehe Anhang)*

Wasseraufnahme

Feuchtigkeitsaufnahme Normalklima %
Wetterbeständigkeit

Spannungskorrosion

Optische Eigenschaften

Brechungszahl n_D
Transmissionsgrad τ_c % mm dick
Lichtdurchlässigkeit

Datenbank-Nr. **T01197** Merkblatt-Nr. **4294**

Produkt	Polyamid 66		**PA**
Handelsname	**Staramide 66 40 E20 Z20**		
Hersteller	FERRO		
DIN-Bez 1 *DIN-Bez 2*			
Zusätze		*Füllstoffe/ Verstärkung*	40% Mineralplaettchen
Bevorzugte Verarbeitung	Spritzgiessen	*Lieferform*	Granulat
		Farben	Natur; Standard; Hellfarbig
Besondere Merkmale	Ausgezeichnete Glaette; Ausgezeichnete Oberflaeche; Sehr hohe Masshaltigkeit; Geringe Schwindung; Gute Waermeformbestaendigkeit	*Bevorzugte Anwendungen*	Technisches Formteil; Scheinwerfergehaeuse; Parabolspiegel aus zwei Materialien; Kfz-Industrie

Dichte	g/cm^3	1.44	*Schmelzindex*	g/10 min	:
Schüttdichte	g/cm^3		*Volumenfließindex*	cm^3/10 min	:
Viskositätszahl	ml/g				

Verarbeitungsbedingungen für Spritzgießen

Massetemp.	°C	*Schwindung*	%	lgs 0.6–0.7, quer 0.6–0.7
Werkzeugtemp.	°C	*Bemerkungen*		
Spritzdruck	bar			

Zugversuch 23 °C ISO R 527;
Probekörper: *Form* — *Herstellung* Spritzgiessen
Zustand Spritzfrisch — *Vorbehandlung*

Streckspannung	N/mm^2		*Dehnung bei Streckspannung*	%	
Zugfestigkeit	N/mm^2	130	*Reißdehnung*	%	3
Reißfestigkeit	N/mm^2		*% Dehnspannung*	N/mm^2	
E-Modul	N/mm^2		*Dehnung bei % Dehnspg.*	%	

Kriechmoduln und Zeitstandwerte 23 °C
Probekörper: *Form* — *Herstellung*
Zustand — *Vorbehandlung*

Kriechmodul	*1 min* N/mm^2		*Zeitstandzugfestigkeit*	h	N/mm^2
Kriechmodul	*1000 h* N/mm^2		*Zeitdehnspg. %*	h	N/mm^2
bei Spannung	N/mm^2				

Biegeversuch 23 °C ISO 178;
Probekörper: *Form* — *Herstellung* Spritzgiessen
Zustand Spritzfrisch — *Vorbehandlung*

Biegefestigkeit	N/mm^2	150	*E-Modul*	N/mm^2	9000
3,5% *Biegespannung*	N/mm^2				

Härte 23 °C *Probekörper:* *Zustand* — *Herstellung*
Vorbehandlung

Kugeldruckhärte	N/mm^2 bei N, s	*Shore-Härte* A	
Rockwellhärte		*Shore-Härte* D	

Schlagversuch *Probekörper:* *(1)*
(2) V-Kerbe — *Herstellung* Spritzgiessen
Zustand Spritzfrisch — *Vorbehandlung*

		°C	°C	°C	*Probekörper-Form*
Schlagzähigkeit	kJ/m^2				
Kerbschlagzähigkeit (1)	kJ/m^2				
IZOD-Kerbschlagzähigkeit (2)	J/m	23 55			
Kerbschlagzugzähigkeit	kJ/m^2				

Abrieb und Reibung

Taber-Abrieb (Reibradverfahren)	mm^3/100 U		
Abriebfaktor LNP (Thrust washer) Vergleichswert			
Statische Reibungszahl			
Dynamische Reibungszahl	(p·v=	N/mm²·	m/min)
Zulässiger p · v Wert	N/mm²·(m/min)	v=	m/min
		v=	m/min

Thermische Eigenschaften

Formbeständigkeit in der Wärme	*Verfahren* A		191 °C
	Verfahren		°C
Vicat Erweichungstemperatur (VST)	*Verfahren*		°C
	Verfahren		°C
Kristallit-Schmelzpunkt	*Verfahren*		
Längenausdehnungskoeffizient	*Bereich*	°C	$\cdot 10^{-4}K^{-1}$
	Temperatur 23 °C		$0.3–0.35 \cdot 10^{-4}K^{-1}$
Wärmeleitfähigkeit	*Verfahren*		W/(K · m)
Spezifische Wärmekapazität	*Verfahren*		J/(K · g)
Glasumwandlungstemperatur	*Torsionsschwingungsversuch*	°C	
	Differentialkalorimetrie	°C	

Brandverhalten

UL-Test vertikal		Dicke mm, Wert	
		Dicke mm, Wert	
	Norm	*Bewertung*	*Abmessungen*
Sauerstoff-Index	ASTM D 2863		
Glühstab-Verfahren			
Brandverhalten	DIN 4102		
MVSS			
FAR			

Elektrische Eigenschaften

		Hz	°C		*Probekörper, Form*
Dielektrizitätszahl		50			
		10^3			
		10^6			
Dielektrischer Verlustfaktor tan δ		50			
		10^3			
		10^6			
Spezifischer Durchgangswiderstand	Ohm · cm				
Durchschlagfestigkeit	kV/mm				mm dick
Oberflächenwiderstand	Ohm				
Kriechstromfestigkeit		KC	KB	KA	
Elektrolytische Korrosionswirkung					
Lichtbogenfestigkeit nach DIN					
nach ASTM	s				

Beständigkeit *(Chemische Beständigkeit siehe Anhang)*

Wasseraufnahme

Feuchtigkeitsaufnahme Normalklima %

Wetterbeständigkeit

Spannungskorrosion

Optische Eigenschaften

Brechungszahl n_D		
Transmissionsgrad τ_c	%	mm dick
Lichtdurchlässigkeit		

Produkt	Polyamid 66		**PA**
Handelsname	**Staramide 66 50 E20 Z20**		
Hersteller	FERRO		
DIN-Bez 1			
DIN-Bez 2			
Zusätze		*Füllstoffe/ Verstärkung*	50% Mineralplaettchen
Bevorzugte Verarbeitung	Spritzgiessen	*Lieferform*	Granulat
		Farben	Natur; Standard; Hellfarbig
Besondere Merkmale	Ausgezeichnete Glaette; Ausgezeichnete Oberflaeche; Sehr hohe Masshaltigkeit; Geringe Schwindung; Gute Waermeformbestaendigkeit	*Bevorzugte Anwendungen*	Technisches Formteil; Scheinwerfergehaeuse; Parabolspiegel aus zwei Materialien; Kfz-Industrie

Dichte	g/cm³	1.54	*Schmelzindex*	g/10 min	:
Schüttdichte	g/cm³		*Volumenfließindex*	cm³/10 min	:
Viskositätszahl	ml/g				

Verarbeitungsbedingungen für Spritzgießen

Massetemp.	°C	*Schwindung*	%	lgs 0.5–0.6, quer 0.5–0.6
Werkzeugtemp.	°C	*Bemerkungen*		
Spritzdruck	bar			

Zugversuch 23 °C ISO R 527;
Probekörper: *Form* — *Herstellung* Spritzgiessen
Zustand Spritzfrisch — *Vorbehandlung*

Streckspannung	N/mm²		*Dehnung bei Streckspannung*	%	
Zugfestigkeit	N/mm²	140	*Reißdehnung*	%	2
Reißfestigkeit	N/mm²		*% Dehnspannung*	N/mm²	
E-Modul	N/mm²		*Dehnung bei % Dehnspg.*	%	

Kriechmoduln und Zeitstandwerte 23 °C
Probekörper: *Form* — *Herstellung*
Zustand — *Vorbehandlung*

Kriechmodul	*1 min*	N/mm²	*Zeitstandzugfestigkeit*	h	N/mm²
Kriechmodul	*1000 h*	N/mm²	*Zeitdehnspg. %*	h	N/mm²
bei Spannung		N/mm²			

Biegeversuch 23 °C ISO 178;
Probekörper: *Form* — *Herstellung* Spritzgiessen
Zustand Spritzfrisch — *Vorbehandlung*

Biegefestigkeit	N/mm²	155	*E-Modul*	N/mm²	10500
3,5% *Biegespannung*	N/mm²				

Härte 23 °C *Probekörper:* *Zustand* — *Herstellung*
Vorbehandlung

Kugeldruckhärte	N/mm² bei N, s	*Shore-Härte*	A
Rockwellhärte		*Shore-Härte*	D

Schlagversuch *Probekörper:* *(1)*
(2) V-Kerbe — *Herstellung* Spritzgiessen
Zustand Spritzfrisch — *Vorbehandlung*

		°C	°C	°C	*Probekörper-Form*
Schlagzähigkeit	kJ/m²				
Kerbschlagzähigkeit (1)	kJ/m²				
IZOD-Kerbschlagzähigkeit (2)	J/m	23 60			
Kerbschlagzugzähigkeit	kJ/m²				

Abrieb und Reibung

Taber-Abrieb (Reibradverfahren)	mm^3/100 U		
Abriebfaktor LNP (Thrust washer) Vergleichswert			
Statische Reibungszahl			
Dynamische Reibungszahl	(p · v =	N/mm^2 ·	m/min)
Zulässiger p · v Wert	N/mm^2 · (m/min)	v =	m/min
		v =	m/min

Thermische Eigenschaften

Formbeständigkeit in der Wärme	*Verfahren* A		202 °C
	Verfahren		°C
Vicat Erweichungstemperatur (VST)	*Verfahren*		°C
	Verfahren		°C
Kristallit-Schmelzpunkt	*Verfahren*		
Längenausdehnungskoeffizient	*Bereich*	°C	$\cdot 10^{-4} K^{-1}$
	Temperatur 23 °C		0.25–0.3 $\cdot 10^{-4} K^{-1}$
Wärmeleitfähigkeit	*Verfahren*		W/(K · m)
Spezifische Wärmekapazität	*Verfahren*		J/(K · g)
Glasumwandlungstemperatur	*Torsionsschwingungsversuch*	°C	
	Differentialkalorimetrie	°C	

Brandverhalten

UL-Test vertikal	Dicke mm, Wert	
	Dicke mm, Wert	

	Norm	*Bewertung*	*Abmessungen*
Sauerstoff-Index	ASTM D 2863		
Glühstab-Verfahren			
Brandverhalten	DIN 4102		
MVSS			
FAR			

Elektrische Eigenschaften

		Hz	°C		*Probekörper, Form*
Dielektrizitätszahl		50			
		10^3			
		10^6			
Dielektrischer Verlustfaktor tan δ		50			
		10^3			
		10^6			
Spezifischer Durchgangs-widerstand	Ohm · cm				
Durchschlagfestigkeit	kV/mm				mm dick
Oberflächenwiderstand	Ohm				
Kriechstromfestigkeit		KC	KB	KA	
Elektrolytische Korrosionswirkung					
Lichtbogenfestigkeit nach DIN					
nach ASTM	s				

Beständigkeit *(Chemische Beständigkeit siehe Anhang)*

Wasseraufnahme

Feuchtigkeitsaufnahme Normalklima %

Wetterbeständigkeit

Spannungskorrosion

Optische Eigenschaften

Brechungszahl n_D		
Transmissionsgrad τ_c	%	mm dick
Lichtdurchlässigkeit		

Produkt	Polyamid 6		**PA**
Handelsname	**Staramide 6 20 E6**		
Hersteller	FERRO		
DIN-Bez 1			
DIN-Bez 2			
Zusätze		*Füllstoffe/ Verstärkung*	20% Mineral
Bevorzugte Verarbeitung	Spritzgiessen	*Lieferform*	Granulat
		Farben	Natur; Standard; Hellfarbig
Besondere Merkmale	Gute mechanische Eigenschaften; Waermeformbestaendigkeit; Masshaltigkeit; Gute Oberflaeche	*Bevorzugte Anwendungen*	Technisches Formteil; Praezisionsteil; Scheinwerfergehaeuse; Phono-Industrie; Fernseh-Industrie

Dichte	g/cm^3	1.28	*Schmelzindex*	g/10 min	:
Schüttdichte	g/cm^3		*Volumenfließindex*	cm^3/10 min	:
Viskositätszahl	ml/g				

Verarbeitungsbedingungen für Spritzgießen

Massetemp.	°C	*Schwindung*	%	lgs 0.9–1.0, quer 0.9–1.0
Werkzeugtemp.	°C	*Bemerkungen*		
Spritzdruck	bar			

Zugversuch 23 °C ISO R 527;
Probekörper: *Form* — *Herstellung* Spritzgiessen
Zustand Spritzfrisch — *Vorbehandlung*

Streckspannung	N/mm^2		*Dehnung bei Streckspannung*	%	
Zugfestigkeit	N/mm^2	50	*Reißdehnung*	%	8
Reißfestigkeit	N/mm^2		*% Dehnspannung*	N/mm^2	
E-Modul	N/mm^2		*Dehnung bei % Dehnspg.*	%	

Kriechmoduln und Zeitstandwerte 23 °C
Probekörper: *Form* — *Herstellung*
Zustand — *Vorbehandlung*

Kriechmodul	*1 min* N/mm^2	*Zeitstandzugfestigkeit*	h	N/mm^2
Kriechmodul	*1000 h* N/mm^2	*Zeitdehnspg. %*	h	N/mm^2
bei Spannung	N/mm^2			

Biegeversuch 23 °C ISO 178;
Probekörper: *Form* — *Herstellung* Spritzgiessen
Zustand Spritzfrisch — *Vorbehandlung*

Biegefestigkeit	N/mm^2	80	*E-Modul*	N/mm^2	5000
3,5% *Biegespannung*	N/mm^2				

Härte 23 °C *Probekörper:* *Zustand* — *Herstellung*
Vorbehandlung

Kugeldruckhärte	N/mm^2	bei N, s	*Shore-Härte* A
Rockwellhärte			*Shore-Härte* D

Schlagversuch *Probekörper:* *(1)*
(2) V-Kerbe — *Herstellung* Spritzgiessen
Zustand Spritzfrisch — *Vorbehandlung*

		°C	°C	°C	*Probekörper-Form*
Schlagzähigkeit	kJ/m^2				
Kerbschlagzähigkeit (1)	kJ/m^2				
IZOD-Kerbschlagzähigkeit (2)	J/m	23 50			
Kerbschlagzugzähigkeit	kJ/m^2				

Abrieb und Reibung

Taber-Abrieb (Reibradverfahren)	mm³/100 U		
Abriebfaktor LNP (Thrust washer) Vergleichswert			
Statische Reibungszahl			
Dynamische Reibungszahl	(p · v = N/mm² ·		m/min)
Zulässiger p · v Wert	N/mm² · (m/min)	v =	m/min
		v =	m/min

Thermische Eigenschaften

Formbeständigkeit in der Wärme	*Verfahren* A	145 °C
	Verfahren	°C
Vicat Erweichungstemperatur (VST)	*Verfahren*	°C
	Verfahren	°C
Kristallit-Schmelzpunkt	*Verfahren*	
Längenausdehnungskoeffizient	*Bereich* °C	$\cdot 10^{-4} K^{-1}$
	Temperatur 23 °C	0.7–0.75 $\cdot 10^{-4} K^{-1}$
Wärmeleitfähigkeit	*Verfahren*	W/(K · m)
Spezifische Wärmekapazität	*Verfahren*	J/(K · g)
Glasumwandlungstemperatur	*Torsionsschwingungsversuch*	°C
	Differentialkalorimetrie	°C

Brandverhalten

UL-Test vertikal Dicke mm, Wert
Dicke mm, Wert

	Norm	*Bewertung*	*Abmessungen*
Sauerstoff-Index	ASTM D 2863		
Glühstab-Verfahren			
Brandverhalten	DIN 4102		
MVSS			
FAR			

Elektrische Eigenschaften

	Hz	°C	*Probekörper, Form*
Dielektrizitätszahl	50		
	10^3		
	10^6		
Dielektrischer Verlustfaktor tan δ	50		
	10^3		
	10^6		
Spezifischer Durchgangswiderstand Ohm · cm			
Durchschlagfestigkeit kV/mm			mm dick
Oberflächenwiderstand Ohm			

Kriechstromfestigkeit KC KB KA
Elektrolytische Korrosionswirkung
Lichtbogenfestigkeit nach DIN
nach ASTM s

Beständigkeit *(Chemische Beständigkeit siehe Anhang)*

Wasseraufnahme

Feuchtigkeitsaufnahme Normalklima %
Wetterbeständigkeit

Spannungskorrosion

Optische Eigenschaften

Brechungszahl n_D
Transmissionsgrad τ_c % mm dick
Lichtdurchlässigkeit

Produkt	Polyamid 66		**PA**
Handelsname	**Nivionplast AR 25 G**		
Hersteller	ENICHEM		
DIN-Bez 1			
DIN-Bez 2			
Zusätze		*Füllstoffe/ Verstärkung*	25% Glasfaser
Bevorzugte Verarbeitung	Spritzgiessen	*Lieferform*	Granulat
		Farben	Natur; Standard
Besondere Merkmale	Gute mechanische Eigenschaften	*Bevorzugte Anwendungen*	Technisches Formteil

Dichte	g/cm³	1.30	*Schmelzindex*	g/10 min	:
Schüttdichte	g/cm³		*Volumenfließindex*	cm³/10 min	:
Viskositätszahl	ml/g				

Verarbeitungsbedingungen für Spritzgießen

Massetemp.	°C	*Schwindung*	%	lgs 0.5–0.6, quer 0.5–0.6
Werkzeugtemp.	°C	*Bemerkungen*		
Spritzdruck	bar			

Zugversuch 23 °C ASTM D 638
Probekörper: *Form* — *Herstellung* Spritzgiessen
Zustand Spritzfrisch — *Vorbehandlung*

Streckspannung	N/mm²	150	*Dehnung bei Streckspannung*	%	
Zugfestigkeit	N/mm²		*Reißdehnung*	%	3
Reißfestigkeit	N/mm²		*% Dehnspannung*	N/mm²	
E-Modul	N/mm²	8000	*Dehnung bei % Dehnspg.*	%	

Kriechmoduln und Zeitstandwerte 23 °C
Probekörper: *Form* — *Herstellung*
Zustand — *Vorbehandlung*

Kriechmodul	*1 min*	N/mm²	*Zeitstandzugfestigkeit*	h	N/mm²
Kriechmodul	*1000 h*	N/mm²	*Zeitdehnspg. %*	h	N/mm²
bei Spannung		N/mm²			

Biegeversuch 23 °C ASTM D 790
Probekörper: *Form* — *Herstellung* Spritzgiessen
Zustand Spritzfrisch — *Vorbehandlung*

Biegefestigkeit	N/mm²	240	*E-Modul*	N/mm²	7000
3,5% *Biegespannung*	N/mm²				

Härte 23 °C *Probekörper:* *Zustand* Spritzfrisch — *Herstellung* Spritzgiessen
Vorbehandlung

Kugeldruckhärte	N/mm²	bei N, s	*Shore-Härte* A	
Rockwellhärte	109		*Shore-Härte* D	

Schlagversuch *Probekörper:* *(1)*
(2) V-Kerbe — *Herstellung* Spritzgiessen
Zustand Spritzfrisch — *Vorbehandlung*

		°C	°C	°C	*Probekörper-Form*
Schlagzähigkeit	kJ/m²				
Kerbschlagzähigkeit (1)	kJ/m²				
IZOD-Kerbschlagzähigkeit (2)	J/m	23 90			3.2 mm dick
Kerbschlagzugzähigkeit	kJ/m²				

Abrieb und Reibung

Taber-Abrieb (Reibradverfahren)	mm^3/100 U		
Abriebfaktor LNP (Thrust washer) Vergleichswert			
Statische Reibungszahl			
Dynamische Reibungszahl	(p · v=	N/mm^2 ·	m/min)
Zulässiger p · v Wert	N/mm^2 · (m/min)	v=	m/min
		v=	m/min

Thermische Eigenschaften

Formbeständigkeit in der Wärme	*Verfahren* A			244 °C
	Verfahren B			253 °C
Vicat Erweichungstemperatur (VST)	*Verfahren*			°C
	Verfahren			°C
Kristallit-Schmelzpunkt	*Verfahren* ASTM D 2117			256 °C
Längenausdehnungskoeffizient	*Bereich*	°C		$\cdot 10^{-4} K^{-1}$
	Temperatur 23 °C			$0.2–0.3 \cdot 10^{-4} K^{-1}$
Wärmeleitfähigkeit	*Verfahren*			W/(K · m)
Spezifische Wärmekapazität	*Verfahren*		23 °C	1.5 J/(K · g)
Glasumwandlungstemperatur	*Torsionsschwingungsversuch*		°C	
	Differentialkalorimetrie		°C	

Brandverhalten

UL-Test vertikal — Dicke 3.2 mm, Wert HB
Dicke mm, Wert

	Norm	*Bewertung*	*Abmessungen*
Sauerstoff-Index	ASTM D 2863		
Glühstab-Verfahren			
Brandverhalten	DIN 4102		
MVSS			
FAR			

Elektrische Eigenschaften

		Hz	°C		*Probekörper, Form*
Dielektrizitätszahl		50			
		10^3	23	3.5	
		10^6			
Dielektrischer Verlustfaktor tan δ		50			
		10^3			
		10^6			
Spezifischer Durchgangswiderstand	Ohm · cm		23	1.0*10**14	
Durchschlagfestigkeit	kV/mm				mm dick
Oberflächenwiderstand	Ohm		23	1.0*10**13	

Kriechstromfestigkeit KC >600 KB KA
Elektrolytische Korrosionswirkung
Lichtbogenfestigkeit nach DIN
nach ASTM s

Beständigkeit *(Chemische Beständigkeit siehe Anhang)*

Wasseraufnahme 23 C — 1 d — 0.8%

Feuchtigkeitsaufnahme Normalklima %
Wetterbeständigkeit

Spannungskorrosion

Optische Eigenschaften

Brechungszahl n_D
Transmissionsgrad τ_c % mm dick
Lichtdurchlässigkeit

Produkt	Polyamid 6		**PA**
Handelsname	**Staramide 6 40 E6**		
Hersteller	FERRO		
DIN-Bez 1			
DIN-Bez 2			
Zusätze		*Füllstoffe/ Verstärkung*	40% Mineral
Bevorzugte Verarbeitung	Spritzgiessen	*Lieferform*	Granulat
		Farben	Natur; Standard; Hellfarbig
Besondere Merkmale	Gute mechanische Eigenschaften; Waermeformbestaendigkeit; Masshaltigkeit; Gute Oberflaeche	*Bevorzugte Anwendungen*	Technisches Formteil; Praezisionsteil; Scheinwerfergehaeuse; Phono-Industrie; Fernseh-Industrie

Dichte	g/cm^3	1.46	*Schmelzindex*	g/10 min	:
Schüttdichte	g/cm^3		*Volumenfließindex*	cm^3/10 min	:
Viskositätszahl	ml/g				

Verarbeitungsbedingungen für Spritzgießen

Massetemp.	°C	*Schwindung*	% lgs 0.4–0.5, quer 0.4–0.5
Werkzeugtemp.	°C	*Bemerkungen*	
Spritzdruck	bar		

Zugversuch 23 °C ISO R 527;
Probekörper: *Form* — *Herstellung* Spritzgiessen
Zustand Spritzfrisch — *Vorbehandlung*

Streckspannung	N/mm^2		*Dehnung bei Streckspannung*	%	
Zugfestigkeit	N/mm^2	85	*Reißdehnung*	%	3
Reißfestigkeit	N/mm^2		*% Dehnspannung*	N/mm^2	
E-Modul	N/mm^2		*Dehnung bei % Dehnspg.*	%	

Kriechmoduln und Zeitstandwerte 23 °C
Probekörper: *Form* — *Herstellung*
Zustand — *Vorbehandlung*

Kriechmodul	*1 min*	N/mm^2	*Zeitstandzugfestigkeit*	h	N/mm^2
Kriechmodul	*1000 h*	N/mm^2	*Zeitdehnspg.* %	h	N/mm^2
bei Spannung		N/mm^2			

Biegeversuch 23 °C ISO 178;
Probekörper: *Form* — *Herstellung* Spritzgiessen
Zustand Spritzfrisch — *Vorbehandlung*

Biegefestigkeit	N/mm^2	140	*E-Modul*	N/mm^2	7000
3,5% *Biegespannung*	N/mm^2				

Härte 23 °C *Probekörper:* *Zustand* — *Herstellung*
Vorbehandlung

Kugeldruckhärte	N/mm^2 bei N, s	*Shore-Härte* A	
Rockwellhärte		*Shore-Härte* D	

Schlagversuch *Probekörper:* *(1)*
(2) V-Kerbe — *Herstellung* Spritzgiessen
Zustand Spritzfrisch — *Vorbehandlung*

		°C	°C	°C	*Probekörper-Form*
Schlagzähigkeit	kJ/m^2				
Kerbschlagzähigkeit (1)	kJ/m^2				
IZOD-Kerbschlagzähigkeit (2)	J/m	23	45		
Kerbschlagzugzähigkeit	kJ/m^2				

Abrieb und Reibung

Taber-Abrieb (Reibradverfahren)	mm^3/100 U		
Abriebfaktor LNP (Thrust washer) Vergleichswert			
Statische Reibungszahl			
Dynamische Reibungszahl	(p·v=	N/mm^2·	m/min)
Zulässiger p · v Wert	N/mm^2 · (m/min)	v=	m/min
		v=	m/min

Thermische Eigenschaften

Formbeständigkeit in der Wärme	*Verfahren* A		172 °C
	Verfahren		°C
Vicat Erweichungstemperatur (VST)	*Verfahren*		°C
	Verfahren		°C
Kristallit-Schmelzpunkt	*Verfahren*		
Längenausdehnungskoeffizient	*Bereich*	°C	$\cdot 10^{-4}K^{-1}$
	Temperatur 23 °C		0.4–0.45 $\cdot 10^{-4}K^{-1}$
Wärmeleitfähigkeit	*Verfahren*		W/(K · m)
Spezifische Wärmekapazität	*Verfahren*		J/(K · g)
Glasumwandlungstemperatur	*Torsionsschwingungsversuch*	°C	
	Differentialkalorimetrie	°C	

Brandverhalten

UL-Test vertikal Dicke mm, Wert
Dicke mm, Wert

	Norm	*Bewertung*	*Abmessungen*
Sauerstoff-Index	ASTM D 2863		
Glühstab-Verfahren			
Brandverhalten	DIN 4102		
MVSS			
FAR			

Elektrische Eigenschaften

		Hz	°C	*Probekörper, Form*
Dielektrizitätszahl		50		
		10^3		
		10^6		
Dielektrischer Verlustfaktor tan δ		50		
		10^3		
		10^6		
Spezifischer Durchgangswiderstand	Ohm · cm			
Durchschlagfestigkeit	kV/mm			mm dick
Oberflächenwiderstand	Ohm			

Kriechstromfestigkeit KC KB KA
Elektrolytische Korrosionswirkung
Lichtbogenfestigkeit nach DIN
nach ASTM s

Beständigkeit *(Chemische Beständigkeit siehe Anhang)*

Wasseraufnahme

Feuchtigkeitsaufnahme Normalklima %
Wetterbeständigkeit

Spannungskorrosion

Optische Eigenschaften

Brechungszahl n_D
Transmissionsgrad τ_c % mm dick
Lichtdurchlässigkeit

Produkt	Polyamid 66		**PA**
Handelsname	**Staramide 66 20 E6**		
Hersteller	FERRO		
DIN-Bez 1			
DIN-Bez 2			
Zusätze		*Füllstoffe/ Verstärkung*	20% Mineral
Bevorzugte Verarbeitung	Spritzgiessen	*Lieferform*	Granulat
		Farben	Natur; Standard; Hellfarbig
Besondere Merkmale	Gute mechanische Eigenschaften; Waermeformbestaendigkeit; Masshaltigkeit; Gute Oberflaeche	*Bevorzugte Anwendungen*	Technisches Formteil; Praezisionsteil; Scheinwerfergehaeuse; Phono-Industrie; Fernseh-Industrie

Dichte	g/cm^3	1.30	*Schmelzindex*	g/10 min	:
Schüttdichte	g/cm^3		*Volumenfließindex*	cm^3/10 min	:
Viskositätszahl	ml/g				

Verarbeitungsbedingungen für Spritzgießen

Massetemp.	°C	*Schwindung*	%	lgs 1.2–1.3, quer 1.2–1.3
Werkzeugtemp.	°C	*Bemerkungen*		
Spritzdruck	bar			

Zugversuch 23 °C ISO R 527;
Probekörper: *Form* — *Herstellung* Spritzgiessen
Zustand Spritzfrisch — *Vorbehandlung*

Streckspannung	N/mm^2		*Dehnung bei Streckspannung*	%	
Zugfestigkeit	N/mm^2	58	*Reißdehnung*	%	7
Reißfestigkeit	N/mm^2		*% Dehnspannung*	N/mm^2	
E-Modul	N/mm^2		*Dehnung bei % Dehnspg.*	%	

Kriechmoduln und Zeitstandwerte 23 °C
Probekörper: *Form* — *Herstellung*
Zustand — *Vorbehandlung*

Kriechmodul	*1 min* N/mm^2	*Zeitstandzugfestigkeit*	h	N/mm^2	
Kriechmodul	*1000 h* N/mm^2	*Zeitdehnspg.* %	h	N/mm^2	
bei Spannung	N/mm^2				

Biegeversuch 23 °C ISO 178;
Probekörper: *Form* — *Herstellung* Spritzgiessen
Zustand Spritzfrisch — *Vorbehandlung*

Biegefestigkeit	N/mm^2	92	*E-Modul*	N/mm^2	5200
3,5% *Biegespannung*	N/mm^2				

Härte 23 °C *Probekörper:* *Zustand* — *Herstellung*
Vorbehandlung

Kugeldruckhärte	N/mm^2 bei N, s	*Shore-Härte* A	
Rockwellhärte		*Shore-Härte* D	

Schlagversuch *Probekörper:* *(1)*
(2) V-Kerbe — *Herstellung* Spritzgiessen
Zustand Spritzfrisch — *Vorbehandlung*

		°C	°C	°C	*Probekörper-Form*
Schlagzähigkeit	kJ/m^2				
Kerbschlagzähigkeit (1)	kJ/m^2				
IZOD-Kerbschlagzähigkeit (2)	J/m	23 56			
Kerbschlagzugzähigkeit	kJ/m^2				

Abrieb und Reibung

Taber-Abrieb (Reibradverfahren)	mm^3/100 U		
Abriebfaktor LNP (Thrust washer) Vergleichswert			
Statische Reibungszahl			
Dynamische Reibungszahl	(p · v =	N/mm^2 ·	m/min)
Zulässiger p · v Wert	N/mm^2 · (m/min)	v =	m/min
		v =	m/min

Thermische Eigenschaften

Formbeständigkeit in der Wärme	*Verfahren* A		173 °C
	Verfahren		°C
Vicat Erweichungstemperatur (VST)	*Verfahren*		°C
	Verfahren		°C
Kristallit-Schmelzpunkt	*Verfahren*		
Längenausdehnungskoeffizient	*Bereich*	°C	· $10^{-4}K^{-1}$
	Temperatur 23 °C		0.65–0.7 · $10^{-4}K^{-1}$
Wärmeleitfähigkeit	*Verfahren*		W/(K · m)
Spezifische Wärmekapazität	*Verfahren*		J/(K · g)
Glasumwandlungstemperatur	*Torsionsschwingungsversuch*	°C	
	Differentialkalorimetrie	°C	

Brandverhalten

UL-Test vertikal	Dicke mm, Wert	
	Dicke mm, Wert	

	Norm	*Bewertung*	*Abmessungen*
Sauerstoff-Index	ASTM D 2863		
Glühstab-Verfahren			
Brandverhalten	DIN 4102		
MVSS			
FAR			

Elektrische Eigenschaften

		Hz	°C	*Probekörper, Form*
Dielektrizitätszahl		50		
		10^3		
		10^6		
Dielektrischer Verlustfaktor tan δ		50		
		10^3		
		10^6		
Spezifischer Durchgangswiderstand	Ohm · cm			
Durchschlagfestigkeit	kV/mm			mm dick
Oberflächenwiderstand	Ohm			

Kriechstromfestigkeit	KC	KB	KA
Elektrolytische Korrosionswirkung			
Lichtbogenfestigkeit nach DIN			
nach ASTM s			

Beständigkeit *(Chemische Beständigkeit siehe Anhang)*

Wasseraufnahme

Feuchtigkeitsaufnahme Normalklima %

Wetterbeständigkeit

Spannungskorrosion

Optische Eigenschaften

Brechungszahl n_D

Transmissionsgrad τ_c % mm dick

Lichtdurchlässigkeit

Produkt	Polyamid 66		**PA**
Handelsname	**Nivionplast AR 20 G**		
Hersteller	ENICHEM		
DIN-Bez 1			
DIN-Bez 2			
Zusätze		*Füllstoffe/ Verstärkung*	20% Glasfaser
Bevorzugte Verarbeitung	Spritzgiessen	*Lieferform*	Granulat
		Farben	Natur; Standard
Besondere Merkmale	Gute mechanische Eigenschaften	*Bevorzugte Anwendungen*	Technisches Formteil

Dichte	g/cm^3	1.27	*Schmelzindex*	g/10 min	:
Schüttdichte	g/cm^3		*Volumenfließindex*	cm^3/10 min	:
Viskositätszahl	ml/g				

Verarbeitungsbedingungen für Spritzgießen

Massetemp.	°C	*Schwindung*	%	lgs 0.5–0.7, quer 0.5–0.7
Werkzeugtemp.	°C	*Bemerkungen*		
Spritzdruck	bar			

Zugversuch 23 °C ASTM D 638

Probekörper: *Form* — *Zustand* Spritzfrisch — *Herstellung* Spritzgiessen — *Vorbehandlung*

Streckspannung	N/mm^2	125	*Dehnung bei Streckspannung*	%	
Zugfestigkeit	N/mm^2		*Reißdehnung*	%	3
Reißfestigkeit	N/mm^2		*% Dehnspannung*	N/mm^2	
E-Modul	N/mm^2	7000	*Dehnung bei % Dehnspg.*	%	

Kriechmoduln und Zeitstandwerte 23 °C

Probekörper: *Form* — *Zustand* — *Herstellung* — *Vorbehandlung*

Kriechmodul	*1 min* N/mm^2	*Zeitstandzugfestigkeit*	h	N/mm^2
Kriechmodul	*1000 h* N/mm^2	*Zeitdehnspg. %*	h	N/mm^2
bei Spannung	N/mm^2			

Biegeversuch 23 °C ASTM D 790

Probekörper: *Form* — *Zustand* Spritzfrisch — *Herstellung* Spritzgiessen — *Vorbehandlung*

Biegefestigkeit	N/mm^2	210	*E-Modul*	N/mm^2	6000
3,5% *Biegespannung*	N/mm^2				

Härte 23 °C *Probekörper:* *Zustand* Spritzfrisch — *Herstellung* Spritzgiessen — *Vorbehandlung*

Kugeldruckhärte	N/mm^2	bei N, s	*Shore-Härte* A	
Rockwellhärte	108		*Shore-Härte* D	

Schlagversuch *Probekörper:* *(1)* — *(2)* V-Kerbe — *Zustand* Spritzfrisch — *Herstellung* Spritzgiessen — *Vorbehandlung*

		°C	°C	°C	*Probekörper-Form*
Schlagzähigkeit	kJ/m^2				
Kerbschlagzähigkeit (1)	kJ/m^2				
IZOD-Kerbschlagzähigkeit (2)	J/m	23 75			3.2 mm dick
Kerbschlagzugzähigkeit	kJ/m^2				

Abrieb und Reibung

Taber-Abrieb (Reibradverfahren)	mm^3/100 U			
Abriebfaktor LNP (Thrust washer) Vergleichswert				
Statische Reibungszahl				
Dynamische Reibungszahl	(p·v=	N/mm^2·		m/min)
Zulässiger p·v Wert	N/mm^2·(m/min)		v=	m/min
			v=	m/min

Thermische Eigenschaften

Formbeständigkeit in der Wärme	*Verfahren*	A		241 °C
	Verfahren	B		252 °C
Vicat Erweichungstemperatur (VST)	*Verfahren*			°C
	Verfahren			°C
Kristallit-Schmelzpunkt	*Verfahren*	ASTM D 2117		256 °C
Längenausdehnungskoeffizient	*Bereich*	°C		$\cdot 10^{-4}K^{-1}$
	Temperatur	23 °C		0.2–0.3 $\cdot 10^{-4}K^{-1}$
Wärmeleitfähigkeit	*Verfahren*			W/(K·m)
Spezifische Wärmekapazität	*Verfahren*		23 °C	1.6 J/(K·g)
Glasumwandlungstemperatur	*Torsionsschwingungsversuch*		°C	
	Differentialkalorimetrie		°C	

Brandverhalten

UL-Test vertikal	Dicke 3.2	mm, Wert HB
	Dicke	mm, Wert

	Norm	*Bewertung*	*Abmessungen*
Sauerstoff-Index	ASTM D 2863		
Glühstab-Verfahren			
Brandverhalten	DIN 4102		
MVSS			
FAR			

Elektrische Eigenschaften

		Hz	°C		*Probekörper, Form*
Dielektrizitätszahl		50			
		10^3	23	3.5	
		10^6			
Dielektrischer Verlustfaktor tan δ		50			
		10^3			
		10^6			
Spezifischer Durchgangswiderstand	Ohm·cm		23	1.0*10**14	
Durchschlagfestigkeit	kV/mm				mm dick
Oberflächenwiderstand	Ohm		23	1.0*10**13	

Kriechstromfestigkeit	KC >600	KB	KA
Elektrolytische Korrosionswirkung			
Lichtbogenfestigkeit nach DIN			
nach ASTM s			

Beständigkeit *(Chemische Beständigkeit siehe Anhang)*

Wasseraufnahme 23 C	1 d	0.85%	
Feuchtigkeitsaufnahme Normalklima			%
Wetterbeständigkeit			
Spannungskorrosion			

Optische Eigenschaften

Brechungszahl n_D		
Transmissionsgrad τ_c	%	mm dick
Lichtdurchlässigkeit		

Datenbank-Nr. **T01204** Merkblatt-Nr. **4301**

Produkt	Polyamid 66		**PA**
Handelsname	**Staramide 66 40 E6**		
Hersteller	FERRO		
DIN-Bez 1			
DIN-Bez 2			
Zusätze		*Füllstoffe/ Verstärkung*	40% Mineral
Bevorzugte Verarbeitung	Spritzgiessen	*Lieferform*	Granulat
		Farben	Natur; Standard; Hellfarbig
Besondere Merkmale	Gute mechanische Eigenschaften; Waermeformbestaendigkeit; Masshaltigkeit; Gute Oberflaeche	*Bevorzugte Anwendungen*	Technisches Formteil; Praezisionsteil; Scheinwerfergehaeuse; Phono-Industrie; Fernseh-Industrie

Dichte	g/cm³	1.49	*Schmelzindex*	g/10 min	:
Schüttdichte	g/cm³		*Volumenfließindex*	cm³/10 min	:
Viskositätszahl	ml/g				

Verarbeitungsbedingungen für Spritzgießen

Massetemp.	°C	*Schwindung*	%	lgs 0.5–0.6, quer 0.5–0.6
Werkzeugtemp.	°C	*Bemerkungen*		
Spritzdruck	bar			

Zugversuch 23 °C ISO R 527;

Probekörper: *Form* — *Herstellung* Spritzgiessen
Zustand Spritzfrisch — *Vorbehandlung*

Streckspannung	N/mm²		*Dehnung bei Streckspannung*	%	
Zugfestigkeit	N/mm²	90	*Reißdehnung*	%	3
Reißfestigkeit	N/mm²		*% Dehnspannung*	N/mm²	
E-Modul	N/mm²		*Dehnung bei % Dehnspg.*	%	

Kriechmoduln und Zeitstandwerte 23 °C

Probekörper: *Form* — *Herstellung*
Zustand — *Vorbehandlung*

Kriechmodul	*1 min*	N/mm²	*Zeitstandzugfestigkeit*	h	N/mm²
Kriechmodul	*1000 h*	N/mm²	*Zeitdehnspg. %*	h	N/mm²
bei Spannung		N/mm²			

Biegeversuch 23 °C ISO 178;

Probekörper: *Form* — *Herstellung* Spritzgiessen
Zustand Spritzfrisch — *Vorbehandlung*

Biegefestigkeit	N/mm²	125	*E-Modul*	N/mm²	8000
3,5% *Biegespannung*	N/mm²				

Härte 23 °C *Probekörper:* *Zustand* — *Herstellung*
Vorbehandlung

Kugeldruckhärte	N/mm² bei N, s	*Shore-Härte* A	
Rockwellhärte		*Shore-Härte* D	

Schlagversuch *Probekörper:* *(1)*
(2) V-Kerbe — *Herstellung* Spritzgiessen
Zustand Spritzfrisch — *Vorbehandlung*

		°C	°C	°C	*Probekörper-Form*
Schlagzähigkeit	kJ/m²				
Kerbschlagzähigkeit (1)	kJ/m²				
IZOD-Kerbschlagzähigkeit (2)	J/m	23 40			
Kerbschlagzugzähigkeit	kJ/m²				

Abrieb und Reibung

Taber-Abrieb (Reibradverfahren)	mm^3/100 U		
Abriebfaktor LNP (Thrust washer) Vergleichswert			
Statische Reibungszahl			
Dynamische Reibungszahl	(p · v =	N/mm^2 ·	m/min)
Zulässiger p · v Wert	N/mm^2 · (m/min)	v =	m/min
		v =	m/min

Thermische Eigenschaften

Formbeständigkeit in der Wärme	*Verfahren* A		203 °C
	Verfahren		°C
Vicat Erweichungstemperatur (VST)	*Verfahren*		°C
	Verfahren		°C
Kristallit-Schmelzpunkt	*Verfahren*		
Längenausdehnungskoeffizient	*Bereich*	°C	$\cdot 10^{-4}K^{-1}$
	Temperatur 23 °C		0.35–0.4 $\cdot 10^{-4}K^{-1}$
Wärmeleitfähigkeit	*Verfahren*		W/(K · m)
Spezifische Wärmekapazität	*Verfahren*		J/(K · g)
Glasumwandlungstemperatur	*Torsionsschwingungsversuch*	°C	
	Differentialkalorimetrie	°C	

Brandverhalten

UL-Test vertikal — Dicke mm, Wert
Dicke mm, Wert

	Norm	*Bewertung*	*Abmessungen*
Sauerstoff-Index	ASTM D 2863		
Glühstab-Verfahren			
Brandverhalten	DIN 4102		
MVSS			
FAR			

Elektrische Eigenschaften

		Hz	°C	*Probekörper, Form*
Dielektrizitätszahl		50		
		10^3		
		10^6		
Dielektrischer Verlustfaktor tan δ		50		
		10^3		
		10^6		
Spezifischer Durchgangswiderstand	Ohm · cm			
Durchschlagfestigkeit	kV/mm			mm dick
Oberflächenwiderstand	Ohm			

Kriechstromfestigkeit KC KB KA
Elektrolytische Korrosionswirkung
Lichtbogenfestigkeit nach DIN
nach ASTM s

Beständigkeit *(Chemische Beständigkeit siehe Anhang)*

Wasseraufnahme

Feuchtigkeitsaufnahme Normalklima %

Wetterbeständigkeit

Spannungskorrosion

Optische Eigenschaften

Brechungszahl n_D
Transmissionsgrad τ_c % mm dick
Lichtdurchlässigkeit

Produkt	Copolyamid 66/6		**PA**
Handelsname	**Staramide 66 C 20 E6**		
Hersteller	FERRO		
DIN-Bez 1			
DIN-Bez 2			
Zusätze		*Füllstoffe/ Verstärkung*	20% Mineral
Bevorzugte Verarbeitung	Spritzgiessen	*Lieferform*	Granulat
		Farben	Natur; Standard; Hellfarbig
Besondere Merkmale	Gute mechanische Eigenschaften; Waermeformbestaendigkeit; Masshaltigkeit; Gute Oberflaeche	*Bevorzugte Anwendungen*	Technisches Formteil; Praezisionsteil; Scheinwerfergehaeuse; Phono-Industrie; Fernseh-Industrie

Dichte	g/cm^3	1.29	*Schmelzindex*	g/10 min	:
Schüttdichte	g/cm^3		*Volumenfließindex*	$cm^3/10$ min	:
Viskositätszahl	ml/g				

Verarbeitungsbedingungen für Spritzgießen

Massetemp.	°C	*Schwindung*	%	lgs 1.0–1.1, quer 1.0–1.1
Werkzeugtemp.	°C	*Bemerkungen*		
Spritzdruck	bar			

Zugversuch 23 °C ISO R 527;
Probekörper: *Form* — *Herstellung* Spritzgiessen
Zustand Spritzfrisch — *Vorbehandlung*

Streckspannung	N/mm^2		*Dehnung bei Streckspannung*	%	
Zugfestigkeit	N/mm^2	53	*Reißdehnung*	%	8
Reißfestigkeit	N/mm^2		*% Dehnspannung*	N/mm^2	
E-Modul	N/mm^2		*Dehnung bei % Dehnspg.*	%	

Kriechmoduln und Zeitstandwerte 23 °C
Probekörper: *Form* — *Herstellung*
Zustand — *Vorbehandlung*

Kriechmodul	*1 min*	N/mm^2	*Zeitstandzugfestigkeit*	h	N/mm^2
Kriechmodul	*1000 h*	N/mm^2	*Zeitdehnspg. %*	h	N/mm^2
bei Spannung		N/mm^2			

Biegeversuch 23 °C ISO 178;
Probekörper: *Form* — *Herstellung* Spritzgiessen
Zustand Spritzfrisch — *Vorbehandlung*

Biegefestigkeit	N/mm^2	84	*E-Modul*	N/mm^2	5000
3,5% *Biegespannung*	N/mm^2				

Härte 23 °C *Probekörper:* *Zustand* — *Herstellung*
Vorbehandlung

Kugeldruckhärte	N/mm^2 bei N, s	*Shore-Härte* A	
Rockwellhärte		*Shore-Härte* D	

Schlagversuch *Probekörper:* *(1)*
(2) V-Kerbe — *Herstellung* Spritzgiessen
Zustand Spritzfrisch — *Vorbehandlung*

		°C	°C	°C	*Probekörper-Form*
Schlagzähigkeit	kJ/m^2				
Kerbschlagzähigkeit (1)	kJ/m^2				
IZOD-Kerbschlagzähigkeit (2)	J/m	23	49		
Kerbschlagzugzähigkeit	kJ/m^2				

Abrieb und Reibung

Taber-Abrieb (Reibradverfahren) mm³/100 U
Abriebfaktor LNP (Thrust washer) Vergleichswert
Statische Reibungszahl
Dynamische Reibungszahl (p · v = N/mm² · m/min)
Zulässiger p · v Wert N/mm² · (m/min) v = m/min
v = m/min

Thermische Eigenschaften

Formbeständigkeit in der Wärme	*Verfahren* A		165 °C
	Verfahren		°C
Vicat Erweichungstemperatur (VST)	*Verfahren*		°C
	Verfahren		°C
Kristallit-Schmelzpunkt	*Verfahren*		
Längenausdehnungskoeffizient	*Bereich*	°C	$\cdot 10^{-4} K^{-1}$
	Temperatur		$\cdot 10^{-4} K^{-1}$
Wärmeleitfähigkeit	*Verfahren*		W/(K · m)
Spezifische Wärmekapazität	*Verfahren*		J/(K · g)
Glasumwandlungstemperatur	*Torsionsschwingungsversuch*	°C	
	Differentialkalorimetrie	°C	

Brandverhalten

UL-Test vertikal Dicke mm, Wert
Dicke mm, Wert

	Norm	*Bewertung*	*Abmessungen*
Sauerstoff-Index	ASTM D 2863		
Glühstab-Verfahren			
Brandverhalten	DIN 4102		
MVSS			
FAR			

Elektrische Eigenschaften

		Hz	°C	*Probekörper, Form*
Dielektrizitätszahl		50		
		10^3		
		10^6		
Dielektrischer Verlustfaktor tan δ		50		
		10^3		
		10^6		
Spezifischer Durchgangs-widerstand	Ohm · cm			
Durchschlagfestigkeit	kV/mm			mm dick
Oberflächenwiderstand	Ohm			

Kriechstromfestigkeit KC KB KA
Elektrolytische Korrosionswirkung
Lichtbogenfestigkeit nach DIN
nach ASTM s

Beständigkeit *(Chemische Beständigkeit siehe Anhang)*

Wasseraufnahme

Feuchtigkeitsaufnahme Normalklima %
Wetterbeständigkeit

Spannungskorrosion

Optische Eigenschaften

Brechungszahl n_D
Transmissionsgrad τ_c % mm dick
Lichtdurchlässigkeit

Produkt	Copolyamid 66/6		**PA**
Handelsname	**Staramide 66 C 30 E6 Z20**		
Hersteller	FERRO		
DIN-Bez 1			
DIN-Bez 2			
Zusätze		*Füllstoffe/ Verstärkung*	30% Mineral
Bevorzugte Verarbeitung	Spritzgiessen	*Lieferform*	Granulat
		Farben	Natur; Standard; Hellfarbig
Besondere Merkmale	Gute mechanische Eigenschaften; Waermeformbestaendigkeit; Masshaltigkeit; Gute Oberflaeche	*Bevorzugte Anwendungen*	Technisches Formteil; Praezisionsteil; Scheinwerfergehaeuse; Phono-Industrie; Fernseh-Industrie

Dichte	g/cm³	1.35	*Schmelzindex*	g/10 min	:
Schüttdichte	g/cm³		*Volumenfließindex*	cm³/10 min	:
Viskositätszahl	ml/g				

Verarbeitungsbedingungen für Spritzgießen

Massetemp.	°C	*Schwindung*	% lgs 0.8, quer 0.8
Werkzeugtemp.	°C	*Bemerkungen*	
Spritzdruck	bar		

Zugversuch 23 °C ISO R 527;
Probekörper: *Form* — *Herstellung* Spritzgiessen
Zustand Spritzfrisch — *Vorbehandlung*

Streckspannung	N/mm²		*Dehnung bei Streckspannung*	%
Zugfestigkeit	N/mm²	105	*Reißdehnung*	% 6
Reißfestigkeit	N/mm²		*% Dehnspannung*	N/mm²
E-Modul	N/mm²		*Dehnung bei % Dehnspg.*	%

Kriechmoduln und Zeitstandwerte 23 °C
Probekörper: *Form* — *Herstellung*
– *Zustand* — *Vorbehandlung*

Kriechmodul	*1 min* N/mm²	*Zeitstandzugfestigkeit*	h N/mm²
Kriechmodul	*1000 h* N/mm²	*Zeitdehnspg.* %	h N/mm²
bei Spannung	N/mm²		

Biegeversuch 23 °C ISO 178;
Probekörper: *Form* — *Herstellung* Spritzgiessen
Zustand Spritzfrisch — *Vorbehandlung*

Biegefestigkeit	N/mm²	137	*E-Modul*	N/mm²	6800
3,5% *Biegespannung*	N/mm²				

Härte 23 °C *Probekörper:* *Zustand* — *Herstellung*
Vorbehandlung

Kugeldruckhärte	N/mm² bei N, s	*Shore-Härte*	A
Rockwellhärte		*Shore-Härte*	D

Schlagversuch *Probekörper:* *(1)*
(2) V-Kerbe — *Herstellung* Spritzgiessen
Zustand Spritzfrisch — *Vorbehandlung*

		°C	°C	°C	*Probekörper-Form*
Schlagzähigkeit	kJ/m²				
Kerbschlagzähigkeit (1)	kJ/m²				
IZOD-Kerbschlagzähigkeit (2)	J/m	23 50			
Kerbschlagzugzähigkeit	kJ/m²				

Abrieb und Reibung

Taber-Abrieb (Reibradverfahren)	$mm^3/100$ U		
Abriebfaktor LNP (Thrust washer) Vergleichswert			
Statische Reibungszahl			
Dynamische Reibungszahl	(p · v =	N/mm^2 ·	m/min)
Zulässiger p · v Wert	N/mm^2 · (m/min)	v =	m/min
		v =	m/min

Thermische Eigenschaften

Formbeständigkeit in der Wärme	*Verfahren* A		175 °C
	Verfahren		°C
Vicat Erweichungstemperatur (VST)	*Verfahren*		°C
	Verfahren		°C
Kristallit-Schmelzpunkt	*Verfahren*		
Längenausdehnungskoeffizient	*Bereich*	°C	$\cdot 10^{-4} K^{-1}$
	Temperatur		$\cdot 10^{-4} K^{-1}$
Wärmeleitfähigkeit	*Verfahren*		W/(K · m)
Spezifische Wärmekapazität	*Verfahren*		J/(K · g)
Glasumwandlungstemperatur	*Torsionsschwingungsversuch*	°C	
	Differentialkalorimetrie	°C	

Brandverhalten

UL-Test vertikal	Dicke	mm, Wert
	Dicke	mm, Wert

	Norm	*Bewertung*	*Abmessungen*
Sauerstoff-Index	ASTM D 2863		
Glühstab-Verfahren			
Brandverhalten	DIN 4102		
MVSS			
FAR			

Elektrische Eigenschaften

		Hz	°C		*Probekörper, Form*
Dielektrizitätszahl		50			
		10^3			
		10^6			
Dielektrischer Verlustfaktor tan δ		50			
		10^3			
		10^6			
Spezifischer Durchgangs-widerstand	Ohm · cm				
Durchschlagfestigkeit	kV/mm				mm dick
Oberflächenwiderstand	Ohm				
Kriechstromfestigkeit		KC	KB	KA	
Elektrolytische Korrosionswirkung					
Lichtbogenfestigkeit nach DIN					
nach ASTM	s				

Beständigkeit *(Chemische Beständigkeit siehe Anhang)*

Wasseraufnahme

Feuchtigkeitsaufnahme Normalklima %

Wetterbeständigkeit

Spannungskorrosion

Optische Eigenschaften

Brechungszahl n_D		
Transmissionsgrad τ_c	%	mm dick
Lichtdurchlässigkeit		

Datenbank-Nr. **T01207** Merkblatt-Nr. **4304**

Produkt	Copolyamid 66/6		**PA**
Handelsname	**Staramide 66 C 40 E6**		
Hersteller	FERRO		
DIN-Bez 1			
DIN-Bez 2			
Zusätze		*Füllstoffe/ Verstärkung*	40% Mineral
Bevorzugte Verarbeitung	Spritzgiessen	*Lieferform*	Granulat
		Farben	Natur; Standard; Hellfarbig
Besondere Merkmale	Gute mechanische Eigenschaften; Waermeformbestaendigkeit; Masshaltigkeit; Gute Oberflaeche	*Bevorzugte Anwendungen*	Technisches Formteil; Praezisionsteil; Scheinwerfergehaeuse; Phono-Industrie; Fernseh-Industrie

Dichte	g/cm³	1.47	*Schmelzindex*	g/10 min	:
Schüttdichte	g/cm³		*Volumenfließindex*	cm³/10 min	:
Viskositätszahl	ml/g				

Verarbeitungsbedingungen für Spritzgießen

Massetemp.	°C	*Schwindung*	%	lgs 0.5–0.6, quer 0.5–0.6
Werkzeugtemp.	°C	*Bemerkungen*		
Spritzdruck	bar			

Zugversuch 23 °C ISO R 527;
Probekörper: *Form* — *Herstellung* Spritzgiessen
Zustand Spritzfrisch — *Vorbehandlung*

Streckspannung	N/mm²		*Dehnung bei Streckspannung*	%	
Zugfestigkeit	N/mm²	80	*Reißdehnung*	%	2
Reißfestigkeit	N/mm²		*% Dehnspannung*	N/mm²	
E-Modul	N/mm²		*Dehnung bei % Dehnspg.*	%	

Kriechmoduln und Zeitstandwerte 23 °C
Probekörper: *Form* — *Herstellung*
Zustand — *Vorbehandlung*

Kriechmodul	*1 min*	N/mm²	*Zeitstandzugfestigkeit*	h	N/mm²
Kriechmodul	*1000 h*	N/mm²	*Zeitdehnspg. %*	h	N/mm²
bei Spannung		N/mm²			

Biegeversuch 23 °C ISO 178;
Probekörper: *Form* — *Herstellung* Spritzgiessen
Zustand Spritzfrisch — *Vorbehandlung*

Biegefestigkeit	N/mm²	100	*E-Modul*	N/mm²	7000
3,5% *Biegespannung*	N/mm²				

Härte 23 °C *Probekörper:* *Zustand* — *Herstellung*
Vorbehandlung

Kugeldruckhärte	N/mm² bei N, s	*Shore-Härte* A	
Rockwellhärte		*Shore-Härte* D	

Schlagversuch *Probekörper:* *(1)*
(2) V-Kerbe — *Herstellung* Spritzgiessen
Zustand Spritzfrisch — *Vorbehandlung*

		°C	°C	°C	*Probekörper-Form*
Schlagzähigkeit	kJ/m²				
Kerbschlagzähigkeit (1)	kJ/m²				
IZOD-Kerbschlagzähigkeit (2)	J/m	23 50			
Kerbschlagzugzähigkeit	kJ/m²				

Abrieb und Reibung

Taber-Abrieb (Reibradverfahren)	mm^3/100 U		
Abriebfaktor LNP (Thrust washer) Vergleichswert			
Statische Reibungszahl			
Dynamische Reibungszahl	(p · v=	N/mm^2 ·	m/min)
Zulässiger p · v Wert	N/mm^2 · (m/min)	v=	m/min
		v=	m/min

Thermische Eigenschaften

Formbeständigkeit in der Wärme	*Verfahren* A		178 °C
	Verfahren		°C
Vicat Erweichungstemperatur (VST)	*Verfahren*		°C
	Verfahren		°C
Kristallit-Schmelzpunkt	*Verfahren*		
Längenausdehnungskoeffizient	*Bereich*	°C	$\cdot 10^{-4}K^{-1}$
	Temperatur		$\cdot 10^{-4}K^{-1}$
Wärmeleitfähigkeit	*Verfahren*		W/(K · m)
Spezifische Wärmekapazität	*Verfahren*		J/(K · g)
Glasumwandlungstemperatur	*Torsionsschwingungsversuch*	°C	
	Differentialkalorimetrie	°C	

Brandverhalten

UL-Test vertikal Dicke mm, Wert
Dicke mm, Wert

	Norm	*Bewertung*	*Abmessungen*
Sauerstoff-Index	ASTM D 2863		
Glühstab-Verfahren			
Brandverhalten	DIN 4102		
MVSS			
FAR			

Elektrische Eigenschaften

		Hz	°C	*Probekörper, Form*
Dielektrizitätszahl		50		
		10^3		
		10^6		
Dielektrischer Verlustfaktor tan δ		50		
		10^3		
		10^6		
Spezifischer Durchgangswiderstand	Ohm · cm			
Durchschlagfestigkeit	kV/mm			mm dick
Oberflächenwiderstand	Ohm			

Kriechstromfestigkeit	KC	KB	KA
Elektrolytische Korrosionswirkung			
Lichtbogenfestigkeit nach DIN			
nach ASTM s			

Beständigkeit *(Chemische Beständigkeit siehe Anhang)*

Wasseraufnahme

Feuchtigkeitsaufnahme Normalklima %

Wetterbeständigkeit

Spannungskorrosion

Optische Eigenschaften

Brechungszahl n_D

Transmissionsgrad τ_c % mm dick

Lichtdurchlässigkeit

Produkt	Copolyamid 66/6		**PA**
Handelsname	**Staramide 66 C 30 E14**		
Hersteller	FERRO		
DIN-Bez 1			
DIN-Bez 2			
Zusätze		*Füllstoffe/ Verstärkung*	30% Mineral (Glaskeramik)
Bevorzugte Verarbeitung	Spritzgiessen	*Lieferform*	Granulat
		Farben	Natur; Standard
Besondere Merkmale	Verbesserte mechanische Eigenschaften; Angehobene Schlagzaehigkeit; Ausgezeichnete Oberflaeche; Hoch isotrop	*Bevorzugte Anwendungen*	Scheinwerfergehaeuse; Kfz-Innenteil; Teil im Kfz-Motorraum; Haushaltsgeraet; Gehaeuse fuer hoehere Beanspruchung; Elektrotechnik; Kfz-Industrie

Dichte	g/cm^3	1.36	*Schmelzindex*	g/10 min	:
Schüttdichte	g/cm^3		*Volumenfließindex*	$cm^3/10$ min	:
Viskositätszahl	ml/g				

Verarbeitungsbedingungen für Spritzgießen

Massetemp.	°C	*Schwindung*	%	lgs 1.3–1.5, quer 1.3–1.5
Werkzeugtemp.	°C	*Bemerkungen*		
Spritzdruck	bar			

Zugversuch 23 °C ISO R 527;
Probekörper: *Form* — *Herstellung* Spritzgiessen
Zustand Spritzfrisch — *Vorbehandlung*

Streckspannung	N/mm^2		*Dehnung bei Streckspannung*	%	
Zugfestigkeit	N/mm^2	90	*Reißdehnung*	%	6
Reißfestigkeit	N/mm^2		*% Dehnspannung*	N/mm^2	
E-Modul	N/mm^2		*Dehnung bei % Dehnspg.*	%	

Kriechmoduln und Zeitstandwerte 23 °C
Probekörper: *Form* — *Herstellung*
Zustand — *Vorbehandlung*

Kriechmodul	*1 min*	N/mm^2	*Zeitstandzugfestigkeit*	h	N/mm^2
Kriechmodul	*1000 h*	N/mm^2	*Zeitdehnspg. %*	h	N/mm^2
bei Spannung		N/mm^2			

Biegeversuch 23 °C ISO 178;
Probekörper: *Form* — *Herstellung* Spritzgiessen
Zustand Spritzfrisch — *Vorbehandlung*

Biegefestigkeit	N/mm^2	104	*E-Modul*	N/mm^2	4700
3,5% *Biegespannung*	N/mm^2				

Härte 23 °C *Probekörper:* *Zustand* — *Herstellung*
Vorbehandlung

Kugeldruckhärte	N/mm^2 bei N, s	*Shore-Härte* A	
Rockwellhärte		*Shore-Härte* D	

Schlagversuch *Probekörper:* *(1)*
(2) V-Kerbe — *Herstellung* Spritzgiessen
Zustand Spritzfrisch — *Vorbehandlung*

		°C	°C	°C	*Probekörper-Form*
Schlagzähigkeit	kJ/m^2				
Kerbschlagzähigkeit (1)	kJ/m^2				
IZOD-Kerbschlagzähigkeit (2)	J/m	23	40		
Kerbschlagzugzähigkeit	kJ/m^2				

Abrieb und Reibung

Taber-Abrieb (Reibradverfahren) mm^3/100 U
Abriebfaktor LNP (Thrust washer) Vergleichswert
Statische Reibungszahl
Dynamische Reibungszahl (p · v = N/mm^2 · m/min)
Zulässiger p · v Wert N/mm^2 · (m/min) v = m/min
v = m/min

Thermische Eigenschaften

Formbeständigkeit in der Wärme *Verfahren* A 88 °C
Verfahren °C
Vicat Erweichungstemperatur (VST) *Verfahren* °C
Verfahren °C
Kristallit-Schmelzpunkt *Verfahren*

Längenausdehnungskoeffizient *Bereich* °C · $10^{-4}K^{-1}$
Temperatur · $10^{-4}K^{-1}$
Wärmeleitfähigkeit *Verfahren* W/(K · m)

Spezifische Wärmekapazität *Verfahren* J/(K · g)

Glasumwandlungstemperatur *Torsionsschwingungsversuch* °C
Differentialkalorimetrie °C

Brandverhalten

UL-Test vertikal Dicke mm, Wert
Dicke mm, Wert

	Norm	*Bewertung*	*Abmessungen*
Sauerstoff-Index	ASTM D 2863		
Glühstab-Verfahren			
Brandverhalten	DIN 4102		
MVSS			
FAR			

Elektrische Eigenschaften

		Hz	°C	*Probekörper, Form*
Dielektrizitätszahl		50		
		10^3		
		10^6		
Dielektrischer Verlustfaktor tan δ		50		
		10^3		
		10^6		
Spezifischer Durchgangswiderstand	Ohm · cm			
Durchschlagfestigkeit	kV/mm			mm dick
Oberflächenwiderstand	Ohm			

Kriechstromfestigkeit KC KB KA
Elektrolytische Korrosionswirkung
Lichtbogenfestigkeit nach DIN
nach ASTM s

Beständigkeit *(Chemische Beständigkeit siehe Anhang)*

Wasseraufnahme

Feuchtigkeitsaufnahme Normalklima %
Wetterbeständigkeit

Spannungskorrosion

Optische Eigenschaften

Brechungszahl n_D
Transmissionsgrad τ_c % mm dick
Lichtdurchlässigkeit

Datenbank-Nr. **T01209** *Merkblatt-Nr.* **4306**

Produkt	Copolyamid 66/6		**PA**
Handelsname	**Staramide 66 C 40 E14**		
Hersteller	FERRO		
DIN-Bez 1			
DIN-Bez 2			
Zusätze		*Füllstoffe/ Verstärkung*	40% Mineral (Glaskeramik)
Bevorzugte Verarbeitung	Spritzgiessen	*Lieferform*	Granulat
		Farben	Natur; Standard
Besondere Merkmale	Verbesserte mechanische Eigenschaften; Angehobene Schlagzaehigkeit; Ausgezeichnete Oberflaeche; Hoch isotrop	*Bevorzugte Anwendungen*	Scheinwerfergehaeuse; Kfz-Innenteil; Teil im Kfz-Motorraum; Haushaltsgeraet; Gehaeuse fuer hoehere Beanspruchung; Elektrotechnik; Kfz-Industrie

Dichte	g/cm^3	1.47	*Schmelzindex*	g/10 min	:
Schüttdichte	g/cm^3		*Volumenfließindex*	cm^3/10 min	:
Viskositätszahl	ml/g				

Verarbeitungsbedingungen für Spritzgießen

Massetemp.	°C	*Schwindung*	%	lgs 1.1–1.3, quer 1.1–1.3
Werkzeugtemp.	°C	*Bemerkungen*		
Spritzdruck	bar			

Zugversuch 23 °C ISO R 527;
Probekörper: *Form* — *Herstellung* Spritzgiessen
Zustand Spritzfrisch — *Vorbehandlung*

Streckspannung	N/mm^2		*Dehnung bei Streckspannung*	%	
Zugfestigkeit	N/mm^2	95	*Reißdehnung*	%	4
Reißfestigkeit	N/mm^2		*% Dehnspannung*	N/mm^2	
E-Modul	N/mm^2		*Dehnung bei % Dehnspg.*	%	

Kriechmoduln und Zeitstandwerte 23 °C
Probekörper: *Form* — *Herstellung*
Zustand — *Vorbehandlung*

Kriechmodul	*1 min* N/mm^2		*Zeitstandzugfestigkeit*	h	N/mm^2
Kriechmodul	*1000 h* N/mm^2		*Zeitdehnspg. %*	h	N/mm^2
bei Spannung	N/mm^2				

Biegeversuch 23 °C ISO 178;
Probekörper: *Form* — *Herstellung* Spritzgiessen
Zustand Spritzfrisch — *Vorbehandlung*

Biegefestigkeit	N/mm^2	120	*E-Modul*	N/mm^2	5300
3,5% *Biegespannung*	N/mm^2				

Härte 23 °C *Probekörper:* *Zustand* — *Herstellung*
Vorbehandlung

Kugeldruckhärte	N/mm^2	bei	N, s	*Shore-Härte* A
Rockwellhärte				*Shore-Härte* D

Schlagversuch *Probekörper:* *(1)*
(2) V-Kerbe — *Herstellung* Spritzgiessen
Zustand Spritzfrisch — *Vorbehandlung*

		°C	°C	°C	*Probekörper-Form*
Schlagzähigkeit	kJ/m^2				
Kerbschlagzähigkeit (1)	kJ/m^2				
IZOD-Kerbschlagzähigkeit (2)	J/m	23	42		
Kerbschlagzugzähigkeit	kJ/m^2				

Abrieb und Reibung

Taber-Abrieb (Reibradverfahren)	mm^3/100 U		
Abriebfaktor LNP (Thrust washer) Vergleichswert			
Statische Reibungszahl			
Dynamische Reibungszahl	(p · v =	N/mm^2 ·	m/min)
Zulässiger p · v Wert	N/mm^2 · (m/min)	v =	m/min
		v =	m/min

Thermische Eigenschaften

Formbeständigkeit in der Wärme	*Verfahren* A		92 °C
	Verfahren		°C
Vicat Erweichungstemperatur (VST)	*Verfahren*		°C
	Verfahren		°C
Kristallit-Schmelzpunkt	*Verfahren*		
Längenausdehnungskoeffizient	*Bereich*	°C	· $10^{-4}K^{-1}$
	Temperatur		· $10^{-4}K^{-1}$
Wärmeleitfähigkeit	*Verfahren*		W/(K · m)
Spezifische Wärmekapazität	*Verfahren*		J/(K · g)
Glasumwandlungstemperatur	*Torsionsschwingungsversuch*	°C	
	Differentialkalorimetrie	°C	

Brandverhalten

UL-Test vertikal Dicke mm, Wert
Dicke mm, Wert

	Norm	*Bewertung*	*Abmessungen*
Sauerstoff-Index	ASTM D 2863		
Glühstab-Verfahren			
Brandverhalten	DIN 4102		
MVSS			
FAR			

Elektrische Eigenschaften

		Hz	°C			*Probekörper, Form*
Dielektrizitätszahl		50				
		10^3				
		10^6				
Dielektrischer Verlustfaktor tan δ		50				
		10^3				
		10^6				
Spezifischer Durchgangs-widerstand	Ohm · cm					
Durchschlagfestigkeit	kV/mm					mm dick
Oberflächenwiderstand	Ohm					
Kriechstromfestigkeit		KC		KB	KA	
Elektrolytische Korrosionswirkung						
Lichtbogenfestigkeit nach DIN						
nach ASTM	s					

Beständigkeit *(Chemische Beständigkeit siehe Anhang)*

Wasseraufnahme

Feuchtigkeitsaufnahme Normalklima %

Wetterbeständigkeit

Spannungskorrosion

Optische Eigenschaften

Brechungszahl n_D		
Transmissionsgrad τ_c	%	mm dick
Lichtdurchlässigkeit		

Produkt	Polyphenylensulfid		**PPS**
Handelsname	**Primef 4000**		
Hersteller	SOLVAY		
DIN-Bez 1			
DIN-Bez 2			
Zusätze		*Füllstoffe/ Verstärkung*	40% Glasfaser
Bevorzugte Verarbeitung	Spritzgiessen	*Lieferform*	Granulat
		Farben	Natur; Standard
Besondere Merkmale	Ausgezeichnete mechanische Festigkeit bei hoher Temperatur	*Bevorzugte Anwendungen*	Technisches Formteil; Schalter; Traeger fuer Druckschaltung

Dichte	g/cm^3	1.65	*Schmelzindex*	g/10 min	:
Schüttdichte	g/cm^3		*Volumenfließindex*	cm^3/10 min	:
Viskositätszahl	ml/g				

Verarbeitungsbedingungen für Spritzgießen

Massetemp.	°C	320–350	*Schwindung*	% lgs 0.1–0.5, quer 0.4–1.0
Werkzeugtemp.	°C	140–150	*Bemerkungen*	Feuchtes Granulat vortrocknen 4h bei 150 C
Spritzdruck	bar	500–1000		

Zugversuch 23 °C DIN 53455; DIN 53457

Probekörper: Form — *Herstellung* Spritzgiessen
Zustand — *Vorbehandlung* Normalklima

Streckspannung	N/mm^2		*Dehnung bei Streckspannung*	%	
Zugfestigkeit	N/mm^2		*Reißdehnung*	%	1.7
Reißfestigkeit	N/mm^2	190	*% Dehnspannung*	N/mm^2	
E-Modul	N/mm^2	14000	*Dehnung bei % Dehnspg.*	%	

Kriechmoduln und Zeitstandwerte 23 °C

Probekörper: Form — *Herstellung*
Zustand — *Vorbehandlung*

Kriechmodul	*1 min*	N/mm^2	*Zeitstandzugfestigkeit*	h	N/mm^2
Kriechmodul	*1000 h*	N/mm^2	*Zeitdehnspg. %*	h	N/mm^2
bei Spannung		N/mm^2			

Biegeversuch 23 °C DIN 53452; DIN 53457

Probekörper: Form — *Herstellung* Spritzgiessen
Zustand — *Vorbehandlung* Normalklima

Biegefestigkeit	N/mm^2	240	*E-Modul*	N/mm^2	13000
3,5% *Biegespannung*	N/mm^2				

Härte 23 °C *Probekörper: Zustand* — *Herstellung* Spritzgiessen
Vorbehandlung Normalklima

Kugeldruckhärte	N/mm^2 bei N, s	*Shore-Härte A*	
Rockwellhärte	R 122	*Shore-Härte D*	

Schlagversuch *Probekörper: (1)*
(2) V-Kerbe — *Herstellung* Spritzgiessen
Zustand — *Vorbehandlung* Normalklima

		°C	°C	°C	*Probekörper-Form*
Schlagzähigkeit	kJ/m^2				
Kerbschlagzähigkeit (1)	kJ/m^2				
IZOD-Kerbschlagzähigkeit (2)	J/m	23 85			
Kerbschlagzugzähigkeit	kJ/m^2				

Abrieb und Reibung

Taber-Abrieb (Reibradverfahren)	mm^3/100 U		
Abriebfaktor LNP (Thrust washer) Vergleichswert			
Statische Reibungszahl			
Dynamische Reibungszahl	(p · v =	N/mm^2 ·	m/min)
Zulässiger p · v Wert	N/mm^2 · (m/min)	v =	m/min
		v =	m/min

Thermische Eigenschaften

Formbeständigkeit in der Wärme	*Verfahren* A		≧260 °C
	Verfahren		°C
Vicat Erweichungstemperatur (VST)	*Verfahren*		°C
	Verfahren		°C
Kristallit-Schmelzpunkt	*Verfahren*		
Längenausdehnungskoeffizient	*Bereich*	°C	$\cdot 10^{-4}K^{-1}$
	Temperatur 23K		$0.14 \cdot 10^{-4}K^{-1}$
Wärmeleitfähigkeit	*Verfahren*		W/(K · m)
Spezifische Wärmekapazität	*Verfahren*		J/(K · g)
Glasumwandlungstemperatur	*Torsionsschwingungsversuch*	°C	
	Differentialkalorimetrie	°C	

Brandverhalten

UL-Test vertikal Dicke 0.8 mm, Wert V-0
Dicke mm, Wert

	Norm	*Bewertung*	*Abmessungen*
Sauerstoff-Index	ASTM D 2863	44%	
Glühstab-Verfahren			
Brandverhalten	DIN 4102		
MVSS			
FAR			

Elektrische Eigenschaften

		Hz	°C			*Probekörper, Form*
Dielektrizitätszahl		50				
		10^3	23	4.0		
		10^6	23	4.0		
Dielektrischer Verlustfaktor tan δ		50				
		10^3	23	0.0015		
		10^6	23	0.0014		
Spezifischer Durchgangswiderstand	Ohm · cm		23	1.0*10**16		
Durchschlagfestigkeit	kV/mm		23	12		mm dick
Oberflächenwiderstand	Ohm					
Kriechstromfestigkeit		KC		KB	KA	
Elektrolytische Korrosionswirkung						
Lichtbogenfestigkeit nach DIN						
nach ASTM	s	104				

Beständigkeit *(Chemische Beständigkeit siehe Anhang)*

Wasseraufnahme 23 C	1 d	0.03 %	
Feuchtigkeitsaufnahme Normalklima			%
Wetterbeständigkeit			
Spannungskorrosion			

Optische Eigenschaften

Brechungszahl n_D
Transmissionsgrad τ_c % mm dick
Lichtdurchlässigkeit

Produkt	Polyphenylensulfid		**PPS**
Handelsname	**Primef 4001/X001**		
Hersteller	SOLVAY		
DIN-Bez 1			
DIN-Bez 2			
Zusätze		*Füllstoffe/ Verstärkung*	40% Glasfaser
Bevorzugte Verarbeitung	Spritzgiessen	*Lieferform*	Granulat
		Farben	Natur; Standard
Besondere Merkmale	Ausgezeichnete mechanische Festigkeit bei hoher Temperatur	*Bevorzugte Anwendungen*	Technisches Formteil; Schalter; Traeger fuer Druckschaltung

Dichte	g/cm^3	1.64	*Schmelzindex*	g/10 min	:
Schüttdichte	g/cm^3		*Volumenfließindex*	cm^3/10 min	:
Viskositätszahl	ml/g				

Verarbeitungsbedingungen für Spritzgießen

Massetemp.	°C	300–330	*Schwindung*	% lgs 0.1–0.5, quer 0.4–1.0
Werkzeugtemp.	°C	140–150	*Bemerkungen*	Feuchtes Granulat vortrocknen 4h bei 150 C
Spritzdruck	bar	500–1000		

Zugversuch 23 °C DIN 53455; DIN 53457

Probekörper: *Form* — *Herstellung* Spritzgiessen
Zustand — *Vorbehandlung* Normalklima

Streckspannung	N/mm^2		*Dehnung bei Streckspannung*	%	
Zugfestigkeit	N/mm^2		*Reißdehnung*	%	2.0
Reißfestigkeit	N/mm^2	200	*% Dehnspannung*	N/mm^2	
E-Modul	N/mm^2	15000	*Dehnung bei % Dehnspg.*	%	

Kriechmoduln und Zeitstandwerte 23 °C

Probekörper: *Form* — *Herstellung*
Zustand — *Vorbehandlung*

Kriechmodul	*1 min*	N/mm^2	*Zeitstandzugfestigkeit*	h	N/mm^2
Kriechmodul	*1000 h*	N/mm^2	*Zeitdehnspg. %*	h	N/mm^2
bei Spannung		N/mm^2			

Biegeversuch 23 °C DIN 53452; DIN 53457

Probekörper: *Form* — *Herstellung* Spritzgiessen
Zustand — *Vorbehandlung* Normalklima

Biegefestigkeit	N/mm^2	260	*E-Modul*	N/mm^2	14000
3,5% *Biegespannung*	N/mm^2				

Härte 23 °C *Probekörper:* *Zustand* — *Herstellung* Spritzgiessen
Vorbehandlung Normalklima

Kugeldruckhärte	N/mm^2 bei N, s	*Shore-Härte*	A
Rockwellhärte	R 122	*Shore-Härte*	D

Schlagversuch *Probekörper:* *(1)*
(2) V-Kerbe — *Herstellung* Spritzgiessen
Zustand — *Vorbehandlung* Normalklima

		°C	°C	°C	*Probekörper-Form*
Schlagzähigkeit	kJ/m^2				
Kerbschlagzähigkeit (1)	kJ/m^2				
IZOD-Kerbschlagzähigkeit (2)	J/m	23 90			
Kerbschlagzugzähigkeit	kJ/m^2				

Abrieb und Reibung

Taber-Abrieb (Reibradverfahren)	mm^3/100 U		
Abriebfaktor LNP (Thrust washer) Vergleichswert			
Statische Reibungszahl			
Dynamische Reibungszahl	(p·v= N/mm^2·		m/min)
Zulässiger p · v Wert	N/mm^2 · (m/min)	v=	m/min
		v=	m/min

Thermische Eigenschaften

Formbeständigkeit in der Wärme	*Verfahren* A		≧260 °C
	Verfahren		°C
Vicat Erweichungstemperatur (VST)	*Verfahren*		°C
	Verfahren		°C
Kristallit-Schmelzpunkt	*Verfahren*		
Längenausdehnungskoeffizient	*Bereich*	°C	$\cdot 10^{-4}K^{-1}$
	Temperatur 23K		$0.14 \cdot 10^{-4}K^{-1}$
Wärmeleitfähigkeit	*Verfahren*		W/(K · m)
Spezifische Wärmekapazität	*Verfahren*		J/(K · g)
Glasumwandlungstemperatur	*Torsionsschwingungsversuch*	°C	
	Differentialkalorimetrie	°C	

Brandverhalten

UL-Test vertikal	Dicke 0.8 mm, Wert V-0	
	Dicke mm, Wert	

	Norm	*Bewertung*	*Abmessungen*
Sauerstoff-Index	ASTM D 2863		
Glühstab-Verfahren			
Brandverhalten	DIN 4102		
MVSS			
FAR			

Elektrische Eigenschaften

		Hz	°C		*Probekörper, Form*
Dielektrizitätszahl		50			
		10^3	23	3.8	
		10^6	23	3.7	
Dielektrischer Verlustfaktor tan δ		50			
		10^3	23	0.0018	
		10^6	23	0.0011	
Spezifischer Durchgangswiderstand	Ohm · cm		23	1.0*10**16	
Durchschlagfestigkeit	kV/mm		23	12	mm dick
Oberflächenwiderstand	Ohm				

Kriechstromfestigkeit		KC	KB	KA
Elektrolytische Korrosionswirkung				
Lichtbogenfestigkeit nach DIN				
nach ASTM	s	132		

Beständigkeit *(Chemische Beständigkeit siehe Anhang)*

Wasseraufnahme 23 C	1 d	0.03 %	
Feuchtigkeitsaufnahme Normalklima			%
Wetterbeständigkeit			
Spannungskorrosion			

Optische Eigenschaften

Brechungszahl n_D		
Transmissionsgrad τ_c	%	mm dick
Lichtdurchlässigkeit		

Datenbank-Nr. **T01212** Merkblatt-Nr. **4309**

Produkt	Polyphenylensulfid		**PPS**
Handelsname	**Primef 7000/X001**		
Hersteller	SOLVAY		
DIN-Bez 1			
DIN-Bez 2			
Zusätze		*Füllstoffe/ Verstärkung*	65% Glasfaser; Mineral
Bevorzugte Verarbeitung	Spritzgiessen	*Lieferform*	Granulat
		Farben	Natur; Standard
Besondere Merkmale	Ausgezeichnete mechanische Festigkeit bei hoher Temperatur	*Bevorzugte Anwendungen*	Technisches Formteil; Schalter; Traeger fuer Druckschaltung

Dichte	g/cm³	1.96	*Schmelzindex*	g/10 min	:
Schüttdichte	g/cm³		*Volumenfließindex*	cm³/10 min	:
Viskositätszahl	ml/g				

Verarbeitungsbedingungen für Spritzgießen

Massetemp.	°C	330–350	*Schwindung*	% lgs 0.1–0.3, quer 0.2–0.6
Werkzeugtemp.	°C	140–150	*Bemerkungen*	Feuchtes Granulat vortrocknen 4h bei 150 C
Spritzdruck	bar	500–1000		

Zugversuch 23 °C DIN 53455; DIN 53457

Probekörper: *Form* — *Herstellung* Spritzgiessen
Zustand — *Vorbehandlung* Normalklima

Streckspannung	N/mm²		*Dehnung bei Streckspannung*	%	
Zugfestigkeit	N/mm²		*Reißdehnung*	%	1.4
Reißfestigkeit	N/mm²	170	*% Dehnspannung*	N/mm²	
E-Modul	N/mm²	22000	*Dehnung bei % Dehnspg.*	%	

Kriechmoduln und Zeitstandwerte 23 °C

Probekörper: *Form* — *Herstellung*
Zustand — *Vorbehandlung*

Kriechmodul	*1 min* N/mm²		*Zeitstandzugfestigkeit*	h	N/mm²
Kriechmodul	*1000 h* N/mm²		*Zeitdehnspg. %*	h	N/mm²
bei Spannung	N/mm²				

Biegeversuch 23 °C DIN 53452; DIN 53457

Probekörper: *Form* — *Herstellung* Spritzgiessen
Zustand — *Vorbehandlung* Normalklima

Biegefestigkeit	N/mm²	240	*E-Modul*	N/mm²	19000
3,5% *Biegespannung*	N/mm²				

Härte 23 °C *Probekörper:* *Zustand* — *Herstellung* Spritzgiessen; *Vorbehandlung* Normalklima

Kugeldruckhärte	N/mm²	bei N, s	*Shore-Härte*	A
Rockwellhärte	R 121		*Shore-Härte*	D

Schlagversuch *Probekörper:* *(1)*
(2) V-Kerbe — *Herstellung* Spritzgiessen
Zustand — *Vorbehandlung* Normalklima

		°C	°C	°C	*Probekörper-Form*
Schlagzähigkeit	kJ/m²				
Kerbschlagzähigkeit (1)	kJ/m²				
IZOD-Kerbschlagzähigkeit (2)	J/m	23 70			
Kerbschlagzugzähigkeit	kJ/m²				

Abrieb und Reibung

Taber-Abrieb (Reibradverfahren)	mm^3/100 U		
Abriebfaktor LNP (Thrust washer) Vergleichswert			
Statische Reibungszahl			
Dynamische Reibungszahl	(p · v =	N/mm^2 ·	m/min)
Zulässiger p · v Wert	N/mm^2 · (m/min)	v =	m/min
		v =	m/min

Thermische Eigenschaften

Formbeständigkeit in der Wärme	*Verfahren* A		≧260 °C
	Verfahren		°C
Vicat Erweichungstemperatur (VST)	*Verfahren*		°C
	Verfahren		°C
Kristallit-Schmelzpunkt	*Verfahren*		
Längenausdehnungskoeffizient	*Bereich*	°C	· $10^{-4}K^{-1}$
	Temperatur 23K		0.12 · $10^{-4}K^{-1}$
Wärmeleitfähigkeit	*Verfahren*		W/(K · m)
Spezifische Wärmekapazität	*Verfahren*		J/(K · g)
Glasumwandlungstemperatur	*Torsionsschwingungsversuch*	°C	
	Differentialkalorimetrie	°C	

Brandverhalten

UL-Test vertikal	Dicke 0.8	mm, Wert V-0	
	Dicke	mm, Wert	

	Norm	*Bewertung*	*Abmessungen*
Sauerstoff-Index	ASTM D 2863		
Glühstab-Verfahren			
Brandverhalten	DIN 4102		
MVSS			
FAR			

Elektrische Eigenschaften

		Hz	°C		*Probekörper, Form*
Dielektrizitätszahl		50			
		10^3	23	5.1	
		10^6	23	4.5	
Dielektrischer Verlustfaktor tan δ		50			
		10^3	23	0.055	
		10^6	23	0.0085	
Spezifischer Durchgangswiderstand	Ohm · cm		23	1.0*10**15	
Durchschlagfestigkeit	kV/mm		23	11	mm dick
Oberflächenwiderstand	Ohm				

Kriechstromfestigkeit		KC	KB	KA
Elektrolytische Korrosionswirkung				
Lichtbogenfestigkeit nach DIN				
nach ASTM	s	137		

Beständigkeit *(Chemische Beständigkeit siehe Anhang)*

Wasseraufnahme 23 C	1 d	0.02 %	
Feuchtigkeitsaufnahme Normalklima			%
Wetterbeständigkeit			
Spannungskorrosion			

Optische Eigenschaften

Brechungszahl n_D		
Transmissionsgrad τ_c	%	mm dick
Lichtdurchlässigkeit		

Produkt	Polyphenylensulfid		**PPS**
Handelsname	**Primef 7001/X001**		
Hersteller	SOLVAY		
DIN-Bez 1			
DIN-Bez 2			
Zusätze		*Füllstoffe/ Verstärkung*	65% Glasfaser; Mineral
Bevorzugte Verarbeitung	Spritzgiessen	*Lieferform*	Granulat
		Farben	Natur; Standard
Besondere Merkmale	Ausgezeichnete mechanische Festigkeit bei hoher Temperatur	*Bevorzugte Anwendungen*	Technisches Formteil; Schalter; Traeger fuer Druckschaltung

Dichte	g/cm^3	1.96	*Schmelzindex*	g/10 min	:
Schüttdichte	g/cm^3		*Volumenfließindex*	$cm^3/10$ min	:
Viskositätszahl	ml/g				

Verarbeitungsbedingungen für Spritzgießen

Massetemp.	°C	320–350	*Schwindung*	% lgs 0.1–0.3, quer 0.2–0.6
Werkzeugtemp.	°C	140–150	*Bemerkungen*	Feuchtes Granulat vortrocknen 4h bei 150 C
Spritzdruck	bar	500–1000		

Zugversuch 23 °C DIN 53455; DIN 53457
Probekörper: *Form* *Herstellung* Spritzgiessen
Zustand *Vorbehandlung* Normalklima

Streckspannung	N/mm^2		*Dehnung bei Streckspannung*	%	
Zugfestigkeit	N/mm^2		*Reißdehnung*	%	1.4
Reißfestigkeit	N/mm^2	200	*% Dehnspannung*	N/mm^2	
E-Modul	N/mm^2	23000	*Dehnung bei % Dehnspg.*	%	

Kriechmoduln und Zeitstandwerte 23 °C
Probekörper: *Form* *Herstellung*
Zustand *Vorbehandlung*

Kriechmodul	*1 min* N/mm^2		*Zeitstandzugfestigkeit*	h	N/mm^2
Kriechmodul	*1000 h* N/mm^2		*Zeitdehnspg. %*	h	N/mm^2
bei Spannung	N/mm^2				

Biegeversuch 23 °C DIN 53452; DIN 53457
Probekörper: *Form* *Herstellung* Spritzgiessen
Zustand *Vorbehandlung* Normalklima

Biegefestigkeit	N/mm^2	265	*E-Modul*	N/mm^2	21000
3,5% *Biegespannung*	N/mm^2				

Härte 23 °C *Probekörper:* *Zustand* *Herstellung* Spritzgiessen
Vorbehandlung Normalklima

Kugeldruckhärte	N/mm^2	bei N, s	*Shore-Härte* A	
Rockwellhärte	R 121		*Shore-Härte* D	

Schlagversuch *Probekörper:* *(1)*
(2) V-Kerbe *Herstellung* Spritzgiessen
Zustand *Vorbehandlung* Normalklima

		°C	°C	°C	*Probekörper-Form*
Schlagzähigkeit	kJ/m^2				
Kerbschlagzähigkeit (1)	kJ/m^2				
IZOD-Kerbschlagzähigkeit (2)	J/m	23 80			
Kerbschlagzugzähigkeit	kJ/m^2				

Abrieb und Reibung

Taber-Abrieb (Reibradverfahren)	mm^3/100 U		
Abriebfaktor LNP (Thrust washer) Vergleichswert			
Statische Reibungszahl			
Dynamische Reibungszahl	(p·v= N/mm^2·		m/min)
Zulässiger p·v Wert	N/mm^2·(m/min)	v=	m/min
		v=	m/min

Thermische Eigenschaften

Formbeständigkeit in der Wärme	*Verfahren* A			≧260 °C
	Verfahren			°C
Vicat Erweichungstemperatur (VST)	*Verfahren*			°C
	Verfahren			°C
Kristallit-Schmelzpunkt	*Verfahren*			
Längenausdehnungskoeffizient	*Bereich*	°C		$\cdot 10^{-4} K^{-1}$
	Temperatur 23K			$0.12 \cdot 10^{-4} K^{-1}$
Wärmeleitfähigkeit	*Verfahren*			W/(K·m)
Spezifische Wärmekapazität	*Verfahren*			J/(K·g)
Glasumwandlungstemperatur	*Torsionsschwingungsversuch*		°C	
	Differentialkalorimetrie		°C	

Brandverhalten

UL-Test vertikal		Dicke 0.8 mm, Wert V-0	
		Dicke mm, Wert	
	Norm	*Bewertung*	*Abmessungen*
Sauerstoff-Index	ASTM D 2863		
Glühstab-Verfahren			
Brandverhalten	DIN 4102		
MVSS			
FAR			

Elektrische Eigenschaften

		Hz	°C		*Probekörper, Form*
Dielektrizitätszahl		50			
		10^3	23	5.0	
		10^6	23	4.3	
Dielektrischer Verlustfaktor tan δ		50			
		10^3	23	0.057	
		10^6	23	0.0085	
Spezifischer Durchgangs-widerstand	Ohm·cm		23	1.0*10**15	
Durchschlagfestigkeit	kV/mm		23	11	mm dick
Oberflächenwiderstand	Ohm				

Kriechstromfestigkeit		KC	KB	KA
Elektrolytische Korrosionswirkung				
Lichtbogenfestigkeit nach DIN				
nach ASTM	s	173		

Beständigkeit *(Chemische Beständigkeit siehe Anhang)*

Wasseraufnahme 23 C	1 d	0.02 %	
Feuchtigkeitsaufnahme Normalklima			%
Wetterbeständigkeit			
Spannungskorrosion			

Optische Eigenschaften

Brechungszahl n_D		
Transmissionsgrad τ_c	%	mm dick
Lichtdurchlässigkeit		

Produkt	Polyphenylensulfid		**PPS**
Handelsname	**Primef 7101/X001**		
Hersteller	SOLVAY		
DIN-Bez 1			
DIN-Bez 2			
Zusätze		*Füllstoffe/ Verstärkung*	75% Glasfaser; Mineral
Bevorzugte Verarbeitung	Spritzgiessen	*Lieferform*	Granulat
		Farben	Natur; Standard
Besondere Merkmale	Ausgezeichnete mechanische Festigkeit bei hoher Temperatur	*Bevorzugte Anwendungen*	Technisches Formteil; Schalter; Traeger fuer Druckschaltung

Dichte	g/cm³	2.09	*Schmelzindex*	g/10 min	:
Schüttdichte	g/cm³		*Volumenfließindex*	cm³/10 min	:
Viskositätszahl	ml/g				

Verarbeitungsbedingungen für Spritzgießen

Massetemp.	°C	320–350	*Schwindung*	% lgs 0.1–0.3, quer 0.2–0.4
Werkzeugtemp.	°C	140–150	*Bemerkungen*	Feuchtes Granulat vortrocknen 4h bei 150 C
Spritzdruck	bar	500–1000		

Zugversuch 23 °C DIN 53455; DIN 53457

Probekörper: *Form* — *Herstellung* Spritzgiessen
Zustand — *Vorbehandlung* Normalklima

Streckspannung	N/mm²		*Dehnung bei Streckspannung*	%	
Zugfestigkeit	N/mm²		*Reißdehnung*	%	0.7
Reißfestigkeit	N/mm²	130	*% Dehnspannung*	N/mm²	
E-Modul	N/mm²	27000	*Dehnung bei % Dehnspg.*	%	

Kriechmoduln und Zeitstandwerte 23 °C

Probekörper: *Form* — *Herstellung*
Zustand — *Vorbehandlung*

Kriechmodul	*1 min*	N/mm²	*Zeitstandzugfestigkeit*	h	N/mm²
Kriechmodul	*1000 h*	N/mm²	*Zeitdehnspg. %*	h	N/mm²
bei Spannung		N/mm²			

Biegeversuch 23 °C DIN 53452; DIN 53457

Probekörper: *Form* — *Herstellung* Spritzgiessen
Zustand — *Vorbehandlung* Normalklima

Biegefestigkeit	N/mm²	200	*E-Modul*	N/mm²	22000
3,5% *Biegespannung*	N/mm²				

Härte 23 °C *Probekörper:* *Zustand* — *Herstellung* Spritzgiessen
Vorbehandlung Normalklima

Kugeldruckhärte	N/mm²	bei N, s	*Shore-Härte*	A
Rockwellhärte	R 121		*Shore-Härte*	D

Schlagversuch *Probekörper:* *(1)*
(2) V-Kerbe — *Herstellung* Spritzgiessen
Zustand — *Vorbehandlung* Normalklima

		°C		°C	°C	*Probekörper-Form*
Schlagzähigkeit	kJ/m²					
Kerbschlagzähigkeit (1)	kJ/m²					
IZOD-Kerbschlagzähigkeit (2)	J/m	23	55			
Kerbschlagzugzähigkeit	kJ/m²					

Abrieb und Reibung

Taber-Abrieb (Reibradverfahren)	mm^3/100 U		
Abriebfaktor LNP (Thrust washer) Vergleichswert			
Statische Reibungszahl			
Dynamische Reibungszahl	(p · v = N/mm^2 ·		m/min)
Zulässiger p · v Wert	N/mm^2 · (m/min)	v =	m/min
		v =	m/min

Thermische Eigenschaften

Formbeständigkeit in der Wärme	*Verfahren* A		≧260 °C
	Verfahren		°C
Vicat Erweichungstemperatur (VST)	*Verfahren*		°C
	Verfahren		°C
Kristallit-Schmelzpunkt	*Verfahren*		
Längenausdehnungskoeffizient	*Bereich*	°C	$\cdot 10^{-4}K^{-1}$
	Temperatur 23K		$0.14 \cdot 10^{-4}K^{-1}$
Wärmeleitfähigkeit	*Verfahren*		W/(K · m)
Spezifische Wärmekapazität	*Verfahren*		J/(K · g)
Glasumwandlungstemperatur	*Torsionsschwingungsversuch*	°C	
	Differentialkalorimetrie	°C	

Brandverhalten

UL-Test vertikal	Dicke 0.8	mm, Wert V-0
	Dicke	mm, Wert

	Norm	*Bewertung*	*Abmessungen*
Sauerstoff-Index	ASTM D 2863		
Glühstab-Verfahren			
Brandverhalten	DIN 4102		
MVSS			
FAR			

Elektrische Eigenschaften

		Hz	°C		*Probekörper, Form*
Dielektrizitätszahl		50			
		10^3	23	5.5	
		10^6	23	5.3	
Dielektrischer Verlustfaktor tan δ		50			
		10^3	23	0.053	
		10^6	23	0.0083	
Spezifischer Durchgangs-widerstand	Ohm · cm		23	1.0*10**15	
Durchschlagfestigkeit	kV/mm		23	11	mm dick
Oberflächenwiderstand	Ohm				

Kriechstromfestigkeit		KC	KB	KA
Elektrolytische Korrosionswirkung				
Lichtbogenfestigkeit nach DIN				
nach ASTM	s	182		

Beständigkeit *(Chemische Beständigkeit siehe Anhang)*

Wasseraufnahme 23 C	1 d	0.02 %	
Feuchtigkeitsaufnahme Normalklima			%
Wetterbeständigkeit			
Spannungskorrosion			

Optische Eigenschaften

Brechungszahl n_D		
Transmissionsgrad τ_c	%	mm dick
Lichtdurchlässigkeit		

Produkt	Polyphenylensulfid		**PPS**
Handelsname	**Primef 4000/X902**		
Hersteller	SOLVAY		
DIN-Bez 1			
DIN-Bez 2			
Zusätze		*Füllstoffe/ Verstärkung*	40% Glasfaser
Bevorzugte Verarbeitung	Spritzgiessen	*Lieferform*	Granulat
		Farben	Schwarz
Besondere Merkmale	Ausgezeichnete mechanische Festigkeit bei hoher Temperatur	*Bevorzugte Anwendungen*	Technisches Formteil; Schalter; Traeger fuer Druckschaltung

Dichte	g/cm^3	1.62	*Schmelzindex*	g/10 min	:	
Schüttdichte	g/cm^3		*Volumenfließindex*	cm^3/10 min	:	
Viskositätszahl	ml/g					

Verarbeitungsbedingungen für Spritzgießen

Massetemp.	°C	320–350	*Schwindung*	% lgs 0.1–0.5, quer 0.4–1.0
Werkzeugtemp.	°C	140–150	*Bemerkungen*	Feuchtes Granulat vortrocknen 4h bei 150 C
Spritzdruck	bar	500–1000		

Zugversuch 23 °C DIN 53455; DIN 53457

Probekörper: *Form* — *Herstellung* Spritzgiessen
Zustand — *Vorbehandlung* Normalklima

Streckspannung	N/mm^2		*Dehnung bei Streckspannung*	%	
Zugfestigkeit	N/mm^2		*Reißdehnung*	%	1.5
Reißfestigkeit	N/mm^2	165	*% Dehnspannung*	N/mm^2	
E-Modul	N/mm^2	14000	*Dehnung bei % Dehnspg.*	%	

Kriechmoduln und Zeitstandwerte 23 °C

Probekörper: *Form* — *Herstellung*
Zustand — *Vorbehandlung*

Kriechmodul	*1 min*	N/mm^2	*Zeitstandzugfestigkeit*	h	N/mm^2
Kriechmodul	*1000 h*	N/mm^2	*Zeitdehnspg. %*	h	N/mm^2
bei Spannung		N/mm^2			

Biegeversuch 23 °C DIN 53452; DIN 53457

Probekörper: *Form* — *Herstellung* Spritzgiessen
Zustand — *Vorbehandlung* Normalklima

Biegefestigkeit	N/mm^2	240	*E-Modul*	N/mm^2	13000
3,5% *Biegespannung*	N/mm^2				

Härte 23 °C *Probekörper:* *Zustand* — *Herstellung* Spritzgiessen
Vorbehandlung Normalklima

Kugeldruckhärte	N/mm^2	bei N, s	*Shore-Härte* A	
Rockwellhärte	R 122		*Shore-Härte* D	

Schlagversuch *Probekörper:* *(1)*
(2) V-Kerbe — *Herstellung* Spritzgiessen
Zustand — *Vorbehandlung* Normalklima

		°C	°C	°C	*Probekörper-Form*
Schlagzähigkeit	kJ/m^2				
Kerbschlagzähigkeit (1)	kJ/m^2				
IZOD-Kerbschlagzähigkeit (2)	J/m	23 110			
Kerbschlagzugzähigkeit	kJ/m^2				

Abrieb und Reibung

Taber-Abrieb (Reibradverfahren)	mm^3/100 U		
Abriebfaktor LNP (Thrust washer) Vergleichswert			
Statische Reibungszahl			
Dynamische Reibungszahl	(p·v=	N/mm^2·	m/min)
Zulässiger p · v Wert	N/mm^2 · (m/min)	v=	m/min
		v=	m/min

Thermische Eigenschaften

Formbeständigkeit in der Wärme	*Verfahren* A		≧260 °C
	Verfahren		°C
Vicat Erweichungstemperatur (VST)	*Verfahren*		°C
	Verfahren		°C
Kristallit-Schmelzpunkt	*Verfahren*		
Längenausdehnungskoeffizient	*Bereich*	°C	$\cdot 10^{-4}K^{-1}$
	Temperatur 23K		$0.14 \cdot 10^{-4}K^{-1}$
Wärmeleitfähigkeit	*Verfahren*		W/(K · m)
Spezifische Wärmekapazität	*Verfahren*		J/(K · g)
Glasumwandlungstemperatur	*Torsionsschwingungsversuch*	°C	
	Differentialkalorimetrie	°C	

Brandverhalten

UL-Test vertikal — Dicke 0.8 mm, Wert V-0
Dicke mm, Wert

	Norm	*Bewertung*	*Abmessungen*
Sauerstoff-Index	ASTM D 2863		
Glühstab-Verfahren			
Brandverhalten	DIN 4102		
MVSS			
FAR			

Elektrische Eigenschaften

		Hz	°C		*Probekörper, Form*
Dielektrizitätszahl		50			
		10^3	23	4.0	
		10^6	23	4.0	
Dielektrischer Verlustfaktor tan δ		50			
		10^3	23	0.0015	
		10^6	23	0.0014	
Spezifischer Durchgangswiderstand	Ohm · cm		23	1.0*10**16	
Durchschlagfestigkeit	kV/mm		23	12	mm dick
Oberflächenwiderstand	Ohm		23	1.0*10**16	

Kriechstromfestigkeit		KC	KB	KA
Elektrolytische Korrosionswirkung				
Lichtbogenfestigkeit nach DIN				
nach ASTM	s	104		

Beständigkeit *(Chemische Beständigkeit siehe Anhang)*

Wasseraufnahme 23 C	1 d	0.02 %
Feuchtigkeitsaufnahme Normalklima		%
Wetterbeständigkeit		
Spannungskorrosion		

Optische Eigenschaften

Brechungszahl n_D		
Transmissionsgrad τ_c	%	mm dick
Lichtdurchlässigkeit		

Produkt	Polycarbonat		**PC**
Handelsname	**Thermocomp Stat-Kon** <DC-1006>		
Hersteller	LNP		
DIN-Bez 1			
DIN-Bez 2			
Zusätze		*Füllstoffe/ Verstärkung*	30% Kohlefaser
Bevorzugte Verarbeitung	Spritzgiessen	*Lieferform*	Granulat
		Farben	
Besondere Merkmale	Hoher Modul; Geringer Durchgangswiderstand; Elektrostatisch ableitend	*Bevorzugte Anwendungen*	Transportbehaelter; Teil fuer integrierten Schaltkreis; Halterung fuer gedruckte Schaltung; Gehaeuse; Druckerwalze; Rauchmelder; Elektronik; Elektrotechnik

Dichte	g/cm³	1.33	*Schmelzindex*	g/10 min	:
Schüttdichte	g/cm³		*Volumenfließindex*	cm³/10 min	:
Viskositätszahl	ml/g				

Verarbeitungsbedingungen für Spritzgießen

Massetemp.	°C	*Schwindung*	% lgs 0.15, quer
Werkzeugtemp.	°C	*Bemerkungen*	
Spritzdruck	bar		

Zugversuch 23 °C ASTM D 638;
Probekörper: *Form* — *Herstellung* Spritzgiessen
Zustand — *Vorbehandlung* Normalklima

Streckspannung	N/mm²		*Dehnung bei Streckspannung*	%
Zugfestigkeit	N/mm²	172	*Reißdehnung*	%
Reißfestigkeit	N/mm²		*% Dehnspannung*	N/mm²
E-Modul	N/mm²		*Dehnung bei % Dehnspg.*	%

Kriechmoduln und Zeitstandwerte 23 °C
Probekörper: *Form* — *Herstellung*
Zustand — *Vorbehandlung*

Kriechmodul	*1 min* N/mm²	*Zeitstandzugfestigkeit*	h	N/mm²
Kriechmodul	*1000 h* N/mm²	*Zeitdehnspg. %*	h	N/mm²
bei Spannung	N/mm²			

Biegeversuch 23 °C ASTM D 790;
Probekörper: *Form* — *Herstellung* Spritzgiessen
Zustand — *Vorbehandlung* Normalklima

Biegefestigkeit	N/mm²	262	*E-Modul*	N/mm²	14500
3,5% *Biegespannung*	N/mm²				

Härte 23 °C *Probekörper:* *Zustand* — *Herstellung*
Vorbehandlung

Kugeldruckhärte	N/mm² bei N, s	*Shore-Härte* A	
Rockwellhärte		*Shore-Härte* D	

Schlagversuch *Probekörper:* *(1)*
(2) V-Kerbe — *Herstellung* Spritzgiessen
Zustand — *Vorbehandlung* Normalklima

		°C	°C	°C	*Probekörper-Form*
Schlagzähigkeit	kJ/m²				
Kerbschlagzähigkeit (1)	kJ/m²				
IZOD-Kerbschlagzähigkeit (2)	J/m	23 100			
Kerbschlagzugzähigkeit	kJ/m²				

Abrieb und Reibung

Taber-Abrieb (Reibradverfahren)	mm^3/100 U		
Abriebfaktor LNP (Thrust washer) Vergleichswert			
Statische Reibungszahl			
Dynamische Reibungszahl	(p·v= N/mm^2·		m/min)
Zulässiger p · v Wert	N/mm^2 · (m/min)	v=	m/min
		v=	m/min

Thermische Eigenschaften

Formbeständigkeit in der Wärme	*Verfahren* A			149 °C
	Verfahren B			152 °C
Vicat Erweichungstemperatur (VST)	*Verfahren*			°C
	Verfahren			°C
Kristallit-Schmelzpunkt	*Verfahren*			
Längenausdehnungskoeffizient	*Bereich*	°C		$\cdot 10^{-4}K^{-1}$
	Temperatur 23 °C			$0.16 \cdot 10^{-4}K^{-1}$
Wärmeleitfähigkeit	*Verfahren* ASTM C 177		23 °C	0.71 W/(K · m)
Spezifische Wärmekapazität	*Verfahren*			J/(K · g)
Glasumwandlungstemperatur	*Torsionsschwingungsversuch*		°C	
	Differentialkalorimetrie		°C	

Brandverhalten

UL-Test vertikal Dicke mm, Wert V-1
Dicke mm, Wert

	Norm	*Bewertung*	*Abmessungen*
Sauerstoff-Index	ASTM D 2863		
Glühstab-Verfahren			
Brandverhalten	DIN 4102		
MVSS			
FAR			

Elektrische Eigenschaften

		Hz	°C		*Probekörper, Form*
Dielektrizitätszahl		50			
		10^3			
		10^6			
Dielektrischer Verlustfaktor tan δ		50			
		10^3			
		10^6			
Spezifischer Durchgangs-widerstand	Ohm · cm		23	1.0*10**03	
Durchschlagfestigkeit	kV/mm				mm dick
Oberflächenwiderstand	Ohm		23	1.0*10**02	

Kriechstromfestigkeit KC KB KA
Elektrolytische Korrosionswirkung
Lichtbogenfestigkeit nach DIN
nach ASTM s

Beständigkeit *(Chemische Beständigkeit siehe Anhang)*

Wasseraufnahme 23 C	1 d	0.08 %
Feuchtigkeitsaufnahme Normalklima		%
Wetterbeständigkeit		
Spannungskorrosion		

Optische Eigenschaften

Brechungszahl n_D
Transmissionsgrad τ_c % mm dick
Lichtdurchlässigkeit

Produkt	Polycarbonat		**PC**
Handelsname	**Thermocomp Stat-Kon** <DCL 4033>		
Hersteller	LNP		
DIN-Bez 1			
DIN-Bez 2			
Zusätze		*Füllstoffe/ Verstärkung*	30% Kohlefaser (15); PTFE (15)
Bevorzugte Verarbeitung	Spritzgiessen	*Lieferform*	Granulat
		Farben	
Besondere Merkmale	Verbesserte Gleiteigenschaften; Elektrostatisch ableitend	*Bevorzugte Anwendungen*	Transportbehaelter; Teil fuer integrierten Schaltkreis; Halterung fuer gedruckte Schaltung; Gehaeuse; Druckerwalze; Rauchmelder; Elektronik; Elektrotechnik

Dichte	g/cm^3	1.36	*Schmelzindex*	g/10 min	:
Schüttdichte	g/cm^3		*Volumenfließindex*	cm^3/10 min	:
Viskositätszahl	ml/g				

Verarbeitungsbedingungen für Spritzgießen

Massetemp.	°C	*Schwindung*	%	lgs 0.2, quer
Werkzeugtemp.	°C	*Bemerkungen*		
Spritzdruck	bar			

Zugversuch 23 °C ASTM D 638;
Probekörper: *Form* / *Zustand* — *Herstellung* Spritzgiessen; *Vorbehandlung* Normalklima

Streckspannung	N/mm^2		*Dehnung bei Streckspannung*	%	
Zugfestigkeit	N/mm^2	117	*Reißdehnung*	%	
Reißfestigkeit	N/mm^2		*% Dehnspannung*	N/mm^2	
E-Modul	N/mm^2		*Dehnung bei % Dehnspg.*	%	

Kriechmoduln und Zeitstandwerte 23 °C
Probekörper: *Form* / *Zustand* — *Herstellung*; *Vorbehandlung*

Kriechmodul	*1 min* N/mm^2	*Zeitstandzugfestigkeit*	h	N/mm^2
Kriechmodul	*1000 h* N/mm^2	*Zeitdehnspg. %*	h	N/mm^2
bei Spannung	N/mm^2			

Biegeversuch 23 °C ASTM D 790;
Probekörper: *Form* / *Zustand* — *Herstellung* Spritzgiessen; *Vorbehandlung* Normalklima

Biegefestigkeit	N/mm^2	186	*E-Modul*	N/mm^2	8900
3,5% *Biegespannung*	N/mm^2				

Härte 23 °C *Probekörper:* *Zustand* — *Herstellung*; *Vorbehandlung*

Kugeldruckhärte	N/mm^2 bei N, s	*Shore-Härte* A	
Rockwellhärte		*Shore-Härte* D	

Schlagversuch *Probekörper:* *(1)* / *(2)* V-Kerbe / *Zustand* — *Herstellung* Spritzgiessen; *Vorbehandlung* Normalklima

		°C	°C	°C	*Probekörper-Form*
Schlagzähigkeit	kJ/m^2				
Kerbschlagzähigkeit (1)	kJ/m^2				
IZOD-Kerbschlagzähigkeit (2)	J/m	23 75			
Kerbschlagzugzähigkeit	kJ/m^2				

Abrieb und Reibung

Taber-Abrieb (Reibradverfahren)	mm^3/100 U			
Abriebfaktor LNP (Thrust washer) Vergleichswert				
Statische Reibungszahl				
Dynamische Reibungszahl	(p · v =	N/mm^2 ·		m/min)
Zulässiger p · v Wert	N/mm^2 · (m/min)		v =	m/min
			v =	m/min

Thermische Eigenschaften

Formbeständigkeit in der Wärme	*Verfahren* A			143 °C
	Verfahren B			149 °C
Vicat Erweichungstemperatur (VST)	*Verfahren*			°C
	Verfahren			°C
Kristallit-Schmelzpunkt	*Verfahren*			
Längenausdehnungskoeffizient	*Bereich*	°C		$\cdot 10^{-4}K^{-1}$
	Temperatur 23 °C			$0.25 \cdot 10^{-4}K^{-1}$
Wärmeleitfähigkeit	*Verfahren* ASTM C 177		23 °C	0.52 W/(K · m)
Spezifische Wärmekapazität	*Verfahren*			J/(K · g)
Glasumwandlungstemperatur	*Torsionsschwingungsversuch*		°C	
	Differentialkalorimetrie		°C	

Brandverhalten

UL-Test vertikal	Dicke	mm, Wert V-1
	Dicke	mm, Wert

	Norm	*Bewertung*	*Abmessungen*
Sauerstoff-Index	ASTM D 2863		
Glühstab-Verfahren			
Brandverhalten	DIN 4102		
MVSS			
FAR			

Elektrische Eigenschaften

		Hz	°C			*Probekörper, Form*
Dielektrizitätszahl		50				
		10^3				
		10^6				
Dielektrischer Verlustfaktor tan δ		50				
		10^3				
		10^6				
Spezifischer Durchgangswiderstand	Ohm · cm		23	1.0*10**03		
Durchschlagfestigkeit	kV/mm					mm dick
Oberflächenwiderstand	Ohm		23	1.0*10**02		
Kriechstromfestigkeit		KC		KB	KA	
Elektrolytische Korrosionswirkung						
Lichtbogenfestigkeit nach DIN						
nach ASTM	s					

Beständigkeit *(Chemische Beständigkeit siehe Anhang)*

Wasseraufnahme 23 C	1 d	0.09 %	
Feuchtigkeitsaufnahme Normalklima			%
Wetterbeständigkeit			
Spannungskorrosion			

Optische Eigenschaften

Brechungszahl n_D		
Transmissionsgrad τ_c	%	mm dick
Lichtdurchlässigkeit		

Datenbank-Nr.	**T01253**	Merkblatt-Nr. **4315**

Produkt	Polyetherimid		**PEI**
Handelsname	**Thermocomp Stat-Kon** <EC-1006>		
Hersteller	LNP		
DIN-Bez 1			
DIN-Bez 2			
Zusätze		*Füllstoffe/ Verstärkung*	30% Kohlefaser
Bevorzugte Verarbeitung	Spritzgiessen	*Lieferform*	Granulat
		Farben	
Besondere Merkmale	Sehr hoher Modul; Elektrostatisch ableitend	*Bevorzugte Anwendungen*	Transportbehaelter; Teil fuer integrierten Schaltkreis; Halterung fuer gedruckte Schaltung; Gehaeuse; Drukkerwalze; Rauchmelder; Elektronik; Elektrotechnik

Dichte	g/cm^3	1.39	*Schmelzindex*	g/10 min	:
Schüttdichte	g/cm^3		*Volumenfließindex*	$cm^3/10$ min	:
Viskositätszahl	ml/g				

Verarbeitungsbedingungen für Spritzgießen

Massetemp.	°C	*Schwindung*	% lgs 0.2, quer
Werkzeugtemp.	°C	*Bemerkungen*	
Spritzdruck	bar		

Zugversuch 23 °C ASTM D 638;

Probekörper: *Form* / *Zustand* — *Herstellung* Spritzgiessen; *Vorbehandlung* Normalklima

Streckspannung	N/mm^2		*Dehnung bei Streckspannung*	%
Zugfestigkeit	N/mm^2	234	*Reißdehnung*	%
Reißfestigkeit	N/mm^2		*% Dehnspannung*	N/mm^2
E-Modul	N/mm^2		*Dehnung bei % Dehnspg.*	%

Kriechmoduln und Zeitstandwerte 23 °C

Probekörper: *Form* / *Zustand* — *Herstellung* / *Vorbehandlung*

Kriechmodul	*1 min* N/mm^2	*Zeitstandzugfestigkeit*	h	N/mm^2
Kriechmodul	*1000 h* N/mm^2	*Zeitdehnspg.* %	h	N/mm^2
bei Spannung	N/mm^2			

Biegeversuch 23 °C ASTM D 790;

Probekörper: *Form* / *Zustand* — *Herstellung* Spritzgiessen; *Vorbehandlung* Normalklima

Biegefestigkeit	N/mm^2	303	*E-Modul*	N/mm^2	17200
3,5% *Biegespannung*	N/mm^2				

Härte 23 °C *Probekörper:* *Zustand* — *Herstellung* / *Vorbehandlung*

Kugeldruckhärte	N/mm^2 bei N, s	*Shore-Härte* A	
Rockwellhärte		*Shore-Härte* D	

Schlagversuch *Probekörper:* *(1)* / *(2)* V-Kerbe / *Zustand* — *Herstellung* Spritzgiessen; *Vorbehandlung* Normalklima

		°C	°C	°C	*Probekörper-Form*
Schlagzähigkeit	kJ/m^2				
Kerbschlagzähigkeit (1)	kJ/m^2				
IZOD-Kerbschlagzähigkeit (2)	J/m	23	75		
Kerbschlagzugzähigkeit	kJ/m^2				

Abrieb und Reibung

Taber-Abrieb (Reibradverfahren)	mm^3/100 U		
Abriebfaktor LNP (Thrust washer) Vergleichswert			
Statische Reibungszahl			
Dynamische Reibungszahl	(p · v =	N/mm^2 ·	m/min)
Zulässiger p · v Wert	N/mm^2 · (m/min)	v =	m/min
		v =	m/min

Thermische Eigenschaften

Formbeständigkeit in der Wärme	*Verfahren* A			216 °C
	Verfahren B			218 °C
Vicat Erweichungstemperatur (VST)	*Verfahren*			°C
	Verfahren			°C
Kristallit-Schmelzpunkt	*Verfahren*			
Längenausdehnungskoeffizient	*Bereich*	°C		$\cdot 10^{-4}K^{-1}$
	Temperatur 23 °C			$0.13 \cdot 10^{-4}K^{-1}$
Wärmeleitfähigkeit	*Verfahren* ASTM C 177		23 °C	0.74 W/(K · m)
Spezifische Wärmekapazität	*Verfahren*			J/(K · g)
Glasumwandlungstemperatur	*Torsionsschwingungsversuch*		°C	
	Differentialkalorimetrie		°C	

Brandverhalten

UL-Test vertikal	Dicke mm, Wert V-0	
	Dicke mm, Wert	

	Norm	*Bewertung*	*Abmessungen*
Sauerstoff-Index	ASTM D 2863		
Glühstab-Verfahren			
Brandverhalten	DIN 4102		
MVSS			
FAR			

Elektrische Eigenschaften

		Hz	°C			*Probekörper, Form*
Dielektrizitätszahl		50				
		10^3				
		10^6				
Dielektrischer Verlustfaktor tan δ		50				
		10^3				
		10^6				
Spezifischer Durchgangswiderstand	Ohm · cm		23	1.0*10**04		
Durchschlagfestigkeit	kV/mm					mm dick
Oberflächenwiderstand	Ohm		23	1.0*10**04		
Kriechstromfestigkeit		KC		KB	KA	
Elektrolytische Korrosionswirkung						
Lichtbogenfestigkeit nach DIN						
nach ASTM	s					

Beständigkeit *(Chemische Beständigkeit siehe Anhang)*

Wasseraufnahme 23 C	1 d	0.12 %	
Feuchtigkeitsaufnahme Normalklima			%
Wetterbeständigkeit			
Spannungskorrosion			

Optische Eigenschaften

Brechungszahl n_D		
Transmissionsgrad τ_c	%	mm dick
Lichtdurchlässigkeit		

Datenbank-Nr. **T01254** Merkblatt-Nr. **4316**

Produkt	Polysulfon		**PSU**
Handelsname	**Thermocomp Stat-Kon** <GC-1003>		
Hersteller	LNP		
DIN-Bez 1			
DIN-Bez 2			
Zusätze		*Füllstoffe/ Verstärkung*	15% Kohlefaser
Bevorzugte Verarbeitung	Spritzgiessen	*Lieferform*	Granulat
		Farben	
Besondere Merkmale	Elektrostatisch ableitend	*Bevorzugte Anwendungen*	Transportbehaelter; Teil fuer integrierten Schaltkreis; Halterung fuer gedruckte Schaltung; Gehaeuse; Drukkerwalze; Rauchmelder; Elektronik; Elektrotechnik

Dichte	g/cm³	1.30	*Schmelzindex*	g/10 min	:
Schüttdichte	g/cm³		*Volumenfließindex*	cm³/10 min	:
Viskositätszahl	ml/g				

Verarbeitungsbedingungen für Spritzgießen

Massetemp.	°C	*Schwindung*	% lgs 0.2, quer
Werkzeugtemp.	°C	*Bemerkungen*	
Spritzdruck	bar		

Zugversuch 23 °C ASTM D 638;
Probekörper: *Form* — *Herstellung* Spritzgiessen
Zustand — *Vorbehandlung* Normalklima

Streckspannung	N/mm²		*Dehnung bei Streckspannung*	%
Zugfestigkeit	N/mm²	124	*Reißdehnung*	%
Reißfestigkeit	N/mm²		*% Dehnspannung*	N/mm²
E-Modul	N/mm²		*Dehnung bei % Dehnspg.*	%

Kriechmoduln und Zeitstandwerte 23 °C
Probekörper: *Form* — *Herstellung*
Zustand — *Vorbehandlung*

Kriechmodul	*1 min*	N/mm²	*Zeitstandzugfestigkeit*	h	N/mm²
Kriechmodul	*1000 h*	N/mm²	*Zeitdehnspg. %*	h	N/mm²
bei Spannung		N/mm²			

Biegeversuch 23 °C ASTM D 790;
Probekörper: *Form* — *Herstellung* Spritzgiessen
Zustand — *Vorbehandlung* Normalklima

Biegefestigkeit	N/mm²	182	*E-Modul*	N/mm²	9600
3,5% *Biegespannung*	N/mm²				

Härte 23 °C *Probekörper:* *Zustand* — *Herstellung*
Vorbehandlung

Kugeldruckhärte	N/mm² bei N, s	*Shore-Härte*	A
Rockwellhärte		*Shore-Härte*	D

Schlagversuch *Probekörper:* *(1)*
(2) V-Kerbe — *Herstellung* Spritzgiessen
Zustand — *Vorbehandlung* Normalklima

		°C	°C	°C	*Probekörper-Form*
Schlagzähigkeit	kJ/m²				
Kerbschlagzähigkeit (1)	kJ/m²				
IZOD-Kerbschlagzähigkeit (2)	J/m	23 53			
Kerbschlagzugzähigkeit	kJ/m²				

Abrieb und Reibung

Taber-Abrieb (Reibradverfahren)	mm^3/100 U		
Abriebfaktor LNP (Thrust washer) Vergleichswert			
Statische Reibungszahl			
Dynamische Reibungszahl	(p · v =	N/mm^2 ·	m/min)
Zulässiger p · v Wert	N/mm^2 · (m/min)	v =	m/min
		v =	m/min

Thermische Eigenschaften

Formbeständigkeit in der Wärme	*Verfahren* A			182 °C
	Verfahren B			188 °C
Vicat Erweichungstemperatur (VST)	*Verfahren*			°C
	Verfahren			°C
Kristallit-Schmelzpunkt	*Verfahren*			
Längenausdehnungskoeffizient	*Bereich*	°C		$\cdot 10^{-4}K^{-1}$
	Temperatur 23 °C			$0.25 \cdot 10^{-4}K^{-1}$
Wärmeleitfähigkeit	*Verfahren* ASTM C 177		23 °C	0.53 W/(K · m)
Spezifische Wärmekapazität	*Verfahren*			J/(K · g)
Glasumwandlungstemperatur	*Torsionsschwingungsversuch*		°C	
	Differentialkalorimetrie		°C	

Brandverhalten

UL-Test vertikal	Dicke	mm, Wert V-0
	Dicke	mm, Wert

	Norm	*Bewertung*	*Abmessungen*
Sauerstoff-Index	ASTM D 2863		
Glühstab-Verfahren			
Brandverhalten	DIN 4102		
MVSS			
FAR			

Elektrische Eigenschaften

		Hz	°C			*Probekörper, Form*
Dielektrizitätszahl		50				
		10^3				
		10^6				
Dielektrischer Verlustfaktor tan δ		50				
		10^3				
		10^6				
Spezifischer Durchgangswiderstand	Ohm · cm		23	1.0*10**02		
Durchschlagfestigkeit	kV/mm					mm dick
Oberflächenwiderstand	Ohm		23	1.0*10**02		
Kriechstromfestigkeit		KC		KB	KA	
Elektrolytische Korrosionswirkung						
Lichtbogenfestigkeit nach DIN						
nach ASTM	s					

Beständigkeit *(Chemische Beständigkeit siehe Anhang)*

Wasseraufnahme 23 C	1 d	0.20 %	
Feuchtigkeitsaufnahme Normalklima			%
Wetterbeständigkeit			
Spannungskorrosion			

Optische Eigenschaften

Brechungszahl n_D		
Transmissionsgrad τ_c	%	mm dick
Lichtdurchlässigkeit		

Datenbank-Nr. **T01255** *Merkblatt-Nr.* **4317**

Produkt	Polysulfon		**PSU**
Handelsname	**Thermocomp Stat-Kon** <GC-1006>		
Hersteller	LNP		
DIN-Bez 1			
DIN-Bez 2			
Zusätze		*Füllstoffe/ Verstärkung*	30% Kohlefaser
Bevorzugte Verarbeitung	Spritzgiessen	*Lieferform*	Granulat
		Farben	
Besondere Merkmale	Hoher Modul; Elektrostatisch ableitend	*Bevorzugte Anwendungen*	Transportbehaelter; Teil fuer integrierten Schaltkreis; Halterung fuer gedruckte Schaltung; Gehaeuse; Drukkerwalze; Rauchmelder; Elektronik; Elektrotechnik

Dichte	g/cm^3	1.37	*Schmelzindex*	g/10 min	:
Schüttdichte	g/cm^3		*Volumenfließindex*	cm^3/10 min	:
Viskositätszahl	ml/g				

Verarbeitungsbedingungen für Spritzgießen

Massetemp.	°C	*Schwindung*	%	lgs 0.15, quer
Werkzeugtemp.	°C	*Bemerkungen*		
Spritzdruck	bar			

Zugversuch 23 °C ASTM D 638;
Probekörper: *Form* — *Herstellung* Spritzgiessen
Zustand — *Vorbehandlung* Normalklima

Streckspannung	N/mm^2		*Dehnung bei Streckspannung*	%	
Zugfestigkeit	N/mm^2	158	*Reißdehnung*	%	
Reißfestigkeit	N/mm^2		*% Dehnspannung*	N/mm^2	
E-Modul	N/mm^2		*Dehnung bei % Dehnspg.*	%	

Kriechmoduln und Zeitstandwerte 23 °C
Probekörper: *Form* — *Herstellung*
Zustand — *Vorbehandlung*

Kriechmodul	*1 min* N/mm^2		*Zeitstandzugfestigkeit*	h	N/mm^2
Kriechmodul	*1000 h* N/mm^2		*Zeitdehnspg. %*	h	N/mm^2
bei Spannung	N/mm^2				

Biegeversuch 23 °C ASTM D 790;
Probekörper: *Form* — *Herstellung* Spritzgiessen
Zustand — *Vorbehandlung* Normalklima

Biegefestigkeit	N/mm^2	220	*E-Modul*	N/mm^2	14100
3,5% *Biegespannung*	N/mm^2				

Härte 23 °C *Probekörper:* *Zustand* — *Herstellung*
Vorbehandlung

Kugeldruckhärte	N/mm^2	bei N, s	*Shore-Härte* A	
Rockwellhärte			*Shore-Härte* D	

Schlagversuch *Probekörper:* *(1)*
(2) V-Kerbe — *Herstellung* Spritzgiessen
Zustand — *Vorbehandlung* Normalklima

		°C	°C	°C	*Probekörper-Form*
Schlagzähigkeit	kJ/m^2				
Kerbschlagzähigkeit (1)	kJ/m^2				
IZOD-Kerbschlagzähigkeit (2)	J/m	23 64			
Kerbschlagzugzähigkeit	kJ/m^2				

Abrieb und Reibung

Taber-Abrieb (Reibradverfahren)	$mm^3/100$ U		
Abriebfaktor LNP (Thrust washer) Vergleichswert			
Statische Reibungszahl			
Dynamische Reibungszahl	(p·v=	N/mm^2 ·	m/min)
Zulässiger p · v Wert	N/mm^2 · (m/min)	v=	m/min
		v=	m/min

Thermische Eigenschaften

Formbeständigkeit in der Wärme	*Verfahren* A			185 °C
	Verfahren B			191 °C
Vicat Erweichungstemperatur (VST)	*Verfahren*			°C
	Verfahren			°C
Kristallit-Schmelzpunkt	*Verfahren*			
Längenausdehnungskoeffizient	*Bereich*	°C		$\cdot 10^{-4}K^{-1}$
	Temperatur 23 °C			$0.11 \cdot 10^{-4}K^{-1}$
Wärmeleitfähigkeit	*Verfahren* ASTM C 177		23 °C	0.79 W/(K · m)
Spezifische Wärmekapazität	*Verfahren*			J/(K · g)
Glasumwandlungstemperatur	*Torsionsschwingungsversuch*		°C	
	Differentialkalorimetrie		°C	

Brandverhalten

UL-Test vertikal	Dicke mm, Wert V-0	
	Dicke mm, Wert	

	Norm	*Bewertung*	*Abmessungen*
Sauerstoff-Index	ASTM D 2863		
Glühstab-Verfahren			
Brandverhalten	DIN 4102		
MVSS			
FAR			

Elektrische Eigenschaften

		Hz	°C		*Probekörper, Form*
Dielektrizitätszahl		50			
		10^3			
		10^6			
Dielektrischer Verlustfaktor tan δ		50			
		10^3			
		10^6			
Spezifischer Durchgangs-widerstand	Ohm · cm		23	1.0*10**02	
Durchschlagfestigkeit	kV/mm				mm dick
Oberflächenwiderstand	Ohm		23	1.0*10**02	

Kriechstromfestigkeit	KC	KB	KA
Elektrolytische Korrosionswirkung			
Lichtbogenfestigkeit nach DIN			
nach ASTM s			

Beständigkeit *(Chemische Beständigkeit siehe Anhang)*

Wasseraufnahme 23 C	1 d	0.15 %	
Feuchtigkeitsaufnahme Normalklima			%
Wetterbeständigkeit			
Spannungskorrosion			

Optische Eigenschaften

Brechungszahl n_D		
Transmissionsgrad τ_c	%	mm dick
Lichtdurchlässigkeit		

Produkt	Polyamid 612		**PA**
Handelsname	**Thermocomp Stat-Kon** <IC-1006>		
Hersteller	LNP		
DIN-Bez 1			
DIN-Bez 2			
Zusätze		*Füllstoffe/ Verstärkung*	30% Kohlefaser
Bevorzugte Verarbeitung	Spritzgiessen	*Lieferform*	Granulat
		Farben	
Besondere Merkmale	Sehr hoher Modul; Elektrostatisch ableitend	*Bevorzugte Anwendungen*	Transportbehaelter; Teil fuer integrierten Schaltkreis; Halterung fuer gedruckte Schaltung; Gehaeuse; Druckerwalze; Rauchmelder; Elektronik; Elektrotechnik

Dichte	g/cm^3	1.22	*Schmelzindex*	g/10 min	:
Schüttdichte	g/cm^3		*Volumenfließindex*	cm^3/10 min	:
Viskositätszahl	ml/g				

Verarbeitungsbedingungen für Spritzgießen

Massetemp.	°C	*Schwindung*	% lgs 0.2, quer
Werkzeugtemp.	°C	*Bemerkungen*	
Spritzdruck	bar		

Zugversuch 23 °C ASTM D 638;
Probekörper: *Form* — *Herstellung* Spritzgiessen
Zustand Spritzfrisch — *Vorbehandlung*

Streckspannung	N/mm^2		*Dehnung bei Streckspannung*	%
Zugfestigkeit	N/mm^2	200	*Reißdehnung*	%
Reißfestigkeit	N/mm^2		*% Dehnspannung*	N/mm^2
E-Modul	N/mm^2		*Dehnung bei % Dehnspg.*	%

Kriechmoduln und Zeitstandwerte 23 °C
Probekörper: *Form* — *Herstellung*
Zustand — *Vorbehandlung*

Kriechmodul	*1 min* N/mm^2	*Zeitstandzugfestigkeit*	h	N/mm^2
Kriechmodul	*1000 h* N/mm^2	*Zeitdehnspg. %*	h	N/mm^2
bei Spannung	N/mm^2			

Biegeversuch 23 °C ASTM D 790;
Probekörper: *Form* — *Herstellung* Spritzgiessen
Zustand Spritzfrisch — *Vorbehandlung*

Biegefestigkeit	N/mm^2	289	*E-Modul*	N/mm^2 15800
3,5% Biegespannung	N/mm^2			

Härte 23 °C *Probekörper:* *Zustand* — *Herstellung*
Vorbehandlung

Kugeldruckhärte	N/mm^2 bei N, s	*Shore-Härte* A	
Rockwellhärte		*Shore-Härte* D	

Schlagversuch *Probekörper:* *(1)*
(2) V-Kerbe — *Herstellung* Spritzgiessen
Zustand Spritzfrisch — *Vorbehandlung*

		°C	°C	°C	*Probekörper-Form*
Schlagzähigkeit	kJ/m^2				
Kerbschlagzähigkeit (1)	kJ/m^2				
IZOD-Kerbschlagzähigkeit (2)	J/m	23 96			
Kerbschlagzugzähigkeit	kJ/m^2				

Abrieb und Reibung

Taber-Abrieb (Reibradverfahren)	mm^3/100 U		
Abriebfaktor LNP (Thrust washer) Vergleichswert			
Statische Reibungszahl			
Dynamische Reibungszahl	(p·v= N/mm^2·		m/min)
Zulässiger p · v Wert	N/mm^2 · (m/min)	v=	m/min
		v=	m/min

Thermische Eigenschaften

Formbeständigkeit in der Wärme	*Verfahren* A		216 °C
	Verfahren B		218 °C
Vicat Erweichungstemperatur (VST)	*Verfahren*		°C
	Verfahren		°C
Kristallit-Schmelzpunkt	*Verfahren*		
Längenausdehnungskoeffizient	*Bereich* °C		$\cdot 10^{-4}K^{-1}$
	Temperatur 23 °C		$0.16 \cdot 10^{-4}K^{-1}$
Wärmeleitfähigkeit	*Verfahren* ASTM C 177	23 °C	0.94 W/(K · m)
Spezifische Wärmekapazität	*Verfahren*		J/(K · g)
Glasumwandlungstemperatur	*Torsionsschwingungsversuch*	°C	
	Differentialkalorimetrie	°C	

Brandverhalten

UL-Test vertikal		Dicke mm, Wert HB	
		Dicke mm, Wert	

	Norm	*Bewertung*	*Abmessungen*
Sauerstoff-Index	ASTM D 2863		
Glühstab-Verfahren			
Brandverhalten	DIN 4102		
MVSS			
FAR			

Elektrische Eigenschaften

		Hz	°C		*Probekörper, Form*
Dielektrizitätszahl		50			
		10^3			
		10^6			
Dielektrischer Verlustfaktor tan δ		50			
		10^3			
		10^6			
Spezifischer Durchgangswiderstand	Ohm · cm		23	1.0*10**02	
Durchschlagfestigkeit	kV/mm				mm dick
Oberflächenwiderstand	Ohm		23	1.0*10**02	

Kriechstromfestigkeit	KC	KB	KA
Elektrolytische Korrosionswirkung			
Lichtbogenfestigkeit nach DIN			
nach ASTM s			

Beständigkeit *(Chemische Beständigkeit siehe Anhang)*

Wasseraufnahme 23 C	1 d	0.15 %	
Feuchtigkeitsaufnahme Normalklima			%
Wetterbeständigkeit			
Spannungskorrosion			

Optische Eigenschaften

Brechungszahl n_D		
Transmissionsgrad τ_c	%	mm dick
Lichtdurchlässigkeit		

Datenbank-Nr. **T01257** *Merkblatt-Nr.* **4319**

Produkt	Polyethersulfon		**PES**
Handelsname	**Thermocomp Stat-Kon** <JC-1003>		
Hersteller	LNP		
DIN-Bez 1			
DIN-Bez 2			
Zusätze		*Füllstoffe/ Verstärkung*	15% Kohlefaser
Bevorzugte Verarbeitung	Spritzgiessen	*Lieferform*	Granulat
		Farben	
Besondere Merkmale	Elektrostatisch ableitend	*Bevorzugte Anwendungen*	Transportbehaelter; Teil fuer integrierten Schaltkreis; Halterung fuer gedruckte Schaltung; Gehaeuse; Drukkerwalze; Rauchmelder; Elektronik; Elektrotechnik

Dichte	g/cm^3	1.42	*Schmelzindex*	g/10 min		:
Schüttdichte	g/cm^3		*Volumenfließindex*	$cm^3/10$ min		:
Viskositätszahl	ml/g					

Verarbeitungsbedingungen für Spritzgießen

Massetemp.	°C	*Schwindung*	%	lgs	0.2, quer
Werkzeugtemp.	°C	*Bemerkungen*			
Spritzdruck	bar				

Zugversuch 23 °C ASTM D 638;

Probekörper: *Form* — *Herstellung* Spritzgiessen
Zustand — *Vorbehandlung* Normalklima

Streckspannung	N/mm^2		*Dehnung bei Streckspannung*	%
Zugfestigkeit	N/mm^2	138	*Reißdehnung*	%
Reißfestigkeit	N/mm^2		% *Dehnspannung*	N/mm^2
E-Modul	N/mm^2		*Dehnung bei* % *Dehnspg.*	%

Kriechmoduln und Zeitstandwerte 23 °C

Probekörper: *Form* — *Herstellung*
Zustand — *Vorbehandlung*

Kriechmodul	*1 min*	N/mm^2	*Zeitstandzugfestigkeit*	h	N/mm^2
Kriechmodul	*1000 h*	N/mm^2	*Zeitdehnspg.* %	h	N/mm^2
bei Spannung		N/mm^2			

Biegeversuch 23 °C ASTM D 790;

Probekörper: *Form* — *Herstellung* Spritzgiessen
Zustand — *Vorbehandlung* Normalklima

Biegefestigkeit	N/mm^2	196	*E-Modul*	N/mm^2	10300
3,5% *Biegespannung*	N/mm^2				

Härte 23 °C *Probekörper:* *Zustand* — *Herstellung*
Vorbehandlung

Kugeldruckhärte	N/mm^2	bei N, s	*Shore-Härte*	A
Rockwellhärte			*Shore-Härte*	D

Schlagversuch *Probekörper:* *(1)*
(2) V-Kerbe — *Herstellung* Spritzgiessen
Zustand — *Vorbehandlung* Normalklima

		°C	°C	°C	*Probekörper-Form*
Schlagzähigkeit	kJ/m^2				
Kerbschlagzähigkeit (1)	kJ/m^2				
IZOD-Kerbschlagzähigkeit (2)	J/m	23 48			
Kerbschlagzugzähigkeit	kJ/m^2				

Abrieb und Reibung

Taber-Abrieb (Reibradverfahren)	mm^3/100 U		
Abriebfaktor LNP (Thrust washer) Vergleichswert			
Statische Reibungszahl			
Dynamische Reibungszahl	(p · v =	N/mm^2 ·	m/min)
Zulässiger p · v Wert	N/mm^2 · (m/min)	v =	m/min
		v =	m/min

Thermische Eigenschaften

Formbeständigkeit in der Wärme	*Verfahren* A			210 °C
	Verfahren B			213 °C
Vicat Erweichungstemperatur (VST)	*Verfahren*			°C
	Verfahren			°C
Kristallit-Schmelzpunkt	*Verfahren*			
Längenausdehnungskoeffizient	*Bereich*	°C		$\cdot 10^{-4}K^{-1}$
	Temperatur 23 °C			$0.25 \cdot 10^{-4}K^{-1}$
Wärmeleitfähigkeit	*Verfahren* ASTM C 177		23 °C	0.56 W/(K · m)
Spezifische Wärmekapazität	*Verfahren*			J/(K · g)
Glasumwandlungstemperatur	*Torsionsschwingungsversuch*		°C	
	Differentialkalorimetrie		°C	

Brandverhalten

UL-Test vertikal — Dicke mm, Wert V-0
Dicke mm, Wert

	Norm	*Bewertung*	*Abmessungen*
Sauerstoff-Index	ASTM D 2863		
Glühstab-Verfahren			
Brandverhalten	DIN 4102		
MVSS			
FAR			

Elektrische Eigenschaften

		Hz	°C		*Probekörper, Form*
Dielektrizitätszahl		50			
		10^3			
		10^6			
Dielektrischer Verlustfaktor tan δ		50			
		10^3			
		10^6			
Spezifischer Durchgangswiderstand	Ohm · cm		23	1.0*10**02	
Durchschlagfestigkeit	kV/mm				mm dick
Oberflächenwiderstand	Ohm		23	1.0*10**02	

Kriechstromfestigkeit	KC	KB	KA
Elektrolytische Korrosionswirkung			
Lichtbogenfestigkeit nach DIN			
nach ASTM s			

Beständigkeit *(Chemische Beständigkeit siehe Anhang)*

Wasseraufnahme 23 C	1 d	0.35 %
Feuchtigkeitsaufnahme Normalklima		%
Wetterbeständigkeit		
Spannungskorrosion		

Optische Eigenschaften

Brechungszahl n_D
Transmissionsgrad τ_c % mm dick
Lichtdurchlässigkeit

Produkt	Polyethersulfon		**PES**
Handelsname	**Thermocomp Stat-Kon** <JC-1006>		
Hersteller	LNP		
DIN-Bez 1			
DIN-Bez 2			
Zusätze		*Füllstoffe/ Verstärkung*	30% Kohlefaser
Bevorzugte Verarbeitung	Spritzgiessen	*Lieferform*	Granulat
		Farben	
Besondere Merkmale	Sehr hoher Modul; Elektrisch ableitend	*Bevorzugte Anwendungen*	Transportbehaelter; Teil fuer integrierten Schaltkreis; Halterung fuer gedruckte Schaltung; Gehaeuse; Drukkerwalze; Rauchmelder; Elektronik; Elektrotechnik

Dichte	g/cm^3	1.48	*Schmelzindex*	g/10 min	:
Schüttdichte	g/cm^3		*Volumenfließindex*	cm^3/10 min	:
Viskositätszahl	ml/g				

Verarbeitungsbedingungen für Spritzgießen

Massetemp.	°C	*Schwindung*	% lgs 0.15, quer
Werkzeugtemp.	°C	*Bemerkungen*	
Spritzdruck	bar		

Zugversuch 23 °C ASTM D 638;
Probekörper: *Form* — *Herstellung* Spritzgiessen
Zustand — *Vorbehandlung* Normalklima

Streckspannung	N/mm^2		*Dehnung bei Streckspannung*	%
Zugfestigkeit	N/mm^2	200	*Reißdehnung*	%
Reißfestigkeit	N/mm^2		*% Dehnspannung*	N/mm^2
E-Modul	N/mm^2		*Dehnung bei % Dehnspg.*	%

Kriechmoduln und Zeitstandwerte 23 °C
Probekörper: *Form* — *Herstellung*
Zustand — *Vorbehandlung*

Kriechmodul	*1 min* N/mm^2	*Zeitstandzugfestigkeit*	h N/mm^2
Kriechmodul	*1000 h* N/mm^2	*Zeitdehnspg. %*	h N/mm^2
bei Spannung	N/mm^2		

Biegeversuch 23 °C ASTM D 790;
Probekörper: *Form* — *Herstellung* Spritzgiessen
Zustand — *Vorbehandlung* Normalklima

Biegefestigkeit	N/mm^2	258	*E-Modul*	N/mm^2 17200
3,5% *Biegespannung*	N/mm^2			

Härte 23 °C *Probekörper:* *Zustand* — *Herstellung*
Vorbehandlung

Kugeldruckhärte	N/mm^2 bei N, s	*Shore-Härte* A	
Rockwellhärte		*Shore-Härte* D	

Schlagversuch *Probekörper:* *(1)*
(2) V-Kerbe — *Herstellung* Spritzgiessen
Zustand — *Vorbehandlung* Normalklima

		°C	°C	°C	*Probekörper-Form*
Schlagzähigkeit	kJ/m^2				
Kerbschlagzähigkeit (1)	kJ/m^2				
IZOD-Kerbschlagzähigkeit (2)	J/m	23 80			
Kerbschlagzugzähigkeit	kJ/m^2				

Abrieb und Reibung

Taber-Abrieb (Reibradverfahren)	mm^3/100 U		
Abriebfaktor LNP (Thrust washer) Vergleichswert			
Statische Reibungszahl			
Dynamische Reibungszahl	(p · v=	N/mm^2 ·	m/min)
Zulässiger p · v Wert	N/mm^2 · (m/min)	v=	m/min
		v=	m/min

Thermische Eigenschaften

Formbeständigkeit in der Wärme	*Verfahren* A			213 °C
	Verfahren B			216 °C
Vicat Erweichungstemperatur (VST)	*Verfahren*			°C
	Verfahren			°C
Kristallit-Schmelzpunkt	*Verfahren*			
Längenausdehnungskoeffizient	*Bereich*	°C		· $10^{-4}K^{-1}$
	Temperatur 23 °C			0.14 · $10^{-4}K^{-1}$
Wärmeleitfähigkeit	*Verfahren* ASTM C 177		23 °C	0.87 W/(K · m)
Spezifische Wärmekapazität	*Verfahren*			J/(K · g)
Glasumwandlungstemperatur	*Torsionsschwingungsversuch*		°C	
	Differentialkalorimetrie		°C	

Brandverhalten

UL-Test vertikal	Dicke	mm, Wert V-0
	Dicke	mm, Wert

	Norm	*Bewertung*	*Abmessungen*
Sauerstoff-Index	ASTM D 2863		
Glühstab-Verfahren			
Brandverhalten	DIN 4102		
MVSS			
FAR			

Elektrische Eigenschaften

		Hz	°C			*Probekörper, Form*
Dielektrizitätszahl		50				
		10^3				
		10^6				
Dielektrischer Verlustfaktor tan δ		50				
		10^3				
		10^6				
Spezifischer Durchgangswiderstand	Ohm · cm		23	1.0*10**02		
Durchschlagfestigkeit	kV/mm					mm dick
Oberflächenwiderstand	Ohm		23	1.0*10**02		
Kriechstromfestigkeit		KC		KB	KA	
Elektrolytische Korrosionswirkung						
Lichtbogenfestigkeit nach DIN						
nach ASTM	s					

Beständigkeit *(Chemische Beständigkeit siehe Anhang)*

Wasseraufnahme 23 C	1 d	0.30 %	
Feuchtigkeitsaufnahme Normalklima			%
Wetterbeständigkeit			
Spannungskorrosion			

Optische Eigenschaften

Brechungszahl n_D		
Transmissionsgrad τ_c	%	mm dick
Lichtdurchlässigkeit		

Datenbank-Nr. **T01259** Merkblatt-Nr. **4321**

Produkt	Acetalcopolymerisat		**POM**
Handelsname	**Thermocomp Stat-Kon** <KC-1002>		
Hersteller	LNP		
DIN-Bez 1			
DIN-Bez 2			
Zusätze		*Füllstoffe/ Verstärkung*	10% Kohlefaser
Bevorzugte Verarbeitung	Spritzgiessen	*Lieferform*	Granulat
		Farben	
Besondere Merkmale	Elektrostatisch ableitend	*Bevorzugte Anwendungen*	Transportbehaelter; Teil fuer integrierten Schaltkreis; Halterung fuer gedruckte Schaltung; Gehaeuse; Druckerwalze; Rauchmelder; Elektronik; Elektrotechnik

Dichte	g/cm^3	1.44	*Schmelzindex*	g/10 min	:
Schüttdichte	g/cm^3		*Volumenfließindex*	cm^3/10 min	:
Viskositätszahl	ml/g				

Verarbeitungsbedingungen für Spritzgießen

Massetemp.	°C	*Schwindung*	%	lgs 0.9–1.0, quer
Werkzeugtemp.	°C	*Bemerkungen*		
Spritzdruck	bar			

Zugversuch 23 °C ASTM D 638;
Probekörper: *Form* | *Zustand* — *Herstellung* Spritzgiessen; *Vorbehandlung* Normalklima

Streckspannung	N/mm^2		*Dehnung bei Streckspannung*	%	
Zugfestigkeit	N/mm^2	83	*Reißdehnung*	%	
Reißfestigkeit	N/mm^2		*% Dehnspannung*	N/mm^2	
E-Modul	N/mm^2		*Dehnung bei % Dehnspg.*	%	

Kriechmoduln und Zeitstandwerte 23 °C
Probekörper: *Form* | *Zustand* — *Herstellung*; *Vorbehandlung*

Kriechmodul	*1 min*	N/mm^2	*Zeitstandzugfestigkeit*	h	N/mm^2
Kriechmodul	*1000 h*	N/mm^2	*Zeitdehnspg. %*	h	N/mm^2
bei Spannung		N/mm^2			

Biegeversuch 23 °C ASTM D 790;
Probekörper: *Form* | *Zustand* — *Herstellung* Spritzgiessen; *Vorbehandlung* Normalklima

Biegefestigkeit	N/mm^2	103	*E-Modul*	N/mm^2	7600
3,5% *Biegespannung*	N/mm^2				

Härte 23 °C *Probekörper:* *Zustand* — *Herstellung*; *Vorbehandlung*

Kugeldruckhärte	N/mm^2 bei N, s	*Shore-Härte* A	
Rockwellhärte		*Shore-Härte* D	

Schlagversuch *Probekörper:* *(1)* | *(2)* V-Kerbe | *Zustand* — *Herstellung* Spritzgiessen; *Vorbehandlung* Normalklima

		°C	°C	°C	*Probekörper-Form*
Schlagzähigkeit	kJ/m^2				
Kerbschlagzähigkeit (1)	kJ/m^2				
IZOD-Kerbschlagzähigkeit (2)	J/m	23 48			
Kerbschlagzugzähigkeit	kJ/m^2				

Abrieb und Reibung

Taber-Abrieb (Reibradverfahren)	mm^3/100 U		
Abriebfaktor LNP (Thrust washer) Vergleichswert			
Statische Reibungszahl			
Dynamische Reibungszahl	(p · v=	N/mm^2 ·	m/min)
Zulässiger p · v Wert	N/mm^2 · (m/min)	v=	m/min
		v=	m/min

Thermische Eigenschaften

Formbeständigkeit in der Wärme	*Verfahren* A			160 °C
	Verfahren B			163 °C
Vicat Erweichungstemperatur (VST)	*Verfahren*			°C
	Verfahren			°C
Kristallit-Schmelzpunkt	*Verfahren*			
Längenausdehnungskoeffizient	*Bereich*	°C		$\cdot 10^{-4}K^{-1}$
	Temperatur 23 °C			$0.47 \cdot 10^{-4}K^{-1}$
Wärmeleitfähigkeit	*Verfahren* ASTM C 177		23 °C	0.61 W/(K · m)
Spezifische Wärmekapazität	*Verfahren*			J/(K · g)
Glasumwandlungstemperatur	*Torsionsschwingungsversuch*		°C	
	Differentialkalorimetrie		°C	

Brandverhalten

UL-Test vertikal	Dicke	mm, Wert HB
	Dicke	mm, Wert

	Norm	*Bewertung*	*Abmessungen*
Sauerstoff-Index	ASTM D 2863		
Glühstab-Verfahren			
Brandverhalten	DIN 4102		
MVSS			
FAR			

Elektrische Eigenschaften

		Hz	°C			*Probekörper, Form*
Dielektrizitätszahl		50				
		10^3				
		10^6				
Dielektrischer Verlustfaktor tan δ		50				
		10^3				
		10^6				
Spezifischer Durchgangs-widerstand	Ohm · cm		23	1.0*10**04		
Durchschlagfestigkeit	kV/mm					mm dick
Oberflächenwiderstand	Ohm		23	1.0*10**04		
Kriechstromfestigkeit		KC		KB	KA	
Elektrolytische Korrosionswirkung						
Lichtbogenfestigkeit nach DIN						
nach ASTM	s					

Beständigkeit *(Chemische Beständigkeit siehe Anhang)*

Wasseraufnahme 23 C	1 d	0.26 %	
Feuchtigkeitsaufnahme Normalklima			%
Wetterbeständigkeit			
Spannungskorrosion			

Optische Eigenschaften

Brechungszahl n_D		
Transmissionsgrad τ_c	%	mm dick
Lichtdurchlässigkeit		

Datenbank-Nr. **T01260** Merkblatt-Nr. **4322**

Produkt	Acetalcopolymerisat		**POM**
Handelsname	**Thermocomp Stat-Kon** <KCL-4022>		
Hersteller	LNP		
DIN-Bez 1			
DIN-Bez 2			
Zusätze		*Füllstoffe/ Verstärkung*	20% Kohlefaser (10); PTFE (10)
Bevorzugte Verarbeitung	Spritzgiessen	*Lieferform*	Granulat
		Farben	
Besondere Merkmale	Verbesserte Gleiteigenschaften; Elektrostatisch ableitend	*Bevorzugte Anwendungen*	Transportbehaelter; Teil fuer integrierten Schaltkreis; Halterung fuer gedruckte Schaltung; Gehaeuse; Druckerwalze; Rauchmelder; Elektronik; Elektrotechnik

Dichte	g/cm^3	1.48	*Schmelzindex*	g/10 min	:
Schüttdichte	g/cm^3		*Volumenfließindex*	cm^3/10 min	:
Viskositätszahl	ml/g				

Verarbeitungsbedingungen für Spritzgießen

Massetemp.	°C	*Schwindung*	%	lgs 0.8–1.0, quer
Werkzeugtemp.	°C	*Bemerkungen*		
Spritzdruck	bar			

Zugversuch 23 °C ASTM D 638;
Probekörper: *Form* *Herstellung* Spritzgiessen
Zustand *Vorbehandlung* Normalklima

Streckspannung	N/mm^2		*Dehnung bei Streckspannung*	%	
Zugfestigkeit	N/mm^2	76	*Reißdehnung*	%	
Reißfestigkeit	N/mm^2		*% Dehnspannung*	N/mm^2	
E-Modul	N/mm^2		*Dehnung bei % Dehnspg.*	%	

Kriechmoduln und Zeitstandwerte 23 °C
Probekörper: *Form* *Herstellung*
Zustand *Vorbehandlung*

Kriechmodul	*1 min*	N/mm^2	*Zeitstandzugfestigkeit*	h	N/mm^2
Kriechmodul	*1000 h*	N/mm^2	*Zeitdehnspg. %*	h	N/mm^2
bei Spannung		N/mm^2			

Biegeversuch 23 °C ASTM D 790;
Probekörper: *Form* *Herstellung* Spritzgiessen
Zustand *Vorbehandlung* Normalklima

Biegefestigkeit	N/mm^2	96	*E-Modul*	N/mm^2	6900
3,5% *Biegespannung*	N/mm^2				

Härte 23 °C *Probekörper:* *Zustand* *Herstellung*
Vorbehandlung

Kugeldruckhärte	N/mm^2	bei N, s	*Shore-Härte* A	
Rockwellhärte			*Shore-Härte* D	

Schlagversuch *Probekörper:* *(1)*
(2) V-Kerbe *Herstellung* Spritzgiessen
Zustand *Vorbehandlung* Normalklima

		°C	°C	°C	*Probekörper-Form*
Schlagzähigkeit	kJ/m^2				
Kerbschlagzähigkeit (1)	kJ/m^2				
IZOD-Kerbschlagzähigkeit (2)	J/m	23 37			
Kerbschlagzugzähigkeit	kJ/m^2				

Abrieb und Reibung

Taber-Abrieb (Reibradverfahren)	mm^3/100 U			
Abriebfaktor LNP (Thrust washer) Vergleichswert				
Statische Reibungszahl				
Dynamische Reibungszahl	(p · v =	N/mm^2 ·		m/min)
Zulässiger p · v Wert	N/mm^2 · (m/min)		v =	m/min
			v =	m/min

Thermische Eigenschaften

Formbeständigkeit in der Wärme	*Verfahren*	A			160 °C
	Verfahren	B			163 °C
Vicat Erweichungstemperatur (VST)	*Verfahren*				°C
	Verfahren				°C
Kristallit-Schmelzpunkt	*Verfahren*				
Längenausdehnungskoeffizient	*Bereich*		°C		$\cdot 10^{-4} K^{-1}$
	Temperatur	23 °C			$0.49 \cdot 10^{-4} K^{-1}$
Wärmeleitfähigkeit	*Verfahren*	ASTM C 177		23 °C	0.58 W/(K · m)
Spezifische Wärmekapazität	*Verfahren*				J/(K · g)
Glasumwandlungstemperatur	*Torsionsschwingungsversuch*			°C	
	Differentialkalorimetrie			°C	

Brandverhalten

UL-Test vertikal	Dicke	mm, Wert HB
	Dicke	mm, Wert

	Norm	*Bewertung*	*Abmessungen*
Sauerstoff-Index	ASTM D 2863		
Glühstab-Verfahren			
Brandverhalten	DIN 4102		
MVSS			
FAR			

Elektrische Eigenschaften

		Hz	°C			*Probekörper, Form*
Dielektrizitätszahl		50				
		10^3				
		10^6				
Dielektrischer Verlustfaktor tan δ		50				
		10^3				
		10^6				
Spezifischer Durchgangs-widerstand	Ohm · cm		23	1.0*10**04		
Durchschlagfestigkeit	kV/mm					mm dick
Oberflächenwiderstand	Ohm		23	1.0*10**04		
Kriechstromfestigkeit		KC		KB	KA	
Elektrolytische Korrosionswirkung						
Lichtbogenfestigkeit nach DIN						
nach ASTM	s					

Beständigkeit *(Chemische Beständigkeit siehe Anhang)*

Wasseraufnahme 23 C	1 d	0.25 %	
Feuchtigkeitsaufnahme Normalklima			%
Wetterbeständigkeit			
Spannungskorrosion			

Optische Eigenschaften

Brechungszahl n_D		
Transmissionsgrad τ_c	%	mm dick
Lichtdurchlässigkeit		

Produkt	Polyphenylensulfid		**PPS**
Handelsname	**Thermocomp Stat-Kon** <OC-1003>		
Hersteller	LNP		
DIN-Bez 1			
DIN-Bez 2			
Zusätze		*Füllstoffe/ Verstärkung*	15% Kohlefaser
Bevorzugte Verarbeitung	Spritzgiessen	*Lieferform*	Granulat
		Farben	
Besondere Merkmale	Hoher Modul; Sehr hohe Waermeformbestaendigkeit; Elektrostatisch ableitend	*Bevorzugte Anwendungen*	Transportbehaelter; Teil fuer integrierten Schaltkreis; Halterung fuer gedruckte Schaltung; Gehaeuse; Drukkerwalze; Rauchmelder; Elektronik; Elektrotechnik

Dichte	g/cm^3	1.39	*Schmelzindex*	g/10 min	:
Schüttdichte	g/cm^3		*Volumenfließindex*	cm^3/10 min	:
Viskositätszahl	ml/g				

Verarbeitungsbedingungen für Spritzgießen

Massetemp.	°C	*Schwindung*	% lgs 0.4, quer
Werkzeugtemp.	°C	*Bemerkungen*	
Spritzdruck	bar		

Zugversuch 23 °C ASTM D 638;
Probekörper: *Form* — *Herstellung* Spritzgiessen
Zustand — *Vorbehandlung* Normalklima

Streckspannung	N/mm^2		*Dehnung bei Streckspannung*	%	
Zugfestigkeit	N/mm^2	124	*Reißdehnung*	%	
Reißfestigkeit	N/mm^2		*% Dehnspannung*	N/mm^2	
E-Modul	N/mm^2		*Dehnung bei % Dehnspg.*	%	

Kriechmoduln und Zeitstandwerte 23 °C
Probekörper: *Form* — *Herstellung*
Zustand — *Vorbehandlung*

Kriechmodul	*1 min*	N/mm^2	*Zeitstandzugfestigkeit*	h	N/mm^2
Kriechmodul	*1000 h*	N/mm^2	*Zeitdehnspg. %*	h	N/mm^2
bei Spannung		N/mm^2			

Biegeversuch 23 °C ASTM D 790;
Probekörper: *Form* — *Herstellung* Spritzgiessen
Zustand — *Vorbehandlung* Normalklima

Biegefestigkeit	N/mm^2	175	*E-Modul*	N/mm^2	13800
3,5% *Biegespannung*	N/mm^2				

Härte 23 °C *Probekörper:* *Zustand* — *Herstellung*
Vorbehandlung

Kugeldruckhärte	N/mm^2 bei N, s	*Shore-Härte*	A
Rockwellhärte		*Shore-Härte*	D

Schlagversuch *Probekörper:* *(1)*
(2) V-Kerbe — *Herstellung* Spritzgiessen
Zustand — *Vorbehandlung* Normalklima

		°C	°C	°C	*Probekörper-Form*
Schlagzähigkeit	kJ/m^2				
Kerbschlagzähigkeit (1)	kJ/m^2				
IZOD-Kerbschlagzähigkeit (2)	J/m	23 48			
Kerbschlagzugzähigkeit	kJ/m^2				

Abrieb und Reibung

Taber-Abrieb (Reibradverfahren)	mm^3/100 U		
Abriebfaktor LNP (Thrust washer) Vergleichswert			
Statische Reibungszahl			
Dynamische Reibungszahl	(p · v =	N/mm^2 ·	m/min)
Zulässiger p · v Wert	N/mm^2 · (m/min)	v =	m/min
		v =	m/min

Thermische Eigenschaften

Formbeständigkeit in der Wärme	*Verfahren* A			257 °C
	Verfahren B			260 °C
Vicat Erweichungstemperatur (VST)	*Verfahren*			°C
	Verfahren			°C
Kristallit-Schmelzpunkt	*Verfahren*			
Längenausdehnungskoeffizient	*Bereich*	°C		$\cdot 10^{-4} K^{-1}$
	Temperatur 23 °C			$0.23 \cdot 10^{-4} K^{-1}$
Wärmeleitfähigkeit	*Verfahren* ASTM C 177		23 °C	0.61 W/(K · m)
Spezifische Wärmekapazität	*Verfahren*			J/(K · g)
Glasumwandlungstemperatur	*Torsionsschwingungsversuch*		°C	
	Differentialkalorimetrie		°C	

Brandverhalten

UL-Test vertikal	Dicke	mm, Wert V-0	
	Dicke	mm, Wert	

	Norm	*Bewertung*	*Abmessungen*
Sauerstoff-Index	ASTM D 2863		
Glühstab-Verfahren			
Brandverhalten	DIN 4102		
MVSS			
FAR			

Elektrische Eigenschaften

		Hz	°C		*Probekörper, Form*
Dielektrizitätszahl		50			
		10^3			
		10^6			
Dielektrischer Verlustfaktor tan δ		50			
		10^3			
		10^6			
Spezifischer Durchgangs-widerstand	Ohm · cm		23	1.0*10**03	
Durchschlagfestigkeit	kV/mm				mm dick
Oberflächenwiderstand	Ohm		23	1.0*10**03	

Kriechstromfestigkeit	KC	KB	KA
Elektrolytische Korrosionswirkung			
Lichtbogenfestigkeit nach DIN			
nach ASTM s			

Beständigkeit *(Chemische Beständigkeit siehe Anhang)*

Wasseraufnahme 23 C	1 d	0.04 %	
Feuchtigkeitsaufnahme Normalklima			%
Wetterbeständigkeit			
Spannungskorrosion			

Optische Eigenschaften

Brechungszahl n_D		
Transmissionsgrad τ_c	%	mm dick
Lichtdurchlässigkeit		

Datenbank-Nr.	**T01262**	*Merkblatt-Nr.*	**4324**

Produkt	Polyphenylensulfid		**PPS**
Handelsname	**Thermocomp Stat-Kon** <OCL-4036>		
Hersteller	LNP		
DIN-Bez 1			
DIN-Bez 2			
Zusätze		*Füllstoffe/ Verstärkung*	45% Kohlefaser (30); PTFE (15)
Bevorzugte Verarbeitung	Spritzgiessen	*Lieferform*	Granulat
		Farben	
Besondere Merkmale	Extrem hoher Modul; Sehr hohe Waermeformbestaendigkeit; Verbesserte Gleiteigenschaften	*Bevorzugte Anwendungen*	Transportbehaelter; Teil fuer integrierten Schaltkreis; Halterung fuer gedruckte Schaltung; Gehaeuse; Drukkerwalze; Rauchmelder; Elektronik; Elektrotechnik

Dichte	g/cm^3	1.57	*Schmelzindex*	g/10 min		:
Schüttdichte	g/cm^3		*Volumenfließindex*	cm^3/10 min		:
Viskositätszahl	ml/g					

Verarbeitungsbedingungen für Spritzgießen

Massetemp.	°C	*Schwindung*	%	lgs	0.15,	quer
Werkzeugtemp.	°C	*Bemerkungen*				
Spritzdruck	bar					

Zugversuch 23 °C ASTM D 638;
Probekörper: *Form* — *Herstellung* Spritzgiessen
Zustand — *Vorbehandlung* Normalklima

Streckspannung	N/mm^2		*Dehnung bei Streckspannung*	%	
Zugfestigkeit	N/mm^2	175	*Reißdehnung*	%	
Reißfestigkeit	N/mm^2		*% Dehnspannung*	N/mm^2	
E-Modul	N/mm^2		*Dehnung bei % Dehnspg.*	%	

Kriechmoduln und Zeitstandwerte 23 °C
Probekörper: *Form* — *Herstellung*
Zustand — *Vorbehandlung*

Kriechmodul	*1 min*	N/mm^2	*Zeitstandzugfestigkeit*	h	N/mm^2	
Kriechmodul	*1000 h*	N/mm^2	*Zeitdehnspg. %*	h	N/mm^2	
bei Spannung		N/mm^2				

Biegeversuch 23 °C ASTM D 790;
Probekörper: *Form* — *Herstellung* Spritzgiessen
Zustand — *Vorbehandlung* Normalklima

Biegefestigkeit	N/mm^2	234	*E-Modul*	N/mm^2	20600
3,5% *Biegespannung*	N/mm^2				

Härte 23 °C *Probekörper:* *Zustand* — *Herstellung*
Vorbehandlung

Kugeldruckhärte	N/mm^2	bei N, s	*Shore-Härte* A	
Rockwellhärte			*Shore-Härte* D	

Schlagversuch *Probekörper:* *(1)*
(2) V-Kerbe — *Herstellung* Spritzgiessen
Zustand — *Vorbehandlung* Normalklima

		°C	°C	°C	*Probekörper-Form*
Schlagzähigkeit	kJ/m^2				
Kerbschlagzähigkeit (1)	kJ/m^2				
IZOD-Kerbschlagzähigkeit (2)	J/m	23 53			
Kerbschlagzugzähigkeit	kJ/m^2				

Abrieb und Reibung

Taber-Abrieb (Reibradverfahren)	mm^3/100 U		
Abriebfaktor LNP (Thrust washer) Vergleichswert			
Statische Reibungszahl			
Dynamische Reibungszahl	(p·v=	N/mm^2·	m/min)
Zulässiger p·v Wert	N/mm^2·(m/min)	v=	m/min
		v=	m/min

Thermische Eigenschaften

Formbeständigkeit in der Wärme	*Verfahren* A			260 °C
	Verfahren B			263 °C
Vicat Erweichungstemperatur (VST)	*Verfahren*			°C
	Verfahren			°C
Kristallit-Schmelzpunkt	*Verfahren*			
Längenausdehnungskoeffizient	*Bereich* °C			$\cdot 10^{-4}K^{-1}$
	Temperatur 23 °C			$0.14 \cdot 10^{-4}K^{-1}$
Wärmeleitfähigkeit	*Verfahren* ASTM C 177		23 °C	0.88 W/(K·m)
Spezifische Wärmekapazität	*Verfahren*			J/(K·g)
Glasumwandlungstemperatur	*Torsionsschwingungsversuch*		°C	
	Differentialkalorimetrie		°C	

Brandverhalten

UL-Test vertikal	Dicke mm, Wert V-0	
	Dicke mm, Wert	

	Norm	*Bewertung*	*Abmessungen*
Sauerstoff-Index	ASTM D 2863		
Glühstab-Verfahren			
Brandverhalten	DIN 4102		
MVSS			
FAR			

Elektrische Eigenschaften

		Hz	°C		*Probekörper, Form*
Dielektrizitätszahl		50			
		10^3			
		10^6			
Dielektrischer Verlustfaktor tan δ		50			
		10^3			
		10^6			
Spezifischer Durchgangs-widerstand	Ohm·cm		23	1.0*10**02	
Durchschlagfestigkeit	kV/mm				mm dick
Oberflächenwiderstand	Ohm		23	1.0*10**02	

Kriechstromfestigkeit	KC	KB	KA
Elektrolytische Korrosionswirkung			
Lichtbogenfestigkeit nach DIN			
nach ASTM s			

Beständigkeit *(Chemische Beständigkeit siehe Anhang)*

Wasseraufnahme 23 C	1 d	0.03 %
Feuchtigkeitsaufnahme Normalklima		%
Wetterbeständigkeit		
Spannungskorrosion		

Optische Eigenschaften

Brechungszahl n_D		
Transmissionsgrad τ_c	%	mm dick
Lichtdurchlässigkeit		

Produkt	Polyphenylensulfid		**PPS**
Handelsname	**Thermocomp Stat-Kon** <OC-1006>		
Hersteller	LNP		
DIN-Bez 1			
DIN-Bez 2			
Zusätze		*Füllstoffe/ Verstärkung*	30% Kohlefaser
Bevorzugte Verarbeitung	Spritzgiessen	*Lieferform*	Granulat
		Farben	
Besondere Merkmale	Extrem hoher Modul; Sehr hohe Waermeformbestaendigkeit; Elektrostatisch ableitend	*Bevorzugte Anwendungen*	Transportbehaelter; Teil fuer integrierten Schaltkreis; Halterung fuer gedruckte Schaltung; Gehaeuse; Drukkerwalze; Rauchmelder; Elektronik; Elektrotechnik

Dichte	g/cm^3	1.45	*Schmelzindex*	g/10 min	:
Schüttdichte	g/cm^3		*Volumenfließindex*	cm^3/10 min	:
Viskositätszahl	ml/g				

Verarbeitungsbedingungen für Spritzgießen

Massetemp.	°C	*Schwindung*	%	lgs 0.1, quer
Werkzeugtemp.	°C	*Bemerkungen*		
Spritzdruck	bar			

Zugversuch 23 °C ASTM D 638;
Probekörper: *Form* / *Zustand* — *Herstellung* Spritzgiessen; *Vorbehandlung* Normalklima

Streckspannung	N/mm^2		*Dehnung bei Streckspannung*	%
Zugfestigkeit	N/mm^2	186	*Reißdehnung*	%
Reißfestigkeit	N/mm^2		*% Dehnspannung*	N/mm^2
E-Modul	N/mm^2		*Dehnung bei % Dehnspg.*	%

Kriechmoduln und Zeitstandwerte 23 °C
Probekörper: *Form* / *Zustand* — *Herstellung* / *Vorbehandlung*

Kriechmodul	*1 min*	N/mm^2	*Zeitstandzugfestigkeit*	h	N/mm^2
Kriechmodul	*1000 h*	N/mm^2	*Zeitdehnspg. %*	h	N/mm^2
bei Spannung		N/mm^2			

Biegeversuch 23 °C ASTM D 790;
Probekörper: *Form* / *Zustand* — *Herstellung* Spritzgiessen; *Vorbehandlung* Normalklima

Biegefestigkeit	N/mm^2 248	*E-Modul*	N/mm^2	21300
3,5% *Biegespannung*	N/mm^2			

Härte 23 °C *Probekörper:* *Zustand* — *Herstellung* / *Vorbehandlung*

Kugeldruckhärte	N/mm^2 bei N, s	*Shore-Härte* A	
Rockwellhärte		*Shore-Härte* D	

Schlagversuch *Probekörper:* *(1)* / *(2)* V-Kerbe / *Zustand* — *Herstellung* Spritzgiessen; *Vorbehandlung* Normalklima

		°C	°C	°C	*Probekörper-Form*
Schlagzähigkeit	kJ/m^2				
Kerbschlagzähigkeit (1)	kJ/m^2				
IZOD-Kerbschlagzähigkeit (2)	J/m	23 59			
Kerbschlagzugzähigkeit	kJ/m^2				

Abrieb und Reibung

Taber-Abrieb (Reibradverfahren)	$mm^3/100$ U			
Abriebfaktor LNP (Thrust washer) Vergleichswert				
Statische Reibungszahl				
Dynamische Reibungszahl	(p · v =	N/mm^2 ·		m/min)
Zulässiger p · v Wert	N/mm^2 · (m/min)		v =	m/min
			v =	m/min

Thermische Eigenschaften

Formbeständigkeit in der Wärme	*Verfahren* A			263 °C
	Verfahren B			266 °C
Vicat Erweichungstemperatur (VST)	*Verfahren*			°C
	Verfahren			°C
Kristallit-Schmelzpunkt	*Verfahren*			
Längenausdehnungskoeffizient	*Bereich*	°C		$\cdot 10^{-4}K^{-1}$
	Temperatur 23 °C			$0.11 \cdot 10^{-4}K^{-1}$
Wärmeleitfähigkeit	*Verfahren* ASTM C 177		23 °C	0.75 W/(K · m)
Spezifische Wärmekapazität	*Verfahren*			J/(K · g)
Glasumwandlungstemperatur	*Torsionsschwingungsversuch*		°C	
	Differentialkalorimetrie		°C	

Brandverhalten

UL-Test vertikal	Dicke	mm, Wert V-0
	Dicke	mm, Wert

	Norm	*Bewertung*	*Abmessungen*
Sauerstoff-Index	ASTM D 2863		
Glühstab-Verfahren			
Brandverhalten	DIN 4102		
MVSS			
FAR			

Elektrische Eigenschaften

		Hz	°C		*Probekörper, Form*
Dielektrizitätszahl		50			
		10^3			
		10^6			
Dielektrischer Verlustfaktor tan δ		50			
		10^3			
		10^6			
Spezifischer Durchgangs-widerstand	Ohm · cm		23	1.0*10**02	
Durchschlagfestigkeit	kV/mm				mm dick
Oberflächenwiderstand	Ohm		23	1.0*10**02	

Kriechstromfestigkeit	KC	KB	KA
Elektrolytische Korrosionswirkung			
Lichtbogenfestigkeit nach DIN			
nach ASTM s			

Beständigkeit *(Chemische Beständigkeit siehe Anhang)*

Wasseraufnahme 23 C	1 d	0.04 %
Feuchtigkeitsaufnahme Normalklima		%
Wetterbeständigkeit		
Spannungskorrosion		

Optische Eigenschaften

Brechungszahl n_D		
Transmissionsgrad τ_c	%	mm dick
Lichtdurchlässigkeit		

Produkt	Polyamid 6		**PA**
Handelsname	**Thermocomp Stat-Kon** <PC-1002>		
Hersteller	LNP		
DIN-Bez 1			
DIN-Bez 2			
Zusätze		*Füllstoffe/ Verstärkung*	10% Kohlefaser
Bevorzugte Verarbeitung	Spritzgiessen	*Lieferform*	Granulat
		Farben	
Besondere Merkmale	Elektrostatisch ableitend	*Bevorzugte Anwendungen*	Transportbehaelter; Teil fuer integrierten Schaltkreis; Halterung fuer gedruckte Schaltung; Gehaeuse; Druckerwalze; Rauchmelder; Elektronik; Elektrotechnik

Dichte	g/cm^3	1.18	*Schmelzindex*	g/10 min	:
Schüttdichte	g/cm^3		*Volumenfließindex*	cm^3/10 min	:
Viskositätszahl	ml/g				

Verarbeitungsbedingungen für Spritzgießen

Massetemp.	°C	*Schwindung*	% lgs 0.4–0.6, quer
Werkzeugtemp.	°C	*Bemerkungen*	
Spritzdruck	bar		

Zugversuch 23 °C ASTM D 638;

Probekörper: *Form* — *Herstellung* Spritzgiessen
Zustand Spritzfrisch — *Vorbehandlung*

Streckspannung	N/mm^2		*Dehnung bei Streckspannung*	%
Zugfestigkeit	N/mm^2	120	*Reißdehnung*	%
Reißfestigkeit	N/mm^2		*% Dehnspannung*	N/mm^2
E-Modul	N/mm^2		*Dehnung bei % Dehnspg.*	%

Kriechmoduln und Zeitstandwerte 23 °C

Probekörper: *Form* — *Herstellung*
Zustand — *Vorbehandlung*

Kriechmodul	*1 min* N/mm^2	*Zeitstandzugfestigkeit*	h	N/mm^2
Kriechmodul	*1000 h* N/mm^2	*Zeitdehnspg. %*	h	N/mm^2
bei Spannung	N/mm^2			

Biegeversuch 23 °C ASTM D 790;

Probekörper: *Form* — *Herstellung* Spritzgiessen
Zustand Spritzfrisch — *Vorbehandlung*

Biegefestigkeit	N/mm^2	193	*E-Modul*	N/mm^2 6600
3,5% *Biegespannung*	N/mm^2			

Härte 23 °C *Probekörper:* *Zustand* — *Herstellung*, *Vorbehandlung*

Kugeldruckhärte	N/mm^2 bei N, s	*Shore-Härte* A	
Rockwellhärte		*Shore-Härte* D	

Schlagversuch *Probekörper:* *(1)*
(2) V-Kerbe — *Herstellung* Spritzgiessen
Zustand Spritzfrisch — *Vorbehandlung*

		°C	°C	°C	*Probekörper-Form*
Schlagzähigkeit	kJ/m^2				
Kerbschlagzähigkeit (1)	kJ/m^2				
IZOD-Kerbschlagzähigkeit (2)	J/m	23 48			
Kerbschlagzugzähigkeit	kJ/m^2				

Abrieb und Reibung

Taber-Abrieb (Reibradverfahren)	$mm^3/100$ U			
Abriebfaktor LNP (Thrust washer) Vergleichswert				
Statische Reibungszahl				
Dynamische Reibungszahl	(p · v =	N/mm^2 ·		m/min)
Zulässiger p · v Wert	N/mm^2 · (m/min)		v =	m/min
			v =	m/min

Thermische Eigenschaften

Formbeständigkeit in der Wärme	*Verfahren* A			210 °C
	Verfahren B			213 °C
Vicat Erweichungstemperatur (VST)	*Verfahren*			°C
	Verfahren			°C
Kristallit-Schmelzpunkt	*Verfahren*			
Längenausdehnungskoeffizient	*Bereich*	°C		$\cdot 10^{-4}K^{-1}$
	Temperatur 23 °C			$0.36 \cdot 10^{-4}K^{-1}$
Wärmeleitfähigkeit	*Verfahren* ASTM C 177		23 °C	0.56 W/(K · m)
Spezifische Wärmekapazität	*Verfahren*			J/(K · g)
Glasumwandlungstemperatur	*Torsionsschwingungsversuch*		°C	
	Differentialkalorimetrie		°C	

Brandverhalten

UL-Test vertikal	Dicke	mm, Wert HB
	Dicke	mm, Wert

	Norm	*Bewertung*	*Abmessungen*
Sauerstoff-Index	ASTM D 2863		
Glühstab-Verfahren			
Brandverhalten	DIN 4102		
MVSS			
FAR			

Elektrische Eigenschaften

		Hz	°C			*Probekörper, Form*
Dielektrizitätszahl		50				
		10^3				
		10^6				
Dielektrischer Verlustfaktor tan δ		50				
		10^3				
		10^6				
Spezifischer Durchgangswiderstand	Ohm · cm		23	1.0*10**05		
Durchschlagfestigkeit	kV/mm					mm dick
Oberflächenwiderstand	Ohm		23	1.0*10**05		
Kriechstromfestigkeit		KC		KB	KA	
Elektrolytische Korrosionswirkung						
Lichtbogenfestigkeit nach DIN						
nach ASTM	s					

Beständigkeit *(Chemische Beständigkeit siehe Anhang)*

Wasseraufnahme 23 C	1 d	1.2 %	
Feuchtigkeitsaufnahme Normalklima			%
Wetterbeständigkeit			
Spannungskorrosion			

Optische Eigenschaften

Brechungszahl n_D		
Transmissionsgrad τ_c	%	mm dick
Lichtdurchlässigkeit		

Produkt	Polyamid 6		**PA**
Handelsname	**Thermocomp Stat-Kon** <PC-1006>		
Hersteller	LNP		
DIN-Bez 1			
DIN-Bez 2			
Zusätze		*Füllstoffe/ Verstärkung*	30% Kohlefaser
Bevorzugte Verarbeitung	Spritzgiessen	*Lieferform*	Granulat
		Farben	
Besondere Merkmale	Hoher Modul; Sehr hohe Kerbschlagzaehigkeit; Elektrostatisch ableitend	*Bevorzugte Anwendungen*	Transportbehaelter; Teil fuer integrierten Schaltkreis; Halterung fuer gedruckte Schaltung; Gehaeuse; Druckerwalze; Rauchmelder; Elektronik; Elektrotechnik

Dichte	g/cm^3	1.28	*Schmelzindex*	g/10 min	:
Schüttdichte	g/cm^3		*Volumenfließindex*	$cm^3/10$ min	:
Viskositätszahl	ml/g				

Verarbeitungsbedingungen für Spritzgießen

Massetemp.	°C	*Schwindung*	%	lgs 0.2, quer
Werkzeugtemp.	°C	*Bemerkungen*		
Spritzdruck	bar			

Zugversuch 23 °C ASTM D 638;
Probekörper: *Form* — *Herstellung* Spritzgiessen
Zustand Spritzfrisch — *Vorbehandlung*

Streckspannung	N/mm^2		*Dehnung bei Streckspannung*	%
Zugfestigkeit	N/mm^2	220	*Reißdehnung*	%
Reißfestigkeit	N/mm^2		*% Dehnspannung*	N/mm^2
E-Modul	N/mm^2		*Dehnung bei % Dehnspg.*	%

Kriechmoduln und Zeitstandwerte 23 °C
Probekörper: *Form* — *Herstellung*
Zustand — *Vorbehandlung*

Kriechmodul	*1 min*	N/mm^2	*Zeitstandzugfestigkeit*	h	N/mm^2
Kriechmodul	*1000 h*	N/mm^2	*Zeitdehnspg. %*	h	N/mm^2
bei Spannung		N/mm^2			

Biegeversuch 23 °C ASTM D 790;
Probekörper: *Form* — *Herstellung* Spritzgiessen
Zustand Spritzfrisch — *Vorbehandlung*

Biegefestigkeit	N/mm^2	317	*E-Modul*	N/mm^2	16500
3,5% *Biegespannung*	N/mm^2				

Härte 23 °C *Probekörper:* *Zustand* — *Herstellung*
Vorbehandlung

Kugeldruckhärte	N/mm^2 bei N, s	*Shore-Härte*	A
Rockwellhärte		*Shore-Härte*	D

Schlagversuch *Probekörper:* *(1)*
(2) V-Kerbe — *Herstellung* Spritzgiessen
Zustand Spritzfrisch — *Vorbehandlung*

		°C	°C	°C	*Probekörper-Form*
Schlagzähigkeit	kJ/m^2				
Kerbschlagzähigkeit (1)	kJ/m^2				
IZOD-Kerbschlagzähigkeit (2)	J/m	23 96			
Kerbschlagzugzähigkeit	kJ/m^2				

Abrieb und Reibung

Taber-Abrieb (Reibradverfahren)	mm^3/100 U		
Abriebfaktor LNP (Thrust washer) Vergleichswert			
Statische Reibungszahl			
Dynamische Reibungszahl	(p·v=	N/mm^2·	m/min)
Zulässiger p · v Wert	N/mm^2·(m/min)	v=	m/min
		v=	m/min

Thermische Eigenschaften

Formbeständigkeit in der Wärme	*Verfahren* A			218 °C
	Verfahren B			221 °C
Vicat Erweichungstemperatur (VST)	*Verfahren*			°C
	Verfahren			°C
Kristallit-Schmelzpunkt	*Verfahren*			
Längenausdehnungskoeffizient	*Bereich*	°C		$\cdot 10^{-4}K^{-1}$
	Temperatur 23 °C			$0.18 \cdot 10^{-4}K^{-1}$
Wärmeleitfähigkeit	*Verfahren* ASTM C 177		23 °C	1.01 W/(K · m)
Spezifische Wärmekapazität	*Verfahren*			J/(K · g)
Glasumwandlungstemperatur	*Torsionsschwingungsversuch*		°C	
	Differentialkalorimetrie		°C	

Brandverhalten

UL-Test vertikal	Dicke mm, Wert HB	
	Dicke mm, Wert	

	Norm	*Bewertung*	*Abmessungen*
Sauerstoff-Index	ASTM D 2863		
Glühstab-Verfahren			
Brandverhalten	DIN 4102		
MVSS			
FAR			

Elektrische Eigenschaften

		Hz	°C		*Probekörper, Form*
Dielektrizitätszahl		50			
		10^3			
		10^6			
Dielektrischer Verlustfaktor tan δ		50			
		10^3			
		10^6			
Spezifischer Durchgangs-widerstand	Ohm · cm		23	1.0*10**02	
Durchschlagfestigkeit	kV/mm				mm dick
Oberflächenwiderstand	Ohm		23	1.0*10**02	

Kriechstromfestigkeit	KC	KB	KA
Elektrolytische Korrosionswirkung			
Lichtbogenfestigkeit nach DIN			
nach ASTM s			

Beständigkeit *(Chemische Beständigkeit siehe Anhang)*

Wasseraufnahme 23 C	1 d	0.8 %	
Feuchtigkeitsaufnahme Normalklima			%
Wetterbeständigkeit			
Spannungskorrosion			

Optische Eigenschaften

Brechungszahl n_D		
Transmissionsgrad τ_c	%	mm dick
Lichtdurchlässigkeit		

Datenbank-Nr. **T01266** Merkblatt-Nr. **4328**

Produkt	Polyamid 610		**PA**
Handelsname	**Thermocomp Stat-Kon** <QC-1002>		
Hersteller	LNP		
DIN-Bez 1			
DIN-Bez 2			
Zusätze		*Füllstoffe/ Verstärkung*	10% Kohlefaser
Bevorzugte Verarbeitung	Spritzgiessen	*Lieferform*	Granulat
		Farben	
Besondere Merkmale	Elektrostatisch ableitend	*Bevorzugte Anwendungen*	Transportbehaelter; Teil fuer integrierten Schaltkreis; Halterung fuer gedruckte Schaltung; Gehaeuse; Drukkerwalze; Rauchmelder; Elektronik; Elektrotechnik

Dichte	g/cm^3	1.12	*Schmelzindex*	g/10 min	:
Schüttdichte	g/cm^3		*Volumenfließindex*	cm^3/10 min	:
Viskositätszahl	ml/g				

Verarbeitungsbedingungen für Spritzgießen

Massetemp.	°C	*Schwindung*	%	lgs 0.4–0.6, quer
Werkzeugtemp.	°C	*Bemerkungen*		
Spritzdruck	bar			

Zugversuch 23 °C ASTM D 638;
Probekörper: *Form* — *Zustand* Spritzfrisch — *Herstellung* Spritzgiessen — *Vorbehandlung*

Streckspannung	N/mm^2		*Dehnung bei Streckspannung*	%
Zugfestigkeit	N/mm^2	134	*Reißdehnung*	%
Reißfestigkeit	N/mm^2		*% Dehnspannung*	N/mm^2
E-Modul	N/mm^2		*Dehnung bei % Dehnspg.*	%

Kriechmoduln und Zeitstandwerte 23 °C
Probekörper: *Form* — *Zustand* — *Herstellung* — *Vorbehandlung*

Kriechmodul	*1 min*	N/mm^2	*Zeitstandzugfestigkeit*	h	N/mm^2
Kriechmodul	*1000 h*	N/mm^2	*Zeitdehnspg. %*	h	N/mm^2
bei Spannung		N/mm^2			

Biegeversuch 23 °C ASTM D 790;
Probekörper: *Form* — *Zustand* Spritzfrisch — *Herstellung* Spritzgiessen — *Vorbehandlung*

Biegefestigkeit	N/mm^2	186	*E-Modul*	N/mm^2	6700
3,5% *Biegespannung*	N/mm^2				

Härte 23 °C *Probekörper:* *Zustand* — *Herstellung* — *Vorbehandlung*

Kugeldruckhärte	N/mm^2 bei N, s	*Shore-Härte* A	
Rockwellhärte		*Shore-Härte* D	

Schlagversuch *Probekörper:* *(1)* — *(2)* V-Kerbe — *Zustand* Spritzfrisch — *Herstellung* Spritzgiessen — *Vorbehandlung*

		°C	°C	°C	*Probekörper-Form*
Schlagzähigkeit	kJ/m^2				
Kerbschlagzähigkeit (1)	kJ/m^2				
IZOD-Kerbschlagzähigkeit (2)	J/m	23 53			
Kerbschlagzugzähigkeit	kJ/m^2				

Abrieb und Reibung

Taber-Abrieb (Reibradverfahren)	mm^3/100 U		
Abriebfaktor LNP (Thrust washer) Vergleichswert			
Statische Reibungszahl			
Dynamische Reibungszahl	(p · v=	N/mm^2 ·	m/min)
Zulässiger p · v Wert	N/mm^2 · (m/min)	v=	m/min
		v=	m/min

Thermische Eigenschaften

Formbeständigkeit in der Wärme	*Verfahren* A			207 °C
	Verfahren B			210 °C
Vicat Erweichungstemperatur (VST)	*Verfahren*			°C
	Verfahren			°C
Kristallit-Schmelzpunkt	*Verfahren*			
Längenausdehnungskoeffizient	*Bereich*	°C		$\cdot 10^{-4}K^{-1}$
	Temperatur 23 °C			$0.40 \cdot 10^{-4}K^{-1}$
Wärmeleitfähigkeit	*Verfahren* ASTM C 177		23 °C	0.55 W/(K · m)
Spezifische Wärmekapazität	*Verfahren*			J/(K · g)
Glasumwandlungstemperatur	*Torsionsschwingungsversuch*		°C	
	Differentialkalorimetrie		°C	

Brandverhalten

UL-Test vertikal	Dicke	mm, Wert HB
	Dicke	mm, Wert

	Norm	*Bewertung*	*Abmessungen*
Sauerstoff-Index	ASTM D 2863		
Glühstab-Verfahren			
Brandverhalten	DIN 4102		
MVSS			
FAR			

Elektrische Eigenschaften

		Hz	°C		*Probekörper, Form*
Dielektrizitätszahl		50			
		10^3			
		10^6			
Dielektrischer Verlustfaktor tan δ		50			
		10^3			
		10^6			
Spezifischer Durchgangs-widerstand	Ohm · cm		23	1.0*10**05	
Durchschlagfestigkeit	kV/mm				mm dick
Oberflächenwiderstand	Ohm		23	1.0*10**05	

Kriechstromfestigkeit	KC	KB	KA
Elektrolytische Korrosionswirkung			
Lichtbogenfestigkeit nach DIN			
nach ASTM s			

Beständigkeit *(Chemische Beständigkeit siehe Anhang)*

Wasseraufnahme 23 C	1 d	0.23 %	
Feuchtigkeitsaufnahme Normalklima			%
Wetterbeständigkeit			
Spannungskorrosion			

Optische Eigenschaften

Brechungszahl n_D		
Transmissionsgrad τ_c	%	mm dick
Lichtdurchlässigkeit		

Produkt	Polyamid 610		**PA**
Handelsname	**Thermocomp Stat-Kon** <QC-1006>		
Hersteller	LNP		
DIN-Bez 1			
DIN-Bez 2			
Zusätze		*Füllstoffe/ Verstärkung*	30% Kohlefaser
Bevorzugte Verarbeitung	Spritzgiessen	*Lieferform*	Granulat
		Farben	
Besondere Merkmale	Hoher Modul; Sehr hohe Kerbschlagzaehigkeit; Elektrostatisch ableitend	*Bevorzugte Anwendungen*	Transportbehaelter; Teil fuer integrierten Schaltkreis; Halterung fuer gedruckte Schaltung; Gehaeuse; Drukkerwalze; Rauchmelder; Elektronik; Elektrotechnik

Dichte	g/cm^3	1.23	*Schmelzindex*	g/10 min	:
Schüttdichte	g/cm^3		*Volumenfließindex*	cm^3/10 min	:
Viskositätszahl	ml/g				

Verarbeitungsbedingungen für Spritzgießen

Massetemp.	°C	*Schwindung*	%	lgs	0.2, quer
Werkzeugtemp.	°C	*Bemerkungen*			
Spritzdruck	bar				

Zugversuch 23 °C ASTM D 638;
Probekörper: *Form* — *Herstellung* Spritzgiessen
Zustand Spritzfrisch — *Vorbehandlung*

Streckspannung	N/mm^2		*Dehnung bei Streckspannung*	%	
Zugfestigkeit	N/mm^2	193	*Reißdehnung*	%	
Reißfestigkeit	N/mm^2		*% Dehnspannung*	N/mm^2	
E-Modul	N/mm^2		*Dehnung bei % Dehnspg.*	%	

Kriechmoduln und Zeitstandwerte 23 °C
Probekörper: *Form* — *Herstellung*
Zustand — *Vorbehandlung*

Kriechmodul	*1 min* N/mm^2		*Zeitstandzugfestigkeit*	h	N/mm^2
Kriechmodul	*1000 h* N/mm^2		*Zeitdehnspg. %*	h	N/mm^2
bei Spannung	N/mm^2				

Biegeversuch 23 °C ASTM D 790;
Probekörper: *Form* — *Herstellung* Spritzgiessen
Zustand Spritzfrisch — *Vorbehandlung*

Biegefestigkeit	N/mm^2	279	*E-Modul*	N/mm^2	15100
3,5% *Biegespannung*	N/mm^2				

Härte 23 °C *Probekörper:* *Zustand* — *Herstellung*
Vorbehandlung

Kugeldruckhärte	N/mm^2 bei N, s	*Shore-Härte* A	
Rockwellhärte		*Shore-Härte* D	

Schlagversuch *Probekörper:* *(1)*
(2) V-Kerbe — *Herstellung* Spritzgiessen
Zustand Spritzfrisch — *Vorbehandlung*

		°C	°C	°C	*Probekörper-Form*
Schlagzähigkeit	kJ/m^2				
Kerbschlagzähigkeit (1)	kJ/m^2				
IZOD-Kerbschlagzähigkeit (2)	J/m	23 96			
Kerbschlagzugzähigkeit	kJ/m^2				

Abrieb und Reibung

Taber-Abrieb (Reibradverfahren)	mm^3/100 U		
Abriebfaktor LNP (Thrust washer) Vergleichswert			
Statische Reibungszahl			
Dynamische Reibungszahl	(p · v =	N/mm^2 ·	m/min)
Zulässiger p · v Wert	N/mm^2 · (m/min)	v =	m/min
		v =	m/min

Thermische Eigenschaften

Formbeständigkeit in der Wärme	*Verfahren*	A		218 °C
	Verfahren	B		224 °C
Vicat Erweichungstemperatur (VST)	*Verfahren*			°C
	Verfahren			°C
Kristallit-Schmelzpunkt	*Verfahren*			
Längenausdehnungskoeffizient	*Bereich*	°C		$\cdot 10^{-4}K^{-1}$
	Temperatur	23 °C		$0.16 \cdot 10^{-4}K^{-1}$
Wärmeleitfähigkeit	*Verfahren*	ASTM C 177	23 °C	0.94 W/(K · m)
Spezifische Wärmekapazität	*Verfahren*			J/(K · g)
Glasumwandlungstemperatur	*Torsionsschwingungsversuch*		°C	
	Differentialkalorimetrie		°C	

Brandverhalten

UL-Test vertikal		Dicke mm, Wert HB	
		Dicke mm, Wert	
	Norm	*Bewertung*	*Abmessungen*
Sauerstoff-Index	ASTM D 2863		
Glühstab-Verfahren			
Brandverhalten	DIN 4102		
MVSS			
FAR			

Elektrische Eigenschaften

		Hz	°C			*Probekörper, Form*
Dielektrizitätszahl		50				
		10^3				
		10^6				
Dielektrischer Verlustfaktor tan δ		50				
		10^3				
		10^6				
Spezifischer Durchgangswiderstand	Ohm · cm		23	1.0*10**02		
Durchschlagfestigkeit	kV/mm					mm dick
Oberflächenwiderstand	Ohm		23	1.0*10**02		
Kriechstromfestigkeit		KC		KB	KA	
Elektrolytische Korrosionswirkung						
Lichtbogenfestigkeit nach DIN						
nach ASTM	s					

Beständigkeit *(Chemische Beständigkeit siehe Anhang)*

Wasseraufnahme 23 C	1 d	0.12 %	
Feuchtigkeitsaufnahme Normalklima			%
Wetterbeständigkeit			
Spannungskorrosion			

Optische Eigenschaften

Brechungszahl n_D		
Transmissionsgrad τ_c	%	mm dick
Lichtdurchlässigkeit		

Datenbank-Nr.	**T01405**		*Merkblatt-Nr.* **4330**

Produkt	Polyamid 66		**PA**
Handelsname	**Nivionplast A 403**		
Hersteller	ENICHEM		
DIN-Bez 1			
DIN-Bez 2			
Zusätze		*Füllstoffe/ Verstärkung*	
Bevorzugte Verarbeitung	Spritzgiessen; Extrudieren	*Lieferform*	Granulat
		Farben	Natur; Standard
Besondere Merkmale	Hochviskos	*Bevorzugte Anwendungen*	Technisches Formteil; Teil mit hoher Wanddicke; Profil

Dichte	g/cm³	1.14	*Schmelzindex*	g/10 min	:
Schüttdichte	g/cm³		*Volumenfließindex*	cm³/10 min	:
Viskositätszahl	ml/g				

Verarbeitungsbedingungen für Spritzgießen

Massetemp.	°C	*Schwindung*	%	lgs 1.2–2.0, quer 1.2–2.0
Werkzeugtemp.	°C	*Bemerkungen*		
Spritzdruck	bar			

Zugversuch 23 °C ASTM D 638;

Probekörper: *Form* — *Herstellung* Spritzgiessen
Zustand Spritzfrisch — *Vorbehandlung*

Streckspannung	N/mm²	85–95	*Dehnung bei Streckspannung*	%	5.0–8.0
Zugfestigkeit	N/mm²		*Reißdehnung*	%	30–60
Reißfestigkeit	N/mm²		*% Dehnspannung*	N/mm²	
E-Modul	N/mm²	2800–3100	*Dehnung bei % Dehnspg.*	%	

Kriechmoduln und Zeitstandwerte 23 °C

Probekörper: *Form* — *Herstellung*
Zustand — *Vorbehandlung*

Kriechmodul	*1 min*	N/mm²	*Zeitstandzugfestigkeit*	h	N/mm²
Kriechmodul	*1000 h*	N/mm²	*Zeitdehnspg.* %	h	N/mm²
bei Spannung		N/mm²			

Biegeversuch 23 °C ASTM D 790;

Probekörper: *Form* — *Herstellung* Spritzgiessen
Zustand Spritzfrisch — *Vorbehandlung*

Biegefestigkeit	N/mm²	140–150	*E-Modul*	N/mm²	2600–2800
3,5% *Biegespannung*	N/mm²				

Härte 23 °C *Probekörper:* *Zustand* Spritzfrisch — *Herstellung* Spritzgiessen
Vorbehandlung

Kugeldruckhärte	N/mm²	bei N, s	*Shore-Härte* A	
Rockwellhärte	L 100–106		*Shore-Härte* D	

Schlagversuch *Probekörper:* *(1)*
(2) V-Kerbe — *Herstellung* Spritzgiessen
Zustand Spritzfrisch — *Vorbehandlung*

		°C	°C	°C	*Probekörper-Form*
Schlagzähigkeit	kJ/m²				
Kerbschlagzähigkeit (1)	kJ/m²				
IZOD-Kerbschlagzähigkeit (2)	J/m	23 55–65			3.2 mm dick
Kerbschlagzugzähigkeit	kJ/m²				

Abrieb und Reibung

Taber-Abrieb (Reibradverfahren)	mm^3/100 U			
Abriebfaktor LNP (Thrust washer) Vergleichswert				
Statische Reibungszahl				
Dynamische Reibungszahl	(p·v=	N/mm^2 ·		m/min)
Zulässiger p · v Wert	N/mm^2 · (m/min)		v=	m/min
			v=	m/min

Thermische Eigenschaften

Formbeständigkeit in der Wärme	*Verfahren*	A		105 °C
	Verfahren	B		220 °C
Vicat Erweichungstemperatur (VST)	*Verfahren*			°C
	Verfahren			°C
Kristallit-Schmelzpunkt	*Verfahren*	ASTM D 2117		256 °C
Längenausdehnungskoeffizient	*Bereich*	°C		$\cdot 10^{-4} K^{-1}$
	Temperatur 23 °C			0.5–1.0 $\cdot 10^{-4} K^{-1}$
Wärmeleitfähigkeit	*Verfahren*			W/(K · m)
Spezifische Wärmekapazität	*Verfahren*		23 °C	1.7 J/(K · g)
Glasumwandlungstemperatur	*Torsionsschwingungsversuch*		°C	
	Differentialkalorimetrie		°C	

Brandverhalten

UL-Test vertikal	Dicke 3.2 mm, Wert HB	
	Dicke mm, Wert	

	Norm	*Bewertung*	*Abmessungen*
Sauerstoff-Index	ASTM D 2863		
Glühstab-Verfahren			
Brandverhalten	DIN 4102		
MVSS			
FAR			

Elektrische Eigenschaften

		Hz	°C			*Probekörper, Form*
Dielektrizitätszahl		50				
		10^3	23	3.0–3.5		
		10^6				
Dielektrischer Verlustfaktor tan δ		50				
		10^3				
		10^6				
Spezifischer Durchgangswiderstand	Ohm · cm		23	1.0*10**15		
Durchschlagfestigkeit	kV/mm					mm dick
Oberflächenwiderstand	Ohm		23	1.0*10**14		
Kriechstromfestigkeit		KC >600		KB	KA	
Elektrolytische Korrosionswirkung						
Lichtbogenfestigkeit nach DIN						
nach ASTM	s					

Beständigkeit *(Chemische Beständigkeit siehe Anhang)*

Wasseraufnahme 23 C	1 d	1.0–1.2 %	
Feuchtigkeitsaufnahme Normalklima			%
Wetterbeständigkeit			
Spannungskorrosion			

Optische Eigenschaften

Brechungszahl n_D		
Transmissionsgrad τ_c	%	mm dick
Lichtdurchlässigkeit		

PA

Produkt	Polyamid 66		
Handelsname	**Thermocomp Stat-Kon** <RC-1004 FR>		
Hersteller	LNP		
DIN-Bez 1			
DIN-Bez 2			
Zusätze		*Füllstoffe/ Verstärkung*	20% Kohlefaser
Bevorzugte Verarbeitung	Spritzgiessen	*Lieferform*	Granulat
		Farben	
Besondere Merkmale	Flammhemmend; Sehr hoher Modul; Sehr hohe Waermeformbestaendigkeit; Elektrostatisch ableitend	*Bevorzugte Anwendungen*	Transportbehaelter; Teil fuer integrierten Schaltkreis; Halterung fuer gedruckte Schaltung; Gehaeuse; Drukkerwalze; Rauchmelder; Elektronik; Elektrotechnik

Dichte	g/cm³	1.41	*Schmelzindex*	g/10 min	:
Schüttdichte	g/cm³		*Volumenfließindex*	cm³/10 min	:
Viskositätszahl	ml/g				

Verarbeitungsbedingungen für Spritzgießen

Massetemp.	°C	*Schwindung*	% lgs 0.3, quer
Werkzeugtemp.	°C	*Bemerkungen*	
Spritzdruck	bar		

Zugversuch 23 °C ASTM D 638;
Probekörper: *Form* — *Herstellung* Spritzgiessen
Zustand Spritzfrisch — *Vorbehandlung*

Streckspannung	N/mm²		*Dehnung bei Streckspannung*	%
Zugfestigkeit	N/mm²	179	*Reißdehnung*	%
Reißfestigkeit	N/mm²		*% Dehnspannung*	N/mm²
E-Modul	N/mm²		*Dehnung bei % Dehnspg.*	%

Kriechmoduln und Zeitstandwerte 23 °C
Probekörper: *Form* — *Herstellung*
Zustand — *Vorbehandlung*

Kriechmodul	*1 min*	N/mm²	*Zeitstandzugfestigkeit*	h	N/mm²
Kriechmodul	*1000 h*	N/mm²	*Zeitdehnspg.* %	h	N/mm²
bei Spannung		N/mm²			

Biegeversuch 23 °C ASTM D 790;
Probekörper: *Form* — *Herstellung* Spritzgiessen
Zustand Spritzfrisch — *Vorbehandlung*

Biegefestigkeit	N/mm²	275	*E-Modul*	N/mm² 16500
3,5% *Biegespannung*	N/mm²			

Härte 23 °C *Probekörper:* *Zustand* — *Herstellung*
Vorbehandlung

Kugeldruckhärte	N/mm²	bei N, s	*Shore-Härte* A
Rockwellhärte			*Shore-Härte* D

Schlagversuch *Probekörper:* *(1)*
(2) V-Kerbe — *Herstellung* Spritzgiessen
Zustand Spritzfrisch — *Vorbehandlung*

		°C	°C	°C	*Probekörper-Form*
Schlagzähigkeit	kJ/m²				
Kerbschlagzähigkeit (1)	kJ/m²				
IZOD-Kerbschlagzähigkeit (2)	J/m	23	53		
Kerbschlagzugzähigkeit	kJ/m²				

Abrieb und Reibung

Taber-Abrieb (Reibradverfahren)	mm^3/100 U		
Abriebfaktor LNP (Thrust washer) Vergleichswert			
Statische Reibungszahl			
Dynamische Reibungszahl	(p·v=	N/mm²·	m/min)
Zulässiger p · v Wert	N/mm² · (m/min)	v=	m/min
		v=	m/min

Thermische Eigenschaften

Formbeständigkeit in der Wärme	*Verfahren* A			252 °C
	Verfahren B			254 °C
Vicat Erweichungstemperatur (VST)	*Verfahren*			°C
	Verfahren			°C
Kristallit-Schmelzpunkt	*Verfahren*			
Längenausdehnungskoeffizient	*Bereich*	°C		$\cdot 10^{-4}K^{-1}$
	Temperatur 23 °C			$0.27 \cdot 10^{-4}K^{-1}$
Wärmeleitfähigkeit	*Verfahren* ASTM C 177		23 °C	0.75 W/(K · m)
Spezifische Wärmekapazität	*Verfahren*			J/(K · g)
Glasumwandlungstemperatur	*Torsionsschwingungsversuch*		°C	
	Differentialkalorimetrie		°C	

Brandverhalten

UL-Test vertikal	Dicke mm, Wert V-0	
	Dicke mm, Wert	

	Norm	*Bewertung*	*Abmessungen*
Sauerstoff-Index	ASTM D 2863		
Glühstab-Verfahren			
Brandverhalten	DIN 4102		
MVSS			
FAR			

Elektrische Eigenschaften

		Hz	°C		*Probekörper, Form*
Dielektrizitätszahl		50			
		10^3			
		10^6			
Dielektrischer Verlustfaktor tan δ		50			
		10^3			
		10^6			
Spezifischer Durchgangs-widerstand	Ohm · cm		23	1.0*10**03	
Durchschlagfestigkeit	kV/mm				mm dick
Oberflächenwiderstand	Ohm		23	1.0*10**03	

Kriechstromfestigkeit	KC	KB	KA
Elektrolytische Korrosionswirkung			
Lichtbogenfestigkeit nach DIN			
nach ASTM s			

Beständigkeit *(Chemische Beständigkeit siehe Anhang)*

Wasseraufnahme 23 C	1 d	0.5 %
Feuchtigkeitsaufnahme Normalklima		%
Wetterbeständigkeit		
Spannungskorrosion		

Optische Eigenschaften

Brechungszahl n_D		
Transmissionsgrad τ_c	%	mm dick
Lichtdurchlässigkeit		

Datenbank-Nr. **T01270** Merkblatt-Nr. **4332**

Produkt	Polyamid 66		**PA**
Handelsname	**Thermocomp Stat-Kon** <RC-1004>		
Hersteller	LNP		
DIN-Bez 1			
DIN-Bez 2			
Zusätze		*Füllstoffe/ Verstärkung*	20% Kohlefaser
Bevorzugte Verarbeitung	Spritzgiessen	*Lieferform*	Granulat
		Farben	
Besondere Merkmale	Hoher Modul; Elektrostatisch ableitend	*Bevorzugte Anwendungen*	Transportbehaelter; Teil fuer integrierten Schaltkreis; Halterung fuer gedruckte Schaltung; Gehaeuse; Drukkerwalze; Rauchmelder; Elektronik; Elektrotechnik

Dichte	g/cm³	1.23	*Schmelzindex*	g/10 min		:
Schüttdichte	g/cm³		*Volumenfließindex*	cm³/10 min		:
Viskositätszahl	ml/g					

Verarbeitungsbedingungen für Spritzgießen

Massetemp.	°C	*Schwindung*	%	lgs	0.25, quer
Werkzeugtemp.	°C	*Bemerkungen*			
Spritzdruck	bar				

Zugversuch 23 °C ASTM D 638;
Probekörper: *Form* — *Herstellung* Spritzgiessen
Zustand Spritzfrisch — *Vorbehandlung*

Streckspannung	N/mm²		*Dehnung bei Streckspannung*	%	
Zugfestigkeit	N/mm²	193	*Reißdehnung*	%	
Reißfestigkeit	N/mm²		*% Dehnspannung*	N/mm²	
E-Modul	N/mm²		*Dehnung bei % Dehnspg.*	%	

Kriechmoduln und Zeitstandwerte 23 °C
Probekörper: *Form* — *Herstellung*
Zustand — *Vorbehandlung*

Kriechmodul	*1 min* N/mm²	*Zeitstandzugfestigkeit*	h	N/mm²
Kriechmodul	*1000 h* N/mm²	*Zeitdehnspg. %*	h	N/mm²
bei Spannung	N/mm²			

Biegeversuch 23 °C ASTM D 790;
Probekörper: *Form* — *Herstellung* Spritzgiessen
Zustand Spritzfrisch — *Vorbehandlung*

Biegefestigkeit	N/mm²	289	*E-Modul*	N/mm²	16500
3,5% *Biegespannung*	N/mm²				

Härte 23 °C *Probekörper:* *Zustand* — *Herstellung*
Vorbehandlung

Kugeldruckhärte	N/mm² bei N, s	*Shore-Härte*	A
Rockwellhärte		*Shore-Härte*	D

Schlagversuch *Probekörper:* *(1)*
(2) V-Kerbe — *Herstellung* Spritzgiessen
Zustand Spritzfrisch — *Vorbehandlung*

		°C	°C	°C	*Probekörper-Form*
Schlagzähigkeit	kJ/m²				
Kerbschlagzähigkeit (1)	kJ/m²				
IZOD-Kerbschlagzähigkeit (2)	J/m	23 64			
Kerbschlagzugzähigkeit	kJ/m²				

Abrieb und Reibung

Taber-Abrieb (Reibradverfahren)	mm^3/100 U		
Abriebfaktor LNP (Thrust washer) Vergleichswert			
Statische Reibungszahl			
Dynamische Reibungszahl	(p · v =	N/mm^2 ·	m/min)
Zulässiger p · v Wert	N/mm^2 · (m/min)	v =	m/min
		v =	m/min

Thermische Eigenschaften

Formbeständigkeit in der Wärme	*Verfahren* A			257 °C
	Verfahren B			260 °C
Vicat Erweichungstemperatur (VST)	*Verfahren*			°C
	Verfahren			°C
Kristallit-Schmelzpunkt	*Verfahren*			
Längenausdehnungskoeffizient	*Bereich*	°C		$\cdot 10^{-4}K^{-1}$
	Temperatur 23 °C			$0.25 \cdot 10^{-4}K^{-1}$
Wärmeleitfähigkeit	*Verfahren* ASTM C 177		23 °C	0.79 W/(K · m)
Spezifische Wärmekapazität	*Verfahren*			J/(K · g)
Glasumwandlungstemperatur	*Torsionsschwingungsversuch*		°C	
	Differentialkalorimetrie		°C	

Brandverhalten

UL-Test vertikal		Dicke mm, Wert HB	
		Dicke mm, Wert	
	Norm	*Bewertung*	*Abmessungen*
Sauerstoff-Index	ASTM D 2863		
Glühstab-Verfahren			
Brandverhalten	DIN 4102		
MVSS			
FAR			

Elektrische Eigenschaften

		Hz	°C			*Probekörper, Form*
Dielektrizitätszahl		50				
		10^3				
		10^6				
Dielektrischer Verlustfaktor tan δ		50				
		10^3				
		10^6				
Spezifischer Durchgangs-widerstand	Ohm · cm		23	1.0*10**03		
Durchschlagfestigkeit	kV/mm					mm dick
Oberflächenwiderstand	Ohm		23	1.0*10**03		
Kriechstromfestigkeit		KC		KB	KA	
Elektrolytische Korrosionswirkung						
Lichtbogenfestigkeit nach DIN						
nach ASTM	s					

Beständigkeit *(Chemische Beständigkeit siehe Anhang)*

Wasseraufnahme 23 C	1 d	0.6 %	
Feuchtigkeitsaufnahme Normalklima			%
Wetterbeständigkeit			
Spannungskorrosion			

Optische Eigenschaften

Brechungszahl n_D		
Transmissionsgrad τ_c	%	mm dick
Lichtdurchlässigkeit		

Produkt	Polyamid 66		**PA**
Handelsname	**Thermocomp Stat-Kon** <RC-1006>		
Hersteller	LNP		
DIN-Bez 1			
DIN-Bez 2			
Zusätze		*Füllstoffe/ Verstärkung*	30% Kohlefaser
Bevorzugte Verarbeitung	Spritzgiessen	*Lieferform*	Granulat
		Farben	
Besondere Merkmale	Sehr hoher Modul; Elektrostatisch ableitend	*Bevorzugte Anwendungen*	Transportbehaelter; Teil fuer integrierten Schaltkreis; Halterung fuer gedruckte Schaltung; Gehaeuse; Drukkerwalze; Rauchmelder; Elektronik; Elektrotechnik

Dichte	g/cm³	1.28	*Schmelzindex*	g/10 min	:
Schüttdichte	g/cm³		*Volumenfließindex*	cm³/10 min	:
Viskositätszahl	ml/g				

Verarbeitungsbedingungen für Spritzgießen

Massetemp.	°C	*Schwindung*	%	lgs 0.2, quer
Werkzeugtemp.	°C	*Bemerkungen*		
Spritzdruck	bar			

Zugversuch 23 °C ASTM D 638;
Probekörper: *Form* — *Herstellung* Spritzgiessen
Zustand Spritzfrisch — *Vorbehandlung*

Streckspannung	N/mm²		*Dehnung bei Streckspannung*	%
Zugfestigkeit	N/mm²	241	*Reißdehnung*	%
Reißfestigkeit	N/mm²		*% Dehnspannung*	N/mm²
E-Modul	N/mm²		*Dehnung bei % Dehnspg.*	%

Kriechmoduln und Zeitstandwerte 23 °C
Probekörper: *Form* — *Herstellung*
Zustand — *Vorbehandlung*

Kriechmodul	*1 min* N/mm²	*Zeitstandzugfestigkeit*	h	N/mm²
Kriechmodul	*1000 h* N/mm²	*Zeitdehnspg. %*	h	N/mm²
bei Spannung	N/mm²			

Biegeversuch 23 °C ASTM D 790;
Probekörper: *Form* — *Herstellung* Spritzgiessen
Zustand Spritzfrisch — *Vorbehandlung*

Biegefestigkeit	N/mm²	351	*E-Modul*	N/mm² 20000
3,5% *Biegespannung*	N/mm²			

Härte 23 °C *Probekörper:* *Zustand* — *Herstellung*
Vorbehandlung

Kugeldruckhärte	N/mm² bei N, s	*Shore-Härte*	A
Rockwellhärte		*Shore-Härte*	D

Schlagversuch *Probekörper:* *(1)*
(2) V-Kerbe — *Herstellung* Spritzgiessen
Zustand Spritzfrisch — *Vorbehandlung*

		°C	°C	°C	*Probekörper-Form*
Schlagzähigkeit	kJ/m²				
Kerbschlagzähigkeit (1)	kJ/m²				
IZOD-Kerbschlagzähigkeit (2)	J/m	23 80			
Kerbschlagzugzähigkeit	kJ/m²				

Abrieb und Reibung

Taber-Abrieb (Reibradverfahren)	mm^3/100 U		
Abriebfaktor LNP (Thrust washer) Vergleichswert			
Statische Reibungszahl			
Dynamische Reibungszahl	(p · v =	N/mm^2 ·	m/min)
Zulässiger p · v Wert	N/mm^2 · (m/min)	v =	m/min
		v =	m/min

Thermische Eigenschaften

Formbeständigkeit in der Wärme	*Verfahren* A			257 °C
	Verfahren B			260 °C
Vicat Erweichungstemperatur (VST)	*Verfahren*			°C
	Verfahren			°C
Kristallit-Schmelzpunkt	*Verfahren*			
Längenausdehnungskoeffizient	*Bereich*	°C		$\cdot 10^{-4}K^{-1}$
	Temperatur 23 °C			$0.20 \cdot 10^{-4}K^{-1}$
Wärmeleitfähigkeit	*Verfahren* ASTM C 177		23 °C	1.00 W/(K · m)
Spezifische Wärmekapazität	*Verfahren*			J/(K · g)
Glasumwandlungstemperatur	*Torsionsschwingungsversuch*		°C	
	Differentialkalorimetrie		°C	

Brandverhalten

UL-Test vertikal Dicke mm, Wert HB
Dicke mm, Wert

	Norm	*Bewertung*	*Abmessungen*
Sauerstoff-Index	ASTM D 2863		
Glühstab-Verfahren			
Brandverhalten	DIN 4102		
MVSS			
FAR			

Elektrische Eigenschaften

		Hz	°C			*Probekörper, Form*
Dielektrizitätszahl		50				
		10^3				
		10^6				
Dielektrischer Verlustfaktor tan δ		50				
		10^3				
		10^6				
Spezifischer Durchgangs-widerstand	Ohm · cm		23	1.0*10**02		
Durchschlagfestigkeit	kV/mm					mm dick
Oberflächenwiderstand	Ohm		23	1.0*10**02		
Kriechstromfestigkeit		KC		KB	KA	
Elektrolytische Korrosionswirkung						
Lichtbogenfestigkeit nach DIN						
nach ASTM	s					

Beständigkeit *(Chemische Beständigkeit siehe Anhang)*

Wasseraufnahme 23 C	1 d	0.50 %	
Feuchtigkeitsaufnahme Normalklima			%
Wetterbeständigkeit			
Spannungskorrosion			

Optische Eigenschaften

Brechungszahl n_D		
Transmissionsgrad τ_c	%	mm dick
Lichtdurchlässigkeit		

Produkt	Polyamid 66		**PA**
Handelsname	**Thermocomp Stat-Kon** <RCL-4036>		
Hersteller	LNP		
DIN-Bez 1			
DIN-Bez 2			
Zusätze		*Füllstoffe/ Verstärkung*	45% Kohlefaser (30); PTFE (15)
Bevorzugte Verarbeitung	Spritzgiessen	*Lieferform*	Granulat
		Farben	
Besondere Merkmale	Verbesserte Gleiteigenschaften; Elektrostatisch ableitend	*Bevorzugte Anwendungen*	Transportbehaelter; Teil fuer integrierten Schaltkreis; Halterung fuer gedruckte Schaltung; Gehaeuse; Druckerwalze; Rauchmelder; Elektronik; Elektrotechnik

Dichte	g/cm^3	1.38	*Schmelzindex*	g/10 min	:
Schüttdichte	g/cm^3		*Volumenfließindex*	cm^3/10 min	:
Viskositätszahl	ml/g				

Verarbeitungsbedingungen für Spritzgießen

Massetemp.	°C	*Schwindung*	% lgs 0.25, quer
Werkzeugtemp.	°C	*Bemerkungen*	
Spritzdruck	bar		

Zugversuch 23 °C ASTM D 638;
Probekörper: *Form* — *Herstellung* Spritzgiessen
Zustand Spritzfrisch — *Vorbehandlung*

Streckspannung	N/mm^2		*Dehnung bei Streckspannung*	%	
Zugfestigkeit	N/mm^2	210	*Reißdehnung*	%	
Reißfestigkeit	N/mm^2		*% Dehnspannung*	N/mm^2	
E-Modul	N/mm^2		*Dehnung bei % Dehnspg.*	%	

Kriechmoduln und Zeitstandwerte 23 °C
Probekörper: *Form* — *Herstellung*
Zustand — *Vorbehandlung*

Kriechmodul	*1 min*	N/mm^2	*Zeitstandzugfestigkeit*	h	N/mm^2
Kriechmodul	*1000 h*	N/mm^2	*Zeitdehnspg. %*	h	N/mm^2
bei Spannung		N/mm^2			

Biegeversuch 23 °C ASTM D 790;
Probekörper: *Form* — *Herstellung* Spritzgiessen
Zustand Spritzfrisch — *Vorbehandlung*

Biegefestigkeit	N/mm^2	296	*E-Modul*	N/mm^2	15800
3,5% *Biegespannung*	N/mm^2				

Härte 23 °C *Probekörper:* *Zustand* — *Herstellung*
Vorbehandlung

Kugeldruckhärte	N/mm^2 bei N, s	*Shore-Härte* A	
Rockwellhärte		*Shore-Härte* D	

Schlagversuch *Probekörper:* *(1)*
(2) V-Kerbe — *Herstellung* Spritzgiessen
Zustand Spritzfrisch — *Vorbehandlung*

		°C	°C	°C	*Probekörper-Form*
Schlagzähigkeit	kJ/m^2				
Kerbschlagzähigkeit (1)	kJ/m^2				
IZOD-Kerbschlagzähigkeit (2)	J/m	23 75			
Kerbschlagzugzähigkeit	kJ/m^2				

Abrieb und Reibung

Taber-Abrieb (Reibradverfahren)	mm^3/100 U		
Abriebfaktor LNP (Thrust washer) Vergleichswert			
Statische Reibungszahl			
Dynamische Reibungszahl	(p · v =	N/mm^2 ·	m/min)
Zulässiger p · v Wert	N/mm^2 · (m/min)	v =	m/min
		v =	m/min

Thermische Eigenschaften

Formbeständigkeit in der Wärme	*Verfahren* A			254 °C
	Verfahren B			260 °C
Vicat Erweichungstemperatur (VST)	*Verfahren*			°C
	Verfahren			°C
Kristallit-Schmelzpunkt	*Verfahren*			
Längenausdehnungskoeffizient	*Bereich*	°C		$\cdot 10^{-4}K^{-1}$
	Temperatur 23 °C			$0.20 \cdot 10^{-4}K^{-1}$
Wärmeleitfähigkeit	*Verfahren* ASTM C 177		23 °C	1.00 W/(K · m)
Spezifische Wärmekapazität	*Verfahren*			J/(K · g)
Glasumwandlungstemperatur	*Torsionsschwingungsversuch*		°C	
	Differentialkalorimetrie		°C	

Brandverhalten

UL-Test vertikal	Dicke	mm, Wert HB
	Dicke	mm, Wert

	Norm	*Bewertung*	*Abmessungen*
Sauerstoff-Index	ASTM D 2863		
Glühstab-Verfahren			
Brandverhalten	DIN 4102		
MVSS			
FAR			

Elektrische Eigenschaften

		Hz	°C			*Probekörper, Form*
Dielektrizitätszahl		50				
		10^3				
		10^6				
Dielektrischer Verlustfaktor tan δ		50				
		10^3				
		10^6				
Spezifischer Durchgangs-widerstand	Ohm · cm		23	1.0*10**02		
Durchschlagfestigkeit	kV/mm					mm dick
Oberflächenwiderstand	Ohm		23	1.0*10**02		
Kriechstromfestigkeit		KC		KB	KA	
Elektrolytische Korrosionswirkung						
Lichtbogenfestigkeit nach DIN						
nach ASTM	s					

Beständigkeit *(Chemische Beständigkeit siehe Anhang)*

Wasseraufnahme 23 C	1 d	0.48 %	
Feuchtigkeitsaufnahme Normalklima			%
Wetterbeständigkeit			
Spannungskorrosion			

Optische Eigenschaften

Brechungszahl n_D		
Transmissionsgrad τ_c	%	mm dick
Lichtdurchlässigkeit		

Datenbank-Nr.	**T01273**	*Merkblatt-Nr.*	**4335**

Produkt	Polyamid 66		**PA**
Handelsname	**Thermocomp Stat-Kon** <RCL-4536>		
Hersteller	LNP		
DIN-Bez 1			
DIN-Bez 2			
Zusätze		*Füllstoffe/ Verstärkung*	45% Kohlefaser (30); PTFE + Silicon (15)
Bevorzugte Verarbeitung	Spritzgiessen	*Lieferform*	Granulat
		Farben	
Besondere Merkmale	Verbesserte Gleiteigenschaften; Elektrostatisch ableitend	*Bevorzugte Anwendungen*	Transportbehaelter; Teil fuer integrierten Schaltkreis; Halterung fuer gedruckte Schaltung; Gehaeuse; Drukkerwalze; Rauchmelder; Elektronik; Elektrotechnik

Dichte	g/cm^3	1.36	*Schmelzindex*	g/10 min	:
Schüttdichte	g/cm^3		*Volumenfließindex*	cm^3/10 min	:
Viskositätszahl	ml/g				

Verarbeitungsbedingungen für Spritzgießen

Massetemp.	°C	*Schwindung*	%	lgs	0.25, quer
Werkzeugtemp.	°C	*Bemerkungen*			
Spritzdruck	bar				

Zugversuch 23 °C ASTM D 638;

Probekörper: *Form*		*Herstellung*	Spritzgiessen
Zustand	Spritzfrisch	*Vorbehandlung*	

Streckspannung	N/mm^2		*Dehnung bei Streckspannung*	%
Zugfestigkeit	N/mm^2	186	*Reißdehnung*	%
Reißfestigkeit	N/mm^2		*% Dehnspannung*	N/mm^2
E-Modul	N/mm^2		*Dehnung bei % Dehnspg.*	%

Kriechmoduln und Zeitstandwerte 23 °C

Probekörper: *Form*		*Herstellung*	
Zustand		*Vorbehandlung*	

Kriechmodul	*1 min* N/mm^2	*Zeitstandzugfestigkeit*	h	N/mm^2
Kriechmodul	*1000 h* N/mm^2	*Zeitdehnspg.* %	h	N/mm^2
bei Spannung	N/mm^2			

Biegeversuch 23 °C ASTM D 790;

Probekörper: *Form*		*Herstellung*	Spritzgiessen
Zustand	Spritzfrisch	*Vorbehandlung*	

Biegefestigkeit	N/mm^2	248	*E-Modul*	N/mm^2	13800
3,5% *Biegespannung*	N/mm^2				

Härte 23 °C

Probekörper: *Zustand*		*Herstellung*	
		Vorbehandlung	
Kugeldruckhärte	N/mm^2 bei N, s	*Shore-Härte A*	
Rockwellhärte		*Shore-Härte D*	

Schlagversuch

Probekörper: *(1)*			
(2) V-Kerbe		*Herstellung*	Spritzgiessen
Zustand	Spritzfrisch	*Vorbehandlung*	

		°C	°C	°C	*Probekörper-Form*
Schlagzähigkeit	kJ/m^2				
Kerbschlagzähigkeit (1)	kJ/m^2				
IZOD-Kerbschlagzähigkeit (2)	J/m	23	75		
Kerbschlagzugzähigkeit	kJ/m^2				

Abrieb und Reibung

Taber-Abrieb (Reibradverfahren)	mm^3/100 U		
Abriebfaktor LNP (Thrust washer) Vergleichswert			
Statische Reibungszahl			
Dynamische Reibungszahl	(p · v =	N/mm^2 ·	m/min)
Zulässiger p · v Wert	N/mm^2 · (m/min)	v =	m/min
		v =	m/min

Thermische Eigenschaften

Formbeständigkeit in der Wärme	*Verfahren* A			252 °C
	Verfahren B			257 °C
Vicat Erweichungstemperatur (VST)	*Verfahren*			°C
	Verfahren			°C
Kristallit-Schmelzpunkt	*Verfahren*			
Längenausdehnungskoeffizient	*Bereich*	°C		$\cdot 10^{-4} K^{-1}$
	Temperatur 23 °C			$0.20 \cdot 10^{-4} K^{-1}$
Wärmeleitfähigkeit	*Verfahren* ASTM C 177		23 °C	1.00 W/(K · m)
Spezifische Wärmekapazität	*Verfahren*			J/(K · g)
Glasumwandlungstemperatur	*Torsionsschwingungsversuch*		°C	
	Differentialkalorimetrie		°C	

Brandverhalten

UL-Test vertikal	Dicke mm, Wert HB	
	Dicke mm, Wert	

	Norm	*Bewertung*	*Abmessungen*
Sauerstoff-Index	ASTM D 2863		
Glühstab-Verfahren			
Brandverhalten	DIN 4102		
MVSS			
FAR			

Elektrische Eigenschaften

		Hz	°C		*Probekörper, Form*
Dielektrizitätszahl		50			
		10^3			
		10^6			
Dielektrischer Verlustfaktor tan δ		50			
		10^3			
		10^6			
Spezifischer Durchgangs-widerstand	Ohm · cm		23	1.0*10**03	
Durchschlagfestigkeit	kV/mm				mm dick
Oberflächenwiderstand	Ohm		23	1.0*10**03	

Kriechstromfestigkeit	KC	KB	KA
Elektrolytische Korrosionswirkung			
Lichtbogenfestigkeit nach DIN			
nach ASTM s			

Beständigkeit *(Chemische Beständigkeit siehe Anhang)*

Wasseraufnahme 23 C	1 d	0.45 %
Feuchtigkeitsaufnahme Normalklima		%
Wetterbeständigkeit		
Spannungskorrosion		

Optische Eigenschaften

Brechungszahl n_D		
Transmissionsgrad τ_c	%	mm dick
Lichtdurchlässigkeit		

Datenbank-Nr.	**T01274**	*Merkblatt-Nr.*	**4336**

Produkt	Polyamid 66		**PA**
Handelsname	**Thermocomp Stat-Kon** <RC-1006 HI>		
Hersteller	LNP		
DIN-Bez 1			
DIN-Bez 2			
Zusätze		*Füllstoffe/ Verstärkung*	30% Kohlefaser
Bevorzugte Verarbeitung	Spritzgiessen	*Lieferform*	Granulat
		Farben	
Besondere Merkmale	Sehr hohe Schlagzaehigkeit; Elektrostatisch ableitend	*Bevorzugte Anwendungen*	Transportbehaelter; Teil fuer integrierten Schaltkreis; Halterung fuer gedruckte Schaltung; Gehaeuse; Druckerwalze; Rauchmelder; Elektronik; Elektrotechnik

Dichte	g/cm³	1.27	*Schmelzindex*	g/10 min	:
Schüttdichte	g/cm³		*Volumenfließindex*	cm³/10 min	:
Viskositätszahl	ml/g				

Verarbeitungsbedingungen für Spritzgießen

Massetemp.	°C	*Schwindung*	% lgs	0.2, quer
Werkzeugtemp.	°C	*Bemerkungen*		
Spritzdruck	bar			

Zugversuch 23 °C ASTM D 638;

Probekörper: *Form* — *Herstellung* Spritzgiessen
Zustand Spritzfrisch — *Vorbehandlung*

Streckspannung	N/mm²		*Dehnung bei Streckspannung*	%
Zugfestigkeit	N/mm²	220	*Reißdehnung*	%
Reißfestigkeit	N/mm²		*% Dehnspannung*	N/mm²
E-Modul	N/mm²		*Dehnung bei % Dehnspg.*	%

Kriechmoduln und Zeitstandwerte 23 °C

Probekörper: *Form* — *Herstellung*
Zustand — *Vorbehandlung*

Kriechmodul	*1 min*	N/mm²	*Zeitstandzugfestigkeit*	h	N/mm²
Kriechmodul	*1000 h*	N/mm²	*Zeitdehnspg. %*	h	N/mm²
bei Spannung		N/mm²			

Biegeversuch 23 °C ASTM D 790;

Probekörper: *Form* — *Herstellung* Spritzgiessen
Zustand Spritzfrisch — *Vorbehandlung*

Biegefestigkeit	N/mm²	320	*E-Modul*	N/mm²	17200
3,5% *Biegespannung*	N/mm²				

Härte 23 °C *Probekörper:* *Zustand* — *Herstellung*
Vorbehandlung

Kugeldruckhärte	N/mm² bei N, s	*Shore-Härte* A	
Rockwellhärte		*Shore-Härte* D	

Schlagversuch *Probekörper:* *(1)*
(2) V-Kerbe — *Herstellung* Spritzgiessen
Zustand Spritzfrisch — *Vorbehandlung*

		°C	°C	°C	*Probekörper-Form*
Schlagzähigkeit	kJ/m²				
Kerbschlagzähigkeit (1)	kJ/m²				
IZOD-Kerbschlagzähigkeit (2)	J/m	23 112			
Kerbschlagzugzähigkeit	kJ/m²				

Abrieb und Reibung

Taber-Abrieb (Reibradverfahren)	mm^3/100 U		
Abriebfaktor LNP (Thrust washer) Vergleichswert			
Statische Reibungszahl			
Dynamische Reibungszahl	(p · v =	N/mm^2 ·	m/min)
Zulässiger p · v Wert	N/mm^2 · (m/min)	v =	m/min
		v =	m/min

Thermische Eigenschaften

Formbeständigkeit in der Wärme	*Verfahren* A			257 °C
	Verfahren B			260 °C
Vicat Erweichungstemperatur (VST)	*Verfahren*			°C
	Verfahren			°C
Kristallit-Schmelzpunkt	*Verfahren*			
Längenausdehnungskoeffizient	*Bereich*	°C		$\cdot 10^{-4} K^{-1}$
	Temperatur 23 °C			$0.20 \cdot 10^{-4} K^{-1}$
Wärmeleitfähigkeit	*Verfahren* ASTM C 177		23 °C	0.98 W/(K · m)
Spezifische Wärmekapazität	*Verfahren*			J/(K · g)
Glasumwandlungstemperatur	*Torsionsschwingungsversuch*		°C	
	Differentialkalorimetrie		°C	

Brandverhalten

UL-Test vertikal	Dicke	mm, Wert HB
	Dicke	mm, Wert

	Norm	*Bewertung*	*Abmessungen*
Sauerstoff-Index	ASTM D 2863		
Glühstab-Verfahren			
Brandverhalten	DIN 4102		
MVSS			
FAR			

Elektrische Eigenschaften

		Hz	°C		*Probekörper, Form*
Dielektrizitätszahl		50			
		10^3			
		10^6			
Dielektrischer Verlustfaktor tan δ		50			
		10^3			
		10^6			
Spezifischer Durchgangswiderstand	Ohm · cm		23	1.0*10**02	
Durchschlagfestigkeit	kV/mm				mm dick
Oberflächenwiderstand	Ohm		23	1.0*10**02	

Kriechstromfestigkeit	KC	KB	KA
Elektrolytische Korrosionswirkung			
Lichtbogenfestigkeit nach DIN			
nach ASTM s			

Beständigkeit *(Chemische Beständigkeit siehe Anhang)*

Wasseraufnahme 23 C	1 d	0.80 %	
Feuchtigkeitsaufnahme Normalklima			%
Wetterbeständigkeit			
Spannungskorrosion			

Optische Eigenschaften

Brechungszahl n_D		
Transmissionsgrad τ_c	%	mm dick
Lichtdurchlässigkeit		

Produkt	Polyamid 66		**PA**
Handelsname	**Thermocomp Stat-Kon** <RCL-4042>		
Hersteller	LNP		
DIN-Bez 1			
DIN-Bez 2			
Zusätze		*Füllstoffe/ Verstärkung*	30% Kohlefaser (10); PTFE (20)
Bevorzugte Verarbeitung	Spritzgiessen	*Lieferform*	Granulat
		Farben	
Besondere Merkmale	Verbesserte Gleiteigenschaften; Elektrostatisch ableitend	*Bevorzugte Anwendungen*	Transportbehaelter; Teil fuer integrierten Schaltkreis; Halterung fuer gedruckte Schaltung; Gehaeuse; Drukkerwalze; Rauchmelder; Elektronik; Elektrotechnik

Dichte	g/cm³	1.31	*Schmelzindex*	g/10 min	:
Schüttdichte	g/cm³		*Volumenfließindex*	cm³/10 min	:
Viskositätszahl	ml/g				

Verarbeitungsbedingungen für Spritzgießen

Massetemp.	°C	*Schwindung*	% lgs 0.4, quer
Werkzeugtemp.	°C	*Bemerkungen*	
Spritzdruck	bar		

Zugversuch 23 °C ASTM D 638;
Probekörper: *Form* — *Herstellung* Spritzgiessen
Zustand Normalklima — *Vorbehandlung*

Streckspannung	N/mm²		*Dehnung bei Streckspannung*	%
Zugfestigkeit	N/mm²	124	*Reißdehnung*	%
Reißfestigkeit	N/mm²		*% Dehnspannung*	N/mm²
E-Modul	N/mm²		*Dehnung bei % Dehnspg.*	%

Kriechmoduln und Zeitstandwerte 23 °C
Probekörper: *Form* — *Herstellung*
Zustand — *Vorbehandlung*

Kriechmodul	*1 min*	N/mm²	*Zeitstandzugfestigkeit*	h	N/mm²
Kriechmodul	*1000 h*	N/mm²	*Zeitdehnspg. %*	h	N/mm²
bei Spannung		N/mm²			

Biegeversuch 23 °C ASTM D 790;
Probekörper: *Form* — *Herstellung* Spritzgiessen
Zustand Spritzfrisch — *Vorbehandlung*

Biegefestigkeit	N/mm²	193	*E-Modul*	N/mm²	6500
3,5% *Biegespannung*	N/mm²				

Härte 23 °C *Probekörper:* *Zustand* — *Herstellung*
Vorbehandlung

Kugeldruckhärte	N/mm² bei N, s	*Shore-Härte* A	
Rockwellhärte		*Shore-Härte* D	

Schlagversuch *Probekörper:* *(1)*
(2) V-Kerbe — *Herstellung* Spritzgiessen
Zustand Spritzfrisch — *Vorbehandlung*

		°C		°C	°C	*Probekörper-Form*
Schlagzähigkeit	kJ/m²					
Kerbschlagzähigkeit (1)	kJ/m²					
IZOD-Kerbschlagzähigkeit (2)	J/m	23	43			
Kerbschlagzugzähigkeit	kJ/m²					

Abrieb und Reibung

Taber-Abrieb (Reibradverfahren)	mm^3/100 U		
Abriebfaktor LNP (Thrust washer) Vergleichswert			
Statische Reibungszahl			
Dynamische Reibungszahl	(p · v =	N/mm^2 ·	m/min)
Zulässiger p · v Wert	N/mm^2 · (m/min)	v =	m/min
		v =	m/min

Thermische Eigenschaften

Formbeständigkeit in der Wärme	*Verfahren* A			252 °C
	Verfahren B			254 °C
Vicat Erweichungstemperatur (VST)	*Verfahren*			°C
	Verfahren			°C
Kristallit-Schmelzpunkt	*Verfahren*			
Längenausdehnungskoeffizient	*Bereich*	°C		$\cdot 10^{-4}K^{-1}$
	Temperatur 23 °C			$0.32 \cdot 10^{-4}K^{-1}$
Wärmeleitfähigkeit	*Verfahren* ASTM C 177		23 °C	0.55 W/(K · m)
Spezifische Wärmekapazität	*Verfahren*			J/(K · g)
Glasumwandlungstemperatur	*Torsionsschwingungsversuch*		°C	
	Differentialkalorimetrie		°C	

Brandverhalten

UL-Test vertikal	Dicke	mm, Wert HB
	Dicke	mm, Wert

	Norm	*Bewertung*	*Abmessungen*
Sauerstoff-Index	ASTM D 2863		
Glühstab-Verfahren			
Brandverhalten	DIN 4102		
MVSS			
FAR			

Elektrische Eigenschaften

		Hz	°C		*Probekörper, Form*
Dielektrizitätszahl		50			
		10^3			
		10^6			
Dielektrischer Verlustfaktor tan δ		50			
		10^3			
		10^6			
Spezifischer Durchgangswiderstand	Ohm · cm		23	1.0*10**05	
Durchschlagfestigkeit	kV/mm				mm dick
Oberflächenwiderstand	Ohm		23	1.0*10**05	

Kriechstromfestigkeit	KC	KB	KA
Elektrolytische Korrosionswirkung			
Lichtbogenfestigkeit nach DIN			
nach ASTM s			

Beständigkeit *(Chemische Beständigkeit siehe Anhang)*

Wasseraufnahme 23 C	1 d	0.80 %	
Feuchtigkeitsaufnahme Normalklima			%
Wetterbeständigkeit			
Spannungskorrosion			

Optische Eigenschaften

Brechungszahl n_D		
Transmissionsgrad τ_c	%	mm dick
Lichtdurchlässigkeit		

Datenbank-Nr. **T01276** Merkblatt-Nr. **4338**

Produkt	Polybutylenterephthalat		**PBT**
Handelsname	**Thermocomp Stat-Kon** <WC-1002>		
Hersteller	LNP		
DIN-Bez 1			
DIN-Bez 2			
Zusätze		*Füllstoffe/ Verstärkung*	10% Kohlefaser
Bevorzugte Verarbeitung	Spritzgiessen	*Lieferform*	Granulat
		Farben	
Besondere Merkmale	Elektrostatisch ableitend	*Bevorzugte Anwendungen*	Transportbehaelter; Teil fuer integrierten Schaltkreis; Halterung fuer gedruckte Schaltung; Gehaeuse; Drukkerwalze; Rauchmelder; Elektronik; Elektrotechnik

Dichte	g/cm^3 1.36	*Schmelzindex*	g/10 min	:
Schüttdichte	g/cm^3	*Volumenfließindex*	cm^3/10 min	:
Viskositätszahl	ml/g			

Verarbeitungsbedingungen für Spritzgießen

Massetemp.	°C	*Schwindung*	%	lgs 0.8, quer
Werkzeugtemp.	°C	*Bemerkungen*		
Spritzdruck	bar			

Zugversuch 23 °C ASTM D 638;
Probekörper: *Form* — *Herstellung* Spritzgiessen
Zustand — *Vorbehandlung* Normalklima

Streckspannung	N/mm^2	*Dehnung bei Streckspannung*	%
Zugfestigkeit	N/mm^2 103	*Reißdehnung*	%
Reißfestigkeit	N/mm^2	*% Dehnspannung*	N/mm^2
E-Modul	N/mm^2	*Dehnung bei % Dehnspg.*	%

Kriechmoduln und Zeitstandwerte 23 °C
Probekörper: *Form* — *Herstellung*
Zustand — *Vorbehandlung*

Kriechmodul	*1 min* N/mm^2	*Zeitstandzugfestigkeit*	h N/mm^2
Kriechmodul	*1000 h* N/mm^2	*Zeitdehnspg. %*	h N/mm^2
bei Spannung	N/mm^2		

Biegeversuch 23 °C ASTM D 790;
Probekörper: *Form* — *Herstellung* Spritzgiessen
Zustand — *Vorbehandlung* Normalklima

Biegefestigkeit	N/mm^2 179	*E-Modul*	N/mm^2 9600
3,5% *Biegespannung*	N/mm^2		

Härte 23 °C *Probekörper:* *Zustand* — *Herstellung*
Vorbehandlung

Kugeldruckhärte	N/mm^2 bei N, s	*Shore-Härte* A	
Rockwellhärte		*Shore-Härte* D	

Schlagversuch *Probekörper:* *(1)*
(2) V-Kerbe — *Herstellung* Spritzgiessen
Zustand — *Vorbehandlung* Normalklima

		°C	°C	°C	*Probekörper-Form*
Schlagzähigkeit	kJ/m^2				
Kerbschlagzähigkeit (1)	kJ/m^2				
IZOD-Kerbschlagzähigkeit (2)	J/m	23 48			
Kerbschlagzugzähigkeit	kJ/m^2				

Abrieb und Reibung

Taber-Abrieb (Reibradverfahren)	mm^3/100 U		
Abriebfaktor LNP (Thrust washer) Vergleichswert			
Statische Reibungszahl			
Dynamische Reibungszahl	(p·v=	N/mm^2·	m/min)
Zulässiger p·v Wert	N/mm^2·(m/min)	v=	m/min
		v=	m/min

Thermische Eigenschaften

Formbeständigkeit in der Wärme	*Verfahren* A			193 °C
	Verfahren B			196 °C
Vicat Erweichungstemperatur (VST)	*Verfahren*			°C
	Verfahren			°C
Kristallit-Schmelzpunkt	*Verfahren*			
Längenausdehnungskoeffizient	*Bereich*	°C		$\cdot 10^{-4}K^{-1}$
	Temperatur 23 °C			$0.27 \cdot 10^{-4}K^{-1}$
Wärmeleitfähigkeit	*Verfahren* ASTM C 177		23 °C	0.48 W/(K·m)
Spezifische Wärmekapazität	*Verfahren*			J/(K·g)
Glasumwandlungstemperatur	*Torsionsschwingungsversuch*		°C	
	Differentialkalorimetrie		°C	

Brandverhalten

UL-Test vertikal	Dicke	mm, Wert HB
	Dicke	mm, Wert

	Norm	*Bewertung*	*Abmessungen*
Sauerstoff-Index	ASTM D 2863		
Glühstab-Verfahren			
Brandverhalten	DIN 4102		
MVSS			
FAR			

Elektrische Eigenschaften

		Hz	°C		*Probekörper, Form*
Dielektrizitätszahl		50			
		10^3			
		10^6			
Dielektrischer Verlustfaktor tan δ		50			
		10^3			
		10^6			
Spezifischer Durchgangswiderstand	Ohm·cm		23	1.0*10**05	
Durchschlagfestigkeit	kV/mm				mm dick
Oberflächenwiderstand	Ohm		23	1.0*10**05	

Kriechstromfestigkeit	KC	KB	KA
Elektrolytische Korrosionswirkung			
Lichtbogenfestigkeit nach DIN			
nach ASTM s			

Beständigkeit *(Chemische Beständigkeit siehe Anhang)*

Wasseraufnahme 23 C	1 d	0.10 %	
Feuchtigkeitsaufnahme Normalklima			%
Wetterbeständigkeit			
Spannungskorrosion			

Optische Eigenschaften

Brechungszahl n_D		
Transmissionsgrad τ_c	%	mm dick
Lichtdurchlässigkeit		

Datenbank-Nr. **T01277** *Merkblatt-Nr.* **4339**

Produkt	Polybutylenterephthalat		**PBT**
Handelsname	**Thermocomp Stat-Kon** <WC-1006>		
Hersteller	LNP		
DIN-Bez 1			
DIN-Bez 2			
Zusätze		*Füllstoffe/ Verstärkung*	30% Kohlefaser
Bevorzugte Verarbeitung	Spritzgiessen	*Lieferform*	Granulat
		Farben	
Besondere Merkmale	Hoher Modul; Elektrostatisch ableitend	*Bevorzugte Anwendungen*	Transportbehaelter; Teil fuer integrierten Schaltkreis; Halterung fuer gedruckte Schaltung; Gehaeuse; Druckerwalze; Rauchmelder; Elektronik; Elektrotechnik

Dichte	g/cm^3	1.41	*Schmelzindex*	g/10 min	:
Schüttdichte	g/cm^3		*Volumenfließindex*	$cm^3/10$ min	:
Viskositätszahl	ml/g				

Verarbeitungsbedingungen für Spritzgießen

Massetemp.	°C	*Schwindung*	%	lgs 0.2, quer
Werkzeugtemp.	°C	*Bemerkungen*		
Spritzdruck	bar			

Zugversuch 23 °C ASTM D 638;
Probekörper: *Form* — *Herstellung* Spritzgiessen
Zustand — *Vorbehandlung* Normalklima

Streckspannung	N/mm^2		*Dehnung bei Streckspannung*	%
Zugfestigkeit	N/mm^2	151	*Reißdehnung*	%
Reißfestigkeit	N/mm^2		*% Dehnspannung*	N/mm^2
E-Modul	N/mm^2		*Dehnung bei % Dehnspg.*	%

Kriechmoduln und Zeitstandwerte 23 °C
Probekörper: *Form* — *Herstellung*
Zustand — *Vorbehandlung*

Kriechmodul	*1 min*	N/mm^2	*Zeitstandzugfestigkeit*	h	N/mm^2
Kriechmodul	*1000 h*	N/mm^2	*Zeitdehnspg. %*	h	N/mm^2
bei Spannung		N/mm^2			

Biegeversuch 23 °C ASTM D 790;
Probekörper: *Form* — *Herstellung* Spritzgiessen
Zustand — *Vorbehandlung* Normalklima

Biegefestigkeit	N/mm^2	227	*E-Modul*	N/mm^2	17200
3,5% *Biegespannung*	N/mm^2				

Härte 23 °C *Probekörper:* *Zustand* — *Herstellung*
Vorbehandlung

Kugeldruckhärte	N/mm^2	bei N, s	*Shore-Härte* A
Rockwellhärte			*Shore-Härte* D

Schlagversuch *Probekörper:* *(1)*
(2) V-Kerbe — *Herstellung* Spritzgiessen
Zustand — *Vorbehandlung* Normalklima

		°C	°C	°C	*Probekörper-Form*
Schlagzähigkeit	kJ/m^2				
Kerbschlagzähigkeit (1)	kJ/m^2				
IZOD-Kerbschlagzähigkeit (2)	J/m	23 64			
Kerbschlagzugzähigkeit	kJ/m^2				

Abrieb und Reibung

Taber-Abrieb (Reibradverfahren)	mm^3/100 U		
Abriebfaktor LNP (Thrust washer) Vergleichswert			
Statische Reibungszahl			
Dynamische Reibungszahl	(p · v =	N/mm^2 ·	m/min)
Zulässiger p · v Wert	N/mm^2 · (m/min)	v =	m/min
		v =	m/min

Thermische Eigenschaften

Formbeständigkeit in der Wärme	*Verfahren* A		221 °C
	Verfahren B		224 °C
Vicat Erweichungstemperatur (VST)	*Verfahren*		°C
	Verfahren		°C
Kristallit-Schmelzpunkt	*Verfahren*		
Längenausdehnungskoeffizient	*Bereich* °C		$\cdot 10^{-4}K^{-1}$
	Temperatur 23 °C		$0.9 \cdot 10^{-4}K^{-1}$
Wärmeleitfähigkeit	*Verfahren* ASTM C 177	23 °C	0.66 W/(K · m)
Spezifische Wärmekapazität	*Verfahren*		J/(K · g)
Glasumwandlungstemperatur	*Torsionsschwingungsversuch*	°C	
	Differentialkalorimetrie	°C	

Brandverhalten

UL-Test vertikal	Dicke mm, Wert HB		
	Dicke mm, Wert		

	Norm	*Bewertung*	*Abmessungen*
Sauerstoff-Index	ASTM D 2863		
Glühstab-Verfahren			
Brandverhalten	DIN 4102		
MVSS			
FAR			

Elektrische Eigenschaften

		Hz	°C			*Probekörper, Form*
Dielektrizitätszahl		50				
		10^3				
		10^6				
Dielektrischer Verlustfaktor tan δ		50				
		10^3				
		10^6				
Spezifischer Durchgangs-widerstand	Ohm · cm		23	1.0*10**02		
Durchschlagfestigkeit	kV/mm					mm dick
Oberflächenwiderstand	Ohm		23	1.0*10**02		
Kriechstromfestigkeit		KC		KB	KA	
Elektrolytische Korrosionswirkung						
Lichtbogenfestigkeit nach DIN						
nach ASTM	s					

Beständigkeit *(Chemische Beständigkeit siehe Anhang)*

Wasseraufnahme 23 C	1 d	0.04 %	
Feuchtigkeitsaufnahme Normalklima			%
Wetterbeständigkeit			
Spannungskorrosion			

Optische Eigenschaften

Brechungszahl n_D		
Transmissionsgrad τ_c	%	mm dick
Lichtdurchlässigkeit		

Datenbank-Nr. **T01278** Merkblatt-Nr. **4340**

Produkt	Polyphenylenoxid		**PPO**
Handelsname	**Thermocomp Stat-Kon** <ZC-1003>		
Hersteller	LNP		
DIN-Bez 1			
DIN-Bez 2			
Zusätze		*Füllstoffe/ Verstärkung*	15% Kohlefaser
Bevorzugte Verarbeitung	Spritzgiessen	*Lieferform*	Granulat
		Farben	
Besondere Merkmale	Elektrostatisch ableitend	*Bevorzugte Anwendungen*	Transportbehaelter; Teil fuer integrierten Schaltkreis; Halterung fuer gedruckte Schaltung; Gehaeuse; Drukkerwalze; Rauchmelder; Elektronik; Elektrotechnik

Dichte	g/cm^3	1.13	*Schmelzindex*	g/10 min	:
Schüttdichte	g/cm^3		*Volumenfließindex*	cm^3/10 min	:
Viskositätszahl	ml/g				

Verarbeitungsbedingungen für Spritzgießen

Massetemp.	°C	*Schwindung*	%	lgs 0.2, quer
Werkzeugtemp.	°C	*Bemerkungen*		
Spritzdruck	bar			

Zugversuch 23 °C ASTM D 638;
Probekörper: *Form* — *Herstellung* Spritzgiessen
Zustand — *Vorbehandlung* Normalklima

Streckspannung	N/mm^2		*Dehnung bei Streckspannung*	%
Zugfestigkeit	N/mm^2	103	*Reißdehnung*	%
Reißfestigkeit	N/mm^2		*% Dehnspannung*	N/mm^2
E-Modul	N/mm^2		*Dehnung bei % Dehnspg.*	%

Kriechmoduln und Zeitstandwerte 23 °C
Probekörper: *Form* — *Herstellung*
Zustand — *Vorbehandlung*

Kriechmodul	*1 min* N/mm^2	*Zeitstandzugfestigkeit*	h N/mm^2
Kriechmodul	*1000 h* N/mm^2	*Zeitdehnspg. %*	h N/mm^2
bei Spannung	N/mm^2		

Biegeversuch 23 °C ASTM D 790;
Probekörper: *Form* — *Herstellung* Spritzgiessen
Zustand — *Vorbehandlung* Normalklima

Biegefestigkeit	N/mm^2	131	*E-Modul*	N/mm^2	8900
3,5% *Biegespannung*	N/mm^2				

Härte 23 °C *Probekörper:* *Zustand* — *Herstellung*
Vorbehandlung

Kugeldruckhärte	N/mm^2 bei N, s	*Shore-Härte*	A
Rockwellhärte		*Shore-Härte*	D

Schlagversuch *Probekörper:* *(1)*
(2) V-Kerbe — *Herstellung* Spritzgiessen
Zustand — *Vorbehandlung* Normalklima

		°C	°C	°C	*Probekörper-Form*
Schlagzähigkeit	kJ/m^2				
Kerbschlagzähigkeit (1)	kJ/m^2				
IZOD-Kerbschlagzähigkeit (2)	J/m	23 53			
Kerbschlagzugzähigkeit	kJ/m^2				

Abrieb und Reibung

Taber-Abrieb (Reibradverfahren)	$mm^3/100$ U		
Abriebfaktor LNP (Thrust washer) Vergleichswert			
Statische Reibungszahl			
Dynamische Reibungszahl	(p · v =	N/mm² ·	m/min)
Zulässiger p · v Wert	N/mm² · (m/min)	v =	m/min
		v =	m/min

Thermische Eigenschaften

Formbeständigkeit in der Wärme	*Verfahren* A			143 °C
	Verfahren B			146 °C
Vicat Erweichungstemperatur (VST)	*Verfahren*			°C
	Verfahren			°C
Kristallit-Schmelzpunkt	*Verfahren*			
Längenausdehnungskoeffizient	*Bereich*	°C		$\cdot 10^{-4}K^{-1}$
	Temperatur 23 °C			$0.25 \cdot 10^{-4}K^{-1}$
Wärmeleitfähigkeit	*Verfahren* ASTM C 177		23 °C	0.50 W/(K · m)
Spezifische Wärmekapazität	*Verfahren*			J/(K · g)
Glasumwandlungstemperatur	*Torsionsschwingungsversuch*		°C	
	Differentialkalorimetrie		°C	

Brandverhalten

UL-Test vertikal	Dicke	mm, Wert HB
	Dicke	mm, Wert

	Norm	*Bewertung*	*Abmessungen*
Sauerstoff-Index	ASTM D 2863		
Glühstab-Verfahren			
Brandverhalten	DIN 4102		
MVSS			
FAR			

Elektrische Eigenschaften

		Hz	°C			*Probekörper, Form*
Dielektrizitätszahl		50				
		10^3				
		10^6				
Dielektrischer Verlustfaktor tan δ		50				
		10^3				
		10^6				
Spezifischer Durchgangswiderstand	Ohm · cm		23	1.0*10**03		
Durchschlagfestigkeit	kV/mm					mm dick
Oberflächenwiderstand	Ohm		23	1.0*10**03		
Kriechstromfestigkeit		KC		KB	KA	
Elektrolytische Korrosionswirkung						
Lichtbogenfestigkeit nach DIN						
nach ASTM	s					

Beständigkeit *(Chemische Beständigkeit siehe Anhang)*

Wasseraufnahme 23 C	1 d	0.07 %	
Feuchtigkeitsaufnahme Normalklima			%
Wetterbeständigkeit			
Spannungskorrosion			

Optische Eigenschaften

Brechungszahl n_D		
Transmissionsgrad τ_c	%	mm dick
Lichtdurchlässigkeit		

Datenbank-Nr. **T01279** Merkblatt-Nr. **4341**

Produkt	Polyphenylenoxid		**PPO**
Handelsname	**Thermocomp Stat-Kon** <ZC-1006>		
Hersteller	LNP		
DIN-Bez 1			
DIN-Bez 2			
Zusätze		*Füllstoffe/ Verstärkung*	30% Kohlefaser
Bevorzugte Verarbeitung	Spritzgiessen	*Lieferform*	Granulat
		Farben	
Besondere Merkmale	Elektrostatisch ableitend	*Bevorzugte Anwendungen*	Transportbehaelter; Teil fuer integrierten Schaltkreis; Halterung fuer gedruckte Schaltung; Gehaeuse; Drukkerwalze; Rauchmelder; Elektronik; Elektrotechnik

Dichte	g/cm^3	1.21	*Schmelzindex*	g/10 min	:
Schüttdichte	g/cm^3		*Volumenfließindex*	$cm^3/10$ min	:
Viskositätszahl	ml/g				

Verarbeitungsbedingungen für Spritzgießen

Massetemp.	°C	*Schwindung*	% lgs 0.1, quer
Werkzeugtemp.	°C	*Bemerkungen*	
Spritzdruck	bar		

Zugversuch 23 °C ASTM D 638;
Probekörper: *Form* / *Zustand* — *Herstellung* Spritzgiessen; *Vorbehandlung* Normalklima

Streckspannung	N/mm^2		*Dehnung bei Streckspannung*	%
Zugfestigkeit	N/mm^2	151	*Reißdehnung*	%
Reißfestigkeit	N/mm^2		*% Dehnspannung*	N/mm^2
E-Modul	N/mm^2		*Dehnung bei % Dehnspg.*	%

Kriechmoduln und Zeitstandwerte 23 °C
Probekörper: *Form* / *Zustand* — *Herstellung*; *Vorbehandlung*

Kriechmodul	*1 min*	N/mm^2	*Zeitstandzugfestigkeit*	h N/mm^2
Kriechmodul	*1000 h*	N/mm^2	*Zeitdehnspg. %*	h N/mm^2
bei Spannung		N/mm^2		

Biegeversuch 23 °C ASTM D 790;
Probekörper: *Form* / *Zustand* — *Herstellung* Spritzgiessen; *Vorbehandlung* Normalklima

Biegefestigkeit	N/mm^2	165	*E-Modul*	N/mm^2	11700
3,5% *Biegespannung*	N/mm^2				

Härte 23 °C *Probekörper:* *Zustand* — *Herstellung*; *Vorbehandlung*

Kugeldruckhärte	N/mm^2 bei N, s	*Shore-Härte* A	
Rockwellhärte		*Shore-Härte* D	

Schlagversuch *Probekörper:* *(1)* / *(2)* V-Kerbe / *Zustand* — *Herstellung* Spritzgiessen; *Vorbehandlung* Normalklima

		°C	°C	°C	*Probekörper-Form*
Schlagzähigkeit	kJ/m^2				
Kerbschlagzähigkeit (1)	kJ/m^2				
IZOD-Kerbschlagzähigkeit (2)	J/m	23 64			
Kerbschlagzugzähigkeit	kJ/m^2				

Abrieb und Reibung

Taber-Abrieb (Reibradverfahren)	mm^3/100 U		
Abriebfaktor LNP (Thrust washer) Vergleichswert			
Statische Reibungszahl			
Dynamische Reibungszahl	(p · v =	N/mm^2 ·	m/min)
Zulässiger p · v Wert	N/mm^2 · (m/min)	v =	m/min
		v =	m/min

Thermische Eigenschaften

Formbeständigkeit in der Wärme	*Verfahren* A		149 °C
	Verfahren B		154 °C
Vicat Erweichungstemperatur (VST)	*Verfahren*		°C
	Verfahren		°C
Kristallit-Schmelzpunkt	*Verfahren*		
Längenausdehnungskoeffizient	*Bereich* °C		$\cdot 10^{-4} K^{-1}$
	Temperatur 23 °C		$0.18 \cdot 10^{-4} K^{-1}$
Wärmeleitfähigkeit	*Verfahren* ASTM C 177	23 °C	0.65 W/(K · m)
Spezifische Wärmekapazität	*Verfahren*		J/(K · g)
Glasumwandlungstemperatur	*Torsionsschwingungsversuch*	°C	
	Differentialkalorimetrie	°C	

Brandverhalten

UL-Test vertikal	Dicke mm, Wert HB	
	Dicke mm, Wert	

	Norm	*Bewertung*	*Abmessungen*
Sauerstoff-Index	ASTM D 2863		
Glühstab-Verfahren			
Brandverhalten	DIN 4102		
MVSS			
FAR			

Elektrische Eigenschaften

		Hz	°C		*Probekörper, Form*
Dielektrizitätszahl		50			
		10^3			
		10^6			
Dielektrischer Verlustfaktor tan δ		50			
		10^3			
		10^6			
Spezifischer Durchgangs-widerstand	Ohm · cm		23	1.0*10**02	
Durchschlagfestigkeit	kV/mm				mm dick
Oberflächenwiderstand	Ohm		23	1.0*10**02	
Kriechstromfestigkeit		KC	KB	KA	
Elektrolytische Korrosionswirkung					
Lichtbogenfestigkeit nach DIN					
nach ASTM	s				

Beständigkeit *(Chemische Beständigkeit siehe Anhang)*

Wasseraufnahme 23 C	1 d	0.05 %	
Feuchtigkeitsaufnahme Normalklima			%
Wetterbeständigkeit			
Spannungskorrosion			

Optische Eigenschaften

Brechungszahl n_D		
Transmissionsgrad τ_c	%	mm dick
Lichtdurchlässigkeit		

Datenbank-Nr. **T01280** Merkblatt-Nr. **4342**

Produkt	Polyetheretherketon		**PEEK**
Handelsname	**Thermocomp Stat-Kon** <LCL-4033>		
Hersteller	LNP		
DIN-Bez 1			
DIN-Bez 2			
Zusätze		*Füllstoffe/ Verstärkung*	30% Kohlefaser (15); PTFE (15)
Bevorzugte Verarbeitung	Spritzgiessen	*Lieferform*	Granulat
		Farben	
Besondere Merkmale	Extrem hohe Waermeformbestaendigkeit; Elektrostatisch ableitend	*Bevorzugte Anwendungen*	Transportbehaelter; Teil fuer integrierten Schaltkreis; Halterung fuer gedruckte Schaltung; Gehaeuse; Drukkerwalze; Rauchmelder; Elektronik; Elektrotechnik

Dichte	g/cm^3	1.46	*Schmelzindex*	g/10 min	:
Schüttdichte	g/cm^3		*Volumenfließindex*	cm^3/10 min	:
Viskositätszahl	ml/g				

Verarbeitungsbedingungen für Spritzgießen

Massetemp.	°C	*Schwindung*	%	lgs 0.2, quer
Werkzeugtemp.	°C	*Bemerkungen*		
Spritzdruck	bar			

Zugversuch 23 °C ASTM D 638;
Probekörper: *Form* — *Herstellung* Spritzgiessen
Zustand — *Vorbehandlung* Normalklima

Streckspannung	N/mm^2		*Dehnung bei Streckspannung*	%	
Zugfestigkeit	N/mm^2	134	*Reißdehnung*	%	
Reißfestigkeit	N/mm^2		*% Dehnspannung*	N/mm^2	
E-Modul	N/mm^2		*Dehnung bei % Dehnspg.*	%	

Kriechmoduln und Zeitstandwerte 23 °C
Probekörper: *Form* — *Herstellung*
Zustand — *Vorbehandlung*

Kriechmodul	*1 min* N/mm^2	*Zeitstandzugfestigkeit*	h	N/mm^2
Kriechmodul	*1000 h* N/mm^2	*Zeitdehnspg. %*	h	N/mm^2
bei Spannung	N/mm^2			

Biegeversuch 23 °C ASTM D 790;
Probekörper: *Form* — *Herstellung* Spritzgiessen
Zustand — *Vorbehandlung* Normalklima

Biegefestigkeit	N/mm^2	165	*E-Modul*	N/mm^2	10300
3,5% *Biegespannung*	N/mm^2				

Härte 23 °C *Probekörper:* *Zustand* — *Herstellung*
Vorbehandlung

Kugeldruckhärte	N/mm^2 bei N, s	*Shore-Härte* A	
Rockwellhärte		*Shore-Härte* D	

Schlagversuch *Probekörper:* *(1)*
(2) V-Kerbe — *Herstellung* Spritzgiessen
Zustand — *Vorbehandlung* Normalklima

		°C	°C	°C	*Probekörper-Form*
Schlagzähigkeit	kJ/m^2				
Kerbschlagzähigkeit (1)	kJ/m^2				
IZOD-Kerbschlagzähigkeit (2)	J/m	23 48			
Kerbschlagzugzähigkeit	kJ/m^2				

Abrieb und Reibung

Taber-Abrieb (Reibradverfahren)	mm^3/100 U		
Abriebfaktor LNP (Thrust washer) Vergleichswert			
Statische Reibungszahl			
Dynamische Reibungszahl	(p·v= N/mm^2·		m/min)
Zulässiger p · v Wert	N/mm^2 · (m/min)	v=	m/min
		v=	m/min

Thermische Eigenschaften

Formbeständigkeit in der Wärme	*Verfahren* A			316 °C
	Verfahren B			316 °C
Vicat Erweichungstemperatur (VST)	*Verfahren*			°C
	Verfahren			°C
Kristallit-Schmelzpunkt	*Verfahren*			
Längenausdehnungskoeffizient	*Bereich* °C			$\cdot 10^{-4} K^{-1}$
	Temperatur 23 °C			$0.32 \cdot 10^{-4} K^{-1}$
Wärmeleitfähigkeit	*Verfahren* ASTM C 177		23 °C	0.65 W/(K · m)
Spezifische Wärmekapazität	*Verfahren*			J/(K · g)
Glasumwandlungstemperatur	*Torsionsschwingungsversuch*		°C	
	Differentialkalorimetrie		°C	

Brandverhalten

UL-Test vertikal	Dicke mm, Wert V-0	
	Dicke mm, Wert	

	Norm	*Bewertung*	*Abmessungen*
Sauerstoff-Index	ASTM D 2863		
Glühstab-Verfahren			
Brandverhalten	DIN 4102		
MVSS			
FAR			

Elektrische Eigenschaften

		Hz	°C		*Probekörper, Form*
Dielektrizitätszahl		50			
		10^3			
		10^6			
Dielektrischer Verlustfaktor tan δ		50			
		10^3			
		10^6			
Spezifischer Durchgangswiderstand	Ohm · cm		23	1.0*10**03	
Durchschlagfestigkeit	kV/mm				mm dick
Oberflächenwiderstand	Ohm		23	1.0*10**03	

Kriechstromfestigkeit	KC	KB	KA
Elektrolytische Korrosionswirkung			
Lichtbogenfestigkeit nach DIN			
nach ASTM s			

Beständigkeit *(Chemische Beständigkeit siehe Anhang)*

Wasseraufnahme 23 C	1 d	0.10 %	
Feuchtigkeitsaufnahme Normalklima			%
Wetterbeständigkeit			
Spannungskorrosion			

Optische Eigenschaften

Brechungszahl n_D		
Transmissionsgrad τ_c	%	mm dick
Lichtdurchlässigkeit		

Datenbank-Nr. **T01281** Merkblatt-Nr. **4343**

Produkt	Polyetheretherketon		**PEEK**
Handelsname	**Thermocomp Stat-Kon** <LC-1006>		
Hersteller	LNP		
DIN-Bez 1			
DIN-Bez 2			
Zusätze		*Füllstoffe/ Verstärkung*	30% Kohlefaser
Bevorzugte Verarbeitung	Spritzgiessen	*Lieferform*	Granulat
		Farben	
Besondere Merkmale	Extrem hohe Waermeformbestaendigkeit; Hoher Modul; Elektrostatisch ableitend	*Bevorzugte Anwendungen*	Transportbehaelter; Teil fuer integrierten Schaltkreis; Halterung fuer gedruckte Schaltung; Gehaeuse; Drukkerwalze; Rauchmelder; Elektronik; Elektrotechnik

Dichte	g/cm^3	1.39	*Schmelzindex*	g/10 min	:
Schüttdichte	g/cm^3		*Volumenfließindex*	cm^3/10 min	:
Viskositätszahl	ml/g				

Verarbeitungsbedingungen für Spritzgießen

Massetemp.	°C	*Schwindung*	% lgs 0.1, quer
Werkzeugtemp.	°C	*Bemerkungen*	
Spritzdruck	bar		

Zugversuch 23 °C ASTM D 638;

Probekörper: *Form* — *Herstellung* Spritzgiessen

Zustand — *Vorbehandlung* Normalklima

Streckspannung	N/mm^2		*Dehnung bei Streckspannung*	%
Zugfestigkeit	N/mm^2	213	*Reißdehnung*	%
Reißfestigkeit	N/mm^2		*% Dehnspannung*	N/mm^2
E-Modul	N/mm^2		*Dehnung bei % Dehnspg.*	%

Kriechmoduln und Zeitstandwerte 23 °C

Probekörper: *Form* — *Herstellung*

Zustand — *Vorbehandlung*

Kriechmodul	*1 min*	N/mm^2	*Zeitstandzugfestigkeit*	h	N/mm^2
Kriechmodul	*1000 h*	N/mm^2	*Zeitdehnspg. %*	h	N/mm^2
bei Spannung		N/mm^2			

Biegeversuch 23 °C ASTM D 790;

Probekörper: *Form* — *Herstellung* Spritzgiessen

Zustand — *Vorbehandlung* Normalklima

Biegefestigkeit	N/mm^2	248	*E-Modul*	N/mm^2	15100
3,5% *Biegespannung*	N/mm^2				

Härte 23 °C *Probekörper:* *Zustand* — *Herstellung*

Vorbehandlung

Kugeldruckhärte	N/mm^2 bei N, s	*Shore-Härte* A	
Rockwellhärte		*Shore-Härte* D	

Schlagversuch *Probekörper:* *(1)*

(2) V-Kerbe — *Herstellung* Spritzgiessen

Zustand — *Vorbehandlung* Normalklima

		°C	°C	°C	*Probekörper-Form*
Schlagzähigkeit	kJ/m^2				
Kerbschlagzähigkeit (1)	kJ/m^2				
IZOD-Kerbschlagzähigkeit (2)	J/m	23 64			
Kerbschlagzugzähigkeit	kJ/m^2				

Abrieb und Reibung

Taber-Abrieb (Reibradverfahren)	mm^3/100 U		
Abriebfaktor LNP (Thrust washer) Vergleichswert			
Statische Reibungszahl			
Dynamische Reibungszahl	(p · v = N/mm^2 ·		m/min)
Zulässiger p · v Wert	N/mm^2 · (m/min)	v =	m/min
		v =	m/min

Thermische Eigenschaften

Formbeständigkeit in der Wärme	*Verfahren* A			321 °C
	Verfahren B			321 °C
Vicat Erweichungstemperatur (VST)	*Verfahren*			°C
	Verfahren			°C
Kristallit-Schmelzpunkt	*Verfahren*			
Längenausdehnungskoeffizient	*Bereich*	°C		$\cdot 10^{-4}K^{-1}$
	Temperatur 23 °C			$0.13 \cdot 10^{-4}K^{-1}$
Wärmeleitfähigkeit	*Verfahren* ASTM C 177		23 °C	1.02 W/(K · m)
Spezifische Wärmekapazität	*Verfahren*			J/(K · g)
Glasumwandlungstemperatur	*Torsionsschwingungsversuch*		°C	
	Differentialkalorimetrie		°C	

Brandverhalten

UL-Test vertikal	Dicke	mm, Wert V-0
	Dicke	mm, Wert

	Norm	*Bewertung*	*Abmessungen*
Sauerstoff-Index	ASTM D 2863		
Glühstab-Verfahren			
Brandverhalten	DIN 4102		
MVSS			
FAR			

Elektrische Eigenschaften

		Hz	°C		*Probekörper, Form*
Dielektrizitätszahl		50			
		10^3			
		10^6			
Dielektrischer Verlustfaktor tan δ		50			
		10^3			
		10^6			
Spezifischer Durchgangs-widerstand	Ohm · cm		23	1.0*10**03	
Durchschlagfestigkeit	kV/mm				mm dick
Oberflächenwiderstand	Ohm		23	1.0*10**02	

Kriechstromfestigkeit	KC	KB	KA
Elektrolytische Korrosionswirkung			
Lichtbogenfestigkeit nach DIN			
nach ASTM	s		

Beständigkeit *(Chemische Beständigkeit siehe Anhang)*

Wasseraufnahme 23 C	1 d	0.10 %	
Feuchtigkeitsaufnahme Normalklima			%
Wetterbeständigkeit			
Spannungskorrosion			

Optische Eigenschaften

Brechungszahl n_D		
Transmissionsgrad τ_c	%	mm dick
Lichtdurchlässigkeit		

Produkt	Polybutylenterephthalat		**PBT**
Handelsname	**Pocan KU1-7041**		
Hersteller	BAYER		
DIN-Bez 1			
DIN-Bez 2			
Zusätze	Entformungsmittel; Brandschutzmittel	*Füllstoffe/ Verstärkung*	10% Glasfaser
Bevorzugte Verarbeitung	Spritzgiessen	*Lieferform*	Granulat
		Farben	
Besondere Merkmale	Schlagzaeh modifiziert; Flammwidrig; Hohe Dauergebrauchstemperatur	*Bevorzugte Anwendungen*	Stossfaenger

Dichte	g/cm^3	1.41	*Schmelzindex*	g/10 min	:
Schüttdichte	g/cm^3		*Volumenfließindex*	cm^3/10 min	:
Viskositätszahl	ml/g	77			

Verarbeitungsbedingungen für Spritzgießen

Massetemp.	°C	*Schwindung*	% lgs , quer
Werkzeugtemp.	°C	*Bemerkungen*	
Spritzdruck	bar		

Zugversuch 23 °C DIN 53455; ISO R/527; DIN 53457; ISO R/527

Probekörper: *Form* Nr. 3; 4 mm dick — *Herstellung* Spritzgiessen
Zustand — *Vorbehandlung* Normalklima

Streckspannung	N/mm^2		*Dehnung bei Streckspannung*	%	
Zugfestigkeit	N/mm^2	70	*Reißdehnung*	%	3
Reißfestigkeit	N/mm^2		*% Dehnspannung*	N/mm^2	
E-Modul	N/mm^2	4500	*Dehnung bei % Dehnspg.*	%	

Kriechmoduln und Zeitstandwerte 23 °C

Probekörper: *Form* — *Herstellung*
Zustand — *Vorbehandlung*

Kriechmodul	*1 min* N/mm^2	*Zeitstandzugfestigkeit*	h	N/mm^2
Kriechmodul	*1000 h* N/mm^2	*Zeitdehnspg. %*	h	N/mm^2
bei Spannung	N/mm^2			

Biegeversuch 23 °C

Probekörper: *Form* — *Herstellung*
Zustand — *Vorbehandlung*

Biegefestigkeit	N/mm^2	*E-Modul*	N/mm^2
3,5% *Biegespannung*	N/mm^2		

Härte 23 °C *Probekörper:* *Zustand* — *Herstellung*
Vorbehandlung

Kugeldruckhärte	N/mm^2 bei N, s	*Shore-Härte*	A
Rockwellhärte		*Shore-Härte*	D

Schlagversuch *Probekörper:* *(1)*
(2) — *Herstellung*
Zustand — *Vorbehandlung*

		°C	°C	°C	*Probekörper-Form*
Schlagzähigkeit	kJ/m^2				
Kerbschlagzähigkeit (1)	kJ/m^2				
IZOD-Kerbschlagzähigkeit (2)	J/m				
Kerbschlagzugzähigkeit	kJ/m^2				

Abrieb und Reibung

Taber-Abrieb (Reibradverfahren)	$mm^3/100$ U		
Abriebfaktor LNP (Thrust washer) Vergleichswert			
Statische Reibungszahl			
Dynamische Reibungszahl	(p·v= N/mm^2·		m/min)
Zulässiger p · v Wert	N/mm^2 · (m/min)	v=	m/min
		v=	m/min

Thermische Eigenschaften

Formbeständigkeit in der Wärme	*Verfahren*	A		180 °C
	Verfahren	B		205 °C
Vicat Erweichungstemperatur (VST)	*Verfahren*			°C
	Verfahren			°C
Kristallit-Schmelzpunkt	*Verfahren*			
Längenausdehnungskoeffizient	*Bereich*	23–80	°C	$0.45 \cdot 10^{-4}K^{-1}$
	Temperatur			$\cdot 10^{-4}K^{-1}$
Wärmeleitfähigkeit	*Verfahren*			W/(K · m)
Spezifische Wärmekapazität	*Verfahren*			J/(K · g)
Glasumwandlungstemperatur	*Torsionsschwingungsversuch*		°C	
	Differentialkalorimetrie		°C	

Brandverhalten

UL-Test vertikal	Dicke	mm, Wert V-0
	Dicke	mm, Wert

	Norm	*Bewertung*	*Abmessungen*
Sauerstoff-Index	ASTM D 2863		
Glühstab-Verfahren			
Brandverhalten	DIN 4102		
MVSS			
FAR			

Elektrische Eigenschaften

		Hz	°C			*Probekörper, Form*
Dielektrizitätszahl		50	23	3.9		Durchmesser 80x1 mm
		10^3	23	3.7		Durchmesser 80x1 mm
		10^6				
Dielektrischer Verlustfaktor tan δ		50	23	0.005		Durchmesser 80x1 mm
		10^3	23	0.026		Durchmesser 80x1 mm
		10^6				
Spezifischer Durchgangs-widerstand	Ohm · cm		23	1*10**14		Durchmesser 80x1 mm
Durchschlagfestigkeit	kV/mm		23	21		1 mm dick
Oberflächenwiderstand	Ohm		23	1*10**15		Durchmesser 80x1 mm
Kriechstromfestigkeit		KC		KB	KA	
Elektrolytische Korrosionswirkung		A 1				30x10x4 mm
Lichtbogenfestigkeit nach DIN						
nach ASTM	s					

Beständigkeit *(Chemische Beständigkeit siehe Anhang)*

Wasseraufnahme

Feuchtigkeitsaufnahme Normalklima %

Wetterbeständigkeit

Spannungskorrosion

Optische Eigenschaften

Brechungszahl n_D

Transmissionsgrad τ_c % mm dick

Lichtdurchlässigkeit

Datenbank-Nr.	**T01628**	*Merkblatt-Nr.*	**4345**

Produkt	Polybutylenterephthalat		**PBT**
Handelsname	**Pocan KU1-7236**		
Hersteller	BAYER		
DIN-Bez 1			
DIN-Bez 2			
Zusätze	Entformungsmittel; Brandschutzmittel; Waermestabilisator	*Füllstoffe/ Verstärkung*	30% Glasfaser
Bevorzugte Verarbeitung	Spritzgiessen	*Lieferform*	Granulat
		Farben	
Besondere Merkmale	Flammwidrig; Stabiles Flammschutzsystem	*Bevorzugte Anwendungen*	

Dichte	g/cm^3	1.69	*Schmelzindex*	g/10 min	:	
Schüttdichte	g/cm^3		*Volumenfließindex*	$cm^3/10$ min	5:	260/2.16
Viskositätszahl	ml/g	72				

Verarbeitungsbedingungen für Spritzgießen

Massetemp.	°C	*Schwindung*	% lgs , quer
Werkzeugtemp.	°C	*Bemerkungen*	
Spritzdruck	bar		

Zugversuch 23 °C DIN 53455; ISO R/527; DIN 53457; ISO R/527

Probekörper: *Form* Nr. 3; 4 mm dick — *Herstellung* Spritzgiessen
Zustand — *Vorbehandlung* Normalklima

Streckspannung	N/mm^2		*Dehnung bei Streckspannung*	%	
Zugfestigkeit	N/mm^2	130	*Reißdehnung*	%	2
Reißfestigkeit	N/mm^2		*% Dehnspannung*	N/mm^2	
E-Modul	N/mm^2	11000	*Dehnung bei % Dehnspg.*	%	

Kriechmoduln und Zeitstandwerte 23 °C

Probekörper: *Form* — *Herstellung*
Zustand — *Vorbehandlung*

Kriechmodul	*1 min* N/mm^2	*Zeitstandzugfestigkeit*	h	N/mm^2
Kriechmodul	*1000 h* N/mm^2	*Zeitdehnspg. %*	h	N/mm^2
bei Spannung	N/mm^2			

Biegeversuch 23 °C

Probekörper: *Form* — *Herstellung*
Zustand — *Vorbehandlung*

Biegefestigkeit	N/mm^2	*E-Modul*	N/mm^2
3,5% *Biegespannung*	N/mm^2		

Härte 23 °C *Probekörper:* *Zustand* — *Herstellung*
Vorbehandlung

Kugeldruckhärte	N/mm^2 bei N, s	*Shore-Härte* A	
Rockwellhärte		*Shore-Härte* D	

Schlagversuch *Probekörper:* *(1)*
(2) — *Herstellung*
Zustand — *Vorbehandlung*

	°C	°C	°C	*Probekörper-Form*
Schlagzähigkeit kJ/m^2				
Kerbschlagzähigkeit (1) kJ/m^2				
IZOD-Kerbschlagzähigkeit (2) J/m				
Kerbschlagzugzähigkeit kJ/m^2				

Abrieb und Reibung

Taber-Abrieb (Reibradverfahren)	mm^3/100 U		
Abriebfaktor LNP (Thrust washer) Vergleichswert			
Statische Reibungszahl			
Dynamische Reibungszahl	(p · v =	N/mm^2 ·	m/min)
Zulässiger p · v Wert	N/mm^2 · (m/min)	v =	m/min
		v =	m/min

Thermische Eigenschaften

Formbeständigkeit in der Wärme	*Verfahren*	A		195 °C
	Verfahren	B		210 °C
Vicat Erweichungstemperatur (VST)	*Verfahren*			°C
	Verfahren			°C
Kristallit-Schmelzpunkt	*Verfahren*			
Längenausdehnungskoeffizient	*Bereich*	23–80	°C	0.25 · $10^{-4}K^{-1}$
	Temperatur			· $10^{-4}K^{-1}$
Wärmeleitfähigkeit	*Verfahren*			W/(K · m)
Spezifische Wärmekapazität	*Verfahren*			J/(K · g)
Glasumwandlungstemperatur	*Torsionsschwingungsversuch*		°C	
	Differentialkalorimetrie		°C	

Brandverhalten

UL-Test vertikal	Dicke 0.79 mm,	Wert V-0
	Dicke mm,	Wert

	Norm	*Bewertung*	*Abmessungen*
Sauerstoff-Index	ASTM D 2863		
Glühstab-Verfahren			
Brandverhalten	DIN 4102		
MVSS			
FAR			

Elektrische Eigenschaften

		Hz	°C			*Probekörper, Form*
Dielektrizitätszahl		50	23	4		Durchmesser 80x1 mm
		10^3	23	3.9		Durchmesser 80x1 mm
		10^6				
Dielektrischer Verlustfaktor tan δ		50	23	0.005		Durchmesser 80x1 mm
		10^3	23	0.016		Durchmesser 80x1 mm
		10^6				
Spezifischer Durchgangs-widerstand	Ohm · cm		23	≧1*10**15		Durchmesser 80x1 mm
Durchschlagfestigkeit	kV/mm		23	29		1 mm dick
Oberflächenwiderstand	Ohm		23	≧1*10**15		Durchmesser 80x1 mm
Kriechstromfestigkeit		KC		KB	KA	
Elektrolytische Korrosionswirkung		A 1				30x10x4 mm
Lichtbogenfestigkeit nach DIN						
nach ASTM	s					

Beständigkeit *(Chemische Beständigkeit siehe Anhang)*

Wasseraufnahme

Feuchtigkeitsaufnahme Normalklima %

Wetterbeständigkeit

Spannungskorrosion

Optische Eigenschaften

Brechungszahl n_D

Transmissionsgrad τ_c % mm dick

Lichtdurchlässigkeit

Datenbank-Nr. **T01629** *Merkblatt-Nr.* **4346**

Produkt	Polybutylenterephthalat		**PBT**
Handelsname	**Pocan KU1-7304**		
Hersteller	BAYER		
DIN-Bez 1			
DIN-Bez 2			
Zusätze		*Füllstoffe/ Verstärkung*	
Bevorzugte Verarbeitung		*Lieferform*	
		Farben	
Besondere Merkmale		*Bevorzugte Anwendungen*	

Dichte	g/cm^3	1.28	*Schmelzindex*	g/10 min	:	
Schüttdichte	g/cm^3		*Volumenfließindex*	cm^3/10 min	17:	270/2.16
Viskositätszahl	ml/g	111				

Verarbeitungsbedingungen für Spritzgießen

Massetemp.	°C	*Schwindung*	% lgs , quer
Werkzeugtemp.	°C	*Bemerkungen*	
Spritzdruck	bar		

Zugversuch 23 °C DIN 53455; ISO R/527; DIN 53457; ISO R/527

Probekörper: *Form* Nr. 3; 4 mm dick — *Herstellung* Spritzgiessen

Zustand — *Vorbehandlung* Normalklima

Streckspannung	N/mm^2	63	*Dehnung bei Streckspannung*	%	4.8
Zugfestigkeit	N/mm^2		*Reißdehnung*	%	≧50
Reißfestigkeit	N/mm^2		*% Dehnspannung*	N/mm^2	
E-Modul	N/mm^2	2600	*Dehnung bei % Dehnspg.*	%	

Kriechmoduln und Zeitstandwerte 23 °C

Probekörper: *Form* — *Herstellung*

Zustand — *Vorbehandlung*

Kriechmodul	*1 min*	N/mm^2	*Zeitstandzugfestigkeit*	h	N/mm^2
Kriechmodul	*1000 h*	N/mm^2	*Zeitdehnspg. %*	h	N/mm^2
bei Spannung		N/mm^2			

Biegeversuch 23 °C

Probekörper: *Form* — *Herstellung*

Zustand — *Vorbehandlung*

Biegefestigkeit	N/mm^2	*E-Modul*	N/mm^2
3,5% *Biegespannung*	N/mm^2		

Härte 23 °C *Probekörper:* *Zustand* — *Herstellung*

Vorbehandlung

Kugeldruckhärte	N/mm^2 bei N, s	*Shore-Härte* A	
Rockwellhärte		*Shore-Härte* D	

Schlagversuch *Probekörper:* *(1)*

(2) — *Herstellung*

Zustand — *Vorbehandlung*

	°C	°C	°C	*Probekörper-Form*
Schlagzähigkeit kJ/m^2				
Kerbschlagzähigkeit (1) kJ/m^2				
IZOD-Kerbschlagzähigkeit (2) J/m				
Kerbschlagzugzähigkeit kJ/m^2				

Abrieb und Reibung

Taber-Abrieb (Reibradverfahren)	mm^3/100 U		
Abriebfaktor LNP (Thrust washer) Vergleichswert			
Statische Reibungszahl			
Dynamische Reibungszahl	(p·v= N/mm^2·		m/min)
Zulässiger p · v Wert	N/mm^2 · (m/min)	v=	m/min
		v=	m/min

Thermische Eigenschaften

Formbeständigkeit in der Wärme	*Verfahren*	A		84 °C
	Verfahren	B		118 °C
Vicat Erweichungstemperatur (VST)	*Verfahren*	A/50		210 °C
	Verfahren	B/50		145 °C
Kristallit-Schmelzpunkt	*Verfahren*			
Längenausdehnungskoeffizient	*Bereich*	23–80	°C	$1.2 \cdot 10^{-4}K^{-1}$
	Temperatur			$\cdot 10^{-4}K^{-1}$
Wärmeleitfähigkeit	*Verfahren*			W/(K · m)
Spezifische Wärmekapazität	*Verfahren*			J/(K · g)
Glasumwandlungstemperatur	*Torsionsschwingungsversuch*		°C	
	Differentialkalorimetrie		°C	

Brandverhalten

UL-Test vertikal	Dicke 0.8 mm, Wert HB
	Dicke mm, Wert

	Norm	*Bewertung*	*Abmessungen*
Sauerstoff-Index	ASTM D 2863		
Glühstab-Verfahren			
Brandverhalten	DIN 4102		
MVSS			
FAR			

Elektrische Eigenschaften

		Hz	°C		*Probekörper, Form*
Dielektrizitätszahl		50	23	3.4	Durchmesser 80x1 mm
		10^3	23	3.1	Durchmesser 80x1 mm
		10^6			
Dielektrischer Verlustfaktor tan δ		50	23	0.0011	Durchmesser 80x1 mm
		10^3	23	0.0179	Durchmesser 80x1 mm
		10^6			
Spezifischer Durchgangs-widerstand	Ohm · cm		23	≧1*10**15	Durchmesser 80x1 mm
Durchschlagfestigkeit	kV/mm		23	20	1 mm dick
Oberflächenwiderstand	Ohm		23	≧1*10**15	Durchmesser 80x1 mm

Kriechstromfestigkeit	KC	KB	KA	
Elektrolytische Korrosionswirkung	A 1			30x10x4 mm
Lichtbogenfestigkeit nach DIN				
nach ASTM s				

Beständigkeit *(Chemische Beständigkeit siehe Anhang)*

Wasseraufnahme	
Feuchtigkeitsaufnahme Normalklima	0.07 %
Wetterbeständigkeit	
Spannungskorrosion	

Optische Eigenschaften

Brechungszahl n_D		
Transmissionsgrad τ_c	%	mm dick
Lichtdurchlässigkeit		

Datenbank-Nr. **T01630** *Merkblatt-Nr.* **4347**

Produkt	Polybutylenterephthalat		**PBT**
Handelsname	**Pocan KU1-7376**		
Hersteller	BAYER		
DIN-Bez 1			
DIN-Bez 2			
Zusätze	Entformungsmittel; Waermestabilisator; 25% Weisspigment	*Füllstoffe/ Verstärkung*	
Bevorzugte Verarbeitung	Spritzgiessen	*Lieferform*	Granulat
		Farben	
Besondere Merkmale	Spezialtyp mit hoher Lichtdichte und Reflexion	*Bevorzugte Anwendungen*	

Dichte	g/cm³	1.55	*Schmelzindex*	g/10 min		:	
Schüttdichte	g/cm³		*Volumenfließindex*	cm³/10 min		12:	260/2.16
Viskositätszahl	ml/g	97					

Verarbeitungsbedingungen für Spritzgießen

Massetemp.	°C	*Schwindung*	%	lgs	, quer
Werkzeugtemp.	°C	*Bemerkungen*			
Spritzdruck	bar				

Zugversuch 23 °C DIN 53455; ISO R/527; DIN 53457; ISO R/527

Probekörper: *Form* Nr. 3; 4 mm dick — *Herstellung* Spritzgiessen
Zustand — *Vorbehandlung* Normalklima

Streckspannung	N/mm²	65	*Dehnung bei Streckspannung*	%	3
Zugfestigkeit	N/mm²		*Reißdehnung*	%	4.5
Reißfestigkeit	N/mm²		*% Dehnspannung*	N/mm²	
E-Modul	N/mm²	3500	*Dehnung bei % Dehnspg.*	%	

Kriechmoduln und Zeitstandwerte 23 °C

Probekörper: *Form* — *Herstellung*
Zustand — *Vorbehandlung*

Kriechmodul	*1 min*	N/mm²	*Zeitstandzugfestigkeit*	h	N/mm²
Kriechmodul	*1000 h*	N/mm²	*Zeitdehnspg. %*	h	N/mm²
bei Spannung		N/mm²			

Biegeversuch 23 °C

Probekörper: *Form* — *Herstellung*
Zustand — *Vorbehandlung*

Biegefestigkeit	N/mm²	*E-Modul*	N/mm²
3,5% *Biegespannung*	N/mm²		

Härte 23 °C *Probekörper:* *Zustand* — *Herstellung*
Vorbehandlung

Kugeldruckhärte	N/mm²	bei	N, s	*Shore-Härte* A
Rockwellhärte				*Shore-Härte* D

Schlagversuch *Probekörper:* *(1)*
(2) — *Herstellung*
Zustand — *Vorbehandlung*

°C °C °C *Probekörper-Form*

Schlagzähigkeit	kJ/m²
Kerbschlagzähigkeit (1)	kJ/m²
IZOD-Kerbschlagzähigkeit (2)	J/m
Kerbschlagzugzähigkeit	kJ/m²

Abrieb und Reibung

Taber-Abrieb (Reibradverfahren)	mm^3/100 U		
Abriebfaktor LNP (Thrust washer) Vergleichswert			
Statische Reibungszahl			
Dynamische Reibungszahl	(p·v= N/mm^2·		m/min)
Zulässiger p · v Wert	N/mm^2 · (m/min)	v=	m/min
		v=	m/min

Thermische Eigenschaften

Formbeständigkeit in der Wärme	*Verfahren*	A		75 °C
	Verfahren	B		120 °C
Vicat Erweichungstemperatur (VST)	*Verfahren*			°C
	Verfahren			°C
Kristallit-Schmelzpunkt	*Verfahren*			
Längenausdehnungskoeffizient	*Bereich*	23–80	°C	$1.05 \cdot 10^{-4} K^{-1}$
	Temperatur			$\cdot 10^{-4} K^{-1}$
Wärmeleitfähigkeit	*Verfahren*			W/(K · m)
Spezifische Wärmekapazität	*Verfahren*			J/(K · g)
Glasumwandlungstemperatur	*Torsionsschwingungsversuch*		°C	
	Differentialkalorimetrie		°C	

Brandverhalten

UL-Test vertikal	Dicke	mm, Wert HB
	Dicke	mm, Wert

	Norm	*Bewertung*	*Abmessungen*
Sauerstoff-Index	ASTM D 2863		
Glühstab-Verfahren			
Brandverhalten	DIN 4102		
MVSS			
FAR			

Elektrische Eigenschaften

		Hz	°C		*Probekörper, Form*
Dielektrizitätszahl		50	23	4.4	Durchmesser 80x1 mm
		10^3	23	4.3	Durchmesser 80x1 mm
		10^6			
Dielektrischer Verlustfaktor tan δ		50	23	0.002	Durchmesser 80x1 mm
		10^3	23	0.016	Durchmesser 80x1 mm
		10^6			
Spezifischer Durchgangs-widerstand	Ohm · cm		23	1*10**16	Durchmesser 80x1 mm
Durchschlagfestigkeit	kV/mm		23	20	1 mm dick
Oberflächenwiderstand	Ohm		23	1*10**15	Durchmesser 80x1 mm

Kriechstromfestigkeit	KC	KB	KA	
Elektrolytische Korrosionswirkung	A 1			30x10x4 mm
Lichtbogenfestigkeit nach DIN				
nach ASTM s				

Beständigkeit *(Chemische Beständigkeit siehe Anhang)*

Wasseraufnahme

Feuchtigkeitsaufnahme Normalklima %

Wetterbeständigkeit

Spannungskorrosion

Optische Eigenschaften

Brechungszahl n_D

Transmissionsgrad τ_c % mm dick

Lichtdurchlässigkeit

Datenbank-Nr.	**T01631**		Merkblatt-Nr. **4348**

Produkt	Polybutylenterephthalat		**PBT**
Handelsname	**Pocan KU1-7800**		
Hersteller	BAYER		
DIN-Bez 1			
DIN-Bez 2			
Zusätze		*Füllstoffe/ Verstärkung*	
Bevorzugte Verarbeitung		*Lieferform*	
		Farben	
Besondere Merkmale	Sehr hohe Viskositaet; BGA-Typ; FDA-Typ	*Bevorzugte Anwendungen*	Lichtwellenleiterummantelung

Dichte	g/cm^3	1.31	*Schmelzindex*	g/10 min	:	
Schüttdichte	g/cm^3		*Volumenfließindex*	$cm^3/10$ min	10:	260/2.16
Viskositätszahl	ml/g	167				

Verarbeitungsbedingungen für Spritzgießen

Massetemp.	°C	*Schwindung*	% lgs , quer
Werkzeugtemp.	°C	*Bemerkungen*	
Spritzdruck	bar		

Zugversuch 23 °C DIN 53455; ISO R/527; DIN 53457; ISO R/527

Probekörper: *Form* Nr. 3; 4 mm dick *Zustand* — *Herstellung* Spritzgiessen *Vorbehandlung* Normalklima

Streckspannung	N/mm^2	55	*Dehnung bei Streckspannung*	%	3.6
Zugfestigkeit	N/mm^2		*Reißdehnung*	%	≧50
Reißfestigkeit	N/mm^2		*% Dehnspannung*	N/mm^2	
E-Modul	N/mm^2	2500	*Dehnung bei % Dehnspg.*	%	

Kriechmoduln und Zeitstandwerte 23 °C

Probekörper: *Form* *Zustand* — *Herstellung* *Vorbehandlung*

Kriechmodul	*1 min*	N/mm^2	*Zeitstandzugfestigkeit*	h	N/mm^2
Kriechmodul	*1000 h*	N/mm^2	*Zeitdehnspg. %*	h	N/mm^2
bei Spannung		N/mm^2			

Biegeversuch 23 °C

Probekörper: *Form* *Zustand* — *Herstellung* *Vorbehandlung*

Biegefestigkeit	N/mm^2	*E-Modul*	N/mm^2
3,5% *Biegespannung*	N/mm^2		

Härte 23 °C *Probekörper:* *Zustand* — *Herstellung* *Vorbehandlung*

Kugeldruckhärte	N/mm^2 bei N, s	*Shore-Härte* A	
Rockwellhärte		*Shore-Härte* D	

Schlagversuch *Probekörper:* *(1)* *(2)* *Zustand* — *Herstellung* *Vorbehandlung*

		°C	°C	°C	*Probekörper-Form*
Schlagzähigkeit	kJ/m^2				
Kerbschlagzähigkeit (1)	kJ/m^2				
IZOD-Kerbschlagzähigkeit (2)	J/m				
Kerbschlagzugzähigkeit	kJ/m^2				

Abrieb und Reibung

Taber-Abrieb (Reibradverfahren)	mm^3/100 U		
Abriebfaktor LNP (Thrust washer) Vergleichswert			
Statische Reibungszahl			
Dynamische Reibungszahl	(p·v= N/mm^2·		m/min)
Zulässiger p · v Wert	N/mm^2 · (m/min)	v=	m/min
		v=	m/min

Thermische Eigenschaften

Formbeständigkeit in der Wärme	*Verfahren*	A		57 °C
	Verfahren	B		146 °C
Vicat Erweichungstemperatur (VST)	*Verfahren*	A/50		220 °C
	Verfahren	B/50		170 °C
Kristallit-Schmelzpunkt	*Verfahren*			
Längenausdehnungskoeffizient	*Bereich*	23–80	°C	$1.2 \cdot 10^{-4} K^{-1}$
	Temperatur			$\cdot 10^{-4} K^{-1}$
Wärmeleitfähigkeit	*Verfahren*			W/(K · m)
Spezifische Wärmekapazität	*Verfahren*			J/(K · g)
Glasumwandlungstemperatur	*Torsionsschwingungsversuch*		°C	
	Differentialkalorimetrie		°C	

Brandverhalten

UL-Test vertikal Dicke 0.8 mm, Wert HB
Dicke mm, Wert

	Norm	*Bewertung*	*Abmessungen*
Sauerstoff-Index	ASTM D 2863		
Glühstab-Verfahren			
Brandverhalten	DIN 4102		
MVSS			
FAR			

Elektrische Eigenschaften

		Hz	°C		*Probekörper, Form*
Dielektrizitätszahl		50	23	3.4	Durchmesser 80x1 mm
		10^3	23	3.2	Durchmesser 80x1 mm
		10^6			
Dielektrischer Verlustfaktor tan δ		50	23	0.0012	Durchmesser 80x1 mm
		10^3	23	0.0211	Durchmesser 80x1 mm
		10^6			
Spezifischer Durchgangs-widerstand	Ohm · cm		23	≧1*10**15	Durchmesser 80x1 mm
Durchschlagfestigkeit	kV/mm		23	19	1 mm dick
Oberflächenwiderstand	Ohm		23	≧1*10**15	Durchmesser 80x1 mm

Kriechstromfestigkeit	KC	KB	KA	
Elektrolytische Korrosionswirkung	A 1			30x10x4 mm
Lichtbogenfestigkeit nach DIN				
nach ASTM s				

Beständigkeit *(Chemische Beständigkeit siehe Anhang)*

Wasseraufnahme

Feuchtigkeitsaufnahme Normalklima 0.07 %
Wetterbeständigkeit

Spannungskorrosion

Optische Eigenschaften

Brechungszahl n_D
Transmissionsgrad τ_c % mm dick
Lichtdurchlässigkeit

Produkt	Polybutylenterephthalat		**PBT**
Handelsname	**Pocan KU1-7913/1**		
Hersteller	BAYER		
DIN-Bez 1			
DIN-Bez 2			
Zusätze	Entformungsmittel; Waermestabilisator; Elastomer	*Füllstoffe/ Verstärkung*	
Bevorzugte Verarbeitung	Spritzgiessen	*Lieferform*	Granulat
		Farben	
Besondere Merkmale	Schlagzaeh modifiziert; Hervorragende Tieftemperaturbestaendigkeit	*Bevorzugte Anwendungen*	Stossfaenger

Dichte	g/cm^3	1.2	*Schmelzindex*	g/10 min	:
Schüttdichte	g/cm^3		*Volumenfließindex*	cm^3/10 min	:
Viskositätszahl	ml/g	90			

Verarbeitungsbedingungen für Spritzgießen

Massetemp.	°C	*Schwindung*	% lgs , quer
Werkzeugtemp.	°C	*Bemerkungen*	
Spritzdruck	bar		

Zugversuch 23 °C DIN 53455; ISO R/527; DIN 53457; ISO R/527

Probekörper: *Form* Nr. 3; 4 mm dick — *Herstellung* Spritzgiessen
Zustand — *Vorbehandlung* Normalklima

Streckspannung	N/mm^2	44	*Dehnung bei Streckspannung*	%	4.4
Zugfestigkeit	N/mm^2		*Reißdehnung*	%	≧50
Reißfestigkeit	N/mm^2		*% Dehnspannung*	N/mm^2	
E-Modul	N/mm^2	1770	*Dehnung bei % Dehnspg.*	%	

Kriechmoduln und Zeitstandwerte 23 °C

Probekörper: *Form* — *Herstellung*
Zustand — *Vorbehandlung*

Kriechmodul	*1 min*	N/mm^2	*Zeitstandzugfestigkeit*	h	N/mm^2
Kriechmodul	*1000 h*	N/mm^2	*Zeitdehnspg. %*	h	N/mm^2
bei Spannung		N/mm^2			

Biegeversuch 23 °C

Probekörper: *Form* — *Herstellung*
Zustand — *Vorbehandlung*

Biegefestigkeit	N/mm^2	*E-Modul*	N/mm^2
3,5% *Biegespannung*	N/mm^2		

Härte 23 °C *Probekörper:* *Zustand* — *Herstellung*
Vorbehandlung

Kugeldruckhärte	N/mm^2 bei N, s	*Shore-Härte* A	
Rockwellhärte		*Shore-Härte* D	

Schlagversuch *Probekörper:* *(1)*
(2) — *Herstellung*
Zustand — *Vorbehandlung*

		°C	°C	°C	*Probekörper-Form*
Schlagzähigkeit	kJ/m^2				
Kerbschlagzähigkeit (1)	kJ/m^2				
IZOD-Kerbschlagzähigkeit (2)	J/m				
Kerbschlagzugzähigkeit	kJ/m^2				

Abrieb und Reibung

Taber-Abrieb (Reibradverfahren)	mm^3/100 U		
Abriebfaktor LNP (Thrust washer) Vergleichswert			
Statische Reibungszahl			
Dynamische Reibungszahl	(p · v =	N/mm^2 ·	m/min)
Zulässiger p · v Wert	N/mm^2 · (m/min)	v =	m/min
		v =	m/min

Thermische Eigenschaften

Formbeständigkeit in der Wärme	*Verfahren*	A		54 °C
	Verfahren	B		102 °C
Vicat Erweichungstemperatur (VST)	*Verfahren*	A/50		160 °C
	Verfahren	B/50		115 °C
Kristallit-Schmelzpunkt	*Verfahren*			
Längenausdehnungskoeffizient	*Bereich*	23–80	°C	$1.5 \cdot 10^{-4} K^{-1}$
	Temperatur			$\cdot 10^{-4} K^{-1}$
Wärmeleitfähigkeit	*Verfahren*			W/(K · m)
Spezifische Wärmekapazität	*Verfahren*			J/(K · g)
Glasumwandlungstemperatur	*Torsionsschwingungsversuch*		°C	
	Differentialkalorimetrie		°C	

Brandverhalten

UL-Test vertikal	Dicke	mm, Wert HB
	Dicke	mm, Wert

	Norm	*Bewertung*	*Abmessungen*
Sauerstoff-Index	ASTM D 2863		
Glühstab-Verfahren			
Brandverhalten	DIN 4102		
MVSS			
FAR			

Elektrische Eigenschaften

		Hz	°C		*Probekörper, Form*
Dielektrizitätszahl		50	23	3.2	Durchmesser 80x1 mm
		10^3	23	3.1	Durchmesser 80x1 mm
		10^6			
Dielektrischer Verlustfaktor tan δ		50	23	0.002	Durchmesser 80x1 mm
		10^3	23	0.014	Durchmesser 80x1 mm
		10^6			
Spezifischer Durchgangs-widerstand	Ohm · cm		23	≧1*10**15	Durchmesser 80x1 mm
Durchschlagfestigkeit	kV/mm		23	22	1 mm dick
Oberflächenwiderstand	Ohm		23	≧1*10**15	Durchmesser 80x1 mm

Kriechstromfestigkeit	KC	KB	KA	
Elektrolytische Korrosionswirkung	A 1			30x10x4 mm
Lichtbogenfestigkeit nach DIN				
nach ASTM s				

Beständigkeit *(Chemische Beständigkeit siehe Anhang)*

Wasseraufnahme

Feuchtigkeitsaufnahme Normalklima %

Wetterbeständigkeit

Spannungskorrosion

Optische Eigenschaften

Brechungszahl n_D

Transmissionsgrad τ_c % mm dick

Lichtdurchlässigkeit

Datenbank-Nr. **T01694** Merkblatt-Nr. **4350**

Produkt	Polybutylenterephthalat		**PBT**
Handelsname	**Pocan KU1-7914/1**		
Hersteller	BAYER		
DIN-Bez 1			
DIN-Bez 2			
Zusätze	Entformungsmittel; Waermestabilisator; Elastomer	*Füllstoffe/ Verstärkung*	
Bevorzugte Verarbeitung	Spritzgiessen	*Lieferform*	Granulat
		Farben	
Besondere Merkmale	Schlagzaeh modifiziert; Hervorragende Tieftemperaturbestaendigkeit	*Bevorzugte Anwendungen*	Stossfaenger

Dichte	g/cm^3	1.2	*Schmelzindex*	g/10 min	:	
Schüttdichte	g/cm^3		*Volumenfließindex*	cm^3/10 min	5:	260/2.16
Viskositätszahl	ml/g	92				

Verarbeitungsbedingungen für Spritzgießen

Massetemp.	°C	*Schwindung*	% lgs , quer
Werkzeugtemp.	°C	*Bemerkungen*	
Spritzdruck	bar		

Zugversuch 23 °C DIN 53455; ISO R/527; DIN 53457; ISO R/527

Probekörper: *Form* Nr. 3; 4 mm dick — *Herstellung* Spritzgiessen

Zustand — *Vorbehandlung* Normalklima

Streckspannung	N/mm^2	39	*Dehnung bei Streckspannung*	%	3.5
Zugfestigkeit	N/mm^2		*Reißdehnung*	%	≧50
Reißfestigkeit	N/mm^2		*% Dehnspannung*	N/mm^2	
E-Modul	N/mm^2	1700	*Dehnung bei % Dehnspg.*	%	

Kriechmoduln und Zeitstandwerte 23 °C

Probekörper: *Form* — *Herstellung*

Zustand — *Vorbehandlung*

Kriechmodul	*1 min* N/mm^2	*Zeitstandzugfestigkeit*	h N/mm^2
Kriechmodul	*1000 h* N/mm^2	*Zeitdehnspg.* %	h N/mm^2
bei Spannung	N/mm^2		

Biegeversuch 23 °C

Probekörper: *Form* — *Herstellung*

Zustand — *Vorbehandlung*

Biegefestigkeit	N/mm^2	*E-Modul*	N/mm^2
3,5% *Biegespannung*	N/mm^2		

Härte 23 °C *Probekörper:* *Zustand* — *Herstellung*

Vorbehandlung

Kugeldruckhärte	N/mm^2 bei N, s	*Shore-Härte* A	
Rockwellhärte		*Shore-Härte* D	

Schlagversuch *Probekörper:* *(1)*

(2) — *Herstellung*

Zustand — *Vorbehandlung*

°C °C °C *Probekörper-Form*

Schlagzähigkeit	kJ/m^2
Kerbschlagzähigkeit (1)	kJ/m^2
IZOD-Kerbschlagzähigkeit (2)	J/m
Kerbschlagzugzähigkeit	kJ/m^2

Abrieb und Reibung

Taber-Abrieb (Reibradverfahren)	mm^3/100 U		
Abriebfaktor LNP (Thrust washer) Vergleichswert			
Statische Reibungszahl			
Dynamische Reibungszahl	(p · v =	N/mm^2 ·	m/min)
Zulässiger p · v Wert	N/mm^2 · (m/min)	v =	m/min
		v =	m/min

Thermische Eigenschaften

Formbeständigkeit in der Wärme	*Verfahren*	A		56 °C
	Verfahren	B		102 °C
Vicat Erweichungstemperatur (VST)	*Verfahren*	A/50		160 °C
	Verfahren	B/50		115 °C
Kristallit-Schmelzpunkt	*Verfahren*			
Längenausdehnungskoeffizient	*Bereich*	23–80	°C	$1.2 \cdot 10^{-4} K^{-1}$
	Temperatur			$\cdot 10^{-4} K^{-1}$
Wärmeleitfähigkeit	*Verfahren*			W/(K · m)
Spezifische Wärmekapazität	*Verfahren*			J/(K · g)
Glasumwandlungstemperatur	*Torsionsschwingungsversuch*		°C	
	Differentialkalorimetrie		°C	

Brandverhalten

UL-Test vertikal	Dicke	mm, Wert HB
	Dicke	mm, Wert

	Norm	*Bewertung*	*Abmessungen*
Sauerstoff-Index	ASTM D 2863		
Glühstab-Verfahren			
Brandverhalten	DIN 4102		
MVSS			
FAR			

Elektrische Eigenschaften

		Hz	°C		*Probekörper, Form*
Dielektrizitätszahl		50	23	3.2	Durchmesser 80x1 mm
		10^3	23	3.1	Durchmesser 80x1 mm
		10^6			
Dielektrischer Verlustfaktor tan δ		50	23	0.002	Durchmesser 80x1 mm
		10^3	23	0.014	Durchmesser 80x1 mm
		10^6			
Spezifischer Durchgangswiderstand	Ohm · cm		23	≧1*10**15	Durchmesser 80x1 mm
Durchschlagfestigkeit	kV/mm		23	22	1 mm dick
Oberflächenwiderstand	Ohm		23	≧1*10**15	Durchmesser 80x1 mm

Kriechstromfestigkeit	KC	KB	KA	
Elektrolytische Korrosionswirkung	A 1			30x10x4 mm
Lichtbogenfestigkeit nach DIN				
nach ASTM s				

Beständigkeit *(Chemische Beständigkeit siehe Anhang)*

Wasseraufnahme

Feuchtigkeitsaufnahme Normalklima %

Wetterbeständigkeit

Spannungskorrosion

Optische Eigenschaften

Brechungszahl n_D		
Transmissionsgrad τ_c	%	mm dick
Lichtdurchlässigkeit		

Produkt	Polybutylenterephthalat		**PBT**
Handelsname	**Pocan KU1-7991**		
Hersteller	BAYER		
DIN-Bez 1			
DIN-Bez 2			
Zusätze	Entformungsmittel; Waermestabilisator	*Füllstoffe/ Verstärkung*	
Bevorzugte Verarbeitung	Spritzgiessen	*Lieferform*	Granulat
		Farben	
Besondere Merkmale		*Bevorzugte Anwendungen*	

Dichte	g/cm³	1.62	*Schmelzindex*	g/10 min	:	
Schüttdichte	g/cm³		*Volumenfließindex*	cm³/10 min	2:	260/2.16
Viskositätszahl	ml/g	80				

Verarbeitungsbedingungen für Spritzgießen

Massetemp.	°C	*Schwindung*	%	lgs , quer
Werkzeugtemp.	°C	*Bemerkungen*		
Spritzdruck	bar			

Zugversuch 23 °C DIN 53455; ISO R/527; DIN 53457; ISO R/527

Probekörper: *Form* Nr. 3; 4 mm dick — *Herstellung* Spritzgiessen
Zustand — *Vorbehandlung* Normalklima

Streckspannung	N/mm²		*Dehnung bei Streckspannung*	%	
Zugfestigkeit	N/mm²	135	*Reißdehnung*	%	2.8
Reißfestigkeit	N/mm²		*% Dehnspannung*	N/mm²	
E-Modul	N/mm²	13000	*Dehnung bei % Dehnspg.*	%	

Kriechmoduln und Zeitstandwerte 23 °C

Probekörper: *Form* — *Herstellung*
Zustand — *Vorbehandlung*

Kriechmodul	*1 min*	N/mm²	*Zeitstandzugfestigkeit*	h	N/mm²
Kriechmodul	*1000 h*	N/mm²	*Zeitdehnspg. %*	h	N/mm²
bei Spannung		N/mm²			

Biegeversuch 23 °C

Probekörper: *Form* — *Herstellung*
Zustand — *Vorbehandlung*

Biegefestigkeit	N/mm²	*E-Modul*	N/mm²
3,5% *Biegespannung*	N/mm²		

Härte 23 °C *Probekörper:* *Zustand* — *Herstellung*
Vorbehandlung

Kugeldruckhärte	N/mm² bei N, s	*Shore-Härte* A	
Rockwellhärte		*Shore-Härte* D	

Schlagversuch *Probekörper:* *(1)*
(2) — *Herstellung*
Zustand — *Vorbehandlung*

	°C	°C	°C	*Probekörper-Form*
Schlagzähigkeit kJ/m²				
Kerbschlagzähigkeit (1) kJ/m²				
IZOD-Kerbschlagzähigkeit (2) J/m				
Kerbschlagzugzähigkeit kJ/m²				

Abrieb und Reibung

Taber-Abrieb (Reibradverfahren)	mm^3/100 U			
Abriebfaktor LNP (Thrust washer) Vergleichswert				
Statische Reibungszahl				
Dynamische Reibungszahl	(p·v=	N/mm²·		m/min)
Zulässiger p · v Wert	N/mm²·(m/min)		v=	m/min
			v=	m/min

Thermische Eigenschaften

Formbeständigkeit in der Wärme	*Verfahren*	A		210 °C
	Verfahren	B		220 °C
Vicat Erweichungstemperatur (VST)	*Verfahren*	B/50		210 °C
	Verfahren			°C
Kristallit-Schmelzpunkt	*Verfahren*			
Längenausdehnungskoeffizient	*Bereich*	23–80	°C	$0.25 \cdot 10^{-4} K^{-1}$
	Temperatur			$\cdot 10^{-4} K^{-1}$
Wärmeleitfähigkeit	*Verfahren*			W/(K · m)
Spezifische Wärmekapazität	*Verfahren*			J/(K · g)
Glasumwandlungstemperatur	*Torsionsschwingungsversuch*		°C	
	Differentialkalorimetrie		°C	

Brandverhalten

UL-Test vertikal Dicke mm, Wert HB
Dicke mm, Wert

	Norm	*Bewertung*	*Abmessungen*
Sauerstoff-Index	ASTM D 2863		
Glühstab-Verfahren			
Brandverhalten	DIN 4102		
MVSS			
FAR			

Elektrische Eigenschaften

		Hz	°C	*Probekörper, Form*
Dielektrizitätszahl		50		
		10^3		
		10^6		
Dielektrischer Verlustfaktor tan δ		50		
		10^3		
		10^6		
Spezifischer Durchgangs-widerstand	Ohm · cm			
Durchschlagfestigkeit	kV/mm			mm dick
Oberflächenwiderstand	Ohm			

Kriechstromfestigkeit KC KB KA
Elektrolytische Korrosionswirkung
Lichtbogenfestigkeit nach DIN
nach ASTM s

Beständigkeit *(Chemische Beständigkeit siehe Anhang)*

Wasseraufnahme

Feuchtigkeitsaufnahme Normalklima %
Wetterbeständigkeit

Spannungskorrosion

Optische Eigenschaften

Brechungszahl n_D
Transmissionsgrad τ_c % mm dick
Lichtdurchlässigkeit

Produkt	Polybutylenterephthalat		**PBT**
Handelsname	**Pocan S 1506**		
Hersteller	BAYER		
DIN-Bez 1			
DIN-Bez 2			
Zusätze	Entformungsmittel; Waermestabilisator; Elastomer	*Füllstoffe/ Verstärkung*	
Bevorzugte Verarbeitung	Spritzgiessen; Extrudieren	*Lieferform*	Granulat
		Farben	
Besondere Merkmale	Schlagzaeh modifiziert; Sehr gute Tieftemperaturbestaendigkeit; Kurzzeitig hoehere Temperaturbestaendigkeit als KU1-7914/1	*Bevorzugte Anwendungen*	On-Line lackierter Stossfaenger

Dichte	g/cm^3	1.2	*Schmelzindex*	g/10 min		:
Schüttdichte	g/cm^3		*Volumenfließindex*	cm^3/10 min	2.4:	250/2.16
Viskositätszahl	ml/g	108				

Verarbeitungsbedingungen für Spritzgießen

Massetemp.	°C	*Schwindung*	% lgs , quer
Werkzeugtemp.	°C	*Bemerkungen*	
Spritzdruck	bar		

Zugversuch 23 °C DIN 53455; ISO R/527; DIN 53457; ISO R/527

Probekörper: *Form* Nr. 3; 4 mm dick — *Herstellung* Spritzgiessen

Zustand — *Vorbehandlung* Normalklima

Streckspannung	N/mm^2	35	*Dehnung bei Streckspannung*	%	4.2
Zugfestigkeit	N/mm^2		*Reißdehnung*	%	≧50
Reißfestigkeit	N/mm^2		*% Dehnspannung*	N/mm^2	
E-Modul	N/mm^2	1660	*Dehnung bei % Dehnspg.*	%	

Kriechmoduln und Zeitstandwerte 23 °C

Probekörper: *Form* — *Herstellung*

Zustand — *Vorbehandlung*

Kriechmodul	*1 min* N/mm^2	*Zeitstandzugfestigkeit*	h	N/mm^2
Kriechmodul	*1000 h* N/mm^2	*Zeitdehnspg.* %	h	N/mm^2
bei Spannung	N/mm^2			

Biegeversuch 23 °C

Probekörper: *Form* — *Herstellung*

Zustand — *Vorbehandlung*

Biegefestigkeit	N/mm^2	*E-Modul*	N/mm^2
3,5% *Biegespannung*	N/mm^2		

Härte 23 °C *Probekörper:* *Zustand* — *Herstellung*

Vorbehandlung

Kugeldruckhärte	N/mm^2 bei N, s	*Shore-Härte* A	
Rockwellhärte		*Shore-Härte* D	

Schlagversuch *Probekörper:* *(1)*

(2) — *Herstellung*

Zustand — *Vorbehandlung*

	°C	°C	°C	*Probekörper-Form*
Schlagzähigkeit kJ/m^2				
Kerbschlagzähigkeit (1) kJ/m^2				
IZOD-Kerbschlagzähigkeit (2) J/m				
Kerbschlagzugzähigkeit kJ/m^2				

Abrieb und Reibung

Taber-Abrieb (Reibradverfahren)	$mm^3/100$ U		
Abriebfaktor LNP (Thrust washer) Vergleichswert			
Statische Reibungszahl			
Dynamische Reibungszahl	(p·v= N/mm^2·		m/min)
Zulässiger p·v Wert	N/mm^2·(m/min)	v=	m/min
		v=	m/min

Thermische Eigenschaften

Formbeständigkeit in der Wärme	*Verfahren*	A		53 °C
	Verfahren	B		97 °C
Vicat Erweichungstemperatur (VST)	*Verfahren*	A/50		218 °C
	Verfahren	B/50		124 °C
Kristallit-Schmelzpunkt	*Verfahren*			
Längenausdehnungskoeffizient	*Bereich*	23–80	°C	$1.3 \cdot 10^{-4}K^{-1}$
	Temperatur			$\cdot 10^{-4}K^{-1}$
Wärmeleitfähigkeit	*Verfahren*			W/(K·m)
Spezifische Wärmekapazität	*Verfahren*			J/(K·g)
Glasumwandlungstemperatur	*Torsionsschwingungsversuch*		°C	
	Differentialkalorimetrie		°C	

Brandverhalten

UL-Test vertikal — Dicke 1.57 mm, Wert HB; Dicke mm, Wert

	Norm	*Bewertung*	*Abmessungen*
Sauerstoff-Index	ASTM D 2863		
Glühstab-Verfahren			
Brandverhalten	DIN 4102		
MVSS			
FAR			

Elektrische Eigenschaften

		Hz	°C		*Probekörper, Form*
Dielektrizitätszahl		50	23	3.2	Durchmesser 80x1 mm
		10^3	23	3.1	Durchmesser 80x1 mm
		10^6			
Dielektrischer Verlustfaktor tan δ		50	23	0.0019	Durchmesser 80x1 mm
		10^3	23	0.0167	Durchmesser 80x1 mm
		10^6			
Spezifischer Durchgangs-widerstand	Ohm·cm		23	1*10**16	Durchmesser 80x1 mm
Durchschlagfestigkeit	kV/mm		23	22	1 mm dick
Oberflächenwiderstand	Ohm		23	1*10**16	Durchmesser 80x1 mm

Kriechstromfestigkeit	KC	KB	KA	
Elektrolytische Korrosionswirkung	A 1.2			30x10x4 mm
Lichtbogenfestigkeit nach DIN				
nach ASTM s				

Beständigkeit *(Chemische Beständigkeit siehe Anhang)*

Wasseraufnahme

Feuchtigkeitsaufnahme Normalklima %

Wetterbeständigkeit

Spannungskorrosion

Optische Eigenschaften

Brechungszahl n_D

Transmissionsgrad τ_c % mm dick

Lichtdurchlässigkeit

Datenbank-Nr. **T01697** Merkblatt-Nr. **4353**

Produkt	Polybutylenterephthalat		**PBT**
Handelsname	**Pocan S 1517**		
Hersteller	BAYER		
DIN-Bez 1			
DIN-Bez 2			
Zusätze	Entformungsmittel; Waermestabilisator; Elastomer	*Füllstoffe/ Verstärkung*	
Bevorzugte Verarbeitung	Spritzgiessen; Extrudieren	*Lieferform*	Granulat
		Farben	
Besondere Merkmale	Schlagzaeh modifiziert; Gegenueber S 1506 verringerter Elastomergehalt, dadurch hoehere Steifigkeit bei reduzierter Tieftemperaturzaehigkeit	*Bevorzugte Anwendungen*	Stossfaenger

Dichte	g/cm^3	1.26	*Schmelzindex*	g/10 min	:	
Schüttdichte	g/cm^3		*Volumenfließindex*	cm^3/10 min	7:	250/2.16
Viskositätszahl	ml/g	122				

Verarbeitungsbedingungen für Spritzgießen

Massetemp.	°C	*Schwindung*	%	lgs , quer
Werkzeugtemp.	°C	*Bemerkungen*		
Spritzdruck	bar			

Zugversuch 23 °C DIN 53455; ISO R/527; DIN 53457; ISO R/527

Probekörper: *Form* Nr. 3; 4 mm dick — *Herstellung* Spritzgiessen
Zustand — *Vorbehandlung* Normalklima

Streckspannung	N/mm^2	45	*Dehnung bei Streckspannung*	%	4
Zugfestigkeit	N/mm^2		*Reißdehnung*	%	≧50
Reißfestigkeit	N/mm^2		*% Dehnspannung*	N/mm^2	
E-Modul	N/mm^2	2100	*Dehnung bei % Dehnspg.*	%	

Kriechmoduln und Zeitstandwerte 23 °C

Probekörper: *Form* — *Herstellung*
Zustand — *Vorbehandlung*

Kriechmodul	*1 min*	N/mm^2	*Zeitstandzugfestigkeit*	h	N/mm^2
Kriechmodul	*1000 h*	N/mm^2	*Zeitdehnspg.* %	h	N/mm^2
bei Spannung		N/mm^2			

Biegeversuch 23 °C

Probekörper: *Form* — *Herstellung*
Zustand — *Vorbehandlung*

Biegefestigkeit	N/mm^2	*E-Modul*	N/mm^2
3,5% *Biegespannung*	N/mm^2		

Härte 23 °C *Probekörper:* *Zustand* — *Herstellung*
Vorbehandlung

Kugeldruckhärte	N/mm^2 bei N, s	*Shore-Härte* A	
Rockwellhärte		*Shore-Härte* D	

Schlagversuch *Probekörper:* *(1)*
(2) — *Herstellung*
Zustand — *Vorbehandlung*

		°C	°C	°C	*Probekörper-Form*
Schlagzähigkeit	kJ/m^2				
Kerbschlagzähigkeit (1)	kJ/m^2				
IZOD-Kerbschlagzähigkeit (2)	J/m				
Kerbschlagzugzähigkeit	kJ/m^2				

Abrieb und Reibung

Taber-Abrieb (Reibradverfahren)	mm^3/100 U		
Abriebfaktor LNP (Thrust washer) Vergleichswert			
Statische Reibungszahl			
Dynamische Reibungszahl	(p·v= N/mm^2·		m/min)
Zulässiger p · v Wert	N/mm^2 · (m/min)	v=	m/min
		v=	m/min

Thermische Eigenschaften

Formbeständigkeit in der Wärme	*Verfahren*	A	65 °C
	Verfahren	B	120 °C
Vicat Erweichungstemperatur (VST)	*Verfahren*	A/50	170 °C
	Verfahren	B/50	140 °C
Kristallit-Schmelzpunkt	*Verfahren*		
Längenausdehnungskoeffizient	*Bereich*	23–80 °C	$1.3 \cdot 10^{-4}K^{-1}$
	Temperatur		$\cdot 10^{-4}K^{-1}$
Wärmeleitfähigkeit	*Verfahren*		W/(K · m)
Spezifische Wärmekapazität	*Verfahren*		J/(K · g)
Glasumwandlungstemperatur	*Torsionsschwingungsversuch*	°C	
	Differentialkalorimetrie	°C	

Brandverhalten

UL-Test vertikal	Dicke	mm, Wert HB
	Dicke	mm, Wert

	Norm	*Bewertung*	*Abmessungen*
Sauerstoff-Index	ASTM D 2863		
Glühstab-Verfahren			
Brandverhalten	DIN 4102		
MVSS			
FAR			

Elektrische Eigenschaften

		Hz	°C		*Probekörper, Form*
Dielektrizitätszahl		50	23	3.1	Durchmesser 80x1 mm
		10^3	23	3.0	Durchmesser 80x1 mm
		10^6			
Dielektrischer Verlustfaktor tan δ		50	23	0.0030	Durchmesser 80x1 mm
		10^3	23	0.019	Durchmesser 80x1 mm
		10^6			
Spezifischer Durchgangs-widerstand	Ohm · cm		23	≧1*10**15	Durchmesser 80x1 mm
Durchschlagfestigkeit	kV/mm		23	27	1 mm dick
Oberflächenwiderstand	Ohm		23	1*10**15	Durchmesser 80x1 mm

Kriechstromfestigkeit	KC	KB	KA	
Elektrolytische Korrosionswirkung	A 1.2			30x10x4 mm
Lichtbogenfestigkeit nach DIN				
nach ASTM s				

Beständigkeit *(Chemische Beständigkeit siehe Anhang)*

Wasseraufnahme

Feuchtigkeitsaufnahme Normalklima %

Wetterbeständigkeit

Spannungskorrosion

Optische Eigenschaften

Brechungszahl n_D

Transmissionsgrad τ_c % mm dick

Lichtdurchlässigkeit

Datenbank-Nr.	**T01698**	*Merkblatt-Nr.*	**4354**

Produkt	Polyphenylensulfid		**PPS**
Handelsname	**Tedur KU1-9510-1**		
Hersteller	BAYER		
DIN-Bez 1			
DIN-Bez 2			
Zusätze	Waermestabilisator	*Füllstoffe/ Verstärkung*	40.0% Glasfaser
Bevorzugte Verarbeitung	Spritzgiessen	*Lieferform*	Granulat
		Farben	
Besondere Merkmale	Flammwidrig	*Bevorzugte Anwendungen*	

Dichte	g/cm³	1.65	*Schmelzindex*	g/10 min	:
Schüttdichte	g/cm³		*Volumenfließindex*	cm³/10 min	:
Viskositätszahl	ml/g				

Verarbeitungsbedingungen für Spritzgießen

Massetemp.	°C	*Schwindung*	% lgs , quer
Werkzeugtemp.	°C	*Bemerkungen*	
Spritzdruck	bar		

Zugversuch 23 °C DIN 53455; ISO R/527; DIN 53457; ISO R/527

Probekörper: *Form* Nr. 3; 4 mm dick — *Herstellung* Spritzgiessen

Zustand — *Vorbehandlung* Normalklima

Streckspannung	N/mm²		*Dehnung bei Streckspannung*	%	
Zugfestigkeit	N/mm²	170	*Reißdehnung*	%	1.6
Reißfestigkeit	N/mm²		*% Dehnspannung*	N/mm²	
E-Modul	N/mm²	17000	*Dehnung bei % Dehnspg.*	%	

Kriechmoduln und Zeitstandwerte 23 °C

Probekörper: *Form* — *Herstellung*

Zustand — *Vorbehandlung*

Kriechmodul	*1 min* N/mm²	*Zeitstandzugfestigkeit*	h	N/mm²
Kriechmodul	*1000 h* N/mm²	*Zeitdehnspg. %*	h	N/mm²
bei Spannung	N/mm²			

Biegeversuch 23 °C

Probekörper: *Form* — *Herstellung*

Zustand — *Vorbehandlung*

Biegefestigkeit	N/mm²	*E-Modul*	N/mm²
3,5% *Biegespannung*	N/mm²		

Härte 23 °C *Probekörper:* *Zustand* — *Herstellung*

Vorbehandlung

Kugeldruckhärte	N/mm² bei N, s	*Shore-Härte* A	
Rockwellhärte		*Shore-Härte* D	

Schlagversuch *Probekörper:* *(1)*

(2) — *Herstellung*

Zustand — *Vorbehandlung*

	°C	°C	°C	*Probekörper-Form*
Schlagzähigkeit kJ/m²				
Kerbschlagzähigkeit (1) kJ/m²				
IZOD-Kerbschlagzähigkeit (2) J/m				
Kerbschlagzugzähigkeit kJ/m²				

Abrieb und Reibung

Taber-Abrieb (Reibradverfahren)	mm³/100 U		
Abriebfaktor LNP (Thrust washer) Vergleichswert			
Statische Reibungszahl			
Dynamische Reibungszahl	(p·v= N/mm²·		m/min)
Zulässiger p · v Wert	N/mm² · (m/min)	v=	m/min
		v=	m/min

Thermische Eigenschaften

Formbeständigkeit in der Wärme	*Verfahren*	A		260 °C
	Verfahren	C		220 °C
Vicat Erweichungstemperatur (VST)	*Verfahren*	B/50		260 °C
	Verfahren			°C
Kristallit-Schmelzpunkt	*Verfahren*			
Längenausdehnungskoeffizient	*Bereich*	23–80	°C	$0.2 \cdot 10^{-4} K^{-1}$
	Temperatur			$\cdot 10^{-4} K^{-1}$
Wärmeleitfähigkeit	*Verfahren*			W/(K · m)
Spezifische Wärmekapazität	*Verfahren*			J/(K · g)
Glasumwandlungstemperatur	*Torsionsschwingungsversuch*		°C	
	Differentialkalorimetrie		°C	

Brandverhalten

UL-Test vertikal	Dicke 0.4 mm,	Wert V-0
	Dicke mm,	Wert

	Norm	*Bewertung*	*Abmessungen*
Sauerstoff-Index	ASTM D 2863		
Glühstab-Verfahren			
Brandverhalten	DIN 4102		
MVSS			
FAR			

Elektrische Eigenschaften

		Hz	°C			*Probekörper, Form*
Dielektrizitätszahl		50	23	4.1		Durchmesser 80x1 mm
		10^3	23	4.0		Durchmesser 80x1 mm
		10^6				
Dielektrischer Verlustfaktor tan δ		50	23	0.006		Durchmesser 80x1 mm
		10^3	23	0.0035		Durchmesser 80x1 mm
		10^6				
Spezifischer Durchgangs-widerstand	Ohm · cm		23	≧1*10**15		Durchmesser 80x1 mm
Durchschlagfestigkeit	kV/mm		23	20		1 mm dick
Oberflächenwiderstand	Ohm		23	≧1*10**15		Durchmesser 80x1 mm
Kriechstromfestigkeit		KC		KB	KA	
Elektrolytische Korrosionswirkung		A 1				30x10x4 mm
Lichtbogenfestigkeit nach DIN						
nach ASTM	s					

Beständigkeit *(Chemische Beständigkeit siehe Anhang)*

Wasseraufnahme 23 C Bis zur Saettigung	0.05 %	
Feuchtigkeitsaufnahme Normalklima		%
Wetterbeständigkeit		
Spannungskorrosion		

Optische Eigenschaften

Brechungszahl n_D		
Transmissionsgrad τ_c	%	mm dick
Lichtdurchlässigkeit		

Produkt	Polyphenylensulfid		**PPS**
Handelsname	**Tedur KU1-9520-1**		
Hersteller	BAYER		
DIN-Bez 1			
DIN-Bez 2			
Zusätze	Waermestabilisator	*Füllstoffe/ Verstärkung*	50% Glasfaser; Mineral
Bevorzugte Verarbeitung	Spritzgiessen	*Lieferform*	Granulat
		Farben	
Besondere Merkmale	Flammwidrig; Verringerte Anisotropie	*Bevorzugte Anwendungen*	

Dichte	g/cm^3	1.8	*Schmelzindex*	g/10 min	:
Schüttdichte	g/cm^3		*Volumenfließindex*	cm^3/10 min	:
Viskositätszahl	ml/g				

Verarbeitungsbedingungen für Spritzgießen

Massetemp.	°C	*Schwindung*	% lgs , quer
Werkzeugtemp.	°C	*Bemerkungen*	
Spritzdruck	bar		

Zugversuch 23 °C DIN 53455; ISO R/527; DIN 53457; ISO R/527

Probekörper: *Form* Nr. 3; 4 mm dick — *Herstellung* Spritzgiessen
Zustand — *Vorbehandlung* Normalklima

Streckspannung	N/mm^2		*Dehnung bei Streckspannung*	%	
Zugfestigkeit	N/mm^2	170	*Reißdehnung*	%	1.6
Reißfestigkeit	N/mm^2		*% Dehnspannung*	N/mm^2	
E-Modul	N/mm^2	18000	*Dehnung bei % Dehnspg.*	%	

Kriechmoduln und Zeitstandwerte 23 °C

Probekörper: *Form* — *Herstellung*
Zustand — *Vorbehandlung*

Kriechmodul	*1 min* N/mm^2	*Zeitstandzugfestigkeit*	h N/mm^2
Kriechmodul	*1000 h* N/mm^2	*Zeitdehnspg. %*	h N/mm^2
bei Spannung	N/mm^2		

Biegeversuch 23 °C

Probekörper: *Form* — *Herstellung*
Zustand — *Vorbehandlung*

Biegefestigkeit	N/mm^2	*E-Modul*	N/mm^2
3,5% *Biegespannung*	N/mm^2		

Härte 23 °C *Probekörper:* *Zustand* — *Herstellung*
Vorbehandlung

Kugeldruckhärte	N/mm^2 bei N, s	*Shore-Härte* A	
Rockwellhärte		*Shore-Härte* D	

Schlagversuch *Probekörper:* *(1)*
(2) — *Herstellung*
Zustand — *Vorbehandlung*

		°C	°C	°C	*Probekörper-Form*
Schlagzähigkeit	kJ/m^2				
Kerbschlagzähigkeit (1)	kJ/m^2				
IZOD-Kerbschlagzähigkeit (2)	J/m				
Kerbschlagzugzähigkeit	kJ/m^2				

Abrieb und Reibung

Taber-Abrieb (Reibradverfahren)	$mm^3/100$ U		
Abriebfaktor LNP (Thrust washer) Vergleichswert			
Statische Reibungszahl			
Dynamische Reibungszahl	(p·v=	N/mm^2 ·	m/min)
Zulässiger p · v Wert	N/mm^2 · (m/min)	v=	m/min
		v=	m/min

Thermische Eigenschaften

Formbeständigkeit in der Wärme	*Verfahren* A		260 °C
	Verfahren C		220 °C
Vicat Erweichungstemperatur (VST)	*Verfahren* B/50		260 °C
	Verfahren		°C
Kristallit-Schmelzpunkt	*Verfahren*		
Längenausdehnungskoeffizient	*Bereich* 23–80 °C		$0.2 \cdot 10^{-4} K^{-1}$
	Temperatur		$\cdot 10^{-4} K^{-1}$
Wärmeleitfähigkeit	*Verfahren*		W/(K · m)
Spezifische Wärmekapazität	*Verfahren*		J/(K · g)
Glasumwandlungstemperatur	*Torsionsschwingungsversuch*	°C	
	Differentialkalorimetrie	°C	

Brandverhalten

UL-Test vertikal — Dicke 0.8 mm, Wert V-0
Dicke mm, Wert

	Norm	*Bewertung*	*Abmessungen*
Sauerstoff-Index	ASTM D 2863		
Glühstab-Verfahren			
Brandverhalten	DIN 4102		
MVSS			
FAR			

Elektrische Eigenschaften

		Hz	°C		*Probekörper, Form*
Dielektrizitätszahl		50	23	4.1	Durchmesser 80x1 mm
		10^3	23	4.0	Durchmesser 80x1 mm
		10^6			
Dielektrischer Verlustfaktor tan δ		50	23	0.0070	Durchmesser 80x1 mm
		10^3	23	0.0040	Durchmesser 80x1 mm
		10^6			
Spezifischer Durchgangs-widerstand	Ohm · cm		23	≧1*10**15	Durchmesser 80x1 mm
Durchschlagfestigkeit	kV/mm		23	23	1 mm dick
Oberflächenwiderstand	Ohm		23	≧1*10**15	Durchmesser 80x1 mm

Kriechstromfestigkeit	KC	KB	KA	
Elektrolytische Korrosionswirkung	A 1			30x10x4 mm
Lichtbogenfestigkeit nach DIN				
nach ASTM	s			

Beständigkeit *(Chemische Beständigkeit siehe Anhang)*

Wasseraufnahme 23 C Bis zur Saettigung — 0.05 %

Feuchtigkeitsaufnahme Normalklima — %
Wetterbeständigkeit

Spannungskorrosion

Optische Eigenschaften

Brechungszahl n_D
Transmissionsgrad τ_c % mm dick
Lichtdurchlässigkeit

Datenbank-Nr.	**T01700**	*Merkblatt-Nr.*	**4356**

Produkt	Polyestercarbonat		**PAR**
Handelsname	**Apec KL1-9309**		
Hersteller	BAYER		
DIN-Bez 1			
DIN-Bez 2			
Zusätze	Brandschutzmittel	*Füllstoffe/ Verstärkung*	
Bevorzugte Verarbeitung	Spritzgiessen; Extrudieren; Folienextrusion; Beschichten; Blasformen; Kalandrieren; Pressen; Sintern	*Lieferform*	Granulat
		Farben	Glasklar
Besondere Merkmale	Flammwidrig	*Bevorzugte Anwendungen*	

Dichte	g/cm³	1.2	*Schmelzindex*	g/10 min	:
Schüttdichte	g/cm³		*Volumenfließindex*	cm³/10 min	:
Viskositätszahl	ml/g				

Verarbeitungsbedingungen für Spritzgießen

Massetemp.	°C	*Schwindung*	% lgs , quer
Werkzeugtemp.	°C	*Bemerkungen*	
Spritzdruck	bar		

Zugversuch 23 °C DIN 53455; ISO R/527; DIN 53457; ISO R/527

Probekörper: *Form* Nr. 3; 4 mm dick — *Herstellung* Spritzgiessen
Zustand — *Vorbehandlung* Normalklima

Streckspannung	N/mm²	62	*Dehnung bei Streckspannung*	%	8
Zugfestigkeit	N/mm²		*Reißdehnung*	%	≧50
Reißfestigkeit	N/mm²		*% Dehnspannung*	N/mm²	
E-Modul	N/mm²	2300	*Dehnung bei % Dehnspg.*	%	

Kriechmoduln und Zeitstandwerte 23 °C

Probekörper: *Form* — *Herstellung*
Zustand — *Vorbehandlung*

Kriechmodul	*1 min*	N/mm²	*Zeitstandzugfestigkeit*	h	N/mm²
Kriechmodul	*1000 h*	N/mm²	*Zeitdehnspg.* %	h	N/mm²
bei Spannung		N/mm²			

Biegeversuch 23 °C

Probekörper: *Form* — *Herstellung*
Zustand — *Vorbehandlung*

Biegefestigkeit	N/mm²	*E-Modul*	N/mm²
3,5% *Biegespannung*	N/mm²		

Härte 23 °C *Probekörper:* *Zustand* — *Herstellung*
Vorbehandlung

Kugeldruckhärte	N/mm² bei N, s	*Shore-Härte* A	
Rockwellhärte		*Shore-Härte* D	

Schlagversuch *Probekörper:* *(1)*
(2) — *Herstellung*
Zustand — *Vorbehandlung*

	°C	°C	°C	*Probekörper-Form*
Schlagzähigkeit kJ/m²				
Kerbschlagzähigkeit (1) kJ/m²				
IZOD-Kerbschlagzähigkeit (2) J/m				
Kerbschlagzugzähigkeit kJ/m²				

Abrieb und Reibung

Taber-Abrieb (Reibradverfahren)	mm^3/100 U		
Abriebfaktor LNP (Thrust washer) Vergleichswert			
Statische Reibungszahl			
Dynamische Reibungszahl	(p · v = N/mm^2 ·		m/min)
Zulässiger p · v Wert	N/mm^2 · (m/min)	v =	m/min
		v =	m/min

Thermische Eigenschaften

Formbeständigkeit in der Wärme	*Verfahren*	A		145 °C
	Verfahren	B		161 °C
Vicat Erweichungstemperatur (VST)	*Verfahren*	B/50		170 °C
	Verfahren			°C
Kristallit-Schmelzpunkt	*Verfahren*			
Längenausdehnungskoeffizient	*Bereich*	23–80	°C	0.72 · $10^{-4}K^{-1}$
	Temperatur			· $10^{-4}K^{-1}$
Wärmeleitfähigkeit	*Verfahren*			W/(K · m)
Spezifische Wärmekapazität	*Verfahren*			J/(K · g)
Glasumwandlungstemperatur	*Torsionsschwingungsversuch*		°C	
	Differentialkalorimetrie		°C	

Brandverhalten

UL-Test vertikal Dicke 1.57 mm, Wert V-0
Dicke 3.13 mm, Wert V-0

	Norm	*Bewertung*	*Abmessungen*
Sauerstoff-Index	ASTM D 2863		
Glühstab-Verfahren			
Brandverhalten	DIN 4102		
MVSS			
FAR			

Elektrische Eigenschaften

		Hz	°C		*Probekörper, Form*
Dielektrizitätszahl		50	23	3.1	Durchmesser 80x1 mm
		10^3	23	3	Durchmesser 80x1 mm
		10^6			
Dielektrischer Verlustfaktor tan δ		50	23	0.001	Durchmesser 80x1 mm
		10^3	23	0.014	Durchmesser 80x1 mm
		10^6			
Spezifischer Durchgangs-widerstand	Ohm · cm		23	≧1*10**15	Durchmesser 80x1 mm
Durchschlagfestigkeit	kV/mm		23	45	1 mm dick
Oberflächenwiderstand	Ohm		23	≧1*10**15	Durchmesser 80x1 mm

Kriechstromfestigkeit	KC	KB	KA	
Elektrolytische Korrosionswirkung	A 1			30x10x4 mm
Lichtbogenfestigkeit nach DIN				
nach ASTM s				

Beständigkeit *(Chemische Beständigkeit siehe Anhang)*

Wasseraufnahme 23 C	Bis zur Saettigung	0.2 %
Feuchtigkeitsaufnahme Normalklima		%
Wetterbeständigkeit		
Spannungskorrosion		

Optische Eigenschaften

Brechungszahl n_D	1.6		
Transmissionsgrad τ_c	89	%	4 mm dick
Lichtdurchlässigkeit			

Datenbank-Nr.	**T01701**		*Merkblatt-Nr.* **4357**
Produkt	Polyestercarbonat		**PAR**
Handelsname	**Apec KU1-9311**		
Hersteller	BAYER		
DIN-Bez 1			
DIN-Bez 2			
Zusätze	Brandschutzmittel	*Füllstoffe/ Verstärkung*	
Bevorzugte Verarbeitung	Spritzgiessen; Extrudieren; Folienextrusion; Beschichten; Blasformen; Kalandrieren; Pressen; Sintern	*Lieferform*	Granulat
		Farben	Glasklar
Besondere Merkmale	Flammwidrig	*Bevorzugte Anwendungen*	

Dichte	g/cm³	1.2	*Schmelzindex*	g/10 min	:
Schüttdichte	g/cm³		*Volumenfließindex*	cm³/10 min	:
Viskositätszahl	ml/g				

Verarbeitungsbedingungen für Spritzgießen

Massetemp.	°C	*Schwindung*	% lgs , quer
Werkzeugtemp.	°C	*Bemerkungen*	
Spritzdruck	bar		

Zugversuch 23 °C DIN 53455; ISO R/527; DIN 53457; ISO R/527

Probekörper: *Form*	Nr. 3; 4 mm dick	*Herstellung*	Spritzgiessen
Zustand		*Vorbehandlung*	Normalklima

Streckspannung	N/mm²	65	*Dehnung bei Streckspannung*	%	9
Zugfestigkeit	N/mm²		*Reißdehnung*	%	≧50
Reißfestigkeit	N/mm²		*% Dehnspannung*	N/mm²	
E-Modul	N/mm²	2200	*Dehnung bei % Dehnspg.*	%	

Kriechmoduln und Zeitstandwerte 23 °C DIN 53444; ISO 899

Probekörper: *Form*	Nr. 3; 4 mm dick	*Herstellung*	Spritzgiessen
Zustand		*Vorbehandlung*	Normalklima

Kriechmodul	*1 min*	N/mm²	2000	*Zeitstandzugfestigkeit*	h	N/mm²
Kriechmodul	*1000 h*	N/mm²	1600	*Zeitdehnspg. %*	h	N/mm²
bei Spannung		N/mm²				

Biegeversuch 23 °C

Probekörper: *Form*	*Herstellung*
Zustand	*Vorbehandlung*

Biegefestigkeit	N/mm²	*E-Modul*	N/mm²
3,5% *Biegespannung*	N/mm²		

Härte 23 °C *Probekörper:* *Zustand* *Herstellung* *Vorbehandlung*

Kugeldruckhärte	N/mm² bei N, s	*Shore-Härte* A	
Rockwellhärte		*Shore-Härte* D	

Schlagversuch *Probekörper:* *(1)* *(2)* *Zustand* *Herstellung* *Vorbehandlung*

	°C	°C	°C	*Probekörper-Form*
Schlagzähigkeit kJ/m²				
Kerbschlagzähigkeit (1) kJ/m²				
IZOD-Kerbschlagzähigkeit (2) J/m				
Kerbschlagzugzähigkeit kJ/m²				

Abrieb und Reibung

Taber-Abrieb (Reibradverfahren)	$mm^3/100$ U		
Abriebfaktor LNP (Thrust washer) Vergleichswert			
Statische Reibungszahl			
Dynamische Reibungszahl	(p · v =	N/mm^2 ·	m/min)
Zulässiger p · v Wert	N/mm^2 · (m/min)	v =	m/min
		v =	m/min

Thermische Eigenschaften

Formbeständigkeit in der Wärme	*Verfahren*	A		160 °C
	Verfahren	B		174 °C
Vicat Erweichungstemperatur (VST)	*Verfahren*	B/50		182 °C
	Verfahren			°C
Kristallit-Schmelzpunkt	*Verfahren*			
Längenausdehnungskoeffizient	*Bereich*	23–80	°C	$0.72 \cdot 10^{-4}K^{-1}$
	Temperatur			$\cdot 10^{-4}K^{-1}$
Wärmeleitfähigkeit	*Verfahren*			W/(K · m)
Spezifische Wärmekapazität	*Verfahren*			J/(K · g)
Glasumwandlungstemperatur	*Torsionsschwingungsversuch*		°C	
	Differentialkalorimetrie		°C	

Brandverhalten

UL-Test vertikal — Dicke 1.57 mm, Wert V-0
Dicke 0.82 mm, Wert V-0

	Norm	*Bewertung*	*Abmessungen*
Sauerstoff-Index	ASTM D 2863		
Glühstab-Verfahren			
Brandverhalten	DIN 4102		
MVSS			
FAR			

Elektrische Eigenschaften

		Hz	°C			*Probekörper, Form*
Dielektrizitätszahl		50	23	3.2		Durchmesser 80x1 mm
		10^3	23	3		Durchmesser 80x1 mm
		10^6				
Dielektrischer Verlustfaktor tan δ		50	23	0.002		Durchmesser 80x1 mm
		10^3	23	0.016		Durchmesser 80x1 mm
		10^6				
Spezifischer Durchgangs-widerstand	Ohm · cm		23	≧1*10**15		Durchmesser 80x1 mm
Durchschlagfestigkeit	kV/mm		23	42		1 mm dick
Oberflächenwiderstand	Ohm		23	≧1*10**15		Durchmesser 80x1 mm
Kriechstromfestigkeit		KC		KB	KA	
Elektrolytische Korrosionswirkung		A 1				30x10x4 mm
Lichtbogenfestigkeit nach DIN						
nach ASTM	s					

Beständigkeit *(Chemische Beständigkeit siehe Anhang)*

Wasseraufnahme 23 C Bis zur Saettigung	0.2 %	
Feuchtigkeitsaufnahme Normalklima		%
Wetterbeständigkeit		
Spannungskorrosion		

Optische Eigenschaften

Brechungszahl n_D	1.6		
Transmissionsgrad τ_c	86	%	4 mm dick
Lichtdurchlässigkeit			

Datenbank-Nr. **T01702** Merkblatt-Nr. **4358**

Produkt	Polycarbonat/Acrylnitril-Butadien-Styrol/Blend		**PC + ABS**
Handelsname	**Bayblend FR 1439**		
Hersteller	BAYER		
DIN-Bez 1			
DIN-Bez 2			
Zusätze	Brandschutzmittel	*Füllstoffe/ Verstärkung*	
Bevorzugte Verarbeitung	Spritzgiessen; Extrudieren; Blasformen	*Lieferform*	Granulat
		Farben	
Besondere Merkmale	Flammwidrig; Gute Lichtbestaendigkeit; Problemlose Verarbeitbarkeit	*Bevorzugte Anwendungen*	Gehaeuse fuer die Datentechnik

Dichte	g/cm^3	1.17	*Schmelzindex*	g/10 min	:	
Schüttdichte	g/cm^3		*Volumenfließindex*	cm^3/10 min	16:	240/5
Viskositätszahl	ml/g					

Verarbeitungsbedingungen für Spritzgießen

Massetemp.	°C	*Schwindung*	% lgs , quer
Werkzeugtemp.	°C	*Bemerkungen*	
Spritzdruck	bar		

Zugversuch 23 °C DIN 53455; ISO R/527; DIN 53457; ISO R/527

Probekörper: *Form* Nr. 3; 4 mm dick — *Herstellung* Spritzgiessen
Zustand — *Vorbehandlung* Normalklima

Streckspannung	N/mm^2	53	*Dehnung bei Streckspannung*	%	3.5
Zugfestigkeit	N/mm^2		*Reißdehnung*	%	≧50
Reißfestigkeit	N/mm^2		*% Dehnspannung*	N/mm^2	
E-Modul	N/mm^2	2600	*Dehnung bei % Dehnspg.*	%	

Kriechmoduln und Zeitstandwerte 23 °C

Probekörper: *Form* — *Herstellung*
Zustand — *Vorbehandlung*

Kriechmodul	*1 min*	N/mm^2	*Zeitstandzugfestigkeit*	h	N/mm^2
Kriechmodul	*1000 h*	N/mm^2	*Zeitdehnspg. %*	h	N/mm^2
bei Spannung		N/mm^2			

Biegeversuch 23 °C

Probekörper: *Form* — *Herstellung*
Zustand — *Vorbehandlung*

Biegefestigkeit	N/mm^2	*E-Modul*	N/mm^2
3,5% *Biegespannung*	N/mm^2		

Härte 23 °C *Probekörper:* *Zustand* — *Herstellung*
Vorbehandlung

Kugeldruckhärte	N/mm^2 bei N, s	*Shore-Härte* A	
Rockwellhärte		*Shore-Härte* D	

Schlagversuch *Probekörper:* *(1)*
(2) — *Herstellung*
Zustand — *Vorbehandlung*

		°C	°C	°C	*Probekörper-Form*
Schlagzähigkeit	kJ/m^2				
Kerbschlagzähigkeit (1)	kJ/m^2				
IZOD-Kerbschlagzähigkeit (2)	J/m				
Kerbschlagzugzähigkeit	kJ/m^2				

Abrieb und Reibung

Taber-Abrieb (Reibradverfahren)	mm^3/100 U			
Abriebfaktor LNP (Thrust washer) Vergleichswert				
Statische Reibungszahl				
Dynamische Reibungszahl	(p·v=	N/mm^2 ·		m/min)
Zulässiger p · v Wert	N/mm^2 · (m/min)		v=	m/min
			v=	m/min

Thermische Eigenschaften

Formbeständigkeit in der Wärme	*Verfahren*	A		80 °C
	Verfahren	B		90 °C
Vicat Erweichungstemperatur (VST)	*Verfahren*	B/50		88 °C
	Verfahren			°C
Kristallit-Schmelzpunkt	*Verfahren*			
Längenausdehnungskoeffizient	*Bereich*	23–80	°C	$0.7 \cdot 10^{-4}K^{-1}$
	Temperatur			$\cdot 10^{-4}K^{-1}$
Wärmeleitfähigkeit	*Verfahren*			W/(K · m)
Spezifische Wärmekapazität	*Verfahren*			J/(K · g)
Glasumwandlungstemperatur	*Torsionsschwingungsversuch*		°C	
	Differentialkalorimetrie		°C	

Brandverhalten

UL-Test vertikal — Dicke 1.57 mm, Wert V-0
Dicke mm, Wert

	Norm	*Bewertung*	*Abmessungen*
Sauerstoff-Index	ASTM D 2863		
Glühstab-Verfahren			
Brandverhalten	DIN 4102		
MVSS			
FAR			

Elektrische Eigenschaften

		Hz	°C			*Probekörper, Form*
Dielektrizitätszahl		50	23	3		Durchmesser 80x1 mm
		10^3	23	2.9		Durchmesser 80x1 mm
		10^6				
Dielektrischer Verlustfaktor tan δ		50	23	0.005		Durchmesser 80x1 mm
		10^3	23	0.007		Durchmesser 80x1 mm
		10^6				
Spezifischer Durchgangswiderstand	Ohm · cm		23	≧1*10**15		Durchmesser 80x1 mm
Durchschlagfestigkeit	kV/mm		23	30		1 mm dick
Oberflächenwiderstand	Ohm		23	1*10**14		Durchmesser 80x1 mm
Kriechstromfestigkeit		KC		KB	KA	
Elektrolytische Korrosionswirkung		A 1				30x10x4 mm
Lichtbogenfestigkeit nach DIN						
nach ASTM	s					

Beständigkeit *(Chemische Beständigkeit siehe Anhang)*

Wasseraufnahme

Feuchtigkeitsaufnahme Normalklima %
Wetterbeständigkeit

Spannungskorrosion

Optische Eigenschaften

Brechungszahl n_D
Transmissionsgrad τ_c % mm dick
Lichtdurchlässigkeit

Produkt	Polycarbonat/Acrylnitril-Butadien-Styrol/Blend		**PC + ABS**
Handelsname	**Bayblend FR 1440**		
Hersteller	BAYER		
DIN-Bez 1			
DIN-Bez 2			
Zusätze	Brandschutzmittel	*Füllstoffe/ Verstärkung*	
Bevorzugte Verarbeitung	Spritzgiessen; Extrudieren; Blasformen	*Lieferform*	Granulat
		Farben	
Besondere Merkmale	Flammwidrig; Gute Lichtbestaendigkeit; Problemlose Verarbeitbarkeit	*Bevorzugte Anwendungen*	Gehaeuse fuer die Datentechnik

Dichte	g/cm³	1.18	*Schmelzindex*	g/10 min		:
Schüttdichte	g/cm³		*Volumenfließindex*	cm³/10 min	11.5:	240/5
Viskositätszahl	ml/g					

Verarbeitungsbedingungen für Spritzgießen

Massetemp.	°C	*Schwindung*	%	lgs	, quer
Werkzeugtemp.	°C	*Bemerkungen*			
Spritzdruck	bar				

Zugversuch 23 °C DIN 53455; ISO R/527; DIN 53457; ISO R/527

Probekörper: *Form* Nr. 3; 4 mm dick — *Herstellung* Spritzgiessen
Zustand — *Vorbehandlung* Normalklima

Streckspannung	N/mm²	55	*Dehnung bei Streckspannung*	%	4
Zugfestigkeit	N/mm²		*Reißdehnung*	%	≧50
Reißfestigkeit	N/mm²		*% Dehnspannung*	N/mm²	
E-Modul	N/mm²	2600	*Dehnung bei % Dehnspg.*	%	

Kriechmoduln und Zeitstandwerte 23 °C

Probekörper: *Form* — *Herstellung*
Zustand — *Vorbehandlung*

Kriechmodul	*1 min*	N/mm²	*Zeitstandzugfestigkeit*	h	N/mm²
Kriechmodul	*1000 h*	N/mm²	*Zeitdehnspg. %*	h	N/mm²
bei Spannung		N/mm²			

Biegeversuch 23 °C

Probekörper: *Form* — *Herstellung*
Zustand — *Vorbehandlung*

Biegefestigkeit	N/mm²	*E-Modul*	N/mm²
3,5% *Biegespannung*	N/mm²		

Härte 23 °C *Probekörper:* *Zustand* — *Herstellung*
Vorbehandlung

Kugeldruckhärte	N/mm² bei N, s	*Shore-Härte* A	
Rockwellhärte		*Shore-Härte* D	

Schlagversuch *Probekörper:* *(1)*
(2) — *Herstellung*
Zustand — *Vorbehandlung*

		°C	°C	°C	*Probekörper-Form*
Schlagzähigkeit	kJ/m²				
Kerbschlagzähigkeit (1)	kJ/m²				
IZOD-Kerbschlagzähigkeit (2)	J/m				
Kerbschlagzugzähigkeit	kJ/m²				

Abrieb und Reibung

Taber-Abrieb (Reibradverfahren)	mm^3/100 U		
Abriebfaktor LNP (Thrust washer) Vergleichswert			
Statische Reibungszahl			
Dynamische Reibungszahl	(p · v=	N/mm^2 ·	m/min)
Zulässiger p · v Wert	N/mm^2 · (m/min)	v=	m/min
		v=	m/min

Thermische Eigenschaften

Formbeständigkeit in der Wärme	*Verfahren* A		90 °C
	Verfahren B		100 °C
Vicat Erweichungstemperatur (VST)	*Verfahren* B/50		98 °C
	Verfahren		°C
Kristallit-Schmelzpunkt	*Verfahren*		
Längenausdehnungskoeffizient	*Bereich* 23–80	°C	$0.7 \cdot 10^{-4} K^{-1}$
	Temperatur		$\cdot 10^{-4} K^{-1}$
Wärmeleitfähigkeit	*Verfahren*		W/(K · m)
Spezifische Wärmekapazität	*Verfahren*		J/(K · g)
Glasumwandlungstemperatur	*Torsionsschwingungsversuch*	°C	
	Differentialkalorimetrie	°C	

Brandverhalten

UL-Test vertikal — Dicke 1.57 mm, Wert V-0
Dicke mm, Wert

	Norm	*Bewertung*	*Abmessungen*
Sauerstoff-Index	ASTM D 2863		
Glühstab-Verfahren			
Brandverhalten	DIN 4102		
MVSS			
FAR			

Elektrische Eigenschaften

		Hz	°C		*Probekörper, Form*
Dielektrizitätszahl		50	23	3	Durchmesser 80x1 mm
		10^3	23	2.9	Durchmesser 80x1 mm
		10^6			
Dielektrischer Verlustfaktor tan δ		50	23	0.004	Durchmesser 80x1 mm
		10^3	23	0.007	Durchmesser 80x1 mm
		10^6			
Spezifischer Durchgangs-widerstand	Ohm · cm		23	≧1*10**15	Durchmesser 80x1 mm
Durchschlagfestigkeit	kV/mm		23	30	1 mm dick
Oberflächenwiderstand	Ohm		23	1*10**14	Durchmesser 80x1 mm

Kriechstromfestigkeit	KC	KB	KA	
Elektrolytische Korrosionswirkung	A 1			30x10x4 mm
Lichtbogenfestigkeit nach DIN				
nach ASTM s				

Beständigkeit *(Chemische Beständigkeit siehe Anhang)*

Wasseraufnahme

Feuchtigkeitsaufnahme Normalklima %

Wetterbeständigkeit

Spannungskorrosion

Optische Eigenschaften

Brechungszahl n_D
Transmissionsgrad τ_c % mm dick
Lichtdurchlässigkeit

Datenbank-Nr.	**T01704**		Merkblatt-Nr. **4360**

Produkt	Polycarbonat/Acrylnitril-Butadien-Styrol/Blend		**PC + ABS**
Handelsname	**Bayblend FR 1441**		
Hersteller	BAYER		
DIN-Bez 1			
DIN-Bez 2			
Zusätze	Brandschutzmittel	*Füllstoffe/ Verstärkung*	
Bevorzugte Verarbeitung	Spritzgiessen; Extrudieren; Blasformen	*Lieferform*	Granulat
		Farben	
Besondere Merkmale	Flammwidrig; Gute Lichtbestaendigkeit; Problemlose Verarbeitbarkeit	*Bevorzugte Anwendungen*	Gehaeuse fuer die Datentechnik

Dichte	g/cm³	1.18	*Schmelzindex*	g/10 min	:	
Schüttdichte	g/cm³		*Volumenfließindex*	cm³/10 min	9:	240/5
Viskositätszahl	ml/g					

Verarbeitungsbedingungen für Spritzgießen

Massetemp.	°C	*Schwindung*	% lgs	, quer
Werkzeugtemp.	°C	*Bemerkungen*		
Spritzdruck	bar			

Zugversuch 23 °C DIN 53455; ISO R/527; DIN 53457; ISO R/527

Probekörper: *Form* Nr. 3; 4 mm dick — *Herstellung* Spritzgiessen
Zustand — *Vorbehandlung* Normalklima

Streckspannung	N/mm²	59	*Dehnung bei Streckspannung*	%	4.5
Zugfestigkeit	N/mm²		*Reißdehnung*	%	≧50
Reißfestigkeit	N/mm²		*% Dehnspannung*	N/mm²	
E-Modul	N/mm²	2600	*Dehnung bei % Dehnspg.*	%	

Kriechmoduln und Zeitstandwerte 23 °C

Probekörper: *Form* — *Herstellung*
Zustand — *Vorbehandlung*

Kriechmodul	*1 min*	N/mm²	*Zeitstandzugfestigkeit*	h	N/mm²
Kriechmodul	*1000 h*	N/mm²	*Zeitdehnspg. %*	h	N/mm²
bei Spannung		N/mm²			

Biegeversuch 23 °C

Probekörper: *Form* — *Herstellung*
Zustand — *Vorbehandlung*

Biegefestigkeit	N/mm²	*E-Modul*	N/mm²
3,5% *Biegespannung*	N/mm²		

Härte 23 °C *Probekörper:* *Zustand* — *Herstellung*
Vorbehandlung

Kugeldruckhärte	N/mm²	bei N, s	*Shore-Härte* A	
Rockwellhärte			*Shore-Härte* D	

Schlagversuch *Probekörper:* *(1)*
(2) — *Herstellung*
Zustand — *Vorbehandlung*

	°C	°C	°C	*Probekörper-Form*
Schlagzähigkeit kJ/m²				
Kerbschlagzähigkeit (1) kJ/m²				
IZOD-Kerbschlagzähigkeit (2) J/m				
Kerbschlagzugzähigkeit kJ/m²				

Abrieb und Reibung

Taber-Abrieb (Reibradverfahren)	$mm^3/100$ U		
Abriebfaktor LNP (Thrust washer) Vergleichswert			
Statische Reibungszahl			
Dynamische Reibungszahl	(p · v =	N/mm^2 ·	m/min)
Zulässiger p · v Wert	N/mm^2 · (m/min)	v =	m/min
		v =	m/min

Thermische Eigenschaften

Formbeständigkeit in der Wärme	*Verfahren*	A		100 °C
	Verfahren	B		110 °C
Vicat Erweichungstemperatur (VST)	*Verfahren*	B/50		108 °C
	Verfahren			°C
Kristallit-Schmelzpunkt	*Verfahren*			
Längenausdehnungskoeffizient	*Bereich*	23–80	°C	$0.7 \cdot 10^{-4} K^{-1}$
	Temperatur			$\cdot 10^{-4} K^{-1}$
Wärmeleitfähigkeit	*Verfahren*			W/(K · m)
Spezifische Wärmekapazität	*Verfahren*			J/(K · g)
Glasumwandlungstemperatur	*Torsionsschwingungsversuch*		°C	
	Differentialkalorimetrie		°C	

Brandverhalten

UL-Test vertikal	Dicke 1.57 mm, Wert V-0
	Dicke mm, Wert

	Norm	*Bewertung*	*Abmessungen*
Sauerstoff-Index	ASTM D 2863		
Glühstab-Verfahren			
Brandverhalten	DIN 4102		
MVSS			
FAR			

Elektrische Eigenschaften

		Hz	°C			*Probekörper, Form*
Dielektrizitätszahl		50	23	3		Durchmesser 80x1 mm
		10^3	23	2.9		Durchmesser 80x1 mm
		10^6				
Dielektrischer Verlustfaktor tan δ		50	23	0.004		Durchmesser 80x1 mm
		10^3	23	0.007		Durchmesser 80x1 mm
		10^6				
Spezifischer Durchgangs-widerstand	Ohm · cm		23	≧ 1*10**15		Durchmesser 80x1 mm
Durchschlagfestigkeit	kV/mm		23	30		1 mm dick
Oberflächenwiderstand	Ohm		23	1*10**14		Durchmesser 80x1 mm
Kriechstromfestigkeit		KC		KB	KA	
Elektrolytische Korrosionswirkung		A 1				30x10x4 mm
Lichtbogenfestigkeit nach DIN						
nach ASTM	s					

Beständigkeit *(Chemische Beständigkeit siehe Anhang)*

Wasseraufnahme

Feuchtigkeitsaufnahme Normalklima %

Wetterbeständigkeit

Spannungskorrosion

Optische Eigenschaften

Brechungszahl n_D		
Transmissionsgrad τ_c	%	mm dick
Lichtdurchlässigkeit		

Datenbank-Nr.	**T01705**		*Merkblatt-Nr.* **4361**

Produkt	Polycarbonat/Acrylnitril-Butadien-Styrol/Blend		**PC + ABS**
Handelsname	**Bayblend KL1-1415**		
Hersteller	BAYER		
DIN-Bez 1			
DIN-Bez 2			
Zusätze		*Füllstoffe/ Verstärkung*	
Bevorzugte Verarbeitung	Spritzgiessen; Extrudieren; Blasformen	*Lieferform*	Granulat
		Farben	
Besondere Merkmale	Galvanisierbar; Stabilisiert; Stabil-Bewitterung; Spezialtyp; Reduzierter Oberflaechenglanz	*Bevorzugte Anwendungen*	Automobilzierleiste

Dichte	g/cm^3	1.13	*Schmelzindex*	g/10 min		:	
Schüttdichte	g/cm^3		*Volumenfließindex*	cm^3/10 min	6.5	:	260/5
Viskositätszahl	ml/g						

Verarbeitungsbedingungen für Spritzgießen

Massetemp.	°C	*Schwindung*	%	lgs	, quer
Werkzeugtemp.	°C	*Bemerkungen*			
Spritzdruck	bar				

Zugversuch 23 °C DIN 53455; ISO R/527; DIN 53457; ISO R/527

Probekörper: *Form* Nr. 3; 4 mm dick — *Herstellung* Spritzgiessen
Zustand — *Vorbehandlung* Normalklima

Streckspannung	N/mm^2	42	*Dehnung bei Streckspannung*	%	5.5
Zugfestigkeit	N/mm^2		*Reißdehnung*	%	≧50
Reißfestigkeit	N/mm^2		*% Dehnspannung*	N/mm^2	
E-Modul	N/mm^2	2000	*Dehnung bei % Dehnspg.*	%	

Kriechmoduln und Zeitstandwerte 23 °C

Probekörper: *Form* — *Herstellung*
Zustand — *Vorbehandlung*

Kriechmodul	*1 min*	N/mm^2	*Zeitstandzugfestigkeit*	h	N/mm^2
Kriechmodul	*1000 h*	N/mm^2	*Zeitdehnspg. %*	h	N/mm^2
bei Spannung		N/mm^2			

Biegeversuch 23 °C

Probekörper: *Form* — *Herstellung*
Zustand — *Vorbehandlung*

Biegefestigkeit	N/mm^2	*E-Modul*	N/mm^2
3,5% *Biegespannung*	N/mm^2		

Härte 23 °C *Probekörper:* *Zustand* — *Herstellung*
Vorbehandlung

Kugeldruckhärte	N/mm^2	bei	N, s	*Shore-Härte* A
Rockwellhärte				*Shore-Härte* D

Schlagversuch *Probekörper:* *(1)*
(2) — *Herstellung*
Zustand — *Vorbehandlung*

	°C	°C	°C	*Probekörper-Form*
Schlagzähigkeit	kJ/m^2			
Kerbschlagzähigkeit (1)	kJ/m^2			
IZOD-Kerbschlagzähigkeit (2)	J/m			
Kerbschlagzugzähigkeit	kJ/m^2			

Abrieb und Reibung

Taber-Abrieb (Reibradverfahren)	mm^3/100 U		
Abriebfaktor LNP (Thrust washer) Vergleichswert			
Statische Reibungszahl			
Dynamische Reibungszahl	(p·v= N/mm^2·		m/min)
Zulässiger p· v Wert	N/mm^2 · (m/min)	v=	m/min
		v=	m/min

Thermische Eigenschaften

Formbeständigkeit in der Wärme	*Verfahren*	A		100 °C
	Verfahren	B		115 °C
Vicat Erweichungstemperatur (VST)	*Verfahren*	B/50		119 °C
	Verfahren			°C
Kristallit-Schmelzpunkt	*Verfahren*			
Längenausdehnungskoeffizient	*Bereich*	23–80	°C	$0.7 \cdot 10^{-4} K^{-1}$
	Temperatur			$\cdot 10^{-4} K^{-1}$
Wärmeleitfähigkeit	*Verfahren*			W/(K · m)
Spezifische Wärmekapazität	*Verfahren*			J/(K · g)
Glasumwandlungstemperatur	*Torsionsschwingungsversuch*		°C	
	Differentialkalorimetrie		°C	

Brandverhalten

UL-Test vertikal Dicke 1.57 mm, Wert HB
Dicke mm, Wert

	Norm	*Bewertung*	*Abmessungen*
Sauerstoff-Index	ASTM D 2863		
Glühstab-Verfahren			
Brandverhalten	DIN 4102		
MVSS			
FAR			

Elektrische Eigenschaften

		Hz	°C			*Probekörper, Form*
Dielektrizitätszahl		50	23	3.2		Durchmesser 80x1 mm
		10^3	23	3		Durchmesser 80x1 mm
		10^6				
Dielektrischer Verlustfaktor tan δ		50	23	0.002		Durchmesser 80x1 mm
		10^3	23	0.003		Durchmesser 80x1 mm
		10^6				
Spezifischer Durchgangs-widerstand	Ohm · cm		23	≧1*10**15		Durchmesser 80x1 mm
Durchschlagfestigkeit	kV/mm		23	26		1 mm dick
Oberflächenwiderstand	Ohm		23	1*10**14		Durchmesser 80x1 mm
Kriechstromfestigkeit		KC		KB	KA	
Elektrolytische Korrosionswirkung		A 1				30x10x4 mm
Lichtbogenfestigkeit nach DIN						
nach ASTM	s					

Beständigkeit *(Chemische Beständigkeit siehe Anhang)*

Wasseraufnahme 23 C Bis zur Saettigung 0.6 %

Feuchtigkeitsaufnahme Normalklima 0.2 %

Wetterbeständigkeit

Spannungskorrosion

Optische Eigenschaften

Brechungszahl n_D

Transmissionsgrad τ_c % mm dick

Lichtdurchlässigkeit

Datenbank-Nr. **T01706** Merkblatt-Nr. **4362**

Produkt	Polycarbonat/Acrylnitril-Butadien-Styrol/Blend		**PC + ABS**
Handelsname	**Bayblend KL1-1427**		
Hersteller	BAYER		
DIN-Bez 1			
DIN-Bez 2			
Zusätze		*Füllstoffe/ Verstärkung*	30.0% Glasfaser
Bevorzugte Verarbeitung	Spritzgiessen	*Lieferform*	Granulat
		Farben	
Besondere Merkmale	Sehr hohe Steifigkeit	*Bevorzugte Anwendungen*	

Dichte	g/cm^3	1.31	*Schmelzindex*	g/10 min	:
Schüttdichte	g/cm^3		*Volumenfließindex*	$cm^3/10$ min	:
Viskositätszahl	ml/g				

Verarbeitungsbedingungen für Spritzgießen

Massetemp.	°C	*Schwindung*	% lgs , quer
Werkzeugtemp.	°C	*Bemerkungen*	
Spritzdruck	bar		

Zugversuch 23 °C DIN 53455; ISO R/527; DIN 53457; ISO R/527

Probekörper: *Form* Nr. 3; 4 mm dick — *Herstellung* Spritzgiessen
Zustand — *Vorbehandlung* Normalklima

Streckspannung	N/mm^2		*Dehnung bei Streckspannung*	%	
Zugfestigkeit	N/mm^2	100	*Reißdehnung*	%	1.7
Reißfestigkeit	N/mm^2		*% Dehnspannung*	N/mm^2	
E-Modul	N/mm^2	9000	*Dehnung bei % Dehnspg.*	%	

Kriechmoduln und Zeitstandwerte 23 °C

Probekörper: *Form* — *Herstellung*
Zustand — *Vorbehandlung*

Kriechmodul	*1 min*	N/mm^2	*Zeitstandzugfestigkeit*	h	N/mm^2
Kriechmodul	*1000 h*	N/mm^2	*Zeitdehnspg. %*	h	N/mm^2
bei Spannung		N/mm^2			

Biegeversuch 23 °C

Probekörper: *Form* — *Herstellung*
Zustand — *Vorbehandlung*

Biegefestigkeit	N/mm^2	*E-Modul*	N/mm^2
3,5% *Biegespannung*	N/mm^2		

Härte 23 °C *Probekörper:* *Zustand* — *Herstellung*
Vorbehandlung

Kugeldruckhärte	N/mm^2 bei N, s	*Shore-Härte* A	
Rockwellhärte		*Shore-Härte* D	

Schlagversuch *Probekörper:* *(1)*
(2) — *Herstellung*
Zustand — *Vorbehandlung*

	°C	°C	°C	*Probekörper-Form*
Schlagzähigkeit	kJ/m^2			
Kerbschlagzähigkeit (1)	kJ/m^2			
IZOD-Kerbschlagzähigkeit (2)	J/m			
Kerbschlagzugzähigkeit	kJ/m^2			

Abrieb und Reibung

Taber-Abrieb (Reibradverfahren)	$mm^3/100$ U		
Abriebfaktor LNP (Thrust washer) Vergleichswert			
Statische Reibungszahl			
Dynamische Reibungszahl	(p · v =	N/mm^2 ·	m/min)
Zulässiger p · v Wert	N/mm^2 · (m/min)	v =	m/min
		v =	m/min

Thermische Eigenschaften

Formbeständigkeit in der Wärme	Verfahren	A		125 °C
	Verfahren	B		130 °C
Vicat Erweichungstemperatur (VST)	Verfahren	B/50		132 °C
	Verfahren			°C
Kristallit-Schmelzpunkt	Verfahren			
Längenausdehnungskoeffizient	Bereich	23–80	°C	$0.3 \cdot 10^{-4} K^{-1}$
	Temperatur			$\cdot 10^{-4} K^{-1}$
Wärmeleitfähigkeit	Verfahren			W/(K · m)
Spezifische Wärmekapazität	Verfahren			J/(K · g)
Glasumwandlungstemperatur	Torsionsschwingungsversuch		°C	
	Differentialkalorimetrie		°C	

Brandverhalten

UL-Test vertikal — Dicke 1.57 mm, Wert HB
Dicke mm, Wert

	Norm	Bewertung	Abmessungen
Sauerstoff-Index	ASTM D 2863		
Glühstab-Verfahren			
Brandverhalten	DIN 4102		
MVSS			
FAR			

Elektrische Eigenschaften

		Hz	°C		Probekörper, Form
Dielektrizitätszahl		50	23	3.2	Durchmesser 80x1 mm
		10^3	23	3.2	Durchmesser 80x1 mm
		10^6			
Dielektrischer Verlustfaktor tan δ		50	23	0.002	Durchmesser 80x1 mm
		10^3	23	0.009	Durchmesser 80x1 mm
		10^6			
Spezifischer Durchgangswiderstand	Ohm · cm		23	≧1*10**15	Durchmesser 80x1 mm
Durchschlagfestigkeit	kV/mm		23	30	1 mm dick
Oberflächenwiderstand	Ohm		23	1*10**14	Durchmesser 80x1 mm

Kriechstromfestigkeit	KC	KB	KA	
Elektrolytische Korrosionswirkung	A 1			30x10x4 mm
Lichtbogenfestigkeit nach DIN				
nach ASTM s				

Beständigkeit (Chemische Beständigkeit siehe Anhang)

Wasseraufnahme 23 C Bis zur Saettigung	0.6 %	
Feuchtigkeitsaufnahme Normalklima		0.2 %
Wetterbeständigkeit		
Spannungskorrosion		

Optische Eigenschaften

Brechungszahl n_D		
Transmissionsgrad τ_c	%	mm dick
Lichtdurchlässigkeit		

Produkt	Polycarbonat/Acrylnitril-Butadien-Styrol/Blend		**PC + ABS**
Handelsname	**Bayblend KU1-1444**		
Hersteller	BAYER		
DIN-Bez 1			
DIN-Bez 2			
Zusätze	Brandschutzmittel; Bromfrei	*Füllstoffe/ Verstärkung*	
Bevorzugte Verarbeitung		*Lieferform*	
		Farben	
Besondere Merkmale	Flammwidrig; Gute Lichtbestaendigkeit; Problemlose Verarbeitbarkeit	*Bevorzugte Anwendungen*	Gehaeuse fuer die Datentechnik

Dichte	g/cm³	1.17	*Schmelzindex*	g/10 min	:	
Schüttdichte	g/cm³		*Volumenfließindex*	cm³/10 min	23:	240/5
Viskositätszahl	ml/g					

Verarbeitungsbedingungen für Spritzgießen

Massetemp.	°C	*Schwindung*	% lgs	, quer
Werkzeugtemp.	°C	*Bemerkungen*		
Spritzdruck	bar			

Zugversuch 23 °C DIN 53455; ISO R/527; DIN 53457; ISO R/527

Probekörper: *Form* Nr. 3; 4 mm dick — *Herstellung* Spritzgiessen
Zustand — *Vorbehandlung* Normalklima

Streckspannung	N/mm²	60	*Dehnung bei Streckspannung*	%	4
Zugfestigkeit	N/mm²		*Reißdehnung*	%	≧50
Reißfestigkeit	N/mm²		*% Dehnspannung*	N/mm²	
E-Modul	N/mm²	2700	*Dehnung bei % Dehnspg.*	%	

Kriechmoduln und Zeitstandwerte 23 °C

Probekörper: *Form* — *Herstellung*
Zustand — *Vorbehandlung*

Kriechmodul	*1 min*	N/mm²	*Zeitstandzugfestigkeit*	h	N/mm²
Kriechmodul	*1000 h*	N/mm²	*Zeitdehnspg. %*	h	N/mm²
bei Spannung		N/mm²			

Biegeversuch 23 °C

Probekörper: *Form* — *Herstellung*
Zustand — *Vorbehandlung*

Biegefestigkeit	N/mm²	*E-Modul*	N/mm²
3,5% *Biegespannung*	N/mm²		

Härte 23 °C *Probekörper:* *Zustand* — *Herstellung*
Vorbehandlung

Kugeldruckhärte	N/mm² bei N, s	*Shore-Härte*	A
Rockwellhärte		*Shore-Härte*	D

Schlagversuch *Probekörper:* *(1)*
(2) — *Herstellung*
Zustand — *Vorbehandlung*

	°C	°C	°C	*Probekörper-Form*
Schlagzähigkeit kJ/m²				
Kerbschlagzähigkeit (1) kJ/m²				
IZOD-Kerbschlagzähigkeit (2) J/m				
Kerbschlagzugzähigkeit kJ/m²				

Abrieb und Reibung

Taber-Abrieb (Reibradverfahren)	$mm^3/100$ U		
Abriebfaktor LNP (Thrust washer) Vergleichswert			
Statische Reibungszahl			
Dynamische Reibungszahl	(p·v=	N/mm^2 ·	m/min)
Zulässiger p · v Wert	N/mm^2 · (m/min)	v=	m/min
		v=	m/min

Thermische Eigenschaften

Formbeständigkeit in der Wärme	*Verfahren*	A		80 °C
	Verfahren	B		90 °C
Vicat Erweichungstemperatur (VST)	*Verfahren*	B/50		92 °C
	Verfahren			°C
Kristallit-Schmelzpunkt	*Verfahren*			
Längenausdehnungskoeffizient	*Bereich*	23–80	°C	$0.7 \cdot 10^{-4} K^{-1}$
	Temperatur			$\cdot 10^{-4} K^{-1}$
Wärmeleitfähigkeit	*Verfahren*			W/(K · m)
Spezifische Wärmekapazität	*Verfahren*			J/(K · g)
Glasumwandlungstemperatur	*Torsionsschwingungsversuch*		°C	
	Differentialkalorimetrie		°C	

Brandverhalten

UL-Test vertikal — Dicke 1.57 mm, Wert V-0
Dicke mm, Wert

	Norm	*Bewertung*	*Abmessungen*
Sauerstoff-Index	ASTM D 2863		
Glühstab-Verfahren			
Brandverhalten	DIN 4102		
MVSS			
FAR			

Elektrische Eigenschaften

		Hz	°C		*Probekörper, Form*
Dielektrizitätszahl		50	23	3	Durchmesser 80x1 mm
		10^3	23	2.9	Durchmesser 80x1 mm
		10^6			
Dielektrischer Verlustfaktor tan δ		50	23	0.005	Durchmesser 80x1 mm
		10^3	23	0.007	Durchmesser 80x1 mm
		10^6			
Spezifischer Durchgangswiderstand	Ohm · cm		23	≧1*10**15	Durchmesser 80x1 mm
Durchschlagfestigkeit	kV/mm		23	30	1 mm dick
Oberflächenwiderstand	Ohm		23	1*10**14	Durchmesser 80x1 mm

Kriechstromfestigkeit	KC	KB	KA	
Elektrolytische Korrosionswirkung	A 1			30x10x4 mm
Lichtbogenfestigkeit nach DIN				
nach ASTM s				

Beständigkeit *(Chemische Beständigkeit siehe Anhang)*

Wasseraufnahme

Feuchtigkeitsaufnahme Normalklima %

Wetterbeständigkeit

Spannungskorrosion

Optische Eigenschaften

Brechungszahl n_D
Transmissionsgrad τ_c % mm dick
Lichtdurchlässigkeit

Datenbank-Nr.	**T01708**		*Merkblatt-Nr.* **4364**

Produkt	Polycarbonat/Acrylnitril-Butadien-Styrol/Blend		**PC + ABS**
Handelsname	**Bayblend KU1-1446**		
Hersteller	BAYER		
DIN-Bez 1 *DIN-Bez 2*			
Zusätze		*Füllstoffe/ Verstärkung*	
Bevorzugte Verarbeitung	Spritzgiessen	*Lieferform*	Granulat
		Farben	
Besondere Merkmale	Stark verbesserte Benzinbestaendigkeit; Hohe Kaelteschlagzaehigkeit	*Bevorzugte Anwendungen*	Kfz-Industrie; Stossfaenger; Kotfluegel

Dichte	g/cm^3	1.12	*Schmelzindex*	g/10 min	:	
Schüttdichte	g/cm^3		*Volumenfließindex*	cm^3/10 min	3:	260/5
Viskositätszahl	ml/g					

Verarbeitungsbedingungen für Spritzgießen

Massetemp.	°C	*Schwindung*	% lgs , quer
Werkzeugtemp.	°C	*Bemerkungen*	
Spritzdruck	bar		

Zugversuch 23 °C DIN 53455; ISO R/527; DIN 53457; ISO R/527

Probekörper: *Form* Nr. 3; 4 mm dick — *Herstellung* Spritzgiessen
Zustand — *Vorbehandlung* Normalklima

Streckspannung	N/mm^2	40	*Dehnung bei Streckspannung*	%	4
Zugfestigkeit	N/mm^2		*Reißdehnung*	%	≧50
Reißfestigkeit	N/mm^2		*% Dehnspannung*	N/mm^2	
E-Modul	N/mm^2	1700	*Dehnung bei % Dehnspg.*	%	

Kriechmoduln und Zeitstandwerte 23 °C

Probekörper: *Form* — *Herstellung*
Zustand — *Vorbehandlung*

Kriechmodul	*1 min*	N/mm^2	*Zeitstandzugfestigkeit*	h	N/mm^2
Kriechmodul	*1000 h*	N/mm^2	*Zeitdehnspg.* %	h	N/mm^2
bei Spannung		N/mm^2			

Biegeversuch 23 °C

Probekörper: *Form* — *Herstellung*
Zustand — *Vorbehandlung*

Biegefestigkeit	N/mm^2	*E-Modul*	N/mm^2
3,5% *Biegespannung*	N/mm^2		

Härte 23 °C *Probekörper:* *Zustand* — *Herstellung*
Vorbehandlung

Kugeldruckhärte	N/mm^2 bei N, s	*Shore-Härte*	A
Rockwellhärte		*Shore-Härte*	D

Schlagversuch *Probekörper:* *(1)*
(2) — *Herstellung*
Zustand — *Vorbehandlung*

		°C	°C	°C	*Probekörper-Form*
Schlagzähigkeit	kJ/m^2				
Kerbschlagzähigkeit (1)	kJ/m^2				
IZOD-Kerbschlagzähigkeit (2)	J/m				
Kerbschlagzugzähigkeit	kJ/m^2				

Abrieb und Reibung

Taber-Abrieb (Reibradverfahren)	mm^3/100 U		
Abriebfaktor LNP (Thrust washer) Vergleichswert			
Statische Reibungszahl			
Dynamische Reibungszahl	(p · v = N/mm^2 ·		m/min)
Zulässiger p · v Wert	N/mm^2 · (m/min)	v =	m/min
		v =	m/min

Thermische Eigenschaften

Formbeständigkeit in der Wärme	*Verfahren*	A		100 °C
	Verfahren	B		117 °C
Vicat Erweichungstemperatur (VST)	*Verfahren*	B/50		120 °C
	Verfahren			°C
Kristallit-Schmelzpunkt	*Verfahren*			
Längenausdehnungskoeffizient	*Bereich*	23–80	°C	$0.75 \cdot 10^{-4} K^{-1}$
	Temperatur			$\cdot 10^{-4} K^{-1}$
Wärmeleitfähigkeit	*Verfahren*			W/(K · m)
Spezifische Wärmekapazität	*Verfahren*			J/(K · g)
Glasumwandlungstemperatur	*Torsionsschwingungsversuch*		°C	
	Differentialkalorimetrie		°C	

Brandverhalten

UL-Test vertikal — Dicke 1.57 mm, Wert HB
Dicke mm, Wert

	Norm	*Bewertung*	*Abmessungen*
Sauerstoff-Index	ASTM D 2863		
Glühstab-Verfahren			
Brandverhalten	DIN 4102		
MVSS			
FAR			

Elektrische Eigenschaften

		Hz	°C			*Probekörper, Form*
Dielektrizitätszahl		50	23	2.9		Durchmesser 80x1 mm
		10^3	23	2.9		Durchmesser 80x1 mm
		10^6				
Dielektrischer Verlustfaktor tan δ		50	23	0.004		Durchmesser 80x1 mm
		10^3	23	0.007		Durchmesser 80x1 mm
		10^6				
Spezifischer Durchgangswiderstand	Ohm · cm		23	≧1*10**15		Durchmesser 80x1 mm
Durchschlagfestigkeit	kV/mm		23	24		1 mm dick
Oberflächenwiderstand	Ohm		23	1*10**14		Durchmesser 80x1 mm
Kriechstromfestigkeit		KC		KB	KA	
Elektrolytische Korrosionswirkung		A 1				30x10x4 mm
Lichtbogenfestigkeit nach DIN						
nach ASTM	s					

Beständigkeit *(Chemische Beständigkeit siehe Anhang)*

Wasseraufnahme 23 C Bis zur Saettigung 0.7 %

Feuchtigkeitsaufnahme Normalklima 0.2 %

Wetterbeständigkeit

Spannungskorrosion

Optische Eigenschaften

Brechungszahl n_D

Transmissionsgrad τ_c % mm dick

Lichtdurchlässigkeit

Datenbank-Nr.	**T01709**		Merkblatt-Nr. **4365**

Produkt	Polycarbonat/Acrylnitril-Butadien-Styrol/Blend		**PC + ABS**
Handelsname	**Bayblend KU1-1449**		
Hersteller	BAYER		
DIN-Bez 1			
DIN-Bez 2			
Zusätze	Brandschutzmittel	*Füllstoffe/ Verstärkung*	
Bevorzugte Verarbeitung	Spritzgiessen; Extrudieren; Blasformen	*Lieferform*	Granulat
		Farben	
Besondere Merkmale	Entspricht VDE 0470 127 C; Flammwidrig	*Bevorzugte Anwendungen*	Elektroindustrie

Dichte	g/cm³	1.2	*Schmelzindex*	g/10 min	:	
Schüttdichte	g/cm³		*Volumenfließindex*	cm³/10 min	8:	260/5
Viskositätszahl	ml/g					

Verarbeitungsbedingungen für Spritzgießen

Massetemp.	°C	*Schwindung*	%	lgs , quer
Werkzeugtemp.	°C	*Bemerkungen*		
Spritzdruck	bar			

Zugversuch 23 °C DIN 53455; ISO R/527; DIN 53457; ISO R/527

Probekörper: *Form* Nr. 3; 4 mm dick — *Herstellung* Spritzgiessen
Zustand — *Vorbehandlung* Normalklima

Streckspannung	N/mm²	60	*Dehnung bei Streckspannung*	%	5
Zugfestigkeit	N/mm²		*Reißdehnung*	%	≧50
Reißfestigkeit	N/mm²		*% Dehnspannung*	N/mm²	
E-Modul	N/mm²	2600	*Dehnung bei % Dehnspg.*	%	

Kriechmoduln und Zeitstandwerte 23 °C

Probekörper: *Form* — *Herstellung*
Zustand — *Vorbehandlung*

Kriechmodul	*1 min* N/mm²		*Zeitstandzugfestigkeit*	h	N/mm²
Kriechmodul	*1000 h* N/mm²		*Zeitdehnspg.* %	h	N/mm²
bei Spannung	N/mm²				

Biegeversuch 23 °C

Probekörper: *Form* — *Herstellung*
Zustand — *Vorbehandlung*

Biegefestigkeit	N/mm²	*E-Modul*	N/mm²
3,5% *Biegespannung*	N/mm²		

Härte 23 °C *Probekörper:* *Zustand* — *Herstellung*
Vorbehandlung

Kugeldruckhärte	N/mm² bei N, s	*Shore-Härte* A	
Rockwellhärte		*Shore-Härte* D	

Schlagversuch *Probekörper:* *(1)*
(2) — *Herstellung*
Zustand — *Vorbehandlung*

		°C	°C	°C	*Probekörper-Form*
Schlagzähigkeit	kJ/m²				
Kerbschlagzähigkeit (1)	kJ/m²				
IZOD-Kerbschlagzähigkeit (2)	J/m				
Kerbschlagzugzähigkeit	kJ/m²				

Abrieb und Reibung

Taber-Abrieb (Reibradverfahren)	$mm^3/100$ U		
Abriebfaktor LNP (Thrust washer) Vergleichswert			
Statische Reibungszahl			
Dynamische Reibungszahl	(p·v=	N/mm^2·	m/min)
Zulässiger p · v Wert	N/mm^2 · (m/min)	v=	m/min
		v=	m/min

Thermische Eigenschaften

Formbeständigkeit in der Wärme	*Verfahren*	A	110 °C
	Verfahren	B	125 °C
Vicat Erweichungstemperatur (VST)	*Verfahren*	B/50	131 °C
	Verfahren		°C
Kristallit-Schmelzpunkt	*Verfahren*		
Längenausdehnungskoeffizient	*Bereich*	°C	$\cdot 10^{-4}K^{-1}$
	Temperatur		$\cdot 10^{-4}K^{-1}$
Wärmeleitfähigkeit	*Verfahren*		W/(K · m)
Spezifische Wärmekapazität	*Verfahren*		J/(K · g)
Glasumwandlungstemperatur	*Torsionsschwingungsversuch*	°C	
	Differentialkalorimetrie	°C	

Brandverhalten

UL-Test vertikal	Dicke 1.57 mm, Wert V-0
	Dicke mm, Wert

	Norm	*Bewertung*	*Abmessungen*
Sauerstoff-Index	ASTM D 2863		
Glühstab-Verfahren			
Brandverhalten	DIN 4102		
MVSS			
FAR			

Elektrische Eigenschaften

		Hz	°C		*Probekörper, Form*
Dielektrizitätszahl		50	23	2	Durchmesser 80x1 mm
		10^3	23	9	Durchmesser 80x1 mm
		10^6			
Dielektrischer Verlustfaktor tan δ		50	23	0.004	Durchmesser 80x1 mm
		10^3	23	0.007	Durchmesser 80x1 mm
		10^6			
Spezifischer Durchgangs-widerstand	Ohm · cm		23	≧1*10**15	Durchmesser 80x1 mm
Durchschlagfestigkeit	kV/mm		23	23	1 mm dick
Oberflächenwiderstand	Ohm		23	1*10**14	Durchmesser 80x1 mm

Kriechstromfestigkeit	KC	KB	KA	
Elektrolytische Korrosionswirkung	A 1			30x10x4 mm
Lichtbogenfestigkeit nach DIN				
nach ASTM s				

Beständigkeit *(Chemische Beständigkeit siehe Anhang)*

Wasseraufnahme

Feuchtigkeitsaufnahme Normalklima %

Wetterbeständigkeit

Spannungskorrosion

Optische Eigenschaften

Brechungszahl n_D

Transmissionsgrad τ_c % mm dick

Lichtdurchlässigkeit

Datenbank-Nr. **T01710** Merkblatt-Nr. **4366**

Produkt	Polycarbonat/Acrylnitril-Butadien-Styrol/Blend		**PC + ABS**
Handelsname	**Bayblend KU1-1450**		
Hersteller	BAYER		
DIN-Bez 1			
DIN-Bez 2			
Zusätze	Brandschutzmittel	*Füllstoffe/ Verstärkung*	
Bevorzugte Verarbeitung	Spritzgiessen; Extrudieren; Blasformen	*Lieferform*	Granulat
		Farben	
Besondere Merkmale	Flammwidrig; Verbesserte Lichtstabilitaet; Verbesserte Waermealterung; Verbesserte Chemikalienbestaendigkeit	*Bevorzugte Anwendungen*	

Dichte	g/cm^3	1.14	*Schmelzindex*	g/10 min	:	
Schüttdichte	g/cm^3		*Volumenfließindex*	$cm^3/10$ min	12:	260/5
Viskositätszahl	ml/g					

Verarbeitungsbedingungen für Spritzgießen

Massetemp.	°C	*Schwindung*	% lgs	, quer
Werkzeugtemp.	°C	*Bemerkungen*		
Spritzdruck	bar			

Zugversuch 23 °C DIN 53455; ISO R/527; DIN 53457; ISO R/527

Probekörper: *Form* Nr. 3; 4 mm dick — *Herstellung* Spritzgiessen
Zustand — *Vorbehandlung* Normalklima

Streckspannung	N/mm^2	50	*Dehnung bei Streckspannung*	%	4.5
Zugfestigkeit	N/mm^2		*Reißdehnung*	%	≧50
Reißfestigkeit	N/mm^2		*% Dehnspannung*	N/mm^2	
E-Modul	N/mm^2	2000	*Dehnung bei % Dehnspg.*	%	

Kriechmoduln und Zeitstandwerte 23 °C

Probekörper: *Form* — *Herstellung*
Zustand — *Vorbehandlung*

Kriechmodul	*1 min*	N/mm^2	*Zeitstandzugfestigkeit*	h	N/mm^2
Kriechmodul	*1000 h*	N/mm^2	*Zeitdehnspg. %*	h	N/mm^2
bei Spannung		N/mm^2			

Biegeversuch 23 °C

Probekörper: *Form* — *Herstellung*
Zustand — *Vorbehandlung*

Biegefestigkeit	N/mm^2	*E-Modul*	N/mm^2
3,5% *Biegespannung*	N/mm^2		

Härte 23 °C *Probekörper:* *Zustand* — *Herstellung*
Vorbehandlung

Kugeldruckhärte	N/mm^2 bei N, s	*Shore-Härte* A	
Rockwellhärte		*Shore-Härte* D	

Schlagversuch *Probekörper:* *(1)*
(2) — *Herstellung*
Zustand — *Vorbehandlung*

		°C	°C	°C	*Probekörper-Form*
Schlagzähigkeit	kJ/m^2				
Kerbschlagzähigkeit (1)	kJ/m^2				
IZOD-Kerbschlagzähigkeit (2)	J/m				
Kerbschlagzugzähigkeit	kJ/m^2				

Abrieb und Reibung

Taber-Abrieb (Reibradverfahren)	mm^3/100 U		
Abriebfaktor LNP (Thrust washer) Vergleichswert			
Statische Reibungszahl			
Dynamische Reibungszahl	(p · v =	N/mm^2 ·	m/min)
Zulässiger p · v Wert	N/mm^2 · (m/min)	v =	m/min
		v =	m/min

Thermische Eigenschaften

Formbeständigkeit in der Wärme	*Verfahren*	A		105 °C
	Verfahren			°C
Vicat Erweichungstemperatur (VST)	*Verfahren*	B/50		118 °C
	Verfahren			°C
Kristallit-Schmelzpunkt	*Verfahren*			
Längenausdehnungskoeffizient	*Bereich*	23–80	°C	$0.8 \cdot 10^{-4} K^{-1}$
	Temperatur			$\cdot 10^{-4} K^{-1}$
Wärmeleitfähigkeit	*Verfahren*			W/(K · m)
Spezifische Wärmekapazität	*Verfahren*			J/(K · g)
Glasumwandlungstemperatur	*Torsionsschwingungsversuch*		°C	
	Differentialkalorimetrie		°C	

Brandverhalten

UL-Test vertikal Dicke 1.57 mm, Wert HB
Dicke mm, Wert

	Norm	*Bewertung*	*Abmessungen*
Sauerstoff-Index	ASTM D 2863		
Glühstab-Verfahren			
Brandverhalten	DIN 4102		
MVSS			
FAR			

Elektrische Eigenschaften

		Hz	°C	*Probekörper, Form*
Dielektrizitätszahl		50		
		10^3		
		10^6		
Dielektrischer Verlustfaktor tan δ		50		
		10^3		
		10^6		
Spezifischer Durchgangswiderstand	Ohm · cm			
Durchschlagfestigkeit	kV/mm			mm dick
Oberflächenwiderstand	Ohm			

Kriechstromfestigkeit	KC	KB	KA
Elektrolytische Korrosionswirkung			
Lichtbogenfestigkeit nach DIN			
nach ASTM s			

Beständigkeit *(Chemische Beständigkeit siehe Anhang)*

Wasseraufnahme

Feuchtigkeitsaufnahme Normalklima %

Wetterbeständigkeit

Spannungskorrosion

Optische Eigenschaften

Brechungszahl n_D
Transmissionsgrad τ_c % mm dick
Lichtdurchlässigkeit

Datenbank-Nr. **T01711** Merkblatt-Nr. **4367**

Produkt	Polycarbonat/Acrylnitril-Butadien-Styrol/Blend		**PC + ABS**
Handelsname	**Bayblend KU1-1451**		
Hersteller	BAYER		
DIN-Bez 1			
DIN-Bez 2			
Zusätze	Brandschutzmittel	*Füllstoffe/ Verstärkung*	
Bevorzugte Verarbeitung	Spritzgiessen; Extrudieren; Blasformen	*Lieferform*	Granulat
		Farben	
Besondere Merkmale	Flammwidrig; Verbesserte Lichtstabilitaet; Verbesserte Waermealterung; Verbesserte Chemikalienbestaendigkeit	*Bevorzugte Anwendungen*	

Dichte	g/cm³	1.12	*Schmelzindex*	g/10 min	:	
Schüttdichte	g/cm³		*Volumenfließindex*	cm³/10 min	12:	260/5
Viskositätszahl	ml/g					

Verarbeitungsbedingungen für Spritzgießen

Massetemp.	°C	*Schwindung*	%	lgs , quer
Werkzeugtemp.	°C	*Bemerkungen*		
Spritzdruck	bar			

Zugversuch 23 °C DIN 53455; ISO R/527; DIN 53457; ISO R/527

Probekörper: *Form* Nr. 3; 4 mm dick — *Herstellung* Spritzgiessen
Zustand — *Vorbehandlung* Normalklima

Streckspannung	N/mm²	50	*Dehnung bei Streckspannung*	%	4.5
Zugfestigkeit	N/mm²		*Reißdehnung*	%	≧50
Reißfestigkeit	N/mm²		*% Dehnspannung*	N/mm²	
E-Modul	N/mm²	2000	*Dehnung bei % Dehnspg.*	%	

Kriechmoduln und Zeitstandwerte 23 °C

Probekörper: *Form* — *Herstellung*
Zustand — *Vorbehandlung*

Kriechmodul	*1 min* N/mm²	*Zeitstandzugfestigkeit*	h N/mm²
Kriechmodul	*1000 h* N/mm²	*Zeitdehnspg.* %	h N/mm²
bei Spannung	N/mm²		

Biegeversuch 23 °C

Probekörper: *Form* — *Herstellung*
Zustand — *Vorbehandlung*

Biegefestigkeit	N/mm²	*E-Modul*	N/mm²
3,5% *Biegespannung*	N/mm²		

Härte 23 °C *Probekörper:* *Zustand* — *Herstellung*
Vorbehandlung

Kugeldruckhärte	N/mm² bei N, s	*Shore-Härte* A	
Rockwellhärte		*Shore-Härte* D	

Schlagversuch *Probekörper:* *(1)*
(2) — *Herstellung*
Zustand — *Vorbehandlung*

	°C	°C	°C	*Probekörper-Form*
Schlagzähigkeit kJ/m²				
Kerbschlagzähigkeit (1) kJ/m²				
IZOD-Kerbschlagzähigkeit (2) J/m				
Kerbschlagzugzähigkeit kJ/m²				

Abrieb und Reibung

Taber-Abrieb (Reibradverfahren)	mm^3/100 U		
Abriebfaktor LNP (Thrust washer) Vergleichswert			
Statische Reibungszahl			
Dynamische Reibungszahl	(p · v =	N/mm^2 ·	m/min)
Zulässiger p · v Wert	N/mm^2 · (m/min)	v =	m/min
		v =	m/min

Thermische Eigenschaften

Formbeständigkeit in der Wärme	*Verfahren*	A		100 °C
	Verfahren			°C
Vicat Erweichungstemperatur (VST)	*Verfahren*	B/50		108 °C
	Verfahren			°C
Kristallit-Schmelzpunkt	*Verfahren*			
Längenausdehnungskoeffizient	*Bereich*	23–80	°C	0.85 · $10^{-4}K^{-1}$
	Temperatur			· $10^{-4}K^{-1}$
Wärmeleitfähigkeit	*Verfahren*			W/(K · m)
Spezifische Wärmekapazität	*Verfahren*			J/(K · g)
Glasumwandlungstemperatur	*Torsionsschwingungsversuch*		°C	
	Differentialkalorimetrie		°C	

Brandverhalten

UL-Test vertikal	Dicke 1.57 mm, Wert HB	
	Dicke mm, Wert	

	Norm	*Bewertung*	*Abmessungen*
Sauerstoff-Index	ASTM D 2863		
Glühstab-Verfahren			
Brandverhalten	DIN 4102		
MVSS			
FAR			

Elektrische Eigenschaften

		Hz	°C	*Probekörper, Form*
Dielektrizitätszahl		50		
		10^3		
		10^6		
Dielektrischer Verlustfaktor tan δ		50		
		10^3		
		10^6		
Spezifischer Durchgangs-widerstand	Ohm · cm			
Durchschlagfestigkeit	kV/mm			mm dick
Oberflächenwiderstand	Ohm			

Kriechstromfestigkeit	KC	KB	KA
Elektrolytische Korrosionswirkung			
Lichtbogenfestigkeit nach DIN			
nach ASTM s			

Beständigkeit *(Chemische Beständigkeit siehe Anhang)*

Wasseraufnahme

Feuchtigkeitsaufnahme Normalklima %

Wetterbeständigkeit

Spannungskorrosion

Optische Eigenschaften

Brechungszahl n_D		
Transmissionsgrad τ_c	%	mm dick
Lichtdurchlässigkeit		

Datenbank-Nr. **T01712** Merkblatt-Nr. **4368**

Produkt	Polycarbonat/Acrylnitril-Butadien-Styrol/Blend		**PC + ABS**
Handelsname	**Bayblend T 64**		
Hersteller	BAYER		
DIN-Bez 1			
DIN-Bez 2			
Zusätze		*Füllstoffe/ Verstärkung*	
Bevorzugte Verarbeitung	Spritzgiessen	*Lieferform*	Granulat
		Farben	
Besondere Merkmale	Leichtfliessend	*Bevorzugte Anwendungen*	

Dichte	g/cm³	1.13	*Schmelzindex*	g/10 min	:	
Schüttdichte	g/cm³		*Volumenfließindex*	cm³/10 min	17:	260/5
Viskositätszahl	ml/g					

Verarbeitungsbedingungen für Spritzgießen

Massetemp.	°C	*Schwindung*	% lgs , quer
Werkzeugtemp.	°C	*Bemerkungen*	
Spritzdruck	bar		

Zugversuch 23 °C DIN 53455; ISO R/527; DIN 53457; ISO R/527

Probekörper: *Form* Nr. 3; 4 mm dick — *Herstellung* Spritzgiessen
Zustand — *Vorbehandlung* Normalklima

Streckspannung	N/mm²	50	*Dehnung bei Streckspannung*	%	4.5
Zugfestigkeit	N/mm²		*Reißdehnung*	%	≧50
Reißfestigkeit	N/mm²		*% Dehnspannung*	N/mm²	
E-Modul	N/mm²	2100	*Dehnung bei % Dehnspg.*	%	

Kriechmoduln und Zeitstandwerte 23 °C

Probekörper: *Form* — *Herstellung*
Zustand — *Vorbehandlung*

Kriechmodul	*1 min* N/mm²	*Zeitstandzugfestigkeit*	h	N/mm²
Kriechmodul	*1000 h* N/mm²	*Zeitdehnspg. %*	h	N/mm²
bei Spannung	N/mm²			

Biegeversuch 23 °C

Probekörper: *Form* — *Herstellung*
Zustand — *Vorbehandlung*

Biegefestigkeit	N/mm²	*E-Modul*	N/mm²
3,5% *Biegespannung*	N/mm²		

Härte 23 °C *Probekörper:* *Zustand* — *Herstellung*
Vorbehandlung

Kugeldruckhärte	N/mm² bei N, s	*Shore-Härte* A	
Rockwellhärte		*Shore-Härte* D	

Schlagversuch *Probekörper:* *(1)*
(2) — *Herstellung*
Zustand — *Vorbehandlung*

	°C	°C	°C	*Probekörper-Form*
Schlagzähigkeit kJ/m²				
Kerbschlagzähigkeit (1) kJ/m²				
IZOD-Kerbschlagzähigkeit (2) J/m				
Kerbschlagzugzähigkeit kJ/m²				

Abrieb und Reibung

Taber-Abrieb (Reibradverfahren) mm^3/100 U
Abriebfaktor LNP (Thrust washer) Vergleichswert
Statische Reibungszahl
Dynamische Reibungszahl (p · v = N/mm^2 · m/min)
Zulässiger p · v Wert N/mm^2 · (m/min) v = m/min
v = m/min

Thermische Eigenschaften

Formbeständigkeit in der Wärme	*Verfahren*	A	100 °C
	Verfahren	B	120 °C
Vicat Erweichungstemperatur (VST)	*Verfahren*	B/50	116 °C
	Verfahren		°C
Kristallit-Schmelzpunkt	*Verfahren*		
Längenausdehnungskoeffizient	*Bereich*	23–80 °C	0.75 · $10^{-4}K^{-1}$
	Temperatur		· $10^{-4}K^{-1}$
Wärmeleitfähigkeit	*Verfahren*		W/(K · m)
Spezifische Wärmekapazität	*Verfahren*		J/(K · g)
Glasumwandlungstemperatur	*Torsionsschwingungsversuch*	°C	
	Differentialkalorimetrie	°C	

Brandverhalten

UL-Test vertikal Dicke 1.57 mm, Wert HB
Dicke mm, Wert

	Norm	*Bewertung*	*Abmessungen*
Sauerstoff-Index	ASTM D 2863		
Glühstab-Verfahren			
Brandverhalten	DIN 4102		
MVSS			
FAR			

Elektrische Eigenschaften

		Hz	°C		*Probekörper, Form*
Dielektrizitätszahl		50	23	2.9	Durchmesser 80x1 mm
		10^3	23	2.9	Durchmesser 80x1 mm
		10^6			
Dielektrischer Verlustfaktor tan δ		50	23	0.004	Durchmesser 80x1 mm
		10^3	23	0.007	Durchmesser 80x1 mm
		10^6			
Spezifischer Durchgangs-widerstand	Ohm · cm				
Durchschlagfestigkeit	kV/mm		23	24	1 mm dick
Oberflächenwiderstand	Ohm				

Kriechstromfestigkeit KC KB KA
Elektrolytische Korrosionswirkung
Lichtbogenfestigkeit nach DIN
nach ASTM s

Beständigkeit *(Chemische Beständigkeit siehe Anhang)*

Wasseraufnahme 23 C Bis zur Saettigung 0.6 %

Feuchtigkeitsaufnahme Normalklima 0.2 %
Wetterbeständigkeit

Spannungskorrosion

Optische Eigenschaften

Brechungszahl n_D
Transmissionsgrad τ_c % mm dick
Lichtdurchlässigkeit

Produkt	Polycarbonat/Acrylnitril-Butadien-Styrol/Blend		**PC + ABS**
Handelsname	**Bayblend T 84**		
Hersteller	BAYER		
DIN-Bez 1			
DIN-Bez 2			
Zusätze		*Füllstoffe/ Verstärkung*	
Bevorzugte Verarbeitung	Spritzgiessen	*Lieferform*	Granulat
		Farben	
Besondere Merkmale	Leichtfliessend	*Bevorzugte Anwendungen*	

Dichte	g/cm³	1.15	*Schmelzindex*	g/10 min	:	
Schüttdichte	g/cm³		*Volumenfließindex*	cm³/10 min	17:	260/5
Viskositätszahl	ml/g					

Verarbeitungsbedingungen für Spritzgießen

Massetemp.	°C	*Schwindung*	%	lgs , quer
Werkzeugtemp.	°C	*Bemerkungen*		
Spritzdruck	bar			

Zugversuch 23 °C DIN 53455; ISO R/527; DIN 53457; ISO R/527

Probekörper: *Form* Nr. 3; 4 mm dick — *Herstellung* Spritzgiessen
Zustand — *Vorbehandlung* Normalklima

Streckspannung	N/mm²	55	*Dehnung bei Streckspannung*	%	4.5
Zugfestigkeit	N/mm²		*Reißdehnung*	%	≧50
Reißfestigkeit	N/mm²		*% Dehnspannung*	N/mm²	
E-Modul	N/mm²	2200	*Dehnung bei % Dehnspg.*	%	

Kriechmoduln und Zeitstandwerte 23 °C

Probekörper: *Form* — *Herstellung*
Zustand — *Vorbehandlung*

Kriechmodul	*1 min*	N/mm²	*Zeitstandzugfestigkeit*	h	N/mm²
Kriechmodul	*1000 h*	N/mm²	*Zeitdehnspg. %*	h	N/mm²
bei Spannung		N/mm²			

Biegeversuch 23 °C

Probekörper: *Form* — *Herstellung*
Zustand — *Vorbehandlung*

Biegefestigkeit	N/mm²	*E-Modul*	N/mm²
3,5% *Biegespannung*	N/mm²		

Härte 23 °C *Probekörper:* *Zustand* — *Herstellung*
Vorbehandlung

Kugeldruckhärte	N/mm² bei N, s	*Shore-Härte*	A
Rockwellhärte		*Shore-Härte*	D

Schlagversuch *Probekörper:* *(1)*
(2) — *Herstellung*
Zustand — *Vorbehandlung*

		°C	°C	°C	*Probekörper-Form*
Schlagzähigkeit	kJ/m²				
Kerbschlagzähigkeit (1)	kJ/m²				
IZOD-Kerbschlagzähigkeit (2)	J/m				
Kerbschlagzugzähigkeit	kJ/m²				

Abrieb und Reibung

Taber-Abrieb (Reibradverfahren)	mm^3/100 U		
Abriebfaktor LNP (Thrust washer) Vergleichswert			
Statische Reibungszahl			
Dynamische Reibungszahl	(p · v=	N/mm^2 ·	m/min)
Zulässiger p · v Wert	N/mm^2 · (m/min)	v=	m/min
		v=	m/min

Thermische Eigenschaften

Formbeständigkeit in der Wärme	*Verfahren*	A		108 °C
	Verfahren	B		128 °C
Vicat Erweichungstemperatur (VST)	*Verfahren*	B/50		127 °C
	Verfahren			°C
Kristallit-Schmelzpunkt	*Verfahren*			
Längenausdehnungskoeffizient	*Bereich*	23–80	°C	0.7 · $10^{-4}K^{-1}$
	Temperatur			· $10^{-4}K^{-1}$
Wärmeleitfähigkeit	*Verfahren*			W/(K · m)
Spezifische Wärmekapazität	*Verfahren*			J/(K · g)
Glasumwandlungstemperatur	*Torsionsschwingungsversuch*		°C	
	Differentialkalorimetrie		°C	

Brandverhalten

UL-Test vertikal Dicke 1.57 mm, Wert HB
Dicke mm, Wert

	Norm	*Bewertung*	*Abmessungen*
Sauerstoff-Index	ASTM D 2863		
Glühstab-Verfahren			
Brandverhalten	DIN 4102		
MVSS			
FAR			

Elektrische Eigenschaften

		Hz	°C			*Probekörper, Form*
Dielektrizitätszahl		50	23	2.9		Durchmesser 80x1 mm
		10^3	23	2.9		Durchmesser 80x1 mm
		10^6				
Dielektrischer Verlustfaktor tan δ		50	23	0.004		Durchmesser 80x1 mm
		10^3	23	0.007		Durchmesser 80x1 mm
		10^6				
Spezifischer Durchgangs-widerstand	Ohm · cm		23	≧1*10**15		Durchmesser 80x1 mm
Durchschlagfestigkeit	kV/mm		23	24		1 mm dick
Oberflächenwiderstand	Ohm		23	1*10**14		Durchmesser 80x1 mm
Kriechstromfestigkeit		KC		KB	KA	
Elektrolytische Korrosionswirkung		A 1				30x10x4 mm
Lichtbogenfestigkeit nach DIN						
nach ASTM	s					

Beständigkeit *(Chemische Beständigkeit siehe Anhang)*

Wasseraufnahme 23 C Bis zur Saettigung	0.6 %	
Feuchtigkeitsaufnahme Normalklima		0.2 %
Wetterbeständigkeit		
Spannungskorrosion		

Optische Eigenschaften

Brechungszahl n_D		
Transmissionsgrad τ_c	%	mm dick
Lichtdurchlässigkeit		

Datenbank-Nr.	**T01714**		Merkblatt-Nr. **4370**

Produkt	Polyamid 66		**PA**
Handelsname	**Durethan A 31**		
Hersteller	BAYER		
DIN-Bez 1	16773-PA66,MR,14-030		
DIN-Bez 2			
Zusätze	Gleitmittel; Schmiermittel; Entformungsmittel	*Füllstoffe/ Verstärkung*	
Bevorzugte Verarbeitung	Spritzgiessen	*Lieferform*	Granulat
		Farben	
Besondere Merkmale	Standardtyp	*Bevorzugte Anwendungen*	

Dichte	g/cm³	1.14	*Schmelzindex*	g/10 min	:
Schüttdichte	g/cm³		*Volumenfließindex*	cm³/10 min	:
Viskositätszahl	ml/g				

Verarbeitungsbedingungen für Spritzgießen

Massetemp.	°C	*Schwindung*	%	lgs 1.4, quer 1.9
Werkzeugtemp.	°C	*Bemerkungen*	Schwindung ermittelt an Platten 150x90x3 mm	
Spritzdruck	bar			

Zugversuch 23 °C DIN 53455; ISO R/527; DIN 53457; ISO R/527

Probekörper: *Form* Nr. 3; 4 mm dick — *Herstellung* Spritzgiessen
Zustand Trocken — *Vorbehandlung* Normalklima

Streckspannung	N/mm²	80	*Dehnung bei Streckspannung*	%	5
Zugfestigkeit	N/mm²		*Reißdehnung*	%	40
Reißfestigkeit	N/mm²		*% Dehnspannung*	N/mm²	
E-Modul	N/mm²	3300	*Dehnung bei % Dehnspg.*	%	

Kriechmoduln und Zeitstandwerte 23 °C

Probekörper: *Form* — *Herstellung*
Zustand — *Vorbehandlung*

Kriechmodul	*1 min*	N/mm²	*Zeitstandzugfestigkeit*	h	N/mm²
Kriechmodul	*1000 h*	N/mm²	*Zeitdehnspg. %*	h	N/mm²
bei Spannung		N/mm²			

Biegeversuch 23 °C

Probekörper: *Form* — *Herstellung*
Zustand — *Vorbehandlung*

Biegefestigkeit	N/mm²	*E-Modul*	N/mm²
3,5% *Biegespannung*	N/mm²		

Härte 23 °C *Probekörper:* *Zustand* — *Herstellung*
Vorbehandlung

Kugeldruckhärte	N/mm² bei N, s	*Shore-Härte* A	
Rockwellhärte		*Shore-Härte* D	

Schlagversuch *Probekörper:* *(1)*
(2) — *Herstellung*
Zustand — *Vorbehandlung*

	°C	°C	°C	*Probekörper-Form*
Schlagzähigkeit kJ/m²				
Kerbschlagzähigkeit (1) kJ/m²				
IZOD-Kerbschlagzähigkeit (2) J/m				
Kerbschlagzugzähigkeit kJ/m²				

Abrieb und Reibung

Taber-Abrieb (Reibradverfahren)	$mm^3/100$ U		
Abriebfaktor LNP (Thrust washer) Vergleichswert			
Statische Reibungszahl			
Dynamische Reibungszahl	(p·v=	N/mm^2 ·	m/min)
Zulässiger p · v Wert	N/mm^2 · (m/min)	v=	m/min
		v=	m/min

Thermische Eigenschaften

Formbeständigkeit in der Wärme	*Verfahren*	A		90 °C
	Verfahren	B		200 °C
Vicat Erweichungstemperatur (VST)	*Verfahren*	B/50		230 °C
	Verfahren			°C
Kristallit-Schmelzpunkt	*Verfahren*			
Längenausdehnungskoeffizient	*Bereich*	23–80	°C	$0.95 \cdot 10^{-4} K^{-1}$
	Temperatur			$\cdot 10^{-4} K^{-1}$
Wärmeleitfähigkeit	*Verfahren*			W/(K · m)
Spezifische Wärmekapazität	*Verfahren*			J/(K · g)
Glasumwandlungstemperatur	*Torsionsschwingungsversuch*		°C	
	Differentialkalorimetrie		°C	

Brandverhalten

UL-Test vertikal Dicke 1.57 mm, Wert V-2
Dicke mm, Wert

	Norm	*Bewertung*	*Abmessungen*
Sauerstoff-Index	ASTM D 2863		
Glühstab-Verfahren			
Brandverhalten	DIN 4102		
MVSS			
FAR			

Elektrische Eigenschaften

		Hz	°C			*Probekörper, Form*
Dielektrizitätszahl		50				
		10^3	23	3.6		Durchmesser 80x1 mm
		10^6				
Dielektrischer Verlustfaktor tan δ		50				
		10^3	23	0.02		Durchmesser 80x1 mm
		10^6				
Spezifischer Durchgangs-widerstand	Ohm · cm		23	1*10**15		Durchmesser 80x1 mm
Durchschlagfestigkeit	kV/mm					mm dick
Oberflächenwiderstand	Ohm		23	1*10**13		Durchmesser 80x1 mm
Kriechstromfestigkeit		KC		KB	KA	
Elektrolytische Korrosionswirkung		A 1.2				30x10x4 mm
Lichtbogenfestigkeit nach DIN						
nach ASTM	s					

Beständigkeit *(Chemische Beständigkeit siehe Anhang)*

Wasseraufnahme 23 C Bis zur Saettigung 8.5 %

Feuchtigkeitsaufnahme Normalklima 2.8 %

Wetterbeständigkeit

Spannungskorrosion

Optische Eigenschaften

Brechungszahl n_D

Transmissionsgrad τ_c % mm dick

Lichtdurchlässigkeit

Datenbank-Nr. **T01715** Merkblatt-Nr. **4371**

Produkt	Polyamid 66		**PA**
Handelsname	**Durethan A 31..CS**		
Hersteller	BAYER		
DIN-Bez 1	16773-PA66,MHR,14-030		
DIN-Bez 2			
Zusätze	Gleitmittel; Schmiermittel; Entformungsmittel	*Füllstoffe/ Verstärkung*	
Bevorzugte Verarbeitung	Spritzgiessen	*Lieferform*	Granulat
		Farben	
Besondere Merkmale	Schnell erstarrend	*Bevorzugte Anwendungen*	

Dichte	g/cm³	1.14	*Schmelzindex*	g/10 min	:
Schüttdichte	g/cm³		*Volumenfließindex*	cm³/10 min	:
Viskositätszahl	ml/g				

Verarbeitungsbedingungen für Spritzgießen

Massetemp.	°C	*Schwindung*	% lgs 1.1, quer 1.8
Werkzeugtemp.	°C	*Bemerkungen*	Schwindung ermittelt an Platten 150x90x3 mm
Spritzdruck	bar		

Zugversuch 23 °C DIN 53457; ISO R/527

Probekörper: *Form* Nr. 3; 4 mm dick — *Herstellung* Spritzgiessen
Zustand Trocken — *Vorbehandlung* Normalklima

Streckspannung	N/mm²	85	*Dehnung bei Streckspannung*	%	4.5
Zugfestigkeit	N/mm²		*Reißdehnung*	%	20
Reißfestigkeit	N/mm²		*% Dehnspannung*	N/mm²	
E-Modul	N/mm²	3600	*Dehnung bei % Dehnspg.*	%	

Kriechmoduln und Zeitstandwerte 23 °C

Probekörper: *Form* — *Herstellung*
Zustand — *Vorbehandlung*

Kriechmodul	*1 min*	N/mm²	*Zeitstandzugfestigkeit*	h	N/mm²
Kriechmodul	*1000 h*	N/mm²	*Zeitdehnspg. %*	h	N/mm²
bei Spannung		N/mm²			

Biegeversuch 23 °C

Probekörper: *Form* — *Herstellung*
Zustand — *Vorbehandlung*

Biegefestigkeit	N/mm²	*E-Modul*	N/mm²
3,5% *Biegespannung*	N/mm²		

Härte 23 °C *Probekörper:* *Zustand* — *Herstellung*
Vorbehandlung

Kugeldruckhärte	N/mm² bei N, s	*Shore-Härte*	A
Rockwellhärte		*Shore-Härte*	D

Schlagversuch *Probekörper:* *(1)*
(2) — *Herstellung*
Zustand — *Vorbehandlung*

	°C	°C	°C	*Probekörper-Form*
Schlagzähigkeit kJ/m²				
Kerbschlagzähigkeit (1) kJ/m²				
IZOD-Kerbschlagzähigkeit (2) J/m				
Kerbschlagzugzähigkeit kJ/m²				

Abrieb und Reibung

Taber-Abrieb (Reibradverfahren)	mm^3/100 U		
Abriebfaktor LNP (Thrust washer) Vergleichswert			
Statische Reibungszahl			
Dynamische Reibungszahl	(p·v= N/mm^2·		m/min)
Zulässiger p · v Wert	N/mm^2 · (m/min)	v=	m/min
		v=	m/min

Thermische Eigenschaften

Formbeständigkeit in der Wärme	*Verfahren*	A		90 °C
	Verfahren	B		200 °C
Vicat Erweichungstemperatur (VST)	*Verfahren*	B/50		230 °C
	Verfahren			°C
Kristallit-Schmelzpunkt	*Verfahren*			
Längenausdehnungskoeffizient	*Bereich*	23–80	°C	0.9 · $10^{-4}K^{-1}$
	Temperatur			· $10^{-4}K^{-1}$
Wärmeleitfähigkeit	*Verfahren*			W/(K · m)
Spezifische Wärmekapazität	*Verfahren*			J/(K · g)
Glasumwandlungstemperatur	*Torsionsschwingungsversuch*		°C	
	Differentialkalorimetrie		°C	

Brandverhalten

UL-Test vertikal	Dicke	mm, Wert V-2
	Dicke	mm, Wert

	Norm	*Bewertung*	*Abmessungen*
Sauerstoff-Index	ASTM D 2863		
Glühstab-Verfahren			
Brandverhalten	DIN 4102		
MVSS			
FAR			

Elektrische Eigenschaften

		Hz	°C			*Probekörper, Form*
Dielektrizitätszahl		50				
		10^3	23	3.6		Durchmesser 80x1 mm
		10^6				
Dielektrischer Verlustfaktor tan δ		50				
		10^3	23	0.02		Durchmesser 80x1 mm
		10^6				
Spezifischer Durchgangs-widerstand	Ohm · cm		23	1*10**15		Durchmesser 80x1 mm
Durchschlagfestigkeit	kV/mm					mm dick
Oberflächenwiderstand	Ohm		23	1*10**13		Durchmesser 80x1 mm
Kriechstromfestigkeit		KC		KB	KA	
Elektrolytische Korrosionswirkung		A 1.2				30x10x4 mm
Lichtbogenfestigkeit nach DIN						
nach ASTM	s					

Beständigkeit *(Chemische Beständigkeit siehe Anhang)*

Wasseraufnahme 23 C Bis zur Saettigung	8.5 %	
Feuchtigkeitsaufnahme Normalklima		2.8 %
Wetterbeständigkeit		
Spannungskorrosion		

Optische Eigenschaften

Brechungszahl n_D		
Transmissionsgrad τ_c	%	mm dick
Lichtdurchlässigkeit		

Datenbank-Nr. **T01716**		*Merkblatt-Nr.* **4372**

Produkt	Polyamid 66		**PA**
Handelsname	**Durethan A 31..S**		
Hersteller	BAYER		
DIN-Bez 1	16773-PA66,MR,14-030		
DIN-Bez 2			
Zusätze	Gleitmittel; Schmiermittel; Entformungsmittel	*Füllstoffe/ Verstärkung*	
Bevorzugte Verarbeitung	Spritzgiessen	*Lieferform*	Granulat
		Farben	
Besondere Merkmale	Schnell erstarrend	*Bevorzugte Anwendungen*	

Dichte	g/cm³	1.14	*Schmelzindex*	g/10 min	:
Schüttdichte	g/cm³		*Volumenfließindex*	cm³/10 min	:
Viskositätszahl	ml/g				

Verarbeitungsbedingungen für Spritzgießen

Massetemp.	°C	*Schwindung*	% lgs 1, quer 1.7
Werkzeugtemp.	°C	*Bemerkungen*	Schwindung ermittelt an Platten 150x90x3 mm
Spritzdruck	bar		

Zugversuch 23 °C DIN 53455; ISO R/527; DIN 53457; ISO R/527

Probekörper: *Form* Nr. 3; 4 mm dick — *Herstellung* Spritzgiessen
Zustand Trocken — *Vorbehandlung* Normalklima

Streckspannung	N/mm²	90	*Dehnung bei Streckspannung*	%	5
Zugfestigkeit	N/mm²		*Reißdehnung*	%	10
Reißfestigkeit	N/mm²		*% Dehnspannung*	N/mm²	
E-Modul	N/mm²	3500	*Dehnung bei % Dehnspg.*	%	

Kriechmoduln und Zeitstandwerte 23 °C

Probekörper: *Form* — *Herstellung*
Zustand — *Vorbehandlung*

Kriechmodul	*1 min*	N/mm²	*Zeitstandzugfestigkeit*	h	N/mm²
Kriechmodul	*1000 h*	N/mm²	*Zeitdehnspg. %*	h	N/mm²
bei Spannung		N/mm²			

Biegeversuch 23 °C

Probekörper: *Form* — *Herstellung*
Zustand — *Vorbehandlung*

Biegefestigkeit	N/mm²	*E-Modul*	N/mm²
3,5% *Biegespannung*	N/mm²		

Härte 23 °C *Probekörper:* *Zustand* — *Herstellung*
Vorbehandlung

Kugeldruckhärte	N/mm² bei N, s	*Shore-Härte* A	
Rockwellhärte		*Shore-Härte* D	

Schlagversuch *Probekörper:* *(1)*
(2) — *Herstellung*
Zustand — *Vorbehandlung*

		°C	°C	°C	*Probekörper-Form*
Schlagzähigkeit	kJ/m²				
Kerbschlagzähigkeit (1)	kJ/m²				
IZOD-Kerbschlagzähigkeit (2)	J/m				
Kerbschlagzugzähigkeit	kJ/m²				

Abrieb und Reibung

Taber-Abrieb (Reibradverfahren)	$mm^3/100$ U			
Abriebfaktor LNP (Thrust washer) Vergleichswert				
Statische Reibungszahl				
Dynamische Reibungszahl	(p · v =	N/mm^2 ·		m/min)
Zulässiger p · v Wert	N/mm^2 · (m/min)		v =	m/min
			v =	m/min

Thermische Eigenschaften

Formbeständigkeit in der Wärme	*Verfahren*	A		90 °C
	Verfahren	B		200 °C
Vicat Erweichungstemperatur (VST)	*Verfahren*	B/50		230 °C
	Verfahren			°C
Kristallit-Schmelzpunkt	*Verfahren*			
Längenausdehnungskoeffizient	*Bereich*	23–80	°C	$0.85 \cdot 10^{-4} K^{-1}$
	Temperatur			$\cdot 10^{-4} K^{-1}$
Wärmeleitfähigkeit	*Verfahren*			W/(K · m)
Spezifische Wärmekapazität	*Verfahren*			J/(K · g)
Glasumwandlungstemperatur	*Torsionsschwingungsversuch*		°C	
	Differentialkalorimetrie		°C	

Brandverhalten

UL-Test vertikal — Dicke mm, Wert V-2
Dicke mm, Wert

	Norm	*Bewertung*	*Abmessungen*
Sauerstoff-Index	ASTM D 2863		
Glühstab-Verfahren			
Brandverhalten	DIN 4102		
MVSS			
FAR			

Elektrische Eigenschaften

		Hz	°C			*Probekörper, Form*
Dielektrizitätszahl		50				
		10^3	23	3.6		Durchmesser 80x1 mm
		10^6				
Dielektrischer Verlustfaktor tan δ		50				
		10^3	23	0.02		Durchmesser 80x1 mm
		10^6				
Spezifischer Durchgangs-widerstand	Ohm · cm		23	1*10**15		Durchmesser 80x1 mm
Durchschlagfestigkeit	kV/mm					mm dick
Oberflächenwiderstand	Ohm		23	1*10**13		Durchmesser 80x1 mm
Kriechstromfestigkeit		KC		KB	KA	
Elektrolytische Korrosionswirkung		A 1.2				30x10x4 mm
Lichtbogenfestigkeit nach DIN						
nach ASTM	s					

Beständigkeit *(Chemische Beständigkeit siehe Anhang)*

Wasseraufnahme 23 C Bis zur Saettigung	8.5 %	
Feuchtigkeitsaufnahme Normalklima		2.8 %
Wetterbeständigkeit		
Spannungskorrosion		

Optische Eigenschaften

Brechungszahl n_D		
Transmissionsgrad τ_c	%	mm dick
Lichtdurchlässigkeit		

Datenbank-Nr.	**T01717**		Merkblatt-Nr. **4373**

Produkt	Polyamid 66		**PA**
Handelsname	**Durethan A 31..SK**		
Hersteller	BAYER		
DIN-Bez 1	16773-PA66,MR,14-040		
DIN-Bez 2			
Zusätze	Gleitmittel; Schmiermittel; Entformungsmittel	*Füllstoffe/ Verstärkung*	
Bevorzugte Verarbeitung	Spritzgiessen	*Lieferform*	Granulat
		Farben	
Besondere Merkmale	Sehr schnell erstarrend	*Bevorzugte Anwendungen*	

Dichte	g/cm^3	1.14	*Schmelzindex*	g/10 min	:
Schüttdichte	g/cm^3		*Volumenfließindex*	cm^3/10 min	:
Viskositätszahl	ml/g				

Verarbeitungsbedingungen für Spritzgießen

Massetemp.	°C	*Schwindung*	% lgs 0.9, quer 1.3
Werkzeugtemp.	°C	*Bemerkungen*	Schwindung ermittelt an Platten 150x90x3 mm
Spritzdruck	bar		

Zugversuch 23 °C DIN 53457; ISO R/527

Probekörper: *Form* Nr. 3; 4 mm dick — *Herstellung* Spritzgiessen
Zustand Trocken — *Vorbehandlung* Normalklima

Streckspannung	N/mm^2	85	*Dehnung bei Streckspannung*	%	4
Zugfestigkeit	N/mm^2		*Reißdehnung*	%	15
Reißfestigkeit	N/mm^2		*% Dehnspannung*	N/mm^2	
E-Modul	N/mm^2	3700	*Dehnung bei % Dehnspg.*	%	

Kriechmoduln und Zeitstandwerte 23 °C

Probekörper: *Form* — *Herstellung*
Zustand — *Vorbehandlung*

Kriechmodul	*1 min*	N/mm^2	*Zeitstandzugfestigkeit*	h	N/mm^2
Kriechmodul	*1000 h*	N/mm^2	*Zeitdehnspg. %*	h	N/mm^2
bei Spannung		N/mm^2			

Biegeversuch 23 °C

Probekörper: *Form* — *Herstellung*
Zustand — *Vorbehandlung*

Biegefestigkeit	N/mm^2	*E-Modul*	N/mm^2
3,5% *Biegespannung*	N/mm^2		

Härte 23 °C *Probekörper:* *Zustand* — *Herstellung*
Vorbehandlung

Kugeldruckhärte	N/mm^2 bei N, s	*Shore-Härte*	A
Rockwellhärte		*Shore-Härte*	D

Schlagversuch *Probekörper:* *(1)*
(2) — *Herstellung*
Zustand — *Vorbehandlung*

		°C	°C	°C	*Probekörper-Form*
Schlagzähigkeit	kJ/m^2				
Kerbschlagzähigkeit (1)	kJ/m^2				
IZOD-Kerbschlagzähigkeit (2)	J/m				
Kerbschlagzugzähigkeit	kJ/m^2				

Abrieb und Reibung

Taber-Abrieb (Reibradverfahren)	$mm^3/100$ U		
Abriebfaktor LNP (Thrust washer) Vergleichswert			
Statische Reibungszahl			
Dynamische Reibungszahl	(p·v=	N/mm²·	m/min)
Zulässiger p · v Wert	N/mm²·(m/min)	v=	m/min
		v=	m/min

Thermische Eigenschaften

Formbeständigkeit in der Wärme	*Verfahren*	A		90 °C
	Verfahren	B		200 °C
Vicat Erweichungstemperatur (VST)	*Verfahren*	B/50		230 °C
	Verfahren			°C
Kristallit-Schmelzpunkt	*Verfahren*			
Längenausdehnungskoeffizient	*Bereich*	23–80	°C	$0.7 \cdot 10^{-4} K^{-1}$
	Temperatur			$\cdot 10^{-4} K^{-1}$
Wärmeleitfähigkeit	*Verfahren*			W/(K · m)
Spezifische Wärmekapazität	*Verfahren*			J/(K · g)
Glasumwandlungstemperatur	*Torsionsschwingungsversuch*		°C	
	Differentialkalorimetrie		°C	

Brandverhalten

UL-Test vertikal	Dicke	mm, Wert V-2
	Dicke	mm, Wert

	Norm	*Bewertung*	*Abmessungen*
Sauerstoff-Index	ASTM D 2863		
Glühstab-Verfahren			
Brandverhalten	DIN 4102		
MVSS			
FAR			

Elektrische Eigenschaften

		Hz	°C			*Probekörper, Form*
Dielektrizitätszahl		50				
		10^3	23	3.6		Durchmesser 80x1 mm
		10^6				
Dielektrischer Verlustfaktor tan δ		50				
		10^3	23	0.02		Durchmesser 80x1 mm
		10^6				
Spezifischer Durchgangs-widerstand	Ohm · cm		23	1*10**15		Durchmesser 80x1 mm
Durchschlagfestigkeit	kV/mm					mm dick
Oberflächenwiderstand	Ohm		23	1*10**13		Durchmesser 80x1 mm
Kriechstromfestigkeit		KC		KB	KA	
Elektrolytische Korrosionswirkung		A 1.2				30x10x4 mm
Lichtbogenfestigkeit nach DIN						
nach ASTM	s					

Beständigkeit *(Chemische Beständigkeit siehe Anhang)*

Wasseraufnahme 23 C	Bis zur Saettigung	8.5 %
Feuchtigkeitsaufnahme Normalklima		2.8 %
Wetterbeständigkeit		
Spannungskorrosion		

Optische Eigenschaften

Brechungszahl n_D		
Transmissionsgrad τ_c	%	mm dick
Lichtdurchlässigkeit		

Datenbank-Nr. **T01718** *Merkblatt-Nr.* **4374**

Produkt	Polyamid 66		**PA**
Handelsname	**Durethan A 40**		
Hersteller	BAYER		
DIN-Bez 1	16773-PA66,MR,22-030		
DIN-Bez 2			
Zusätze	Gleitmittel; Schmiermittel; Entformungsmittel	*Füllstoffe/ Verstärkung*	
Bevorzugte Verarbeitung	Spritzgiessen	*Lieferform*	Granulat
		Farben	
Besondere Merkmale	Erhoehte Viskositaet	*Bevorzugte Anwendungen*	

Dichte	g/cm^3	1.14	*Schmelzindex*	g/10 min	:
Schüttdichte	g/cm^3		*Volumenfließindex*	cm^3/10 min	:
Viskositätszahl	ml/g				

Verarbeitungsbedingungen für Spritzgießen

Massetemp.	°C	*Schwindung*	% lgs 1.5, quer 1.7
Werkzeugtemp.	°C	*Bemerkungen*	Schwindung ermittelt an Platten 150x90x3 mm
Spritzdruck	bar		

Zugversuch 23 °C DIN 53455; ISO R/527; DIN 53457; ISO R/527

Probekörper: *Form* Nr. 3; 4 mm dick — *Herstellung* Spritzgiessen
Zustand Trocken — *Vorbehandlung* Normalklima

Streckspannung	N/mm^2	80	*Dehnung bei Streckspannung*	%	5
Zugfestigkeit	N/mm^2		*Reißdehnung*	%	≧50
Reißfestigkeit	N/mm^2		*% Dehnspannung*	N/mm^2	
E-Modul	N/mm^2	3100	*Dehnung bei % Dehnspg.*	%	

Kriechmoduln und Zeitstandwerte 23 °C

Probekörper: *Form* — *Herstellung*
Zustand — *Vorbehandlung*

Kriechmodul	*1 min*	N/mm^2	*Zeitstandzugfestigkeit*	h	N/mm^2
Kriechmodul	*1000 h*	N/mm^2	*Zeitdehnspg. %*	h	N/mm^2
bei Spannung		N/mm^2			

Biegeversuch 23 °C

Probekörper: *Form* — *Herstellung*
Zustand — *Vorbehandlung*

Biegefestigkeit	N/mm^2	*E-Modul*	N/mm^2
3,5% *Biegespannung*	N/mm^2		

Härte 23 °C *Probekörper:* *Zustand* — *Herstellung*
Vorbehandlung

Kugeldruckhärte	N/mm^2 bei N, s	*Shore-Härte* A	
Rockwellhärte		*Shore-Härte* D	

Schlagversuch *Probekörper:* *(1)*
(2) — *Herstellung*
Zustand — *Vorbehandlung*

		°C	°C	°C	*Probekörper-Form*
Schlagzähigkeit	kJ/m^2				
Kerbschlagzähigkeit (1)	kJ/m^2				
IZOD-Kerbschlagzähigkeit (2)	J/m				
Kerbschlagzugzähigkeit	kJ/m^2				

Abrieb und Reibung

Taber-Abrieb (Reibradverfahren)	$mm^3/100$ U		
Abriebfaktor LNP (Thrust washer) Vergleichswert			
Statische Reibungszahl			
Dynamische Reibungszahl	(p · v =	N/mm^2 ·	m/min)
Zulässiger p · v Wert	N/mm^2 · (m/min)	v =	m/min
		v =	m/min

Thermische Eigenschaften

Formbeständigkeit in der Wärme	*Verfahren* A		100 °C
	Verfahren B		200 °C
Vicat Erweichungstemperatur (VST)	*Verfahren* B/50		230 °C
	Verfahren		°C
Kristallit-Schmelzpunkt	*Verfahren*		
Längenausdehnungskoeffizient	*Bereich* 23–80 °C		$0.95 \cdot 10^{-4} K^{-1}$
	Temperatur		$\cdot 10^{-4} K^{-1}$
Wärmeleitfähigkeit	*Verfahren*		W/(K · m)
Spezifische Wärmekapazität	*Verfahren*		J/(K · g)
Glasumwandlungstemperatur	*Torsionsschwingungsversuch*	°C	
	Differentialkalorimetrie	°C	

Brandverhalten

UL-Test vertikal Dicke 1.57 mm, Wert HB
Dicke mm, Wert

	Norm	*Bewertung*	*Abmessungen*
Sauerstoff-Index	ASTM D 2863		
Glühstab-Verfahren			
Brandverhalten	DIN 4102		
MVSS			
FAR			

Elektrische Eigenschaften

		Hz	°C			*Probekörper, Form*
Dielektrizitätszahl		50				
		10^3	23	3.6		Durchmesser 80x1 mm
		10^6				
Dielektrischer Verlustfaktor tan δ		50				
		10^3	23	0.02		Durchmesser 80x1 mm
		10^6				
Spezifischer Durchgangs-widerstand	Ohm · cm		23	1*10**15		Durchmesser 80x1 mm
Durchschlagfestigkeit	kV/mm					mm dick
Oberflächenwiderstand	Ohm		23	1*10**13		Durchmesser 80x1 mm
Kriechstromfestigkeit		KC		KB	KA	
Elektrolytische Korrosionswirkung		A 1.2				30x10x4 mm
Lichtbogenfestigkeit nach DIN						
nach ASTM	s					

Beständigkeit *(Chemische Beständigkeit siehe Anhang)*

Wasseraufnahme 23 C Bis zur Saettigung	8.5 %	
Feuchtigkeitsaufnahme Normalklima		2.8 %
Wetterbeständigkeit		
Spannungskorrosion		

Optische Eigenschaften

Brechungszahl n_D		
Transmissionsgrad τ_c	%	mm dick
Lichtdurchlässigkeit		

Produkt	Polyamid 66			**PA**
Handelsname	**Durethan A 40..H**			
Hersteller	BAYER			
DIN-Bez 1	16773-PA66,MHR,22-030			
DIN-Bez 2				
Zusätze	Gleitmittel; Entformungsmittel; Waermestabilisator	*Füllstoffe/ Verstärkung*		
Bevorzugte Verarbeitung	Spritzgiessen	*Lieferform*	Granulat	
		Farben		
Besondere Merkmale	Erhoehte Viskositaet	*Bevorzugte Anwendungen*		

Dichte	g/cm³	1.14	*Schmelzindex*	g/10 min	:
Schüttdichte	g/cm³		*Volumenfließindex*	cm³/10 min	:
Viskositätszahl	ml/g				

Verarbeitungsbedingungen für Spritzgießen

Massetemp.	°C	*Schwindung*	% lgs 1.5, quer 1.7
Werkzeugtemp.	°C	*Bemerkungen*	Schwindung ermittelt an Platten 150x90x3 mm
Spritzdruck	bar		

Zugversuch 23 °C DIN 53455; ISO R/527; DIN 53457; ISO R/527

Probekörper: *Form* Nr. 3; 4 mm dick — *Herstellung* Spritzgiessen
Zustand Trocken — *Vorbehandlung* Normalklima

Streckspannung	N/mm²	80	*Dehnung bei Streckspannung*	%	5
Zugfestigkeit	N/mm²		*Reißdehnung*	%	≧50
Reißfestigkeit	N/mm²		*% Dehnspannung*	N/mm²	
E-Modul	N/mm²	3100	*Dehnung bei % Dehnspg.*	%	

Kriechmoduln und Zeitstandwerte 23 °C

Probekörper: *Form* — *Herstellung*
Zustand — *Vorbehandlung*

Kriechmodul	*1 min*	N/mm²	*Zeitstandzugfestigkeit*	h	N/mm²
Kriechmodul	*1000 h*	N/mm²	*Zeitdehnspg. %*	h	N/mm²
bei Spannung		N/mm²			

Biegeversuch 23 °C

Probekörper: *Form* — *Herstellung*
Zustand — *Vorbehandlung*

Biegefestigkeit	N/mm²	*E-Modul*	N/mm²
3,5% *Biegespannung*	N/mm²		

Härte 23 °C *Probekörper:* *Zustand* — *Herstellung*
Vorbehandlung

Kugeldruckhärte	N/mm² bei N, s	*Shore-Härte* A	
Rockwellhärte		*Shore-Härte* D	

Schlagversuch *Probekörper:* *(1)*
(2) — *Herstellung*
Zustand — *Vorbehandlung*

		°C	°C	°C	*Probekörper-Form*
Schlagzähigkeit	kJ/m²				
Kerbschlagzähigkeit (1)	kJ/m²				
IZOD-Kerbschlagzähigkeit (2)	J/m				
Kerbschlagzugzähigkeit	kJ/m²				

Abrieb und Reibung

Taber-Abrieb (Reibradverfahren)	mm^3/100 U		
Abriebfaktor LNP (Thrust washer) Vergleichswert			
Statische Reibungszahl			
Dynamische Reibungszahl	(p · v =	N/mm^2 ·	m/min)
Zulässiger p · v Wert	N/mm^2 · (m/min)	v =	m/min
		v =	m/min

Thermische Eigenschaften

Formbeständigkeit in der Wärme	*Verfahren*	A		100 °C
	Verfahren	B		200 °C
Vicat Erweichungstemperatur (VST)	*Verfahren*	B/50		230 °C
	Verfahren			°C
Kristallit-Schmelzpunkt	*Verfahren*			
Längenausdehnungskoeffizient	*Bereich*	23–80	°C	$0.95 \cdot 10^{-4} K^{-1}$
	Temperatur			$\cdot 10^{-4} K^{-1}$
Wärmeleitfähigkeit	*Verfahren*			W/(K · m)
Spezifische Wärmekapazität	*Verfahren*			J/(K · g)
Glasumwandlungstemperatur	*Torsionsschwingungsversuch*		°C	
	Differentialkalorimetrie		°C	

Brandverhalten

UL-Test vertikal	Dicke	mm, Wert HB
	Dicke	mm, Wert

	Norm	*Bewertung*	*Abmessungen*
Sauerstoff-Index	ASTM D 2863		
Glühstab-Verfahren			
Brandverhalten	DIN 4102		
MVSS			
FAR			

Elektrische Eigenschaften

		Hz	°C			*Probekörper, Form*
Dielektrizitätszahl		50				
		10^3	23	3.6		Durchmesser 80x1 mm
		10^6				
Dielektrischer Verlustfaktor tan δ		50				
		10^3	23	0.02		Durchmesser 80x1 mm
		10^6				
Spezifischer Durchgangs-widerstand	Ohm · cm		23	1*10**13		Durchmesser 80x1 mm
Durchschlagfestigkeit	kV/mm					mm dick
Oberflächenwiderstand	Ohm		23	1*10**12		Durchmesser 80x1 mm
Kriechstromfestigkeit		KC		KB	KA	
Elektrolytische Korrosionswirkung		A/B 3				30x10x4 mm
Lichtbogenfestigkeit nach DIN						
nach ASTM	s					

Beständigkeit *(Chemische Beständigkeit siehe Anhang)*

Wasseraufnahme 23 C Bis zur Saettigung	8.5 %	
Feuchtigkeitsaufnahme Normalklima		2.8 %
Wetterbeständigkeit		
Spannungskorrosion		

Optische Eigenschaften

Brechungszahl n_D		
Transmissionsgrad τ_c	%	mm dick
Lichtdurchlässigkeit		

Datenbank-Nr. **T01720** *Merkblatt-Nr.* **4376**

Produkt	Polyamid 66		**PA**
Handelsname	**Durethan AC 30**		
Hersteller	BAYER		
DIN-Bez 1	16773-PA66,MPR,14-030		
DIN-Bez 2			
Zusätze	Entformungsmittel; Olefin	*Füllstoffe/ Verstärkung*	
Bevorzugte Verarbeitung	Spritzgiessen	*Lieferform*	Granulat
		Farben	
Besondere Merkmale	Erhoehte Zaehigkeit	*Bevorzugte Anwendungen*	

Dichte	g/cm³	1.1	*Schmelzindex*	g/10 min	:
Schüttdichte	g/cm³		*Volumenfließindex*	cm³/10 min	:
Viskositätszahl	ml/g				

Verarbeitungsbedingungen für Spritzgießen

Massetemp.	°C	*Schwindung*	% lgs 1.2, quer 2.0
Werkzeugtemp.	°C	*Bemerkungen*	Schwindung ermittelt an Platten 150x90x3 mm
Spritzdruck	bar		

Zugversuch 23 °C DIN 53455; ISO R/527; DIN 53457; ISO R/527

Probekörper: *Form* Nr. 3; 4 mm dick — *Herstellung* Spritzgiessen
Zustand Trocken — *Vorbehandlung* Normalklima

Streckspannung	N/mm²	75	*Dehnung bei Streckspannung*	%	6
Zugfestigkeit	N/mm²		*Reißdehnung*	%	25
Reißfestigkeit	N/mm²		*% Dehnspannung*	N/mm²	
E-Modul	N/mm²	2900	*Dehnung bei % Dehnspg.*	%	

Kriechmoduln und Zeitstandwerte 23 °C

Probekörper: *Form* — *Herstellung*
Zustand — *Vorbehandlung*

Kriechmodul	*1 min*	N/mm²	*Zeitstandzugfestigkeit*	h	N/mm²
Kriechmodul	*1000 h*	N/mm²	*Zeitdehnspg. %*	h	N/mm²
bei Spannung		N/mm²			

Biegeversuch 23 °C

Probekörper: *Form* — *Herstellung*
Zustand — *Vorbehandlung*

Biegefestigkeit	N/mm²	*E-Modul*	N/mm²
3,5% *Biegespannung*	N/mm²		

Härte 23 °C *Probekörper:* *Zustand* — *Herstellung*
Vorbehandlung

Kugeldruckhärte	N/mm² bei N, s	*Shore-Härte* A	
Rockwellhärte		*Shore-Härte* D	

Schlagversuch *Probekörper:* *(1)*
(2) — *Herstellung*
Zustand — *Vorbehandlung*

	°C	°C	°C	*Probekörper-Form*
Schlagzähigkeit kJ/m²				
Kerbschlagzähigkeit (1) kJ/m²				
IZOD-Kerbschlagzähigkeit (2) J/m				
Kerbschlagzugzähigkeit kJ/m²				

Abrieb und Reibung

Taber-Abrieb (Reibradverfahren)	mm^3/100 U		
Abriebfaktor LNP (Thrust washer) Vergleichswert			
Statische Reibungszahl			
Dynamische Reibungszahl	(p·v= N/mm²·		m/min)
Zulässiger p · v Wert	N/mm²·(m/min)	v=	m/min
		v=	m/min

Thermische Eigenschaften

Formbeständigkeit in der Wärme	*Verfahren*	A		85 °C
	Verfahren	B		225 °C
Vicat Erweichungstemperatur (VST)	*Verfahren*	B/50		200 °C
	Verfahren			°C
Kristallit-Schmelzpunkt	*Verfahren*			
Längenausdehnungskoeffizient	*Bereich*	23–80	°C	$0.85 \cdot 10^{-4}K^{-1}$
	Temperatur			$\cdot 10^{-4}K^{-1}$
Wärmeleitfähigkeit	*Verfahren*			W/(K · m)
Spezifische Wärmekapazität	*Verfahren*			J/(K · g)
Glasumwandlungstemperatur	*Torsionsschwingungsversuch*		°C	
	Differentialkalorimetrie		°C	

Brandverhalten

UL-Test vertikal Dicke 0.79 mm, Wert HB
Dicke mm, Wert

	Norm	*Bewertung*	*Abmessungen*
Sauerstoff-Index	ASTM D 2863		
Glühstab-Verfahren			
Brandverhalten	DIN 4102		
MVSS			
FAR			

Elektrische Eigenschaften

		Hz	°C			*Probekörper, Form*
Dielektrizitätszahl		50				
		10^3	23	4		Durchmesser 80x1 mm
		10^6				
Dielektrischer Verlustfaktor tan δ		50	23	0.007		Durchmesser 80x1 mm
		10^3	23	0.02		Durchmesser 80x1 mm
		10^6				
Spezifischer Durchgangs-widerstand	Ohm · cm		23	1*10**14		Durchmesser 80x1 mm
Durchschlagfestigkeit	kV/mm		23	30		1 mm dick
Oberflächenwiderstand	Ohm		23	1*10**14		Durchmesser 80x1 mm
Kriechstromfestigkeit		KC		KB	KA	
Elektrolytische Korrosionswirkung		A 1.2				30x10x4 mm
Lichtbogenfestigkeit nach DIN						
nach ASTM	s					

Beständigkeit *(Chemische Beständigkeit siehe Anhang)*

Wasseraufnahme

Feuchtigkeitsaufnahme Normalklima %

Wetterbeständigkeit

Spannungskorrosion

Optische Eigenschaften

Brechungszahl n_D

Transmissionsgrad τ_c % mm dick

Lichtdurchlässigkeit

Produkt	Polyamid 66		**PA**
Handelsname	**Durethan AKV 15**		
Hersteller	BAYER		
DIN-Bez 1	16773-PA66,MR,14-060,GF15		
DIN-Bez 2			
Zusätze	Entformungsmittel	*Füllstoffe/ Verstärkung*	15.0% Glasfaser
Bevorzugte Verarbeitung	Spritzgiessen	*Lieferform*	Granulat
		Farben	
Besondere Merkmale		*Bevorzugte Anwendungen*	

Dichte	g/cm^3	1.23	*Schmelzindex*	g/10 min	:
Schüttdichte	g/cm^3		*Volumenfließindex*	$cm^3/10$ min	:
Viskositätszahl	ml/g				

Verarbeitungsbedingungen für Spritzgießen

Massetemp.	°C	*Schwindung*	% lgs 0.5, quer 1.4
Werkzeugtemp.	°C	*Bemerkungen*	Schwindung ermittelt an Platten 150x90x3 mm
Spritzdruck	bar		

Zugversuch 23 °C DIN 53455; ISO R/527; DIN 53457; ISO R/527

Probekörper: *Form* Nr. 3; 4 mm dick — *Herstellung* Spritzgiessen
Zustand Trocken — *Vorbehandlung* Normalklima

Streckspannung	N/mm^2		*Dehnung bei Streckspannung*	%	
Zugfestigkeit	N/mm^2	130	*Reißdehnung*	%	3.5
Reißfestigkeit	N/mm^2		*% Dehnspannung*	N/mm^2	
E-Modul	N/mm^2	6400	*Dehnung bei % Dehnspg.*	%	

Kriechmoduln und Zeitstandwerte 23 °C

Probekörper: *Form* — *Herstellung*
Zustand — *Vorbehandlung*

Kriechmodul	*1 min*	N/mm^2	*Zeitstandzugfestigkeit*	h	N/mm^2
Kriechmodul	*1000 h*	N/mm^2	*Zeitdehnspg. %*	h	N/mm^2
bei Spannung		N/mm^2			

Biegeversuch 23 °C

Probekörper: *Form* — *Herstellung*
Zustand — *Vorbehandlung*

Biegefestigkeit	N/mm^2	*E-Modul*	N/mm^2
3,5% *Biegespannung*	N/mm^2		

Härte 23 °C *Probekörper:* *Zustand* — *Herstellung*
Vorbehandlung

Kugeldruckhärte	N/mm^2 bei N, s	*Shore-Härte*	A
Rockwellhärte		*Shore-Härte*	D

Schlagversuch *Probekörper:* *(1)*
(2) — *Herstellung*
Zustand — *Vorbehandlung*

		°C	°C	°C	*Probekörper-Form*
Schlagzähigkeit	kJ/m^2				
Kerbschlagzähigkeit (1)	kJ/m^2				
IZOD-Kerbschlagzähigkeit (2)	J/m				
Kerbschlagzugzähigkeit	kJ/m^2				

Abrieb und Reibung

Taber-Abrieb (Reibradverfahren)	mm^3/100 U		
Abriebfaktor LNP (Thrust washer) Vergleichswert			
Statische Reibungszahl			
Dynamische Reibungszahl	(p·v=	N/mm²·	m/min)
Zulässiger p · v Wert	N/mm²·(m/min)	v=	m/min
		v=	m/min

Thermische Eigenschaften

Formbeständigkeit in der Wärme	*Verfahren* A		250 °C
	Verfahren B		250 °C
Vicat Erweichungstemperatur (VST)	*Verfahren* B/50		230 °C
	Verfahren		°C
Kristallit-Schmelzpunkt	*Verfahren*		
Längenausdehnungskoeffizient	*Bereich* 23–80 °C		$0.3 \cdot 10^{-4} K^{-1}$
	Temperatur		$\cdot 10^{-4} K^{-1}$
Wärmeleitfähigkeit	*Verfahren*		W/(K · m)
Spezifische Wärmekapazität	*Verfahren*		J/(K · g)
Glasumwandlungstemperatur	*Torsionsschwingungsversuch*	°C	
	Differentialkalorimetrie	°C	

Brandverhalten

UL-Test vertikal Dicke mm, Wert HB
Dicke mm, Wert

	Norm	*Bewertung*	*Abmessungen*
Sauerstoff-Index	ASTM D 2863		
Glühstab-Verfahren			
Brandverhalten	DIN 4102		
MVSS			
FAR			

Elektrische Eigenschaften

		Hz	°C		*Probekörper, Form*
Dielektrizitätszahl		50	23	4	Durchmesser 80x1 mm
		10^3	23	4	Durchmesser 80x1 mm
		10^6			
Dielektrischer Verlustfaktor tan δ		50	23	0.008	Durchmesser 80x1 mm
		10^3	23	0.015	Durchmesser 80x1 mm
		10^6			
Spezifischer Durchgangs-widerstand	Ohm · cm		23	1*10**15	Durchmesser 80x1 mm
Durchschlagfestigkeit	kV/mm		23	35	1 mm dick
Oberflächenwiderstand	Ohm		23	1*10**14	Durchmesser 80x1 mm

Kriechstromfestigkeit	KC	KB	KA	
Elektrolytische Korrosionswirkung	A 1.6			30x10x4 mm
Lichtbogenfestigkeit nach DIN				
nach ASTM s				

Beständigkeit *(Chemische Beständigkeit siehe Anhang)*

Wasseraufnahme 23 C Bis zur Saettigung	7 %	
Feuchtigkeitsaufnahme Normalklima		2.4 %
Wetterbeständigkeit		
Spannungskorrosion		

Optische Eigenschaften

Brechungszahl n_D
Transmissionsgrad τ_c % mm dick
Lichtdurchlässigkeit

Datenbank-Nr. **T01722**		*Merkblatt-Nr.* **4378**

Produkt	Polyamid 66		**PA**
Handelsname	**Durethan AKV 20**		
Hersteller	BAYER		
DIN-Bez 1			
DIN-Bez 2			
Zusätze	Entformungsmittel	*Füllstoffe/ Verstärkung*	
Bevorzugte Verarbeitung	Spritzgiessen	*Lieferform*	Granulat
		Farben	
Besondere Merkmale		*Bevorzugte Anwendungen*	

Dichte	g/cm^3	1.28	*Schmelzindex*	g/10 min	:
Schüttdichte	g/cm^3		*Volumenfließindex*	cm^3/10 min	:
Viskositätszahl	ml/g				

Verarbeitungsbedingungen für Spritzgießen

Massetemp.	°C	*Schwindung*	% lgs , quer
Werkzeugtemp.	°C	*Bemerkungen*	
Spritzdruck	bar		

Zugversuch 23 °C DIN 53455; ISO R/527; DIN 53457; ISO R/527

Probekörper:	*Form*	Nr. 3; 4 mm dick	*Herstellung*	Spritzgiessen
	Zustand	Trocken	*Vorbehandlung*	Normalklima

Streckspannung	N/mm^2		*Dehnung bei Streckspannung*	%	
Zugfestigkeit	N/mm^2	150	*Reißdehnung*	%	3
Reißfestigkeit	N/mm^2		*% Dehnspannung*	N/mm^2	
E-Modul	N/mm^2	7500	*Dehnung bei % Dehnspg.*	%	

Kriechmoduln und Zeitstandwerte 23 °C

Probekörper:	*Form*	*Herstellung*	
	Zustand	*Vorbehandlung*	

Kriechmodul	*1 min* N/mm^2	*Zeitstandzugfestigkeit*		h	N/mm^2
Kriechmodul	*1000 h* N/mm^2	*Zeitdehnspg. %*		h	N/mm^2
bei Spannung	N/mm^2				

Biegeversuch 23 °C

Probekörper:	*Form*	*Herstellung*	
	Zustand	*Vorbehandlung*	

Biegefestigkeit	N/mm^2	*E-Modul*	N/mm^2
3,5% *Biegespannung*	N/mm^2		

Härte 23 °C

Probekörper:	*Zustand*	*Herstellung*	
		Vorbehandlung	

Kugeldruckhärte	N/mm^2 bei N, s	*Shore-Härte* A	
Rockwellhärte		*Shore-Härte* D	

Schlagversuch

Probekörper:	*(1)*		
	(2)	*Herstellung*	
	Zustand	*Vorbehandlung*	

		°C	°C	°C	*Probekörper-Form*
Schlagzähigkeit	kJ/m^2				
Kerbschlagzähigkeit (1)	kJ/m^2				
IZOD-Kerbschlagzähigkeit (2)	J/m				
Kerbschlagzugzähigkeit	kJ/m^2				

Abrieb und Reibung

Taber-Abrieb (Reibradverfahren)	mm^3/100 U		
Abriebfaktor LNP (Thrust washer) Vergleichswert			
Statische Reibungszahl			
Dynamische Reibungszahl	(p · v = N/mm^2 ·		m/min)
Zulässiger p · v Wert	N/mm^2 · (m/min)	v =	m/min
		v =	m/min

Thermische Eigenschaften

Formbeständigkeit in der Wärme	*Verfahren*	A		250 °C
	Verfahren	B		250 °C
Vicat Erweichungstemperatur (VST)	*Verfahren*	B/50		230 °C
	Verfahren			°C
Kristallit-Schmelzpunkt	*Verfahren*			
Längenausdehnungskoeffizient	*Bereich*	23–80	°C	0.3 · $10^{-4}K^{-1}$
	Temperatur			· $10^{-4}K^{-1}$
Wärmeleitfähigkeit	*Verfahren*			W/(K · m)
Spezifische Wärmekapazität	*Verfahren*			J/(K · g)
Glasumwandlungstemperatur	*Torsionsschwingungsversuch*		°C	
	Differentialkalorimetrie		°C	

Brandverhalten

UL-Test vertikal Dicke mm, Wert HB
Dicke mm, Wert

	Norm	*Bewertung*	*Abmessungen*
Sauerstoff-Index	ASTM D 2863		
Glühstab-Verfahren			
Brandverhalten	DIN 4102		
MVSS			
FAR			

Elektrische Eigenschaften

		Hz	°C		*Probekörper, Form*
Dielektrizitätszahl		50			
		10^3			
		10^6			
Dielektrischer Verlustfaktor tan δ		50			
		10^3			
		10^6			
Spezifischer Durchgangs-widerstand	Ohm · cm		23	1*10**15	Durchmesser 80x1 mm
Durchschlagfestigkeit	kV/mm		23	40	1 mm dick
Oberflächenwiderstand	Ohm		23	1*10**14	Durchmesser 80x1 mm

Kriechstromfestigkeit	KC	KB	KA	
Elektrolytische Korrosionswirkung	A 1.6			30x10x4 mm
Lichtbogenfestigkeit nach DIN				
nach ASTM s				

Beständigkeit *(Chemische Beständigkeit siehe Anhang)*

Wasseraufnahme 23 C Bis zur Saettigung	6.5 %	
Feuchtigkeitsaufnahme Normalklima		2.2 %
Wetterbeständigkeit		
Spannungskorrosion		

Optische Eigenschaften

Brechungszahl n_D
Transmissionsgrad τ_c % mm dick
Lichtdurchlässigkeit

Datenbank-Nr. **T01723** Merkblatt-Nr. **4379**

Produkt	Polyamid 66		**PA**
Handelsname	**Durethan AKV 25**		
Hersteller	BAYER		
DIN-Bez 1			
DIN-Bez 2			
Zusätze	Entformungsmittel	*Füllstoffe/ Verstärkung*	
Bevorzugte Verarbeitung	Spritzgiessen	*Lieferform*	Granulat
		Farben	
Besondere Merkmale		*Bevorzugte Anwendungen*	

Dichte	g/cm^3	1.32	*Schmelzindex*	g/10 min	:
Schüttdichte	g/cm^3		*Volumenfließindex*	cm^3/10 min	:
Viskositätszahl	ml/g				

Verarbeitungsbedingungen für Spritzgießen

Massetemp.	°C	*Schwindung*	% lgs , quer
Werkzeugtemp.	°C	*Bemerkungen*	
Spritzdruck	bar		

Zugversuch 23 °C DIN 53455; ISO R/527; DIN 53457; ISO R/527

Probekörper: *Form* Nr. 3; 4 mm dick — *Herstellung* Spritzgiessen
Zustand Trocken — *Vorbehandlung* Normalklima

Streckspannung	N/mm^2		*Dehnung bei Streckspannung*	%	
Zugfestigkeit	N/mm^2	170	*Reißdehnung*	%	3
Reißfestigkeit	N/mm^2		*% Dehnspannung*	N/mm^2	
E-Modul	N/mm^2	8600	*Dehnung bei % Dehnspg.*	%	

Kriechmoduln und Zeitstandwerte 23 °C

Probekörper: *Form* — *Herstellung*
Zustand — *Vorbehandlung*

Kriechmodul	*1 min*	N/mm^2	*Zeitstandzugfestigkeit*	h	N/mm^2
Kriechmodul	*1000 h*	N/mm^2	*Zeitdehnspg. %*	h	N/mm^2
bei Spannung		N/mm^2			

Biegeversuch 23 °C

Probekörper: *Form* — *Herstellung*
Zustand — *Vorbehandlung*

Biegefestigkeit	N/mm^2	*E-Modul*	N/mm^2
3,5% *Biegespannung*	N/mm^2		

Härte 23 °C *Probekörper:* *Zustand* — *Herstellung*
Vorbehandlung

Kugeldruckhärte	N/mm^2 bei N, s	*Shore-Härte*	A
Rockwellhärte		*Shore-Härte*	D

Schlagversuch *Probekörper:* *(1)*
(2) — *Herstellung*
Zustand — *Vorbehandlung*

		°C	°C	°C	*Probekörper-Form*
Schlagzähigkeit	kJ/m^2				
Kerbschlagzähigkeit (1)	kJ/m^2				
IZOD-Kerbschlagzähigkeit (2)	J/m				
Kerbschlagzugzähigkeit	kJ/m^2				

Abrieb und Reibung

Taber-Abrieb (Reibradverfahren)	mm^3/100 U		
Abriebfaktor LNP (Thrust washer) Vergleichswert			
Statische Reibungszahl			
Dynamische Reibungszahl	(p·v=	N/mm^2 ·	m/min)
Zulässiger p · v Wert	N/mm^2 · (m/min)	v=	m/min
		v=	m/min

Thermische Eigenschaften

Formbeständigkeit in der Wärme	*Verfahren*	A		250 °C
	Verfahren	B		250 °C
Vicat Erweichungstemperatur (VST)	*Verfahren*	B/50		230 °C
	Verfahren			°C
Kristallit-Schmelzpunkt	*Verfahren*			
Längenausdehnungskoeffizient	*Bereich*	23–80	°C	0.25 · $10^{-4}K^{-1}$
	Temperatur			· $10^{-4}K^{-1}$
Wärmeleitfähigkeit	*Verfahren*			W/(K · m)
Spezifische Wärmekapazität	*Verfahren*			J/(K · g)
Glasumwandlungstemperatur	*Torsionsschwingungsversuch*		°C	
	Differentialkalorimetrie		°C	

Brandverhalten

UL-Test vertikal	Dicke	mm, Wert HB	
	Dicke	mm, Wert	

	Norm	*Bewertung*	*Abmessungen*
Sauerstoff-Index	ASTM D 2863		
Glühstab-Verfahren			
Brandverhalten	DIN 4102		
MVSS			
FAR			

Elektrische Eigenschaften

		Hz	°C			*Probekörper, Form*
Dielektrizitätszahl		50				
		10^3				
		10^6				
Dielektrischer Verlustfaktor tan δ		50				
		10^3				
		10^6				
Spezifischer Durchgangswiderstand	Ohm · cm		23	1*10**15		Durchmesser 80x1 mm
Durchschlagfestigkeit	kV/mm		23	40		1 mm dick
Oberflächenwiderstand	Ohm		23	1*10**14		Durchmesser 80x1 mm
Kriechstromfestigkeit		KC		KB	KA	
Elektrolytische Korrosionswirkung		A 1.6				30x10x4 mm
Lichtbogenfestigkeit nach DIN						
nach ASTM	s					

Beständigkeit *(Chemische Beständigkeit siehe Anhang)*

Wasseraufnahme 23 C	Bis zur Saettigung	6 %	
Feuchtigkeitsaufnahme Normalklima			2.1 %
Wetterbeständigkeit			
Spannungskorrosion			

Optische Eigenschaften

Brechungszahl n_D		
Transmissionsgrad τ_c	%	mm dick
Lichtdurchlässigkeit		

Datenbank-Nr. **T01724** Merkblatt-Nr. **4380**

Produkt	Polyamid 66		**PA**
Handelsname	**Durethan AKV 30 G**		
Hersteller	BAYER		
DIN-Bez 1			
DIN-Bez 2			
Zusätze	Entformungsmittel	*Füllstoffe/ Verstärkung*	
Bevorzugte Verarbeitung	Spritzgiessen	*Lieferform*	Granulat
		Farben	
Besondere Merkmale		*Bevorzugte Anwendungen*	

Dichte	g/cm^3	1.36	*Schmelzindex*	g/10 min	:
Schüttdichte	g/cm^3		*Volumenfließindex*	cm^3/10 min	:
Viskositätszahl	ml/g				

Verarbeitungsbedingungen für Spritzgießen

Massetemp.	°C	*Schwindung*	% lgs , quer
Werkzeugtemp.	°C	*Bemerkungen*	
Spritzdruck	bar		

Zugversuch 23 °C DIN 53455; ISO R/527; DIN 53457; ISO R/527

Probekörper: *Form* Nr. 3; 4 mm dick — *Herstellung* Spritzgiessen
Zustand Trocken — *Vorbehandlung* Normalklima

Streckspannung	N/mm^2		*Dehnung bei Streckspannung*	%	
Zugfestigkeit	N/mm^2	175	*Reißdehnung*	%	3
Reißfestigkeit	N/mm^2		*% Dehnspannung*	N/mm^2	
E-Modul	N/mm^2	9300	*Dehnung bei % Dehnspg.*	%	

Kriechmoduln und Zeitstandwerte 23 °C

Probekörper: *Form* — *Herstellung*
Zustand — *Vorbehandlung*

Kriechmodul	*1 min* N/mm^2	*Zeitstandzugfestigkeit*	h	N/mm^2
Kriechmodul	*1000 h* N/mm^2	*Zeitdehnspg. %*	h	N/mm^2
bei Spannung	N/mm^2			

Biegeversuch 23 °C

Probekörper: *Form* — *Herstellung*
Zustand — *Vorbehandlung*

Biegefestigkeit	N/mm^2	*E-Modul*	N/mm^2
3,5% *Biegespannung*	N/mm^2		

Härte 23 °C *Probekörper:* *Zustand* — *Herstellung*
Vorbehandlung

Kugeldruckhärte	N/mm^2 bei N, s	*Shore-Härte* A	
Rockwellhärte		*Shore-Härte* D	

Schlagversuch *Probekörper:* *(1)*
(2) — *Herstellung*
Zustand — *Vorbehandlung*

	°C	°C	°C	*Probekörper-Form*
Schlagzähigkeit kJ/m^2				
Kerbschlagzähigkeit (1) kJ/m^2				
IZOD-Kerbschlagzähigkeit (2) J/m				
Kerbschlagzugzähigkeit kJ/m^2				

Abrieb und Reibung

Taber-Abrieb (Reibradverfahren)	mm^3/100 U		
Abriebfaktor LNP (Thrust washer) Vergleichswert			
Statische Reibungszahl			
Dynamische Reibungszahl	(p·v= N/mm^2·		m/min)
Zulässiger p · v Wert	N/mm^2 · (m/min)	v=	m/min
		v=	m/min

Thermische Eigenschaften

Formbeständigkeit in der Wärme	*Verfahren*	A		245 °C
	Verfahren	B		250 °C
Vicat Erweichungstemperatur (VST)	*Verfahren*	B/50		230 °C
	Verfahren			°C
Kristallit-Schmelzpunkt	*Verfahren*			
Längenausdehnungskoeffizient	*Bereich*	23–80	°C	0.25 · $10^{-4}K^{-1}$
	Temperatur			· $10^{-4}K^{-1}$
Wärmeleitfähigkeit	*Verfahren*			W/(K · m)
Spezifische Wärmekapazität	*Verfahren*			J/(K · g)
Glasumwandlungstemperatur	*Torsionsschwingungsversuch*		°C	
	Differentialkalorimetrie		°C	

Brandverhalten

UL-Test vertikal Dicke mm, Wert HB
Dicke mm, Wert

	Norm	*Bewertung*	*Abmessungen*
Sauerstoff-Index	ASTM D 2863		
Glühstab-Verfahren			
Brandverhalten	DIN 4102		
MVSS			
FAR			

Elektrische Eigenschaften

		Hz	°C			*Probekörper, Form*
Dielektrizitätszahl		50	23	4		Durchmesser 80x1 mm
		10^3	23	4		Durchmesser 80x1 mm
		10^6				
Dielektrischer Verlustfaktor tan δ		50	23	0.008		Durchmesser 80x1 mm
		10^3	23	0.015		Durchmesser 80x1 mm
		10^6				
Spezifischer Durchgangs-widerstand	Ohm · cm		23	1*10**15		Durchmesser 80x1 mm
Durchschlagfestigkeit	kV/mm		23	40		1 mm dick
Oberflächenwiderstand	Ohm		23	1*10**16		Durchmesser 80x1 mm
Kriechstromfestigkeit		KC		KB	KA	
Elektrolytische Korrosionswirkung		A 1.6				30x10x4 mm
Lichtbogenfestigkeit nach DIN						
nach ASTM	s					

Beständigkeit *(Chemische Beständigkeit siehe Anhang)*

Wasseraufnahme 23 C Bis zur Saettigung 5 %

Feuchtigkeitsaufnahme Normalklima 1.9 %
Wetterbeständigkeit

Spannungskorrosion

Optische Eigenschaften

Brechungszahl n_D
Transmissionsgrad τ_c % mm dick
Lichtdurchlässigkeit

Produkt	Polyamid 66		**PA**
Handelsname	**Durethan AKV 35**		
Hersteller	BAYER		
DIN-Bez 1			
DIN-Bez 2			
Zusätze	Entformungsmittel	*Füllstoffe/ Verstärkung*	
Bevorzugte Verarbeitung	Spritzgiessen	*Lieferform*	Granulat
		Farben	
Besondere Merkmale		*Bevorzugte Anwendungen*	

Dichte	g/cm³	1.41	*Schmelzindex*	g/10 min	:
Schüttdichte	g/cm³		*Volumenfließindex*	cm³/10 min	:
Viskositätszahl	ml/g				

Verarbeitungsbedingungen für Spritzgießen

Massetemp.	°C	*Schwindung*	% lgs , quer
Werkzeugtemp.	°C	*Bemerkungen*	
Spritzdruck	bar		

Zugversuch 23 °C DIN 53455; ISO R/527; DIN 53457; ISO R/527

Probekörper: *Form* Nr. 3; 4 mm dick — *Herstellung* Spritzgiessen
Zustand Trocken — *Vorbehandlung* Normalklima

Streckspannung	N/mm²		*Dehnung bei Streckspannung*	%	
Zugfestigkeit	N/mm²	190	*Reißdehnung*	%	3
Reißfestigkeit	N/mm²		*% Dehnspannung*	N/mm²	
E-Modul	N/mm²	9700	*Dehnung bei % Dehnspg.*	%	

Kriechmoduln und Zeitstandwerte 23 °C

Probekörper: *Form* — *Herstellung*
Zustand — *Vorbehandlung*

Kriechmodul	*1 min*	N/mm²	*Zeitstandzugfestigkeit*	h	N/mm²
Kriechmodul	*1000 h*	N/mm²	*Zeitdehnspg. %*	h	N/mm²
bei Spannung		N/mm²			

Biegeversuch 23 °C

Probekörper: *Form* — *Herstellung*
Zustand — *Vorbehandlung*

Biegefestigkeit	N/mm²	*E-Modul*	N/mm²
3,5% *Biegespannung*	N/mm²		

Härte 23 °C *Probekörper:* *Zustand* — *Herstellung*
Vorbehandlung

Kugeldruckhärte	N/mm² bei N, s	*Shore-Härte*	A
Rockwellhärte		*Shore-Härte*	D

Schlagversuch *Probekörper:* *(1)*
(2) — *Herstellung*
Zustand — *Vorbehandlung*

		°C	°C	°C	*Probekörper-Form*
Schlagzähigkeit	kJ/m²				
Kerbschlagzähigkeit (1)	kJ/m²				
IZOD-Kerbschlagzähigkeit (2)	J/m				
Kerbschlagzugzähigkeit	kJ/m²				

Abrieb und Reibung

Taber-Abrieb (Reibradverfahren)	mm^3/100 U		
Abriebfaktor LNP (Thrust washer) Vergleichswert			
Statische Reibungszahl			
Dynamische Reibungszahl	(p · v =	N/mm^2 ·	m/min)
Zulässiger p · v Wert	N/mm^2 · (m/min)	v =	m/min
		v =	m/min

Thermische Eigenschaften

Formbeständigkeit in der Wärme	*Verfahren*	A		250 °C
	Verfahren	B		250 °C
Vicat Erweichungstemperatur (VST)	*Verfahren*	B/50		230 °C
	Verfahren			°C
Kristallit-Schmelzpunkt	*Verfahren*			
Längenausdehnungskoeffizient	*Bereich*	23–80	°C	$0.2 \cdot 10^{-4} K^{-1}$
	Temperatur			$\cdot 10^{-4} K^{-1}$
Wärmeleitfähigkeit	*Verfahren*			W/(K · m)
Spezifische Wärmekapazität	*Verfahren*			J/(K · g)
Glasumwandlungstemperatur	*Torsionsschwingungsversuch*		°C	
	Differentialkalorimetrie		°C	

Brandverhalten

UL-Test vertikal	Dicke	mm, Wert HB
	Dicke	mm, Wert

	Norm	*Bewertung*	*Abmessungen*
Sauerstoff-Index	ASTM D 2863		
Glühstab-Verfahren			
Brandverhalten	DIN 4102		
MVSS			
FAR			

Elektrische Eigenschaften

		Hz	°C			*Probekörper, Form*
Dielektrizitätszahl		50				
		10^3				
		10^6				
Dielektrischer Verlustfaktor tan δ		50				
		10^3				
		10^6				
Spezifischer Durchgangs-widerstand	Ohm · cm		23	1*10**15		Durchmesser 80x1 mm
Durchschlagfestigkeit	kV/mm		23	40		1 mm dick
Oberflächenwiderstand	Ohm		23	1*10**14		Durchmesser 80x1 mm
Kriechstromfestigkeit		KC		KB	KA	
Elektrolytische Korrosionswirkung		A 1.6				30x10x4 mm
Lichtbogenfestigkeit nach DIN						
nach ASTM	s					

Beständigkeit *(Chemische Beständigkeit siehe Anhang)*

Wasseraufnahme 23 C Bis zur Saettigung	5 %	
Feuchtigkeitsaufnahme Normalklima		1.8 %
Wetterbeständigkeit		
Spannungskorrosion		

Optische Eigenschaften

Brechungszahl n_D		
Transmissionsgrad τ_c	%	mm dick
Lichtdurchlässigkeit		

Datenbank-Nr. **T01726** Merkblatt-Nr. **4382**

Produkt	Polyamid 66		**PA**
Handelsname	**Durethan AKV 40**		
Hersteller	BAYER		
DIN-Bez 1			
DIN-Bez 2			
Zusätze	Entformungsmittel	*Füllstoffe/ Verstärkung*	
Bevorzugte Verarbeitung	Spritzgiessen	*Lieferform*	Granulat
		Farben	
Besondere Merkmale		*Bevorzugte Anwendungen*	

Dichte	g/cm^3	1.46	*Schmelzindex*	g/10 min	:
Schüttdichte	g/cm^3		*Volumenfließindex*	cm^3/10 min	:
Viskositätszahl	ml/g				

Verarbeitungsbedingungen für Spritzgießen

Massetemp.	°C	*Schwindung*	% lgs , quer
Werkzeugtemp.	°C	*Bemerkungen*	
Spritzdruck	bar		

Zugversuch 23 °C DIN 53455; ISO R/527; DIN 53457; ISO R/527

Probekörper: *Form* Nr. 3; 4 mm dick — *Herstellung* Spritzgiessen
Zustand Trocken — *Vorbehandlung* Normalklima

Streckspannung	N/mm^2		*Dehnung bei Streckspannung*	%	
Zugfestigkeit	N/mm^2	210	*Reißdehnung*	%	3
Reißfestigkeit	N/mm^2		*% Dehnspannung*	N/mm^2	
E-Modul	N/mm^2	12300	*Dehnung bei % Dehnspg.*	%	

Kriechmoduln und Zeitstandwerte 23 °C

Probekörper: *Form* — *Herstellung*
Zustand — *Vorbehandlung*

Kriechmodul	*1 min* N/mm^2	*Zeitstandzugfestigkeit*	h	N/mm^2
Kriechmodul	*1000 h* N/mm^2	*Zeitdehnspg. %*	h	N/mm^2
bei Spannung	N/mm^2			

Biegeversuch 23 °C

Probekörper: *Form* — *Herstellung*
Zustand — *Vorbehandlung*

Biegefestigkeit	N/mm^2	*E-Modul*	N/mm^2
3,5% *Biegespannung*	N/mm^2		

Härte 23 °C *Probekörper:* *Zustand* — *Herstellung*
Vorbehandlung

Kugeldruckhärte	N/mm^2 bei N, s	*Shore-Härte* A	
Rockwellhärte		*Shore-Härte* D	

Schlagversuch *Probekörper:* *(1)*
(2) — *Herstellung*
Zustand — *Vorbehandlung*

		°C	°C	°C	*Probekörper-Form*
Schlagzähigkeit	kJ/m^2				
Kerbschlagzähigkeit (1)	kJ/m^2				
IZOD-Kerbschlagzähigkeit (2)	J/m				
Kerbschlagzugzähigkeit	kJ/m^2				

Abrieb und Reibung

Taber-Abrieb (Reibradverfahren)	mm^3/100 U		
Abriebfaktor LNP (Thrust washer) Vergleichswert			
Statische Reibungszahl			
Dynamische Reibungszahl	(p·v= N/mm^2·		m/min)
Zulässiger p·v Wert	N/mm^2·(m/min)	v=	m/min
		v=	m/min

Thermische Eigenschaften

Formbeständigkeit in der Wärme	*Verfahren*	A		250 °C
	Verfahren	B		250 °C
Vicat Erweichungstemperatur (VST)	*Verfahren*	B/50		230 °C
	Verfahren			°C
Kristallit-Schmelzpunkt	*Verfahren*			
Längenausdehnungskoeffizient	*Bereich*	23–80	°C	$0.15 \cdot 10^{-4} K^{-1}$
	Temperatur			$\cdot 10^{-4} K^{-1}$
Wärmeleitfähigkeit	*Verfahren*			W/(K·m)
Spezifische Wärmekapazität	*Verfahren*			J/(K·g)
Glasumwandlungstemperatur	*Torsionsschwingungsversuch*		°C	
	Differentialkalorimetrie		°C	

Brandverhalten

UL-Test vertikal	Dicke	mm, Wert HB
	Dicke	mm, Wert

	Norm	*Bewertung*	*Abmessungen*
Sauerstoff-Index	ASTM D 2863		
Glühstab-Verfahren			
Brandverhalten	DIN 4102		
MVSS			
FAR			

Elektrische Eigenschaften

		Hz	°C			*Probekörper, Form*
Dielektrizitätszahl		50				
		10^3				
		10^6				
Dielektrischer Verlustfaktor tan δ		50				
		10^3				
		10^6				
Spezifischer Durchgangs-widerstand	Ohm·cm		23	1*10**15		Durchmesser 80x1 mm
Durchschlagfestigkeit	kV/mm		23	40		1 mm dick
Oberflächenwiderstand	Ohm		23	1*10**14		Durchmesser 80x1 mm
Kriechstromfestigkeit		KC		KB	KA	
Elektrolytische Korrosionswirkung		A 1.6				30x10x4 mm
Lichtbogenfestigkeit nach DIN						
nach ASTM	s					

Beständigkeit *(Chemische Beständigkeit siehe Anhang)*

Wasseraufnahme 23 C	Bis zur Saettigung	4.5 %	
Feuchtigkeitsaufnahme Normalklima			1.7 %
Wetterbeständigkeit			
Spannungskorrosion			

Optische Eigenschaften

Brechungszahl n_D		
Transmissionsgrad τ_c	%	mm dick
Lichtdurchlässigkeit		

Datenbank-Nr. **T01727** *Merkblatt-Nr.* **4383**

Produkt	Polyamid 66		**PA**
Handelsname	**Durethan AKV 50 H**		
Hersteller	BAYER		
DIN-Bez 1			
DIN-Bez 2			
Zusätze	Entformungsmittel; Waermestabilisator	*Füllstoffe/ Verstärkung*	
Bevorzugte Verarbeitung	Spritzgiessen	*Lieferform*	Granulat
		Farben	
Besondere Merkmale		*Bevorzugte Anwendungen*	

Dichte	g/cm^3	1.57	*Schmelzindex*	g/10 min	:
Schüttdichte	g/cm^3		*Volumenfließindex*	cm^3/10 min	:
Viskositätszahl	ml/g				

Verarbeitungsbedingungen für Spritzgießen

Massetemp.	°C	*Schwindung*	% lgs , quer
Werkzeugtemp.	°C	*Bemerkungen*	
Spritzdruck	bar		

Zugversuch 23 °C DIN 53455; ISO R/527; DIN 53457; ISO R/527

Probekörper: *Form* Nr. 3; 4 mm dick — *Herstellung* Spritzgiessen
Zustand Trocken — *Vorbehandlung* Normalklima

Streckspannung	N/mm^2		*Dehnung bei Streckspannung*	%	
Zugfestigkeit	N/mm^2	235	*Reißdehnung*	%	2
Reißfestigkeit	N/mm^2		*% Dehnspannung*	N/mm^2	
E-Modul	N/mm^2	15000	*Dehnung bei % Dehnspg.*	%	

Kriechmoduln und Zeitstandwerte 23 °C

Probekörper: *Form* — *Herstellung*
Zustand — *Vorbehandlung*

Kriechmodul	*1 min*	N/mm^2	*Zeitstandzugfestigkeit*	h	N/mm^2
Kriechmodul	*1000 h*	N/mm^2	*Zeitdehnspg. %*	h	N/mm^2
bei Spannung		N/mm^2			

Biegeversuch 23 °C

Probekörper: *Form* — *Herstellung*
Zustand — *Vorbehandlung*

Biegefestigkeit	N/mm^2	*E-Modul*	N/mm^2
3,5% *Biegespannung*	N/mm^2		

Härte 23 °C *Probekörper:* *Zustand* — *Herstellung*
Vorbehandlung

Kugeldruckhärte	N/mm^2 bei N, s	*Shore-Härte* A	
Rockwellhärte		*Shore-Härte* D	

Schlagversuch *Probekörper:* *(1)*
(2) — *Herstellung*
Zustand — *Vorbehandlung*

	°C	°C	°C	*Probekörper-Form*
Schlagzähigkeit kJ/m^2				
Kerbschlagzähigkeit (1) kJ/m^2				
IZOD-Kerbschlagzähigkeit (2) J/m				
Kerbschlagzugzähigkeit kJ/m^2				

Abrieb und Reibung

Taber-Abrieb (Reibradverfahren)	$mm^3/100$ U		
Abriebfaktor LNP (Thrust washer) Vergleichswert			
Statische Reibungszahl			
Dynamische Reibungszahl	(p · v =	N/mm^2 ·	m/min)
Zulässiger p · v Wert	N/mm^2 · (m/min)	v =	m/min
		v =	m/min

Thermische Eigenschaften

Formbeständigkeit in der Wärme	*Verfahren*	A		250 °C
	Verfahren	B		250 °C
Vicat Erweichungstemperatur (VST)	*Verfahren*	B/50		230 °C
	Verfahren			°C
Kristallit-Schmelzpunkt	*Verfahren*			
Längenausdehnungskoeffizient	*Bereich*	23–80	°C	$0.15 \cdot 10^{-4} K^{-1}$
	Temperatur			$\cdot 10^{-4} K^{-1}$
Wärmeleitfähigkeit	*Verfahren*			W/(K · m)
Spezifische Wärmekapazität	*Verfahren*			J/(K · g)
Glasumwandlungstemperatur	*Torsionsschwingungsversuch*		°C	
	Differentialkalorimetrie		°C	

Brandverhalten

UL-Test vertikal	Dicke	mm, Wert HB	
	Dicke	mm, Wert	

	Norm	*Bewertung*	*Abmessungen*
Sauerstoff-Index	ASTM D 2863		
Glühstab-Verfahren			
Brandverhalten	DIN 4102		
MVSS			
FAR			

Elektrische Eigenschaften

		Hz	°C		*Probekörper, Form*
Dielektrizitätszahl		50			
		10^3			
		10^6			
Dielektrischer Verlustfaktor tan δ		50			
		10^3			
		10^6			
Spezifischer Durchgangs-widerstand	Ohm · cm		23	1*10**15	Durchmesser 80x1 mm
Durchschlagfestigkeit	kV/mm		23	40	1 mm dick
Oberflächenwiderstand	Ohm		23	1*10**14	Durchmesser 80x1 mm

Kriechstromfestigkeit	KC	KB	KA	
Elektrolytische Korrosionswirkung	A/B 3			30x10x4 mm
Lichtbogenfestigkeit nach DIN				
nach ASTM s				

Beständigkeit *(Chemische Beständigkeit siehe Anhang)*

Wasseraufnahme 23 C Bis zur Saettigung 4 %

Feuchtigkeitsaufnahme Normalklima 1.4 %

Wetterbeständigkeit

Spannungskorrosion

Optische Eigenschaften

Brechungszahl n_D

Transmissionsgrad τ_c % mm dick

Lichtdurchlässigkeit

Datenbank-Nr.	**T01728**	*Merkblatt-Nr.*	**4384**

Produkt	Polyamid 6		**PA**
Handelsname	**Durethan B 25 T**		
Hersteller	BAYER		
DIN-Bez 1			
DIN-Bez 2			
Zusätze	Entformungsmittel	*Füllstoffe/ Verstärkung*	
Bevorzugte Verarbeitung	Spritzgiessen	*Lieferform*	Granulat
		Farben	
Besondere Merkmale		*Bevorzugte Anwendungen*	

Dichte	g/cm^3	1.13	*Schmelzindex*	g/10 min		:
Schüttdichte	g/cm^3		*Volumenfließindex*	cm^3/10 min		:
Viskositätszahl	ml/g					

Verarbeitungsbedingungen für Spritzgießen

Massetemp.	°C	*Schwindung*	%	lgs , quer
Werkzeugtemp.	°C	*Bemerkungen*		
Spritzdruck	bar			

Zugversuch 23 °C DIN 53455; ISO R/527; DIN 53457; ISO R/527

Probekörper:	*Form*	Nr. 3; 4 mm dick	*Herstellung*	Spritzgiessen
	Zustand	Trocken	*Vorbehandlung*	Normalklima

Streckspannung	N/mm^2	70	*Dehnung bei Streckspannung*	%	4
Zugfestigkeit	N/mm^2		*Reißdehnung*	%	$\geqq$50
Reißfestigkeit	N/mm^2		*% Dehnspannung*	N/mm^2	
E-Modul	N/mm^2	2600	*Dehnung bei % Dehnspg.*	%	

Kriechmoduln und Zeitstandwerte 23 °C

Probekörper:	*Form*	*Herstellung*	
	Zustand	*Vorbehandlung*	

Kriechmodul	*1 min* N/mm^2	*Zeitstandzugfestigkeit*	h	N/mm^2
Kriechmodul	*1000 h* N/mm^2	*Zeitdehnspg. %*	h	N/mm^2
bei Spannung	N/mm^2			

Biegeversuch 23 °C

Probekörper:	*Form*	*Herstellung*	
	Zustand	*Vorbehandlung*	

Biegefestigkeit	N/mm^2	*E-Modul*	N/mm^2
3,5% *Biegespannung*	N/mm^2		

Härte 23 °C *Probekörper:* *Zustand* *Herstellung* *Vorbehandlung*

Kugeldruckhärte	N/mm^2 bei N, s	*Shore-Härte* A	
Rockwellhärte		*Shore-Härte* D	

Schlagversuch *Probekörper:* *(1)* *(2)* *Zustand* *Herstellung* *Vorbehandlung*

		°C	°C	°C	*Probekörper-Form*
Schlagzähigkeit	kJ/m^2				
Kerbschlagzähigkeit (1)	kJ/m^2				
IZOD-Kerbschlagzähigkeit (2)	J/m				
Kerbschlagzugzähigkeit	kJ/m^2				

Abrieb und Reibung

Taber-Abrieb (Reibradverfahren)	mm^3/100 U		
Abriebfaktor LNP (Thrust washer) Vergleichswert			
Statische Reibungszahl			
Dynamische Reibungszahl	(p·v=	N/mm^2·	m/min)
Zulässiger p · v Wert	N/mm^2 · (m/min)	v=	m/min
		v=	m/min

Thermische Eigenschaften

Formbeständigkeit in der Wärme	*Verfahren*	A		50 °C
	Verfahren	B		65 °C
Vicat Erweichungstemperatur (VST)	*Verfahren*	B/50		185 °C
	Verfahren			°C
Kristallit-Schmelzpunkt	*Verfahren*			
Längenausdehnungskoeffizient	*Bereich*	23–80	°C	1 · $10^{-4}K^{-1}$
	Temperatur			· $10^{-4}K^{-1}$
Wärmeleitfähigkeit	*Verfahren*			W/(K · m)
Spezifische Wärmekapazität	*Verfahren*			J/(K · g)
Glasumwandlungstemperatur	*Torsionsschwingungsversuch*		°C	
	Differentialkalorimetrie		°C	

Brandverhalten

UL-Test vertikal	Dicke	mm, Wert V-2
	Dicke	mm, Wert

	Norm	*Bewertung*	*Abmessungen*
Sauerstoff-Index	ASTM D 2863		
Glühstab-Verfahren			
Brandverhalten	DIN 4102		
MVSS			
FAR			

Elektrische Eigenschaften

		Hz	°C		*Probekörper, Form*
Dielektrizitätszahl		50	23	3.8	Durchmesser 80x1 mm
		10^3	23	3.5	Durchmesser 80x1 mm
		10^6			
Dielektrischer Verlustfaktor tan δ		50	23	0.04	Durchmesser 80x1 mm
		10^3	23	0.07	Durchmesser 80x1 mm
		10^6			
Spezifischer Durchgangs-widerstand	Ohm · cm		23	1*10**16	Durchmesser 80x1 mm
Durchschlagfestigkeit	kV/mm		23	30	1 mm dick
Oberflächenwiderstand	Ohm		23	1*10**16	Durchmesser 80x1 mm

Kriechstromfestigkeit	KC	KB	KA
Elektrolytische Korrosionswirkung			
Lichtbogenfestigkeit nach DIN			
nach ASTM s			

Beständigkeit *(Chemische Beständigkeit siehe Anhang)*

Wasseraufnahme 23 C Bis zur Saettigung 10 %

Feuchtigkeitsaufnahme Normalklima 3 %

Wetterbeständigkeit

Spannungskorrosion

Optische Eigenschaften

Brechungszahl n_D

Transmissionsgrad τ_c % mm dick

Lichtdurchlässigkeit

Produkt	Polyamid 6		**PA**
Handelsname	**Durethan B 30 P**		
Hersteller	BAYER		
DIN-Bez 1			
DIN-Bez 2			
Zusätze	Gleitmittel; Entformungsmittel; Weichmacher	*Füllstoffe/ Verstärkung*	
Bevorzugte Verarbeitung	Spritzgiessen	*Lieferform*	Granulat
		Farben	
Besondere Merkmale		*Bevorzugte Anwendungen*	

Dichte	g/cm^3	1.16	*Schmelzindex*	g/10 min		:
Schüttdichte	g/cm^3		*Volumenfließindex*	cm^3/10 min		:
Viskositätszahl	ml/g					

Verarbeitungsbedingungen für Spritzgießen

Massetemp.	°C	*Schwindung*	%	lgs	, quer
Werkzeugtemp.	°C	*Bemerkungen*			
Spritzdruck	bar				

Zugversuch 23 °C DIN 53457; ISO R/527

Probekörper: *Form* Nr. 3; 4 mm dick — *Herstellung* Spritzgiessen
Zustand Trocken — *Vorbehandlung* Normalklima

Streckspannung	N/mm^2	45	*Dehnung bei Streckspannung*	%	35
Zugfestigkeit	N/mm^2		*Reißdehnung*	%	≧50
Reißfestigkeit	N/mm^2		*% Dehnspannung*	N/mm^2	
E-Modul	N/mm^2	1200	*Dehnung bei % Dehnspg.*	%	

Kriechmoduln und Zeitstandwerte 23 °C

Probekörper: *Form* — *Herstellung*
Zustand — *Vorbehandlung*

Kriechmodul	*1 min* N/mm^2		*Zeitstandzugfestigkeit*	h	N/mm^2
Kriechmodul	*1000 h* N/mm^2		*Zeitdehnspg. %*	h	N/mm^2
bei Spannung	N/mm^2				

Biegeversuch 23 °C

Probekörper: *Form* — *Herstellung*
Zustand — *Vorbehandlung*

Biegefestigkeit	N/mm^2	*E-Modul*	N/mm^2
3,5% *Biegespannung*	N/mm^2		

Härte 23 °C *Probekörper:* *Zustand* — *Herstellung*
Vorbehandlung

Kugeldruckhärte	N/mm^2 bei N, s	*Shore-Härte* A	
Rockwellhärte		*Shore-Härte* D	

Schlagversuch *Probekörper:* *(1)*
(2) — *Herstellung*
Zustand — *Vorbehandlung*

°C	°C	°C	*Probekörper-Form*

Schlagzähigkeit	kJ/m^2
Kerbschlagzähigkeit (1)	kJ/m^2
IZOD-Kerbschlagzähigkeit (2)	J/m
Kerbschlagzugzähigkeit	kJ/m^2

Abrieb und Reibung

Taber-Abrieb (Reibradverfahren)	$mm^3/100$ U		
Abriebfaktor LNP (Thrust washer) Vergleichswert			
Statische Reibungszahl			
Dynamische Reibungszahl	(p·v= N/mm^2·		m/min)
Zulässiger p · v Wert	N/mm^2·(m/min)	v=	m/min
		v=	m/min

Thermische Eigenschaften

Formbeständigkeit in der Wärme	*Verfahren*	A		60 °C
	Verfahren	B		160 °C
Vicat Erweichungstemperatur (VST)	*Verfahren*	B/50		160 °C
	Verfahren			°C
Kristallit-Schmelzpunkt	*Verfahren*			
Längenausdehnungskoeffizient	*Bereich*	23–80	°C	$0.8 \cdot 10^{-4} K^{-1}$
	Temperatur			$\cdot 10^{-4} K^{-1}$
Wärmeleitfähigkeit	*Verfahren*			W/(K · m)
Spezifische Wärmekapazität	*Verfahren*			J/(K · g)
Glasumwandlungstemperatur	*Torsionsschwingungsversuch*		°C	
	Differentialkalorimetrie		°C	

Brandverhalten

UL-Test vertikal	Dicke	mm, Wert HB
	Dicke	mm, Wert

	Norm	*Bewertung*	*Abmessungen*
Sauerstoff-Index	ASTM D 2863		
Glühstab-Verfahren			
Brandverhalten	DIN 4102		
MVSS			
FAR			

Elektrische Eigenschaften

		Hz	°C		*Probekörper, Form*
Dielektrizitätszahl		50	23	10	Durchmesser 80x1 mm
		10^3	23	4.2	Durchmesser 80x1 mm
		10^6			
Dielektrischer Verlustfaktor tan δ		50			
		10^3			
		10^6			
Spezifischer Durchgangs-widerstand	Ohm · cm		23	1*10**13	Durchmesser 80x1 mm
Durchschlagfestigkeit	kV/mm		23	33	1 mm dick
Oberflächenwiderstand	Ohm		23	1*10**13	Durchmesser 80x1 mm

Kriechstromfestigkeit	KC	KB	KA
Elektrolytische Korrosionswirkung			
Lichtbogenfestigkeit nach DIN			
nach ASTM s			

Beständigkeit *(Chemische Beständigkeit siehe Anhang)*

Wasseraufnahme 23 C Bis zur Saettigung	10 %	
Feuchtigkeitsaufnahme Normalklima		2.3 %
Wetterbeständigkeit		
Spannungskorrosion		

Optische Eigenschaften

Brechungszahl n_D		
Transmissionsgrad τ_c	%	mm dick
Lichtdurchlässigkeit		

Datenbank-Nr.	**T01730**	*Merkblatt-Nr.*	**4386**

Produkt	Polyamid 6		**PA**
Handelsname	**Durethan BC 303**		
Hersteller	BAYER		
DIN-Bez 1	16773-PA6,MPR,14-010		
DIN-Bez 2			
Zusätze	Gleitmittel; Entformungsmittel; Elastomer	*Füllstoffe/ Verstärkung*	
Bevorzugte Verarbeitung	Spritzgiessen	*Lieferform*	Granulat
		Farben	
Besondere Merkmale	Extreme Kaeltezaehigkeit	*Bevorzugte Anwendungen*	

Dichte	g/cm^3	1.07	*Schmelzindex*	g/10 min		:
Schüttdichte	g/cm^3		*Volumenfließindex*	cm^3/10 min		:
Viskositätszahl	ml/g					

Verarbeitungsbedingungen für Spritzgießen

Massetemp.	°C	*Schwindung*	%	lgs 1.6, quer 1.6
Werkzeugtemp.	°C	*Bemerkungen*	Schwindung ermittelt an Platten 150x90x3 mm	
Spritzdruck	bar			

Zugversuch 23 °C DIN 53455; ISO R/527; DIN 53457; ISO R/527

Probekörper:	*Form*	Nr. 3; 4 mm dick	*Herstellung*	Spritzgiessen
	Zustand	Trocken	*Vorbehandlung*	Normalklima

Streckspannung	N/mm^2	45	*Dehnung bei Streckspannung*	%	4
Zugfestigkeit	N/mm^2	45	*Reißdehnung*	%	≧50
Reißfestigkeit	N/mm^2		*% Dehnspannung*	N/mm^2	
E-Modul	N/mm^2	1750	*Dehnung bei % Dehnspg.*	%	

Kriechmoduln und Zeitstandwerte 23 °C

Probekörper: *Form* / *Zustand* — *Herstellung* / *Vorbehandlung*

Kriechmodul	*1 min*	N/mm^2	*Zeitstandzugfestigkeit*	h	N/mm^2
Kriechmodul	*1000 h*	N/mm^2	*Zeitdehnspg. %*	h	N/mm^2
bei Spannung		N/mm^2			

Biegeversuch 23 °C

Probekörper: *Form* / *Zustand* — *Herstellung* / *Vorbehandlung*

Biegefestigkeit	N/mm^2	*E-Modul*	N/mm^2
3,5% *Biegespannung*	N/mm^2		

Härte 23 °C *Probekörper:* *Zustand* — *Herstellung* / *Vorbehandlung*

Kugeldruckhärte	N/mm^2 bei N, s	*Shore-Härte* A	
Rockwellhärte		*Shore-Härte* D	

Schlagversuch *Probekörper:* *(1)* / *(2)* / *Zustand* — *Herstellung* / *Vorbehandlung*

		°C	°C	°C	*Probekörper-Form*
Schlagzähigkeit	kJ/m^2				
Kerbschlagzähigkeit (1)	kJ/m^2				
IZOD-Kerbschlagzähigkeit (2)	J/m				
Kerbschlagzugzähigkeit	kJ/m^2				

Abrieb und Reibung

Taber-Abrieb (Reibradverfahren)	mm^3/100 U		
Abriebfaktor LNP (Thrust washer) Vergleichswert			
Statische Reibungszahl			
Dynamische Reibungszahl	(p·v= N/mm^2·		m/min)
Zulässiger p · v Wert	N/mm^2 · (m/min)	v=	m/min
		v=	m/min

Thermische Eigenschaften

Formbeständigkeit in der Wärme	*Verfahren*	A		60 °C
	Verfahren	B		160 °C
Vicat Erweichungstemperatur (VST)	*Verfahren*	B/50		150 °C
	Verfahren			°C
Kristallit-Schmelzpunkt	*Verfahren*			
Längenausdehnungskoeffizient	*Bereich*	23–80	°C	1.2 · $10^{-4}K^{-1}$
	Temperatur			· $10^{-4}K^{-1}$
Wärmeleitfähigkeit	*Verfahren*			W/(K · m)
Spezifische Wärmekapazität	*Verfahren*			J/(K · g)
Glasumwandlungstemperatur	*Torsionsschwingungsversuch*		°C	
	Differentialkalorimetrie		°C	

Brandverhalten

UL-Test vertikal	Dicke	mm, Wert HB
	Dicke	mm, Wert

	Norm	*Bewertung*	*Abmessungen*
Sauerstoff-Index	ASTM D 2863		
Glühstab-Verfahren			
Brandverhalten	DIN 4102		
MVSS			
FAR			

Elektrische Eigenschaften

		Hz	°C		*Probekörper, Form*
Dielektrizitätszahl		50	23	3.5	Durchmesser 80x1 mm
		10^3	23	3.1	Durchmesser 80x1 mm
		10^6			
Dielektrischer Verlustfaktor tan δ		50	23	0.04	Durchmesser 80x1 mm
		10^3	23	0.05	Durchmesser 80x1 mm
		10^6			
Spezifischer Durchgangs-widerstand	Ohm · cm		23	1*10**16	Durchmesser 80x1 mm
Durchschlagfestigkeit	kV/mm		23	32	1 mm dick
Oberflächenwiderstand	Ohm		23	1*10**16	Durchmesser 80x1 mm

Kriechstromfestigkeit	KC	KB	KA
Elektrolytische Korrosionswirkung			
Lichtbogenfestigkeit nach DIN			
nach ASTM s			

Beständigkeit *(Chemische Beständigkeit siehe Anhang)*

Wasseraufnahme 23 C Bis zur Saettigung 7 %

Feuchtigkeitsaufnahme Normalklima 1.9 %

Wetterbeständigkeit

Spannungskorrosion

Optische Eigenschaften

Brechungszahl n_D

Transmissionsgrad τ_c % mm dick

Lichtdurchlässigkeit

Datenbank-Nr.	**T01731**		Merkblatt-Nr. **4387**
Produkt	Polyamid 6		**PA**
Handelsname	**Durethan BKV 115**		
Hersteller	BAYER		
DIN-Bez 1	16773-PA6,MPR,14-060,GF15		
DIN-Bez 2			
Zusätze	Entformungsmittel; Elastomer	Füllstoffe/ Verstärkung	15% Glasfaser
Bevorzugte Verarbeitung	Spritzgiessen	Lieferform	Granulat
		Farben	
Besondere Merkmale	Galvanisierbar; Gegenueber BKV 15 bereits im spritzfrischen Zustand deutlich erhoehte Kerbschlagzaehigkeit und Energieaufnahme bei biaxialer Schlagbeanspruchung	Bevorzugte Anwendungen	

Dichte	g/cm^3	1.23	Schmelzindex	g/10 min	:
Schüttdichte	g/cm^3		Volumenfließindex	$cm^3/10$ min	:
Viskositätszahl	ml/g				

Verarbeitungsbedingungen für Spritzgießen

Massetemp.	°C	Schwindung	% lgs 0.3, quer 0.9
Werkzeugtemp.	°C	Bemerkungen	Schwindung ermittelt an Platten 150x90x3 mm
Spritzdruck	bar		

Zugversuch 23 °C DIN 53455; ISO R/527; DIN 53457; ISO R/527

Probekörper: Form Nr. 3; 4 mm dick — Herstellung Spritzgiessen
Zustand Trocken — Vorbehandlung Normalklima

Streckspannung	N/mm^2		Dehnung bei Streckspannung	%	
Zugfestigkeit	N/mm^2	130	Reißdehnung	%	5
Reißfestigkeit	N/mm^2		% Dehnspannung	N/mm^2	
E-Modul	N/mm^2	5800	Dehnung bei % Dehnspg.	%	

Kriechmoduln und Zeitstandwerte 23 °C

Probekörper: Form — Herstellung
Zustand — Vorbehandlung

Kriechmodul	1 min N/mm^2	Zeitstandzugfestigkeit	h	N/mm^2
Kriechmodul	1000 h N/mm^2	Zeitdehnspg. %	h	N/mm^2
bei Spannung	N/mm^2			

Biegeversuch 23 °C

Probekörper: Form — Herstellung
Zustand — Vorbehandlung

Biegefestigkeit	N/mm^2	E-Modul	N/mm^2
3,5% Biegespannung	N/mm^2		

Härte 23 °C Probekörper: Zustand — Herstellung
Vorbehandlung

Kugeldruckhärte	N/mm^2 bei N, s	Shore-Härte A	
Rockwellhärte		Shore-Härte D	

Schlagversuch Probekörper: (1)
(2) — Herstellung
Zustand — Vorbehandlung

		°C	°C	°C	Probekörper-Form
Schlagzähigkeit	kJ/m^2				
Kerbschlagzähigkeit (1)	kJ/m^2				
IZOD-Kerbschlagzähigkeit (2)	J/m				
Kerbschlagzugzähigkeit	kJ/m^2				

Abrieb und Reibung

Taber-Abrieb (Reibradverfahren)	$mm^3/100$ U		
Abriebfaktor LNP (Thrust washer) Vergleichswert			
Statische Reibungszahl			
Dynamische Reibungszahl	(p·v=	N/mm^2·	m/min)
Zulässiger p · v Wert	N/mm^2 · (m/min)	v=	m/min
		v=	m/min

Thermische Eigenschaften

Formbeständigkeit in der Wärme	*Verfahren*	A		200 °C
	Verfahren	B		215 °C
Vicat Erweichungstemperatur (VST)	*Verfahren*	B/50		200 °C
	Verfahren			°C
Kristallit-Schmelzpunkt	*Verfahren*			
Längenausdehnungskoeffizient	*Bereich*	23–80	°C	$0.3 \cdot 10^{-4}K^{-1}$
	Temperatur			$\cdot 10^{-4}K^{-1}$
Wärmeleitfähigkeit	*Verfahren*			W/(K · m)
Spezifische Wärmekapazität	*Verfahren*			J/(K · g)
Glasumwandlungstemperatur	*Torsionsschwingungsversuch*		°C	
	Differentialkalorimetrie		°C	

Brandverhalten

UL-Test vertikal	Dicke	mm, Wert HB
	Dicke	mm, Wert

	Norm	*Bewertung*	*Abmessungen*
Sauerstoff-Index	ASTM D 2863		
Glühstab-Verfahren			
Brandverhalten	DIN 4102		
MVSS			
FAR			

Elektrische Eigenschaften

		Hz	°C		*Probekörper, Form*
Dielektrizitätszahl		50			
		10^3			
		10^6			
Dielektrischer Verlustfaktor tan δ		50			
		10^3			
		10^6			
Spezifischer Durchgangswiderstand	Ohm · cm		23	1*10**15	Durchmesser 80x1 mm
Durchschlagfestigkeit	kV/mm		23	40	1 mm dick
Oberflächenwiderstand	Ohm		23	1*10**13	Durchmesser 80x1 mm

Kriechstromfestigkeit	KC	KB	KA	
Elektrolytische Korrosionswirkung	A 1.2			30x10x4 mm
Lichtbogenfestigkeit nach DIN				
nach ASTM s				

Beständigkeit *(Chemische Beständigkeit siehe Anhang)*

Wasseraufnahme 23 C Bis zur Saettigung	8.5 %	
Feuchtigkeitsaufnahme Normalklima		2.3 %
Wetterbeständigkeit		
Spannungskorrosion		

Optische Eigenschaften

Brechungszahl n_D		
Transmissionsgrad τ_c	%	mm dick
Lichtdurchlässigkeit		

Produkt	Polyamid 6		**PA**
Handelsname	**Durethan BKV 120**		
Hersteller	BAYER		
DIN-Bez 1	16773-PA6,MPR,14-070,GF20		
DIN-Bez 2			
Zusätze	Entformungsmittel; Elastomer	*Füllstoffe/ Verstärkung*	20.0% Glasfaser
Bevorzugte Verarbeitung	Spritzgiessen	*Lieferform*	Granulat
		Farben	
Besondere Merkmale	Galvanisierbar; Gegenueber BKV 20 bereits im spritzfrischen Zustand deutlich erhoehte Kerbschlagzaehigkeit und Energieaufnahme bei biaxialer Schlagbeanspruchung	*Bevorzugte Anwendungen*	

Dichte	g/cm³	1.28	*Schmelzindex*	g/10 min	:
Schüttdichte	g/cm³		*Volumenfließindex*	cm³/10 min	:
Viskositätszahl	ml/g				

Verarbeitungsbedingungen für Spritzgießen

Massetemp.	°C	*Schwindung*	% lgs 0.3, quer 0.9
Werkzeugtemp.	°C	*Bemerkungen*	Schwindung ermittelt an Platten 150x90x3 mm
Spritzdruck	bar		

Zugversuch 23 °C DIN 53455; ISO R/527; DIN 53457; ISO R/527

Probekörper: *Form* Nr. 3; 4 mm dick — *Herstellung* Spritzgiessen
Zustand Trocken — *Vorbehandlung* Normalklima

Streckspannung	N/mm²		*Dehnung bei Streckspannung*	%	
Zugfestigkeit	N/mm²	120	*Reißdehnung*	%	5
Reißfestigkeit	N/mm²		*% Dehnspannung*	N/mm²	
E-Modul	N/mm²	6800	*Dehnung bei % Dehnspg.*	%	

Kriechmoduln und Zeitstandwerte 23 °C

Probekörper: *Form* — *Herstellung*
Zustand — *Vorbehandlung*

Kriechmodul	*1 min* N/mm²	*Zeitstandzugfestigkeit*	h	N/mm²
Kriechmodul	*1000 h* N/mm²	*Zeitdehnspg. %*	h	N/mm²
bei Spannung	N/mm²			

Biegeversuch 23 °C

Probekörper: *Form* — *Herstellung*
Zustand — *Vorbehandlung*

Biegefestigkeit	N/mm²	*E-Modul*	N/mm²
3,5% *Biegespannung*	N/mm²		

Härte 23 °C *Probekörper:* *Zustand* — *Herstellung*
Vorbehandlung

Kugeldruckhärte	N/mm² bei N, s	*Shore-Härte* A	
Rockwellhärte		*Shore-Härte* D	

Schlagversuch *Probekörper:* *(1)*
(2) — *Herstellung*
Zustand — *Vorbehandlung*

	°C	°C	°C	*Probekörper-Form*
Schlagzähigkeit kJ/m²				
Kerbschlagzähigkeit (1) kJ/m²				
IZOD-Kerbschlagzähigkeit (2) J/m				
Kerbschlagzugzähigkeit kJ/m²				

Abrieb und Reibung

Taber-Abrieb (Reibradverfahren)	mm^3/100 U		
Abriebfaktor LNP (Thrust washer) Vergleichswert			
Statische Reibungszahl			
Dynamische Reibungszahl	(p·v=	N/mm^2 ·	m/min)
Zulässiger p · v Wert	N/mm^2 · (m/min)	v=	m/min
		v=	m/min

Thermische Eigenschaften

Formbeständigkeit in der Wärme	*Verfahren*	A		200 °C
	Verfahren	B		215 °C
Vicat Erweichungstemperatur (VST)	*Verfahren*	B/50		200 °C
	Verfahren			°C
Kristallit-Schmelzpunkt	*Verfahren*			
Längenausdehnungskoeffizient	*Bereich*	23–80	°C	$0.3 \cdot 10^{-4} K^{-1}$
	Temperatur			$\cdot 10^{-4} K^{-1}$
Wärmeleitfähigkeit	*Verfahren*			W/(K · m)
Spezifische Wärmekapazität	*Verfahren*			J/(K · g)
Glasumwandlungstemperatur	*Torsionsschwingungsversuch*		°C	
	Differentialkalorimetrie		°C	

Brandverhalten

UL-Test vertikal	Dicke	mm, Wert HB
	Dicke	mm, Wert

	Norm	*Bewertung*	*Abmessungen*
Sauerstoff-Index	ASTM D 2863		
Glühstab-Verfahren			
Brandverhalten	DIN 4102		
MVSS			
FAR			

Elektrische Eigenschaften

		Hz	°C			*Probekörper, Form*
Dielektrizitätszahl		50	23	4		Durchmesser 80x1 mm
		10^3	23	4		Durchmesser 80x1 mm
		10^6				
Dielektrischer Verlustfaktor tan δ		50	23	0.005		Durchmesser 80x1 mm
		10^3	23	0.015		Durchmesser 80x1 mm
		10^6				
Spezifischer Durchgangs-widerstand	Ohm · cm		23	1*10**15		Durchmesser 80x1 mm
Durchschlagfestigkeit	kV/mm		23	40		1 mm dick
Oberflächenwiderstand	Ohm		23	1*10**14		Durchmesser 80x1 mm
Kriechstromfestigkeit		KC		KB	KA	
Elektrolytische Korrosionswirkung		A 1.6				30x10x4 mm
Lichtbogenfestigkeit nach DIN						
nach ASTM	s					

Beständigkeit *(Chemische Beständigkeit siehe Anhang)*

Wasseraufnahme 23 C	Bis zur Saettigung	8 %	
Feuchtigkeitsaufnahme Normalklima			2.1 %
Wetterbeständigkeit			
Spannungskorrosion			

Optische Eigenschaften

Brechungszahl n_D		
Transmissionsgrad τ_c	%	mm dick
Lichtdurchlässigkeit		

Datenbank-Nr. **T01733** Merkblatt-Nr. **4389**

Produkt	Polyamid 6		**PA**
Handelsname	**Durethan BKV 125**		
Hersteller	BAYER		
DIN-Bez 1	16773-PA6,MPR,14-080,GF25		
DIN-Bez 2			
Zusätze	Entformungsmittel; Elastomer	*Füllstoffe/ Verstärkung*	25.0% Glasfaser
Bevorzugte Verarbeitung	Spritzgiessen	*Lieferform*	Granulat
		Farben	
Besondere Merkmale	Galvanisierbar; Gegenueber BKV 25 bereits im spritzfrischen Zustand deutlich erhoehte Kerbschlagzaehigkeit und Energieaufnahme bei biaxialer Schlagbeanspruchung	*Bevorzugte Anwendungen*	

Dichte	g/cm^3	1.32	*Schmelzindex*	g/10 min	:
Schüttdichte	g/cm^3		*Volumenfließindex*	cm^3/10 min	:
Viskositätszahl	ml/g				

Verarbeitungsbedingungen für Spritzgießen

Massetemp.	°C	*Schwindung*	% lgs 0.3, quer 0.9
Werkzeugtemp.	°C	*Bemerkungen*	Schwindung ermittelt an Platten 150x90x3 mm
Spritzdruck	bar		

Zugversuch 23 °C DIN 53455; ISO R/527; DIN 53457; ISO R/527

Probekörper: *Form* Nr. 3; 4 mm dick — *Herstellung* Spritzgiessen
Zustand Trocken — *Vorbehandlung* Normalklima

Streckspannung	N/mm^2		*Dehnung bei Streckspannung*	%	
Zugfestigkeit	N/mm^2	150	*Reißdehnung*	%	4
Reißfestigkeit	N/mm^2		*% Dehnspannung*	N/mm^2	
E-Modul	N/mm^2	7900	*Dehnung bei % Dehnspg.*	%	

Kriechmoduln und Zeitstandwerte 23 °C

Probekörper: *Form* — *Herstellung*
Zustand — *Vorbehandlung*

Kriechmodul	*1 min* N/mm^2	*Zeitstandzugfestigkeit*	h	N/mm^2
Kriechmodul	*1000 h* N/mm^2	*Zeitdehnspg.* %	h	N/mm^2
bei Spannung	N/mm^2			

Biegeversuch 23 °C

Probekörper: *Form* — *Herstellung*
Zustand — *Vorbehandlung*

Biegefestigkeit	N/mm^2	*E-Modul*	N/mm^2
3,5% *Biegespannung*	N/mm^2		

Härte 23 °C *Probekörper:* *Zustand* — *Herstellung*
Vorbehandlung

Kugeldruckhärte	N/mm^2 bei N, s	*Shore-Härte* A	
Rockwellhärte		*Shore-Härte* D	

Schlagversuch *Probekörper:* *(1)*
(2) — *Herstellung*
Zustand — *Vorbehandlung*

	°C	°C	°C	*Probekörper-Form*
Schlagzähigkeit kJ/m^2				
Kerbschlagzähigkeit (1) kJ/m^2				
IZOD-Kerbschlagzähigkeit (2) J/m				
Kerbschlagzugzähigkeit kJ/m^2				

Abrieb und Reibung

Taber-Abrieb (Reibradverfahren)	mm^3/100 U		
Abriebfaktor LNP (Thrust washer) Vergleichswert			
Statische Reibungszahl			
Dynamische Reibungszahl	(p·v=	N/mm^2 ·	m/min)
Zulässiger p · v Wert	N/mm^2 · (m/min)	v=	m/min
		v=	m/min

Thermische Eigenschaften

Formbeständigkeit in der Wärme	*Verfahren*	A		200 °C
	Verfahren	B		215 °C
Vicat Erweichungstemperatur (VST)	*Verfahren*	B/50		200 °C
	Verfahren			°C
Kristallit-Schmelzpunkt	*Verfahren*			
Längenausdehnungskoeffizient	*Bereich*	23–80	°C	0.25 · $10^{-4}K^{-1}$
	Temperatur			· $10^{-4}K^{-1}$
Wärmeleitfähigkeit	*Verfahren*			W/(K · m)
Spezifische Wärmekapazität	*Verfahren*			J/(K · g)
Glasumwandlungstemperatur	*Torsionsschwingungsversuch*		°C	
	Differentialkalorimetrie		°C	

Brandverhalten

UL-Test vertikal	Dicke	mm, Wert HB
	Dicke	mm, Wert

	Norm	*Bewertung*	*Abmessungen*
Sauerstoff-Index	ASTM D 2863		
Glühstab-Verfahren			
Brandverhalten	DIN 4102		
MVSS			
FAR			

Elektrische Eigenschaften

		Hz	°C		*Probekörper, Form*
Dielektrizitätszahl		50	23	4	Durchmesser 80x1 mm
		10^3	23	4	Durchmesser 80x1 mm
		10^6			
Dielektrischer Verlustfaktor tan δ		50	23	0.005	Durchmesser 80x1 mm
		10^3	23	0.015	Durchmesser 80x1 mm
		10^6			
Spezifischer Durchgangs-widerstand	Ohm · cm		23	1*10**15	Durchmesser 80x1 mm
Durchschlagfestigkeit	kV/mm		23	40	1 mm dick
Oberflächenwiderstand	Ohm		23	1*10**14	Durchmesser 80x1 mm

Kriechstromfestigkeit	KC	KB	KA	
Elektrolytische Korrosionswirkung	A 1.6			30x10x4 mm
Lichtbogenfestigkeit nach DIN				
nach ASTM s				

Beständigkeit *(Chemische Beständigkeit siehe Anhang)*

Wasseraufnahme 23 C Bis zur Saettigung	7.5 %	
Feuchtigkeitsaufnahme Normalklima		2 %
Wetterbeständigkeit		
Spannungskorrosion		

Optische Eigenschaften

Brechungszahl n_D		
Transmissionsgrad τ_c	%	mm dick
Lichtdurchlässigkeit		

Produkt	Polyamid 6		**PA**
Handelsname	**Durethan BKV 130**		
Hersteller	BAYER		
DIN-Bez 1	16773-PA6,MPR,14-090,GF30		
DIN-Bez 2			
Zusätze	Entformungsmittel; Elastomer	*Füllstoffe/ Verstärkung*	30.0% Glasfaser
Bevorzugte Verarbeitung	Spritzgiessen	*Lieferform*	Granulat
		Farben	
Besondere Merkmale	Galvanisierbar; Gegenueber BKV 30 bereits im spritzfrischen Zustand deutlich erhoehte Kerbschlagzaehigkeit und Energieaufnahme bei biaxialer Schlagbeanspruchung	*Bevorzugte Anwendungen*	Hochbelastbarer Kreuzfuss; Sitzlehnenschale; Ruecklehnenschale; Kfz-Sitzschale

Dichte	g/cm^3	1.36	*Schmelzindex*	g/10 min	:
Schüttdichte	g/cm^3		*Volumenfließindex*	cm^3/10 min	:
Viskositätszahl	ml/g				

Verarbeitungsbedingungen für Spritzgießen

Massetemp.	°C	*Schwindung*	% lgs 0.3, quer 0.9
Werkzeugtemp.	°C	*Bemerkungen*	Schwindung ermittelt an Platten 150x90x3 mm
Spritzdruck	bar		

Zugversuch 23 °C DIN 53455; ISO R/527; DIN 53457; ISO R/527

Probekörper: *Form* Nr. 3; 4 mm dick — *Herstellung* Spritzgiessen
Zustand Trocken — *Vorbehandlung* Normalklima

Streckspannung	N/mm^2		*Dehnung bei Streckspannung*	%	
Zugfestigkeit	N/mm^2	160	*Reißdehnung*	%	4
Reißfestigkeit	N/mm^2		*% Dehnspannung*	N/mm^2	
E-Modul	N/mm^2	9000	*Dehnung bei % Dehnspg.*	%	

Kriechmoduln und Zeitstandwerte 23 °C

Probekörper: *Form* — *Herstellung*
Zustand — *Vorbehandlung*

Kriechmodul	*1 min* N/mm^2	*Zeitstandzugfestigkeit*	h	N/mm^2
Kriechmodul	*1000 h* N/mm^2	*Zeitdehnspg. %*	h	N/mm^2
bei Spannung	N/mm^2			

Biegeversuch 23 °C

Probekörper: *Form* — *Herstellung*
Zustand — *Vorbehandlung*

Biegefestigkeit	N/mm^2	*E-Modul*	N/mm^2
3,5% Biegespannung	N/mm^2		

Härte 23 °C *Probekörper:* *Zustand* — *Herstellung*
Vorbehandlung

Kugeldruckhärte	N/mm^2 bei N, s	*Shore-Härte* A
Rockwellhärte		*Shore-Härte* D

Schlagversuch *Probekörper:* *(1)*
(2) — *Herstellung*
Zustand — *Vorbehandlung*

	°C	°C	°C	*Probekörper-Form*
Schlagzähigkeit kJ/m^2				
Kerbschlagzähigkeit (1) kJ/m^2				
IZOD-Kerbschlagzähigkeit (2) J/m				
Kerbschlagzugzähigkeit kJ/m^2				

Abrieb und Reibung

Taber-Abrieb (Reibradverfahren)	$mm^3/100$ U		
Abriebfaktor LNP (Thrust washer) Vergleichswert			
Statische Reibungszahl			
Dynamische Reibungszahl	(p·v=	N/mm^2 ·	m/min)
Zulässiger p · v Wert	N/mm^2 · (m/min)	v=	m/min
		v=	m/min

Thermische Eigenschaften

Formbeständigkeit in der Wärme	*Verfahren*	A		200 °C
	Verfahren	B		215 °C
Vicat Erweichungstemperatur (VST)	*Verfahren*	B/50		200 °C
	Verfahren			°C
Kristallit-Schmelzpunkt	*Verfahren*			
Längenausdehnungskoeffizient	*Bereich*	23–80	°C	0.25 · $10^{-4}K^{-1}$
	Temperatur			· $10^{-4}K^{-1}$
Wärmeleitfähigkeit	*Verfahren*			W/(K · m)
Spezifische Wärmekapazität	*Verfahren*			J/(K · g)
Glasumwandlungstemperatur	*Torsionsschwingungsversuch*		°C	
	Differentialkalorimetrie		°C	

Brandverhalten

UL-Test vertikal Dicke 1.47 mm, Wert HB
Dicke mm, Wert

	Norm	*Bewertung*	*Abmessungen*
Sauerstoff-Index	ASTM D 2863		
Glühstab-Verfahren			
Brandverhalten	DIN 4102		
MVSS			
FAR			

Elektrische Eigenschaften

		Hz	°C			*Probekörper, Form*
Dielektrizitätszahl		50	23	4		Durchmesser 80x1 mm
		10^3	23	4		Durchmesser 80x1 mm
		10^6				
Dielektrischer Verlustfaktor tan δ		50	23	0.005		Durchmesser 80x1 mm
		10^3	23	0.015		Durchmesser 80x1 mm
		10^6				
Spezifischer Durchgangs-widerstand	Ohm · cm		23	1*10**15		Durchmesser 80x1 mm
Durchschlagfestigkeit	kV/mm		23	40		1 mm dick
Oberflächenwiderstand	Ohm		23	1*10**14		Durchmesser 80x1 mm
Kriechstromfestigkeit		KC		KB	KA	
Elektrolytische Korrosionswirkung		A 1.6				30x10x4 mm
Lichtbogenfestigkeit nach DIN						
nach ASTM	s					

Beständigkeit *(Chemische Beständigkeit siehe Anhang)*

Wasseraufnahme 23 C Bis zur Saettigung	7 %	
Feuchtigkeitsaufnahme Normalklima		1.8 %
Wetterbeständigkeit		
Spannungskorrosion		

Optische Eigenschaften

Brechungszahl n_D		
Transmissionsgrad τ_c	%	mm dick
Lichtdurchlässigkeit		

Produkt	Polyamid 6		**PA**
Handelsname	**Durethan BKV 135**		
Hersteller	BAYER		
DIN-Bez 1	16773-PA6,MPR,14-100,GF35		
DIN-Bez 2			
Zusätze	Entformungsmittel; Elastomer	*Füllstoffe/ Verstärkung*	35.0% Glasfaser
Bevorzugte Verarbeitung	Spritzgiessen	*Lieferform*	Granulat
		Farben	
Besondere Merkmale	Galvanisierbar; Gegenueber BKV 35 bereits im spritzfrischen Zustand deutlich erhoehte Kerbschlagzaehigkeit und Energieaufnahme bei biaxialer Schlagbeanspruchung	*Bevorzugte Anwendungen*	

Dichte	g/cm^3	1.41	*Schmelzindex*	g/10 min	:
Schüttdichte	g/cm^3		*Volumenfließindex*	cm^3/10 min	:
Viskositätszahl	ml/g				

Verarbeitungsbedingungen für Spritzgießen

Massetemp.	°C	*Schwindung*	% lgs 0.3, quer 0.9
Werkzeugtemp.	°C	*Bemerkungen*	Schwindung ermittelt an Platten 150x90x3 mm
Spritzdruck	bar		

Zugversuch 23 °C DIN 53455; ISO R/527; DIN 53457; ISO R/527

Probekörper: *Form* Nr. 3; 4 mm dick — *Herstellung* Spritzgiessen
Zustand Trocken — *Vorbehandlung* Normalklima

Streckspannung	N/mm^2		*Dehnung bei Streckspannung*	%	
Zugfestigkeit	N/mm^2	170	*Reißdehnung*	%	3.5
Reißfestigkeit	N/mm^2		*% Dehnspannung*	N/mm^2	
E-Modul	N/mm^2	10000	*Dehnung bei % Dehnspg.*	%	

Kriechmoduln und Zeitstandwerte 23 °C

Probekörper: *Form* — *Herstellung*
Zustand — *Vorbehandlung*

Kriechmodul	*1 min* N/mm^2	*Zeitstandzugfestigkeit*	h	N/mm^2
Kriechmodul	*1000 h* N/mm^2	*Zeitdehnspg.* %	h	N/mm^2
bei Spannung	N/mm^2			

Biegeversuch 23 °C

Probekörper: *Form* — *Herstellung*
Zustand — *Vorbehandlung*

Biegefestigkeit	N/mm^2	*E-Modul*	N/mm^2
3,5% *Biegespannung*	N/mm^2		

Härte 23 °C *Probekörper:* *Zustand* — *Herstellung*
Vorbehandlung

Kugeldruckhärte	N/mm^2 bei N, s	*Shore-Härte* A	
Rockwellhärte		*Shore-Härte* D	

Schlagversuch *Probekörper:* *(1)*
(2) — *Herstellung*
Zustand — *Vorbehandlung*

		°C	°C	°C	*Probekörper-Form*
Schlagzähigkeit	kJ/m^2				
Kerbschlagzähigkeit (1)	kJ/m^2				
IZOD-Kerbschlagzähigkeit (2)	J/m				
Kerbschlagzugzähigkeit	kJ/m^2				

Abrieb und Reibung

Taber-Abrieb (Reibradverfahren)	$mm^3/100$ U		
Abriebfaktor LNP (Thrust washer) Vergleichswert			
Statische Reibungszahl			
Dynamische Reibungszahl	(p · v=	N/mm^2 ·	m/min)
Zulässiger p · v Wert	N/mm^2 · (m/min)	v=	m/min
		v=	m/min

Thermische Eigenschaften

Formbeständigkeit in der Wärme	*Verfahren*	A	200 °C
	Verfahren	B	215 °C
Vicat Erweichungstemperatur (VST)	*Verfahren*	B/50	200 °C
	Verfahren		°C
Kristallit-Schmelzpunkt	*Verfahren*		
Längenausdehnungskoeffizient	*Bereich*	23–80 °C	$0.25 \cdot 10^{-4} K^{-1}$
	Temperatur		$\cdot 10^{-4} K^{-1}$
Wärmeleitfähigkeit	*Verfahren*		W/(K · m)
Spezifische Wärmekapazität	*Verfahren*		J/(K · g)
Glasumwandlungstemperatur	*Torsionsschwingungsversuch*	°C	
	Differentialkalorimetrie	°C	

Brandverhalten

UL-Test vertikal		Dicke 1.57 mm, Wert HB	
		Dicke mm, Wert	
	Norm	*Bewertung*	*Abmessungen*
Sauerstoff-Index	ASTM D 2863		
Glühstab-Verfahren			
Brandverhalten	DIN 4102		
MVSS			
FAR			

Elektrische Eigenschaften

		Hz	°C			*Probekörper, Form*
Dielektrizitätszahl		50	23	4		Durchmesser 80x1 mm
		10^3	23	4		Durchmesser 80x1 mm
		10^6				
Dielektrischer Verlustfaktor tan δ		50	23	0.005		Durchmesser 80x1 mm
		10^3	23	0.015		Durchmesser 80x1 mm
		10^6				
Spezifischer Durchgangs-widerstand	Ohm · cm		23	1*10**15		Durchmesser 80x1 mm
Durchschlagfestigkeit	kV/mm		23	40		1 mm dick
Oberflächenwiderstand	Ohm		23	1*10**14		Durchmesser 80x1 mm
Kriechstromfestigkeit		KC		KB	KA	
Elektrolytische Korrosionswirkung		A 1.6				30x10x4 mm
Lichtbogenfestigkeit nach DIN						
nach ASTM	s					

Beständigkeit *(Chemische Beständigkeit siehe Anhang)*

Wasseraufnahme 23 C Bis zur Saettigung	6.5 %	
Feuchtigkeitsaufnahme Normalklima		1.7 %
Wetterbeständigkeit		
Spannungskorrosion		

Optische Eigenschaften

Brechungszahl n_D		
Transmissionsgrad τ_c	%	mm dick
Lichtdurchlässigkeit		

Datenbank-Nr. **T01736** Merkblatt-Nr. **4392**

Produkt	Polyamid 6		**PA**
Handelsname	**Durethan BKV 140**		
Hersteller	BAYER		
DIN-Bez 1	16773-PA6,MPR,14-120,GF40		
DIN-Bez 2			
Zusätze	Entformungsmittel; Elastomer	*Füllstoffe/ Verstärkung*	40.0% Glasfaser
Bevorzugte Verarbeitung	Spritzgiessen	*Lieferform*	Granulat
		Farben	
Besondere Merkmale	Galvanisierbar; Gegenueber BKV 40 bereits im spritzfrischen Zustand deutlich erhoehte Kerbschlagzaehigkeit und Energieaufnahme bei biaxialer Schlagbeanspruchung	*Bevorzugte Anwendungen*	

Dichte	g/cm^3	1.46	*Schmelzindex*	g/10 min	:
Schüttdichte	g/cm^3		*Volumenfließindex*	cm^3/10 min	:
Viskositätszahl	ml/g				

Verarbeitungsbedingungen für Spritzgießen

Massetemp.	°C	*Schwindung*	% lgs 0.3, quer 0.8
Werkzeugtemp.	°C	*Bemerkungen*	Schwindung ermittelt an Platten 150x90x3 mm
Spritzdruck	bar		

Zugversuch 23 °C DIN 53455; ISO R/527; DIN 53457; ISO R/527

Probekörper: *Form* Nr. 3; 4 mm dick — *Herstellung* Spritzgiessen
Zustand Trocken — *Vorbehandlung* Normalklima

Streckspannung	N/mm^2		*Dehnung bei Streckspannung*	%	
Zugfestigkeit	N/mm^2	180	*Reißdehnung*	%	3.5
Reißfestigkeit	N/mm^2		*% Dehnspannung*	N/mm^2	
E-Modul	N/mm^2	11000	*Dehnung bei % Dehnspg.*	%	

Kriechmoduln und Zeitstandwerte 23 °C

Probekörper: *Form* — *Herstellung*
Zustand — *Vorbehandlung*

Kriechmodul	*1 min* N/mm^2	*Zeitstandzugfestigkeit*	h	N/mm^2
Kriechmodul	*1000 h* N/mm^2	*Zeitdehnspg. %*	h	N/mm^2
bei Spannung	N/mm^2			

Biegeversuch 23 °C

Probekörper: *Form* — *Herstellung*
Zustand — *Vorbehandlung*

Biegefestigkeit	N/mm^2	*E-Modul*	N/mm^2
3,5% *Biegespannung*	N/mm^2		

Härte 23 °C *Probekörper:* *Zustand* — *Herstellung*
Vorbehandlung

Kugeldruckhärte	N/mm^2 bei N, s	*Shore-Härte A*	
Rockwellhärte		*Shore-Härte D*	

Schlagversuch *Probekörper:* *(1)*
(2) — *Herstellung*
Zustand — *Vorbehandlung*

		°C	°C	°C	*Probekörper-Form*
Schlagzähigkeit	kJ/m^2				
Kerbschlagzähigkeit (1)	kJ/m^2				
IZOD-Kerbschlagzähigkeit (2)	J/m				
Kerbschlagzugzähigkeit	kJ/m^2				

Abrieb und Reibung

Taber-Abrieb (Reibradverfahren)	mm^3/100 U		
Abriebfaktor LNP (Thrust washer) Vergleichswert			
Statische Reibungszahl			
Dynamische Reibungszahl	(p·v= N/mm^2·		m/min)
Zulässiger p · v Wert	N/mm^2 · (m/min)	v=	m/min
		v=	m/min

Thermische Eigenschaften

Formbeständigkeit in der Wärme	*Verfahren*	A		200 °C
	Verfahren	B		215 °C
Vicat Erweichungstemperatur (VST)	*Verfahren*	B/50		200 °C
	Verfahren			°C
Kristallit-Schmelzpunkt	*Verfahren*			
Längenausdehnungskoeffizient	*Bereich*	23–80	°C	0.2 · $10^{-4}K^{-1}$
	Temperatur			· $10^{-4}K^{-1}$
Wärmeleitfähigkeit	*Verfahren*			W/(K · m)
Spezifische Wärmekapazität	*Verfahren*			J/(K · g)
Glasumwandlungstemperatur	*Torsionsschwingungsversuch*		°C	
	Differentialkalorimetrie		°C	

Brandverhalten

UL-Test vertikal	Dicke	mm, Wert HB
	Dicke	mm, Wert

	Norm	*Bewertung*	*Abmessungen*
Sauerstoff-Index	ASTM D 2863		
Glühstab-Verfahren			
Brandverhalten	DIN 4102		
MVSS			
FAR			

Elektrische Eigenschaften

		Hz	°C		*Probekörper, Form*
Dielektrizitätszahl		50	23	4	Durchmesser 80x1 mm
		10^3	23	4	Durchmesser 80x1 mm
		10^6			
Dielektrischer Verlustfaktor tan δ		50	23	0.005	Durchmesser 80x1 mm
		10^3	23	0.015	Durchmesser 80x1 mm
		10^6			
Spezifischer Durchgangs-widerstand	Ohm · cm		23	1*10**15	Durchmesser 80x1 mm
Durchschlagfestigkeit	kV/mm		23	40	1 mm dick
Oberflächenwiderstand	Ohm		23	1*10**14	Durchmesser 80x1 mm

Kriechstromfestigkeit	KC	KB	KA	
Elektrolytische Korrosionswirkung	A 1.6			30x10x4 mm
Lichtbogenfestigkeit nach DIN				
nach ASTM s				

Beständigkeit *(Chemische Beständigkeit siehe Anhang)*

Wasseraufnahme 23 C Bis zur Saettigung	6 %	
Feuchtigkeitsaufnahme Normalklima		1.6 %
Wetterbeständigkeit		
Spannungskorrosion		

Optische Eigenschaften

Brechungszahl n_D		
Transmissionsgrad τ_c	%	mm dick
Lichtdurchlässigkeit		

Datenbank-Nr. **T01737** Merkblatt-Nr. **4393**

Produkt	Polyamid 6		**PA**
Handelsname	**Durethan BKV 145**		
Hersteller	BAYER		
DIN-Bez 1	16773-PA6,MPR,14-140,GF45		
DIN-Bez 2			
Zusätze	Entformungsmittel; Elastomer	*Füllstoffe/ Verstärkung*	45.0% Glasfaser
Bevorzugte Verarbeitung	Spritzgiessen	*Lieferform*	Granulat
		Farben	
Besondere Merkmale	Galvanisierbar; Gegenueber BKV 45 bereits im spritzfrischen Zustand deutlich erhoehte Kerbschlagzaehigkeit und Energieaufnahme bei biaxialer Schlagbeanspruchung	*Bevorzugte Anwendungen*	

Dichte	g/cm³ 1.51	*Schmelzindex*	g/10 min	:
Schüttdichte	g/cm³	*Volumenfließindex*	cm³/10 min	:
Viskositätszahl	ml/g			

Verarbeitungsbedingungen für Spritzgießen

Massetemp.	°C	*Schwindung*	% lgs 0.3, quer 0.7
Werkzeugtemp.	°C	*Bemerkungen*	Schwindung ermittelt an Platten 150x90x3 mm
Spritzdruck	bar		

Zugversuch 23 °C DIN 53455; ISO R/527; DIN 53457; ISO R/527

Probekörper: *Form* Nr. 3; 4 mm dick — *Herstellung* Spritzgiessen
Zustand Trocken — *Vorbehandlung* Normalklima

Streckspannung	N/mm²	*Dehnung bei Streckspannung*	%
Zugfestigkeit	N/mm² 190	*Reißdehnung*	% 3
Reißfestigkeit	N/mm²	*% Dehnspannung*	N/mm²
E-Modul	N/mm² 12000	*Dehnung bei % Dehnspg.*	%

Kriechmoduln und Zeitstandwerte 23 °C

Probekörper: *Form* — *Herstellung*
Zustand — *Vorbehandlung*

Kriechmodul	*1 min* N/mm²	*Zeitstandzugfestigkeit*	h N/mm²
Kriechmodul	*1000 h* N/mm²	*Zeitdehnspg.* %	h N/mm²
bei Spannung	N/mm²		

Biegeversuch 23 °C

Probekörper: *Form* — *Herstellung*
Zustand — *Vorbehandlung*

Biegefestigkeit	N/mm²	*E-Modul*	N/mm²
3,5% *Biegespannung*	N/mm²		

Härte 23 °C *Probekörper:* *Zustand* — *Herstellung*
Vorbehandlung

Kugeldruckhärte	N/mm² bei N, s	*Shore-Härte* A	
Rockwellhärte		*Shore-Härte* D	

Schlagversuch *Probekörper:* *(1)*
(2) — *Herstellung*
Zustand — *Vorbehandlung*

		°C	°C	°C	*Probekörper-Form*
Schlagzähigkeit	kJ/m²				
Kerbschlagzähigkeit (1)	kJ/m²				
IZOD-Kerbschlagzähigkeit (2)	J/m				
Kerbschlagzugzähigkeit	kJ/m²				

Abrieb und Reibung

Taber-Abrieb (Reibradverfahren)	mm^3/100 U		
Abriebfaktor LNP (Thrust washer) Vergleichswert			
Statische Reibungszahl			
Dynamische Reibungszahl	(p·v=	N/mm^2·	m/min)
Zulässiger p · v Wert	N/mm^2 · (m/min)	v=	m/min
		v=	m/min

Thermische Eigenschaften

Formbeständigkeit in der Wärme	*Verfahren* A		200 °C
	Verfahren B		215 °C
Vicat Erweichungstemperatur (VST)	*Verfahren* B/50		200 °C
	Verfahren		°C
Kristallit-Schmelzpunkt	*Verfahren*		
Längenausdehnungskoeffizient	*Bereich* 23–80 °C		$0.2 \cdot 10^{-4} K^{-1}$
	Temperatur		$\cdot 10^{-4} K^{-1}$
Wärmeleitfähigkeit	*Verfahren*		W/(K · m)
Spezifische Wärmekapazität	*Verfahren*		J/(K · g)
Glasumwandlungstemperatur	*Torsionsschwingungsversuch*	°C	
	Differentialkalorimetrie	°C	

Brandverhalten

UL-Test vertikal	Dicke	mm, Wert HB
	Dicke	mm, Wert

	Norm	*Bewertung*	*Abmessungen*
Sauerstoff-Index	ASTM D 2863		
Glühstab-Verfahren			
Brandverhalten	DIN 4102		
MVSS			
FAR			

Elektrische Eigenschaften

		Hz	°C		*Probekörper, Form*
Dielektrizitätszahl		50	23	4	Durchmesser 80x1 mm
		10^3	23	4	Durchmesser 80x1 mm
		10^6			
Dielektrischer Verlustfaktor tan δ		50	23	0.005	Durchmesser 80x1 mm
		10^3	23	0.015	Durchmesser 80x1 mm
		10^6			
Spezifischer Durchgangs-widerstand	Ohm · cm		23	1*10**15	Durchmesser 80x1 mm
Durchschlagfestigkeit	kV/mm		23	40	1 mm dick
Oberflächenwiderstand	Ohm		23	1*10**14	Durchmesser 80x1 mm

Kriechstromfestigkeit	KC	KB	KA	
Elektrolytische Korrosionswirkung	A 1.6			30x10x4 mm
Lichtbogenfestigkeit nach DIN				
nach ASTM s				

Beständigkeit *(Chemische Beständigkeit siehe Anhang)*

Wasseraufnahme 23 C Bis zur Saettigung	5.5 %	
Feuchtigkeitsaufnahme Normalklima		1.5 %
Wetterbeständigkeit		
Spannungskorrosion		

Optische Eigenschaften

Brechungszahl n_D		
Transmissionsgrad τ_c	%	mm dick
Lichtdurchlässigkeit		

Produkt	Polyamid 6		**PA**
Handelsname	**Durethan BKV 15 H**		
Hersteller	BAYER		
DIN-Bez 1	16773-PA6,MHR,14-060,GF15		
DIN-Bez 2			
Zusätze	Entformungsmittel	*Füllstoffe/ Verstärkung*	15% Glasfaser
Bevorzugte Verarbeitung	Spritzgiessen	*Lieferform*	Granulat
		Farben	
Besondere Merkmale	Hitzestabilisiert	*Bevorzugte Anwendungen*	

Dichte	g/cm³	1.23	*Schmelzindex*	g/10 min		:
Schüttdichte	g/cm³		*Volumenfließindex*	cm³/10 min		:
Viskositätszahl	ml/g					

Verarbeitungsbedingungen für Spritzgießen

Massetemp.	°C	*Schwindung*	% lgs 0.3, quer 0.9
Werkzeugtemp.	°C	*Bemerkungen*	Schwindung ermittelt an Platten 150x90x3 mm
Spritzdruck	bar		

Zugversuch 23 °C DIN 53455; ISO R/527; DIN 53457; ISO R/527

Probekörper: *Form* Nr. 3; 4 mm dick — *Herstellung* Spritzgiessen
Zustand Trocken — *Vorbehandlung* Normalklima

Streckspannung	N/mm²		*Dehnung bei Streckspannung*	%	
Zugfestigkeit	N/mm²	130	*Reißdehnung*	%	4
Reißfestigkeit	N/mm²		*% Dehnspannung*	N/mm²	
E-Modul	N/mm²	6300	*Dehnung bei % Dehnspg.*	%	

Kriechmoduln und Zeitstandwerte 23 °C

Probekörper: *Form* — *Herstellung*
Zustand — *Vorbehandlung*

Kriechmodul	*1 min*	N/mm²	*Zeitstandzugfestigkeit*	h	N/mm²
Kriechmodul	*1000 h*	N/mm²	*Zeitdehnspg. %*	h	N/mm²
bei Spannung		N/mm²			

Biegeversuch 23 °C

Probekörper: *Form* — *Herstellung*
Zustand — *Vorbehandlung*

Biegefestigkeit	N/mm²	*E-Modul*	N/mm²
3,5% *Biegespannung*	N/mm²		

Härte 23 °C *Probekörper:* *Zustand* — *Herstellung*
Vorbehandlung

Kugeldruckhärte	N/mm² bei N, s	*Shore-Härte* A	
Rockwellhärte		*Shore-Härte* D	

Schlagversuch *Probekörper:* *(1)*
(2) — *Herstellung*
Zustand — *Vorbehandlung*

		°C	°C	°C	*Probekörper-Form*
Schlagzähigkeit	kJ/m²				
Kerbschlagzähigkeit (1)	kJ/m²				
IZOD-Kerbschlagzähigkeit (2)	J/m				
Kerbschlagzugzähigkeit	kJ/m²				

Abrieb und Reibung

Taber-Abrieb (Reibradverfahren)	$mm^3/100$ U			
Abriebfaktor LNP (Thrust washer) Vergleichswert				
Statische Reibungszahl				
Dynamische Reibungszahl	(p·v=	N/mm^2·		m/min)
Zulässiger p · v Wert	N/mm^2 · (m/min)		v=	m/min
			v=	m/min

Thermische Eigenschaften

Formbeständigkeit in der Wärme	*Verfahren*	A		200 °C
	Verfahren	B		215 °C
Vicat Erweichungstemperatur (VST)	*Verfahren*	B/50		200 °C
	Verfahren			°C
Kristallit-Schmelzpunkt	*Verfahren*			
Längenausdehnungskoeffizient	*Bereich*	23–80	°C	$0.3 \cdot 10^{-4} K^{-1}$
	Temperatur			$\cdot 10^{-4} K^{-1}$
Wärmeleitfähigkeit	*Verfahren*			W/(K · m)
Spezifische Wärmekapazität	*Verfahren*			J/(K · g)
Glasumwandlungstemperatur	*Torsionsschwingungsversuch*		°C	
	Differentialkalorimetrie		°C	

Brandverhalten

UL-Test vertikal		Dicke mm, Wert HB	
		Dicke mm, Wert	

	Norm	*Bewertung*	*Abmessungen*
Sauerstoff-Index	ASTM D 2863		
Glühstab-Verfahren			
Brandverhalten	DIN 4102		
MVSS			
FAR			

Elektrische Eigenschaften

		Hz	°C			*Probekörper, Form*
Dielektrizitätszahl		50	23	4		Durchmesser 80x1 mm
		10^3	23	4		Durchmesser 80x1 mm
		10^6				
Dielektrischer Verlustfaktor tan δ		50	23	0.005		Durchmesser 80x1 mm
		10^3	23	0.015		Durchmesser 80x1 mm
		10^6				
Spezifischer Durchgangs-widerstand	Ohm · cm		23	1*10**15		Durchmesser 80x1 mm
Durchschlagfestigkeit	kV/mm		23	35		1 mm dick
Oberflächenwiderstand	Ohm		23	1*10**13		Durchmesser 80x1 mm
Kriechstromfestigkeit		KC		KB	KA	
Elektrolytische Korrosionswirkung		A/B 3				30x10x4 mm
Lichtbogenfestigkeit nach DIN						
nach ASTM	s					

Beständigkeit *(Chemische Beständigkeit siehe Anhang)*

Wasseraufnahme 23 C	Bis zur Saettigung	8.5 %
Feuchtigkeitsaufnahme Normalklima		2.5 %
Wetterbeständigkeit		
Spannungskorrosion		

Optische Eigenschaften

Brechungszahl n_D		
Transmissionsgrad τ_c	%	mm dick
Lichtdurchlässigkeit		

Datenbank-Nr. **T01739** Merkblatt-Nr. **4395**

Produkt	Polyamid 6		**PA**
Handelsname	**Durethan BKV 15**		
Hersteller	BAYER		
DIN-Bez 1	16773-PA6,MR,14-060,GF15		
DIN-Bez 2			
Zusätze	Entformungsmittel	*Füllstoffe/ Verstärkung*	15.0% Glasfaser
Bevorzugte Verarbeitung	Spritzgiessen	*Lieferform*	Granulat
		Farben	
Besondere Merkmale		*Bevorzugte Anwendungen*	

Dichte	g/cm³	1.23	*Schmelzindex*	g/10 min	:
Schüttdichte	g/cm³		*Volumenfließindex*	cm³/10 min	:
Viskositätszahl	ml/g				

Verarbeitungsbedingungen für Spritzgießen

Massetemp.	°C	*Schwindung*	% lgs 0.3, quer 0.9
Werkzeugtemp.	°C	*Bemerkungen*	Schwindung ermittelt an Platten 150x90x3 mm
Spritzdruck	bar		

Zugversuch 23 °C DIN 53455; ISO R/527; DIN 53457; ISO R/527

Probekörper: *Form* Nr. 3; 4 mm dick — *Herstellung* Spritzgiessen
Zustand Trocken — *Vorbehandlung* Normalklima

Streckspannung	N/mm²		*Dehnung bei Streckspannung*	%	
Zugfestigkeit	N/mm²	130	*Reißdehnung*	%	4
Reißfestigkeit	N/mm²		*% Dehnspannung*	N/mm²	
E-Modul	N/mm²	6300	*Dehnung bei % Dehnspg.*	%	

Kriechmoduln und Zeitstandwerte 23 °C

Probekörper: *Form* — *Herstellung*
Zustand — *Vorbehandlung*

Kriechmodul	*1 min*	N/mm²	*Zeitstandzugfestigkeit*	h	N/mm²
Kriechmodul	*1000 h*	N/mm²	*Zeitdehnspg. %*	h	N/mm²
bei Spannung		N/mm²			

Biegeversuch 23 °C

Probekörper: *Form* — *Herstellung*
Zustand — *Vorbehandlung*

Biegefestigkeit	N/mm²	*E-Modul*	N/mm²
3,5% *Biegespannung*	N/mm²		

Härte 23 °C *Probekörper:* *Zustand* — *Herstellung*
Vorbehandlung

Kugeldruckhärte	N/mm² bei N, s	*Shore-Härte* A	
Rockwellhärte		*Shore-Härte* D	

Schlagversuch *Probekörper:* *(1)*
(2) — *Herstellung*
Zustand — *Vorbehandlung*

°C °C °C *Probekörper-Form*

Schlagzähigkeit	kJ/m²
Kerbschlagzähigkeit (1)	kJ/m²
IZOD-Kerbschlagzähigkeit (2)	J/m
Kerbschlagzugzähigkeit	kJ/m²

Abrieb und Reibung

Taber-Abrieb (Reibradverfahren)	mm^3/100 U		
Abriebfaktor LNP (Thrust washer) Vergleichswert			
Statische Reibungszahl			
Dynamische Reibungszahl	(p · v =	N/mm^2 ·	m/min)
Zulässiger p · v Wert	N/mm^2 · (m/min)	v =	m/min
		v =	m/min

Thermische Eigenschaften

Formbeständigkeit in der Wärme	*Verfahren*	A		200 °C
	Verfahren	B		215 °C
Vicat Erweichungstemperatur (VST)	*Verfahren*	B/50		200 °C
	Verfahren			°C
Kristallit-Schmelzpunkt	*Verfahren*			
Längenausdehnungskoeffizient	*Bereich*	23–80	°C	$0.3 \cdot 10^{-4} K^{-1}$
	Temperatur			$\cdot 10^{-4} K^{-1}$
Wärmeleitfähigkeit	*Verfahren*			W/(K · m)
Spezifische Wärmekapazität	*Verfahren*			J/(K · g)
Glasumwandlungstemperatur	*Torsionsschwingungsversuch*		°C	
	Differentialkalorimetrie		°C	

Brandverhalten

UL-Test vertikal	Dicke	mm, Wert HB
	Dicke	mm, Wert

	Norm	*Bewertung*	*Abmessungen*
Sauerstoff-Index	ASTM D 2863		
Glühstab-Verfahren			
Brandverhalten	DIN 4102		
MVSS			
FAR			

Elektrische Eigenschaften

		Hz	°C			*Probekörper, Form*
Dielektrizitätszahl		50				
		10^3				
		10^6				
Dielektrischer Verlustfaktor tan δ		50				
		10^3				
		10^6				
Spezifischer Durchgangs-widerstand	Ohm · cm		23	1*10**15		Durchmesser 80x1 mm
Durchschlagfestigkeit	kV/mm		23	40		1 mm dick
Oberflächenwiderstand	Ohm		23	1*10**14		Durchmesser 80x1 mm
Kriechstromfestigkeit		KC		KB	KA	
Elektrolytische Korrosionswirkung		A 1.6				30x10x4 mm
Lichtbogenfestigkeit nach DIN						
nach ASTM	s					

Beständigkeit *(Chemische Beständigkeit siehe Anhang)*

Wasseraufnahme 23 C Bis zur Saettigung	8.5 %	
Feuchtigkeitsaufnahme Normalklima		2.5 %
Wetterbeständigkeit		
Spannungskorrosion		

Optische Eigenschaften

Brechungszahl n_D		
Transmissionsgrad τ_c	%	mm dick
Lichtdurchlässigkeit		

Datenbank-Nr. **T01740** *Merkblatt-Nr.* **4396**

PA

Produkt	Polyamid 6		
Handelsname	**Durethan BKV 20 H**		
Hersteller	BAYER		
DIN-Bez 1	16773-PA6,MHR,14-070,GF20		
DIN-Bez 2			
Zusätze	Entformungsmittel; Waermestabilisator	*Füllstoffe/ Verstärkung*	20.0% Glasfaser
Bevorzugte Verarbeitung	Spritzgiessen	*Lieferform*	Granulat
		Farben	
Besondere Merkmale	Hitzestabilisiert	*Bevorzugte Anwendungen*	

Dichte	g/cm³	1.28	*Schmelzindex*	g/10 min	:
Schüttdichte	g/cm³		*Volumenfließindex*	cm³/10 min	:
Viskositätszahl	ml/g				

Verarbeitungsbedingungen für Spritzgießen

Massetemp.	°C	*Schwindung*	% lgs 0.3, quer 0.9
Werkzeugtemp.	°C	*Bemerkungen*	Schwindung ermittelt an Platten 150x90x3 mm
Spritzdruck	bar		

Zugversuch 23 °C DIN 53455; ISO R/527; DIN 53457; ISO R/527

Probekörper: *Form* Nr. 3; 4 mm dick — *Herstellung* Spritzgiessen
Zustand Trocken — *Vorbehandlung* Normalklima

Streckspannung	N/mm²		*Dehnung bei Streckspannung*	%	
Zugfestigkeit	N/mm²	150	*Reißdehnung*	%	4
Reißfestigkeit	N/mm²		*% Dehnspannung*	N/mm²	
E-Modul	N/mm²	7400	*Dehnung bei % Dehnspg.*	%	

Kriechmoduln und Zeitstandwerte 23 °C

Probekörper: *Form* — *Herstellung*
Zustand — *Vorbehandlung*

Kriechmodul	*1 min*	N/mm²	*Zeitstandzugfestigkeit*	h	N/mm²
Kriechmodul	*1000 h*	N/mm²	*Zeitdehnspg. %*	h	N/mm²
bei Spannung		N/mm²			

Biegeversuch 23 °C

Probekörper: *Form* — *Herstellung*
Zustand — *Vorbehandlung*

Biegefestigkeit	N/mm²	*E-Modul*	N/mm²
3,5% *Biegespannung*	N/mm²		

Härte 23 °C *Probekörper:* *Zustand* — *Herstellung*
Vorbehandlung

Kugeldruckhärte	N/mm² bei N, s	*Shore-Härte*	A
Rockwellhärte		*Shore-Härte*	D

Schlagversuch *Probekörper:* *(1)*
(2) — *Herstellung*
Zustand — *Vorbehandlung*

		°C	°C	°C	*Probekörper-Form*
Schlagzähigkeit	kJ/m²				
Kerbschlagzähigkeit (1)	kJ/m²				
IZOD-Kerbschlagzähigkeit (2)	J/m				
Kerbschlagzugzähigkeit	kJ/m²				

Abrieb und Reibung

Taber-Abrieb (Reibradverfahren)	mm^3/100 U		
Abriebfaktor LNP (Thrust washer) Vergleichswert			
Statische Reibungszahl			
Dynamische Reibungszahl	(p · v=	N/mm^2 ·	m/min)
Zulässiger p · v Wert	N/mm^2 · (m/min)	v=	m/min
		v=	m/min

Thermische Eigenschaften

Formbeständigkeit in der Wärme	*Verfahren*	A		200 °C
	Verfahren	B		215 °C
Vicat Erweichungstemperatur (VST)	*Verfahren*	B/50		200 °C
	Verfahren			°C
Kristallit-Schmelzpunkt	*Verfahren*			
Längenausdehnungskoeffizient	*Bereich*	23–80	°C	$0.3 \cdot 10^{-4} K^{-1}$
	Temperatur			$\cdot 10^{-4} K^{-1}$
Wärmeleitfähigkeit	*Verfahren*			W/(K · m)
Spezifische Wärmekapazität	*Verfahren*			J/(K · g)
Glasumwandlungstemperatur	*Torsionsschwingungsversuch*		°C	
	Differentialkalorimetrie		°C	

Brandverhalten

UL-Test vertikal	Dicke	mm, Wert HB	
	Dicke	mm, Wert	

	Norm	*Bewertung*	*Abmessungen*
Sauerstoff-Index	ASTM D 2863		
Glühstab-Verfahren			
Brandverhalten	DIN 4102		
MVSS			
FAR			

Elektrische Eigenschaften

		Hz	°C			*Probekörper, Form*
Dielektrizitätszahl		50	23	4		Durchmesser 80x1 mm
		10^3	23	4		Durchmesser 80x1 mm
		10^6				
Dielektrischer Verlustfaktor tan δ		50	23	0.005		Durchmesser 80x1 mm
		10^3	23	0.015		Durchmesser 80x1 mm
		10^6				
Spezifischer Durchgangs-widerstand	Ohm · cm		23	1*10**15		Durchmesser 80x1 mm
Durchschlagfestigkeit	kV/mm		23	40		1 mm dick
Oberflächenwiderstand	Ohm		23	1*10**14		Durchmesser 80x1 mm
Kriechstromfestigkeit		KC		KB	KA	
Elektrolytische Korrosionswirkung		A/B 3				30x10x4 mm
Lichtbogenfestigkeit nach DIN						
nach ASTM	s					

Beständigkeit *(Chemische Beständigkeit siehe Anhang)*

Wasseraufnahme 23 C Bis zur Saettigung	8 %	
Feuchtigkeitsaufnahme Normalklima		2.4 %
Wetterbeständigkeit		
Spannungskorrosion		

Optische Eigenschaften

Brechungszahl n_D		
Transmissionsgrad τ_c	%	mm dick
Lichtdurchlässigkeit		

Produkt	Polyamid 6		**PA**
Handelsname	**Durethan BKV 20**		
Hersteller	BAYER		
DIN-Bez 1	16773-PA6,MR,14-070,GF20		
DIN-Bez 2			
Zusätze	Entformungsmittel	*Füllstoffe/ Verstärkung*	20.0% Glasfaser
Bevorzugte Verarbeitung	Spritzgiessen	*Lieferform*	Granulat
		Farben	
Besondere Merkmale		*Bevorzugte Anwendungen*	

Dichte	g/cm^3	1.28	*Schmelzindex*	g/10 min	:
Schüttdichte	g/cm^3		*Volumenfließindex*	$cm^3/10$ min	:
Viskositätszahl	ml/g				

Verarbeitungsbedingungen für Spritzgießen

Massetemp.	°C	*Schwindung*	% lgs 0.3, quer 0.9
Werkzeugtemp.	°C	*Bemerkungen*	Schwindung ermittelt an Platten 150x90x3 mm
Spritzdruck	bar		

Zugversuch 23 °C DIN 53455; ISO R/527; DIN 53457; ISO R/527

Probekörper: *Form* Nr. 3; 4 mm dick — *Herstellung* Spritzgiessen
Zustand Trocken — *Vorbehandlung* Normalklima

Streckspannung	N/mm^2		*Dehnung bei Streckspannung*	%	
Zugfestigkeit	N/mm^2	150	*Reißdehnung*	%	4
Reißfestigkeit	N/mm^2		*% Dehnspannung*	N/mm^2	
E-Modul	N/mm^2	7400	*Dehnung bei % Dehnspg.*	%	

Kriechmoduln und Zeitstandwerte 23 °C

Probekörper: *Form* — *Herstellung*
Zustand — *Vorbehandlung*

Kriechmodul	*1 min* N/mm^2	*Zeitstandzugfestigkeit*	h N/mm^2
Kriechmodul	*1000 h* N/mm^2	*Zeitdehnspg.* %	h N/mm^2
bei Spannung	N/mm^2		

Biegeversuch 23 °C

Probekörper: *Form* — *Herstellung*
Zustand — *Vorbehandlung*

Biegefestigkeit	N/mm^2	*E-Modul*	N/mm^2
3,5% *Biegespannung*	N/mm^2		

Härte 23 °C *Probekörper:* *Zustand* — *Herstellung*
Vorbehandlung

Kugeldruckhärte	N/mm^2 bei N, s	*Shore-Härte* A	
Rockwellhärte		*Shore-Härte* D	

Schlagversuch *Probekörper:* *(1)*
(2) — *Herstellung*
Zustand — *Vorbehandlung*

		°C	°C	°C	*Probekörper-Form*
Schlagzähigkeit	kJ/m^2				
Kerbschlagzähigkeit (1)	kJ/m^2				
IZOD-Kerbschlagzähigkeit (2)	J/m				
Kerbschlagzugzähigkeit	kJ/m^2				

Abrieb und Reibung

Taber-Abrieb (Reibradverfahren)	mm^3/100 U		
Abriebfaktor LNP (Thrust washer) Vergleichswert			
Statische Reibungszahl			
Dynamische Reibungszahl	(p · v =	N/mm^2 ·	m/min)
Zulässiger p · v Wert	N/mm^2 · (m/min)	v =	m/min
		v =	m/min

Thermische Eigenschaften

Formbeständigkeit in der Wärme	*Verfahren*	A		200 °C
	Verfahren	B		215 °C
Vicat Erweichungstemperatur (VST)	*Verfahren*	B/50		200 °C
	Verfahren			°C
Kristallit-Schmelzpunkt	*Verfahren*			
Längenausdehnungskoeffizient	*Bereich*	23–80	°C	0.3 · $10^{-4}K^{-1}$
	Temperatur			· $10^{-4}K^{-1}$
Wärmeleitfähigkeit	*Verfahren*			W/(K · m)
Spezifische Wärmekapazität	*Verfahren*			J/(K · g)
Glasumwandlungstemperatur	*Torsionsschwingungsversuch*		°C	
	Differentialkalorimetrie		°C	

Brandverhalten

UL-Test vertikal	Dicke	mm, Wert HB	
	Dicke	mm, Wert	

	Norm	*Bewertung*	*Abmessungen*
Sauerstoff-Index	ASTM D 2863		
Glühstab-Verfahren			
Brandverhalten	DIN 4102		
MVSS			
FAR			

Elektrische Eigenschaften

		Hz	°C		*Probekörper, Form*
Dielektrizitätszahl		50	23	4	Durchmesser 80x1 mm
		10^3	23	10	Durchmesser 80x1 mm
		10^6			
Dielektrischer Verlustfaktor tan δ		50	23	0.005	Durchmesser 80x1 mm
		10^3	23	0.015	Durchmesser 80x1 mm
		10^6			
Spezifischer Durchgangswiderstand	Ohm · cm		23	1*10**15	Durchmesser 80x1 mm
Durchschlagfestigkeit	kV/mm		23	40	1 mm dick
Oberflächenwiderstand	Ohm		23	1*10**14	Durchmesser 80x1 mm

Kriechstromfestigkeit	KC	KB	KA	
Elektrolytische Korrosionswirkung	A 1.6			30x10x4 mm
Lichtbogenfestigkeit nach DIN				
nach ASTM s				

Beständigkeit *(Chemische Beständigkeit siehe Anhang)*

Wasseraufnahme 23 C Bis zur Saettigung	8 %	
Feuchtigkeitsaufnahme Normalklima		2.4 %
Wetterbeständigkeit		
Spannungskorrosion		

Optische Eigenschaften

Brechungszahl n_D		
Transmissionsgrad τ_c	%	mm dick
Lichtdurchlässigkeit		

Datenbank-Nr. **T01742** Merkblatt-Nr. **4398**

Produkt	Polyamid 6		**PA**
Handelsname	**Durethan BKV 25 H**		
Hersteller	BAYER		
DIN-Bez 1	16773-PA6,MHR,14-080,GF25		
DIN-Bez 2			
Zusätze	Entformungsmittel; Waermestabilisator	*Füllstoffe/ Verstärkung*	25.0% Glasfaser
Bevorzugte Verarbeitung	Spritzgiessen	*Lieferform*	Granulat
		Farben	
Besondere Merkmale	Hitzestabilisiert	*Bevorzugte Anwendungen*	

Dichte	g/cm^3	1.32	*Schmelzindex*	g/10 min	:
Schüttdichte	g/cm^3		*Volumenfließindex*	$cm^3/10$ min	:
Viskositätszahl	ml/g				

Verarbeitungsbedingungen für Spritzgießen

Massetemp.	°C	*Schwindung*	% lgs 0.3, quer 0.9
Werkzeugtemp.	°C	*Bemerkungen*	Schwindung ermittelt an Platten 150x90x3 mm
Spritzdruck	bar		

Zugversuch 23 °C DIN 53455; ISO R/527; DIN 53457; ISO R/527

Probekörper: *Form* Nr. 3; 4 mm dick — *Herstellung* Spritzgiessen
Zustand Trocken — *Vorbehandlung* Normalklima

Streckspannung	N/mm^2		*Dehnung bei Streckspannung*	%	
Zugfestigkeit	N/mm^2	170	*Reißdehnung*	%	3
Reißfestigkeit	N/mm^2		*% Dehnspannung*	N/mm^2	
E-Modul	N/mm^2	8500	*Dehnung bei % Dehnspg.*	%	

Kriechmoduln und Zeitstandwerte 23 °C

Probekörper: *Form* — *Herstellung*
Zustand — *Vorbehandlung*

Kriechmodul	*1 min* N/mm^2	*Zeitstandzugfestigkeit*	h	N/mm^2
Kriechmodul	*1000 h* N/mm^2	*Zeitdehnspg. %*	h	N/mm^2
bei Spannung	N/mm^2			

Biegeversuch 23 °C

Probekörper: *Form* — *Herstellung*
Zustand — *Vorbehandlung*

Biegefestigkeit	N/mm^2	*E-Modul*	N/mm^2
3,5% *Biegespannung*	N/mm^2		

Härte 23 °C *Probekörper:* *Zustand* — *Herstellung*
Vorbehandlung

Kugeldruckhärte	N/mm^2 bei N, s	*Shore-Härte* A	
Rockwellhärte		*Shore-Härte* D	

Schlagversuch *Probekörper:* *(1)*
(2) — *Herstellung*
Zustand — *Vorbehandlung*

	°C	°C	°C	*Probekörper-Form*
Schlagzähigkeit kJ/m^2				
Kerbschlagzähigkeit (1) kJ/m^2				
IZOD-Kerbschlagzähigkeit (2) J/m				
Kerbschlagzugzähigkeit kJ/m^2				

Abrieb und Reibung

Taber-Abrieb (Reibradverfahren)	$mm^3/100$ U			
Abriebfaktor LNP (Thrust washer) Vergleichswert				
Statische Reibungszahl				
Dynamische Reibungszahl	(p · v =	N/mm^2 ·		m/min)
Zulässiger p · v Wert	N/mm^2 · (m/min)		v =	m/min
			v =	m/min

Thermische Eigenschaften

Formbeständigkeit in der Wärme	*Verfahren*	A		200 °C
	Verfahren	B		215 °C
Vicat Erweichungstemperatur (VST)	*Verfahren*	B/50		200 °C
	Verfahren			°C
Kristallit-Schmelzpunkt	*Verfahren*			
Längenausdehnungskoeffizient	*Bereich*	23–80	°C	0.25 · $10^{-4}K^{-1}$
	Temperatur			· $10^{-4}K^{-1}$
Wärmeleitfähigkeit	*Verfahren*			W/(K · m)
Spezifische Wärmekapazität	*Verfahren*			J/(K · g)
Glasumwandlungstemperatur	*Torsionsschwingungsversuch*		°C	
	Differentialkalorimetrie		°C	

Brandverhalten

UL-Test vertikal	Dicke mm, Wert HB	
	Dicke mm, Wert	

	Norm	*Bewertung*	*Abmessungen*
Sauerstoff-Index	ASTM D 2863		
Glühstab-Verfahren			
Brandverhalten	DIN 4102		
MVSS			
FAR			

Elektrische Eigenschaften

		Hz	°C			*Probekörper, Form*
Dielektrizitätszahl		50	23	4		Durchmesser 80x1 mm
		10^3	23	4		Durchmesser 80x1 mm
		10^6				
Dielektrischer Verlustfaktor tan δ		50	23	0.005		Durchmesser 80x1 mm
		10^3	23	0.015		Durchmesser 80x1 mm
		10^6				
Spezifischer Durchgangs-widerstand	Ohm · cm		23	1*10**15		Durchmesser 80x1 mm
Durchschlagfestigkeit	kV/mm		23	40		1 mm dick
Oberflächenwiderstand	Ohm		23	1*10**14		Durchmesser 80x1 mm
Kriechstromfestigkeit		KC		KB	KA	
Elektrolytische Korrosionswirkung		A/B 3				30x10x4 mm
Lichtbogenfestigkeit nach DIN						
nach ASTM	s					

Beständigkeit *(Chemische Beständigkeit siehe Anhang)*

Wasseraufnahme 23 C Bis zur Saettigung	7.5 %	
Feuchtigkeitsaufnahme Normalklima		2.2 %
Wetterbeständigkeit		
Spannungskorrosion		

Optische Eigenschaften

Brechungszahl n_D		
Transmissionsgrad τ_c	%	mm dick
Lichtdurchlässigkeit		

Datenbank-Nr. **T01743** *Merkblatt-Nr.* **4399**

Produkt	Polyamid 6		**PA**
Handelsname	**Durethan BKV 25**		
Hersteller	BAYER		
DIN-Bez 1	16773-PA6,MR,14-080,GF25		
DIN-Bez 2			
Zusätze	Entformungsmittel	*Füllstoffe/ Verstärkung*	25.0% Glasfaser
Bevorzugte Verarbeitung	Spritzgiessen	*Lieferform*	Granulat
		Farben	
Besondere Merkmale		*Bevorzugte Anwendungen*	

Dichte	g/cm³ 1.32	*Schmelzindex*	g/10 min	:
Schüttdichte	g/cm³	*Volumenfließindex*	cm³/10 min	:
Viskositätszahl	ml/g			

Verarbeitungsbedingungen für Spritzgießen

Massetemp.	°C	*Schwindung*	% lgs 0.3, quer 0.9
Werkzeugtemp.	°C	*Bemerkungen*	Schwindung ermittelt an Platten 150x90x3 mm
Spritzdruck	bar		

Zugversuch 23 °C DIN 53455; ISO R/527; DIN 53457; ISO R/527

Probekörper: *Form* Nr. 3; 4 mm dick — *Herstellung* Spritzgiessen
Zustand Trocken — *Vorbehandlung* Normalklima

Streckspannung	N/mm²	*Dehnung bei Streckspannung*	%
Zugfestigkeit	N/mm² 170	*Reißdehnung*	% 3
Reißfestigkeit	N/mm²	*% Dehnspannung*	N/mm²
E-Modul	N/mm² 8500	*Dehnung bei % Dehnspg.*	%

Kriechmoduln und Zeitstandwerte 23 °C

Probekörper: *Form* — *Herstellung*
Zustand — *Vorbehandlung*

Kriechmodul	*1 min* N/mm²	*Zeitstandzugfestigkeit*	h N/mm²
Kriechmodul	*1000 h* N/mm²	*Zeitdehnspg.* %	h N/mm²
bei Spannung	N/mm²		

Biegeversuch 23 °C

Probekörper: *Form* — *Herstellung*
Zustand — *Vorbehandlung*

Biegefestigkeit	N/mm²	*E-Modul*	N/mm²
3,5% *Biegespannung*	N/mm²		

Härte 23 °C *Probekörper:* *Zustand* — *Herstellung*
Vorbehandlung

Kugeldruckhärte	N/mm² bei N, s	*Shore-Härte* A
Rockwellhärte		*Shore-Härte* D

Schlagversuch *Probekörper:* *(1)*
(2) — *Herstellung*
Zustand — *Vorbehandlung*

	°C	°C	°C	*Probekörper-Form*
Schlagzähigkeit kJ/m²				
Kerbschlagzähigkeit (1) kJ/m²				
IZOD-Kerbschlagzähigkeit (2) J/m				
Kerbschlagzugzähigkeit kJ/m²				

Abrieb und Reibung

Taber-Abrieb (Reibradverfahren)	$mm^3/100$ U		
Abriebfaktor LNP (Thrust washer) Vergleichswert			
Statische Reibungszahl			
Dynamische Reibungszahl	(p·v=	N/mm^2 ·	m/min)
Zulässiger p · v Wert	N/mm^2 · (m/min)	v=	m/min
		v=	m/min

Thermische Eigenschaften

Formbeständigkeit in der Wärme	*Verfahren*	A		200 °C
	Verfahren	B		215 °C
Vicat Erweichungstemperatur (VST)	*Verfahren*	B/50		200 °C
	Verfahren			°C
Kristallit-Schmelzpunkt	*Verfahren*			
Längenausdehnungskoeffizient	*Bereich*	23–80	°C	$0.25 \cdot 10^{-4} K^{-1}$
	Temperatur			$\cdot 10^{-4} K^{-1}$
Wärmeleitfähigkeit	*Verfahren*			W/(K · m)
Spezifische Wärmekapazität	*Verfahren*			J/(K · g)
Glasumwandlungstemperatur	*Torsionsschwingungsversuch*		°C	
	Differentialkalorimetrie		°C	

Brandverhalten

UL-Test vertikal	Dicke	mm, Wert HB
	Dicke	mm, Wert

	Norm	*Bewertung*	*Abmessungen*
Sauerstoff-Index	ASTM D 2863		
Glühstab-Verfahren			
Brandverhalten	DIN 4102		
MVSS			
FAR			

Elektrische Eigenschaften

		Hz	°C			*Probekörper, Form*
Dielektrizitätszahl		50	23	4		Durchmesser 80x1 mm
		10^3	23	4		Durchmesser 80x1 mm
		10^6				
Dielektrischer Verlustfaktor tan δ		50	23	0.005		Durchmesser 80x1 mm
		10^3	23	0.015		Durchmesser 80x1 mm
		10^6				
Spezifischer Durchgangs-widerstand	Ohm · cm		23	1*10**15		Durchmesser 80x1 mm
Durchschlagfestigkeit	kV/mm		23	40		1 mm dick
Oberflächenwiderstand	Ohm		23	1*10**14		Durchmesser 80x1 mm
Kriechstromfestigkeit		KC		KB	KA	
Elektrolytische Korrosionswirkung		A 1.6				30x10x4 mm
Lichtbogenfestigkeit nach DIN						
nach ASTM	s					

Beständigkeit *(Chemische Beständigkeit siehe Anhang)*

Wasseraufnahme 23 C Bis zur Saettigung	7.5 %	
Feuchtigkeitsaufnahme Normalklima		2.2 %
Wetterbeständigkeit		
Spannungskorrosion		

Optische Eigenschaften

Brechungszahl n_D		
Transmissionsgrad τ_c	%	mm dick
Lichtdurchlässigkeit		

Produkt	Polyamid 6		**PA**
Handelsname	**Durethan BKV 25..Z**		
Hersteller	BAYER		
DIN-Bez 1	16773-PA6,MPR,14-080,GF25		
DIN-Bez 2			
Zusätze	Entformungsmittel; Schlagzaehmodifier	*Füllstoffe/ Verstärkung*	25.0% Glasfaser
Bevorzugte Verarbeitung	Spritzgiessen	*Lieferform*	Granulat
		Farben	
Besondere Merkmale	Gegenueber BKV 25 erhoehte Zaehigkeit, besonders bei biaxialer Schlagbeanspruchung	*Bevorzugte Anwendungen*	

Dichte	g/cm³	1.32	*Schmelzindex*	g/10 min		:
Schüttdichte	g/cm³		*Volumenfließindex*	cm³/10 min		:
Viskositätszahl	ml/g					

Verarbeitungsbedingungen für Spritzgießen

Massetemp.	°C	*Schwindung*	% lgs 0.3, quer 0.8
Werkzeugtemp.	°C	*Bemerkungen*	Schwindung ermittelt an Platten 150x90x3 mm
Spritzdruck	bar		

Zugversuch 23 °C DIN 53455; ISO R/527; DIN 53457; ISO R/527

Probekörper: *Form* Nr. 3; 4 mm dick — *Herstellung* Spritzgiessen
Zustand Trocken — *Vorbehandlung* Normalklima

Streckspannung	N/mm²		*Dehnung bei Streckspannung*	%	
Zugfestigkeit	N/mm²	170	*Reißdehnung*	%	3
Reißfestigkeit	N/mm²		*% Dehnspannung*	N/mm²	
E-Modul	N/mm²	8000	*Dehnung bei % Dehnspg.*	%	

Kriechmoduln und Zeitstandwerte 23 °C

Probekörper: *Form* — *Herstellung*
Zustand — *Vorbehandlung*

Kriechmodul	*1 min*	N/mm²	*Zeitstandzugfestigkeit*	h	N/mm²
Kriechmodul	*1000 h*	N/mm²	*Zeitdehnspg. %*	h	N/mm²
bei Spannung		N/mm²			

Biegeversuch 23 °C

Probekörper: *Form* — *Herstellung*
Zustand — *Vorbehandlung*

Biegefestigkeit	N/mm²	*E-Modul*	N/mm²
3,5% *Biegespannung*	N/mm²		

Härte 23 °C *Probekörper:* *Zustand* — *Herstellung*
Vorbehandlung

Kugeldruckhärte	N/mm² bei N, s	*Shore-Härte*	A
Rockwellhärte		*Shore-Härte*	D

Schlagversuch *Probekörper:* *(1)*
(2) — *Herstellung*
Zustand — *Vorbehandlung*

	°C	°C	°C	*Probekörper-Form*
Schlagzähigkeit kJ/m²				
Kerbschlagzähigkeit (1) kJ/m²				
IZOD-Kerbschlagzähigkeit (2) J/m				
Kerbschlagzugzähigkeit kJ/m²				

Abrieb und Reibung

Taber-Abrieb (Reibradverfahren)	mm^3/100 U		
Abriebfaktor LNP (Thrust washer) Vergleichswert			
Statische Reibungszahl			
Dynamische Reibungszahl	(p·v= N/mm^2·		m/min)
Zulässiger p · v Wert	N/mm^2 · (m/min)	v=	m/min
		v=	m/min

Thermische Eigenschaften

Formbeständigkeit in der Wärme	*Verfahren*	A		200 °C
	Verfahren	B		215 °C
Vicat Erweichungstemperatur (VST)	*Verfahren*	B/50		200 °C
	Verfahren			°C
Kristallit-Schmelzpunkt	*Verfahren*			
Längenausdehnungskoeffizient	*Bereich*	23–80	°C	0.25 · $10^{-4}K^{-1}$
	Temperatur			· $10^{-4}K^{-1}$
Wärmeleitfähigkeit	*Verfahren*			W/(K · m)
Spezifische Wärmekapazität	*Verfahren*			J/(K · g)
Glasumwandlungstemperatur	*Torsionsschwingungsversuch*		°C	
	Differentialkalorimetrie		°C	

Brandverhalten

UL-Test vertikal Dicke mm, Wert HB
Dicke mm, Wert

	Norm	*Bewertung*	*Abmessungen*
Sauerstoff-Index	ASTM D 2863		
Glühstab-Verfahren			
Brandverhalten	DIN 4102		
MVSS			
FAR			

Elektrische Eigenschaften

		Hz	°C		*Probekörper, Form*
Dielektrizitätszahl		50	23	4	Durchmesser 80x1 mm
		10^3	23	4	Durchmesser 80x1 mm
		10^6			
Dielektrischer Verlustfaktor tan δ		50	23	0.005	Durchmesser 80x1 mm
		10^3	23	0.015	Durchmesser 80x1 mm
		10^6			
Spezifischer Durchgangs-widerstand	Ohm · cm		23	1*10**15	Durchmesser 80x1 mm
Durchschlagfestigkeit	kV/mm		23	40	1 mm dick
Oberflächenwiderstand	Ohm		23	1*10**14	Durchmesser 80x1 mm

Kriechstromfestigkeit	KC	KB	KA	
Elektrolytische Korrosionswirkung	A 1.6			30x10x4 mm
Lichtbogenfestigkeit nach DIN				
nach ASTM s				

Beständigkeit *(Chemische Beständigkeit siehe Anhang)*

Wasseraufnahme 23 C Bis zur Saettigung 7.5 %

Feuchtigkeitsaufnahme Normalklima 2.2 %
Wetterbeständigkeit

Spannungskorrosion

Optische Eigenschaften

Brechungszahl n_D
Transmissionsgrad τ_c % mm dick
Lichtdurchlässigkeit

GPSR Compliance

The European Union's (EU) General Product Safety Regulation (GPSR) is a set of rules that requires consumer products to be safe and our obligations to ensure this.

If you have any concerns about our products, you can contact us on ProductSafety@springernature.com

In case Publisher is established outside the EU, the EU authorized representative is:

Springer Nature Customer Service Center GmbH
Europaplatz 3
69115 Heidelberg, Germany

Batch number: 10621778

Printed by Printforce, the Netherlands